Die Farn- und Blütenpflanzen
Baden-Württembergs
Band 2

Im Rahmen des Artenschutzprogrammes Baden-Württemberg
Die Herausgabe erfolgte in Zusammenarbeit mit der Landesanstalt für Umweltschutz
Baden-Württemberg und den Direktionen der Staatlichen Museen
für Naturkunde in Stuttgart und Karlsruhe

Die Farn- und Blütenpflanzen Baden-Württembergs

Band 2: Spezieller Teil
(Spermatophyta, Unterklasse Dilleniidae)
Hypericaceae bis Primulaceae

Herausgegeben von Oskar Sebald,
Siegmund Seybold und Georg Philippi

Autoren von Band 2:
Georg Philippi, Burkhard Quinger, Oskar Sebald,
Siegmund Seybold

2., ergänzte Auflage
240 Farbfotos, 16 Farbtafeln
232 Verbreitungskarten

E.U.

VERLAG
EUGEN
ULMER

Mit Unterstützung
der Stiftung
Naturschutzfonds!

Die Deutsche Bibliothek – CIP-Einheitsaufnahme

Die **Farn- und Blütenpflanzen Baden-Württembergs** / hrsg. von
Oskar Sebald ... [Die Hrsg. erfolgte in Zusammenarbeit mit der
Landesanstalt für Umweltschutz Baden-Württemberg und den
Direktionen der Staatlichen Museen für Naturkunde in
Stuttgart und Karlsruhe]. – Stuttgart : Ulmer.
NE: Sebald, Oskar [Hrsg.]

Bd. 2. Spezieller Teil (Spermatophyta, Unterklasse Dilleniidae);
    Hypericaceae bis Primulaceae / Autoren von Bd. 2: Georg
    Philippi ... – 2., erg. Aufl. – 1993
        ISBN 3-8001-3323-7
NE: Philippi, Georg

© 1990, 1993 Eugen Ulmer GmbH & Co.
Wollgrasweg 41, 70599 Stuttgart (Hohenheim)
Printed in Germany
Einbandgestaltung: A. Krugmann, Freiberg am Neckar
Satz: Typobauer Filmsatz GmbH, Ostfildern-Scharnhausen
Druck: Karl Grammlich, Pliezhausen
Bindung: Ernst Riethmüller, Stuttgart

Inhaltsverzeichnis

Spezieller Teil

In dem speziellen Teil dieses Werkes werden die Farnpflanzen (Pteridophyta) und die Samen- oder Blütenpflanzen (Spermatophyta oder Anthophyta) Baden-Württembergs behandelt. Beide Abteilungen des Pflanzenreichs werden auch unter den Begriffen Gefäßpflanzen oder Kormophyten zusammengefaßt. Der Vegetationskörper ist bei beiden Abteilungen in der Regel ein aus den drei Grundorganen Sproßachse, Blatt und Wurzel aufgebauter Kormus. Die Bezeichnung Gefäßpflanzen leitet sich von dem bei beiden Abteilungen besonders ausdifferenzierten Leitungsgewebe ab.

Liste der Signaturen auf den Verbreitungskarten

- ●   Beobachtung 1970 und später
- ◑   Beobachtung zwischen dem 1. 1. 1945 und dem 31. 12. 1969
- ◓   Beobachtung zwischen 1900 und 1944
- ○   Beobachtung vor 1900
- ○   Beobachtung nur für ein bestimmtes Meßtischblatt, nicht aber für einen bestimmten Quadranten angegeben, Zeitraum 1945 und später.

Liste der Abkürzungen und Zeichen

agg.	= Aggregat, Bezeichnung für eine Gruppe nah verwandter, schwierig zu unterscheidender Kleinarten
BAS	= Herbarium des Botanischen Instituts der Universität Basel
BASBG	= Herbarium der Basler Botanischen Gesellschaft
BBZ	= Berichte des Botanischen Zirkels Stuttgart (Xeroxkopien)
cv.	= Cultivar (Sorte einer Nutz-oder Zierpflanze)
EGM	= EICHLER, GRADMANN u. MEIGEN (1905–27): Ergebnisse der pflanzengeographischen Durchforschung von Württemberg, Baden und Hohenzollern.

ERZ	= Herbarium des Fürstin-Eugenie-Instituts für Heilpflanzenforschung, früher Schloß Lindich bei Hechingen, heute dem Herbarium TUB angegliedert.
et al.	= und andere
G0–G5	= Gefährdungskategorien der Roten Liste 1983 (HARMS et al.)
KR	= Herbarium des Staatlichen Museums für Naturkunde Karlsruhe
KR-K	= Kartei der Botanischen Abteilung des Staatlichen Museums für Naturkunde Karlsruhe
L/B	= Verhältnis Länge : Breite
MTB	= Meßtischblatt (Karte 1 : 25000)
nom. cons.	= nomen conservandum, manche Gattungsnamen sind als Ausnahmen von der Prioritätsregel gegen ältere Namen geschützt.
nom. inv.	= nomen invalidum, ungültiger Name
o. O.	= ohne Ortsangabe (Angabe aus den Kartierungsunterlagen ohne Nennung eines Fundorts, aber unter Bezug auf einen bestimmten Quadranten oder auf ein bestimmtes Meßtischblatt).
s. l.	= sensu lato, in weiterem Sinne (bei Arten, die in mehrere Unterarten oder Kleinarten aufgeteilt werden können).
s. str.	= sensu stricto, im engen Sinne (s. Erläuterung bei s. l.).
STU	= Herbarium des Staatlichen Museums für Naturkunde Stuttgart
STU-K	= Kartei der Botanischen Abteilung des Staatlichen Museums für Naturkunde Stuttgart
TUB	= Herbarium des Biologischen Instituts der Universität Tübingen
ZKM	= Zettelkatalog Martens (Teil von STU-K)
ZT	= Herbarium des Instituts für spezielle Botanik an der Eidgenössischen Technischen Hochschule in Zürich

♂	=	männlich
♀	=	weiblich
<	=	kleiner als
>	=	größer als
≈	=	angenähert gleich
ø	=	Durchmesser

Abteilung

Spermatophyta (Anthophyta)
Samenpflanzen (Blütenpflanzen)

(Fortsetzung)

Unterklasse

Dilleniidae
Dillenienähnliche

Zu dieser Unterklasse gehören nach HEYWOOD (1978) folgende Ordnungen und Familien:

Ordnung Theales – Teestrauchartige
    Familie Hypericaceae – Johanniskrautgewächse
    Familie Elatinaceae – Tännelgewächse
Ordnung Malvales – Malvenartige
    Familie Tiliaceae – Lindengewächse
    Familie Malvaceae – Malvengewächse
Ordnung Urticales – Brennesselartige
    Familie Ulmaceae – Ulmengewächse
    Familie Cannabinaceae – Hanfgewächse
    Familie Urticaceae – Brennesselgewächse
Ordnung Violales – Veilchenartige
    Familie Violaceae – Veilchengewächse
    Familie Cistaceae – Zistrosengewächse
    Familie Tamaricaceae – Tamariskengewächse
    Familie Cucurbitaceae – Kürbisgewächse
Ordnung Salicales – Weidenartige
    Familie Salicaceae – Weidengewächse
Ordnung Capparales – Kapernstrauchartige
    Familie Brassicaceae (Cruciferae) – Kreuzblütler
    Familie Resedaceae – Resedengewächse
Ordnung Ericales – Heidekrautartige
    Familie Ericaceae – Heidekrautgewächse
    Familie Empetraceae – Krähenbeerengewächse
    Familie Pyrolaceae – Wintergrüngewächse
Ordnung Primulales – Primelartige
    Familie Primulaceae – Schlüsselblumengewächse

Von den hier aufgeführten Ordnungen wird von CRONQUIST (1981) die Ordnung Urticales zur Unterklasse Hamamelidae gestellt.

Die Unterklasse der Dilleniidae läßt sich – wie die anderen Unterklassen der Dicotyledoneae auch – nicht ohne weiteres durch eine Reihe durchgehend vorhandener Merkmale gegen die anderen Unterklassen abgrenzen. Man muß sich auf das mehr oder weniger häufige Vorkommen bestimmter Merkmale stützen, die in den anderen Unterklassen fehlen oder weniger häufig vorkommen. Die Unterklasse Dilleniidae ist in manchen Merkmalen abgeleiteter als die Unterklasse der Magnoliidae, bei der am meisten ursprüngliche Merkmale vorkommen. Andererseits ist die Unterklasse Dilleniidae deutlich weniger abgeleitet als etwa die Unterklasse der Asteridae.

Das Verbindungsglied zu der Unterklasse Magnoliidae stellen die Dilleniaceae selbst dar. Hier kommen noch apokarpe Fruchtknoten vor, während sonst in der Unterklasse Dilleniidae synkarpe Fruchtknoten vorherrschen, also Fruchtknoten, die durch Verwachsung mehrerer Fruchtblätter entstanden sind. Relativ häufig ist bei den Familien der Unterklasse Dilleniidae auch die parietale Plazentation der Samenanlagen, z. B. besonders im Gegensatz zu der Unterklasse der Rosidae. Von der Unterklasse Rosidae unterscheidet sich die Unterklasse Dilleniidae durch vorwiegend zentrifugale Entwicklung der Staubblätter bei den Familien mit zahlreichen Staubblättern. Bei den Rosidae erfolgt die Entwicklung zentripetal.

Bei den meisten Familien der Dilleniidae besitzen die Blüten eine in Kelch und Krone gegliederte Blütenhülle. Die Urticales und die Salicales machen davon eine Ausnahme. Bei einigen Familien sind die Kronblätter verwachsen. Dieses Merkmal wird dann bei der Unterklasse der Asteridae zur Regel. Doch bei den sympetalen Familien der Dilleniidae ist die Zahl der Staubblätter höher als die Zahl der Kronblattzipfel oder die Staubblätter sind nicht mit der Krone verwachsen oder die Staubblätter stehen den Kronblattzipfeln gegenüber und nicht mit diesen alternierend.

Die Blätter sind bei den meisten Familien der Dilleniidae ungeteilt, weniger häufig auch ± eingeschnitten, aber sehr selten in deutlich getrennte Blättchen unterteilt. Letzteres ist dann relativ oft bei der Unterklasse Rosidae der Fall.

Nach CRONQUIST (1981) ist die Ordnung Theales die zentrale Gruppe der Unterklasse Dilleniidae, von der sich die meisten anderen Ordnungen direkt ableiten lassen. Die Salicales werden von den Violales abgeleitet.

Hypericaceae

Hartheugewächse
Bearbeiter: B. QUINGER

Kräuter oder Gehölze. Blätter ungeteilt, gegenständig oder in Quirlen, meist ohne Nebenblätter. Blüten an den Zweigen endständig, einzeln oder in zymösen Blütenständen. Krone radiär. Kelchblätter (4–)5, frei. Kronblätter (4–)5, frei, gleichartig. Staubblätter zahlreich, in 2–5 Bündeln (= Synandrien) verwachsen. Fruchtknoten 1, oberständig, aus 3–5 Fruchtblättern. Griffel 3–5. Frucht eine drei- bis fünffächrige, vielsamige Kapsel.

Die Hypericaceen umfassen 8 Gattungen mit über 800 Arten, die hauptsächlich in den Tropen und Subtropen verbreitet sind. In Mitteleuropa kommen nur krautige Vertreter der Gattung *Hypericum* vor.

1. Hypericum L. 1753
Johanniskraut, Hartheu

Meist ausdauernde Stauden, seltener Therophyten, Sträucher oder Bäume. Blätter und Blüten mit Öldrüsen, dadurch durchscheinend oder schwarz punktiert. Stengel rund, kantig oder geflügelt, oft ebenfalls drüsig. Blätter gegenständig, sitzend, kurz gestielt oder teilweise stengelumfassend. Blüten in Trauben oder Rispen, selten einzeln. Kronblätter (4–)5, in der Knospenlage gedreht, gelb und nach der Blüte nicht abfallend. Staubblätter zahlreich (mehr als 10), meist zu 3 oder 5 Bündeln verwachsen, die vor den Kronblättern stehen. Fruchtknoten 1, oberständig, aus 3–5 Fruchtblättern. Griffel meist 3, selten 5, fädlich. Frucht eine 3–5klappige Kapsel.
Hemikryptophyten. Homogame Pollenblumen. Insekten- und Selbstbestäubung. Die Verbreitung der Samen erfolgt durch Vögel und durch den Wind. Die Samen keimen erst nach längerer Zeit und bei Lichteinwirkung.
Die Gattung umfaßt etwa 350 Arten und kommt mit Ausnahme der Antarktis in allen Erdteilen vor. Über weite Räume ist die Gattung in Eurasien, Nord- und Südamerika verbreitet. Mannigfaltigkeitszentren liegen im Mittelmeerraum, im Himalaja, im östlichen und südwestlichen Nordamerika, in den Anden und in Ostafrika.

1 Blätter immergrün. Kronblätter 3–5 cm lang. Staubbeutel zu 5 Bündeln verwachsen; Zierpflanze *[H. calycinum]*
– Blätter sommergrün. Kronblätter höchstens 2 cm lang. Staubblätter am Grunde in 3 Bündel verwachsen. Griffel 3 2
2 Stengel niederliegend-kriechend, höchstens am Sproßende aufsteigend 3
– Stengel aufrecht 4
3 (2) Pflanze kahl. Stengel 2kantig, fädlich (weniger als 1 mm Durchmesser). Kelchblätter (breit)lanzettlich, ganzrandig . . . . . . 8. H. humifusum
– Pflanze behaart. Stengel stielrund, nicht fädlich wirkend. Kelchblätter eiförmig, am Rande drüsig behaart. In Baden-Württemberg bisher nicht nachgewiesen. Nächste bekannte Vorkommen im zentralen Odenwald (Südhessen) . . . . *[H. elodes]*
4 (2) Stengel und Blätter allseits dicht weich behaart (Haarlänge 0,2 bis 0,6 mm). Stengel stielrund. Kronblätter hellgelb . . . . .5. H. hirsutum
– Blätter allenfalls unterseits auf den Blattnerven sehr kurz (weniger als 0,1 mm Länge) behaart. Stengel völlig kahl 5
5 Stengel an der Basis 2- oder 4kantig oder 4flügelig. Kelchblätter ganzrandig, mit vereinzelten Drüsen oder fein gesägt 6
– Stengel im Unterteil stielrund, im Oberteil stielrund oder höchstens undeutlich 2kantig. Kelchblätter drüsig gesägt oder gewimpert 9
6 (5) Stengel durchgehend 2kantig, markig. Blätter dicht durchscheinend punktiert. Kelchblätter lanzettlich, sehr spitz, länger als der Fruchtknoten . . 1. H. perforatum
– Stengel zumindest teilweise 4kantig oder 4flügelig, hohl. Kelchblätter ± so lang wie Fruchtknoten . 7
7 Stengel 4flügelig, Flügel 1–2 mm breit. Blätter dicht durchscheinend punktiert. Kronblätter 7–8 mm lang, hellgelb. Staubblätter 30–40 . . . . 4. H. tetrapterum
– Stengel stellenweise 4kantig. Kronblätter mehr als 10 mm lang, goldgelb. Staubblätter mehr als 50 . 8
8 Kelchblätter elliptisch oder breitlanzettlich, vorne stumpf und ungezähnt oder kurz zugespitzt mit fein gezähnten Rändern. Stengel oben 4kantig, bisweilen auch 2kantig . . . . . . 2. H. maculatum
– Kelchblätter breit-lanzettlich bis lineal-lanzettlich, in eine lange, feine, deutlich gezähnte Spitze ausgezogen. Stengel an der Basis 4kantig, im Oberteil nur 2kantig . . . . 3. H. desetángsii«
9 (5) Blätter dreieckig-herzförmig, ohne schwarze Drüsen am Rande. Kelchblätter verkehrt-eiförmig oder breit-lanzettlich, vorne stumpf, mit sitzenden oder maximal 0,2 mm lang gestielten Drüsen am Rande. Kronblätter oft rötlich überlaufen . . . 6. H. pulchrum
– Blätter eiförmig, länglich-elliptisch bis länglich-lanzettlich, am Rande schwarzdrüsig. Kelchblätter lanzettlich, vorne spitz mit 0,2 bis 0,4 mm lang gestielten Drüsen am Rande. Kronblätter gelb, niemals rötlich überlaufen 10
10 Stengel überall stielrund. Blätter eiförmig, am Rande flach, kürzer als die einzelnen Stengelglieder. Blütenstand wenigblütig . . 7. H. montanum

– Stengel im Oberteil ± undeutlich 2kantig. Blätter länglich-lanzettlich, am Rande umgerollt, länger als die einzelnen Stengelglieder. Blütenstand vielblütig, locker. In Baden-Württemberg fehlend, nächste bekannte Vorkommen in Rheinhessen

[H. elegans]

1. Hypericum perforatum L. 1753

H. officinarum Crantz 1763; *H. noeanum* Boiss. 1888
Tüpfel-Hartheu, Echtes Johanniskraut, Gewöhnliches Johanniskraut, Tüpfel-Johanniskraut

Morphologie: Ausdauernd, mit stark verästelter, spindelförmiger, bis in 50 cm Tiefe reichender Wurzel. Stengel aufrecht, 0,15 bis 1 m hoch, durchgehend 2kantig, oberwärts ± reich verzweigt, innen markig. Blätter 1–3 cm lang, oval-eiförmig bis länglich-linealisch, ganzrandig, durchscheinend punktiert, insbesondere am Rande mit schwarzen Drüsen, ± sitzend. Blütenstand eine Trugdolde. Kelchblätter bis 5 mm lang, länger als der Fruchtknoten, (ei)-lanzettlich, fein grannenartig zugespitzt, mit hellen und schwarzen Drüsen. Kronblätter bis 13 mm lang, nur auf einer Seite gezähnt, goldgelb, am Rande schwarz punktiert. Staubblätter 50–60(–100). Fruchtknoten eiförmig, kürzer als die Kelchblätter. Frucht eine schmal-eiförmige, bis 10 mm lange, geriefte Kapsel.

Biologie: Blütezeit Juni bis August. Insektenbestäubung. Selbstbestäubung kommt am Ende der Blütezeit vor. Als Blütenbesucher erwähnt KNUTH (1898) Coleopteren, Dipteren, Hymenopteren und Lepidopteren.

Ökologie: Auf trockenen bis wechselfeuchten, (mäßig) nährstoffreichen, kalkreichen und ± kalkarmen, neutralen bis mäßig sauren Sand- bis tonigen Lehmböden unterschiedlicher Humusgehalte (Rohboden bis mineralstoffreicher, ± trockener Niedermoorboden). Das Gewöhnliche Johanniskraut tritt in halbruderalen Trockenrasen (z. B. Mesobrometen), in (wechsel)feuchten Magerwiesen (z. B. Molinieten), Magerweiden, in Gebüschsäumen (Trifolio-Geranietea sanguinei) und an Waldlichtungen (Epilobietea) auf. Auf Rohböden gedeiht es häufig in Wildmöhren-Steinklee-Gesellschaften (Dauco-Melilotion), z. B. auf Bahnschottern, an Mauerrändern, in stillgelegten Kies- und Lehmgruben oder auf Schuttplätzen. Weitere charakteristische Wuchsorte sind Wegränder, Straßenböschungen und Dammanlagen. *H. perforatum* erscheint häufig als Pionier und gehört zu den Licht-Halbschatt-Pflanzen.

Allgemeine Verbreitung: In fast ganz Europa beheimatet mit Ausnahme Nordskandinaviens und

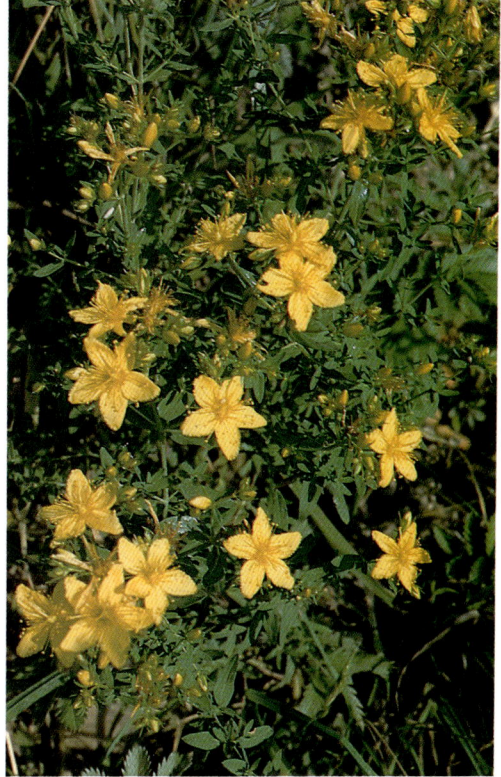

Echtes Johanniskraut *(Hypericum perforatum)*

Nordrußlands (Nordgrenze bei 63° n. Br.). Ostgrenze am Jenissei. Südöstliche Exklaven gibt es im Iran und in Afghanistan. Südwestgrenze im Atlasgebirge.

Verbreitung in Baden-Württemberg: Allgemein verbreitet; nur in höheren Lagen (über 1000 m) des Schwarzwaldes tritt die Art zurück. In den Buntsandsteingebieten ist *H. perforatum* etwas weniger häufig als in kalkreichen Gebieten.

Die Höhenverbreitung reicht von ca. 95 m ü. NN (nördliche Rheinebene) bis über 1300 m ü. NN am Feldberg/Seebuck (8114/1) und am Herzogenhorn (8114/3).

Erster fossiler Nachweis: Riedschachen, spätes Atlantikum (BLANKENHORN & HOPF 1982), Hornstaad, spätes Atlantikum (RÖSCH unpubl.). Erster literarischer Nachweis: J. BAUHIN (1598: 193): Umgebung von Bad Boll (7323). Auch von HARDER 1574–1576 vermutlich im Gebiet gesammelt (SCHORLER 1907: 85).

Bestand und Bedrohung: In fast allen Naturräumen häufige oder sehr häufige Art. Ungefährdet. Die Art verträgt nach SCHIEFER nur einmalige Mahd im Jahr und ist empfindlich gegen Brennen.

9

Variabilität: *Hypericum perforatum* ist außerordentlich vielgestaltig. KÖHLER unterscheidet in ROTHMALER (1982) 4 Unterarten.

1 Blätter meist weniger als 1 cm lang, am Rande nach unten eingerollt. Kelchblätter 3–4 mm lang, 1 mm breit . . . . a) subsp. *veronense*
– Blätter länger. Kelchblätter 4–7 mm lang 2
2 Blätter schmal-elliptisch bis fast lineal. Blüten im ⌀ 15–25 mm. . . . . . . b) subsp. *angustifolium*
– Blätter breit-eiförmig oder breit-lanzettlich. Blüten im ⌀ 20–35 mm 3
3 Kelchblätter 2–3 mm breit, ei-lanzettlich, an der Spitze gezähnelt . . . . c) subsp. *latifolium*
– Kelchblätter 1–1,5 mm breit, lineal-lanzettlich, fein zugespitzt, meist ganzrandig . . . . d) subsp. *perforatum*

a) subsp. **veronense** (Schrank) A. Fröhlich 1911
Veroneser Tüpfel-Johanniskraut

Morphologie: Blätter meist weniger als 1 cm lang, eiförmig, am Rande nach unten eingerollt, dicht stehend, starr. Kelchblätter 3–4 mm lang, 1 mm breit. Kronblätter hellgestrichelt-punktiert, 2–3mal so lang wie der Kelch. Kapsel stark schwielenförmig gestriemt.

Standort: Xerothermrasen. Trockene Ruderalstellen.

Verbreitung: Der Verbreitungsschwerpunkt liegt in Südosteuropa. Nordwestgrenze in Thüringen. In Baden-Württemberg sehr selten und vermutlich nur als unbeständige Adventivpflanze vorkommend.

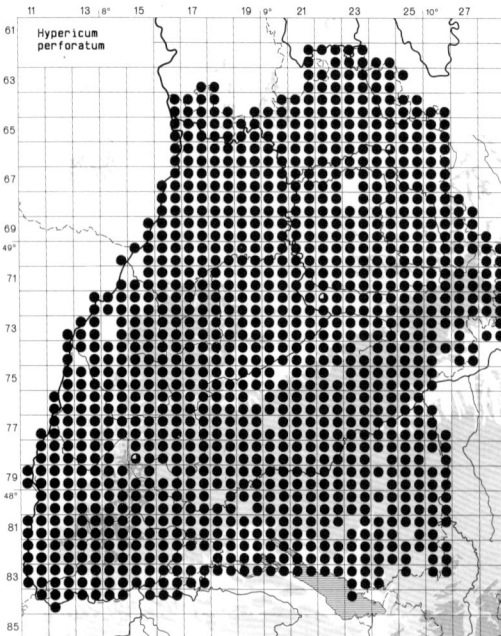

Einwandfreie Herbarbelege liegen nicht vor (STU, KR).

b) subsp. **angustifolium** (DC.) A. Fröhlich 1911
Schmalblättriges Tüpfel-Johanniskraut

Morphologie: Blätter meist über 1 cm lang, schmal-elliptisch bis fast linealisch, am Rande nicht umgerollt. Blütendurchmesser 15–25 mm. Kelchblätter 4–7 mm lang, bis 1 mm breit. Kronblätter schmal, auf der einen Seite stark gekerbt.

Standort: Xerothermrasen. Trockene Kiefernwälder.

Verbreitung: Vor allem in Mittel- und in Südeuropa auftretend. Eine genaue Verbreitung ist unbekannt. In Süddeutschland vor allem im Alpenvorland, im Jura, in Keuper- und Muschelkalkgebieten vorkommend. In Baden-Württemberg sehr zerstreut.

6917/2: Obergrombach, 1953, HRUBY (KR); 6917/3: Feldrain bei Berghausen, 1949, HRUBY (KR); 7920/2: Gutenstein an der Donau, 1910, BERTSCH (STU); 8024/2: Kiesgrube bei Buch, 1975, SEYBOLD (STU); 8218/2: Hohentwiel, 1932, BERTSCH (STU).

c) subsp. **latifolium** (Koch) A. Fröhlich 1911
Breitblättriges Tüpfel-Johanniskraut

Morphologie: Blätter über 1 cm lang, breit-eiförmig bis breit-lanzettlich, am Rande nicht umgerollt. Blütendurchmesser 20–25 mm. Kelchblätter 4–7 mm lang, 2–3 mm breit, ei-lanzettlich, an der Spitze gezähnelt. Kronblätter relativ groß (bis 12 mm lang).

Standort: Wiesen und Waldränder der hochmontanen und der alpinen Stufe.

Verbreitung: Ungenügend bekannt. In Süddeutschland v.a. in montanen und subalpinen Lagen der Mittelgebirge. In Baden-Württemberg offenbar recht selten.

7525/4: Ulm, im Eselswald, 1905, HAUG (STU); 8114/1: Feldberg, Seebuck, 1933, A. MAYER (STU); 8114/3: Herzogenhorn, 1933, A. MAYER (STU).

d) subsp. **perforatum**
Gewöhnliches Tüpfel-Johanniskraut

Morphologie: Blätter über 1 cm lang, breit-eiförmig bis breit-lanzettlich, am Rande umgebogen oder flach, nicht eingerollt. Blütendurchmesser 20–35 mm. Kelchblätter bis 7 mm lang und 1,5 mm breit, lineal-lanzettlich, fein zugespitzt, meist ganzrandig.

Standort: vgl. Artbeschreibung.

Verbreitung: Nahezu im gesamten Areal von *Hypericum perforatum* verbreitet. In Baden-Württemberg die absolut vorherrschende Unterart.

2. Hypericum maculatum Crantz 1763

H. quadrangulum auct.
Geflecktes Johanniskraut, Geflecktes Hartheu, Kanten-Hartheu

Morphologie: Ausdauernde Pflanze. Stengel aufrecht, 0,2–0,7 m hoch, zumindest teilweise vierkantig, häufig schwarz punktiert. Blätter 1–3,5 cm lang, oval-eiförmig bis schmal-elliptisch, ganzrandig, am Rande schwarz punktiert, sonst auf der Fläche nicht oder meist nur spärlich durchscheinend punktiert, kahl, ± sitzend. Blütenstand eine einfache oder zusammengesetzte Traube. Durchmesser der Blüte 20–30 mm. Kelchblätter 4–5 mm lang, elliptisch, stumpf oder spitzlich mit buchtig gezähnter Spitze, vor allem an den Rändern mit Drüsen. Kronblätter bis 12 mm lang, symmetrisch (d. h. nicht einseitig gezähnt), ganzrandig, goldgelb, am Rande mit oder ohne schwarze Drüsen. Staubblätter bis 100. Fruchtknoten breit-eiförmig, etwa so lang wie die Kelchblätter. Griffel 1–2mal so lang wie der Fruchtknoten.

Biologie: Blütezeit Ende Juni bis Anfang September. Als Blütenbesucher erwähnt KNUTH (1898) Musciden, Syrphiden und Apiden.

Ökologie: Auf frischen bis (wechsel)feuchten, meist nur mäßig sauren, humosen Lehm- und Tonböden, bisweilen auch auf Moorböden. Tritt auf Naß- und Feuchtwiesen, auf Heiden, an Waldrändern und auf Waldschlägen, an Grabenrändern und in Hoch-

staudenfluren auf. Gilt als Nardetalia-Ordnungscharakterart. *H. maculatum* gedeiht in Borstgrasrasen (z. B. im Leontodo helvetici-Nardetum und im Polygalo-Nardetum), in Flügelginsterheiden (Festuco-Genistetum sagittalis) und im Torf-Schafschwingel-Rasen (Thymo-Festucetum). Vegetationsaufnahmen u. a. bei GÖRS (1968: Tab. 26) und bei SCHWABE (1979).

Allgemeine Verbreitung: Westliches Eurasien. Westgrenze in den Pyrenäen, in Nordfrankreich und in Irland. Nordgrenze in Nordskandinavien und in Nordrußland (bis 70° n. Br.). Nach Osten durch ganz Mitteleuropa und das mittlere Osteuropa bis zum Ob verbreitet. Südgrenze in der Provence und auf der nördlichen Balkan-Halbinsel.

Verbreitung in Baden-Württemberg: Allgemein verbreitet ist das Gefleckte Johanniskraut im Schwarzwald, im Sandstein-Odenwald, im Schwäbisch-Fränkischen-Wald und auf den Schwarzwald-Alluvionen der Rheinebene. In den anderen Landesteilen kommt es zumeist nur recht zerstreut vor, z. B. im Alpenvorland und auf der Schwäbischen Alb (hier besonders auf entkalkten Hochflächenlehmen). Sehr spärlich tritt die Art in der Vorbergzone der südlichen Rheinebene und in Muschelkalkgebieten wie dem Taubergebiet und Teilen des Kraichgaus auf.

Die Höhenverbreitung reicht von ca. 100 m ü. NN in der nördlichen Rheinebene (z. B. Viernheimer Heide) bis über 1400 m ü. NN am Feldberg (8114/4).

Erster literarischer Nachweis: WIBEL (1799: 258): „prope Bestenhaid" bei Wertheim.

Bestand und Bedrohung: Nur regional häufige (s. o.), sonst zerstreut vorkommende Pflanze. Durch Aufforstung oder Meliorierung von Magerwiesen gehen *H. maculatum* Wuchsorte verloren. Infolge der individuen- und zahlreichen Vorkommen in ungefährdeten Biotopen gehört das Gefleckte Johanniskraut jedoch nicht zu den gefährdeten Arten. Es verträgt nach SCHIEFER nur einmalige Mahd im Jahr; frühe Mahd im Juni oder späte Mahd im Herbst ist weniger schädlich als während der Blüte im Juli/August. *H. maculatum* ist wenig empfindlich gegen Brennen.

Variabilität: *H. maculatum* umfaßt nach KÖHLER in ROTHMALER (1982) 2 Unterarten:

a) subsp. **maculatum**
Geflecktes Johanniskraut
Morphologie: Stengel überall vierkantig. Blätter dicht netzadrig, breit-eiförmig bis elliptisch. Blütenstände gedrängt. Blüte 20–25 mm breit. Kelchblätter sehr breit, vorne abgerundet, ganzrandig. Kron-

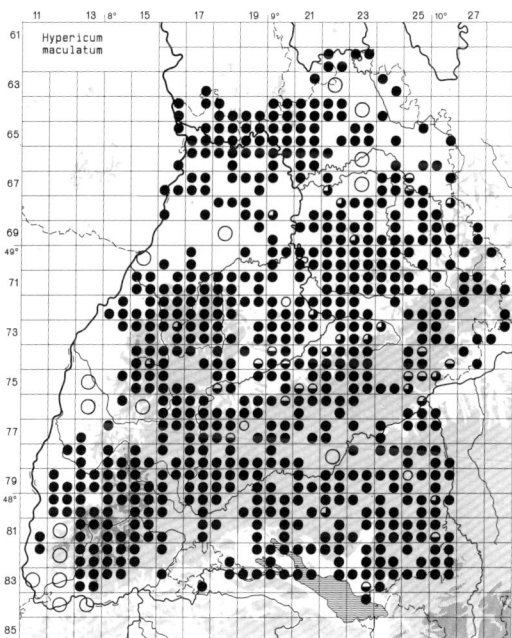

11

Geflecktes Johanniskraut *(Hypericum maculatum)*
Wurzach, 1989

blätter dicht dunkeldrüsig, 2–3mal so lang wie der Kelch, ganzrandig.

Standort: Vgl. Artbeschreibung.

Verbreitung: Wohl nahezu im gesamten Areal von *H. maculatum* verbreitet. In Baden-Württemberg die vorherrschende Unterart.

b) subsp. **obtusiusculum** (Tourlet) Hayek em. A. Fröhlich 1912
H. dubium Leers 1775
Stumpfes Johanniskraut

Morphologie: Stengel im oberen Teil oft nur 2kantig. Blätter locker netzadrig. Blütenstände locker verzweigt. Blüte 25–30 mm breit. Kelchblätter 2–3mal so lang wie breit, eiförmig oder länglich, kurz zugespitzt, mit oft fein gesägten Rändern. Kronblätter locker hell- oder dunkeldrüsig.

Standort: Nasse Staudenfluren, Niedermoore, Auenwälder und Ufergebüsche, oft auf ± kalkreichen Böden.

Verbreitung: Westeuropäische Pflanze mit Ostgrenze in Böhmen und Niederösterreich. Genaue Verbreitung in Baden-Württemberg unbekannt, jedoch offenbar zerstreut im südlichen Schwarzwald, auf der Schwäbischen Alb und im Alpenvorland vorkommend.

7820: Plateau der Hardt zw. Ebingen und Schwenningen, 1866, HEGELMAIER (STU); 8015/4: Wälder südwestlich von Friedensweiler, 1985, QUINGER (KR); 8020/1: Alte Rübenreute bei Worndorf, 1975, SEYBOLD (STU); 8115/2: degrad. Molinietum bei Rötenbach, 1985, QUINGER (KR).

3. Hypericum desetángsii Lamotte 1874
Desetangs Johanniskraut, Französisches Johanniskraut

Anmerkung: *Hypericum desetángsii* gilt als hybridogen entstandene Art aus *H. maculatum* subsp. *obtusiusculum* und *H. perforatum* (ROBSON 1968: 269).

Morphologie: Bis 1 m hohe, ausdauernde, aufrechte Pflanze. Stengel im unteren Teil 4kantig, oben nur undeutlich 4kantig oder 2kantig. Blätter länglich, eiförmig, fein durchscheinend weiß punktiert. Kelchblätter 5–7 mm lang, breit-lanzettlich bis lineal-lanzettlich, in eine lange, feine, deutlich gezähnte Spitze ausgezogen. Kronblätter 12–15 mm lang, spärlich schwarz punktiert. Fruchtknoten ± so lang wie die Kelchblätter. – Blütezeit Juli bis September.

Ökologie: *H. desetángsii* kommt offenbar hauptsächlich auf Feuchtstandorten vor. Es gedeiht auf (wechsel)feuchten, ± nährstoffreichen und kalkreichen, humosen Lehm-, Ton-, bisweilen auch auf Niedermoorböden in Hochstaudenfluren, in

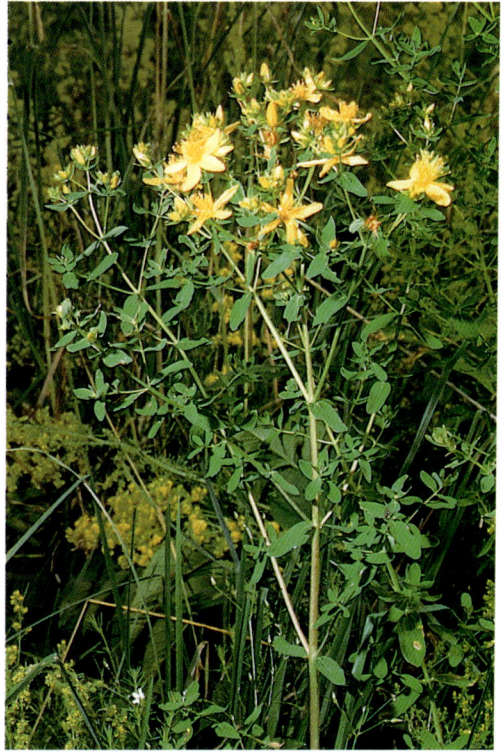

Desetangs Johanniskraut *(Hypericum desetangsii)*
Irndorfer Hardt, 1989

Feuchtwiesen, an Gräben, in lichten Auen- und Ufergebüschen. Es gilt als Filipendulion-Verbandscharakterart (OBERDORFER 1983).

Allgemeine Verbreitung: Nur unzureichend bekannt! Das Schwergewicht der Verbreitung liegt im westlichen, submeridionalen bis temperaten Europa. Südgrenze in Spanien und in Italien. Nordgrenze auf den Britischen Inseln, Ostgrenze in Westdeutschland und in Österreich.

Verbreitung in Baden-Württemberg: Das genaue Verbreitungsbild ist noch weitgehend ungeklärt, da auf *H. desetángsii* bisher nur wenig geachtet wurde. Festgestellt wurde es bisher vor allem im südlichen Oberrheingebiet, in Tallagen des südlichen Schwarzwaldes, in der Hohenloher Ebene, im Welzheimer Wald und im Schurwald, in der Umgebung von Stuttgart und von Tübingen, auf der Schwäbischen Alb (mit den meisten Angaben von der Ulmer Alb durch K. MÜLLER), aus dem westlichen Bodenseeraum und aus dem Westallgäuer Hügelland.

Das tiefste bekannte Vorkommen liegt bei 173 m ü. NN im Heidewald östlich von Weisweil (7812/1), das höchstgelegene in der Irndorfer Hardt (7819/4, 7919/2) bei ca. 870 m ü. NN.

Erster literarischer Nachweis: MARTENS & KEMMLER (1882: 1: 78) für Donnstetten auf der Schwäbischen Alb (7423). Etwas später hat sich dann THELLUNG (1912) besonders intensiv bei uns mit dieser Sippe befaßt.

Südliches Oberrheingebiet und Freiburger Bucht: 7812/1: Heidewald zw. Weisweil und dem Leopoldskanal, 1985, QUINGER (KR); 7812/4: zw. Köndringen u.d. Schweineweide, in Straßengräben, THELLUNG (1912); 7912/2: zw. Buchheim u. Holzhausen, THELLUNG (1912); 7913/1: bei Denzlingen zw. Reutte und „Wasser", THELLUNG (1912); 7913/3 (?): Freiburg; Rand des Mooswaldes, am Exerzierplatz, THELLUNG (1912); 8013/1: zw. Au und Kunacker, 1926, JAUCH (KR).
Südlicher Schwarzwald: 8013/3: Günterstal gegen Kyberg, THELLUNG (1912); 8014/3: Ravennaschlucht hinter Höllsteig, THELLUNG (1912); 8014/4: Hinterzarten gegen Erlenbuck, THELLUNG (1912); zw. Hinterzarten und dem Titisee, THELLUNG (1912); 8114/2: Titisee, Westufer, THELLUNG (1912).
Östliche Randplatten des Nordschwarzwaldes: 7417/2: Altensteig, 1936, SCHWARZ (STU).
Hohenloher Ebene, Taubergebiet: 6526/2: Creglingen, 1974, HARMS (STU); 6626/1: Heimberg, HANEMANN in BERTSCH (STU-K); 6724/2: Tierberg, HANEMANN in BERTSCH (STU-K); 6725/2: Blaufelden, HANEMANN in BERTSCH (STU-K); Raboldshausen, HANEMANN in BERTSCH (STU-K).
Schwäbisches Keuper-Lias-Land: 6925/4: Willa, K. u. F. BERTSCH (1948); 7123/2: Welzheim, HANEMANN in BERTSCH (STU-K); 7221/3: Stuttgart-Hohenheim, KREH in BERTSCH (STU-K); 7221/4: Waldrand etwa 0,5 km nördlich des Krankenhauses Ruit, 1985, QUINGER (KR);

7222/4: Schurwald bei Plochingen, 1956, KNAUSS (STU); 7320/4: Dettenhausen bei Tübingen, A. MAYER in BERTSCH (STU-K); 7323/4: Boll-Gruibingen, 1903, THELLUNG (1912); 7323/4: Hörnle südlich Bad Boll, 1905, THELLUNG (1912); 7420/3: Tübingen, Kirnbachtal, 1913, A. MAYER (STU).
Schwäbische Alb (inklusive Ulm): 7423/3: Donnstetten, KIRCHNER & EICHLER (1913); 7425/1: Amstetten, K. MÜLLER (1955–1957); Klingenhau bei Holzkirch, 1934, K. MÜLLER (STU); 7426/1: Ballendorf, 1934, K. MÜLLER (STU); 7426/4: Öllingen, K. MÜLLER (1955 – 1957); 7524/4: Asch, K. MÜLLER (1955–1957); Weiler, KURZ (1973); 7525/1: Dornstadt, Bermaringen, Tomerdingen, Temmenhausen, alle, K. MÜLLER (1955–1957); 7525/2: Beimerstetten, K. MÜLLER (1955–1957); 7525/4: Ulm-Söflingen, 1927, A. MAYER (STU); Jungingen, K. MÜLLER (1955–1957); 7526/1: Hörvelsingen, K. MÜLLER (1955–1957); 7624/1: Pappelau, v. ARAND in RAUNECKER (1984); 7625/3: Erbach, K. MÜLLER (1955–1957); 7819/4 od. 7919/2: Irndorfer Hardt, 1950, A. MAYER in BERTSCH (STU-K).
Alpenvorland (inkl. Hegau): 8026/4: Kardorf, DÖRR in DÖRR (1975); 8123/3: Sturmtobel, K. & F. BERTSCH (1948); 8124/4: Dietrichholz südl. Metzisweiler, K. MÜLLER n. BRIELM. in DÖRR (1975); 8219/2: Moorwiese bei Böhringen, 1971, SEBALD (STU); 8225/1: Arrisrieder Moor bei Kißlegg, K. MÜLLER n. BRIELM. in DÖRR (1975); 8225/2: Wolfweiher bei Winterazhofen, K. MÜLLER n. BRIELM. in DÖRR (1975); 8225/3: Bahnhof Ratzenried, K. MÜLLER n. BRIELM. in DÖRR (1975); 8320/2: Wollmatinger Ried, HEGI (1925).

Bestand und Bedrohung: Die Bestandesgröße und die Gefährdung des Desetangs Johanniskrauts sind unbekannt, da es bisher zu wenig beachtet wurde. Die Mehrzahl seiner Vorkommen in Baden-Württemberg dürfte noch unentdeckt sein! Sicher tritt *H. desetángsii* auch in seinen Hauptverbreitungsgebieten meist nur ± spärlich auf und ist beispielsweise wesentlich seltener als *H. maculatum*.

4. Hypericum tetrapterum Fries 1823
H. acutum Moench 1794 nom. illeg.; *H. quadrangulum* L., nomen ambig.
Flügel-Johanniskraut, Geflügeltes Johanniskraut, Flügel-Hartheu

Morphologie: Ausdauernde, 0,2–0,8 m hohe, kahle Pflanze. Stengel aufrecht, bis oben mit vier geflügelten Kanten, hohl. Blätter 2–4 cm lang, oval-eiförmig oder elliptisch, ganzrandig, sitzend, am Grunde halb stengelumfassend, fein, dicht durchscheinend punktiert. Blütenstand eine Trugdolde. Durchmesser der Blüte 12–15 mm. Kelchblätter bis 5 mm lang, schmal-lanzettlich, mit spärlichen Drüsen. Kronblätter bis 8 mm lang (etwa 2mal so lang wie der Kelch), am Rande auf der einen Seite etwas eingekerbt, hellgelb. Staubblätter meist 30–40. Fruchtknoten so lang wie die Kelchblätter. Frucht

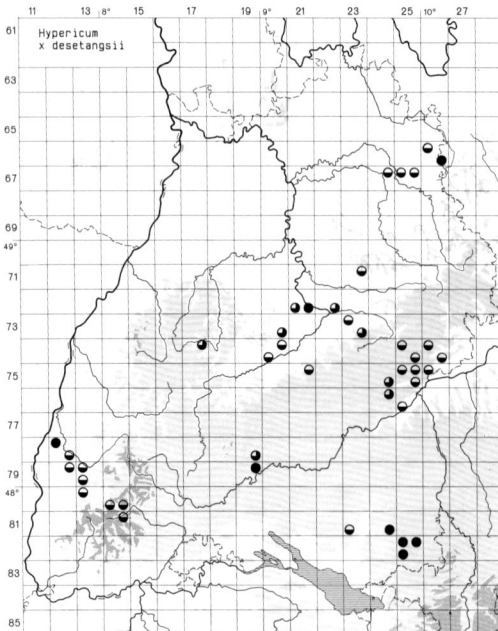

Hypericum x desetangsii

eine eiförmige bis schmal-eiförmige, spitze Kapsel mit feinen, drüsigen Längsleisten.

Biologie: Blütezeit Ende Juni bis Anfang September. Insektenbestäubung. Als Blütenbesucher erwähnt KNUTH (1898) Musciden, Syrphiden und Apiden.

Ökologie: Auf zeitweise überschwemmten, (wechsel)feuchten bis nassen, nährstoffreichen, meist kalkreichen, humosen Lehm- und Tonböden oder mineralstoffreichen Niedermoorböden. Das Flügel-Johanniskraut gedeiht an Grabenrändern, an Ufern von Seen, Weihern oder langsam fließenden Bächen in lichten Hochstaudenfluren, im Saum von Weidengebüschen, seltener auch in Großseggen-Streuwiesen und in quelligen, nährstoffreichen Pfeifengrasbeständen (Übergänge Calthion–Molinion). Es gilt als Filipendulion-Verbandscharakterart und tritt nicht selten in Arzneibaldrian-Mädesüß-Fluren (Valeriano-Filipenduletum) auf. Bezeichnend ist die Vergesellschaftung mit *Lysimachia vulgaris, Angelica sylvestris, Filipendula ulmaria, Lythrum salicaria, Solanum dulcamara, Valeriana officinalis* agg., *Eupatorium cannabinum, Scrophularia nodosa, Juncus articulatus* und *J. inflexus, Epilobium hirsutum, E. parviflorum* und *E. palustre.* Vegetationsaufnahmen liegen von LANG (1973: Tab. 35, 49, 84) und von TH. MÜLLER (1974: Tab. 4) vor.

Allgemeine Verbreitung: Nordwestliches Afrika und Europa. Südwestgrenze des Hauptareals in Mittelspanien, Süd- und Südostgrenze in Sizilien und

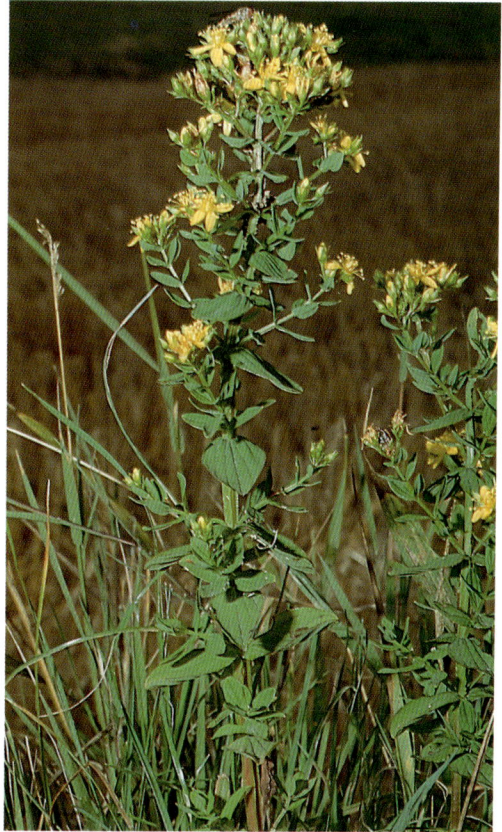

Flügel-Johanniskraut *(Hypericum tetrapterum)* Cleversulzbach, 1989

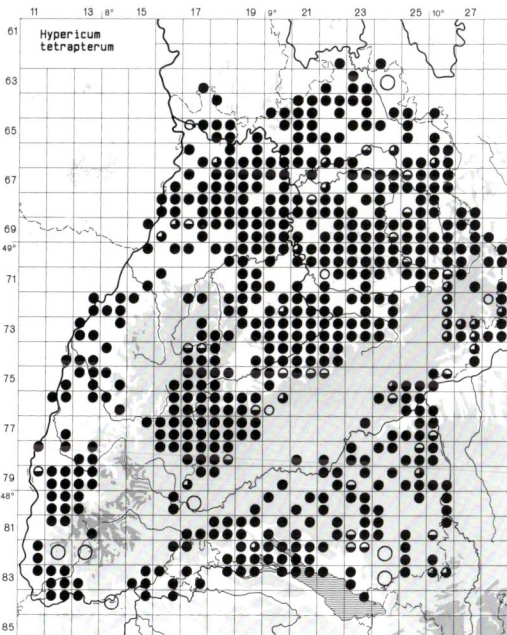

auf dem Peloponnes, Nordwestgrenze in Schottland (hier Nordgrenze bei 59° n.Br.). Nach Osten durch ganz Mitteleuropa bis zum Dnjepr verbreitet. Exklaven gibt es im Atlas-Gebirge, in der Sierra Nevada, in Kleinasien, im Kaukasus und an der Kaspisee.

Verbreitung in Baden-Württemberg: Das Geflügelte Johanniskraut ist mit Ausnahme des Schwarzwaldes (edaphische Ursachen) und der Schwäbischen Alb (wenig Feucht- und Naßbiotope) in ganz Baden-Württemberg verbreitet. Am häufigsten ist *H. tetrapterum* im Alpenvorland (insb. Bodenseeraum), im württembergischen Unterland entlang des Neckars und seiner Nebenflüsse, im Schwäbisch-Fränkischen Wald und auf basenreichen Substraten des Oberrheingebiets (hier in der relativ trockenen Markgräfler Rheinebene etwas zurücktretend).

Die Höhenverbreitung reicht von ca. 95 m ü.NN bei Mannheim bis ca. 870 m ü.NN bei Gosheim (7818/4) nach BERTSCH (STU-K).

Erster fossiler Nachweis: Mittleres Subatlantikum, Welzheim (KÖRBER-GROHNE 1983). Erster literarischer Nachweis: J. BAUHIN (1598: 193): Umgebung von Bad Boll (7323).

Bestand und Bedrohung: Die Art tritt abgesehen vom Schwarzwald und von der Schwäbischen Alb, wo sie selten ist oder sogar weitgehend fehlt, mäßig häufig oder zerstreut auf. Die bevorzugten Wuchsorte des Geflügelten Johanniskrauts wie nährstoffreiche Grabenränder etc. sind kaum bedroht, so daß es nicht zu den gefährdeten Arten gerechnet werden muß.

5. Hypericum hirsutum L. 1753

H. villosum Crantz 1763
Behaartes Johanniskraut, Rauhhaariges Johanniskraut

Morphologie: Ausdauernde, 40 cm bis über 1 m hohe, am Stengel und den Blättern dicht behaarte Pflanze. Stengel zu mehreren, aufrecht, stielrund. Blätter 1–5 cm lang, oval-eiförmig bis länglich-elliptisch, durchscheinend punktiert, ohne schwarze Drüsen, sehr kurz gestielt. Blütenstand vielblütig, rispig. Kelchblätter 3–5 mm lang, (schmal)lanzettlich, vorne spitz, beidseitig mit 7–8 gestielten Drüsen. Kronblätter 8–10 mm lang, bleichgelb bis goldgelb, vorne mit einzelnen schwarzen Drüsen am Rande. Staubblätter gelb, fast ebenso lang wie die Kronblätter. Griffel 3–4mal so lang wie der

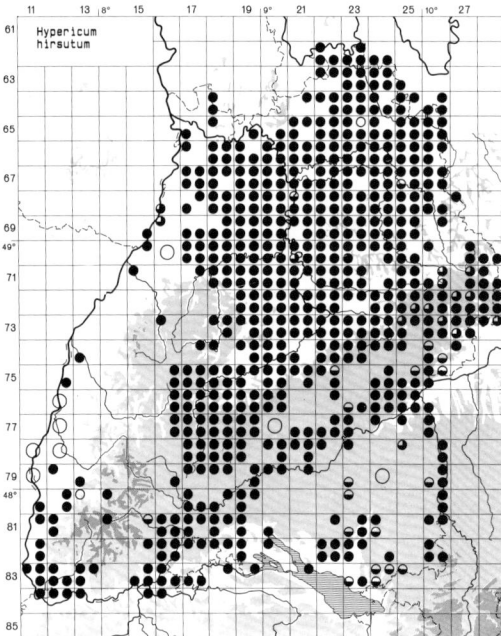

Fruchtknoten. Frucht eine längsstreifige, bis 8 mm lange Kapsel.

Biologie: Blütezeit Ende Juni bis Ende August. Insektenbestäubung. Als Blütenbesucher erscheinen Bombyliden, Empididen, Musciden und Syrphiden (KNUTH 1898).

Ökologie: Auf mäßig trockenen bis mäßig feuchten, ± nährstoffreichen, basenreichen (meist kalkhaltigen), humosen Lehm- und Tonböden an halbschattigen Stellen. Das Behaarte Johanniskraut gedeiht vor allem an Waldrändern, an Säumen von Waldwegen, auf Waldlichtungen, in lichten Gebüschen, in halbschattigen Gräben und auf beschatteten (Wald)Wiesen. Es gilt nach OBERDORFER (1983) als Atropion-Verbandscharakterart. *H. hirsutum* kommt häufig im Tollkirschenschlag (Atropetum belladonnae), im Hainkletten-Schlag (Arctietum nemorosi) und in Schlagfluren des Fuchs-Greiskrautes (Senecionetum fuchsi) vor. Vegetationsaufnahmen liegen von KUHN (1937: Tab. 34) und von SEBALD (1983: Tab. 4) vor.

Allgemeine Verbreitung: Westliches Eurasien und Nordwest-Afrika. Südwestgrenze des Hauptareals in den Pyrenäen, Nordwestgrenze in England, Nordgrenze in Mittelnorwegen bei 67° n. Br. und in Mittelrußland. Ostgrenze am Ural. Exklaven in den westasiatischen (Kaukasus) und in den zentralasiatischen Gebirgen (Altai). Arealsplitter in Nordafrika, auf der Iberischen Halbinsel, in Schottland und in Skandinavien (bis Mittelnorwegen).

Verbreitung in Baden-Württemberg: Hauptverbreitungsgebiete des Behaarten Johanniskrauts sind die nördliche und die südliche Randzone der Schwäbischen Alb, die Neckar- und Tauber-Gäuplatten und das Schwäbische Keuper-Lias-Land (hier mit deutlich geringerer Häufigkeit im Schwäbisch-Fränkischen-Wald). Auf der Hochfläche der Schwäbischen Alb (weitgehender Ausfall über den entkalkten Hochflächenlehmen), im Alpenvorland und im Oberrheingebiet zeigt *H. hirsutum* nur ein lückiges Verbreitungsbild. Im Alpenvorland ist die Art in den Flußtälern (Iller, Argen, Schussen) und im Bodenseeraum am häufigsten. Im Oberrheingebiet liegt ihr Schwergewicht im Bereich der südlichen Vorbergzone und im Kaiserstuhl. Im Schwarzwald gehört das Behaarte Johanniskraut zu den floristischen Besonderheiten: Es besitzt einzelne Fundorte im Südschwarzwald; sonst kommt es nur selten in einigen Flußtälern vor, z.B. im Murgtal bei Forbach (7316/1).

Die Höhenverbreitung reicht von ca. 100 m ü. NN bei Mannheim bis ca. 1200 m ü. NN in der Seewand am Feldberg (8114/1) nach einer Angabe von PHILIPPI u. WIRTH (1970).

Behaartes Johanniskraut *(Hypericum hirsutum)*
Böblingen, 1989

Erster fossiler Nachweis: Spätes Subatlantikum, Eschelbronn (KÖRBER-GROHNE 1979). Erster literarischer Nachweis: J. BAUHIN (1598: 193): Umgebung von Bad Boll (7323).

Bestand und Bedrohung: In seinen Hauptverbreitungsgebieten ist *H. hirsutum* nach *H. perforatum* zumeist die häufigste Johanniskraut-Art. Als Bewohner der Schlagflächen wird das Behaarte Johanniskraut vom Menschen gefördert und ist nicht gefährdet.

6. Hypericum pulchrum L. 1753

H. amplexicaule Gilib. 1781
Schönes Johanniskraut, Heide-Johanniskraut

Morphologie: Ausdauernde, 20 cm–1 m hohe, kahle Pflanze. Stengel meist zu mehreren, aufsteigend oder aufrecht, stielrund. Blätter 0,5–2 cm lang, dreieckig-herzförmig, am Grunde am breitesten, durchscheinend punktiert, ohne schwarze Drüsen am Rande, sitzend. Blütenstand vielblütig, rispig. Kelchblätter (2–)3 mm lang, breit verkehrteiförmig oder oval, vorne stumpf, mit sitzenden oder maximal 0,2 mm lang gestielten, schwarzen Drüsen am Rande, auf der Fläche ohne Drüsen. Kronblätter 6–9 mm lang, goldgelb, oft rötlich überlaufen, am Rande mit gestielten, schwarzen Drüsen, auf der Fläche ohne Drüsen. Staubblätter fast ebenso lang wie die Kronblätter. Staubbeutel gelblich-orange bis rötlich-orange. Griffel um 4 mm lang, etwa 3mal so lang wie der Fruchtknoten. Frucht eine eiförmige, 6 mm lange Kapsel.

Biologie: Blütezeit Ende Juni bis Mitte August. Insektenbestäubung. KNUTH (1898) erwähnt Bienen und Fliegen als Blütenbesucher.

Ökologie: Auf mäßig trockenen bis mäßig feuchten, nährstoffarmen, basenarmen, ± sauren. lehmigen Sand- bis Lehmböden mit Moderhumus-Auflage in wintermilden, luftfeuchten Lagen der kollinen und submontanen Stufe. Bevorzugte Wuchsorte sind die Randzonen, die Lichtungen und aufgelassene oder selten befahrene Wege in Hainsimsen-Buchenwäl-

17

dern (Luzulo-Fagion), in bodensauren Eichenwäldern (Quercion robori-petraeae), in Kiefern- und Fichtenforsten, seltener auch in Hainbuchenwäldern (vgl. Th. Müller 1966 und Lang 1973). Begleitpflanzen sind häufig *Sarothamnus scoparius, Teucrium scorodonia, Vaccinium myrtillus, Melampyrum pratense, Potentilla erecta, Gnaphalium sylvaticum, Solidago virgaurea, Holcus mollis, Avenella flexuosa, Luzula albida* und *L. sylvatica*. Vegetationsaufnahmen liegen von Th. Müller (1966: Tab. 2, 3, 7, 8) und von G. Lang (1973: Tab. 112) vor.

Allgemeine Verbreitung: Nur in Europa. Südwestgrenze im Nordwesten der Iberischen Halbinsel, Nordgrenze auf den Shetland- und den Faröer-Inseln, Nordostgrenze bei 63° n. Br. in Mittelnorwegen und auf Jütland. Die Ostgrenze verläuft von Süden nordostwärts durch Südfrankreich, die westliche Schweiz, die Schwäbisch-Bayerische Hochebene, den Fränkischen Jura, Nordböhmen und Schlesien; von Schlesien nordwestwärts durch Brandenburg, Mecklenburg nach Dänemark. *H. pulchrum* gehört zum atlantischen Florenelement.

Verbreitung in Baden-Württemberg: Die Art befindet sich an der Ostgrenze ihres Areals; in den südöstlichen Landesteilen ist sie bereits sehr selten und besitzt dort lediglich noch einige isolierte Einzelvorkommen! Nördlich und nordwestlich der Schwäbischen Alb ist sie dagegen regional recht verbreitet.

Dies gilt insbesondere für die schwäbischen Keuperlandschaften, wo sie vor allem über Schilf- und Stubensandstein stellenweise recht häufig ist, ferner für den Buntsandstein-Odenwald und -Spessart sowie die tieferen Lagen des nördlichen Schwarzwaldes.

Im Südschwarzwald beschränkt sich *H. pulchrum* weitgehend auf die südwestlichen und südlichen Randzonen. Mäßig häufig ist es im Buntsandsteingebiet zwischen Lahr und Emmendingen, zerstreut zwischen Emmendingen und Lörrach im Südwest-Schwarzwald und im äußersten Südschwarzwald westlich von Waldshut (8315/3). Im Hochschwarzwald fehlt es anscheinend (Höhenlage!), aus dem südöstlichen Schwarzwald und der westlichen Baar liegen nur wenige Angaben vor (zu kontinentales Klima!). Aus edaphischen Gründen tritt *H. pulchrum* in den Gäulandschaften (kalkreiche Lößlehme, anstehender Muschelkalk) im Vergleich zu den Keuper-Gebieten stark zurück.

Sehr selten ist *H. pulchrum* südlich des Albtraufs. Klimatische Grenzlagen (große Höhe der Albhochfläche) oder wenig förderliche edaphische Gegebenheiten (anstehender Kalk in den Schluchten und Tälern) führen zum fast vollständigen Ausfall der Art auf der Schwäbischen Alb. Südlich der Alb gibt es noch sehr zerstreute Vorkommen im östlichen Hochrheingebiet, im Hegau und im westlichen Bodenseeraum. Aus Oberschwaben liegen bisher nur wenige Fundortsangaben vor, die schon zu den östlichen Vorposten außerhalb des ± geschlossenen Verbreitungsgebietes gehören.

Die Höhenverbreitung reicht von ca. 95 m ü. NN in der Viernheimer Heide (6417/1) bis etwa 750 m ü. NN in der Umgebung vom Blindsee.

Erster literarischer Nachweis: Kerner (1786: 272): „Wächst in dem Gesträuche über Gablenberg, auch im Walde bey Heslach und der Solitude" (7220, 7221).

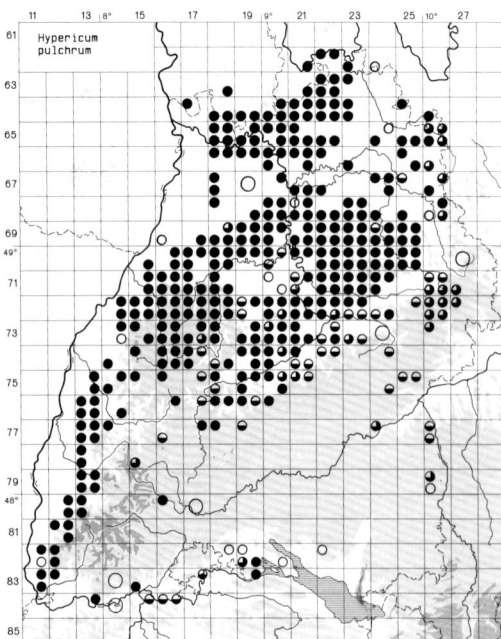

Hypericum pulchrum

Schwäbische Alb (insb. Ulmer Alb): 7424/2: Türkheim, K. Müller (1955–1957); 7524/4: Waldrand bei Attelau bei Asch, 1928, K. Müller (STU); bei Blaubeuren, Scheer in Bertsch (STU-K); 7525/1: Wald nördl. Tomerdingen, K. Müller in Bertsch (STU-K); 7525/2: Beimerstetten, spärlich in einem Fichtenforst, K. Müller in Bertsch (STU-K); 7724/1: Ehingen, Gradmann (1950). Hochrhein: 8315/3: Waldrand im Hasenloch nw. Liedermatten, 1986, Quinger (KR-K); 8317/2: „Schwaben" bei Altenburg, Kummer (1944); 8318/2: Kohlfirst bei Diessenhofen, Jack (1900); 8413/2: Eggberg, Linder, Th. (1903); an Forststraßenrand 150 m östl. des Säckinger Sees, 1987, Quinger (KR); 8415/2: Berchenwald bei Dangstetten, Becherer (1923); 8416/1: zw. Reckingen und Küßnach, Becherer (1923); 8416/2: bei Herdern, Kummer (1944); Berg oberhalb Rötteln, Kummer (1944). Hegau, westlicher Bodenseeraum: 8218/2: Hohentwiel,

18

Schönes Johanniskraut *(Hypericum pulchrum)*

7. Hypericum montanum L. 1755
Berg-Johanniskraut

Morphologie: Ausdauernde, 20 cm bis 1 m hohe Pflanze. Stengel aufrecht, stielrund, kahl. Blätter 2–6 cm lang, eiförmig bis länglich-elliptisch, ganzrandig, am Rande flach, schwarz punktiert, auf den Nerven der Blattunterseite mit sehr kurzen (nur 0,1 mm langen) Haaren, sitzend, am Grunde halb stengelumfassend, kürzer als die einzelnen Stengelglieder. Blütenstand eine endständige, ± wenigblütige Trugdolde. Kelchblätter bis 5 mm lang, lanzettlich, beidseitig mit 7–8, 0,2 bis 0,4 mm lang gestielten Drüsen. Kronblätter bis 10 mm lang, blaßgelb, ohne schwarze Drüsen. Frucht eine eiförmige Kapsel, etwa doppelt so lang wie der Kelch.

Biologie: Blütezeit Ende Juni bis Ende August. Insektenbestäubung.

Ökologie: Auf trockenen bis frischen, ± nährstoffreichen, basenreichen (meist kalkreichen), humosen, mitunter steinigen Lehmböden an halbschattigen Stellen. Bevorzugte Wuchsorte sind Waldränder, Waldlichtungen, lichte Gebüsche (z.B. Berberidion-Gesellschaften) und warme Säume (z.B. Geranion sanguinei-Gesellschaften). Darüber hinaus kommt das Berg-Johanniskraut in Eichenmischwäldern (insb. Quercion pubescenti-petraeae-Verband), in Hainbuchenwäldern (z.B. Galio-Carpinetum) an besonnten Hängen und in lichten Kalk-Buchenwäldern (z.B. Carici-Fagetum) wär-

MARTENS & KEMMLER (1882); 8219/1: Bruderhol bei Singen, JACK (1900); 8219/3: Hardtwald bei Überlingen a. Ried, JACK (1900); Erlenwald westlich Überlingen, 1961, LANG (1973); 8219/4: Bankholzer Moos, Iznang, Weiler, REINECKE (STU-K); 8220/4: am Wege im Wald Schwarzenberg bei Hegne, JACK (1900); 8222/1: im Heidenwald bei Lellwangen, JACK (1900); 8319/2: Wald oberhalb von Hemmenhofen, 1979, BEYERLE.
Oberschwaben: 7726/1: Brandenburger Holz sw. Illerrieden, K. MÜLLER in BERTSCH (STU-K); Wangen, 1934, v. ARAND (STU); 7726/3: Regglisweiler bei „Krauthöfen", 1934, K. MÜLLER (STU); 7926/1: im Günzertal bei Erolzheim, K. MÜLLER in DÖRR (1975); 7926/3: Ochsenbach bei Rot, MARTENS u. KEMMLER (1865); 7927/1: zw. Otterwald und Boos (bereits in Bayern), DÖRR (1975).

Bestand und Bedrohung: In ihren Hauptverbreitungsgebieten im schwäbischen Keuper, im Buntsandstein-Odenwald und im nördlichen Schwarzwald ist die Art vielerorts recht häufig. Als Pflanze der Waldränder, Waldlichtungen, Waldwegränder usw. wird sie durch die menschliche Tätigkeit eher gefördert als zurückgedrängt. Schutzmaßnahmen sind in diesen Naturräumen nicht erforderlich. Schonenswert sind jedoch die wenigen Bestände, die südlich der Schwäbischen Alb liegen und zum Teil die absolute Arealgrenze markieren! Insgesamt ist die Art in Baden-Württemberg nicht gefährdet.

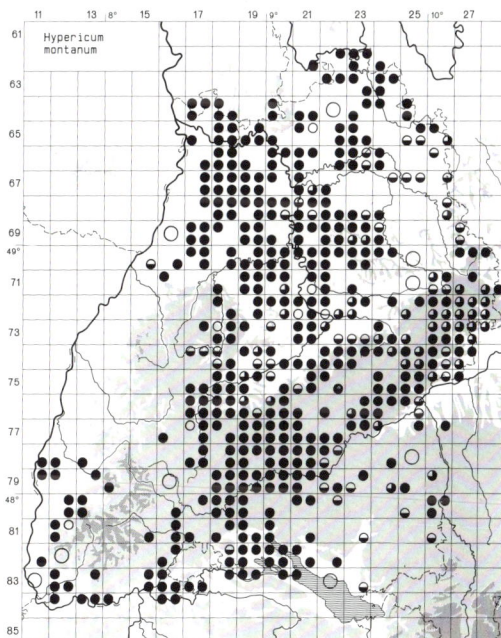

5183. pulchrum L.   5187.   montanum L.

Hypericum

merer Lagen vor. Vegetationsaufnahmen liegen vor bei SLEUMER (1934: Tab. 3), KUHN (1937: Tab. 29, 33), OBERDORFER (1949: Tab. 11), TH. MÜLLER (1966: Tab. 1, 14, 18), LANG (1973: mehrere Tab.), WITSCHEL (1980: mehrere Tab.), SEBALD (1983: Tab. 2, 3, 4, 9) und bei PHILIPPI (1984: Tab. 14).

Allgemeine Verbreitung: Europa und Kleinasien; Südwestgrenze des Hauptareals in den Pyrenäen, Nordgrenze in Südnorwegen bei 62° n.Br.. Südgrenze in Süditalien, Ostgrenze am Dnjepr. Exklaven auf der Iberischen Halbinsel, der Krim, am Kaukasus und in Kleinasien.

Verbreitung in Baden-Württemberg: Hauptverbreitungsgebiete sind die Schwäbische Alb, die Muschelkalkflächen des Alb-Wutach-Gebiets, der Oberen Gäue, des Mittleren Neckarraumes, der Hohenloher Ebene und des Taubergebiets. Deutlich seltener ist die Art im Kraichgau und im Alpenvorland, hier mit deutlichem Schwergewicht im Jungmoränengebiet. Im Oberrheingebiet kommt die Art hauptsächlich in den südlichen Vorbergen und im Kaiserstuhl vor, in der mittleren und nördlichen Rheinebene fällt sie nahezu aus. Selten ist das Berg-Johanniskraut im Schwäbisch-Fränkischen-Wald; dem Schwarzwald und dem Odenwald fehlt es über weite Strecken.

Die Höhenverbreitung reicht von ca. 100 m ü.NN bei Mannheim bis 960 m ü.NN am Plettenberg (7718/4) und am Oberhohenberg (7818/2) nach BERTSCH (STU-K).

Ältester fossiler Nachweis: Hornstaad (Hörnle II), spätes Atlantikum (RÖSCH unpubl.). Ältester literarischer Nachweis: C. BAUHIN (1622: 82): „in montosis circa Crenzachum" bei Basel. Auch von HARDER 1594 vermutlich im Gebiet gesammelt (HAUG 1915: 64).

Bestand und Bedrohung: In den Hauptverbreitungsgebieten tritt die Art mäßig häufig oder zerstreut auf. Die Wuchsorte sind zumeist nur geringfügig oder gar nicht bedroht. Zu verhindern ist das vollständige Verbuschen von Säumen. *H. montanum* gehört landesweit nicht zu den gefährdeten Arten.

Berg-Johanniskraut *(Hypericum montanum)*, rechts (Figur 5187); ferner: Schönes Johanniskraut *(Hypericum pulchrum)*, links (Figur 5185); aus REICHENBACH, L.: Icones florae germanicae et helveticae, Band 6, Tafel 347 (1842–1844).

8. Hypericum humifusum L. 1753
Niederliegendes Johanniskraut,
Erd-Johanniskraut

Morphologie: Zweijährige bis ausdauernde, kahle, am Boden kriechende (als einzige einheimische *Hypericum*-Art) Pflanze. Stengel meist zu mehreren, am Grunde nicht verholzt, wenige cm bis 30 cm lang, niederliegend, an der Spitze aufsteigend, 2kantig, selten auch rund, dünn (weniger als 1 mm dick). Blätter 5–15 mm lang, verkehrt-eiförmig oder länglich-elliptisch, durchscheinend punktiert, am Rande mit schwarzen Drüsen, sitzend oder sehr kurz gestielt. Blütenstand eine wenigblütige Rispe. Kelchblätter 3–6 mm lang, (breit)lanzettlich, ganzrandig, am Rande und auf der Fläche mit schwarzen Drüsen, meist 3 größere und 2 kleinere pro Blüte. Kronblätter 4–7 mm lang, wenig länger als der Kelch, hellgelb, am Rande mit schwarzen Drüsen. Staubblätter 15–20, kürzer als die Kronblätter. Frucht eine längsteilige, 5 mm lange, eiförmige Kapsel.

Biologie: Blütezeit Juni bis September. Insektenbestäubung. Auch Selbstbestäubung kommt vor. Als Blütenbesucher erscheinen Musciden (KNUTH 1898).

Ökologie: Auf feuchten, (mäßig) nährstoffreichen, basenarmen, meist ± kalkarmen, schwach sauren, humosen, lehmigen Sandböden bis lehmigen Tonböden oder auf Torfen. Gedeiht als Pionier an ± offenen Stellen in kalkmeidenden Zwergbinsen-Gesellschaften auf lichten Waldwegen, in Fahrzeug- und Stammschliffspuren in Forsten, in Gräben, auf Moorpfaden, bisweilen auch in Ackerbrachen. Häufig tritt *H. humifusum* gemeinsam mit folgenden Vertretern der Zwergbinsen-Gesellschaften auf: *Gnaphalium uliginosum, Juncus bufonius* und *J. articulatus*; seltener wird es von *Centunculus minimus, Centaurium pulchellum, Gypsophila muralis, Cyperus flavescens* oder *Scirpus setaceus* begleitet. An halbschattigen Stellen ist die Art oft mit *Stellaria alsine* und *Glyceria declinata* vergesellschaftet, an besonnten Stellen bisweilen mit *Carex serotina*. Vegetationsaufnahmen bei J. u. M. BARTSCH (1940: Tab. 7), TH. MÜLLER (1966: Tab. 13) und bei PHILIPPI (1968: Tab. 8, 9, 10, 11).

Allgemeine Verbreitung: Europa und nordwestliches Afrika. Südwestgrenze in Portugal, Nordwestgrenze in Irland und Schottland. Nordgrenze in Dänemark und in Südschweden (bis 58° n.Br.). Ostgrenze in Weißrußland, Böhmen und in Ungarn. In Frankreich, auf der Apenninen-Halbinsel und in Mitteleuropa mit Ausnahme des Alpenraumes verbreitet.

Verbreitung in Baden-Württemberg: Hauptverbreitungsgebiete sind der nördliche Schwarzwald, der Buntsandstein-Odenwald, der Westen des Schwäbisch-Fränkischen-Waldes und die Schwarzwald-Alluvionen der Rheinebene zwischen Rastatt und Offenburg. Zerstreut kommt die Art im Südschwarzwald, in den Keupergebieten westlich und südwestlich von Stuttgart, im Vorland der Schwäbischen Alb und im Alpenvorland vor. Auf der Schwäbischen Alb und in den Gäulandschaften mit Muschelkalken oder kalkreichen Lößen als Unterlage (z.B. das östliche Taubergebiet, der Kraichgau, das Heckengäu und die Oberen Gäue, das Alb-Wutach-Gebiet) ist *H. humifusum* sehr selten oder nicht vorhanden.

Die Höhenverbreitung reicht von ca. 95 m ü. NN in der Viernheimer Heide (6417/1) bis über 1120 m ü. NN am Waldhäusle am Feldberg (8114/1) nach einer Beobachtung von PHILIPPI (KR-K).

Ältester literarischer Nachweis: GATTENHOF (1782: 220): „In agris montanis siccis, über die Hirschgasse, über guten Leut-Hof" bei Heidelberg. LEOPOLDS Angabe (1728: 82) von Thalfingen ist nicht ganz sicher.

Bestand und Bedrohung: In den Hauptverbreitungsgebieten tritt *H. humifusum* meist mäßig häufig auf, in den übrigen Landesteilen ist es nur sehr zerstreut oder selten anzutreffen und fehlt über weite Strecken. Da geeignete Standorte vom Menschen immer wieder geschaffen werden (neue Waldwege, Fahr-

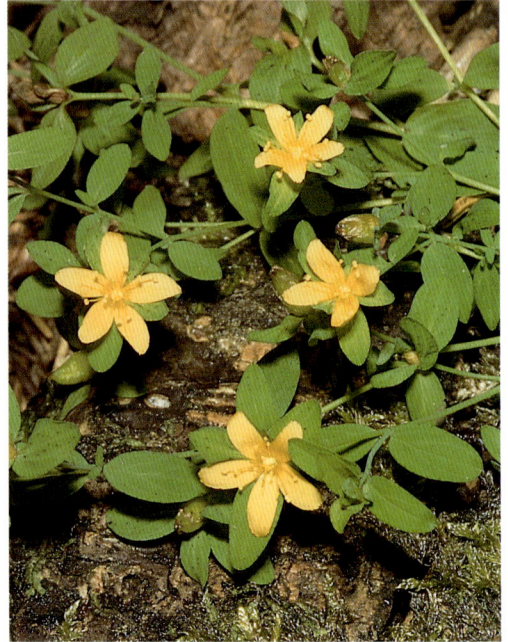

Niederliegendes Johanniskraut *(Hypericum humifusum)* Rauhe Wiese bei Böhmenkirch, 1980

zeugspuren in Forsten usw.), dürfte *H. humifusum* in den letzten Jahrzehnten allenfalls schwach zurückgegangen sein. Es gehört nicht zu den gefährdeten Arten.

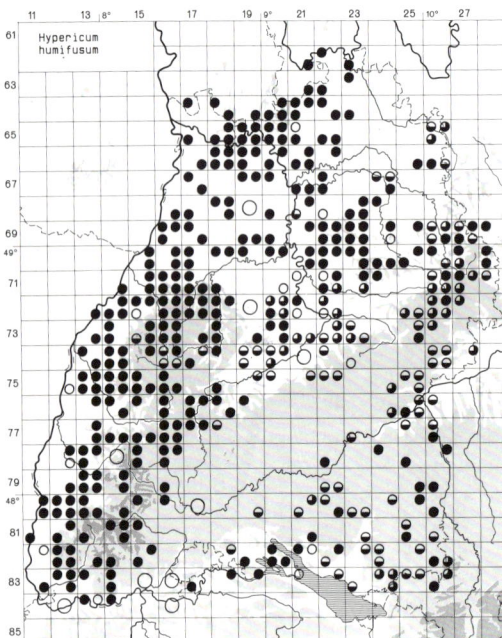

Hypericum elodes L. 1759
H. helodes auct.; *H. palustre* Salisb., 1796;
Elodes palustris Spach. 1836
Sumpf-Johanniskraut, Sumpf-Hartheu

In Baden-Württemberg bisher nicht nachgewiesen. Nach HEGI (1925) jedoch in etwa 25 km Entfernung von der Landesgrenze im zentralen Odenwald bei Mossau (Hessen) vorkommend; außerdem an mehreren Stellen weiter nördlich zwischen Darmstadt und Aschaffenburg (Messel, Ober-Roden, Offenthal). Alle diese Fundorte sind inzwischen erloschen (SCHNEDLER mdl.).

H. elodes ist eine euozeanische Art und gehört zum atlantischen Florenelement. Es ist auf Westeuropa beschränkt und erreicht in Westdeutschland seine östliche Verbreitungsgrenze.

Morphologische Merkmale: Niederliegend-kriechende Pflanze. Von *Hypericum humifusum* durch abstehend-flaumige Behaarung, durch den stielrunden Stengel und die eiförmigen, am Rande drüsig-gefransten Kelchblätter leicht zu unterscheiden.

Hypericum elegans Stephan ex Willd. 1802
Zierliches Johanniskraut

In Baden-Württemberg fehlend. Nächstgelegene Vorkommen in etwa 50 km Entfernung von der Landesgrenze in

Rheinhessen bei Odernheim (HEGI 1925), bei Sprendlingen und Zotzenheim (KÖHLER in ROTHMALER 1982).

H. elegans ist eine sarmatisch-südsibirische Steppenpflanze mit ihren westlichsten Vorposten in Rheinhessen, Anhalt und Thüringen.

Morphologische Merkmale: Stengel oben 2kantig. Blätter schmal, länglich-lanzettlich, nach unten eingerollt, länger als die einzelnen Stengelglieder, am Rande schwarz punktiert. Kelchblätter spitz, mit gestielten Drüsen. Blütenstand vielblütig, locker.

Hypericum calycinum L. 1767
Großblütiges Johanniskraut

Sehr häufig anzutreffende Pflanze in Gartenanlagen und Parks wintermilder Gegenden. Südosteuropäisch-westasiatische Pflanze (Heimat Griechenland, südlicher Schwarzmeer-Raum, Kolchis, Iran).

Morphologische Merkmale: Pflanze drüsenlos. Stengel aufsteigend. Blätter 3–10 cm lang, immergrün. Blüten einzeln. Kelchblätter bis 2 cm lang. Kronblätter 3–5 cm lang (bei den einheimischen *Hypericum*-Arten höchstens 2 cm lang). Staubbeutel zu 5 Bündeln verwachsen. Griffel 5.

Elatinaceae
Tännelgewächse
Bearbeiter: B. QUINGER

Ein- bis mehrjährige Kräuter. Blätter ungeteilt, gegenständig oder quirlig, sitzend oder kurz gestielt. Nebenblätter klein, dünn, häutig. Blüten einzeln, oder in wenigblütigen Blütenständen, radiär, 2–5zählig. Kelchblätter frei oder am Grunde verwachsen. Kronblätter frei. Staubblätter 2–10 (so viel oder doppelt so viele wie Kronblätter). Fruchtknoten 1, oberständig. Frucht eine vielsamige Kapsel. Samen stark gekrümmt.

Zu den Tännelgewächsen gehört die Gattung *Elatine* L. und die auf die afrikanischen und asiatischen Tropen beschränkte Gattung *Bergia* L.

1. Elatine L. 1753
Tännel

Meist einjährige, selten ausdauernde, kahle Kräuter. Kelchblätter auf ¼ bis ½ ihrer Länge verwachsen. Blüten stets einzeln in den Blattachseln, sitzend oder kurz gestielt, Kelchblätter 2–4. Kronblätter 3–4. Staubblätter 3–8, frei. Samenoberfläche mit einer netzartigen Struktur aus rechteckigen, quergestreckten Feldern.

Alle Arten sind Amphiphyten, wachsen an periodisch überschwemmten Uferstellen von Seen, Teichen oder Flüssen und bilden kurzgliedrige Land-

und langgliedrige Wasserformen aus, die ineinander übergehen. Insekten- und Selbstbestäubung, die Wasserformen sind im allgemeinen kleistogam. Die Samenverbreitung erfolgt epizoisch, insbesondere durch Wasservögel. Aus an Wasservögeln anhaftendem Schlamm konnte KERNER u.a. *Elatine hydropiper* heranziehen. Lichtkeimer.

Die Gattung *Elatine* ist weltweit verbreitet. Sie umfaßt 12 Arten, von denen 5 in Baden-Württemberg oder in angrenzenden Gebieten nachgewiesen sind.

1 Stengel aufsteigend-aufrecht, unverzweigt oder nur am Grunde ästig. Blätter ungeteilt, quirlständig oval bis lanzettlich. Blüten grünlich . . . . . .
   . . . . 1. *E. alsinastrum*
– Stengel kriechend, ästig. Blätter gegenständig, gestielt. Blüten weiß oder rosa 2
2 Blütenblätter 4, Staubblätter 8. Stiel der Laubblätter deutlich länger als die Spreite 2. *E. hydropiper*
– Blütenblätter 3, Staubblätter 3 oder 6. Stiel der Laubblätter ebenso lang wie die Spreite 3
3 Staubblätter 6. Kelch 3teilig . . . .3. *E. hexandra*
– Staubblätter 3. Kelch 2teilig 4
4 Blüten sitzend . . . . 4. *E. triandra*
– Blüten 1–2,5 mm gestielt; bisher in Baden-Württemberg nicht nachgewiesen . . . . *[E. ambigua]*

1. Elatine alsinastrum L. 1753
E. verticillata Lam. 1779
Quirlblättriger Tännel, Mierenstern-Tännel

Morphologie: Schaft-Therophyt. Stengel 2 cm bis 1 m lang, bogig aufsteigend bis aufrecht. Unterwasserblätter 8–16 je Quirl, schmallinealisch, bis 5 cm lang und 1,5 mm breit, zurückgeschlagen. Blätter über dem Wasser meist in 3zähligen Quirlen (slt. 5zählig), oval bis lanzettlich, bis 12 mm lang und 8 mm breit, sitzend. Blüten einzeln in den Achseln der Luftblätter, sitzend oder kurz gestielt. Kronblätter grünlich. Staubblätter 8. Samen 0,6 bis 0,8 mm lang, schwach gebogen. – Blütezeit: Juni bis September.

Ökologie: Unbeständig auf offenen, periodisch trockenfallenden (v.a. Spätsommer und Herbst), ± nährstoffreichen, kalkarmen bis ± kalkfreien, meist schlickigen, sandigen bis tonigen Lehmböden an Teichen, Wassergräben, Lehmgruben und Hanfrözen. Auch in nassen Mulden von Gänse- und Schweineweiden oder neuerdings von Maisäckern (beob. 1987). Gilt als Nanocyperion-Verbandscharakterart (OBERDORFER 1983). Nach PHILIPPI (1968: Tab. 4) trat *E. alsinastrum* 1963 in der Freiburger Bucht bei Vörstetten (7913/1) in der *Peplis portula*-Gesellschaft zusammen mit der namengebenden Art, *Alisma lanceolata, A. plantago-aquatica* und *Callitriche stagnalis* an einem überschwemmten Baggerseeufer auf. In derselben Ver-

Quirlblättriger Tännel *(Elatine alsinastrum)*
Holzhausen

gesellschaftung wurde die Art bei Urloffen (7413/2) von PHILIPPI (1969: Tab. 4 und 1971: Tab. 3) beobachtet, wo als Begleiter *Juncus bufonius* und *J. articulatus, Scirpus setaceus, Gnaphalium uliginosum, Potentilla anserina* und *Glyceria fluitans* hinzutraten. Im Jahr 1987 erschien *Elatine alsinastrum* in vernässten Äckern bei Scherzheim (7214/3) und bei Wagshurst (7313/4) in *Peplis portula*-Beständen gemeinsam mit *Pilularia globulifera* und *Lindernia pyxidaria* (BREUNIG u. HAISCH 1988).

Allgemeine Verbreitung: Westliches Eurasien. Das Areal ist großenteils in Einzelvorkommen zerrissen; eine größere Verbreitungsdichte gibt es im westlichen und zentralen Frankreich, im nordöstlichen Mitteleuropa, im mittleren Osteuropa und in Kasachstan. Nordgrenze in Südfinnland bei 63° n. Br., Ostgrenze in Westsibirien. Arealsplitter in Nordafrika und in der Kolchis.

Verbreitung in Baden-Württemberg: Sehr zerstreut ist *E. alsinastrum* bisher in der Oberrheinischen Tiefebene nachgewiesen worden mit deutlicher Konzentration auf den Bereich der Schwarzwald-Alluvionen (kalkarme Böden!). Aus Baden liegen außerdem Beobachtungen am Säckinger See (8413/2) vor. In Württemberg sind bisher nur zwei Vorkommen bekannt geworden: bei Ellwangen/Jagst (7026/2) und zwischen Zuffenhausen und Burgholz (7121/3); beide Vorkommen sind bereits im 19. Jahrhundert erloschen (MARTENS u. KEMMLER 1882).

Die Höhenverbreitung reicht von ca. 95 m ü. NN bei Friedrichsfeld (6517/3) bis ca. 480 m ü. NN bei Ellwangen/Jagst.

E. alsinastrum ist bisher nicht an vom Menschen unbeeinflußten Stellen festgestellt worden. Die Art gehört vermutlich zu den Archäophyten.

Erster literarischer Nachweis: HOFFMANN (1791: 140): Stuttgart. SCHÜBLER u. MARTENS (1834: 260): „in der Erdgrube der Cannstatter Heide zwischen dem Burgholz und Zuffenhausen vor 40 Jahren vom Hofapotheker PEPERMÜLLER entdeckt und noch vorhanden".

NeS Neckar-Rhein-Ebene und Nördliche Rheinebene: 6517/3: zw. Friedrichsfeld und Schwetzingen, in der Nähe des roten Lochs nach SCHMIDT (1857) stellenweise häufig; nach ZIMMERMANN, F. (1906) bereits erloschen; 6617/1: Ketsch, ZIMMERMANN, F. (1906); 6916/3 (?): Karlsruhe-Daxlanden, GMELIN (1826).

Offenburger Rheinebene: 7214/3: Maisacker 1 km östl. Scherzheim, 1987, TH. BREUNIG (KR-K); 7313/3: Freistett, KLEIN u. SEUBERT (1905); Sauweide bei Linx, ZIMMERMANN, W. (1926); 7313/4: Maisacker, 1,5 km nördl. Wagshurst, 1987, HAISCH (KR-K); 7413/1: Kork, GMELIN (1826), WINTER (1884); Odelshofen, ZIMMERMANN, W. (1926); 7413/2: Urloffen, 1932, HENN in PHILIPPI (1969); zw. Renchen u. Urloffen, 1968 u. 1970, PHILIPPI (1969 u. 1971); 7413/3: Willstädt, SEUBERT u. KLEIN (1905); 7414/1: zw. Renchen u. Zimmern, ZIMMERMANN, W. (1926); 7512/4: Ichenheim, SEUBERT u. KLEIN (1905); 7513/1: Müllen, BAUR (1886); 7513/3: zw. Dundenheim u. Höfen, BAUR (1886); Höfen, zuletzt 1970 1 Ex. auf der ehemaligen Schweineweide, HENN 1938 nach PHILIPPI (1969), PHILIPPI (1971); im Maisacker 2 km westl. Höfen, 1987, etwa 20 Pflanzen, HAISCH (KR-K); 7712/4: Ringsheim, in Lehmlöchern, SCHILDKNECHT (1863); 7812/2: Kenzingen, SPENNER (1829), DÖLL (1862).

Freiburger Bucht: 7812/3 (?): Riegel, SPENNER (1829), DÖLL (1862); 7813/3: Emmendingen, SPENNER (1829), DÖLL (1862); 7912/2: Hugstetten, in Hanflöchern, GME-

LIN (1826); SCHILDKNECHT (1863); bei Ober- und Niederreute, SCHILDKNECHT (1863); auf der Schweineweide, 1881, GOLL (KR), STEHLE (1895); Benzhausen, 1961, HÜGIN in PHILIPPI (1969); 7913/1 (?): zw. Denzlingen und Waldkirch (Braun), zuletzt Neuberger?, GMELIN (1826), DÖLL (1862), NEUBERGER (1912); Baggersee bei Vörstetten, 1963, PHILIPPI (1968); 8013/1: zw. Wiehre und Günterstal, SPENNER (1829).

Südschwarzwald: 8413/2: Bergsee bei Bad Säckingen, ZIMMERMANN, G. (1911).

Nord-Württemberg: 7026/2: Ellwangen, Jagst, 1856, FRÖHLICH (STU), nach MARTENS u. KEMMLER (1882) bereits im 19. Jh. erloschen!; 7121/3: zw. Burgholz und Zuffenhausen; von PEPERMÜLLER im 18. Jh. entdeckt, im Jahre 1833 noch vorhanden, seitdem durch Wiederaufnahme des Steinbruchs verschwunden (MARTENS)!, MARTENS u. KEMMLER (1882).

Bestand und Bedrohung: In Baden-Württemberg wurde *E. alsinastrum* 1987 an drei Stellen in der Offenburger Rheinebene in vernäßten Maisäckern beobachtet (BREUNIG u. HAISCH 1988). Zwischen 1970 und 1987 gelangen keine Nachweise der Art. Seit mehreren Jahrzehnten tritt *E. alsinastrum* in der Rheinebene nur noch sporadisch und unbeständig auf. Die Art gehört vermutlich zu den akut vom Aussterben (Gef.-Grad 1) bedrohten Nanocyperion-Arten. In der Roten Liste (HARMS et al. 1983) ist sie noch als stark gefährdet (G 2) eingestuft. Die gegenwärtigen Wuchsorte lassen sich nur unter Schwierigkeiten unter Schutz stellen; andererseits ist ein Wiederauftreten der Art aufgrund der Langlebigkeit ihrer Samen an Stellen möglich, wo sie jahrelang nicht beobachtet wurde und als verschollen galt.

In der Rheinebene besaß *E. alsinastrum* im vorigen Jahrhundert noch mehrere, offenbar ± beständige Wuchsorte (s. u.), die bereits um 1900 teilweise nicht mehr bestätigt werden konnten (z. B. Friedrichsfeld nach F. ZIMMERMANN 1906). Zwischen 1960 und 1970 trat *E. alsinastrum* in der Oberrheinebene verschiedentlich beim Bau von Autobahnen auf, z. B. im Jahr 1970 bei Urloffen (7413/2).

In der Rheinebene gingen zahlreiche, ehemals berühmte *Elatine*-Wuchsorte auf Schweineweiden und in den „Hanfrözen" (= Lehmgruben zum Ablagern der Hanfabfälle) nach Aufgabe dieser Nutzungsformen durch Zuwachsen oder direkt durch Ausbaggern oder Zuschütten (z. B. Schweineweide bei Au (7015/1)) verloren. Berühmte, ± beständige *Elatine*-Wuchsorte waren die Schweineweiden bei Au a. Rhein, Illingen, Höfen, Kork und Reute und die Hanfrözen bei Renchen und bei Hugstetten. Neben *E. alsinastrum* sind auch die anderen einheimischen *Elatine*-Arten durch die fast vollständige Vernichtung derartiger „optimaler" Wuchsorte sehr selten geworden oder sogar verschollen.

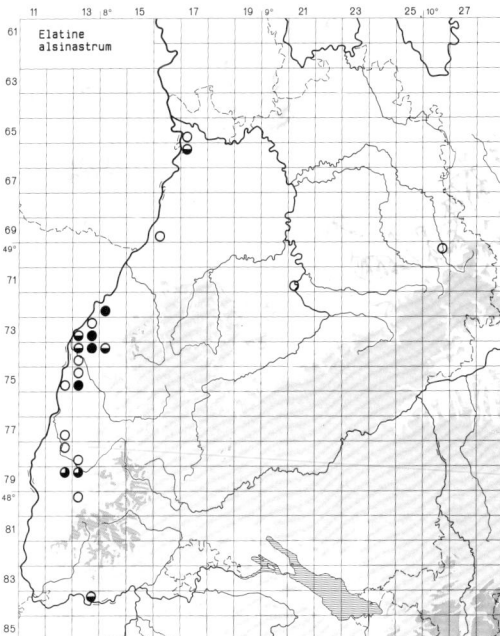

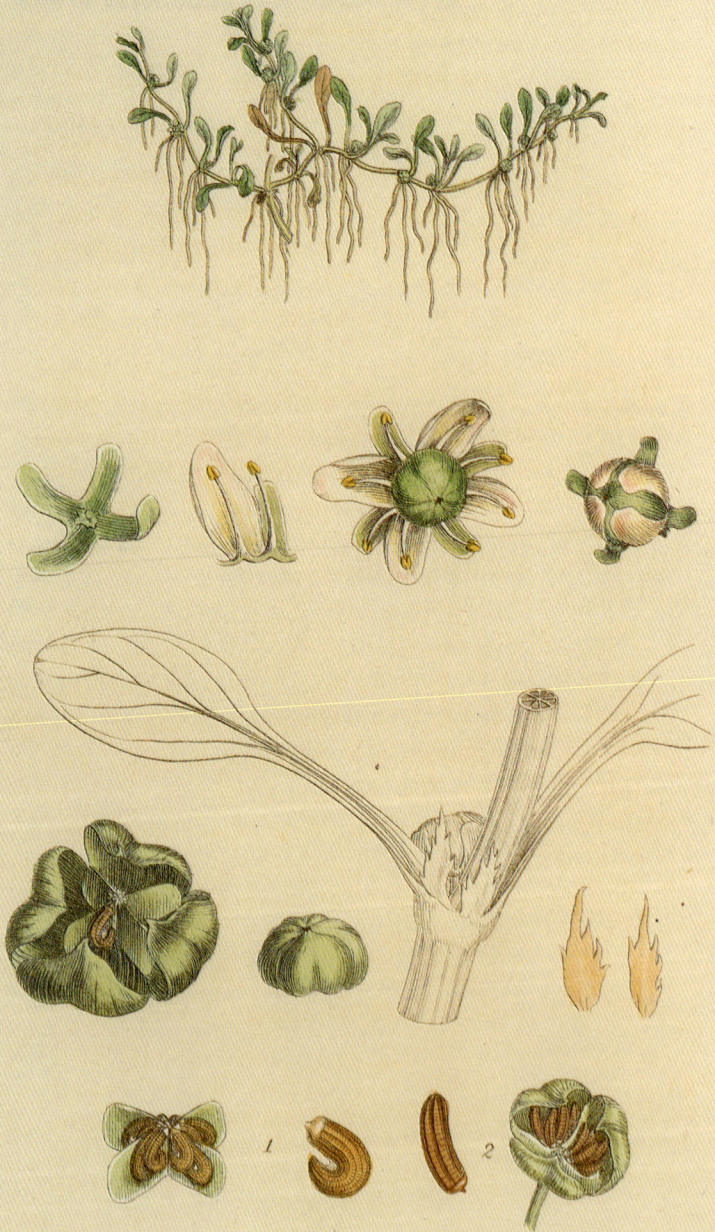

J. E. Bowman, del.

December 1st 1830.

2. Elatine hydropiper L. 1753

E. oederi Moesz 1908; *E. gyrosperma* Düben ex
Meinsh. 1878
Wasserpfeffer-Tännel

Morphologie: Kriech-Therophyt. Haupttriebe bis
15 cm lang, an den Knoten wurzelnd, mit aufsteigenden oder aufrechten Ästen. Blätter oval bis
spatelig, in einen Stiel verschmälert, der 1–3mal so
lang ist wie die Blattspreite (meist unter 5 mm
lang). Blüten sitzend oder kurz gestielt, vierzählig.
Kronblätter rötlich, etwa ebenso lang wie die
Kelchblätter (0,5 mm lang). Staubblätter 8. Griffel
4. Samen ca. 1 mm lang, stark gekrümmt, hakenförmig gebogen.

Biologie: Blütezeit Juni bis September. Blätter nicht
nach Pfeffer schmeckend (Name!).

Ökologie: Auf offenen, periodisch trockenfallenden, nährstoffreichen, sandigen Schlickböden in
Teichen, früher auch in Schweineweiden und in
Hanflöchern; weniger kalkfeindlich als die anderen
einheimischen *Elatine*-Arten (PHILIPPI 1968: 80).
Tritt in Littorelletalia- und in Cyperetalia fusci-Ge-
sellschaften auf (OBERDORFER 1983). Nach
KNEUCKER (1924) in Wasserlöchern der Schweinsweide bei Au (7015/1) zusammen mit *Eleocharis
acicularis*, *Limosella aquatica* und *Peplis portula*,
auf Schlamm der Schweinsweide bei Illingen (7015/
3), außerdem mit *Juncus supinus*, *Mentha pulegium*,
Aster tradescántii, *Alisma graminifolium* und *Ranunculus trichophyllos* wachsend. Nach PHILIPPI
(1977) selten im Cypero-Limoselletum. Nach einer
Vegetationsaufnahme (PHILIPPI 1968: Tab. 1) von
der Schweineweide bei Ottersdorf in dieser Gesellschaft u. a. zusammen mit *Limosella aquatica*, *Cyperus fuscus*, *Lindernia pyxidaria* und *Lythrum hysso-
pifolia*.

Allgemeine Verbreitung: Westliches Eurasien und
Nordamerika. In Europa nach Süden bis Spanien
und Oberitalien, nach Norden bis Schwedisch- und
Finnisch-Lappland bis 68° n. Br. verbreitet; Ostgrenze in Westsibirien. Die Hauptverbreitungsgebiete in Mitteleuropa liegen in Südböhmen und in
Westpreußen.

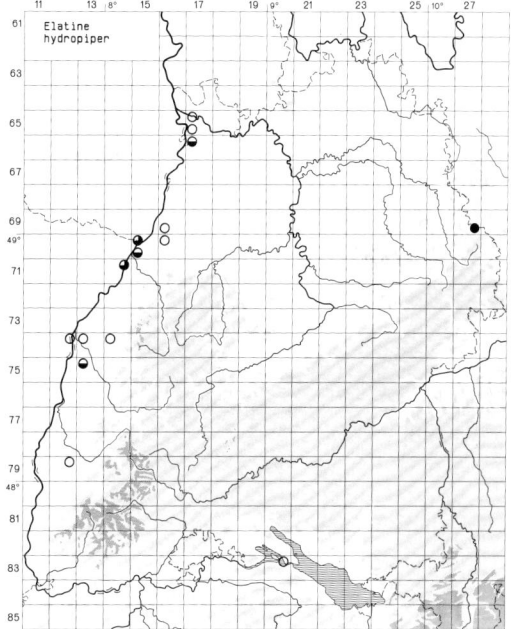

Wasserpfeffer-Tännel *(Elatine hydropiper)*; aus
SOWERBY, J. & J. E. SMITH: English Botany, Supplement
Band 1, Tafel 2670, Figur 1 (1831), (bearbeitet von
J. E. BOWMAN).

Verbreitung in Baden-Württemberg: Bisher sehr zerstreut in der mittleren (= Offenburger Rheinebene)
und in der nördlichen Rheinebene nachgewiesen.
GMELIN fand die Art 1799 auch bei Konstanz, wo
sie später nicht mehr festgestellt wurde (JACK 1900).
SPENNER (1829) gibt sie für Hugstetten (7912/2) an.
In Württemberg sind bisher keine Wuchsorte bekannt geworden.

Die Höhenverbreitung reicht von ca. 95 m ü. NN
bei Mannheim bis ca. 400 m ü. NN bei Konstanz.
Vermutlich Archäophyt (vgl. *E. alsinastrum*).

Erster literarischer Nachweis: ROTH VON
SCHRECKENSTEIN (1799: 23): „Um Constanz, Car-
deur".

Nördliche Rheinebene: 6517/1 (?): Mannheim, DÖLL
(1843); 6517/3: rotes Loch bei Friedrichsfeld, SCHMIDT
(1857), DÖLL (1862); 6617/1: bei Ketsch von 1884 bis 1903,
F. ZIMMERMANN (1906); 6916/3: Knielingen, in Sümpfen,
GMELIN (1806); Daxlanden, am Federbach „überall", zuletzt 1814, GMELIN (1806) u. (KR); Karlsruhe, 1845, A.
BRAUN (KR); 7015/1: Schweineweide bei Au, 1922 u. 1926,
KNEUCKER (1924) u. (KR), JAUCH (KR); bei Au am
Rhein, 1963, BRETTAR nach PHILIPPI (1969), KNEUCKER
(1888); 7015/3: Schweineweide bei Illingen, KNEUCKER
(1924); 7016/1: Beiertheimer Badhaus (A. BRAUN), DÖLL
(1862); im Graben rechts der Straße zw. Beiertheim u. d.
Ettlinger Landstr., KNEUCKER (1888); 7114/2: Schweine-
weide bei Ottersdorf, 1965 u. 1966 beobachtet, BRETTAR in
PHILIPPI (1969).

Offenburger Rheinebene: 7412/2: Kehl, DÖLL (1862),
NEUBERGER (1912); 7413/1: Kork, 1845 u. 1846, A.
BRAUN (KR), DÖLL (1862) u. (KR); 7414/1: Renchen,

27

WINTER (1884); 7513/1: Schutterwald, NEUBERGER (1912). Weitere Fundorte: 7912/2: bei Hugstetten, in Hanflöchern, SPENNER (1829), NEUBERGER (1912); 8320/2: bei Konstanz, 1799, GMELIN (1806), JACK (1900).

Bestand und Bedrohung: Wurde in Baden-Württemberg zuletzt 1966 beobachtet und muß daher zu den verschollenen Arten gerechnet werden! In der Roten Liste (HARMS et al. 1983) ist die Art noch als akut vom Aussterben bedroht (G 1) eingestuft. Die ehemals bekannten Wuchsorte auf den früheren Schweineweiden und in den Hanflöchern bei Au, Illingen, Kork, Renchen und Ottersdorf sind allesamt zerstört (vgl. *E. alsinastrum*!). Die Baden-Württemberg nächstgelegenen, noch existierenden Bestände von *E. hydropiper* dürften die 1983 von T. TATARU (1984) südwestlich von Augsburg entdeckten Vorkommen sein.

3. Elatine hexandra (Lapierre) DC. 1808
E. paludosa Seubert 1842 (nom. illeg.); *E. paludosa* var. *hexandra* (Lapierre) Döll 1862
Sechsmänniger Tännel, Sechsstaubblättriger Tännel, Stieltännel

Morphologie: Kriech-Therophyt (potentiell mehrjährig!). Hauptachse kriechend, an den Knoten wurzelnd, Seitenäste aufsteigend, 2–20 cm lang. Blätter eiförmig-länglich, bis 3,5 mm breit und 5 mm lang, zum Stiel hin verschmälert. Blattstiellänge bis 5 mm. Blüten gestielt, einzeln in den Blatt-

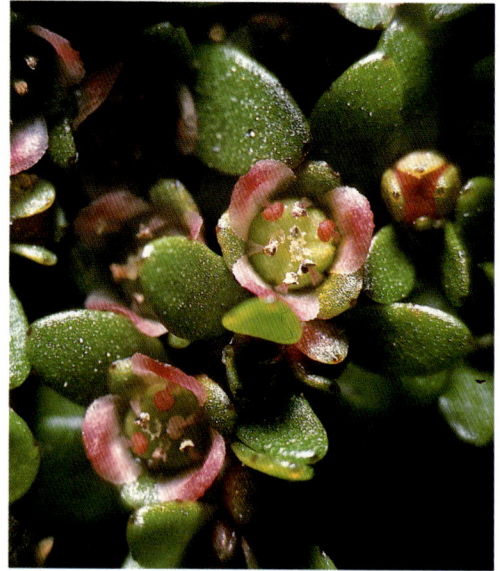

Sechsmänniger Tännel *(Elatine hexandra)*

achseln. Kronblätter weiß bis rötlich, länger als die Kelchblätter. Staubblätter 6. Samen schwach gekrümmt mit deutlich sichtbaren Längsrippen. – Blütezeit: Juli bis September.

Ökologie: Unbeständig auf periodisch überstauten, nährstoffreichen, offenen Schlammböden mit lehmiger oder sandiger, kalkarmer Unterlage. Sehr selten auch im schwach fließenden Wasser. In Littorelletea- und Cyperetalia-Gesellschaften (OBERDORFER 1983). Nach BRIELMAIER (1951) in oberschwäbischen Weihern zusammen mit *Eleocharis acicularis* und *E. ovata* im Eleocharetum ovatae (sic!). Im Oberrheingebiet (nur noch im Elsaß!) in abgelassenen Teichen des Sundgaus nach PHILIPPI (1968: 91f.) in geschlossenen Tännel-Rasen mit denselben *Eleocharis*-Arten („*Elatine hexandra*-Gesellschaft"). Das Littorello-Eleocharitetum acicularis besiedelt *Elatine hexandra* nur in Lücken; Vegetationsaufnahmen bei PHILIPPI (1968: Tab. 5).

Allgemeine Verbreitung: Nur in Europa. Größte Verbreitungsdichte in Frankreich, ansonsten ist das Areal in zahlreiche Einzelvorkommen zersplittert. Südwestgrenze in Portugal, Nordgrenze in Südschweden und in Südnorwegen bei 62° n. Br. Ostgrenze in Schlesien, Mähren und in Siebenbürgen. Die wichtigsten Verbreitungsgebiete in Mitteleuropa sind die Weihergebiete Mittelfrankens und Südböhmens.

Verbreitung in Baden-Württemberg: Von der in Süddeutschland häufigsten *Elatine*-Art liegen aus dem badischen Oberrheingebiet weniger Beobachtungen

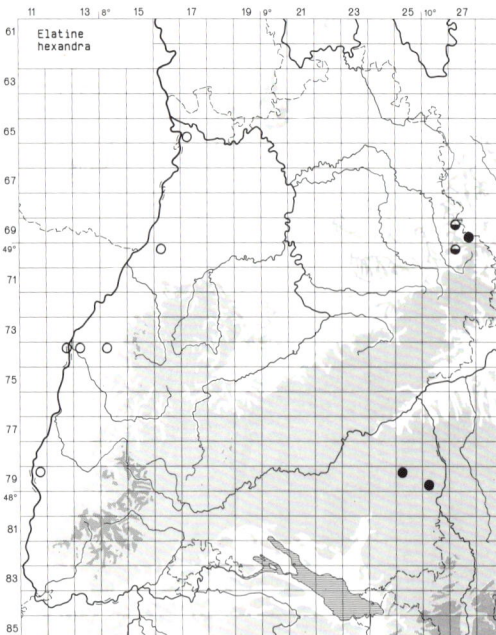

vor als von den anderen *Elatine*-Arten; zudem ist *E. hexandra* in diesem Gebiet im 20. Jahrhundert nicht mehr festgestellt worden. Lediglich aus dem elsässischen Teil der Oberrheinischen Tiefebene (Sundgau) wird die Art in jüngerer Zeit angegeben.

In Württemberg sind mehrere Wuchsorte in dem Weihergebiet (nord)östlich von Ellwangen/Jagst und im Bereich der östlichen, oberschwäbischen Altmoräne bekannt geworden, die großenteils noch Bestand haben.

Die Höhenverbreitung von *E. hexandra* reicht von ca. 95 m ü. NN bei Friedrichsfeld (6517/3) bis ca. 640 m ü. NN am Greutweiher bei Hattenburg (7925/1).

Die Art gehört vermutlich zu den Archäophyten (vgl. *E. alsinastrum!*). Ältester literarischer Nachweis: SPENNER (1829: 836): „Faule Waag, F. DE CHRISMAR" (7911).

Oberrheinische Tiefebene: 6517/3: Friedrichsfeld, SEUBERT & KLEIN (1905); 7016/1: Scheibenhardt bei Karlsruhe, zuletzt 1884, GMELIN (1826), BONNET (KR); Pulverturm bei Bulach, DÖLL (1862); 7412/2: Kehler Kinzigbrücke, DÖLL (1862); 7413/1: Korker Ziegelhütte, DÖLL (1862); 7414/1: Renchen, Hanflöcher, WINTER (1890); 7911/2: Faule Waag, SPENNER (1829), DÖLL (1862).
Weihergebiet bei Ellwangen/Jagst: 6927/1 Weiher am Wald nordöstlich von Wäldershub, HANEMANN in BERTSCH (STU-K); 6927/4: Tragenroder Wäldchen bei Ellwangen, 1929, PLANKENHORN (STU); Tragenroder Weiher

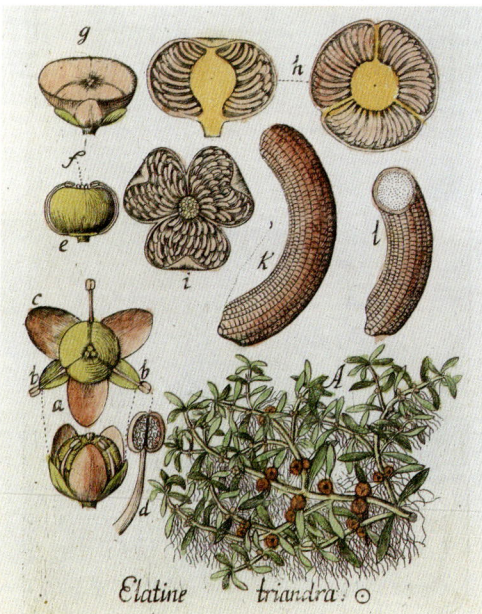

Dreimänniger Tännel *(Elatine triandra)*; aus SCHKUHR, Bot. Handbuch (1791: Tafel 109 b, unten)

HANEMANN (1924); Weiher bei Strebeklinge, K. u. F. BERTSCH (1948); Holzweiher, 1985, VOGGESBERGER (STU); 7027/1: Muckentaler Weiher, KIRCHNER u. EICHLER (1913), K. u. F. BERTSCH (1948).
Alpenvorland: 7925/1: Neuweiher bei Hattenburg, zuletzt 1984, BRIELMAIER (1951), DÖRR (STU), QUINGER (KR); Greutweiher bei Hattenburg, 1983, DÖRR (STU); 7926/3: Roter Weiher a. d. Rot, DÖRR (1975).

Bestand und Bedrohung: In Baden-Württemberg sehr seltene und stark gefährdete (Gef.-Grad 2) Art! Zur Zeit sind noch Vorkommen in der oberschwäbischen Altmoräne und im Weihergebiet nordöstlich von Ellwangen erhalten. Am bedeutendsten sind vermutlich die Bestände am Neuweiher (7925/1) bei Hattenburg.

Die Erhaltung von *E. hexandra* in den Weihergebieten kann durch regelmäßiges Ablassen der Weiher im Spätsommer und im frühen Herbst gewährleistet werden. Sämtliche Weiher mit *Elatine*-Vorkommen sind NSG-würdig. Im badischen Teil der Oberrheinischen Tiefebene ist *E. hexandra* in diesem Jahrhundert offenbar nicht mehr beobachtet worden.

4. Elatine triandra Schkuhr 1791
Dreimänniger Tännel, Dreistaubblättriger Tännel, Kreuz-Tännel

Morphologie: Kriech-Therophyt. Stengel 2–15 cm lang, an den Knoten wurzelnd oder aufsteigend. Blätter oval, 0,5–1,5 cm lang, 1–2 mm breit, am Grunde zu einem kurzen Stiel verschmälert, an der Spitze etwas ausgebuchtet. Blattränder mit kleinen Einbuchtungen an den Enden der Seitennerven. Blüten in den Blattachseln sitzend, sich nicht öffnend. Kronblätter 3, weiß oder rosa, ± ebenso lang wie die Kelchblätter. Staubblätter 3. Griffel 3. Samen 0,5 mm lang und 0,1 mm breit, ohne feine Längsrippen. – Blütezeit: Juni bis September.
Ökologie: Unbeständig auf periodisch überstauten, nährstoffreichen, kalkfreien, offenen, sandigen bis reinen Schlickböden an Teichrändern und in seichten Tümpeln. Vorwiegend in Cyperetalia-Gesellschaften (vgl. OBERDORFER 1983). Nach BRIELMAIER (1951) in oberschwäbischen Weihern gemeinsam mit *Eleocharis ovata* und *E. acicularis* im Eleocharetum ovatae (sic!). In Gräben zwischen Riegel und Teningen (7812/4) wurde *E. triandra* 1961 zusammen mit *Lindernia pyxidaria* und *Eleocharis ovata* gefunden (nach HÜGIN in PHILIPPI 1969). Im Sundgau treten zu diesen Arten als Begleitpflanzen häufig *Carex bohemica* und *Peplis portula* hinzu (PHILIPPI 1968: 85 f.).
Allgemeine Verbreitung: Eurasien und Nordamerika. Die Art ist zirkumpolar verbreitet mit Nord-

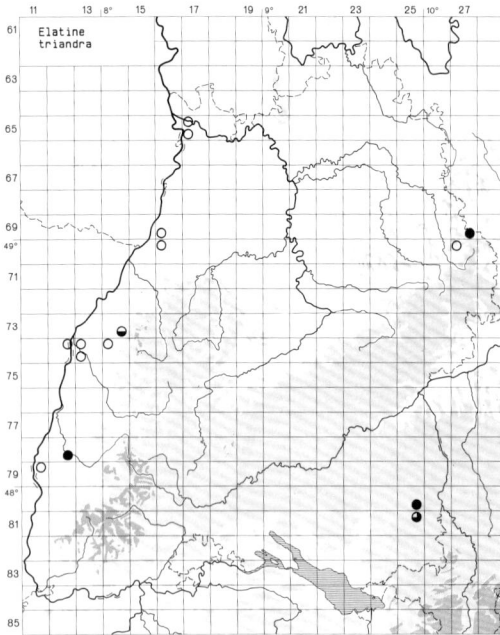

grenze bei 68° n. Br., zeigt aber ein stark zersplittertes Areal. Verbreitungszentren in Europa liegen im
südöstlichen Mitteleuropa (insb. Südböhmen,
Mähren und Sachsen), in Südschweden und in Südfinnland.

Verbreitung in Baden-Württemberg: In der Oberrheinischen Tiefebene bisher sehr zerstreut aufgetreten mit deutlicher Häufung in der Offenburger
Rheinebene und in der nördlichen Freiburger Bucht
im Bereich der Schwarzwald-Alluvionen der Kinzig, Schutter und der Elz. Einzelne Angaben liegen
aus dem Weihergebiet nordöstlich von Ellwangen
vor, die der Bestätigung bedürfen. Einige Vorkommen von *E. triandra* existieren an Weihern östlich
von Bad Wurzach.

Die Höhenverbreitung reicht von ca. 95 m ü. NN
bei Mannheim bis 760 m ü. NN am Lampertsrieder
Weiher (8125/2).

Ältester literarischer Nachweis: MARTENS (1828:
310): Ellwangen (7026). GMELINS Angabe (1806: 2:
189) bezieht sich sicher nicht auf unser Gebiet.

Oberrheinische Tiefebene: 6517/1 (?): Rheinufer bei
Mannheim, an seichten Stellen, DÖLL (1862); 6517/3: rotes
Loch bei Friedrichsfeld (Schimper), SCHMIDT (1857), bereits als verschwunden angegeben; 6916/3: Knielingen,
DÖLL (1862); Daxlanden, 1887, MAUS (KR); Albniede-
rung bei Appenmühle, Standort bereits in den 20er Jahren
vernichtet, KNEUCKER (1924); 7016/1: Karlsruhe-Schei-
benhardt (Braun), DÖLL (1862); am Gut Scheibenhardt, in
einem Graben an der Einfahrt, BONNET (1887), KNEUK-
KER (1888); 7314/4: zw. Oberachern und Kappelrodeck,

G. ZIMMERMANN (1911); 7412/2: Kehl, NEUBERGER
(1912); 7413/1: Korker Ziegelhütte, 1840, DÖLL (KR) u.
(1862); 7413/3 (?): Eckartsweierer Wald, DÖLL (1862);
7414/1: Renchen, in Hanflöchern, WINTER (1884 u. 1890);
7812/4 (?): Riegel, 1846, A. BRAUN (KR); zwischen Riegel
und Teningen, 1961, HÜGIN in PHILIPPI (1969); an einem
Baggersee an der Elz bei Köndringen, 1967–1973, KRAUSE
(1975); 7911/2: Faule Waag, SPENNER (1829).
Weihergebiet bei Ellwangen: 6927/4: Tragenroder Weiher,
HANEMANN (1924); Tragenrodener Weiher bei Ellwangen,
1933, PLANKENHORN (STU); 7027/1: Muckentaler Weiher,
KIRCHNER u. EICHLER (1913).
Alpenvorland: 8025/4: Rennertser Fischweiher, zuletzt
1983 beobachtet, BRIELMAIER (1951) u. (STU), DÖRR
(1975), KONOLD (1988); Waldweiher östl. von Bad Wur-
zach, 1967 von Brielmaier entdeckt, DÖRR (1975); 8125/2:
Lampertsrieder Weiher, 1950, K. MÜLLER (STU).

Bestand und Bedrohung: In Baden-Württemberg
sehr seltene, vom Aussterben bedrohte (Gef.-
Grad 1) Art! Im badischen Teil der Oberrheinischen Tiefebene ist *E. triandra* in den letzten Jahrzehnten nur noch sporadisch aufgetreten, z.B. 1961
zwischen Riegel und Teningen und zwischen 1967
und 1973 bei Köndringen. An einigen Weihern in
Oberschwaben wird *E. triandra* regelmäßig nachgewiesen (z.B. am Rennertser Fischweiher); sie tritt
hier jedoch ungleich spärlicher auf als *E. hexandra*.
Zur Erhaltung von *E. triandra* müßten diese Weiher
im Spätsommer oder im Frühherbst regelmäßig ab-
gelassen werden. Durch diese Maßnahme ließen
sich auch die selten gewordenen Cyperaceen *Carex
bohemica* und *Eleocharis ovata* erhalten. Aus dem
Ellwanger Weihergebiet liegen keine neueren Beobachtungen vor; allerdings könnte sich hier gezielte Nachsuche als lohnend erweisen.

Elatine ambigua Wight 1830
Ausgebreiteter Tännel

In Baden-Württemberg bisher nicht nachgewiesen. Nach
BECHERER (1964) im Sundgau/Elsaß in Weihern bei Frie-
sen und Lepuis-Delle (beobachtet SIMON). Die Verbreitungszentren von *E. ambigua* in Europa liegen in Ungarn
und in der Ukraine.

E. ambigua unterscheidet sich von der nah verwandten
E. triandra durch gestielte, sich öffnende Blüten und durch
die doppelte Länge der Kelchblätter gegenüber den Kronblättern (bei *E. triandra* ± gleich lang).

Tiliaceae

Lindengewächse
Bearbeiter: B. Quinger

In Europa ist nur die Gattung *Tilia* einheimisch. Weltweit gibt es etwa 45 Gattungen, die vorwiegend in den Tropen verbreitet sind.

1. **Tilia** L. 1753
Linde

Bis zu 40 m hohe, sommergrüne Bäume oder Sträucher. Blätter ungeteilt, herzförmig, gezähnelt, wechselständig, 2-zeilig angeordnet. Nebenblätter früh abfallend. Blüten in rispenartigen Blütenständen. Blütenstandsstiele mit einem flügelartigen, häutigen netzadrigen Vorblatt verwachsen. Blüten zwittrig. Krone radiär; Kronblätter 5, frei, gelb-weißlich. Staubblätter bis ca. 80, am Grunde in 5 Bündeln verwachsen. Fruchtknoten 1, oberständig, aus 3–5 Fruchtblättern. Griffel 1, mit mehreren Narben. Frucht eine 1–2samige, 1fächrige Nuß.

Tilia ist eine der wenigen einheimischen Laubbaumgattungen, bei der die Blüte erst nach der vollständigen Belaubung erfolgt. Außer von Honigbienen werden die Linden von anderen Bienen- und Hummelarten (Apiden), von Schwebfliegen (Syrphiden) und von Fliegen (Musciden) bestäubt. Die Blüten sondern am Grunde der Kelchblätter reichlich duftenden Nektar ab, der die Insekten anzieht. Das flügelartige Vorblatt am Stiel des Fruchtstandes wird zur Reife trockenhäutig und dient als Flugvorrichtung. Der Keimling fällt durch 5zipfelige Keimblätter auf. Zur Blühreife gelangen die Linden im Alter von etwa 20 Jahren. Es gibt Linden, die über 1000 Jahre alt sind.

Die Gattung *Tilia* ist hauptsächlich in den gemäßigten Breiten der Holarktis verbreitet; sie kommt auch in Gebirgen Südasiens vor und hat ihr Mannigfaltigkeitszentrum in Ostasien. Da die Lindenarten außerordentlich vielgestaltig und schwer voneinander abzugrenzen sind, wird ihre Artenzahl unterschiedlich hoch angegeben. Nach Krüssmann (1962) umfaßt die Gattung *Tilia* in der nördlichen gemäßigten Zone etwa 30 Arten. 2 Arten sind in Baden-Württemberg einheimisch, einige weitere Arten werden häufig angepflanzt.

1   Blätter unterseits mit Sternhaaren dicht hellgrau behaart. Blattstiele und Jungtriebe ebenfalls dicht behaart 2
–   Blätter unterseits grün, graugrün oder graublaugrün, kahl oder mäßig dicht mit einfachen Haaren behaart 3

2   Zweige steif aufrecht. Blattstiele weniger als halb so lang wie die Blattspreiten; angepflanzt und selten verwildert . . . . [*T. tomentosa*]
–   Zweige herabhängend. Blattstiele mehr als halb so lang wie die Blattspreiten; nur angepflanzt . . . . [*T. petiolaris*]

3   Blätter unterseits an der Basis immer ohne Achselbärte, ansonsten oft nur mäßig entwickelte Achselbärte vorhanden. Blätter sehr groß (oft um 20 × 18 cm), Blattzähne mit Grannenspitze, unterseits nur wenig heller grün als oberseits. Blüten mit Staminodien (= Nebenkronblätter); nur angepflanzt [*T. americana*]
–   Blätter unterseits an der Basis meist mit besonders gut entwickelten Achselbärten 4

4   Blätter oberseits dunkelgrün, auffallend glänzend, unterseits ebenfalls dunkelgrün mit rostfarbenen Achselbärten. Blattzähne mit aufgesetzter, 2–3 mm langer Grannenspitze; nur angepflanzt [*T. × euchlora* (= cf. cordata × dasystyla)]
–   Blattoberseiten dunkelgrün, ± matt. Blattunterseiten ± hellgrün, graugrün oder graublaugrün, nicht dunkelgrün. Blattzähne ohne aufgesetzte Grannenspitze 5

5   Blattoberseite kahl. Blattunterseite graublaugrün, mit rostfarbenen (anfangs weißlichen!) Achselbärten, sonst kahl; die Verbindungsnerven zwischen den Seitennerven sind nur undeutlich zu erkennen. Blütenstände meist mit 4–12 Blüten. Frucht kugelig, wenig kantig, dünnschalig, zerbrechlich. Samen ohne Längsriefen . . . . 1.*T. cordata*
–   Blattunterseite (hell)grün bis graugrün, auf den Nerven behaart oder ± kahl. Die Verbindungsnerven zwischen den Seitennerven erscheinen als auffallende weiße Linien! Früchte deutlich kantig. Samen mit Längsriefen 6

6   Junge Zweige gewöhnlich behaart. Blattoberseite ± kurzhaarig, bisweilen verkahlend. Blattunterseite (hell)grün, auf den Nerven behaart, mit weißlichen Achselbärten (im Spätsommer unter Umständen etwas verbraunend!) und deutlich erhaben weißlichen Verbindungsnerven zwischen den Seitennerven. Blattstiel im Jugend flaumig behaart, später mitunter verkahlend. Blütenstände meist mit 2–5 Blüten. Frucht scharf 5kantig, verholzt, dicht filzig behaart . . . 2. *T. platyphyllos*
–   Junge Zweige gewöhnlich ± kahl. Blätter unterseits (grau)grün, auf den Nerven behaart oder kahl mit weißlichen oder rostfarbenen (häufiger!) Achselbärten. Blattstiele bereits in der Jugend spärlich behaart oder kahl. Blütenstände meist mit 3–10 Blüten . . . . [1. × 2. T. × vulgaris (= cordata × platyphyllos)]

1. **Tilia cordata** Miller 1768
T. parviflora Ehrh. 1791; *T. ulmifolia* Scop. 1772
Winter-Linde

Morphologie: Bis 30 m hoher Baum, seltener Strauch. Borke anfangs dünn, glatt, graubraun, später ± dichtrippig längsgefurcht, schwärzlichgrau. Junge Triebe olivgrün, anfänglich behaart, später verkahlend. Zweige dunkelbraun, kahl. Winterknospen eiförmig-spitzig, abstehend, oft nur 2 Schuppen sichtbar. Blätter 2–10 cm lang, 2–9 cm breit, rundlich bis eiförmig, am Grunde tief oder seicht herzförmig, ± asymmetrisch, vorne kurz zugespitzt, am Rande ± regelmäßig dicht gezähnt, dicklich-steif. Blattoberseiten dunkelgrün, matt, mit Drüsenhaaren auf den Zähnen, sonst kahl. Blattunterseiten graublaugrün, mit rostfarbenen (anfangs weißlichen!) Achselbärten in den Nervenwinkeln, sonst kahl; Blattstiele kahl. Blütenstände rispenartig, mit 4–12 Blüten. Blütenstandsstiele mit einem lineal-länglichen, vorne abgerundeten, gelbgrünen, häutigen, ± durchschimmernden Hochblatt, das den Grund des Stiels meist nicht erreicht. Kelchblätter 5, eiförmig, etwa 3 mm lang, am Rande kurzhaarig, graugrün. Kronblätter 5, länglich-eiförmig, bis 8 mm lang, gelblichweiß. Staubblätter bis 30, so lang wie die Kronblätter, zum Teil gelegentlich in Nebenkronblätter (Staminodien) umgewandelt. Frucht ca. 6 mm lang, 1samig, wenig kantig, dünnschalig, zerbrechlich. Samen etwas glänzend, fast glatt, ohne Längsriefen. Keimblätter 5teilig kurz-stumpf gelappt, die beiden untersten Lappen häufig geteilt.

Biologie: Blattaustrieb Anfang Mai. Blütezeit Juni bis Juli. Fruchtreife im September. Wird über 1000 Jahre alt.

Ökologie: Auf frischen bis trockenen, auch wechseltrockenen, meso- bis eutrophen, ± basenreichen,

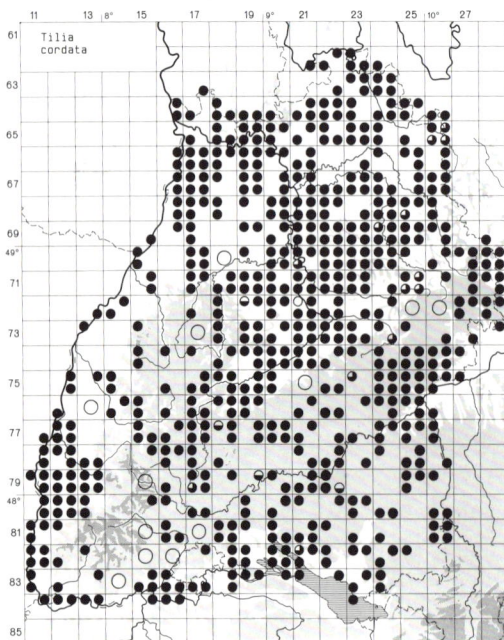

Winter-Linde *(Tilia cordata)*

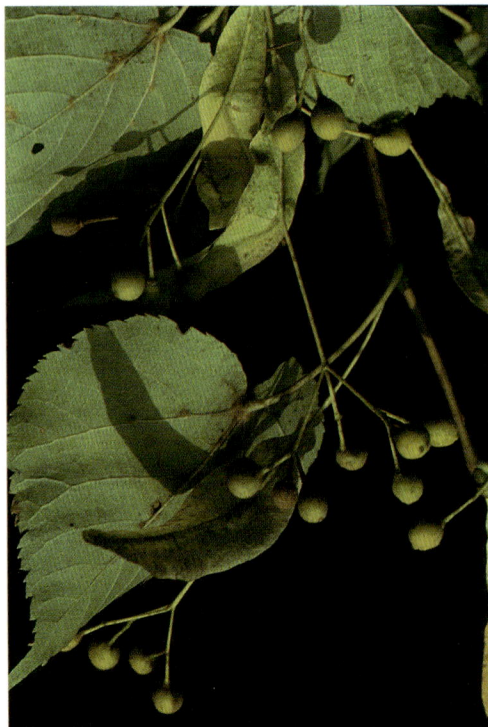

humosen, flach- bis tiefgründigen Lehmböden, aber auch auf Steinschuttböden in sommerwarmen Klimalagen. An sonnseitigen Steilhängen unterhalb von Felswänden auf feinerdereichem, bewegtem Schutt im Ahorn-Lindenwald (Aceri-Tilietum), in dem jedoch *Tilia platyphyllos* zumeist eine bedeutsamere Rolle spielt. In die ± luftfeuchten, schattigen Ahorn-Eschenwälder (Aceri-Fraxinetum) dringt *T. cordata* im Gegensatz zur Sommer-Linde nicht ein. In der Vorbergzone des südlichen Oberrheingebiets (Grenzacher Horn, Isteiner Klotz, Kaiserstuhl) stocken auf Mullrendzinen trockene, wärmeliebende Eichen-Lindenwälder mit *T. cordata* auf Hängen mit SSO- bis SW-Exposition im Kontakt zu Flaumeichenwäldern (HÜGIN 1979: 155ff.). Ursprüngliche Vorkommen der Winter-Linde gibt es auch auf Lehmböden in mager-trockenen Bereichen der Eichen-Ulmen-Hartholzaue (Querco-Ulmetum) des Oberrheingebiets (vgl. CARBIENER 1974: 481). Nach MÜLLER u. GÖRS (1958) ist *T. cordata* submontanen Grauerlenauen (Alnetum incanae) im Bodenseeraum beigemischt.

Durch Niederwaldwirtschaft wird die Winter-Linde gefördert und kann daher auch Eichen-Hainbuchenwäldern (Querco-Carpinetum) beigemischt sein. Die von Natur aus buchenfreien, winterlinden-reichen Eichen-Hainbuchenwälder der sommer-warmen, kontinentalen Klimabereiche Mittel- und Osteuropas kommen in Baden-Württemberg nicht vor.

Die Winter-Linde ist eine Halbschatt-Schattholz-art mit leicht zersetzlicher Streu. Vegetationsauf-nahmen u.a. bei SLEUMER (1934: Tab. 3), TH. MÜLLER (1966: Tab. 11 u. 1966: Tab. 1, 2), CARBIENER (1974: Tab. 1), HÜGIN (1979: Tab. 2, 3) und bei PHILIPPI (1983: Tab. 17).

Allgemeine Verbreitung: Von Frankreich über ganz Mitteleuropa, Südskandinavien (hier Nordgrenze bei 63° n. Br.), die nördliche Balkanhalbinsel nach Osten durch Mittelrußland bis zum Ural verbreitet. Geht von den breitblättrigen, sommergrünen Laub-baumarten am weitesten nach Osten. Auf der Iberi-schen Halbinsel, in weiten Teilen der Britischen In-seln, im nördlichen und mittleren Skandinavien und im eigentlichen Mittelmeerraum fehlend.

Verbreitung in Baden-Württemberg: Ursprünglich kommt die Winter-Linde wahrscheinlich nur in eini-gen sommerwarmen Naturräumen auf extrazonalen Standorten vor. Ihre Hauptverbreitungsgebiete sind die Vorbergzone des südlichen Oberrheinge-biets, warm-trockene Bereiche (v.a. südexponierte Steilhänge) des östlichen Hochrheingebiets, des He-gaus und der östlichen Odenwaldausläfer im nörd-lichen Taubergebiet. (Sehr) zerstreut kommt die Winter-Linde offenbar von Natur aus in der Schwä-bischen Alb, in den Hartholzauen der Oberrheini-schen Tiefebene und des Bodenseegebietes (nach MÜLLER u. GÖRS 1958) vor.

Infolge von Anpflanzungen ist die Winter-Linde im Laufe der Jahrhunderte weit über das ursprüng-liche Areal hinaus verbreitet worden. Eine Selten-heit ist sie auch heute noch im gesamten Schwarz-wald, in dem *T. cordata* offenbar ursprünglich nicht vorkommt.

Die Höhenverbreitung reicht von ca. 100 m ü. NN (nördliche Rheinebene) bis über 800 m ü. NN auf der Albhochfläche (hier zumeist an-gepflanzt). BERTSCH (STU) belegt ein natürliches(?) Vorkommen am Westhang des Dreifaltigkeitsber-ges (7918/2) bei ca. 785 m ü. NN.

Erster fossiler Nachweis: Frühes Subboreal, von Sipplingen (BERTSCH 1932). Erster literarischer Nachweis: J. BAUHIN (1598: 143 u. 1602: 154): „Ombden und Yebenhausen" (7323).

Bestand und Bedrohung: Infolge der starken Förde-rung durch den Menschen ist die Winter-Linde durch Anpflanzungen und Pflegemaßnahmen heute in weiten Teilen Baden-Württembergs vor allem in Ortschaften und in der Feldflur ein verbrei-teter Baum. Sie gehört nicht zu den gefährdeten Arten. Selten sind allerdings heute naturnahe Wäl-der mit *T. cordata*-Beimischung. Sie sind in den dafür in Frage kommenden Naturräumen zumeist nur in kleinen Restbeständen erhalten.

Bastard: Siehe *Tilia* × *vulgaris* Hayne.

2. Tilia platyphyllos Scop. 1772
T. grandifolia Ehrh. 1791
Sommer-Linde

Morphologie: Bis 40 m hoher Baum, seltener Strauch. Borke dichtrippig graubraun bis schwarz-braun. Junge Triebe olivgrün, dicht-flaumig be-haart. Einjährige und ältere Zweige dunkel(rot)-braun, ± kahl mit einzelnen Sternhaaren. Winter-knospen länglich-eiförmig, spitz, ziemlich groß. Blätter meist 5–16 cm lang, 5–14 cm breit, rund-lich, am Grunde meist seicht herzförmig, ± asym-metrisch, vorne kurz bespitzt, am Rande ± gleich-mäßig dicht gezähnt, im Vergleich zu *T. cordata* weich und dünn. Blattoberseiten dunkelgrün, ± matt, anfangs behaart, später oft ± verkahlend. Blattunterseiten grün (nicht blau- oder graugrün!), mit weißlichen Achselbärten (im Spätsommer mit-unter etwas verbraunend!) in den Nervenwinkeln, sonst auf den Nerven oder über die gesamte Fläche weich behaart. Blütenstände meist mit 2–5, selten mit mehr Blüten. Blütenstandsstiele mit einem flü-gelartigen Hochblatt, das häufig den Grund des

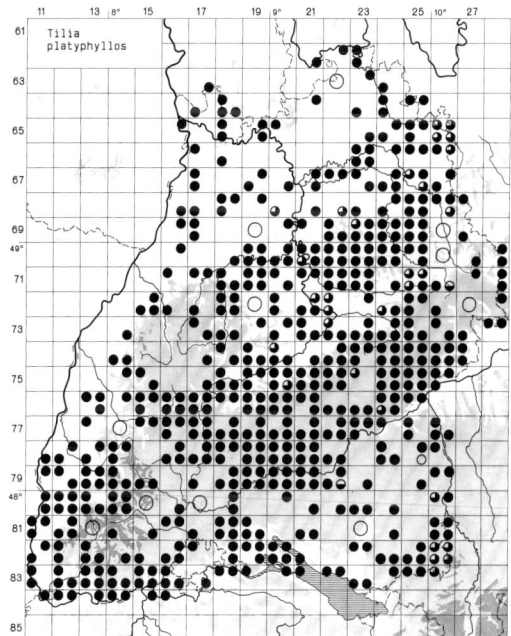

33

Sommer-Linde *(Tilia platyphyllos)*

Stiels erreicht. Kelchblätter 5, verkehrt länglich-ei-förmig, bis 8 mm lang, gelblichweiß. Staubblätter 30–40, niemals in Nebenkronblätter (Staminodien) umgewandelt. Frucht 8–10 mm lang, 1samig, ± scharf 5kantig, verholzt, hart, dicht filzig behaart. Samen körnig rauh, mit Längsriefen. Keimblätter 5teilig, lang-spitz gelappt.

Biologie: Blattaustrieb Mai. Blütezeit Juni. Fruchtreife September. Wird über 1000 Jahre alt. Sehr alte Sommer-Linden sind häufiger als sehr alte Winter-Linden.

Ökologie: Auf mäßig frischen bis mäßig feuchten, meso- bis eutrophen, ± basenreichen, humosen, lockeren Schutt-, aber auch Lehmböden in wintermilden, humiden Klimalagen. In Hanglagen unterhalb von Felswänden erscheint *T. platyphyllos* auf bewegten, feinerdehaltigen, weder vernässenden noch austrocknenden Schutthalden mitunter bestandesbildend im sonnexponierten Ahorn-Lindenwald (Aceri-Tilietum), in Schattenlage auf sonst vergleichbaren Halden in Ahorn-Eschen-Blockschuttwäldern (Aceri-Fraxinetum im Sinne v. KOCH 1926, Phyllitidi-Aceretum nach MOOR 1952). Über steilen und ± schattigen Feinskelettrieselhalden gibt es Buchen-Lindenwälder (Tilio-Fagetum

nach MOOR 1952, Fagetum tilietosum nach FABER 1936). Seltener kommt die Sommer-Linde in Schluchten im Ahorn-Eschenwald (Aceri-Fraxinetum) auf lehmigen, (sicker)frischen Kolluvien an Hangfüßen oder auf Alluvionen nicht mehr überschwemmter Terrassen von Bächen vor. Die Sommer-Linde ist eine Halbschatt-Schattholzart mit gut zersetzlicher Streu. Vegetationsaufnahmen u.a. bei FABER (1936: Tab. 6), J. u. M. BARTSCH (1940: 187), OBERDORFER (1949: Tab. 9, 10), MOOR (1952: Tab. 1, 3), TH. MÜLLER (1966: Tab. 11), HÜGIN (1979: Tab. 3, 4) und bei SEBALD (1980: Tab. 1 und 1983: Tab. 4).

Allgemeine Verbreitung: Nur in Europa. Südwestgrenze des Hauptareals im kantabrischen Gebirge und in den Pyrenäen. Über Ostfrankreich, das südliche Mitteleuropa nach Osten bis ins südwestrussische Karpatenvorland verbreitet mit Nordostgrenze im östlichen Galizien. In Südeuropa in montanen Lagen der Apenninen- und der Balkanhalbinsel einheimisch. Auf den Britischen Inseln fehlend, in Südschweden isolierte Einzelvorkommen bei 57° n. Br. Die Verbreitung von *T. platyphyllos* stimmt weitgehend mit dem Areal der Rotbuche überein, die allerdings etwas weiter nach Norden geht und in Südengland vorkommt.

Verbreitung in Baden-Württemberg: Ihre Hauptverbreitung besitzt die Sommer-Linde wegen der günstigen klimatischen und standörtlichen Voraussetzungen (zahlreiche Steilhänge!) am Nordrand der Schwäbischen Alb. Verbreitungszentren sind darüber hinaus die stark zertalten Bereiche der südlichen Randzone der Schwäbischen Alb, des Schwäbischen Keuper-Lias-Landes und der Kocher-Jagst-Ebene. Häufig ist sie zudem in geschützten Lagen des voralpinen Hügel- und Moorlandes (Tobel!), des Alb-Wutach- und des Hochrheingebietes. Zerstreut kommt die Sommer-Linde in den stark zertalten Bereichen des westlichen Schwarzwaldes vor. Weitgehend gemieden werden von ihr lufttrockene Regenschattenlagen des Schwarzwaldes (Ostabdachung, westliche Baarhochfläche) und des Odenwaldes. In sommertrockenen Naturräumen wie dem Tauberland, dem Kraichgau und der Oberrheinischen Tiefebene sind natürliche Vorkommen von *T. platyphyllos* selten. In ihrem Verbreitungsbild ähnelt die Sommer-Linde in Baden-Württemberg stark der Berg-Ulme.

Durch vielfache Anpflanzungen ist die Sommer-Linde in ihrer Verbreitung gefördert worden.

Die natürliche Höhenverbreitung reicht von ca. 130 m ü. NN in der Ungeheuerklamm (6917/1) bis ca. 950 m ü. NN in der Hohen Schwabenalb (Lemberg).

Erster fossiler Nachweis: Spätes Atlantikum von Hornstaad (RÖSCH 1985); Lindenpollen im ganzen Gebiet über 5% vom Boreal bis zum Übergang Atlantikum/Subboreal. Erster literarischer Nachweis: LEOPOLD (1728: 165): Umgebung von Ulm.

Bestand und Bedrohung: Infolge der starken Förderung durch den Menschen ist die Sommer-Linde in fast ganz Baden-Württemberg anzutreffen und in Ortschaften, zum Teil in der Feldflur und an Waldrändern verbreitet. Die Art ist nicht gefährdet. Naturnahe Wälder mit natürlicher Beimischung von *T. platyphyllos* sind weitaus häufiger als solche mit indigenem *T. cordata*-Vorkommen.

Variabilität: *T. platyphyllos* zeichnet sich durch einen außerordentlichen Formenreichtum aus. C. K. SCHNEIDER unterscheidet nach HEGI (1925: 448 f.) fünf Unterarten, von denen vier in Baden-Württemberg vorkommen.

1 Laubblätter oberseits und v. a. unterseits stark behaart 2
– Blätter unterseits nur auf den Blattnerven behaart und mit Ausnahme der Achselbärte sonst ± kahl   3
2 Blattunterseiten bleichgrün a) subsp. *grandifolia*
– Blattunterseiten grün . . . . . b) subsp. *cordifolia*
3 Blätter unterseits auf den Hauptnerven zerstreut behaart. Achselbärte deutlich entwickelt. . . . . . c) subsp. *platyphyllos*
– Blätter unterseits nur mit einzelnen Haaren auf den Hauptnerven. Achselbärte unscheinbar . . . d) subsp. *pseudorubra*

a) subsp. grandifolia Vollmann 1914
Großblättrige Sommer-Linde

Laubblätter oberseits, vor allem aber unterseits dicht abstehend behaart. Blattunterseiten bleichgrün. Blattstiele ⅓ so lang wie die Spreite, wie die jungen Zweige zottig behaart.

Verbreitungsschwerpunkt im nördlichen und mittleren Mitteleuropa, weiter im Süden seltener. In Baden-Württemberg erheblich seltener als subsp. *cordifolia*.

b) subsp. cordifolia C. K. Schneider 1909
Herzblättrige Sommer-Linde

Laubblätter oberseits und unterseits stark behaart, jedoch schwächer als bei *grandifolia*. Blattunterseiten grün. Blattstiele dicht behaart.

Verbreitungsschwerpunkt im mittleren und südlichen Mitteleuropa. In Baden-Württemberg die am weitesten verbreitete und häufigste Unterart.

c) subsp. platyphyllos
Eigentliche Sommer-Linde

Blätter unterseits grün, nur ± auf den Hauptnerven behaart. Mit Ausnahme der Achselbärte sonst weitgehend kahl. Blattstiele zerstreut behaart, bisweilen verkahlend.

Mehr im Südosten der Verbreitungsgebiete von *T. platyphyllos*. In Baden-Württemberg anscheinend (sehr) selten, z. B. 7922/4 od. 7923/3: Saulgau, BERTSCH (STU).

d) subsp. pseudorubra C. K. Schneider 1909
Blätter unterseits fast kahl, mit einzelnen Haaren auf den Hauptnerven. Achselbärte ± unscheinbar. Blattstiele im Alter verkahlend.

Im Süden des Areals von *T. platyphyllos*. Wird für die Allgäuer Alpen und den Schwarzwald (V. ENGLER in HEGI 1925: 449) angegeben. Herbarbelege aus Baden-Württemberg liegen nicht vor.

Bastard: Siehe *Tilia* × *vulgaris* Hayne.

1.× 2. Tilia × **vulgaris** Hayne 1813
T. cordata × *T. platyphyllos*
T. europaea L. 1753, *T. intermedia* DC. 1824
Holländische Linde

Gelegentlich natürlich vorkommender Bastard. Seit alters her in Kultur, da oft größer und schöner als die Eltern. Wird sehr gerne an Straßen, in Parks und in Ortschaften angepflanzt und ist dort vielerorts die häufigste Linde! *T.* × *vulgaris* ist oft nur sehr schwer von den Eltern zu unterscheiden. Abweichungen von den Achselbärten erfolgen zumeist an folgenden Merkmalen: Unterschiede zu *T. cordata*: Die Verbindungsnerven zwischen den Seitennerven erscheinen gegenüber der Blattfläche als deutlich hellere Linien und sind etwas erhaben. Die Achselbärte können weiß sein. Frucht bis 8 mm lang, deutlich kantig, angedrückt filzig behaart. Samen mit Längsriefen.

Unterschiede zu *T. platyphyllos*: Junge Zweige gewöhnlich kahl. Blätter abgesehen von den Achselbärten in den Nervenwinkeln an der Unterseite häufig ± kahl. Blätter unterseits ± bleich (grau)grün, häufig mit braunen Achselbärten. Blattstiel bereits in der Jugend spärlich behaart oder kahl. Blütenstände meist mit 3–10 Blüten.

Tilia tomentosa Moench 1785
T. argentea DC. 1813; *T. alba* Ait. non Koch 1789
Silber-Linde

Südosteuropäische Lindenart mit Hauptverbreitung auf der Balkanhalbinsel. In Tieflagen Baden-Württembergs hin und wieder angepflanzt, vor allem in den Großstädten nicht selten. In den Grundwasserabsenkungsgebieten in der Markgräfler Rheinebene zwischen Neuenburg (8111/3) und Bad Bellingen (8211/3) an mehreren Stellen verwildert (1986 von QUINGER beobachtet).

Merkmale: Zweige steif aufrecht. Blätter unterseits dicht mit Sternhaaren graufilzig behaart (Behaarung ähnlich dicht wie bei *Populus alba* und *P.* × *canescens*). Blattspreite mehr als doppelt so lang wie der Blattstiel. Blütenstände meist mit 7–10 Blüten.

Verwechslungsmöglichkeit mit *Tilia petiolaris* DC., Hänge-Silber-Linde. Von *T. tomentosa* durch herabhängende Zweige und durch Blattstiele unterschieden, die mehr als halb so lang sind wie die Blattspreite. Herkunft unbekannt, vermutlich SO-Europa; vielleicht nur eine Kulturform von *T. tomentosa*.

Malvaceae

Malvengewächse
Bearbeiter: B. QUINGER

Bäume, Sträucher und Kräuter; in Mitteleuropa nur ein- bis mehrjährige Kräuter. Blätter undeutlich gelappt bis tief geteilt. Nebenblätter früh abfallend. Kelch verwachsenblättrig, 5zählig, mit Außenkelch (= Hüllkelch) aus freien oder verwachsenen Hochblättern. Krone radiär. Kronblätter 5, frei. Staubblätter zu einer Röhre verwachsen. Staubblatt monothecisch. Fruchtknoten 1, oberständig, Frucht eine Kapsel oder eine vielteilige Spaltfrucht.

Zu den Malvaceen gehören 85 Gattungen mit etwa 1500 Arten (nach HESS, LANDOLT u. HIRZEL 1967). In Mitteleuropa kommen die Gattungen *Malva, Lavatera, Althaea, Alcea, Hibiscus* und *Abutilon* wildwachsend als ursprünglich einheimische Pflanzen, als Archäophyten, Neophyten oder Adventivpflanzen vor.

1 Außenkelch fehlend. Frucht eine aufspringende Kapsel; selten verwilderte Kulturpflanze . . . . .
                              2. *Abutilon*
– 3blättriger oder 6–12blättriger Außenkelch vorhanden 2
2 Außenkelch 6–9 oder 6–12blättrig 3
– Außenkelch (2–)3blättrig 5
3 Außenkelch 6–12blättrig. Frucht eine mehrsamige, 5fächrige Kapsel, mit mehreren Samen in jedem Fach . . . . 4. *Hibiscus*
– Außenkelch 6–9blättrig. Frucht aus einem flachen, scheibenförmigen Kranz einsamiger, radiär angeordneter Teilfrüchte bestehend; bei Reife in diese zerfallend 4
4 Außenkelchblätter 6–9. Wenigstens einige der Blüten auf langen Stielen. Blütenstand eine Traube oder eine Trugdolde. Staubblattröhre stielrund, behaart. . . . . 6. *Althaea*
– Außenkelchblätter 6–7. Blüten fast sitzend oder kurz gestielt. Blütenstand eine spitze, stiftartige Traube. Staubblattröhre winkelig, kahl; Zierpflanzen, selten verwildert . . . . 5. *Alcea*
5 Außenkelchblätter frei, am Grunde mit dem Kelch verwachsen . . . . 1. *Malva*
– Außenkelch zu einer dreispaltigen Hülle verwachsen; seltene Adventivpflanzen . . . . 3. *Lavatera*

1. Malva L. 1753

Malve, Käsepappel

Einjährige oder ausdauernde Kräuter. Blätter undeutlich gelappt bis tief eingeschnitten, behaart. Die Blattformen variieren oft stark an derselben Pflanze. Außenkelchblätter frei, meist 3-, selten 2blättrig, am Grunde mit dem 5blättrigen Innen-

kelch verwachsen. Staubblätter eine Röhre bildend. Der Fruchtknoten umfaßt zahlreiche Fruchtblätter mit einer Samenanlage je Fach. Früchte flach, scheibenförmig, rund, in der Mitte eingesenkt, bei der Reife in die radiär angeordneten, nierenförmigen, 1samigen Teilfrüchte zerfallend.

Insektenbestäubung. Bei einigen Arten ist auch Selbstbestäubung nachgewiesen worden. Die Verbreitung erfolgt bei einigen Arten endozoisch, bei anderen Arten hauptsächlich anemochor.

Die Gattung *Malva* umfaßt 30 Arten, die hauptsächlich in der Holarktis verbreitet sind. In Baden-Württemberg sind 5 Arten als Archäophyten einheimisch. Gelegentlich werden insbesondere in Großstädten und Hafenanlagen weitere, eingeschleppte Malvenarten beobachtet.

1 Obere Stengelblätter fast bis zum Grunde tief 3–7teilig. Blüten einzeln in den Blattachseln, nur an den Triebspitzen zu mehreren gehäuft 2
– Obere Stengelblätter gelappt oder höchstens bis etwas über die Hälfte geteilt. Blüten zu 2 oder mehreren blattachselständig 3
2 Einzelne Blattfiedern der oberen Stengelblätter angedeutet bis schwach fiederteilig, grob gesägt. Außenkelchblätter bis 7 mm lang und 3 mm breit, etwa 2–3mal so lang wie breit, eiförmig bis breitlanzettlich, am Grunde verbreitert. Teilfrüchte am Rücken kahl, an den Seiten querrunzelig . . . . .
                         1. *M. alcea*
– Einzelne Blattfiedern der oberen Stengelblätter in schmale, linealische und spreizende Zipfel tief fiederteilig gespalten. Außenkelchblätter bis 6 mm lang und 1 mm breit, etwa 4–6mal so lang wie breit, lineal-lanzettlich, am Grunde verschmälert. Teilfrüchte am Rücken dicht behaart, an den Seiten nicht querrunzelig . . . . . . 2. *M. moschata*
3 Blütenstiele sehr kurz (Blüten daher fast sitzend), auch zur Fruchtzeit höchstens doppelt so lang wie der Kelch. Pflanze stets steif aufrecht; selten verwilderte Zier- u. Heilpflanze . . .[*M. verticillata*]
– Blüten ± lang gestielt. Blütenstiele zur Fruchtzeit mehrmals so lang wie der Kelch. Stengel niederliegend oder aufsteigend, nicht steif aufrecht 4
4 Blätter bis über die Mitte in eiförmig-dreieckige Lappen geteilt. Kronblätter 10–25 mm lang. Fruchtstiele aufrecht abstehend 5
– Blätter vom Blattrand höchstens bis auf ¼ der Spreitenlänge in abgerundete Lappen geteilt. Kronblätter 4–15 mm lang. Fruchtstiele nickend 6
5 Kronblätter 20–25 mm lang, 3–4mal so lang wie der Kelch, rosaviolett bis purpurn, mit kräftigen, dunklen Längsstreifen. Kelchblätter mit zahlreichen, kleinen Sternhaaren . . . . 3. *M. sylvestris*
– Kronblätter 10–12 mm lang, 1–2mal so lang wie der Kelch, violett, ohne kräftige, dunkle Längsstreifen. Kelchblätter nur mit wenigen oder ganz ohne Sternhaare. Mittelmeerpflanze, wird sehr selten eingeschleppt! . . . .[*M. nicaeensis*]
6 Kronblätter 5–15 mm lang, vorne tief ausgerandet, etwa doppelt so lang wie die Kelchblätter.

Teilfrüchte am Rande abgerundet .4. *M. neglecta*
- Kronblätter bis 5 mm lang, ± seicht ausgerandet, nicht oder nur wenig länger als der Kelch. Teilfrüchte am Rande kantig 7
7 Kronblätter hellrosa bis weiß. Teilfrüchte mäßig querrunzelig und mit einem schmalen, scharfen und ungezähnten Rand . . . . . . 5. *M. pusilla*
- Kronblätter bläulichviolett. Teilfrüchte sehr stark runzelig, mit einem gezähnten Rand. Mittelmeerpflanze; wird sehr selten eingeschleppt! . . .
[*M. parviflora*]

1. Malva alcea L. 1753
Rosen-Malve, Siegmarswurz, Siegmarskraut, Rosenpappel

Morphologie: Ausdauernde, 20 cm bis über 1 m hohe Pflanze. Stengel aufrecht, einfach oder ästig, oberwärts wie die Blätter und der Kelch sternhaarig. Grundständige Blätter rundlich-nierenförmig, am Grunde tief herzförmig, oft nur wenig tief 5teilig gelappt, lang gestielt. Obere Stengelblätter kurz gestielt, im Umriß rundlich-eckig, in 3–5 Blattfiedern bis zum Grunde tief geteilt. Die einzelnen Blattfiedern sind grobgesägt und angedeutet bis schwach fiederteilig. Blüten auf kurzen Stielen, einzeln in den Blattachseln oder an den Triebspitzen traubig gehäuft. Außenkelchblätter bis 7 mm lang und 3 mm breit, eiförmig bis lanzettlich, am Grunde verbreitert. Kelchblätter bis 9 mm lang, bis zur Mitte verwachsen. Kronblätter 20–35 mm lang, 3–4mal so lang wie der Kelch, vorne ausgerandet, blaßrot bis lebhaft rosarot mit etwas dunkler gefärbten Nerven. Staubblattröhre bis 10 mm lang. Frucht eine 10 mm breite und ca. 2 mm dicke Scheibe. Teilfrüchte am Rücken fast kahl, an den Seiten querrunzelig.
Biologie: Blütezeit Juni bis Oktober. Als Blütenbesucher erscheinen nach KNUTH (1898) Bienen (Apidae), Schwebfliegen (Syrphidae) und Schmetterlinge.
Ökologie: Auf trockenen bis frischen, meso- bis eutrophen, basenreichen, sandigen bis lehmig-tonigen, mitunter steinigen Böden an Straßenrändern, Straßenböschungen, Dämmen, Mauerfüßen und an Ruderalstellen, gelegentlich auch in halbruderalen Wiesen. *M. alcea* tritt in trockenheits- und wärmeertragenden, ausdauernden Unkrautgesellschaften (Onopordetalia-Gesellschaften) auf, z.B. in der Eselsdistel-Flur (Onopordetum acanthii), in der Steinklee-Flur (Echio-Melilotetum) und in der Reseden-Nickdistel-Flur (Resedo-Carduetum nutantis). Vorwiegend in tieferen, wärmeren Lagen.
Allgemeine Verbreitung: Europa. Nach Norden (bis 61° n.Br.) und Nordosten bis nach Dänemark, Süd-

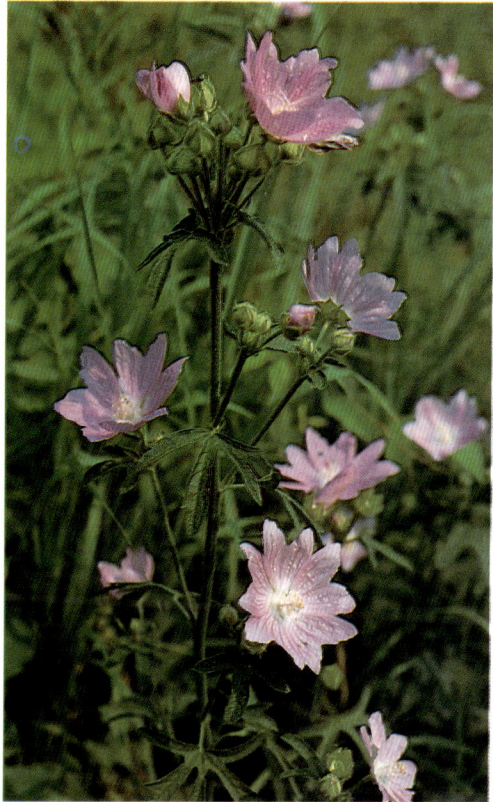

Rosen-Malve (*Malva alcea*)
Ringsheim

schweden und Weißrußland, nach Osten bis Südrußland verbreitet, im Süden im gesamten nördlichen Mittelmeerraum vorkommend. *M. alcea* ist eine durch den Menschen in der Verbreitung geförderte, pontisch-mediterrane Pflanze. Heute als Neophyt auch in Nordamerika.
Verbreitung in Baden-Württemberg: Die Hauptverbreitungsgebiete sind die gesamte Schwäbische Alb, das Alb-Wutach-Gebiet und das Hochrheingebiet, der Kraichgau, das Tauberland, die Kocher-Jagst-Ebene, die Hohenloher und die Haller Ebene, die Oberen Gäue und die südliche Vorbergzone des Oberrheingebiets. Zerstreut kommt *M. alcea* in der Oberrheinischen Tiefebene, im Bodenseeraum und im Schwäbischen Keuper-Lias-Land vor. Eine Seltenheit stellt sie im gesamten Alpenvorland und im Schwarzwald dar.

Die Höhenverbreitung reicht von ca. 100 m ü.NN in der nördlichen Rheinebene bis ca. 850 m ü.NN am Plettenberg (BERTSCH, STU-K). In Baden-Württemberg ist *M. alcea* Archäophyt und nahezu auf anthropogene Standorte beschränkt.

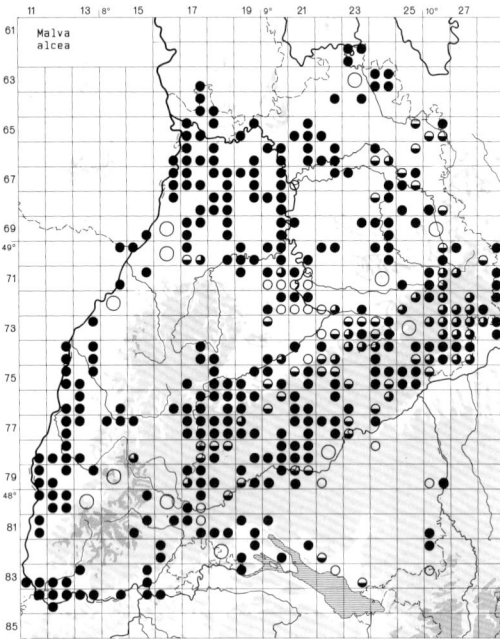

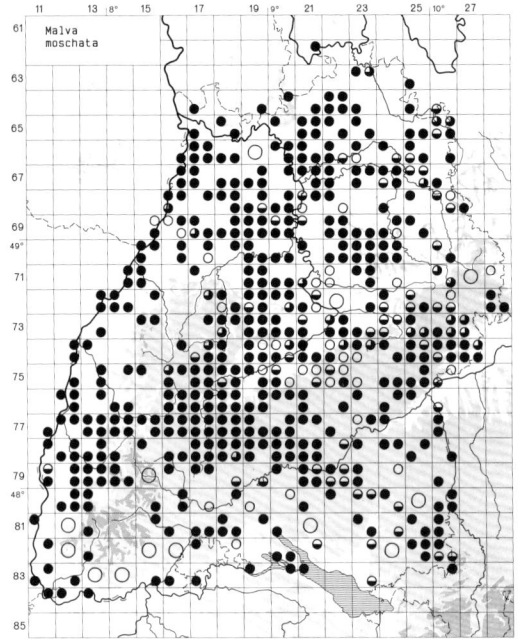

Erster literarischer Nachweis: J. BAUHIN (1598: 174): Umgebung von Bad Boll (7323). Auch von HARDER 1574–6 im Gebiet gesammelt.

Bestand und Bedrohung: Auch in ihren Hauptverbreitungsgebieten ist *M. alcea* meist nur mäßig häufig anzutreffen. Infolge ihres ausgeprägten Vermögens, im Zuge des Straßenbaus neugeschaffene Standorte wie Straßenränder und -böschungen mit lückiger Vegetation zu besiedeln, gehört *M. alcea* nicht zu den gefährdeten Arten. Die Rosen-Malve verträgt nach SCHIEFER ein- bis zweimalige Mahd.

2. Malva moschata L. 1753
Moschus-Malve, Bisam-Malve

Morphologie: Ausdauernde, 20 cm bis über 1 m hohe Pflanze. Stengel aufrecht, ästig, ebenso wie die Blätter abstehend einfach behaart. Grundständige Blätter rundlich-nierenförmig, am Grunde herzförmig, 5teilig gelappt, oft nur bis ⅓ der Spreitenlänge geteilt, unregelmäßig, ± grob gezähnt, lang gestielt. Obere Stengelblätter ± kurz gestielt, im Umriß rundlich, in 3–7 Blattfiedern bis zum Grunde tief geteilt. Die einzelnen Blattfiedern sind in schmale, linealische und spreizende Zipfel tief fiederteilig gespalten. Blüten auf kurzen Stielen, einzeln oder bis zu 3 in den Blattachseln oder traubig gehäuft an den Triebspitzen. Außenkelchblätter bis 6 mm lang und 1 mm breit, lineal-lanzettlich, am Grunde verschmälert. Kelchblätter bis 6 mm lang, bis zur

Mitte verwachsen. Kronblätter 20–30 mm lang, 3–4mal so lang wie der Kelch, vorne ausgerandet, (hell)rosaviolett mit dunkler gefärbten Nerven. Staubblattröhre bis 9 mm lang. Frucht eine 7–10 mm breite und ca. 2 mm dicke Scheibe. Teilfrüchte am Rücken dicht behaart, an den Seiten nicht querrunzelig.

Biologie: Blütezeit Juni bis Oktober. Als Blütenbesucher erscheinen nach KNUTH (1898) Hummelfliegen, Hummeln, Bienen und Schmetterlinge.

Ökologie: Auf trockenen bis frischen, nährstoff- und basenreichen, sandig-lehmigen bis lehmig-tonigen Böden vorwiegend in ± halbruderalen Wiesen (gestörte Arrhenathereten und Mesobrometen) und Weiden. Darüber hinaus ist die Moschus-Malve auch in lichten Wirbeldost-Gebüschsäumen (Origanetalia-Gesellschaften) und ähnlich wie *M. alcea* an Straßen- und Wegrändern, an Straßenböschungen und an Dämmen in ausdauernden Unkrautgesellschaften anzutreffen; für diese ist die Moschus-Malve jedoch nicht so typisch wie *M. alcea*.

Allgemeine Verbreitung: Europa. Südwestgrenze im Norden der Iberischen Halbinsel, über Frankreich nach Osten bis ins östliche Mitteleuropa verbreitet. Nach Norden bis Mittelengland, Südnorwegen (hier Nordgrenze bei 62° n.Br.) und Südschweden anzutreffen. Südgrenze in Sizilien und Kreta. In Nordamerika eingebürgert. *M. moschata* ist eine in der Verbreitung durch den Menschen stark geförderte atlantisch-submediterrane Pflanze.

Moschus-Malve *(Malva moschata)*

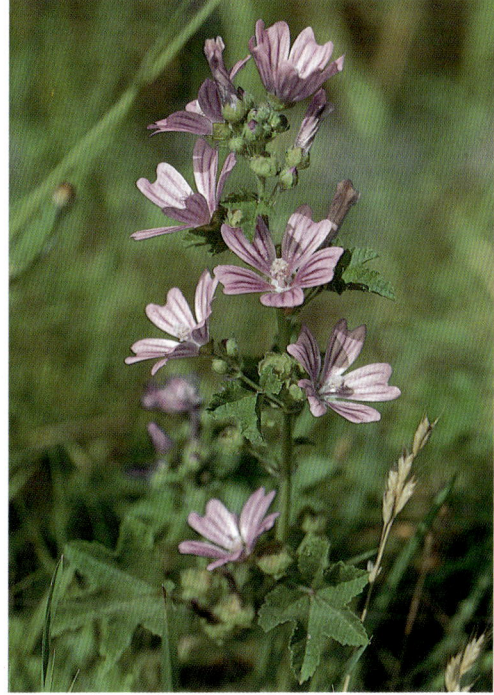

Wilde Malve *(Malva sylvestris)*
Gündlingen

Verbreitung in Baden-Württemberg: *M. moschata* ist in der Oberrheinischen Tiefebene, in den Nekkar-Tauber-Gäuplatten, im Schwäbischen Keuper-Lias-Land, im gesamten Jura, im Alb-Wutach-Gebiet, im Bodenseeraum und im Hochrheingebiet allgemein verbreitet. Im Schwarzwald, im Odenwald und im Alpenvorland tritt die Moschus-Malve nur ± zerstreut, wenn auch ungleich häufiger als *M. alcea* auf.

Die Höhenverbreitung reicht von ca. 100 m ü. NN in der nördlichen Rheinebene bis ca. 790 m ü. NN bei Fridingen (7919/4) nach BERTSCH (STU-K).

In Baden-Württemberg gehört die Moschus-Malve mutmaßlich zu den Archäophyten. Erster literarischer Nachweis: KERNER (1786: 250): „an dem Weinbergmauren zwischen Münster und Mühlhausen" (7121). Auch von HARDER 1594 vermutlich im Gebiet gesammelt (HAUG 1915: 83).

Bestand und Bedrohung: In weiten Landesteilen verbreitet, meist jedoch nur zerstreut bis mäßig häufig. Vermag sich wie *M. alcea* leicht auf neugeschaffenen Standorten an Straßen oder auf ruderalisierten Wiesen anzusiedeln. Die Moschus-Malve verträgt nach SCHIEFER ein- bis zweimalige Mahd. Die Art ist nicht gefährdet.

3. Malva sylvestris L. 1753
Wilde Malve, Roßpappel, Große Käsepappel

Morphologie: Zweijährige oder ausdauernde, krautige Pflanze mit 20 cm bis über 1 m langem, ästigem, niederliegend-aufsteigendem, seltener aufrechtem Stengel. Blätter im Umriß rundlich oder nierenförmig, am Grunde herzförmig, 3- bis 7teilig gelappt mit eiförmig-dreieckigen, parabelförmigen Abschnitten, vom Blattrand aus meist ⅓ bis etwas über ½ der Spreitenlänge geteilt. Blattstiele 3mal so lang wie die Spreite. Blüten zu 2–6 auf 1–2,5 cm langen Stielen in den Blattachseln. Außenkelchblätter länglich-eiförmig. Kelchblätter bis 6 mm lang, zu ⅔ miteinander verwachsen, mit zahlreichen, kleinen Sternhaaren. Kronblätter 20–25 mm lang, 3–4mal so lang wie der Kelch, vorne tief ausgerandet, rosa-violett oder purpurn mit jeweils 3 kräftigen, dunklen Längsstreifen. Staubblattröhre 10–12 mm lang. Fruchtknoten aus 9–11 Fruchtblättern. Frucht eine 7–9 mm breite und ca. 2 mm dicke Scheibe. Teilfrüchte scharf berandet. Fruchtstiele aufrecht abstehend.

Biologie: Blütezeit Juni bis Oktober. Als Blütenbesucher erscheinen nach KNUTH (1898) Blattkäfer, Fliegen, Schwebfliegen, Wanzen, Bienen, Hum-

39

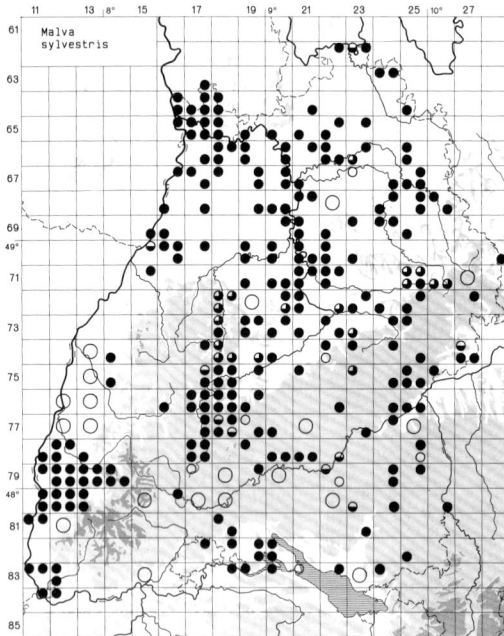

Malva sylvestris

meln, Wespen, Schlupfwespen und Schmetterlinge.

Ökologie: Auf trockenen bis mäßig frischen, nährstoffreichen (gern ammoniakalischen), humosen Sand- und Lehmböden, vorwiegend an sonnigen, warmen Standorten. Bevorzugte Wuchsorte sind Wegränder, Mauerfüße, Schuttplätze, Zäune, ehemalige Dungablagerstellen, offene Plätze in Ortschaften oder an Bahnanlagen. Gelegentlich erscheint die Wilde Malve auch auf übernutzten Weiden, brachliegenden Äckern oder in lichten Hecken im Siedlungsbereich. *M. sylvestris* gedeiht in Klettenfluren (Arction lappae), in wärmebedürftigen Distel-Gesellschaften (Onopordion acanthii) und kann bereits in annuellen Ruderalfluren (Sisymbrion officinalis) auftreten. Vegetationsaufnahmen bei LANG (1973: Tab. 40), eine synoptische Tabelle bei SEYBOLD u. MÜLLER (1972: Tab. 3).

Allgemeine Verbreitung: Nordafrika und westliches Eurasien. Im gesamten Mittelmeerraum, im südlichen und mittleren Europa verbreitet. Nach Norden bis Schottland, Mittelschweden (bis 63° n. Br.) und Lettland vorkommend. Nach Osten geschlossenes Areal bis zum Ural, im westlichen Sibirien mehrere disjunkte Vorkommen (z. B. Altai). Südöstliche Vorposten im nordöstlichen Kleinasien. Als Neophyt heute fast in allen Erdteilen verbreitet.

Verbreitung in Baden-Württemberg: In den tieferen Lagen ist *M. sylvestris* ± allgemein verbreitet, z. B. in den Neckar-Tauber-Platten, im schwäbischen Keuper-Lias-Land, in weiten Teilen der Oberrheini-schen Tiefebene, im Hegau und im westlichen Bodenseeraum. In höheren Lagen tritt die Wilde Malve nur sehr zerstreut auf wie etwa im südöstlichen Alpenvorland und auf der Albhochfläche. Im Schwarzwald gehört *M. sylvestris* zu den floristischen Seltenheiten.

Die Höhenverbreitung reicht von ca. 100 m ü. NN in der nördlichen Rheinebene bis 967 m ü. NN in Obernheim (7819/1) nach einer Angabe von KROYMANN (STU-K).

In Baden-Württemberg gehört *M. sylvestris* vermutlich zu den Archäophyten. Ältester fossiler Nachweis: Spätes Atlantikum von Hornstaad, (RÖSCH, unpubl.). Ältester literarischer Nachweis: J. BAUHIN (1598: 173): Umgebung von Bad Boll (7323).

Bestand und Bedrohung: Regional geht *M. sylvestris* deutlich zurück. Infolge von „Dorfverschönerungsmaßnahmen" verliert diese Malven-Art zahlreiche Wuchsorte durch Teerung oder Betonierung von Mauerfüßen, Hofplätzen und Wegrändern und durch Beseitigung von alten Dungablagerstellen. In die halbruderalen Wiesen der Straßenböschungen dringt *M. sylvestris* im Gegensatz zu *M. alcea* und *M. moschata* nur selten ein; derartige, im Zuge des Straßenbaus reichlich geschaffene Standorte vermag sie sich offenbar kaum zu erschließen. In Zukunft muß die Bestandesentwicklung von *M. sylvestris* genau verfolgt werden; möglicherweise handelt es sich bereits um eine gefährdete Art (Gef.-Grad 3). *M. sylvestris* verträgt nach SCHIEFER ein- bis zweimalige Mahd.

Variabilität: *Malva sylvestris* gliedert sich in zwei Unterarten:

a) subsp. **sylvestris**
Wilde Malve
Stengel niederliegend-aufsteigend, ± dicht behaart. Blätter behaart. Blattstiele ringsherum behaart.
Im nördlichen Teil des Areals die vorherrschende Form von *Malva sylvestris*.

b) subsp. **mauritiana** (L.) A. et Gr. 1899
Mauritanische Malve, Mohren-Malve
Stengel ± aufrecht, schwach behaart. Blätter fast kahl. Blattstiele nur oberseits flaumhaarig.
Im südlichen Mittelmeerraum einheimisch. In Baden-Württemberg hin und wieder in Kultur gehalten. Wird gelegentlich verwildert angetroffen.

6516/1 (?): Mannheim, am Proviantamt, 1913 verwildert, F. ZIMMERMANN, (1921); 7121/1: Ludwigsburg, am Aldinger Tor, 1867 verwildert, KIRCHNER (1888).

Weg-Malve *(Malva neglecta)*
Oberrimsingen bei Breisach

4. Malva neglecta Wallr. 1824

Weg-Malve, Übersehene Malve, Gänse-Malve,
Gemeine Malve, Kleine Käsepappel, Gänse-
pappel, Hasenpappel

Morphologie: Einjährige oder ausdauernde Pflanze
mit einem 10–50 cm langen, ästigen, niederliegend-
aufsteigenden, selten aufrechten Stengel. Blätter im
Umriß rundlich oder nierenförmig, am Grunde
herzförmig, wellig 5–7teilig gelappt, vom Blattrand
höchstens bis auf ⅕ der Spreitenlänge geteilt, oberseits spärlich behaart bis ± kahl, unterseits ± dicht
einfach oder büschelig behaart. Blattstiele etwa
3mal so lang wie die Spreite. Blüten meist zu 2 oder
mehreren, seltener einzeln auf mehrere cm langen
Stielen in den Blattachseln. Außenkelchblätter
schmal-lanzettlich. Kelchblätter mit ganzrandigen
oder undeutlich gezähnelten Zipfeln, bis zur Hälfte
verwachsen. Kronblätter bis 15 mm (ausnahmsweise bis 20 mm) lang, etwa doppelt so lang wie der
Kelch, vorne ausgerandet, hellrosarot bis fast weiß,
auf den Nerven etwas dunkler. Staubfadenröhre
etwa 6 mm lang. Frucht eine flache, 6–7 mm breite
und bis 2 mm dicke Scheibe. Teilfrüchte an den
Kanten abgerundet. Fruchtstiele nickend.

Biologie: Blütezeit Juni bis Oktober. Selbstbestäubung kommt vor. Als Blütenbesucher nennt
KNUTH (1898) die Honigbiene.

Ökologie: Auf frischen, sehr nährstoffreichen (oft
ammoniakalischen), humosen Lehmböden an
Mauerfüßen von Häusern und Ställen, an alten
Dungablagerstellen, an Mistplätzen und auf Hofplätzen. In Weinbaugebieten (z.B. im Markgräfler
Land) tritt die Weg-Malve in Massenbeständen in
Weinbergen auf. Sie ist weniger wärmebedürftig als
M. sylvestris und zeigt erst in montanen Lagen eine
weitgehende Beschränkung auf sonnexponierte
Standorte. Bisweilen erscheint *M. neglecta* auch in
Hackfruchtkulturen (z.B. in Gemüsebeeten), auf
brachliegenden Äckern und auf übernutzten Weiden. *M. neglecta* gedeiht zumeist in lückigen Unkrautfluren, v.a. in ein- bis zweijährigen Hackun-
kraut- und Ruderalgesellschaften (Klasse Chenopodietea), seltener in Kletten-Fluren (Verband Arction lappae) oder in wärmebedürftigen Distel-Gesellschaften (Onopordion acanthii-Verband). Die
Vergesellschaftung mit *Urtica urens* (Urtico-Malvetum neglectae) ist nach unseren Beobachtungen keineswegs typisch für *M. neglecta*! Vegetationsaufnahmen bei GÖRS (1966: Tab. 14) und bei LANG

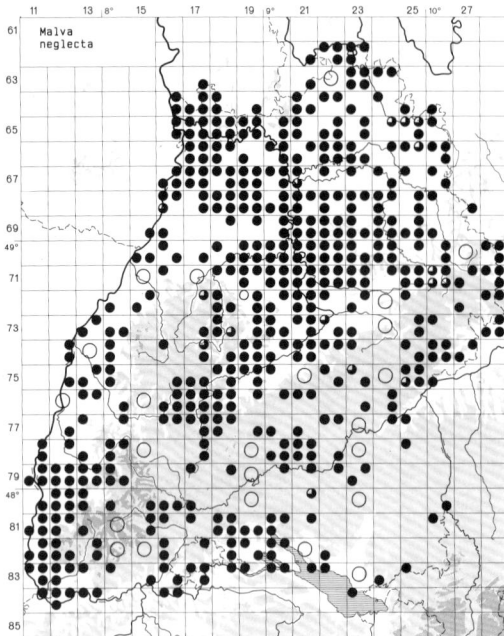

als typische Dorfruderalpflanze in den letzten Jahrzehnten vielerorts durch Betonierung und Teerung der Hofplätze und Mauerfüße an Häusern stark zurückgegangen. Im Vergleich zu *M. sylvestris* scheint die Weg-Malve weniger stark gefährdet zu sein, da sie sich in intensiv genutzten Lebensräumen wie z.B. in Weinbergen besser zu behaupten vermag. Nach Schiefer verträgt die Weg-Malve Mahd.

5. Malva pusilla Sm. 1795
M. borealis Wallman 1816; *M. rotundifolia* L. 1753, p.p.
Kleine Malve

Morphologie: Einjährige oder ausdauernde Pflanze mit bis zu 50 cm langen, ästigen, niederliegend-aufsteigenden Stengeln. Blätter in Gestalt und in der Größe wie bei *Malva neglecta,* aber oberseits angedrückt einfach behaart. Kelchblätter bis 5 mm lang, mit am Rande krausen Zipfeln. Kronblätter bis 5 mm lang, vorne seicht ausgerandet, etwa so lang wie der Kelch, hellrosa bis fast weiß. Staubblattröhre etwa 3 mm lang. Frucht eine 6 mm breite und bis ca. 2 mm dicke Scheibe. Teilfrüchte querrunzelig mit einem schmalen, scharfen und ungezähnten Rand. Fruchtstiele nickend. – Blütezeit: Juni bis Oktober.

Ökologie: Auf trockenen bis frischen, nährstoffreichen, ± kalkarmen, sandigen Böden. Salzertragend. Tritt vorwiegend im Bereich von Bahn- und Hafenanlagen auf Schuttplätzen, an Straßen- und an Wegrändern, seltener auf Äckern oder im Weinberggelände auf. Die Kleine Malve gedeiht in annuellen Ruderalgesellschaften (Sisymbrion officinalis-Verband), in Kletten-Fluren (Arction lappae-Verband) und in Vogel-Knöterich-Trittgesellschaften (Polygonion avicularis-Verband).

Allgemeine Verbreitung: Westliches Eurasien. Westgrenze des geschlossenen Areals im östlichen Mitteleuropa und in Südosteuropa, Ostgrenze in Mittelsibirien am Ob, Südgrenze im nördlichen Balkan, Nordwestgrenze in Mittelschweden und Südfinnland. Osteuropäisch-westasiatische Pflanze mit sehr zerstreuten Einzelvorkommen im westlichen Mitteleuropa, in Westeuropa fehlend.

(1973: Tab. 40), eine synoptische Tabelle bei Seybold u. Müller (1972: Tab. 3).

Allgemeine Verbreitung: Nordafrika und westliches Eurasien. Nordgrenze in Schweden am Polarkreis (67° n. Br.). Nach Osten bis zum Baikalsee verbreitet. Vorkommen in Indien. Als Kulturbegleiter in der Verbreitung sehr stark vom Menschen gefördert; in den gemäßigten Zonen heute weltweit verbreitet.

Verbreitung in Baden-Württemberg: In den tieferen Lagen (z.B. Oberrheinische Tiefebene, württembergisches Unterland) allgemein verbreitet, in den höher gelegenen Landesteilen seltener werdend (z.B. Albhochfläche, Westallgäuer Hügelland). Im Schwarzwald kommt *M. neglecta* nur zerstreut vor.

Die Höhenverbreitung reicht von ca. 100 m ü. NN in der nördlichen Rheinebene bis 980 m ü. NN auf der Hochfläche des Dreifaltigkeitsbergs (7918/2).

In Baden-Württemberg gehört *M. neglecta* vermutlich zu den Archäophyten. Ältester literarischer Nachweis: J. Bauhin (1598: 173): Umgebung von Bad Boll (7323). Auch von Harder 1574–6 vermutlich im Gebiet gesammelt (Schorler 1907: 90).

Bestand und Bedrohung: In den verschiedenen Naturräumen Baden-Württembergs ist *M. neglecta* mit sehr unterschiedlicher Häufigkeit anzutreffen. Von ± häufig in den warmen Tieflagen bis nahezu fehlend in den höheren Lagen des Schwarzwaldes. Im Zuge von Dorfsanierungen ist die Weg-Malve

Kleine Malve *(Malva pusilla)*; aus Sowerby, J. & J.E. Smith: English Botany, Band 4, Tafel 241 (1794–1795).

April 1, 1795 Published by Ja. Sowerby London.

Verbreitung in Baden-Württemberg: In Baden-Württemberg erreicht die Kleine Malve die absolute Südwestgrenze ihres Areals. Sie tritt hier nur ± unbeständig und (sehr) selten in der Neckar-Rhein-Ebene, im westlichen Kraichgau und im Neckarbecken auf. Aus anderen Landesteilen liegen bisher nur wenige Beobachtungen vor (s. u.).

Das tiefstgelegene Vorkommen liegt mit ca. 95 m ü. NN im Mannheimer Hafengelände, das höchstgelegene bei ca. 530 m ü. NN bei Balingen (7719/1).

In Baden-Württemberg wohl Archäo- oder Neophyt. Erster literarischer Nachweis: LECHLER (1847: 148): Schöntal.

Neckar-Rhein-Ebene: 6416/4: zw. Franzosenstr. und Industriekai, 1948, HEINE (1952); Mundenheim-Gartenstadt, Schuttablageplatz, 1950, HEINE (1952); ohne Ortsangabe, um 1975, SCHÖLCH (STU-K); 6516/2: Mannheimer Hafen, an der Weizenmühle Kaufmann, 1934, JAUCH (KR); an der Böschung des Verbindungskanals, 1949 u. 1950, HEINE (1952); ohne Ortsangabe, um 1975, SCHÖLCH (STU-K).

Westlicher Kraichgau: 6618/3 (?): Baiertal, 1894, ZAHN (KR), HUBER (1909); 6718/1: zw. Nußloch u. Baiertal, 1963, DÜLL (KR-K); 6718/1: Altwiesloch, KLEIN u. SEUBERT (1905); 6819/3: Ravensburg bei Sulzfeld, KLEIN u. SEUBERT (1905).

Freiburger Bucht: 8013/1 (?): Rennweg bei Freiburg, THELLUNG (1904).

Neckarland: 6623/3: Schöntal, LECHLER (1847), KIRCHNER-EICHLER (1913); 6624/1: Laibach, KIRCHNER-EICHLER (1913); 6821/3: Hafen v. Heilbronn, 1933, K. MÜLLER (1931–1935); Böckingen, 1933, K. MÜLLER

(1931–1935); 7019/4: Enzweihingen, 1963, GLOCKER (STU-K); 7020/1: Rechentshofen, an einem Schweinestall, 1976, GLOCKER (STU); 7121/2: Müllplatz bei Neustadt/Waiblingen, 1933 u. 1953, K. MÜLLER in SEYBOLD (1969); 7121/3: Mühlhausen, Kläranlage, 1947, W. KREH (STU-K); 7122/1: an Wegen bei Winnenden, 1873, LECHLER (STU); 7221/1: Stuttgart, Hauptbahnhof, 1932, K. MÜLLER (1931–1935); 7223/4: Göppingen, Müllplatz bei der Walachei, 1935, K. MÜLLER (STU) u. (1931–1935); 7719/1: bei Balingen, 1860, v. ENTRESS (STU).

Ulmer Raum: 7525/4: Ulm, Güterbahnhof, 1933, K. MÜLLER (1931–1935); Auffüllplatz Söflingen, 1933, K. MÜLLER (1931–1935); 7526/3: Schuttplatz Örlinger Tal, 1934, K. MÜLLER (1931–1935).

Bestand und Bedrohung: M. pusilla wurde in der Nachkriegszeit nur noch wenige Male beobachtet. Für den Zeitraum nach 1970 liegt nur eine belegte Meldung (7020/1) vor. Vermutlich tritt die Art wesentlich häufiger auf, wird jedoch übersehen. Anscheinend ist die bereits im vorigen Jahrhundert seltene Art zwischenzeitlich zurückgegangen. Für das Mannheimer Hafengebiet geben KLEIN u. SEUBERT (1905) M. pusilla noch als häufig an; heute ist die Kleine Malve in diesem Gebiet zweifellos (sehr) selten (DEMUTH, mdl.). Aussagen zur Gefährdung der Art sind nur mit Vorbehalt möglich; M. pusilla dürfte jedoch zumindest zu den stark gefährdeten Arten (Gef.-Grad 2) gehören! In der Roten Liste (HARMS et al. 1983) wird die Art lediglich als gefährdet (G 3) eingestuft.

Malva verticillata L. 1753
incl. M. crispa L.
Quirl-Malve

Heute nur noch selten kultivierte Zier- und Heilpflanze in Bauerngärten. Vermutlich aus China stammend, heute völlig in Südasien und Südeuropa eingebürgert. In Baden-Württemberg gelegentlich verwildert.

2jähriges, bis 2 m hohes, steif aufrechtes Kraut. Blätter seicht 5–7lappig, ähnlich wie bei M. neglecta, bisweilen kraus (var. crispa). Blütenstiele sehr kurz (Blüten daher fast sitzend), auch zur Fruchtzeit höchstens doppelt so lang wie der Kelch. Kronblätter rosa gefärbt.

6516/2: Mannheim-Mühlau, LUTZ (1910); 6916/3: Karlsruhe, auf Schutt, KNEUCKER (1888); Karlsruhe-Daxlanden, 1937, JAUCH (KR); Schießplatz in Karlsruhe-Weststadt, 1946, KNEUCKER (KR); 7016/1: Karlsruhe-Rüppur, 1938, JAUCH (KR); 7121/3: Güterbahnhof Feuerbach, 1950, SEYBOLD (1969); 7420/3: Tübingen, am Schloßberg, 1927 u. 1928, A. MAYER (1929).

Malva nicaeensis All. 1785
Nizza-Malve

Malvenart Südeuropas und des Mittelmeerraumes, die in Baden-Württemberg sehr selten eingeschleppt wird und unbeständig ist.

Einjährig oder zweijährig. Blätter im Habitus wie bei Malva sylvestris. Kronblätter 10–12 mm lang, höchstens

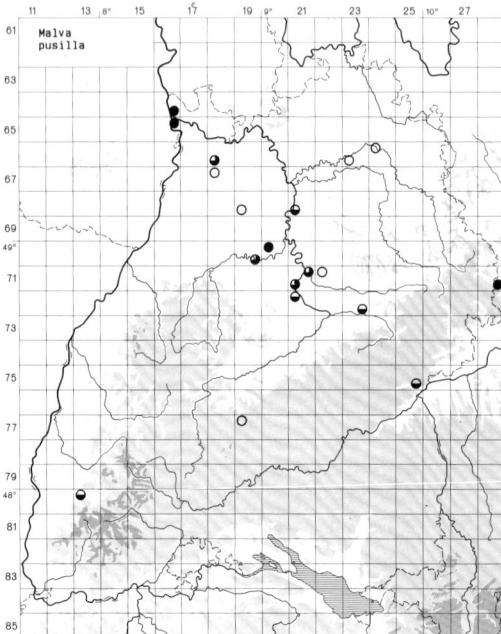

61 Malva pusilla

2,5mal so lang wie der Kelch, violett ohne kräftige, dunkle Längsstreifen. Kelchblätter mit wenig oder ohne Sternhaare.

6915/2 (?): bei Mannheim verwildert, HEGI (1925: 477); 7121/2: Neustädter Müllplatz, 1941, KREH in SEYBOLD (1969); 7525/4: Ulm, Güterbahnhof, 1 Exemplar, 1932, K. MÜLLER.

Malva parviflora L. 1753
Kleinblütige Malve

Malvenart des Mittelmeerraumes und Südosteuropas, die in Baden-Württemberg sehr selten eingeschleppt wird und unbeständig ist.

Kronblätter sehr klein, die Kelchblätter nicht überragend. Von *M. pusilla* unterschieden durch bläulichviolette Kronblätter und durch die stark runzeligen, mit einem gezähnten Saum versehenen Früchtchen.

6516/2: Mannheim-Mühlau, LUTZ (1910); 6821/3: Heilbronn, 1933, K. MÜLLER (1931–1935); 6920/2: Lauffen, 1 Exemplar, 1933, K. MÜLLER in BERTSCH (STU-K); 7324/1: Göppingen-Salach, auf Wollschutt, 1934, K. MÜLLER (1931–1935); 7525/4: Ulm, Güterbahnhof, 1934, K. MÜLLER (1931–1935).

2. **Abutilon** Miller 1754
Schönmalve

Die Gattung *Abutilon* zeichnet sich durch den fehlenden Außenkelch gegenüber den anderen europäischen Gattungen der Malvaceen aus. Sie umfaßt weltweit etwa 80 Arten. In Baden-Württemberg wird gelegentlich *A. theophrasti* verwildert angetroffen.

Abutilon theophrasti Medicus 1787
A. avicennae Gaertner 1791; *Sida abutilon* L. 1753
Theophrasts Schönmalve, Samtpappel

Aus China und Tibet stammende, nahezu weltweit in den gemäßigten Breiten verwilderte Kulturpflanze (Heil- und Faserpflanze), die sich stellenweise fest eingebürgert hat. Verwildert in Baden-Württemberg selten und unbeständig auf Ruderalstellen.

Bis 1,5 m hohe, aufrechte, samtig behaarte Pflanze. Blätter langgestielt, im Habitus wie die Blätter von *Tilia platyphyllos* aussehend. Blüten klein, blattwinkelständig, mit gelben Kronblättern.

Fundorte verwilderter Pflanzen: 6516/2 (?): Mannheimer Kläranlage, auf Ruderalstelle von 1946–1948, HEINE (1952); 6816/2: Oberrheinebene westl. Graben-Neudorf, 1898, KNEUCKER (KR); 6915/4: Karlsruhe-Rheinhafen, ein Ex. auf Schutthaufen, 1939, JAUCH (KR); 7016/1: zw. Karlsruhe und Beiertheim, 1936, JAUCH (KR); 7121/2: Kläranlage Mühlhausen, 1978, KROYMANN (STU); 7121/3: Cannstatt, Schuttplatz an der Bahn nach Waiblingen, 1932 u. 1933, K. MÜLLER in SEYBOLD (1969); 7221/1: Stuttgart-Wangen, Müllplatz, 1935, K. MÜLLER in SEYBOLD (1969); 7912/4: linkes Dreisam-Ufer unterhalb der Stadt Freiburg, THELLUNG (1908).

3. **Lavatera** L. 1753
Strauchpappel

Sehr ähnlich der Gattung *Malva*, aber Außenkelch zu einer dreispaltigen Hülle verwachsen. Die Gattung *Lavatera* umfaßt nach HEGI (1925: 471) etwa 20 Arten, die hauptsächlich im Mittelmeerraum beheimatet sind. In Baden-Württemberg sind bisher 2 Arten verwildert beobachtet worden.

1 Ausdauernd. Stengel dicht behaart. Blätter bis 9 cm lang, 3–5lappig. Kelchblätter ca. 12 mm lang. Kronblätter 2–4,5 cm lang *[L. thuringiaca]*
– Einjährig. Stengel spärlich steifhaarig. Blätter 4,5 cm lang, kurz 5lappig. Kelchblätter ca. 9 mm lang, Kronblätter 1,5–3 cm lang   . *[L. punctata]*

Lavatera thuringiaca L. 1753
Strauchpappel, Lavatere

Pontisch-pannonische Steppenpflanze, die ihre Westgrenze in den Trockengebieten Thüringens, Sachsen-Anhalts und Böhmens erreicht. Wurde als sehr seltene und unbeständige Adventivpflanze auf Äckern und Ruderalstellen in Baden-Württemberg beobachtet.

Erinnert im Aussehen stark an *Malva alcea*. Außer durch die verwachsenen Außenkelchblätter durch die längere Staubfadenröhre (20–45 mm), die weniger tief geteilten, handförmig gelappten oberen Stengelblätter und die größeren (bis 4,5 cm langen), blaßrosaroten Kronblätter von der Rosen-Malve unterschieden. Stengel oberwärts von Sternhaaren filzig.

6516/2: Mannheim-Mühlau, LUTZ (1910); 6418/1 (?): Weinheim, auf Schutt, F. ZIMMERMANN (1906); 7923/3 (?): bei Saulgau, in einem Gerstenfeld 1901 beobachtet, K. & F. BERTSCH (1948).

Lavatera punctata All. 1789
Punktierte Strauchpappel

Strauchpappelart des Mittelmeerraumes. Wurde bisher in Baden-Württemberg als Adventivpflanze einmal von K. MÜLLER (Ulm) am Killesberg (7121/3) bei Stuttgart auf einem Müllplatz beobachtet (STU-K, SEYBOLD 1969).

4. **Hibiscus** L. 1753
Hibiscus, Eibisch

Malvengewächse mit einem 6–12blättrigen Außenkelch. Frucht eine 5fächrige, vielsamige Kapsel. Weltweit über 150 Arten (HEGI 1925: 458), davon 2 in Europa einheimisch: *Hibiscus trionum* und *H. palustris*. Beide Arten wurden in Baden-Württemberg verwildert beobachtet, ebenso der als Zierstrauch verwendete *H. syriacus*.

1 Bis 3 m hoher Strauch. Außenkelchblätter 6–8. Kronblätter groß, mattlila, mit dunkleren Adern; Zierpflanze . . . . *[H. syriacus]*
– Krautige Pflanzen. Außenkelchblätter 9–12 . . . 2

2　Außenkelch 12blättrig. Kronblätter bis 3 cm lang, hellschwefelgelb, am Grunde schwarzpurpurn
　　　　　　　　　　　　　　　　　1. *H. trionum*
–　Außenkelch 9–11blättrig. Kronblätter bis über 7 cm lang, rosa, am Grunde mit karminroten Flecken; sehr seltene Adventivpflanze . . . .
　　　　　　　　　　　　　　　　　[H. palustris]

Hibiscus syriacus L. 1753
Syrischer Eibisch

Bis 3 m hoher, im südlichen Asien einheimischer Strauch mit mattlila gefärbten Kronblättern. Wird in Baden-Württemberg in milden Gegenden hie und da als Zierpflanze gezogen. Verwildert gelegentlich.

1. Hibiscus trionum L. 1753
Trionum diffusum Moench 1794
Stunden-Eibisch, Stundenblume, Wetterrösel

Morphologie: Einjährige, meist 15–60 cm hohe, von Sternhaaren filzige Pflanze mit aufrechtem Stengel. Untere Stengelblätter rundlich, schwach gelappt, obere Stengelblätter bis zum Grunde 3–5spaltig. Blüten bis 4 cm breit, blattwinkelständig. Außenkelch 12blättrig, etwa halb so lang wie der Kelch. Kronblätter 1,5 bis 3 cm lang, hellschwe-

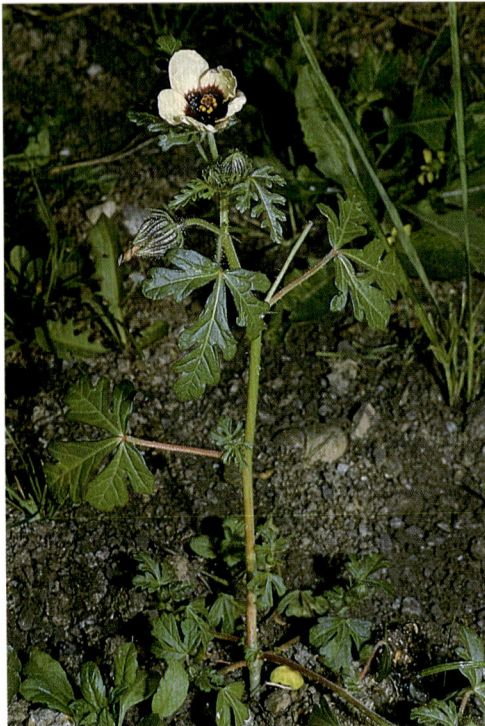

Stunden-Eibisch *(Hibiscus trionum)*

felgelb, am Grunde violett oder schwarzpurpurn. Staubfadenröhre blutrot. Frucht eine vielsamige, 5fächrige Kapsel.

Biologie: Blütezeit Juli bis September. Die Blüten öffnen sich nur vormittags zwischen 8 und 12 Uhr (Name!).

Ökologie: Sehr wärmeliebende, tiefwurzelnde Art. In Baden-Württemberg unbeständig auf Schutt- und Ruderalplätzen in Unkrautfluren.

Allgemeine Verbreitung: In Europa als fest eingebürgerte Pflanze weitgehend auf Südosteuropa beschränkt mit Nordwestgrenze in Niederösterreich. Darüber hinaus im südlichen Asien und in Teilen Afrikas einheimisch. In Nordamerika als Neophyt eingebürgert.

Verbreitung in Baden-Württemberg: Seltene und unbeständige Adventivpflanze, zumeist in Städten.

6516/2 (?): Mannheim-Mühlau, LUTZ (1910); Mannheim-Kläranlage, 1946, an einer Ruderalstelle, HEINE (1952); 6517/1: bei Ilvesheim, auf Schutt, ZIMMERMANN, F. (1906); 6916/3: Karlsruhe, Lautersberg beim Tiergarten, MAUS (1890); 7121/1: Kornwestheim-Güterbahnhof, 1968, SEYBOLD (STU); 7121/3: Bad Cannstatt, Schuttplatz; 1932 u. 1933, K. MÜLLER (1931–1935); Rosensteinpark, 1985, SEYBOLD (STU); 7221/1: Stuttgart, 1946, KREH in BERTSCH (STU-K); Stuttgart, Trümmerschutt bei der Liederhalle, 1954, SEYBOLD (1969); 7223/4 (?): Göppingen, 1938, K. MÜLLER (STU); 7420/3: Tübingen-Ammerhof, A. MAYER (1929); Steinbachtal, 1946, A. MAYER in BERTSCH (STU-K); 7525/4: Güterbahnhof Ulm, 1946, K. MÜLLER (1955–1957); 7917/2: Trossingen, 1946, A. MAYER in BERTSCH (STU-K); 8012/2: Freiburg, Baseler Landstraße, LIEHL (1900).

Bestand und Bedrohung: In Baden-Württemberg sehr seltene und unbeständig auftretende Adventivpflanze!

Hibiscus palustris L. 1753
H. roseus Thore et Loisel 1807
Sumpf-Ibisch, Sumpf-Hibiscus.

Ausdauernde, auf der Iberischen Halbinsel, in Südfrankreich und Italien einheimische, bis über 1 m hohe Staude. In Baden-Württemberg bisher nur einmal adventiv von FR. ZIMMERMANN (1921) am Neckar bei Ilvesheim (6517/1) beobachtet.

5. Alcea L. 1753
Stockrose

1–3 m hohe, ausdauernde Stauden. Blütenstiele höchstens so lang wie der Kelch. Blüten 3–10 cm breit. Blütenstände endständige, stiftähnliche Trauben. Außenkelchblätter 6–7. Staubblattröhre 5eckig, kahl. Früchtchen auf dem Rücken tiefrinnig, an den Rändern scharf.

Gattung Südwest- und Zentralasiens. Einzelne Arten sind im südöstlichen Europa fest eingebürgert. In Baden-Württemberg wurden 2 Arten verwildert beobachtet.

1 Stengel zerstreut rauhhaarig. Außenkelch kürzer als die Kelchblätter. Kronblätter nur wenig ausgerandet, meist rot, rosa, weiß oder hellgelb. Häufig kultiviert; selten verwildert . . . . *[A. rosea]*
– Stengel bleibend dicht filzig-rauh behaart. Außenkelch fast ebenso lang und breit wie die 1,5–2 cm langen Kelchblätter. Kronblätter tief ausgerandet. Südosteuropäische Art, in Baden-Württemberg nur ausnahmsweise anzutreffen . . . *[A. pallida]*

Alcea rosea L. 1753
Althaea rosea (L.) Cav. 1790
Gemeine Stockrose, Chinesische Stockrose

1jährig bis ausdauernd, bis 3 m hoch. Stengel steif aufrecht, zerstreut borstig behaart, Blätter lang-gestielt, meist 5–7lappig. Blüten bis 10 cm breit. Außenkelch erheblich kürzer als der Kelch. Kronblätter kaum ausgerandet, weiß, rosa, rot, schwarzrot, gelb, schwarzbraun usw.

Blütezeit Juli bis Oktober. Bestäubung durch Honigbiene und Hummel. Verwildert auf trockenen Böden an Ruderalstellen und Schuttplätzen in warmen Gegenden.

Südliches Asien von Kleinasien im Westen bis China im Osten. In Südeuropa als Neophyt ± fest eingebürgert (Südfrankreich, Italien). Die früher sehr beliebte Gartenpflanze verwildert in Baden-Württemberg selten und unbeständig:

Fundorte verwilderter Stockrosen: 6516/2: Mannheim-Mühlau, LUTZ (1910); 6517/1: Ilvesheim, HEGI (1925: 464); 7221/1: Stuttgart, 1937, Finder unbekannt (STU); 7222/3: Esslingen, am Bahnhof verwildert, KIRCHNER (1888); 7912/1: Badloch, am Badberg, adventiv, SLEUMER (1934).

Alcea pallida (Willd.) Waldst. & Kit. 1801
Althaea pallida Willd. 1800
Bleiche Stockrose

Südosteuropäische Hochstaude mit Nordwestgrenze in Niederösterreich. In Baden-Württemberg nur ausnahmsweise als Adventivpflanze anzutreffen.

Zweijährige, bis 1,5 m hohe Pflanze. Stengel dicht filzig-rauh behaart. Außenkelchblätter 6, ± ebenso lang wie der 1,5–2 cm lange Kelch. Kronblätter tief ausgerandet, blaulila oder rosenrot.

6516/2 (?): Mannheim-Mühlau, LUTZ (1885); Mannheim-Hafengebiet, spätes 19. Jh., K. BAER (KR).

6. **Althaea** L. 1753
Eibisch

Bis über ein Meter hohe, einjährige oder ausdauernde Kräuter. Blütenstiele gewöhnlich von unterschiedlicher Länge, oft mehrmals so lang wie der Kelch. Blütenstände eine Traube oder Trugdolde. Außenkelchblätter 6–9. Staubblattröhre stielrund, behaart. Früchtchen auf dem Rücken gewölbt, an den Rändern abgerundet.

Gattung der gemäßigten Zone der Alten Welt. In Europa 7 Arten (TUTIN 1968: 253) nachgewiesen, davon kommen 2 in Baden-Württemberg vor (*A. hirsuta* und *A. officinalis*). SLEUMER (1934: 146) erwähnt als Adventivpflanzen für das Badloch (7912/1) außerdem *A. sulfurea* Boiss. et Heldr. und *A. narbonensis* Willd., die beide in der Flora Europaea nicht verschlüsselt sind.

1 Ausdauernde, bis 1,5 m hohe Pflanze, dicht und weich behaart. Obere Stengelblätter 3–5teilig, wenig tief gelappt. Außenkelchblätter 8–9. Kronblätter 15–25 mm lang, etwa 2mal so lang wie der Kelch, rosa bis weiß. Staubfäden flaumig behaart, violett. Staubbeutel purpurn. Teilfrüchte am Rücken dicht und fein behaart, selten verwildert . . .
1. A. officinalis
– Einjährige, bis 60 cm hohe Pflanze, an Stengel, Blatt- und Blütenstielen mit langen, steifen, abstehenden Haaren. Obere Stengelblätter bis zum Grunde 3–5teilig, einzelne Abschnitte lineal-lanzettlich. Außenkelchblätter 6–8. Kronblätter 10–17 mm lang, nur wenig länger als der Kelch, rosa bis blaßlila. Staubfäden und Staubbeutel gelb. Teilfrüchte kahl . . . . _2. A. hirsuta_

1. **Althaea officinalis** L. 1753
Echter Eibisch, Heilwurz

Morphologie: Vergl. Schlüssel. Stengel aufrecht, meist nicht verzweigt. Blätter grau(grün), seidig glänzend, länger als breit, zwischen den Nerven gefaltet. Blüten in blattwinkelständigen und endständigen Trauben. Außenkelchblätter 8–9, am Grunde verwachsen, bis 10 mm lang. Kronblätter 15–25 mm lang, etwa 2mal so lang wie der Kelch, seicht ausgerandet. Frucht eine 5–8 mm breite Scheibe.

Biologie: Blütezeit Juli bis September. Als Blütenbesucher nennt KNUTH (1898) Honigbiene, Erd- und Gartenhummel. Die Verbreitung der Samen erfolgt durch Wasser, Vögel und Säugetiere.

Ökologie: In Baden-Württemberg als Kulturflüchtling unbeständig auf frischen bis feuchten, nährstoffreichen (v.a. ammoniakalischen), basenreichen (insb. kalihaltigen), sandigen Lehm- bis Tonböden an Grabenrändern, an Ruderalstellen, an Auffüll- oder Schuttplätzen im Siedlungsbereich oder im Bereich von Gartenanlagen. Tritt vorwiegend in warmen Gegenden auf. Gedeiht auf Salzböden; nur an salzigen Standorten erweisen sich Ansiedlungen von *A. officinalis* in Mitteleuropa als ± beständig. Vegetationsaufnahmen aus Baden-Württemberg liegen nicht vor.

Echter Eibisch *(Althaea officinalis)*

Allgemeine Verbreitung: Westliches Eurasien. In Südeuropa auf der Iberischen Halbinsel, der Apenninen- und der Balkanhalbinsel verbreitet, in West- und Mitteleuropa (hier Archäophyt!) auf küstennahe Gebiete und salzhaltige Stellen des Binnenlandes beschränkt. Hauptverbreitungsgebiet ist die semiaride bis aride Steppenzone der südlichen UdSSR mit Ostgrenze am Altai und am Alatau. Arealsplitter in Südwestasien.

Verbreitung in Baden-Württemberg: Selten und unbeständig auftretende Art! Ein stabiles Vorkommen ist bisher nicht bekannt geworden. In den meisten Fällen dürfte es sich um Kulturflüchtlinge (wichtige Heilpflanze!) handeln. Wurde bisher hauptsächlich im mittleren Neckarraum beobachtet. Muß für Baden-Württemberg als Adventivpflanze gelten.

Erster literarischer Nachweis: KERNER (1786: 248–249): „Bey dem Lustschloß Solitude hinter dem langen Stall".

6323/4: Tauberbischofsheim, KLEIN u. SEUBERT (1905); 6424/1: bei Distelhausen, DÖLL (1862); 6625/2: Oberstetten, Reutalbrücke, 1969, SEYBOLD (STU); 6718/1: Wiesloch, KLEIN u. SEUBERT (1905); 6720/4: Bad Rappenau, 19 Jh., ECKERT (KR); 6817/1: Am Saalbach und an Gräben im Kämmerforst zw. Graben und Bruchsal, DÖLL (1862); 6922/2: Ufer der Lauter bei Neulautern, 1903, KREH (STU); 7115/3: Sandweier, KLEIN u. SEUBERT (1905); 7115/4: Kuppenheim, KLEIN u. SEUBERT (1905); 7121/3: Oßweil, verwildert, 1960, KNAUSS (STU); 7220/1: Gerlingen, Schutt, 19 Jh., UHL (STU); 7220/1 (?): Solitude, am langen Stall, KERNER (1786); 7220/4: Unteraichen, Auffüllplatz, 1944, KREH (STU); 7221/3: Großhohenheim, 1866, Finder unbekannt (STU); 7322/1: Wendlingen, Schuttplatz, 1964, KNAUSS (STU); 7324/1: Bad Boll, 1943, MÜRDEL (STU); 7419/1: Ammertal, 1896, A. MAYER in BERTSCH (STU-K); 7420/3: Tübingen, 1890, A. MAYER (STU); 7421/1: Neckartenzlingen, 1956, LEIDOLF (STU); 7520/4: Gönningen, A. MAYER (1929); 7521/2: Eningen, A. MAYER (1929); 7525/4: Söflingen, VALET in MARTENS u. KEMMLER (1882); 7616/3: Alpirsbach, A. MAYER (1929); 7618/3: Vöhringen, auf Schutt, 1935, K. MÜLLER (STU); 7912/1: Badloch, am Badberg im Kaiserstuhl, SLEUMER (1934); 7912/2: Oberreuthe bei Emmendingen, HERZOG (1896); 8322/2: Friedrichshafen, 1850, LECHLER (STU).

Bestand und Bedrohung: In Baden-Württemberg seltene und unbeständig auftretende Adventivpflanze.

48

2. Althaea hirsuta L. 1753
Malva setigera Spenner 1829
Borsten-Eibisch, Rauhhaar-Eibisch

Morphologie: Vergl. Schlüssel. Stengel aufrecht oder aufsteigend, am Grunde häufig verzweigt, wie Blatt- und Blütenstiele, Kelch- und Außenkelchblätter mit mehrere mm langen, steifen, abstehenden Haaren besetzt. Blätter grasgrün, oberseits nur spärlich behaart. Untere Stengelblätter seicht 5lappig. Blüten einzeln, stets auf mehrere Zentimeter langen Stielen, auf den Triebspitzen trugdoldig gehäuft. Außenkelchblätter 6–8, bis 15 mm lang. Kronblätter 10–17 mm lang, vorne seicht ausgerandet. Frucht eine 5–7 mm breite Scheibe. – Blütezeit: Juni bis Juli.

Ökologie: Auf trockenen bis mäßig frischen, meist nur mäßig nährstoffreichen, ± kalkreichen, lehmigen bis tonigen, oft steinigen Böden. Im Main-Tauber-Gebiet kommt *Althaea hirsuta* z.B. auf hängigen, ± flachgründigen und feinschuttreichen Rendzinen über Wellenkalken vor. In diesem Gebiet gedeiht der Rauhhaarige Eibisch am Rande von Äckern in lückigen Unkrautfluren (z.B. in Caucalidion- und Fumario-Euphorbion-Gesellschaften), ebenso in halbruderalen, lückigen (Trespen)-Halbtrockenrasen. PHILIPPI (1982, 1983) belegt jeweils ein Vorkommen in Wimper-Perlgras-Fluren (Teucrio-Melicetum ciliatae) und in der Färberkamillen-Flur (*Anthemis tinctoria*-Gesellschaft). Auffallend ist die deutliche Konzentration von *A. hirsuta* auf Grenzlinienbiotope, etwa die Übergangszonen von Ackerrändern zu ruderalisierten Trockenrasen. Vegetationsaufnahmen bei PHILIPPI (1982: Tab. 14 und 1983: Tab. 6).

Allgemeine Verbreitung: Nordafrika und westliches Eurasien. Gehört zum mediterran-pontischen Element. Im gesamten Mittelmeerraum einheimisch, ostwärts bis nach Südwest-Asien (Iran) vorkommend, außerdem in der Steppenzone Südrußlands einheimisch. In Mitteleuropa Archäophyt, nach Norden bis ins Rheinland, nach Hessen und Thüringen reichend. Einzelne Vorkommen in Südengland.

Verbreitung in Baden-Württemberg: Die Hauptverbreitungsgebiete von *Althaea hirsuta* sind die Muschelkalkflächen der Oberen Gäue südwestlich von Tübingen, des Neckarbeckens zwischen Bietigheim (7020/2) und Brackenheim (6020/1), der Haller Ebene, der Hohenloher Ebene und des Tauber-Main-Gebiets. Einen weiteren Verbreitungsschwerpunkt bildet(e) der Kaiserstuhl mitsamt der Vorbergzone des südlichen Oberrheingebiets (Tuniberg, Kienberg, Batzenberg, Isteiner Klotz).

Zahlreiche Angaben liegen darüber hinaus aus dem Albvorland (Lias) vor, insbesondere aus dem Vorfeld der westlichen und mittleren Schwäbischen Alb. Einzelne Wuchsorte sind aus dem Kraichgau gemeldet. Vom Südrand der Schwäbischen Alb ist ein von K. MÜLLER (1953, STU) belegter Fundort

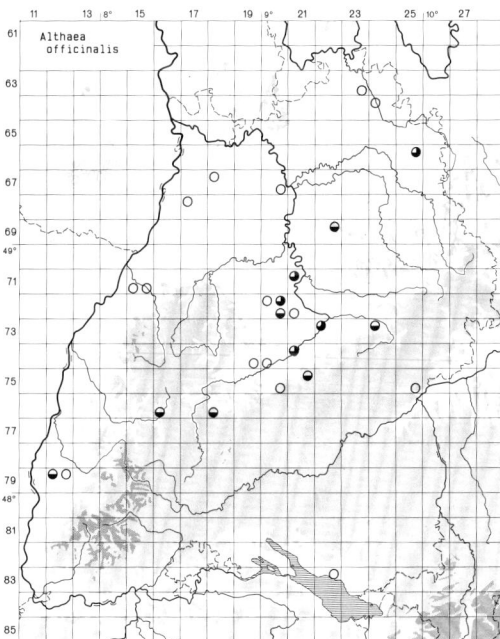

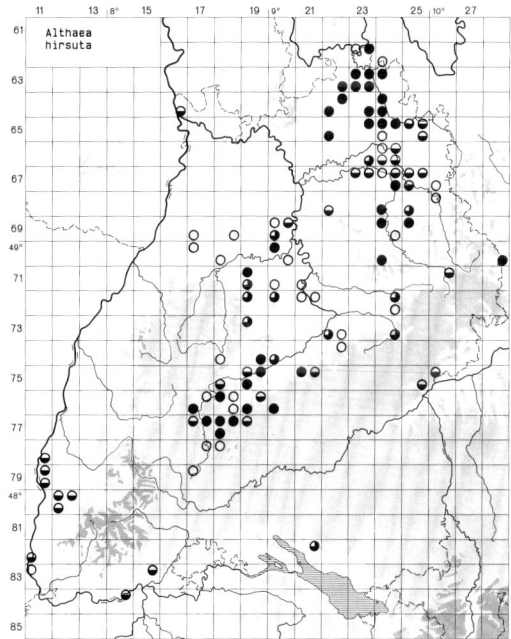

Borsten-Eibisch *(Althaea hirsuta)*
Bisingen, 1986

bei Osterstetten (7526/1) bekannt. Angegeben ist
A. hirsuta außerdem aus dem Klettgau zwischen
Aichen und Breitenfeld (8315/2) von TH. LINDER
(1905). Im Mannheimer Hafengelände (F. ZIM-
MERMANN 1906) und am Ulmer Güterbahnhof
(K. MÜLLER, 1932 in BERTSCH STU-K) ist die Art
als Adventivpflanze festgestellt worden.

Die tiefsten natürlichen Vorkommen befinden
sich bei ca. 200 m ü. NN am Hopfenberg (7017/1),
am Kaiserstuhl (tiefste Lagen) und im Taubertal.
Mit ca. 700 m ü. NN am höchsten liegt das von
DÖLL (1862) angegebene Vorkommen bei Dauchin-
gen (7917/1).

Ältester literarischer Nachweis: VULPIUS (1791:
73): Stuttgart-Berg.

Bestand und Bedrohung: Stark gefährdete Art (Gef.-
Grad 2)! Im Verlauf der letzten 5 Jahrzehnte ist *Althaea hirsuta* stark zurückgegangen und regional
wie etwa im südlichen Oberrheingebiet gänzlich
verschollen oder wie in den Muschelkalkgebieten
des Neckarbeckens bis auf geringe Reste verschwunden. Die wichtigsten Rückzugsräume sind
heute die Oberen Gäuflächen südwestlich von Tübingen und das Tauber-Main-Gebiet, von dem eine
detaillierte aktuelle Verbreitungskarte von PHILIPPI
(1983) vorliegt. Die Vorkommen im Taubergebiet
sind zumeist relativ kleinflächig und umfassen allenfalls einige Dutzend Individuen.

Folgende Ursachen sind für den Rückgang von
A. hirsuta verantwortlich:

1. Durch Aufdüngung der Äcker wurden konkurrenzkräftigere, eutraphente Unkräuter an den Ak-
kerrandbereichen begünstigt.

2. Durch Rebflurbereinigungen und Intensivierung
des Weinbaus wurden geeignete Standorte wie Brachen und nährstoffarme Ruderalstellen vernichtet.

3. Lückige Halbtrockenrasen, die durch gelegent-
lichen Umbruch und Beweidung entstanden sind,
schließen nach Aufgabe dieser Wechselnutzung ihre
Grasnarbe, so daß Therophyten wie *A. hirsuta*
weitgehend verdrängt werden. Das Entstehen von
lückigen, ruderalisierten Trockenrasen an ± steilen
Hängen infolge eines immer wieder erfolgenden
Wechsels von Acker- und Grünlandnutzung bei
geringen Nährstoffeinträgen erfolgt im Rahmen der
heutigen Bewirtschaftungsmaßnahmen kaum noch.
Eine gezielte Förderung von *A. hirsuta* könnte
durch gelegentliches Umbrechen von Trockenra-
senparzellen, insbesondere an Ackerrändern, erfolgen.

Ulmaceae

Ulmengewächse
Bearbeiter: B. QUINGER

Aufrechte Bäume oder Sträucher. Blätter ungeteilt,
am Grunde asymmetrisch, gesägt, 2zeilig angeordnet, wechselständig. Nebenblätter hinfällig. Blüten
vor den Blättern erscheinend, einzeln oder in büscheligen Trugdolden, mit unscheinbarer Blütenhülle, zwittrig oder eingeschlechtig. Perigon
4–5blättrig. Fruchtknoten oberständig, aus
2 Fruchtblättern. Frucht eine 1samige Steinfrucht
oder eine breit geflügelte Nuß.

1 Blätter vom Grunde an mit einem Längsnerv. Alle
   Blüten zwittrig, an vorjährigen Trieben, vor den
   Blättern erscheinend. Frucht eine einsamige, geflügelte Nuß . . . . .1. *Ulmus*
– Blätter vom Grunde an mit 3 Längsnerven, lang
   zugespitzt. Zwittrige oder rein männliche Blüten,
   an diesjährigen Trieben, gleichzeitig mit den Blättern erscheinend. Frucht eine Steinfrucht mit Kern
   und fleischiger Hülle; nur angepflanzt . . *[Celtis]*

1. **Ulmus** L. 1753

Ulme, Rüster

Bis zu 40 m hohe Bäume, seltener Sträucher. Blätter ungeteilt, am Rande gesägt, mit einem Längsnerv, stets asymmetrisch und 2zeilig angeordnet.
Nebenblätter früh abfallend. Blüten zwittrig, vor
den Blättern erscheinend. Perigon 4–8teilig, mehr
oder weniger verwachsen. Staubblätter ebenso viele
wie Perigonblätter. Fruchtknoten 1fächrig, mit
2 Narben. Reife Frucht ringsherum ± breit durchscheinend geflügelt.

Die Fähigkeit zur generativen Fortpflanzung erlangen die Ulmen meist nicht vor dem 35. Jahr.

Windbestäubung herrscht vor (v.a. bei *U. laevis*, mit den herabhängenden Blüten), daneben tritt Bienenbestäubung auf. Meist erfolgt Fremdbestäubung, Selbstbestäubung ist jedoch möglich. Die grünen Früchte übernehmen die Assimilation, solange der Baum unbelaubt ist. Die Verbreitung der Früchte erfolgt durch den Wind, die infolge ihrer breiten Flügel als Scheibenflieger in spiraligem Gleitflug zu Boden fallen. Bei ausreichender Bodenfeuchte erfolgt umgehend die Keimung. Einige Arten können sich auch vegetativ vermehren (Wurzelbrut).

Die Gattung *Ulmus* umfaßt etwa 30 Arten (KRÜSSMANN 1962). Sie sind hauptsächlich in den sommergrünen Laubwäldern Europas, Südwest-Asiens, Ostasiens und des östlichen Nordamerikas verbreitet. Außerdem kommen sie in den Tropen Südasiens (Himalaja, Indochina) vor. In Baden-Württemberg sind alle 3 mitteleuropäischen Arten ureinheimisch.

Anmerkung zur Bestimmung der Ulmen: Zur Ermittlung der Blattmerkmale sind nur Blätter an Seitentrieben der Endzweige im Kronenbereich geeignet; niemals dürfen Blätter an Stockausschlägen oder Wasserreisern herangezogen werden, da an ihnen häufig die arttypischen Merkmale nicht entwickelt sind (SCHREIBER 1957).

1 Stamm oft mit auffallenden Brettwurzeln. Blätter stark asymmetrisch, oberseits lebhaft grün, glänzend, glatt, unterseits mit unauffälligen Achselbärten. 10–20 Seitennerven pro Blatthälfte, ungegabelt oder erst am äußersten Rand (etwa ab ⅗ der Seitennervlänge) gegabelt. Blüten und Früchte an langen, hängenden Stielen. Frucht am Rande dicht gewimpert, Samen in oder etwas unterhalb der Mitte . . . . 3. *U. laevis*

– Stamm ohne Brettwurzelbildungen. Blätter unterseits mit auffälligen Achselbärten. Seitennerven häufig bei ½ bis ¾ ihrer Länge gegabelt. Blüten und Früchte auf sehr kurzen, nur wenige mm langen Stielen 2

2 Oftmals mit Wurzelbrut. Häufig Stamm mit Wasserreisern und Zweige mit Korkleisten. Jungtriebe und austreibende Blätter mit roten Drüsen. Winterknospen wenigstens an verdeckten Knospenschuppen weißhaarig. Blätter niemals mehrspitzig, an Kurztrieben oberseits ± kahl, glatt und glänzend, unterseits mit bräunlichen Achselbärten. 8–15 Seitennerven pro Blatthälfte. Perigon weißlich bewimpert. Narben weiß. Früchte mit Samen am oberen Rand . . . . 1. *U. minor*

– Niemals mit Wurzelbrut. Stamm ohne Wasserreiser und Zweige ohne Korkleisten. Jungtriebe und austreibende Blätter ohne rote Drüsen. Winterknospen ausschließlich rostrot oder braun, niemals weiß behaart. Blätter häufig im vorderen Drittel mehrspitzig (v.a. Schattenblätter), oberseits durch borstige Behaarung rückwärts stark rauh, matt, unterseits mit weißgrauen Achselbärten. 8–22 Seitennerven pro Blatthälfte. Perigon rostfarben bewimpert. Narben rötlich oder rot. Früchte mit Samen in oder etwas unterhalb der Mitte
2. *U. glabra*

1. Ulmus minor Miller 1768
U. campestris L. 1753; *U. carpinifolia* Gleditsch 1773
Feld-Ulme, Rot-Ulme, Feld-Rüster, Rot-Rüster

Morphologie: Bis zu 40 m hoher Baum oder mehrstämmiger Strauch, meist mit Wurzelbrut. Stamm ohne Brettwurzeln, häufig mit Wasserreisern. Rinde grau bis graubraun, längs- und querrissig in recht- bis achteckigen, dicken Schuppen verborkend. Zweige (dunkel)olivbraun bis (dunkel)rotbraun, im Alter ± kahl, vor allem an Sträuchern oft mit Korkleisten. Jungtriebe ± dicht behaart, ebenso wie die austreibenden Blätter mit roten Drüsen. Winterknospen eiförmig-spitzig, dunkelbraun, wenigstens an den verdeckten Knospenschuppen weißhaarig. Blätter 2–15 cm lang, (verkehrt-)eiförmig bis (verkehrt-)breit-lanzettlich, am Grunde rundlich keilförmig, vorne allmählich verschmälert, niemals mehrspitzig, mit größter Breite in, unter- oder oberhalb der Mitte (selten im obersten Drittel). Die längere Blatthälfte biegt mit rechtem oder stumpfen Winkel zum 2–10 mm langen Blattstiel um, der Blattstiel wird dabei (meist) nicht überdeckt. Die kürzere Blatthälfte läuft (mäßig) spitz bis fast rechtwinkelig auf den Stiel zu. Blattrand einfach bis doppelt gesägt. Blattoberseite dunkelgrün, ± spärlich

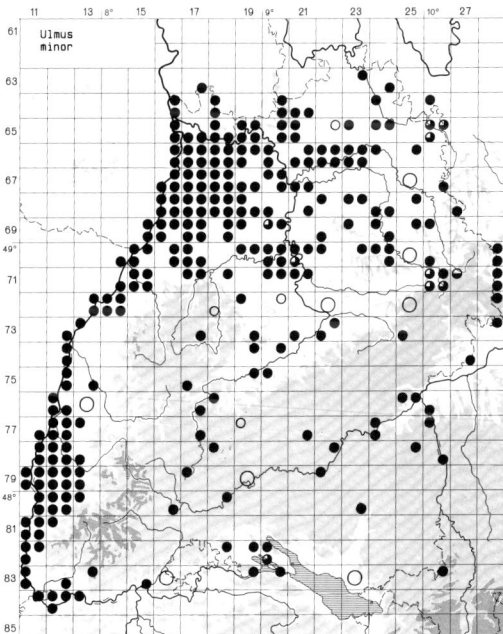

Feld-Ulme *(Ulmus minor)*

behaart bis kahl, glatt und glänzend. Blattunterseite heller graugrün, mit gut entwickelten, bräunlichen Achselbärten. Blüten in dichten Dichasien, mit weißlich bewimpertem Perigon, sehr kurz gestielt (Stiel kürzer als die Blüte). Staubblätter 4(–5). Narben weiß. Früchte bis 2 cm lang, ± eiförmig, am Grunde keilig verschmälert, mit dem Samen am oberen Rand, sehr kurz gestielt.

Biologie: Blütezeit März bis April. Fruchtreife Mai bis Juni. Alter bis ca. 400 Jahre.

Ökologie: Ursprünglich in den Stromtälern tieferer Lagen auf frischen bis (wechsel)feuchten, im Sommer gelegentlich oberflächlich austrocknenden, bei Hochwassern nur kurzzeitig und episodisch überschwemmten, nährstoff- und basenreichen (meist kalkhaltigen) Auenböden mit sandigem bis schluffigem, humosem Oberboden bei grundwasserführen-der, meist kiesiger Unterlage (vgl. MOOR 1958: 328). Charakterart des Querco-Ulmetum. *U. minor* tritt häufig bestandesbildend in der Baumschicht der Eichen-Ulmen-Hartholzaue auf, die sich außerdem hauptsächlich aus *Quercus robur* und *Fraxinus excelsior*, in der oberrheinischen Tiefebene auch aus *Ulmus laevis* zusammensetzt. In geringer Stetigkeit und meist niedrigen Anteilen kommt die Feld-Ulme auch in Eichen-Hainbuchenwäldern (Querco-Carpinetum) und in anderen Waldgesellschaften des Alno-Ulmion vor, z.B. in Erlen-Eschenwäldern (Alno-Fraxinetum) und in Bach-Eschenwäldern (Carici remotae-Fraxinetum).

In den Grundwasserabsenkungsgebieten der südlichen Oberrheinischen Tiefebene ist die Feld-Ulme als Strauch häufig in Trockengebüschen (z.B. Hippophao-Berberidetum) aus *Hippophaë rhamnoides*,

Ligustrum vulgare, Berberis vulgaris, Viburnum lantana, Prunus spinosa, Crataegus monogyna u.a. (vgl. WITSCHEL 1980: 142) anzutreffen. Anthropogene Standorte, an denen die Feld-Ulme zumeist in strauchartiger Form auftritt und sich durch Wurzelbrut flächig ausbreitet, sind außerdem Lößdecken-Aufschlüsse an Straßen, steilen Böschungen und an (aufgelassenen) Weinbergen. Gelegentlich werden auch Steinbrüche und Schutthalden besiedelt. Vegetationsaufnahmen u.a. bei MOOR (1958: Tab. 31), LOHMEYER u. TRAUTMANN (1974: Tab. 2), CARBIENER (1974: Tab. 1); PHILIPPI (1978: Tab. 33 u. 1982: Tab. 3, 5, 6) und bei WITSCHEL (1980: Tab. 27).

Allgemeine Verbreitung: Nordwestafrika und westliches Eurasien. In Nordeuropa fehlend (Nordgrenze Gotland und Öland bei 57° n.Br.), auf den Britischen Inseln nur im Süden, sonst in Europa allgemein verbreitet. Ostwärts bis zur Wolga reichend, südlich des Kaukasus in der Kolchis, im nördlichen Kleinasien und in Nordpersien beheimatet. Südwestliche Vorposten in Nordwestafrika.

Verbreitung in Baden-Württemberg: Das Hauptverbreitungsgebiet ist die Oberrheinische Tiefebene im Bereich kalkreicher Rhein-Alluvionen, wo die Art sicher ureinheimisch ist. Darüber hinaus ist *U. minor* in Baden sporadisch im Hochrheingebiet, im westlichen Bodenseeraum und am Unterlauf des Neckars anzutreffen (ob jeweils ursprünglich?). Für das württembergische Gebiet ist das Indigenat von *U. minor* umstritten (nach K. u. F. BERTSCH 1948 ausnahmslos angepflanzt, nach KREH 1951 bei Stuttgart natürliche Vorkommen vorhanden). Im Tauberland, in der Kocher-Jagst-Ebene, im Neckarbecken, im Bereich des Mittleren Neckars, in den Oberen Gäuen, an der Donau unterhalb Blochingen (7922/1) und an der Iller tritt die Feld-Ulme zerstreut verwildert auf.

Am tiefsten liegen die Wuchsorte in der Rheinebene bei Mannheim bei ca. 95 m ü.NN; als höchstgelegene Fundorte (wohl jeweils angepflanzt) sind das Bregufer bei Hüfingen (8016/4) bei ca. 685 m ü.NN und das Argenufer bei Großholzleute (8326/2) bei ca. 710 m ü.NN gemeldet.

Erster fossiler Nachweis: Ulmenpollen im gesamten Gebiet über 5% vom frühen–späten Präboreal bis zum Übergang Atlantikum/Subboreal. Erster literarischer Nachweis: SEUBERT & PRANTL (1880: 139). Bei früheren Angaben wurde nicht deutlich zwischen unseren heutigen Arten unterschieden.

Bestand und Bedrohung: Durch das Ulmensterben rapide zurückgehend und daher stark gefährdet (Gef.-Grad 2)! In der Roten Liste (HARMS et al. 1983) wird *Ulmus minor* noch nicht aufgeführt. Das Ulmensterben wird durch den Pilz *Graphium ulmi* (MAYER 1986) verursacht, der die Holzgefäße schädigt und den Wassertransport unterbindet. Überträger sind der Kleine Ulmensplintkäfer *(Scolytus scolytus)* und der Große Ulmensplintkäfer *(Scolytus multistriatus)*, die die Pilzsporen von kranken auf gesunde Ulmen verschleppen. Vom Auftreten erster sichtbarer Schädigungen bis zum völligen Absterben erkrankter Ulmen vergehen häufig nicht einmal zwei Jahre. Baumförmige Feldulmen sind vielerorts fast ausnahmslos befallen. Niedrige, strauchförmige Individuen scheinen eher von der Ulmenkrankheit verschont zu bleiben. Die Ulmenkrankheit ist erstmals 1919 in Holland aufgetreten. In der nördlichen Oberrheinischen Tiefebene werden starke Schäden an Feld-Ulmen seit Mitte der siebziger Jahre beobachtet; inzwischen ist die Mehrzahl der Altbäume abgestorben. Nach A. MAYER (1986) ist vor einigen Jahren eine besonders aggressive Mutante des Erregers entstanden, die das Ulmensterben in schwerwiegendem Maße verstärkt hat.

Die Eichen-Ulmen-Hartholzaue als ursprüngliche Heimat der Feld-Ulme ist großflächig nur noch in wenigen Gebieten in einem naturnahen Zustand erhalten, z.B. im NSG Rußheimer Altrhein (6716/6816) und im NSG Taubergießen (7612/7712). Gegenwärtig erfolgt eine tiefgreifende Veränderung dieser Bestände durch das Ulmensterben.

Variabilität: Var. *suberosa* (Moench) Rehd. 1949 Pflanzen meist strauchig, jüngere Zweige mit oft sehr dicken Korkleisten, Blätter meist sehr klein (2–4 cm lang).

Besonders in Trockengebieten auftretend, etwa an sonnigen Abhängen der südlichen Vorbergzone des Oberrheingebietes und in den Grundwasserabsenkungsgebieten der südlichen oberrheinischen Tiefebene (z.B. westlich von Grissheim (8111/1)).

Bastard: *Ulmus glabra × minor;*
U. × hollandica Mill. 1768
Holländische Ulme

Hybridschwarm, in den Merkmalen zwischen den Eltern stehend, diesen jedoch oft außerordentlich ähnlich. Eine sichere Bestimmung ist oft nur unter Berücksichtigung der vollständigen vegetativen und floralen Merkmalskombination der Stammarten möglich.

Unterschiede zu *Ulmus minor* (nach ENDTMANN in ROTHMALER 1982): Mehrspitzige Blätter, Staubblätter bis 7, rötliche Narben.

U. × hollandica wird häufig in Parks, Alleen, an Straßenböschungen und in Feldhecken angepflanzt.

2. Ulmus glabra Hudson 1762

U. campestris L. 1753; *U. scabra* Miller 1768;
U. montana Stockes 1787
Berg-Ulme, Weiß-Rüster

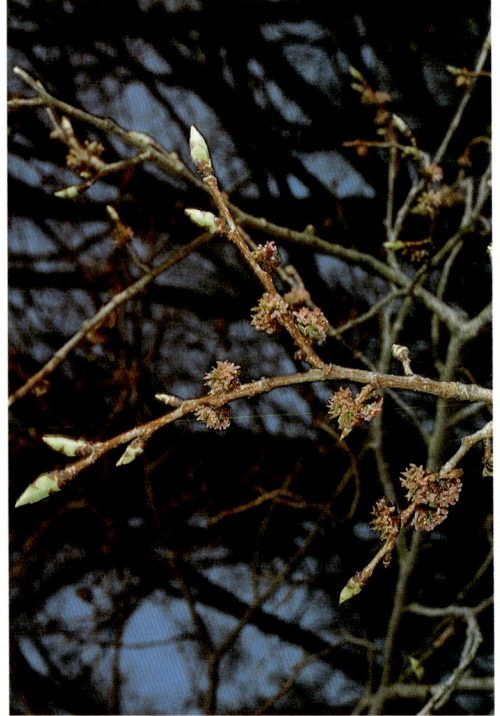

Morphologie: Bis zu 40 m hoher Baum, selten mit Brettwurzeln. Rinde graubraun, längsrissig-rippig verborkend. Zweige dunkelbraun bis dunkeloliv-braun, anfangs behaart, später verkahlend oder behaart bleibend, ohne Korkleisten. Winter-knospen stumpf, rostrot oder braun behaart. Blät-ter 2–18 cm lang, elliptisch bis breit verkehrt-ei-förmig, am Grunde abgerundet-keilförmig, vorne plötzlich verschmälert, ± kurz zugespitzt, häufig mehrspitzig (vor allem Schattenblätter), mit größter Breite oberhalb der Mitte (meist im obersten Drit-tel). Die längere Blatthälfte biegt mit spitzem Win-kel zum 3–5 mm langen Blattstiel um, der Blattstiel wird bei subsp. *glabra* dabei überdeckt. Die kürzere Blatthälfte läuft spitz bis fast rechtwinkelig auf den Stiel zu. Blattrand doppelt gesägt. Blattoberseite dunkelgrün, durch borstige Behaarung rückwärts stark rauh und matt. Blattunterseite heller grün mit gut entwickelten, weißgrauen Achselbärten. Blüten in dichten Dichasien, mit rostfarbenem, bewimper-tem Perigon, sehr kurz gestielt (Stiel kürzer als die Blüte). Staubblätter 5(–7). Narben rot oder rötlich. Fruchtblätter bis 3 cm lang, kreisrund bis breit ver-kehrt-eiförmig. Frucht mit Samen in oder unterhalb der Mitte, sehr kurz gestielt.

Biologie: Blütezeit März bis April. Fruchtreife Mai bis Juni. Alter bis ca. 400 Jahre.

Ökologie: Auf frischen bis feuchten, zeitweilig oder ständig durchsickerten, nährstoff- und basenrei-chen, humosen, ± bewegten Böden; an schattigen Steilhängen oft über feinerdereichem Steinschutt, an Hangfüßen hingegen oft über tiefgründigen, kol-luvialen Lehmböden. Besonders kennzeichnend ist die Berg-Ulme für Ahorn-Eschenwälder (Aceri-Fraxinetum) steiler, schattiger (Schutt)Hänge; in Ahorn-Eschenwäldern der Hangfüße, die in Würt-temberg oft als „Kleebwälder" bezeichnet werden (GRADMANN 1950), tritt sie etwas zurück. Aus mon-tanen bis hochmontanen Lagen liegen Beschreibun-gen von hochstaudenreichen Ulmen-Ahornwäldern (Ulmo-Aceretum) mit *Cicerbita alpina* und *Ranun-culus platanifolius* als Trennarten (vgl. TH. MÜL-LER 1966: Tab. 12) vor. Gelegentlich ist die Berg-Ulme auf dieser Höhenstufe auch Hochstauden-Ahorn-Buchenwäldern (Aceri-Fagetum) beige-mischt. Neben ihrer hauptsächlichen Verbreitung in kollinen bis montanen, luftfeuchten Lagen, tritt die Berg-Ulme gelegentlich in Stromtälern am Rande der Auenwälder auf (wird hier oft mit *U. minor* oder

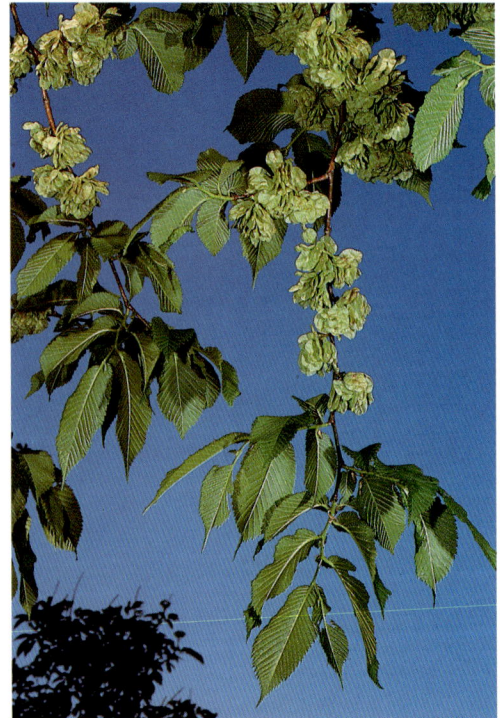

Berg-Ulme *(Ulmus glabra)*
Oben blühend, unten fruchtend

U. laevis verwechselt). Vegetationsaufnahmen u.a. bei FABER (1936: Tab. 6), KUHN (1937: Tab. 38), J. & M. BARTSCH (1940: 186), KREH (1938: Artenliste 2), OBERDORFER (1949: Tab. 9), TH. MÜLLER (1966: Tab. 11) und bei SEBALD (1983: Tab. 4).

Allgemeine Verbreitung: Europa und Südwest-Asien. Im Mittelmeerraum auf die Gebirgslagen beschränkt, sonst in Europa allgemein verbreitet mit Ausnahme von Portugal, SW-Spanien, weiter Teile Nordskandinaviens (Nordgrenze Westnorwegen bei 67° n.Br.), Nordrußlands und der russischen Steppenzone. Ostgrenze am Ural; im Südosten im Kaukasus, in der Kolchis und in Nordwest-Persien vorkommend.

Verbreitung in Baden-Württemberg: Ihre größte Häufigkeit erreicht die Berg-Ulme wegen der günstigen klimatischen und standörtlichen Voraussetzungen am Nordrand der Schwäbischen Alb. Weitere Verbreitungsschwerpunkte sind die südliche Randzone der Schwäbischen Alb (insbesondere in Seitentälern zur Donau), das Alb-Wutach-Gebiet, das voralpine Hügel- und Moorland, die Seitentäler des Neckars von den Oberen Gäuen bis zur Südhälfte des Neckarbeckens, die Waldgebiete des Schwäbischen Keuper-Lias-Landes und der westliche Schwarzwald. Nur zerstreut erscheint die Berg-Ulme in lufttrockenen Regenschattenlagen des Schwarzwaldes (Ostabdachung) und der Schwäbischen Alb (nördliche Donau-Iller-Platten), in der kontinental getönten Baarhochfläche und vermutlich aus edaphischen Gründen im Sandstein-Odenwald und -Spessart. Nur als Seltenheit kommt *Ulmus glabra* in den sommerwarmen Tieflagen der Oberrheinischen Tiefebene, des nördlichen Kraichgaus und des Tauberlandes vor.

Erster fossiler Nachweis: Sipplingen, frühes Subboreal (NEUWEILER 1935, Bestimmung nach heutigem Kenntnisstand zweifelhaft, da Ulmenholz sich anatomisch nicht unterscheiden läßt). Ulmenpollen im ganzen Gebiet über 5% vom frühen–späten Praeboreal bis zum Übergang Atlantikum/Subboreal.

Erster literarischer Nachweis: J. BAUHIN (1598: 144 u. 1602: 155): „Wald und Berg Horn nicht weit vom Wunderbrunnen" bei Bad Boll (7323).

Bestand und Bedrohung: Gefährdet (Gef.-Grad 3)! In der Roten Liste (HARMS et al. 1983) wird *U. glabra* noch nicht aufgeführt. In den letzten Jahren wurde vielerorts das Auftreten gravierender Schadbilder bei der Berg-Ulme beobachtet (Ulmensterben, vgl. *U. minor* verstärkt durch das Einwirken von Immissionen?). In Zukunft ist mit starken Bestandeseinbrüchen zu rechnen. Die Ahorn-Eschenwälder (Aceri-Fraxinetum) als wichtigste

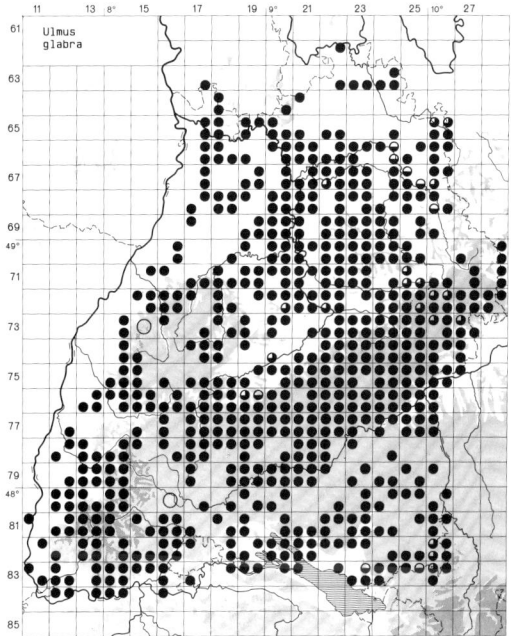

primäre Wuchsorte von *U. glabra* sind gebietsweise noch recht häufig, ihre Gefährdung ist allenfalls schwach. Selten und meist nur kleinflächig ausgebildet sind die hochmontanen Ulmen-Bergahornwälder (Ulmo-Aceretum) im Hochschwarzwald, z.B. nach OBERDORFER (1982) am Rabenfels bei Menzenschwand (8114/3).

Variabilität: Nach ENDTMANN in ROTHMALER (1982) werden 2 Unterarten unterschieden:

a) subsp. **glabra**

Blattstiele meist deutlich von einer Blatthälfte überdeckt. 2–5jährige Zweige borstig behaart.

b) subsp. **montana** (Stockes) Hyl.

Blattstiele nicht oder undeutlich von einer Blatthälfte überdeckt. 2–5jährige Zweige kahl.

Die häufigere Sippe in Baden-Württemberg scheint subsp. *glabra* zu sein; die Verbreitung der beiden Unterarten ist jedoch weitgehend unbekannt.

Bastard: *Ulmus glabra × minor;*
U. × hollandica Mill. (1768)
Holländische Ulme

Unterschiede zu *U. glabra*: Mit (auch ohne!) Wurzelbrut, Wasserreiser und Korkleisten. Der Samen rückt an den oberen Rand der Frucht. Vorkommen von weißen Narben und weißen Haaren an den Winterknospen.

Häufig angepflanzt!

3. Ulmus laevis Pallas 1784
U. effusa Willd. 1787; *U. pedunculata* Foug. 1787
Flatter-Ulme, Flatter-Rüster

Morphologie: Bis zu 35 m hoher Baum, ohne Wurzelbrut. Stamm mit auffallenden Brettwurzeln, häufig mit Wasserreisern. Rinde graubraun, mit tiefen Längsrissen verborkend, sich in flachen Schuppen ablösend. Zweige graubraun bis rotbraun, anfangs behaart, später verkahlend. Winterknospen lang kegelförmig; Knospenschuppen am Rande gewimpert. Blätter 2–15 cm lang, rundlich-elliptisch bis eiförmig, am Grunde sehr stark asymmetrisch, vorne allmählich verschmälert, nie mehrspitzig. Die kürzere Blatthälfte läuft spitz auf den Stiel zu. Blattrand doppelt gesägt. Blattoberseite in der Jugend weichhaarig, später spärlich behaart bis ± kahl, lebhaft grün, glänzend, glatt. Blattunterseite graugrün, kurz weichhaarig mit nur schwach entwickelten Achselbärten. Blüten in Dichasien mit braun bewimpertem Perigon, auf 8–18 mm langen Stielen (Stiel 3–6mal so lang wie die Blüte). Staubblätter 6–8. Früchte bis 1,5 cm lang, rundlich-eiförmig, am Flügelrand dicht gewimpert, mit Samen in oder unterhalb der Mitte, auf 1–4 cm langen, fädigen Stielen.

Biologie: Blütezeit März bis April. Fruchtreife Mai bis Juni. Alter bis ca. 250 Jahre.

Ökologie: Auf wechselfeuchten bis mäßig (sicker)-nassen, nährstoffreichen, kalkreichen und ± kalk-

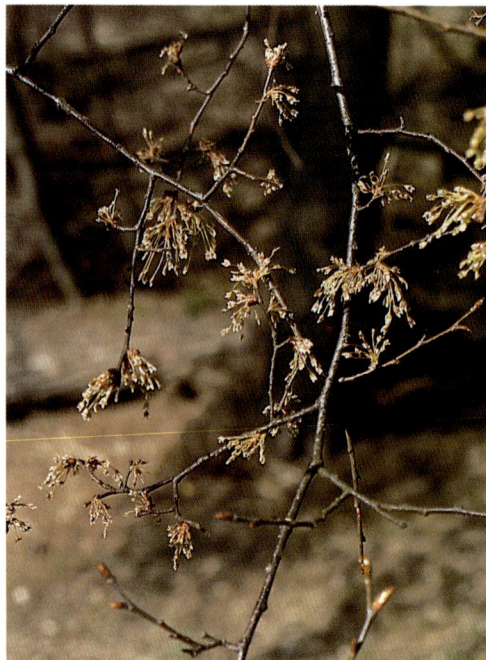

Flatter-Ulme *(Ulmus laevis)*
Au am Rhein, 1980

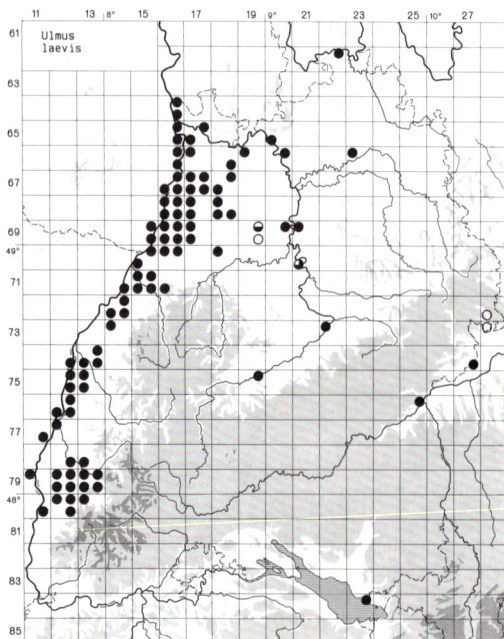

armen, meist humusreichen (bis anmoorigen), ± tiefgründigen, sandigen Lehm- bis lehmigen Tonböden in Wäldern des Alno-Ulmion und des Carpinion sommerwarmer Tieflagen. Das Spektrum der Flatter-Ulme umfaßt Erlen-Eschenwälder (Alno-Fraxinetum) in stark grundwasserbeeinflußten Mulden und Quellnischen, episodisch und kurzzeitig überschwemmte Eichen-Ulmen-Hartholzauen (Querco-Ulmetum) und im Sommer oft oberflächlich austrocknende, aber grundfeucht bleibende Eichen-Hainbuchenwälder (Querco-Carpinetum). Vegetationsaufnahmen u.a. bei TRAUTMANN & LOHMEYER (1974: Tab. 2), PHILIPPI (1978: Tab. 33 u. 1982: Tab. 5) und bei HÜGIN (1982: Beil. 2, Teil 1).

Allgemeine Verbreitung: Nur in Europa. Im Westen von Mittelfrankreich über Mitteleuropa (mit größeren Verbreitungslücken) nach Osten bis zum Ural verbreitet, mit Nordgrenze bei 63° n.Br. (Dwina, Onegasee), nach Südosten bis ins Balkangebirge. Auf der Iberischen Halbinsel, den Britischen Inseln und im eigentlichen Mittelmeerraum fehlend.

Verbreitung in Baden-Württemberg: Ureinheimisch in der Oberrheinischen Tiefebene und in unmittelbar angrenzenden Gebieten. Ein vermutlich natürliches Vorkommen existiert nach PHILIPPI (mdl.) am Main westlich Grünenwörth (6222/2), ansonsten kommt die Flatter-Ulme in Baden-Württemberg wohl nur synanthrop vor. Abgesehen von den Hardtplatten im Norden und der Markgräfler Rheinebene im Süden wird die Oberrheinische Tiefebene fast vollständig besiedelt: *U. laevis* ist im Bereich der Rhein-Alluvionen (meist kalkreich), der Schwarzwald-Alluvionen der Offenburger Ebene (meist kalkarm), in der Kinzig-Murg-Rinne und in der Freiburger Bucht verbreitet. Von der Rheinebene erfolgen über Seitentäler noch Einstrahlungen in den Kraichgau, in dem die Flatter-Ulme als Seltenheit anzutreffen ist.

Die Höhenverbreitung reicht von ca. 95 m ü.NN (Rheinebene bei Mannheim) bis ca. 220 m ü.NN (Freiburger Bucht). Anpflanzungen finden sich in Höhen bis über 400 m ü.NN (Bodensee bei Langenargen).

Erster fossiler Nachweis: Freiburg, Spätwürm (NEUWEILER 1935, zur Sicherheit des Nachweises vgl. *Ulmus glabra*!). Erster literarischer Nachweis: ROTH VON SCHRECKENSTEIN (1805: 274–275): „Schönberg und Ostseite der alten Burg bei Freyburg."

Fundorte natürlicher Vorkommen von *Ulmus laevis* in Baden-Württemberg außerhalb der Oberrheinischen Tiefebene:
Maingebiet: 6222/2: Uferwald am Main westl. Grünenwörth, 1983, PHILIPPI (KR-K).
Kraichgau: 6718/3: Grummbachtälchen bei Östringen, PHILIPPI (1982); 6818/3: nordwestlich Münzesheim, PHILIPPI (1982).

Bestand und Bedrohung: Zerstreut bis stellenweise häufig in der Oberrheinischen Tiefebene, sonst sehr selten oder fehlend. Die Flatter-Ulme ist vom Ulmensterben offenbar weniger stark betroffen als *Ulmus minor*, doch treten seit einigen Jahren auch bei dieser Art starke Schäden auf. *U. laevis* gehört zweifellos zu den gefährdeten Arten (Gef.-Grad 3), zumal die Art weitgehend auf das Oberrheingebiet beschränkt ist und dort überwiegend in Waldgesellschaften vorkommt, die sich im Rückgang befinden. In der Roten Liste (HARMS et al. 1983) ist *U. laevis* noch nicht als gefährdet aufgeführt.

Celtis L. 1753
Zürgelbaum

In Baden-Württemberg sind Zürgelbäume gelegentlich in Parkanlagen oder Gärten angepflanzt anzutreffen. Es kommen die südeuropäische Art *C. australis* L. und häufiger noch die weitgehend winterharte nordamerikanische Art *C. occidentalis* L. vor.

1 Blätter oberseits glänzend hellgrün, unterseits blaßgrün, kahl oder nur auf den Nerven mit Haaren. Früchte mit fadem Geschmack
[C. occidentalis L.]

– Blätter oberseits dunkelgrün, unterseits graugrün, flaumhaarig. Früchte eßbar, mit süßlichem Geschmack . . . . *[C. australis* L.]

Cannabaceae
Hanfgewächse
Bearbeiter: B. QUINGER

Zweihäusige Kräuter. Blätter ungeteilt, gelappt oder gefingert, wechsel- oder gegenständig. Männliche Blüten mit 5 freien Perigonblättern, in rispenartigen Blütenständen. Weibliche Blüten mit becherförmiger Blütenhülle, zu 1 oder 2 in Blattachseln oder in zapfenartigen Blütenständen.

1 Stengel windend. Blätter ungeteilt oder gelappt. Weibliche Blüten in zapfenartigen Blütenständen
1. *Humulus*
– Stengel aufrecht. Blätter meist 5–11teilig gefingert, oberste auch 3teilig oder ungeteilt. Weibliche Blüten zu 1 oder 2 in Blattachseln . . . . 2. *Cannabis*

1. **Humulus** L. 1753
Hopfen

Weltweit 2 Arten. Neben der einheimischen Art *Humulus lupulus* kommt in Ostasien *H. japonicus* vor.

1 Pflanzen mehrjährig, mit ausdauerndem Rhizom. Blattunterseite und Früchte mit gelben Drüsen. Nebenblätter zur Fruchtzeit stark vergrößert . . .
1. *H. lupulus*
– Pflanzen einjährig, ohne Rhizom und ohne Drüsen. Nebenblätter sich zur Fruchtzeit nur wenig vergrößernd . . . . *[H. japonicus]*

1. **Humulus lupulus** L. 1753
Hopfen

Morphologie: Ausdauernde, windende Klimmpflanze (Klimm-Hemikryptophyt). Einjährige Triebe werden 3–6 m lang, mit Haken besetzt. Blätter gegenständig, im Umriß rundlich-eiförmig, mit herzförmigem Grund, meist tief 3teilig, seltener auch 5–7teilig, vor allem bei weiblichen Pflanzen an den Triebspitzen auch ungeteilt, mit radiär verlaufenden Nerven. Blattoberseiten dunkelgrün, rückwärts sehr rauh. Blattunterseiten heller grün mit gelben Drüsen. Blattstiele lang (ca. ½ bis ¾ der Spreitenlänge), hakig. Nebenblätter beständig, miteinander verwachsen. Männliche Blütenstände rispenartig, achselständig. Weibliche Blütenstände zapfenartig. Weibliche Blüte mit Tragblatt, Vorblatt und einem

Hopfen *(Humulus lupulus)*
Breisach

häutigen, durchsichtigen Perigon. Die Tragblattunterseite ist ± dicht mit Lupulindrüsen besetzt. Fruchtknoten mit 2 Narben, einsamig. Frucht 3 mm lang.

Biologie: Blütezeit Juli bis August. Windbestäubung. Windverbreitung. Vorkommen von Parthenogenese; apomiktische Sippen entwickeln ohne Bestäubung Samen, aus denen weibliche Pflanzen heranwachsen.

Ökologie: Auf frischen bis feuchten, episodisch überschwemmten, ± basenreichen, humosen, sandigen bis tonigen Lehmböden in Auengebüschen am Rande von Auenwäldern oder in aufgelichteten Auenwäldern. Häufig in Säumen tiefgelegener Hainmieren-Schwarzerlen-Bachauenwälder (Stellario-Alnetum glutinosae), nach TH. MÜLLER (1974) auch im Traubenkirschen-Haselgebüsch (Pruno padi-Coryletum), dem Mantel der Eichen-Ulmen-Hartholzaue (Querco-Ulmetum). Im Umfeld menschlicher Behausungen tritt der Wildhopfen

auch in stickstoffreichen Gebüschen oder Hecken, z.B. des Schwarzen Holunders, auf. Vorwiegend in tieferen, sommerwarmen Lagen. Vegetationsaufnahmen u.a. bei TH. MÜLLER (1974: Tab. 3 u. 5), LANG (1973: Tab. 107, 109) und bei SCHWABE (1987: mehrere Tab.).

Allgemeine Verbreitung: Ursprünglich im südlichen und mittleren Europa, in Südwestasien und Teilen Nordamerikas. Heute infolge der jahrhundertelangen Nutzung als Kulturpflanze fast weltweit in den gemäßigten, subozeanischen Zonen verbreitet. Nordgrenze heute in Westnorwegen bei 68° n. Br.

Verbreitung in Baden-Württemberg: In tieferen Lagen (unter 600 m. ü. NN) allgemein verbreitet mit größter Häufigkeit in den Strom-, Fluß- und Bachtälern. Aus edaphischen Gründen tritt der Hopfen im Sandstein-Odenwald und -Spessart zurück, ebenso in kalkarmen Bereichen des Alpenvorlandes (Altmoränen, stellenweise auch in den Donau-Iller-Platten). Wegen des Mangels an Fließgewässern und der großen Höhenlage ist der Wildhopfen auf den Hochflächen der Schwäbischen Alb vergleichsweise selten. In den höheren Lagen des Schwarzwaldes fehlt *H. lupulus*.

Die tiefsten Vorkommen liegen bei 95 m. ü. NN (nördliche Rheinebene); an der Unteren Argen bei Großholzleute (8326/2) erreicht der Wildhopfen ca. 730 m ü. NN.

Ältester fossiler Nachweis: Spätes Atlantikum von Hornstaad (RÖSCH 1985). Ältester literarischer Nachweis: J. BAUHIN (1598: 152): „ex urbe Heidne", Heidenheim (7326). LEOPOLD (1728: 97): „Wilder Hopfen... hin und wieder in Hecken".

Bestand und Bedrohung: In weiten Landesteilen häufig. Die Art ist nicht gefährdet.

Humulus japonicus Sieb. et Zucc. 1846
H. scandens (Lour.) Merr.
Japanischer Hopfen

In Japan und in China beheimatete Pflanze, die in Baden-Württemberg sehr selten und unbeständig adventiv auftritt.

Morphologische Merkmale: S. Schlüssel. Blätter tiefer 5–7spaltig als bei *H. lupulus*, oberseits hellgrün, am Rande stark gezähnt. Weibliche Blütenstände kurz-eiförmige Ähren.

6516/2 (?): Mannheim, am Luisenring, 1945–1947, HEINE (1952); 7121/2: Neustadt; Müllplatz, 1934, KREH in SEYBOLD (1969); 7121/3: Mühlhausen, auf Klärschlamm, 1942, KREH in SEYBOLD (1969); Stuttgart, Prag, um 1940, KREH in SEYBOLD (1969).

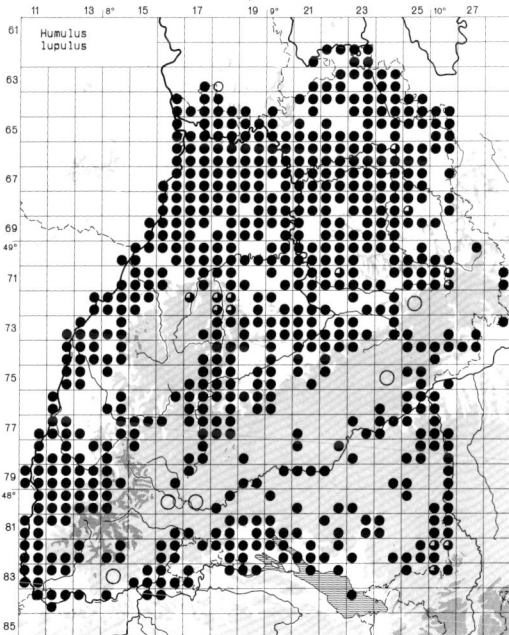

Humulus lupulus

2. **Cannabis** L. 1753
Hanf

Weltweit nur eine Art.

1. **Cannabis sativa** L. 1753
Hanf

Morphologie: Einjährig, 30 cm–3,5 m hoch, zweihäusig. Stengel ästig, rauh. Blätter gegenständig, oberste mitunter wechselständig, gefingert, 5–11teilig, an Triebspitzen 3teilig oder ungeteilt. Blättchen lanzettlich, vorne lang zugespitzt, grob gesägt, am Grunde und an der Spitze ganzrandig; mittleres Blättchen bis 20 cm lang und 2,5 cm breit, seitliche Blätter kleiner werdend. Blattstiel bis 6 cm lang, rauh behaart, mit 2 freien, bis 5 cm langen, früh abfallenden Nebenblättern. Männliche Blüten in rispenartigen Trugdolden. Perigon tief 5teilig, hell gelbgrün. Staubblätter 5. Weibliche Blüten zu 2 in den Achseln der Laubblätter. Perigon kurz, ungeteilt. Fruchtknoten einfächrig, aus 2 Fruchtblättern. Griffel 2. Narben purpurrot. Frucht eine graubraune, glänzende Nuß, bis 5 mm lang.

Biologie: Kurztagpflanze. Blütezeit Juli bis August. Verbreitung der Früchte durch Vögel.

Ökologie: In verwildertem Zustand in unserem Gebiet seltene und unbeständige Pflanze auf Schuttstellen, an Behausungen, an Wegrändern und auf Brachäckern. In Teilen Süd- und Osteuropas fest eingebürgertes (Acker)Unkraut. Vorwiegend in Chenopodietea-Gesellschaften. Bevorzugt sommerwarmes Klima.

Cannabis sativa ist sehr nährstoffbedürftig und benötigt insbesondere große Mengen an Kalk. Hanfkulturen bedürfen daher fruchtbarer Alluvialböden oder gut gedüngter, lehmiger Sandböden.

Allgemeine Verbreitung: Einheimisch in den asiatischen und vielleicht auch in den südosteuropäischen Steppen. Angebaut in tropischen bis gemäßigten Breiten Eurasiens, Amerikas und Afrikas, mit unterschiedlichem Erfolg verwildernd.

Verbreitung in Baden-Württemberg: Früher als Kulturpflanze weit verbreitet mit der größten Bedeutung in der nördlichen Offenburger Rheinebene um Achern und Bühl. Beide Ortschaften vertrieben über lange Zeiträume ihre Hanffasererzeugnisse weit über Süddeutschland hinaus. Die Hanfabfälle wurden dort in bis etwa 1 ha großen und einige Meter tiefen Lehmgruben, den sogenannten „Hanfrözen" abgelagert. Als Wuchsorte für Arten der Zwergbinsen- und Strandlingsgesellschaften (vgl. *Elatine alsinastrum*) besaßen die Hanfrözen eine große Bedeutung (PHILIPPI 1969: 140). Nach BECK

Hanf *(Cannabis sativa)*
Breisach, 1955

a) subsp. **sativa** L. 1953
Kultur-Hanf

Wird über 1,5 m hoch. Frucht bis 5 mm lang und 4 mm breit, hellgrau, ohne stielartigen Ringwulst, mit sehr kurzem Perigon, kaum ausstreuend.

Verbreitung: Siehe oben.

b) subsp. **spontanea** Serebrjakova 1940
Wilder Hanf

Niedriger als 1,5 m. Frucht bis 3,5 mm lang und 2,5 mm breit, bräunlich, mit kurzem, breitem stielartigen Ringwulst, von Perigon umhüllt, leicht ausstreuend.

Verbreitung: In Südrußland als Unkraut verbreitet. Beobachtungen in Deutschland liegen aus der Mark Brandenburg vor. SCHUBERT u. VENT in ROTHMALER (1982) geben auch Mainz und Mannheim als Fundorte an.

Urticaceae

Brennesselgewächse
Bearbeiter: B. QUINGER

Kräuter, 1häusig oder 2häusig. Blätter ungeteilt, gesägt oder ganzrandig, wechsel- oder gegenständig. Blüten eingeschlechtig oder zwittrig, in Rispen, Köpfchen oder Ährchen. Perigonblätter 4–5, unscheinbar. Staubblätter 4–5. Fruchtknoten 1, oberständig. Frucht eine Nuß oder Steinfrucht.

1 Blätter mit Brennhaaren, gesägt, gegenständig. Nebenblätter vorhanden. Blüten eingeschlechtig .
                    1. *Urtica*
– Blätter ohne Brennhaare, ganzrandig, wechselständig. Nebenblätter fehlend. Neben eingeschlechtigen auch zwittrige Blüten vorhanden . .
                    2. *Parietaria*

1. Urtica L. 1753
Brennessel

Kräuter, ein- oder mehrjährig. Triebe vierkantig, meist ebenso wie die Blätter mit Brennhaaren versehen. Blätter gesägt, gegenständig. Nebenblätter vorhanden. Blüten eingeschlechtig, in einfachen oder zymösen Blütenständen. Perigon 4teilig, bei männlichen Blüten 4 gleichartige, bei weiblichen Blüten 2 kurze und 2 lange Perigonabschnitte. Frucht eine einsamige Nuß.

Windbestäubung. Verbreitung der Samen durch Insekten (z. B. Ameisen).

Die Gattung *Urtica* umfaßt etwa 40 Arten, die hauptsächlich in den gemäßigten Breiten der Holarktis verbreitet sind; einige Arten kommen auch in

(1950) erfolgte der Rückgang des Hanfanbaus bei Achern ab 1865, um 1900 kam er zum Erliegen. Hanfkulturen gab es in Höhenlagen bis über 700 m ü. NN, z. B. in der kontinental getönten Baar. Vielerorts erfolgten Verwilderungen; sie sind vor allem aus dem Bereich der Hardtplatten bei Schwetzingen und Mannheim bekannt. K. & F. BERTSCH (1948) erwähnen auch Verwilderungen bei Ravensburg. Auf die Wiedergabe einer Verbreitungskarte wird verzichtet.

Ältester fossiler Nachweis: Frühes Subatlantikum von Hochdorf (KÖRBER-GROHNE 1985).

Bestand und Bedrohung: Heute als Kulturpflanze nahezu verschwunden. Es können noch gelegentlich Verwilderungen beobachtet werden, die von Hanfsamen aus Vogelfutter herrühren.

Variabilität: Nach SCHUBERT u. VENT in ROTHMALER (1982) wird von dem Kultur-Hanf der Wilde Hanf unterschieden:

tropischen Gebirgen vor. In Baden-Württemberg sind 2 Arten einheimisch.

1   Blätter meist über 5 cm lang, Endzahn an den Blättern viel länger als die seitlichen Zähne. Zweihäusig . . . . 1. *U. dioica*
–   Blätter meist weniger als 5 cm lang, Endzahn an den Blättern gleich oder nur wenig länger als die seitlichen Zähne. Einhäusig . . . . . .2. *U. urens*

1. Urtica dioica L. 1753
Große Brennessel

Morphologie: Hemikryptophyt. Stengel 0,3–2 m hoch, aufrecht, unverzweigt, vierkantig. Blätter gegenständig, meist über 5 cm lang, eiförmig-länglich, am Grunde herzförmig, Rand grob gesägt, Endzähnchen viel größer als seitliche Zähne. Nebenblätter schmal lanzettlich. Brennhaare an Stengel und Blättern, daneben auch normale Haare. Zweihäusig (Name!). Frucht eiförmig, hellgrün. – Blütezeit: Juni bis Oktober.

Ökologie: Auf frischen bis feuchten, nährstoffreichen, vor allem stickstoffreichen, humosen Lehmböden in Auenwäldern, Waldverlichtungen, an Wegen, Schutt- und Müllplätzen, Gräben und Zäunen. Quantitativ tritt *U. dioica* besonders in den nitrophytischen Uferstauden-, Saum- und Waldverlichtungsgesellschaften (Unterklasse Galio-Urticenea) hervor, z.B. in der *Urtica dioica-Convolvulus sepium*-Gesellschaft (LOHMEYER 1975) an Bach-

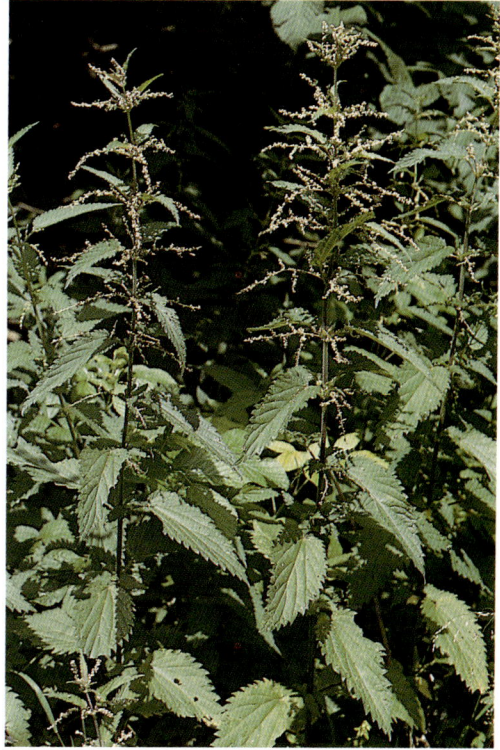

Große Brennessel *(Urtica dioica)*
Dapfen, 1986

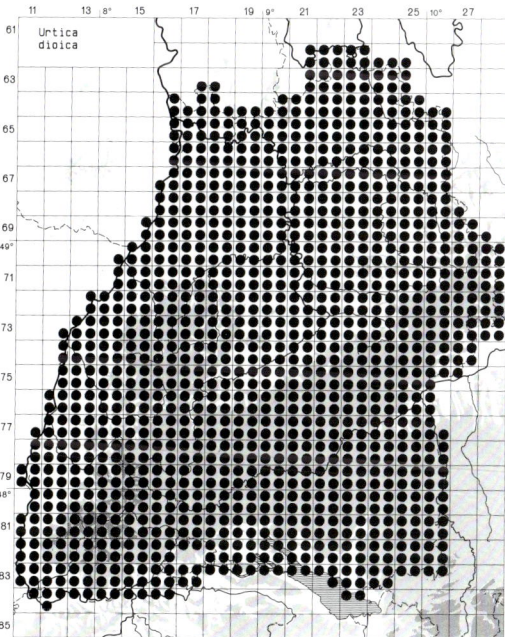

ufern und in den Brennessel-Giersch-Säumen (Urtici-Aegopodietum podagrariae) an Waldrändern, an Hecken und in Dörfern.

Allgemeine Verbreitung: Areal meridional bis boreal, zirkumpolar. In den gemäßigten Breiten ganz Eurasiens und Nordamerikas (hier Neophyt!) heimisch.

Verbreitung in Baden-Württemberg: Allgemein verbreitet mit abnehmender Häufigkeit in den Hochlagen des Schwarzwaldes (dort mit ± enger Bindung an menschliche Behausungen, Schuttplätze, Lägerfluren u.dgl.). Ureinheimisch (Auwaldpflanze!).

Die Höhenverbreitung reicht von ca. 95 m ü.NN bei Mannheim bis ca. 1300 m ü.NN (Feldberggebiet, Belchen).

Ältester fossiler Nachweis: Spätes Atlantikum von Ehrenstein (HOPF 1968), spätes Atlantikum von Hochdorf (KÜSTER 1985), Praeboreal vom Federsee (FIRBAS 1935). Ältester literarischer Nachweis: Walahfrid Strabo (827) nach STOFFLER (1978): „Urticae" als Unkräuter im Klostergarten der Reichenau.

Bestand und Bedrohung: *Urtica dioica* gehört durch die allgemeine Eutrophierung zu den vom Menschen geförderten Arten. Nach SCHIEFER verträgt *U. dioica* ein- bis höchstens zweimalige Mahd; es erfolgt starke Schädigung durch Vielschnitt. Gegen Beweidung ist die Große Brennessel wenig empfindlich (Weideunkraut!); sie wird durch Brennen gefördert.

Variabilität: Bei *Urtica dioica* werden eine Vielzahl von Varietäten unterschieden; besonders interessant ist var. *subinermis* Uechtr. (1863), eine Varietät ohne Brennhaare. Fundort von var. *subinermis* z.B. 6822/2: Windischenbach bei Öhringen, SCHREIBER in HEGI (1957).

2. **Urtica urens** L. 1753
U. minor Lam. 1778
Kleine Brennessel

Morphologie: Therophyt. Stengel bis 50 cm hoch, aufsteigend-aufrecht, vierkantig. Blätter bis 5 cm lang und 4 cm breit, elliptisch oder eiförmig. Blattzähne groß und spitz ($\frac{1}{6}$–$\frac{1}{4}$mal so lang wie die Blattspreite), der Endzahn nicht oder nur wenig größer als die seitlichen Zähne. Die Behaarung wird ausschließlich durch Brennhaare gebildet. Einhäusig. Blütenstände mit männlichen und weiblichen Blüten, weibliche Blüten zahlreicher. Frucht eine eiförmige, gelbgrüne Nuß. – Blütezeit: Juni bis September.

Ökologie: Pionier auf offenen, frischen, basenreichen, extrem stickstoffreichen Lehm- oder Tonbö-

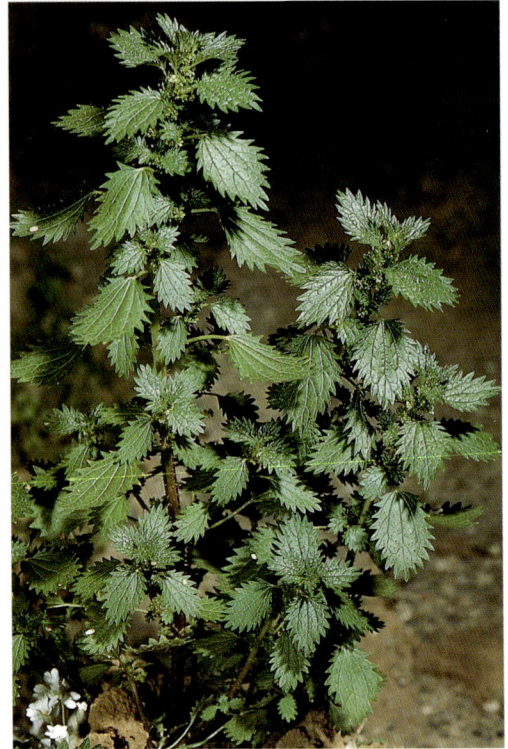

Kleine Brennessel *(Urtica urens)*
Oberrimsingen, 1984

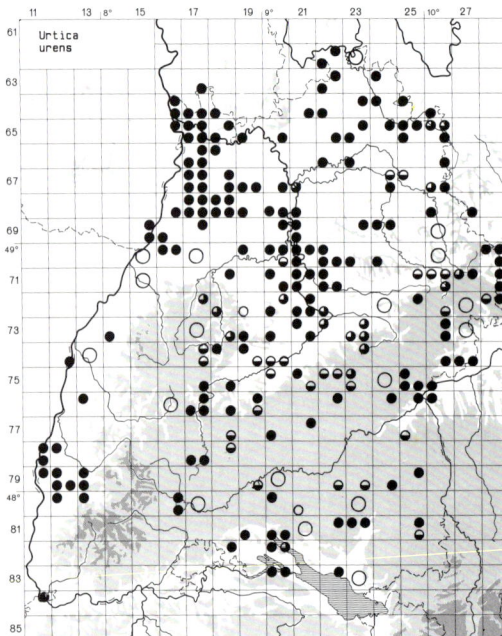

den an Stallungen, Straßengräben und im Traufbereich von Häusern, sehr gerne auch auf Gemüsebeeten, in Weinbergen und auf Misthäufen. In montanen Lagen ist die Kleine Brennessel an sonnseitige Mauerseiten gebunden und selten. Sie ist häufig u.a. mit *Chenopodium album* und *Ch. polyspermum*, *Lamium purpureum* und *Polygonum persicaria*, in warmen Tieflagen auch mit *Mercurialis annua*, *Amaranthus*- und *Setaria*-Arten vergesellschaftet. *Urtica urens* ist in einer Vielzahl von ein- bis zweijährigen Hackunkraut- und Ruderalgesellschaften (Chenopodietea-Gesellschaften) verbreitet. Die Vergesellschaftung mit *Malva neglecta* ist für *U. urens* (Urtico-Malvetum neglectae) nach unseren Beobachtungen nicht besonders charakteristisch. Vegetationsaufnahmen u.a. bei LANG (1973: Tab. 38, 40).

Allgemeine Verbreitung: Ursprünglich ausschließlich eurasiatisch-meridionale Pflanze, heute auch in den temperaten und borealen Zonen Eurasiens und Nordamerikas verbreitet.

Verbreitung in Baden-Württemberg: In tieferen Lagen meist recht verbreitet, z.B. in der Oberrheinischen Tiefebene, in den Neckar- und Tauber-Gäuplatten und im westlichen Bodenseeraum. Deutlich seltener ist *Urtica urens* auf der Hochfläche der Schwäbischen Alb. Nur sehr zerstreut kommt sie im Alpenvorland vor (vgl. DÖRR 1972: 57); im Schwarzwald fehlt die Kleine Brennessel über weite Strecken.

Die Höhenverbreitung reicht von 95 m ü.NN (nördliche Rheinebene) bis über 850 m ü.NN bei Gosheim (7818/4) nach Angaben von BERTSCH (STU-K).

Die Verbreitungskarte ist vermutlich unvollständig. Vorkommen in privaten Bauerngärten und in Kleingartenanlagen, in denen *Urtica urens* häufig auftritt, konnten bei der floristischen Kartierung vielfach nicht berücksichtigt werden (Begehung nicht möglich).

Die Art ist wohl bei uns als Archäophyt zu betrachten. Erster fossiler Nachweis: Spätes Atlantikum von Hochdorf (KÜSTER 1985). Erster literarischer Nachweis: J. BAUHIN (1598: 187): Umgebung von Bad Boll (7323). Auch von HARDER 1574–6 vermutlich im Gebiet gesammelt (SCHORLER 1907: 86).

Bestand und Bedrohung: In den verschiedenen Naturräumen mit sehr unterschiedlicher Häufigkeit anzutreffen: von relativ häufig (z.B. südliche Vorbergzone des Oberrheingebietes und Neckarraum bei Stuttgart) bis fehlend (z.B. höhere Lagen des Schwarzwaldes). Die Kleine Brennessel gehört nicht zu den gefährdeten Arten; sie wird jedoch vielerorts durch „Dorfverschönerungsmaßnahmen" (Pflastern und Teeren von offenen Böden an Mauern und an Straßenrändern) seltener. In Weinbergen kann *Urtica urens* in Massenbeständen als Unkraut auftreten.

2. **Parietaria** L. 1753
Glaskraut, Wandkraut

Kräuter, ein- oder mehrjährig, ohne Brennhaare. Blätter ganzrandig, wechselständig. Nebenblätter fehlen. Blüten in knäueligen Trugdolden (Wickeln), zwittrig. Perigon 4teilig. 4 Staubblätter. Frucht eine einsamige Nuß.

Windbestäubung. Insektenverbreitung (insbesondere Ameisen).

Die Gattung *Parietaria* umfaßt etwa 30 Arten (A. SCHREIBER in HEGI 1957), wovon die Mehrzahl in der eurasiatischen Holarktis verbreitet ist. Einige Arten erreichen Afrika, eine Art kommt in den brasilianischen Tropen vor. In Baden-Württemberg sind 2 Arten als Archäo- oder Neophyten einheimisch.

1 Stengel aufrecht, nicht oder wenig verzweigt, 30–150 cm hoch. Blätter 3–12 cm lang, lanzettlich . . . . 1. *P. officinalis*
– Stengel niederliegend-aufsteigend, stark ästig verzweigt, 10–50 cm lang. Blätter 2–3(–5) cm lang, eiförmig-rundlich . . . . 2. *P. judaica*

1. **Parietaria officinalis** L. 1753
P. erecta Mert. et Koch 1823
Aufrechtes Wandkraut, Aufrechtes Glaskraut

Morphologie: Hemikryptophyt, 30 cm bis 1,5 m hoch. Stengel aufrecht, nicht verzweigt. Blätter lanzettlich, bis 12(–16) cm lang und 5 cm breit, am Grunde und an der Spitze lang zugespitzt, oberseits dunkelgrün und glänzend, unterseits matter. Blütenstände kugelig, Tragblätter bis zum Grunde frei. Früchte schwarz, glänzend, bis zu 2 mm lang. – Blütezeit: August bis Oktober.

Ökologie: Auf (sicker)frischen bis -feuchten, nähr- und stickstoffreichen, ± basenreichen, humosen Lehmböden, aber auch auf Schuttböden in warmen, ± beschatteten Lagen. Gern in Unkrautvegetation an Mauern und Wänden, wo die Art nach KREH (1927: 377) günstige Wärmeverhältnisse (Rückstrahlung) und Schutz vor Winden vorfindet. Alliarion-Verbandscharakterart. An der Schloßruine Hofen (7121/3) bei Bad Cannstatt, dem bedeutendsten Wuchsort Baden-Württembergs, gedeiht *P. officinalis* entlang der Burgmauern in Reinbeständen oder vermischt mit *Chelidonium majus*

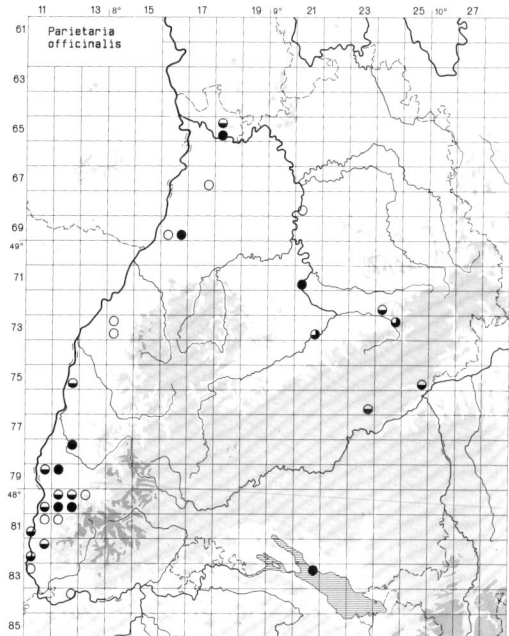

Aufrechtes Glaskraut *(Parietaria officinalis)*

und *Geranium robertianum*; außerdem nordwestlich
der Ruine in dem stark mit *Robinia pseudacacia*
durchsetzten Linden-Ahorn-Hangwald oberhalb
des Neckars zusammen mit *Urtica dioica, Alliaria
petiolata, Impatiens parviflora* und *Lamium maculatum.* Bestandteil in natürlichen Pflanzengesellschaften des Alno-Ulmion ist *P. officinalis* nur in wärmeren, südlicheren Gebieten (z. B. in den Donau- und
Marchauen unterhalb Wien, in der Po-Ebene). Publizierte Vegetationsaufnahmen aus Baden-Württemberg liegen meines Wissens nicht vor.

Allgemeine Verbreitung: Ursprünglich weitgehend
auf die Apenninen- und auf die Balkanhalbinsel
beschränkt. Wurde früher als Kulturpflanze genutzt
und aus dem Mittelmeerraum nach Mitteleuropa
eingeführt.

Verbreitung in Baden-Württemberg: Archäo- oder

Neophyt. Die meisten Fundortsangaben liegen aus
dem Oberrheingebiet vor mit deutlichem Schwergewicht auf der Markgräfler Rheinebene, der Freiburger Bucht und der südlichen Vorbergzone. In allen
anderen Landesteilen sind bisher nur wenige Vorkommen bekannt geworden, in ganz Württemberg
lediglich fünf!

Tiefster Fundort ist Mingolsheim (6717/4) bei
105 m ü. NN, höchster die Ruine Briel (7623/4) bei
650 m ü. NN.

Ältester literarischer Nachweis: GATTENHOF
(1782: 283) „ad muros viasque arcis" Heidelberger
Schloß, bestätigt durch J. A. SCHMIDT (1857: 279);
heute noch vorhanden.

Nördliche und mittlere Rheinebene, Unterer Neckar:
6518/1: Dossenheim, DÖLL (1859); 6518/3: Heidelberger
Schloß, zuletzt 1985 belegt, SCHMIDT (1857), FRICK,

KNEUCKER u. QUINGER (alle KR); 6717/4: Mingolsheim, BAUMGARTNER (1884); 6916/3: Schloßgarten Karlsruhe, 1884, KNEUCKER (KR); 6916/4: Durlach, an Hecken, 1892, MAUS (KR); Karlsruhe-Durlach, unweit des Bahnhofs, 1987, HOLLWECK (KR); 7314/2: Ottersweier, W. ZIMMERMANN (1926); 7512/4: Ichenheim, DÖLL (1859).

Südliches Oberrheingebiet (Rheinebene inkl. Kaiserstuhl u. Vorbergzone): 7812/2: Hecklingen, NEUBERGER (1912); Ruine Lichteneck oberhalb von Hecklingen, an Mauern, 1986, QUINGER (KR), HÜGIN jun. (KR-K); 7911/2: Niederrotweil, SCHILDKNECHT (1863); 7912/1: Gagenhart bei Wasenweiler, zuletzt 1986 belegt, WILMANNS (1977), QUINGER (KR); Badloch am Badberg, SLEUMER (1934); 1986 nicht mehr vorhanden, QUINGER (KR-K); 7913/1: Vörstetten, an einer Gartenmauer, 1934, JAUCH (KR); 8011/3: Bremgarten, NEUBERGER (1912); 8012/1: Kirchhofen, DÖLL (1859); Munzingen, NEUBERGER (1912); 8012/2: Ebringen, NEUBERGER (1912); 8012/3: Biengen, in Wäldchen innerhalb der Ortschaft etwa 200 m südwestlich der Kirche, 1986, QUINGER (KR); 8012/4: Ölberg bei Ehrenstetten, 1986, KOCH (KR-K); 8013/1: Freiburg, Breisacher Tor, DÖLL (1859); Städtische Kaserne Freiburg, SCHILDKNECHT (1863); 8111/2: Heitersheim, BAUMGARTNER (1882); 8111/3: Neuenburg, NEUBERGER (1912); 8112/1: Staufen i.Br., DÖLL (1843); 8112/3: Badenweiler, NEUBERGER (1912); 8211/2: Auggen, NEUBERGER (1912); 8211/3: Rheinweiler, NEUBERGER (1912); 8311/1: Isteiner Klotz, WINTER (1889).

Hochrheingebiet, Bodenseeraum: 8318/2: Gailingen, JACK (1900); 8321/2: Meersburg, JACK (1900); Meersburg, am alten Hafen an einer Gartenhecke, 1972, LIEBHEIT (STU); Meersburg, am Aufgang zum Berg, 1982, SEILER (STU-K); 8412/2: Rheinfelden, DÖLL (1859).

Nördliches und mittleres Württemberg: 7121/3: Schloßruine Hofen bei Bad Cannstatt, zuletzt 1987 belegt, KREH (1927), QUINGER (KR) u. (STU); 7321/4: Oberensingen, SEYBOLD (1969); 7324/2: Ruine Staufeneck, zuletzt 1959 belegt, Wuchsort inzwischen zerstört, KREH (1927), KNAUSS (STU), QUINGER (STU-K); 7525/4 (?): Ulm, Neuer Friedhof, 1927, v. ARAND-ACKERFELD (STU); 7623/4: Ruine Briel bei Ehingen, Fundort inzwischen erloschen (1985), KREH (1927), QUINGER (STU-K).

Bestand und Bedrohung: In Baden-Württemberg mittlerweile sehr selten und stark gefährdet (Gef.-Grad 2)! Bei *P. officinalis* handelt es sich um eine in Mitteleuropa konkurrenzschwache Art, die sich nach KREH (1927: 377) trotz reichlicher Samenbildung kaum neue Standorte erobert. Ihre Vorkommen beruhen vermutlich zumeist auf Anpflanzungen, die vor langer Zeit erfolgt sein können. Durch Zerstörung derartiger Wuchsorte ist *P. officinalis* daher leicht zum Verschwinden zu bringen. In Württemberg existiert nur noch das Vorkommen an der Schloßruine Hofen, in Baden (inkl. Meersburg) ist die Art noch an sieben Stellen vorhanden (Beobachtungen 1985–1987).

2. Parietaria judaica L. 1753

P. ramiflora Moench 1794; *P. diffusa* Mert. et Koch 1823

Ästiges Glaskraut, Ausgebreitetes Glaskraut, Mauer-Glaskraut

Morphologie: Hemikryptophyt, Stengel bis 50 cm lang, niederliegend bis bogig aufsteigend, vom Grunde an verzweigt. Blätter eiförmig, meist 2–3 cm, ausnahmsweise bis 5 cm lang, vorne zugespitzt, am Grunde gleichmäßig verschmälert, am Rande gewimpert, oberseits dunkelgrün, unterseits heller grün und matt. Blütenstände kugelig, locker, wenigblütig. Tragblätter am Grunde verwachsen. Frucht 1,2–1,5 mm lang. – Blütezeit: Juni bis Oktober.

Ökologie: An mäßig frischen bis mäßig feuchten, (mäßig) stickstoffreichen, feinerdereichen, humosen Mauerfugen und Felsspalten, auch an Mauerfüßen, meist in Südexposition. Wegen seiner Frostempfindlichkeit ist das Mauer-Glaskraut auf warme, wintermilde Lagen beschränkt. Es gilt als Charakterart der Mauerglaskraut-Gesellschaft (Parietarietum judaicae). In Mauerfugen wird *Parietaria judaica* häufig von *Cymbalaria muralis*, *Asplenium trichomanes* und *A. ruta-muraria*, *Poa nemoralis* und *P. compressa*, *Campanula rotundifolia*, *Arenaria serpyllifolia* und *Cheiranthus cheiri* begleitet. An den Mauerfüßen liegt oftmals eine Vergesellschaftung mit *Plantago major* und *Urtica dioica* vor.

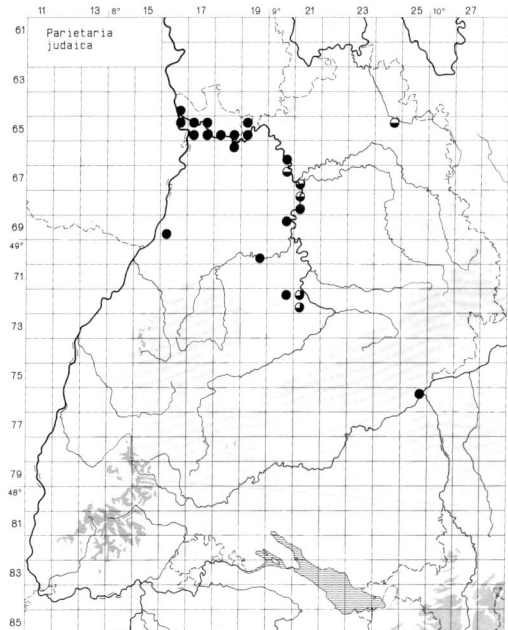

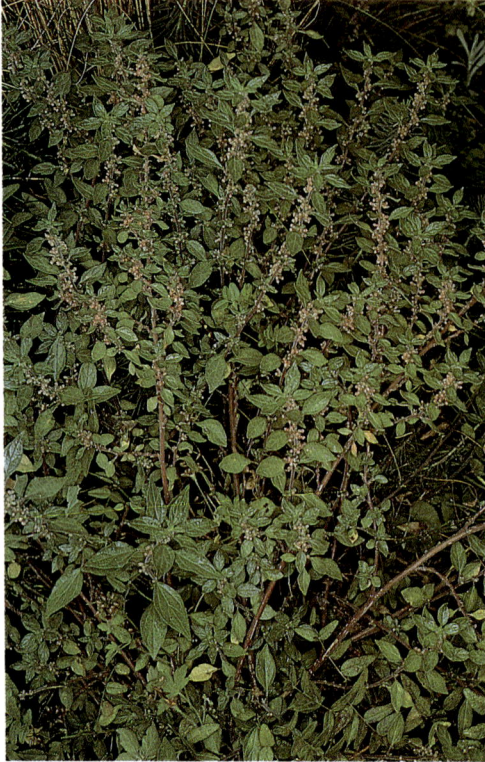

Ästiges Glaskraut *(Parietaria judaica)*

Allgemeine Verbreitung: Westliches Eurasien und Nordafrika. Im Mittelmeerraum allgemein verbreitet. In Westeuropa nach Norden über ganz Frankreich bis nach Irland, Mittelschottland und Holland reichend, nach Nordosten in Deutschland bis zum Rhein und dessen Seitentäler (im Süden insb. das Neckartal) vorkommend. In Südwestasien über Kleinasien bis zum Kaukasus und bis Armenien einheimisch.

Verbreitung in Baden-Württemberg: In sehr milden Lagen entlang des Neckars kommt *P. judaica* zerstreut von Lauffen (6920/2) bis Mannheim (6516/2) vor. Darüber hinaus sind nur einzelne Wuchsorte bekannt geworden. Die (unbeständigen) Fundorte in Stuttgart (7221/1) und in Stuttgart-Hohenheim (7221/3) beruhen aller Wahrscheinlichkeit nach auf Anpflanzungen, die erst nach dem 2. Weltkrieg erfolgt sind. *P. judaica* zeigt eine enge Bindung an Weinbaugebiete. Da die Art im Unterschied zu *P. officinalis* niemals als Kultur- und Nutzpflanze bedeutsam war, wurde sie in früheren Jahrhunderten wohl nicht gezielt angepflanzt. SCHLENKER (1928) deutet deshalb die Vorkommen dieser Art im Neckarraum als Siedlungsrelikte der Römer, die die

Diasporen bei Einführung des Weinbaus eingeschleppt haben sollen.

Die Höhenverbreitung reicht von ca. 95 m ü. NN bei Mannheim bis ca. 225 m ü. NN an der Burg Hornberg bei Neckarzimmern (6620/4). Das adventive Vorkommen bei Stuttgart-Hohenheim lag bei ca. 400 m. ü. NN.

Erster literarischer Nachweis: DIERBACH (1819: 45 u. 1820: 333): Stift Neuburg (6518) und Hirschhorn (6519). Als *P. officinalis* angegeben, doch ist sicher *P. judaica* gemeint.

Entlang des Neckars im Bereich der Neckar-Rhein-Ebene (Auswahl): 6516/2 (?): Mannheim, KLEIN & SEUBERT (1905); 6517/1: Seckenheim, Beleg von 1934, F. ZIMMERMANN (1906); JAUCH (KR); Ilvesheim, Mauer am Schlößchen, Beleg von 1900, DÖLL (1859), FRICK (KR); ohne Ortsangabe, um 1975, SCHÖLCH (STU-K); 6517/4: Wiblingen, an Mauern am Neckar in Massen, 1985, BREUNIG (KR); 6518/3: Heidelberg, in Mauern am Neckar, 1985, QUINGER (KR), BREUNIG (KR); Heidelberg-Neuenheim, SCHMIDT (1857).

Entlang des Neckars im Bereich des Odenwaldes und des Baulandes: 6518/4: Ziegelhausen, SCHMIDT (1857); ohne Ortsangabe, SCHÖLCH (STU-K); 6519/3: Hirschhorn, DÖLL (1859); Neckarsteinach, 1921, SCHLENKER (STU); Steinbachmühle am Hornberg, 1971, SEYBOLD (STU); 6620/4: Burg Hornberg bei Neckarzimmern, 1985, BREUNIG (KR); Haßmersheim, MARTENS u. KEMMLER (1882); Fährenplatz gegen Haßmersheim, 1972, SEYBOLD (STU); 6720/2: Michaelsberg, Südosthang zw. Böttingen und Gundelsheim, SCHLENKER (1928).

Entlang des Neckars im Bereich des Neckarbeckens: 6721/3: Jagstfeld, SCHLENKER (1928); 6821/1: Heilbronn, Wartberg, 1887 u. 1922, BONNET (KR), STETTNER (STU); 6821/3: Heilbronn, Neckarwestufer und Hafengelände bei Neckarlust, SCHLENKER (1928); 6920/2: Lauffen, südöstliche Umfassungsmauer des Klosters, SCHLENKER (1928); Lauffen, Mauer unterhalb der Regiswindiskirche; 1971, SEYBOLD u. RÜCKER (STU).

Weitere Fundorte: 6524/2: Bad Mergentheim, KIRCHNER & EICHLER (1913); 6916/3: Karlsruhe-Mühlburg, Weinbrenner Straße, 1987, in Pflasterfugen u. unter Gehölzen, ob beständig?, BREUNIG (KR); 7019/4: Vaihingen/Enz: an der unteren Mahlmühle am linken Ufer der Enz, SCHLENKER (1928); 7121/2: Müllplatz Neustadt, 1935 adventiv, KREH in SEYBOLD (1969); 7221/1: Stuttgart (wohl adventiv), KREH (1951); 7221/3: Stuttgart-Hohenheim, an einer Gartenmauer, wohl adventiv, 1959, KNAUSS (STU).

Bestand und Bedrohung: In Baden-Württemberg insgesamt seltene und gefährdete (Gef.-Grad 3) Pflanze! Durch Zerstörung von alten Gemäuern (z. B. infolge von Rebflurbereinigungen, Sanierung von Hafenanlagen u. dgl.) erfolgt die Vernichtung von Wuchsorten dieser Art.

Violaceae

Veilchengewächse
Bearbeiter: B. Quinger

Ein- bis mehrjährige Kräuter, außerhalb von Europa auch als Sträucher oder Bäume. Blätter meist wechselständig, selten gegenständig, meist ungeteilt, meist mit Nebenblättern. Blüten zwittrig, zu 1–2 in den Blattachseln, zygomorph. Kelchblätter 5, frei, bis zur Fruchtreife nicht abfallend. Kronblätter 5, frei, ungleichartig, das unterste Kr. am Grunde ausgesackt oder gespornt. Staubblätter 5, meist frei, den Fruchtknoten dicht zylinderartig umgebend. Fruchtknoten 1, oberständig, meist aus 3, seltener aus 2, 4 oder 5 Fruchtblättern. Griffel 1. Frucht meist eine 3klappige Kapsel. Samen kugelig bis eiförmig, mit Nährgewebe.

Nach Hess, Landolt & Hirzel (1970) umfaßt die Familie der *Violaceae* 16 Gattungen mit etwa 850 Arten mit Mannigfaltigkeitszentrum in den südamerikanischen Anden. In Europa kommt nur die Gattung *Viola* vor.

1. Viola L. 1753

Veilchen

Kräuter oder Halbsträucher (nicht in Mitteleuropa), behaart oder kahl, meist mehrjährig. Blätter meist ± lang gestielt, eiförmig, herzförmig oder ± lanzettlich. Nebenblätter meist krautig, oft gefranst. Blüten einzeln in den Achseln von Grund- und Stengelblättern, an hakenförmig umgebogenen, mit 2 Vorblättern versehenen Stielen. Häufig zunächst mit ansehnlichen, chasmogamen Blüten und später mit kleineren, unauffälligeren, geschlossenen bleibenden, kleistogamen Blüten. Kelchblätter 5, ± lanzettlich, am Grunde mit rückwärts gerichteten, krautigen Anhängseln. Kronblätter 5, das untere mit einem oft abweichend gefärbtem Sporn und einer abgerundeten, ausgerandeten oder kurzen Spitze. Staubblätter 5, meist ± zusammenhängend, mit kurzen, am Grunde verdickten Staubfäden, die beiden unteren mit je einem in den Sporn ragenden, nektarabsondernden Fortsatz. Fruchtknoten aus 3 Fruchtblättern. Griffel überwiegend S-förmig, mit sehr unterschiedlich gestalteter Narbe. Die Frucht ist eine dreiklappig aufspringende Kapsel.

Die Gattung *Viola* wird in mehrere Sektionen untergliedert (vgl. Valentine, Merxmüller u. Schmidt 1968), von denen drei in Baden-Württemberg vertreten sind.

1) *Viola* (*Nomimium* Ging.): *V. palustris, V. hirta, V. collina, V. odorata, V. alba, V. mirabilis, V. rupestris, V. reichenbachiana, V. riviniana, V. canina, V. elatior, V. persicifolia, V. pumila.*
2) *Melanium* Ging.: *V. tricolor, V. arvensis.*
3) *Dischidium* Ging.: *V. biflora.*

Bei den meisten Arten erfolgt vorwiegend Insektenbestäubung durch Apiden, Syrphiden und Tagfalter. Kleinblütige Arten wie *V. biflora* und *V. palustris* werden durch Dipteren bestäubt. Bei den *Nomimium*-Arten befindet sich am Grunde des Spornes ein meist weißer, bei den *Melanium*-Arten ein meist gelber Honigfleck, außerdem weisen das untere Kronblatt (mit dem Sporn!) und die beiden seitlichen Kronblätter violette bis schwärzliche Honigstriche auf.

Die Blütenbesucher stecken den Kopf von oben her unter den von den verbundenen Staubbeuteln und den von Antherenanhängseln gebildeten Kegel in den Blüteneingang. Die Narbenöffnung an dem durch ein Gelenk im Griffel vom Fruchtknoten abgesetzten Narbenkopf ist ungewöhnlich weit und von Schleim erfüllt. Dieser Schleim tritt bei Druckwirkung durch Insektenbesuch aus und kann den vom Insekt transportierten Pollen aufnehmen und bietet diesem ein gutes Keimbett.

In den chasmogamen Blüten der meisten *Nomimium*-Arten findet bei ausbleibendem Insektenbesuch keine Befruchtung statt. Bei kleinfrüchtigen Formen von *V. tricolor* und auch bei *V. biflora* ist spontane Selbstbestäubung möglich.

Bei sämtlichen *Nomimium*-Arten und bei *V. biflora* ist die Selbstbestäubung durch Ausbildung besonderer kleistogamer Blüten gesichert. Meist werden sie erst nach den chasmogamen Blüten gebildet. Kleistogame Blüten sind bei den Arten der Sektion *Nomimium* verbreitet, bei den Arten der Sektion *Melanium* fehlen sie.

Die kleistogamen Blüten sind meist kurz gestielt, zeigen eine stark gekrümmte Krone, reichliche Samenbildung, der Kelch bleibt zur Reifezeit geschlossen. Der Pollen ist normal entwickelt, treibt im Inneren der Staubbeutel Schläuche, durchbricht die Antherenwand und wächst in die benachbarte Narbe hinein.

Die Veilchen verfügen über unterschiedliche Ausbreitungsstrategien. Vegetativ über Ausläufer pflanzen sich *V. odorata, V. alba* und *V. palustris* fort, über Wurzelsprosse *V. hirta* und *V. collina.* Die Samenverbreitung erfolgt mit Ausnahme von *V. odorata, V. alba, V. hirta* und *V. collina* durch einen Schleudermechanismus (vgl. Gams in Hegi 1925: 592f.).

Bei den meisten Arten bildet sich in der Frucht ein Ölkörper (Elaisom), der aus langgestreckten, an fetten Ölen reichen Zellen besteht und die Samen mit einem Ölfilm versieht. Samen mit einer Ölschicht werden insbesondere von verschiedenen Ameisenarten gesammelt und verbreitet (Myrmekochorie). Bei einigen Arten (z. B. bei *V. tricolor*) kann die Verbreitung auch über pflanzenfressende Säugetiere wie Hirsche oder Rinder erfolgen (Endozoochorie). Die Keimung wird bei den meisten *Viola*-Arten durch den Lichtgenuß begünstigt (Lichtkeimer).

Die Gattung *Viola* umfaßt nach HESS, LANDOLT u. HIRZEL (1970) etwa 450 Arten. Sie ist in der gesamten nördlichen Hemisphäre, in den Gebirgen Südamerikas, in Teilen Afrikas, Südasiens und Südostasiens, Australiens und Neuseelands verbreitet. Mannigfaltigkeitszentren stellen nach MEUSEL et al. (1978) die südlichen und die mittleren Anden mit ca. 55 Arten, die südliche Balkanhalbinsel mit ca. 60 Arten und die japanischen Inseln mit 48 Arten dar. In Mitteleuropa kommen ca. 25 Arten vor, in Baden-Württemberg 16 Arten.

Die Artabgrenzung innerhalb der Gattung *Viola* stößt auf große Schwierigkeiten, da Bastardschwärme und Merkmalsintrogressionen sehr häufig vorkommen. Die in dieser Flora vorgenommenen Artabgrenzungen richten sich nach VALENTINE, MERXMÜLLER u. SCHMIDT (1968). Zur Bestimmung sind vollständige Pflanzen mit unterirdischen Organen, chasmogamen Blüten und Früchten notwendig. Wertvoll für die Bestimmung sind zudem zur Fruchtzeit gebildete Sommerblätter. Auf Farbe der Kronblätter und des Sporns und auf die Form des Griffels ist zu achten; ebenso prüfe man, ob die Blüten duften.

1 Seitliche Kronblätter aufwärtsgerichtet, den Rand der oberen deckend. Zumindest das unterste Kronblatt am Grunde gelb. Kronblätter entweder ± vollständig gelb oder verschiedenfarbig aus gelben, weißen, blauvioletten und tiefvioletten Farbtönungen . . . Sektion *Dischidium* und *Melanium* 2
– Seitliche Kronblätter abwärtsgerichtet, den Rand der oberen nicht deckend. Kronblätter niemals auch nur teilweise gelb . . . . Sektion *Nomimium* 6
2 Blätter herz-nierenförmig, breiter als lang. Nebenblätter ganzrandig, ungeteilt, eiförmig bis lanzettlich. Blüten 1–1,5 cm im ⌀, gelb, bräunlich gestreift. Griffel an der Spitze mit zwei-lappiger Narbe . . . . 3. *V. biflora*
– Blattspreiten länger als breit, nicht nierenförmig. Nebenblätter geteilt. Griffel an der Spitze mit kugeliger Narbe 3
3 Stengel zu wenigen, gewöhnlich unverzweigt. Nebenblätter fingerförmig bis radiär geteilt, mit linealischem, ganzrandigem Endabschnitt, der nicht

oder nur wenig breiter (1–2mal) ist als die seitlichen Zipfel. Blüten gelb, mit tiefbraunen oder tiefvioletten Streifen, mit 2,5–3,5 cm im ⌀ auffällig groß! In den höheren Lagen der Vogesen stellenweise verbreitet, in Baden-Württemberg fehlend! . . . . [*V. lutea*]
– Stengel gewöhnlich verzweigt. Nebenblätter fiederspaltig, mit blattlichem, gekerbten Endabschnitt, der 1,5–3mal so breit ist wie die seitlichen Zipfel. Blüten weiß-gelb, blau-gelb oder blauviolett 4
4 Seitliche Zipfel der Nebenblätter 1–2mal so lang wie die Breite des ungeteilten Mittelzipfel. Unterstes Kronblatt etwa 1¼–2mal so lang wie die Kelchblätter, sämtliche Kronblätter länger als die Kelchblätter. Blüten meist tief violett, (tief) blauviolett oder vorwiegend blau-gelb, selten überwiegend weiß. Lippe am Griffelkopf lang und wohlausgebildet . . . . 1. *V. tricolor*
– Seitliche Zipfel der Nebenblätter 2–4mal so lang wie die Breite des ungeteilten Mittelzipfels. Unterstes Kronblatt 0,8–1,7mal so lang wie die Kelchblätter; v. a. die oberen und die seitlichen Kronblätter kürzer oder nur ± ebensolang wie die Kelchblätter. Blüten meist weiß-gelb, bisweilen v. a. die oberen Kronblätter auch blau(violett)farben. Lippe am Griffelkopf klein (≈ ⅐–⅛ des Narbenkopf-⌀) 5
5 Stengel im unteren Teil meist verzweigt, ± kahl oder mit spärlicher, nach unten gerichteter Behaarung. Blattspreiten meist 1–4 cm lang, am Rande beiderseits meist mit 4–5 Kerben. Kelchblätter mit Anhängsel 6–12 mm lang. Unterstes Kronblatt mit dem Sporn 8–15(–20) mm lang 2. *V. arvensis*
– Stengel unverzweigt, im unteren Teil stark behaart oder steifborstig. Blattspreiten meist weniger als 1 cm lang, am Rande beiderseits mit 1–2(–4) Kerben. Kelchblätter mit Anhängsel 3–6 mm lang. Unterstes Kronblatt mit dem Sporn 6–10 mm lang. Mediterrane, in Süddeutschland selten adventiv auftretende Pflanze . . . [*V. kitaibeliana*]
6 (1) Oberirdische Stengel niemals oder wenigstens nicht zur Blütezeit der chasmogamen Blüten ausgebildet, chasmogame Blüten daher grundständig. Kelchblätter stumpf oder spitz. Blütezeit der chasmogamen Blüten zumeist im zeitigen Frühjahr (März bis Mitte Mai). Sommerblätter mit Ausnahme von *V. palustris* viel größer als die Frühjahrsblätter, etwa 2–4mal so lang und so breit . . 7
– Blüten stengelständig; Kelchblätter spitz. Blütezeit der chasmogamen Blüten vom mittleren Frühjahr bis in den Frühsommer (April–Juni). Sommerblätter mit Ausnahme von *V. mirabilis* nur etwa 1–2,5mal so lang und so breit wie die Frühjahrsblätter 12
7 Stengel zur Blütezeit der chasmogamen Blüten nicht entwickelt, im Frühsommer Stengel mit kleistogamen Blüten vorhanden. Blattstiele und später die Stengel ± 1reihig behaart, bisweilen auch ± kahl. Kelchblätter spitz. Blüten blaßlila, mit grünlichweißem Sporn, duftend, 1,5–2,5 cm im ⌀
10. *V. mirabilis*

– Stengel niemals ausgebildet. Blattstiele kahl oder ± ringsherum behaart, niemals 1reihig behaart. Kelchblätter stumpf. Blüten duftend oder ohne Duft, 1–2(–2,2) cm im ⌀ 8

8 Blätter meist zu 3–4, kahl, rundlich oder nierenförmig, meist deutlich breiter als lang, höchstens so lang wie breit, vorne abgerundet, selten kurz bespitzt. Griffel an der Spitze stark erweitert, Narbe daher schief scheibenförmig, kaum hakig umgebogen. Früchte spitz, kahl, auf aufrechtem Stiel . . .
4. *V. palustris*
– Blätter beiderseits oder nur oberseits behaart, rundlich bis länglich dreieckig-eiförmig, ± so lang wie breit oder deutlich länger als breit (L/B = 0,8–2), vorne abgerundet oder (lang) zugespitzt. Griffel an der Spitze kaum verdickt, Narbe schnabelförmig und hakenförmig umgebogen. Früchte dem Boden aufliegend, stumpf behaart 9

9 Mit langen, ± dünnen, oberirdischen Ausläufern. Blüten wohlriechend. Sporn ± gerade 10
– Ohne Ausläufer. Rhizom gelegentlich verzweigt und mehrere Rosetten bildend. Blüte wohlriechend oder ohne Duft. Sporn ± aufwärtsgebogen . . . 11

10 Mit 10–20 cm langen, sich bewurzelnden Ausläufern. Blätter ± rundlich, am Grunde tief ausgebuchtet, vorne abgerundet. Nebenblätter eiförmig bis (breit)lanzettlich, 3–4 mm breit, ganzrandig oder kurz gefranst. Kronblätter meist dunkel-purpurviolett, selten rosa oder weiß. Sporn wie die Kronblätter gefärbt . . . . 7. *V. odorata*
– Mit 5–20 cm langen, sich nicht bewurzelnden Ausläufern. Blätter rundlich-eiförmig bis dreieckig-eiförmig, am Grunde herzförmig, vorne spitz. Nebenblätter schmal-lanzettlich, nur 2 mm breit, am Rande lang gefranst. Kronblätter weiß, gelblich- oder grünlichweiß. Sporn tiefer gelblich oder grünlich gefärbt als die Kronblätter oder violett . . .
8. *V. alba*

11 Blätter herz-eiförmig, dreieckig-eiförmig bis länglich-eiförmig (L/B = 1,2–2,0), am Grunde schwach herzförmig, mit seichter breiter Bucht, vorne spitz. Nebenblätter ganzrandig oder kurz gefranst, Fransen viel kürzer als die Breite der Nebenblätter. Vorblätter der Blütenstiele unterhalb der Mitte. Blüten ohne Duft. Alle Kronblätter ausgerandet, hellblauviolett, am Grunde weiß. Sporn rötlichviolett, dunkler gefärbt als die Kronblätter
5. *V. hirta*
– Blätter rundlich-eiförmig oder oval-eiförmig (L/B = 1,0–1,5), am Grunde deutlich herzförmig mit tiefer, enger Bucht, vorne ± stumpflich bis ± abgerundet. Nebenblätter reich gefranst, Fransen etwa so lang wie die Breite der Nebenblätter. Vorblätter der Blütenstiele in oder oberhalb der Mitte. Blüten wohlriechend. Kronblätter hellviolett, nur das unterste ausgerandet. Sporn weißlich, heller gefärbt als die Kronblätter . . . . . . 6. *V. collina*

12 (6) Pflanze mit grundständiger Blattrosette. Blätter am Stengelgrund lang gestielt, am Grunde deutlich herzförmig 13

Pflanze ohne grundständige Blattrosette. Blätter am Stengelgrund ± kurz gestielt, am Grunde seicht herzförmig, abgestutzt oder keilförmig verschmälert 16

13 Stengel erst zur Fruchtzeit der chasmogamen Blüten entwickelt. Stengel und Blattstiele der Grundblätter oft 1reihig behaart bzw. kahl. Grundblätter breit herzförmig, meist breiter als lang, zur Fruchtzeit sehr groß. Chasmogame Blüten grundständig und duftend, nur kleistogame Blüten stengelständig. Unterstes Kronblatt 1,25–1,5mal so lang wie die Kelchblätter . . . . 9. *V. mirabilis*
– Stengel von Anfang an entwickelt. Stengel und Blattstiele kahl oder ringsherum, jedoch nie 1reihig behaart. Chasmogame Blüten zumindest teilweise stengelständig und duftlos. Unterstes Kronblatt ca. 2mal so lang wie die Kelchblätter 14

14 Stengel und Blattstiele meist flaumhaarig. Blätter zur Blütezeit auffällig klein, auch Grundblätter gewöhnlich nur 1–2 cm lang, graugrün, fein gekerbt bzw. gezähnt oder ganzrandig. Nebenblätter schmal-eiförmig, bis 8 mm lang und 3 mm breit, mit nach vorne gerichteten, feinspitzigen Zähnchen. Blütenstiele im Oberteil kurzhaarig. Frucht meist kurz behaart . . . . 12. *V. rupestris*
– Stengel und Blattstiele kahl. Grundblätter zur Blütezeit meist 2–4 cm lang, am Rande deutlich gekerbt. Nebenblätter lang zugespitzt, bis 1,5 cm lang und ca. 2 mm breit, ± kammartig gefranst. Blütenstiele im Oberteil kahl. Frucht meist kahl . 15

15 Grundständige Blätter im Umriß rundlich bis länglich-eiförmig (L/B = 1–1,5), vorne abgerundet oder spitz. Stengelblätter deutlich schmäler als die Grundblätter. Nebenblätter am Rande lang gefranst, untere Fransen länger als die Breite des ungeteilten Nebenblattrestes. Kelchblätter 0,8–2 mm langen, gestutzten, zur Fruchtzeit nicht ausgerandeten und nur undeutlichen Anhängseln. Sporn 3–6 mm lang, allmählich in eine dünne Spitze verschmälert, in der Farbe wie die Kronblätter (meist hellviolett oder violett) . . . .
10. *V. reichenbachiana*
– Grundständige Blätter im Umriß rundlich bis breit-eiförmig (L/B = 0,8–1,2), vorne abgerundet ± stumpf (selten spitz). Stengelblätter nicht deutlich schmäler als die Grundblätter. Untere Fransen der Nebenblätter kürzer als die Breite des ungeteilten Nebenblattrestes. Kelchblätter mit 2–3 mm langen, zur Fruchtzeit ausgerandeten Anhängseln. Sporn 4–7 mm lang, bis zur ausgerandeten Spitze wenig verengt, in der Farbe von den Kronblättern (meist blauviolett) abweichend weiß, gelblich- oder grünlichweiß gefärbt . . . . . . 11. *V. riviniana*

16 (12) Mittlere Stengelblätter eiförmig bis breit eilanzettlich, etwa 1,2–2mal so lang wie breit, am Grunde herzförmig bis ± abgestutzt, nicht abgerundet oder keilförmig verschmälert. Mittlere Nebenblätter ⅙–⅓(–⅔) so lang wie die Blattstiele. Sporn 4–8 mm lang, gerade oder aufwärts gebogen, 1–3mal so lang wie die Kelchblattanhängsel
13. *V. canina*

– Mittlere Stengelblätter ei-lanzettlich bis lanzettlich, etwa 2–5mal so lang wie breit, am Grunde
seicht herzförmig, abgestutzt, abgerundet oder
keilförmig. Mittlere Nebenblätter ½ bis über 1mal
so lang wie die Blattstiele. Sporn 2–4 mm lang,
grünlichgelb, die Kelchblattanhängsel kaum überragend, 1–2mal so lang wie Kelchblattanhängsel.
Seltene oder sehr seltene Stromtalpflanzen! 17
17 Stengel 20–50 cm hoch, aufrecht, kräftig, v.a. an
den Kanten oberwärts dicht kurzhaarig. Blattstiele
undeutlich geflügelt. Mittlere Nebenblätter so lang
wie die Blattstiele, obere N. länger und ⅓–⅔mal so
breit wie das zugehörige Blatt. Unterstes Kronblatt mit dem Sporn 18–25 mm lang 14. *V. elatior*
– Stengel 5–20(–30) cm hoch, oberwärts kahl oder
allenfalls spärlich behaart. Blattstiele deutlich geflügelt. Obere Nebenblätter ⅙–½mal so breit wie
das zugehörige Blatt. Unterstes Kronblatt mit dem
Sporn 10–16 mm lang 18
18 Pflanze völlig kahl. Mittlere Stengelblätter 3–5mal
so lang wie breit, am Grunde keilförmig verschmälert. Nebenblätter bis 4 cm lang und 4 mm breit,
die mittleren N. so lang, die oberen N. länger als
die zugehörigen Blattstiele. Kronblätter blauviolett. Griffel an der Spitze kahl . . . 15. *V. pumila*
– Pflanze kahl oder spärlich behaart. Mittlere Stengelblätter meist 2–4mal so lang wie breit, am
Grunde seicht herzförmig oder abgestutzt. Nebenblätter bis 2 cm lang und 3 mm breit, ½mal (mittlere N.)–¾mal (obere N.) so lang wie die zugehörigen Blattstiele. Kronblätter weißlich blaßviolett
bis milchig-weiß. Griffel an der Spitze mit einzelnen Haaren . . . . 16. *V. persicifolia*

1. Viola tricolor L. 1753
Wildes Stiefmütterchen, Echtes Stiefmütterchen

Morphologie: Kahle oder kurz behaarte, ein-, zwei-,
oder mehrjährige Pflanze. Rhizom fehlend oder
sehr kurz. Stengel 10–40 cm lang, aufsteigend oder
aufrecht, vor allem im unteren Teil verzweigt. Stengelblätter mit 1–3 cm langer Spreite, am Rande
gekerbt, die unteren St. am Grunde abgerundet
oder herzförmig, vorne stumpf, mittlere und obere
St. ei-lanzettlich bis lanzettlich, am Grunde ± keilförmig. Blattstiele meist 0,5–1,5 cm lang. Nebenblätter tief fiederförmig gelappt, der endständige
Mittellappen ist größer als die Seitenlappen, meist
lanzettlich und viel schmäler als die Stengelblätter,
ganzrandig oder gekerbt. Die seitlichen Zipfel der
Nebenblätter sind 1–2mal so lang wie die Breite des
ungeteilten Mittelzipfels. Blütenstiele 3–8 cm lang,
aufrecht, die Vorblätter weit oberhalb der Mitte.
Blüten 1,5–3 cm groß, mit oder ohne Duft. Kelchblätter lanzettlich, vorne spitz, mit den Anhängseln
9–15 mm lang. Kronblätter deutlich länger als die
Kelchblätter, breit verkehrt-eiförmig, die beiden
oberen meist blau oder blauviolett, die unteren v.a.
gegen den Kronschlund gelb, die beiden seitlichen

Kr. aufwärtsgerichtet, das unterste Kr. gegen den
Kronschlund dunkelbraun oder schwärzlichpur-
purn geadert, einschließlich des Sporns mit
12–25 mm Länge etwa 1,4–2mal so lang wie die
Kelchblätter. Sporn 3–6,5 mm lang, in der Länge
sehr variabel, 1,5–2mal so lang wie die Kelchanhängsel. Griffel gekniet, mit nach vorn verlängerten, lippenförmigen Anhängseln an der Narbe.
Kapsel eiförmig.

Biologie: Blütezeit Mai bis August. Insektenbestäubung v.a. durch Hummeln, Bienen und andere Hymenopteren. Häufig kommen in den Blüten kom-
mensalisch lebende Thripse (Ordn. Thysanoptera)
vor, die Autogamie bewirken. Manchmal wird die
Selbstbestäubung offenbar auch durch Regenwas-
ser hervorgerufen (vgl. NAUENBURG 1986: 28).

Ökologie: Auf frischen, nährstoffarmen bis mäßig
nährstoffreichen, ± basenarmen, schwach bis
mäßig sauren (n. NAUENBURG 1986 bei pH =
4,5–6, überwiegend bei 5), sandigen bis lehmigen
Böden. Kalkreiche Standorte werden gemieden! In
Baden-Württemberg bevorzugt *V. tricolor* offenbar
die submontanen bis subalpinen Lagen (in der
norddeutschen Tiefebene ist *V. tricolor* auch in der
planaren Stufe verbreitet) und gedeiht in lückigen
Vegetationsbeständen in offenen Brache- und Ru-
deralflächen, an Wegrändern, an Straßenrändern
und an Straßenböschungen, im Bahngelände, in extensiv bewirtschafteten Äckern, in ruderalisierten,
einschürigen Bergwiesen (z.B. in Polygono-Trise-

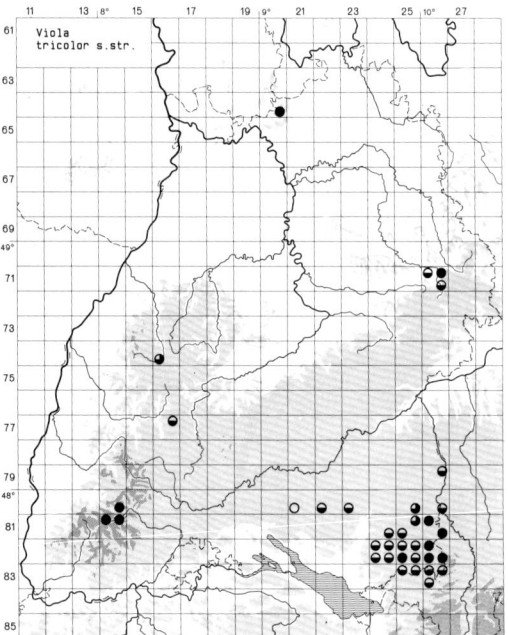

Viola
tricolor s.str.

Wildes Stiefmütterchen *(Viola tricolor)*
Feldberg, Bärental

tion-Ges.), in den tieferen Lagen auch in Sandtrok-kenrasen. Nach BERTSCH (1914) kommt die Art auch in Waldlichtungen, in Auengebüschen, an Wald- und Wiesenrändern vor. Eine deutliche soziologische Bindung ist nach NAUENBURG nicht erkennbar. Vegetationsaufnahmen aus Baden-Württemberg liegen nicht vor.

Allgemeine Verbreitung: In Europa allgemein verbreitet, nur im südlichen Mittelmeerraum, im nordöstlichen Nord-Skandinavien und im äußersten Norden Rußlands fehlend. Nordgrenze bei 70° n. Br., Südgrenze des Hauptareals in Südfrankreich, in der Po-Ebene, auf der nördlichen Balkan-Halbinsel und in der Ukraine. Weiter südlich (Spanien, Griechenland) nur in den Gebirgen. Südostgrenze in Kasachstan, Ostgrenze am Ural.

Verbreitung in Baden-Württemberg: Die Verbreitung von *V. tricolor* im Gebiet ist noch ungenügend bekannt, da die Art meist nicht von groß- und violettblütigen Formen von *V. arvensis* unterschieden wird. Der Verbreitungsschwerpunkt liegt offenbar im südlichen Alpenvorland (Westallgäuer Hügelland, Adelegg) und in den höheren Lagen des Schwarzwaldes. Nachgewiesen ist die Art auch im Odenwald bei Schlossau (6920/4) und im Albvorland bei Aalen (MTB 7126). In weiten Teilen des Landes scheint *V. tricolor* zu fehlen, zum Beispiel

auf der Schwäbischen Alb, in den Neckar-Tauber-Gäuplatten, im nördlichen und im mittleren Oberschwaben oder auch im Oberrheingebiet.

Die Funde bei Aalen (s. u.) liegen bei mindestens 420 Meter ü. NN, der Fundort am Feldberg bei ca. 1280 Meter ü. NN (NAUENBURG 1986).

Nach K. BERTSCH (1914) ist *V. tricolor* in Baden-Württemberg im Gegensatz zu *V. arvensis* ureinheimisch!

Ältester fossiler Nachweis: Frühes Subboreal von Sipplingen (BERTSCH 1932).

Fundorte nach Herbarbelegen (STU, KR) und nach Ortsangaben von BERTSCH und von NAUENBURG:
Odenwald: 6929/4: Schlossau, 1981, HAPPEL in NAUENBURG (1986).
Albvorland: 7126/1: Abtsgemünd, 1948, A. BRAUN (STU); 7126/2: Wasseralfingen, 1894, W. GMELIN (STU); Braunenberg b. Wasseralfingen, 1981, SEYBOLD (STU); 7126/4: Aalen, 1864 u. 1910, W. GMELIN (STU), A. BRAUN (STU).
Schwarzwald: 7416/3: Baiersbronn, 1954, BAUR (KR); Murgtal bei Baiersbronn, 1871, HEGELMAIER (STU); 7716/2: Heiligenbronn, 1904, BERTSCH (STU); 8014/4: Hinterzarten, Bahnhof, 1980, NAUENBURG (1986); 8114/1: Feldberg, am Parkplatz, 1980, NAUENBURG (1986); 8114/2: Titisee, 1933 u. 1954, PLANKENHORN (STU), HRUBY (KR); an der B 500, Abzweigung nach Altglashütten und Falkau, 1980, NAUENBURG (1986).
Alpenvorland: 7926/2: Iller-Damm bei Unter-Opfingen,

71

BERTSCH (1914); 8021/3: Klosterwald, 1859, SAUTERMEISTER (STU); 8022/3: Pfrunger Ried, 1931, BERTSCH (STU); 8023/3: Ebenweiler, 1921, K. MÜLLER (STU); 8025/4: Waldrand bei Oberhub, 1958, BRIELMAIER (STU); 8026/4: Iller bei Aitrach, BERTSCH (STU-K); 8124/4: Wolfegg, BERTSCH (1914); 8125/2: Seibranz, Zeiler Höhe, 1956, BRIELMAIER (STU); 8125/3: Frohnhof bei Rötenbach, 1910, Waldinsel im Gründlenried, 1912, BERTSCH (STU); 8224/1: Waldburg, 1910, Neuwaldburg, 1913, BERTSCH (STU); Heißen, BERTSCH (1914); 8224/2: Vogt, Rötenbach, BERTSCH (STU-K); 8224/3: Bodnegg, 1911, BERTSCH (STU); Füglesmühle, BERTSCH (STU-K); 8224/4: Karsee, BERTSCH (1914); Eggenreute, Herfatz, BERTSCH (STU-K); 8225/1: Kißlegg, 1912, BERTSCH (STU); 8225/2: Merazhofen, 1910, Engerazhofen, 1912, Wolferazhofen, 1912, alle, BERTSCH (STU); Waltershofen, Gebrazhofen, BERTSCH (1914); Winnis, BERTSCH (STU-K); 8225/3: Ratzenhofen, 1910, BERTSCH (STU); Bahnhof Ratzenried, 1984, BUSSMANN (STU); 8225/4: Christazhofen, Enkenhofen, BERTSCH (1914); 8226/1: Friesenhofen, 1910, Herlazhofen, 1913, Urlau, 1912, alle, BERTSCH (STU); am nördlichen Ortsrand von Beuren, 1984, QUINGER (KR); 8226/3: Aigeltshofen, BERTSCH (1914); Isny-Bahnhof, SUTTER in NAUENBURG (1986); 8226/4: Adelegg, 1905, BERTSCH (STU); Rohrdorf, BERTSCH (1914); Schmidsfelden, SUTTER in NAUENBURG (1986); 8325/1: Schönenberg a.d. Oberen Argen, BERTSCH (1914); 8325/2: Eisenharz, Eglofs, BERTSCH (1914); 8326/1: Isny, Äcker, 1832, MARTENS (STU); Großholzleute, BERTSCH (1914); 8326/2: Bolsternang; 1912, BERTSCH (STU); Schwarzer Grat, BERTSCH (1914); 8326/3: Kugel, BERTSCH (1914).

Bestand und Bedrohung: Die Häufigkeit des Echten Stiefmütterchens in Baden-Württemberg ist nur in groben Zügen bekannt. Zerstreut oder mäßig häufig tritt es in Baden-Württemberg wahrscheinlich nur im Hochschwarzwald, im Westallgäuer Hügelland und in der Adelegg auf. Die Häufigkeit in anderen Naturräumen ist weitgehend unbekannt.

Da die Art extensiv genutzte Äcker und ruderalisierte, einschürige Bergwiesen bevorzugt, dürften sich seine Bestände im Zuge der Intensivierung der Landwirtschaft nach 1950 ± deutlich vermindert haben. Nach NAUENBURG (1986) hat V. tricolor im Alpenraum, wo die Art im südlichen Mitteleuropa ihren Verbreitungsschwerpunkt besitzt, deutlich oder sogar stark abgenommen.

Variabilität: Nach VALENTINE, MERXMÜLLER & SCHMIDT (1968) kommen in Europa 5 Unterarten von V. tricolor vor, von denen 3 in Mitteleuropa beheimatet sind: subsp. tricolor, subsp. curtisii E. Forster in Smith u. Sowerby (1834) und subsp. subalpina Gaudin (1828). In Baden-Württemberg kommt anscheinend nur subsp. tricolor vor. Die Angaben zu subsp. curtisii für Sandgebiete des mitteleuropäischen Binnenlandes beruhen nach NAUENBURG (1986) auf Verwechslung mit subsp. tricolor; subsp. curtisii ist in Mitteleuropa offenbar auf den Küstenbereich an Nord- und Ostsee be-

schränkt. Die Unterart subsp. subalpina ist in den Alpen, im Böhmerwald und im Erzgebirge verbreitet. In Baden-Württemberg ist sie nach NAUENBURG (1986) nicht nachgewiesen.

Literatur: BERTSCH, K. (1914).

Viola lutea Hudson 1762
Gelbes Stiefmütterchen, Vogesen-Stiefmütterchen

Gebirgs-Veilchen der Sudeten und Beskiden, der Schweizer Kalkalpen und der Rottenmanner Tauern, des Rheinisch-belgischen Schiefergebirges und der Vogesen. In Baden-Württemberg fehlend. Nächste Wuchsorte in etwa 40 km Entfernung von der Landesgrenze in den südöstlichen Vogesen (z.B. am Grand Ballon).

Ausdauernde Pflanze mit einem verzweigten, dünnen Rhizom. Stengel zu wenigen, 10–20(–40) cm lang, gewöhnlich unverzweigt, kahl. Blätter länger als breit (vgl. V. biflora), eiförmig bis lanzettlich. Nebenblätter fiederförmig bis radiär geteilt, mit linealischen, ganzrandigen Zipfeln. Blüten 20–40 mm im ∅, duftend, gelb, selten die oberen Kronblätter blau oder violett. Seitliche Kronblätter aufwärtsgerichtet, ebenso wie das untere Kr. mit dunkelbraunen oder dunkelpurpurnen Nektarstreifen. Sporn 3–6 mm lang, gerade ± doppelt so lang wie die auffallend langen Kelchanhängsel.

2. Viola arvensis Murray 1770

V. tricolor subsp. arvensis (Murray) Gaudin 1828;
V. tricolor var. arvensis (Murray) Wahlenb. 1824
Acker-Stiefmütterchen, Feld-Stiefmütterchen

Morphologie: Einjährige, 5–40 cm hohe, mehr oder weniger aufrechte, im unteren Teil meist verzweigte Pflanze, mit nach unten gerichteter, spärlicher bis mäßig dichter Behaarung, v.a. im basalen Teil des Sprosses und im Bereich der Stipeln. Blätter mit 1–4 cm langer Spreite, von breit-eiförmig, ei-rundlich bis lanzettlich, am Grunde abgerundet oder keilförmig in den Stiel verschmälert, am Rande gekerbt. Blattstiele der basalen Blätter ca. 1,5mal so lang wie die Spreite. Nebenblätter ½–¾mal so lang wie die Blätter, der endständige Nebenblattzipfel ist lanzettlich und blattähnlich. Die seitlichen Zipfel der Nebenblätter sind 2–4mal so lang wie die Breite des ungeteilten Mittelzipfels. Blütenstiele 3–6 cm lang, aufrecht, mit Vorblättern weit oberhalb der Mitte. Blüten sehr klein bis mittelgroß, 1–2 cm im ∅, ohne Duft. Kelchblätter lanzettlich, vorne spitz, mit den Anhängseln 6–12 mm lang. Kronblätter so lang, kürzer oder länger als die Kelchblätter, verkehrt-eiförmig, die oberen weiß oder bläulich, die unteren v.a. am Kronschlund hellgelb, die beiden seitlichen Kr. aufwärtsgerichtet, das untere Kr. einschließlich des Sporns mit 8–15 mm Länge etwa 0,8–1,7mal so lang wie die Kelchblätter, gegen den Kronschlund schwärzlichbraun geadert. Sporn

Acker-Stiefmütterchen *(Viola arvensis)*
Niefern, 1985

2–4 mm lang, etwa so lang wie die Kelchanhängsel. Griffel gekniet, ohne nach vorn verlängerten, lippenförmigen Anhängseln an der Narbe. Kapsel eiförmig.

Biologie: Blütezeit Mai bis September. Innerhalb der Art liegt nach NAUENBURG (1986) der Übergang von Fremd- zu Selbstbestäubung vor; im Zusammenhang damit verschiedene Reduktionen wie z. B. kleine trichterartige Blüten. Der Samenansatz ist zumeist sehr reichlich. Es erfolgt Schleuderverbreitung oder Verbreitung durch Ameisen. Die Samen sind sehr langlebig und mindestens 10 Jahre lang keimfähig.

Ökologie: Auf mäßig trockenen bis frischen, nährstoffreichen, ± basenreichen (kalkreichen und ± kalkarmen), neutralen bis schwach sauren, sandigen bis lehmigen Böden der planaren, kollinen und montanen Stufe. *V. arvensis* gedeiht in Getreide- und Hackfruchtäckern, in Ackerbrachen, an ruderalisierten Weg- und Straßenrändern, an Bahndämmen, auf Schuttplätzen, auf frischen Erdaufschüttungen und auf anderen Ruderalplätzen im Siedlungsbereich. Soziologisch hat das Acker-Stiefmütterchen sein Schwergewicht in Secalietea- und in Polygono-Chenopodietalia-Gesellschaften. Vegetationsaufnahmen liegen u. a. von GÖRS (1966: Tab. 1, 2) und von LANG (1973: Tab. 39, 42, 43) vor.

Allgemeine Verbreitung: Nordafrika und westliches Eurasien. In nahezu ganz Europa verbreitet, nur in Nordskandinavien, Nordrußland (absolute Nordgrenze bei 68° n. Br.), in Südost-Spanien und in Teilen Griechenlands fehlend. Ostgrenze des Hauptareals am Ural, in Westsibirien nur in ± isolierten Kleinstarealen. Teilareale am Kaukasus und in Nordafrika (u. a. Atlas-Geb.).

Verbreitung in Baden-Württemberg: Neben *V. reichenbachiana* die am weitesten verbreitete Veilchen-Art des Landes. Die größten Verbreitungsdichten erreicht es in Ackerbau-Gegenden wie z. B. in den Neckar-Tauber-Gäuplatten. Es gehört in allen Naturräumen zu den häufigen Ackerunkräutern und ist lediglich in Gegenden mit vorherrschender Grünlandnutzung wie z. B. in Teilen des Schwarzwaldes oder des Westallgäuer Hügellandes nur ± zerstreut anzutreffen.

Die Höhenverbreitung erstreckt sich von ca. 90 m im Raum Mannheim bis etwa 1100 m in Äckern des Hochschwarzwaldes.

V. arvensis gehört in Baden-Württemberg wohl zu den Archäophyten.

Ältester fossiler Nachweis: Frühes Subboreal von Ravensburg (BERTSCH 1956). Ältester literarischer Nachweis: J. BAUHIN (1598: 192): Umgebung von Bad Boll (7323).

Bestand und Bedrohung: Fast überall häufige Pflanze, vor allem in Ackerbau-Gegenden. HOFMEISTER u. GARVE (1986) rechnen das Acker-Stief-

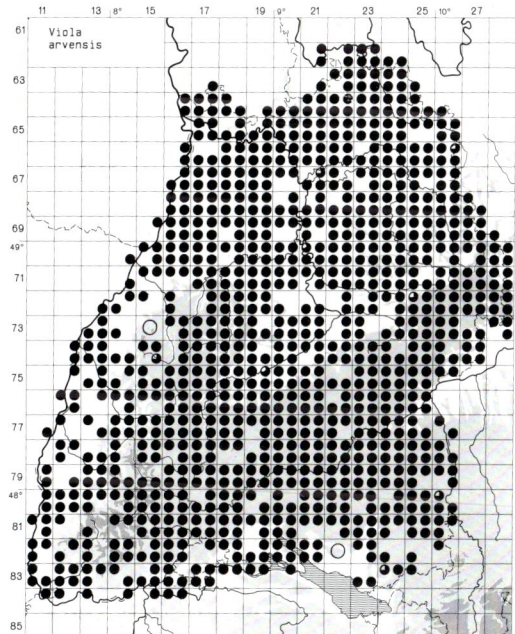

73

mütterchen zu den Problem-Unkräutern in Hackfrucht-Kulturen.

Variabilität: NAUENBURG (1986) gliedert *V. arvensis* in die beiden Unterarten subsp. *arvensis* und subsp. *megalantha*, die durch Übergangsformen miteinander verbunden sind.

a) subsp. **arvensis**
Acker-Stiefmütterchen

Blüten 8–15 mm lang, ohne Duft oder sehr schwach duftend. Kronblätter bei Blühbeginn bisweilen so lang wie die Kelchblätter, sonst oft deutlich kürzer. Kronblätter häufig nach vorne neigend, Krone dadurch trichterig. Sporne ± so lang wie die Kelchblattanhängsel. Blütenfärbung meist gelblichweiß, nur gelegentlich etwas blau. Labellum sehr klein bis fehlend.

Weit verbreitete, v.a. in den Tieflagen absolut vorherrschende Sippe.

b) subsp. **megalantha** Nauenburg 1986
Großblütiges Acker-Stiefmütterchen

Blüten bei Blühbeginn 18–26 mm groß, oft mehr oder weniger stark blau überlaufen, stark duftend. Blüten später kleiner werdend (13–17,5 mm). Kronblätter nie kürzer als die Kelchblätter. Krone flach. Sporne 3–5 mm lang, wenig bis erheblich länger als die Kelchblatt-Anhängsel. Lippe am Griffelhorst deutlich ausgebildet, jedoch kürzer als bei *V. tricolor*.

Die großblütigen Formen von *V. arvensis* (subsp. *megalantha* und Übergangsformen) sind v.a. in den montanen Bereichen der Alpen, stellenweise auch der Mittel-Gebirge verbreitet. In Süddeutschland existiert in kollinen und montanen Lagen eine Zone von Mischpopulationen bis zum Harz, Erzgebirge und bis nach Thüringen. Nördlich davon sind großblütige Formen die Ausnahme. Die Verbreitung in Baden-Württemberg ist noch ungenügend untersucht. Die Unterscheidung von *V. tricolor* (s. str.) ist nur selten vorgenommen worden; zudem gehen subsp. *arvensis* und subsp. *megalantha* durch Übergangsformen ineinander über. Derartige Übergangsformen (auch „reine" subsp. *megalantha*?) scheinen v.a. im Schwarzwald und im Alpenvorland verbreitet zu sein. Von Übergangsformen gibt NAUENBURG (1986) als durch Herbarmaterial belegt folgende Fundorte an: 7922/4 (?): Kleinwinnaden; 8023/4: Blönried; 8321/1: Konstanz.

Bastarde: Veilchen-Bastarde mit Beteiligung von *V. arvensis* liegen nicht vor (STU, KR). Nach NAUENBURG (1986) ist der Bastard *V. tricolor* subsp. *tricolor* × *V. arvensis* subsp. *arvensis* = *V.* × *norvegica* Wittr. (Syn. *V.* × *tricoloriformis* Gerstl.) bekannt, der aufgrund des Areals seiner Eltern-Arten auch in Baden-Württemberg vorkommen könnte.

Viola kitaibeliana Schultes 1819
Kleines Stiefmütterchen

Acker-Unkraut im Mittelmeerraum. Nordgrenze in England, in den Alpen, in Mähren, in den Karpaten und in der Ostukraine, Ostgrenze in Transkaukasien (nach HESS, LANDOLT & HIRZEL 1970).

In Baden-Württemberg bisher nicht sicher nachgewiesen. Am ehesten in Hafen- und Bahnanlagen des Oberrheingebietes zu erwarten. Von JAUCH liegt ein Herbarbeleg (KR) vom Karlsruher Güterbahnhof aus dem Jahr 1935 vor, der aufgrund seines Erhaltungszustandes leider eine einwandfreie Nachbestimmung nicht mehr zuläßt.

Morphologische Merkmale: Vergl. Schlüssel; 1-jährige Art; Pflanzen 3–15 cm hoch. Stengel aufrecht, unverzweigt. Seitliche Zipfel der Nebenblätter linealisch, oft vorne gerundet. Endständiger Nebenblattzipfel blattartig und nur wenig kleiner als das zugehörige Blatt. Obere Kronblätter weiß, die unteren gelblich; unterstes Kronblatt mit dem Sporn 6–10 mm lang.

3. Viola biflora L. 1753
Zweiblütiges Veilchen, Gelbes Berg-Veilchen

Morphologie: Halbrosettenstaude mit dünnem, kriechendem Rhizom. Stengel 5–20 cm lang, aufsteigend oder aufrecht, unverzweigt, mit 2–4 Blättern und 1–3 Blüten. Grundständige Blätter 1–3, im Umriß nierenförmig, 2–3,5 cm lang und 2,5–4,5 cm breit, fast immer wesentlich breiter als lang, am Grunde tief eingebuchtet, vorne breit abgerundet, am Rande kerbig gesägt, oberseits zerstreut behaart und grün-glänzend. Blattstiele der

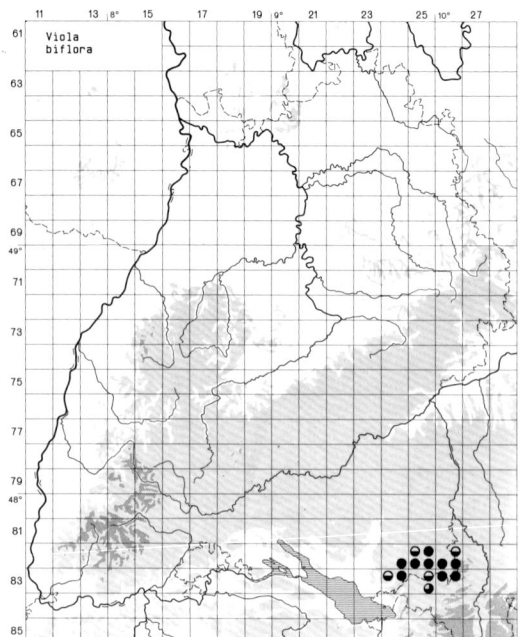

Zweiblütiges Veilchen *(Viola biflora)*
Allgäu

Grundblätter 4–12 cm lang, kahl. Stengelblätter kleiner als die Grundblätter, in der Blattform sehr ähnlich oder etwas länglicher und vorne deutlich kurz zugespitzt. Nebenblätter nur 3–4 mm lang, eiförmig bis lanzettlich, ganzrandig, kahl, häutig berandet, die der Grundblätter zu Nebenblattschuppen umgewandelt. Blütenstiele 2–4 cm lang, dünn, aufrecht, mit meist verkümmernden Vorblättern. Blüten 1–1,5 cm groß, fast geruchlos. Kelchblätter lanzettlich, spitz, 3,5–5 mm lang, mit sehr kurzen, unscheinbaren Anhängseln. Kronblätter verkehrt-eiförmig, gelb, die beiden seitlichen Kr. aufwärtsgerichtet, das unterste Kr. gegen den Kronschlund dunkelbraun geadert, mit dem Sporn 8–15 mm lang. Sporn 2–3 mm lang, gerade, stumpf, gelb. Griffel an der Spitze verdickt, mit

2teiliger Narbe. Kapsel auf aufrechtem Stiel, spitz, kahl.

Biologie: Blütezeit Mitte Mai bis Mitte Juni. Bestäubung hauptsächlich durch Syrphiden und durch Musciden, daneben auch durch Apiden und durch Schmetterlinge. Die Samenverbreitung erfolgt anscheinend in erster Linie endozoisch durch Wiederkäuer (z. B. Rehwild), seltener durch Ameisen.

Ökologie: Auf sickerfrischen bis feuchten, nährstoffreichen, ± basenreichen, häufig auf kalkreichen, seltener auf kalkarmen, lehmigen Mullhumus- oder Feuchthumusböden, nicht selten über Steinschutt an luftfeuchten, halbschattigen bis schattigen Standorten der submontanen bis subalpinen Stufe. Im Westallgäu gedeiht *V. biflora* an

75

Bachrändern (Überschwemmungszonen werden jedoch gemieden!), an schattigen Felshängen, in Hochstaudengebüschen (z. B. mit *Salix appendiculata* oder *Alnus incana*), in Hochstaudenfluren (z. B. mit *Adenostyles alliariae*) und in lichten, moosigen Schluchtwäldern mit durchsickernden Quellrinnen (vgl. BERTSCH 1914). Die Art gilt als Betulo-Adenostyletea-Klassencharakterart und kommt darüber hinaus in montanen Fagion- und Alno-Ulmion-Gesellschaften vor (OBERDORFER 1983).

Allgemeine Verbreitung: Eurasien und Alaska. Arktisch-alpine Pflanze mit Hauptareal in der Tundra und in der Taiga-Zone Nord-Eurasiens (Nordgrenze bei 72° n. Br.) und Teilarealen in den Gebirgen der gemäßigten und südlichen Breiten dieses Kontinents, z. B. in der Sierra Nevada (hier europ. Südgrenze bei 37° n. Br.), in den Pyrenäen, Alpen, Sudeten, Beskiden, Karpaten, im Kaukasus und in Gebirgen Zentralasiens. Mehrere Teilareale gibt es in Nordamerika.

Verbreitung in Baden-Württemberg: *V. biflora* kommt nur im südlichen Westallgäu vor und ist dort weitgehend auf die Tobel der Adelegg und auf die Täler der Oberen und Unteren Argen beschränkt. Eine detaillierte Verbreitungskarte von dem Zweiblütigen Veilchen im württembergischen Allgäu liegt von BERTSCH (1914) vor.

Als tiefsten Fundort gibt BERTSCH (1914) ein Vorkommen bei Kernaten (8324/2) in 510 m an. In der Adelegg steigt *V. biflora* bis auf ca. 1000 m an.

Ältester literarischer Nachweis: LINGG (1832: 26): Adelegg (8226/8326). GMELINs Angabe ist nach DÖLL (1858: 36) unrichtig.

Westallgäu: 8224/4: Wangen-Herfaz, Auwald a. d. Argen, BRIELMAIER (STU); 8225/1: Waltenhofen, Argental, BERTSCH (STU-K); 8225/2: Meratzhofen, Argental, BERTSCH (STU-K); bei Sackhof, BRIELM. in DÖRR (1975); 8225/3: beim Bahnhof Ratzenried a. d. Argen, 1910, BERTSCH (STU); Auwald a. d. Unteren Argen unterh. Praßberg, 1952, BRIELMAIER (STU); Auwald im Argental bei Rempen, 1958, BRIELMAIER (STU); „Sandholz" bei Dürren, bei Deutelsau, im „Ahegg" und im „Gsäßholz" bei Argenbühl-Ratzenried, BRIELM. in DÖRR (1975); 8225/4: bei Enkenhofen, bei Ried, bei Ober- und Unterhaprechts im Argental, BERTSCH (STU-K); bei Au und bei Stiel im Argental, BRIELM. in DÖRR (1975); 8226/1: Schmidsfelden, Eschachtal, BERTSCH (STU-K); 8226/3: Neutrauchburg, 1911, BERTSCH (STU); Riedmüllerholz bei Neutrauchburg, BRIELM. in DÖRR (1975); 8226/4: Schwarzer Grat, Osthang, bei 1000 Meter ü. NN., 1911, BERTSCH (STU); Adelegg, Eisenbacher Tobel, 1905, BERTSCH (STU); Adelegg, Rohrdorfer Tobel, 1911, BERTSCH (STU); Adelegg, Schleifer Tobel, 1961, KNAUSS (STU); 8324/1: Engelitz, 1917, BERTSCH (STU); 8324/2: Kernaten, BERTSCH (1914); Nierazbad, a. d. Unteren Argen, 1912, BERTSCH (STU); Hugelisau, a. d. Argen, 1937, BERTSCH (STU); Schomburg sowie zw. Primisweiler und Pflegel-

berg, BRIELM. in DÖRR (1975); 8325/2: Eglofs, 1911, BERTSCH (STU); 8326/1: Rotenbach, an der Unteren Argen, 1913, BERTSCH (STU); Isny, Argental, BERTSCH (STU-K); Argen-Auen oberh. Isny, BRIELM. in DÖRR (1975); 8326/2: Wenger Alpe bei Isny, 1963, SEBALD (STU); am Raggenhorn, DÖRR (1975); 8326/3: Riedholzer Wasserfälle, Obere Argen, 1911, BERTSCH (STU).

Bestand und Bedrohung: In Baden-Württemberg gehört *V. biflora* zu den seltenen Veilchen-Arten, da es nahezu auf den äußersten Südosten des Landes beschränkt ist. Am Oberlauf der Unteren Argen, an der Oberen Argen und in der Adelegg verfügt es über eine Vielzahl von Wuchsorten in nicht oder nur wenig gefährdeten Biotopen. Anhaltspunkte für einen Rückgang der Art in den letzten Jahrzehnten liegen nicht vor, so daß *V. biflora* nicht zu den gefährdeten Arten gerechnet werden muß.

Literatur: BERTSCH, K. (1914).

4. Viola palustris L. 1753
Sumpf-Veilchen

Morphologie: Rosettenstaude mit dünnem, kriechendem Wurzelstock, der Ausläufer treibt. Blätter zu 3–4(–6), alle grundständig, im Umriß rundlich oder nierenförmig, breiter als lang oder höchstens so lang wie breit (L/B = 0,75–1), zur Blütezeit 2–3,5 cm, im Sommer 3–4,5 cm lang, am Grunde tief ausgebuchtet, vorne abgerundet, selten kurz zugespitzt (Sommerblätter!), entfernt und schwach ge-

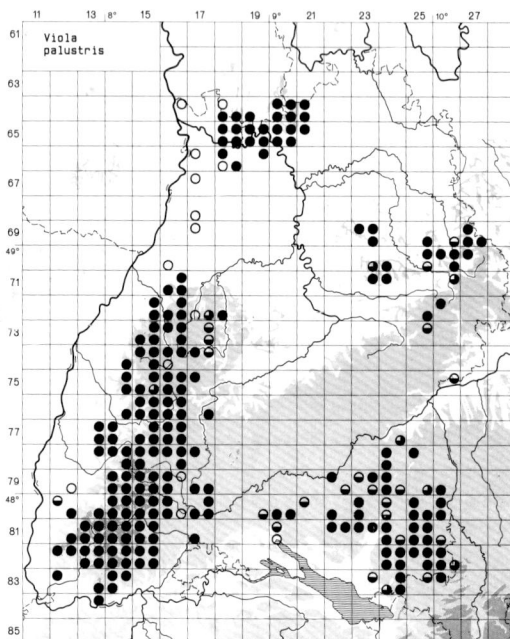

Viola palustris

kerbt, kahl, gelblichgrün. Blattstiele im Frühjahr bis 6 cm, im Sommer bis 10 cm lang. Nebenblätter bis 1 cm lang, länglich-eiförmig (L/B = 2–3), ganzrandig oder mit kurzen Fransen. Blütenstiele 3–8 cm lang, die Vorblätter in oder unterhalb der Mitte tragend. Blüten 1,2–1,8 cm lang, ohne Duft. Kelchblätter stumpf. Kronblätter verkehrt-eiförmig, blau-violett bis blaß rötlich-lila, die beiden seitlichen Kr. schräg abwärts gerichtet, das unterste Kr. mit dem Sporn 10–14 mm lang. Sporn etwa 3 mm lang, ± gerade oder etwas aufwärts gebogen, 1,5mal so lang wie die Kelchblattanhängsel, wie die Krone gefärbt. Narbe schief scheibenförmig, am unteren Rand mit vorgestreckter Röhre. Fruchtstiele aufrecht, an der Spitze hakig. Frucht ca. 5 mm lang, spitz, kahl, auf aufrechtem Stiel.

Biologie: Blütezeit Mai bis Juni. Kleistogame Blüten kommen vor. Die Samenverbreitung erfolgt offenbar vorwiegend durch den Schleudermechanismus (vgl. Gams 1925).

Ökologie: Auf feuchten bis nassen, mäßig basenreichen bis basenarmen, schwach sauren bis sauren, ± nährstoffarmen, torfigen Böden in Niedermoor- und Übergangsmoorkomplexen (im Hochmoor fehlend!), in Schwingdeckenufern von Moorseen und Moorweihern. In humiden Silikatgebieten (z.B. im Schwarzwald) erscheint *V. palustris* recht häufig auf anmoorigen Böden in Gräben und in Quellfluren. Das Sumpf-Veilchen gedeiht vorwiegend in Braun-Seggenmooren und in Faden-Seggenmooren (Caricion fuscae- und Caricion lasiocarpae-Ges.) sowie in Waldbinsen-Sümpfen (Juncion acutiflori). Außerdem ist es als Halbschatt-Lichtpflanze in Birken-, Weiden- und in lichten Erlenbruchgebüschen (Alnetea glut.-Ges.) nicht selten. Vegetationsaufnahmen liegen u.a. von J. & M. Bartsch (1940: Tab. 10), von B. u. K. Dierssen (1984: mehr. Tab.) und von A. Schwabe (1987: mehr. Tab.) vor.

Allgemeine Verbreitung: Westliches Eurasien, NW-Afrika, nordöstl. Nordamerika und Grönland; eurasisches Hauptareal von NW-Spanien, der Bretagne, den Britischen Inseln im Westen bis zum Ural im Osten reichend. Nordgrenze in Südgrönland, in Island und am Nordkap (bei 71° n. Br.). Im Mittelmeerraum nur in den Gebirgen (z.B. im Atlas, im Apennin und im Balkan-Geb.).

Verbreitung in Baden-Württemberg: Das Sumpf-Veilchen zeigt eine enge Bindung an Naturräume, die Moore beherbergen oder in denen wenigstens nährstoffarme Feucht- und Naßwiesen und/oder Schwingrasenverlandungen an Ufern nährstoffarmer Stillgewässer vorkommen. Es ist weitgehend auf den Schwarzwald, auf die Baar, hier z.B. im

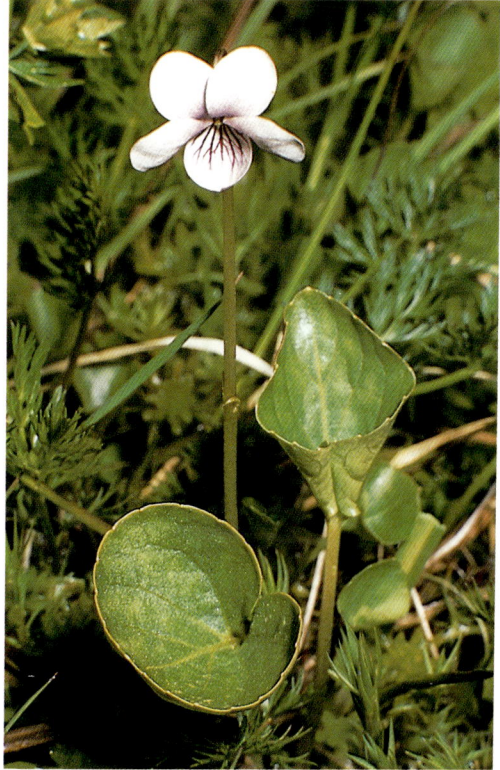

Sumpf-Veilchen *(Viola palustris)* Feldberg, 1986

Schwenninger Ried (7917/3), im Birkenried (8017/4) und im Zollhausried (8117/3), auf das Alpenvorland (hier besonders im Westallgäuer Hügelland verbreitet), auf den Odenwald und auf die württembergischen Keupergebiete (hier besonders im Schwäbisch-Fränkischen-Wald verbreitet) beschränkt. Den kalkreichen, an Feuchtgebieten armen Naturräumen wie der Schwäbischen Alb, den Muschelkalk- und den Lößgebieten der Nekkar-Tauber-Gäuplatten fehlt das Sumpf-Veilchen nahezu vollständig.

Früher kam *V. palustris* im Oberrheingebiet in Mooren über Schwarzwald-Alluvionen (z.B. im Bereich der Kinzig-Murg-Rinne und in der Freiburger Bucht) vor; neuere Bestätigungen fehlen aus diesem Raum.

Der tiefstgelegene Wuchsort befand sich in Moorflächen bei Sandtorf (6416/2) bei ca. 95 m. Vom Feldberg-Gebiet wird *V. palustris* aus einer Höhe von 1365 m angegeben (vgl. B. u. K. Dierssen 1984).

Ältester literarischer Nachweis: Roth von Schreckenstein (1799: 45): um den Bodensee.

Fundorte in Baden-Württemberg außerhalb der heutigen Hauptverbreitungsgebiete:
Oberrheingebiet: 6416/2: Sandtorf, SCHMIDT (1857); 6617/1: Brühl, SCHMIDT (1857); 6618/3: St. Ilgen, SCHMIDT (1857); 6717/1: Waghäusel, SCHMIDT (1857); 6817/3: zw. Untergrombach u. Bruchsal, BONNET (1887); 6917/1: zw. Untergrombach u. Büchenau, BONNET (1887); 7016/3 (?): Ettlingen, Albtal, DÖLL (1862), KNEUCKER (1886); 7912/4: Mooswald bei Freiburg-Lehen, SPENNER (1829); 8012/1: Mooswald bei Tiengen, NEUBERGER (1912).
Donautal unterhalb von Ulm: 7526/2 (?): Langenauer Ried, KIRCHNER u. EICHLER (1913).

Bestand und Bedrohung: *V. palustris* gehört nicht zu den bedrohten Moorpflanzen Baden-Württembergs. In seinen Hauptverbreitungsgebieten Schwarzwald, Alpenvorland (insb. Westallgäuer Hügelland), Odenwald und Schwäbisch-Fränkischer-Wald geht das Sumpf-Veilchen nicht oder nur geringfügig zurück. In diesen Naturräumen besitzt es eine große Anzahl ungefährdeter Wuchsorte in Naturschutzgebieten. Insbesondere im Schwarzwald besiedelt es häufig nährstoffarme und nasse Gräben entlang von Forststraßen und scheint dort zumindest regional vom Menschen gefördert zu werden. Im südlichen Alpenvorland breitet es sich auf brachgefallenen, sich vermoosenden Streuwiesen aus. Im nördlichen Alpenvorland ist *V. palustris* infolge der Verluste zahlreicher Moore in den letzten Jahrzehnten seltener geworden. Verschwunden ist die Art im Oberrheingebiet, wo es im 19. Jahrhundert noch einige Wuchsorte besaß. Mahd verträgt *V. palustris* ab Anfang August (SCHIEFER).

5. Viola hirta L. 1753
Rauhhaariges Veilchen, Rauhhaar-Veilchen

Morphologie: Rosettenstaude ohne Ausläufer. Sprosse dicht kurz abstehend behaart, hell trübgrün. Blätter alle grundständig, im Umriß herzeiförmig, dreieckig-eiförmig bis länglich-eiförmig, meist deutlich länger als breit, zur Blütezeit 2–4,5 cm, im Sommer bis 9 cm lang, am Grunde schwach herzförmig, mit seichter breiter Bucht (vgl. Abb.), vorne spitz, am Rande fein und regelmäßig gekerbt, beiderseits ± behaart, grasgrün. Blattstiele im Frühjahr bis 8 cm lang, im Sommer bis 20 cm lang. Nebenblätter bis 1,5 cm lang und 3 mm breit, ganzrandig oder kurz gefranst, Fransen kürzer als die Breite der Nebenblätter. Blütenstiele 3–10 cm lang, die Vorblätter unterhalb der Mitte tragend. Blüten 1,2–2,2 cm lang, ohne Duft. Kronblätter länglich verkehrt-eiförmig, alle ausgerandet, meist hell blauviolett, am Grunde weiß, selten dunkelviolett oder weiß, die beiden seitlichen Kr. schräg abwärts gerichtet, das untere Kr. mit dem Sporn

12–18 mm lang. Sporn 3–5 mm lang, ziemlich dünn, an der Spitze hakig umgebogen oder gerade, 2–3mal so lang wie die Kelchblattanhängsel, rötlichviolett (tiefer gefärbt als die Kr.). Narbe hakig umgebogen, schnabelförmig. Kapsel bis 0,75 cm lang, kugelig, behaart.

Biologie: Blütezeit April bis Mai. Meist erfolgt Selbstbestäubung (Kleistogamie), die chasmogamen Blüten sind meist unfruchtbar. Schleuder- und Ameisenverbreitung (Myrmekochorie) herrschen vor.

Ökologie: Auf trockenen bis frischen, mäßig nährstoffreichen, basenreichen (meist kalkhaltigen), humosen Lehmböden an besonnten und an halbschattigen Stellen. Tiefwurzler. Bevorzugte Wuchsorte sind lichte Kiefernwälder (u.a. in Cytiso-Pinion-Ges.) und lichte Eichenmischwälder (z.B. in Quercion pubescenti-petraeae-Ges.), Waldränder und Waldlichtungen, lichte und warme Gebüsche (Berberidion-Ges.), warme Säume (z.B. in Geranion sanguinei-Ges.) und Böschungen. Darüber hinaus kommt *V. hirta* in Magerwiesen vor, wie z.B. in verschiedenen Mesobromion-Gesellschaften und in trockenen, basenreichen Pfeifengraswiesen (Cirsio tuberosi-Molinietum). Vegetationsaufnahmen liegen u.a. vor von OBERDORFER (1949: Tab. 11), LANG (1973: mehr. Tab.) und WITSCHEL (1980: mehr. Tab.).

Allgemeine Verbreitung: Westliches Eurasien; Südwest- und Westgrenze in Kantabrien, in West-

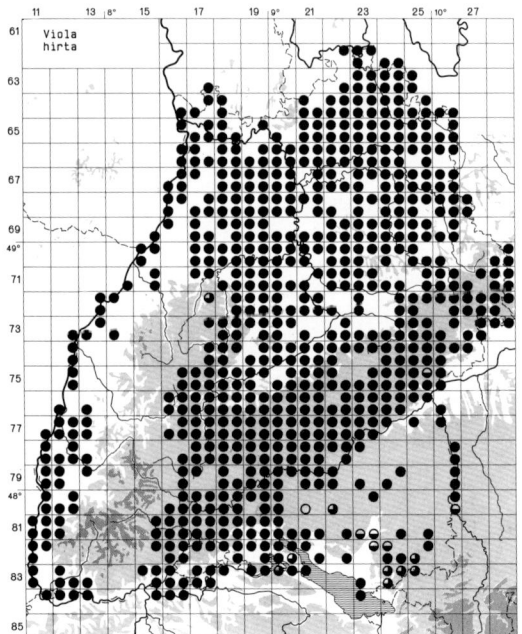

Viola hirta

78

Rauhhaariges Veilchen *(Viola hirta)*
Merdingen, Tuniberg

Frankreich und auf den Brit. Inseln, Ostgrenze in Westsibirien am Jenissei. Die Nordgrenze verläuft durch Südskandinavien, Mittelrußland und Südwest-Sibirien zw. 55° und 60° n.Br., Südgrenze in Gebirgen Süditaliens und Nordgriechenlands.

Verbreitung in Baden-Württemberg: Hauptverbreitungsgebiete sind die Schwäbische Alb, die Vorbergzone des südlichen Oberrheingebietes, die Muschelkalk- und Lößflächen vom Wutach-Gebiet bis zum Tauber-Main-Gebiet. Darüber hinaus ist die Art in der mittleren und in der nördlichen Oberrheinebene im Bereich kalkreicher Rhein-Alluvionen nicht selten; recht verbreitet ist *V. hirta* außerdem in den Jungmoränengebieten des Alpenvorlandes und entlang der Iller.

Verbreitungslücken sind in den kalkarmen Altmoränengebieten des Alpenvorlandes und in den Sandsteingebieten des württembergischen Keupers vorhanden. Im Schwarzwald fehlt *V. hirta* über weite Strecken.

Die Höhenverbreitung reicht von ca. 90 m in Rheinwäldern bei Mannheim bis ca. 1010 m (K. & F. BERTSCH 1933) in den Gipfellagen der Hohen Schwabenalb.

Ältester fossiler Nachweis: Frühes Subboreal von Ravensburg (BERTSCH 1956). Ältester literarischer Nachweis: J. BAUHIN (1589: 192): Umgebung von Bad Boll (7323).

Bestand und Bedrohung: In seinen Hauptverbreitungsgebieten gehört *V. hirta* zu den mäßig häufigen Arten. Die Wuchsorte von *V. hirta* sind großenteils nur geringfügig oder gar nicht bedroht. Durch vollständiges Verbuschen oder durch Aufdüngen von Säumen kann *V. hirta* verschwinden. Die Art verträgt nach SCHIEFER höchstens einmalige Mahd im Spätsommer/Herbst und ist empfindlich gegen Brennen. Sie gehört nicht zu den gefährdeten Arten.

Bastarde: Nach Herbarbelegen (STU, KR) mit *V. alba*, *V. collina* und *V. odorata*.

6. Viola collina Besser 1816
Hügel-Veilchen, Oster-Veilchen

Morphologie: Rosettenstaude ohne Ausläufer. Sprosse dicht-, weiß- und weichhaarig. Blätter alle grundständig, im Umriß rundlich-eiförmig oder oval-eiförmig, so breit wie lang oder deutlich länger als breit, zur Blütezeit 1,5–3,5 cm, im Sommer bis 8 cm lang, am Grunde deutlich herzförmig mit tiefer, enger Bucht (vgl. Abb.), vorne ± stumpflich bis abgerundet, im Frühjahr unterseits ± dicht wollig behaart, im Sommer oft nur noch ± locker behaart. Blattstiele im Frühjahr meist 2–6 cm lang, im Sommer bis 12 cm lang. Nebenblätter bis 1,5 cm lang und 3 mm breit, reich gefranst. Fransen etwa so lang wie die Breite der Nebenblätter. Blütenstiele 3–7 cm lang, die Vorblätter in oder oberhalb der Mitte tragend. Blüten 1–1,5 cm lang, wohlriechend. Kronblätter schmal verkehrt-eiförmig, hellviolett, bisweilen auch weißlich, die beiden seitlich Kr. schräg abwärts gerichtet, das unterste Kr. ausgerandet, mit dem Sporn 10–15 mm lang. Sporn nur ± 3 mm lang, etwas aufwärts gebogen, 2–3mal so lang wie die Kelchblattanhängsel, weißlich, viel

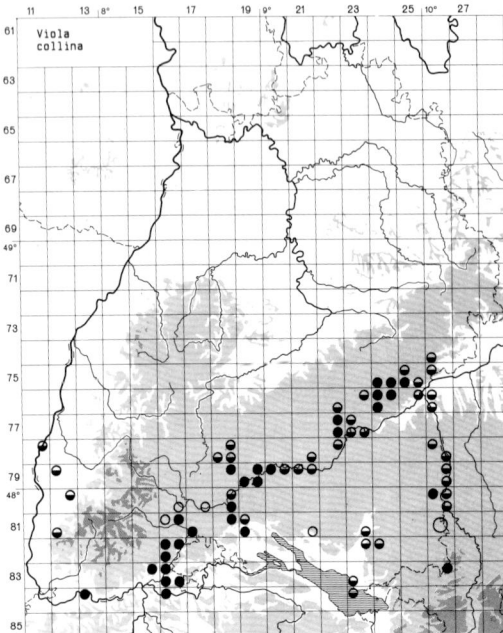

heller gefärbt als die Kr., Narbe hakig umgebogen, schnabelförmig. Kapsel 0,75 cm lang, kugelig, behaart.

Biologie: Blütezeit März bis Mitte Mai. Die Ameisenverbreitung ist bei *V. collina* besonders ausgeprägt (GAMS 1925).

Ökologie: Auf trockenen bis mäßig frischen, basenreichen, meist kalkhaltigen, nur ± mäßig nährstoffreichen, häufig steinigen Lehmböden über Jurakalken, Muschelkalken (Alb-Wutach-Gebiet), Lößen (Oberrheingebiet) und Flußschottern (Illertal). Halbschatt-(Licht)pflanze v.a. in lichten Wäldern und in besonnten Innenwaldsäumen. In seinem standörtlichen Verhalten bewegt sich das Hügel-Veilchen (gilt v.a. für den Lichtbedarf und die Trockenheit des Standorts) zwischen *V. mirabilis* und *V. hirta*, die gemeinsam mit *V. collina* in denselben Naturräumen vorkommen. Im südlichen Jura und im Alb-Wutach-Gebiet ist *V. collina* besonders charakteristisch für lichte Stellen in trockenen Kalk-Buchenwäldern (Carici-Fagetum), außerdem für lichte Eichenwälder (Quercion pubescenti-petraeae-Ges.) und trockene Kiefernwälder (Cytiso-Pinetum). Bereits am Rande ihrer ökologischen Amplitude bewegt sich *V. collina* in thermophilen Saumgesellschaften (Geranion sanguinei-Ges.).

Allgemeine Verbreitung: Eurasien. Verbreitungsgebiet stark zersplittert mit absoluter Westgrenze in den Westalpen, im Ober- und Mittelrheingebiet. In Mitteleuropa v.a. im südlichen Jura, südlich der Donau auf der schwäbisch-bayerischen Hochebene, im Magdeburger und im böhmischen Trockengebiet, in Galizien und in Westpreußen verbreitet. Europäisches Hauptareal in Mittelrußland von den baltischen Ländern im Westen bis zur Wolga im Osten. Europäische Südgrenze in der Po-Ebene und in Süd-Rumänien, europ. Nordgrenze in Mittelnorwegen bei 63° n. Br. In Zentralasien nur ± isolierte Einzelvorkommen. In Ostasien (Mandschurei, Korea, Japan) existieren mehrere Teilareale.

Verbreitung in Baden-Württemberg: Die Art befindet sich in Baden-Württemberg an der westlichen Arealgrenze, die durch das Oberrheingebiet verläuft. Im Bereich der Vorbergzone des südlichen Oberrheingebietes werden vier Fundorte angegeben. SLEUMER (1934) hält nur das Vorkommen zwischen Wasenweiler und Vogtsburg (7912/1) im Kaiserstuhl für sicher dokumentiert. Ein von POEVERLEIN 1909 gesammelter Beleg wurde von dem Veilchen-Spezialisten W. BECKER als „rein" gewertet. Bei den Vorkommen an der Limburg (7811/2), am Schönberg (8012/2) und bei Oberweiler (8112/3) vermutet SLEUMER hybridogene Einflüsse von *V. hirta*.

Hügel-Veilchen *(Viola collina)*
Tiefental bei Blaubeuren, 1977

Seine Hauptverbreitungsgebiete besitzt das Hügel-Veilchen in der südlichen Schwäbischen Alb mit größter Verbreitungsdichte im Donautal zwischen Mühlheim (7919/3) und Sigmaringen (7921/1), im Muschelkalk des Alb-Wutach-Gebietes, im Jura des Hochrheingebietes, hier z. B. am Küssaberg (8316/3 u. 8416/1) und im Illertal. Lediglich im Bereich der Hohen Schwabenalb (z. B. am Lemberg und am Oberhohenberg) stößt das Hügel-Veilchen in die Nordhälfte der Schwäbischen Alb vor. Darüber hinaus kommt *V. collina* sehr zerstreut im südlichen Alpenvorland (z. B. an der Unteren Argen, im Schussenbecken und in dessen Seitentälern) und im nördlichen Hegau (z. B. in Wäldern bei der Burg Langenstein (8119/3)) vor.

Die Höhenverbreitung erstreckt sich von ca. 270 m an der Limburg (7811/2) bis über 980 m am Lemberg (7818/2) nach Angaben von K. u. F. BERTSCH (1948).

Ältester literarischer Nachweis: LECHLER (1844: 22–23): „ziemlich häufig bei Ober- und Unterwilsingen.

Fundorte ohne Schwäbische Alb, Alb-Wutach-Gebiet, östl. Hochrhein und Illertal:
Oberrheingebiet: 7811/2: Limburg, NEUBERGER (1912), nach SLEUMER (1934) mit Einhybr. von *V. hirta*; 7912/1: zw. Wasenweiler und Vogtsburg im Kaiserstuhl, 1909, leg. POEVERLEIN, det. BECKER, in SLEUMER (1934); 8012/2: Schönberg, NEUBERGER (1912), n. SLEUMER m. Einhyb. v. *V. hirta*; 8112/3: Oberweiler, NEUBERGER (1912), n. SLEUMER m. Einhyb. v. *V. hirta*.
Westliches Hochrheingebiet: 8413/1: etwa 1 km östl. von Schwörstadt a. d. Straße im Bereich Letten, ev. Einhybr. v. *V. hirta*; 1987, QUINGER (KR);
Alpenvorland (außer Illertal): 8121/4: Heiligenberg, JACK (1900); 8123/4: Weingarten, BERTSCH (STU-K); 8223/2:

Ravensburg, a.d. Veitsburg, 1913, BERTSCH (STU); 8224/1: Lausental zw. Weingarten und Schlier, 1903, BERTSCH (STU); 8323/3: unteres Argental bei Oberdorf, 1922, BERTSCH (STU); Schussenufer bei Wolfzennen, BERTSCH (STU-K); 8326/2: Michelstobel bei Wehrlang (Adelegg), DÖRR (1975); 8423/1: Langenargen, Bodenseemündung d. Argen, 1908, BERTSCH (STU); Bodenseeufer bei Tunau, 1912, BERTSCH (STU).

Bestand und Bedrohung: *V. collina* besitzt in Baden-Württemberg nur ein eng begrenztes Areal und kann daher bereits zu den seltenen Veilchen-Arten gerechnet werden. In seinen Hauptverbreitungsgebieten, der südlichen Schwäbischen Alb und dem Alb-Wutach-Gebiet tritt es jedoch örtlich in großer Dichte auf und gedeiht überwiegend in Pflanzenbeständen, die nicht oder wenig gefährdet sind. Da die Art insbesondere im vegetativen Zustand häufig übersehen wird, dürfte sich die Mehrzahl der BERTSCHschen Angaben (1908 u. 1914) aus der südlichen Schwäbischen Alb bei gezielter Nachsuche bestätigen lassen. Eine ausgeprägte Rückgangstendenz, wie sie der Betrachter der Verbreitungskarte vermuten könnte, liegt bei *V. collina* nicht vor. Die Berücksichtigung auf der Roten Liste erscheint vorläufig als nicht erforderlich. Schonenswert sind Vorkommen von *V. collina* im Westallgäuer Hügelland und v.a. im südlichen Oberrheingebiet, wo die Arealgrenze der Art verläuft. Aus beiden Naturräumen fehlen Bestätigungen aus der Zeit nach dem Zweiten Weltkrieg.

Bastarde: Nach Herbarbelegen (STU, KR) in Baden-Württemberg mit *V. hirta* und *V. odorata*. Der Bastard *V. collina × hirta* ist in den Verbreitungsgebieten von *V. collina* sehr häufig!

Literatur: BERTSCH, K. (1908); BERTSCH, K. (1914).

7. Viola odorata L. 1753
Wohlriechendes Veilchen, März-Veilchen

Morphologie: Rosettenstaude mit 10 bis über 20 cm langen, oberirdischen, sich bewurzelnden Ausläufern. Sprosse zerstreut anliegend kurzhaarig bis fast kahl. Blätter alle grundständig, im Umriß ± rundlich, nierenförmig oder breiteiförmig, fast ebenso breit wie lang (L/B = 0,8–1,2), zur Blütezeit 2–4 cm, im Sommer bis 8 cm lang, am Grunde tief ausgebuchtet, vorne abgerundet, am Rande ± fein und regelmäßig gekerbt, unterseits ± glänzend. Blattstiele länger als die Spreiten. Nebenblätter bis 1,5 cm lang, 3–4 mm breit, lanzettlich, ganzrandig oder kurz gefranst. Blütenstiele 3–7 cm lang, die Vorblätter in oder über der Mitte tragend. Blüten 1–2 cm lang, wohlriechend, Kelchblätter stumpf. Kronblätter länglich verkehrt-eiförmig, dunkel pur-

Wohlriechendes Veilchen *(Viola odorata)*
Rheinaue bei Wasser

purviolett, die beiden seitlichen Kr. schräg abwärts gerichtet, das unterste Kr. mit dem Sporn 12–18 mm lang. Sporn 5–7 mm lang, 2–3mal so lang wie die Kelchblattanhängsel, wie die Kronblätter gefärbt. Narbe hakig umgebogen, schnabelförmig. Fruchtstiele niederliegend, gerade. Kapsel bis 0,8 cm lang, kugelig, behaart.

Biologie: Blütezeit März bis April. Blütenbesuch der chasmogamen Blüten erfolgt durch Apiden, Bombyliden, Rhopaleceren. Verbreitung durch Ameisen (Myrmekochorie), auch endozooische Verbreitung durch Eidechsen (Saurochorie) kommt vor. Die Samen keimen sehr langsam, die gezielte Vermehrung (Gärtnerei) erfolgt daher durch Ableger (vgl. Gams 1925).

Ökologie: Auf frischen bis mäßig feuchten, (mäßig) basenreichen, nährstoffreichen, humosen Lehmböden an halbschattigen oder schattigen Stellen. Charakteristische Wuchsorte von *V. odorata* sind Bach-Auen, Waldränder, Hecken und Gebüsche, zumeist jedoch nur in der näheren Umgebung von Städten und Dörfern, wo die Art vielerorts ± fest eingebürgert, aber wohl nur ausnahmsweise (s. u.) ursprünglich ist. Ebenfalls verwildert ist die Art häufig in Stadt-, Park- und Gartenanlagen oder in Kirchhöfen anzutreffen. Gilt als Glechometalia-Charakterart und kommt z. B. in Alliarion-Gesellschaften vor. Synoptische Vegetationstabellen liegen von Görs u. Th. Müller (1969) vor.

Allgemeine Verbreitung: Ursprünglich wohl mediterran-submediterrane Pflanze mit Verbreitung im Mittelmeerraum und Teilarealen in Südwest-Asien (Libanon, Kurdistan, Kaukasus). Als Archäo- oder Neophyt in fast ganz Westeuropa, in ganz Mitteleuropa, im südlichen Nordeuropa (in Schweden bis 62° n. Br.) und im westlichen Osteuropa (Ukraine, Weißrußland) verbreitet und fest eingebürgert.

Verbreitung in Baden-Württemberg: Die Verbreitungskarte gibt die tatsächliche Verbreitung nur in groben Zügen wieder: Das Wohlriechende Veilchen ist in den tiefgelegenen und warmen Landesteilen ± allgemein verbreitet (z. B. im Unteren Neckarland, im Taubergebiet, im Kraichgau und im Oberrheingebiet). In den klimatisch weniger begünstigten höheren Lagen (über 700 m ü. NN) der Mittelgebirge (z. B. der Schwäbischen Alb) und des Alpenvorlandes kommt die Art nur ± zerstreut vor oder fehlt sogar im verwilderten Zustand wie z. B. in den höheren Lagen des Schwarzwaldes. Ursprüngliche Vorkommen von *V. odorata* vermutet GAMS (1926) in Südwest-Deutschland nur im Oberrheingebiet.

Nach K. u. F. BERTSCH (1948) kommt *V. odorata* auf der Schwäbischen Alb bis in 900 m Höhe vor.

Ältester literarischer Nachweis: J. BAUHIN (1598: 192): Umgebung von Bad Boll (7323).

Bestand und Bedrohung: In weiten Landesteilen häufige, vom Menschen geförderte Art.

Bastarde: Nach Herbarbelegen (STU, KR) in Baden-Württemberg mit *V. alba, V. collina* und *V. hirta.*

8. Viola alba Besser 1809
Weißes Veilchen

Morphologie: Rosettenstaude mit 5–20 cm langen, oberirdischen, sich nicht bewurzelnden Ausläufern, die gewöhnlich im ersten Jahr blühen. Sprosse mit weißen, rauhen, abstehenden Haaren besetzt. Blätter alle grundständig, zur Blütezeit 2–5 cm lang, zur Fruchtzeit bis über 10 cm lang (L/B = 1–1,5), rundlich-eiförmig bis dreieckig-eiförmig, am Grunde herzförmig ± tief ausgerandet, vorne spitz, dunkelgrün oder gelblichgrün, behaart oder kahl. Blattstiele länger als die Blattspreiten. Nebenblätter bis 1,5 cm lang und 2 mm breit, lineal-lanzettlich, am Rande lang gefranst. Blütenstiele 3–7 cm lang, die Vorblätter in oder über der Mitte tragend. Blüten 1–2 cm lang, wohlriechend, Kelchblätter stumpf. Kronblätter verkehrt-eiförmig, abgerundet, weiß, gelblichweiß oder grünlichweiß, die beiden seitlichen Kr. schräg abwärts gerichtet, das unterste Kr. mit dem Sporn bis 18 mm lang. Sporn 4–6 mm lang, 3–4mal so lang wie die Kelchblattanhängsel, in der Farbe wie die Kronblätter oder violett gefärbt. Narbe hakig umgebogen, schnabelförmig. Fruchtstiele niederliegend, gerade. Kapsel kugelig, deutlich behaart.

Biologie: Blütezeit März bis April. Kleistogame Blüten kommen vor.

Ökologie: Auf mäßig trockenen, (mäßig) nährstoffreichen, ± basenreichen, meist kalkhaltigen Lehm-

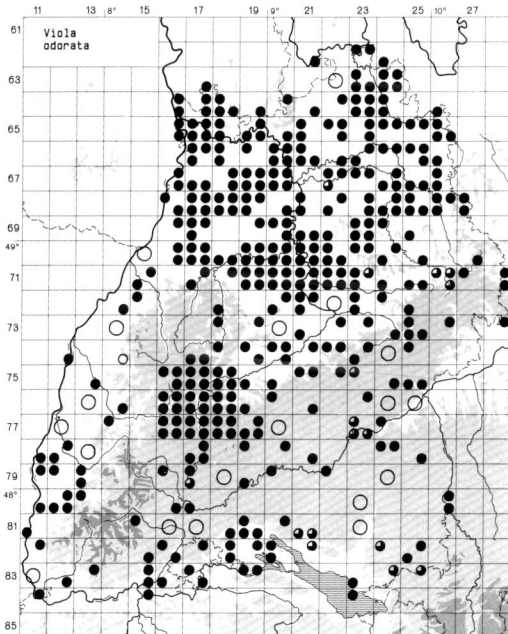

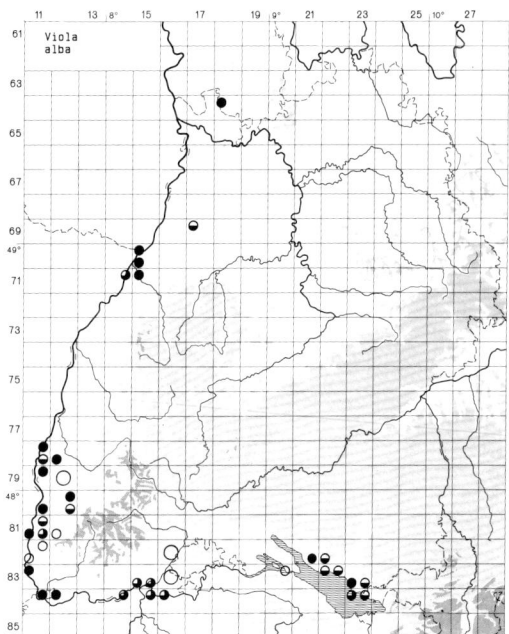

Weißes Veilchen *(Viola alba)*
Schönberg

böden in ± sommerwarmen und wintermilden Lagen. *V. alba* ist eine Halbschatt-Pflanze an Waldrändern, in Innenwaldsäumen, in lichten Laubwäldern und Gebüschen. Die Mehrzahl der Vorkommen des Weißen Veilchens in Baden-Württemberg befindet sich in Hainbuchenwäldern (Galio-Carpinetum) warmer Hänge und austrocknender, ehemaliger Auen-Standorte (z. B. in den Grundwasserabsenkungsgebieten der Markgräfler Rheinebene südlich von Breisach). Darüber hinaus kommt *V. alba* an den Rändern von trockenen Kalk-Buchenwäldern (Carici-Fagetum) und in thermophilen Eichenwäldern (Quercion pubescenti-petraeae-Ges.) vor. Gefördert wird *V. alba* offensichtlich durch Störungen. Es gedeiht gerne an Wegrändern und siedelt sich nicht selten auf den Böschungen am Rande von Forststraßen und an anderen ruderalisierten Stellen in Wäldern an. Vegetationsaufnahmen liegen von G. HÜGIN (1979: Tab. 2, 5) vor.

Allgemeine Verbreitung: Nordafrika, Europa und Südwest-Asien. Hauptareal im nördlichen Mittelmeerraum (NO-Spanien, Süd-Frankreich, Italien, Jugoslawien, Nordgriechenland), nach Norden bis ins Oberrheingebiet und von der Balkan-Halbinsel bis nach Niederösterreich reichend. Zwischen der südwestdeutschen und der niederösterreichischen Arealgrenze gibt es im bayerischen Alpenvorland nur einzelne Wuchsorte. Ein völlig isoliertes Einzelvorkommen existiert in Öland bei 63° n. Br. Ausgedehnte Teilareale in Nordafrika (algerische Küste), in Transkaukasien und in der südlichen Türkei.

Verbreitung in Baden-Württemberg: Das Weiße Veilchen erreicht in Baden-Württemberg die Nordgrenze seines Hauptareals. Es kommt nur ± zerstreut in der Markgräfler Rheinebene, in den Vorbergen des südlichen Oberrheingebietes wie z. B. am Schönberg (8012/2), im Kaiserstuhl, im östlichen Hochrheingebiet zwischen Albbruck (8414/2) und

Lienheim (8416/1), im Bereich der Unteren Wutach und im Bodenseeraum vor. In der mittelbadischen Rheinebene existieren einige Wuchsorte zwischen Rastatt und Oberwald bei Au a. R. (7015/1). Zwei isolierte Einzelvorkommen sind in Nordwest-Baden am Michelsberg (6917/1) bei Bruchsal und nördlich von Nächstenbach (6418/1) bekannt geworden.

Die Höhenverbreitung von *V. alba* erstreckt sich von ca. 110 m bei Würmersheim bis ca. 450 m bei Laimnau (8323/4). Eine Verbreitungskarte für den südwestdeutschen Raum veröffentlichte K. BERTSCH (1940).

Ältester literarischer Nachweis: DÖLL (1862: 1258): „bei Waldshut an einer Hecke links am Wege zwischen dem Bahnhof und dem Ganter'schen Steinbruch von mir 1860 und am Schönberg von SCHILDKNECHT entdeckt".

Nord- und Mittelbaden: 6418/1: Nächstenbach; 1980, noch vorhanden, HELD (STU); 6917/1: Michelsberg, im Mesobrometum, OBERDORFER (1936); 7015/1: Oberwald bei Au, BRETTAR in PHILIPPI (1971); 7015/3: zw. Steinmauern u. Illingen, BRETTAR in PHILIPPI (1971); Rottlichwäldchen zw. Au a. Rhein und Würmersheim, 1906, 1984 noch vorh., KNEUCKER (KR), QUINGER (KR-K); 7114/2: östl. Wintersdorf, spärlich, PHILIPPI (1971); 7115/1: Brufert, südl. Steinmauern, reichlich und am Gedenkstein bei Rastatt, PHILIPPI (1971).
Südliches Oberrheingebiet: 7811/2: Limburg bei Sasbach, noch aktuell 1984, SLEUMER (1934), PHILIPPI (KR-K); 7811/4: Sponeck, SLEUMER (1934); 7812/3: Katharinenberg bei Schelingen, 1986, M. KÜBLER-THOMAS (KR-K); Kiechlinsbergen, SLEUMER (1934); 7911/2: Schloßberg bei Achkarren, SLEUMER (1934); Schloßberg, westexponierter Hang, 1983, Hb. HARMS; Pfaffenlochberg, SLEUMER (1934); 8011/4: „Paradies" südl. Weinstetten, 1987, NEBEL (STU-K); 8012/2: Schönberg, 1985, P. THOMAS (KR-K); 8012/4: Ölberg, NEUBERGER (1912); 8111/2: Grissheim, SLEUMER (1935); 8111/3: Kreuzgrund nördlich Neuenburg, 1987, NEBEL (STU); 8111/4: Müllheim, KLEIN & SEUBERT (1905); Schwärze bei Müllheim, NEUBERGER (1912); Steinberg, um 1960, PHILIPPI (KR-K); 8112/3: Oberweiler, KLEIN u. SEUBERT (1905); 8211/2: Eichwald über dem Rheintal bei Lippburg, KNETSCH (1902); 8211/3: Rheinweiler, KLEIN u. SEUBERT (1905); 8311/1: Eichenbuschwald zw. Istein und Kleinkems, noch aktuell 1981, BRAUN-BLANQUET u. KOCH (1928), PHILIPPI (KR-K).
Hochrheingebiet: 8315/3: „Ibenkopf", „Schnitzinger Tal" und „Haspel", 8315/4: Vitibuck bei Tiengen; 8414/2: Rheinufer bei Albruck; 8415/2: Matzental bei Dangstetten; 8416/1: Rheinwald Reckingen-Lienheim; Wüstritte bei Lienheim; alle THOMMA (1972).
Bodenseeraum: 8222/3: Markdorf, an einem Waldrand bei Möggenweiler, LINDER (1907); 8320/2: Konstanz, am Waldrand oberh. des Kastells und am Wege nach Schwaderloh, JACK (1900); Reichenau, KLEIN u. SEUBERT (1905); 8322/1: Waldrand bei Spaltenstein unweit Fischbach, 1918, BERTSCH (STU); 8322/2: sonniger Waldrand bei Seemoos, 1918, BERTSCH (STU); Manzell, BERTSCH (STU-K); 8323/3: Wald bei Oberdorf, 1921, BERTSCH (STU); Ober-

dorf bei Tettnang, 1931, A. MAYER (STU); Bodenseeufer zw. Friedrichshafen u. Eriskirch, BERTSCH (STU-K); nahe der Kochermühle bei Betznau, DÖRR (1975); 8323/4: Gießenbrücke, 1935, K. MÜLLER (STU); Wiesen bei Laimnau, 1921, BERTSCH (STU); 8423/1: Tunau, BERTSCH (1914); im Eichertwald bei Tunau, 1963, Hb. SUTTER; 8423/2: Hemigkofen a. Bodensee (Waldrand b.d. Staatskiesgrube), 1913, BERTSCH (STU); Tunau/Bodensee, 1913, BERTSCH (STU); Gattnau, BERTSCH (1914).

Bestand und Bedrohung: Trotz seiner Seltenheit gehört *V. alba* anscheinend nicht zu den gefährdeten Arten. Aufgrund seines frühen Blühtermins dürften zahlreiche Vorkommen bei den floristischen Erhebungen übersehen worden sein und sich bei gezielter Nachsuche auffinden lassen. Ähnlich wie *V. collina* war das Weiße Veilchen in den letzten Jahrzehnten offenbar nur einem geringem Rückgang unterworfen. Ebenso wie das Hügel-Veilchen kommt auch *V. alba* vorwiegend in wenig oder nicht gefährdeten Wald-Biotopen vor; es wird zudem durch Ruderalisierungen wie sie z. B. durch die Anlage von Wegen u. dgl. erfolgen, begünstigt.

Wegen der Seltenheit der Art sollte jedoch auf die Erhaltung möglichst sämtlicher Vorkommen geachtet werden. Die Wuchsorte in Baden-Württemberg sind aus pflanzengeographischer Sicht besonders interessant, da sie die Nordgrenze des Hauptareals von *V. alba* (mit)bilden.

Variabilität: VALENTINE, MERXMÜLLER u. SCHMIDT (1968) unterscheiden bei *V. alba* 3 Unterarten, von denen 2 im Gebiet vorkommen:

a) subsp. **alba**
Morphologische Merkmale: Blätter und Kapseln hellgrün (ohne Anthozyane). Krone reinweiß mit gelblichgrünem Sporn.

Verbreitung: Offenbar im gesamten Areal von *V. alba* vorkommend. Vor allem im Norden (u. a. in Baden-Württemberg) die häufigste Unterart.

b) subsp. **scotophylla** (Jordan) Nyman 1878
Dunkelblättriges Weißes Veilchen
Morphologische Merkmale: Blätter und Kapseln dunkelgrün (Anthocyan-haltig). Krone weiß mit violettem Sporn. Möglicherweise beruhen die Farbmerkmale der Blätter und der Sporns auf Introgression von *V. hirta* (HESS, LANDOLT u. HIRZEL 1970).

Verbreitung: Hauptsächlich in SO-Europa vorkommende Unterart. Sie wurde erst wenige Male für Baden-Württemberg angegeben.

8311/1: Eichenbuschwald zw. Istein und Kleinkems, BRAUN-BLANQUET u. KOCH (1928); 8323/3: Kochermühle bei Betznau, DÖRR (1975).

Bastarde: Nach Herbarbelegen (STU, KR) in Baden-Württemberg mit *V. hirta* und mit *V. odorata.*
Literatur: BERTSCH, K. (1940).

9. Viola mirabilis L. 1753
Wunder-Veilchen, Mai-Veilchen

Morphologie: Rosettenstaude, mit 2–4 mm dikkem, stark verholztem Rhizom. Stengel erst zur Fruchtzeit ausgebildet, im Frühjahr zur Blütezeit der chasmogamen Blüten nicht vorhanden, bis über 20 cm lang, im allgemeinen 1reihig behaart, seltener fast ± kahl. Grundblätter im Umriß nieren- oder herzförmig, meist breiter als lang, selten auch etwas länger als breit (L/B = 0,7–1,1), zur Blütezeit der chasmogamen Blüten 2–4 cm, im Sommer meist 6–10 cm lang, am Grunde ausgebuchtet, vorne stumpflich oder kurz zugespitzt, am Rande flach gekerbt, beiderseits kahl oder an den Nerven und am Rande spärlich behaart, unterseits stark glänzend. Blattstiele der Grundblätter im Frühjahr 3–8 cm, im Sommer bis über 20 cm lang, 1reihig behaart oder kahl. Nebenblätter der Grundblätter breit-lanzettlich, bis 2 cm lang und 1 cm breit, weiß, die vorjährigen rotbraun, meist ohne Fransen, behaart oder kahl. Stengelblätter in der Form ähnlich wie die Grundblätter, kurz gestielt, erst im Sommer vorhanden. In den Achseln der oberen, fast sitzenden Stengelblätter befinden sich kleistogame Blüten. Blütenstiele der chasmogamen Blüten 5–10 cm lang, die lanzettlichen Vorblätter in oder oberhalb der Mitte tragend. Chasmogame Blüten 1,5–2,5 cm lang, stark und angenehm duftend. Kelchblätter lanzettlich, spitz, 8–15 mm lang. Kronblätter ver-

kehrt-eiförmig, hell-lila bis blaß-violett, am Grunde weiß, die beiden seitlichen Kr. schräg abwärts gerichtet, das unterste Kr. mit dem Sporn 15–22 mm lang. Sporn 3–7 mm lang, an der Spitze etwas aufwärtsgebogen, 2–3mal so lang wie die Kelchblattanhängsel, ± dicklich, grünlichweiß. Griffel kahl, an der Spitze kaum verdickt. Fruchtstiele aufrecht. Kapsel 0,75–1,3 cm lang, zugespitzt, kahl.

Biologie: Blütezeit April bis früher Juni (meist etwas später als *V. hirta*). Die chasmogamen Blüten sind meist unfruchtbar, die kleistogamen fertil. Im allgemeinen werden beide Blütentypen ausgebildet. Gewöhnlich erfolgt Ameisenverbreitung (Myrmekochorie).

Ökologie: Auf mäßig trockenen bis frischen, basenreichen, meist kalkreichen, ± nährstoffreichen, lehmigen Mullhumus-reichen Lehmböden, auch auf feinerdereichen Blockschuttböden über Jura-Kalken, Muschelkalken, Lößen, Geschiebemergeln (z. B. Jungmoräne im Westallgäuer Hügelland), seltener auch über Flußschottern und Flußkiesen (z. B. an der Wutach zw. Weizen und Stühlingen (8216/2). Als Schatt-Halbschattpflanze gedeiht das Wunder-Veilchen in lichten Laubwäldern und in den Innen-Säumen von schattigen Laubwäldern. In die Waldmäntel oder gar in die Säume dringt *V. mirabilis* im allgemeinen nicht ein (im Gegensatz zu *V. collina* und *V. riviniana*).

Auf der Schwäbischen Alb und im Alb-Wutach-Gebiet ist *V. mirabilis* hauptsächlich in ± lichten Kalk-Buchenwäldern (Carici-Fagetum, Lathyro-Fagetum, *Helleborus foetidus*-Fagetum bei Kuhn 1937), in wärmeliebenden, buchenarmen Laubmischwäldern aus Stiel-Eiche, Sommer-Linde und Hainbuche (vgl. Sebald 1983), außerdem über Blockschutt in Sommer-Lindenwäldern (Aceri-Tilietum) verbreitet (vgl. Oberdorfer 1949). Im Dinkelberg-, im Kaiserstuhl- und im Tauber-Main-Gebiet tritt das Wunder-Veilchen darüber hinaus in Hainbuchenwäldern (Galio-Carpinetum) und in thermophilen Eichenmischwäldern, z. B. in Eichen-Winterlindenwäldern auf, der eigentliche Flaumeichenbusch wird gemieden (Hügin 1979). Vegetationsaufnahmen liegen u. a. vor von Kuhn (1937: Tab. 33, 34), Oberdorfer (1949: Tab. 10), Hügin (1979: Tab. 2, 5), Sebald (1983: Tab. 2, 3, 4) und Philippi (1983: Tab. 15, 16).

Allgemeine Verbreitung: Eurasien. Westgrenze des Hauptareals in SO-Frankreich, im Oberrheingebiet und in Lothringen, Nordwest-Grenze in Norwegen bei 68° n. Br., Ostgrenze jenseits des Urals in Westsibirien, Südgrenze in der Provence, in den Südalpen, auf der Balkanhalbinsel und in der Ukraine. Europäische Teilareale in den Pyrenäen und am Kauka-

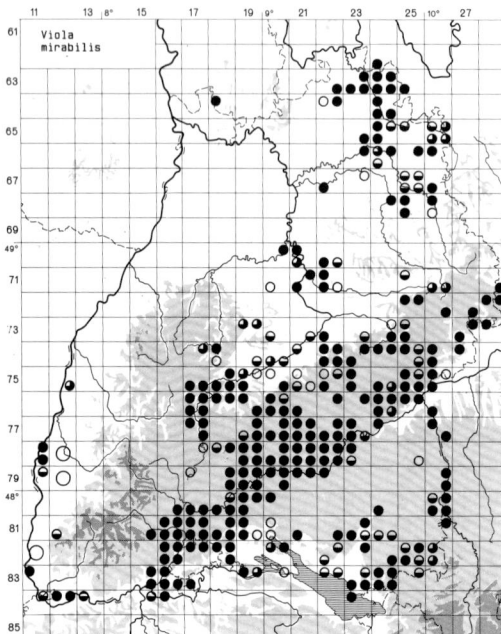

Viola mirabilis

Wunder-Veilchen *(Viola mirabilis)*
Dörzbach, 1989

sus. Weitere ausgedehnte Teilareale in Zentralasien (Altai) und in Ostasien (Mandschurei).

Verbreitung in Baden-Württemberg: *V. mirabilis* ist weitgehend auf die Kalkgebiete Baden-Württembergs beschränkt und kommt dort zerstreut oder mäßig häufig vor. Im südlichen Oberrheingebiet und am westlichen Hochrhein erreicht die Art bereits ihre westliche Arealgrenze und tritt dort nur an einzelnen Stellen auf.

Die Hauptverbreitungsgebiete sind das Alb-Wutach-Gebiet, die südöstliche Baar, die Hohe Schwabenalb und die südliche Schwäbische Alb, hier v.a. die stark zertalten Bereiche (z.B. Donau-, Bära-, Schmiecha-, Lauter-, Schmiech-, Blautal). Am Albtrauf zeigt *V. mirabilis* vom Lemberg-Gebiet (7818/2) bis in den Geislinger Raum ein ± geschlossenes Verbreitungsbild. Auf der Alb-Hochfläche existieren dagegen auffällige Verbreitungslücken.

Weitere Verbreitungszentren besitzt *V. mirabilis* in einigen Gäulandschaften (Tauber-Main-Gebiet, östliche Hohenloher Ebene, am mittleren und oberen Neckar), ferner im südlichen Alpenvorland, hier insbesondere im engeren Bodenseegebiet (inkl. Hegau), im Schussenbecken, in den Tälern der Unteren und Oberen Argen und der Iller.

Die Höhenverbreitung erstreckt sich von ca. 145 m in Wäldern westlich von Ichenheim (7512/4) bis ca. 920 m in der Hohen Schwabenalb (K. u. F. BERTSCH 1948).

Ältester fossiler Nachweis: Frühes Subboreal von Sipplingen (BERTSCH 1932). Ältester literarischer Nachweis: WIBEL 1799: 346 „in umbrosis sylvae Waldenhusianae", (6223).

Fundorte (nur Oberrhein- und westliches Hochrheingebiet):
Oberrheingebiet: 6418/1: Wälder nördlich von Weinheim, ca. 1975, SCHÖLCH (STU-K); 7512/4: Salmengrund westlichen Ichenheim, um 1960, HÜGIN (KR-K); 7811/2: Limburg, zuletzt 1987, SLEUMER (1934), PHILIPPI (KR-K); 7811/4: Litzelberg, Sponeck, SLEUMER (1934); Litzelberg, 1986, QUINGER (KR-K); 7911/2: um Achkarren, SLEUMER (1934); 8112/3: Oberweiler, NEUBERGER (1912); 8311/1: Isteiner Klotz, 1986, WINTER (1889), QUINGER (KR-K).
Westlicher Hochrhein: 8411/2: Grenzacher Berg, NEUBERGER (1912); 8412/1: Rustelgraben bei Grenzach, BINZ (1934); Whylen, Dinkelberg, 1986, QUINGER (KR-K); 8412/2: Rheinweiler, KLEIN u. SEUBERT (1905); Herten und Degerfelden, LINDER (1905); Wolfgraben bei Degerfelden, 1986, QUINGER (KR-K); 8413/1: Brennet, LINDER (1905).

Bestand und Bedrohung: *V. mirabilis* gehört in seinen Hauptverbreitungsgebieten zu den mäßig häufigen Arten, kommt in wenig gefährdeten Biotopen vor und läßt keine Rückgangstendenzen erkennen. Die Art ist nicht gefährdet. Vorkommen an der Arealgrenze der Art im westlichen Hochrheingebiet, im südlichen Oberrheingebiet und in den nordwestlichen Landesteilen sind aus pflanzengeographischen Gründen schonenswert.

Bastarde: Nach Herbarbelegen (STU) in Baden-Württemberg ist der Bastard mit *V. hirta* ausgewiesen. K. & F. BERTSCH (1948) geben außerdem Hybridformen von *V. mirabilis* mit *V. reichenbachiana* und *V. riviniana* an.

10. Viola reichenbachiana Jordan ex Boreau 1857
V. silvestris Lam. em. Rchb. 1823; *V. silvatica* Fries 1817
Wald-Veilchen

Morphologie: Halbrosettenstaude mit dünnem, kriechendem Wurzelstock. Stengel bis 15 cm lang, niederliegend oder aufsteigend. Grundständige Blätter im Umriß ± rundlich bis länglich-eiförmig, 2,5–5 cm lang, 1,5–4,5 cm breit, am Grunde tief herzförmig, vorne abgerundet oder spitz, kahl oder nur auf den Flächen zerstreut behaart, Blattstiele der Grundblätter erheblich länger als die Spreiten (meist etwa 2mal so lang). Stengelblätter kleiner und schmäler als die Grundblätter, relativ kürzer gestielt (ob. Stengelblätter oft nur wenige Millimeter gestielt). Nebenblätter bis 1,5 cm lang und 2 mm breit, am Rande lang gefranst, untere Fransen länger als die Breite des ungeteilten Nebenblattrestes. Blütenstiele 3–8 cm lang, die Vorblätter

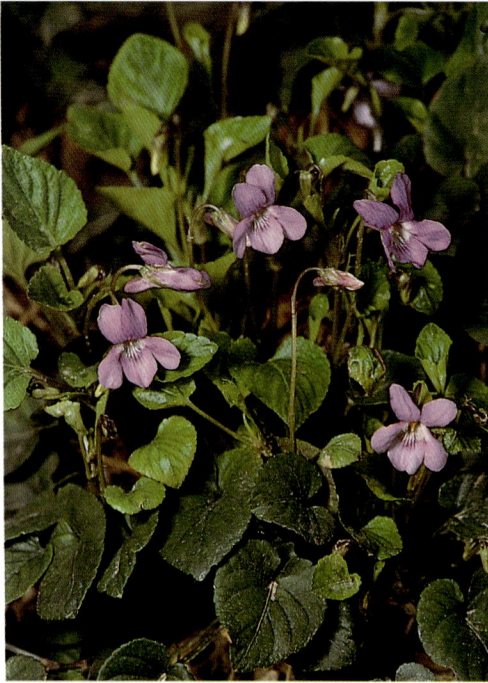

Wald-Veilchen *(Viola reichenbachiana)*

meist oberhalb der Mitte tragend. Blüten
1,5–2,2 cm lang, geruchlos. Kelchblätter lanzettlich, spitz, 3–8 mm lang, mit 0,8–2 mm langen,
gestutzten, zur Fruchtzeit nicht ausgerandeten und
nur undeutlichen Anhängseln. Kronblätter schmal-
eiförmig, hell-violett oder violett, die beiden seitlichen Kr. schräg abwärts gerichtet, das unterste Kr.
mit dem Sporn 12–22 mm lang. Sporn 3–6 mm
lang, allmählich in eine dünne Spitze verschmälert,
3–4mal so lang wie die Kelchblattanhängsel, in der
Farbe wie die Kronblätter. Griffel fast gerade, mit
knieförmig abgebogenem Narbenschnabel. Kapsel
aufrecht, spitz. Samen 2,1–2,5 mm lang, dunkel. –
Blütezeit: April bis Juni.

Ökologie: Auf mäßig frischen bis mäßig feuchten,
± nährstoffreichen, basenreichen und ± basenarmen, neutralen bis mäßig sauren Lehmböden (sehr
häufig auf Mull-Parabraunerden, aber auch auf
Mull-Rendzinen), zumeist auf Mull-Humus. *V. reichenbachiana* ist als einziges einheimisches Veilchen
in ± geschlossenen, schattigen Laubmischwäldern,
seltener auch in Nadelmischwäldern verbreitet. Es
tritt mit hoher Stetigkeit in Buchenwäldern „mittlerer" Standorte auf (z.B. im Galio odorati-Fagetum), desgl. in Hainbuchenwäldern (z.B. im Stella-
rio-Carpinetum), in höheren Lagen auch in Berg-
mischwäldern (z.B. im Abieti-Fagetum). Sehr

trockene und lichte Wälder (z.B. Quercus pubes-
cens-Bestände, Cytiso-Pinetum) werden deutlich
gemieden, ebenso feuchte oder gar nasse Wald-
standorte.

Allgemeine Verbreitung: Das Verbreitungsgebiet
deckt sich weitgehend mit dem der Buchen- und
dem der Hainbuchenwälder. Es reicht von NW-
Iberien, West-Frankreich und dem Süden der Britischen Inseln durch ganz Mitteleuropa ostwärts bis
ins Baltikum, nach Weißrußland und nach Bessarabien (Ostgrenze am Dnjepr). Nordgrenze bei 60°
n.Br. in Südskandinvaien. Im Mittelmeerraum an
die sommergrünen Laubwälder der Gebirge gebunden (z.B. Apennin, nordgriechische Geb.). Teilareale im Kaukasus, in Transkaukasien und im
Atlas-Gebirge.

Verbreitung in Baden-Württemberg: Die Art ist allgemein verbreitet. In Naturräumen mit Substraten,
die die Bildung bodensaurer Standorte fördern
(z.B. Buntsandstein) weist es eine deutlich geringere
Verbreitungsdichte auf als in Naturräumen mit ba-
senreichem Ausgangsmaterial.

Die Höhenverbreitung reicht von ca. 95 m
(Rheinwälder im Mannheimer Raum) bis ca.
1300 m im Hochschwarzwald.

Ältester literarischer Nachweis: GMELIN: (1826:
629)

Bestand und Bedrohung: *V. reichenbachiana* gehört
in weiten Landesteilen zu den häufigen bis sehr
häufigen Waldpflanzen, regional, z.B. in Buntsand-

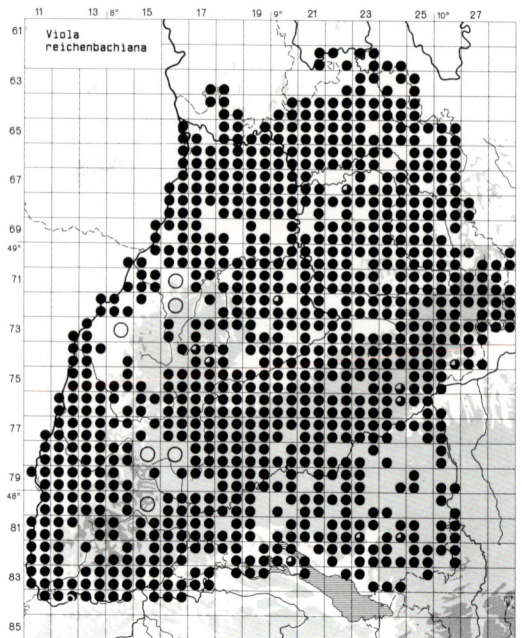

stein-Gebieten, ist es nur mäßig häufig. Es sind keine Rückgangstendenzen erkennbar.

Bastarde: Nach Herbarbelegen in Baden-Württemberg mit *V. canina*, *V. riviniana* und *V. rupestris*. Der Bastard *V. reichenbachiana* × *riviniana* ist sehr häufig. K. u. F. BERTSCH (1948) geben darüber hinaus den Bastard *V. mirabilis* × *reichenbachiana* an.

11. Viola riviniana Reichenb. 1823♂
V. silvestris var. *riviniana* (Reichenb.) Koch 1857;
V. silvestris subsp. *riviniana* (Reichenb.) Ascherson 1899
Hain-Veilchen, Rivinus-Veilchen

Morphologie: Halbrosettenstaude mit dünnem, kriechendem Wurzelstock. Stengel bis 20 cm lang, aufsteigend oder aufrecht. Grundständige Blätter im Umriß rundlich bis breit-eiförmig, 1,5–4,5 cm lang, 1,5–4 cm breit, am Grunde tief oder seicht herzförmig, vorne abgerundet, ± stumpf (selten spitz), kahl oder auf den Flächen mit einzelnen Haaren. Blattstiele der Grundblätter erheblich länger als die Spreiten. Stengelblätter in der Form wie die Grundblätter, nicht deutlich schmäler (vgl. *V. reichenbachiana*), relativ kürzer gestielt als die Grundblätter. Nebenblätter bis 1,5 cm lang und 3 mm breit, untere Fransen kürzer als die Breite des ungeteilten Nebenblattrestes. Blütenstiele 3–8 cm lang, die Vorblätter weit oberhalb der Mitte tragend. Blüten 1,8–2,5 cm groß, geruchlos. Kelch-

blätter lanzettlich, spitz, 6–10 mm lang, mit 2–3 mm langen, zur Fruchtzeit ausgerandeten und ± auffälligen Anhängseln. Kronblätter breit verkehrt-eiförmig, hell blauviolett, am Grunde weiß, die beiden seitlichen Kr. schräg abwärts gerichtet, das unterste Kr. mit dem Sporn 16–25 mm lang. Sporn 4–7 mm lang, bis zur ausgerandeten Spitze wenig verengt, 2–3mal so lang wie die Kelchblattanhängsel, in der Farbe von den Kronblättern abweichend weiß, gelblich- oder grünlichweiß. Griffel ziemlich dick, mit aufwärts gekrümmten Schnabel. Kapsel spitz. Samen 1,7–2,1 mm lang, hell. – Blütezeit: Mitte April bis Juni.

Ökologie: Auf mäßig trockenen bis frischen, meist nur mäßig nährstoffreichen, ± mäßig basenreichen, meist kalkarmen (= oft entkalkten), neutralen bis mäßig sauren Lehmböden, häufig auf Moder-Humus (z.B. auf podsoligen Braunerden). *V. riviniana* ist eine Halbschatt(licht)pflanze lichter Wälder, lichter Innensäume schattiger Wälder und von Waldrändern. Nicht selten gedeiht die Art in bodensauren Magerwiesen (Nardion- und Violion caninae-Ges.); insgesamt bevorzugt sie wesentlich lichtere und stärker saure Standorte als die nah verwandte Art *V. reichenbachiana*. Charakteristische Wuchsorte in Waldgebieten sind lichte Eichen-(misch)wälder (Quercion robori-petraeae-Ges.) und Kiefernforsten, die randlichen Zonen von Buchenwäldern (v.a. Luzulo-Fagetum und Galio odorati-Fagetum), Hainbuchenwäldern (Galio-Carpinetum) und von Fichtenforsten mit Nadelstreuauflagen, sehr häufig auch Böschungen von Forststraßen. Vegetationsaufnahmen liegen u.a. vor von PHILIPPI (1970: Tab. 5) und von SCHWABE-BRAUN (1979: mehr. Tab.).

Allgemeine Verbreitung: Europa und Nordafrika. Von NW-Iberien, West-Frankreich, Irland, den Färöer-Inseln und Norwegen im Westen ostwärts durch ganz West- und Mitteleuropa, durch das südliche Skandinavien und das nördliche Mittelrußland bis zur Wolga verbreitet. Nordgrenze bei 70° n.Br. in Nordnorwegen. Im Mittelmeerraum auf den Bereich der sommergrünen Laubwälder beschränkt mit isoliertem Einzelvorkommen in Nordafrika (hier bei 37° n.Br.). Südostgrenze in Bessarabien, in Ost-Bulgarien und in Nordost-Griechenland.

Verbreitung in Baden-Württemberg: Das Hain-Veilchen ist in ganz Baden-Württemberg einheimisch. Deutliche Verbreitungsschwerpunkte hat es in den Naturräumen mit kalkarmen Ausgangsgesteinen, z.B. im Schwarzwald, auf den Schwarzwald-Alluvionen der Rheinebene, im Odenwald, in den Sandsteingebieten des württembergischen Keupers und

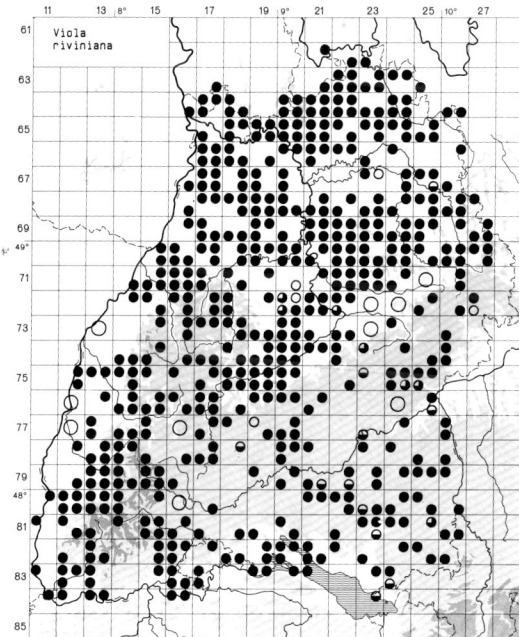

Hain-Veilchen *(Viola riviniana)*

in den Altmoränengebieten des Alpenvorlandes. *V. riviniana* gehört auch in den Naturräumen mit kalkreichem Ausgangsmaterial nicht zu den floristischen Seltenheiten.

Die Höhenverbreitung reicht von ca. 100 m in der Rheinebene bei Mannheim bis ca. 1300 m im Hoch-Schwarzwald.

Ältester literarischer Nachweis: GMELIN (1826: 628–629).

Bestand und Bedrohung: *V. riviniana* gehört zu der Gruppe der häufigen Veilchen-Arten. Es läßt keine Rückgangstendenzen erkennen.

Variabilität: Von VALENTINE (1941) sind die beiden Unterarten subsp. *riviniana* und subsp. *minor* unterschieden worden, die sich in der Größe der Laubblätter, der Kronblätter, der Sporne, der Kapseln usw. unterscheiden. VALENTINE, MERXMÜLLER & SCHMIDT (1968) erkennen dem Kleinen Hain-Veil-

chen nur noch den Rang einer Varietät zu. Die var. *minor* stellt offenbar einen Ökotyp von *V. riviniana* auf besonders armen und lichten Standorten dar. Es wird häufig in Magerrasen beobachtet (vgl. OBERDORFER 1983).

Bastarde: Nach Herbarbelegen (STU, KR) in Baden-Württemberg mit *V. canina*, *v. reichenbachiana* und *V. rupestris*. Der Bastard *V. reichenbachiana × riviniana* ist sehr häufig. K. u. F. BERTSCH (1948) geben darüber hinaus den Bastard *V. mirabilis × riviniana* an.

12. **Viola rupestris** F.W. Schmidt 1791
V. arenaria DC. 1805
Sand-Veilchen, Stein-Veilchen, Felsen-Veilchen

Morphologie: Halbrosettenstaude mit einer kurzen, senkrechten Wurzel. Pflanze einschließlich der Kapsel und der Blattstiele flaumig behaart, selten kahl.

Stengel kurz, 3–10 cm lang, niederliegend oder aufsteigend. Grundständige Blätter im Umriß rundlich
bis breit eiförmig, zur Blütezeit relativ klein,
1–2 cm lang, 1–1,5 cm breit (L/B = 1–1,3), selten
größer, am Grunde seicht herzförmig, vorne abgerundet, stumpflich, mit stark konvexen Rändern,
stumpf graugrün oder blaugrün. Blattstiele der
Grundblätter zur Blütezeit 2–5 cm lang. Stengelblätter in der Form ± wie die Grundblätter, etwas
kleiner. Nebenblätter 5–8 mm lang, breit ei-lanzettlich. Blütenstiele 3–7 cm lang, die Vorblätter weit
oberhalb der Mitte tragend, mit 0,1 mm langen
Haaren. Blüten 1–1,8 cm groß, stengelständig, geruchlos. Kelchblätter breit-lanzettlich, ± stumpflich, weniger lang zugespitzt als bei *V. reichenbachiana*, 5–8 mm lang mit 1–2 mm langen, gestutzten
Anhängseln. Kronblätter länglich verkehrt-eiförmig, blauviolett, seltener rötlich oder weiß, die beiden seitlichen Kr. schräg abwärts gerichtet, das
unterste Kr. mit dem Sporn 10–16 mm lang, am
Grunde mit dunklen Adern. Sporn 3–4 mm lang,
etwas aufwärts gebogen, 2–3mal so lang wie die
Kelchblattanhängsel, hellviolett. Griffel kurz ge-
schnäbelt. Kapsel spitz, meist kurz behaart. – Blütezeit: Mai bis Anfang Juni.

Ökologie: Auf trockenen, ± nährstoffarmen, ±
basenreichen, meist kalkhaltigen Sandböden oder
auf sandigen Lehmböden, meist auf Dünen der
Stromtäler und auf Flußschottern (z. B. im Illertal).
V. rupestris ist eine Pflanze lichter Kiefernwälder

Sand-Veilchen *(Viola rupestris)*

und Trockenrasen. Im nördlichen Oberrheingebiet
kommt das Sand-Veilchen hauptsächlich in Kalk-
sand-Kiefernwäldern (Pyrolo-Pinetum) vor, wesentlich seltener ist es in oberflächlich entkalkten
Teucrium scorodonia-Kiefernwäldern (hier fast nur
an Wegrändern!). Im bayerischen Alpenvorland ist
V. rupestris in Schneeheide-Kiefernwäldern (Erico-
Pinetum silvestris) verbreitet. In der Schwetzinger
Hardt gedeiht es in der *Helianthemum obscurum-
Asperula cynanchica*-Gesellschaft (vgl. PHILIPPI
1971) u.a. mit *Potentilla arenaria, Scabiosa canescens, Thymus serpyllum, Festuca lemanii, Poa pratensis, Avena pratensis, Carex caryophyllea, C. humilis* und *C. ericetorum*. Vegetationsaufnahmen liegen von PHILIPPI (1970: Tab. 2, 3; 1971: Tab. 7, 8)
vor.

Allgemeine Verbreitung: Nördliches Eurasien. In
Mitteleuropa weitgehend auf die Räume östlich der
Oder, auf das Magdeburger und das böhmische
Trockengebiet, auf das Alpenvorland, die Alpen
und das Oberrheingebiet beschränkt. Nach Osten
reicht das Areal (meist zw. 50° und 60° n. Br.) bis
Ostsibirien. Nordgrenze in Norwegen bei 70° n. Br.
In Westeuropa nur in isolierten Einzelvorkommen,
im nördlichen Mittelmeerraum (z. B. in Nordspanien, Norditalien und Nordgriechenland) in
mehreren Teilarealen, Südgrenze bei 39° n. Br.

Verbreitung in Baden-Württemberg: Als kontinentale Art mit Verbreitungszentrum in Osteuropa und
in Sibirien erreicht das Sand-Veilchen in Baden-
Württemberg seine Arealgrenze und ist lokal verbreitet. Sein Hauptverbreitungsgebiet besitzt es in
den Hardtplatten zwischen Mannheim und Walldorf (6617/4). Weiter südlich sind aus dem Bereich
der Hardtplatten nur einzelne Vorkommen bekannt
geworden. Aus dem Oberrheingebiet liegen darüber
hinaus noch Angaben vom Kaiserstuhl vor, wo

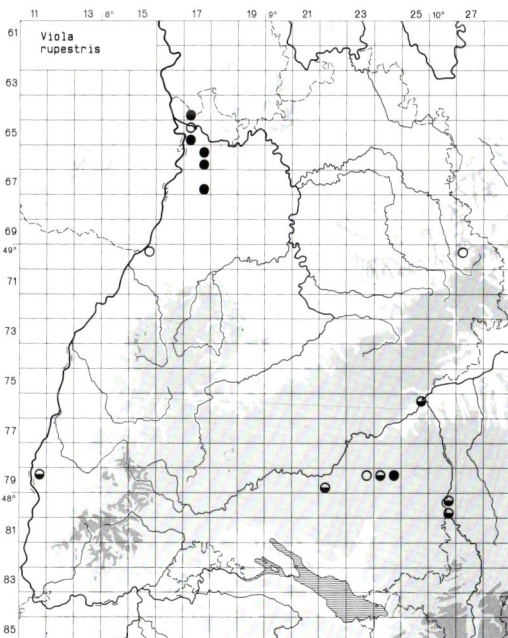

V. rupestris bisher an einigen Stellen in der Umgegend von Oberrottweil und von Achkarren (bd. 7911/2) beobachtet wurde.

Mit Ausnahme eines Fundes bei Ellwangen (7027/1?) von Hegelmaier (STU) wurde das Sand-Veilchen in Württemberg nur südlich der Schwäbischen Alb im Alpenvorland nachgewiesen. Es liegen einige Angaben aus dem Donau- und aus dem Illertal vor; außerdem wurde es im Federseegebiet (7923/2), im Ummendorfer Ried (7924/2) und als Bastard *V. canina × rupestris* am Moosweiher (7924/1) südwestlich von Biberach festgestellt.

Das tiefstgelegene Vorkommen in Baden-Württemberg bei Mannheim weist eine Meereshöhe von ca. 95 m auf, die Wuchsorte bei Aitrach (8026/2 u. 4) liegen in einer Höhe von ca. 590 m.

Ältester literarischer Nachweis: Dierbach (1825: 46); Gmelin (1826: 631–633): „prope dem Hardthof retro Bulach, prope Schwetzingen".

Nördl. Oberrheingebiet: 6417/3: zw. Mannheim-Käfertal und Viernheim, Philippi (1971); 6517/1: sandige Föhrenwälder zw. Friedrichsfeld und Seckenheim, 1887, Kneuker (KR); 6517/3: Relaishaus, Schmidt (1857); Mannheim-Rheinau u. Friedrichsfeld, nördl. Rohrhof, Philippi (1971); 6617/2: zw. Oftersheim und Sandhausen, 1985, Quinger (KR-K); 6617/4: Sandhausen, Walldorf, noch vorh., Schmidt (1857); in Wäldern zw. Sandhausen u. Walldorf, 1987, Breunig u. Quinger (KR-K); 6717/4: Dünengebiet westlich Kronau, um 1975, Schölch (STU-K); 7015/2: Schießplatz bei Forchheim, Kneucker (1886). Kaiserstuhl: 7911/2: Bitzenberg, Kreuzbuck, Steingrubenberg-Oberrottweil, Sleumer (1934). Württemberg: 7026/2 (?): Ellwangen; um 1860–1870, Hegelmaier (STU); 7625/2: trockener Auwald bei Ulm-Wiblingen, 1934, K. Müller (STU); 7922/3: Mengen, im Wäldchen gegen Bremen, 1907, Bertsch (STU) u. (1908); 7923/2: Federsee-Gebiet, um 1850, Troll (STU); 7924/1: Moosweiher bei Mittelbiberach, die Pflanzen weisen Einhybridisierungen von *V. canina* auf, Bertsch (STU); 7924/2: Ummendorfer Ried, 1981, Oberhollenzer (STU); 8026/2 u. 4: Iller-Auen bei Aitrach, 1935, Bertsch (STU).

Bestand und Bedrohung: Das Sand-Veilchen tritt in den Hardtplatten zwischen Walldorf und Mannheim ± zerstreut auf, sonst ist es äußerst selten. Auf das gesamte Land bezogen ist es gerechtfertigt, *V. rupestris* statt nur zu den gefährdeten (G 3, s. Harms et al. 1983), zu den stark gefährdeten Arten (Gef.-Grad 2) zu rechnen. Die Art hatte in den letzten Jahrzehnten aber auch in den Hardtplatten erhebliche Rückgänge zu verzeichnen. In diesem Gebiet sind in den letzten dreißig Jahren zahlreiche Kalksand-Magerrasen aufgeforstet oder in Kulturland umgewandelt worden. Die Mehrzahl der „offenen" Standorte von *V. rupestris* ist durch diese Maßnahmen verlorengegangen. In den lichten Kiefernwäldern der Hardtplatten ist der Rückgang offenbar weniger gravierend. Das gerne an Wegrändern gedeihende Sand-Veilchen profitiert hier sogar in mancher Hinsicht von den gegenwärtig erfolgenden menschlichen Einflüssen. Andererseits sind die Lebensmöglichkeiten von *V. rupestris* in den Kiefernwäldern durch allmähliches Zuwachsen (u.a. durch aufkommende Buchen) und durch Eutrophierungen eingeschränkt worden. Außerhalb der Hardtplatten des nördlichen Oberrheingebiets ist *V. rupestris* offenbar vom Aussterben bedroht. In jüngerer Zeit ist die Art nur noch im Ummendorfer Ried festgestellt worden. Alle anderen Angaben stammen aus der Zeit vor dem Zweiten Weltkrieg. Von der bayerischen Seite der Iller beschreibt Dörr (1975) die totale Zerstörung von *V. rupestris*-Beständen durch die Kiesgewinnung.

Bastarde: Nach Herbarbelegen (STU, KR) in Baden-Württemberg mit *V. canina*, *V. reichenbachiana* und *V. riviniana*.

13. Viola canina L. 1753
Hunds-Veilchen

Morphologie: Stengel niederliegend, aufsteigend oder aufrecht, 5–25(–40) cm lang. Grundständige Blätter fehlen. Stengelblätter eiförmig bis ei-lanzettlich, 1–4 cm lang, 0,7–2 cm breit, etwa 1,2–2mal so lang wie breit, am Grunde seicht herzförmig oder abgestutzt, vorne abgerundet oder spitz, am Rande seicht gekerbt. Blattstiele undeutlich geflügelt, im allgemeinen länger als die Blattspreiten. Nebenblätter 0,5–1(–1,5) cm lang, die mittleren ⅙–⅔mal so lang wie die Blattstiele. Blütenstiele 3–10 cm lang, die Vorblätter weit oberhalb der Mitte tragend. Blüten 1–2,5 cm groß, ohne Duft. Kelchblätter spitz, mit großen, quadratischen Anhängseln. Kronblätter verkehrt-eiförmig, blaßviolett, hell- oder dunkelviolett, die beiden seitlichen Kr. schräg abwärts gerichtet, das untere Kr. mit dem Sporn 13–22 mm lang. Sporn 4–8 mm lang, gerade oder aufwärts gebogen, 1–3mal so lang wie die Kelchblattanhängsel, grünlichweiß oder hell grünlichgelb. Griffel auch an der Spitze schnabelförmig, papillös. Kapsel stumpf oder spitz eiförmig. Samen 1,5–2,2 mm lang.

Hunds-Veilchen *(Viola canina)*; aus Reichenbach, L.: Icones florae germanicae et helveticae, Band 3, Tafel 10, Figur 4501 (1838–1839).

4501.c.(676) *vabulosa.*
flavicornis LM.

4501. *l: ericetorum.*

4501. *d: lucorum.*

Viola canina L.

Biologie: Blütezeit Mai bis Juni. Neben nur bei Fremdbestäubung fruchtbaren chasmogamen Blüten werden ziemlich regelmäßig in den oberen Blattachseln auch kleistogame Blüten mit stark reduzierter Krone gebildet (GAMS 1925).

Ökologie: Auf trockenen bis mäßig feuchten, schwach sauren bis sauren, ± nährstoffarmen, sandigen bis lehmigen Moder- und Rohhumusböden und Moorböden; kalkreiche Böden werden gemieden. Als Licht(halbschatt)pflanze gedeiht das Hunds-Veilchen vorwiegend in Magerrasen, außerdem in Säumen und an lichten Waldstellen. Nach *V. canina* ist der Verband der Silikatmagerrasen der tieferen Lagen (= Violion caninae) benannt. Mit hoher Stetigkeit ist das Hunds-Veilchen in Flügelginster-Heiden (im Schwarzwald v.a. im Festuco-Genistetum sagittalis, auf der Schwäbischen Alb v.a. im Aveno- und im Polygono vivipari-Genistetum sagittalis) anzutreffen; häufig ist es auch Borstgras-Heiden (z.B. im Polygalo-Nardetum, im Schwarzwald auch im zum Vb. Nardion gehörenden Leontodo-Nardetum) beigemischt. Im Schwarzwald kann man *V. canina* in *Teucrium scorodonia*-Säumen und ebenso wie auf der Schwäbischen Alb in lichten Birkenhudewäldern beobachten (vgl. SCHWABE-BRAUN 1980, SEBALD 1983). In den Hardtplatten des nördlichen Oberrheingebiets kommt das Hunds-Veilchen an lichten Stellen in Kiefernwäldern vor. Vegetationsaufnahmen liegen u.a. vor von KUHN (1937: Tab. 24) und J. &

M. BARTSCH (1940: Tab. 13, 14), aus der jüngeren Zeit von SCHWABE-BRAUN (1980: mehr. Tab.) und SEBALD (1983: mehr. Tab.).

Allgemeine Verbreitung: West-Eurasien. Von den atlantischen Küsten West- und Nordwesteuropas (NW-Iberien, West-Frankreich, Brit. Inseln, Norwegen) reicht das keilförmig sich verschmälernde Areal durch ganz Skandinavien, Mitteleuropa, durch die nördliche Balkanhalbinsel, durch das mittlere Rußland, das südliche Westsibirien bis zum Jenissei. Nordgrenze bei 71° n. Br. (Nordkap), Südgrenze bei 40° (Sardinien). Teilareal am Kaukasus.

Verbreitung in Baden-Württemberg: Das Hunds-Veilchen gehört nur regional zu den verbreiteten Veilchen-Arten und weist ausgedehnte Areallücken auf. Seine bedeutendsten Vorkommen besitzt es im südlichen und im mittleren Schwarzwald; weitere Hauptverbreitungsgebiete sind das Alpenvorland, der Schwäbisch-Fränkische-Wald, die entkalkten Lehme der Alb-Hochfläche. Zu den Verbreitungsgebieten mit geringer Ausdehnung gehören die Hardt-Platten des nördlichen Oberrheingebietes, der Odenwald, der Stromberg und die Baar. Sehr selten oder fehlend ist *V. canina* im Bereich der Neckar- und Tauber-Gäuplatten, in weiten Teilen des Albvorlandes sowie im südlichen und mittleren Oberrheingebiet.

Die Höhenverbreitung erstreckt sich von ca. 100 m in der Rheinebene bei Mannheim bis ca. 1370 m im Feldberg-Gebiet (vgl. SCHWABE-BRAUN 1980: Tab. XX).

Ältester literarischer Nachweis: GMELIN (1826: 629–630). Ältere Angaben umfassen meist *V. reichenbachiana* und *V. riviniana*.

Bestand und Bedrohung: Auf ganz Baden-Württemberg bezogen, muß *V. canina* mittlerweile als gefährdete Art (Gef.-Grad 3) eingestuft werden; in der Roten Liste (HARMS et al. 1983) wurde dieses Veilchen noch als „schonenswert" geführt.

Infolge der Umwandlung von Magerwiesen in gedüngte Wirtschaftswiesen ist das Hunds-Veilchen in den letzten Jahrzehnten zum Teil erheblich zurückgegangen und regional (fast) ausgestorben! Sehr starke Verluste hat *V. canina* insbesondere in der Mittleren Alb erlitten. Die zumeist an ± ebenen Stellen oder an flachen Hängen befindlichen, kalkarmen Magerwiesen sind in diesem Naturraum fast ausnahmslos in gut gedüngte Fettwiesen umgewandelt worden.

Auch im südlichen und im mittleren Schwarzwald, wo *V. canina* gegenwärtig in Baden-Württemberg seine größte Häufigkeit besitzt, ist die Zahl seiner Wuchsorte seit den 1950er Jahren stark geschrumpft. In diesem Naturraum bedürfen die ver-

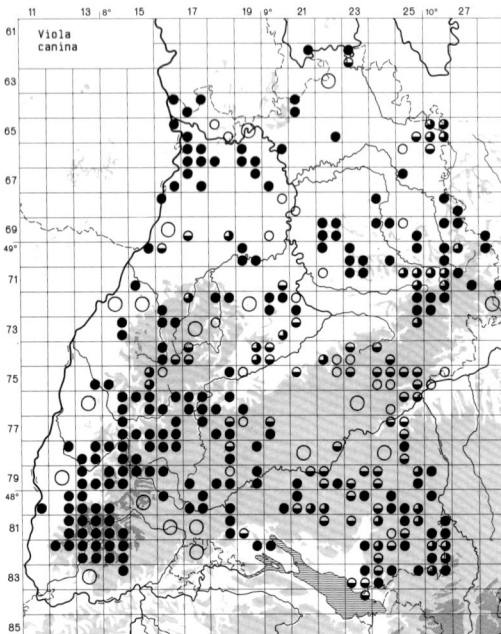

bliebenen Silikatmagerrasen (z. B. der ehemaligen „Weidfelder") des Schutzes und der Pflege (extensive Mahd, extensive Weidenutzung). Die Art entwickelt sich optimal bei ein- bis zweimaliger Mahd oder extensiver Beweidung und ist gegen Feuer wenig empfindlich (SCHIEFER).

Variabilität: *V. canina* ist außerordentlich vielgestaltig und schwer zu gliedern. In dieser Flora wird der Auffassung von VALENTINE, MERXMÜLLER & SCHMIDT (1968) gefolgt, die *V. canina* in die drei Unterarten subsp. *canina*, subsp. *montana* und subsp. *schultzii* auftrennen. Bei anderen Autoren werden diese Sippen z. T. als selbständige Arten bewertet (z. B. bei HESS, LANDOLT u. HIRZEL 1970 und bei ROTHMALER 1982).

1 Obere Blätter im allgemeinen weniger als doppelt so lang wie breit, vorne mit ± konvexen Rändern, ± stumpf. Nebenblätter der mittleren Stengelblätter ⅙–⅓mal so lang wie die zugehörige Blattstiel. Krone blau-violett . . . . a) subsp. *canina*
− Obere Blätter im allgemeinen etwa ± doppelt so lang wie breit, vorne mit geraden oder ± konkaven Rändern, ± zugespitzt. Nebenblätter der mittleren Stengelblätter ¼–⅔mal so lang wie der zugehörige Blattstiel. Krone blaßviolett bis weißlich 2
2 Unterstes Kronblatt mit dem Sporn 15–22 mm lang. Kelchblätter mit den Anhängseln 9–14 mm lang. Sporn 1–2mal so lang wie die Kelchblattanhängsel, gerade oder etwas aufwärts gebogen, weißlich . . . . b) subsp. *montana*
− Unterstes Kronblatt mit dem Sporn 12–18 mm lang. Kelchblätter mit den Anhängseln 6–9 mm lang. Sporn 2–3mal so lang wie die Kelchblattanhängsel, fast rechtwinkelig aufwärtsgebogen, grünlich oder gelblich . . . . . c) subsp. *schultzii*

a) subsp. **canina**
Eigentliches Hunds-Veilchen

Stengel meist aufsteigend, bisweilen niederliegend. Obere Blätter weniger als doppelt so lang wie breit, vorne mit konvexen Rändern, ± stumpf. Nebenblätter der mittleren Stengelblätter ⅙–⅓mal so lang wie der Blattstiel. Krone blauviolett, das unterste Kronblatt mit dem Sporn 13–18 mm lang. Kelchblätter mit den Anhängseln 6–10 mm lang. Sporn 1–2mal so lang wie die Kelchanhängsel, gerade oder etwas aufwärtsgebogen, grünlich oder gelblich.

Mit Ausnahme von Sibirien (vgl. HULTÉN u. FRIES 1986) im gesamten Areal der Art verbreitet. In Baden-Württemberg ist subsp. *canina* die absolut vorherrschende Unterart. Die Standortsansprüche von subsp. *canina* entsprechen der oben unter „Ökologie" vorgenommenen Beschreibung.

b) subsp. **montana** (L.) Hartman 1841
V. montana L. 1753
Berg-Veilchen

Aufsteigende oder aufrechte, bis 40 cm hohe Pflanze. Obere Blätter etwa doppelt so lang wie breit, vorne mit geraden oder konkaven Rändern, ± zugespitzt. Nebenblätter der mittleren Stengelblätter ¼–⅔mal so lang wie der Blattstiel. Krone blaßblau, das unterste Kronblatt mit dem Sporn 15–22 mm lang. Kelchblätter mit Anhängsel 9–14 mm lang. Sporn ½–2mal so lang wie die Kelchanhängsel, gerade oder etwas aufwärts gebogen, weißlich.

Im weitaus überwiegenden Teil des Areals von *Viola canina* verbreitet, im Süden anscheinend deutlich häufiger als im Norden. Bildet nach HULTÉN u. FRIES (1986) die Ostgrenze der Art in Mittelsibirien. Morphologisch deutlich ausgeprägt und recht verbreitet ist subsp. *montana* auf der Alpensüdseite (SCHMIDT 1961). In Baden-Württemberg ist subsp. *montana* viel seltener als subsp. *canina* und anscheinend auf kühle, niederschlagsreiche Lagen beschränkt. In Württemberg ist es bisher einwandfrei nur im Westallgäuer Hügelland nachgewiesen worden (vgl. BERTSCH 1914). In den klimatisch ähnlichen Bereichen des Schwarzwaldes ist bisher auf die Unterscheidung von subsp. *montana* und subsp. *canina* offenbar zuwenig geachtet worden. Nach GAMS (1925) bevorzugt subsp. *montana* im Vergleich zu subsp. *canina* bei sonst ± sehr ähnlichen standörtlichen Ansprüchen stärker feuchte und halbschattige Stellen in lichten Wäldern und Säumen, z. B. in Beständen von *Sarothamnus scoparius* oder in feuchten Heiden mit *Calluna vulgaris*. Die Westallgäuer Wuchsorte befinden sich nach BERTSCH (1914) in Sumpfwiesen.

8125/3: Rötenbach, 1917, BERTSCH (STU); Gründlenried bei Kißlegg, 1922, BERTSCH (STU); 8225/1: Waldrand westl. Bremberg bei Kißlegg, 1955, BRIELMAIER (STU), det. K. MÜLLER; 8226/1: Herbisweiher, K. u. F. BERTSCH (1948); 8324/2: Elitzer See, 1938, BERTSCH (STU); 8326/1: Schweinebach, K. u. F. BERTSCH (1948); 8326/2: Adelegg bei Österösch nahe Bolsternang, DÖRR (1975).

c) subsp. **schultzii** (Billot) Kirschleger 1852
V. schultzii Billot in SCHULTZ 1836
Schultz' Veilchen

Aufsteigende oder aufrechte, bis 20 cm hohe Pflanze. Obere Blätter etwa doppelt so lang wie breit, vorne meist mit konkaven oder geraden Rändern, ± zugespitzt. Nebenblätter der mittleren Stengelblätter ¼–⅔mal so lang wie der zugehörige Blattstiel. Krone blaßblau, das unterste Kronblatt mit dem Sporn 12–18 mm lang. Kelchblätter mit den Anhängseln 6–9 mm lang. Sporn 2–3mal so

Schultz' Veilchen *(Viola canina* subsp. *schultzii)*

lang wie die Kelchanhängsel, fast rechtwinkelig aufwärtsgebogen, grünlich oder gelblich.

Nach VALENTINE, MERXMÜLLER & SCHMIDT (1968) in Zentraleuropa, in Norditalien und in Rumänien vorkommend. In Baden-Württemberg wurde subsp. *schultzii* bisher nur einmal von K. BERTSCH nachgewiesen. Standörtlich bevorzugt diese Unterart ähnlich wie *V. persicifolia* nasse, nährstoffarme, ± kalkarme, hin und wieder überschwemmte Riedwiesen und Flachmoore.

8323/4: Eriskirch am Bodensee, Flachmoor vor der Schussenmündung, 1931, BERTSCH (STU).

Bastarde: (von *V. canina* s.l.): Nach Herbarbelegen (STU, KR) in Baden-Württemberg mit *V. reichenbachiana, V. riviniana* und *V. rupestris.*

14. Viola elatior Fries 1828
Hohes Veilchen

Morphologie: Staude mit aufrechtem, 20–50 cm hohem, kräftigem Stengel, der vor allem oberwärts an den Kanten dicht kurzhaarig ist. Blätter stengelständig, lanzettlich, 3–8 cm lang, 1–2 cm breit, etwa 2,5–5mal so lang wie breit, am Grunde abgerundet, vorne abgerundet oder spitz. Blattstiele 2–4 cm lang, nur undeutlich geflügelt. Nebenblätter schmal-lanzettlich, 2–4 cm lang, die mittleren so

lang, die oberen länger als die Blattstiele. Blütenstiele 4–10 cm lang, die Vorblätter nur wenig unterhalb der Blüte tragend. Blüten 2–2,5 cm groß, ohne Duft. Kelchblätter breit-lanzettlich, spitz. Kronblätter eiförmig, hellblau, gestreift, die beiden seitlichen Kr. schräg abwärts gerichtet und stark gebärtet, das untere Kr. mit dem Sporn 18–25 mm lang. Sporn 3–4 mm lang, die Kelchanhängsel kaum überragend, grünlichgelb. Griffel auch an der Spitze kurz behaart. Kapsel zugespitzt, kahl. Samen 1,9–2,2 mm lang. – Blütezeit: Mitte Mai bis Ende Juni.

Ökologie: In Flußtälern der tieferen Lagen auf wechseltrockenen, wechselfeuchten und feuchten, mäßig nährstoffreichen, basenreichen, meist kalkreichen, humosen, lehmigen oder sandig-kiesigen Böden. *V. elatior* kommt häufig an Stellen vor, die hin und wieder überschwemmt werden (z. B. in und an Flutrinnen). Es ist eine Licht-Halbschattpflanze in Wiesen, an Gebüschen und an Waldrändern der Flußauen, entlang von Forststraßen und von Waldwegen in lichten Innenwaldsäumen, seltener auch in Röhrichten an Flußufern (z. B. an der Jagst). In der Literatur wird die Art vorwiegend aus Stromtal-Streuwiesen (Potentillo-Deschampsietum mediae bei OBERDORFER 1957, Oenantho-Molinietum bei PHILIPPI 1960) angegeben, die heute größtenteils nicht mehr existieren. Die Mehrzahl der verbliebenen Vorkommen von *V. elatior* befindet sich heute an Wegrändern des Rhein-Tiefgestades. Bei Karls-

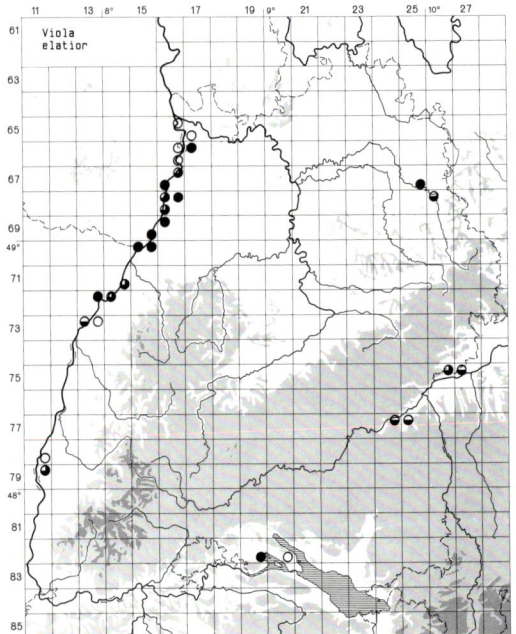

ruhe-Rappenwörth (6915/4) gedeiht das Hohe Veilchen am Rande von wechseltrockenen *Ligustrum vulgare-Viburnum lantana*-Gebüschen in lückiger Bodenvegetation aus *Ranunculus polyanthemos, Carex flacca, Fragaria vesca* und *Potentilla erecta.* Auf der Ketscher Insel (6617/1) kommt die Art in nährstoffreichen Forststraßensäumen mit *Rumex obtusifolius, R. sanguineus, Impatiens parviflora* und *Solanum dulcamara* vor. Entlang der Jagst wächst *V. elatior* in lockeren Rohrglanzgras-Röhrichten.

Als verbindendes Merkmal der *V. elatior*-Wuchsorte kann eine Lückigkeit der Vegetation genannt werden, die durch gelegentliche Überflutungen oder Ruderalisierung des Standorts infolge menschlicher Eingriffe herbeigeführt wird. Vegetationsaufnahmen aus Baden-Württemberg liegen von OBERDORFER (1957: 210), synoptische Tabellen von PHILIPPI (1960: Tab. 9, 14) vor.

Allgemeine Verbreitung: Vorwiegend in den Steppen- und Waldsteppenzonen Südosteuropas und Osteuropas. In Mitteleuropa als Stromtalpflanze nahezu auf das Oberrheingebiet, das Donautal (mit einigen Seitentälern), das Elbegebiet, die Oder- und die Weichselniederungen beschränkt. Westlichste Vorposten im Burgunder Rhonetal. Nordgrenze bei 50° n. Br. im Baltikum. Teilareale in Zentralasien im westlichen Vorfeld einiger Gebirge (z. B. Altai).

Verbreitung in Baden-Württemberg: *V. elatior* besitzt das Hauptverbreitungsgebiet im Bereich der Rhein-Alluvionen des mittleren und des nördlichen Oberrheingebietes. Ihre größte Verbreitungsdichte erreicht die Art im Rhein-Tiefgestade zwischen Karlsruhe-Kastenwörth (7015/2) und der Ketscher Insel (6617/1). Weitere Vorkommen mit meist nur wenigen Wuchsorten gibt es in Baden-Württemberg westlich des Kaiserstuhls (hier inzw. verschollen), im westlichen Bodenseeraum, im Donautal zwischen Ehingen und Ulm (neuere Bestätigungen fehlen aus diesem Raum!), sowie im Jagsttal zwischen Kirchberg (6725/4) und Crailsheim (6826/1).

Ältester literarischer Nachweis: KÖNIG (1841: 51): Bei Neckarau häufig, SAUERBECK (6516).

Oberrheingebiet: 6516/2: Neckarauer Wald, (19. Jhdt.), Finder unbekannt (KR); längs des Rheins gegen Neckarau, SCHMIDT (1857); 6517/3: Rheinsümpfe bei Rheinau, 1891, ZAHN (KR); 6616/2: bei Otterstadt, SCHMIDT (1857); 6616/4: längs des Rheins gegen Speyer, SCHMIDT (1857); 6617/1: NSG Ketscher Insel, an mehreren Stellen an Wegrändern, 1987, QUINGER, P. THOMAS, NEBEL (STU-K), (KR), (KR-K); 6716/2: Insel Korsika bei Oberhausen, 1959/62, KORNECK in PHILIPPI (1971); 6716/3: Elisabethenwört, um 1975, PHILIPPI (1978); 6816/1: Kümmelwiesen, noch 1959–1961, inzw. zerstört, KORNECK in PHILIPPI (1971), PHILIPPI (KR-K); 6816/2: südöstlicher Teil des NSG Rußheimer Altrhein, 1980, PHILIPPI (KR-K); 6816/3: westl. Linkenheim; am Rande einer Kiesgrube, PHILIPPI

Hohes Veilchen *(Viola elatior)*
Faule Waag/Kaiserstuhl

(1971); 6915/4: KA-Rappenwörth, auf wechseltrockener Stelle am Rande einer Forststraße, 1987, QUINGER u. P. THOMAS (KR); 6916/1: Leopoldshafen, KNEUCKER (1891); Kleiner Bodensee, Pfeiffersgrund, um 1965, inzw. zerstört, PHILIPPI (1971) u. (KR-K); nw. von Neureut, 1975, HAISCH (KR-K); 7015/1: westlich Au, in Großseggenried, um 1975, inzw. verschwunden, PHILIPPI (KR-K); 7015/2: KA-Kastenwörth bei Daxlanden, 1889, KNEUKER (KR); KA-Kastenwörth, an Wegrand, 1975 noch vorhanden, inzw. erloschen, PHILIPPI (KR-K); 7114/2: bei Hügelsheim, PHILIPPI (1971); 7213/2: Rheinvorland b. Greffern, 1977, PHILIPPI (KR-K); 7214/1: Rheinvorland bei Stollhofen, 1960, PHILIPPI (1961); 7313/1: Rheinbischofsheim, über den Rheindämmen beim „Jägersteig", GOLDER (1922); 7313/2: Memprechtshofen, KLEIN u. SEUBERT (1905); 7811/4: Burkheim, SCHILDKNECHT (1863), KLEIN u. SEUBERT (1905).

Bodenseeraum: 8219/4: NSG Radolfzeller Aachried bei Moos, an 2 Stellen, 1984 u. 1985, SPECHT u. PEINTINGER (KR-K); 8220/4: Dingelsdorf bei Konstanz, JACK (1900).

Jagst-Tal: 6725/4: Jagstufer bei Kirchberg, 1929. u. 1977, SEITZ (STU), SEYBOLD (STU), SEBALD u. SEYBOLD (1978); 6826/1: Jagstufer, unterhalb der Heinzelmühle, 1886, BLEZINGER (STU); Bölgental, 1907, A. MAYER (STU), HANEMANN (1927).

Donau-Gebiet: 7526/2 (?): Birkhof b. Langenau, Langenauer Ried, 1940, BERTSCH (STU); 7527/1: Gebüsch nördlich vom Riedswirtshaus bei Günzburg, 1942, K. MÜLLER (STU-K); Westerried bei Langenau, 1946, K. MÜLLER (STU-K); 7724/2: Sumpf im Rißtal bei Rißtissen, 1914, BERTSCH (STU); 7725/1: feuchte Gebüsche in einer alten Kiesgrube an der Straße zw. Rißtissen und Laupheim, 1931, inzw. zugewachsen, PLANKENHORN (STU), QUINGER (STU-K).

Bestand und Bedrohung: *V. elatior* ist eine ausgeprägte Stromtalpflanze und gehört zu den sehr seltenen Veilchen-Arten Baden-Württembergs. Es ist in den letzten drei Jahrzehnten stark zurückgegangen, gebietsweise verschollen (z.B. im Donau-Gebiet zwischen Ehingen und Leipheim) und muß insgesamt als stark gefährdet (Gef.-Grad 2) gelten (bei HARMS et al. (1983) noch G 3). Infolge der fast vollständigen Zerstörung der Stromtal-Pfeifengraswiesen des Oberrheingebietes zwischen 1950 und 1985 sind zahlreiche Wuchsorte verlorengegangen. Da das Hohe Veilchen weniger fest an nährstoffarme Magerwiesen gebunden ist als *V. pumila* und *V. persicifolia* und ruderalisierte Wegränder in Rheinwäldern und in Rheinwiesen des Tiefgestades besiedeln kann, steht es nicht wie die genannten Arten auf dem Aussterbe-Etat. Allerdings sind seit 1960 einige der Wegrand-Vorkommen erloschen. Inwieweit sich *V. elatior* in längeren Zeiträumen an den Wegrändern behaupten kann, ist unbekannt. Auf Wiesen verträgt *V. elatior* Mahd ab August (SCHIEFER).

15. Viola pumila Chaix 1786

V. pratensis Mert. et Koch 1826;
V. canina L. var. *pratensis* Döll 1862
Niedriges Veilchen, Zwerg-Veilchen,
Wiesen-Veilchen

Morphologie: Mit aufrechtem, 5–20 cm hohem, meist ästigem, kahlem Stengel. Blätter alle stengelständig, ei- bis schmal-lanzettlich, 2,5–6 cm lang, 0,8–1,2 cm breit, etwa 3–5mal so lang wie breit, am Grunde keilförmig verschmälert, vorne abgerundet oder spitz, mit ringsherum fein gekerbter Spreite. Blattstiele 1–3 cm lang, deutlich geflügelt. Nebenblätter schmal-lanzettlich, bis 4 cm lang und 4 mm breit, die mittleren so lang, die oberen länger als die Blattstiele. Blütenstiele 3–8 cm lang, die Vorblätter über der Mitte tragend. Blüten 1,5–2 cm groß, ohne Duft. Kelchblätter lanzettlich, spitz, mit quadratischen Anhängseln. Kronblätter länglich-eiförmig, blaßviolett, dunkel geadert, die beiden seitlichen Kr. schräg abwärts gerichtet, das untere Kr. mit dem Sporn 10–16 mm lang. Sporn 2–3 mm lang, die Kelchanhängsel kaum überragend, grünlichgelb. Griffelschnabel aufwärtsgerichtet, kahl. Kapsel länglich-eiförmig, länger als der Kelch.

Samen 1,7–1,9 mm lang. – Blütezeit: Anfang Mai bis Anfang Juni.

Ökologie: Auf feuchten oder wechselfeuchten, im Gebiet selten auch an wechseltrockenen oder ± trockenen, ± nährstoffarmen, basen- und ± kalkreichen, humosen Lehmböden, seltener auch auf Anmoorböden. Die gegenwärtig noch existierenden Wuchsorte werden großenteils bei Rheinhochwässern durch Druckwasser überflutet; sie befinden sich zumeist auf Wiesen, zum Teil auch in licht verbuschtem Gelände, z.B. in einer ehemaligen Ziegeleigrube bei Brühl (6517/3). Als Sukzessionsrelikt kommt *V. pumila* auf breiten, wenig begangenen Waldwegen vor, z.B. bei Karlsruhe-Rappenwörth (6915/4). In Baden-Württemberg gehört *V. pumila* zu den Charakterpflanzen der basenreichen Stromtal-Pfeifengraswiesen. Es ist häufig mit *Molinia caerulea, Allium angulosum, Carex tomentosa, Succisa pratensis, Serratula tinctoria, Inula salicina, Selinum carvifolia, Peucedanum officinale, Ophioglossum vulgatum* und den ebenfalls (sehr) selten gewordenen Stromtalpflanzen *Deschampsia media, Inula britannica* und *Cnidium dubium* vergesellschaftet. Vegetationsaufnahmen aus Baden-Württemberg liegen von PHILIPPI (1972: Tab. 11) vor.

Allgemeine Verbreitung: Westliches Eurasien. Hauptverbreitungsgebiet in den Steppenregionen der ungarischen Tiefebene, Osteuropas und Westsibiriens. In Mitteleuropa fast nur in den Stromtalgebieten vorkommend, z.B. entlang des Rheins, der

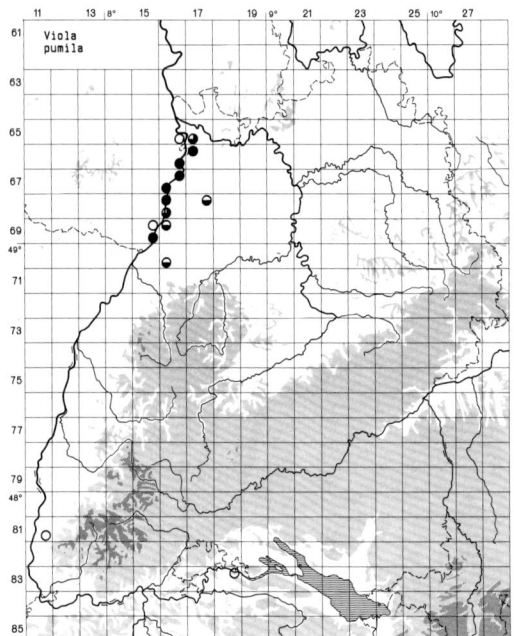

Niedriges Veilchen *(Viola pumila)*

Donau, der Elbe, der Oder und der Weichsel. West-lichste Vorposten in Burgund, nördlichste an der Ostsee bei 59° n. Br. (Küste von Estland), südlichste bei 42° n. Br. auf der Balkanhalbinsel.

Verbreitung in Baden-Württemberg: Das Niedrige Veilchen befindet sich im Gebiet an der Westgrenze seiner Verbreitung. Mit Ausnahme weniger, seit langem nicht mehr bestätigter Fundorte ist es auf das nördliche Oberrheingebiet zwischen Karlsruhe und Mannheim beschränkt. In diesem Naturraum ist es weitgehend an die Rhein-Alluvionen des Rhein-Tiefgestades gebunden; außerhalb dieses Bereichs ist es nur bei Bruchsal-Forst (6817/2) und bei Bruchhausen (7016/3) gefunden worden. Außer-halb des nördlichen Oberrheingebietes ist *V. pumila* vor der Jahrhundertwende auf Wässerwiesen bei Müllheim (8111/4) beobachtet worden. Ein *V. pu-mila*-Vorkommen existierte auf grenznahen, Schweizer Naßwiesen bei Diessenhofen (8318/2). Im Donautal reicht das Niedrige Veilchen strom-aufwärts bis Gundelfingen (7428/3) und überschrei-tet nicht mehr die Landesgrenze.

Die Höhenverbreitung im südwestdeutschen Raum erstreckt sich von ca. 93 m bei der Brühler Ziegeleigrube (6517/3) bis ca. 440 m bei Gundelfin-gen (7428/3).

Ältester literarischer Nachweis: SCHULTZ 1846: 67; Mannheim.

Oberrheingebiet: 6516/4: Mannheim-Neckarau, KLEIN-SEUBERT (1905); 6517/3: zw. Relaishaus u. Neckarau, SCHMIDT (1857); Rheinvorland bei Brühl-Rohrhof, um 1965, inzw. erloschen, PHILIPPI (1971); 6616/4: Rheinwie-sen des rechten Rheinufers zw. Speyer u. Ketsch, 1886, HEGELMAIER (STU); Landeplatz Herrenteich, auf ca.

10 m² Fläche, 1987, P. THOMAS (KR); 6617/1: NSG Insel Ketsch, in Pfeifengraswiesen an 2 Stellen auf ca. 1500 m² Fläche, 1987, P. THOMAS (KR); Tongruben bei Brühl östl. der Kollerfähre; auf ca. 200 m² Fläche, 1987, P. THOMAS (KR); südlich der Lauswiese westlich Brühl, 1987, P. THO-MAS (KR); 6716/2: zw. Rheinhausen u. Oberhausen, 1959/62, KORNECK in PHILIPPI (1971); Insel Korsika bei Ober-hausen, 1959/62, KORNECK in PHILIPPI (1971); Rhein-schanzinsel, um 1970 noch existent, inzw. erloschen (P. Thomas), S. MAHLER (KR-K); Insel Flotzgrün (Rheinland-Pfalz!), auf ca. 100 m², 1987, P. THOMAS (KR-K); 6716/3: Kümmelwiesen nw. Rußheim, 1959/61, inzw. vernichtet (PHILIPPI), KORNECK in PHILIPPI (1971); 6816/1: Torfwiese nordwestl. Dettenheim, an 2 Stellen wenige Ex., 1987, P. THOMAS (KR-K); 6816/3: Rheinniederung b. Linkenheim, 1884, BONNET (KR); Leopoldshafen, KNEUCKER (1891) u. (KR); 6816/3: bei Leopoldshafen, um 1960, DÜLL (KR-K); 6817/2: „Wolfswinkel" bei Forst-Bruchsal, im Arrhenatheretum brometosum erecti, OBER-DORFER (1936); 6915/2 (?): Knielingen, (19. Jhdt.), ex Hb. RASTETTER (KR); nördlich Maxau, 1952, LANG in PHILIPPI (1971); 6915/4: Rappenwörth-Daxlanden, auf kurzbera-sten Wiesenboden in Menge am 12. 5. 1926, durch die Anlage des Strandbades zerstört, KNEUCKER (1935); Rap-penwörth; auf Waldweg östl. des Rheinstrandbades und nördl. des Entenfangs, auf etwa 10 m² Fläche, 1987, QUIN-GER u. P. THOMAS (KR); 6916/1: zw. Neureut u. Leo-poldshafen, KLEIN u. SEUBERT (1905); trockene Rheinwäl-der bei Neureut, KNEUCKER (KR); auf trockenen Grasplätzen im Pfeiffengrund am Kleinen Bodensee bei Neureut; 1935 (inzw. zerstört, PHILIPPI!), JAUCH (KR); 7016/3: bei Bruchhausen, an den Rändern eines wenig feuchten Wiesengrabens in Masse, 1936, KNEUCKER (KR); 8111/4: Wässerwiesen bei Müllheim, NEUBERGER (1912).

Bestand und Bedrohung: *V. pumila* gehört in Baden-Württemberg zu den akut vom Aussterben bedroh-ten Arten (Gef.-Grad 1). In der Roten Liste (HARMS et al. 1983) ist die Art noch als stark gefähr-det (G 2) eingestuft. In der badischen Rheinebene konnten 1987 nur noch 6 Wuchsorte aufgefunden werden. Vor allem in der Zeit nach 1945 ist eine große Anzahl von *V. pumila*-Wuchsorten vernichtet worden, u.a. durch Auffüllung mit Bauschutt (z.B. im „Mittelgrund" bei Leopoldshafen (6816/3) oder Teile der Ziegeleigruben bei Brühl (6617/1)), durch Aushub im Zuge der Kies-Gewinnung (z.B. Anlage einer Kiesgrube am ehem. Wuchsort im Pfeiffen-grund am Kleinen Bodensee bei Neureut (6916/1)), vor allem aber durch die fast vollständige Umwand-lung der Stromtal-Pfeifengraswiesen des nördlichen Oberrheingebiets in Ackerflächen (zumeist in Mais-Kulturen). Von den verbliebenen sechs Vorkommen sind drei einer zunehmenden Beschattung ausge-setzt, was zumindest eine Reduktion der Populatio-nen in naher Zukunft zur Folge haben dürfte. Zwei Wuchsorte werden von angrenzenden Flächen all-mählich auf-eutrophiert, wodurch konkurrenzkräf-tigere Arten begünstigt werden. Als gegenwärtig

„sicher" erscheint nur ein Wuchsort im NSG Ketscher Insel. Mahd verträgt *V. pumila* ab Juli (SCHIEFER).

16. Viola persicifolia Schreber 1771
V. stagnina Kit. 1814
Moor-Veilchen, Gräben-Veilchen,
Weiher-Veilchen, Milchweißes Veilchen,
Pfirsichblättriges Veilchen, Bleiches Torf-Veilchen

Morphologie: Staude mit aufrechtem, 10–25 cm hohem, meist ästigem, kahlem Stengel. Blätter alle stengelständig, schmal-eiförmig bis lanzettlich, 2–4 cm lang, 1–1,5(–2) cm breit, etwa 2–4mal so lang wie breit, am Grunde gestutzt oder seicht herzförmig, vorne abgerundet oder spitz, mit ringsherum fein gekerbter Spreite. Blattstiele 1–3 cm lang, deutlich geflügelt. Nebenblätter schmal-lanzettlich, bis 2 cm lang und 3 mm breit, etwa ½–¾mal so lang wie die Blattstiele. Blütenstiele 3–7 cm lang, die Vorblätter über der Mitte tragend. Blüten 1–1,8 cm groß, ohne Duft. Kelchblätter lanzettlich, spitz, mit großen, quadratischen Anhängseln. Kronblätter eiförmig, milchweiß, lila geadert, die beiden seitlichen Kr. schräg abwärts gerichtet, das unterste Kr. mit dem Sporn 10–16 mm lang. Sporn 2–3 mm lang, die Kelchanhängsel kaum überragend, grünlichgelb. Griffel mit kurzem Schnabel, an der Spitze mit einzelnen kurzen Haaren. Kapsel länglich-eiförmig, länger als der Kelch. Samen 1,5–1,7 mm lang.

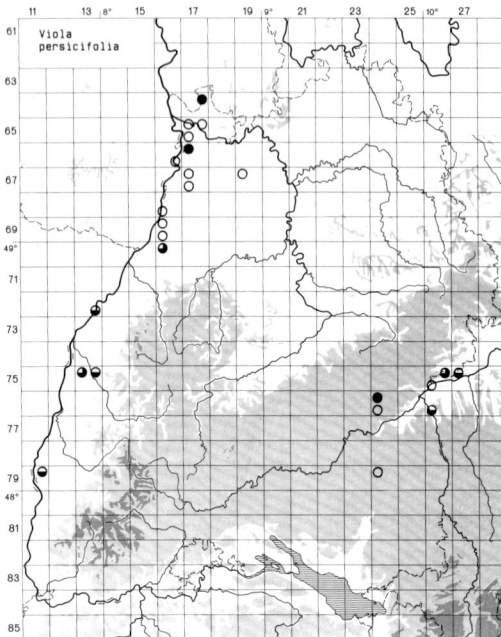

Biologie: Blütezeit Mitte Mai bis Mitte Juni (etwa 2 Wochen später als *V. pumila*).

Ökologie: In Stromtälern in feuchten oder nassen, meist hin und wieder überschwemmten (Mager)-Wiesen auf nur mäßig nährstoffreichen (mesotrophen), ± basenreichen, jedoch meist ± kalkarmen, neutralen bis schwach sauren, humosen Ton- oder Torfböden. *V. persicifolia* ist stärker als *V. pumila* an feuchte, nasse, meist moorige Standorte gebunden und meidet im Gegensatz zu dieser Art kalkreiche und ± (wechsel)trockene Stellen. Bevorzugte Wuchsorte des Moor-Veilchens in Stromtal-Pfeifengraswiesen-Komplexen des Oberrheingebietes sind bei Hochwasser überschwemmte Flutrinnen (= Schluten) und Mulden. Aus der elsässischen Rheinebene beschreibt PHILIPPI (1960) das Auftreten von *V. persicifolia* in zu Großseggenriedern überleitenden, nassen Pfeifengraswiesen-Gesellschaften mit *Cnidium dubium*, *Lathyrus palustris*, *Gratiola officinalis*, im reichen Flügel außerdem mit *Allium angulosum*, *Thalictrum flavum* und *Hydrocotyle vulgaris*, im armen Flügel mit *Juncus acutiflorus*, *Agrostis canina* und *Stellaria palustris* als weiteren kennzeichnenden Arten.

Allgemeine Verbreitung: Westliches Eurasien. Hauptareal im südlichen Mitteleuropa (hier Stromtalpflanze), im südlichen und mittleren Osteuropa. In Westeuropa (NW-Spanien, Frankreich, Brit. Inseln) nur in isolierten Einzelvorkommen. Teilareal im südlichen Skandinavien, Nordgrenze bei 62° n.Br. Ostgrenze am Ural, in Sibirien nur wenige Einzelvorkommen.

Verbreitung in Baden-Württemberg: *V. persicifolia* gehört in Süddeutschland wie *V. elatior* und *V. pumila* zu den Stromtalpflanzen. Die Art ist weitgehend auf die Oberrheinebene und auf die Tallagen des Ulmer Raumes beschränkt gewesen. Im Oberrheingebiet kam das Moor-Veilchen zerstreut zwischen Ettlingen (7016/1) und Mannheim vor, weiter im Süden ist es nur in der elsässischen Rheinebene nicht selten gewesen. Die Vorkommen im Ulmer Raum konzentrierten sich auf Rieder an der Donau zwischen Ulm und Günzburg (7527/2) und auf Riedflächen an der Iller zwischen Ulm und Illertissen (7726/4). Westlich von Ulm wurde das Moor-Veilchen nur im alten Donaulauf der Schmiech und der Blau am Schmiecher See (7624/1) und im Allmendinger Ried (7624/3) festgestellt. Die Mehrzahl der im Ulmer Raum bekannten Vorkommen liegt bereits auf bayerischem Gebiet. Außerhalb des Oberrheingebietes und des Ulmer Raumes wurden nur noch 2 weitere, ± isolierte Wuchsorte bekannt, die bereits Anfang des Jahrhunderts nicht mehr bestätigt werden konnten: Im Kraichgau zwischen

Sinsheim und Schwarzach (6719/1) und im Alpen-vorland am Moosweiher (7924/1) südwestlich von Biberach.

Die geringste Meereshöhe weisen Wuchsorte mit ca. 95 m bei Mannheim auf, die größte Höhe erreichte das Vorkommen am Moosweiher mit ca. 570 m.

Ältester literarischer Nachweis: GMELIN (1808: 517–518): „circa Linkenheim, Hochstädt et Russheim inervis... saepe inundatis rarius, ubi vidi cumb. Schweyckerto".

Oberrheingebiet: 6417/2: Lange Wiesen westlich Hemsbach, Anfang der 70er Jahre noch beobachtet, konnte 1987 nicht mehr bestätigt werden, BUTTLER u. STIEGLITZ (1976), DEMUTH (KR-K); 6517/1: Freudenheim, DÖLL (1862); 6517/2: Straßenheimer Hof bei Ladenburg, SCHMIDT (1857); 6517/3: Rohrhof, SCHMIDT (1857); 6616/4: Alt-Lußheim, SCHMIDT (1857); 6617/1: in Naßwiesen an der Kollerfähre, um 1975 noch beobachtet, inzw. durch Verfüllung des Wuchsortes anscheinend erloschen, HAISCH (KR-K); Ketsch, SCHMIDT (1857); 6716/3: Kümmelwiesen nordwestlich Rußheim, 1961, Wuchsort inzw. melioriert, KORNECK in PHILIPPI (1971), PHILIPPI (KR-K); 6717/1: Neu-Lußheim, SCHMIDT (1857); 6717/3: Waghäusl, DÖLL (1862); 6816/3: Linkenheim, Hochstetten, GMELIN (1808); 6916/1: Eggenstein, DÖLL (1862); 6916/3: Knielingen, DÖLL (1862); 7016/1: bei Ettlingen, KNEUCKER (1886); Erlenwiesen westl. Ettlingen, 1952, inzw. kultiviert, LANG in PHILIPPI (1971), PHILIPPI (KR-K); 7213/4: zw. Helmlingen u. Muckenschopf, 1923 u. 1926, ZIMMERMANN (KR); 7513/1: Schutterniederung Altenheim-Müllen, 1959, PHILIPPI (1961); 7513/2: Viehweide unweit Offenburg, 1900, KNEUCKER (KR); 7911/2: Kaiserstuhl-Faule Waag, 1909, Finder unbekannt (KR).

Ulmer Raum: 7526/2: Langenauer Ried, 1946, K. MÜLLER (STU); 7526/3: Burlafingen (bayr.), MARTENS u. KEMMLER (1882); 7527/1: Riedheim, K. MÜLLER (1955–1957); 7527/2: Günzburg (bayr.), K. MÜLLER (1955–1957); 7624/1: Schmiecher See; bereits 1837 gesammelt, zuletzt 1977 belegt, der Wuchsort ist inzwischen vernichtet, FUCHS 1837, MAHLER 1910, K. MÜLLER 1933 u. 1954, KNAUSS 1962, RAUNECKER 1977 (alle Belege STU); 7624/3: Allmendinger Ried, 1913 nicht mehr nachweisbar, MARTENS u. KEMMLER (1865), BERTSCH (1914); 7626/2: Finninger Ried (bayr.), K. MÜLLER (1955–1957); 7626/3: Gerlenhofen (bayr.), K. MÜLLER (1955–1957); 7726/2: Tiefenbach (bayr.), KURZ (1973).

Sonstige Wuchsorte: 6719/1: zw. Schwarzach und Sinsheim, DÖLL (1862); 7924/1: Moosweiher, 1913 nicht mehr nachweisbar, MARTENS & KEMMLER (1882), BERTSCH (1914).

Bestand und Bedrohung: V. persicifolia ist offenbar in den späten siebziger oder in den frühen achtziger Jahren in Baden-Württemberg ausgestorben! Die in der Roten Liste (HARMS et al. 1983) vorgenommene Einstufung als stark gefährdet (G 2) ist durch den Gang der Ereignisse leider hinfällig. Durch die fast vollständige Umwandlung der Stromtal-Pfeifengraswiesen in Wirtschaftsgrünland oder in Äcker in

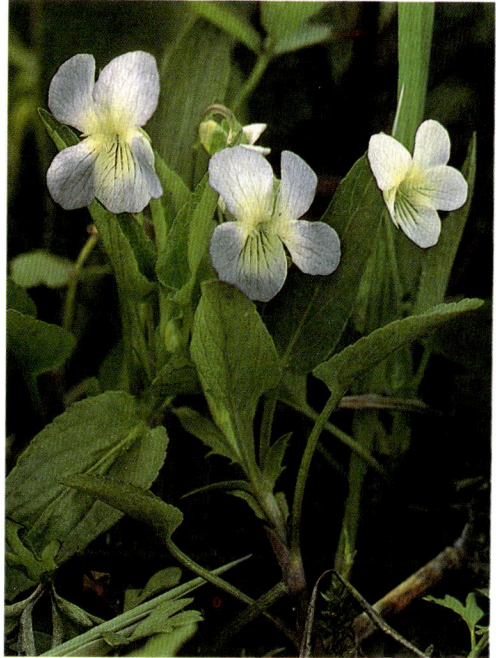

Moor-Veilchen (*Viola persicifolia*)

der Zeit nach 1950 wurden bis 1970 mit Ausnahme von drei Vorkommen sämtliche Wuchsorte der Art zerstört (z. B. die Kümmelwiesen bei Rußheim, die Standorte im Langenauer Ried). Zuletzt wurde das Moor-Veilchen noch in den „Langen Wiesen" westlich von Hemsbach (6417/2), in Naßwiesen östlich der Kollerfähre (6617/1) und in Naßwiesen am Schmiecher See (7624/1) beobachtet.

Leider gingen auch diese Wuchsorte verloren: Die „Langen Wiesen" wurden zwischenzeitlich aufgedüngt, an der Kollerfähre erfolgten Aufschüttungen und Meliorationen. Durch den Ausbau der den Schmiecher See flankierenden Feldwege zu Dämmen (vgl. KUHN 1987) wandelten sich ehemalige Naßwiesen auf der Seeseite der Dämme zu nassen, bultigen Steif-Seggenriedern um. Der von RAUNEKKER 1977 verzeichnete Wuchsort von V. persicifolia (STU-K) wurde von diesem Vorgang miterfaßt; das Moor-Veilchen ist seitdem am Schmiecher See nicht mehr beobachtet worden. Mahd verträgt V. persicifolia ab Mitte Juli (SCHIEFER).

Viola-Bastarde in Baden-Württemberg:

Bastardisierungen innerhalb der Gattung *Viola* sind sehr häufig, erfolgen jedoch nur zwischen bestimmten Arten(gruppen). Bastarde mit der zur Sektion *Dischidium* gehörenden *Viola biflora* sind nicht bekannt. Bastard-Bildungen innerhalb der

Sektion *Melanium* sind selten. Bei der Sektion *Nomimium* erfolgen Bastard-Bildungen v.a. innerhalb bestimmter Artengruppen (z.B. der *Viola hirta*-Gruppe mit *V. hirta, V. collina, V. odorata* und *V. alba* oder zw. *V. reichenbachiana, V. riviniana, V. rupestris* und *V. canina*). Innerhalb dieser Artengruppen sind die Bastarde (z.B. *V. collina* × *hirta* oder *V. reichenbachiana* × *riviniana*) häufig fertil (vgl. GERSTLAUER 1943).

Die folgende Zusammenstellung erfolgte nach Herbarbelegen der Staatlichen Museen für Naturkunde in Stuttgart (STU) und Karlsruhe (KR).

Viola alba × *hirta* = *V.* × *schoenáchii* J. Murr et Döll
In den Verbreitungsgebieten von *V. alba* nicht selten.
7015/4: zw. Würmersheim und Au a.Rhein, 1901 u. 1906, KNEUCKER (KR) u. (STU); 8012/2: Schönberg, 1920, JAUCH (KR) u. (STU); 8112/3: Badenweiler, BAUSCH (STU); 8323/3: im Argental bei Oberdorf, 1931, BERTSCH (STU); 8323/4: Gießenbrücke bei Tettnang, Waldränder im Argental, 1921, BERTSCH (STU).

Viola alba × *odorata* = *V.* × *cluniénsis* J. Murr et Döll
Zerstreut in den Verbreitungsgebieten von *V. alba* vorkommend.
7015/4: Rottlichwäldchen bei Würmersheim, 1906 u. 1925, KNEUCKER (KR); 7526/3 (?): Ulm, Donau, 1940, K. MÜLLER (STU); 8323/4: Argental, Gießenbrücke, 1921, BERTSCH (STU).

Viola canina × *reichenbachiana* = *V.* × *borussica* (Borbás) W. Becker
Anscheinend seltener Bastard.
7924/1: Moosweiher bei Mittelbiberach, 1913, BERTSCH (STU); 8224/3: Dietenberger See, 1914, BERTSCH (STU); 8324/2: Teufelsee; Kr. Tettnang, 1917, BERTSCH (STU).

Viola canina × *riviniana* = *V.* × *baltica* Becker
In den gemeinsamen Verbreitungsgebieten von *V. canina* und *V. riviniana* anscheinend häufiger Bastard!
7221/2: Wäldenbronn, 1903, BERTSCH (STU); 7420/3: Tübingen, 1910, A. MAYER (STU); 7523/1: Zaininger Heuberg, Talweg, 1932, PLANKENHORN (STU); 7919/2: Irndorfer Hardt, Südwest-Teil, 1982, SEBALD (STU); 7921/2: Hipfelsberg bei Scheer/Donau, 1907, BERTSCH (STU); 7922/3: Mengen/Saulgau, 1907, BERTSCH (STU); 7923/3: Lampertsweiler, 1899, BERTSCH (STU); 7924/1: Moosweiher bei Mittelbiberach, 1913, BERTSCH (STU); 8014/4: zw. Hinterzarten u.d. Pocketfelsen, 1924, leg. KNEUCKER, det. GROSS (KR); 8023/1: Booser Ried, 1898, BERTSCH (STU); 8223/4: Kemerlang, 1917, BERTSCH (STU); 8224/2: Reichermoos, 1914, BERTSCH (STU); 8226/4: Rohrdorf, 1911, BERTSCH (STU); 8324/2: Mittelsee, 1917, BERTSCH (STU); 8325/2: Eglofs, 1911, BERTSCH (STU); 8326/1 (?): Isny, 1913, BERTSCH (STU).

Viola canina × *rupestris* = *V.* × *braunii* Borbás
Seltener Bastard.
7525/1: „Böckhaus" bei Bermaringen, 1936, K. MÜLLER (STU); 7922/3: Bremen, 1905, BERTSCH (STU); 7924/1: am Moosweiher bei Mittelbiberach, 1913, BERTSCH (STU).

Viola collina × *hirta* = *V.* × *umbrosa* Hoppe
In den Verbreitungsgebieten von *V. collina* (sehr) häufiger Bastard!
7525/1: Wiesental, 1931, K. MÜLLER (STU); 7525/3: Herrlingen, 1937, GSCHEIDLE (STU); 7724/3: Eingang im Schmiechtal am Schmeienberg, 1908, BERTSCH (STU); 7818/4: Lemberg, 1914, BERTSCH (STU); 7821/4: unteres Laucherttal b. Hitzkofen, 1907, BERTSCH (STU); 7919/2: Beuron, 1904, BERTSCH (STU); auf der Höhe des Eichsfelsens b. Irndorf, 1909, BERTSCH (STU); 7920/1: oberes Donautal beim Schaufelsen, 1908, BERTSCH (STU); Finstertal bei Werenwag, 1909, BERTSCH (STU); 7920/2: Gutenstein, 1908, BERTSCH (STU); 7921/1: Inzigkofen, 1908, BERTSCH (STU); Sigmaringen, 1913, BERTSCH (STU); 7921/2: im unteren Tal der Lauchert beim Hüttenwerk Laucherttal, 1907, BERTSCH (STU); 8123/4: Weingarten, Oberschwaben, 1903, BERTSCH (STU); 8223/2: Ravensburg, 1914, BERTSCH (STU).

Viola collina × *odorata* = *V.* × *merkensteinénsis* Wiesb.
Im Verbreitungsgebiet von *V. collina* anscheinend nur selten auftretender Bastard.
8326/1: Ufergebüsche a.d. Unteren Argen bei Rötenbach, 1913, BERTSCH (STU).

Viola hirta × *odorata* = *V.* × *scábra* Braun
Gehört zu den häufigen Veilchen-Bastarden!

Viola reichenbachiana × *riviniana* = *V.* × *dubia* Wiesb.
Häufigster Veilchen-Bastard Baden-Württembergs! Örtlich sind Hybridformen aus *V. reichenbachiana* und *V. riviniana* häufiger als die Reinformen.

Viola reichenbachiana × *rupestris* = *V.* × *leunisii* Borbás
Bisher ein Nachweis in Baden-Württemberg.
7625/2: bei Ulm-Wiblingen, 1936, K. MÜLLER (STU).

Viola riviniana × *rupestris* = *V.* × *burnátii* Gremli
Seltener Bastard.
7525/1: „Böckhaus" bei Bermaringen, 1936, K. MÜLLER (STU); 7525/1: Blumenhau westl. Tomerdingen, heidige Wiesenstellen, 1936, K. MÜLLER (STU).

Cistaceae
Zistrosengewächse
Bearbeiter: B. QUINGER

Kräuter oder bis zu 30 cm hohe Zwergsträucher. Blätter ungeteilt, ganzrandig, gegen-, seltener wechselständig, meist immergrün, mit oder ohne Nebenblätter. Blüten einzeln oder in traubigen Wickeln. Krone radiär. Kelchblätter 5, frei, meist abfallend, 3 relativ große K. innen, zwei relativ kleine K. außen. Kronblätter 5, gleich, in der Knospenlage gedreht. Staubblätter zahlreich. Fruchtknoten 1, oberständig. Frucht eine 1fächrige, sich klappig öffnende Kapsel, vielsamig.

Die Cistaceen umfassen 8 Gattungen mit ca. 75 Arten, die hauptsächlich in der Holarktis verbreitet sind. Das Mannigfaltigkeitszentrum liegt im Mittelmeergebiet. In Baden-Württemberg sind die Gattungen *Helianthemum* und *Fumana* einheimisch.

1 Blätter nadelförmig, wechselständig; Blüten einzeln, blattachselständig; äußere Staubblätter ohne Staubbeutel . . . . 1. *Fumana*
– Blätter länglich-eiförmig, wenigstens die unteren gegenständig; Blüten in traubigen Wickeln; Alle Staubblätter mit Staubbeutel . . . .
2. *Helianthemum*

1. **Fumana** (Dunal) Spach 1836
Heideröschen, Nadelröschen, Zwerg-Sonnenröschen

0In Baden-Württemberg kommt nur *F. procumbens* vor; die morphologischen Merkmale dieser Art sind bei der Artbeschreibung aufgeführt. Im Mittelmeerraum gibt es *Fumana*-Arten mit gegenständigen Blättern (vgl. Schlüssel!).

Die Gattung *Fumana* umfaßt 10 Arten, die weitgehend auf den Mittelmeerraum beschränkt sind; lediglich *F. procumbens* kommt nördlich von den Alpen vor.

1. **Fumana procumbens** (Dunal) Gren. & Gordon 1847
F. nudifolia (Lam.) Janchen 1908; *F. vulgaris* Spach. 1836; *Cistus fumana* L. 1753; *Helianthemum procumbens* Dunal 1824; *Helianthemum fumana* (L.) Mill. 1768
Niederliegendes Heideröschen, Zwerg-Heideröschen, Nadelröschen, Zwerg-Sonnenröschen.

Morphologie: Halbstrauch (Chamaephyt), 10–20 cm hoch. Zweige niederliegend oder aufsteigend. Blätter 3–15 mm lang, nadelförmig, mit kurzen, anliegenden, gekrümmten, mehrzelligen Haaren grau überzogen (nur mit wenigen Drüsenhaaren!). Blüten fast immer einzeln, blattachselständig. Blütenstiele viel schwächer behaart als das anschließende Stengelstück. Kelchblätter 5, die inneren 3 ungleich größer als die 2 äußeren, in Behaarung wie die Laubblätter. Kronblätter 8–10 mm lang, gelb, etwa 1,5mal so lang wie die inneren Kelchblätter. Fruchtknoten eiförmig-kugelig, 3fächrig. Griffel bis 3 mm lang. Frucht 5–7 mm lang, eine 3klappig aufspringende Kapsel. Samen 1,2 bis 2,5 mm lang, schwarzbraun.

Biologie: Blütezeit Juni bis August. Die Öffnung der Blüten erfolgt nur bei Sonnenschein und am Vormittag. Meist Selbst-, seltener Insektenbestäubung.

Ökologie: Auf trockenen, nährstoffarmen, basenreichen (meist kalkhaltigen) Sandböden und auf feinerdearmen Felsstandorten in lückigen Trockenrasen. Am Badberg im Kaiserstuhl auf metamorphen Tertiärkalken mit geringmächtigen (bis etwa 5 cm), von Grobschutt durchsetzten Lößauflagen im Xerobrometum in Beständen von *Bromus erectus*, *Stipa capillata* und *Carex humilis* u.a. gemeinsam mit *Globularia elongata*, *Linum tenuifolium*, *Stachys recta*, *Potentilla arenaria*, *Sedum album*, *Galium glaucum*, *Calamintha acinos*, *Aster linosyris*, *Artemisia campestris*, *Teucrium chamaedrys*, *Teucrium montanum* und den Moosen *Tortella inclinata*, *Rhytidium rugosum* und *Abietinella abietinum*.

Aus kalkreichen Sanddünen bei Sandhausen an windgeschützten Stellen in Rasen aus *Koeleria glauca* und *Festuca ovina* subsp. *lemanii* in Begleitung u.a. von *Jurinea cyanoides*, *Alyssum montanum* subsp. *gmelini*, *Euphorbia seguieriana*, *Artemisia campestris*, *Silene otites* und den Kryptogamen *Tortula muralis*, *Rhacomitrium canescens* und *Cladonia endiviaefolia*. Vegetationsaufnahmen bei SLEUMER (1934: Tab. 2) und bei PHILIPPI (1971: Tab. 2).

Allgemeine Verbreitung: Europa und Südwest-Asien. Hauptverbreitungsgebiet im nördlichen Mittelmeerraum in Südfrankreich, Italien und auf der Balkan-Halbinsel. In Mitteleuropa sehr zerstreut in der Oberrheinischen Tiefebene, im Fränkischen Jura und in den Trockengebieten Thüringens, Sach-

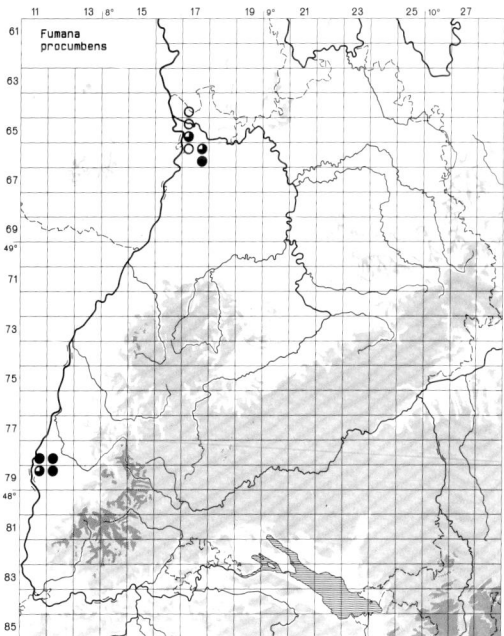

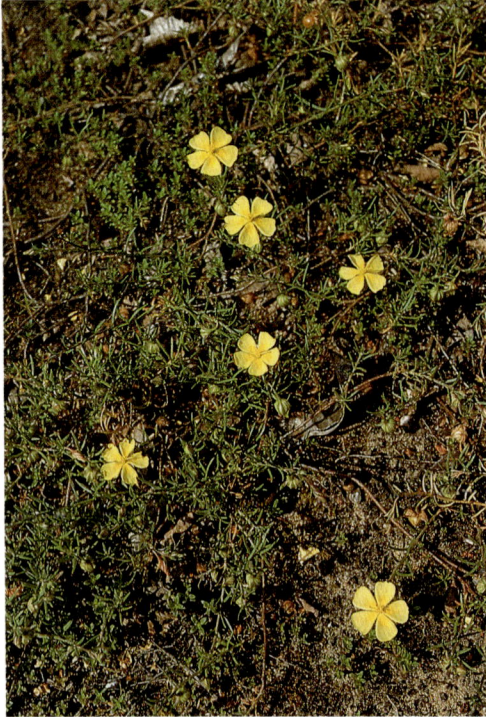

Niederliegendes Heideröschen *(Fumana procumbens)*
Sandhausen, 1989

bekannt (KR); 6617/2: zw. Sandhausen und Oftersheim in lichten, sandigen Föhrenwäldern, 1925, JAUCH (KR); Oftersheim-Schwetzingen, 1928, KREH (STU); Düne Pflege-Schönau, zuletzt um 1970 beobachtet, PHILIPPI (KR-K); 6617/4: zw. St. Ilgen und Walldorf, NEUBERGER (1889); Sandhausen bei Heidelberg, 1923, KNEUCKER (KR); Pferdstriebdüne bei Sandhausen, zuletzt 1987 beobachtet, PHILIPPI (1971), BREUNIG U. QUINGER (KR-K).
Kaiserstuhl: 7811/4: Burkheim-Kaiserstuhl, Steinbrüche, 1936, GSCHEIDLE (STU); Burkheim, Rheinhalde, 1985 mit *Stipa pulcherrima* und *Alyssum montanum,* WITSCHEL (KR-K); 7812/3: „Osele" bei Schelingen, 1985 mit *Stipa capillata* und *Aster linosyris,* WITSCHEL (KR-K); 7911/2: Bitzenberg bei Achkarren, STEHLE (1895); Südabhang des Bitzenbergs, zuletzt 1961 belegt, SCHLATTERER (1921), SLEUMER (1934), KNAUSS (STU); 7912/1: Badberg, 1921, JAUCH (KR); Badberg, im Steinbruch beim „Badloch"; noch vorhanden, SLEUMER (1934), QUINGER (KR-K).

Bestand und Bedrohung: In Baden-Württemberg sehr seltene, stark gefährdete Art (Gef.-Grad 2)! In der nördlichen Rheinebene ist *F. procumbens* akut vom Aussterben bedroht; es existiert nur noch eine kleine Population im NSG Pferdstriebdüne bei Sandhausen (6617/4). Der Rückgang der Sandfluren als den potentiellen Wuchsorten dieser Art wurde durch die Intensivierung des Spargelanbaus, die Ausdehnung der Ortschaften und durch die Anlage von Sandgruben in den Dünen verursacht. Im Kaiserstuhl scheint als einziges das recht individuenreiche Vorkommen (mehr. 100 Ex.) in dem Steinbruch an der Südseite des Badbergs (7912/1) ungefährdet zu sein.

sen-Anhalts und Niederösterreichs. Nordgrenze auf der Insel Gotland bei 57° n. Br.; Ostgrenze am Kaukasus.

Verbreitung in Baden-Württemberg: Sichere Angaben gibt es nur aus dem Kaiserstuhl und von den Hardtplatten im Bereich kalkreicher Sande (hauptsächlich Schwetzinger Hardt und Mannheimer Raum) in der nördlichen Rheinebene.

Die Höhenverbreitung reicht von ca. 105 m ü. NN in den Sanden der nördlichen Rheinebene bis ca. 360 m ü. NN. am Badberg (7912/1) und am Bitzenberg (7911/2) im Kaiserstuhl.

An steilen Felsen im Kaiserstuhl vermutlich von Natur aus einheimisch. Ältester literarischer Nachweis: DIERBACH (1820: 154): „inter Schwetzingen et dem Rohrhof".

Nördliche Rheinebene im Bereich der Hardtplatten: 6417/3: Käfertal-Viernheim, DÖLL (1862); 6517/1: zw. Relaishaus und Seckenheim, 19. Jhdt., Finder unbekannt (KR); 6517/3: Relaishaus bei Mannheim, 1846, SERGER (KR); Mannheim-Rheinau, 1887, FÖRSTER (KR); zw. Rheinau und Friedrichsfeld, 1887, KNEUCKER (KR); Brühl-Rohrhof, F. ZIMMERMANN (1906); Brühl-Rohrhof, am Südrand der Sandgrube, zuletzt um 1970 beobachtet, PHILIPPI (KR-K); Friedrichsfelder Wald, SCHLATTERER (1912); 6617/1: Eisgrube bei Schwetzingen, 19. Jhdt., Finder un-

2. **Helianthemum** Miller 1768
Sonnenröschen

Halbsträucher oder 1jährige Kräuter. Blätter gegenständig, die oberen wechselständig, zumindest die unteren gestielt, länglich-eiförmig, fiedernervig, nicht nadelförmig. Blüten zumeist in traubenartigen Wickeln. Kronblätter weiß oder gelb. Alle Staubblätter mit Staubbeutel. Fruchtknoten einfächrig, aus drei Fruchtblättern. Griffel 1. Narben 3. Kapsel 3klappig aufspringend.

Pollenblumen mit großer Pollen- und geringer Nektarproduktion (KNUTH 1898). Öffnung der Blüten bei Sonnenschein, meist nur wenige Stunden am Tag. Insekten- und Selbstbestäubung. Bei einigen Arten kommt auch Kleistogamie vor.

Die Gattung *Helianthemum* umfaßt 80 Arten, die im westlichen Eurasien und in Nordafrika beheimatet sind mit Verbreitungsschwerpunkt im Mittelmeerraum. Einzelne Arten dringen in das nördliche Europa vor. In Baden-Württemberg und in angrenzenden Gebieten kommen drei Arten vor.

1 Zumindest untere Blätter ohne Nebenblätter. Blätter unterseits dicht (weiß)filzig, oberseits graugrün, weniger dicht behaart. Kronblätter dunkelgelb, 3–10 mm lang. Staubblätter den Griffel überragend . . . . 1. *H. canum*

– Alle Blätter mit Nebenblättern. Kronblätter weiß oder gelb, 8–18 mm lang. Staubblätter nicht den Griffel überragend 2

2 Kronblätter weiß. Blätter lineal-länglich, umgerollt, beiderseits grauweiß-filzig. Nebenblätter pfriemlich, fädlich oder nadelförmig, etwa so lang wie der Blattstiel. In Baden-Württemberg fehlend, bisher nur in angrenzenden Gebieten Unterfrankens festgestellt . . . . *[H. apenninum]*

– Kronblätter gelb, selten gelblichweiß. Blätter eiförmig-länglich, oberseits dunkelgrün, unten grau oder graugrün, sehr unterschiedlich in der Behaarung. Nebenblätter lanzettlich, länger als der Blattstiel . . . . 2. *H. nummularium*

1. Helianthemum canum (L.) Baumg. 1816
Graufilziges Sonnenröschen

Morphologie: Ein Halbstrauch (Chamaephyt), 10–20 cm hoch, ausdauernd, mit tiefer Pfahlwurzel. Stengel niederliegend-aufsteigend, im unteren, verholzten Teil durchscheinend kurz behaart, im oberen, krautigen Teil dicht weiß(grau)-filzig behaart. Blätter 0,4 bis 2,5 cm lang, oval bis schmal lanzettlich, beiderseits mit Sternhaaren, am Grunde zum 1–8 mm langen Stiel verschmälert. Blattoberseite graugrünlich mit angedrückt langen Haaren in

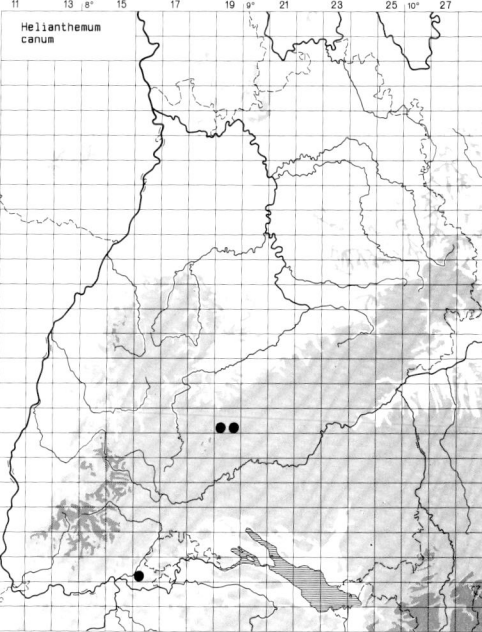

mäßiger Dichte oder mit dicht-filziger Behaarung. Blattunterseite stets dicht grauweiß-filzig behaart. Untere Blätter stets ohne Nebenblätter. Blütenstände mit 1–15 Blüten. Äußere Kelchblätter schmal-lanzettlich, bis etwa ¾mal so lang wie die inneren, eiförmigen bis breit-lanzettlichen Kelchblätter. Kronblätter 3–10 mm lang, (dunkel)gelb, etwa ½ so lang wie die inneren Kelchblätter. Staubblätter den Griffel überragend. Fruchtknoten eiförmig bis kugelig, zottig-filzig behaart. Frucht eine eiförmig-kugelige, hellbraune, behaarte, mehrsamige Kapsel. Samen eiförmig, bis 2 mm lang.

Biologie: Blütezeit Mai bis Juni. Als Blütenbesucher nennt KNUTH (1898) Hummeln und Bienen.

Ökologie: Auf trockenen, nährstoffarmen, kalkreichen, flachgründigen, humosen Lehmböden über fugenreichen (Tiefwurzler!) Jurakalken, in Spalten von Kalkfelsen oder von Kalk-Gemäuern (Küssaburg). Vorwiegend in Xerobromion-Gesellschaften. Am Böllat in der Schwäbischen Alb im Bromo-Seslerietum (KUHN 1937), einer Blaugrashalde mit *Carex humilis, Globularia punctata, Stachys recta, Aster amellus, Teucrium montanum, Sedum album, Anthericum ramosum, Carduus defloratus, Potentilla verna* und *P. heptaphylla*. Auf den Gemäuern der Küssaburg ist *H. canum* mit denselben Arten vergesellschaftet, wenn auch in artenärmeren Beständen. Vegetationsaufnahmen bei KUHN (1937: Tab. 16).

Allgemeine Verbreitung: Europa und Kleinasien. Hauptverbreitungsgebiete sind das nordöstliche Spanien, das südliche Frankreich, die Apenninen-Halbinsel, die mittlere Balkan-Halbinsel und die Krim. Nördliche Vorposten befinden sich auf den Britischen Inseln, in Thüringen und in Sachsen-Anhalt und auf der Insel Öland bei 56° n. Br. Mediterran-pontische Pflanze.

Verbreitung in Baden-Württemberg: In der Zollern-Alb sind Fundorte nur aus dem Gipfelbereich des Schafbergs, des Wenzelsteins (beide 7719/3) und des Böllats (7719/4) bekannt. Darüber hinaus kommt das *H. canum* in Baden-Württemberg lediglich an den Gemäuern der Küssaburg (8316/3) vor. BECHERER (1923) gibt die Art auch für den Südwesthang des Küssabergs (8316/3) an. Nach Herbarbelegen (Hb. KR) und Originaletikett („legi prope Sindolsheim et Boxberg") fand GMELIN die Art 1814 auch bei Sindolsheim (6522/2) und bei Boxberg (6523/2), wo sie seither nie mehr beobachtet werden konnte (vgl. MARTENS & KEMMLER 1882).

Das Vorkommen am Küssaberg liegt bei 630 m ü. NN, die Vorkommen am Schafberg und am Böllat nach K. & F. BERTSCH (1948) zwischen 880 und 995 m ü. NN!

Ältester literarischer Nachweis: MARTENS u.

Graufilziges Sonnenröschen *(Helianthemum canum)*
Balingen, 1989

KEMMLER (1865: 54): „fand in Otto Fischer den 14. Juni 1857 auf dem Böllat bei Pfeffingen, Oberamts Balingen, wo man ihn nur mit Lebensgefahr holen kann." Die ältere Angabe bei GMELIN (1826: 406) von „Boxberg, Märgentheim, Sindolsheim" ist unsicher.

6522/2: bei Sindolsheim, 1814, GMELIN (KR); 6523/2: bei Boxberg, 1814, GMELIN (KR); 7719/3: Schafberg, Gipfel, 1987 noch vorhanden, Entdecker: HEGELMAIER, HERTER, SEYBOLD (STU), QUINGER (KR-K); Wenzelstein, 1986 nicht auffindbar, K. u. F. BERTSCH (1948), von WITSCHEL vergeblich gesucht; 7719/4: Böllat, im Jahre 1984 etwa 250 Stöcke, Entdecker: FISCHER; MAIER (STU-K); 8316/3: Küssaberg, SW-Hang, im Jahre 1922 entdeckt, BECHE-

RER (1923); Küssaburg, in Mauern, 1984 noch vorhanden, KUMMER (1944), QUINGER (KR-K).

Bestand und Bedrohung: In Baden-Württemberg sehr seltene, aber nur potentiell gefährdete Art. Abgesehen von den von GMELIN genannten (später oft verschiedentlich angezweifelten) Vorkommen hat die Art ihre wenigen Wuchsorte behaupten können. In der Zollern-Alb handelt es sich um primär unbewaldete Standorte, auf denen natürliche Rasengesellschaften gedeihen, die wegen ihres geringen Ertrages kaum vom Menschen genutzt werden (vgl. KUHN 1937: 100). Um die Art zu erhalten, müssen sämtliche Wuchsorte als NSG oder als Naturdenk-

106

mal geschützt und Störeinflüsse wie Eutrophierungen durch Besucher (v.a. an den Gipfeln!) ausgeschaltet werden.

Helianthemum apenninum Miller 1768
H. polifolium Mill. 1768; *H. pulverulentum* Lam. et DC. 1805; *H. velutinum* Jord. 1846
Apeninnen-Sonnenröschen

In Baden-Württemberg wildwachsend nicht nachgewiesen. Die nächsten seit langem bekannten Vorkommen befinden sich im unterfränkischen Maintal nördlich von Würzburg (Veitshöchheim) und um Karlstadt. Neuerdings wurde die Art auch an einer Main-Schleuse südlich von Neustadt in nur 15 km Entfernung von der Landesgrenze zu Baden-Württemberg festgestellt (PHILIPPI 1986, mdl.). Seine Hauptverbreitung hat *H. apenninum* in Italien, im südlichen und mittleren Frankreich und in Nordost-Spanien.

2. Helianthemum nummularium
(L.) Miller 1768
H. vulgare Gärtner 1788; *H. chamaecistus* Miller 1768
Gemeines Sonnenröschen, Gewöhnliches Sonnenröschen

Morphologie: Ein Halbstrauch (Chamaephyt), 5–50 cm hoch, ausdauernd mit tiefer, kräftiger Wurzel. Stengel niederliegend-aufsteigend, im unteren Teil verholzt, im oberen Teil krautig, vor allem im oberen Teil ± reichlich behaart, selten kahl. Blätter 0,5–4 cm lang, eiförmig bis schmal-lanzett-

lich, in der Behaarung sehr variabel (vgl. Unterarten!), oberseits lebhaft (dunkel)grün, unterseits heller grün. Alle Blätter mit etwa ¼ so langen, schmal-lanzettlichen Nebenblättern. Blütenstände mit 1–15 Blüten. Äußere Kelchblätter lineal-lanzettlich, etwa ⅓ so lang wie die inneren, eiförmigen Kelchblätter. Kronblätter 8–15(–18) mm lang, goldgelb, selten weißlichgelb, sehr selten weiß. Staubblätter weniger hoch als der Griffel. Fruchtknoten eiförmig bis kugelig, zottig-filzig behaart. Frucht eine kugelige, krautige, behaarte Kapsel. Samen rundlich, bis 2 mm lang.

Biologie: Blütezeit Mai bis September. Als Blütenbesucher nennt KNUTH (1898) u.a. Käfer, Schwebfliegen, Bienen, Hummeln und Schmetterlinge.

Ökologie: Auf besonnten, mäßig bis sehr trockenen, nährstoffarmen, meist ± basenreichen (meist kalkreichen, selten fast kalkfreien), humosen, Sand- bis tonigen Lehmböden über Muschel- und Jurakalken, Knollenmergeln, Lößdecken, basenreichen Moränen, Flußkiesen oder -schottern, kalkreichen Dünen und anderen Unterlagen. Gedeiht auch auf steinigen oder felsigen Böden. Vorwiegend in submediterranen Halbtrocken- und Trockenrasen (Mesobromion- und Xerobromion-Gesellschaften), häufig auch in alpigenen Kalk-Magerrasen (Seslerietea albicantis-Gesellschaften), in thermophilen Saumgesellschaften (Trifolio-Geranietea sanguinei-Ges.) und in Kiefern-Trockenwäldern (in SW-Deutschland hauptsächlich im Cytiso-Pinetum).

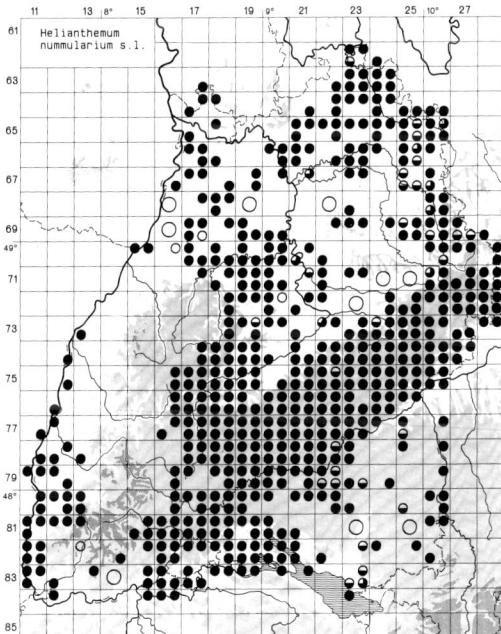

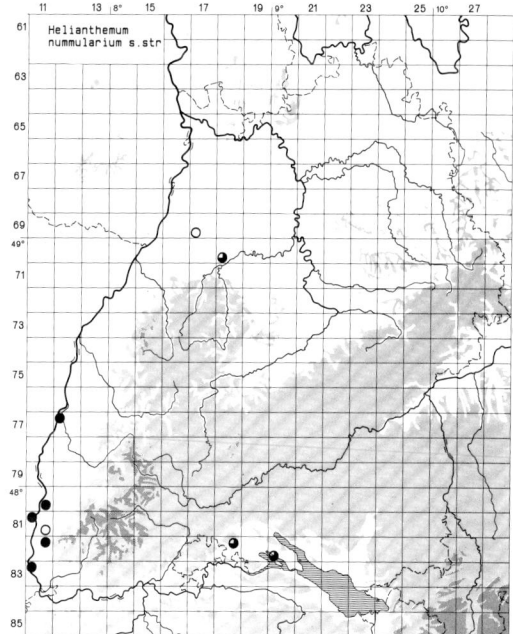

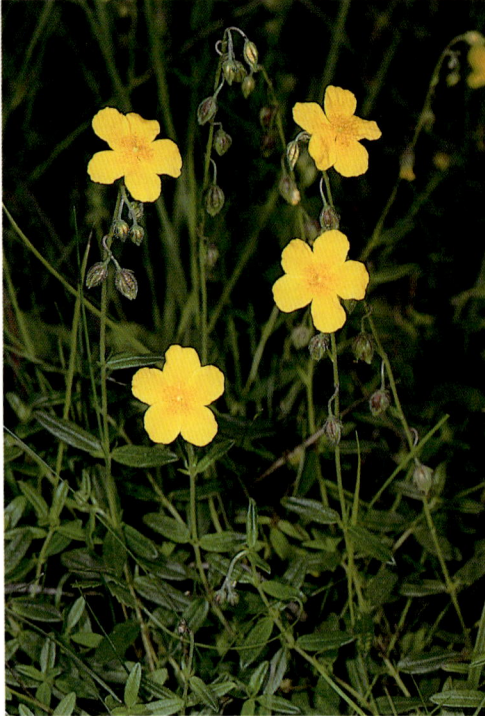

Gemeines Sonnenröschen *(Helianthemum nummularium)*
Ringingen, 1978

Erheblich seltener tritt das Sonnenröschen in kalkarmen Trockenrasen und Heiden (Nardo-Callune-
tea-Ges.) auf, hier v. a. in Gesellschaften des Violion
caninae (z. B. im Polygono vivipari-Genistetum sagittalis auf entkalkten Hochflächenlehmen der
Schwäbischen Alb; vgl. KUHN 1937: 186ff.). Auch
Sedo-Scleranthetea-Gesellschaften kann *H. nummularium* angehören, wie z. B. der Hornkraut-Ge-
sellschaft (Cerastietum pumili) und der Pfingstnel-
ken-Flur (Diantho gratianopolitani-Festucetum
pallescentis). Vegetationsaufnahmen u. a. bei SLEU-
MER (1934: Tab. 1, 2), KUHN (1937: mehr. Tab.),
TH. MÜLLER (1966: Tab. 4), LANG (1973:
Tab. 80), PHILIPPI (1971: Tab. 2, 7 und 1984:
Tab. 3, 11, 12) und bei WITSCHEL (1980: mehr.
Tab.).

Allgemeine Verbreitung: Europa und Südwest-
Asien. Südgrenze in Mittelspanien, Süditalien,
Griechenland und Kleinasien. Nordgrenze in
Schottland, Mittelschweden (bis 62° n. Br.) und
Südfinnland. Hauptverbreitung in Italien, Frankreich (außer Bretagne), Mitteleuropa (außer Niederlande, nördl. Niedersachsen, Schleswig-Holstein), auf der westlichen Balkan-Halbinsel, in Teilen Osteuropas und in Transkaukasien.

Verbreitung in Baden-Württemberg: Hauptverbreitungsgebiete sind der gesamte Jura (Schwäbische
Alb, Randen) und die Muschelkalkflächen des Alb-
Wutach-Gebietes, der Oberen Gäue, des Neckarbeckens, des Kraichgaus, des Baulandes, des Taubergebietes, der Hohenloher-Haller- und der Kocher-Jagst-Ebene. Einen weiteren Verbreitungsschwerpunkt bildet das südliche Oberrheingebiet
mit der Vorbergzone und den Grundwasserabsen-
kungsflächen südlich von Breisach (7911/4). In der
nördlichen Rheinebene kommt das Sonnenröschen
auf kalkreichen Dünen der Schwetzinger Hardt vor,
in Keupergebieten besonders auf Mergeln. Mit
Ausnahme vom westlichen Bodenseeraum tritt die
Art im Alpenvorland nur zerstreut auf, selten ist sie
im Südschwarzwald. In den Sandsteingebieten des
Schwarzwaldes, Odenwaldes, Spessarts und der
Keuperlandschaften fehlt das Sonnenröschen über
weite Strecken.

Die Höhenverbreitung reicht von ca. 105 m
ü. NN in der Schwetzinger Hardt bis über 1000 m
ü. NN in den Gipfellagen der Hohen Schwabenalb.

An felsigen Stellen in der Schwäbischen Alb und
auf Flußschottern ist das Sonnenröschen sicher von
Natur aus einheimisch.

Ältester fossiler Nachweis: Schussenquelle, älteste *Dryas* (LANG 1962). Ältester literarischer
Nachweis: J. BAUHIN (1598: 200): „ad Eichelberg".

Bestand und Bedrohung: In weiten Landesteilen zerstreut bis mäßig häufig. Gehört nicht zu den gefährdeten Arten; lediglich in der Oberrheinischen Tiefebene nördlich vom Kaiserstuhl ist das seit jeher
spärlich auftretende Sonnenröschen vielerorts verschwunden. *H. nummularium* hat seinen Verbreitungsschwerpunkt in den Kalk-Magerrasen, die in
den letzten Jahrzehnten regional stark zurückgegangen sind, erreicht dort aber oftmals hohe Stetig-
keitswerte. Eine große Zahl von Trockenrasen mit
bedeutsamen Vorkommen von *H. nummularium*
sind als NSG oder Naturdenkmal geschützt und
werden durch geeignete Pflegemaßnahmen erhalten. Das Sonnenröschen verträgt nach SCHIEFER
ein- bis höchstens zweimalige Mahd ab Mitte Juni
oder extensive Beweidung. Es wird selten verbissen
und ist unempfindlich gegen Brennen (SCHIEFER).

Variabilität: *H. nummularium* kommt in Mitteleuropa nach ROTHMALER (1982) in vier Unterarten
vor, von denen drei auch in Baden-Württemberg
beheimatet sind.

1   Blätter unterseits graufilzig, lineal-lanzettlich (L/B
     = 3–7). Kronblätter 6–10 mm lang . . . . . .
                              a) subsp. *nummularium*
–   Blätter zerstreut behaart oder kahl, breit-eiförmig
     bis schmal-lanzettlich (L/B = 3–5)   2

2 Kronblätter 8–12 mm lang. Innere Kelchblätter
 5–7 mm lang, ± behaart . . b) subsp. *obscurum*
– Kronblätter 10–18 mm lang. Innere Kelchblätter
 7–10 mm lang, zwischen den Nerven kahl, auf den
 Nerven mit langen Büschelhaaren . . . .
 c) subsp. *grandiflorum*

a) subsp. **nummularium**
Gewöhnliches Sonnenröschen

Morphologie: Blätter „lederig", lineal-lanzettlich,
3–7mal länger als breit, am Rande nach unten ge-
rollt, oberseits mit Sternhaaren, zerstreut behaart
bis schwach filzig, unterseits graufilzig. Innere
Kelchblätter 5–7 mm lang, auf den Nerven mit bis
zu 1 mm langen Borstenhaaren, zwischen den Nerven flächig sternhaarig. Kronblätter 8–12 mm
lang, meist goldgelb.

Standort: In Kalktrockenrasen, in lichten und besonnten Trockengebüschen und -wäldern. Scheint
im Vergleich zu subsp. *obscurum* sein Schwergewicht deutlich in Xerobromion-Gesellschaften zu
besitzen.

Verbreitung: Die Unterart kommt im gesamten Verbreitungsgebiet von *H. nummularium* vor, hat aber
ihr Schwergewicht deutlich im südlichen Europa. In
Baden-Württemberg viel seltener als subsp. *obscurum*; die Verbreitung ist infolge meist ungenügender
Unterscheidung von dieser Unterart nur unzureichend bekannt. Ihren Verbreitungsschwerpunkt in
Baden-Württemberg besitzt subsp. *nummularium*
offenbar im südlichen Oberrheingebiet.

6917/3: Grötzingen, 19. Jhdt., Finder unbekannt (KR);
7018/3: Ispringen bei Pforzheim, 1949, HRUBY (KR);
7712/1: NSG Taubergießen bei Kappel im „G'schleder",
1981, Hb. HARMS; 8011/4: Rheinebene bei Hartheim-
Weinstetten, 1982, Hb. HARMS; 8111/1: Grundwasserab-
senkungsgebiet westl. Grissheim, 1982, Hb. HARMS; 8111/
4: Müllheim, 19. Jhdt., LANG (KR); 8211/2: NSG Käfer-
holz östl. Mauchen; 1986, QUINGER (KR); 8218/2: Hohentwiel, BERTSCH (STU); 8220/3: Markelfingen, 1953,
HRUBY (KR); 8311/1: Isteiner Klotz, 1985 u. 1986, Hb.
WITSCHEL, QUINGER (KR); bei Huttingen, 1982, Hb.
HARMS.

b) subsp. **obscurum** (Celak) Holub 1963
H. n. subsp. *ovatum* (Vi.) Schinz et Thell. 1914;
H. ovatum (Viv.) Dunal 1824; *H. ovatum* subsp.
hirsutum (Mérat) Hayek 1925
Ovalblättriges Sonnenröschen

Morphologie: Blätter nicht „lederig", breit-eiförmig
bis schmal-lanzettlich, 3–5mal länger als breit, am
Rande flach, oberseits mit zerstreuten, vorwärts gerichteten Sternhaaren. Innere Kelchblätter 5–8 mm
lang, mit bis zu 1 mm langen Borstenhaaren. Kronblätter 8–12 mm lang, goldgelb.

Standort: Kalktrockenrasen, besonnte und lichte
Trockengebüsche und -wälder.

Verbreitung: Kommt im gesamten Verbreitungsgebiet von *H. nummularium* vor mit deutlichem
Schwergewicht im nördlichen Teil des Areals von
dieser Art. In Baden-Württemberg die absolut vorherrschende Unterart. Die Karte für *H. nummularium* s.l. dürfte daher weitgehend die Verbreitung
von subsp. *obscurum* zeigen.

Variabilität: Schmalblättrige (L/B um 5) Formen
mit langen Nebenblättern (um 1 cm) werden als
var. *fruticans* W. Koch unterschieden. Var. *fruticans*
kommt in den kalkhaltigen Dünen der Schwetzinger Hardt (PHILIPPI 1971) und in Xerobrometen
des Kaiserstuhls vor.

Fundorte von var. *fruticans* in Baden-Württemberg nach
Herbarbelegen:
7811/4: Limberg, Kaiserstuhl, 1950, OBERDORFER (KR);
7912/1: Badberg, Kaiserstuhl, in Xerobrometen, 1954,
OBERDORFER (KR).

c) subsp. **grandiflorum** (Scop.) Schinz et Thell.
1914
H. grandiflorum (Scop.) DC. in Lam. & DC. 1805;
H. ovatum subsp. *grandiflorum* (Scop.) Hayek
1925
Großblütiges Sonnenröschen

Morphologie: Blätter nicht „lederig", oval bis breit-
lanzettlich, 1,5–3,5mal länger als breit, am Rande
flach, zumindest oberseits, oft beiderseits zerstreut
behaart, nicht sternhaarig. Innere Kelchblätter
7–10 mm lang, auf den Nerven mit bis zu 2 mm
langen Borsten. Kronblätter 10–15(–18) mm lang,
meist goldgelb.

Standort: Auf Felsköpfen oder in Rasenbändern
von Felswänden. Auch in Alluvionen von Flüssen
des Alpenvorlandes. Zumeist in Blaugrasbestän-
den; in Baden-Württemberg in zum Xerobromion
tendierenden *Sesleria*-reichen Trockenrasen.

Verbreitung: Deutlich auf die Gebirge (z. B. Alpen,
Apennin, Karpaten, Sudeten, Kaukasus usw.) innerhalb des Verbreitungsgebietes von *H. nummularium* beschränkt. In Baden-Württemberg vermutlich nur auf der Schwäbischen Alb sehr zerstreut
vorkommend, aber Abgrenzung gegen subsp. *obscurum* oft sehr schwierig; die meisten Fundorte
liegen in der Donau-Alb zwischen Fridingen (7919/
4) und Tiergarten (7920/2) im Dontautal. Die Verbreitung ist jedoch noch so unzulänglich bekannt,
daß auf die Erstellung einer Karte verzichtet wurde.

Folgende Belege dürften zu dieser Unterart gehören:
7324/4: Michelsberg bei Geislingen, 1932, PLANKENHORN
(STU); 7423/1: Reußenstein, BERTSCH (STU); 7521/4: Kl.
Greifenstein bei Holzelfingen, 1952, K. MÜLLER (STU);

7719/3: Lochenhörnle, 1933, PLANKENHORN (STU); 7919/2: Beuron, BERTSCH (STU-K); 7919/4: Stiegelesfelsen bei Fridingen, BERTSCH (STU); 7920/1: Schaufelsen, BERTSCH (STU-K); Bandfelsen, 1981, Hb. HARMS; 7920/2: Tiergarten, BERTSCH (STU-K).

Tamaricáceae

Tamariskengewächse
Bearbeiter: B. QUINGER

Kleine Bäume oder Sträucher. Blätter einfach, ungeteilt, sitzend, nadel- oder schuppenförmig, wechselständig. Nebenblätter fehlen. Blüten einzeln oder in Trauben oder Rispen, meist zwittrig. Krone radiär. Kelchblätter 4–5. Kronblätter 4–5, frei. Staubblätter 4–10. Fruchtknoten 1, oberständig. Frucht eine fachspaltige Kapsel. Samen mit sitzendem oder gestieltem Haarschopf.

Zu den auf die Alte Welt beschränkten Tamaricaceen gehören 4 Gattungen mit etwa 100 Arten. In Mitteleuropa ist nur die Art *Myricaria germanica* einheimisch, daneben werden jedoch noch vielfach Vertreter der Gattung *Tamarix* kultiviert.

1 Staubblätter frei oder nur am Rande verwachsen. Deutlich entwickelte Griffel. Haarschopf der Samen sitzend; Ziersträucher . . . . . . *[Tamarix]*
– Staubblätter mindestens bis zu einem Drittel in einer Röhre verwachsen. Narbe ± sitzend. Haarschopf der Samen gestielt . . . . . . 1. *Myricaria*

1. **Myricaria** Desvaux 1825

Rispelstrauch, Tamariske

Meist ± niedrige, bis ca. 2,5 Meter hohe Sträucher mit aufrechten Ästen. Blüten in endständigen, oft verzweigten Trauben. Kron- und Kelchblätter meist 5, selten 4. Staubblätter 10. Staubfäden mindestens bis zu einem Drittel zu einer Röhre verwachsen. Frucht schmal-pyramidenförmig, 1fächrig. Griffel fehlend. Narben 3, sitzend. Frucht eine 3klappige Kapsel. Samen mit gestieltem Haarschopf.

Die Gattung umfaßt 10 Arten mit Verbreitungszentrum in Zentralasien. In Mitteleuropa kommt nur *M. germanica* vor.

1. **Myricaria germanica** (L.) Desvaux 1825

Tamarix germanica L. 1753
Deutsche Tamariske, Deutscher Rispelstrauch

Morphologie: Bis zu 2,5 Meter hoher Strauch mit aufrechten, rutenartigen Ästen. Einjährige Zweige gelbgrün, ältere (tief) rotbraun. Blätter 2–5 mm lang, lineal-länglich, schuppenförmig, am Grunde dem Stengel breit aufsitzend, graugrün oder blaugrün, dachziegelartig übereinanderliegend. Blütenstände in endständigen, einfach oder rispig verzweigten Trauben meist an den Haupttrieben. Kelchblätter (4–)5, ca. 3 mm lang, hellrandig, beständig. Kronblätter (4–)5, ca. 4 mm lang, rosa oder weiß, beständig. Staubblätter bis über die Hälfte verwachsen. Frucht eine ca. 12 mm lange, graugrüne, pyramidenförmige Kapsel. Samen 1 mm lang, braun. Haarschopfstiel so lang wie der Samen. Haare 7 mm lang.

Biologie: Blütezeit Juni bis August. Insekten- und Selbstbestäubung. Windverbreitung. Wird nach FRIESENDAHL in HEGI (1925: 551) mindestens 70 Jahre alt.

Ökologie: Primär auf periodisch überfluteten Alluvionen der montanen und der subalpinen Stufe; an den Flüssen bis in die Ebene herabreichend. Bevorzugt schlickhaltige, kalkhaltige, von unten her durchfeuchtete Sande (LAUTERBORN 1927). Nach MOOR (1958) vermögen sich Tamariskengebüsche nur bei „oberflächlich streichendem" Grundwasser auf Kiesen und Schottern zu entwickeln. Sekundär kommt *Myricara germanica* als Pioniergehölz in Kiesgruben an Stellen mit oberflächennahem, ziehendem Grundwasser vor; bei austretendem Druckwasser auch am Grubenhang, z. B. bei Baindt (8123/4) in Oberschwaben. Gilt als Charakterart des Salici-Myricarietum. Bezeichnende Trennarten

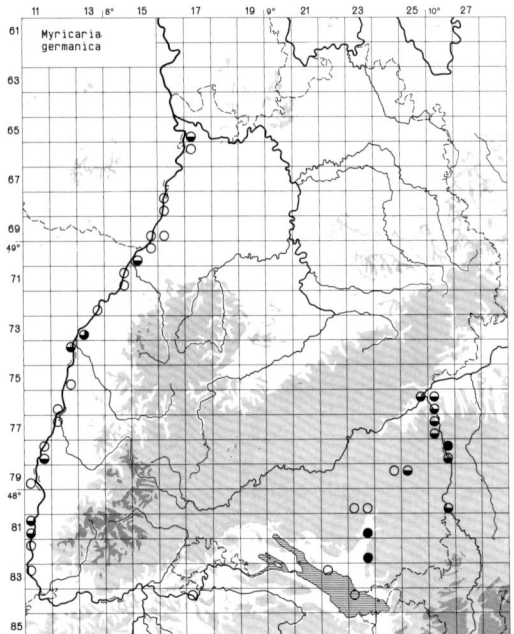

Deutsche Tamariske *(Myricaria germanica)*

der Weiden-Tamarisken-Gesellschaft, die dem ökologisch benachbarten Lavendelweiden-Gebüsch
(Salicetum elaeagni) fehlen, sind *Juncus alpino-arti-
culatus, Equisetum variegatum* und *Typha minima*
(MOOR 1958: 283f.). Begleitpflanzen mit hoher
Stetigkeit sind *Salix purpurea, S. daphnoides, S.
elaeagnos, Calamagrostis epigeios* und *C. pseudo-
phragmites.*

In Kiesgruben bei Baindt (8123/4) ist *M. germanica* großenteils mit den oben genannten Arten vergesellschaftet (außer *T. minima*), in einer Kiesgrube
bei Künheim (Elsaß, auf MTB 7911) außerdem mit
Populus nigra und *P. alba.*

Allgemeine Verbreitung: Westliches Eurasien. In eu-
ropäischen und in südwestasiatischen Gebirgen
(Skandinavien, mit Nordgrenze bei 70° n. Br.,
Alpen, Karpaten, Pyrenäen, Apennin, Kaukasus,
Pontisches Gebirge, Talysch-Gebirge) und in deren
Vorländern verbreitet. Im Osten reicht das Areal bis
Zentralasien (Afghanistan).

Verbreitung in Baden-Württemberg: Früher war
M. germanica hauptsächlich längs des Rheins in
der südlichen und in der mittleren Rheinebene verbreitet, außerdem entlang der Iller und der Argen
bis zu deren Mündungen in Donau und in den
Bodensee. Vereinzelt war die Deutsche Tamariske
auch in der nördlichen Rheinebene bis Mannheim
anzutreffen nach Fundortsangaben von GMELIN
(1805), A. SCHMIDT (1857), DÖLL (1862), KNEUK-
KER (1888) und F. ZIMMERMANN (1906). Im süd-

111

lichen Alpenvorland sind in der Grundmoränen-landschaft mehrere Vorkommen in Kiesgruben, im Bahngelände oder entlang kleinerer Flüsse bekannt geworden, von denen zwei noch Bestand haben. Die von NEUBERGER (1896) erwähnten Wuchsorte bei Hinterzarten sind aller Wahrscheinlichkeit nach nicht indigen.

Die Höhenverbreitung reicht von ca. 95 m ü. NN bei Mannheim bis etwa 600 m ü. NN an der Iller bei Aitrach (8026/4). In Baden-Württemberg ist *M. germanica* an den oben genannten Flüssen von Natur aus einheimisch.

Ältester literarischer Nachweis: J. BAUHIN et al. (1650: 1.2: 351): „ad Rhenum prope Brisacum urbem et circa Neuburgum inter Brisacum et Basileam", (7911, 8111/1). Auch von HARDER 1574–1576 vermutlich im Gebiet gesammelt (SCHORLER 1907: 89).

Oberrheinische Tiefebene: Nicht alle bekannt gewordenen Vorkommen sind mit Ortsbezeichnungen angegeben. Insbesondere in der südlichen Rheinebene war die Art früher offenbar geschlossen verbreitet, z. B. nach SPENNER (1829) zwischen Grissheim (8111/1) und Weisweil (7811/2). 6517/3: Rheininseln zw. Ketsch u. Mannheim, SCHMIDT (1857); Rheinau bei der Luftschiffhalle, ZIMMERMANN, F. (1921); 6617/1: Rheininsel bei Ketsch, ZIMMERMANN, F. (1906); 6816/1: Rußheim, GMELIN (1805); 6816/3: Leopoldshafen, KNEUCKER (1888); 6915/4: Daxlanden, GMELIN (1805); Maximiliansau, BRAUN in DÖLL (1862); 6916/3: Knielingen, GMELIN (1805); 7015/2: Neuburgweier, v. Stengel in DÖLL (1862); 7015/3: Steinmauern, GMELIN (1805); zw. dem Altrhein Illingen und dem offenen Rhein, um 1935, LAUTERBORN (1941); 7114/2: Plittersdorf bei Rastatt, (19. Jhrdt.), FRANK (KR); 7114/4: Iffezheim, (19. Jhrdt.), JUNG (KR); 7213/4: Helmlingen, WINTER (1884); 7313/3: Leutesheim, GOLDER (1922); bei Honau in Kiesgruben, LAUTERBORN (1941); Kiesgrube bei Honau, 1 Strauch zuletzt 1969, PHILIPPI (1971); 7412/2: bei Kehl, GMELIN (1805), GOLDER (1922); 7512/4: Ichenheim, am Rhein häufig, BAUR (1886); 7612/3: Rheinufer bei Lahr, MOHR (1898); Kappel, SCHILDKNECHT (1855); 7712/1: Rust, SCHILDKNECHT (1855); 7811/2: Weisweil, SPENNER (1829); 7811/4: Sponeck, am Rhein, STEHLE (1895); Limburg, NEUBERGER (1912); 7911/3: Neubreisach, GMELIN (1805); 8012/2: am Schönberg (synanthrop?), BAUMGARTNER (1886); 8111/1: Rheinvorland bei Grissheim, LAUTERBORN (1941); 8111/3: Rheininsel bei Neuenburg, LANG (KR), SCHILDKNECHT (1855), NEUBERGER (1912); 8211/1: Schliengen, SCHILDKNECHT (1855); 8311/1: Isteiner Klotz, WINTER (1889).

Illertal: 7625/2: Iller-Auen bei Ulm, 1937, GSCHEIDLE (STU); Iller-Auen bei Wiblingen, MAHLER in BERTSCH (STU-K); 7626/1: Iller-Auen bei Unterkirchberg, BERTSCH (STU-K); 7626/3: Iller-Auen bei Oberkirchberg, 1896 u. 1905, BERTSCH (STU), GRADMANN (STU); 7726/1: Illerrieden, 1943, K. MÜLLER (STU); 7726/3: Iller-Auen bei Brandenburg, 1913, BERTSCH (STU); 7826/2: Kiesgrube östlich von Oberbalzheim, 1984, wenige Sträucher, NEBEL (STU-K); 7826/4: Illerufer zw. Egelsee u. Kellmünz, 1937, BERTSCH (STU); Iller-Auen bei Sinningen, BERTSCH (STU-

K); 8026/4 (?): Iller-Auen bei Aitrach, 1909, BERTSCH (STU).

Alpenvorland (außer Illertal): 7924/2 (?): Biberach, KIRCHNER u. EICHLER (1913); 7925/1: Kiesstellen am Bahnhof Ummendorf, 1943, K. MÜLLER (STU); 8023/3: Altshausen, KIRCHNER u. EICHLER (1913); 8023/4: Aulendorf, Kiesgrube, 1869, VALET (STU); 8123/4: Kiesgrube bei Baindt, 1984, einige hundert Sträucher!, QUINGER (STU) u. (KR), entdeckt von SCHMID u. REINÖHL 1983; 8222/4: Friedrichshafener Aach bei Teuringen, MARTENS u. KEMMLER (1882); 8223/4: Kiesgrube bei Obereschach, 1984, wenige Sträucher, SCHMID u. HARMS (STU-K); 8322/1: Bodenseeufer bei Kirchberg, JACK (1900); 8417/1: Rüdlingen (Schweiz), am Hochrhein, DÖLL (1862); 8423/1: Argenmündung, 1889, v. SCHELER (STU).

Vermutlich Synanthrop-Vorkommen: 7016/2: Turmberg bei Durlach, KNEUCKER (1888); 8014/4: zw. Höllsteig u. Hinterzarten, NEUBERGER (1912).

Bestand und Bedrohung: Akut vom Aussterben bedrohte Art (Gef.-Grad 1)! Durch Flußregulationen und Flußverbauungen ist *M. germanica* an Primärstandorten entlang der Flußläufe ausgestorben. Der in der südlichen und mittleren Rheinebene ehemals häufige Strauch erlitt nach LAUTERBORN (1927) durch die TULLASCHE Rheinkorrektur einen weitgehenden Zusammenbruch seiner Bestände. Um 1935 wurde die Deutsche Tamariske hier nur noch zwischen dem Altrhein Illingen und dem offenen Rhein (7015/3), dem Rheinvorland bei Grissheim (8111/1) und in Kiesgruben bei Honau (7313/3) nachgewiesen (LAUTERBORN 1941). Als letzter badischer Wuchsort ging das Honauer Vorkommen Anfang der siebziger Jahre verloren (letzte Beobachtung im Jahre 1969).

In Oberschwaben hat sich die Art nur in Kiesgruben bei Oberbalzheim (7826/2) im Illertal, bei Baindt (8123/4) im Schussenbecken und bei Obereschach (8223/4) halten können. Die Vorkommen bei Oberbalzheim und bei Obereschach umfassen nur wenige Sträucher; der Baindter Wuchsort (1984 einige hundert Individuen!) ist nicht ausreichend geschützt und durch Rekultivierungsmaßnahmen bedroht! Erhalten läßt sich *M. germanica* in Kiesgruben nur bei Schaffung von stark grundwassergeprägten, ± feinkörnigen Standorten.

Verwechslungsmöglichkeiten: M. dahurica Ehrenb. – (Dahurische Tamariske), eine asiatische Art, wird in Gärten angepflanzt und verwildert gelegentlich. Von *M. germanica* unterschieden durch seitenständige Blütenstände, eiförmige Blätter und meist nur zu einem Drittel verwachsene Staubblätter.

Literatur: LAUTERBORN (1927 und 1941).

Cucurbitaceae

Gurkengewächse
Bearbeiter: S. Seybold

Einjährige bis mehrjährige, meist rankende Kräuter; Stengel mit wechselständigen Blättern; Blüten meist radiär, meist eingeschlechtig; Kelch mit 5–6 Zipfeln, Kronblätter frei oder am Grunde verwachsen, Staubblätter 3 oder 5, Narben 3, Fruchtknoten unterständig; Frucht meist eine Beere.

Die Familie umfaßt etwa 900 Arten, die meist in den Tropen oder Subtropen beheimatet sind. In Europa kommen ursprünglich nur die Gattungen *Bryonia* und *Ecballium* vor, *Echinocystis* ist eingewandert.

1 Pflanze ohne Ranken . . . . *[Ecballium]*
– Pflanze mit Ranken 2
2 Ranke unverzweigt 3
– Ranke verzweigt 6
3 Staubblätter 5 . . . . *[Thladiantha]*
– Staubblätter 3 4
4 Blüten grünlichweiß, Frucht nur 6–10 mm groß
   1. *Bryonia*
– Blüten gelb, Frucht mindestens 2 cm groß . . . 5
5 Staubblätter an der Spitze mit kurzen Anhängseln
   [Cucumis]
– Staubblätter an der Spitze ohne Anhängsel . . . .
   [Citrullus]
6 Blüten gelb 7
– Blüten weißlich 8
7 Krone fast bis zum Grund gelappt . .*[Citrullus]*
– Krone höchstens bis zur Hälfte gelappt . . . . . .
   [Cucurbita]
8 Blätter tief fünflappig, fast ganzrandig, Frucht einzeln . . . . 2. *Echinocystis*
– Blätter nur seicht gelappt, Früchte zu
   mehreren . . . . *[Sicyos]*

Ecballium elaterium (L.) A. Rich. 1824
Momordica elaterium L. 1753
Spritzgurke

Im Mittelmeergebiet häufige Ruderalpflanze, bei uns im Oberrheingebiet selten und unbeständig eingeschleppt. Die reifen Früchte explodieren beim Anfassen und verbreiten so die Samen auf kleinem Raum.

Cucumis sativus L. 1753
Gurke

Kulturpflanze aus Indien, wird in sommerwarmen Gebieten in Gärten und Feldern gepflanzt.

Cucumis melo L. 1753
Melone

Aus dem tropischen Afrika und Asien stammende alte Kulturpflanze; wird in den wärmeren Gebieten in Gärten gepflanzt.

Cucumis myriocarpus Naudin 1859

Die aus Südafrika stammende Art ist in Südeuropa eingebürgert; bei uns nur sehr selten und unbeständig eingeschleppt. Die Früchte sind kugelig-eiförmig wie bei der Melone, aber stachelig; die Blüten sind nur 4–5 mm groß gegenüber 20–30 mm bei der Melone.

Citrullus lanatus (Thunb.) Matsumara et Nakai 1916
Momordica lanata Thunberg 1794
Wassermelone

Die aus Südafrika stammende Kulturpflanze wird in Südeuropa vielfach kultiviert. Keimlinge wurden vorübergehend am Neckar bei Beihingen (7021) beobachtet.

Cucurbita pepo L. 1753
Kürbis

Kulturpflanze aus Mexiko und Texas. Wird in den wärmeren Gebieten des Landes geplanzt. Sehr selten und unbeständig auf Müllplätzen.

Sicyos angulatus L. 1753
Haargurke

Heimat Nordamerika, bei uns sehr selten eingeschleppt. Ist an den Früchten sowie an der Form der Blätter von *Echinocystis* zu unterscheiden.

Thladiantha dubia Bunge 1833

Diese Art aus Nordchina mit einfachen Ranken und 5 Staubblättern (statt 3 wie bei *Bryonia* und *Cucumis*) kommt bei uns sehr selten verwildert vor.

1. **Bryonia** L. 1753

Zaunrübe

Stauden mit rübenartig dicken Wurzeln, mit Ranken kletternd; Blätter handförmig gelappt, Blüten ein- oder zweihäusig, Krone der weiblichen Blüten etwas kleiner als die der männlichen; Staubblätter 5, paarweise verwachsen, das fünfte frei.

Die Gattung umfaßt 12 Arten; die meisten kommen im östlichen Mittelmeergebiet oder in Westasien vor.

1 Beeren rot, Narbe behaart, Pflanze zweihäusig . .
   2. *B. dioica*
– Beeren schwarz, Narbe kahl, Pflanze meist einhäusig . . . . 1. *B. alba*

Literatur: Jeffrey, C. (1969).

1. Bryonia alba L. 1753
Weiße Zaunrübe

Morphologie: Pflanze ausdauernd, mit rübenförmiger Wurzel, rankend, 2–3 m lang; Blätter wechselständig, gestielt, handförmig fünfzipflig gelappt, am Grunde herzförmig, mit spitzen Lappen, der mittlere Lappen viel länger als die seitlichen; Lappen scharf gezähnt; männliche Blüten grünlichweiß, in Trauben; weibliche grünlich, in doldenförmigen Büscheln; Narbe kahl; Beeren schwarz, 7–8 mm im Durchmesser.

Biologie: Blütezeit ist Juni bis Juli. Die Pflanze ist giftig.

Ökologie: Auf nährstoffreichen, lehmigen Böden an Wegen und in Hecken. Vegetationsaufnahmen aus dem Gebiet sind keine bekannt.

Allgemeine Verbreitung: Pflanze gemäßigt-kontinentaler Verbreitung. Von Norditalien, Deutschland, Dänemark und Südschweden ostwärts bis zur Türkei und UdSSR.

Verbreitung in Baden-Württemberg: Das Areal berührt unser Gebiet nur knapp. Die Art wurde daher nur sehr selten und meist unbeständig beobachtet.

Tiefstes Vorkommen: 6223/1: Wertheim, 150 m.
Höchstes Vorkommen: 7420/3: Tübingen, 340 m.

Die Art ist im Gebiet nicht urwüchsig. Ältester literarischer Nachweis: A. MAYER (1904: 254).

6223/1: Tauberufer oberhalb Wertheim 1920, A. KNEUKER (1921: 127); 6324/3: Hamberg, Westhang, ca. 1985, G. PHILIPPI (KR-K); 7420/3: Ammertal bei Tübingen, 1902, WERNER in A. MAYER (1904).

Bestand und Bedrohung: Die Art ist durch ihre Seltenheit potentiell bedroht.

2. Bryonia dioica Jacquin 1774
Bryonia cretica L. subsp. *dioica* (Jacquin) Tutin 1968
Rotfrüchtige Zaunrübe

Morphologie: Pflanze ausdauernd, mit rübenartiger Wurzel, am Grunde verzweigt, rankend, 2–3 m lang; Blätter wechselständig, gestielt, handförmig fünfzipflig gelappt, mit weiten oder engen Buchten, am Grunde herzförmig, etwa 2–15 cm lang und bis 13 cm breit, borstig behaart; Blütenstand in den Blattachseln; Blüten gestielt, trichterförmig; Kelch verwachsen, fünfzipflig; männliche Blüten zu 3–8, gelblichweiß mit grünem Adernetz, mit 12–18 mm Durchmesser; weibliche Blüten zu 2–5, mit 10–12 mm Durchmesser, kleiner als die männlichen; Narbe rauhhaarig; Beeren kugelig, rot, mit 5-8 mm Durchmesser, mit je 3–6 gelblichweißen Samen.

Biologie: Blütezeit ist Juni bis September. Bei Reizung junger Ranken zeigen diese schon nach wenigen Minuten eine deutliche Krümmung. Bestäuber sind Bienen besonders der Gattung *Andrena*.

Ökologie: Auf nährstoffreichen, lehmigen Böden an Wegen und in Hecken, in Gesellschaft des Allia-

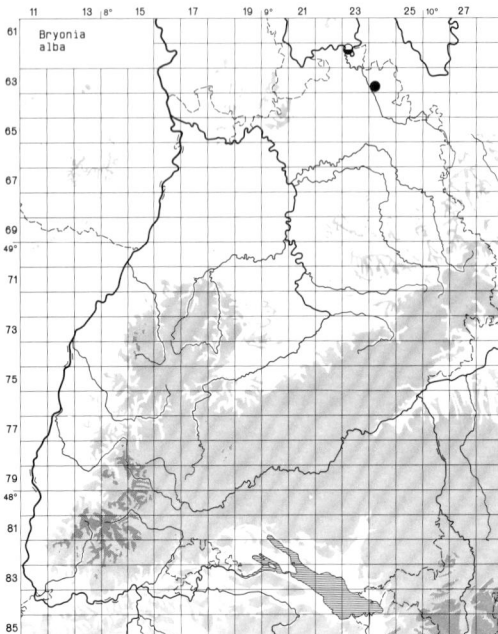

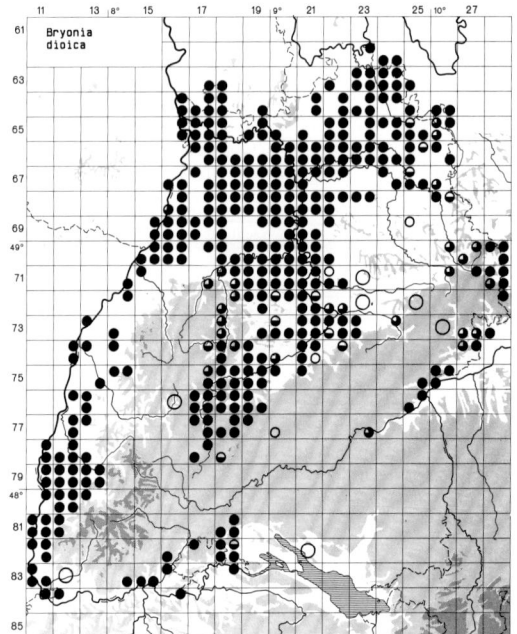

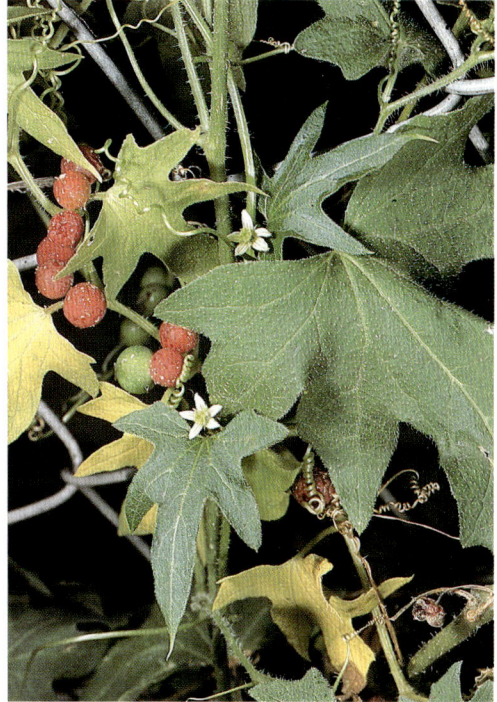

Weiße Zaunrübe *(Bryonia alba)*   Rotfrüchtige Zaunrübe *(Bryonia dioica)*

rio-Chaerophylletum temuli. Typische Begleiter sind *Chaerophyllum temulum* und *Chelidonium majus.* Vegetationsaufnahmen z. B. bei GÖRS (1966: 430–433), T. MÜLLER (1983: 188–190) und PHILIPPI (1982: 438–439).

Allgemeine Verbreitung: Submediterran-subatlantische Art. Von Nordafrika bis England, Dänemark, Polen, Jugoslawien und Süditalien.

Verbreitung in Baden-Württemberg: Wärmeliebend, daher die höheren Lagen meidend. Besonders im Oberrheingebiet und in den Gäulandschaften des Neckar- und Maingebiets sowie am Hochrhein, im Hegau und im Ulmer Donautal. Fehlt auf weite Strecken dem Schwarzwald und Odenwald, der Schwäbischen Alb, dem Alpenvorland (besonders dem Bodenseegebiet) und den Keupersandsteingebieten. Hält sich meist an die größeren Flußtäler.

Tiefstes Vorkommen bei 100 m, höchstes Vorkommen bei Denkingen (7818), ca. 690 m; Plettenberg (7718), 650 m und Ebingen (7720/3), 730 m.

Die Art ist im Gebiet möglicherweise urwüchsig. Ältester literarischer Nachweis: CORDUS (1561: 117) für das damalige Württemberg, Fundzeit 1534–1544.

Bestand und Bedrohung: Die Art ist im Gebiet nicht gefährdet.

2. **Echinocystis** Torrey et Gray 1840
Stachelgurke

Die Gattung umfaßt nur eine Art.

1. **Echinocystis lobata** (Michx.) Torrey et
A. Gray 1840
Sicyos lobata Michaux 1803
Stachelgurke

Morphologie: Pflanze einjährig, rankend, verzweigt, 5–8 m lang, mit dreiteiligen Ranken, kahl; Keimblätter groß, elliptisch, gestielt, bis 9 cm lang und bis 3,5 cm breit; Blätter wechselständig, lang gestielt, handförmig fünflappig mit dreieckigen Spitzen, in eine Spitze auslaufend, schwach gesägt, am Grunde herzförmig, bis 20 cm lang und bis 12 cm breit; männliche Blütenstände in der Achsel einer Ranke, bis 17 cm lang, eine Rispe mit mehreren Stockwerken; Blüten weiß bis gelblichgrün, sechszipflig, Zipfel schmal, 6–8 mm lang; weibliche Blüten einzeln; Frucht eine ellipsoidische Kapsel, 5 cm lang und 4 cm dick, an der Spitze aufspringend, mit bis 12 mm langen Stacheln besetzt; Samen scheckig, 13–22 mm lang und 6–11 mm breit.

Stachelgurke *(Echinocystis lobata)*
Neuenstadt am Kocher

Biologie: Blütezeit ist Ende August bis Oktober. Die Samen sind frostempfindlich.

Ökologie: Auf nassen, nährstoffreichen Lehmböden an Flußufern, Charakterart des Cuscuto-Convolvuletum. Vegetationsaufnahmen aus dem Gebiet sind keine bekannt.

Allgemeine Verbreitung: USA und Kanada, in Europa eingebürgert.

Verbreitung in Baden-Württemberg: Unteres Neckartal und unterstes Kochertal, nur einmal am oberen Neckar und an der Argen beobachtet.

Tiefste Vorkommen bei 100 m, höchste Vorkommen bei 450 m (7617/3).

Ist im Gebiet nicht urwüchsig. Ältester literarischer Nachweis: BARTSCH et al. (1951: 190) „Ladenburg, H. HEINE 1946". K. BERTSCH fand die Art jedoch schon 1906 verwildert bei Laimnau (8323/4), bestimmte sie aber irrtümlich als *Sicyos angulatus* (Beleg in STU). Dieser Beleg ist der zweitälteste Nachweis der Verwilderung aus Europa (SLAVIK u. LHOTSKA 1967).

6517/1: Seckenheim, H. HEINE (1952: 117); 6517/2: Ladenburg-Edingen und Neckarhausen, 1971, S. u. E. SEYBOLD (STU); 6519/2: Eberbach, H. HEINE (1952: 116); 6519/3: Hirschhorn, H. HEINE (1952: 116); 6620/1: Neckargerach und Guttenbach bis zur württ. Grenze, H. HEINE (1952: 116); 6620/4: Haßmersheim, 1971, S. u. E. SEYBOLD (STU); 6721/2: Kocher bei Degmarn und Buchhof, 1972, S. u. E. SEYBOLD (STU); 6721/3: Kocher

bei Hagenbach und Kochertürn, 1971, 1972, S. u. E. SEYBOLD (STU); Kochermündung, 1962, K. HÄRTERICH (STU-K); 7617/3: Oberndorf, 1982, M. ADE (STU); 8323/4: Laimnau, 1906, K. BERTSCH (STU).

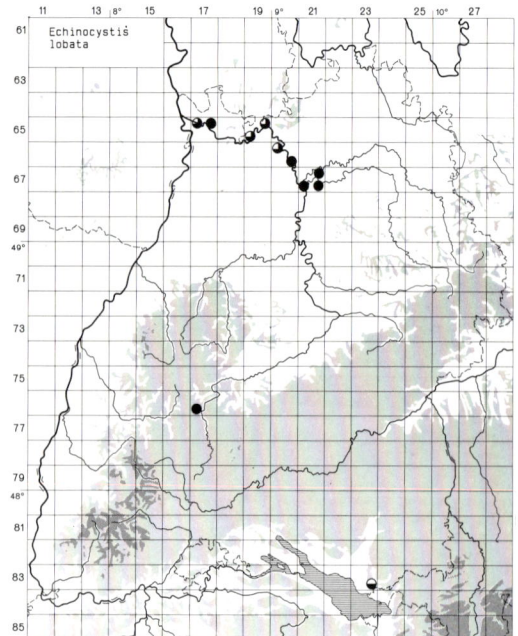

116

Bestand und Bedrohung: Dieser Neophyt schien sich am unteren Neckar und am Kocher eingebürgert zu haben. Doch nahmen die Vorkommen nach 1971 stark ab; die bislang letzten Beobachtungen machte K. HÄRTERICH am Kocherufer 1980. Die Art kommt also nur unbeständig vor und kann noch nicht als eingebürgert betrachtet werden.

Literatur: H. HEINE (1952), SLAVIK, B. u. LHOTS-KA, M. (1967), SEYBOLD, S., O. SEBALD u. C.P. HERRN (1971), JÄGER, E.J. (1980).

Salicaceae
Weidengewächse
Bearbeiter: B. QUINGER

Bäume oder Sträucher. Blätter fiedernervig, ungeteilt. Blüten zweihäusig, in eiförmigen bis zylindrischen, vielblütigen Kätzchen; jede Blüte in der Achsel eines schuppenförmigen Tragblatts, am Grunde jeder Blüte 1–2 Nektardrüsen oder ein schief abgeschnittener Diskus (Nektarbecher). Blütenhülle fehlend. Fruchtknoten 1, oberständig, einfächrig, aus 2–4 Fruchtblättern, vielsamig. Samen ohne Nährgewebe, mit einem Haarschopf.

Die Weidengewächse umfassen die Gattungen *Populus, Salix* und *Chosenia,* die nur in Ostasien beheimatet ist.

1 Stets Bäume. Knospen mehrschuppig, klebrig, mit Balsamduft. Blätter lang gestielt (Stiel ½mal so lang wie die Spreite oder länger), ei- bis herzförmig, ± dreieckig, bei einigen Arten gelappt, mit gestutztem, gebuchtetem oder abgerundetem Grund. Kätzchen hängend, windblütig. Tragblätter zerschlitzt oder gezähnt. Staubblätter 4–60. Fruchtknoten in einem becherförmigen Diskus (Nektarbecher) . . . . 1. *Populus*
– Bäume, Sträucher oder Kleinsträucher. Knospen einschuppig, nicht klebrig und ohne Duft. Blätter kurz gestielt (Stiel höchstens ¼mal so lang wie die Spreite), oval-eiförmig bis lanzettlich-linealisch mit meist verschmälertem Grund. Kätzchen ± aufrecht oder abstehend (nur bei *S. pentandra* hängend), insektenblütig. Tragblätter ganzrandig. Staubblätter meist 2, selten 3–5. Fruchtknoten am Grunde mit 1–2 Nektarschuppen . . . . 2. *Salix*

1. **Populus** L. 1753
Pappel

Bis zu 35 Meter hohe Bäume. Knospen mehrschuppig, klebrig, balsamisch duftend, kahl oder behaart. Blätter wechselständig, rundlich, rautenförmig, eiförmig, dreieckig-eiförmig bis länglich-eiförmig, an Langtrieben bei einigen Arten stark buchtig bis tief gelappt, kahl oder insbesondere an der Unterseite behaart. Blattgrund am Blattstielansatz bei einigen Arten mit Drüsen. Blattstiel relativ lang (bis 10 cm); die Blattstiellänge beträgt mindestens ½ der Spreitenlänge. Nebenblätter sehr hinfällig. Kätzchen achselständig, vor den Laubblättern erscheinend, zylindrisch, herabhängend, sitzend oder auf kurzen, nicht beblätterten Stielen. Tragblätter der Blüten gezähnt oder bis auf ⅔ ihrer Länge zerschlitzt, zottig gewimpert oder kahl. Blüten am Grunde von einem becherförmigen Diskus (Nektarbecher) umgeben. Männliche Blüten mit 4–60 Staubblättern; Staubbeutel gelb oder purpurrot. Weibliche Blüten mit einem aus 2 Fruchtblättern bestehendem Fruchtknoten; Frucht kurz gestielt, wenighaarig oder kahl; Griffel sehr kurz bis lang, voneinander abstehend *(P. deltoides).* Narben 2 oder 3–4. Frucht eine 2klappig, seltener 3–4klappig aufspringende Kapsel, nach dem Aufspringen rückwärts gebogen. Samen mit grundständigem Haarschopf, kurzhaarig.

Bestäubung durch den Wind. Verbreitung der Samen durch den Wind; der als Flugapparat dienende Haarschopf erleichtert die Verwehung. Von großer Bedeutung bei allen einheimischen Pappel-Arten ist die vegetative Fortpflanzung über Wurzelbrutbildung, so daß oft ganze Trupps oder Herden von einer Pflanze ausgehen.

Die Pappeln sind vergleichsweise lichtbedürftige und konkurrenzschwache Gehölze. Infolge der raschen Verbreitung der Samen durch den Wind sind sie wichtige Pioniergehölze auf Waldlichtungen, aber auch auf sandigen, kiesigen und schottrigen Rohböden wie Geröllen, frischen Flußablagerungen, erodierten Hängen und dergleichen. An Flußläufen sommerwarmer Tieflagen mit noch vorhandener Auendynamik können Pappeln sich im trockenen Flügel der Weichholzaue und in der Hartholzaue als Nebenholzarten behaupten.

Die Gattung *Populus* umfaßt etwa 35 Arten, die nahezu allesamt in der Holarktis beheimatet sind. Verbreitungszentren sind das pazifische und das atlantische Nordamerika, Ostasien und das südliche Europa. In Baden-Württemberg sind 3 wildwachsende Arten heimisch.

Die Pappelarten verteilen sich systematisch auf

4 Sektionen, von denen nur 2 in Baden-Württemberg durch wildwachsende Arten vertreten sind. Arten der beiden anderen Sektionen werden nicht selten als Park-, Allee- und auch als Forstbäume angepflanzt.

Übersicht:

Sektion *Leuce* – Weiß- und Zitterpappeln
1. *P. alba*, 2. *P. tremula*
P. × *canescens* (Hybride von *P. alba* × *tremula*)

Sektion *Aigeiros* – Schwarzpappeln
3. *P. nigra*
P. × *canadensis* (Hybridgruppe von *P. nigra* × *P. deltoides* und *P. angulata*)

Sektion *Tacamahaca* – Balsampappeln
Keine einheimischen Arten, aber mehrere aus Nordamerika oder Asien stammende Arten bzw. Hybriden mit diesen Arten werden nicht selten als Park-, Allee- oder Forstbäume angepflanzt, so z. B. die nordamerikanischen *P. balsamifera*, *P. trichocarpa* und die asiatischen *P. laurifolia*, *P. maximowiczii*. Es gibt auch Kreuzungen zwischen Schwarzpappeln und Balsampappeln. Von ihnen ist die Berliner Pappel *P.* × *berolinensis* = *P. laurifolia* × *P. nigra* cv. *Italica* auch in Baden-Württemberg nicht selten als Park- und Alleebaum angepflanzt worden. Andere solcher Sektionsbastarde sind unter ihren Sortennamen im forstlichen Bereich bei uns angepflanzt worden (z. B. „Oxford", „Rochester" u. a.). Alle diese Sorten werden vegetativ durch Stecklinge vermehrt, stellen also Klone dar, die jeweils auf eine Stammpflanze zurückgehen, die einmal als natürlicher oder künstlicher Bastard entstanden ist.

Sektion *Leucoides* – Großblattpappeln
Keine einheimischen Arten, relativ selten als Zier- und Parkbäume auch in Baden-Württemberg angepflanzt.

Auf die angepflanzten Pappelarten und -sorten wird hier nicht näher eingegangen. Es wird auf die dendrologische und forstliche Spezialliteratur verwiesen.

1 Blätter an Langtrieben unterseits dicht kraus-weißfilzig oder -graufilzig behaart, an Kurztrieben Behaarung weniger dicht. Jungtriebe ebenfalls ± dicht behaart 2
– Blätter allenfalls in der Jugend anliegend behaart, sonst nur am Rande behaart oder ± kahl. Jungtriebe licht behaart oder kahl 3
2 Blätter an Langtrieben ± tief 3–5teilig, an der Unterseite schneeweiß-filzig behaart. Blattgrund am Blattstielansatz ohne Drüsen. Narben 2, gelbgrün. Tragblätter mit kurzen, unregelmäßigen Zähnen . . . . 1. *P. alba*

– Blätter rundlich-eiförmig bis dreieckig-eiförmig, ± regelmäßig gelappt, an Langtrieben nicht tief 3–5teilig, unterseits hellgrau, oft nur mäßig dicht behaart. Blattgrund am Blattstielansatz meist mit Drüsen. Narben 2, purpurrot. Tragblätter ± zerschlitzt . . . . [*P.* × *canescens*]
3 Blattränder ohne einen scharf abgesetzten, durchsichtigen Saum 4
– Blattränder mit einem schmalen, scharf abgesetzten, durchsichtigen Saum 5
4 Blätter unterseits hellgrün mit weißlichem (viel hellerem!) Adernetz. Blattstiele flach zusammengedrückt, vor allem an den Langtrieben wesentlich länger als die Blattspreiten . . . . . 2. *P. tremula*
– Blätter unterseits weißlich mit sehr ähnlich gefärbtem (eher dunklerem!) Adernetz. Blattstiele stielrund, oberseits rinnig, meist viel kürzer als die Blätter, nur angepflanzt . . . . [Balsampappeln]
5 Blätter 7–12 cm lang, im Alter völlig kahl oder am Rande mit einzelnen Haaren, nie dicht steifhaarig bewimpert. Blattgrund am Blattstielansatz mit oder ohne Drüsen. Staubblätter 15–30 pro Blüte. Narben sitzend oder auf sehr kurzen Griffeln . . 6
– Blätter 10–28 cm lang, am Rande dicht steifhaarig kurz bewimpert. Blattgrund am Blattstielansatz immer mit Drüsen. Staubblätter 30–60 pro Blüte. Narben 3–4, auf langen, voneinander abstehenden Griffeln 7
6 Stamm mit auffallenden, horizontalen Korkwülsten. Einjährige Zweige rund, ohne Korkrippen. Austreibende Blätter hellgrün. Blätter beim Austrieb licht behaart oder kahl, rasch völlig verkahlend. Blattgrund am Blattstielansatz ohne Drüsen. Narben 2 . . . . 3. *P. nigra*
– Stamm ohne auffallende, horizontale Korkwülste. Einjährige Zweige mit einzelnen Korkrippen, daher meist mit stumpfen Kanten. Austreibende Blätter rötlich. Blätter in der Jugend mit behaartem Saum, im Alter locker kurz bewimpert oder völlig verkahlend. Blattgrund am Blattstielansatz meist mit 1–2 Drüsen, bisweilen ohne Drüsen. Narben (2–)3–4; häufig angepflanzt . . . . ; [*P.* × *canadensis*]
7 Zweige rundlich mit ± stumpfen Kanten. Blätter 10–18 cm lang, dreieckig-eiförmig. Tragblätter zerschlitzt; nordamerik. Art, selten angepflanzt . [*P. deltoides*]
– Zweige wegen besonders ausgeprägter Korkrippenbildung mit flügeligen, scharfen Kanten. Blätter bis 28 cm lang, eiförmig bis länglich-eiförmig. Tragblätter kerbzähnig, nicht zerschlitzt; nordamerik. Art, selten angepflanzt . . [*P. angulata*]

1. Populus alba L. 1753
Silber-Pappel, Weiß-Pappel

Morphologie: Bis 35 Meter hoher Baum. Rinde weißgrau, im Alter rissig. Mehrjährige Zweige braun bis grau, ± kahl. Jungtriebe dicht schneeweiß-filzig behaart. Knospenschuppen am Grunde der Knospe braun, durchscheinend behaart, an der Spitze der Knospe dicht weißhaarig. Blätter

Silber-Pappel *(Populus alba)*
Rheinwald bei Hartheim

4–12 cm lang, 3–10 cm breit, etwas länger als breit, rundlich-eiförmig, grob unregelmäßig gesägt bis buchtig gelappt, vor allem an den Langtrieben oft tief 3–5teilig, am Grunde stumpf keilförmig oder seicht herzförmig. Blattoberseiten dunkelgrün, ± kahl. Blattunterseiten dicht kraus schneeweiß-filzig behaart, seltener gräulich-filzig. Blattgrund am Blattstielansatz ohne Drüsen. Blattstiel 3–10 cm lang. Kätzchen 3–8 cm lang, zylindrisch, kurz gestielt. Staubblätter meist 6–8. Fruchtknoten ei-kegelförmig, kahl, kurz gestielt. Narben 2, gelbgrün, nie rot. Tragblätter mit wenigen, kurzen, unregelmäßigen Zähnen, oft fast ganzrandig, zottig gewimpert.

Biologie: Blütezeit März bis April, vor dem Blattaustrieb (Kätzchen vorlaufend). Samenflug ab Mai.

Ökologie: Primär im Bereich der Hartholzaue auf im Sommer oberflächlich austrocknenden, aber im Wurzelraum durchfeuchtet bleibenden (MOOR 1958: 328), bei Hochwassern nur kurzzeitig überschwemmten, nährstoff- und basenreichen, lockeren Auen-Kiesrohböden oder oberflächlich schluffig-sandigen Auenböden mit geringmächtigen Humushorizonten; gehört in der Oberrheinischen Tiefebene zu den Pioniergehölzen der Hartholzaue; nur auf hochaufgeschütteten, aber grundwassernah liegenden Kiesrohböden kann sich die Silber-Pappel als Nebenholzart im Querco-Ulmetum neben *Quercus robur*, *Ulmus laevis* und *U. minor* (vgl. CARBIENER 1974: 487) behaupten.

Silber-Pappel *(Populus alba)*
Männliche Kätzchen

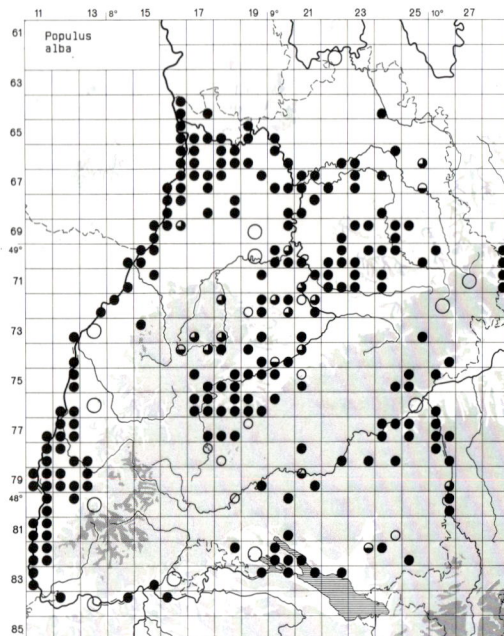

Natürliche Vorkommen in diesem Naturraum besitzt *P. alba* zudem in Sanddorn-Gebüschen (TH. MÜLLER 1974: 419). Anthropogene Standorte der im Vergleich zu *P. nigra* wesentlich trockener stehenden Silber-Pappel sind steinige und felsige Stellen wie Trümmerschutt, Abraumhalden, Aufschlüsse an Straßenböschungen usw.; meist kommt sie jedoch hier nicht über zwergwüchsige, strauchartige Stadien hinaus. Wenig winterhart, deshalb auf klimatisch begünstigte, wintermilde und sommerwarme Lagen beschränkt. Vegetationsaufnahmen bei CARBIENER (1974: 490) und bei TH. MÜLLER (1974: 419).

Allgemeine Verbreitung: In Südeuropa allgemein verbreitet, erreicht das westliche Mitteleuropa nur in den wärmsten Tallagen des Oberrheins und der Donau, geht im östlichen Mitteleuropa weiter nach Norden. Nordgrenze bei etwa 55° n. Br. (Mittelrußland). Ostgrenze in Westsibirien, südwärts und südostwärts stößt die Silber-Pappel bis Nordafrika, Palästina und zum Himalaja vor.

Verbreitung in Baden-Württemberg: Ursprüngliche Vorkommen werden nur für die Oberrheinische Tiefebene angenommen. Heute ist *Populus alba* durch den Menschen auch in anderen Landesteilen verbreitet, zum Beispiel im Neckarbecken, am mittleren Neckar im Tübinger Raum, im Neckartal im Bereich der Oberen Gäue, am Hochrhein und im Bodenseebecken. Zerstreut ist *P. alba* auch in der Hohenloher-Haller-Ebene und in der Kocher-Jagst-Ebene, im Taubergebiet, entlang der Donau und der Iller, im Riß- und im Argental anzutreffen.

Die tiefsten Vorkommen liegen bei ca. 100 m in der nördlichen Oberrheinischen Tiefebene. Bei ca. 600 m gibt es noch Wuchsorte im Argental (8225/3).

In der Verbreitungskarte ist die Verbreitung von *P. alba* nicht präzise dargestellt, da bei der floristischen Kartierung nicht immer zwischen *P. alba* und Formen von *P. × canescens*, die der Silber-Pappel sehr ähneln, unterschieden wurde.

Ältester fossiler Nachweis: Bad Cannstatt, Holstein (BERTSCH 1927). Ältester literarischer Nachweis: C. GMELIN (1772: 308): Zabergäu, HILLER.

Bestand und Bedrohung: Abgesehen von der Oberrheinischen Tiefebene im Bereich kalkreicher Rhein-Alluvionen, in der die Silber-Pappel nicht selten ist, tritt dieses Gehölz nur (sehr) zerstreut auf, ist aber nicht bedroht. *P. alba* kann in der Nähe von Siedlungen leicht verwildern, da sie reichlich Ansiedlungsmöglichkeiten wie Schuttstellen, Kiesgruben und dergleichen vorfindet. Nur mehr unbefriedigend lassen sich natürliche Vorkommen in der Eichen-Ulmen-Hartholzaue der Oberrheinischen Tiefebene studieren, die in diesem Naturraum nirgendwo mehr in größeren Beständen im ungestörtem Zustand existiert.

Bastarde: In Baden-Württemberg mit *P. tremula* (s. *P. × canescens*).

2. Populus tremula L. 1753
Zitter-Pappel, Aspe, Espe

Morphologie: Meist 10–20 m, selten 25 m hoher Baum. Rinde bei jüngeren Bäumen gelbbraun, bei älteren schwarzgrau-borkig. Zweige (dunkel) graubraun, kahl. Jungtriebe sehr licht behaart oder kahl. Knospenschuppen (rot)braun, glänzend, kahl, klebrig. Austreibende Blätter in Richtung der Blattspitze dicht seidenhaarig, später verkahlend. Blätter 3–8 cm lang, 3–10 cm breit, oft etwas breiter als lang, meist rundlich, am Grunde stumpf keilförmig (an Langtrieben oft herzförmig) mit nach vorne gerichteten Zähnen, vorne kurz zugespitzt, ± kahl, oberseits grün, glänzend, unterseits hellgrün

mit weißlichem Adernetz, ohne scharf abgegrenzten durchsichtigen Saum an den Rändern. Blattgrund am Blattstielansatz mit Drüsen. Blattstiele meist etwas länger als die Blattspreiten, seitlich zusammengedrückt. Kätzchen 5–10 cm lang, zylindrisch, gekrümmt, später schlaff herabneigend, kurz gestielt. Staubblätter meist 4–12. Fruchtknoten lang ei-kegelförmig, wenighaarig oder kahl, am Grunde bis auf ¼ ihrer Länge gestielt. Narben 2, rot. Tragblätter auf ⅓ bis ⅔ ihrer Länge zerschlitzt, dicht und lang zottig gewimpert.

Biologie: Blütezeit März bis April, vor dem Laubaustrieb (Kätzchen vorlaufend). Samenflug ab Mai.

Ökologie: Auf trockenen bis feuchten, meso- bis eutrophen, basenarmen bis basenreichen, gern humusreichen, sandigen bis schluffig-tonigen Böden an Waldrändern, an Gebüschsäumen oder als Piniergehölz auf Waldlichtungen und Waldschlägen, häufig gemeinsam mit *Salix caprea* und *Betula pendula*. Die Zitter-Papel gedeiht auch auf lehmigen, steinigen oder felsigen Rohböden, z.B. in Kiesgruben, auf Schutthalden, an Straßenböschungen, auf

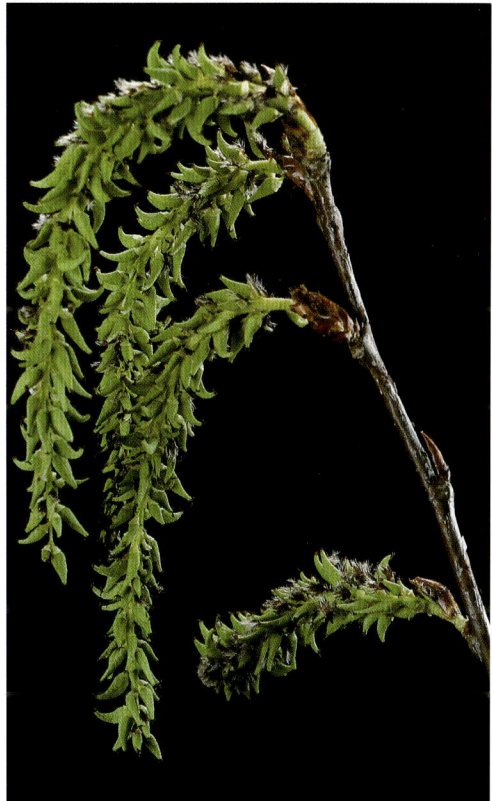

Zitter-Pappel *(Populus tremula)*
Weibliche Kätzchen

Zitter-Pappel *(Populus tremula)*

Brachen wie etwa aufgelassenes Bahnhofsgelände. Sie dringt im Gegensatz zur Sal-Weide auch auf trockene Moorstandorte vor, wenn auch mit reduzierter Vitalität (RECHINGER 1957). Vorwiegend in Epilobietea angustifolii- und Prunetalia-Gesellschaften. Infolge ausgeprägter Wurzelbrutbildung tritt die Zitter-Pappel meist herdenweise auf.

Allgemeine Verbreitung: Fast in ganz Europa verbreitet, nur auf der Iberischen Halbinsel regional fehlend. Nordgrenze bei 71° n.Br. in Nordnorwegen. Ostwärts durch ganz Sibirien bis zur pazifischen Küste (Sachalin, Kamtschatka) vorkommend.

Verbreitung in Baden-Württemberg: Als einzige Pappelart hat *P. tremula* in allen Naturräumen eine ± geschlossene Verbreitung.

Die höchstgelegenen Vorkommen befinden sich am Feldberg (8114/1) bei ca. 1340 m ü.NN.

Ältester fossiler Nachweis: Bad Cannstatt, Holstein (BERTSCH 1927); Federsee, Atlantikum (FIRBAS 1935). Ältester literarischer Nachweis: J. BAUHIN (1598: 144): Umgebung von Bad Boll (7323).

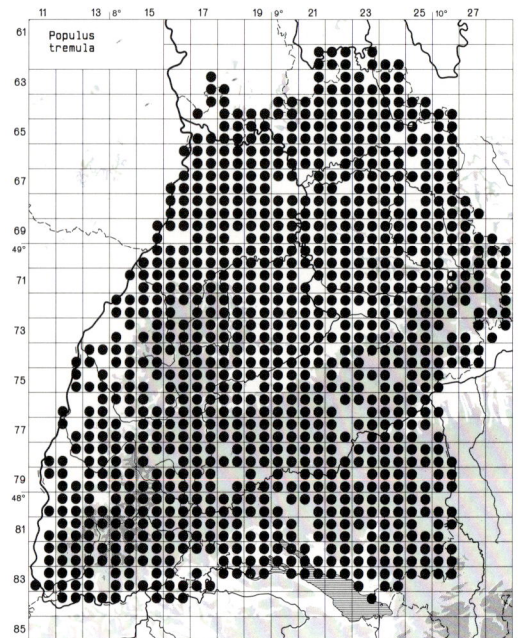

Bestand und Bedrohung: Häufig und ungefährdet. Durch Anlage geeigneter Sekundärstandorte wird die Zitter-Pappel durch den Menschen gefördert.

Verwechslungsmöglichkeiten:
1) *Populus alba × tremula; P. × canescens* (Ait.) SM. (1804); Grau-Pappel.
2) Zur Unterscheidung von den amerikanischen und ostasiatischen, nahen verwandten Pappeln wie *P. tremuloides, P. grandidentata, P. tomentosa* und *P. Sieboldii* siehe RE-CHINGER in HEGI (1957)! Die genannten Arten kommen in Baden-Württemberg nur in Botanischen Gärten und in einigen Forstlichen Versuchsflächen vor.
Bastarde: In Baden-Württemberg mit *P. alba.*

Populus × canescens (Ait.) SM. 1804
P. alba × tremula
Grau-Pappel

Vermittelt zwischen *P. alba* und *P. tremula*, kann jedoch infolge Rückkreuzungen beiden Stammarten sehr ähnlich sein. Anhand einiger Merkmale läßt sich die Grau-Pappel von der Silber- und der Zitter-Pappel abgrenzen (nach MARCET 1961):

Unterschiede zu *P. alba*: Blätter auch an Langtrieben rundlich bis dreieckig-eiförmig, mit ± regelmäßig gelappten Rändern, nie tief 3–5teilig, unterseits weniger dicht, hellgrau behaart. Blattgrund am Blattstielansatz mit Drüsen. Narben rot. Tragblätter ± zerschlitzt.

Unterschiede zu *P. tremula*: Austreibende Blätter kraus filzig, nie zur Blattspitze hin gerichtet behaart. Blätter im Sommer unterseits ± dicht behaart, daher hellgrau, nicht hellgrün mit weißlichem Adernetz.

Gedeiht auf vergleichsweise nährstoffarmen, sauren Standorten ebenso wie auf Kalkrohböden, auf staunassen, moorigen Böden ebenso wie auf durch Grundwasserabsenkungen völlig ausgetrockneten, vormaligen Naßstandorten. Die Grau-Pappel wird wegen guter Wuchsleistungen auf derartigen forstlichen Grenzstandorten gerne angepflanzt, bevorzugt in sommerwarmen, tieferen Lagen. Sie verwildert häufig auf Brachestellen, in aufgelassenen Kiesgruben, in stillgelegtem Bahnhofsgelände und dergleichen. Nach MARCET (1961) eignet sie sich als einzige Pappel zur Beimischung in Laubmischwäldern. Sie ist auch winterhärter als *P. alba.*

Das Areal der Grau-Pappel überschneidet sich weitgehend mit den Überlappungsbereichen von *P. alba* und *P. tremula*. In Baden-Württemberg ist die Verbreitung infolge ungenügender Aufnahme nur unzureichend bekannt. Ihren Verbreitungsschwerpunkt hat die Grau-Pappel jedoch eindeutig in der Oberrheinischen Tiefebene, wo sie häufig angepflanzt wird oder verwildert anzutreffen ist. Ebenso wie bei der Stammart *P. alba* ist das Indigenat von *P. × canescens* in Baden-Württemberg umstritten.

Ältester literarischer Nachweis: GMELIN (1808: 760–761): „Inter Carlsruhe et Mühlburg".

3. Populus nigra L. 1753
Schwarz-Pappel

Morphologie: Bis über 30 Meter hoher Baum mit breiter, lockerer Krone. Rinde dunkelgrau, rissig verborkend, mit auffallenden, ± horizontalen

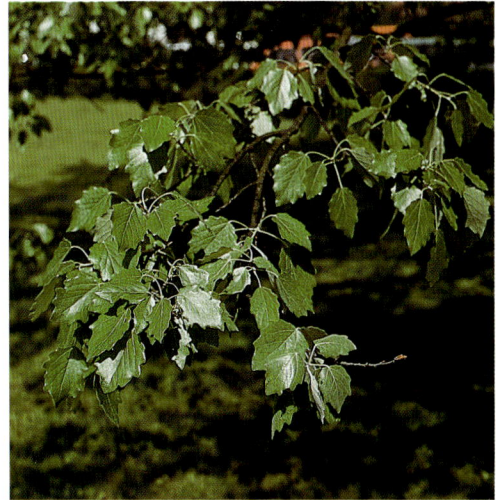

Grau-Pappel *(Populus × canescens)*

Korkwülsten. Zweige stets ohne Korkrippen, daher ± rundlich, einjährige hell graubraun, glänzend, mehrjährige grau-oliv oder graubraun. Knospenschuppen gelbbraun glänzend, klebrig, balsamisch duftend, kahl. Austreibende Blätter grün. Sommerblätter 5–12 cm lang, 3–8 cm breit, eiförmig-dreieckig bis rautenförmig, größte Breite meist unterhalb der Mitte bei ca. ⅓ der Spreitenlänge, am Grunde keilförmig bis seicht herzförmig, ± lang

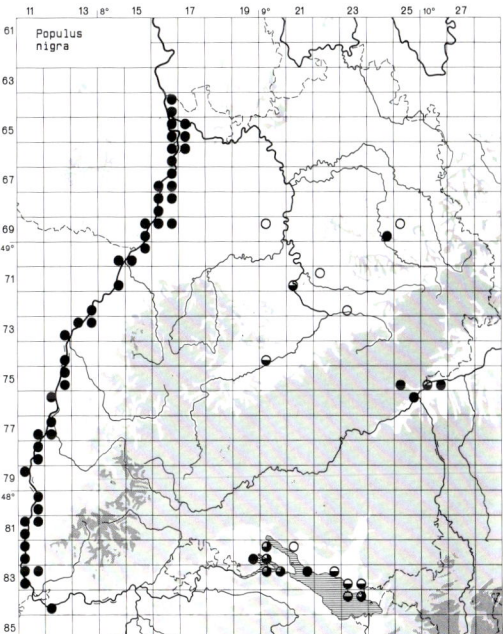

Pyramiden-Pappel *(Populus nigra* cv. *Italica)*
Bodman

zugespitzt, am Rande unregelmäßig, grob gesägt, in der Jugend ± licht behaart oder kahl, oberseits dunkelolivgrau, unterseits hellgrün mit gelblichem Adernetz. Blattgrund am Blattstielansatz ohne Drüsen. Blattstiel bis 6 cm lang, meist kürzer als das Blatt, seitlich zusammengedrückt. Kätzchen bis 11 cm lang, walzlich bis zylindrisch, zur Fruchtreife sich verlängernd, kurz gestielt. Staubblätter (6–)15–30, Staubbeutel purpurrot. Fruchtknoten eiförmig, warzig, kahl. Fruchtknotenstiel so lang wie der Fruchtknoten. Narben 2, gelb. Griffel sehr kurz. Tragblätter auf über ⅔ ihrer Länge zerschlitzt, kahl.

Biologie: Blütezeit April, vor dem Laubaustrieb. Samenflug ab Ende Mai.

Ökologie: Primär auf wechselfeuchten bis wechselnassen, bei Hochwassern oft überschwemmten, nährstoff- und basenreichen, lockeren, gut durch-

lüfteten Schluffböden bis sandigen Kiesböden an Flüssen und Seen tieferer, sommerwarmer Lagen. Die Schwarz-Pappel stockt im trockenen Flügel der Silberweiden-Weichholzaue (Salicetum albae) im Übergang zur Eichen-Ulmen-Hartholzaue (Querco-Ulmetum). Sie verjüngt sich an lichten Stellen, häufig durch Wurzelbrutbildung. Stete Begleiter in der Krautschicht von Silberweiden-Auen mit *Populus nigra* sind *Phalaris arundinacea, Rubus caesius* und *Ficaria verna*. Im Bodenseegebiet ist nach LANG (1973) eine Strauchschicht aus *Viburnum opulus* und *Cornus sanguinea* entwickelt, die im nassen Flügel der Silberweiden-Aue fehlt. In der südlichen Oberrheinischen Tiefebene hält sich *P. nigra* auf durch Grundwasserabsenkung ausgetrockneten, vormaligen Naßstandorten in lückigen Sanddorngebüschen, z.B. westlich von Grissheim (8111/1) im Bereich der ehemaligen Rheinauen. Ge-

124

legentlich wird *P. nigra* als Pionierpflanze in Kies-gruben, Steinbrüchen, Geröllhalden und ähnlichen Standorten beobachtet. Vegetationsaufnahmen lie-gen von LANG (1973: 373) und von CARBIENER (1974: 490 ff.) vor.

Allgemeine Verbreitung: Nordwestliches Afrika und westliches Eurasien. In Südeuropa, in Teilen des südlichen Mitteleuropas, im mittleren und süd-lichen Osteuropa verbreitet. In Skandinavien und in Nordrußland fehlend. Nordgrenze bei 60° n. Br. Ostwärts bis zum Jenissei, südostwärts bis zum Iran und zum Irak reichend.

Verbreitung in Baden-Württemberg: Infolge oft un-genügender Unterscheidung von *P. × canadensis* ist die gegenwärtige Verbreitung der Schwarz-Pappel noch nicht ausreichend geklärt. Ihr ursprüngliches Areal in Baden-Württemberg dürfte sich kaum mehr rekonstruieren lassen, da *P. nigra* vor der Ein-führung der amerikanischen Pappeln als Nutzholz verbreitet wurde. Die natürlichen Vorkommen der Schwarz-Pappel sind heute weitgehend auf die Rhein-Alluvionen der Oberrheinischen Tiefebene, das Bodenseeufer, auf den Unterlauf der Argen und auf die Donau- und die Iller-Auen bei Ulm (nach K. MÜLLER nur dort wild im Ulmer Raum vor-kommend, jedoch recht „häufig") beschränkt. Der Status der Vorkommen im Neckarraum, am Ko-cher und an der Bühler ist unklar, vermutlich sind sie jedoch synanthrop (SCHLENKER in KREH (1951) hält jedoch Vorkommen bei Bad Cannstatt für ursprünglich).

Am tiefsten liegen die Wuchsorte in der nörd-lichen Oberrheinischen Tiefebene bei ca. 95 m, am höchsten die Wuchsorte an der Unteren Argen bei ca. 420 m.

Erster fossiler Nachweis: Spätes Atlantikum von Hornstaad (RÖSCH unpubl.).

Fundorte mit Ausnahme der Oberrheinischen Tiefebene:
Neckarraum: 6920/1: Stockheim, 1896, ALLMENDINGER (STU); 7121/3: Bad Cannstatt, SCHLENKER in KREH (1951); 7122/1: Winnenden, 1866, v. ENTRESS (STU); 7223/4: Rechberghausen, 1874, SCHEUERLE (STU); 7420/3: Tübingen, 1837 u. 1896, v. ENTRESS (STU), A. MAYER (STU).
Kocher, Bühler: 6924/4: Kocher-Altwasser unterhalb Ot-tendorf, vermutlich angepflanzt, 1970, SEBALD (STU); 6925/1: Untersontheim, 1860, MARTENS (STU).
Ulmer Raum: 7525/3: Arnegger Ried, 1976, RAUNECKER (STU-K); 7524/4: Lerchenfeld, Gemeinde Lehr, 1943, K. MÜLLER (STU); 7526/4: Grießholz, Oberfahlheim, 1976, RAUNECKER (STU-K).
Bodenseeraum: 8219/4: Mettnau, beim Freibad, S-Ufer, 1962 u. 1985, LANG (1973), PEINTINGER (KR-K); 8220/1: Überlinger See, östl. Bodmann, 1959, STOFFLER in LANG (1973); 8220/3: Mettnauspitze, Südufer, 1962, LANG (1973); 8221/1: Hardtwald bei Salem, JACK (1900); 8320/1:

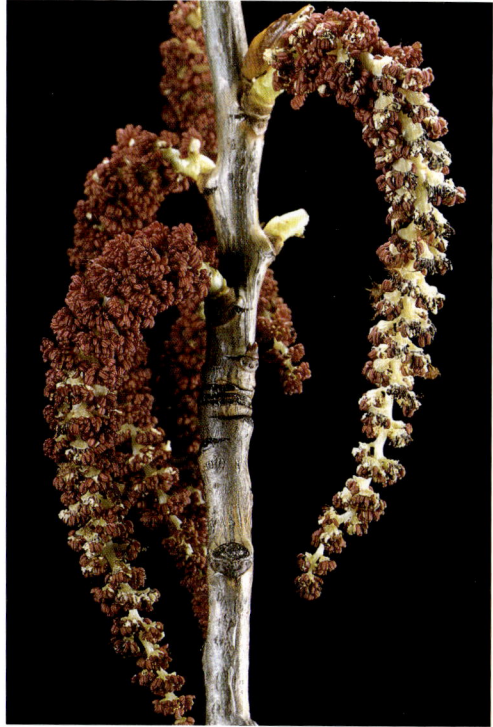

Schwarz-Pappel *(Populus nigra)*
Männliche Kätzchen

Reichenau, Genslishorn, 1962, LANG (1973); 8320/2: Woll-matinger Ried, Mühlegraben, 1962, LANG (1973); 8322/2: Bodenseeufer bei Seemoos, BERTSCH (STU-K); 8323/3: Oberdorf, Argental, BERTSCH (STU-K); Eriskircher Ried, BERTSCH (1940); 8323/4: Gießenbrücke, Argental, BERTSCH (STU-K); 8423/1: Uferwall des Bodensees bei Tunau, 1937, BERTSCH (STU); Argen-Auen bei Langenar-gen, 1937; BERTSCH (STU); 8423/2: Reutenen und Wasser-burger Bucht, DÖRR (1972).

Bestand und Bedrohung: In der Oberrheinischen Tiefebene und im Bodenseeraum zerstreute, sonst seltene bis sehr seltene, insgesamt im Bestand ge-fährdete (Gef.-Grad 3) Pappel-Art! Der Über-gangsbereich Silberweiden-Weichholzaue zur Ei-chen-Ulmen-Hartholzaue, in dem die Schwarz-Pappel ursprünglich vorkommt, ist in der Oberrhei-nischen Tiefebene nur noch selten in einem natur-nahen Zustand erhalten. Die Eichen-Ulmen-Hart-holzaue ist häufig durch Bastardpappelforsten er-setzt. Am Bodensee sind die Schwarzpappel-Vorkommen meist nur kleinflächig erhalten. Die Schwarzpappel-Restbestände sind allerorts durch Einhybridisierung benachbarter Bastard-Pappeln *(P. × canadensis)* bedroht.

Variabilität: Von der normalen *P. nigra* weicht die

125

Pyramiden- oder Säulen-Pappel durch ihre steil aufwärts gerichteten Äste auffällig ab. Sie wird in der Literatur häufig im Rang einer Unterart oder Varietät von *P. nigra* eingestuft und mit den entsprechenden Namen belegt. Sie kommt in Mitteleuropa nur kultiviert vor und wird vegetativ durch Stecklinge vermehrt. Sie hat daher eher den Charakter einer Sorte einer Kulturpflanze (Cultivar, abgekürzt cv.) und wird heute meist als cv. „Italica" (= *P. nigra* var. *italica* Muenchh. (1770); subsp. *pyramidalis* (Roz.) Celak. (1871) usw.) bezeichnet. Die Herkunft ist nicht sicher bekannt. Angeblich soll sie in der 2. Hälfte des 18. Jahrhunderts in der Lombardei gefunden worden sein, nach anderer Ansicht soll sie aus Südwestasien stammen. Sie wurde auf Anordnung Napoleons in Deutschland erstmals in größerem Umfang als Alleebaum angepflanzt. Im allgemeinen ist die Pyramiden-Pappel männlich.

Bastarde: Mit den nah verwandten, amerikanischen Arten *P. angulata* und *P. deltoides*. Die Hybridformen *(P. × canadensis)* sind meist ebenso fertil wie die Eltern.

Populus × canadensis Mönch 1785
P. deltoides × nigra und *P. angulata × nigra*
Kanada-Pappel, Bastard-Pappel

P. × canadensis ist ein Sammelname für den Hybridschwarm von *P. nigra* und der nordamerikanischen *P. deltoides*, seltener auch von *P. nigra* und *P. angulata* und deren Rückkreuzungen mit den Stammarten. Wegen ihrer besseren Wuchsleistungen wird für forstliche Zwecke fast immer die Kanada-Pappel gegenüber den Eltern bevorzugt. Von der Kanada-Pappel existiert eine Vielzahl von „Pappel-Sorten". Dabei handelt es sich um geklonte Typen. Diese Sorten leiten sich über vegetative Vermehrung jeweils von einem Individuum her und sind vom Standpunkt des Züchters genau beschrieben. Die Altpappel-Anpflanzungen bestehen in Deutschland nach MÜLLER u. SAUER (1958) hauptsächlich nur aus 14 Sorten von Schwarzpappel-Bastarden. Die Hybridpappel-Forsten wirken so gleichförmig und eintönig, da sie sich zumeist aus erbgleichen Bäumen zusammensetzen.

Morphologische Unterschiede zu *P. nigra*: Stamm ohne auffallende, ± horizontale Korkwülste. Einjährige Äste mit Korkrippen, daher ± kantig. Austreibende Blätter rötlich. Junge Blätter mit behaartem Saum, auch im Alter kann der Blattrand behaart sein. Der Blattgrund weist am Blattstielansatz häufig Drüsen auf. Narbenzahl der weiblichen Blüte meist 3–4, sehr selten 2.

Morphologische Unterschiede zu *P. deltoides* und *P. angulata*: Blattränder im Alter nie dicht kurz steifhaarig bewimpert. Blattgrund am Blattstielansatz mitunter ohne Drüsen. Staubblätter pro männliche Blüte 15–30. Narben auf kurzen Griffeln oder ± sitzend.

Anpflanzungen von Hybrid-Pappeln erfolgen nicht wie vielfach in der Literatur angegeben im Bereich des Salicetum albae, sondern im Querco-Ulmetum. Wochenlange Überschwemmungen, denen die Silberweiden-Aue ausgesetzt sein kann, führen zum Absterben von *P. × canadensis*.

Kanada-Pappel *(Populus × canadensis)*
Weibliche Kätzchen

2. **Salix** L. 1753
Weide

Sträucher oder bis zu 35 Meter hohe Bäume. Stämme meist aufrecht, bei einigen Kleinstrauch-Weiden unterirdisch kriechend. Zweige gelbgrün bis tief dunkel(rot)braun oder schwarzgrau, kahl oder behaart. Knospen einschuppig, nicht klebrig und ohne Duft, kahl oder behaart. Blätter ungeteilt, von oval-rundlich über lanzettlich bis schmal-linealisch, kahl oder insbesondere an den Unterseiten behaart. Blattränder flach oder nach unten eingerollt, meist gesägt oder gekerbt, bei mehreren Arten mit Drüsen, selten völlig ganzrandig. Blattober- und Blattunterseiten meist verschiedenfarbig; die Unterseiten sind häufig grau- bis blaugrün. Blattstiele relativ kurz, maximal ¼ der Spreitenlänge. Der Blattstiel trägt bei einigen Arten am Spreitenansatz Petiolardrüsen. Nebenblätter häufig nur an Langtrieben vorhanden oder beständig, bei einigen Arten völlig fehlend.

Kätzchen vor den Laubblättern (vorlaufend) oder ± gleichzeitig mit ihnen erscheinend, eiförmig bis lang zylindrisch, aufrecht, seitlich abstehend, nur bei *S. pentandra* hängend, gerade oder gekrümmt, sitzend, kurz gestielt oder auf mehrere

Zentimeter langen, beblätterten Stielen. Tragblätter der Blüten ganzrandig, einfarbig (dann meist gelb oder gelbgrün) oder zweifarbig (dann am Grunde hellgrün, weißlich oder gelb, an der Spitze ± dunkel braun, rot oder schwarz), meist behaart, selten völlig kahl. Blüten am Grunde mit 1–2 Drüsen. Männliche Blüten meist mit 2, bei einigen Arten auch mit 3–5(–8) Staubblättern. Staubfäden meist frei, nur bei wenigen Arten teilweise oder ganz miteinander verwachsen, kahl oder am Grunde behaart. Staubbeutel rundlich, meist gelb, bei einigen Arten anfangs rötlich-purpurn. Weibliche Blüten mit einem, aus 2 Fruchtblättern bestehendem Fruchtknoten. Fruchtknoten sitzend oder gestielt, behaart oder kahl. Griffel fehlend, kurz oder fädlich lang. Narben 2. Frucht eine 2klappig aufspringende Kapsel, nach dem Aufspringen sichelförmig rückwärts gebogen. Samen mit grundständigem Haarschopf, sonst kahl.

Insektenbestäubung (vor allem durch Apiden). Verbreitung der Samen durch den Wind; der als Flugapparat dienende Haarschopf an den Samen erleichtert die Verwehung. Von großer Bedeutung bei einigen Weiden ist die vegetative Fortpflanzung über die an der Basis leicht abbrechenden Zweige (*Salix fragilis, S. × rubens, S. daphnoides, S. viminalis*). Diese werden bei Hochwasser fortgeschwemmt und an anderer Stelle wieder abgelagert, wo sie günstigenfalls rasch wurzeln und austreiben.

Die Weiden sind durchweg lichtbedürftige und vergleichsweise konkurrenzschwache Gehölze. Sie sind in Mitteleuropa nirgends am Bestandesaufbau der Klimaxwälder beteiligt. Lediglich zu den Pioniergehölzen solcher Wälder gehören einige Weiden wegen der raschen Verbreitung ihrer Samen durch den Wind. Waldbildend können die Weiden in den Auen auf Schlick-, Sand-, Kies- und Schotterbänken auftreten, die von anderen Baumarten weitgehend gemieden werden. Die Ausbildung von Adventivwurzeln (z.B. bei *S. alba*), die die Sauerstoffversorgung der Wurzeln aus dem Oberflächenwasser übernehmen, ermöglicht das Überdauern von wochenlangen Überschwemmungen. Stämme und Zweige der Au-Weiden verfügen über ein besonderes Regenerationsvermögen; zudem sind diese Weiden in ihrer Jugend außerordentlich elastisch, so daß sie die Belastungen durch fließendes Oberflächenwasser gut aushalten. Mechanische Belastbarkeit ist auch an Wuchsorten wie felsige Steilhänge (Steinschlag, Lawinen!) und bewegte Halden von Bedeutung. Einige, oft äußerst genügsame, strauchartige Weiden gedeihen in unbewaldeten oder höchstens locker bewaldeten Mooren und in der waldfeindlichen, alpinen Höhenstufe der Gebirge.

Die Gattung *Salix* umfaßt nach RECHINGER (1957) etwa 500 Arten, wovon die Mehrzahl in den gemäßigten Breiten der Holarktis beheimatet ist. Einige ursprüngliche Formen kommen in den Tropen Südamerikas, Afrikas und Asiens vor. In Baden-Württemberg sind rezent 15 wildwachsende, ureinheimische Arten nachgewiesen.

Anmerkungen zur Bestimmung der Weiden: Die Weiden-Arten variieren in manchen Merkmalen oft außerordentlich stark. Erheblichen Schwankungsbreiten unterliegen beispielsweise die Färbung der Zweige (z.B. grün an schattigen, gelbbraun an besonnten Standorten bei *S. elaeagnos*) und die Ausbildung der Blätter. Die Blattspreiten können in Länge und Breite um mehr als den Faktor 2 differieren. Konstanter ist das Verhältnis dieser beiden Größen L : B (NEUMANN 1981). Blattbehaarungen treten an jungen oder auch an kleinen Blättern stärker hervor: im Alter kann es zur völligen Verkahlung kommen. Umgekehrt ist der für die Bestimmung wichtige Blattreif erst im ausgewachsenen Zustand der Blätter entwickelt. Dieser Blattreif ist graugrün, blaugrün, blaugrau oder seegrün gefärbt. Da sich diese Farbtönungen nur subjektiv unterscheiden lassen, werden diese im folgenden unter der Bezeichnung „glauk" (vgl. NEUMANN 1981) zusammengefaßt.

Die Beschreibung der Blattmerkmale im Bestimmungsschlüssel nach vegetativen Merkmalen richtet sich nach den Ausbildungen ausgewachsener Blätter im Frühsommer. Besitzen die Frühblätter (= erste Blätter an der Basis der neuen Triebe) und die Kätzchenstielblätter, die sich von den Sommerblättern oft erheblich unterschieden, diagnostischen Wert, so wird dies im Schlüssel berücksichtigt oder in der Artbeschreibung vermerkt.

Für die Artbestimmung von großer Bedeutung ist das Vorhandensein von Striemen an den 2–4(–6)jährigen Zweigen. Man versteht darunter ± scharf hervortretende, bis ½ mm breite Längsleisten auf dem nackten Holz, die man beobachten kann, wenn man frischen Zweigen die Rinde abzieht.

A) Schlüssel nach vegetativen Merkmalen:

1 Kleinsträucher mit unterirdischem, kriechendem Stamm, meist unter 1 m hoch 2
– Bäume oder Sträucher 3
2 Blätter unterseits bleibend anliegend-seidig behaart . . . . 9. *S. repens*
– Blätter unterseits kahl oder locker behaart 2a
2a Blätter meist verkehrt-eiförmig bis verkehrt-lanzettlich, basal ± keilförmig, breiteste Stelle meist über der Hälfte der Blattlänge; Blattspreite auffallend dünn mit weitmaschigem Adernetz . . . . .
10. *S. starkeana*

- Blätter elliptisch, basal meist deutlich abgerundet, breiteste Stelle etwa bei der Hälfte der Blattlänge; Adernetz ziemlich engmaschig . *[S. myrtilloides]*
3 Zweige aufrecht oder abstehend, höchstens schlaff herabneigend 4
– Zweige lang, schlank, senkrecht herabhängend; angepflanzte Ziergehölze . . . . . [Trauerweiden]
4 Blattstiel in der Nähe des Spreitenansatzes mit Petiolardrüsen. Blattspreiten breit-lanzettlich bis lanzettlich, gesägt, Nervennetz nicht vertieft. Bäume oder hohe Sträucher 5
– Blattstiel ohne Drüsen (vgl. *S. triandra × viminalis*!). Höchstens niedrige Bäume oder Sträucher . 11
5 Mehrstämmiger hoher Strauch. Rinde alter Individuen sich platanenartig in Fetzen ablösend, neue Rinde zimtfarben. Zweige am Grunde biegsam bis ± brüchig, hell(rot)braun bis schokoladenbraun. Austrieb rot bis rotbraun, schwach behaart. Sommerblätter feingesägt, völlig kahl, die Seitennerven bilden mit dem Mittelnerv Winkel von > 45°. Nebenblätter an allen Trieben gut entwickelt . . . .
4. *S. triandra*
– Rinde alter Bäume längsrissig, sich nicht ablösend. Nebenblätter nur an Langtrieben deutlich entwickelt, sonst meist unscheinbar, oft ± hinfällig . . . 6
6 Blattunterseiten schwach bis sehr dicht, ± bleibend behaart. Verzweigung mehrjähriger Triebe spitzwinkelig. Zweige zumindest in den Knospenachseln mit kurzen Haaren 7
– Sommerblätter und Zweige völlig kahl. Verzweigung mehrjähriger Triebe fast ± rechtwinkelig . . 8
7 Zweige dünn, am Grunde biegsam, gelb bis (rot)-braun (slt. mennigerot). Jungtriebe anliegend behaart. Blattspreiten ± in der Mitte am breitesten, nach beiden Enden hin gleichmäßig verschmälert, unterseits ± dicht silbrig-weiß schimmernd behaart, auch oberseits oft mit Haaren . . . .
3. *S. alba*
– Zweige am Grunde brüchig, rotbraun, häufig mit Ausnahme der Knospenachseln kahl. Blattspreiten ± unterhalb der Mitte am breitesten, daher zur Basis hin stärker verschmälert als zur Spitze. Meist nur Blattunterseiten ± licht anliegend behaart, mitunter jedoch völlig verkahlend 2b. *S. × rubens*
8 (6) Bast bei Verletzung schwarz werdend. Austrieb balsamisch duftend, klebrig. Blätter fein, ± regelmäßig gesägt, breitlanzettlich bis lanzettlich, Drüsen auf den Blattzahnspitzen 9
– Bast bei Verletzung braun werdend. Austrieb nicht balsamisch duftend, nicht oder schwach klebrig. Blätter grob, unregelmäßig („knorpelig") gesägt, Drüsen in den Blattzahnbuchten 10
9 Zweige am Grunde biegsam, dunkelrotbraun, stark lackartig glänzend. Kätzchenstielblätter und Frühblätter ringsherum gesägt. Blattstiele meist mit 4–10 Petiolardrüsen am Spreitengrund. Blätter oberseits lorbeerblatt-artig glänzend, „ledrig" derb, meist ± kurz zugespitzt. Nebenblätter selten vorhanden, unscheinbar . . . . 1. *S. pentandra*

– Zweige am Grunde spröde, (hellbeige)braun. Kätzchenstielblätter und Frühblätter meist teilweise ganzrandig und teilweise gesägt, nur selten völlig ganzrandig oder ringsherum gesägt. Blattstiele mit 2–4, selten mehr Petiolardrüsen am Spreitenansatz. Blätter meist ± lang zugespitzt, nicht auffallend „ledrig" derb. Langtriebe fast immer mit gut entwickelten Nebenblättern . . . . .
S. fragilis × pentandra
10 (8) Zweige am Grunde sehr spröde, lehmgrau bis gelblichgrau; einjährige Triebe gelblichbraun. Austrieb (hell)grün. Kätzchenstielblätter und Frühblätter ganzrandig, vorne anliegend gewimpert, sonst kahl. Sommerblätter unterseits glauk (nicht grün!); die Seitennerven bilden mit dem Mittelnerv Winkel von deutlich < 45°. Nebenblätter meist nur an Langtrieben beständig. Bis 20 m hoher Baum
2a. *S. fragilis*
– Zweige rötlichbraun bis grünbraun, nicht lehmgrau. Austreibende Blätter oft rötlich. Sommerblätter unterseits grün bis hellgrün, nicht glauk. Die Seitennerven bilden mit dem Mittelnerv Winkel meist von ≧45°. Nebenblätter ± dauerhaft. Niedriger Baum . . . . . . *S. fragilis × triandra*
11 (4) Zweige dunkelrot, mehrjährige Triebe häufig abwischbar blaugrau bereift. Rindenbast zitronengelb. Nebenblätter mit dem Blattstiel verwachsen. Höhere Bäume oder Sträucher 12
– Nicht alle diese Merkmale zutreffend 13
12 Zweige am Grunde brüchig, dunkelrotbraun. Austrieb reichlich behaart, Blätter erst später völlig verkahlend. Sommerblätter länglich bis lanzettlich, oft ± kurz zugespitzt, unterseits stark glauk mit häufig grüner Blattspitze. 12–15 Seitennerven pro Blatthälfte . . . . 6. *S. daphnoides*
– Zweige am Grunde biegsam, dunkelrotviolett. Austrieb nur schwach behaart. Blätter lanzettlich bis lineal-lanzettlich, ± lang zugespitzt, unterseits schwach glauk, 15 oder mehr Seitennerven pro Blatthälfte. Im Gebiet ausschließlich synanthrop! . . . .*[S. acutifolia]*
13 (11) Zweige dünn, kahl, nur in der Jugend mit Haaren. Bast gelb. Blätter länglich bis lanzettlich, oberhalb der Mitte am breitesten und gezähnt, am Grunde ganzrandig, völlig kahl, beim Trocknen schwarz werdend. Nebenblätter stets fehlend . . .
8. *S. purpurea*
– Blätter anders gestaltet 14
14 Blätter lanzettlich bis linealisch, L/B = 5–20, behaart (höchstens im Alter verkahlend), höhere Sträucher oder Bäume 15
– Blätter eiförmig, verkehrt-eiförmig, elliptisch oder breit-lanzettlich, L/B = 1,3–3, maximal 4 20
15 Nacktes Holz ± 4–6jährige Zweige mit ca. 1 cm langen Striemen. Zweige schwarzgrau, dicht samtig kurz behaart. Blätter bis 20 cm lang, L/B = 5–7, lanzettlich, unterhalb der Mitte am breitesten. Im Gebiet ausschließlich synanthrop! . . . . *[S. × dasyclados]*
– Nacktes Holz 2–4(–6)jähriger Zweige ohne Striemen 16
16 Blätter unterseits dicht behaart, daher grau oder silbrig 17

– Blätter unterseits licht behaart, bisweilen völlig verkahlend, grün. Blätter lanzettlich bis schmal-lanzettlich, L/B = 5–9, deutlich gesägt. Austrieb rötlich oder rotbraun 19

17 Blätter breit-lanzettlich bis lanzettlich, L/B = 5–8, bis 20 cm lang, unterseits samtig behaart, etwas schimmernd. Zweige nur in der Jugend behaart, später kahl . . . . *S. caprea × viminalis*

– Blätter schmal-lanzettlich bis linealisch, L/B = 8–20, am Rande umgerollt 18

18 Blattunterseiten dicht kraus weißfilzig, matt behaart . . . . 7. *S. elaeagnos*

– Blattunterseiten dicht seidig glänzend, parallel zu den Seitennerven behaart. Austrieb hellgrün . . .
5. *S. viminalis*

19 Blätter unterhalb der Mitte am breitesten, beim Trocknen grün bleibend, streng wechselständig. Bast grün. Spreitengrund mit Petiolardrüsen! . . .
S. triandra × viminalis

– Blätter meist in der Mitte am breitesten, beim Trocknen schwärzend, am Zweiggrunde gegenständig. Spreitengrund ohne Petiolardrüsen. Bast gelb . . . . *S. purpurea × viminalis*

20 (14) Niedriger Strauch, meist bis 50 cm, selten 1 m hoch. Zweige rotbraun, kahl, mit undeutlichen Striemen. Austrieb gebräunt. Blätter verkehrt-eiförmig, auffallend dünn, ganzrandig oder gezähnt, um 3 cm lang. Blattspreiten anfangs behaart, später völlig verkahlend, oberseits glänzend, unterseits glauk, matt. Nervennetz nicht vertieft. Sehr selten! . . . . 10. *S. starkeana*

– Nicht alle diese Merkmale zutreffend 21

21 Zweige rotbraun oder höchstens schwach gestriemt (*S. appendiculata*). Blattoberseiten dunkelgrün, glänzend, im Alter höchstens an den Grobnerven behaart, sonst kahl 22

– Zweige mit auffallenden Striemen. Blattoberseiten schmutziggrün, matt, mit kurzen, gekrümmten Haaren flächig behaart 24

22 Zweige ungestriemt, schwarzgrau bis schwarz(rot)braun, meist kurz behaart, auch fast völlig kahl. Blätter beim Trocknen schwarz werdend. Blattunterseiten glauk mit grüner Blattspitze, gelegentlich auch auf der ganzen Fläche grün, nur an den Rippen oder über die gesamte Fläche licht behaart . .
15. *S. nigricans*

– Zweige kahl, nur in der Jugend weißfilzig. Blätter beim Trocknen nicht schwarz werdend. Blattunterseiten nicht mit grüner Blattspitze 23

23 Zweige mit leichten Striemen. Knospenschuppen rotbraun. Blätter länglich verkehrt-eiförmig bis verkehrt-eilänglich, oberhalb der Mitte am breitesten, zu den Triebspitzen hin länger werdend. Blattunterseiten anfangs filzig-seidig behaart, später bis auf die Grobnerven verkahlend. Nebenblätter gut entwickelt, oft auffällig. Strauch der montanen bis subalpinen Stufe . . . . . . 13. *S. appendiculata*

– Zweige ohne Striemen. Knospenschuppen gelb- bis graubraun. Blätter rundlich, eiförmig bis elliptisch, ± in der Mitte am breitesten, unterseits bleibend dicht weißfilzig-samtig behaart, zu den Triebspitzen hin nicht länger werdend. Nebenblätter wenig entwickelt, unscheinbar . . . . . 14. *S. caprea*

24 (21) Bis 6 m (meist 3–4 m) hoher Strauch, mit derben, dunkel- bis schwarzbraunen oder schwarzgrauen, bleibend behaarten Zweigen und Knospen. Austrieb gelbgrün. Blätter verkehrt-eilänglich, L/B = 2–4, mit 10–15 Seitennerven, flacher, gerader Spitze und wenig eingesenktem Nervennetz. Nebenblätter unauffällig, an Kurztrieben oft fehlend . . . . 12. *S. cinerea*

– Knospenschuppen rötlichbraun–rotbraun. Austrieb gebräunt. Blattspitzen meist gekrümmt-gefaltet. Nervennetz der Blätter ± stark eingesenkt. Nebenblätter auffällig, beständig, nie ganz fehlend 25

25 Selten über 2 m hoher Strauch mit dünnen, rotbraunen, verkahlenden Zweigen und verkahlenden Knospen. Blätter verkehrt-eiförmig, 2–5 cm lang, L/B = 1,5–2,5, mit 7–10 Seitennerven und stark eingesenktem Nervennetz (Blätter dadurch „runzelig"!) . . . . 11. *S. aurita*

– Bis 5 m hoher Strauch. Zweige behaart bleibend. Blätter 4–8 cm lang, mit 10–15 Seitennerven . .
S. aurita × cinerea

B) Schlüssel nach weiblichen Zweigen:

1 Tragblätter der Blüten einfarbig, Kätzchen gleichzeitig mit den Blättern erscheinend 2

– Tragblätter der Blüten zweifarbig 8

2 Zweige aufrecht oder abstehend, höchstens schlaff herabneigend 3

– Zweige lang, schlank, senkrecht herabhängend. Ziergehölze . . . . [Trauerweiden]

3 Tragblätter bis zur Fruchtreife bleibend. Austreibende Blätter rotbraun oder rötlich. Rinde am Stamm in rundlichen Schuppen platanenartig abblätternd, neue Rinde zimtfarben . . *S. triandra*

– Tragblätter vor der Fruchtreife abfallend. Borke längsrissig. Austreibende Blätter gelbgrün (nur bei *S. alba* subsp. *vitellina* zuweilen rötlich) 4

4 Verzweigung 2–4jähriger Triebe ± rechtwinkelig. Obere Kätzchenstielblätter kahl oder höchstens an der Spitze behaart 5

– Verzweigung 2–4jähriger Triebe ± spitzwinkelig. Obere Kätzchenstielblätter unterseits flächig behaart 7

5 Austreibende Blätter nicht klebrig, nicht balsamisch duftend. Obere Kätzchenstielblätter ganzrandig, an der Spitze ± behaart, nur die untersten zuerst erscheinenden K. unterseits seidig behaart. Tragblätter an der Spitze langhaarig gebärtet. Zweige sehr spröde, gelblichgrau-lehmgrau . . . .
2a. *S. fragilis*

– Austreibende Blätter klebrig, balsamisch duftend. Kätzchenstielblätter zumindest teilweise gezähnt . 6

6 Zweige dunkelrotbraun, stark glänzend, am Grunde biegsam. Tragblätter der Kätzchen stets kahl. Kätzchenstielblätter vom Grunde an vollständig gezähnt . . . . 1. *S. pentandra*

– Zweige (hellbeige)braun, am Grunde ± spröde. Kätzchenstielblätter nur teilweise gezähnt, nur einzelne Kätzchenstielblätter ganzrandig oder ringsherum gezähnt . . . . . *S. fragilis × pentandra*

7 (4) Zweige am Grunde biegsam. Tragblätter vorne spitz, am Rande kurz behaart. Junge Blätter dicht seidenhaarig . . . . 3. *S. alba*

129

– Zweige am Grunde spröde, rotbraun. Tragblätter an der Spitze stumpf, langbärtig. Junge Blätter oft nur licht behaart . . . . 2b. *S.* × *rubens*

8 (1) Fruchtknoten sitzend 9
– Fruchtknoten deutlich gestielt 11

9 Zweige mit Striemen. Zweige dicht grau- bis schwarzfilzig. Griffel fädlich. Im Gebiet ausschließlich synanthrop . . . . . . *[S. dasyclados]*
– Zweige ohne Striemen 10

10 Zweige rutenförmig, schlank, schmutzig gelbbraun bis gelbgrau, anfangs behaart, später verkahlend. Bast grün. Griffel mehrere Millimeter lang. Narbe fädlich, zweiästig, weißlich . . . . 5. *S. viminalis*
– Zweige völlig kahl und stärker verzweigt, Strauch dadurch sparrig. Bast gelb. Griffel sehr kurz; Narben dick, kurz und sitzend, rot . 8. *S. purpurea*

11 (8) Kleinsträucher mit unterirdischem, kriechendem Stamm, meist unter 1 m hoch 12
– Sträucher oder Bäume mit oberirdischem, aufrechtem Stamm 13

12 (11) Fruchtknoten seidig-filzig, hellgrau behaart, selten kahl. Fruchtknotenstiel höchstens ⅔mal so lang wie der Fruchtknoten. Kätzchen vorlaufend, eiförmig (vgl. auch *S. starkeana*) . . 9. *S. repens*
– Fruchtknoten völlig kahl. Fruchtknotenstiel ebenso lang wie der Fruchtknoten. Kätzchen gleichzeitig mit den Blättern erscheinend. Rezent nur in angrenzenden Gebieten Bayerns und der Schweiz, in Baden-Württemberg selbst nicht nachgewiesen! . . . . *[S. myrtilloides]*

13 (11) 2–4jährige Zweige abwischbar graublau bereift. Bast zitronengelb. Kätzchen vorlaufend . . . 14
– Nicht alle diese Merkmale zutreffend 15

14 Zweige anfangs behaart, (braun)rot, am Grunde brüchig. Tragblätter so lang wie der Fruchtknoten
6. *S. daphnoides*
– Zweige von Anfang an kahl, (violett)rot, am Grunde biegsam. Tragblätter ½mal so lang wie der Fruchtknoten. Im Gebiet ausschließlich synanthrop! . . . . *[S. acutifolia]*

15 Holz der 2–4jährigen Zweige mit sehr auffälligen, meist mehrere cm langen Striemen. Kätzchen vorlaufend 16
– Holz der 2–4jährigen Zweige ohne Striemen oder mit höchstens 1 cm langen, wenig hervortretenden Striemen 17

16 Zweige kräftig, dunkelgrau bis schwarzbraun, dicht grauschwarzfilzig behaart, kantig. Knospenschuppen schwarzgrau-schwarzbraun, nie rötlich. Kätzchen 4–9 cm lang, Griffel und Narben kurz, niemals fädlich (vgl. *S. dasyclados!*). Bis zu 5–6 m hoher Strauch . . . . 12. *S. cinerea*
– Zweige dünn, rotbraun, nur in der Jugend flaumig behaart, sonst kahl. Knospenschuppen rotbraun. Kätzchen bis 2 cm lang. Bis zu 3 m hoher Strauch
11. *S. aurita*

17 Fruchtknoten kahl (bei *S. nigricans* bisweilen behaart!). Zweige vollkommen striemenfrei 18
– Fruchtknoten dicht filzig behaart 19

18 Bis zu 20 m hoher Baum oder Strauch. Kätzchen schmal-walzlich, gekrümmt, vorlaufend. Tragblätter kahl oder nur am Rande gewimpert, am Grunde grün, an der Spitze nur unscharf davon abgehoben blaßrot oder blaßbraun . . . . 7. *S. elaeagnos*
– Bis zu 6 m hoher Strauch. Kätzchen eiförmig, gerade, gleichzeitig mit den Blättern erscheinend. Tragblätter lang zottig. Zuerst erscheinende Blätter unterseits reingrün, kahl oder seidenhaarig, beim Trocknen schwarz werdend. Folgeblätter unterseits glauk mit grüner Blattspitze.
15. *S. nigricans*

19 Bis 1 m hoher Strauch, meist nicht höher als 50 cm. Zweige dünn, rotbraun-purpurrot, mit undeutlichen Striemen. Kätzchen 1,5–3 cm lang, locker, vorlaufend. Fruchtknoten weißgrau filzig. Fruchtknotenstiel ebenso lang wie der Fruchtknoten (vgl. *S. repens!*). Sehr selten! 10. *S. starkeana*
– Nicht alle diese Merkmale zutreffend. Mehrere m hohe Sträucher oder Bäume 20

20 Kätzchen mehr als 3 cm lang, vorlaufend. Fruchtknotenstiel ⅔mal so lang wie der Fruchtknoten. Narben zusammenneigend. Knospenschuppen gelbbraun-braun. Zweige völlig striemenfrei. Sehr häufig! . . . . 14. *S. caprea*
– Kätzchen bis 3 cm lang, ± gleichzeitig mit dem Laub erscheinend. Fruchtknotenstiel ebenso lang oder länger wie der Fruchtknoten. Narben spreizend. Knospenschuppen rotbraun. Zweige mit undeutlichen Striemen. Selten, auf montane und subalpine Lagen beschränkt . . 13. *S. appendiculata*

C) Schlüssel nach männlichen Zweigen:

1 Tragblätter der Kätzchen einfarbig. Kätzchen gleichzeitig mit den Blättern erscheinend. Blätter an der Basis mit Petiolardrüsen 2
– Tragblätter der Kätzchen zweifarbig, am Grunde hell, an der Spitze schwärzlich oder dunkelbraun. Blätter ohne Petiolardrüsen an der Basis 7

2 Blüten mit mehr als 2 Staubblättern 3
– Blüten mit zwei Staubblättern 4

3 Blüten mit 4–12, meist mit 5 Staubblättern. Zweige dunkel rotbraun, stark glänzend, biegsam. Kätzchenstielblätter und Frühblätter ringsherum gezähnt (vgl. *S. fragilis* × *pentandra*). Austrieb gelbgrün, klebrig, balsamisch duftend, völlig kahl
1. *S. pentandra*
– Blüten mit 3 Staubblättern. Austrieb rotbraun oder rötlich, flaumig behaart, rasch verkahlend. Rinde am Stamm in rundlichen Schuppen platanenartig abblätternd, neue Rinde zimtfarben
4. *S. triandra*

4 Zweige aufrecht oder abstehend, höchstens schlaff herabneigend 5
– Zweige lang, schlank, senkrecht herabneigend; angepflanzte Ziergehölze . . . . . . [Trauerweiden]

5 Verzweigung 2–4jähriger Triebe ± rechtwinkelig. Zweige am Grund sehr spröde, lehmgrau-gelblichgrau oder gelblichbraun. Obere Kätzchenstielblätter ganzrandig, kahl, nur an der Spitze gebärtet. Nur die untersten zuerst erscheinenden K. unterseits seidig behaart . . . . . . 2a. *S. fragilis* s. str.

– Verzweigung 2–4jähriger Triebe ± spitzwinkelig. Obere Kätzchenstielblätter zumindest unterseits ± flächig behaart 6
6 Zweige am Grunde biegsam. Tragblätter vorne spitz, am Rande kurz behaart. Junge Blätter seidenhaarig . . . . 3. *S. alba*
– Zweige am Grunde brüchig. Tragblätter vorne stumpf, am Rande langbärtig. Junge Blätter bisweilen schon verkahlt . . . . . 2b. *S. × rubens*
7 (1) Staubblätter wenigstens teilweise miteinander verwachsen. Kätzchen länglich-walzlich, gekrümmt 8
– Staubblätter völlig getrennt 9
8 Staubblätter fast vollständig miteinander verwachsen, daher ein Staubblatt pro Blüte vortäuschend. Staubbeutel anfangs purpurn, später gelb werdend. Tragblätter langhaarig. . . 8. *S. purpurea*
– Staubblätter höchstens bis zur Mitte verwachsen. Staubbeutel von Anfang an gelb. Tragblätter kahl oder am Rande gewimpert. Tragblattbasis grün, Tragblattspitze davon unscharf abgehoben, blaßrot bis blaßbraun . . . . 7. *S. elaeagnos*
9 Niedrige, nur selten über 1 m hohe Sträucher mit kriechendem, unterirdischem Stamm. Staubbeutel anfangs rötlich, beim Stäuben gelb werdend (vgl. auch *S. starkeana*) 10
– Aufrechte Sträucher oder Bäume, Stamm oberirdisch. Staubbeutel von Anfang an gelb . . . 11
10 Kätzchen kurz vorlaufend. Tragblattspitzen schwarzrot oder schwarzbraun, dicht langbärtig. Austreibende Blätter dicht seidig behaart . . . . . 9. *S. repens*
– Kätzchen gleichzeitig mit den Blättern erscheinend. Tragblattspitzen rötlich, spärlich behaart. Austreibende Blätter unterseits spärlich behaart, violett überlaufen, rasch völlig verkahlend. Rezent nur in angrenzenden Gebieten Bayerns und der Schweiz, in Baden-Württemberg selbst nicht nachgewiesen . . . . [*S. myrtilloides*]
11 2–4jährige Zweige abwischbar blaugrau bereift. Bast zitronengelb. Kätzchen vorlaufend. Staubfäden unbehaart 12
– Nicht alle diese Merkmale zutreffend 13
12 Zweige anfangs behaart, (braun)rot, am Grund brüchig. Kätzchen bis 6 cm lang .6. *S. daphnoides*
– Zweige von Anfang an kahl, (violett)rot, am Grund biegsam. Kätzchen bis 3,5 cm lang. Im Gebiet ausschließlich synanthrop . . .[*S. acutifolia*]
13 2–4jährige Zweige mit auffallenden, oft mehrere Zentimeter langen Striemen 14
– 2–4jährige Zweige ungestriemt oder mit undeutlichen, allenfalls wenige mm langen Striemen (vgl. *S. dasyclados!*) 16
14 Zweige dünn, braunrot, nur anfangs spärlich behaart, später verkahlend. Kätzchen bis 1,5 cm lang. Staubfäden nur am Grund schwach behaart. Selten bis 3 m hoher Strauch . . . . 11. *S. aurita*
– Zweige kräftig, schwarzgrau-schwarzbraun, samtfilzig behaart. Kätzchen über 3 cm lang. Mehrere m hohe Sträucher 15

15 Rinde längsrissig. Striemen oft erst an älteren Zweigen (4 Jahre und älter) markant ausgeprägt! Staubfäden kahl. Im Gebiet ausschließlich synanthrop . . . . [*S. dasyclados*]
– Rinde glatt, ohne Längsrisse. Staubfäden am Grunde behaart. Knospenschuppen wie die Zweige gefärbt, niemals rotbraun . 12. *S. cinerea*
16 (13) Staubfäden an der Basis behaart 17
– Staubfäden an der Basis kahl 18
17 Zweige völlig striemenfrei, ± dicht behaart, nur selten kahl. Kätzchen kurz vorlaufend. Zuerst erscheinende Blätter unterseits reingrün, kahl oder seidenhaarig, beim Trocknen schwarz werdend 15. *S. nigricans*
– Zweige mit undeutlichen Striemen, kahl, nur in der Jugend weißfilzig. Blätter meist gleichzeitig mit den Kätzchen erscheinend. Zuerst erscheinende Blätter unterseits im Jugendzustand samtig-filzig behaart. Nur in montanen und subalpinen Lagen 13. *S. appendiculata*
18 Bis zu 1 m hoher Strauch, meist nicht über 50 cm hoch. Zweige dünn, rotbraun-purpurrot mit undeutlichen Striemen. Kätzchen lockerblütig, bis 2 cm lang. Sehr selten! . . . . . 10. *S. starkeana*
– Höhere Sträucher oder Bäume. Zweige völlig striemenfrei. Kätzchen dichtblütig, bis 3,5 cm lang . . 19
19 Zweige schlank rutenförmig, aufrecht abstehend, schmutziggelb-schmutzigbraun. Kätzchen auf 5–10 mm langen, dicht behaarten Stielen . . . . . 5. *S. viminalis*
– Zweige knorrig, kurzästig, braun oder rotbraun. Kätzchen sitzend oder sehr kurz gestielt . . . . . 14. *S. caprea*

1. Salix pentandra L. 1753
Lorbeer-Weide

Morphologie: Niedriger, bis 15 m hoher Baum oder Strauch. Rinde längsrissig verborkend, Bast bei Verletzung schwarz werdend. Zweige nahezu rechtwinkelig verzweigend, am Grunde biegsam, dunkelrotbraun, stark glänzend, völlig kahl. Jungtriebe dunkelolivbraun. Austrieb (hell)grün, völlig kahl, stark klebrig, balsamisch duftend. Frühblätter und Kätzchenstielblätter (länglich)-eiförmig, ringsherum gesägt. Sommerblätter 4–10 cm lang, ei-länglich bis ei-lanzettlich, zum Grunde hin verschmälert und ± abgerundet, vorne meist ± kurz zugespitzt, regelmäßig fein gesägt mit Drüsen auf den Blattzahnspitzen, völlig kahl, oberseits lebhaft grün bis dunkelgrün, wie Lorbeerblätter lackartig glänzend, unterseits (hell)grün, schwach glänzend, beim Trocknen schwarz werdend, mit 13–20(–25) Seitennerven pro Blatthälfte. Blattstiele am Spreitenansatz mit 4–10 Petiolardrüsen. Blattstiel bis 10 mm lang, $\frac{1}{8}$ bis $\frac{1}{12}$ der Spreite erreichend. Nebenblätter nicht entwickelt oder unscheinbar. Kätzchen bis 5 cm lang, zylindrisch, ± bogig überhängend, auf

Lorbeer-Weide *(Salix pentandra)*
Kugelmoos bei Schwenningen, 1987

bis zu 5 cm langen, beblätterten Stielen. Staubblätter meist 5, selten 3–4 oder 6–8, am Grunde behaart. Fruchtknoten pfriemlich ei-kegelförmig, kahl, bis 1 mm gestielt. Griffel bis ¼mal so lang wie der Fruchtknoten. Weibliche Blüten mit 2 Nektardrüsen. Tragblätter einfarbig, hellgelb, am Grunde ± dicht behaart, gegen die Spitze fast völlig kahl, vor der Fruchtreife abfallend.

Biologie: Blütezeit Ende Mai bis Mitte Juni, nach der Blattentfaltung. Fruchtreife erst nach dem Blattfall.

Ökologie: Auf sicker- bis staunassen, meso- bis eutrophen, (mäßig) basenreichen, neutralen bis mäßig sauren Torfböden, ebenso auf nassen, humusreichen, sandigen bis tonigen Auenböden in sommerkühlen Lagen. Vorwiegend in Alnetea glutinosae-Gesellschaften, auch im Alno-Ulmion. Die Lorbeer-Weide bildet in einigen Mooren der Baar als bestandesbildendes Gehölz fast reine Weidenbruchwälder („*Salix pentandra*-Gesellschaft" nach GÖRS 1968: 275ff.). Das Spektrum der Bodenvegetation reicht dort von dem nasser Erlen-Eschenwälder (Alno-Fraxinetum) bis zu dem von Birken-Ohrwei-

dengebüschen (Betulo-Salicetum auritae). In den Riedern am Bodensee und am Bodanruck kommt *Salix pentandra* in Weidenbruchgebüschen vor, die LANG (1973: 72f.) zum Frangulo-Salicetum cinereae stellt. Vegetationsaufnahmen aus dem Kugelmoos bei GÖRS (1968: Tab. 50) und bei IRSSLINGER (1983: Tab. 8), aus dem westlichen Bodenseegebiet bei LANG (1973: 374).

Allgemeine Verbreitung: Westliches Eurasien. Südlich 46° n.Br. in Europa nahezu auf die montanen Lagen der Gebirge wie Pyrenäen (SW-Grenze), Cevennen, Alpen und Balkan beschränkt. Geschlossenes Areal im nördlichen Mitteleuropa und in Skandinavien. Nordgrenze bei 70° n.Br. in Nordnorwegen. Regional auf den Britischen Inseln, in Nordund Mittelrußland verbreitet. Ostgrenze in Westsibirien.

Verbreitung in Baden-Württemberg: Die Hauptverbreitungsgebiete sind die Moore der Baar mit den bedeutendsten Beständen im Kugelmoos (7917/3) und im Birkenried (8017/3 u. 4) sowie die Riedflächen des westlichen Bodenseegebietes. Sehr zerstreut bis selten kommt *S. pentandra* darüber hin-

132

aus in den Oberen Gäuen, im Vorland und in Tälern der südwestlichen Schwäbischen Alb, im Alpenvorland und im Hoch- und im Südostschwarzwald vor.

Im Hochschwarzwald und im südöstlichen Schwarzwald ist nach meinen Beobachtungen entlang der Fließgewässer (z.B. entlang der Gutach und der oberen Wutach, an mehreren Bächen im Schluchsee-Gebiet) eine Baumweide verbreitet, deren Merkmalskombination auf den Bastard *S. fragilis × pentandra* (leicht abbrechende Äste, Kätzchenstielblätter lanzettlich und häufig teilweise oder völlig ganzrandig, Nebenblätter an Langtrieben meist sehr auffällig entwickelt, Blattform wie bei *S. fragilis*, Zähnung der Blätter bisweilen weniger regelmäßig als bei *S. pentandra* und „knorpelig" wie bei *S. fragilis*) und nicht auf *S. pentandra* (vgl. SCHWABE 1987: 203 ff. u. 247 f.) hindeutet! In Reinform kommt *S. pentandra* in diesen Naturräumen nach meinen Erhebungen nur am Rande von Mooren, z.B. an der Nordseite des Hinterzartener Moores (8014/4), in Bruch-Gebüschen, z.B. westlich von Gündelwangen (8115/4) und in (verbrachenden) Sumpfwiesenkomplexen vor. Bei den alten Literaturangaben von SCHILDKNECHT (1863) und NEUBERGER (1912) ist nicht bekannt, ob den Beobachtungen „reine" Lorbeer-Weiden zugrunde lagen.

Die Vorkommen von *S. pentandra* im Oberrheingebiet und im Unteren Neckarland sind mutmaßlich nicht indigen und beruhen größtenteils auf Anpflanzungen.

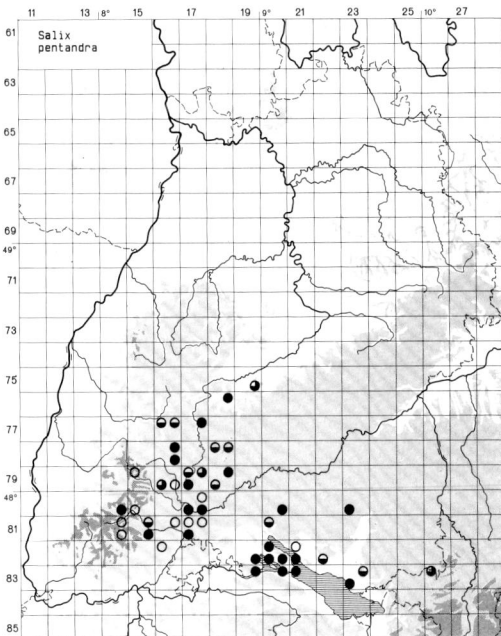

Der höchstgelegene sicher belegte Wuchsort von *S. pentandra* befindet sich am Hinterzartener Moor bei ca. 885 m ü. NN; am tiefsten liegen die Vorkommen in den Riedern am Bodensee bei ca. 395 m ü. NN.

Ältester literarischer Nachweis: ROTH VON SCHRECKENSTEIN (1798: 121): an der Breg um Breg.

Schwarzwald: 7915/1: Furtwangen, SCHILDKNECHT (1863); 8014/4: Hinterzartener Moor, 1987, QUINGER (KR); 8015/3: Neustadt, NEUBERGER (1912); 8114/2: Titisee, SCHILDKNECHT (1863); 8114/4: Schluchsee, SCHILDKNECHT (1863); 8115/2: Rötenbach, 1934, JAUCH (KR), det. NEUMANN; 8115/4: Bruch-Gebüsche westl. Gündelwangen, 1987, QUINGER (KR).

Obere Gäue: 7519/4: Krebsbach nordwestl. Bodelshausen, 1953, K. MÜLLER (STU); 7716/1 o. 2: Aichhalden, BERTSCH (STU-K); 7717/2: Bauberg bei Trichtingen, 1978, ADE (STU).

Schwäbische Alb und Vorland: 7818/1: Schörzingen, KIRCHNER u. EICHLER (1913); 7818/2: Delkhofen, 1925, BOLTER (STU); Deilingen, KIRCHNER u. EICHLER (1913); 7918/2: Dürbheimer Ried, 1967, SEBALD (STU); 7918/3: Fuß des Hohenkarpfens, 1887, SCHEUERLE (STU); Durchhausen, A. MAYER (1929).

Baar, Baar-Alb, Alb-Wutach-Gebiet: 7916/3: Plattenmoos, BENZING in PHILIPPI (1961); 7916/4: Überauchener Moor, ZAHN (1889); 7917/2: 1 km westl. Schura, 1967, SEBALD (STU); 7917/3: Schwenninger Moos, wenige Ex., GÖRS (1968); Kugelmoos, 1987, QUINGER (KR); 8016/2 (?): Donaueschingen, 1885, SCHATZ (KR); 8017/2: Himmelberg, DÖLL (1859); 8017/3 u. 4: Birkenried bei Pfohren, 1987, QUINGER (KR); 8017/4: Torfstich bei Gutmadingen, 1885, SCHATZ (KR); 8116/2: Mundelfingen, ZAHN (1889); 8117/1: Fürstenberg, DÖLL (1859); 8117/2: Aitrach bei Aulfingen, ZAHN (1889); 8117/3: Zollhausried bei Blumberg, 1886, SCHATZ (KR); 8216/2: Wellendingen, MARTENS u. KEMMLER (1882).

Westliches Bodenseegebiet: 8219/4: Mettnau, 1984, PEINTINGER (KR); 8220/1: Riedflächen am Mindelsee, HENN u. SONNABEND (1983); Ried bei Liggeringen, 1984, PEINTINGER (KR); am Ortsbach östl. Möggingen, 1984, PEINTINGER (KR-K); 8220/3: Markelfingen, 1924, BERTSCH (STU); 8220/3: Nägelried, 1963, LANG (1973); 8220/4: Fronried, 1963, LANG (1973); Bussenried bei Litzelstetten, 1976, HENN (STU-K); 8221/1: Bodenseeufer bei Nußdorf, JACK (1900); 8221/3: Maurach, JACK (1900); ohne Ortsangabe, BEYERLE (STU-K); 8222/2: Mögenweiler, LINDER (1907); Markdorf, LINDER (1907); 8319/2: bei Schloß Marbach, 1978, HENN (STU-K); 8320/2: Wollmatinger Ried, 1984, DIENST (STU-K); 8321/1: Turbenried bei Allmannsdorf, 1978, HENN (STU-K).

Alpenvorland (ohne westliches Bodenseegebiet): 8020/4: Torfried Waltere bei Sattelöse, 1974, HENN (STU-K); 8023/3: Altshausener Weiher, 1978, ZIER (STU-K); 8120/1: Mindersdorf, BERTSCH (STU-K); 8323/1: Wasenmoos bei Obermeckenbeuren, 1939, BERTSCH (STU); 8326/1: Bleichenweiher, 1955, BAUR (STU-K).

Bestand und Bedrohung: Seltene, im Bestand rückläufige, gefährdete (Gef.-Grad 3) Weiden-Art. Größere und ausreichend geschützte Bestände existie-

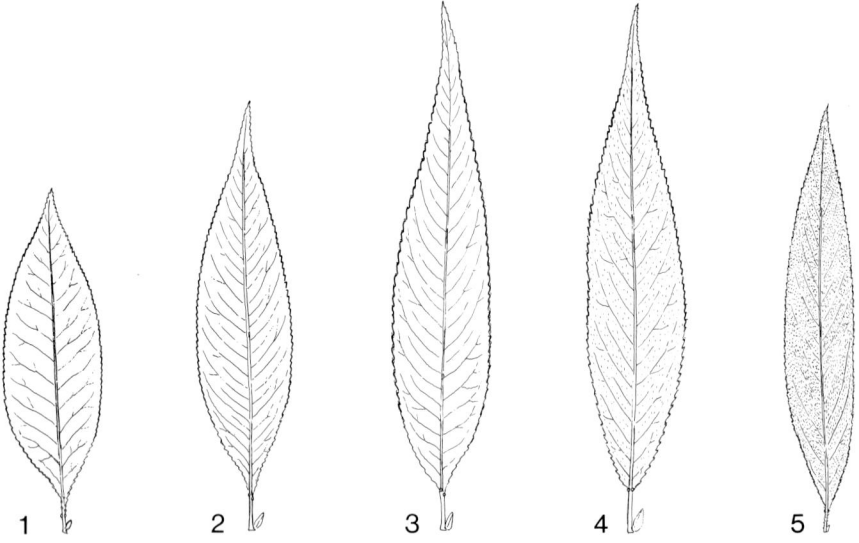

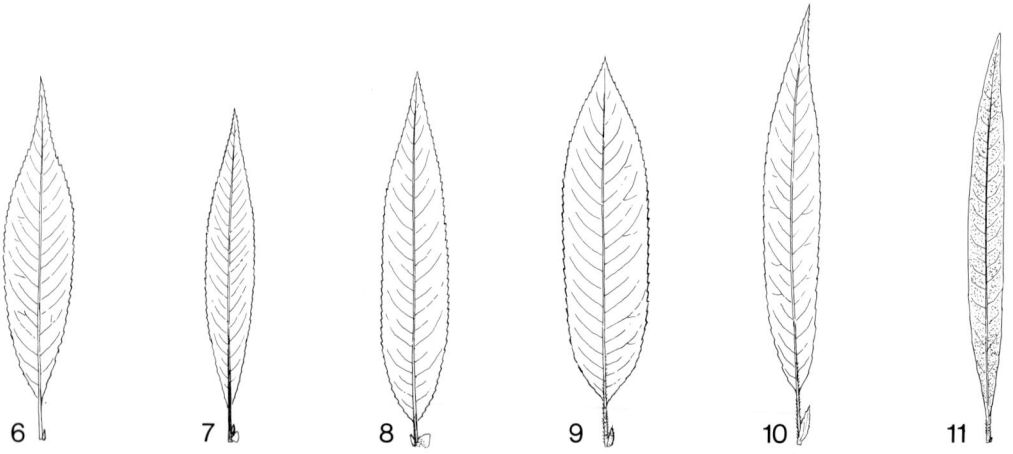

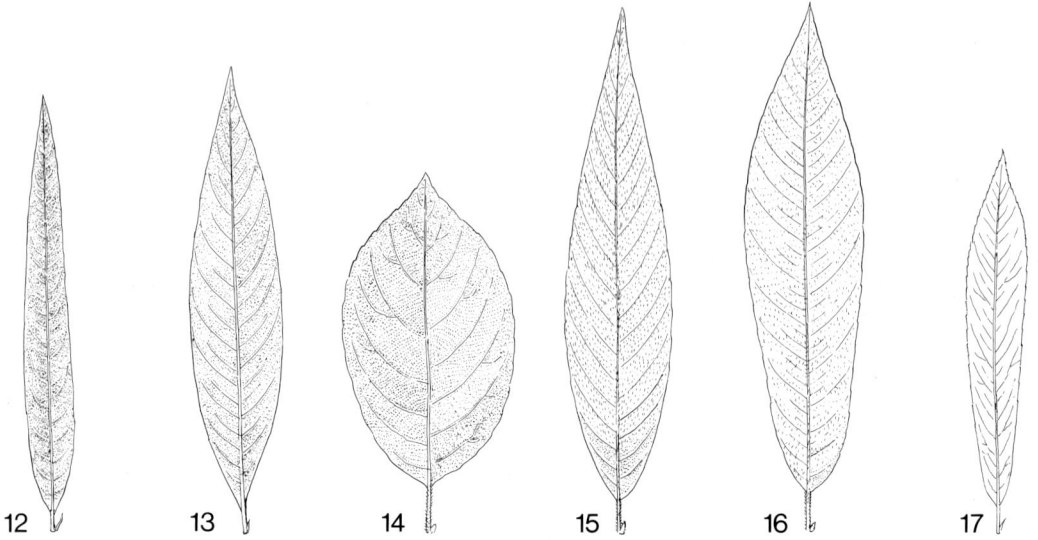

ren nur noch in wenigen Mooren der Baar. In kleinen, nicht geschützten Riedern ist die Lorbeer-Weide durch Melioration von der Vernichtung bedroht. Besonders gefährdet sind die nur wenige Individuen umfassenden Vorkommen im Jura; so sind zum Beispiel die Wuchsorte am Hohenkarpfen (7918/3) und am Himmelberg (8017/2) mittlerweile erloschen.

Verwechslungsmöglichkeiten: Vor allem mit den auch in Baden-Württemberg vorkommenden Bastarden mit *S. alba* und *S. fragilis*.

1) *S. alba × pentandra; S. × ehrhartiana* SM. 1819
Blattform wie bei *S. pentandra,* jedoch Blätter unterseits vorwärts anliegend, ± licht behaart.
2) *S. fragilis × pentandra; S. × tinctoria* SM. 1815; Färber-Weide.
Bis zu 20 m hoher Baum. Zweige am Grunde spröde, (hell) beigebraun bis gelbbraun. Kätzchenstielblätter und Frühblätter meist teilweise ganzrandig und teilweise gesägt, selten völlig ganzrandig oder ringsherum gesägt, lanzettlich. Blätter stärker lanzettlich, L/B um ± 4, ± lang zugespitzt, nicht wie bei *S. pentandra* auffallend „ledrig" wirkend, bisweilen mit „knorpeliger", ± unregelmäßiger Zähnung. Blattstiele meist mit 2–4 Petiolardrüsen, selten mehr am Spreitenansatz. An Langtrieben fast immer gut entwickelte Nebenblätter. Staubblätter meist weniger als 5.
  Vermittelt im Standort zwischen den Eltern. Im östlichen Hochschwarzwald und im Südostschwarzwald entlang der Fließgewässer streckenweise die häufigste Auenweide!

Blattformen von Salix-Arten und Bastarden
(Zeichnung F. WEICK)

1 = *Salix pentandra*
2 = *Salix pentandra × fragilis*
3 = *Salix fragilis*
4 = *Salix × rubens*
5 = *Salix alba*
6 = *Salix triandra* subsp. *concolor*
7 = *Salix triandra* subsp. *discolor*
8 = *Salix triandra × viminalis*
9 = *Salix daphnoides*
10 = *Salix acutifolia*
11 = *Salix elaeagnos*
12 = *Salix viminalis*
13 = *Salix viminalis × caprea* (= *Salix × smithiana*)
14 = *Salix caprea*
15 = *Salix × dasyclados*
16 = *Salix × calodendron*
17 = *Salix purpurea*

2a. Salix fragilis L. 1753 s. str.
Bruch-Weide, Knack-Weide

Morphologie: Bis 25 m hoher Baum. Rinde längsrissig verborkend, Bast bei Verletzung braun werdend (NEUMANN 1981). Zweige starr abstehend, fast ± rechtwinkelig verzweigend, am Grunde sehr leicht abbrechend, beige- oder lehmgrau, ebenso wie die Knospen völlig kahl. Einjährige Triebe gelblichgrau bis gelblichbraun. Austrieb hellgrün, nicht balsamisch duftend, nicht oder schwach klebrig. Frühblätter und obere Kätzchenstielblätter länglich verkehrt-eiförmig bis lanzettlich, ganzrandig, vorne anliegend gewimpert, sonst kahl. Nur die zuerst erscheinenden, untersten Kätzchenstielblätter dünn lang seidig behaart, ihre Achse kurz weiß behaart. Sommerblätter 8–18 cm lang, L/B = 4–6, lanzettlich, größte Breite unterhalb der Mitte, am Grunde abgerundet, lang zugespitzt, unregelmäßig grob („knorpelig") gesägt mit Drüsen in den Blattzahnbuchten, völlig kahl, oberseits glänzend dunkelgrün, unterseits glauk, mit 15–20 Seitennerven pro Blatthälfte. Die Seitennerven bilden mit dem Mittelnerv Winkel von kleiner als 45° und treten an der Blattunterseite nicht hervor. Blattstiele am Spreitenansatz mit meist 2, selten 3–4 Petiolardrüsen. Blattstiel bis 20 mm lang, $\frac{1}{6}$ bis $\frac{1}{10}$ der Spreite erreichend. Nebenblätter (meist) vorhanden, an den Langtrieben beständig, sonst ± hinfällig. Kätzchen bis 7 cm lang, zylindrisch, auf mehrere cm langen, beblätterten Stielen. Staubblätter 2, am Grunde dicht behaart. Fruchtknoten lang ei-kegelförmig, kahl, sehr kurz gestielt oder sitzend. Weibliche Blüten mit 2 Nektardrüsen. Tragblätter einfarbig gelb, an den Rändern dicht lang weißhaarig, auf der Fläche gegen die Spitze hin verkahlend, vor der Fruchtreife abfallend.

Biologie: Blütezeit April bis Anfang Mai, gleichzeitig mit dem Blattaustrieb (Kätzchen nicht vorlaufend). Samenflug ab Ende Mai.
Ökologie: Auf wechselfeuchten bis nassen, bei Hochwassern überschwemmten, nährstoffreichen, basenarmen bis mäßig basenreichen (meist kalkarmen), neutralen, lockeren Schluff-, Sand- oder Kiesrohböden in Bach- und Flußauen in kollinen bis montanen Lagen silikatischer Mittelgebirge. An Flachufern nahe der sommerlichen Mittelwasserlinie und auf nicht zu kurzlebigen Sand- und Kiesinseln kann *S. fragilis* an solchen Gewässern Bruch-Weidengebüsche (Salicetum fragilis) ausbilden. Die Bruch-Weide fungiert zudem als Pionier des Hainmieren-Schwarzerlen-Bachauenwaldes (Stellario-Alnetum glutinosae). Gelegentlich wird *S. fragilis* auf basenarmen Naßwiesen angepflanzt. Vegeta-

Bruch-Weide *(Salix fragilis* s. str.)
Weibliche Kätzchen, Birkenried, 1986

tionsaufnahmen mit *S. fragilis* (s.str.) liegen von
SCHWABE (1987: Tab. 35, 36) vor.

Allgemeine Verbreitung: Westliches Eurasien. In
Südeuropa mit stark aufgesplittertem Areal, ± geschlossene Verbreitung in Nord- und Mittelfrankreich, im mittleren und nördlichen Mitteleuropa,
lückige Verbreitung auf der Balkanhalbinsel und in
Mittelrußland. Ostwärts bis zum Altai reichend,
Südostgrenze auf der Krim und im Kaukasus.
Nordgrenze auf den Britischen Inseln, in Skandinavien (hier Nordgrenze bei 62° n. Br. in Mittelschweden) und in Nordrußland.

Verbreitung in Baden-Württemberg: Noch weitgehend ungeklärt, da nur ungenügend von den Bastarden *S. alba* × *fragilis, S. fragilis* × *pentandra*
und *S. fragilis* × *triandra* unterschieden. In vielen
Naturräumen fehlt die Bruch-Weide offenbar nahezu (vgl. BERTSCH 1951) wie in der gesamten Oberrheinischen Tiefebene, im Neckarbecken, in den
Oberen Gäuen, in der Schwäbischen Alb und im
gesamten Alpenvorland. Sichere Angaben (Beleg-
exemplare!) liegen bisher aus dem Sandstein-Odenwald, dem Sandstein-Spessart, dem Schwäbisch-

ränkischen Wald, der Baar und aus dem Schwarzwald vor. Im Schwarzwald kommt *S. fragilis* s.str.
offenbar vor allem an den „Schwarzwald-Ausgän-
gen" im Westen (z. B. an der Elz zwischen Emmendingen und Elzach) und im Süden (z. B. an der
Wiese zwischen Zell i. W. und Schopfheim) vor. In
den relativ niedrig gelegenen Tälern des West- und
des Südwestschwarzwaldes besitzt die Bruch-Weide
offenbar ihren Verbreitungsschwerpunkt in Baden-
Württemberg. Im Hochschwarzwald und im südöstlichen Schwarzwald ist *S. fragilis* zumindest gebietsweise erheblich seltener als der Bastard *S. fragilis* × *pentandra*, z. B. entlang der Fluß- und Bach-
läufe auf den Blättern Titisee-Neustadt (8015),
Feldberg (8114), Lenzkirch (8115) und Ühlingen-
Birkendorf (8215). Je ein Beleg (STU) von *S. fragilis* liegt aus dem Taubergebiet und aus dem Neckarbecken vor.

Am tiefsten mit ca. 130 m liegt ein Wuchsort an
der Elsenz bei Mauer (6618/2), am höchsten mit ca.
880 m ein Vorkommen am Schwandebächle bei
Lenzkirch (8115/1).

Erster fossiler Nachweis: Holstein-Interglazial

136

von Bad Cannstatt (BERTSCH 1927). Erste literarische Angabe: LEOPOLD (1728: 151): Umgebung von Ulm. Von *S.* × *rubens* nicht unterschieden.

Fundorte nach Herbarbelegen (STU/KR) mit Ausnahme der Tallagen im West- und im Südwestschwarzwald:
Odenwald: 6223/1: Wertheim, Wasserbau, 1870, STOLL (KR), det. NEUMANN; 6223/3: Leberklinge, bei Wertheim, 1880, STOLL (KR), det. NEUMANN; 6323/1: Külsheim, an einem Bach, 1880, STOLL (KR), det. NEUMANN; 6618/2: Elsenz bei Mauer, 1985, QUINGER (KR).
Taubergebiet: 6526/2: an der Tauber (78r/79h), 1974, HARMS (STU).
Schwäbisch-Fränkischer Wald: 6825/1: Hilpertsklinge bei Ilshofen, 1971, SEBALD (STU); 6924/4: am Kocher unterhalb Ottendorf, 1970, SEBALD (STU); 7025/1: am Gronbach östlich von Sulzbach, 1970, SEBALD (STU).
Neckarbecken: 7021/2: zw. Marbach und Rielingshausen an der Murr, 1969, SEBALD (STU).
Baar: 8017/4: am Unterhölzer Weiher, 1893, SCHATZ (KR), det. NEUMANN; Geisingen, 1888, SCHATZ (KR), det. NEUMANN; Geisingen, an der Donaubrücke, vermutlich angepflanzt, 1985, QUINGER (KR); 8115/2: am Rötenbach bei Rötenbach, 1934, JAUCH (KR), det. NEUMANN; 8116/1: an der Mauchach, etwa 150 m östlich der Eisenbahnbrücke, 1985, QUINGER (KR); 8116/2: an der Gauchach beim „Posthaus", 1985, QUINGER (KR).
Hochschwarzwald und südöstlicher Schwarzwald: 8115/1: Urseebach zw. NSG Ursee und Lenzkirch, 1985, QUINGER (KR); am Schwandebächle etwa 2 km südwestlich von Lenzkirch, 1985, QUINGER (KR); 8215/4: an der Schlücht bei Riedersteg, 1985, QUINGER (KR); 8216/1: an der Steina bei Illmühle, 1987, QUINGER (KR); 8216/3: an der Steina oberh. Steinamühle, 1987, QUINGER (KR).

Bestand und Bedrohung: Aussagen zur Gefährdung von *S. fragilis* sind nur unter Vorbehalt möglich, da die Verbreitung dieser Weide noch unzureichend geklärt ist. Mäßig häufig bis zerstreut scheint sie jedoch nur im Schwarzwald, in der Baar, im Sandstein-Odenwald und im Schwäbisch-Fränkischen Wald aufzutreten; in allen anderen Landesteilen ist sie offenbar eine Seltenheit!

Mit Sicherheit sind Primärvorkommen der Bruch-Weide auf Flußinseln und an Flachuferstrecken infolge von Fluß- und Bachverbau verlorengegangen. Andererseits hat die sehr häufig erfolgte Beschneidung der Schwarzerlen-Bachaue auf wenige m breite Säume bei anschließendem Grünland der Bruch-Weide sekundär Lebensmöglichkeiten verschafft: in einreihigen Baumbeständen entlang der Fließgewässer kann sie sich gegen die Konkurrenz der Schwarz-Erle behaupten. Wegen ihrer Seltenheit ist *S. fragilis* s.str. als schonungsbedürftig einzustufen.

Verwechslungsmöglichkeiten und Bastarde:
1) *S. alba* × *fragilis; S.* × *rubens* Schrank 1789; Rot-Weide.
2) *S. fragilis* × *pentandra; S.* × *tinctoria* SM. 1815; Färber-Weide.

Bast bei Verletzung schwarz werdend, bei *S. fragilis* wird der Bast braun (NEUMANN 1981). Austrieb balsamisch duftend. Kätzchenstielblätter zumeist teilweise gesägt, selten ganzrandig oder vollständig gezähnt. Sommerblätter ± fein gesägt, unterseits rein grün, nicht glauk. Blattstiele

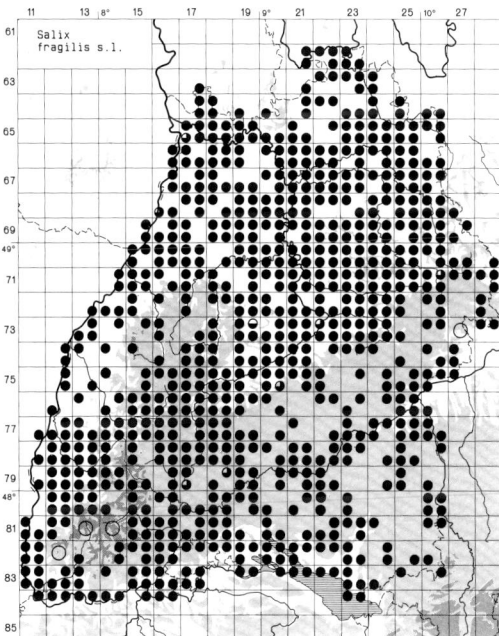

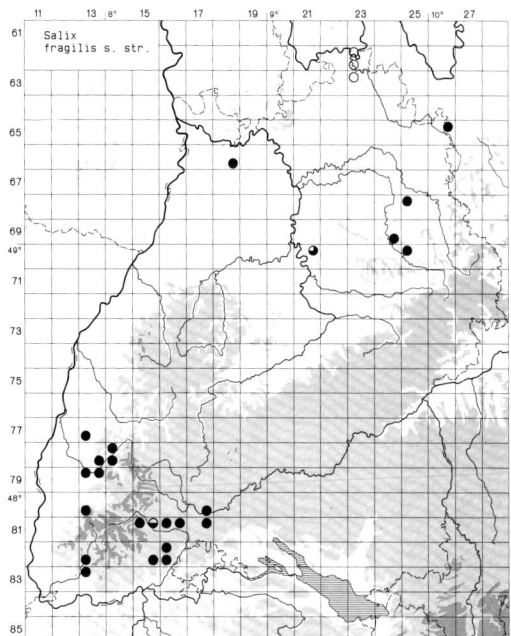

137

Bruch-Weide *(Salix fragilis* s. str.)
Lenzkirch, 1987

seltener mit 2, meist mit 4, bisweilen auch mehr Petiolardrüsen. Staubblätter oft mehr als 2 (häufig 4).

3) *S. fragilis × triandra; S. × alopecuroides* Tausch 1821. 2–4jährige Zweige rotbraun bis grünbraun, nicht lehmgrau (NEUMANN 1981). Austreibende Blätter oft rötlich oder rotbraun. Blätter unterseits blasser grün, nicht glauk. Die Seitennerven bilden mit dem Mittelnerv Winkel von etwa 45° oder mehr. Nebenblätter ± dauerhaft. Knospenspitzen bisweilen behaart. Sonst wie *S. fragilis.*

2b. Salix × rubens Schrank 1789
S. alba × fragilis; S. × russeliana Willd. 1805
Rot-Weide, Gerber-Weide, Fahl-Weide

Morphologie: *S. × rubens* vermittelt zwischen *S. alba* und *S. fragilis.* Diese Bastard-Sippe ist fertil, Rückkreuzungen mit *S. alba* und *S. fragilis* sind so möglich. Innerhalb des Hybridschwarms können Formen entstehen, die sich sehr stark an *S. alba* oder *S. fragilis* annähern. Die anschließende Übersicht gestattet einen Vergleich zwischen *S. alba,* *S. fragilis* und intermediärer *S. × rubens.* Bei manchen Individuen wird nicht immer eine sichere Zuordnung zu einer der 3 Sippen möglich sein. Die Übersicht wurde zusammengestellt nach TÖPFER (1915), RECHINGER (1957), NEUMANN (1981) und

eigenen Beobachtungen. Bei der Bestimmung sollte immer die vollständige Merkmalskombination überprüft werden.

Biologie: Vermittelt im Zeitpunkt des Austriebs und der Blüte zwischen den Eltern.

Ökologie: Vermittelt standörtlich zwischen *S. alba* und *S. fragilis.* Gedeiht auf basenärmeren Böden und in kühleren Lagen als die Silber-Weide. Ursprünglich vermutlich an sich überlappenden Standorten von *S. alba* und *S. fragilis* vorkommend.

Allgemeine Verbreitung: Hält sich nach NEUMANN (1981) grob an den Überlappungsbereich von *S. fragilis* und *S. alba,* geht aber in Südeuropa über das Areal von *S. fragilis* hinaus und ist auch in Süddeutschland wesentlich weiter verbreitet als die Bruch-Weide; umgekehrt überschreitet *S. × rubens* im nördlichen Mitteleuropa das Areal von *S. alba.*

Verbreitung in Baden-Württemberg: Das ursprüngliche Areal von *S. × rubens* ist nicht rekonstruierbar, da der Bastard durch Anpflanzungen in alle Landesteile verbreitet wurde. Die Rot-Weide kommt heute im gesamten Verbreitungsgebiet von *S. alba* vor (in einzelnen Exemplaren auch in naturnahen Silberweiden-Auen entlang des Rheins), durchdringt außerdem den Schwarzwald (bis etwa 800 m ü. NN), den Sandstein-Odenwald und das gesamte Keuperbergland des Schwäbisch-Fränkischen Waldes.

Die heutige Verbreitung dürfte sich weitgehend mit der von *S. fragilis* agg. decken.

Anmerkung zur Verbreitungskarte von *S. × rubens:* In der Verbreitungskarte sind nur Fundorte berücksichtigt, die sich ausdrücklich auf diesen Bastard beziehen. Die Ver-

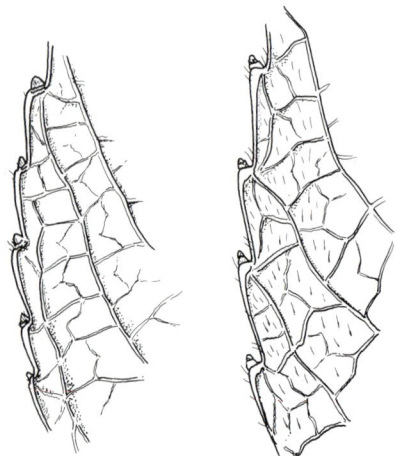

Blattrand von unten, links *Salix fragilis* s. str., rechts *Salix × rubens* (Zeichnung F. WEICK)

Übersicht wichtiger Unterscheidungsmerkmale

	Salix alba	*Salix × rubens*	*Salix fragilis*
Kronenform:	Krone länglich, meist etwas »aufgerissen«		im Freistand geschlossene, kugelige Kronenform. An einseitig belichteten Stellen an Haufenwolken erinnernde Kronenbildungen.
Zweige: 1) Behaarung	im Gipfelabschnitt ± bleibend, anliegend behaart, sonst kahl	im Gipfelabschnitt behaart bis ± kahl (v.a. im Alter). Die Behaarung verschwindet zuletzt in den Knospenachseln	völlig kahl
2) Brüchigkeit	am Grunde biegsam		am Grunde brüchig
3) Verzweigung	± spitzwinkelig verzweigend		± rechtwinkelig verzweigend
4) Farbe	gelbbraun bis rotbraun, bei subsp. *vitellina* dottergelb bis mennigerot	rotbraun bis braun	2–4jährige Zweige lehmgrau oder beigegrau, 1jährige Zweige gelbgrau oder gelblichbraun
Kätzchenstielblätter (nach Neumann 1981):	Obere K. vorne spitz und anliegend gewimpert; unterseits ebenso dicht behaart wie vorne gewimpert	Obere K. vorne anliegend gewimpert; unterseits gewöhnlich lichter behaart wie vorne gewimpert	Obere K. länglich verkehrt-eiförmig, ganzrandig, vorne anliegend gewimpert, sonst kahl; nur die untersten, zuerst erscheinenden K. dünn lang seidenhaarig (Rech. 1957)
Sommerblätter: 1) Form	nach beiden Seiten gleichmäßig verschmälert, größte Breite in der Mitte	größte Breite unterhalb der Mitte, lang zugespitzt am Grunde abgerundet bis spitz zusammenlaufend	
2) Blattranddrüsen	auf den Zahnspitzen	meist auf den Zahnspitzen, bisweilen auch in den Zahnbuchten vermittelnd	immer in den Zahnbuchten
3) Zähnung	± eng, regelmäßig		± grob, unregelmäßig („knorpelig")
4) Behaarung	oberseits ± licht seidig behaart oder kahl (hfg. bei subsp. *vitellina*); unterseits ± dicht schimmernd behaart	oberseits ± kahl; unterseits licht anliegend behaart, bisweilen jedoch völlig verkahlend!	völlig kahl
Tragblätter der Kätzchen:	spitz, am Rande kurz behaart	± stumpf, am Rande lang behaart	
Zahl der Nektardrüsen der weiblichen Blüte:	immer 1	1 oder 2	immer 2

breitungskarte von *Salix fragilis* agg. enthält außerdem alle Angaben von *S. fragilis* und alle Meldungen, bei denen nicht zwischen *S. fragilis* und *S. × rubens* unterschieden wurde. Die Verbreitungskarte von *S. fragilis* enthält nur Vorkommen, die durch Herbarmaterial belegt sind und zu *S. fragilis* s.str. gehören.

Bestand und Bedrohung: Allgemein verbreitet und häufig. Ungefährdet.

3. Salix alba L. 1753
S. aurea Salisb. 1796
Silber-Weide

Morphologie: Bis zu 35 m hoher Baum, selten Strauch. Rinde ± längsrissig verborkend. Krone länglich, Zweige spitzwinkelig verzweigend, lang, oft ± schlaff herabneigend, am Grunde biegsam, gelb, gelbbraun bis (rot)braun, selten mennigerot. Jungtriebe anliegend behaart, ältere Zweige kahl. Frühblätter und Kätzchenstielblätter gesägt oder ganzrandig, vorne spitz und anliegend gewimpert, unterseits ebenso dicht behaart wie vorne gewimpert. Sommerblätter 5–12 cm lang, L/B = 4–6, lanzettlich, größte Breite in der Mitte, nach beiden Seiten hin gleichmäßig verschmälert, regelmäßig fein gesägt mit Drüsen auf den Blattzahnspitzen, oberseits dunkelgrün, ± matt (bei subsp. *vitellina* glänzend), dünn seidig behaart oder kahl, unterseits ± dicht, anliegend, silbrig(-weiß) schimmernd längsbehaart, mit 15–20 Seitennerven pro Blatt-

hälfte. Die Seitennerven bilden mit dem Mittelnerv Winkel von kleiner als 45°. Blattstiel meist mit 2 Petiolardrüsen am Spreitenansatz. Blattstiel bis 5 mm lang, ¹⁄₁₅ der Spreite erreichend. Nebenblätter nicht oder nur schwach entwickelt. Kätzchen bis 7 cm lang, zylindrisch, auf ca. 1,5 cm langen, beblätterten Stielen. Staubblätter 2, am Grunde dicht behaart. Fruchtknoten kurz ei-kegelförmig, kahl, sitzend oder kurz gestielt. Griffel kurz. Weibliche Blüten mit einer Nektardrüse. Tragblätter einfarbig gelb, am Grunde und am Rande kurz behaart, sonst kahl, vor der Fruchtreife abfallend.

Biologie: Blütezeit Ende April bis ca. Mitte Mai, gleichzeitig mit oder nach dem Blattaustrieb (Kätzchen nicht vorlaufend). Samenflug ab Juni.

Ökologie: Primär auf wechselfeuchten bis nassen, bei Hochwassern (meist im Frühjahr!) oft wochenlang überschwemmten, nährstoff- und basenreichen, lockeren, schluffigen Sand- bis sandigen Kiesböden an Seen und Flüssen in tieferen, sommerwarmen Lagen. Charakterart des Salicetum albae. *S. alba* ist die Hauptholzart der Weichholz-Auenwälder der Stromtäler. Der Krautschicht fehlen charakteristische Arten; stete Begleiter in oft nur geringer Deckung sind u.a. *Phalaris arundinacea*, *Rorippa amphibia*, *Urtica dioica*, *Rubus caesius*, *Eupatorium cannabinum* und *Ranunculus ficaria*. Vegetationsaufnahmen u.a. bei MOOR (1958: Tab. 21), PHILIPPI (1972: Tab. 6 u. 1978: 194ff.) und bei LANG (1973: 373).

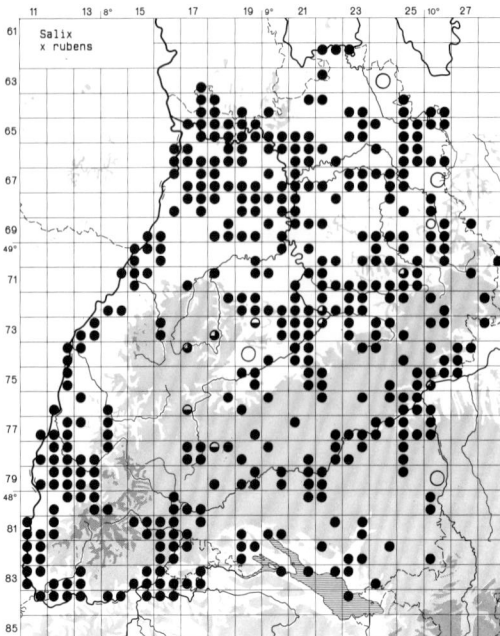

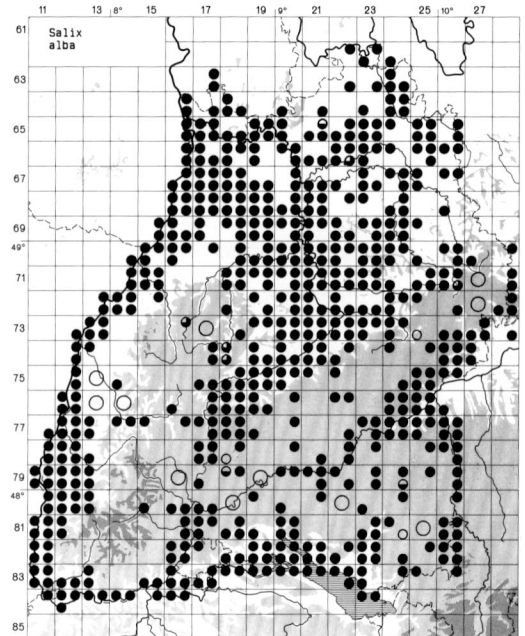

Silber-Weide *(Salix alba)*
Baumgruppe

Allgemeine Verbreitung: Westliches Eurasien. In West-, Süd-, Mittel- und Osteuropa verbreitet, in Nordrußland und in Skandinavien fehlend, Nordgrenze bei 61° n.Br. (Wolga), ostwärts bis ins südliche Ob-Irtytsch-Gebiet reichend. Die Südostgrenze des Areals verläuft durch Kleinasien, durch das Zweistromland, Persien, Afghanistan bis zum Himalaja.

Verbreitung in Baden-Württemberg: Entlang des Rheins in der Oberrheinischen Tiefebene, entlang des Neckars und der Unterläufe seiner größeren Nebenflüsse, entlang der Donau und der Unterläufe ihrer Nebenflüsse und im Bodenseebecken weit verbreitet. Die Art fehlt nahezu vollständig an den Flußläufen des Schwarzwaldes und des Oden-

waldes; zerstreut kommt sie an den Gewässern des Schwäbisch-Fränkischen Waldes und der Schwäbischen Alb vor.

Ihre größte Höhe erreicht die Silberweiden-Aue in der Baar bei ca. 700 m, am tiefsten liegen die Mannheimer Vorkommen bei ca. 95 m am Rhein.

Aufgrund ihrer wirtschaftlichen Bedeutung ist die Silber-Weide über ihr ursprüngliches Areal hinaus verbreitet und auch außerhalb der Auen angepflanzt worden. Ältester literarischer Nachweis: J. BAUHIN (1598: 146): Umgebung von Bad Boll (7323).

Bestand und Bedrohung: In den Flußtälern sind gebietsweise noch ausgedehnte Silberweidenbestände erhalten, v.a. in der Oberrheinischen Tiefebene.

141

Meistenteils unterliegen sie jedoch nicht mehr der Auendynamik; infolge von Abdämmungen unterbleibt die alluviale Sedimentation. Die Mehrzahl der noch verbliebenen Weichholz-Auen sind durch Einbringung von Hybridpappeln (meistens *Populus × canadensis*) gestört. Naturnahe Silberweiden-Auen sind daher selten geworden. Beispiele für einige schöne (Rest)Bestände sind die Vorkommen am Bodensee im Bereich der Argenmündung (8423/1) und der Mündung der Stockacher Aach (8120/3). Die wertvollsten Silberweiden-Auen Baden-Württembergs sind in der Oberrheinischen Tiefebene erhalten, wie etwa auf der Reißinsel bei Mannheim (6516/2), am Rhein zwischen Wintersdorf und Plittersdorf (7114/2), im Bereich des NSG Taubergießen (7612, 7712) und am Restrhein südlich von Breisach (7911, 8011). Seit 1984 werden verstärkt krankhafte Veränderungen an Silber-Weiden beobachtet, die offenbar vom Waldsterben betroffen sind.

Variabilität: In Baden-Württemberg sind 2 Unterarten anzutreffen:

a) subsp. **alba** L. 1753
Gewöhnliche Silber-Weide
   Morphologie: 2–4jährige Zweige matt gelbbraun bis (rot)braun. Austrieb gelbgrün. Blätter oberseits matt („stumpf") dunkel(grau)grün, unterseits dicht behaart.
   Verbreitung: Einzige (?) in Mitteleuropa ursprünglich einheimische Unterart von *S. alba*. Ihre Verbreitung in Baden-Württemberg ist identisch mit dem auf der Verbreitungskarte dargestellten Areal von *S. alba*.

b) subsp. **vitellina** (L.) Arcang 1882
Bunt-Weide
   Morphologie: 2–4jährige Zweige lebhaft ockergelb bis mennigrot. Austrieb rötlich. Blätter oberseits lebhaft dunkelgrün, ± kahl, unterseits licht behaart, mitunter nur mit einzelnen Härchen!
Die Bunt-Weide gliedert sich in 2 Varietäten:
– var. *vitellina* s.str.; Dotter-Weide; Zweige lebhaft ockergelb. –
– var. *britzensis* Späth; Mennig-Weide; Zweige mennigrot, die älteren gelb. –
   Verbreitung: Herkunft südöstliches Europa, vor allem Balkanhalbinsel. Durch den Menschen heute auch in Mitteleuropa verbreitet.
   In Baden-Württemberg wird *S. alba* subsp. *vitellina* vor allem in Weinbaugegenden angepflanzt und säumt dort recht häufig Grabenränder (z.B. im Kaiserstuhl!).
   Mitunter verwildert die Bunt-Weide, so in der Baar am Rande des Schwenninger Mooses (7917/3)

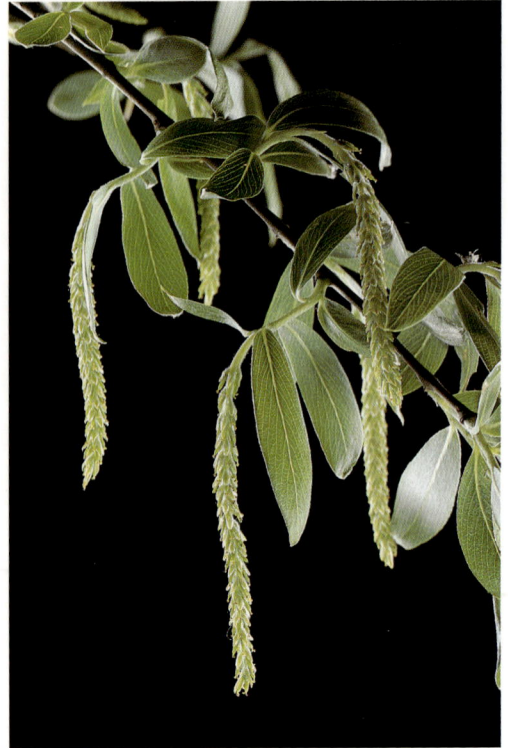

Silber-Weide *(Salix alba)*
Weibliche Kätzchen, Knielingen, 1987

und des Birkenrieds (8017/4). Sehr zahlreich kommt sie in der Wutachschlucht im Bereich der Muschelkalkzone (8116/3) in Hangquellsümpfen und in erodierten Steilhängen entlang der Sicker- und Rieselbahnen vor (beob. 1985).

Verwechslungsmöglichkeiten und Bastarde:
1) *S. alba × fragilis; S. × rubens* Schrank 1789
Auf die sorgfältige Bestimmung von *S. alba* sollte vor allem in den silikatischen Mittelgebirgen geachtet werden, wo die Silber-Weide erheblich seltener ist als *S. × rubens*.
2) *S. alba × pentandra; S. × ehrhardtiana* SM. 1819
Mit mehr als 2, auffälligeren Petiolardrüsen am Blattstiel. Größte Blattbreite unterhalb der Mitte; die Blattformen ähneln mehr denen von *S. pentandra*.
3) *S. alba × triandra; S. × undulata* Ehrh. 1791
Merkmale siehe *S. triandra*, Abschnitt Verwechslungsmöglichkeiten.

4. Salix triandra L. 1753
S. amygdalina L. 1753
Mandel-Weide

Morphologie: Meist Strauch, seltener bis 8 m hoher Baum. Jungtriebe gelbgrün. Austrieb anfänglich behaart, rötlich oder rotbraun gefärbt. Blätter

3–15 cm lang, L/B = (2–)3–6, oval-länglich bis lanzettlich, am Grunde spitz oder stumpf, vorne spitz oder ± kurz zugespitzt, regelmäßig fein gesägt mit Drüsen auf den Zahnspitzen, im Alter völlig kahl, mit 15–25 Seitennerven pro Blatthälfte. Blattstiele mit meist 2 Petiolardrüsen am Spreitenansatz. Blattstiel bis 10 mm lang, $\frac{1}{5}$ bis $\frac{1}{12}$ der Spreite erreichend. Nebenblätter gut entwickelt, nieren- bis halbherzförmig, ± beständig. Kätzchen bis 8 cm lang, zylindrisch, auf bis ca. 2 cm langen, beblätterten Stielen. Staubblätter 3, am Grunde dicht behaart, sonst kahl. Fruchtknoten ei-kegelförmig, kahl, ± lang gestielt. Griffel sehr kurz oder zwischen den Narben verborgen. Tragblätter einfarbig gelb, an der Basis lang bärtig behaart, sonst kahl, bis zur Fruchtreife bleibend.

Biologie: Blütezeit April bis Mitte Mai, gleichzeitig mit dem Blattaustrieb. Samenflug ab Ende Mai.

Ökologie: Auf feuchten bis nassen, häufig überschwemmten, lockeren, sandig-schlickigen, nährstoffreichen, kalkhaltigen und basenreichen Auen-Rohböden an Bächen, Flüssen und Seen nur wenig über den mittleren Sommerwasserständen (MOOR 1958: 289–292). Die Mandel-Weide ist außerordentlich resistent gegen langanhaltende Hochwasser. *S. triandra* tritt in Weidengebüschen fast immer mit *S. purpurea* auf; zudem mischt sie sich häufig mit *S. viminalis*, die etwas trockenere Wuchsorte bevorzugt. Sie gilt als Charakterart des Salicetum triandrae-viminalis. An ± flachen Ufern bildet das Korbweiden-Mandelweiden-Gebüsch zur Gewässerseite hin den Mantel der Silberweiden-Aue. Bei regelmäßig erfolgender alluvialer Sedimentation gedeiht *S. triandra* auch auf nährstoffreichen Niedermoorböden. Vegetationsaufnahmen u.a. bei MOOR (1958: Tab. 20), TH. MÜLLER (1974: 405 u. 1985: Tab. 11) und bei SCHWABE (1987: Tab. 35).

Allgemeine Verbreitung: Fast in ganz Europa beheimatet; im Mittelmeerraum, auf den Britischen Inseln, in Skandinavien und in Nordrußland mit größeren Verbreitungslücken. Nordgrenze bei 68° n. Br. (Weißes Meer), ostwärts über das gemäßigte, südliche Sibirien bis nach Japan und zur Mandschurei reichend.

Verbreitung in Baden-Württemberg: Hauptverbreitungsgebiete sind das Oberrheingebiet, das Hochrheingebiet, die Neckar-Tauber-Gäuplatten, das Schwäbische Keuper-Lias-Land, das Flußsystem der Donau, das Alpenvorland und das Baar-Wutach-Gebiet. Im Schwarzwald ist die Mandel-Weide entlang der Flußläufe weitgehend auf Tallagen unterhalb 800 m Höhe beschränkt, auf der Schwäbischen Alb ist diese Weide mangels geeigneter Standorte selten.

Die höchsten Wuchsorte liegen in der westlichen Baar bei ca. 790 m am Kirnberger Stausee (8016/3), die tiefsten bei ca. 95 m am Rhein bei Mannheim.

Ältester literarischer Nachweis: J. BAUHIN (1598: 146–147): Umgebung von Bad Boll (7323). Auch von BAUHIN et al. (1650: 1: 215) „in valle

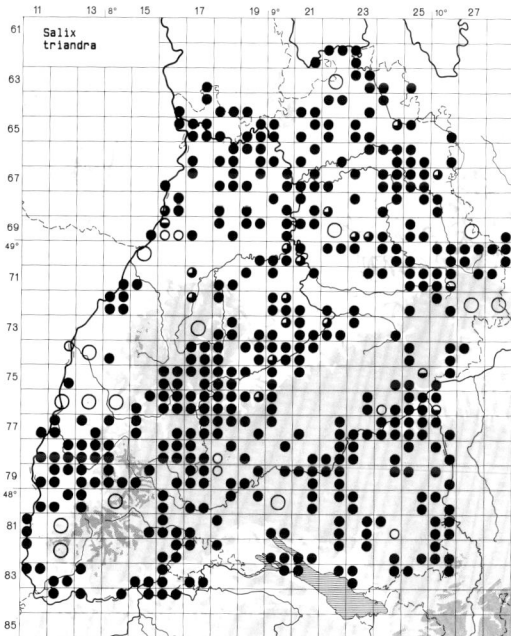

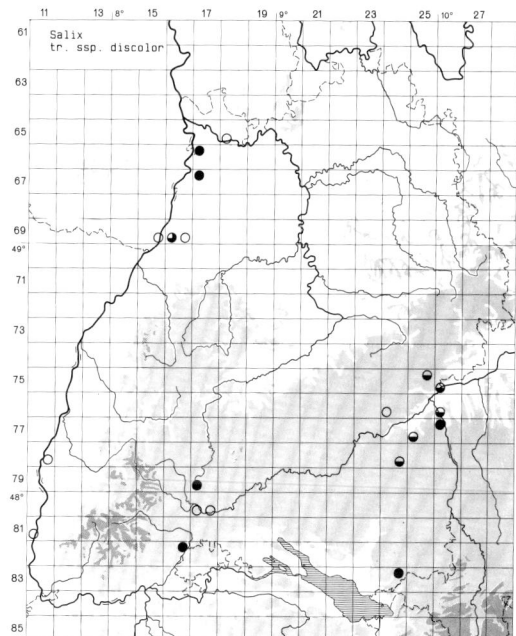

fontium acidorum Griesbach" (7515), gefunden ca. 1590.

Bestand und Bedrohung: *Salix triandra* ist in ihren Hauptverbreitungsgebieten noch recht häufig und nicht gefährdet. Selten und stark gefährdet sind heute naturnahe Bestände der Korbweiden-Mandelweiden-Gesellschaft. Von allen Pflanzengesellschaften der Tieflands-Auen wurden die Standorte dieses Weidengebüsches am stärksten durch Regulationsmaßnahmen an den Flüssen in Mitleidenschaft gezogen. Die Flachuferzonen nahe der mittleren Sommerwasserlinie, an denen dieses Gebüsch am besten gedeiht, sind oft durch Strombecken mit steilen Dämmen als Begrenzung ersetzt worden. An Altwassern fehlen die mechanischen Belastungen des strömenden Wassers, so daß hier die weniger mechanisch belastbare, aber konkurrenzkräftigere Silber-Weide oder gar die Baumarten der Hartholz-Aue bis an die Uferränder vorstoßen können und *S. triandra* verdrängen (vgl. Th. MÜLLER 1974).

Variabilität: In Baden-Württemberg kommen zwei Unterarten wild vor:

a) subsp. **concolor** (Koch) Neumann ex Rech. fil. 1957

S. amygdalina var. *concolor* Koch 1837

   Blätter oval bis breit-lanzettlich, $L/B = 3-5$, in oder unter der Mitte am breitesten, ± dünn, oberseits dunkelgrün-glänzend, unterseits (hell)grün, glänzend, mit 15–25 Seitennerven pro Blatthälfte. Die Seitennerven treten an der Blattunterseite deutlich hervor. Petiolardrüsen an den Blattstielen stark entwickelt, oft stiftartig (NEUMANN 1981). Blattstiellänge ⅛ bis ¹⁄₁₂ der Spreite erreichend.

   Verbreitung: Ozeanisch getönte Gebiete, insbesondere Tieflagen, in Mitteleuropa mehr westlich verbreitet als subsp. *discolor*. In Baden-Württemberg die vorherrschende Unterart; allgemein verbreitet.

b) subsp. **discolor** (Koch) Neumann ex Rech. fil. 1957

S. amygdalina var. *discolor* Koch 1837

   Blätter breit-lanzettlich bis schmal-lanzettlich, bis 8 cm lang, $L/B = 4-7$, in oder über der Mitte am breitesten, ± derb, oberseits dunkelgrün-matt, unterseits glauk mit Neigung zur Ausbildung einer grünen Blattspitze, mit 15–20 Seitennerven pro Blatthälfte. Die Seitennerven treten unterseits nur schwach hervor. Petiolardrüsen an den Stielen schwach entwickelt, nicht stiftartig (NEUMANN 1981). Blattstiellänge ⅕ bis ⅐ der Spreite erreichend.

   Verbreitung: In kontinental getönten Niederungen und Hochebenen; in Mitteleuropa weiter östlich verbreitet als subsp. *concolor*. In Baden-Würt-

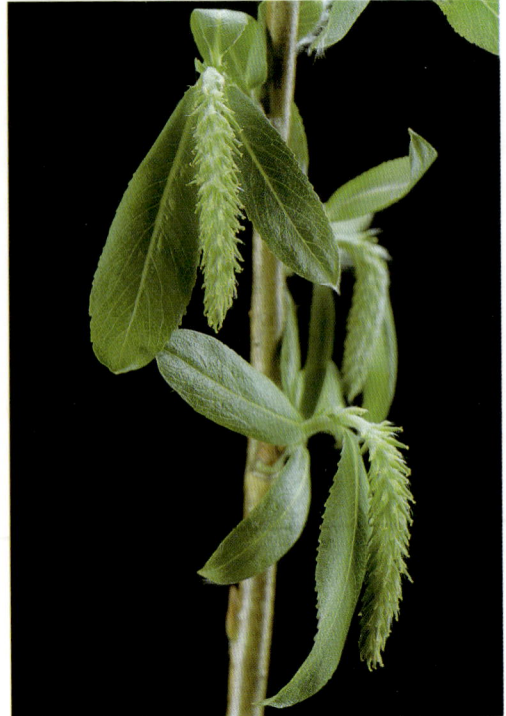

Mandel-Weide *(Salix triandra* subsp. *discolor)* Weibliche Kätzchen

temberg selten mit Hauptverbreitung an der Unteren Iller, im Ulmer Raum, in der Baar und in der Oberrheinischen Tiefebene nach Herbarbelegen und Fundortsangaben von K. MÜLLER (zit. in RAUNECKER 1984).

Fundorte von subsp. *discolor*:
Oberrheinische Tiefebene: 6518/3: Heidelberg, am Neckar, 19. Jh., SCHATZ (KR); 6617/1: an einem Baggersee nördl. des Kieswerkes Brühl, 1987, QUINGER u. THOMAS (KR); 6717/1: bei Reilingen, 1986, THOMAS (KR); 6915/4: Karlsruhe, Maxau, 1888, FROMHERZ (KR), det. NEUMANN; 6916/3: Daxlanden, 1888, FROMHERZ (KR), det. NEUMANN; Karlsruhe, Rheinstrandsiedlung, 1947, HRUBY (KR), det. NEUMANN; 6916/4: Karlsruhe-Rintheim, 1885, KNEUCKER (KR), det. NEUMANN; 7811/3: Rheinufer bei Sponeck, 1890, KNEUCKER (KR), det. NEUMANN; 8111/3: Neuenburger Rheininsel, 19. Jh., SCHATZ (KR).
Baar, Wutachgebiet: 7917/3: NSG Kugelmoos, 1985, QUINGER (KR); 8017/3: Pfohren, 1888, SCHATZ (KR), det. NEUMANN; 8017/4: Geisingen, 1886, SCHATZ (KR), det. NEUMANN; 8216/2: an der Wutach zw. Grimmelshofen und Weizen, 1987, QUINGER (KR).
Ulmer Raum, Alpenvorland: 7525/2: Dornstadt, K. MÜLLER (1955–1957); 7526/3: Pfuhl, K. MÜLLER (1955–1957); 7624/3: Allmendingen, 1882, SCHATZ (KR); 7626/3: Oberkirchberg, K. MÜLLER (1955–1957); 7725/3: Baustetten, K. MÜLLER (1955–1957); 7726/1: Illerrieden, K. MÜLLER (1955–1957); südl. Illerrieden, a.d. Iller,

1985, Quinger (KR); 7824/4: Warthausen bei Biberach, 1938, Gscheidle (KR), det. Neumann; 8324/2: Argenschleife nördlich NSG Bachholz, 1986, R. Banzhaf (KR).

Verwechslungsmöglichkeiten und Bastarde:
1) *S. alba × triandra; S. × undulata* Ehrh. (1791)
Rinde ± längsrissig verborkend, nicht in schildförmigen Fetzen abblätternd. Blätter zumindest an der Mittelrippe locker bleibend behaart. Blattzähnung unregelmäßiger als bei *S. triandra*. Von dem viel häufigeren, sehr ähnlichen Bastard *S. triandra × viminalis* ist *S. alba × triandra* nur durch die völlig kahlen Fruchtknoten und die fast fehlenden Griffel zu unterscheiden (vgl. Töpfer 1915).
Nach Skvortsov (1982) und Meikle (1984) ist die Deutung des Bastardes *S. alba × triandra* zweifelhaft!
2) *S. fragilis × triandra; S. × alopecuroides* Tausch (1821)
Rinde mit groben Längs- und feinen Querrissen (Neumann 1981), sich nicht in schildförmigen Fetzen ablösend. Grobe, unregelmäßige („knorpelige") Zähnung wie bei *S. fragilis*; Blätter meist vorne lang zugespitzt.
3) *S. triandra × viminalis; S. × mollissima* Ehrh. (1791)
S. × multiformis Döll (1859)
Buschweide
Rinde längsrissig verborkend, nicht in schildförmigen Fetzen abblätternd. Blätter schmal-lanzettlich, L/B = 5–9, mit größter Breite unterhalb der Mitte, unterseits ± licht behaart, bisweilen völlig verkahlend (Neumann 1982). Staubblätter meist 2. Fruchtknoten kurz gestielt, anliegend behaart. Griffel kurz bis halb so lang wie der Fruchtknoten (Töpfer 1915).
4) *S. triandra × (triandra × viminalis); S. × lanceolata* SM. (1805)
Nach Neumann (1981) *S. triandra* sehr ähnlich und nur durch Behaarung der Blätter und weniger geöhrte, mehr aufrechte Nebenblätter zu unterscheiden.

5. Salix viminalis L. 1753
S. longifolia Lam. 1778
Korb-Weide, Hanf-Weide, Band-Weide

Morphologie: Meist Strauch, selten bis 10 m hoher Baum. Rinde längsrissig verborkend. Zweige rutenartig schlank, aufrecht abstehend, dunkelolivgrün bis graubraun oder gelbbraun, im Gipfelbereich ebenso wie die Knospen behaart bleibend. Bast grün, austreibende Blätter gelbgrün, allseits behaart, oberseits lebhafter gefärbt als die Sommerblätter. Blätter bis 20 cm lang, L/B = 8–20, schmal-lanzettlich bis linealisch, größte Breite bei ¼ bis ⅓ der Blattlänge, am Grunde keilförmig, nach vorne lang verschmälert, mit etwa 30 Seitennerven pro Blatthälfte. Blattrand nach unten eingerollt, ± wellig mit vereinzelten, unauffälligen (Lupe!), drüsigen Zähnchen. Blattoberseiten dunkelgrün, schwach glänzend, sehr locker kurzhaarig bis kahl mit eingesenktem Mittelnerv. Blattunterseiten längs der Seitennerven dicht seidig-glänzend behaart, Mittelnerv stark hervortretend. Blattstiel bis 10 mm lang, 1/12 bis 1/20 der Spreite erreichend. Nebenblätter nur an Langtrieben, schmal-lanzettlich. Kätzchen 3–4 cm lang, ± gedrungen, 5–10 mm gestielt. Staubblätter 2, kahl. Fruchtknoten kurz eikegelförmig, dicht und kurz behaart, sitzend. Griffel sehr lang, fädlich. Narbe zweiästig, fadenförmig. Tragblätter am Grunde hellfarbig, sonst schwarz, auf der ganzen Fläche lang bärtig behaart.

Biologie: Blütezeit Ende März bis Mitte April, vor dem Blattaustrieb. Samenflug ab Mitte Mai.

Ökologie: Ursprünglich an Fluß- und Bachufern tieferer Lagen auf sandig-schlickigen, nährstoffreichen, ± kalkhaltigen Auen-Rohböden wenig oberhalb des mittleren Sommerwasserstandes (Moor: 1958: 289–292). Charakterart des Salicetum triandro-viminalis. Die Mandelweiden-Korbweiden-Gesellschaft vermittelt als Mantelgebüsch des Weidenwaldes standörtlich zwischen dem Rohrglanzgrasröhricht (Phalaridetum arundinaceae) und der höher gelegenen Silberweiden-Aue (Salicetum albae). Durch Anpflanzungen ist *S. viminalis* sehr stark gefördert worden und heute weit über ihre ökologische Valenz hinaus auf feuchten und nassen Standorten verbreitet. Vegetationsaufnahmen u.a. bei Moor (1958: Tab. 20), Th. Müller (1974: 405 u. 1985: Tab. 11) und bei Schwabe (1987: Tab. 35).

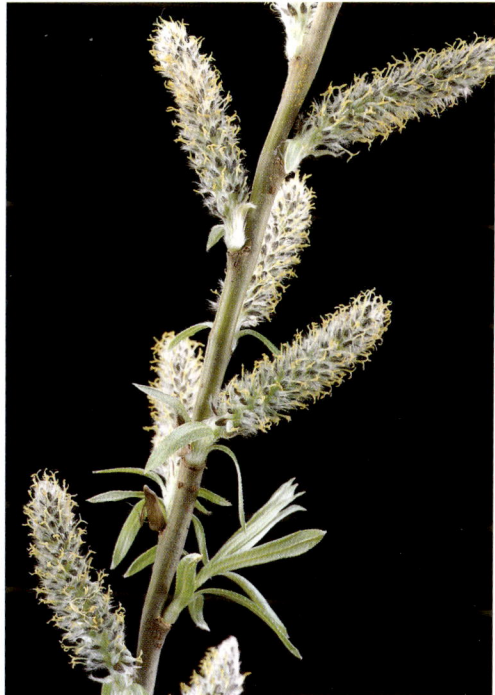

Korb-Weide *(Salix viminalis)*
Weibliche Kätzchen, Karlsruhe, 1987

Allgemeine Verbreitung: Westliches Eurasien. Südwestgrenze Pyrenäen, Süd- und Südostgrenze Norditalien und Makedonien, Ostgrenze in Westsibirien, Nordgrenze bei 70° n.Br. in Westsibirien. Fehlend auf der Iberischen Halbinsel, auf den Britischen Inseln, in Skandinavien und im gesamten südlichen Mittelmeerraum.

Verbreitung in Baden-Württemberg: Durch Förderung im Rahmen der Korbweidennutzung und von Uferbefestigungsmaßnahmen ist die Korb-Weide heute in tieferen Lagen Baden-Württembergs auf kalkhaltigen Substraten allgemein verbreitet und häufig. Im Schwarzwald ist *S. viminalis* nur in Tälern mit geringem Gefälle und mit breiten Auen verbreitet (vgl. SCHWABE 1987: 242). Die ursprüngliche Verbreitung der Korb-Weide läßt sich nicht mehr exakt rekonstruieren, da auch in den Tieflagen seit langem Sekundär- und Synanthropvorkommen gegenüber natürlichen Beständen vorherrschen.

Die Mandelweiden-Korbweiden-Gesellschaft ist heute meist nur noch in Fragmenten an größeren Flußläufen wie Hoch- und Oberrhein, Unterer Neckar mit Nebenflüssen und an der Donau mit Nebenflüssen zu beobachten.

In der Höhenverbreitung bewegt sich die Korb-Weide zwischen ca. 95 m bei Mannheim und ca. 930 m am Ufer des Schluchsees bei der Gemeinde Schluchsee (8115/3).

Ältester fossiler Nachweis: Bad Cannstatt, Holstein-Interglazial (BERTSCH 1927). Ältester literarischer Nachweis: J. BAUHIN et al. (1650: 1: 213): „inter Boll. . . et Wysensteig. . . (7323, 7423).

Bestand und Bedrohung: Aufgrund der starken Förderung durch den Menschen ist *S. viminalis* allgemein verbreitet und nicht gefährdet. Durch Flußverbauungen sind allerdings Primärvorkommen der Korb-Weide in der Mandelweiden-Korbweiden-Gesellschaft selten geworden. Vorkommen dieser Gesellschaft sind heute schonungsbedürftig!

Bastarde:

1) *S. purpurea × viminalis*; *S. × helix* L. (1753)
S. × rubra Hudson (1762)
Rot-Weide

Unterschiede zu *S. viminalis* (nach NEUMANN 1981): Bast gelb, Austrieb gebräunt, Blätter in der Mitte am breitesten, deutlich gezähnt, 15–25 Seitennerven pro Blatthälfte, unterseits ± licht behaart, beim Trocknen schwärzlich werdend (*S. viminalis* bleibt grün).

2) *S. triandra × viminalis*; *S. × mollissima* Ehrh. (1791)
Busch-Weide

Unterschiede zu *S. viminalis* (nach NEUMANN 1981): Austrieb rotbraun, rötlich oder bräunlich. Blätter in der Mitte am breitesten, deutlich gesägt, mit 20–25 Seitennerven pro Blatthälfte, unterseits nur licht behaart, oft verkahlend. Blattstiel häufig mit Petiolardrüsen!
Weitere Bastarde nach Herbarbelegen (STU/KR) in Baden-Württemberg mit *S. aurita*, *S. caprea*, *S. cinerea*.

Salix × dasyclados Wimmer 1849
Bandstock-Weide, Filzast-Weide

S. × dasyclados ist eine Flußauenweide und im nordöstlichen Mitteleuropa und in Osteuropa heimisch. Als grobe Flechtweide ist sie in Baden-Württemberg angepflanzt worden und kommt sehr zerstreut auch verwildert vor. Bei *S. × dasyclados* handelt es sich mutmaßlich um den Tripelbastard *S. caprea × cinerea × viminalis* (NEUMANN 1981). Aufgrund ihres natürlichen, selbstständigen Areals wird dieser Weide von verschiedenen Autoren Artrang zuerkannt (z. B. von SKVORTSOV in ROTHMALER 1982).

Morphologische Merkmale: 4–6 m hoher, baumartiger Strauch. Nacktes Holz 4–6jähriger Zweige mit ± scharf abgehobenen, meist 5–12 mm langen Striemen. Zweige ebenso wie die Knospen dunkelgrau und dicht samtartig kurz behaart. Blätter bis über 20 cm lang, L/B = (4–)5–7, lanzettlich, unterhalb der Mitte am breitesten, gegen den Grund allmählich verschmälert, undeutlich wellig gezähnt, mit 20 und mehr Seitennerven pro Blatthälfte. Blattoberseiten grün, glänzend, mit Ausnahme der Grobnerven ± kahl. Blattunterseiten gleichmäßig, mäßig dicht, schwach schimmernd-samtig behaart. Fruchtknoten sitzend oder kurz gestielt. Narben fädlich.

6. Salix daphnoides Vill. 1786
S. bigemmis Hoffm. 1786
Reif-Weide, Seidelbast-Weide

Morphologie: Bis zu 15 m hoher Baum oder Strauch. Zweige am Grunde brüchig, tief rotbraun

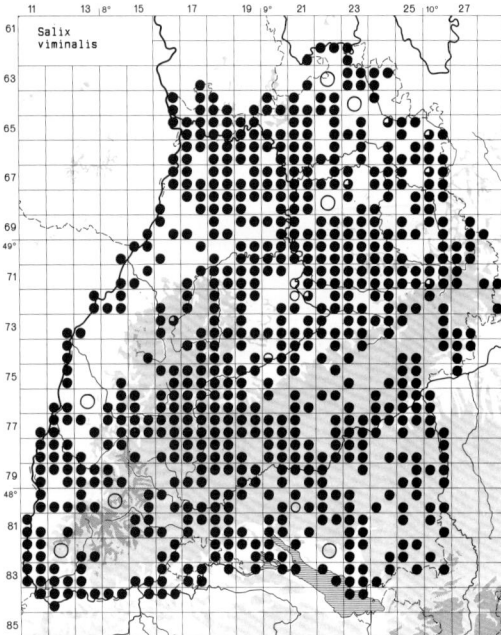

Salix viminalis

bis tief purpurrot, kahl, mehrjährige Triebe abwischbar graublau bereift. Jungtriebe kurz (abwischbar) grauhaarig, später verkahlend. Bast zitronengelb. Austrieb behaart. Blätter 3–10 cm lang, L/B = 2,5–5, oval bis lanzettlich, zum Grunde hin allmählich verschmälert, ± kurz zugespitzt, regelmäßig eng, drüsig gezähnt, nur an der Rippe mit kurzen Haaren, sonst kahl, oberseits dunkelgrün, glänzend, unterseits glauk mit bisweilen grüner Blattspitze. 12–15 Seitennerven pro Blatthälfte. Blattstiel 6–10 mm lang, $\frac{1}{17}$ der Spreite erreichend. Nebenblätter mit dem Blattstiel verwachsen, beständig. Kätzchen 3,5–6 cm lang, auffallend groß, sitzend. Staubblätter 2, kahl. Fruchtknoten kurz eikegelförmig, stark seitlich zusammengedrückt, meist kahl, kurz gestielt. Griffel $\frac{1}{2}$ so lang wie Fruchtknoten. Tragblätter an der Spitze schwarzbraun, am Grunde hell, mit dichter hellgrauer Behaarung, so lang wie der Fruchtknoten.

Biologie: Blütezeit März bis April, vor dem Laubaustrieb. Samenflug ab Mai.

Ökologie: Ursprünglich auf in der Vegetationsperiode meist (nur) kurzzeitig überschwemmten, ständig durchfeuchteten Sand- und Kiesböden (MOOR 1958: 285–289) entlang der Alpenvorlandflüsse und des Rheins. Meist ist die Reif-Weide dort lückigen Weidengebüschen aus *S. elaeagnos* und *S. purpurea* beigemischt. Charakterart des Salicetum elaeagni. Im Gebiet kommt *S. daphnoides* heute fast nur noch sekundär in Kiesgruben vor, dort

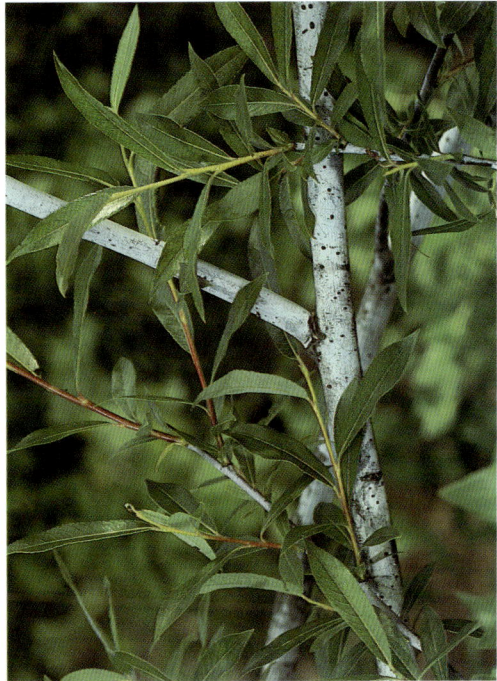

Reif-Weide *(Salix daphnoides)*

bevorzugt auf schluffigem-sandigem Substrat bei hochanstehendem, ziehendem Grundwasser.

Allgemeine Verbreitung: Nur in Europa. Nordgrenze bei 63° n. Br. in Südnorwegen. Westgrenze in Ostfrankreich, Südgrenze in Oberitalien. Im Südosten erreicht die Reif-Weide den nördlichen Balkan, im Nordosten Karelien. Gehört in Zentraleuropa zum alpin-praealpinen Element.

Verbreitung in Baden-Württemberg: Hauptverbreitungsgebiet in Baden ist die Oberrheinische Tiefebene, in der heute jedoch nahezu alle früheren Vorkommen erloschen sind. Zum Areal von *S. daphnoides* in Baden gehört auch das westliche Bodensee- und das Hochrheingebiet. Angaben aus dem Schwarzwald beziehen sich auf Vorkommen, deren Natürlichkeit zweifelhaft ist, z.B. Löffeltal (8014/4) nach NEUBERGER (1912). Verbreitungsschwerpunkte von *S. daphnoides* in Württemberg sind die Donau-Niederung von Ehingen bis Langenau, das Hügelland der Unteren Riß, das Illertal und das Westallgäuer Hügelland (hauptsächlich entlang der Oberen und Unteren Argen). Einzelne Vorkommen sind vom Südrand der Ulmer Alb im Blautal (ob indigen?), aus den Riß-Aitrach-Platten und aus dem Schussenbecken belegt. Die Vorkommen in anderen Naturräumen (vor allem im unteren Neckarland) sind synanthrop. *S. daphnoides* ist

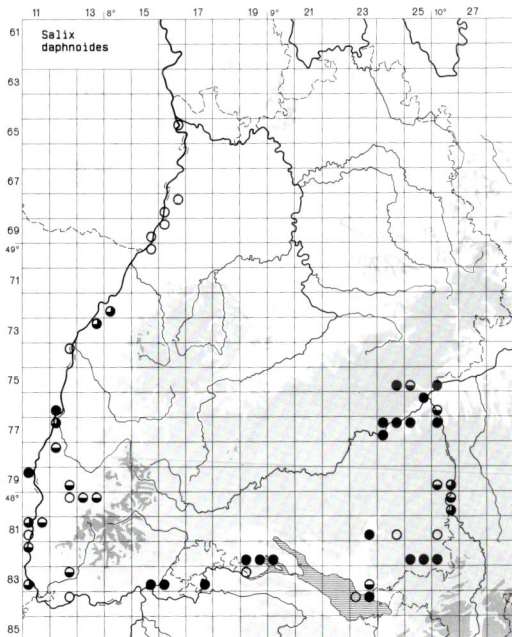

wegen der frühen Blüte und der großen Kätzchen ein beliebter Zierstrauch.

Die größte Meereshöhe erreicht die Reif-Weide entlang der Argen bei über 700 m; am tiefsten lagen ihre Wuchsorte bei Mannheim bei ca. 95 m.

Erster literarischer Nachweis: SPENNER (1826: 270): „ad Drisamiae ripas" bei Freiburg.

Oberrheinische Tiefebene, (Angaben vor 1945): 6516/2: Mannheim, DÖLL (1859); 6816/2: Pfinz, Graben, DÖLL (1859); 6816/3: Linkenheim, am Rhein, 1885, KNEUCKER (KR); 6915/4: Kastenwört bei Daxlanden, 1891, KNEUCKER (KR); 6916/1: Leopoldshafen, am Rhein, 1891, KNEUCKER (KR); Wiesen bei Eggenstein, 1890, KNEUCKER (KR); 7015/2: Umfahrstelle bei Neuburgweier, 1896, KNEUCKER (KR); 7412/2: Kehl, KNEUCKER (1891); 7612/3: Rheininsel bei Rheinau, 1838, NICKLÈS (KR); 7811/4: Rheinufer zw. Sasbach und Sponeck, 1886, KNEUCKER (KR); 7812/1: Elzkanal zw. Riegel und Oberhausen, SCHILDKNECHT (1863); 7812/2: Riegel, NEUBERGER (1912); 7912/4: Lehen, NEUBERGER (1912); 8012/2: Dreisamufer bei Haslach, DÖLL (1859); 8013/1: Freiburg i. Br., Dauphinstraße (kult.?), DÖLL (1859); Dreisamtal bei Freiburg i. Br., SCHLATTERER (1922); 8013/2: Kirchzarten, NEUBERGER (1912); 8111/2: Eschbach, NEUBERGER (1912); 8111/3: Rheininsel bei Neuenburg, SCHILDKNECHT (1863); 8211/1: Staufen, NEUBERGER (1912).

Oberrheinische Tiefebene (Angaben nach 1945): 7214/3: Rheinvorland bei Stollhofen, 1971, PHILIPPI (KR) u. (1971); 7313/2: Kiesgrube bei Freistett, 1971, PHILIPPI (KR) u. (1971); 7712/1: Rheininsel Kappel, um 1960, HÜGIN in PHILIPPI (1961); 7911/1: am Baggersee in der Rheinaue südwestlich von Burkheim, 1985, QUINGER (KR); 8111/1: Rheinvorland bei Grissheim, PHILIPPI (1961); 8311/3: Kandermündung, um 1960, HÜGIN in PHILIPPI (1961).

Hochrheingebiet: 8312/2: Lehmgrube Schopfheim, GOLDER (1922); 8315/4: Kiesgrube östlich von Tiengen, 1984, QUINGER (KR); 8316/3: Kiesgrube westlich von Grießen, 1984, QUINGER (KR); 8317/4: Kiesgrube südöstlich von Jestetten, 1984, QUINGER (KR); 8412/2: Rheinfelden, DÖLL (1859).

Westlicher Bodenseeraum: 8219/3: Überlingen/Ried, in Kiesgruben, 1973, HENN (STU-K); 8219/4: Halbinsel Mettnau bei Radolfzell, am Bodenseeufer, 1987, PEINTINGER (KR-K); 8220/3: Halbinsel Mettnau bei Radolfzell, Salici-Viburnetum am westlichen Auwald der Mettnauspitze, 1987, PEINTINGER (KR-K); 8319/1: bei Hemmishofen unterhalb Stein, JACK (1900).

Ulmer Raum: 7524/4: Seißen, MECKLE & WEIDMANN in RAUNECKER (1984); 7525/3: Lautertal bei Herrlingen, Arnegg, Mähringen, K. MÜLLER (1955–1957); 7526/3: Böfingen, an der Donau, SCHÜBLER u. MARTENS (1834); 7625/2: Wiblingen, noch aktuell, v. ARAND-ACKERFELD (STU), RAUNECKER (1984); 7626/3: Oberkirchberg, 1943, K. MÜLLER (STU); 7724/1, 2, 3: ohne Ortsangabe, 1985–1987, BANZHAF u. RAUNEKER (STU-K); 7724/3: Schmiechtal bei Ehingen, BERTSCH (STU-K); 7725/1: Kiesgrube an der Staatsstraße zw. Ersingen und Achstetten, 1985, QUINGER (STU); 7726/1: Illerrieden, Wochenau, KURZ in RAUNEKER (1984).

Riß-Aitrach-Platten, Mittlere Iller: 7926/3: Rot, an der

Rot, BERTSCH (STU-K); 7926/4: Tannheim, an der Iller, BERTSCH (STU-K); Illerauen bei Heimertingen (bayr.), DÖRR (1972); 8026/2 o. 4: Aitrach, an der Iller, BERTSCH (STU-K); 8026/4: Illerbeuren (bayr.),

Westallgäuer Hügelland, östlicher Bodensee: 8123/4: Kiesgrube bei Baindt, 1984, QUINGER (STU); 8124/2: Aach bei Wolfegg, MARTENS u. KEMMLER (1882); 8126/3: Leutkirch, 1867, SCHEUERLE (KR); 8225/3: an der Unteren Argen bei Berfallen, 1980, HARMS (STU); Untere Argen beim Kraftwerk Talerschachen, 1986, BANZHAF (STU); Argeninsel unterhalb Rempen, 1986, BANZHAF (STU); 8225/4: ohne Ortsangabe, um 1980, HARMS (STU-K); 8226/3: Weichholz-Auenrest Dengeltshofen, 1986, BANZHAF (STU); 8323/4: Argen bei Apflau, Laimnau, Wiesach, BERTSCH (STU); 8423/1: Argenmündung, 1832, MARTENS (STU); 8423/2: Unterröhrenbacher Holz, 1972, SEYBOLD (STU).

Bestand und Bedrohung: Heute sehr seltene, stark gefährdete Weide (Gef.-Grad 2)! Durch Flußverbauung und Flußregulation ist die in Baden-Württemberg seit jeher nur in einigen Regionen beheimatete Reif-Weide stark zurückgegangen und wie etwa in der Oberrheinischen Tiefebene gebietsweise verschollen. Sie findet an den fast vollständig regulierten Strombecken von Rhein, Donau, Iller, Argen u.a. kaum noch Lebensmöglichkeiten vor. In aufgelassenen Kiesgruben als Sekundärstandorte vermag die Reif-Weide nur bedingt auszuweichen, da sie weitgehend an grundwassernahe, ständig durchfeuchtete Stellen gebunden ist (s.o.). An periodisch austrocknenden Standorten kann sie sich nicht gegen die Konkurrenz von *S. elaeagnos*, *S. purpurea* und *Hippophaë rhamnoides* behaupten.

Bastarde: Nach Herbarbelegen (STU/KR) in Baden-Württemberg mit *S. caprea*, *S. elaeagnos* und *S. purpurea*.

Salix acutifolia Willd. 1806
S. pruinosa Bers. 1816; *S. daphnoides* (Vill.) var. *acutifolia* Döll 1859
Spitzblättrige Weide

S. acutifolia wurde als Ziergehölz eingeführt und kommt gelegentlich verwildert vor. Sie ist in Nordosteuropa und Osteuropa heimisch; ihr Areal erreicht an der ostpreußischen Küste gerade noch Mitteleuropa.

Morphologische Unterschiede zu *S. daphnoides*: Vergl. Schlüssel.

Fundorte: 7218/2: Quellmoor bei Möttlingen, am Rand, verwildert, 1985, QUINGER (KR); 8017/3: an der Donau bei Pfohren, verwildert, 1985, QUINGER (KR).

7. **Salix elaeagnos** Scop. 1772
S. incana Schrank 1789
Lavendel-Weide, Grau-Weide

Morphologie: Bis zu 20 m hoher Baum oder Strauch. Rinde lange glatt bleibend, nie längsrissig wie bei den anderen einheimischen Baumweiden.

Zweige gelblichgrün (insbesondere schattseits), bis rot- oder dunkelbraun (insb. sonnseits), kahl, glänzend. Jungtriebe behaart und matt. Blätter 6–15 cm lang, L/B = 8–20, schmal-lanzettlich bis linealisch, am Rande nach unten eingerollt, im Oberteil mit Drüsenzähnchen. Blattoberseiten dunkelgrün, matt, im Alter verkahlend, mit eingesenktem Mittelnerv. Blattunterseiten dicht webfilzig, matt-weißgrau, behaart. Blattstiele bis 5 mm lang, $\frac{1}{12}$ bis $\frac{1}{15}$ der Spreite entsprechend. Nebenblätter fehlend. Kätzchen 2–3 cm lang, schmal-walzlich, gekrümmt, kurz gestielt. Staubblätter 2, am Grunde behaart, bis zu $\frac{1}{2}$ der Länge miteinander verwachsen. Fruchtknoten lang ei-kegelförmig, kahl, kurz gestielt. Tragblätter grünlichgelb mit unscharf abgehobener blaßroter bis blaßbrauner Spitze, am Rande langbärtig, sonst ± kahl, halb so lang wie die Staub- und Fruchtblätter.

Blattrand-Behaarung von unten, von links nach rechts: *Salix alba, Salix elaeagnos, Salix viminalis* (Zeichnung F. Weick)

Biologie: Blütezeit April–Mai. Kätzchen vor oder gleichzeitig mit dem Laubaustrieb erscheinend. Samenflug ab Ende Mai.

Ökologie: Primär tritt die Lavendel-Weide häufig bestandesbildend auf kiesig-schottrigen, basenreichen, grundwassernahen, während der Vegetationsperiode kurzzeitig überschwemmten Auen-Standorten von Gebirgsflüssen oder gebirgsnaher Flüsse auf. Dem Lavendelweiden-Busch kann als weitere Charakterart des Salicetum elaeagni *S. daphnoides* angehören, eine sehr wichtige Begleitpflanze ist *S. purpurea*. *S. elaeagnos* besiedelt auch stark austrocknende Rohböden auf Geröllhalden und Rutschhängen, oft gemeinsam mit *Hippophaë rhamnoides*. Aufgelassene Kiesgruben sind wichtige Sekundärstandorte der Lavendel-Weide. Vegetationsaufnahmen liegen von Moor (1958: Tab. 19), Oberdorfer (1971: 271), Th. Müller (1974: 419) und von Witschel (1980: Tab. 27) vor.

Allgemeine Verbreitung: Auf mittel- und südeuropäische Gebirge und deren Vorländer beschränkt: Sierra Nevada, Pyrenäen, Gebirge auf Korsika, Apennin, Alpen, Karpaten und Hochgebirge des südlichen Balkan. Gehört in Zentraleuropa zum alpin-praealpinen Element.

Verbreitung in Baden-Württemberg: Verbreitungsschwerpunkte sind die Oberrheinische Tiefebene bis nördlich von Karlsruhe, das Hochrheingebiet, die Wutach flußabwärts ab der Schattenmühle (8115/ 4), der Bodenseeraum, das Donautal ab Sigmaringen mit Verbreitungslücke zwischen Riedlingen und Munderkingen, das Argen-, das Riß- und das Illertal. Einzelne Vorkommen sind auch aus dem Hochschwarzwald, dem südöstlichen Schwarzwald, der südlichen Baarhochfläche, dem Schussen- und dem Federseebecken und dem Miesachtal angegeben.

S. elaeagnos wird häufig als Zierstrauch angepflanzt und kann dann gelegentlich verwildern. Die Vorkommen in Nordwürttemberg sind z.B. alle als synanthrop anzusehen. Öfters wird bei Anpflanzungen auch die mediterrane subsp. *angustifolia* verwendet.

Die Höhenverbreitung reicht von ca. 115 m bei Karlsruhe bis ca. 960 m bei Altglashütten (8114/2).

Erster literarischer Nachweis: Leopold (1728: 151): Umgebung von Ulm.

Bestand und Bedrohung: In Baden-Württemberg selten und schonungsbedürftig. Durch Flußausbaumaßnahmen wurde die Verbreitung der Lavendelweiden-Auen stark eingeschränkt. Innerhalb der fast vollständig regulierten Flußtäler von Rhein, Iller und Argen kommt diese Gesellschaft nur noch kleinflächig auf kurzlebigen Kies- und Sandbänken

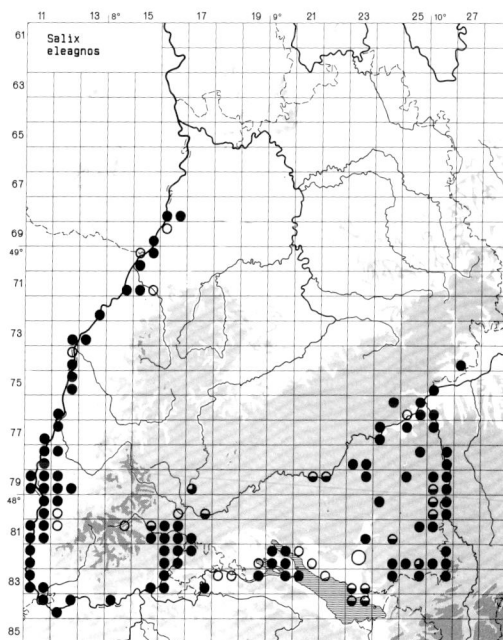

Lavendel-Weide *(Salix elaeagnos)*
Karlsruhe, 1987

in Initialstadien vor. In einer armen Ausbildung ohne *S. daphnoides* und in geringer Flächenausdehnung, jedoch weitgehend naturnah, existiert die Lavendelweiden-Aue noch in der Wutachschlucht zwischen der Schattenmühle (8115/4) und Grimmelshofen (8216/2) (vgl. OBERDORFER 1971: 270–272) an mehreren Stellen. Da *S. elaeagnos* starke Austrocknungsphasen erträgt, weicht sie mit wesentlich größerem Erfolg als *S. daphnoides* oder gar *Myricaria germanica* auf offene Sekundärstandorte wie aufgelassene Kiesgruben aus. Sie ist daher in Baden-Württemberg nicht akut gefährdet. In der Oberrheinischen Tiefebene und im Hochrheingebiet stellen die Kiesgrubenvorkommen heute das Hauptkontingent der vorhandenen Bestände von *S. elaeagnos*.

Variabilität: In Baden-Württemberg sind zwei Unterarten im Gelände anzutreffen:

a) subsp. **elaeagnos**
Morphologie: Blätter lanzettlich bis linealisch, L/B = 8–20.
Verbreitung: Mitteleuropäische Gebirge und deren Vorländer, Gebirge des nördlichen Mittelmeerraums. In Baden-Württemberg ureinheimisch.

b) subsp. **angustifolia** (Cariot) Rech. fil. 1957
Morphologie: Blätter schmal-linealisch, L/B = 20–30, stärker umgerollt.
Verbreitung: Nur in Südeuropa einheimisch, Südfrankreich und Spanien. In Baden-Württemberg als Ziergehölz angepflanzt und gelegentlich verwildert.

Bastarde: Nach Herbarbelegen (STU/KR) in Baden-Württemberg mit *S. appendiculata, S. aurita, S. caprea* und *S. daphnoides.*

8. Salix purpurea L. 1753
Purpur-Weide

Morphologie: Bis zu 6 m hoher Strauch, seltener Baum. Rinde unregelmäßig längsrissig, bei jüngeren Individuen glatt. Zweige dünn, aber straff, am Grunde biegsam, bräunlichgrau bis rötlichgrau, kahl. Jungtriebe stärker gelb bis purpurrot mit lichter Behaarung. Bast gelb. Blätter 4–12 cm lang, L/B = 3–10(−15), verkehrt-lanzettlich bis verkehrt-lineal-lanzettlich, über der Mitte am breitesten, an der Basis ganzrandig, vorne gesägt, kahl, mit 20–25 Seitennerven pro Blatthälfte, zunächst beiderseits glauk, später oberseits schwach glänzend-dunkelgrün, beim Trocknen schwarz werdend. Blattstiel 2–5 mm lang, etwa $\frac{1}{10}$ bis $\frac{1}{20}$ der Spreite erreichend. Nebenblätter fehlend. Kätzchen 2–5 cm lang, schmal-walzlich und auffällig gekrümmt, sitzend. Staubblätter 2, in der gesamten

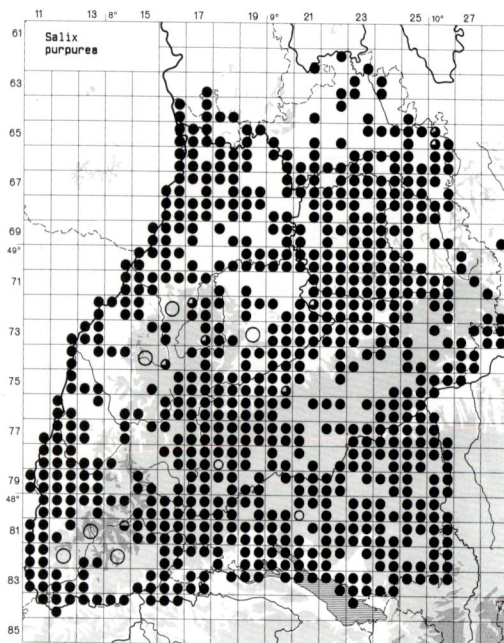

150

Purpur-Weide *(Salix purpurea)*
Männliche Kätzchen

Länge verwachsen, kahl. Staubbeutel während der Blüte gelb, davor purpurrot. Fruchtknoten kurz kegelförmig, dicht hellgrau behaart, sitzend. Narbe vor der Blüte purpurrot. Tragblätter zweifarbig, am Grunde hell, sonst schwarz, lang bärtig behaart.

Biologie: Blütezeit Ende März bis Anfang Mai, vor dem Blattaustrieb. Samenflug ab Mitte Mai.

Ökologie: Ursprünglich auf nassen bis wechseltrockenen, schluffigen bis schottrigen, meist kalkreichen und nur mäßig nährstoffreichen Rohböden in Flußauen und an steinigen (Steil)Hängen; ebenso auf quelligen Niedermoorstandorten und in Quellsümpfen. Sehr häufig kommt die Purpur-Weide als Pioniergehölz in aufgelassenen Kiesgruben vor. An Flüssen der Tieflagen mischt sich die Purpur-Weide gerne mit *S. triandra* und *S. viminalis* (Salicetum triandro-viminalis). Vegetationsaufnahmen u.a. bei MOOR (1958: Tab. 18–21), TH. MÜLLER (1985: Tab. 11) und SCHWABE (1987: Tab. 35).

Allgemeine Verbreitung: Westliches Eurasien. In West-, Süd- und Mitteleuropa verbreitet, auf den Britischen Inseln nur lokal, in Skandinavien und in Nordrußland fehlend. Nordgrenze bei 58° n.Br. in Lettland. Ostgrenze am südlichen Ob, die Südostgrenze verläuft durch den Iran und Palästina. Isolierte Vorkommen in Nordafrika.

Purpur-Weide *(Salix purpurea)*
Karlsruhe, 1987

Verbreitung in Baden-Württemberg: Fast überall vorkommend. Häufig in der Oberrheinischen Tiefebene und im Hochrheingebiet, in der Baar, im gesamten Neckarland und im gesamten Alpenvorland bis zur Donau, zerstreut im Südschwarzwald und auf der Schwäbischen Alb, spärlich im Nord- und Mittelschwarzwald.

Die Höhenverbreitung reicht von den Rhein-Auen bei Mannheim bei ca. 95 m bis ca. 900 m im südlichen Schwarzwald.

Ältester literarischer Nachweis: GMELIN (1772: 305): „juxta viam Reutlingensem" (7420).

Bestand und Bedrohung: Die Purpur-Weide gehört zu den häufigsten Weiden und ist nicht bedroht, da sie sich auf Sekundärstandorten sehr gut behauptet und zudem gerne angepflanzt wird (Befestigungsmaßnahmen). Durch Flußverbau und Regulationsmaßnahmen selten geworden und schonungsbedürftig sind jedoch natürliche Auen-Weidengebüsche, in denen *S. purpurea* ihren natürlichen Verbreitungsschwerpunkt besitzt.

Variabilität: In Baden-Württemberg kommen 2 Unterarten wild vor:

a) subsp. **purpurea**
Echte Purpur-Weide
Morphologie: Blätter erst oberhalb der Mitte gesägt, L/B bis 10(−15), Stiellänge: Spreitenlänge 1 : 13. Beblätterung am Triebgrund gegenständig, sonst durchweg wechselständig.

Verbreitung: Mehr im nördlichen Teil des Areals und in den Gebirgen. In Baden-Württemberg die absolut vorherrschende Unterart.

b) subsp. **lambertiana** (SM) Koch 1837
Lambert-Weide
Morphologie: Blätter fast schon vom Grunde an gesägt, L/B bis 8, Stiellänge: Spreitenlänge 1 : 15−1 : 20. Neben rein wechselblättrigen Trieben kommen auch rein gegenblättrige Triebe an denselben Individuen vor.

Verbreitung: Mehr im südlichen Teil des Areals verbreitet, z. B. westlicher Mittelmeerraum. In Mitteleuropa vor allem in sommerwarmen Tieflagen. Die Verbreitung der Lambert-Weide in Baden-Württemberg ist noch ungeklärt, sie ist jedoch viel seltener als die Echte Purpur-Weide.

Fundorte von subsp. *lambertiana:* 6920/3: Weiher Treffentrill, 1966, KÜMMEL (STU); 7321/1: Plattenhardt, 1985, RHEINÖHL (STU); 7911/2: Grabenrand westl. Burkheim, 1985, QUINGER (KR).

Verwechslungsmöglichkeiten:
S. purpurea × *viminalis; S.* × *helix* L. 1753
S. × *rubra* Hudson 1762
Sehr ähnlich *S. purpurea* subsp. *lambertiana.* Nach NEUMANN (1981) durch schmälere Blätter und durch das Vorkommen von Nebenblättern an den Langtrieben unterschieden.
Bastarde: Nach Herbarbelegen (STU/KR) in Baden-Württemberg mit *S. aurita, S. caprea, S. cinerea, S. daphnoides, S. nigricans, S. repens* und *S. viminalis.*

9. Salix repens L. 1753
Kriech-Weide

Morphologie: Strauch, 0,2−1 m hoch, mit unterirdisch kriechendem Stamm, Äste bogig aufsteigend, ± straff. Zweige dünn, graubraun bis rotbraun, einschließlich der Knospenschuppen kurz anliegend behaart, nur selten verkahlend. Blätter 1−5 cm lang, L/B = 2−10, breit-lanzettlich bis lineal-lanzettlich, meist ganzrandig, selten mit einzelnen Zähnen. Blattoberseiten dunkelgrün, schwach glänzend, ± licht behaart, im Alter oft völlig verkahlend, Nervennetz nicht eingesenkt. Blattunterseiten glauk, matt, mit ± dichter, parallel zu den Seitennerven gerichteter, anliegender Behaarung, selten völlig verkahlend, Blattstiel 2−3 mm lang, etwa $\frac{1}{8}$ bis $\frac{1}{15}$ der Spreite erreichend. Nebenblätter lanzettlich, nur an Langtrieben entwickelt. Kätzchen bis 3 cm lang, bis 10 mm gestielt. Staubblätter 2, anfangs rotpurpurn, später gelb, kahl. Fruchtknoten kurz ei-kegelförmig, kahl bis dicht schimmernd behaart, etwa auf ½ bis ⅓ ihrer Länge gestielt. Tragblätter am Grunde hell, an der Spitze dunkelbraun bis dunkelrot, seidig behaart, am Rande gebärtet.

Biologie: Blütezeit Ende April bis Anfang Juni, kurz vor dem Blattaustrieb. Samenflug ab Ende Juni.

Ökologie: Auf wechselfeuchten bis nassen, zeitweise durchlüfteten, nährstoffarmen, basenhaltigen (oft kalkhaltigen), meist nur mäßig sauren Torfen oder humosen, mineralischen Böden. Primär kommt die Kriech-Weide in baumarmen, minerotrophen *Sphagnum*-Mooren (nie im Hochmoor!) vor; zum Beispiel gern auf Bulten in Schwingrasenkomplexen am Rande von Moorseen. Am Kleinen Ursee im Fetzach-Taufachmoos (8226/1) gibt es Massenbestände der Kriech-Weide (sog. „Reiser-Zwischenmoore"). *S. repens* gilt als Charakterart des Betulo-Salicetum repentis (OBERDORFER 1964).

Sekundärstandorte der Kriech-Weide sind Grabenränder in Streuwiesenkomplexen oder brachgefallene, feuchte, vergleichsweise nährstoffarme Streuwiesen, Torfstichfelder in Niedermooren und feuchte Heidewiesen (bei nicht zu häufiger Mahd!). Im Gebiet wird *S. repens* meist von *Betula pubescens* und *B. pendula, Frangula alnus, Molinia caeru-*

Kriech-Weide *(Salix repens)*
Aidlingen, 21. 4. 1992

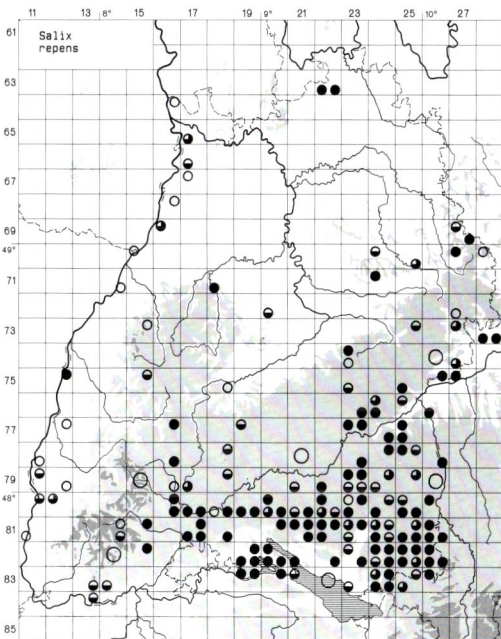

lea, Agrostis canina und *A. tenuis, Carex panicea* und *C. nigra, Potentilla erecta, Succisa pratensis* und *Calluna vulgaris* begleitet. Vegetationsaufnahmen u.a. bei OBERDORFER (1964: Tab. 1) und bei KUHN (1961: Tab. 11).

Allgemeine Verbreitung: Westliches Eurasien. Auf der Iberischen Halbinsel nur an der portugiesischen Küste und in den Pyrenäen heimisch, sonst in fast ganz Europa mit Ausnahme nahezu des gesamten Mittelmeerraumes, NW-Skandinaviens und der arktischen Tundren verbreitet. Nordgrenze etwa bei 67° n.Br. (Finnisch-Lappland). Die Ostgrenze des Areals von *Salix repens* verläuft in Westsibirien und in Zentralasien.

Verbreitung in Baden-Württemberg: Im gesamten Alpenvorland allgemein verbreitet mit der größten Dichte im Westallgäuer Hügelland. Sonst überall in Baden-Württemberg allenfalls sehr zerstreut anzutreffen wie in der Schwäbischen Alb mit den Verbreitungsschwerpunkten Hohe Schwabenalb (Zollernalb) und Ulmer Alb, der Baar oder früher in der Oberrheinischen Tiefebene. Nur wenige Fundorte werden von *S. repens* aus dem Schwarzwald und seinen östlichen Randplatten, dem Schwäbisch-Fränkischen Wald, den Oberen Gäuen, dem Nekkarbecken und dem Bauland angegeben.

Der tiefste Wuchsort befand sich bei Sandtorf (6416/2) bei ca. 95 m, der höchstgelegene am Schluchsee (8114/4) bei ca. 920 m.

153

Erster literarischer Nachweis: ROTH VON SCHRECKENSTEIN (1798: 121). Der Fundort von LEOPOLD (1728: 151: „Ulmer Ried") liegt in Bayern.

Fundorte (ohne Alpenvorland):
Oberrheinische Tiefebene: 6416/2: Sandtorf, DÖLL (1859); 6517/3: Streuwiese südwestlich Rheinau, 1969, PHILIPPI (KR-K) u. (1971); 6717/1: Waghäusl, 1834, LOUDET (KR); 6816/2: Eggenstein, 1885, zuletzt 1958 beobachtet, KNEUCKER (KR), PHILIPPI (KR-K) u. 7015/1: Au am Rhein, DÖLL (1859); 7114/4: Iffezheim, Hügelheim, DÖLL (1859); 7512/2: Pfeifengraswiesen nordöstlich Altenheim, 1977, PHILIPPI (KR-K); 7512/4: NSG Sauscholle, 1986, QUINGER (KR-K); 7811/4: Hausen, NEUBERGER (1912); 7911/2: Faule Waag, NEUBERGER (1912); 7912/4: Mooswald bei Lehen, Lehener Weiher, DÖLL (1859), NEUBERGER (1912); 8011/2: Rothaus, gegen den Rhein zu, NEUBERGER (1912); 8012/1: Ochsenmoos bei Opfingen, zuletzt um 1955, PHILIPPI (KR-K); 8111/3: Neuenburg, NEUBERGER (1912).
Schwarzwald: 7118/3: Naßwiesen bei Hohenwart-Huchenfeld, 1971, SEYBOLD (STU); 7315/2: Kniebis, KIRCHNER u. EICHLER (1913); 7816/4: Quellmoos südlich Königsfeld, 1986, QUINGER (KR); 8114/4: Schluchsee, NEUBERGER (1912); 8215/2: NSG Schlüchtsee, 1984, QUINGER (KR-K); 8313/4 u. 8412/2: Moore zw. Jungholz u. Wilaringen, LINDER (1903); 8314/4: Oberwihl, LINDER (1905).
Bauland: 6322/3: Grabenränder südl. Glashofen, 1975, PHILIPPI (KR-K); 6322/4: Quellsumpf südöstlich Rüdental, 1975, PHILIPPI (KR-K).
Mittlerer und Oberer Neckar: 7220/3: Sindelfingen, zuletzt 1947, KÜHNLE (STU); 7518/4: Imnau, MARTENS u. KEMMLER (1882), 7716/2: Winzeln, KIRCHNER u. EICHLER (1913); Kifizenmoos östl. Aichhalden, 1961 u. 1971, WREDE (STU), SEYBOLD (STU); Moorwiesen an der Oberen Eschach, 1971, SEYBOLD (STU).
Schwäbisch-Fränkischer Wald: 6927/1: Unterdeufstetten, Oberdeufstetten, HANEMANN in BERTSCH (STU-K); 7024/1: Eichenkirnberg, 1940, Finder unbekannt (STU); 7025/4: Eisenweiher, 1967, SEBALD (STU); 7028/1: Tannhausen, MARTENS u. KEMMLER (1882); 7124/1: Wolfsbachtal, 1987, NEBEL (STU-K).
Schwäbische Alb: 7227/3: Nattheim, MARTENS u. KEMMLER (1882); 7325/2: Böhmenkirch, BERTSCH (STU); 7327/1: Oggenhausen, 1949, KOCH (STU); 7423/1: Schopflocher Torfgrube, 1970 u. 1978, SEYBOLD (STU), DURST (STU-K); 7525/3: Arnegger Ried, 1976, BERGMANN (STU); 7623/4: Altsteußlinger Ried, 1971, SEBALD (STU); 7624/1: Schmiecher See, 1976, SEYBOLD (STU); 7624/3: Allmendinger Ried, 1971, SEBALD (STU); 7625/1: Ernsingen, K. MÜLLER (1955–1957); 7723/1: Tiefental, Quellsumpf, 1980, SEBALD (STU); 7723/2: Östl. Mundingen, 1988, SEBALD (STU); 7719/1: Onstmettingen, KIRCHNER u. EICHLER (1913); 7818/2: Bühl, westlich Deilingen, 1925, K. MÜLLER (STU); 7918/2: Dürrheimer Ried, REBHOLZ in BERTSCH (STU-K), HEINZ (1953: 141).
Baar: 7916/4: Überauchener Moor, ZAHN (1889); 7917/3: Schwenninger Moos, GÖRS (1968); 8016/2: Kalkflachmoor nördl. Wolterdingen, 1985, PHILIPPI (KR-K); 8016/4: westl. Bräunlingen, 1985, PHILIPPI (KR-K); 8017/3: Moore bei Pfohren, 1891, SCHATZ (KR); 8017/3 u. 4: Birkenried, 1985 u. 1987, QUINGER (KR); 8117/3: Zollhaus-

ried bei Blumberg, 1984, QUINGER (KR); 8117/4: Tiefenried bei Tengen, 1981, BEYERLE (STU-K).

Bestand und Bedrohung: In Baden-Württemberg gefährdete (Gef.-Grad 3) Weiden-Art! Die Gefährdung von *Salix repens* ist dabei regional sehr unterschiedlich: Im südlichen Alpenvorland existiert noch eine Vielzahl gut geschützter, oft sehr individuenreicher, ungefährdeter Primärvorkommen (z. B. Fetzach-Taufachmoos, Wurzacher Ried u. a.). Im Rückgang begriffen sind in diesem Gebiet die Vorkommen in Pfeifengras-Streuwiesenkomplexen, die nach 1960 in großem Umfang in Wirtschaftsgrünland überführt wurden. Insgesamt kann man die Kriech-Weide im Alpenvorland als schwach gefährdet bezeichnen. Akut vom Aussterben bedroht ist sie hingegen in der Oberrheinischen Tiefebene infolge der fast vollständigen Vernichtung nährstoffarmer, basenhaltiger Niedermoore und der Stromtal-Pfeifengras-Streuwiesen. Die verbliebenen, letzten Restbestände halten sich an Grabenrändern, in zumeist kleinen, gestörten, sehr leicht meliorierbaren Streuwiesenresten. Deutlich zurückgegangen ist *S. repens* seit der Jahrhundertwende auch auf der Schwäbischen Alb, im Schwäbisch-Fränkischen Wald und in der Baar. In allen anderen Naturräumen (z. B. im Schwarzwald!) gehörte die Kriech-Weide schon immer zu den floristischen Seltenheiten. *S. repens* gehört zu den das Abmähen ertragenden Gehölzen (SCHIEFER).

Variabilität: Für den nordeuropäischen Raum wird *S. repens* in mehrere Arten untergliedert (FLODERUS 1931); auch HESS, LANDOLT u. HIRZEL (1967) unterscheiden die drei Arten *S. repens*, *S. arenaria* und *S. rosmarinifolia*. Da eine eindeutige Abgrenzung dieser Sippen an der Vielzahl an Zwischenformen scheitert, erscheint eine Klassifizierung als Unterarten als angemessener. Die Unterscheidung der Unterarten richtet sich in dieser Flora nach SKVORTSOV (1982), der *S. repens* in subsp. *repens* und in subsp. *rosmarinifolia* gliedert. Die im Gebiet ± verbreitete, von RECHINGER (1957) als subsp. *angustifolia* angeführte Sippe wird von SKVORTSOV zu subsp. *repens* gestellt. Die an der Nord- und Ostseeküste verbreitete, in Baden-Württemberg fehlende Sand-Weide führt SKVORTSOV als Varietät von subsp. *repens* (= *S. repens* subsp. *repens* var. *argentea* (SM.) Ser.).

a) subsp. **repens**
Echte Kriech-Weide

Morphologie: Blätter verkehrt-eiförmig bis länglich, L/B = 2–5, oberhalb der Mitte oder in der Mitte am breitesten, Spitze oft plötzlich zusammengezogen und ± gekrümmt, beim Trocknen mit den Rändern leicht umrollend; Nebenblätter häufig entwickelt. Fruchtknoten behaart oder kahl. Kätzchen gewöhnlich gleichzeitig mit den Blättern erscheinend.

Verbreitung: Westliches und mittleres Europa. Nordostgrenze in Finnland, Ostgrenze an der baltischen und pommerschen Küste, entlang der Oder und Görlitzer Neiße, in Ostbayern und Österreich, Südostgrenze in Slowenien und in Siebenbürgen. In Baden-Württemberg die absolut vorherrschende Unterart!

b) subsp. **rosmarinifolia** (L.) Čelak. 1871
S. rosmarinifolia L. 1753
Rosmarin-Weide

Morphologie: Blätter lanzettlich bis lineal-lanzettlich, L/B = 5–10, meist unterhalb der Mitte am breitesten, beim Trocknen flach bleibend. Nebenblätter meist nicht entwickelt. Fruchtknoten stets behaart. Kätzchen gewöhnlich vor den Blättern entwickelt.

Verbreitung: Kontinentale Unterart. Westgrenze Schweden, nördliche Elbe, Trockengebiete Mitteldeutschlands, in Süddeutschland einige zerstreute Vorposten. In Baden-Württemberg an der Westgrenze der Verbreitung, sehr selten. Insgesamt liegen in STU und KR 13 Herbarbelege vor.

Fundorte nach Herbarbelegen:
Obere Gäue, Baar: 7716/2: Wiesenquellmoor östl. Aichhalden u. westl. Oberndorf, 1961, WREDE (STU); 7917/3: Schwenninger Moos, 1891, SCHLENKER (STU); 8017/3: Sumpfried bei Pfohren, 1885, SCHATZ (KR); 8017/4: Birkenried bei Pfohren, 1885, SCHATZ (KR).
Schwäbische Alb: 7427/3: Hintere Plätze bei Aselfingen, 1954, K. MÜLLER (STU); 7525/3: Arnegger Ried, 1926, K. MÜLLER (STU); 7624/1: Schmiecher See, 1954, LEIDOLF (STU).
Donautal nordöstlich Ulm: 7526/2: Westerried bei Langenau, 1954, K. MÜLLER (STU).
Alpenvorland: 7923/2: Federseeried bei Tiefenbach, 1891, SCHLENKER (STU); Federseeried, 1922, K. MÜLLER (STU); 8024/3: Steinacher Ried bei Bad Waldsee, 1917, BERTSCH (STU); 8123/3: Groppach, 1914, BERTSCH (STU); 8324/3: Muttelsee, 1938, BERTSCH (STU).

Verwechslungsmöglichkeiten:
1) *S. aurita × repens; S. × ambigua* Erh. (1791). Von *S. repens* durch das eingesenkte Nervennetz unterschieden.
2) *S. myrtilloides* L. (1753). Siehe dort!

Bastarde: nach Herbarbelegen (STU/KR) in Baden-Württemberg mit *S. aurita, S. cinerea, S. nigricans, S. purpurea* und *S. starkeana.*

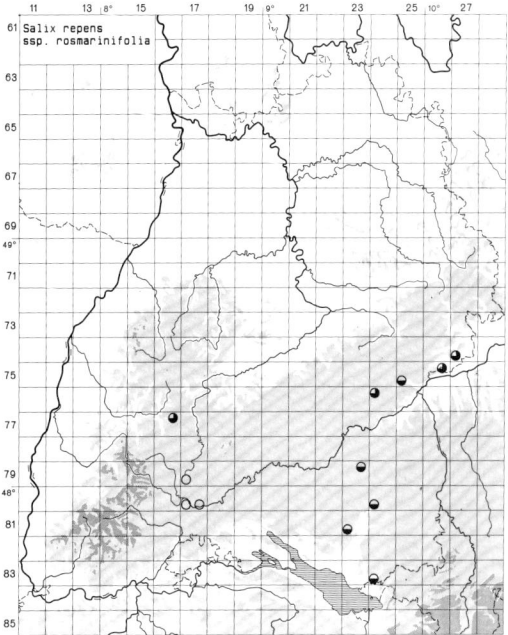

Salix myrtilloides L. 1753
Heidelbeer-Weide, Moor-Weide

In Baden-Württemberg bisher nur fossil im Schluchseemoor (OBERDORFER 1931) nachgewiesen. Im unmittelbar an Baden-Württemberg angrenzenden Landkreis Kempten/Bayern, sind auf Übergangsmoorkomplexen einige rezente Vorkommen dieses in Mitteleuropa sehr seltenen Glazialrelikts bekannt (DÖRR 1972). Ihre Hauptverbreitung in Europa besitzt die Heidelbeer-Weide in Skandinavien, Nord- und Mittelrußland. Außer im bayerischen Alpenvorland tritt die Art im südlichen Mitteleuropa noch im Kanton St. Gallen/Schweiz auf (BUSER 1940, OBERLI 1981).

Morphologische Merkmale zur Unterscheidung von *S. repens*: Verästelung sparrig. Zweige braunrot mit hautartiger, weißtransparenter Epidermis (TÖPFER 1915), kahl, nur jüngste Triebe kurz behaart. Austrieb violettfarben, schwach seidig behaart. Blätter 1,5–3,5 cm lang, L/B = 1,5–2,5 (an Langtrieben bis 4!), rundlich bis (breit)lanzettlich, ganzrandig, Spitze stets gerade, beiderseits glauk und matt (Oberseite dunkler als Unterseite), völlig kahl. Winkel zwischen Mittel- und Seitennerven 60° (OBERLI 1981). Fruchtknotenstiel wenigstens so lang wie der stets kahle Fruchtknoten. Tragblätter gelblichgrün mit purpurrotem Saum, spärlich behaart.

10. **Salix starkeana** Willd. 1806
S. livida Wahlenberg 1812
Bleiche Weide

Morphologie: Niedriger Strauch, bis 1 m hoch, meist niedriger. Nacktes Holz 2–4jähriger Zweige schwach gestriemt. Zweige dünn, rotbraun bis pur-

Bleiche Weide *(Salix starkeana)*
Irndorfer Hardt

purrot, am Zweiggrund oft olivgrün, kahl. Jungtriebe flaumig behaart. Austrieb bräunlich. Frühblätter unterseits grün, schwach behaart. Sommerblätter 2–5 cm lang, L/B = 1,5–2, verkehrt-eiförmig, zum Grunde hin allmählich verschmälert, kurz zugespitzt und vorne nicht umgebogen, allseits ganzrandig oder wellig gekerbt und nur zum Grunde hin ganzrandig, auffallend dünn, mit Ausnahme der Blattstieloberseiten kahl, mit 6–8 Seitennerven pro Blatthälfte. Blattoberseiten schwach glänzend, dunkel(oliv)grün, Nervennetz nicht eingesenkt. Blattunterseiten glauk, matt. Blattstiel bis 5 mm lang, etwa $\frac{1}{6}$ bis $\frac{1}{10}$ der Spreite erreichend. Nebenblätter gut entwickelt, abstehend. Kätzchen 1–3 cm lang, locker, auf bis 1 cm langen, beblätterten Stielen. Staubblätter 2, am Grunde behaart. Fruchtknoten ei-kegelförmig, weißgrau-filzig behaart. Fruchtknotenstiele so lang wie die Fruchtknoten. Tragblätter gelblich oder bräunlich, an der Spitze nur unwesentlich dunkler, auf der ganzen Fläche kahl, am Rande lang gebärtet.

Biologie: Blütezeit April bis Mai, mit beginnendem Austrieb oder kurz vor dem Blattaustrieb. Samenflug ab Ende Mai. Chromosomenzahl 2n = 38, gezählt an Pflanzen vom Irndorfer Hardt (W. BÜCHLER 1986: 139).

Ökologie: Auf frischen bis wechselfeuchten, nährstoffarmen, meist basenarmen, ± humusreichen Lehm- und Tonböden oder auch auf Moorböden in Borstgras- und Drahtschmielenrasen oder in Pfeifengraswiesen in subkontinentalen, sommerkühlen, winterkalten Lagen. *S. starkeana* gedeiht zumeist an Stellen, die Spätfrösten ausgesetzt sind, z.B. in Senken mit ausgeprägter Neigung zur Bildung von Kaltluftseen (Irndorfer Hardt, Birkenried in der Baar). Wichtige Begleitpflanzen auf der Irndorfer Hardt sind nach Vegetationsaufnahmen von FABER (1933), KUHN (1937: Tab. 24) und von SEBALD (1983: Tab. 12) *Avenella flexuosa, Nardus stricta, Arnica montana, Scorzonera humilis, Hypochoeris maculata, Dianthus seguieri, Viola canina, Polygonum viviparum, Jasione laevis, Genista sagittalis* und

Calluna vulgaris. Nach Beschreibungen von SCHATZ (KR-K, n. p.) kam *S. starkeana* am Himmelberg (8017/2) in trockenen Pfeifengraswiesen vor.

Allgemeine Verbreitung: Nördliches Eurasien. Das Hauptareal verläuft von Pommern, Schlesien und den Karpaten ab nordwärts durch Skandinaien (im küstennahen Westnorwegen fehlend) bis 68° n. Br. (Lappland), ostwärts über Mittel- und Nordrußland, Ural, Sibirien bis zur Mongolei, Mandschurei und Kamtschatka-Halbinsel. Isolierte, südwestliche Reliktvorkommen gibt es in Baden-Württemberg (s. u.) und in Bayern; dort existierte ein Wuchsort bis ca. 1920 im Truderinger Hölzl bei München, in jüngerer Zeit wurde *Salix starkeana* außerdem im Ries entdeckt (KRACH u. FISCHER 1982).

Verbreitung in Baden-Württemberg: Glazialrelikt in der Baar und auf Hochflächenlehmen der Baar- und Donaualb, der Hohen Schwabenalb und der Mittleren Kuppenalb.

Die tiefsten Fundorte befanden sich in der Baar bei ca. 680 m (Riede bei Pfohren, Birkenried), die höchstgelegenen Fundorte liegen bei ca. 880 m auf dem Irndorfer Hardt, auf dem Degenfeld und im Truppenübungsplatz Heuberg.

Erster literarischer Nachweis: Nach SCHATZ (1887) wurde *S. starkeana* zuerst von C. GMELIN im Jahr 1807 gesammelt, aber für *S. arbuscula* gehalten. Hierzu GMELIN (1808: 730–731): „in principatu Fürstenbergensi in montoso praealto prato calcareo am Himmelsberg duarum Leucarum dissito a Donaueschingen ubi nuper eam legi". Im Jahr 1846 wurde *S. starkeana* nach SCHATZ (1887) erneut von F. BRUNNER im Birkenried bei Pfohren gefunden und im Jahr 1849 von A. BRAUN richtig bestimmt (= Erstnachweis für das südliche Mitteleuropa!).

Baar: 7917/3: Schwenningen, KIRCHNER u. EICHLER (1913); 8016/4: Hüfingen, BAUR (1912); 8017/3: NW-Rand des Pfohrener Riedes zw. Donaueschingen und Gutmadingen, WINTER (1882); zw. dem Hüfinger Ried und der Vicinalstr. nach Pfohren auf trockenen Wiesen, 1887, ZAHN (KR), det. NEUMANN; Torfried bei Pfohren, 1891, SCHATZ (KR); zw. Donaueschingen u. Sumpfpfohren, SCHATZ (1905); 8017/2: Himmelberg-Westhang, 1886 u. 1890, Wuchsort sicher zerstört, genaue Lage-Skizze vorhanden! SCHATZ (KR) u. (1905); 8017/4 (?): Birkenried, 1846, 1885, 1889, BRUNNER (KR), det. NEUMANN; SCHEUERLE (STU), SCHATZ (KR); 8017/4: zw. Gutmadingen und Unterhölzer, 1887, SCHATZ (KR); Dreilärchen, SCHATZ (1905); 8115/2: zw. Rötenbach und Göschweiler, 1887, SCHATZ (KR); 8117/4: Ried bei Kommingen, NEUBERGER (1913).
Schwäbische Alb: 7423/3: Donnstetten, A. MAYER (1929); 7523/1: Zainingen, SCHEUERLE in BERTSCH (STU-K); 7523/3: Truppenübungsplatz Münsingen, PLANKENHORN (STU); 7524/1: Laichingen, HAUFF in BERTSCH (STU-K);

7720/3: Degenfeld, 1965, SEBALD (STU); Degenfeld-Hohenbühle, 1984, FEUCHT u. SCHLENKER (STU); 7818/2: Delkhofen, PLANKENHORN (STU); 7818/3: Denkingen, A. MAYER (1929); 7818/4: Gosheim, A. MAYER (1929); zw. Gosheim und Denkingen, SCHEUERLE (STU); 7819/4 u. 7919/2: Irndorfer Hardt, mindestens 18 Einzelvorkommen, 1987, SEBALD (STU), QUINGER (KR); 7820/1: Truppenübungsplatz Heuberg, 1984, um Dolinen an mindestens 10 Stellen, SEBALD u. MARQUART (STU).

Bestand und Bedrohung: Sehr seltene und stark gefährdete (Gef.-Grad 2!) Weide! Als aktuell sind von *S. starkeana* nur noch Vorkommen aus 3 Gebieten bekannt: Hohenbühle im Degenfeld bei Albstadt, Truppenübungsplatz Heuberg, Irndorfer Hardt. Die noch erhaltenen Wuchsorte bedürfen einer extensiven Weide- oder Wiesennutzung, um eine allmähliche Verbuschung zu verhindern. Genaue Bestandeskontrollen müssen in kurzen Abständen vorgenommen werden. Verschollen ist *S. starkeana* in der Baar; einige von SCHATZ genau skizzierte Vorkommen sind sicher zerstört (z. B. am Himmelberg und im Birkenried). Nach OEFELEIN (in HESS, LANDOLT u. HIRZEL 1967) wurde *S. starkeana* in der Baar 1959 durch Meliorationsmaßnahmen ausgerottet. Dasselbe Schicksal hat *S. starkeana* offenbar in der Mittleren Kuppenalb erlitten, aus der keine aktuellen Nachweise mehr vorliegen. Im Birkenried nordöstlichen Pfohren in der Baar existieren auf dem „Damm" noch einige Sträucher des Bastards *S. aurita × starkeana* (QUINGER, beob. 1987, KR).

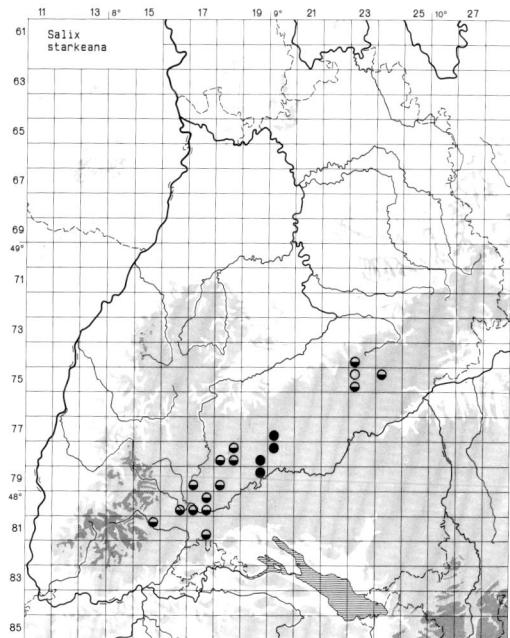

Verwechslungsmöglichkeiten und Bastarde:

1) *S. aurita × starkeana; S. × livescens* Döll (1859)
Blätter mit umgebogenen Spitzchen und deutlich eingesenktem Nervennetz (Blätter dadurch „runzelig"), unterseits häufig kahl, aber oberseits wenigstens zerstreut behaart.

2) *S. nigricans × starkeana; S. × myrtoides* Döll (1859)
Blätter beim Trocknen schwärzlich werdend, unterseits
bisweilen mit grünen Spitzen.

3) *S. repens × starkeana; S. × stenoclados* Döll (1859)
Blätter länglich-lanzettlich, L/B > 2, unterseits zerstreut
anliegend behaart.

Weitere Bastarde nach Herbarbelegen (STU, KR) mit
S. caprea und *S. cinerea*.

11. Salix aurita L. 1753
Ohr-Weide

Morphologie: Strauch, selten über 2 m hoch. Nacktes, 2–4jähriges Holz mit oft mehrere cm langen,
scharf abgehobenen Striemen. Zweige dünn, rotbraun bis braun, ± kahl, glänzend, Jungtriebe flaumig behaart. Knospenschuppen rotbraun, im Frühjahr oft korallenrot. Austrieb rotbraun bis rötlich.
Blätter 2–5 cm lang, L/B = 1,5–2,5, verkehrt-eiförmig bis verkehrt-breit-lanzettlich, zum Grunde
hin keilförmig verschmälert, vorne mit kurzer, ge-

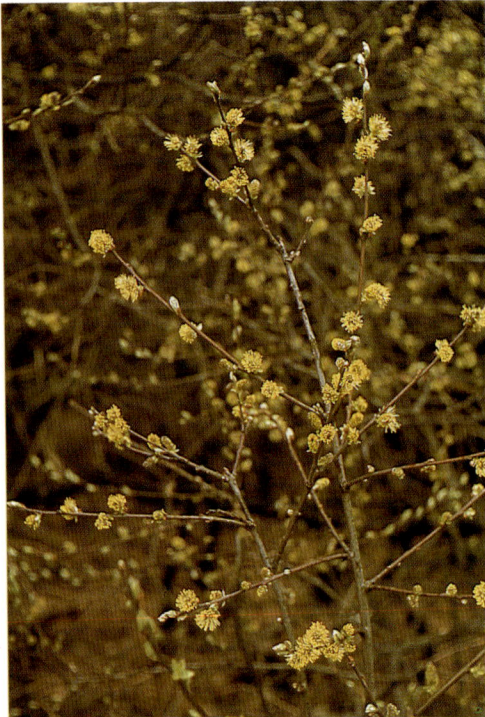

Ohr-Weide *(Salix aurita)*
Strauch mit männlichen Kätzchen

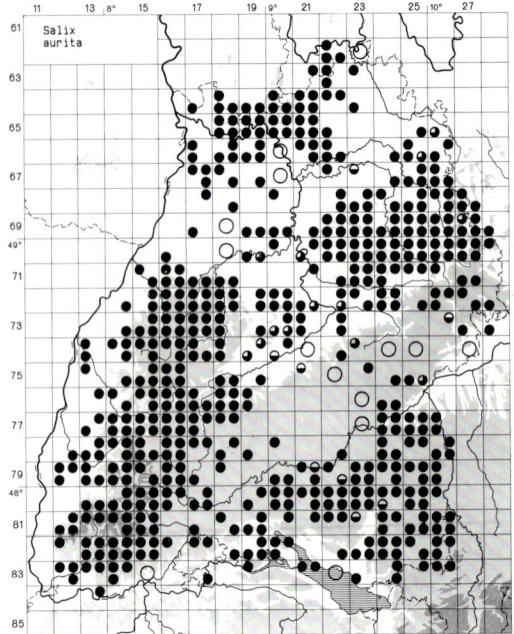

krümmt-gefalteter Spitze, ausgebissen gezähnt,
zum Grunde hin ± seicht gekerbt, mit 7–10 Seitennerven pro Blatthälfte. Blattoberseiten schmutziggrün, matt, kurz zerstreut behaart, nicht verkal-
lend, mit tief eingesenktem Nervennetz (Blatt daher
runzelig). Blattunterseiten glauk, ganzflächig kurz
grau behaart. Blattstiel bis 5 mm lang, etwa $\frac{1}{7}$ bis $\frac{1}{10}$
der Spreite erreichend. Nebenblätter gut entwickelt,
nierenförmig. Kätzchen 1–2,5 cm lang, gedrungen,
sehr kurz gestielt. Staubblätter 2, an der Basis kahl
oder kurz behaart. Fruchtknoten pfriemlich ei-kegelförmig, weißfilzig behaart und lang gestielt.
Tragblätter zweifarbig, am Grunde hell, sonst hell-
braun, zerstreut lang behaart, an der Spitze dicht
gebärtet.

Biologie: Blütezeit April bis Anfang Mai, vor dem
Blattaustrieb. Samenflug ab Ende Mai.

Ökologie: Auf feuchten bis nassen, oligo- bis mesotrophen, basenarmen oder mäßig basenreichen,
mäßig sauren Sand- bis Tonböden oder Torfen. In
kalkreichen Gebieten (z.B. Westallgäuer Hügelland) gedeiht die Ohr-Weide hauptsächlich in minerotrophen *Sphagnum*-Mooren (gern mit *Sphagnum
subsecundum*), in minerotrophen, lichten Kiefern-
moorwäldern, in lichten Birkenbrüchen und in
nährstoffarmen, lichten Erlenbrüchen. Als Pioniergehölz ist *Salix aurita* auf aufgelassenen, wechselfeuchten Pfeifengras-Streuwiesen und in Torfstichflächen häufig bestandesbildend (Betulo-Saliccetum
auritae). Darüber hinaus gedeiht *S. aurita* in regen-

Ohr-Weide *(Salix aurita)*
Birkenried, 1987

reichen Gebieten (z. B. Schwarzwald) bei kalkarmen Ausgangssubstraten (z. B. Buntsandstein) auf staunassen Waldschlägen und an feuchten Waldrändern. Vegetationsaufnahmen u. a. bei GÖRS (1959/1960: Tab. 10 u. 11) und bei KUHN (1961: Tab. 42).

Allgemeine Verbreitung: Westliches Eurasien. Im eigentlichen Mittelmeerraum fehlend; auf der südlichen Balkanhalbinsel, auf Korsika und in Nordspanien auf Gebirgslagen beschränkt. In ganz West- und Mitteleuropa verbreitet, in Nordeuropa bis 67° n. Br. (Lappland) vorkommend. Ostwärts durch Mittelrußland bis zum Ural verbreitet, in Nord- und Südrußland selten. Östliche und südöstliche Vorposten im Altai-Gebirge, in Gebirgslagen Kleinasiens und des Kaukasus.

Verbreitung in Baden-Württemberg: Hauptverbreitungsgebiete sind der gesamte Schwarzwald, der Odenwald, das Bauland, das Schwäbische Keuper-Lias-Land sowie die Moorflächen der Baar und das gesamte Alpenvorland. Zerstreut oder selten kommt die Ohr-Weide am Albtrauf und auf den Hochflächen der Schwäbischen Alb vor, hier z. B. in der Schopflocher Torfgrube (7422/4), außerdem in

der südlichen und mittleren Oberrheinischen Tiefebene, hier v. a. auf den Schwarzwald-Alluvionen der Offenburger Rheinebene. Im Muschelkalk des Kraichgaus, des Tauber- und Neckarlandes, des Alb-Wutach-Gebietes und des Klettgaus fehlt die Ohr-Weide nahezu.

Die tiefsten Wuchsorte liegen in der nördlichen Oberrheinischen Tiefebene bei ca. 110 m, die höchstgelegenen W. befinden sich am Feldberg bei ca. 1300 m.

Erster fossiler Nachweis: Holstein-Interglazial von Bad Cannstatt (BERTSCH 1927). Erster literarischer Nachweis: GMELIN (1772: 305): „iuxta viam, quae ducit trans montem Schlosberg in montem Spitzberg", (7420/3).

Bestand und Bedrohung: In ihren Hauptverbreitungsgebieten ist *S. aurita* auf den geeigneten Standorten häufig. Da sich die Ohr-Weide auf Sekundärstandorten wie Torfstiche, entwässerte Moore, aufgelassene Streuwiesen, regional auch auf Waldschlägen gut zu behaupten vermag oder sich sogar erst optimal entfaltet, gehört sie nicht zu den gefährdeten Arten.

159

Verwechslungsmöglichkeiten:

1) *Salix aurita* × *cinerea; S.* × *multinervis* Döll 1859
Bis 5 m hoher Strauch, Zweige behaart bleibend, Blätter bis 8 cm lang, mit bis zu 15 Seitennerven.

2) *Salix aurita* × *repens; S.* × *ambigua* Erh. 1791.
Nach NEUMANN (1981) Behaarung schimmernd-anliegend, an *Salix repens* erinnernd.

Bastarde: nach Herbarbelegen (STU/KR) in Baden-Württemberg mit *S. appendiculata, S. caprea, S. cinerea, S. elaeagnos, S. nigricans, S. purpurea, S. repens, S. starkeana* und *S. viminalis*.

12. Salix cinerea L. 1753
Grau-Weide, Asch-Weide

Morphologie: Strauch, 3–4, selten 6 m hoch. Rinde glatt. Nacktes Holz der 2–4jährigen Zweige mit oft mehrere cm langen, scharf abgehobenen Striemen, Äste dadurch ± kantig. Zweige derb, dunkelgraubraun bis schwarzgrau, bleibend kurzsamtig dicht behaart. Knospen auffallend groß, in Färbung (nie rotbraun!) und Behaarung wie die Zweige. Austrieb hellgrün, beiderseits kurz graufilzig. Blätter 4–11 cm lang, L/B = 2–4, verkehrt-eiländlich bis verkehrt-lanzettlich, größte Breite erheblich über der Mitte, zum Grunde hin allmählich verschmälert und abgerundet, mit flacher, meist gerader Spitze, unregelmäßig ausgebissen gezähnt, zum Grunde hin oft nur undeutlich gekerbt, mit 10–15 Seitennerven pro Blatthälfte. Blattoberseiten schmutziggrün, matt, dicht kurz grau behaart, mit schwach eingesenktem Nervennetz (Blätter daher nicht runzelig!). Blattunterseiten glauk, matt, dicht kurz grauhaarig, mit stark hervortretendem Nervennetz. Blattstiel bis 15 mm lang, etwa ⅙–⅛ der Spreite erreichend. Nebenblätter oft unauffällig, an Kurztrieben häufig fehlend. Kätzchen sehr kurz gestielt. Männliche Kätzchen bis 5 cm lang, weibliche Kätz-

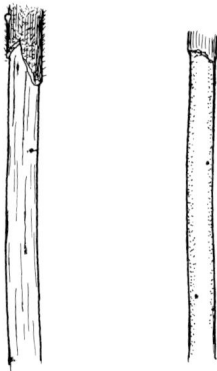

Entrindete Zweige, links *Salix cinerea* mit Striemen, rechts *Salix caprea* ohne Striemen (Zeichnung F. WEICK)

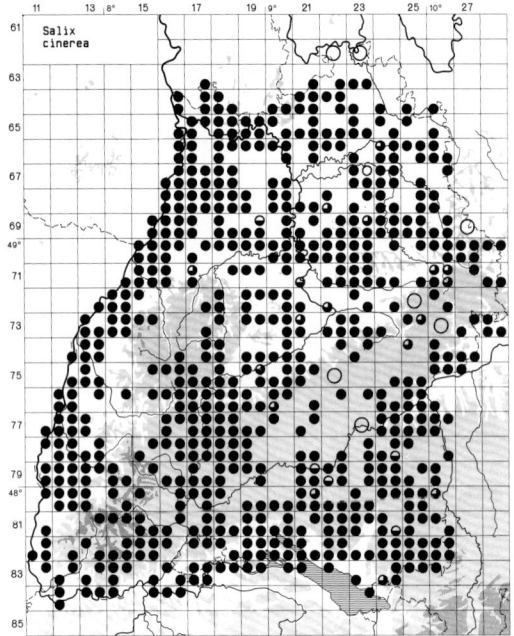

chen während der Fruchtreife bis 9 cm lang. Staubblätter 2, am Grunde behaart. Fruchtknoten eikegelförmig, dicht seidig glänzend behaart, lang gestielt. Tragblätter zweifarbig, am Grunde hell, sonst braun bis schwarz, dicht behaart, vorne lang bärtig.

Biologie: Blüte Ende März bis April, vor dem Blattaustrieb. Samenflug ab Mitte Mai.

Ökologie: Auf nassen, meso- bis eutrophen, meist nur mäßig kalkhaltigen, neutralen bis mäßig sauren, lehmig-tonigen Naßgleyen oder Niedermoorböden auf Moorwiesen, entlang von Bachläufen, in Quellsümpfen und Quellmooren. Die Grau-Weide verträgt gut lang anhaltende Grundwasserstände über Flur. Sie tritt daher oft bestandesbildend in Verlandungszonen von Seen und Weihern auf, meist im Kontakt zu Großseggen-Gesellschaften. Häufig wächst *S. cinerea* im Saum von Schwarzerlenbrüchen oder innerhalb lichter Erlenbruchwälder. Vegetationsaufnahmen u.a. bei PHILIPPI (1972: Tab. 7), LANG (1973: Tab. 100), TH. MÜLLER (1974: 408–412) und bei SCHWABE (1987: Tab. 28).

Allgemeine Verbreitung: Westliches Eurasien. Im euozeanischen Europa selten oder fehlend (Iberische Halbinsel, Bretagne, Brit. Inseln, Norwegen), sonst auf dem Kontinent allgemein verbreitet mit Nordgrenze bei 67° n.Br. in Lappland. Ostwärts bis Westsibirien reichend, im Südosten des Areals in Kleinasien, im Kaukasus und im Iran, im Südwesten in Tunesien vorkommend.

Verbreitung in Baden-Württemberg: Die Grau-Weide ist im gesamten Alpenvorland, in der Oberrheinischen Tiefebene, im Hochrheingebiet, im Klettgau, in der östlichen Baar, im gesamten Schwäbischen Keuper-Lias-Land und am Nordrand der Schwäbischen Alb über undurchlässigen Schichten im Braunjura allgemein verbreitet. Wegen der Armut an Naßstandorten kommt *S. cinerea* auf der Albhochfläche und im Taubergebiet nur zerstreut vor. In Naturräumen mit basenarmen Böden wie Sandstein-Odenwald, Nord- und Mittelschwarzwald ist diese Weide selten oder fehlt sogar regional. Wesentlich häufiger ist dort oftmals der Bastard *S. × multinervis* (= *S. aurita × cinerea*) (vgl. SCHWABE 1987: 202ff.). Lediglich in den submontanen Lagen und im südöstlichen Randbereich kommt *S. cinerea* innerhalb des Schwarzwaldes ± zerstreut vor.

Die Höhenverbreitung reicht von ca. 100 m in der nördlichen Oberrheinischen Tiefebene bis ca. 980 m im Mittelschwarzwald (vgl. SCHWABE 1987: Tab. 28).

Ältester fossiler Nachweis: Holstein-Interglazial von Bad Cannstatt (BERTSCH 1927). Ältester literarischer Nachweis: GMELIN (1772: 305): „iuxta viam, quae ducit pede Tubinga Entringam", (7420, 7419).

Bestand und Bedrohung: In ihren Hauptverbreitungsgebieten ist *S. cinerea* durchweg häufig und nicht gefährdet. Als Bewohnerin nährstoffreicher Naßstandorte dürfte sie in den letzten Jahrzehnten nur wenig im Bestand abgenommen haben.

Verwechslungsmöglichkeiten:
1) *S. aurita × cinerea; S. × multinervis* Döll 1858, *S. × livescens* Kern. 1860
Sehr ähnlich *S. cinerea*, aber mit folgenden *S. aurita*-Merkmalen: Knospenschuppen rötlichbraun bis rotbraun, Austrieb ± gebräunt. Blattspitzen häufig gekrümmt-gefaltet. Nervennetz der Blätter ± stark eingesenkt, einzelne Blätter runzlig. Nebenblätter ± auffällig, ± beständig, nie ganz fehlend.
2) *S. caprea × cinerea; S. × polymorpha* Host 1828
Nach TÖPFER (1915) austreibende Blätter wie bei *S. caprea* weißfilzig behaart, bisweilen rötlich, Blätter oberseits ± verkahlend. Die Blattformen können sich beiden Eltern sehr angleichen.
3) *S. cinerea × nigricans; S. × vaudensis* Schleich. 1807
Blätter beim Trocknen schwärzlich werdend, glauke Blattunterseiten mit grünen Blattspitzen.
4) *S. cinerea × viminalis; S. × holosericea* Willd. 1796
Borke am Stamm längsrissig. Blätter lanzettlich bis schmal-lanzettlich, L/B = (3–)4–6, Seitennerven 15–25 pro Blatthälfte. Fruchtknoten bisweilen sitzend.

Bastarde: Nach Herbarbelegen (STU/KR) in Baden-Württemberg mit *S. aurita, S. caprea, S. nigricans, S. purpurea, S. repens, S. starkeana* und *S. viminalis*.

13. Salix appendiculata Vill. 1789
S. grandifolia Séringe 1815
Schlucht-Weide, Großblättrige Weide

Morphologie: Höherer Strauch oder kleiner, bis 6 m hoher Baum. Nacktes Holz der Zweige mit spärlichen, wenig scharf abgehobenen, höchstens 10 mm langen Striemen. Zweige graugrün, dunkel- oder rotbraun, mit weißlichem Mark, kahl, anfangs dünn flaumhaarig. Knospenschuppen ± wie die Zweige gefärbt, aber mehr rotbraun getönt, anfangs behaart, später verkahlend. Austrieb rötlich, beiderseits licht behaart. Blätter 4–18 cm lang, L/B = 2–4, im Regelfall verkehrt-eiförmig bis verkehrt-lanzettlich, über der Mitte am breitesten, zum Grunde hin allmählich verschmälert und abgerundet, vorne kurz bespitzt, undeutlich gekerbt bis gesägt, an Langtrieben ausgebissen gezähnt, 12–15 Seitennerven pro Blatthälfte. Blattoberseiten sattgrün, (schwach) glänzend, mit Ausnahme der Grobnerven kahl, mit (schwach) eingesenktem Nervennetz (Blatt daher etwas runzelig!). Blattunterseiten glauk, matt, Nervennetz flaumhaarig, sonst nur spärlich behaart bis kahl. Blattstiel bis 12 mm lang, etwa $\frac{1}{8}$ bis $\frac{1}{12}$ der Spreite erreichend. Nebenblätter gut entwickelt, halbherzförmig. Kätz-

Grau-Weide *(Salix cinerea)*
Weibliche Kätzchen, Karlsruhe, 1987

Schlucht-Weide *(Salix appendiculata)*
Weibliche Kätzchen

chen 2–3 cm lang, sitzend oder bis 5 mm lang gestielt. Staubblätter 2, am Grunde weiß behaart.
Fruchtknoten dünn ei-kegelförmig, dicht weiß behaart. Fruchtknotenstiele so lang wie die Fruchtknoten. Narbenäste gespreizt. Tragblätter zweifarbig, am Grunde hell, vorne dunkelbraun oder
schwarz, weiß behaart, an der Spitze lang gebärtet.
Biologie: Blütezeit April bis Ende Mai, mit dem
Blattaustrieb (Kätzchen nicht oder kaum vorlaufend). Samenflug ab Mai.
Ökologie: In subalpinen Hochstaudengebüschen
auf feuchten, meist kalkhaltigen, feineerdereichen
Stein- bis Lehmböden über Sickerrinnen am Rande
von Lawinenbahnen, von Quellmooren und Wasserläufen. Am Feldsee (8114/1) gedeiht *S. appendiculata* auf Kiesen des Seeufers. Im Westallgäuer
Hügelland kommt die Art hauptsächlich in kühlen,
luftfeuchten Tobeln vor; bevorzugte Wuchsorte
sind dort erodierte Steilhänge und die Ufer entlang
von Gebirgsbächen. *S. appendiculata* verträgt von
allen einheimischen Weiden-Arten am meisten
Schatten. Charakterart des Salicetum appendicula-
tae (OBERDORFER 1983). Begleitpflanzen der
Schlucht-Weide im Hochschwarzwald sind häufig
*Adenostyles alliariae, Cicerbita alpina, Aconitum na-
pellus, Rumex alpestris* und *Alnus viridis* (OBERDOR-
FER 1982: 344–352). Randlich dringt die Schlucht-
Weide in den subalpinen Hochstauden-Bergahorn-
Buchenwald (Aceri-Fagetum) ein, insbesondere in
Hangmulden. Vegetationsaufnahme bei OBERDOR-
FER (1957: 480).

Allgemeine Verbreitung: Nur in den Gebirgen des
südlichen Mitteleuropas, Nordkroatiens und im
nördlichen Apennin verbreitet. Mit Ausnahme des
Südwestens ab der Dauphiné in den gesamten
Alpen vorkommend, außerdem im nördlichen Alpenvorland, im Schweizer Jura, im Südschwarzwald, im Bayerischen Wald und im Böhmerwald.
Verbreitung in Baden-Württemberg: Die Schlucht-
Weide kommt nur im Hochschwarzwald, in alpen-
nahen Teilen des Westallgäuer Hügellandes und in
der Adelegg vor.

Die größte Meereshöhe erreicht die Schlucht-
Weide am Feldberg bei etwa 1460 m u. NN, die
tiefsten Vorkommen liegen im Schmalegger Tobel
(8123/3) bei ca. 500 m. ü. NN.

Erster literarischer Nachweis: SPENNER (1826:
266): Feldberg (8114).

Schwarzwald: 8113/3: Belchen, 1985, BOGENRIEDER u.
WILMANNS (1968), PHILIPPI (KR-K); 8113/2: Feldberg,
Toter Mann, bei 1280 m, WÖRZ (STU); 8114/1: Feldberg,
entdeckt von SPENNER (1826) an mehreren Stellen (Zast-
lerloch, Osterrain, Seebuck); Feldseewand und Stübenwasen, BOGENRIEDER u. WILMANNS (1968); Feldsee-Ufer,
1985, QUINGER (KR); 8114/3: Herzogenhorn, Kriegs-
halde, bei 1300 m, SCHUHWERK in PHILIPPI u. WIRTH
(1970).
Westallgäuer Hügelland, Adelegg: 8122/4: Lattener Tobel,
BERTSCH (STU); 8123/3: Schmalegger Tobel, BERTSCH
(STU); 8124/4: Höll bei Wolfegg, 1887, SCHEUERLE (KR),
BERTSCH (STU); 8225/3: Seitentobel im Argental südl.
Neumühle bei Ratzenried; K. MÜLLER in DÖRR (1972);
8226/4: Eisenbacher Tobel, Schuhwerktobel, BERTSCH (bd.

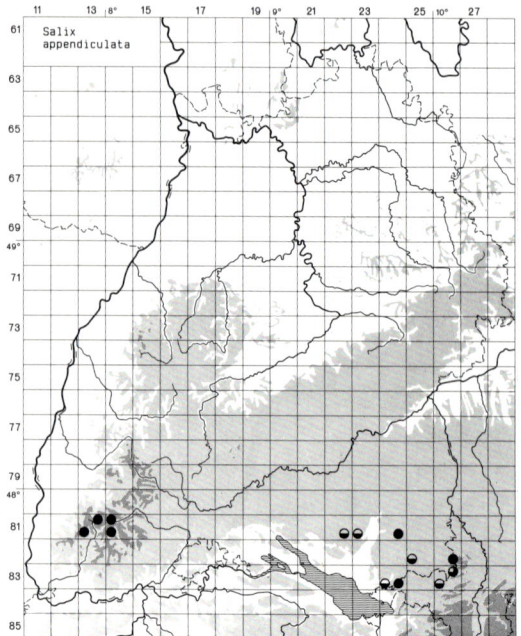

162

STU); Schleifertobel, Rohrdorfer Tobel, DÖRR (1972); Kirchtobel, Riederstobel, Glaskammertobel, 1986, R. BANZHAF (STU); 8324/3: Argental bei Summerau, BERTSCH nach BRIELMAIER in DÖRR (1972); 8324/4: Tobel am Opfenbach südöstlich Ruhlands, BRIELMAIER u. DÖRR in DÖRR (1972); 8326/2: Schwarzer Grat, 1957 an 6 Stellen, BERTSCH (STU), BAUR (STU-K); 8326/3: Eistobel bei Riedholz, BERTSCH (STU); Kugel, BERTSCH (STU).

Bestand und Bedrohung: Trotz ihrer Seltenheit gehört *S. appendiculata* nicht zu den gefährdeten Arten, da es keine Anhaltspunkte für einen merklichen Rückgang dieser Weide in den letzten Jahrzehnten gibt. Die Mehrzahl ihrer Vorkommen liegen in Naturschutz- und Landschaftsschutzgebieten; grobe standörtliche Eingriffe, die der Schlucht-Weide die Lebensgrundlage entziehen könnten, sind nicht zu erwarten. Bauliche Maßnahmen an den Tobelbächen mit *S. appendiculata*-Vorkommen im Westallgäu müssen vermieden werden, sämtliche Bestände dieser Weide sind erhaltenswert.

Verwechslungsmöglichkeiten:
S. appendiculata × caprea; S. × macrophylla A. Kern. 1860
Unterschiede zu *S. appendiculata* (nach TÖPFER 1915): Blattunterseiten stärker behaart, fast filzig. Fruchtknoten oft mit aufrechten Narbenästen.

Bastarde: Nach Herbarbelegen in Baden-Württemberg mit *S. aurita, S. caprea* und *S. elaeagnos*. Außer im Hochschwarzwald (vgl. auch BOGENRIEDER u. WILMANNS (1968), im Westallgäuer Hügelland und in der Adelegg kommt der Bastard *S. appendiculata × caprea* in der Zollern-Alb vor. Reine *S. appendiculata*-Belege liegen von der Alb in STU nicht vor. Die Angabe von A. MAYER (1929) für 7818/4 Frittlingen-Gosheim ist nicht sicher belegt:

Fundorte von *S. appendiculata × caprea* aus der Zollern-alb:
7718/3: Kalkschutthalde am Plettenberg, Westseite, 1980, HARMS (STU); 7818/4: Frittlingen-Gosheim, A. MAYER (1929).

14. Salix caprea L. 1753
Sal-Weide, Palm-Weide

Morphologie: Strauch oder bis 10 m hoher Baum. Nacktes Holz der 2–4jährigen Zweige ohne Striemen. Zweige gelbbraun bis braun, im Schatten oft gelbgrün, kahl, braunmarkig. Jungtriebe graugrün, kurz behaart, später kahl. Austrieb gelbgrün bis rotbraun, oberseits silbrig glänzend behaart. Blätter 3–10 cm lang, L/B = 1,5–2,5, rundlich-oval bis breit-lanzettlich, größte Breite in oder wenig oberhalb der Mitte, am Grunde abgerundet, vorne kurz zugespitzt und häufig etwas gekrümmt, ganzrandig oder am Rande gewellt bis unregelmäßig ausgebissen gezähnt (v.a. an Langtrieben), mit 7–10 Seiten-

Sal-Weide *(Salix caprea)*
Weibliche Kätzchen

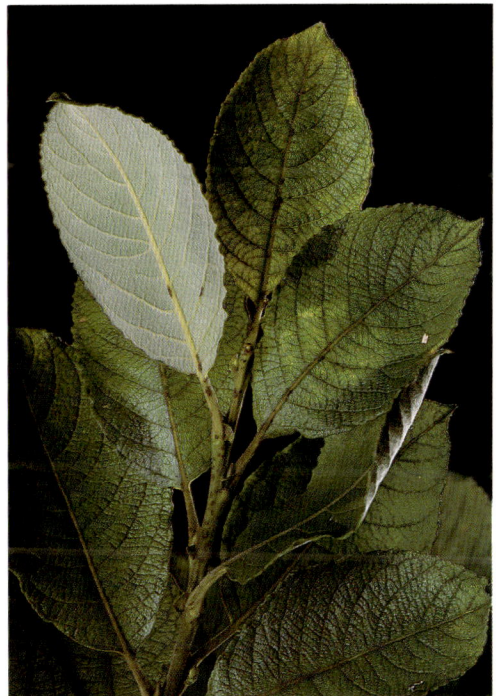

Sal-Weide *(Salix caprea)*
Karlsruhe, 1987

nerven pro Blatthälfte, mit schwach eingesenktem Nervennetz. Blattoberseiten anfangs samtig behaart, später mit Ausnahme der Grobnerven verkahlend, dunkelgrün, (schwach) glänzend. Blattunterseiten dicht samtig-wollig behaart. Blattstiel bis 10 mm lang, etwa $\frac{1}{7}$ bis $\frac{1}{10}$ der Spreite erreichend. Nebenblätter wenig entwickelt, unscheinbar. Kätzchen sehr kurz gestielt. Männliche Kätzchen bis 4 cm lang, vor dem Aufblühen in einen dichten, weißen Pelz gehüllt. Weibliche Kätzchen zur Fruchtreife bis 10 cm lang. Staubblätter 2, kahl. Fruchtknoten ei-kegelförmig, dicht weißhaarig. Fruchtknotenstiele $\frac{2}{3}$ so lang wie die Fruchtknoten. Narbenäste aufgerichtet, Narben meist oben zusammenneigend. Tragblätter zweifarbig, am Grunde hell, an der Spitze schwarz, dicht weißlanghaarig.

Biologie: Blütezeit März bis April, vor dem Blattaustrieb. Samenflug ab Mai.

Ökologie: Auf trockenen bis mäßig feuchten, meso- bis eutrophen Lehmböden bei unterschiedlichen Basengehalten an Waldrändern oder als Pioniergehölz auf Waldschlägen, häufig gemeinsam mit *Betula pendula* und *Populus tremula*. Die Sal-Weide gedeiht auch auf lehmigen bis steinigen Rohböden, z.B. in Kies- und Tongruben, Steinbrüchen, Geröllhalden, an Dämmen und auf Brachen. *S. caprea* dringt kaum auf sumpfige und moorige Stellen vor, auch Auen-Standorte werden weitgehend gemieden. Vorwiegend in Epilobietea angustifolii-Gesell-

schaften. Synoptische Vegetationstabellen bei OBERDORFER (1973: Tab. 1, 2, 3).

Allgemeine Verbreitung: Eurasien. Fast in ganz Europa verbreitet, im eigentlichen Mittelmeerraum auf Gebirgslagen beschränkt; ostwärts meist zwischen 50° und 70° n.Br. bis zur Mandschurei und nach Sachalin reichend. In Vorderasien im nördlichen Kleinasien, im nördlichen Iran und im Kaukasus heimisch.

Verbreitung in Baden-Württemberg: *S. caprea* hat als einzige Weiden-Art in Baden-Württemberg eine nahezu geschlossene Verbreitung. Auf nährstoffarmen Böden (v.a. über Buntsandstein) des Schwarzwaldes kommt die Sal-Weide jedoch nur zerstreut vor; an ihre Stelle als Pioniergehölz auf Waldschlägen tritt hier örtlich *S. aurita*. Auf den höchsten Erhebungen des Südschwarzwaldes (Feldberg, Belchen) sind Reinformen von *S. caprea* selten und treten ab 1200–1300 m ü.NN gegenüber dem Bastard *S. appendiculata* × *caprea* und *S. appendiculata* zurück.

Ältester fossiler Nachweis: Spätes Atlantikum von Riedschachen (BERTSCH 1931, det. NEUWEILER, Nachweis fraglich, da Weiden nach heutigem Kenntnisstand holzanatomisch nicht unterscheidbar sind).

Ältester literarischer Nachweis: J. BAUHIN (1598: 147): Umgebung von Bad Boll (7323).

Bestand und Bedrohung: Häufigste Weidenart Baden-Württembergs. Durch Schaffung geeigneter Sekundärstandorte wird *S. caprea* indirekt durch den Menschen stark gefördert. Zudem erfolgen Anpflanzungen wegen ihrer Bedeutung im Waldbau als Vorwaldart, als Bienen- und Palmkätzchenweide.

Verwechslungsmöglichkeiten:

1) *S. appendiculata* × *caprea*; *S.* × *macrophylla* A. Kern. 1860
Blätter am Grund oft länger ausgezogen (TÖPFER 1915), 9–14 Seitennerven pro Blatthälfte. Nebenblätter auffälliger. Habituell kann *S. appendiculata* × *caprea* beiden Eltern sehr ähnlich sein (TÖPFER 1915).

2) *S. caprea* × *viminalis*; *S.* × *smithiana* Willd. 1809
Blätter lanzettlich, L/B = (3–)5–7, unterhalb der Mitte am breitesten, meist 15–20 Seitennerven pro Blatthälfte.

3) Bastarde von *S. caprea* mit *S. aurita* und *S. cinerea* zeichnen sich durch Striemen am nackten Holz der Zweige aus.

Bastarde: Nach Herbarbelegen (STU/KR) in Baden-Württemberg mit *S. appendiculata*, *S. aurita*, *S. cinerea*, *S. daphnoides*, *S. elaeagnos*, *S. nigricans*, *S. purpurea*, *S. starkeana* und *S. viminalis*.

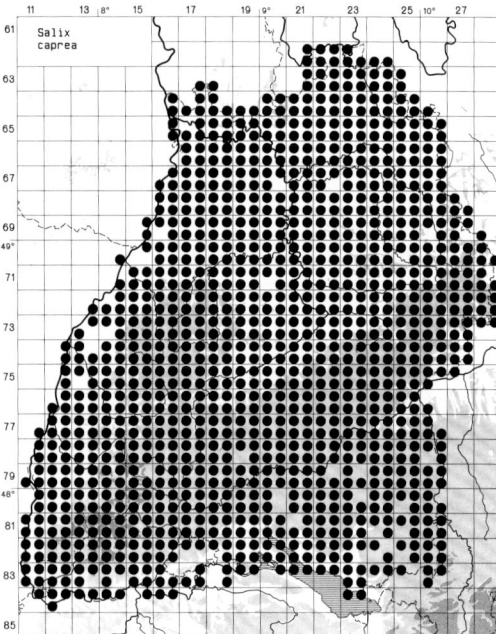

15. Salix nigricans Smith 1802
S. myrsinifolia Salisb. 1796
Schwarz-Weide, Schwarzwerdende Weide

Morphologie: Bis 5 m hoher Strauch, seltener
Baum. Nacktes Holz 2–4jähriger Zweige ohne
Striemen. Zweige dunkelbraun bis schwarzgrau,
samtig kurz behaart, bisweilen auch ± kahl.
Knospenschuppen rotbraun bis braun, dicht kurz
behaart bis ± kahl. Austrieb hellgrün oder rotbraun. Blätter 2–7, selten bis 12 cm lang, L/B =
1,5–3 (selten bis 4), von rundlich über (verkehrt-)
eiförmig bis elliptisch und (verkehrt-)lanzettlich,
größte Breite unterhalb oder über der Mitte, am
Grunde abgerundet, vorne kurz zugespitzt bis bespitzt, unregelmäßig gekerbt bis gesägt, mit
7–10 Seitennerven pro Blatthälfte, beim Trocknen
schwarz werdend. Blattoberseiten dunkelgrün,
glänzend, mit Ausnahme der Rippe verkahlend.
Blattunterseiten glauk mit auffallend grüner
Blattspitze, bisweilen auch ganzflächig grün (v.a.
Frühblätter!), kahl bis zerstreut flächig behaart.
Blattstiel bis 10 mm lang, etwa ⅓ bis ⅟₇ der Spreite
erreichend. Nebenblätter gut entwickelt, abstehend,
halbherzförmig, Kätzchen eiförmig bis spitz-eiför-
mig, kurz gestielt. Männliche Kätzchen bis 3 cm,
weibliche Kätzchen bis 5 cm lang. Staubblätter 2,
am Grunde behaart. Fruchtknoten, ei-kegelförmig,
meist kahl, selten dicht behaart, kurz gestielt. Tragblätter schmal, stumpflich bis spitzlich, zweifarbig,
am Grunde hell, an der Spitze braun oder schwarz,
zerstreut weiß behaart, lang gebärtet.
Biologie: Blütezeit April bis Mitte Mai, bei weiblichen Individuen gleichzeitig mit dem Blattaustrieb, bei männlichen Individuen kurz vor dem
Blattaustrieb. Samenflug am Ende Mai.
Ökologie: Auf wechselfeuchten bis mäßig nassen,
meso- bis eutrophen, meist kalkreichen, tonig bis
kiesigen Mineral- oder Niedermoorböden. Entlang
von gebirgsnahen Flüssen (und Gebirgsflüssen)
und des Rheins bildet *S. nigricans* mit *Viburnum
opulus* (Salici-Viburnetum opuli) das Mantelgebüsch der Grauerlen-Aue (Alnetum incanae) auf
periodisch überschwemmten Standorten, außerdem
kommt die Art relativ häufig in Weidengebüschen mit *S. purpurea* und *S. elaeagnos* (Salicetum
elaeagni) vor. Darüber hinaus gedeiht *S. nigricans*
in (Hang)-Kalkquellmooren, an versumpften
Quellhorizonten und über Sickerbahnen in erodierten Steilhängen und in Hanganrissen. Am Nordrand der Schwäbischen Alb am Übergang Braun-
jura-Weißjura sind die Quellaustritte bezeichnende
Wuchsorte. Bei ausreichender Bodenfeuchte erscheint *S. nigricans* in aufgelassenen Kiesgruben.

Vegetationsaufnahmen u.a. bei MOOR (1958:
Tab. 23), TH. MÜLLER (1974: 409–412) und CAR-
BIENER (1974: 518).
Allgemeine Verbreitung: Hauptareal im nordöstlichen Europa und in Westsibirien mit Südwest-
grenze im nordöstlichen Mitteleuropa. Nordgrenze
bei 71° n.Br. am Nordkap, Ostgrenze am Jenissei.
Teilareale in Schottland, in den Alpen samt Vorland
und im nördlichen Apennin. Im südlichen Mittel-
europa gehört *S. nigricans* zu den alpin-praealpinen
Arten. Reliktvorkommen in den Pyrenäen und in
Makedonien.
Verbreitung in Baden-Württemberg: Das Hauptverbreitungsgebiet umfaßt das Alpenvorland, das östliche Hochrheingebiet mit dem Randen, das Baar-
Wutach-Gebiet mit Einstrahlungen in den südöstlichen Schwarzwald bis zum Feldberg, das Donautal, die Tallagen der Ulmer Alb (entlang der Blau,
Schmiecher See), den Nordrand der Schwäbischen
Alb von der Baar bis Deggingen (7424/1) und die
Oberen Gäue nach Norden bis Dornstetten (7516/
2). Westlich des Schwarzwaldes ist *S. nigricans* in
der Oberrheinischen Tiefebene von Hartheim
(8011/4) bis Rheinau (7313/1) und in der Umgebung von Karlsruhe im Bereich kalkreicher Rhein-
Alluvionen verbreitet.

Etwas isoliert liegen einige Fundorte in der südlichen Markgräfler Rheinebene und im westlichen
Hochrheingebiet. Als Seltenheit ist *S. nigricans* aus
der Rheinebene nördlich von Karlsruhe, aus dem

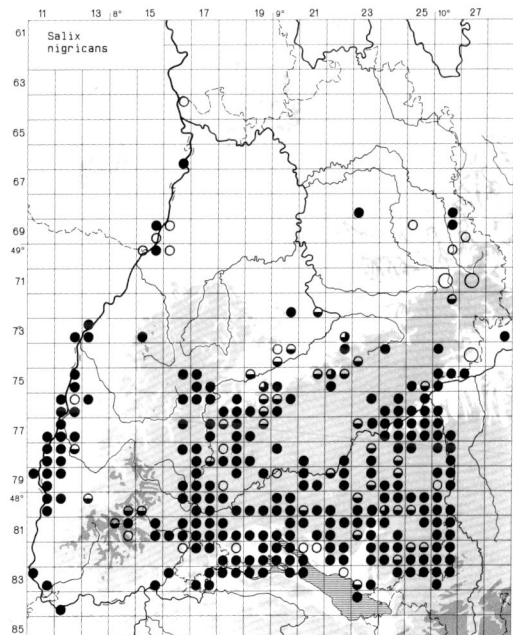

Schwarzwerdende Weide *(Salix nigricans)*
Schwenninger Moos, 1987, weibliche Kätzchen

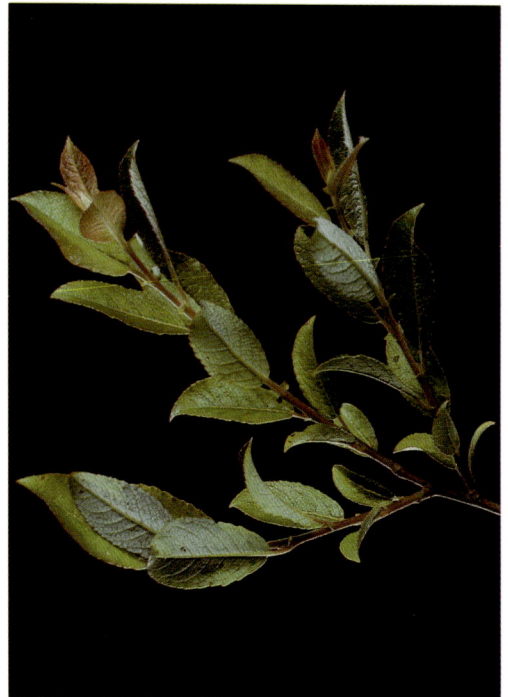

Schwarzwerdende Weide *(Salix nigricans)*
Blätter

Fränkisch-Schwäbischen Wald und vom Nord- und Südrand der Ostalb bekannt.

Am tiefsten liegen die Vorkommen in der Oberrheinischen Tiefebene bei ca. 105 m, am höchsten Vorkommen am Feldberg bei ca. 1300 m.

Erster literarischer Nachweis: LEOPOLD (1728: 150–151): Umgebung von Ulm.

Fundorte außerhalb der Hauptverbreitungsgebiete (s.o.) und der Rheinebene zw. Hartheim (8011/4) und Karlsruhe (6915/2).
Nördliche Rheinebene: 6416/2: Moor zw. Sandtorf und Lampertheim, ZAHN (1911); 6616/4: Herrenteich, 1986, PHILIPPI (KR).
Südliche Markgräfler Rheinebene: 8311/1: Isteiner Klotz, 1986, WINTER (1884), QUINGER (KR-K); 8311/4: Kiesgrube südöstlich Eimeldingen, 1986, QUINGER (KR-K); 8412/3: Kiesgrube südl. der Sodafabrik Wyhlen, 1986, QUINGER (KR-K).
Mittlerer Neckarraum: 7220/4: Mahdenbachtal, 1979, LIEBHEIT (STU); 7420/1 o. 2: Goldersbachtal bei Bebenhausen, MARTENS u. KEMMLER (1882); 7420/3: Tübingen, A. MAYER (1929); 7519/2: Niedernau, A. MAYER (1929).
Schwäbisch-Fränkischer Wald: 6823/3: Brettach-Geddelsbach, 1971, SEBALD (STU); 6826/4: Lindensee, 1975, SEYBOLD (STU); 6925/1: Untersontheim, MARTENS u. KEMMLER (1882); 6926/2: Jagstheim, 1973, HARMS (STU); 6927/3: Ellenberg, MARTENS u. KEMMLER (1882); 7026/2: Ellwangen, MARTENS u. KEMMLER (1882).

Ostalb: 7226/2: Bach im Wolfertstal bei Oberkochen, 1942, BERTSCH (STU).
Nördlicher Schwarzwald: 7315/3: Südgipfel der Hornisgrinde, 1986, etwa 10 Sträucher, Indigenat unsicher!, QUINGER (KR).

Bestand und Bedrohung: In weiten Teilen ihrer Hauptverbreitungsgebiete wie im Alpenvorland und im Baar-Wutach-Gebiet ist *S. nigricans* stellenweise recht häufig und nicht oder nur geringfügig im Rückgang begriffen. In der Oberrheinischen Tiefebene ist die Schwarz-Weide durch die Zerstörung der kalkreichen Niedermoore und der Sand- und Kiesbänke mit den Weidengebüschen in den Rhein-Auen infolge der TULLAschen Regulation selten geworden und weitgehend auf aufgelassene Kiesgruben beschränkt. In der Rheinebene nördlich Karlsruhe und in Nordwürttemberg gehört *S. nigricans* seit jeher zu den floristischen Besonderheiten. Insgesamt schonungsbedürftig.

Variabilität: *S. nigricans* verfügt über eine außerordentliche Variabilität der Blattformen und der Behaarungsverhältnisse, wobei häufig unterschiedliche Ausbildungen an einem Individuum auftreten. Nach NEUMANN (1981) ist die polymorphe Schwarzweide bisher nicht widerspruchsfrei untergliedert worden.

Verwechslungsmöglichkeiten:
S. cinerea × nigricans; S. × vaudensis Schleich. 1807
Nacktes Holz 2–4jähriger Zweige mit Striemen; Zweige
stets schmutziggrau behaart (TÖPFER 1915).

Bastarde: Nach Herbarbelegen (STU/KR) in Baden-
Württemberg mit *S. aurita, S. caprea, S. cinerea, S. purpurea, S. repens* und *S. starkeana*.

Salix-Bastarde in Baden-Württemberg

Den Bastardbildungen kommt bei den Weiden eine
wesentlich größere Bedeutung zu als bei den anderen einheimischen Gehölzen. Verschiedene Autoren
wie NEUMANN (1981) messen dem Auftreten fertiler
Hybridformen bei der Festlegung der Verwandt-
schaftsverhältnisse ein besonderes Gewicht zu und
gliedern entsprechend die Gattung *Salix*.

Quantitativ spielen die Bastarde gegenüber den
Reinformen nur eine bescheidene Rolle; insgesamt
beträgt der natürliche Anteil der Hybridformen nur
wenige Prozent (RECHINGER 1957, NEUMANN
1981). Deutlich gehäuft treten Bastarde nur an ±
offenen Standorten auf, die ständigen Veränderungen unterliegen wie steile Flußböschungen; ebenso
an von Menschen geschaffenen Wuchsorten wie
Kiesgruben, Steinbrüche, Torfstiche und dergleichen. Wegen der weniger exakten Adaptation der
Reinformen an die standörtlichen Verhältnisse solcher anthropogenen Wuchsorte kommt die größere
Konkurrenzkraft gegenüber den Bastarden offenbar nicht wie sonst üblich zur Geltung.

Nur wenige, besonders vitale Bastarde können
sich am Bestandesaufbau geschlossener Weidenbe-
stände beteiligen wie *S. alba × fragilis (S. × rubens)*, die sich in dem schmalen standörtlichen und
geographischen Überlappungsfeld der Eltern in der
Weiden-Aue behaupten kann.

Aus sehr seltenen, nur kleine Populationen um-
fassenden reliktischen Weiden (z.B.: *S. starkeana,
S. myrtilloides*) gehen heute mangels ausreichender
Fortpflanzungsmöglichkeiten stellenweise Bastarde
hervor, die häufiger sind als die seltenen Eltern (z.B.
S. aurita × starkeana, S. myrtilloides × repens).

Einige als Flecht- und Bienenweiden geschätzte
Bastarde sind in ihrer Verbreitung durch Anpflanzungen ungemein gefördert worden; eine bedeutsame Flechtweide ist zum Beispiel *S. purpurea ×
viminalis*. Bei den Imkern ist *S. caprea × viminalis*
besonders beliebt.

Die in Baden-Württemberg nach Herbarbelegen
(STU, KR) vorkommenden *Salix*-Bastarde sind im
folgenden in alphabetischer Reihenfolge nach den
Namen der Elternarten angeordnet. Der den Bastarden gegebene Artname wird jeweils hinter dem

Formelnamen angegeben. Nach den Nomenklatur-
regeln wird dem Artnamen von Bastarden ein ×
vorgesetzt.

Auf die wichtigeren und häufigeren Bastarde
wurde schon bei den Elternarten unter der Rubrik
Verwechslungsmöglichkeiten hingewiesen. Die Belege in Karlsruhe wurden 1961 von A. NEUMANN
großenteils revidiert (det. N!).

S. alba × fragilis; S. × rubens Schrank 1789
S. × Russeliana SM. ap. Willd. 1805
Rotweide, Gerberweide, Fahlweide.
Sehr häufig. Über 80 Belege.

S. alba × pentandra; S. × ehrhartiana SM. 1819.
Sehr selten. Südöstliche Baar.
6518/3: bei Heidelberg, angepflanzt?, 1888, NEUBERGER
(KR), det. N!; 8117/1: Weihermatten nördlich Hondingen,
1985, QUINGER (KR); 8117/3: Zollhausried bei Blumberg,
1886, 1890 und 1986, SCHATZ, HALL (KR), det. N.!, QUIN-
GER (KR).

S. alba × triandra; S. × undulata Ehrh. 1791
Sehr selten (?). Die Existenz dieses Bastards wird von
SKVORTSOV (1982) und von MEIKLE (1984) angezweifelt.
7121/3: Berg bei Bad Cannstatt, (19. Jhdt.), SCHEUERLE
(STU); 7526/3: an der Donau bei Thalfingen, 1939,
K. MÜLLER (STU); 7817/2: bei Rottweil, 1887,
SCHEUERLE (KR).

S. appendiculata × aurita; S. × limnogena Kern. 1864
Selten im Feldberggebiet.
8114/1: Feldberg-Zastler, um 1900, NEUBERGER ex Hb.
SCHATZ (KR); Feldberg, 1926, KNEUCKER (KR), det. N!;
8114/2: in einem erodierten Hang oberhalb des Parkplat-
zes südl. des Seebachs an der Staatsstraße zw. Behabühl
und Löffelschmiede, 1985, QUINGER (KR).

S. appendiculata × caprea; S. × macrophylla Kern. 1860
Zerstreut im Hochschwarzwald; selten in der Hohen
Schwabenalb und im Westallgäu.
7718/4: Westseite des Plettenbergs, 1980, HARMS (STU);
8114/1: Feldberg, 1886, 1889, 1894 u. 1984, ZAHN, NEU-
BERGER, SCHATZ, QUINGER alle Bel. (KR); 8114/2: Hang-
anriß am Bahnhof, Feldberg-Bärental, 1985, QUINGER
(KR); 8123/4: Fuchsenloch, 1905, BERTSCH (STU); Ham-
merschmiede in der Höll bei Wolfegg, (19. Jhdt.), DUCKE
ex Hb. BERTSCH, (STU); 8326/2: Schwarzer Grat, 1905,
BERTSCH (STU); Tobel südl. Micheltobel/Adelegg, 1986,
R. BANZHAF (STU).

S. appendiculata × cinerea; S. × scrobigera Woloszczak.
1886
Deutung zweifelhaft (vgl. RECHINGER 1957)! Vermutlich
S. appendiculata mit deutlichen Striemen (d. Verf.).
8114/1: Feldberg, 1931, PLANKENHORN (STU).

S. aurita × caprea; S. × capreola Kern. 1863
Selten (?).
6916/1: Eggensteiner Moor, 1885, KNEUCKER (KR); 7818/
2: Wehingen, Weg nach Litzelalb, Quellsumpf, 1924,
K. MÜLLER (STU); 8017/4: Wartenberg/Baar, 1893,
SCHATZ (KR).

S. aurita × cinerea; S. × multinervis Döll 1859
Nicht selten! Verbreitet z. B. im südöstlichen Schwarzwald, in der Baar, auf den Schwarzwald-Alluvionen und den Hardtplatten der Oberrheinischen Tiefebene. Eine Verbreitungskarte dieses Bastards für den Schwarzwald publizierte SCHWABE (1987).

S. aurita × elaeagnos; S. × patula Séringe 1815
Sehr selten.
8223/2: bei Ravensburg, 1868, SCHEUERLE (STU).

S. aurita × nigricans; S. × coriacea Schleich. 1807
Sehr zerstreut in der Hohen Schwabenalb, in der Baar und im Alpenvorland.
7419/4: Hirschauer Berg bei Tübingen, 1930, K. MÜLLER (STU); 7818/2: Ratshausen, 1 km östlich, 1973, SEBALD (STU); Wehingen-Litzelalb, Quellsumpf, 1924, K. MÜLLER (STU); 7818/3: Wiese bei Frittlingen, 1912, SCHEUERLE (STU); 7921/1: Gorheim 1928, PLANKENHORN (STU); 8023/3: Haggenmooser Ried bei Ebenweiler, K. MÜLLER (STU); 8025/3: Wurzacher Ried, 1937, BERTSCH (STU); 8117/3: Zollhausried bei Blumberg, 1894, SCHATZ (KR); 8122/1: Ilmensee, 1985, REINÖHL (STU); 8224/2: Holzmühleweiher bei Vogt, 1985, REINÖHL (STU); 8226/1: Zwischenmoor bei Urlau, 1903, SCHEUERLE (STU).

S. aurita × purpurea; S. × dichroa Döll 1859
Selten.
7016/1: Schweinsweide bei Scheibenhardt, 1894 u. 1894, ZAHN, KNEUCKER, bd. Bel. (KR), det. N!; 7818/3: bei Frittlingen auf Lias, 1882 u. 1910, SCHEUERLE (KR), det. N!; 8016/3: bei Waldhausen, 1886, SCHATZ (KR), det. N!; 8016/4: ein Strauch bei Hüfingen, 1846, F. BRUNNER (KR), det. N!; 8017/3: Pfohren, 1846, F. BRUNNER (KR), det. N!.

S. aurita × repens; S. × ambigua Ehrh. 1791
Häufiger Bastard in trockenen, nährstoffarmen Niedermooren oder Zwischenmooren, in denen beide Eltern vorkommen.
6916/1: Sumpfwiesen bei Eggenstein, 1885, KNEUCKER (KR), det. N!; 7818/2: auf einer Waldwiese bei Deilingen, 1890, SCHEUERLE (STU); Deilingen, 1923, K. MÜLLER (STU); 7825/1: Osterried bei Baustetten, im Zwischenmoor, 1937, K. MÜLLER (STU); 7923/2: Federseeried, 1913, GRADMANN (STU); 8017/3: Pfohrener Ried, 1887, 1891, ZAHN, SCHATZ, beide Belege (KR), det. N!; 8017/4: Birkenried, 1888, 1924 u. 1985, SCHATZ, KNEUCKER, bd. Bel. (KR), det. N!, QUINGER (KR); Unterhölzer Weiher, 1889, SCHATZ (KR), det. N!; 8023/3: Haggenmooser Riedle, 1917, BERTSCH (STU); 8024/1: Brunnholzried, 1919, BERTSCH (STU); 8025/3: Wurzacher Ried, 1937, BERTSCH (STU); 8025/3: Dietmannser Ried, 1950, K. MÜLLER (STU); 8023 od. 8123: Pfrunger Ried, 1933, BERTSCH (STU); 8117/3: Zollhausried bei Blumberg, 1890, SCHATZ (KR); 8119/3: Moor bei Volkertshausen/Hegau, 1924, KNEUCKER (KR), det. N!; 8122/1: Moos am Ruschweiler See bei dem Ort Ilmensee, 1924, KNEUCKER (KR), det. N!; 8124/1: Egelsee, 1915, BERTSCH (STU); 8215/2: Herrgottsried bei Gospoldshofen, 1953, K. MÜLLER (STU); 8215/3: Niedermoor bei Reipertshofen, 1951, K. MÜLLER (STU); 8220/1: Westufer Mindelsee, 1929, KNEUCKER (KR), det. N!; 8220/3: Ried bei Markelfingen, 1924, KNEUCKER (KR), det. N!; 8223/3: Wasenmoos bei

Grünkraut, 1912, BERTSCH (STU); 8223/4: Egelsee bei Gornhofen, 1915, BERTSCH (STU); 8224/1: Blauensee bei Waldburg, 1936, BERTSCH (STU); 8224/3: Scheibensee bei Waldburg, 1936, BERTSCH (STU); 8225/4: Buchweiher bei Siggen, 1955, BRIELMAIER (STU); 8320/2: Moos bei Konstanz, 1928, KNEUCKER (KR), det. N ; 8324/2: Blauer See, 1920, BERTSCH (STU); 8324/3: Langensee, 1929, PLANKENHORN (STU); 8324/3: Muttelsee, 1930, BERTSCH (STU).

S. aurita × starkeana; S. × livescens Döll 1859
An denselben Wuchsorten wie *S. starkeana*; dort nicht selten.
7423/3: Donnstetten, 1865, KEMMLER (STU); 7523/2: zw. Donnstetten und Feldstetten, unter dem Heuberg, 1865, KEMMLER (STU); 7818/2: Deilingen, „Bühl", sumpfige Wiesen, 1924, K. MÜLLER (STU); Heuberg bei Delkhofen, 1928, PLANKENHORN (STU); 8017/2: Strauch am Himmelberg bei Öfingen, 1890, SCHATZ (KR), det. N!; 8017/3: Pfohrener Ried, 1889, SCHATZ (KR), det. N!; 8017/4: Birkenried, 1889, SCHATZ (KR), det. N!; Birkenried, Nordende, auf Damm, 1987, QUINGER (KR); Unterhölzer Weiher, 1888, SCHATZ (KR), det. N!.

S. aurita × viminalis; S. × fruticosa Döll 1859
Selten.
8013/1 (?): Freiburg i. Br., 1885, NEUBERGER (KR); 8016/2 (?): Donaueschingen, ex Hb. DÖLL (KR); 8017/4: Wartenberg/Baar, 1886, SCHATZ (KR), det. N!.

S. caprea × cinerea; S. × reichartii Kern. 1860
S. × polymorpha Host 1828 p. pr.
Zerstreut.
6324/1: Am Rande des Gemeindewaldes von Baiertal nach Wiesloch, 1893, ZAHN (KR), det. N!; 7220/4: Stuttgart-Büsnau, am Katzenbach zw. den Eltern, 1977, LIEBHEIT (STU); 7818/3: Frittlingen, Garten, 1888 u. 1909, SCHEUERLE (KR) u. (STU); 8013/1: Günterstal, 19. Jhdt., NEUBERGER, ex Hb. DÖLL (KR); 8017/3: bei Pfohren, 1887, SCHATZ (KR); 8018/4: bei Geisingen, an der Donau, 1886, SCHATZ (KR); oberhalb Espen bei Geisingen, 1891, SCHATZ (KR); 8018/3: Hintschingen, SCHATZ (KR); 8115/2: Quellsumpf in der Wutachschlucht, 1985, QUINGER (KR); 8116/2: Quellsumpf oberhalb der Gauchachschlucht bei Unterburg, 1985, QUINGER (KR); 8119/4: Wahlwies bei Stockach, 1886, SCHATZ (KR), det. N!; 8218/2: Hohentwiel, 1888, SCHEUERLE ex Hb. SCHATZ (KR); 8415/2: Rheinufer bei Rheinheim, 1984, QUINGER (KR).

S. caprea × daphnoides; S. × erdingeri Kern. 1861
Zerstreut bis selten (?) in Gebieten, in denen *S. daphnoides* vorkommt.
6916?: Karlsruhe, Schützenstraße, kult., 1893, KNEUCKER (KR), det. N!; 7625/3: Lehmgrube an der Ziegelei bei Erbach, 1944, K. MÜLLER (STU); 7911/1: an einem Kieswerk am Rhein nordwestlich „Rappennest", 1985, QUINGER (KR); 8225/2: Argen südöstlich Baltenhofen, 1986, R. BANZHAF (STU); 8225/3: Argen beim Kraftwerk Talerschachen, 1986, R. BANZHAF (STU).

S. caprea × elaeagnos; S. × flueggeana Willd. 1805
Selten in Gebieten, in denen *S. elaeagnos* vorkommt.
7525/3: Steinbruch bei Arnegg, 1939, K. MÜLLER (STU); 7619/4: Hohenzollern oberhalb Wilflingen, auf Braunjura, (synanthrop?), 1910, SCHEUERLE (KR). det. N!; 7818/3: Frittlingen, (synanthrop!), 1885 u. 1886, SCHEUERLE

(STU-KR); 8016/4: Kiesgrube bei Hüfingen, 1890, SCHATZ (KR); 8115/2: Rötenbach, an Bahnlinie, 1932, KNEUCKER (KR), det. N!; 8124/4: Weißenbronnen bei Wolfegg, 1866, SCHEUERLE (KR-STU), det. N!.

S. caprea × nigricans; S. × latifolia Forbes 1829
S. badensis Döll 1859
Selten in Gebieten, in denen *S. nigricans* vorkommt.
7817/2: Rottweil, 1887, SCHEUERLE (KR); 8114/1: Feldberg, 1894, NEUBERGER (KR); 8117/3: Torfstich bei Randen, DÖLL (KR).

S. caprea × purpurea; S. × wimmeriana Gren. et Godr. 1855
Selten (?).
6917/3: Grötzingen, Steinbruch, 1894, ZAHN (KR), det. N!; 7625/3: Lehmgrube an der Ziegelei Erbach, 1943, K. MÜLLER (STU); 7818/3: zw. Frittlingen und Neufra, in einem Keuper-Sandsteinbruch, 1893, SCHEUERLE (KR, STU), det. N ; 8017/4: Geisingen, 1894, SCHATZ (KR), det. N!; 8023/3: Kiesgrube bei Ebenweiler, 1924, K. MÜLLER (STU).

S. caprea × starkeana
Auch an Wuchsorten von *S. starkeana* sehr selten; bisher nur ein Beleg.
8017/4: Baar: „Länge" südlich Geisingen, FRICK (KR), det. N!.

S. caprea × viminalis; S. × smithiana Willd. 1809
Sehr häufig, einer der verbreitetsten Weidenbastarde! Wird sehr gerne als Bienenweide (frühe Blüte) angepflanzt und zudem bevorzugt zur Befestigung von Straßenböschungen und zur Begrünung von Parkplätzen an Fernstraßen verwendet.

S. cinerea × nigricans; S. × vaudensis Schleich. 1807
S. × puberula Döll 1859
Häufiger Bastard in kalkreichen Niedermooren und Quellsümpfen, in denen beide Eltern vorkommen.

S. cinerea × purpurea; S. × pontederana Willd. 1805
Selten (?).
6920/1: Stockheim, 1889, ALLMENDINGER (KR); 7818/3: Sulztal bei Frittlingen, 1869, SCHEUERLE (STU); 7920/1: Neidingen, 1883, SCHATZ (KR); 8013/1 (?): an der Dreisam bei Freiburg i.Br., 1849, DÖLL (KR).

S. cinerea × repens; S. × subsericea Döll 1859
Sehr selten! Deutung nicht sicher (vgl. RECHINGER 1957).
8017/3: Torfstich bei Pfohren, 1850, BRUNNER (KR).

S. cinerea × starkeana; S. × coerulescens Döll 1859
Auch an den Wuchsorten von *S. starkeana* sehr selten.
8017/3: Pfohrener Ried, 1886, SCHATZ (KR), det. N!; 8017/4: Birkenried, 1887, SCHATZ (KR), det. N!

S. cinerea × viminalis; S. × holosericea Willd. 1806
Zerstreut (?). Gelegentlich angepflanzt, selten in natürlichen Pflanzengemeinschaften.

S. daphnoides × elaeagnos; S. × reuteri Moritzi 1844, 1847
S. × wimmeri A. Kern. 1852
Zerstreut (?) in Gebieten, in denen beide Eltern vorkommen.
6915/4: Daxlanden, 1896, KNEUCKER (KR); 7015/1: bei Au am Rhein, 1895, 1897, ZAHN, KNEUCKER, (KR), det.

N!; 7412/1: Rheinbrücke bei Kehl, 1894, KNEUCKER (KR); 8111/3: Neuenburger Rheininsel, 1889, 1894, NEUBERGER, SCHATZ, (KR), det. N!; 8414/1: Rheinufer gegenüber Laufenburg, 1899, ZAHN (KR).

S. daphnoides × purpurea; S. × caliantha Kern. 1865
Sehr selten (?) in Gebieten, in denen *S. daphnoides* vorkommt.
8111/3: Neuenburger Rheininsel, 1888, NEUBERGER (KR), det. N!; 8412/2: Rheinfelden, 1889, NEUBERGER (KR), det. N!

S. fragilis × pentandra; S. × tinctoria SM. 1815
Im südöstlichen Schwarzwald und in der westlichen Baar 8015, 8114 (Osthälfte), 8115, 8215 (Nordhälfte)) stellenweise die häufigste Auenweide und viel verbreiteter als die Eltern! Bisher dort offenbar für *S. fragilis* oder *S. pentandra* gehalten. Sonst in Baden-Württemberg bisher nur an wenigen Stellen belegt. Weitere Angaben zum Vorkommen im Schwarzwald bei SCHWABE (1987).
6915/4: Baggersee Rheinstrandsiedlung, 1947, leg. HRUBY (KR), det. N!; 7015/2: zw. Forchheim und Daxlanden, 1935, leg. JAUCH (KR), det. N!; 8015/2: an der Schollach bei Steingremmen, 1986, QUINGER (KR); 8015/4: am Klosterbach zw. Friedensweiler und Rötenbach, 1985, QUINGER (KR); 8114/2: am Seebach zw. Zeltplatz und Mündung in den Titisee bestandesbildend!, 1985, QUINGER (KR); Nordufer Windgfällweiher, 1985, QUINGER (KR); 8115/1: Urseebach westlich Lenzkirch, 1985, QUINGER (KR); Großmoosbächle an der Löffelschmiede, bestandesbildend, 1985, QUINGER (KR); Erlebächle nordöstlich von Kappel, 1985, QUINGER (KR); 8115/2: Rötenbach, 1934, JAUCH (KR), det. N!; entlang der Wutach an der Zopfelsäge, 1985, QUINGER (KR); 8115/3: am Fischbach bei Unterfischbach, bestandesbildend, 1985, QUINGER (KR); 8115/4: entlang der Wutach bei der Schattenmühle, bestandesbildend, 1985, QUINGER (KR); 8116/4: an der Wutach bei der Wutachmühle, 1985, QUINGER (KR); 8213/4: an der Wehra bei der Auer-Säge, 1987, QUINGER (KR); 8215/2: NSG Schlüchtsee, 1985, PHILIPPI (KR), det. QUINGER; 8215/4: östlich des Weihers bei „Obermoos", 1984, QUINGER (KR).

S. fragilis × triandra; S. × alopecuroides Tausch 1821
Selten (?). Verbreitung in Baden-Württemberg noch weitgehend ungeklärt.
6825/4: Hilpertsklinge bei Ilshofen, 1971, SEBALD (STU); 7818/2: Wehingen, 1925, BOLTER (STU); 8013/1 (?): Freiburg in Br., angepflanzt, 1895, NEUBERGER (KR); 8115/1: Großmoosbächle, bei der Löffelschmiede, angepflanzt(?), 1985, QUINGER (KR); 8116/4: an der Wutach bei Aselfingen, angepflanzt(?), 1985, QUINGER (KR).

S. nigricans × purpurea; S. × beckeana Beck 1890
Sehr selten. Nach RECHINGER (1957) Deutung zweifelhaft!
7817/2: zw. Rottweil und Hausen, auf minderwertiger Wiese, 1888, SCHEUERLE (KR); 7818/2: Litzelalb nordöstlich von Wehingen, bei 850 m, K. MÜLLER (STU).

S. nigricans × repens; S. × nana Schleich. 1807.
Sehr selten. Bisher nur ein Nachweis.
7624/1: Schmiecher See b. Blaubeuren, K. MÜLLER (STU).

S. nigricans × starkeana; S. × myrtoides Döll 1859
Bisher nur ein sicherer Beleg. Auch an Fundorten von
S. starkeana sehr selten.
8017/4: Birkenried bei Pfohren, 1883, SCHATZ (KR).

S. purpurea × repens, S. × doniana SM. 1828
S. × parviflora Host 1828
Zerstreut bis selten (?) in Mooren, in denen beide Eltern
vorkommen.
8016/4: Hüfingen, Finder unbekannt (KR), det. N!; 8023/
3: Ebenweiler, 1924, 1933, K. MÜLLER, V. ARAND-AK-
KERFELD, (STU); 8025/2: Wurzacher Ried, 1937, BERTSCH
(STU); 8117/2: Aulfingen, 1889, Finder unbekannt (KR),
det. N!.

S. purpurea × viminalis; S. × helix L. 1753
S. × rubra Hudson 1762
Einer der häufigsten und verbreitetsten Weidenbastarde!
Sehr beliebte Flechtweide, wird zudem auch für Uferbe-
stigungen herangezogen. Fruchtet gut, verhält sich gebietsweise wie eine selbständige Art (NEUMANN 1981); auch
von Natur aus daher wohl nicht selten. Vgl. *S. viminalis*.

S. repens × starkeana; S. × stenoclados Döll 1859
Auch an Wuchsorten von *S. starkeana* selten.
7818/2: „Bühl" westlich Deilingen, feuchte Wiesenstellen,
850 m, K. MÜLLER (STU); 8017/3: Pfohrener Ried, 1891,
SCHATZ (KR), det. N!; 8017/4: Birkenried, 1888, 1924,
SCHATZ, KNEUCKER, beide Belege (KR), det. N!; Gutmadingen, FRICK (KR), det. N!.

S. triandra × viminalis; S. × mollissima Ehrh. 1791
Regional häufiger Weidenbastard! Ursprünglich an Flußläufen der Niederungen (NEUMANN 1981), durch Anpflanzungen weiter verbreitet. Bedeutsame Flecht- und Binde-
weide, findet auch bei Befestigungsmaßnahmen Anwen-
dung. In der nördlichen Oberrheinischen Tiefebene und
am Unteren Neckar stellenweise recht häufig, sonst in
Baden-Württemberg zerstreut bis selten.

S. alba × fragilis × pentandra; S. × hexandra Ehrh. 1791
Sehr selten (?). Bisher ein Beleg aus Baden-Württemberg.
8016/4: Bregufer bei Hüfingen, 1894, SCHATZ (KR).

S. caprea × cinerea × nigricans
Deutung sicher? Ein Beleg aus Baden-Württemberg.
7818/3: Denkingen, 1873, SCHEUERLE (KR).

S. caprea × cinerea × viminalis = S. × dasyclados Wimmer 1849
In Baden-Württemberg sehr zerstreut angepflanzt. Bedeutsam als grobe Flechtweide.

S. cinerea × nigricans × purpurea
7818/2: Wehingen, Quellsumpf an der Sonnenhalde,
K. MÜLLER (STU); 8124/4: Wolfegg, an der Aach,
SCHEUERLE (STU).

Brassicaceae (Cruciferae)

Kreuzblütler
Bearbeiter: O. SEBALD

Einjährige bis ausdauernde, krautige, selten auch
verholzende, halbstrauchige Pflanzen. Blätter
wechselständig, ohne Nebenblätter, ungeteilt oder
in verschiedener Weise geteilt, grundständige Blätter nicht selten in Rosetten. Blüten in Trauben,
meist ohne Tragblätter, Trauben anfangs oft dicht
und fast doldenartig, später meist ± verlängert.
Blüten zwittrig, disymmetrisch, selten etwas zygomorph. Kelchblätter frei, 4, nämlich 2 äußere (mediane) und 2 innere (seitliche), oft paarweise etwas
unterschiedlich, seitliche nicht selten basal etwas
sackförmig. Kronblätter frei, 4, diagonal über den
Lücken der Kelchblätter stehend, meist abgerundet
bis seicht ausgerandet, selten tief zweispaltig, oft
mit Nagel, selten Kronblätter auch fehlend. Staubblätter frei, 6 (selten nur 4 oder 2), in zwei Kreisen,
der äußere aus 2 kürzeren, seitlichen, der innere aus
4 längeren paarweise vorn und hinten stehenden
Staubblättern; Staubfäden ohne oder mit Anhängseln oder Flügeln; Staubbeutel rundlich, länglich
oder pfeilförmig, zweifächerig, längs aufreißend.
Nektarien am Grunde der Staubfäden in unterschiedlicher Weise ausgebildet. Fruchtknoten oberständig, sitzend oder etwas gestielt, meist durch eine
Scheidewand in zwei Fächer getrennt, nach früherer
Ansicht aus zwei Fruchtblättern, nach manchen
neueren Ansichten aus vier Fruchtblättern aufge-
baut. Samenanlagen wandständig, eine bis viele pro
Fach, ana- bis kampylotrop. Frucht meist eine mit
zwei Klappen aufspringende Schote (wenn 3mal
länger als breit) oder Schötchen (wenn höchstens
3mal so lang wie breit, selten auch Schließfrüchte
(Nüßchen, Gliederschoten, -schötchen) oder Spaltfrüchte. Samen reif ohne Endosperm; Keimwurzel
und Keimblätter in unterschiedlicher Weise zu-
einander angeordnet.

Die Familie umfaßt weltweit etwa 3500 Arten in
etwa 370 Gattungen. Besonders mannigfaltig sind
die Kreuzblütler im Mittelmeergebiet, in Vorder-
und Zentralasien, sowie in Teilen Nordamerikas. In
den Tropen sind sie spärlich vertreten, hier werden
sie durch die vorwiegend holzigen *Capparidaceae*
vertreten. Diese Familie ist mit ihnen am nächsten
verwandt. Zusammen mit den *Resedaceae* bilden
die beiden Familien die Ordnung *Capparales*. Dagegen wird nicht mehr angenommen, daß die *Brassicaceae* mit den *Papaveraceae* näher verwandt sind.

Die innere Gliederung der *Brassicaceae* ist wegen
des doch ziemlich einheitlichen Aufbaus einigerma-

ßen schwierig. Es werden eine Reihe von Gattungs-
gruppen, die Tribus, unterschieden, teilweise nochmals gegliedert in Subtribus.

Bei den bisherigen Gliederungsversuchen, vor
allem von A. VON HAYEK (1911), O. E. SCHULZ
(1936), E. JANCHEN (1942) spielen neben Merkmalen an Blüte und Frucht vor allem die Gestalt und
Verteilung der Nektarien, die Lage und Form der
Keimblätter im Samen sowie die Haartypen eine
wichtige Rolle. Von anatomischen Merkmalen werden die Epidermiszellen der Scheidewand und die
Verteilung der Myrosinzellen herangezogen. Letztere sind charakteristisch für die Familie. Sie enthalten das Ferment Myrosinase, das bei Verletzungen
des Gewebes aus den für viele Arten der Familie
typischen Senfölglykosiden unter Hydrolyse die
Senföle freisetzt. Diese verleihen vielen Arten einen
scharfen Geschmack oder Geruch.

Viele Kreuzblütler sind ein- bis zweijährige Unkräuter oder Ruderalpflanzen, die offene Bodenstellen zu ihrer Ansiedlung benötigen. Manche dieser Arten sind bei uns ursprünglich und schon früher z. B. auf den Sand- und Kiesablagerungen der
Flüsse vorgekommen. Viele Arten haben sich jedoch erst im Gefolge des Menschen bei uns ausgebreitet. Die alteingebürgerten Arten kamen schon
in vorgeschichtlicher Zeit, im Altertum oder im
Mittelalter zu uns. Andere Arten, vor allem auch
nordamerikanische, haben sich erst als Neophyten
seit etwa 1500 bei uns angesiedelt, teilweise nur unbeständig, immer wieder einmal eingeschleppt oder
aus Kulturen verwildert.

Der hohe Anteil von Archäophyten und Neophyten bringt es auch mit sich, daß in dieser Familie
nur relativ wenige Arten zu den nach der Bundesartenschutzverordnung vom 19. 12. 1986 besonders
geschützten Pflanzenarten gehören, nämlich: *Alyssum montanum*, *Biscutella laevigata*, *Draba aizoides*
und *Cochlearia pyrenaica*. Einige weitere Arten hät-
ten die Aufnahme in diese Liste sicher verdient z. B.
Kernera saxatilis.

Im folgenden sind die Gattungen in der Reihenfolge wie in der Flora Europaea angeordnet. Diese
Reihenfolge basiert weithin auf dem System von
E. JANCHEN (1942), dem im wesentlichen auch einige bekannte mitteleuropäische Floren wie
SCHMEIL-FITSCHEN (1982), ROTHMALER (1976) fol-
gen.

Einige der Kreuzblütler sind wegen ihres Senföl-
gehalts wichtige Gewürzpflanzen wie z. B. Weißer
Senf *(Sinapis alba)*, Meerrettich *(Armoracia rusticana)*. Andere Arten sind wichtige Salat- und Ge-
müsepflanzen wie der Kohl *(Brassica oleracea)* in
zahlreichen Kultursorten, der Rettich *(Raphanus*

sativus), Gartenkresse *(Lepidium sativum)*, Brunnenkresse *(Nasturtium officinale)*. Öllieferanten
sind besonders die Samen von Raps *(Brassica
napus)* und Rübsen *(Brassica rapa)*. Als Arz-
neipflanzen sind der Goldlack *(Cheiranthus cheiri)*
und die *Erysimum*-Arten wegen ihres Gehalts an
herzwirksamen Cardenoliden erwähnenswert.

Im Bestimmungsschlüssel sind die Gattungen aus
rein praktischen Gründen in 9 künstliche Gruppen
eingeteilt worden. Einige vielgestaltige Gattungen
tauchen naturgemäß auch in zwei oder mehr Gruppen auf. Trifft eine im Schlüssel angegebene Merkmalskombination nur auf eine bestimmte Art einer
Gattung zu, so ist der Artname dem Gattungsnamen in Klammern beigefügt.

| 1 | Kronblätter vorhanden . . . . | 2 |
| – | Kronblätter fehlend . . . . **Gruppe I** |
| 2 | Frucht mindestens 3mal so lang wie breit (Scho-
ten) . . . . | 3 |
| – | Frucht höchstens 3mal so lang wie breit (Schöt-
chen) . . . . | 6 |
| 3 | Stengelblätter mindestens zum Teil mit herz- bis
pfeilförmigem Grund stengelumfassend . . . . . | 4 |
| – | Stengelblätter mit verschmälertem bis abgerunde-
tem Grund sitzend oder alle gestielt oder alle Blät-
ter grundständig . . . . | 5 |
| 4 | Kronblätter gelb oder gelblich . . . . . **Gruppe A** |
| – | Kronblätter weiß, rötlich, violett oder blau . . . .
Gruppe B |
| 5 | Kronblätter gelb oder gelblich . . . . . **Gruppe C** |
| – | Kronblätter weiß, rötlich, violett oder blau . . . .
Gruppe D |
| 6 | (2) Stengelblätter mindestens zum Teil mit herz-
bis pfeilförmigem Grund stengelumfassend . . . . | 7 |
| – | Stengelblätter mit verschmälertem bis abgerunde-
tem Grund sitzend oder alle gestielt oder alle
grundständig . . . . | 8 |
7	Kronblätter gelb oder gelblich . . . . . **Gruppe E**
–	Kronblätter weiß, rötlich, violett, blau **Gruppe F**
8	Kronblätter gelb oder gelblich . . . . . **Gruppe G**
–	Kronblätter weiß, rötlich, violett, blau **Gruppe H**

Gruppe A: Vorwiegend Schoten; Stengelblätter mindestens zum Teil mit herz- bis pfeilförmigem Grunde stengelumfassend; Kronblätter gelb oder gelblich

| 1 | Pflanze mit verzweigten (und eventuell einfachen)
Haare . . . . | 2 |
| – | Pflanze kahl oder mit einfachen Haaren . . . . . | 3 |
| 2 | Schoten 7–14 cm lang, nach einer Seite überhän-
gend; Kronblätter 5–8 mm lang, hell gelblichweiß
18. *Arabis (turrita)* |
| – | Schoten 1–3 cm lang, nicht überhängend; Kron-
blätter gelb, 2–3 mm lang . . . .
4. *Arabidopsis (pumila)* |
| 3 | Frucht hängend, reif schwarzwerdend, 1–2samige
Flügelnuß . . . . **6. Isatis** |
| – | Frucht abstehend bis aufrecht; mit zwei Klappen
aufspringende Schoten . . . . | 4 |
| 4 | Stengelblätter ganzrandig . . . . | 5 |

–   Stengelblätter gefiedert, fiederlappig oder deutlich gezähnt 7
5   Schoten dem Stengel anliegend; Kronblätter gelblich bis grünlichweiß . . . . . 18. *Arabis (glabra)*
–   Schoten ± abstehend 6
6   Alle Blätter kahl und ganzrandig; Samen im Fach einreihig; Kronblätter gelblich bis grünlichweiß . . . . 41. *Conringia*
–   Untere Blätter oft leierförmig fiederlappig bis -teilig und etwas behaart; Samen im Fach zweireihig; Kronblätter schwefel- bis goldgelb . 43.*Brassica*
7   Unterstes Paar der Blattfiedern abwärts gerichtet und den Stengel umfassend; Samen im Fach einreihig; Stengel basal rückwärts gerichtet rauhhaarig bis zottig; Schoten mit 2–8 mm langem, 0–2samigem Schnabel . 46. *Erucastrum (nasturtiifolium)*
–   Blattgrund geöhrt den Stengel umfassend 8
8   Samen im Fach einreihig; Fruchtklappen durch deutlichen Mittelnerv gekielt; Schoten ohne Schnabel, nur mit 0,5–2,5 mm langem Griffel . . 12. *Barbarea*
–   Samen im Fach zweireihig; Fruchtklappen mit undeutlichem Mittelnerv, gewölbt . . . 13. *Rorippa*

Gruppe B: Vorwiegend Schoten; Stengelblätter mindestens zum Teil stengelumfassend; Kronblätter weiß, rötlich, violett oder blau

1   Pflanzen mit verzweigten (und eventuell auch einfachen) Haaren . . . . 18. *Arabis*
–   Pflanzen kahl oder mit einfachen Haaren 2
2   Samen einreihig im Fach 4
–   Samen zweireihig im Fach 3
3   Schoten dem Stengel angedrückt; mit ca. 1 mm langem Griffel; Stengelblätter blaugrün, ganzrandig, kahl; Kronblätter 5–7 mm lang . . . . 18. *Arabis (glabra)*
–   Schoten abstehend, mit 2–4 mm langem Schnabel; Stengelblätter ± gezähnt bis gelappt; Kronblätter 7–13 mm lang . . . . 42. *Diplotaxis (erucoides)*
4   Stengelblätter gefiedert, mit spitzen Öhrchen stengelumfassend; Kronblätter bis zu 3 mm lang oder fehlend . . . . . . 16. *Cardamine (impatiens)*
–   Stengelblätter ungeteilt . . . . 18. *Arabis* (vergl. auch *Conringia*)

Gruppe C.: Vorwiegend Schoten; Stengelblätter mit verschmälertem bis abgerundetem Grund sitzend oder alle Blätter gestielt; Kronblätter gelb oder gelblich

1   Pflanzen mit verzweigten (und eventuell einfachen) Haaren 2
–   Pflanzen kahl oder mit einfachen Haaren 5
2   Blätter 2–3fach fiederteilig mit schmalen Zipfeln; Kronblätter blaß- bis grünlichgelb, bis etwa 2 mm lang . . . . 2. *Descurainia*
–   Blätter ungeteilt oder höchstens einfach fiederspaltig; Kronblätter länger als 2 mm 3
3   Narbe seicht zweilappig bis kopfig . 8. *Erysimum*
–   Narbe tief zweilappig bis -spaltig 4
4   Kronblätter goldgelb (bei kultivierten Formen auch orange, rot, braun); Fruchtstiele bis 20 mm lang . . . . 9. *Cheiranthus*
–   Kronblätter trüb gelb, violett geadert; untere Fruchtstiele 40–80 mm lang 10. *Hesperis (tristis)*

5   (1) Stengelblätter 3–4, quirlartig genähert, 3zählig gefingert; Kronblätter hellgelb . . . . 16. *Cardamine (enneaphyllos)*
–   Stengelblätter nicht quirlartig genähert und nicht 3zählig gefingert 6
6   Frucht eine Gliederschote, in zwei oder mehr Glieder quer zerbrechend 7
–   Frucht eine sich mit zwei Klappen öffnende Schote   8
7   Gliederschote 30–90 mm lang, unregelmäßig perlschnurartig mit mehreren Gliedern 51. *Raphanus*
–   Gliederschote 5–15 mm lang, aus einem unteren, zylindrischen und einem oberen, dickeren, kugeligen bis eiförmigen Glied bestehend 49. *Rapistrum*
8   Schoten dem Stengel dicht anliegend 9
–   Schoten ± abstehend 12
9   Samen zweireihig; Schote mit 6–10 mm langem, schwertförmigem Schnabel . . . . . . 45. *Eruca*
–   Samen einreihig; Schote ohne schwertförmigen Schnabel 10
10 Schoten von der Basis an zugespitzt, pfriemlich; Kronblätter 2–4 mm lang . . . . 1. *Sisymbrium (officinale)*
–   Schoten lineal; Kronblätter länger als 4 mm . . . 11
11 Fruchtklappen durch Mittelnerv gekielt; Schoten 1,5–3 mm dick; Griffel dünn, 2–3 mm lang . . . 43. *Brassica (nigra)*
–   Fruchtklappen reif ohne deutlichen Mittelnerv; Schoten 1–1,5 mm dick, mit 4–7 mm langem, basal oft bauchigem und meist einsamigem Schnabel 48. *Hirschfeldia*
12 (8) Samen im Fach einreihig 13
–   Samen im Fach zweireihig 18
13 Schoten ohne Schnabel, aber mit bis zu 2 mm langem Griffel; Nektarien ringförmig verbunden . . 1. *Sisymbrium*
–   Schoten mit Schnabel, der meist deutlich länger als 2 mm ist; Nektarien getrennt 14
14 Untere Blüten der Trauben mit Tragblättern . . . 46. *Erucastrum (gallicum)*
–   Alle Blüten ohne Tragblätter 15
15 Kelchblätter während der Blüte aufrecht 16
–   Kelchblätter während der Blüte waagrecht abstehend . . . . 44. *Sinapis*
16 Samen eiförmig; Schnabel 2–8 mm lang . . . . . 46. *Erucastrum*
–   Samen fast kugelig 17
17 Schnabel 10–20 mm lang; Fruchtklappen dreinervig gerieft und mit einigen schwächeren Seitennerven . . . . 47. *Coincya*
–   Schnabel bis 10 mm lang; Klappen durch deutlichen Mittelnerv gekielt . . . . . . 43. *Brassica*
18 (12) Schoten wenigstens zum Teil über 20 mm lang und über 1 mm breit; Klappen mit deutlichem Mittelnerv; Blätter vorwiegend im basalen Teil des Stengels . . . . 42. *Diplotaxis*
–   Schoten höchstens bis 20 mm lang, nur etwa 1 mm breit; Klappen ohne deutlichen Mittelnerv; Blätter am Stengel gleichmäßiger verteilt . . 13. *Rorippa*

Gruppe D: Vorwiegend Schoten; Stengelblätter mit verschmälertem oder abgerundetem Grund sitzend oder alle gestielt; Kronblätter weiß, lila, violett oder blau

1 Pflanzen mit verzweigten (und eventuell auch einfachen) Haaren 2
– Pflanzen kahl oder nur mit einfachen Haaren . . 5
2 Narben tief zweilappig, mit aufrechten Lappen; Stengelblätter oft über 5 cm lang, eiförmig bis lanzettlich, nur die obersten fast sitzend 10. *Hesperis*
– Narben nur seicht zweilappig-ausgerandet oder kopfig; Stengelblätter überwiegend kleiner als 5 cm 3
3 Kronblätter lila oder weiß, mit einem Paar kleiner Zähne am Nagel; Grundblätter oft leierförmig fiederspaltig bis -teilig; Schoten ziemlich abgeflacht, mit undeutlichem Mittelnerv 17. *Cardaminopsis*
– Kronblätter weiß; grundständige Blätter ganzrandig oder gezähnt; Fruchtklappen mit deutlichem Mittelnerv 4
4 Schoten rundlich-vierkantig, bis 1 mm breit; Fruchtstiele dünn, bis 12 mm lang, oft fast waagrecht . . . . 4. *Arabidopsis*
– Schoten ± abgeflacht, 1–2 mm breit, Fruchtstiele kräftiger, 3–6 mm lang, ziemlich steil aufgerichtet 18. *Arabis*
5 (1) Stengelblätter herzförmig, meist gestielt, beim Zerreiben nach Knoblauch riechend . 3. *Alliaria*
– Blätter nicht herzförmig 6
6 Frucht eine perlschnurartige Gliederschote mit unregelmäßigen Einschnürungen zwischen mehreren einsamigen Gliedern eine 7–20 mm dicke, schwammig-korkige Schotenbeere . 51. *Raphanus*
– Frucht eine sich mit zwei Klappen öffnende Schote 7
7 Schote mit einem schwertförmigen, 6–10 mm langen Schnabel . . . . 45. *Eruca*
– Schote ohne solchen Schnabel 8
8 Kronblätter violett oder lila . . . 16. *Cardamine*
– Kronblätter weiß 9
9 Schoten mit 2–4 mm langem, etwas zusammengedrückten, kegelförmigen Schnabel; Samen im Fach zweireihig . . . . . . 42. *Diplotaxis (erucoides)*
– Schoten ohne Schnabel, aber mit einem dünnen, kurzen, bis zu 2,5 mm langen Griffel 10
10 Staubbeutel gelb; Stengel meist hohl, im flachen Wasser oder an Bachufern am Grunde kriechend; Fruchtstände oft scheinbar seitenständig und blattgegenständig; Samen zwei- und einreihig; Schoten stielrund . . . . 14. *Nasturtium*
– Staubbeutel violett, wenn gelb Stengel aufrecht bis aufsteigend und Samen einreihig; Schoten ± abgeflacht . . . . 16. *Cardamine*

Gruppe E: Vorwiegend Schötchen; Stengelblätter wenigstens zum Teil mit herz- oder pfeilförmigem Grunde stengelumfassend; Kronblätter gelb oder gelblich

1 Pflanzen mit verzweigten (und eventuell auch einfachen) Haaren 2
– Pflanzen kahl oder mit einfachen Haaren 3
2 Frucht ein mehrsamiges, verkehrt-eiförmiges, 4–10 mm langes Schötchen; Klappen mit deutlichem Mittelnerv; Kronblätter hellgelb . . . . . . 27. *Camelina*

– Frucht eine meist einsamige, kugelige Nuß mit etwa 3 mm Durchmesser; Kronblätter goldgelb . 28. *Neslia*
3 (1) Frucht eine hängende, reif schwarzwerdende, einsamige Flügelnuß; Stengelblätter ungeteilt und ganzrandig; Stengel basal etwas behaart 6. *Isatis*
– Frucht nicht hängend, aufrecht bis abstehend . . 4
4 Frucht eine birnförmige Nuß mit einem unteren, einsamigen und zwei oberen, leeren Fächern; Stengelblätter ungeteilt und ganzrandig; Pflanze völlig kahl . . . . 5. *Myagrum*
– Frucht ein Schötchen 5
5 Frucht ein abgeflachtes, fast kreisrundes Schötchen mit einsamigen Fächern; Stengelblätter ganzrandig, tief herzförmig stengelumfassend . 37. *Lepidium (perfoliatum)*
– Frucht ein kugeliges, eiförmiges oder kurz wurstförmiges Schötchen mit mehreren bis vielen, meist zweireihigen Samen; Stengelblätter ± geteilt, wenn ungeteilt ± gezähnt . . . . . 13. *Rorippa*

Gruppe F: Vorwiegend Schötchen; Stengelblätter wenigstens zum Teil mit pfeil- bis herzförmigem Grund stengelumfassend; Kronblätter weiß, lila, violett oder blau

1 Pflanzen mit verzweigten Haaren (und eventuell auch einfachen) 10
– Pflanzen kahl oder mit einfachen Haaren 2
2 Schötchen groß, 20–80 mm lang, kreisrund bis elliptisch, mit blattartig flachen Klappen . . . . . 19. *Lunaria*
– Schötchen kleiner; Klappen nicht blattartig abgeflacht 3
3 Frucht eine einsamige, ei- bis birnförmige, vierrippige Nuß; Kronblätter bis 3 mm lang . . . . . . 50. *Calepina*
– Frucht ein zwei- bis mehrsamiges Schötchen . . . 4
4 Alle Blätter ungeteilt, ganzrandig, gesägt bis gezähnt 5
– Alle oder nur die unteren Blätter fiederspaltig bis -teilig 9
5 Pflanzen kahl 6
– Pflanzen wenigstens im unteren Teil behaart . . . 7
6 Schötchen fast kugelig; grundständige Blätter langgestielt, nierenförmig . . . . 25. *Cochlearia*
– Schötchen abgeflacht; Blätter andersartig . . . . 33. *Thlaspi*
7 Schötchen kugelig, etwa 3 mm Durchmesser . . 26. *Kernera*
– Schötchen ± abgeflacht, mit schmaler Scheidewand 8
8 Schötchen breit eiförmig, der ausgerandeten Spitze zu breit geflügelt . . . . 37. *Lepidium*
– Schötchen wenig abgeflacht, ungeflügelt, nicht ausgerandet, verkehrt herzförmig . . 38. *Cardaria*
9 (4) Schötchen kugelig, etwa 3 mm Durchmesser . 26. *Kernera*
– Schötchen verkehrt-dreieckig-herzförmig, größer, abgeflacht . . . . 29. *Capsella*
10 (1) Schötchen verkehrt-dreieckig-herzförmig, abgeflacht . . . . 29. *Capsella*
– Schötchen länglich-elliptisch 23. *Draba (muralis)*

Gruppe G: Vorwiegend Schötchen; Stengelblätter mit verschmälertem oder abgerundetem Grund sitzend; Kronblätter gelb oder gelblich

1 Stengel nicht beblättert, alle Blätter in grundständiger Rosette, schmal, ungeteilt . . . .
23. *Draba (aizoides)*
– Stengelblätter vorhanden 2
2 Frucht eine aus zwei fast kreisrunden, scheibenförmigen Hälften bestehende, brillenähnliche Spaltfrucht . . . . 36. *Biscutella*
– Frucht andersartig 3
3 Blätter alle ungeteilt, lineal bis spatelig, von Sternhaaren grau; Frucht ein rundliches bis eiförmiges Schötchen . . . . 20. *Alyssum*
– Wenigstens untere Blätter fiederspaltig bis gefiedert 4
4 Frucht eine schief eiförmige, warzige oder zackig geflügelte Nuß; Pflanze mit einfachen und verzweigten Haaren . . . . 7. *Bunias*
– Frucht andersartig; Pflanze kahl oder mit einfachen Haaren 5
5 Frucht eine 5–15 mm lange Gliederschote aus einem unteren zylindrischen und einem oberen kugeligen bis eiförmigen Glied bestehend . . . . . .
49. *Rapistrum*
– Frucht ein eiförmiges bis elliptisches Schötchen .
13. *Rorippa*

Gruppe H: Vorwiegend Schötchen; Stengelblätter mit verschmälerter bis abgerundeter Basis sitzend oder alle gestielt oder alle grundständig; Kronblätter weiß, rötlich, lila oder violett

1 Kronblätter ungleich groß 2
– Kronblätter gleich groß 3
2 Blätter in grundständiger Rosette, leierförmig gefiedert; Kronblätter bis etwa 2 mm lang . . . .
32. *Teesdalia*
– Blätter nicht in grundständiger Rosette; Kronblätter größer . . . . 35. *Iberis*
3 Kronblätter tief zweispaltig 4
– Kronblätter abgerundet oder höchstens ausgerandet 5
4 Alle Blätter in grundständiger Rosette . . . . . .
24. *Erophila*
– Stengelblätter vorhanden . . . . . 21. *Berteroa*
5 Blätter pfriemlich, alle in grundständiger Rosette; 2–8 cm hohe Sumpf- und Wasserpflanze . . . . .
40. *Subularia*
– Blätter nicht pfriemlich 6
6 Blätter alle in grundständiger Rosette, fiederteilig (vergl. *Teesdalia*) . . . . 30. *Pritzelago*
– Stengelblätter vorhanden 7
7 Pflanze mit verzweigten (und auch eventuell mit einfachen) Haaren 8
– Pflanze kahl oder mit einfachen Haaren 11
8 Grundständige Blätter ungeteilt, höchstens gezähnt, in Rosette . . . . 23. *Draba*
– Grundständige Blätter nicht in Rosette oder wenn in Rosette, dann fiederteilig 9
9 Grundblätter in Rosette, fiederteilig; Schötchen elliptisch-eiförmig, stumpf, Narbe fast sitzend . . .
31. *Hornungia*

– Grundblätter nicht in Rosette 10
10 Schötchen nicht aufspringend, schief-eiförmig bis kugelig, mit 2 mm langem, behaartem, kegelförmigen Schnabel; Kronblätter sehr klein, bis 1,5 mm lang; sehr seltene Adventivpflanze . 11. *Euclidium*
– Schötchen aufspringend, abgeflacht, rundlich bis breit-elliptisch, mit breiter Scheidewand; Griffel bis 1 mm lang; Kronblätter über 2 mm lang; gelegentlich verwildernde Zierpflanze . 22. *Lobularia*
11 (7) Schötchen groß, 20–80 mm lang, kreisrund bis elliptisch; Klappen blattartig abgeflacht . . . . .
19. *Lunaria*
– Schötchen kleiner; Klappen nicht blattartig abgeflacht 12
12 Untere Blätter 20–80 cm lang . . 15. *Armoracia*
– Blätter viel kleiner 13
13 Wenigstens die unteren Blätter fiederspaltig bis gefiedert 16
– Alle Blätter ungeteilt, nur gezähnt, gesägt oder ganzrandig 14
14 Längere 4 Staubblätter geflügelt; Kronblätter rötlich oder violett . . . . 34. *Aethionema*
– Kronblätter weiß; Staubblätter nicht geflügelt . . 15
15 Schötchen kugelig; längere Staubfäden oben scharf kniefömig nach außen gebogen; 4–6 Samen pro Fach . . . . 26. *Kernera*
– Schötchen nicht kugelig, nur 1 Same pro Fach . .
37. *Lepidium*
16 (13) Frucht geschlossen bleibend oder in zwei Teilfrüchte zerfallend, nierenförmig, mit Zacken besetzt oder aus zwei fast kugeligen, netzartig runzeligen Teilfrüchten zusammengesetzt; alle Blätter ein- bis zweifach fiederteilig . . . 39. *Coronopus*
– Frucht ein aufspringendes, zweifächriges Schötchen 17
17 Schötchen mit mehrsamigen Fächern 18
– Schötchen mit einsamigen Fächern, nicht kugelig
37. *Lepidium*
18 Schötchen kugelig . . . . 26. *Kernera*
– Schötchen eiförmig-elliptisch . . . 31. *Hornungia*

Gruppe I: Kronblätter fehlend

1 Frucht eine Schote; Stengelblätter gefiedert, mit spitzen Öhrchen stengelumfassend . . . .
16. *Cardamine (impatiens)*
– Frucht ein Schötchen oder eine Spaltfrucht 2
2 Frucht eine aus zwei fast kugeligen, netzig runzeligen Teilen zusammengesetzte Spaltfrucht . . . . .
39. *Coronopus (didymus)*
– Frucht ein zweifächriges, abgeflachtes Schötchen . 3
3 Schötchen verkehrt-herzförmig-dreieckig, mit mehrsamigen Fächern . . . . 29. *Capsella*
– Schötchen rundlich bis eiförmig, mit einsamigen Fächern . . . . 37. *Lepidium*

1. **Sisymbrium** L. 1753
Rauke

Einjährige, zweijährige oder ausdauernde, krautige Pflanzen; kahl oder mit einfachen Haaren. Blätter fiederteilig bis ungeteilt. Blüten in anfangs oft fast ebensträußigen, später verlängerten Trauben. Kelchblätter höchstens undeutlich gesackt. Kronblätter verkehrt eiförmig bis spatelförmig, gelb. Staubblätter 6; Filamente ohne Anhängsel. Frucht lineare Schoten, mit ein- bis dreinervigen Fruchtklappen; Samen in einer Reihe. Nektarien ringförmig.

Etwa 80 Arten (in der engeren Fassung der Gattung) in den gemäßigten Zonen Eurasiens und Nordamerikas, sowie einige Arten in subtropischen und tropischen Bergländern (Südamerika, Süd- und Ostafrika). Von den hier behandelten 8 baden-württembergischen Arten dürften nur 3 Arten einheimisch sein. Die übrigen sind relativ junge Einwanderer bzw. Verschleppte. Vereinzelt eingeschleppt nach Mitteleuropa wurden noch einige weitere Arten. Aus Baden-Württemberg in neuerer Zeit nachgewiesen ist: *S. polyceratium* L.: 7221/2: Stuttgart-Untertürkheim, am Mönchberg, 1986, W. SEILER (STU). Ältere Angaben von weiteren Arten in der Literatur sind meist nicht belegt und wurden daher weggelassen.

1 Blätter stets einfach, lanzettlich bis eiförmig . . .
                      1. *S. strictissimum*
– Blätter wenigstens zum Teil fiederlappig oder ± spießförmig 2
2 Schoten pfriemlich, höchstens 20 mm lang, dem Stengel angedrückt . . . . 8. *S. officinale*
– Schoten linear, gewöhnlich länger als 20 mm und nicht dem Stengel angedrückt 3
3 Kronblätter 3 mm lang oder kürzer . . 2. *S. irio*
– Kronblätter länger als 3 mm 4
4 Fruchtstiel fast so dick wie die Schoten 5
– Fruchtstiel deutlich dünner als die Schoten . . 7
5 Schoten 50–110 mm lang, mit 40–60 Samen pro Fach 6
– Schoten 20–60 mm lang, mit höchstens 30 Samen pro Fach . . . . 5. *S. austriaca*
6 Obere Blätter sitzend, fiederteilig mit linealen bis fädigen Abschnitten; Stengel besonders 2–3 mm lang borstig behaart; zwei Kelchblätter mit Hörnchen . . . . 6. *S. altissimum*
– Obere Blätter kurz gestielt, spießförmig oder ungeteilt lanzettlich-lineal; Stengel unten weichhaarig; Kelchblätter ohne Hörnchen . . . 7. *S. orientale*
7 (4) Blütenstand dicht, junge Schoten die Blüten und Knospen überragend; Kronblätter bis 4 mm; Antheren ca. 0,7 mm . . . . 2. *S. irio*
– Blütenstand verlängert; junge Schoten Blüten und Knospen kaum oder nicht überragend; Antheren 1–2 mm lang 8

8 Scheidewand der Schoten weiß, durchscheinend; Stengel kahl oder aufwärts kurzhaarig . . . . . .
                      5. *S. austriaca*
– Scheidewand der Schoten durchsichtig; Stengel kahl oder rauhhaarig 9
9 Pflanze meist ausdauernd, mit kriechendem Rhizom; Trauben nur mäßig reichblütig, sich zu einem fast rispenartigen Blütenstand zusammensetzend; Kelchblätter 3,5–5 mm lang; Kronblätter 7–10 mm lang, Samen 1–1,5 mm lang; Stengel basal meist kahl . . . . 4. *S. volgense*
– Pflanze ein- bis zweijährig; Trauben sehr reichblütig und verlängert; Kelchblätter 3–4 mm lang; Kronblätter 5–7 mm lang; Samen 0,7–1 mm lang; Stengel basal rückwärts rauhhaarig 3. *S. loeselii*

1. **Sisymbrium strictissimum** L. 1753
Steife Rauke

Morphologie: Ausdauernd, mit dickem Rhizom. Stengel aufrecht, 70–150 cm hoch, rund, oben ästig, rückwärts gerichtet behaart. Blätter eiförmig bis lanzettlich, spitz, gesägt, gezähnt oder fast ganzrandig, untere in kurzen, geflügelten Stiel zusammengezogen, unterseits kurz behaart, oberseits schwach behaart bis kahl, 6–18 cm lang, oberste noch kleiner und lineal. Blütenstand groß, rispenartig, aus kurzen, armblütigen Trauben zusammengesetzt. Kelchblätter schmal länglich, stumpf, 4–5 mm lang, die äußeren an der Spitze kapuzenförmig mit einem Hörnchen. Kronblätter schmal keilförmig, abgerundet, 7–10 mm lang. Schoten

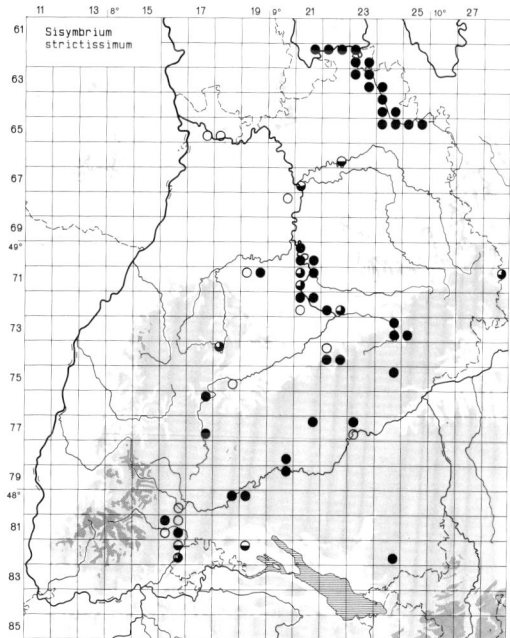

Steife Rauke *(Sisymbrium strictissimum)*
Gingen/Fils, 1973

bis zur mittleren Wolga. Die Art ist ein europäisch-kontinentales Florenelement. Sie erreicht abgesehen von einzelnen Vorkommen im Elsaß und in der Pfalz bei uns ihre westliche Grenze.

Verbreitung in Baden-Württemberg: Sehr zerstreut, meist am Ufer von Bächen und Flüssen. Die Fundorte wurden nach Flußsystemen angeordnet. Im Oberrheingebiet und Schwarzwald fast völlig fehlend.

Die tiefsten Vorkommen liegen am Neckar bei Heidelberg (105 m), am Main bei Freudenberg (135 m), die höchsten an der Donau bei Tuttlingen (640 m), im Wutachgebiet bei Bachheim bei 750 m.

Die Art ist bei uns urwüchsig, auch wenn sie ab und zu auf sekundären, ruderalen Standorten vorkommt. Die Vorkommen an der Tauber bei Wertheim sind schon bei WIBEL (1797: 30 bzw. 1799: 211) mit „ad Tuberim in der Leberklinge", diejenigen im Donautal bei Tuttlingen bei ROT (1799: 35) mit „am Fußwege des Leitebergs bey Duttlingen in Menge" angegeben. Die älteste Angabe findet sich bei J. BAUHIN (1651: 870) für Heidelberg als „quam Pet. Turn. angl. Heidelbergae ad Neccarum collectam".

Main-Tauber: 6221/2: Main bei Freudenberg, PHILIPPI (KR-K); 6222/1 + 2: Mainufer, an mehreren Stellen, 1987, SEBALD (STU); 6223/1: Wertheim, WIBEL (1797), PHILIPPI (KR-K), 1987, SEBALD (STU-K); 6223/3: Bronnbach, PHILIPPI (1983: Tab. 4, 3); 6223/4: Tauber bei Nicklashausen, 1985, PHILIPPI (KR-K); 6323/1: Tauber, Mündung Amorsbach, 1986, SEYBOLD (STU-K); 6323/2: Tauber unterhalb Werbach, 1985, PHILIPPI (KR-K); 6323/4: Tauberbischofsheim, 1987, SEBALD (STU-K); 6324/3: Distelhausen, PHILIPPI (1983: Tab: 12, 4); 6424/1: Lauda, PHILIPPI (1983: Tab. 3, 2); 6424/3: Edelfingen, KIRCHNER u. EICHLER (1913); um 1970, TÜRK (STU-K); 1987, SEYBOLD (STU-K); 6424/4: Erlenbachtal, 1987, SEYBOLD (STU-K); 6524/1: Schweigern, 1988, SEBALD (STU-K); 6524/2: Mergentheim, 1823, FUCHS (STU); zwischen Mergentheim und Igersheim, 1979, BAYER in STU-K; 6525/1: Taubermühle W Weikersheim, 1969, SEYBOLD (STU) PHILIPPI (1983: Tab. 16, 3); 6525/2: Tauberrettersheim (Bayern), 1976, WIRTH (STU-K).

Neckar und Nebenflüsse: 6517/4: Wieblingen, DÖLL (1843); 6518/3: Heidelberg, J. BAUHIN (1651: 870), am Neckar bei der Bergheimer Mühle, J.A. SCHMIDT (1857: 22); nach ZAHN (1895: 280) schon weiter verschwunden; 6622/4: Berlichingen, KIRCHNER u. EICHLER (1913); 6721/1: Heuchlingen-Untergriesheim, 1867, LECHLER (STU); 6820/2: Kirchhausen, LECHLER (STU-K: BERTSCH); 7021/1: Pleidelsheim-Großingersheim, 1970, GLOCKER (STU-K); Hessigheim, 1963, SEYBOLD (1969); 7021/3: Beihingen-Benningen, 1981, SEYBOLD (STU); 7021/4: Marbach, 1984, SEBALD (STU); 7119/1: Iptingen, KIRCHNER u. EICHLER (1900); 7119/2: Eberdingen, 1948, GUTBROD (STU-K: BERTSCH); 1975–1984, ZIEGLER (STU-K), SEBALD (STU); 7121/1: Kornwestheim, Gbf., 1962, SEYBOLD (1969); 7121/2: Neckarrems, 1983, SEILER (STU-K); 7121/

schmal linear, 40–70 mm lang und etwa 1 mm breit, fast waagerecht abstehend auf 7–13 mm langen, etwas behaarten Stielen; Fruchtklappen durch Mittelnerv gekielt, zwischen den einreihigen Samen etwas eingeschnürt; Griffel 1–1,5 mm lang. – Blütezeit: Juni bis August.

Ökologie: Halbschatten ertragende Pflanze auf nährstoffreichen, meist auch kalkreichen, frischen bis feuchten Standorten; vorwiegend in Staudenfluren und Gebüschsäumen an Bach- und Flußufern, gelegentlich auch ruderal abseits von Ufern; gern zusammen mit *Urtica dioica; Convolvulus sepium, Galium aparine, Scrophularia umbrosa, Epilobium hirsutum, E. parviflorum, Myosoton aquaticum, Chaerophyllum bulbosum, Petasites hybridus*; pflanzensoziologische Aufnahmen sind zu finden bei G. PHILIPPI (1983, Tab. 3 und 4), S. GÖRS u. TH. MÜLLER (1969, nur Stetigkeitstabelle mit der Gliederung der nitrophilen Saumgesellschaften in Südwestdeutschland).

Allgemeine Verbreitung: Ziemlich zerstreute Verbreitung, vor allem in den Flußtälern, von den West- und Südalpen durch Mittel- und Osteuropa

176

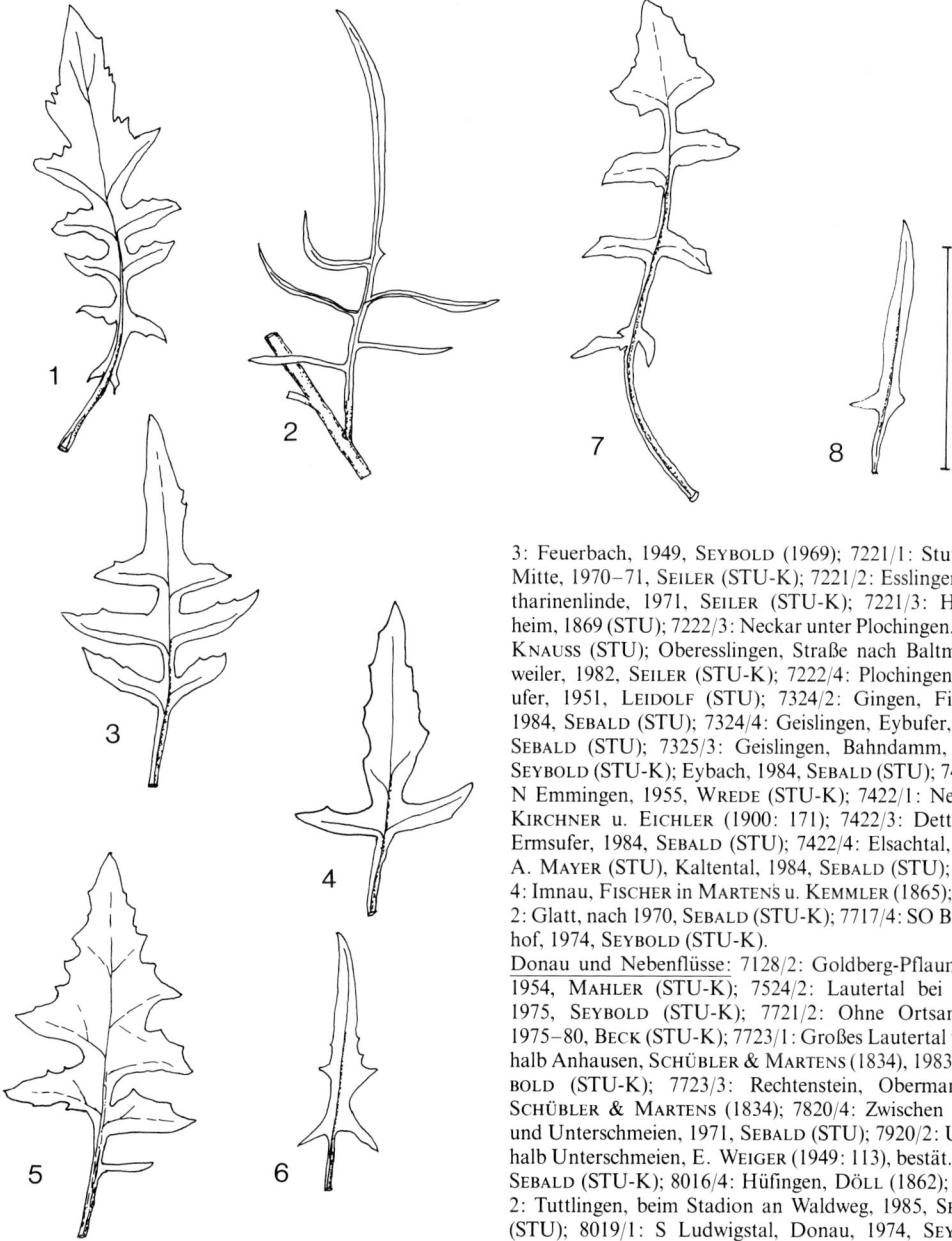

Blattformen bei *Sisymbrium*-Arten

1 = *Sisymbrium altissimum* (Grundblatt)
2 = *Sisymbrium altissimum* (oberes Stengelblatt)
3 = *Sisymbrium irio* (unteres Stengelblatt)
4 = *Sisymbrium irio* (oberes Stengelblatt)
5 = *Sisymbrium loeselii* (unteres Stengelblatt)
6 = *Sisymbrium loeselii* (oberes Stengelblatt)
7 = *Sisymbrium orientale* (unteres Stengelblatt)
8 = *Sisymbrium orientale* (oberes Stengelblatt)
Maßstablänge = 5 cm (Zeichnung O. SEBALD)

3: Feuerbach, 1949, SEYBOLD (1969); 7221/1: Stuttgart-Mitte, 1970–71, SEILER (STU-K); 7221/2: Esslingen, Katharinenlinde, 1971, SEILER (STU-K); 7221/3: Hohenheim, 1869 (STU); 7222/3: Neckar unter Plochingen, 1959, KNAUSS (STU); Oberesslingen, Straße nach Baltmannsweiler, 1982, SEILER (STU-K); 7222/4: Plochingen, Filsufer, 1951, LEIDOLF (STU); 7324/2: Gingen, Filsufer, 1984, SEBALD (STU); 7324/4: Geislingen, Eybufer, 1984, SEBALD (STU); 7325/3: Geislingen, Bahndamm, 1973, SEYBOLD (STU-K); Eybach, 1984, SEBALD (STU); 7418/1: N Emmingen, 1955, WREDE (STU-K); 7422/1: Neuffen, KIRCHNER u. EICHLER (1900: 171); 7422/3: Dettingen, Ermsufer, 1984, SEBALD (STU); 7422/4: Elsachtal, 1909, A. MAYER (STU), Kaltental, 1984, SEBALD (STU); 7518/4: Imnau, FISCHER in MARTENS u. KEMMLER (1865); 7617/2: Glatt, nach 1970, SEBALD (STU-K); 7717/4: SO Butschhof, 1974, SEYBOLD (STU-K).

Donau und Nebenflüsse: 7128/2: Goldberg-Pflaumloch, 1954, MAHLER (STU-K); 7524/2: Lautertal bei Asch, 1975, SEYBOLD (STU-K); 7721/2: Ohne Ortsangabe, 1975–80, BECK (STU-K); 7723/1: Großes Lautertal unterhalb Anhausen, SCHÜBLER & MARTENS (1834), 1983, SEYBOLD (STU-K); 7723/3: Rechtenstein, Obermarchtal, SCHÜBLER & MARTENS (1834); 7820/4: Zwischen Ober- und Unterschmeien, 1971, SEBALD (STU); 7920/2: Unterhalb Unterschmeien, E. WEIGER (1949: 113), bestät. 1987, SEBALD (STU-K); 8016/4: Hüfingen, DÖLL (1862); 8018/2: Tuttlingen, beim Stadion an Waldweg, 1985, SEBALD (STU); 8019/1: S Ludwigstal, Donau, 1974, SEYBOLD (STU-K); am Fuß des Leutenbergs, RÖSLER in SCHÜBLER u. MARTENS (1834).

Wutach: 8116/1: Bachheim, BRUNNER (1851: 52), noch 1981, HÜGIN (STU-K); 8116/2: Gauchachtal, DÖLL (1862); 8116/3: Bonndorf, Münchingen, ZAHN (1889); 8116/4: Wutach bei Aselfingen, 1984, QUINGER (STU); 8216/2: Blumeggwyler-Lausheim, PROBST (1904: 358); 8216/4: Wutach bei Stühlingen, STEHLE (1884: 146), 1963, BÄCHTOLD in BECHERER (1964: 190).

Bodenseezuflüsse: 8219/1: Singen, 1908, SCHINZ in KUMMER (1941); 8224/4: Argen bei Herfatz, 1986, SEYBOLD (STU-K).

4407.
Columnae Iacq.

4408. *Irio L.*

Sisymbrium.

Bestand und Bedrohung: Eine akute Bedrohung ist nicht zuerkennen. Die Art ist in die Rote Liste von Baden-Württemberg nicht aufgenommen. Einzelne der meist nicht sehr umfangreichen Bestände könnten durch Uferbaumaßnahmen oder durch zu starke Beschattung der Ufer durch Gehölze erlöschen. Nach Beobachtungen von KRACH u. FISCHER (1979) in Bayern werden dort zwar die alten Fundorte beibehalten, aber es gibt kaum eine Ausdehnung. Sie sehen dort eine steigende Gefährdung. Sie plädieren für eine Einstufung höher als nur „gefährdet" in der Roten Liste für Bayern. Für Baden-Württemberg sollte man die Art wohl zumindest in die Liste der zwar nicht akut gefährdeten, aber schonungsbedürftigen Arten aufnehmen (= G 5).

2. Sisymbrium irio L. 1753
Schlaffe Rauke, Glanz-Rauke

Morphologie: Ein- bis zweijährige Pflanze mit Pfahlwurzel; Stengel aufrecht, 10–50 cm hoch, meist verzweigt, kahl oder etwas kurzhaarig. Blätter fiederteilig bis -spaltig, mit 1–6 Abschnitten jederseits, obere zum Teil nur aus dem oft spießförmigen Endabschnitt bestehend, kahl oder etwas kurzhaarig. Kelchblätter etwa 2 mm lang, ohne Hörnchen. Kronblätter 2–3,5 mm lang. Junge Schoten die Blüten und Knospen deutlich überragend, später aufrecht abstehend, 30–50 mm lang, etwa 1 mm dick, auf dünnen 5–10 mm langen Stielen.
Biologie: Blüht von Mai bis August. Die Samen können noch im gleichen oder erst im folgenden Jahr keimen.
Ökologie: Licht- und wärmeliebende Pionierpflanze auf meist trockeneren Ruderalstandorten, bei uns in Hafenanlagen und Güterbahnhöfen.
Allgemeine Verbreitung: Von Makaronesien durch das ganze Mittelmeergebiet und Westasien bis nach Indien, im nicht-mediterranen Europa und in Nordamerika nur eingeschleppt und unbeständig.

Schlaffe Rauke *(Sisymbrium irio)*, rechts (Figur 4408); ferner: Orientalische Rauke *(Sisymbrium orientale)*, links (Figur 4407); aus REICHENBACH, L.: Icones florae germanicae et helveticae, Band 2, Tafel 75 (1837–1838).

Verbreitung in Baden-Württemberg: Sehr seltene und unbeständige Adventivpflanze, nur an wenigen Stellen bisher gefunden. Die Angabe der Art für Wertheim, 1813, durch GMELIN (1826: 492, s. auch HEGI IV/1, 1.–3. Aufl.) ist nach DÖLL (1858: 37) unrichtig. Sie wird auch in den badischen Landesfloren des vorigen Jahrhunderts sonst nicht aufgeführt. Für Baden-Württemberg wird die Angabe für Lauffen (SCHÜBLER u. MARTENS 1834) in späteren Floren nicht wiederholt, da es sich um eine Verwechslung mit *S. orientale* gehandelt haben dürfte.

6516/2: Mannheim, Mühlau, LUTZ (1910); 1880–1906 im Hafen, F. ZIMMERMANN (1907: 46); 6915/4: Karlsruhe, Rheinhafen, KNEUCKER (1935: 233), 7420/3: Tübingen, KIRCHNER u. EICHLER (1900: 172), seit 1903 nach A. MAYER (1929) erloschen.

3. Sisymbrium loeselii L. 1755
Loesels Rauke

Morphologie: Ein- bis zweijährige Pflanze, mit dünner Pfahlwurzel. Stengel aufrecht, 20–150 cm hoch, oben ästig, vor allem im basalen Teil rückwärtsgerichtet rauhhaarig; Haare einfach, 1–2 mm lang. Grundblätter zur Blütezeit meist verwelkt; Stengelblätter zahlreich, leierförmig fiederspaltig, mit 1–3 seitlichen Abschnitten und einem oft spießförmigen, dreieckigen bis lanzettlichen, gezähnten Endabschnitt, beidseits borstig behaart bis verkahlend. Traube sehr reichblütig. Kelchblätter 3–4 mm lang, schmal elliptisch bis länglich, die beiden seitlichen mit kurzem Hörnchen. Kronblätter goldgelb, 5–7 mm lang, verkehrt eiförmig. Antheren 1,5–2 mm lang. Schoten schmal lineal, 15–35 mm lang, 0,7–1 mm breit, oft etwas sichelförmig nach oben gebogen; Griffel 0,5–1 mm lang, mit deutlich zweilappiger Narbe; Schotenstiele 7–12 mm lang, behaart oder kahl, schief aufwärts oder fast waagrecht gerichtet.
Biologie: Blüht von Juni bis September. Die Samen scheinen in wenigen Wochen zu reifen. Nach W. KREH (1935) kann eine stattliche Pflanze bis zu 800000 Samen hervorbringen. Aus ihnen gehen im Herbst winterharte Blattrosetten hervor, die der Art zu einem Vorsprung gegenüber sommerannuellen Konkurrenten verhelfen.
Ökologie: Licht- und sommerwärmeliebende Pionierpflanze auf nährstoffreichen Ruderalstandorten wie z.B. auf Güterbahnhöfen, Schutt- und Müllplätzen, an Wegrändern u.ä.
Allgemeine Verbreitung: Die Art ist ein kontinentales Florenelement mit einer ursprünglichen Verbreitung von Innerasien bis nach Ost- und Südosteu-

4409. Loeselii L.

Sisymbrium.

ropa, heute eingeschleppt auch im westlichen und nördlichen Europa.

Verbreitung in Baden-Württemberg: Seltene Adventivpflanze mit meist unbeständigen Vorkommen; in einzelnen Fällen zeigt die Art jedoch eine gewisse Beständigkeit (s. KREH 1935).

Die tiefsten Vorkommen befinden sich im Raum Mannheim bei etwa 100 m, die bisher höchsten bei 500 m (Herrlingen 7525/3).

Die Art ist ein junger Einwanderer. Sie fehlt in den älteren Landesfloren. Nach F. ZIMMERMANN (1907: 96) kam die Art 1880-1906 schon im Hafen von Mannheim vor (s. auch SEUBERT u. KLEIN 1891). Ältere Angaben für Baden bei DIERBACH (1820: 202) und C.C. GMELIN (1826: 494–495) sind nach GRIESSELICH (1836) unrichtig. Für Württemberg wird die Art erstmals von KREH (1928: 68) für Neustadt bei Waiblingen erwähnt.

Oberrheingebiet: 6416/2: Ohne Ortsangabe, SCHÖLCH (STU-K); 6416/4: Friesenheimer Insel, HEINE (1952); 6417/3: Mannheim, BUTTLER u. STIEGLITZ (1976: 20); 6516/2: Mühlau-Hafen, 1870–1910, LUTZ (1910: 369); 6517/1: Ohne Ortsangabe, 1981, SCHÖLCH (STU-K); 6616/4: NW Hockenheim, 1987, DEMUTH (KR); 6617/1: Ohne Ortsangabe, 1981, SCHÖLCH (STU-K); 6617/3: Ohne Ortsangabe, 1981, SCHÖLCH (STU-K); 6915/4: Karlsruhe, Rheinhafen, KNEUCKER (1935: 233); 7314/3: Achern, 1926, W. ZIMMERMANN (1929: 59); 8012/2: Freiburg; THELLUNG (1904: 419).
Tauber-Main-Gebiet: 6426/3: Ohne Ortsangabe, PHILIPPI (KR-K).
Neckarland: 7121/2: Neustadt, Müllplatz, seit 1928 mehrfach, 1932, K. MÜLLER (STU), 1958, KNAUSS (STU); 7121/3: Cannstatt, 1953, SEYBOLD (1969); 7220/4: Stuttgart-Vaihingen, 1942, SEYBOLD (1969); 7221/1: Stuttgart, Güterbahnhof, 1950, KREH (STU); 7222/3: Plochingen, Güterbahnhof, 1951–53, SEYBOLD (1969); 7717/2: Epfendorf, 1979, AIGELDINGER (STU).
Schwäbische Alb/Donautal: 7525/3: Herrlingen, Bahnhof, 1940, K. MÜLLER (STU); 7525/4: Ulm, Güterbahnhof, 1931–44, 1951, K. MÜLLER (STU); Söflingen, 1943, K. MÜLLER (1950: 102).
Alpenvorland: 8320/2: Wollmatingen, 1970, K.H. MÜLLER in BECERER (1974: 28).

Bestand und Bedrohung: An den wenigen Vorkommen der Art sollten nach Möglichkeit keine Herbizide eingesetzt werden. Die Samen sollten ausreifen können.

Loesels Rauke *(Sisymbrium loeselii)*; aus REICHENBACH, L.: Icones florae germanicae et helveticae, Band 2, Tafel 76, Figur 4409 (1837–1838).

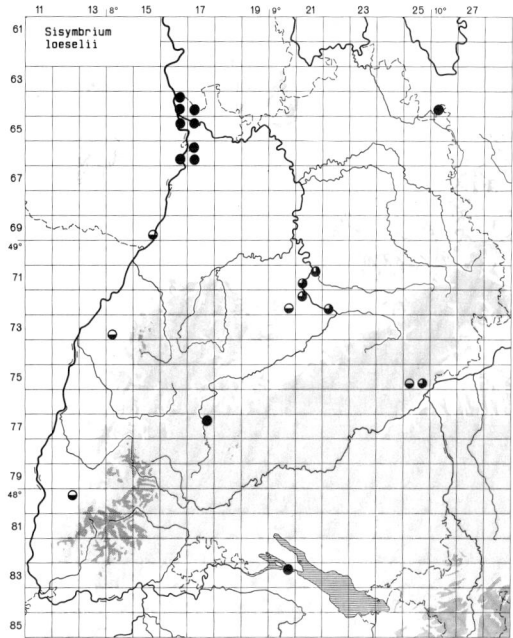

4. Sisymbrium volgense M. Bieb. ex Fournier 1865
Wolga-Rauke

Morphologie: Meist ausdauernde Pflanze mit kriechendem Rhizom; Stengel aufrecht, ästig, 30–80 cm hoch, mit Ausnahme des öfters etwas flaumig behaarten basalen Teils kahl. Untere und mittlere Stengelblätter eiförmig bis spießförmig, fiederspaltig bis gezähnt, gestielt; obere Stengelblätter lanzettlich, oft ganzrandig, basal stielartig verschmälert; Blätter fast kahl, nur untere etwas behaart. Blütenstand fast rispenartig aus ziemlich kurzen Trauben zusammengesetzt, seine oberen Äste ohne oder nur mit unscheinbaren, linearen Tragblättern. Kelchblätter 3,5–5 mm lang, die beiden äußeren mit Hörnchen. Kronblätter etwa doppelt so lang wie Kelchblätter, gelb. Schoten 25–50 mm lang, etwa 1 mm dick, auf 5–8 mm langen, dünnen, aufwärts gerichteten Stielen. – Blütezeit: Mai bis August.

Ökologie: Lichtliebende Pionierpflanze auf trockenen, sommerwarmen Ruderalstandorten; bei uns bisher nur im Hafengelände, gern zusammen mit *Hordeum murinum, Berteroa incana.*

Allgemeine Verbreitung: Steppengebiete des südöstlichen Rußland, gelegentlich auch in West-, Mittel- und Nordeuropa eingeschleppt, z.T. auch eingebürgert. Neuere Darstellung der Verbreitung in Europa durch JEHLIK (1981).

Verbreitung in Baden-Württemberg: Seltene, bisher nur aus dem Oberrheingebiet von wenigen Vorkommen bekannte Adventivpflanze.

6416/4: Mannheim-Industriehafen, seit 1939, nach HEINE (1952) alljährlich; 6915/4: Karlsruhe-Rheinhafen, seit 1910, MARKGRAF in HEGI (1962: 104), 1914, H.A. KRAUSS (STU).

5. Sisymbrium austriacum Jacq. 1775
S. pyrenaicum Vill. subsp. *austriacum* (Jacq.) Schinz et Thell. 1908
Österreichische Rauke

Morphologie: Zwei- oder mehrjährige Pflanze mit Pfahlwurzel; Stengel aufrecht, meist ästig, 20–80 cm hoch, meist kahl, selten mit aufwärts gekrümmten, kurzen Haaren. Blätter vielgestaltig, schrotsägezähnig, leierförmig fiederspaltig bis -teilig oder fast ganzrandig, kahl, untere in Stiel verschmälert. Trauben reichblütig. Kelchblätter ca. 4 mm lang, schmal länglich, oft mit einzelnen Haaren. Kronblätter 6–8 mm lang, spatelförmig. Antheren 1,5–1,7 mm lang. Schoten aufrecht abstehend, 20–60 mm lang, ca. 1 mm breit, oft ± verdreht; Fruchtklappen dreinervig, gewölbt, zwischen den Samen etwas eingeschnürt; Griffel 0,8–2 mm lang; Fruchtstiele 5–12 mm lang, ± gebogen. – Blütezeit: Mai bis Juli.

Ökologie: Etwas licht- und wärmeliebende Art auf mäßig trockenen, steinig-kiesigen, meist kalk- und

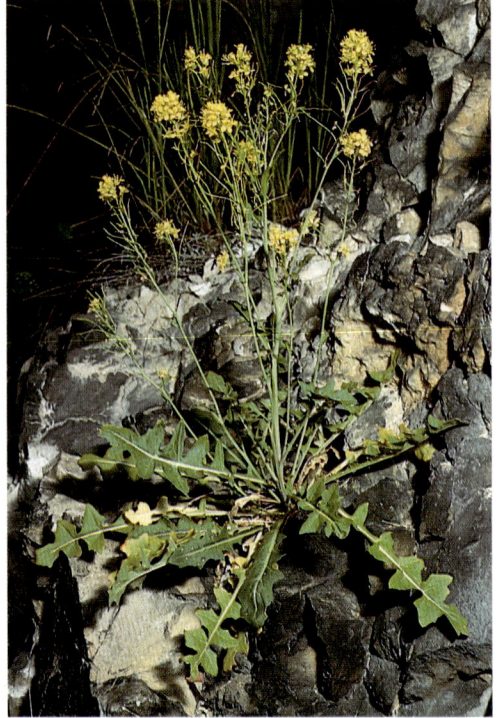

Österreichische Rauke *(Sisymbrium austriacum)* Sigmaringen, 1988

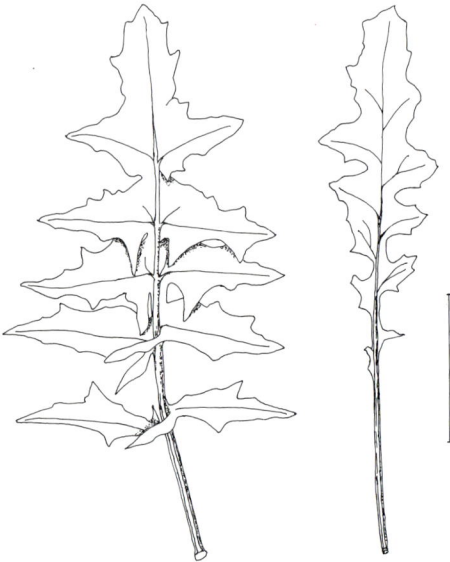

Sisymbrium austriacum (unterschiedliche Formen bei unteren Stengelblättern. Maßstablänge = 5 cm (Zeichnung O. SEBALD).

stickstoffreichen Standorten; gern am Fuß von überhängenden Felsen (Balmen), auch in Fels- und Mauerspalten und in Ruderalfluren auf Güterbahnhöfen und Schuttplätzen; gilt als Charakterart des Sisymbrio-Asperuginetum, einer typischen Pflanzengesellschaft der Balmen (Verband Sisymbrion); pflanzensoziologische Aufnahmen mit dieser Art findet man bei E. REBHOLZ (1931), O. SEBALD (1983, Tab. 11). Als Begleiter kommen öfters vor: *Veronica hederifolia, Galium aparine, Fumaria vaillantii, Asperugo procumbens, Chelidonium majus, Bromus tectorum, Chenopodium hybridum*.

Allgemeine Verbreitung: Mit großen Lücken in Südwest- und Mitteleuropa von Spanien (dort nicht die typische Unterart) bis nach Mähren und den Wiener Raum nach Osten, nach Norden bis zum Süntel bei Hameln und nach Thüringen.

Verbreitung in Baden-Württemberg: An natürlichen Standorten (Felsen, Felsschutt, Balmen) auf der Schwäbischen Alb sehr zerstreut, sonst selten adventiv und meist unbeständig auch in anderen Landschaften.

Die tiefsten Vorkommen waren bei den adventiven Karlsruhe bei 110 m, bei den natürlichen Vorkommen Weiler (7624/2) mit etwa 550 m. Die höchstgelegenen Vorkommen finden sich am Schafberg und Lochenstein (7719/3) bei etwa 950 m.

Aus Württemberg wird die Art erstmals von MARTENS (1825: 340) von Pfullingen an der Schwäbischen Alb als „S. ekartsbergense" erwähnt. Die älteren Landesfloren nennen die Art nur für das Obere Donautal. DÖLL (1862) führt die Art außerhalb der Alb schon für Wertheim an.

Main-Tauber-Gebiet: 6223/1: Wertheim, 1813, WIBEL in DÖLL (1862).
Oberrheingebiet: 6916/3: Karlsruhe, Rheinhafen, 1925, KNEUCKER (1935: 233).
Neckarland: 6920/2: Lauffen, an Mauern, 1897, BADER (STU); 7121/3: Cannstatt, 1953, SEYBOLD (1969); 7121/4: Neustadt, Müllplatz, 1965, SEYBOLD (1969); 7220/2: Botnang, Schuttplatz, 1954, SEYBOLD (STU); 7221/1: Stuttgart, Hauptbahnhof, 1954/58, SEYBOLD (1969); 7222/3: Plochingen, Güterbahnhof, 1953, LEIDOLF (STU); 7617/3: Aistaig, 1987, ADE (STU-K).
Schwäbische Alb: 7422/3: Sonnenfels, 1986, BURGHARDT (STU-K); 7423/3: Gutenberg, 1983, BURGHARDT (STU-K); 7521/3: Gießstein, 1983, BURGHARDT (STU-K); 7521/4: Ohafelsen, 1981, BURGHARDT (STU-K); Lichtenstein, 1853, HEGELMAIER (STU); 7522/1: Rutschenfelsen, 1985, BURGHARDT (STU-K); 7525/1: Bermaringen, felsiger Straßenrand, 1936, K. MÜLLER (STU); 7620/3: Hangender Stein, 1983, BURGHARDT (STU-K); Kohlwinkelfelsen, 1981, SEYBOLD (STU-K); 7623/3: Hohengundelfingen, 1985, BURGHARDT (STU-K); 7624/2: Bruckfels bei Weiler, 1979, MECKLE (STU-K); 7719/3: Schafberg, 1985, BURGHARDT (STU-K); Lochenstein, 1981, BURGHARDT (STU-K); 7719/4: Gräbelesberg, 1976, HARMS (STU-K); Großer Vogelfels, 1984, BURGHARDT (STU-K); 7720/3: Mahles-

fels, 1982, BURGHARDT (STU-K), A. MAYER (1929); Buttenhagfels, 1982, BURGHARDT (STU-K); 7722/2: Gerberloch, 1981, BURGHARDT (STU-K); 7723/1: Felsen im Großen Lautertal, 1983, BURGHARDT (STU-K); 7818/2: Hochberg, 1982, BURGHARDT (STU-K), 1921, K. MÜLLER (STU); 7819/3: Beilstein, Granegg, Uhufels, alle 1981, BURGHARDT (STU-K); 7820/4: Felsen 1 km S Oberschmeien, 1983, BURGHARDT (STU-K); 7918/2: Ursental, 1983, BURGHARDT (STU-K); 7919/1: Bäratal, Rabenfels, 1984, BURGHARDT (STU-K); 7919/2, 3, 4: An mindestens 25 Stellen an Felsen des Donautales, 1978–82, BURGHARDT (STU-K); 7920/1, 2: An mindestens 12 Stellen an Felsen des Donautales und des Schmeietales, 1979–83, BURGHARDT (STU-K); 7921/1: Inzigkofen, Laiz, WEIGER (1949: 113).
Donaugebiet: 7525/4: Ulm, Güterbahnhof, 1933, K. MÜLLER (STU); Ehrenstein, 1927, K. MÜLLER (1957: 86).
Wutach-Hochrhein: 8117/3: Wutachflühen, 1982, BURGHARDT (STU-K); 8317/2: Altenburg, Bahnhof, 1934, KUMMER (1941).

Bestand und Bedrohung: Die natürlichen Vorkommen sind zum Teil schwer zugänglich und daher wenig gefährdet. Doch gibt es auch viel besuchte Balmen und Höhleneingänge, bei denen man auf eine Schonung der Bestände achten sollte. Die Art ist in der Roten Liste 1983 zu Recht als zwar nicht gefährdet, aber schonungsbedürftig aufgeführt. Die größte Besiedlungsdichte hat die Art im oberen Donautal zwischen Inzigkofen und Mühlheim, wo sie fast an jedem größeren Felskomplex vorkommt.

6. Sisymbrium altissimum L. 1753

S. pannonicum Jacq. 1781
Riesen-Rauke, Hohe Rauke, Ungarische Rauke

Morphologie: Ein- bis zweijährige Pflanze, mit dünner Pfahlwurzel. Stengel aufrecht, 20–80 cm hoch, oben verzweigt, besonders im basalen Teil borstig abstehend behaart, Haare einfach, bis ca. 2–3 mm lang. Untere Blätter schrotsägeförmig bis fiederspaltig, mit 4–9 dreieckigen bis lanzettlichen, gezähnten Abschnitten je Hälfte, oft beidseits etwas behaart, obere Blätter sitzend, fiederteilig mit 2–5 linealen bis fädlichen, meist ganzrandigen Abschnitten je Hälfte, mit Ausnahme des Randes und der Blattspindel meist kahl. Kelchblätter schmal elliptisch, 4–5 mm lang, die zwei mittleren mit einem Hörnchen. Kronblätter spatel- bis schmal keilförmig, hellgelb oder weißlich, 6–8 mm lang. Fruchtstand locker; Schoten 60–100 mm lang und 1–1,5 mm dick, auf 5–12 mm langen, fast gleich dicken Stielen schief bis fast waagrecht abstehend; Fruchtklappen mit einem deutlichen Mittelnerv und zwei schwächeren Seitennerven; Griffel 0,5–1 mm lang. – Blütezeit: Mai bis August.

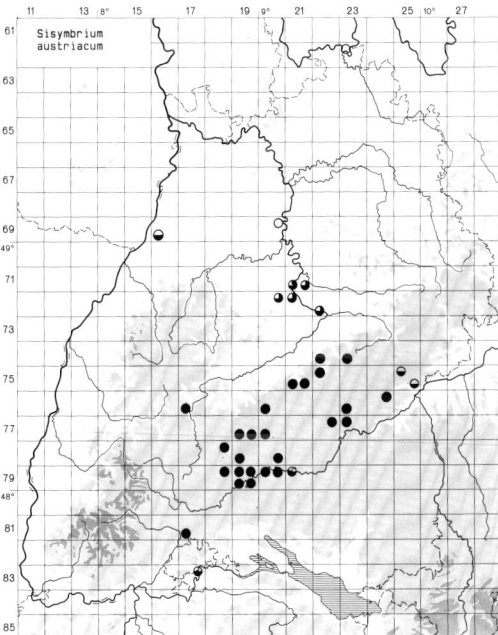

Sisymbrium
austriacum

4405. *Sophia. I.*   4406. *pannonicum. IACQ.*

Sisymbrium.

Ökologie: Licht- und wärmeliebende Art auf trockenen bis mäßig frischen, etwas stickstoffbeeinflußten, steinigen bis sandigen Böden; vorwiegend in Pionier-Ruderalfluren auf Bahn- und Hafengelände, neu angelegten Straßen- und Uferböschungen, Schuttplätzen, Steinbrüchen, Binnendünen, Kiesgruben; gilt als Charakterart des Lactuco-Sisymbrietum altissimi (Lattich-Riesenrauken-Flur), einer Gesellschaft, die bisher nicht in Baden-Württemberg beobachtet wurde; als häufige Begleiter werden genannt : *Lactuca serriola, Conyza canadensis, Senecio viscosus, Chenopodium album, Tripleurospermum inodorum, Sonchus oleraceus*. G. PHILIPPI (1971, Tab. 1/Aufn. 8) führt die Art in einer Liste der Wanzensamen-Gesellschaft (*Corispermum leptoterum*-Ges.) von ruderal beeinflußten Dünensanden bei Mannheim auf.

Allgemeine Verbreitung: Die Art gilt als kontinentales Florenelement, dessen ursprüngliche Verbreitung von Innerasien bis nach Ost- und Südosteuropa reichte. Sie wurde in weiten Teilen Europas und ebenso in Nordamerika erst in neuerer Zeit eingeschleppt. Verbreitungskarte bei MEUSEL u.a. (1965, Karte 192 d), bei KRACH u. FISCHER (1979) für den benachbarten fränkischen Raum.

Verbreitung in Baden-Württemberg: Selten, nur im Raum Mannheim–Schwetzingen (Flugsandgebiete) häufigere, meist unbeständige, stellenweise auch eingebürgerte und sich neuerdings offensichtlich ausbreitende Adventivpflanze.

Die tiefsten Vorkommen finden sich im Raum Mannheim bei etwa 100 m. Der höchstgelegene Fund war bisher Wangen im Allgäu (8324/2) mit 550 m.

Die älteste Angabe aus dem Land bringt DIERBACH (1820: 202): „bei Schwetzingen auf dem Sande am Relaishaus", eine Angabe, die von GRIESSELICH (1836) bestätigt wird. In den württembergischen Landesfloren wird die Art erstmals bei KIRCHNER u. EICHLER (1900) erwähnt.

Oberrheingebiet: 6413/3: Mannheim, 1944/47 häufig, HEINE (1952); 6417/1,3: Viernheim–Käfertal, PHILIPPI (1976), BUTTLER u. STIEGLITZ (1976); 6417/4: BREUNIG (KR-K); 6516/2: Mannheim, Hafen, HEINE (1952); 6517/3: Schwetzingen–Neckarau, DÖLL (1862); 6617/1: o.O., BREUNIG (KR-K); 6617/3: Talhaus E Hockenheim, 1988,

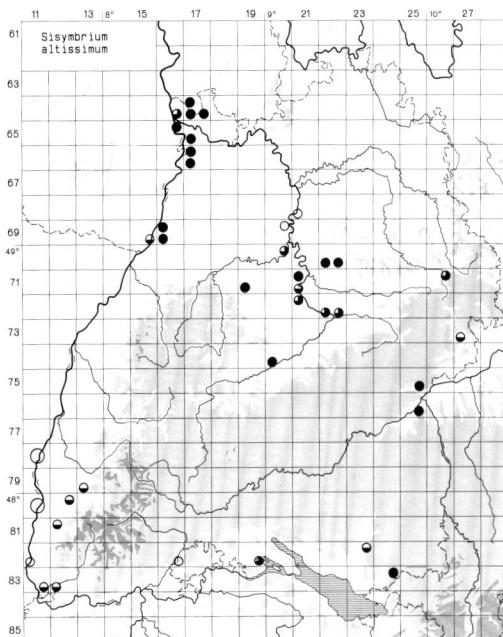

DEMUTH (KR-K); 6915/4: Karlsruhe, Rheinhafen, KNEUCKER (1935: 233); JAUCH (1938: 100); 6916/1: ohne Ortsangabe (KR-K); 6916/3: Karlsruhe (KR-K); Bahnhof Mühlburg, 1937, JAUCH (1938: 100); 7811/?: ohne Ortsangabe (KR-K); 7913/3: Freiburg, alter Güterbahnhof, 1904/07, THELLUNG (1908: 187); 8011/?: ohne Ortsangabe (KR-K); 8012/2: Uffhausen, LIEHL (1898: 80); Haslach, 1912, LIEHL (1912: 163); 8112/1: Staufen, NEUBERGER (1912: 163); 8211/3: Rheinweiler, SEUBERT u. KLEIN (1905: 165); 8311/4: Rötteln, BINZ (1934: 51); 8312/3: ohne Ortsangabe.

Neckarland: 6821/3: Heilbronn, KIRCHNER u. EICHLER (1900: 172); 6920/2: Lauffen, 1897, BADER (STU); 7020/2: Bietigheim, 1953, SEYBOLD (1969); 7022/3: Erbstetten, 1979, SCHWEGLER (STU); 7022/4: Backnang, 1985, SCHWEGLER (STU); 7119/3: Heimsheim, 1976, ZIEGLER (STU-K); 7121/1: Kornwestheim, 1972, SINDELE (STU); 7121/3: Feuerbach-Zuffenhausen, um 1935, SEYBOLD (1969); Güterbahnhof Nord 1950–53, KREH (STU-K); 7126/2: Wasseralfingen, 1947, MAHLER (STU-K); 7221/1: Stuttgart, Güterbahnhof, 1950, KREH (STU); Untertürkheim, 1934, KREH (STU-K); 7222/3: Zell, 1952, SEYBOLD (1969); 7222/4: Plochingen, 1959, KNAUSS (STU); 7223/?: Ohne Ortsangabe; 7420/3: Tübingen, 1930, A. MAYER (1950).

Schwäbische Alb: 7327/3: Giengen, Güterbahnhof, 1932, K. MÜLLER (STU).

Alpenvorland: 7525/4: Ulm, Güterbahnhof, 1981, RAUNEKER (STU), 1932, 1954, K. MÜLLER (STU); 7625/4: Donaustetten, 1981, RAUNEKER (STU-K); 8219/4: Radolfzell, 1968, HENN (STU-K); 8223/2: Ravensburg, Güterbahnhof, 1933, K. MÜLLER (1935: 47); 8324/2: Wangen, Güterbahnhof, 1970/72, BRIELMAIER in DÖRR (1974: 84).

Wutachgebiet: 8216/4: Stühlingen, 1893, SEUBERT u. KLEIN (1905: 165).

Riesen-Rauke *(Sisymbrium altissimum)*, rechts (Figur 4406); ferner Besenrauke *(Descurainia sophia)*, links (Figur 4405); aus REICHENBACH, L.: Icones florae germanicae et helveticae, Band 2, Tafel 74 (1837–1838).

185

Bestand und Bedrohung: Zur Erhaltung von Vorkommen dieser an sich naturgemäß unbeständigen Adventivart dürften am besten das Ausreifenlassen der Samen und die Vermeidung von Herbizideinsatz beitragen.

7. Sisymbrium orientale L. 1756

S. columnae Jacq. 1776
Orientalische Rauke

Morphologie: Ein- bis zweijährige Pflanze mit Pfahlwurzel; Stengel aufrecht, 15–60 cm hoch, oben verzweigt, weichhaarig. Unterste Blätter langgestielt, einfach, länglich, untere Stengelblätter fiederspaltig mit nur 1–2 seitlichen Abschnitten und einem großen dreieckigen bis spießförmigen Endabschnitt, obere Stengelblätter spießförmig oder ungeteilt, lanzettlich bis lineal, ganzrandig. Kelchblätter 4–5 mm lang, ohne Hörnchen. Kronblätter 8–9 mm lang. Schoten 50–110 mm lang, auf 3–7 mm langen, fast ebenso dicken, schräg abstehenden Stielen; Klappen 3nervig; Griffel 1–2 mm lang. – Blütezeit: Juni bis Oktober.
Ökologie: Licht- und wärmeliebende Pionierpflanze auf meist ziemlich trockenen Ruderalstandorten im Bereich von Bahn- und Hafenanlagen, auf Schuttplätzen, an Wegrändern und ähnlichen Stellen.
Allgemeine Verbreitung: Kanarische Inseln, gesamtes Mittelmeergebiet, südliches Osteuropa, südwestliches Asien bis zum Himalaja; sonst in subtropischen Gebieten weltweit verschleppt, in Mitteleuropa nur adventiv.
Verbreitung in Baden-Württemberg: Sehr seltene und unbeständige Adventivpflanze.

Die tiefsten Funde stammen von Mannheim bei etwa 100 m, die höchsten von Tuttlingen (8018/2) bei etwa 650 m.

Die Art wurde in Baden erstmals 1881 gefunden (F. ZIMMERMANN 1907: 96). Für Württemberg wird sie erstmals bei KIRCHNER u. EICHLER (1900: 172) für Lauffen und Ulm erwähnt.

Oberrheingebiet: 6516/2: Mannheim-Mühlauhafen, 1870–1910, LUTZ (1910: 370), 1881–1908, F. ZIMMERMANN (1913: 140); 6915/4: Rheinhafen Karlsruhe, 1907, KNEUCKER (STU); 7115/1: Rastatt, 1917–1918, KRAUSE (1921: 130); 7314/2: Bühl, 1924, W. ZIMMERMANN (1926: 30); 7314/3: Achern, 1923, W. ZIMMERMANN (1926: 30); 7412/2: Kehl, THELLUNG in HEGI (1916: 180); 7913/3: Freiburg, Güterbahnhof, 1920, JAUCH (1938: 100); 8012/2: Freiburg-Haslach, LIEHL (1912: 163).
Main-Tauber-Gebiet: 6525/1: Taubermühle S Weikersheim, 1969, SEYBOLD (STU).
Neckarland: 6820/4: Nordheim, 1899, BADER (STU-K); 6920/2: Lauffen, 1897, BADER (STU-K); 7121/1: Kornwestheim, Güterbahnhof, 1972, SINDELE (STU); 7221/1: Stuttgart, 1941, K. MÜLLER (STU), 1962, 1980, KUNIK (STU); 7420/3: Tübingen, 1930, A. MAYER (1950).
Schwäbische Alb und Donautal: 7525/4: Ulm, Güterbahnhof, 1899–1950, K. MÜLLER (STU u. 1950: 102); 7526/3: Örlinger Tal, 1919, VON ARAND (STU); 8018/2: Tuttlingen, 1919–1922, BERTSCH (STU).
Alpenvorland: 8322/2: Friedrichshafen, 1898, FAHRBACH (STU-K).

Bestand und Bedrohung: Siehe vorhergehende Art.

8. Sisymbrium officinale (L.) Scop. 1772

Erysimum officinale L. 1753
Wegrauke

Morphologie: Ein- bis zweijährig, mit dünner Pfahlwurzel; Stengel aufrecht, rund, mit sparrig abstehenden Ästen, 20–70 cm hoch, rückwärts gerichtet kurzhaarig. Untere Blätter langgestielt, fiederteilig mit 2–5 Paar seitlichen Abschnitten und einem größeren, lappig gezähnten, dreieckigen bis eiförmigen Endabschnitt; obere Blätter mit 1–2 Paar seitlichen Abschnitten und einem schmäleren Endabschnitt, oft spießförmig; beidseits behaart. Trauben im Fruchtzustand stark verlängert, rutenförmig durch die angedrückten Schoten. Kelchblätter 1,5–2 mm lang. Kronblätter 2–4 mm lang. Schoten behaart, pfriemlich, von der Basis an zum Griffel hin verjüngt, 8–20 mm lang, dem Stengel angedrückt; Fruchtstiel 2–3 mm lang, fast so dick wie die Schoten; Fruchtklappen dreinervig, gewölbt.

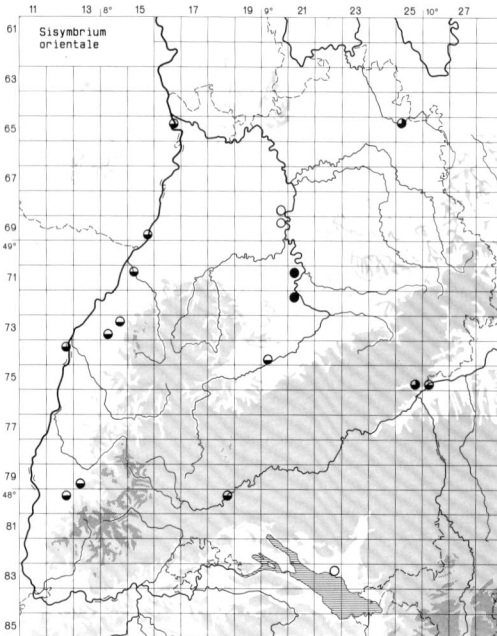

Karte: Sisymbrium orientale

Biologie: Blüht von Mai bis September. Es kann Selbst- und Insektenbestäubung stattfinden. Die Schoten bleiben lange geschlossen und die Samen werden in den Schoten oft mit den sparrigen, toten Pflanzen verschleppt.

Ökologie: Lichtliebend, auf trockenen bis frischen, stickstoffbeeinflußten Standorten, vor allem in kurzlebigen, offenen Ruderalfluren im Bereich menschlicher Siedlungen, an Wegrändern, auf Schuttplätzen, an Ufern und Dämmen; Begleiter u.a.: *Capsella bursa-pastoris, Sonchus oleraceus, Senecio vulgaris, Chenopodium album* u.a., *Bromus sterilis, Lactuca serriola, Polygonum aviculare* usw.; namengebende Art des Sisymbrion-Verbandes.

Allgemeine Verbreitung: Eurasien bis nach Ostsibirien, gesamtes Mittelmeergebiet, in Nordeuropa bis Mittelschweden; verschleppt in Nord- und Südamerika, Australien und Ost- und Südafrika.

Verbreitung in Baden-Württemberg: In allen Landschaften vorkommend, aber nicht mehr überall häufig. Die Art ist ein alter Begleiter der menschlichen Siedlungen, ob sie urwüchsig in der natürlichen Vegetation vorhanden war, scheint nicht ganz sicher zu sein.

Von den tiefsten Lagen bei Mannheim bis in die höheren Lagen der Schwäbischen Alb gedeihend (z.B. bei Balingen noch bei 850 m, wohl noch höher); im Schwarzwald bis 850 m (Wieden bei Schönau).

Bei Eschelbronn wurden von dieser Art aus dem

Wegrauke *(Sisymbrium officinale)*

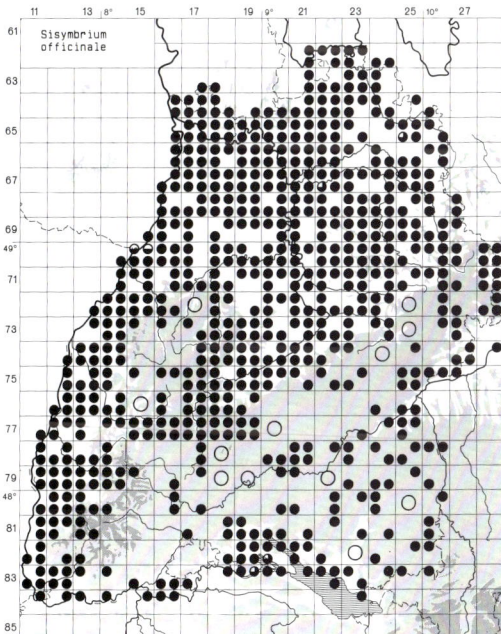

späten Subatlantikum stammende Funde gemacht (KÖRBER-GROHNE 1979). Literarisch wird die Art schon von J. BAUHIN (1598: 169) aus dem Raum Bad Boll erwähnt. Sie findet sich auch schon in den Herbarien von H. HARDER um 1574–76 (SCHORLER 1907: 86).

Bestand und Bedrohung: Die Vorkommen sind so zahlreich, daß eine Bedrohung noch nicht besteht. Allerdings scheint in den letzten Jahrzehnten ein gewisser Rückgang eingetreten zu sein. Von RAUNEKER (1984) wird dies für den Ulmer Raum bestätigt. Eine Reihe von alten Meßtischblattangaben für die Art konnte noch nicht wieder bestätigt werden. Die weiterhin noch zunehmende Versiegelung von Hof- und Wegflächen dürfte dabei ebenso eine Rolle spielen wie auch die Zunahme konkurrenzkräftiger Ruderalpflanzen als Folge einer allgemeinen Eutrophierung der übrig gebliebenen Standorte. Die Art verträgt gelegentliches Abmähen.

2. **Descurainia** Webb. et Berth. 1836
Sisymbrium sect. *Descurainia* Fourn. 1865
Besenrauke, Sophienkraut

Ein- bis zweijährige Pflanzen (auf den Kanarischen Inseln auch Halbsträucher) mit kurzen, verzweigten Haaren. Blätter 2- bis 3fach fiederteilig. Kronblätter blaßgelb, nicht länger als die Kelchblätter. Frucht eine Schote.

Von den rund 50 Arten der Gattung kommen die meisten in Nordamerika vor. Nur eine Art kommt wild in Mitteleuropa vor.

1. Descurainia sophia (L.) Webb ex Prantl 1891
Sisymbrium sophia L. 1753
Besenrauke, Sophienkraut

Morphologie: Ein- bis zweijährige Pflanze mit Pfahlwurzel; Stengel aufrecht, oben verzweigt, 30–80 cm hoch, wie die Blätter graugrün behaart durch kurze, verzweigte Haare oder fast kahl. Blätter 2- bis 3fach fiederteilig mit schmalen Abschnitten, untere Blätter gestielt, obere sitzend. Blüten in später verlängerten Trauben ohne Tragblätter. Kelchblätter 2–2,5 mm lang, schmal länglich, aufrecht. Kronblätter blaß bis grünlich gelb, 1,5–2 mm lang, schmal spatelförmig. Staubblätter aus den Blüten hervorragend. Schoten schmal lineal, kahl, 15–28 mm lang, 0,7–1 mm breit, oft leicht gebogen, auf 7–15 mm langen, dünnen, aufrecht abstehenden Stielen; Griffel ca. 0,3 mm lang; Fruchtklappen mit einem deutlichen Mittelnerv. Samen einreihig, 0,8–1 mm lang.

Biologie: Blüte meist von Mai bis Juli. Es herrscht Selbstbestäubung vor. Ausfallende Samen wurden ab August beobachtet, doch können die Samen nach der Reife auch in den Schoten an der stehen-

Besenrauke *(Descurainia sophia)*

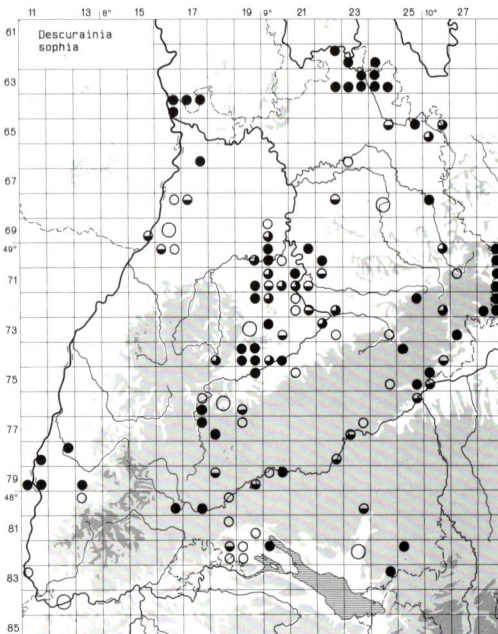

den Pflanze („Wintersteher") überwintern. Von einer Pflanze können nach Angaben KERNERS etwa 730000 Samen produziert werden.

Ökologie: Licht- und sommerwärmeliebende Pflanze auf nährstoffreichen, oft auch kalkreichen, trockenen bis mäßig frischen Standorten in Äckern und auf Ruderalstellen an Wegrändern, Dämmen, Schuttplätzen, Hafen- und Bahnanlagen; gern zusammen mit *Sisymbrium officinale, Chenopodium-* und *Atriplex*-Arten, *Lactuca serriola; Conyza canadensis, Tripleurospermum inodorum, Capsella bursa-pastoris* u.a.; gilt als Charakterart der Sophienkraut-Flur (Descurainietum sophiae). *Sisymbrium loeselii* und *S. altissimum* sind weitere Kennarten dieser Gesellschaft. Die Art kommt aber auch in einigen anderen Gesellschaften des Sisymbrion officinalis-Verbandes vor.

Allgemeine Verbreitung: Eurasien ohne die arktischen, subtropischen und tropischen Zonen; Nordwestafrika; ferner verschleppt in Amerika, Australien, Neuseeland und Südafrika.

Verbreitung in Baden-Württemberg: Heute meist selten bis zerstreut, früher in einigen sommerwärmeren und etwas subkontinental getönten Landschaften wie im nördlichen Oberrheingebiet, im Main-Tauber-Gebiet, im mittleren Neckarland und im östlichen Württemberg (Härstfeld, Nördlinger

Ries) auch häufig. Bei SCHÜBLER u. MARTENS (1834) heißt es schon „am häufigsten im Unterland und am südlichen Fuß der Alp". Diese frühere Häufigkeit hat bewirkt, daß in den älteren Landesfloren oft keine konkreten Fundorte angegeben sind, so daß in der Verbreitungskarte die frühere Verbreitung nur unzureichend dargestellt werden konnte.

Die tiefsten Vorkommen liegen naturgemäß bei etwa 100 m im nördlichen Oberrheingebiet bei Mannheim, die höchsten auf der Schwäbischen Alb wohl bei etwa 750 m (am Fuß des Knopfmacherfelsens bei Beuron).

Vermutlich ist die Art bei uns als urwüchsig zu betrachten, auch wenn fast alle Vorkommen heute auf sekundären Standorten wachsen. Die ältesten Nachweise im Land stammen aus dem späten Atlantikum von Hochdorf (KÜSTER 1985) und Hornstaad (SCHLICHTHERLE 1981). In der Literatur findet sich die Art bei J. BAUHIN (1598: 169) als „Sophia quorundam, in suburbio urbis Kirchen" (= Kirchheim/Teck). Ferner ist die Art bei H. HARDER 1574–76 belegt (SCHORLER 1907: 83).

Bestand und Bedrohung: Der schon erwähnte Rückgang der Art seit dem vorigen Jahrhundert hat zur Einstufung in der Roten Liste (1983) als nicht gefährdet, aber schonungsbedürftig (G 5), geführt. Ausreifenlassen der Samen, Vermeidung von Herbizideinsatz an den Vorkommen, eventuell Offenhalten von geeigneten Ruderalstellen wären geeignete Maßnahmen zur Erhaltung der Bestände.

3. **Alliaria** Fabr. 1759
Knoblauchsrauke

Von den zwei Arten der Gattung kommt eine bei uns vor. Beschreibung s. bei *A. petiolata*. Die zweite Art kommt im Kaukasus vor.

1. **Alliaria petiolata** (Bieb.) Cavara & Grande 1913
Arabis petiolata Bieb. 1808; *Alliaria officinalis* Andrz. ex Bieb 1819
Knoblauchsrauke, Lauchkraut, Lauchhederich

Morphologie: Meist zweijährige, manchmal auch ausdauernde Pflanze mit Pfahlwurzel; Stengel aufrecht, kantig, mit Ausnahme des basalen Teils kahl, im Blütenstand verzweigt, 20–90 cm hoch; Haare stets einfach. Untere Blätter langgestielt, ± nierenförmig, gekerbt, obere Blätter kürzer gestielt, meist herzförmig-dreieckig, buchtig gezähnt; mit Ausnahme des Stiels kahl. Die untersten Blüten der Trauben oft mit Tragblättern. Kelchblätter 2,5–3,5 mm lang, länglich bis schmal eiförmig, blaßgrün, abstehend, seitliche nicht gesackt. Kronblätter weiß, 5–7 mm lang. Stiel der reifen Frucht dick, kurz, 3–6 mm lang, waagrecht bis etwas aufwärts abstehend; Schote 30–60 mm lang, etwa 2 mm breit, gegenüber dem Stiel etwas nach oben abgewinkelt; Fruchtklappen gewölbt mit kräftigem Mittelnerv, dadurch Schoten vierkantig; Griffel 1–2 mm lang. Samen einreihig, 3–4 mm lang, längsriefig. – Blütezeit: April bis Juni, selten bis Oktober.

Ökologie: Halbschattenertragende Pflanze auf frischen, nährstoffreichen Böden; gern in Hecken, an Waldrändern, an Wegen in beschatteter, luftfeuchter Lage, in Auwäldern; Begleitpflanzen: *Geum urbanum, Chelidonium majus, Geranium robertianum, Galium aparine, Urtica dioica, Ranunculus ficaria, Chaerophyllum temulum* usw.; gilt als Charakterart des Geo-Alliarion-Verbandes (frische, stickstoffreiche Wald- und Gebüschsäume); Aufnahmen finden sich u.a. bei PHILIPPI (1983, Tab. 16).

Allgemeine Verbreitung: Fast ganz Europa, Mittelmeergebiet, westliches Asien bis zum Himalaja.

Verbreitung in Baden-Württemberg: In den meisten Landschaften verbreitet und häufig, nur in manchen Teilen des Schwarzwaldes und des Alpenvorlandes, sowie stellenweise auf der Hochfläche der Schwäbischen Alb nur zerstreut bis selten vorkommend.

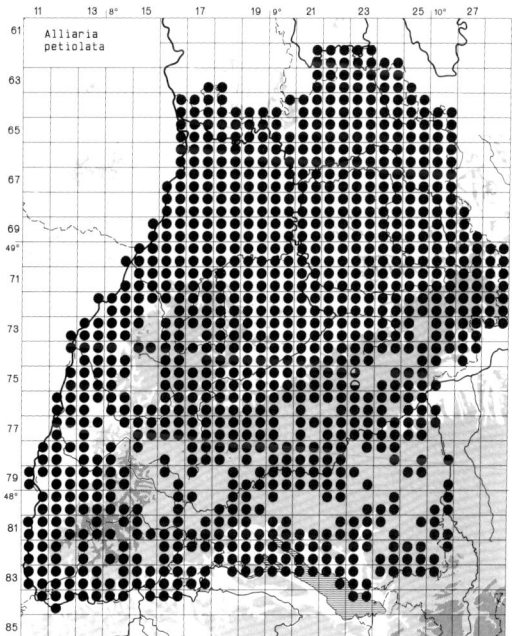

Knoblauchsrauke *(Alliaria petiolata)*
Kaiserstuhl, 1987

Die Art bevorzugt deutlich die niederen und mittleren Höhenlagen. Auf der Schwäbischen Alb wurden Vorkommen bei etwa 950 m bei Balingen (7719/3) notiert.

Der älteste Fund stammt bisher aus dem frühen Subboreal bei Sipplingen (K. BERTSCH 1932). Literarisch belegt ist die Art bei J. BAUHIN (1598: 225; 1602: 215) „am Eichelberge und umb Boll". Auch bei H. HARDER ist sie von 1574–76 nachgewiesen (SCHORLER 1907: 87).

Bestand und Bedrohung: Keine Bedrohung, da die Art weitverbreitet ist und wohl auch noch in Zunahme begriffen ist. Die Art verträgt gelegentliches Abmähen.

4. **Arabidopsis** (DC.) Heynhold 1842
Stenophragma Celak. 1870
Schmalwand

Einjährige bis ausdauernde krautige Pflanzen; Haare einfach oder verzweigt. Blätter ungeteilt bis fiederspaltig. Kelchblätter aufrecht, seitliche schwach gesackt. Schoten linear, mit einnervigen, gewölbten Klappen. Samen klein, ein- bis zweireihig.

Die meisten der 13 Arten der Gattung scheinen am nächsten mit der Gattung *Cardaminopsis* verwandt zu sein. Doch ist die Abgrenzung der Gattung noch nicht endgültig gesichert. Bei uns einheimisch ist nur *A. thaliana.* Eine zweite Art, *A. pumila* (Stephan) N. Busch, wurde 1985 eingeschleppt in einem umgelegten Weinberg bei Stuttgart-Untertürkheim (7222/1) gefunden.

1 Stengelblätter keilförmig an der Basis; Kronblätter weiß . . . . 1. *A. thaliana*
– Stengelblätter pfeilförmig stengelumfassend; Kronblätter gelb; sehr selten eingeschleppt . . . .
[*A. pumila*]

1. **Arabidopsis thaliana** (L.) Heynh. 1842
Sisymbrium thalianum (L.) Gay et Monnard 1826; *Stenophragma thaliana* (L.) Celak. 1870; *Arabis thaliana* L. 1753
Schmalwand

Morphologie: Ein- bis zweijährige Pflanze mit dünner Pfahlwurzel, mit einem oder mehreren Stengeln; Stengel aufrecht, meist verzweigt, 10–40 cm hoch, basal mit einfachen, abstehenden Haaren, oben kahl. Grundständige Blätter als Rosette, spatelförmig in Stiel verschmälert, ganzrandig oder gezähnt; Stengelblätter lanzettlich, mit verschmälerter Basis sitzend, meist ganzrandig; Blätter meist mit verzweigten Haaren, am Rand auch mit einfachen Haaren. Kelchblätter schmal länglich, 1,5–2 mm lang. Kronblätter schmal spatel- bis keilförmig, weiß, im unteren Teil gelblich, 3–4 mm lang. Schotenstiele dünn, 4–12 mm lang, schief nach oben oder fast waagrecht abstehend; Schoten schmal linear, 10–25 mm lang, oft etwas gebogen; Griffel 0,3 mm lang. – Blütezeit vorwiegend März bis Mai, nicht selten auch bis in den Herbst.

Ökologie: Lichtliebend, vor allem auf trockenen bis mäßig frischen, nährstoffarmen bis mäßig nährstoffreichen, vorwiegend kalkarmen und sandig-kiesigen bis sandig-lehmigen Böden; in Therophyten-Pioniergesellschaften auf Rohböden, an Böschungen, Wegrändern, Gleisanlagen, in Lücken von Trocken- und Sandrasen, ferner in Ackerunkraut-Fluren; Begleitpflanzen: *Erophila verna* agg., *Arenaria serpyllifolia, Sedum*-Arten, *Holosteum umbellatum, Cerastium pumilum,* in Äckern gern zusammen mit *Scleranthus annuus, Papaver argemone, Aphanes arvensis, Veronica triphyllos, Spergula arvensis* u.a.; pflanzensoziologische Aufnahmen u.a. bei G. KNAPP (1964, Tab. 3), D. KORNECK (1975, Tab. 29).

Allgemeine Verbreitung: Fast ganz Europa (nach Norden bis Nordfinnland), Mittelmeerraum, Zentral- und Ostasien, ostafrikanische Hochgebirge; eingebürgert in Südafrika, Nordamerika und Australien.

Verbreitung in Baden-Württemberg: In wohl allen

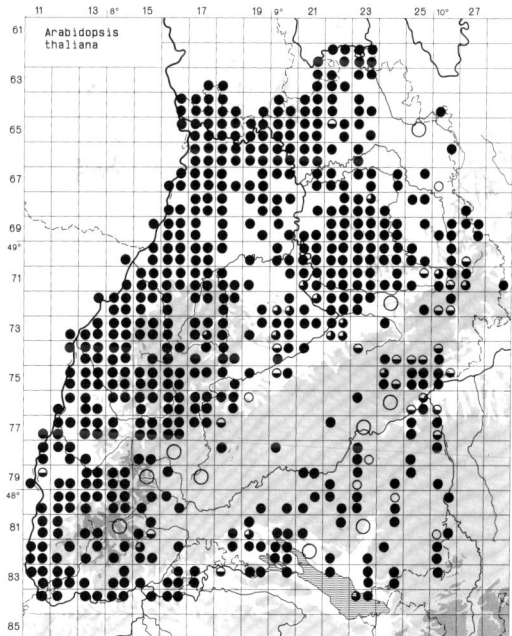

Arabidopsis thaliana

Schmalwand *(Arabidopsis thaliana)*

Landschaften vorkommend, aber besonders verbreitet in den Sand- und Silikatgebieten, auf der mittleren und südwestlichen Schwäbischen Alb sehr selten. Gebietsweise scheint die Art auch etwas im Rückgang zu sein, z. B. im Ulmer Raum (RAUNEKER 1984).

Die tiefsten Vorkommen sind im Mannheimer Raum bei etwa 100 m. Die höchsten Vorkommen wurden bisher notiert bei 860 m im Hübschental im südlichen Schwarzwald (7914/2).

In der Literatur ist die Art schon bei J. F. GMELIN (1772: 204) mit „ad arva Waldhusam inter et Bebenhusam media" erwähnt.

Bestand und Bedrohung: Trotz eines gewissen Rückgangs in manchen Gebieten, vor allem bei den Vorkommen in Äckern durch Herbizideinsatz, ist die Art noch nicht gefährdet. Sie verträgt auch gelegentliches Abmähen.

Arabidopsis pumila (Stephan) Busch 1909
Gelbe Schmalwand

Die in Westasien und Südostrußland beheimatete Art wurde in Baden-Württemberg erstmals 1985 gefunden:

7221/2: Stuttgart-Untertürkheim, umgelegter Weinberg, 1985, WEHRMAKER (1987: 34). Die Art war 1986 und 1987 in mehreren, individuenreichen Vorkommen noch vorhanden. WEHRMAKER nimmt eine Einschleppung mit Deckstroh an.

5. **Myagrum** L. 1753
Hohldotter

Die Gattung besteht nur aus einer Art.

1. **Myagrum perfoliatum** L. 1753
Hohldotter

Morphologie: Ein -bis zweijährige, kahle, blaugrüne Pflanze mit dünner, spindelförmiger Wurzel; Stengel aufrecht, 20–60 cm hoch, im oberen Teil meist mit sparrigen bis aufsteigenden Ästen. Grundblätter und unterste Stengelblätter spatelförmig, stielartig verschmälert; Stengelblätter zahlreich, sitzend, basal pfeilförmig, spatelförmig bis lanzettlich, ganzrandig oder untere entfernt bis buchtig gezähnt, stumpf oder etwas spitz, 1–8 cm lang. Blütenstand ausgewachsen rutenförmig, bis über 30 cm lang. Blüten zahlreich, auf zunächst dünnen, später verdickenden, 3–7 mm langen Stielen. Kelchblätter 2–2,5 mm lang, schmal elliptisch-länglich, stumpf. Kronblätter 3,5–4 mm lang, hellgelb, trocken weißlich, schmal spatelförmig. Frucht mit dem Stengel anliegendem, nach oben verdicktem Stiel, etwa 6 mm lang und 5 mm breit, eine annähernd birnenförmige Schließfrucht mit dicker, harter Wand, im unteren Teil mit einem 2,5–3 mm langen Samen, im oberen, auf beiden Seiten aufgeblasenen und kurz zugespitzten Teil mit zwei leeren Hohlräumen.

Biologie: Blüte meist im Juni und Juli. Bei der Reife fällt die Frucht zusammen mit dem hohlen Stiel ab. Durch die Hohlräume ist die Frucht spezifisch leichter und kann so besser vom Wind oder vom Wasser verbreitet werden.

Ökologie: Licht- und sommerwärmeliebende Pflanze auf nährstoff-, basen- und oft auch kalkreichen Böden; vor allem in Getreide- und Rapsäckern (Gesellschaften des Caucalidion-Verbandes) und Ruderalstellen (Sisymbrion-Verband), z. B. auf Güterbahnhöfen.

Allgemeine Verbreitung: Mittelmeergebiet, nach Osten bis Iran, Südrußland; eingeschleppt im nichtmediterranen Europa nach Norden bis Norwegen und Schweden, ferner in Nordamerika und Australien.

Verbreitung in Baden-Württemberg: Selten und meist unbeständig, früher offenbar stellenweise im mittleren Neckarland auch etwas häufiger, dort auch heute noch einige ziemlich beständige Vorkommen (s. 7419/4).

Die tiefst gelegenen Vorkommen befinden sich im Raum Mannheim bei ca. 100 m, die höchsten auf der Schwäbischen Alb. Es liegen jedoch von dort keine konkreten Höhenangaben vor. Nach den bisherigen Funden kann eine obere Höhe von etwa 700 m vermutet werden.

In der Literatur findet sich die erste Angabe bei HOFMANN (1791: 223) mit „Stuttgart. KERNER".

Oberrheingebiet: 6417/2: Hüttenfeld (Hessen), BUTTLER u. STIEGLITZ (1976); 6516/2: Mannheim-Mühlau, 1909, LUTZ (1910: 370); 6517/1: Ilvesheim, THELLUNG in HEGI (1916); 6518/3: Heidelberg, SEUBERT u. KLEIN (1905); 6915/4: Karlsruhe, Rheinhafen, 1926, JAUCH (1938); 7016/1: Karlsruhe, Hauptbahnhof, 1933, JAUCH (1938).
Taubergebiet und Bauland: 6322/4: Hardheim, 1950, SACHS (1961); 6323/3: Schweinberg, 1950, SACHS (1961); 6421/4: Buchen, 1949, SACHS (1961).
Neckarland: 6622/2: Leibenstadt, 1950, SACHS (1961); 6821/1: Neckarsulm, 1835, SCHÜZ (STU); 6919/3: Häfnerhaslach, 1980, WOLF (STU); 6920/4: Kirchheim a.N., 1938, SCHMOHL (STU-K); 6927/4: Ellenberg, Aumühle, KIRCHNER u. EICHLER (1900); 7020/3: Markgröningen, 1927, K. SCHLENKER (STU); 7020/4: Autobahnausfahrt Ludwigsburg-Nord, 1977, GLOCKER (STU-K); 7021/1: Kleiningersheim, 1922, KOLB (STU-K: KREH); 7021/3: Ludwigsburg, THELLUNG in HEGI (1916); 7026/2: Ellwangen, KIRCHNER u. EICHLER (1900); 7027/3: Killingen, in 89/20, Kartei Schwäb. Gmünd (1984); 7120/3: Ditzingen, SCHÜBLER u. MARTENS (1834); 7120/4: Lotterberg bei Korntal, um 1955, SEYBOLD (1969); 7121/3: Feuerbacher Heide, 1853, MARTENS (STU); 7220/2: Stuttgart, Gäh-

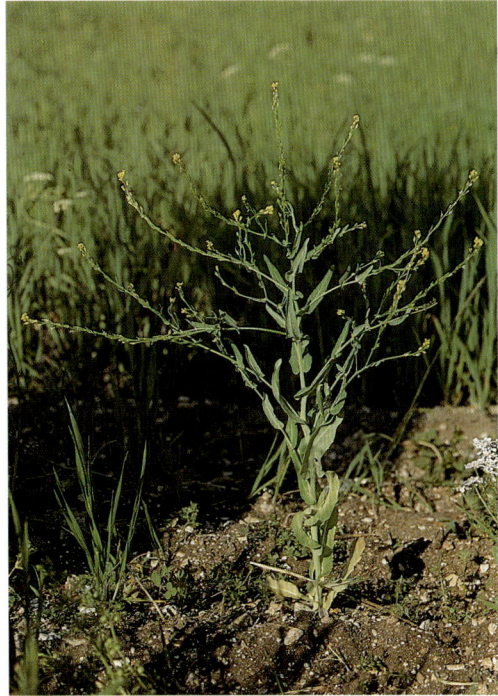

Hohldotter *(Myagrum perfoliatum)*
Main bei Karlstadt, 1977

kopf, um 1930, HENNING (STU-K: KREH); 7221/1: Untertürkheim, um 1950, HUBER in SEYBOLD (1969); 7221/3: Plieningen, KIRCHNER u. EICHLER (1900); 7221/4: Esslingen, KIRCHNER u. EICHLER (1900), HOCHSTETTER (STU); 7222/1: Stetten, 1950, MACHULE (STU-K); 7320/1: Schönaich, 1856, STEUDEL (STU); 7322/1: Köngen, MARTENS u. KEMMLER (1865); 7322/2: Kirchheim, 1940–43, STETTNER (STU-K; BERTSCH); 7322/3: Nürtingen, MARTENS u. KEMMLER (1865); 7323/4: Gammelshausen, 1865, ZIEGELE (1886); 7419/2: Hohenentringen, A. MAYER (1929); 7419/4: Wurmlingen, vor 1900 bis 1984 beobachtet, zuletzt von STADELMEIER (STU-K); S Unterjesingen, 1987, STADELMEIER (STU-K); 7420/3: Rosenau bei Tübingen, 1855, STEUDEL (STU); Hagelloch, um 1890, A. MAYER (STU); Hirschau, GÖRS (1966); 7421/2: Grafenberg, MARTENS u. KEMMLER (1882); 7421/4: Metzingen, A. MAYER (1950); 7519/2: Sülcher Feld bei Rottenburg, 1984, KROYMANN (STU); 7519/3: Hirrlingen u. Hemmendorf, 1953, K. MÜLLER (STU); Hirrlingen, 1987, STADELMEIER (STU-K); 7618/2: Haigerloch, 1853, VON ENTRESS-FÜRSTENECK (STU); 7619/1: Rangendingen, 1970–79, HARMS (STU); 7619/3: Owingen, 1970, HARMS (STU-K); Bisingen, 1986, SEYBOLD (STU); 7718/1: Rosenfeld, A. MAYER (1929); 7718/2: Geislingen, A. MAYER (1929).
Schwäbische Alb: 7227/1: Großkuchen, 1940, MAHLER (STU-K); 7523/3: Münsingen, DIETERICH (1904); 7620/3: Killertal, A. MAYER (1929).
Donautal: 7525/4: Ulm, Güterbahnhof, 1933, K. MÜLLER (1935); 7625/2: Ulm, Acker bei Unteren Kuhberg, 1922, VON ARAND (STU).

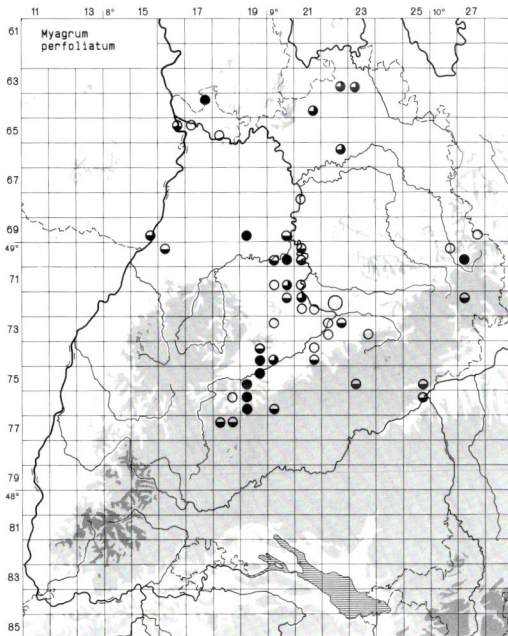

Bestand und Bedrohung: Die seltene Art scheint weiter im Rückgang begriffen zu sein. In der Roten Liste 1983 wurde sie als bei uns vom Aussterben bedroht (Gefährdungsstufe 1) bezeichnet. Eine Hilfe ist für die Art wohl der Verzicht auf Herbizidanwendung an ihren Vorkommen.

6. Isatis L. 1753
Waid

Die Gattung umfaßt etwa 50 Arten, die vom Mittelmeergebiet bis nach Zentralasien vorkommen. Das Artenzentrum liegt in der irano-turanischen Region. Bei uns kommt nur eine Art vor.

1. Isatis tinctoria L. 1753
Färber-Waid

Morphologie: Zweijährige bis kurzlebig ausdauernde Pflanze mit kräftiger Pfahlwurzel; Stengel 50–120 cm hoch, aufrecht, meist nur im oberen Teil verzweigt und einen umfangreichen, rispenartigen bis fast ebensträußigen, aus kurzen Trauben zusammengesetzten Blütenstand bildend. Stengelblätter zahlreich, sitzend, mit spitzen Öhrchen stengelumfassend, lanzettlich, meist kahl, blaugrün. Kelchblätter elliptisch, bis etwa 2 mm lang. Kronblätter gelb, 3–4 mm lang. Frucht an dünnen, 4–8 mm langen, nach oben keulig verdickten Stie-

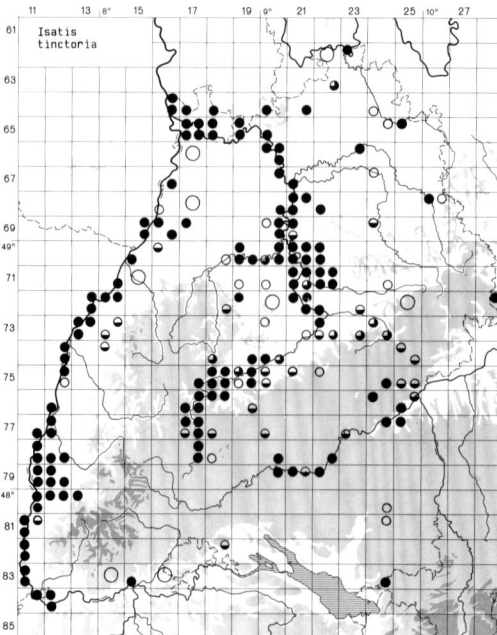

len hängend, länglich bis verkehrt-eiförmig, 10–25 mm lang, 3–7 mm breit, reif schwarzviolett, meist einsamig, stark abgeflacht durch einen ringsum laufenden, korkigen bis häutigen Flügel.

Biologie: Blüte vor allem im Mai und Juni, vereinzelt jedoch bis Oktober blühend. Die Blüten werden von Insekten, vor allem auch von Bienen bestäubt. Die ab Juli reifen Früchten fallen mit dem Stiel als Ganzes ab.

Ökologie: Licht- und sommerwärmeliebende Pflanze auf trockenen, basen- und meist auch kalkreichen Standorten, z. B. kiesige Uferdämme, Bahn- und Straßenböschungen bzw. -einschnitte, Steinbrüche, Felsen, Mauern, Trümmerschutt; vor allem in lückigen Trocken- und Halbtrockenrasen und trockenen, meist ruderalen Pionierfluren; gilt als lokale Charakterart des Echio-Melilotetum (Dauco-Melition-Verband); pflanzensoziologische Aufnahmen mit dieser Art finden sich z. B. bei WITSCHEL (1980, Tab. 7/4 und Tab. 27/10) vom Xerobrometum des Isteiner Klotzes und vom Trockengebüsch des südlichen Oberrheingebiets (Hippophao-Berberidetum), bei GÖRS (1974, Tab. 10/1) von der *Erigeron annuus*-Gesellschaft am Oberrhein, bei PHILIPPI (1983, Tab. 14/16) von der *Anthemis tinctoria*-Pioniergesellschaft auf Muschelkalkhängen des Taubertales.

Allgemeine Verbreitung: Ursprünglich wohl nur in den Steppengebieten vom südöstlichen Europa bis nach Innerasien, seit alter Zeit auch im größten Teil Europas eingebürgert; ferner eingeschleppt in Nord- und Südamerika, Ostasien, Indien und Nordafrika.

Verbreitung in Baden-Württemberg: Im Bereich einiger Flußtäler relativ häufig, so im Oberrheingebiet, im Neckartal von Gundelsheim aufwärts bis in den Raum Rottweil, ferner im Donautal von Ulm bis etwa Sigmaringen, sonst sehr zerstreut bis selten.

Die tiefsten Vorkommen liegen im nördlichen Oberrheingebiet bei 100 m, die höchsten auf der Schwäbischen Alb bei 840 m an der Burg Hohenzollern.

Der älteste Nachweis als wildwachsende Art findet sich bei FUCHS (1542: 332) für Tübingen. Die Art war auch schon CASPAR BAUHIN (1622) aus dem südlichen Oberrheingebiet bekannt. Die in den älteren Landesfloren aus dem Anfang des 19. Jahrhunderts für die Art angegebenen Vorkommen sind in den Landschaften gelegen, in denen die Art auch heute noch relativ häufig ist.

Bestand und Bedrohung: Ob die wildwachsenden Bestände nach Einstellung des Anbaus der Pflanze zurückgegangen sind, erscheint nicht sicher, da im

Färber-Waid *(Isatis tinctoria)*
Tübingen, 1989

19. Jahrhundert durch den Bau zahlreicher neuer Bahnlinien, Straßen und Hochwasserdämme zusätzliche geeignete Standorte vorhanden waren. Ein gewisser Rückgang in den letzten Jahrzehnten könnte möglich sein, da an vielen Standorten die Sukzession über das Pionierstadium hinaus fortgeschritten ist. Eine deutliche Bedrohung der Art bei uns ist jedoch noch nicht zu erkennen. Einmalige Mahd oder Abbrennen scheint von der Art vertragen zu werden.

7. **Bunias** L. 1753
Zackenschötchen

Einjährige bis ausdauernde Pflanzen. Frucht ein nicht aufspringendes Schötchen mit unregelmäßigen Flügeln und Höckern und nur 1–4 Samen. Haare einfach und verzweigt.

Die Gattung besteht aus 6 Arten, die vom Mittelmeergebiet über Osteuropa bis nach Zentralasien

verbreitet sind. Aus Baden-Württemberg werden zwei Arten angegeben, von denen jedoch nur *B. orientalis* eingebürgert ist.

1 Schötchen mit unregelmäßigen Höckern, 5–10 mm lang; Kronblätter 5–8 mm lang . . . .
    1. *B. orientalis*
– Schötchen mit 4 zackig geflügelten Längskanten, 8–12 mm lang; Kronblätter 8–13 mm lang; selten eingeschleppte Art . . . . *[B. erucago]*

1. **Bunias orientalis** L. 1753
Orientalisches Zackenschötchen

Morphologie: Zweijährig bis kurzlebig ausdauernd, mit spindelförmiger Wurzel; Stengel aufrecht, 40–150 cm hoch, oben verzweigt und einen umfangreichen, rispenartigen Blütenstand bildend, mit Warzenhöckern besetzt, dicht behaart bis fast kahl. Untere Blätter stielartig verschmälert, bis 40 cm lang. Mittlere Blätter meist leierförmig fiederspaltig mit großem, lanzettlichem, dreieckigem bis spieß-

195

Orientalisches Zackenschötchen *(Bunias orientalis)*

osteuropäischen Raum liegen. Während des 18. und 19. Jahrhunderts breitete die Art sich in Mitteleuropa und im südlichen Nordeuropa aus; Verbreitungskarte mit Daten des ersten Auftretens bei MEUSEL u.a. (1965, Karte 182c). Neuere Verbreitungskarten für Teile Bayerns finden sich bei WALTER (1982) und bei MERGENTHALER (1976: 220; 1982: 35).

Verbreitung in Baden-Württemberg: In den Gäulandschaften vom Taubergebiet bis zum oberen Neckar und auf der Schwäbischen Alb relativ häufig, sonst sehr zerstreut.

Die tiefsten Vorkommen befinden sich im nördlichen Oberrheingebiet bei etwa 100 m, die höchsten im Schwarzwald am Belchen (8113/3) bei 1345 m (Mitt. von G. HÜGIN).

Die Art wird in den Landesfloren für Baden erstmals bei SEUBERT u. KLEIN (1905), für Württemberg bei MARTENS u. KEMMLER (1865) erwähnt. In Württemberg wurde sie seit 1844 bei Riedlingen von VALET beobachtet.

Bestand und Bedrohung: Es handelt sich um eine erst in jüngerer Zeit wohl teilweise mit Saatgut eingeschleppte und sich ausbreitende Art, die auch jetzt noch eine Tendenz zu weiterer Ausbreitung bei uns hat. RAUNEKER (1984) berichtet allerdings aus dem Ulmer Raum einen Rückgang, vor allem der Vorkommen in den Äckern. Die ruderalen Vorkommen sind naturgemäß ziemlich unbeständig. Gelegentliche Mahd verträgt die Art, ja sie scheint sich

förmigem, spitzem, gezähntem Endlappen und 1–2 spitzen Seitenlappen, gestielt oder sitzend; oberste Blätter meist ungeteilt und sitzend. Frucht auf 7–17 mm langen, aufrecht abstehenden Stielen, schief eiförmig, mit unregelmäßigen Warzen bedeckt, 5–10 mm lang, mit nur 1–2 Samen. – Hauptblüte im Mai und Juni, vereinzelt bis August.
Ökologie: Lichtliebende Pflanze, die nährstoff- und meist auch kalkreiche, mäßig trockene bis frische, lehmige Böden bevorzugt; vor allem auf rohen oder bewachsenen Straßen- und Uferböschungen bzw. -rändern, auf Bahnhofgelände, Schuttplätzen, in Klee-, Luzerne- und Getreideäckern sowie in neu angesäten Kunstwiesen vorkommend; PHILIPPI (1983, Tab. 8/6–14) berichtet aus dem Taubergebiet über eine *Bunias orientalis*-Gesellschaft, die dichte und hohe Bestände an Straßenrändern bildet, die nicht regelmäßig und früh gemäht werden. Die Gesellschaft nimmt eine Zwischenstellung zwischen den kurzlebigen Ruderalfluren (Sisymbrietalia) und den ruderalen Staudengesellschaften (Artemisietea) ein. SEBALD (1983, Tab. 7/3) fand auf der Albhochfläche einen Bestand, der der Saumgesellschaft des Chaerophylletums aurei zuzuordnen war.
Allgemeine Verbreitung: Ursprüngliche Verbreitung dürfte im Hochland von Armenien und im süd-

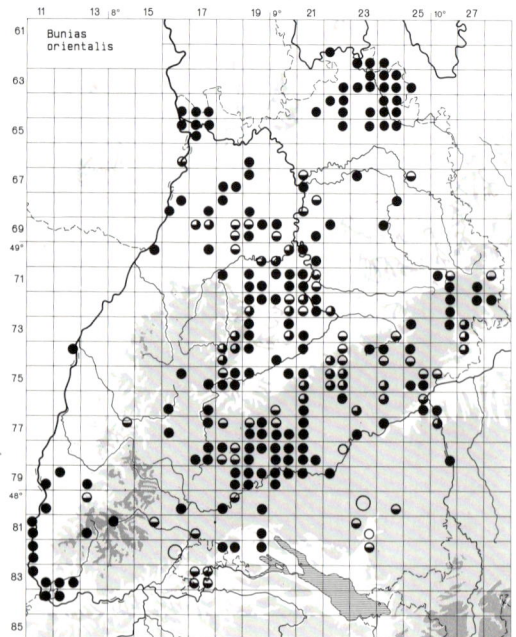

196

sogar da und dort in Wiesen einzubürgern, eine Beobachtung, die auch von MELZER (1960) aus der Steiermark bestätigt wird.

Bunias erucago L. 1753
Echtes Zackenschötchen, Flügel-Z.

Ein- bis zweijährige Pflanze; Stengel aufrecht, 20–70 cm hoch. Untere Blätter fiederspaltig und meist auf jeder Seite mit mehr als zwei Seitenlappen, selten länger als 10 cm; obere Blätter lanzettlich, gezähnt oder ganzrandig. Kronblätter 8–13 mm lang. Frucht mit 4 gezackten Flügeln, 3–4 Samen und einem 3–5 mm langen Griffel.

Die im Mittelmeerraum verbreitete Art wurde selten und unbeständig an Ruderalstellen und in Äckern nach Mitteleuropa eingeschleppt. Früher war sie in Oberösterreich stellenweise sogar ein gefürchtetes Ackerunkraut. Aus Baden-Württemberg wird die Art in den älteren Landesfloren nicht angegeben.

Erstmals entdeckt in Württemberg wurde die Art 1912 in Tübingen (7420/3) in den Bahnanlagen (A. MAYER 1929; K. BERTSCH 1933). Nach K. u. F. BERTSCH (1948) kommen noch folgende Funde hinzu: 7221/1: Stuttgart, Hauptbahnhof, 1934, K. MÜLLER (STU-K BERTSCH); 7422/3: Dettingen, 1936, PLANKENHORN (STU-K BERTSCH); 7423/2: Eckhöfe bei Wiesensteig, 1945, MÜRDEL (STU-K BERTSCH). Belege für diese Angaben waren in den in STU befindlichen Herbarien von BERTSCH, MÜLLER und PLANKENHORN nicht zu finden, doch gelten die genannten Finder als eine zuverlässige Quelle.

In den badischen Landesfloren (DÖLL 1862; SEUBERT u. KLEIN 1905) wird die Art nicht erwähnt, allerdings schon von DÖLL (1843) für das benachbarte Elsaß.

Aktuelle Funde scheinen aus Baden-Württemberg nicht vorzuliegen.

Echtes Zackenschötchen *(Bunias erucago)*

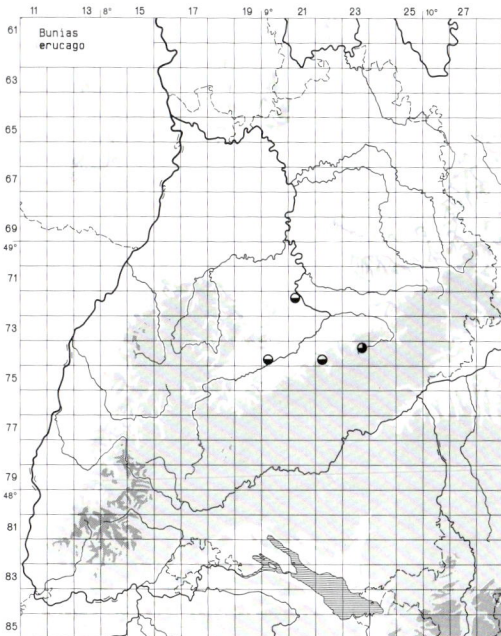

8. **Erysimum** L. 1753
Schöterich, Schotendotter

Einjährige bis kurzlebig ausdauernde Pflanzen; die meisten Teile der Pflanzen mit angedrückten, 2- bis mehrstrahligen Haaren. Blätter basal verschmälert, nicht geöhrt oder stengelumfassend. Kelchblätter aufrecht, bei den zweijährigen und ausdauernden Arten die seitlichen gesackt; mediane Kelchblätter mit kapuzenförmiger, durch einen aufgesetzten Wulst gehörnter Spitze. Kronblätter mit langem, schmalem Nagel, gelb. Schoten linear; Klappen mit deutlichem Mittelnerv; Narbe etwas zweilappig; Samen einreihig.

Die Artenzahlen in der Literatur schwanken zwischen 80 und 400, für Europa werden 38 Arten angegeben. Ein gewisser Schwerpunkt der Gattung ist das Mittelmeergebiet und dann wieder das pazifische Nordamerika.

Die Gattung *Erysimum* ist taxonomisch äußerst schwierig und die morphologische Abgrenzung mancher Arten noch recht unsicher. Viele *Erysimum*-Arten enthalten, besonders reichlich in den Samen, herzwirksame Glykoside (sogenannte Cardenolide) und sind daher auch ± giftig für Menschen und Tiere.

1 Reife Schoten nur bis etwa 3mal so lang wie ihre Stiele; Kronblätter 3–5 mm lang . . . .
    5. *E. cheiranthoides*
– Reife Schoten mehr als 3mal so lang wie ihr Stiel; Kronblätter 6 mm und länger 2
2 Antheren bis 1,2 mm lang; Kronblätter bis 9 mm lang; Schoten fast waagrecht abstehend; Pflanze einjährig . . . . 4. *E. repandum*
– Antheren über 1,2 mm; Kronblätter 10–20 mm lang; Schoten ± aufwärts gerichtet; Pflanze zweijährig bis ausdauernd 3
3 Antheren 1,2–2,2 mm lang; Kelch etwa so lang wie der Blütenstiel oder etwas kürzer . . . . .
    3. *E. virgatum*
– Antheren 2–3,5 mm lang; Kelch meist deutlich länger als der Blütenstiel 4
4 Haare auf den oberen Blättern vorwiegend 2strahlig; Kronblätter 2–4 mm breit 1. *E. crepidifolium*
– Haare vorwiegend 3strahlig; Kronblätter 4–7 mm breit . . . . 2. *E. odoratum*

1. Erysimum crepidifolium Reichenb. 1823
Bleicher Schöterich, Gänsesterbe

Morphologie: Zweijährige bis kurzlebig ausdauernde Pflanze mit spindelförmiger Wurzel; Stengel aufrecht, 20–60 cm hoch, oben verzweigt. Im ersten Jahr grundständige Rosette aus stielartig verschmälerten, linealen bis spatelförmigen, fast ganzrandigen oder entfernt bis buchtig gezähnten Blättern, Rosette an dem blühenden Stengel meist verwelkt; Stengelblätter zahlreich, linear bis schmal verkehrt-lanzettlich, ganzrandig bis gezähnt; fast

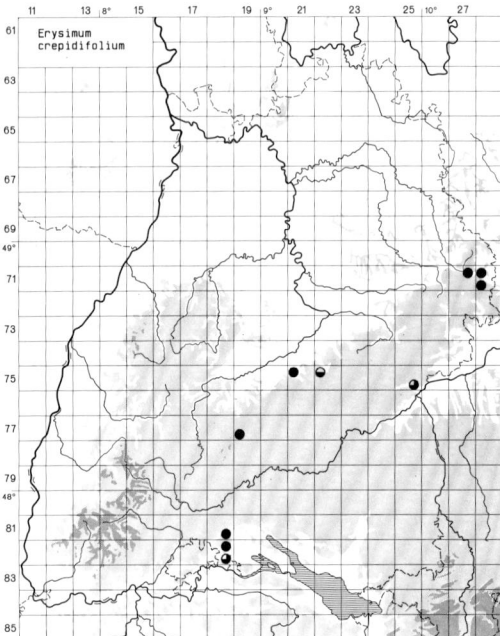

alle Teile der Pflanze graugrün durch angedrückte Haare, diese auf den oberen Blättern vorwiegend zweistrahlig. Blütentrauben ausgewachsen locker. Kelchblätter 5–8 mm lang, schmal länglich, meist länger als der Blütenstiel; Kronblätter 9–15 mm lang, mit langem, schmalem Nagel und verkehrteiförmiger, 2–4 mm breiter Platte. Antheren 2–3 mm lang. Schoten auf 3–7 mm langen, aufrecht abstehenden Stielen, 20–70 mm lang, etwa 1–1,5 mm breit, stumpf vierkantig, auch an den Kanten graugrün behaart; Griffel 0,8–2 mm lang; Narbe meist 1,5–2mal so breit wie der Griffel.

Biologie: Blüte von April bis Juli, selten nochmals im Herbst. Die Blüten werden von verschiedenen Insekten bestäubt. Reife Früchte wurden ab Juni beobachtet.

Ökologie: Licht- und wärmeliebende Pflanze auf trockenen, steinigen bis felsigen, basen- und oft auch kalkreichen Standorten; vor allem in lückigen Trockenrasen, auf Felsen, Mauern, selten auch in Steinbrüchen und auf Schotter zwischen Bahngeleisen; pflanzensoziologische Aufnahmen von den Vorkommen auf den Hegaubergen s. bei TH. MÜLLER (1966, Tab. 2/11–18), der die Art lokal als Kennart des Verbandes Seslerio-Festucetum pallentis bezeichnet.

Allgemeine Verbreitung: Die Art hat ein sehr zersplittertes Areal in Mittel- und Südosteuropa; Verbreitungskarte bei H. MEUSEL u. a. (1965, Karte 191c). Allerdings ist auf dieser Karte die Balkan-Halbinsel weitgehend zu streichen, da die Art nur noch im nördlichen Ungarn vorkommt (KONETOPSKY 1963).

Verbreitung in Baden-Württemberg: Sehr selten, nachgewiesen nur auf der Schwäbischen Alb vom Riesrand bis zu den Balinger Bergen und auf den Hegaubergen. Das tiefste Vorkommen war (ruderal) bei Ulm mit 480 m, das höchste auf dem Schafberg (7719/3) bei 995 m.

Eine Reihe älterer Angaben aus dem Taubergebiet und aus Hohenlohe in den Landesfloren von SCHÜBLER u. MARTENS (1834) bis BERTSCH (1962) sind nie belegt worden und beruhen eventuell auf Verwechslungen mit anderen *Erysimum*-Arten. Auch weitere Angaben für die Schwäbische Alb bei R. GRADMANN (1950) für Heidenheim und Irrenberg bei Balingen blieben bisher unbelegt. Diese unbelegten Angaben wurden nicht in die Verbreitungskarte aufgenommen. *E. crepidifolium* und *E. odoratum* können an den gleichen Stellen vorkommen, so z. B. am Schenkenstein. LIPPERT (1986: 113) hat in der Fränkischen Alb das gleiche beobachtet und bringt eine sehr gute Zusammenstellung der Unterschiede beider Arten.

Bleicher Schöterich *(Erysimum crepidifolium)*
Lochen

Auffallend ist, daß etliche der Vorkommen auf Bergen sind, auf denen sich Burgen oder ihre Ruinen befinden. Die meisten der Vorkommen sind auch schon in den älteren Landesfloren (SCHÜBLER u. MARTENS 1834; DÖLL 1862) genannt. Ob die Art bei uns wirklich ursprünglich ist, erscheint nicht ganz sicher. Sie dürfte jedoch mindestens seit dem Mittelalter im Lande sein.

Die wohl älteste Angabe findet sich bei GMELIN (1772: 204) mit „floret mense Majo in rupe Montis Balingensis Lochenstein", allerdings unter dem Namen *E. cheiranthoides*. Doch dürfte damit diese Art gemeint sein.

Schwäbische Alb: 7127/2: Schenkenstein, noch 1984, SEBALD (STU); 7128/1: Bopfingen, Sandberg, FRICKHINGER (1911), noch 1987, NEBEL (STU); 7128/3: Beiberg S Schloßberg, 1987, NEBEL (STU); 7521/1: Achalm, noch 1977, HENNING (STU); 7522/1: Hohenurach, 1929, PLANKENHORN (STU); 7719/3: Lochenhörnle, 1933, PLANKENHORN (STU); Lochenstein, belegt ab 1852 in STU; Schafberg, 1948, BERTSCH (STU); Wenzelstein, noch 1970, SEYBOLD (STU).
Donautal: 7525/4: Ulm, Hauptbahnhof, 1943, K. MÜLLER (STU), 1965, RAUNEKER (STU-K).

Hegau: 8118/4: Offerenbühl, 1980, LITZELMANN (STU); Mägdeberg, TH. MÜLLER (1966: Tab. 2); 8218/2: Hohenkrähen, 1980, SEYBOLD (STU); Hohentwiel, TH. MÜLLER (1966: Tab. 2); 8218/4: Rosenegg, 1964, TH. MÜLLER (1966: Tab. 2).

Bestand und Bedrohung: Die wenigen und oft wenig individuenreichen Bestände sollten unbedingt geschont werden. Zwar sind aufgrund des Standorts die meisten Vorkommen noch nicht akut gefährdet, doch könnten sie schon durch übermäßiges Sammeln oder Pflücken bedroht werden. In der Roten Liste ist die Art in die Kategorie G 4 eingestuft.

2. Erysimum odoratum Ehrh. 1792
E. hieraciifolium L. 1755, nom. illeg.; *E. pannonicum* Crantz 1762
Honig-Schöterich, Wohlriechender Sch., Duft-Sch.

Morphologie: Selten einjährig, meist zweijährig; Grundblätter zur Blütezeit verwelkt; Stengel 20–80 cm hoch, einfach oder oben steilastig verzweigt. Ähnlich *E. crepidifolium,* die Variationsbreite vieler Merkmale sich überschneidend, am ehesten noch unterscheidbar durch eine Kombination folgender Merkmale: Obere Stengelblätter etwas breiter (nur 4–12mal länger als breit), mit überwiegend dreistrahligen Haaren. Kelchblätter 7–10 mm lang, meist länger als der Blütenstiel; Kronblätter 12–18 mm lang und 4–7 mm breit. Fruchtstand etwas dichter; Schotenstiele und Scho-

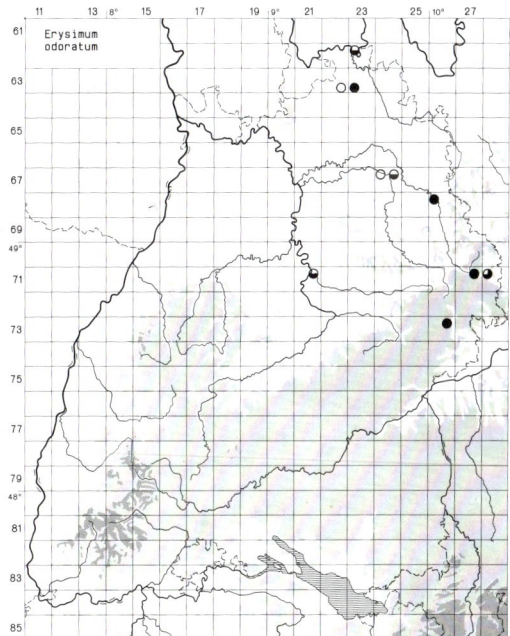

199

Honig-Schöterich *(Erysimum odoratum)*
Schweinberg, 19. 6. 1991

ten etwas steiler aufgerichtet; Mittelnerv der Fruchtklappen kräftig erhaben, Schote dadurch scharf vierkantig, auf den Kanten grünlich, da wenig behaart; Griffel 1,5–2,7 mm lang; Narbe meist 2–3mal so breit wie der Griffel. – Blütezeit: Juni bis August, im Mittel etwas später als bei *E. crepidifolium.*

Ökologie: Ähnlich *E. crepidifolium;* vor allem in kontinental getönten Trocken- und Steppenrasen, manchmal auch in Ruderalfluren wie der Schwarznessel-Flur (Lamio-Ballotetum nigrae) vorkommend, wie es durch G. PHILIPPI (1983, Tab. 9/8) aus dem Taubergebiet belegt ist.

Allgemeine Verbreitung: Die Art hat ein ziemlich zersplittertes Areal im südlichen Mitteleuropa und in Südosteuropa. Sie ist ein europäisch-kontinentales Florenelement.

Verbreitung in Baden-Württemberg: Sehr selten; es sind nur wenige Vorkommen im nordöstlichen Landesteil vom Taubergebiet bis zur östlichen Schwäbischen Alb belegt. Sie schließen an die bayerischen Vorkommen im Maingebiet und im Fränkischen Jura an. Die Angabe vom Hohenkrähen in HEGI

IV/1 (1.–3. Aufl.) dürfte auf einer Verwechslung mit *E. crepidifolium* beruhen.

Die belegten Vorkommen liegen zwischen 340 m (6323/3: Schweinberg) und 570 m am Schenkenstein (7127/2). Auch bei dieser Art sind einige Vorkommen in auffallender Nähe zu Burgen bzw. Ruinen.

Das Heidenheimer Vorkommen wird schon von SCHÜBLER (1822: 53) erwähnt. DÖLL (1862) war offenbar noch kein weiterer badischer Fundort bekannt. Erst SEUBERT u. KLEIN (1905) nennen aus dem Taubergebiet Höpfingen und Schweinberg.

Tauber-Main-Gebiet: 6223/1: Wertheim, EICHLER, GRADMANN u. MEIGEN (1914); 6322/4: Höpfingen, BRENZINGER (1904: 398); 6323/3: Schweinberg, PHILIPPI (1983, Tab. 9).
Hohenlohe: 6724/1: Künzelsau, 1898, SCHAAF (STU-K EICHLER); 6724/2: Kocherstetten, 1914, MÜRDEL (STU-K EICHLER); 6826/1: Neidenfels, 1985, GOTTSCHLICH (STU-K).
Mittlerer Neckar: 7121/2: Neustadt, 1934 ruderal, KREH (1950: 118).
Schwäbische Alb: 7127/2: Schenkenstein, 1984, SEBALD (STU); Tierstein, 1911, BRAUN (STU); 7128/1: Schloßberg bei Bopfingen, 1956, MAHLER (STU-K); 7326/2: Heidenheim, 1987, SEBALD (STU), 1952 noch an 6 Stellen, E. KOCH (STU-K).

Folgende Angaben könnten zutreffen, sind aber nicht belegt oder bestätigt worden. Sie wurden in der Verbreitungskarte weggelassen: 6624/2: Ailringen, HANEMANN (STU-K BERTSCH); 6720/2: Schloß Horneck, DÖLL (1862), eventuell Verwechslung mit dem dort vorkommenden *Cheiranthus cheiri*; 7127/1 oder 2: Lauchheim, KIRCHNER u. EICHLER (1900), eventuell identisch mit den obigen Angaben für 7127/2.

Bestand und Bedrohung: Einige Bestände der Art könnten schon erloschen sein. Sie ist in der Roten Liste (1983) zu Recht in G 3 als gefährdet eingestuft. Die noch vorhandenen Vorkommen sollten sorgfältig beobachtet werden. Bei Gefahr der Verbuschung muß rechtzeitig eingegriffen werden.

3. Erysimum virgatum Roth 1797
E. hieraciifolium auct. non L. 1755; *E. strictum* Gaertner, Meyer et Scherb. 1800
Steifer Schöterich

Morphologie: Zweijährig; Stengel 40–100 cm hoch, einfach oder oben steilastig, kantig. Grundständige Blätter zur Blütezeit verwelkt; Stengelblätter zahlreich, verkehrt-lanzettlich, untere lang in den Stiel verschmälert, obere sitzend, ganzrandig oder entfernt gezähnt; Haare vorwiegend 3strahlig. Kelchblätter 4,5–7,5 mm lang. Kronblätter 7–11 mm lang. Fruchtstand bis 45 cm lang, Schoten steif aufrecht auf 5–10 mm langen Stielen, 30–55 mm lang,

1–1,5 mm breit; Klappen innen behaart, mit deutlich erhabenem Mittelnerv, dadurch Schoten vierkantig mit grünen wenig behaarten bis kahlen Kanten; Griffel 1–1,7 mm lang. – Blütezeit: Mai bis August.

Von den beschriebenen Unterarten ist aus Baden-Württemberg bisher nur die subsp. *hieraciifolium* bekannt.

Ökologie: Die wenigen Vorkommen im Lande lassen keine ausreichende Beurteilung der ökologischen Ansprüche zu. Es handelt sich dabei um Gebüschränder auf relativ trockenen Mergelhängen, um Bahnanlagen und um ruderale Stellen auf sandigem Boden (Maintal). Aus anderen Gebieten wird die Art als Stromtalpflanze beschrieben, wo sie in ± ruderalen Pionierfluren an Ufern, Wegen, Mauern und Gebüschen auf nährstoff- und basenreichen, mäßig trockenen bis feuchten, auch etwas beschatteten Standorten vorkommt.

Allgemeine Verbreitung: Eurasien von der submediterranen bis in die boreale Zone; in Europa mit einer Westgrenze in Ostfrankreich, nach Norden bis Nordskandinavien, mit einer südlichen Grenze von den Alpen über Montenegro und Bulgarien zur Ukraine.

Verbreitung in Baden-Württemberg: Sehr selten; einige der Fundortsangaben in den älteren Landesfloren sind wohl Fehlbestimmungen, was bei dieser extrem schwierigen Gattung nicht verwunderlich ist. Es wurden in die Karte nur Punkte aufgenom-

Steifer Schöterich *(Erysimum virgatum)*
Wertheim, 1986

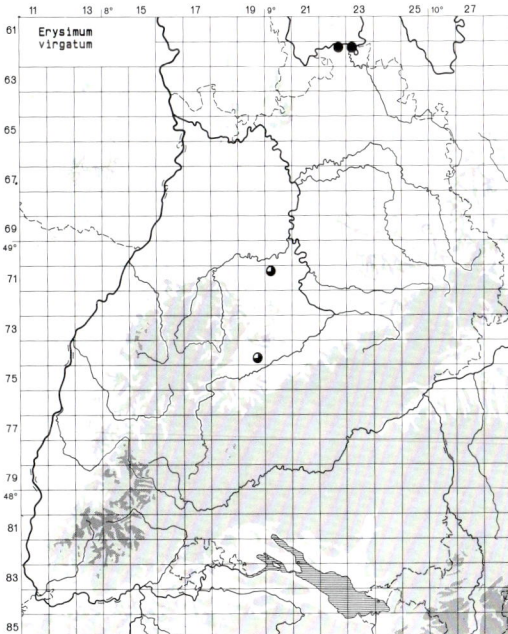

men, von denen ein Herbarbeleg vorliegt. Der älteste gesehene Herbarbeleg stammt vom Hirschauer Berg bei Tübingen von 1822 (leg. SCHÜBLER). Von der noch älteren Angabe bei ROT (1799: 35) „Bey Möhringen an der Mühle" (8018) konnte kein Beleg eingesehen werden.

Main-Tauber-Gebiet: 6222/2: Bestenheid, 1987, SEBALD (STU); 6223/1: Wertheim, 1986, BAUMANN (STU), DÖLL (1862).
Mittlerer Neckar: 7121/1: Kornwestheim, Güterbahnhof 1968, SEYBOLD (STU); 7419/4: Wurmlinger und Hirschauer Berg, 1822, SCHÜBLER (STU), 1965, SEBALD (STU).

Bestand und Bedrohung: Die Art ist schon wegen ihrer Seltenheit bei uns gefährdet (Rote Liste 1983: G 3), zumal ihre Vorkommen teilweise aufgrund des Standorts als unbeständig anzusehen sind.

484.
repandum L.

485.
crepidifolium RCHB.

Erysimum.

4. Erysimum repandum L. 1753
Brach-Schöterich, Schutt-Sch., Spreiz-Sch.

Morphologie: Einjährig, mit dünner, spindelförmiger Wurzel; Stengel aufsteigend oder aufrecht, 10–40 cm hoch, einfach oder ästig, wenig kantig. Blätter schmal länglich bis lanzettlich oder lineal, geschweift-gezähnt, untere in Stiel verschmälert; Haare 2- bis 3strahlig, nur mäßig dicht. Kelchblätter 4–6 mm lang, seitliche nicht deutlich gesackt, länger als der Blütenstiel. Kronblätter 6–9 mm lang, mit 1–2 mm breiter Platte. Antheren 0,8–1,2 mm lang. Fruchtstand locker, relativ arm; Schotenstiele fast waagrecht abstehend und fast so dick wie Schoten, 3–6 mm lang; Schoten 50–100 mm lang, 1–1,5 mm breit, undeutlich vierkantig, grünlich, zwischen den Samen etwas eingeschnürt; Griffel 2–5 mm lang. – Blütezeit: April bis Juli.

Ökologie: Licht- und wärmeliebende Pflanze auf trockenen, basenreichen Standorten; vor allem in kurzlebigen Ruderalfluren (Sisymbrion), z.B. auf Bahnhöfen und in Hafenanlagen, auch in Ackerunkrautfluren.

Allgemeine Verbreitung: Von Westsibirien über Iran, Kleinasien und im größten Teil Südosteuropas verbreitet; nach Mitteleuropa nur selten und unbeständig eingeschleppt. Die Art ist ein im wesentlichen pannonisch-pontisches Florenelement.

Verbreitung in Baden-Württemberg: Selten und unbeständig in sommerwarmen Landschaften. In den württembergischen Landesfloren schon bei SCHÜBLER u. MARTENS (1834) für Ulm und Mergentheim (1823, FUCHS) erwähnt und auch belegt. In den badischen Landesfloren bei DÖLL (1862) noch fehlend. Der erste badische Fund wurde 1887 von BRENZINGER bei Buchen gemacht.

Die tiefsten Funde waren bei Mannheim bei ca. 100 m, die höchsten auf der Ulmer Alb oder auf dem Hochsträß wohl bei etwa 600 m. Genauere Angaben fehlen.

Oberrheingebiet: 6416/4?: Mannheim, Hafen, 1891, 1906, KNEUCKER (KR); 6915/4: Karlsruhe, Rheinhafen, 1925–40, KNEUCKER u.a. (KR); 6916/3: Karlsruhe-Daxlanden u.a. Orte, 1897–1928, KNEUCKER u.a. (KR); 7016/1: Karlsruhe, Bahnhof, 1910, 1935, JAUCH (KR) und (1938:98); 7911/4: Breisach, 1959, KNAUSS (STU); 7912/4:

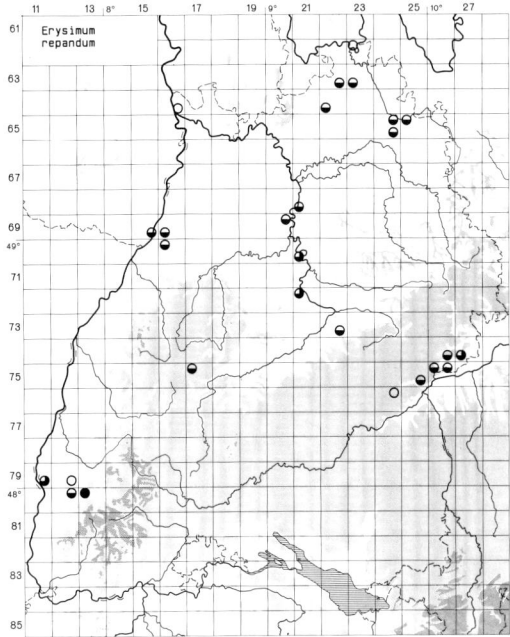

Brach-Schöterich *(Erysimum repandum)*, links (Figur 4384); ferner: Bleicher Schöterich *(Erysimum crepidifolium)*, rechts (Figur 4385); aus REICHENBACH, L.: Icones florae germanicae et helveticae, Band 2, Tafel 62 (1837–1838).

Freiburg-Lehen, SEUBERT u. KLEIN (1905); 8012/2: Freiburg, Basler Landstraße, NEUBERGER (1912); 8013/1: Freiburg, 1986, KOCH (STU-K).

Main-Tauber-Gebiet: 6223/1: Wertheim, 1871, STOLL (KR); 6322/4: Höpfingen, BRENZINGER (1904); 6323/3: Schweinberg, BRENZINGER (1904); 6422/3: Buchen-Hettingen, BRENZINGER (1904); 6524/2: Igersheim, 1823, FUCHS (STU), SCHLENKER (1910); 6524/4: Herbsthausen, SCHLENKER (1910); 6525/1: Markelsheim, SCHLENKER (1910), MARTENS u. KEMMLER (1872).

Neckarland: 6821/3: Heilbronn, 1926, HECKEL (STU-K); 6920/2: Lauffen, 1912, BADER (STU-K); 7021/3: Beihingen, 1955, SIEB in SEYBOLD (1969); 7221/1: Stuttgart, Silberburg, 1843, MARTENS u. KEMMLER (1865); Cannstatt, Güterbahnhof, 1950, KREH in SEYBOLD (1969); 7322/4: Kirchheim, 1926, STETTNER (STU-K BERTSCH); 7517/1: Dornstetten, 1914, A. MAYER (STU-K).

Schwäbische Alb und Donautal: 7426/4?: Langenau, 1921, ARAND u. ACKERFELD (STU); 7427/3: Rammingen, 1961, KNAUSS (STU); 7525/4: Ulm, Güterbahnhof, 1932, 1936, K. MÜLLER (STU); 1965, RAUNEKER (STU-K); Ulm, 1861, HEGELMAIER (STU), ob dieser Q.? 7526/1: Albeck, 1901, RENNER (STU-K EICHLER); 7526/2: Unterelchingen, GRADMANN (1950); 7624/2: Hochsträß bei Blaubeuren, KIRCHNER u. EICHLER (1900).

Bestand und Bedrohung: Die wenigen unbeständigen Vorkommen der Art bei uns, meist nur als eingeschleppter Irrgast, sind natürlich stets vom Erlöschen bedroht. Immerhin scheint die Art sich früher im Taubergebiet und im Ulmer Raum da und dort auch als Ackerunkraut etwas länger gehalten zu haben. In der Roten Liste 1983 wird die Art als ausgestorben oder verschollen (G 0) eingestuft.

Brach-Schöterich *(Erysimum repandum)*

5. Erysimum cheiranthoides L. 1753
Acker-Schöterich, Acker-Schotendotter

Morphologie: Ein- bis zweijährige Pflanze mit dünner, spindelförmiger Wurzel; Stengel 10–90 cm hoch, aufrecht, meist ästig. Blätter lanzettlich, untere lang in den Stiel verschmälert, obere sitzend, ganzrandig bis entfernt gezähnt; Haare vorwiegend 3–4strahlig. Blütentrauben reichblütig, anfangs fast doldenartig. Kelchblätter 2–3 mm lang, nicht gesackt. Kronblätter 3–5 mm lang. Schotenstiele 6–13 mm lang, abstehend; Schoten 10–30 mm lang, basal gegen Stiel nach oben oft abgewinkelt und ± aufrecht; Griffel 0,3–1 mm lang; Fruchtklappen tief kahnförmig, mit deutlich erhabenem Mittelnerv, Schoten im Querschnitt vierkantig, oft etwas höher als breit, 1–2 mm breit. – Blütezeit: Juni bis November.

Ökologie: Etwas Beschattung ertragende Pflanze auf nährstoff- und basenreichen, frischen bis feuchten Standorten; vor allem in kurzlebigen und als Unterwuchs auch in ausdauernden Ruderalfluren, entlang der Flußtäler an Ufern und auf Kiesbänken, aber auch auf Schuttplätzen und als Ackerunkraut (vor allem in Hackfrüchten). Die Art kommt gern zusammen mit *Chenopodium-* und *Atriplex-*

Arten vor. Ziemlich regelmäßig ist sie nach Aufnahmen von G. PHILIPPI (1983, Tab. 2/11–14) auch in der *Brassica nigra*-Gesellschaft vertreten.

Allgemeine Verbreitung: Die Art ist im gemäßigten und borealen Eurasien weitverbreitet und in Nordamerika eingeschleppt. Auch im Mittelmeerraum ist sie vorhanden, wenn auch nicht überall.

Verbreitung in Baden-Württemberg: Entlang der Flußtäler von Rhein, Main, Neckar und Donau ziemlich häufig, sonst zerstreut, im Schwarzwald und im Alpenvorland selten und anscheinend streckenweise ganz fehlend.

Die tiefsten Vorkommen wachsen am nördlichen Oberrhein bei etwa 100 m, die höchsten auf den Bergen der Südwestalb (Klippeneck 970 m), ein unbeständiges Vorkommen im Süd-Schwarzwald nördlich Neustadt (8015/1) erreichte etwa 1060 m (Mitt. G. HÜGIN).

Die älteste literarische Angabe findet sich bei POLLICH (1777: 2: 241) „in collibus lapidosis circa Mosbach". Vermutlich stammen auch Belege bei H. HARDER von 1574–76 aus unserem Gebiet (SCHORLER 1907: 84).

Da die Art gern in naturnahen Uferfluren vorkommt, dürfte sie im Bereich der Flußtäler wohl einheimisch sein. Sicher wurde sie häufig verschleppt und hat sich im Gefolge des Menschen stärker ausgebreitet. Sie war nach den älteren Landesfloren zu urteilen schon Anfang des 19. Jahrhunderts wohl ähnlich verbreitet wie heute.

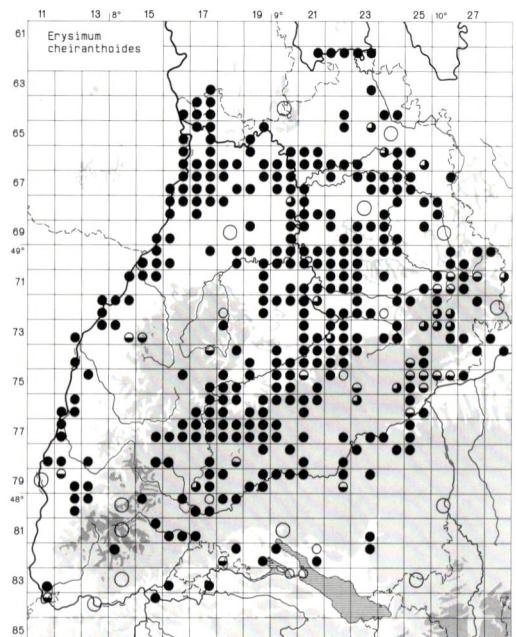

Acker-Schöterich *(Erysimum cheiranthoides)*
Ursprung, 1981

Bestand und Bedrohung: Bei den Vorkommen in Äckern dürfte in den letzten Jahrzehnten ein gewisser Rückgang erfolgt sein. Die Zahl der übrigen Vorkommen ist jedoch noch so groß, daß die Art noch nicht gefährdet ist.

9. **Cheiranthus** L. 1753
Goldlack

Die Gattung besteht aus etwa 10 Arten und besitzt ein sehr disjunktes Areal in Ostasien, im westlichen Nordamerika, Madeira, Kanarische Inseln und im östlichen Mittelmeergebiet. Von manchen Botanikern wird die Gattung mit *Erysimum* vereinigt. Es gibt geglückte Kreuzungen zwischen *Cheiranthus* und *Erysimum.* Von *Cheiranthus* ist in Europa nur die allerdings vielgestaltige *Ch. cheiri* einheimisch.

1. **Cheiranthus cheiri** L. 1753
Erysimum cheiri (L.) Crantz 1769
Goldlack, Gelbveigel, Levkoie

Morphologie: Ästiger, 20–90 cm hoher Halbstrauch; Stengel, Blätter und Schoten mit angedrückten, parallelen, zweistrahligen Haaren be-

setzt. Blätter länglich-lanzettlich, spitz, meist ganzrandig, untere gestielt, obere mit verschmälertem Grunde sitzend. Kelchblätter aufrecht, seitliche deutlich gesackt, 7–10 mm lang. Kronblätter gelb (bei kultivierten Formen auch orange, rot und braun), mit langem Nagel, 15–25 mm lang. Schoten auf 6–15 mm langen, aufrecht-abstehenden Stielen, 30–75 mm lang und 2–4 mm breit; Klappen stark abgeflacht, mit erhabenem Mittelnerv; Griffel 1–2 mm lang, mit tief zweilappiger Narbe. Samen ein- bis zweireihig, etwa 3 mm lang. – Blütezeit: April bis Juni.

Ökologie: Eine wärmeliebende Pflanze auf trockenen bis frischen, nährstoffreichen Standorten, mit Vorliebe auch in Mauer- und Felsspalten, aber auch auf Schuttplätzen; gern zusammen mit *Cymbalaria muralis.* In milden Wintern bleibt die Art bei uns grün.

Allgemeine Verbreitung: Die Art ist nur eine Kulturform der im Mittelmeergebiet beheimateten *Ch. corinthius* Boiss. und *Ch. senoneri* Heldr. et Sart. Sie ist seit langem in weiten Teilen West-, Mittel- und Südeuropas verwildert und hat sich stellenweise eingebürgert. Solche wildwachsenden Pflanzen haben meist kleinere und vorwiegend gelbe Blüten. Sie nähern sich wieder den Ausgangsarten.

Verbreitung in Baden-Württemberg: In der gelbblühenden, den Stammarten nahestehenden Form ist *Cheiranthus cheiri* vor allem in den wärmeren Landschaften (Oberrheingebiet, Neckartal) seit langem

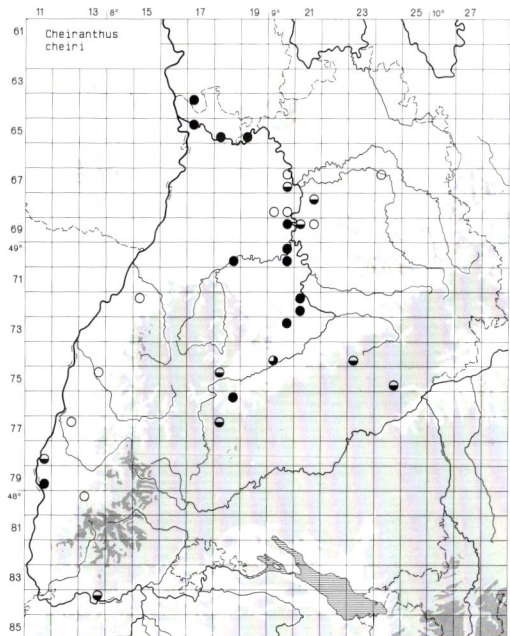

Goldlack *(Cheiranthus cheiri)*
Breisach, 1979

eingebürgert, vor allem an alten Mauern von Städten, Burgen, Ruinen, Weinbergen, Flußdämmen usw. Die Pflanze wird bei uns vielleicht schon seit der Römerzeit kultiviert.

Die Verbreitungskarte ist sehr unvollständig. Gartenflüchtlinge von reinen Kulturorten, die man z.B. als unbeständige Vorkommen auf Schuttplätzen und ähnlichen Orten finden kann, wurden weggelassen. Andererseits wurden früher auch die eingebürgerten Vorkommen der den Stammarten nahen Formen in der Floristik kaum beachtet bzw. nicht von den eigentlichen Kulturformen unterschieden. Die angegebenen Vorkommen können daher nur als Beispiele für eine wesentlich höhere Anzahl tatsächlicher Vorkommen gelten. In den badischen Landesfloren findet sich schon bei GATTENHOF (1782: 148) eine Angabe für das Heidelberger Schloß, bei C.C. GMELIN (1808) die Mitteilung, daß in Freiburg die Mauern stellenweise von dieser Art bedeckt sind. In den württembergischen Landesfloren wird die Art erst von MARTENS u. KEMM-

LER (1882) von Mauern am Hohenasperg und vom Schloß Horneck bei Gundelsheim aufgeführt.

Oberrheingebiet (einschließlich Rand von Odenwald und Schwarzwald): 6518/3: Heidelberger Schloß; 7215/1: Baden-Baden; 7513/2: Offenburg, Stadtmauer; 7712/2: Mahlberger Schloß; 7811/4: Burkheim; 7911/4: Breisach; 8013/1: Freiburg; 8413/2: Säckingen, Rheinmauer.
Neckarland: 6720/2: Gundelsheim, Schloß Horneck; 6720/4: Wimpfen; 6821/2: Erlenbach; 6820/3: Neipperg; 6820/4: Nordheim; 6920/2: Lauffen, Mauern an der Regiswindiskirche; 6921/1: Talheim; 7020/2: Besigheim; 7020/4: Hohenasperg (nach Belegen mindestens seit 1871); 7221/1: Stuttgart, an Mauern; 7518/1: Horb; 7618/2: Haigerloch, an Felsen (nach Belegen seit mindestens 1852).

Einige weitere Fundortsangaben könnten durchaus eingebürgerte Vorkommen an Mauern betreffen, aber es fehlen genauere Angaben. Auch ist die Abgrenzung eingebürgerter und unbeständiger Vorkommen ziemlich schwierig.

Bestand und Bedrohung: Der Abriß von alten Mauern oder ihre Sanierung auch im Zuge von Denkmalschutzmaßnahmen könnten für manche der alteingebürgerten Bestände gefährlich werden.

10. Hesperis L. 1753

Nachtviole

Die Gattung besteht aus etwa 25 Arten mit Schwerpunkt im östlichen Mittelmeergebiet. Nur eine Art, *H. matronalis,* kommt bei uns regelmäßig vor. Andere Arten werden selten kultiviert. Sie können gelegentlich, wie z.B. *H. tristis* L. am Kaiserstuhl, verwildern. Letztere Art wurde im Bestimmungsschlüssel berücksichtigt.

1 Blüten gelb, violett geadert, Kronblätter 2–4 mm breit; untere Fruchtstiele 40–80 mm lang . . . . .
   [*H. tristis*]
– Blüten violett, rosa oder weiß, Kronblätter 3–7 mm breit; untere Fruchtstiele bis 25 mm lang
   1. *H. matronalis*

1. Hesperis matronalis L. 1753

Gewöhnliche Nachtviole, Matronenblume

Morphologie: Zweijährige bis ausdauernde Pflanze mit spindelförmiger, oft mehrköpfiger Wurzel; Stengel aufrecht, 40–100 cm hoch, rauhhaarig oder fast kahl; Haare vorherrschend gestielt-zweistrahlig. Blätter zahlreich, eiförmig bis lanzettlich, spitz bis lang zugespitzt, gezähnt bis fast ganzrandig, rauhhaarig bis fast kahl, untere lang, mittlere und obere kurz gestielt; Haare vorherrschend einfach. Kelchblätter aufrecht, 6–10 mm lang, seitliche deutlich gesackt. Kronblätter 18–25 mm lang, mit

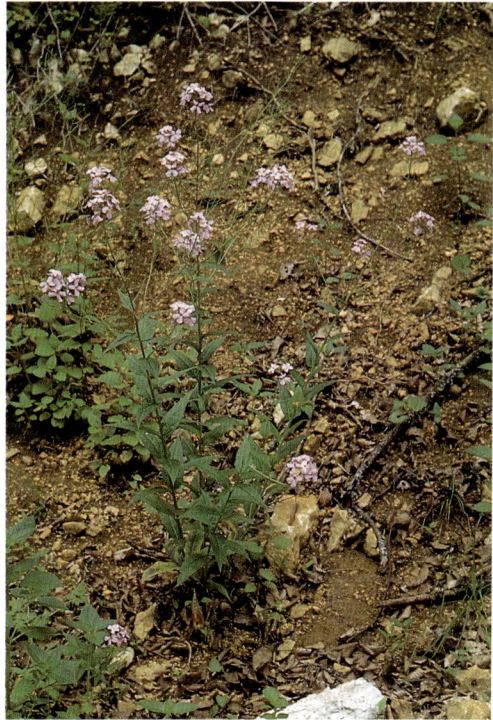

Gewöhnliche Nachtviole *(Hesperis matronalis)*
Rauher Stein/Donautal, 1981

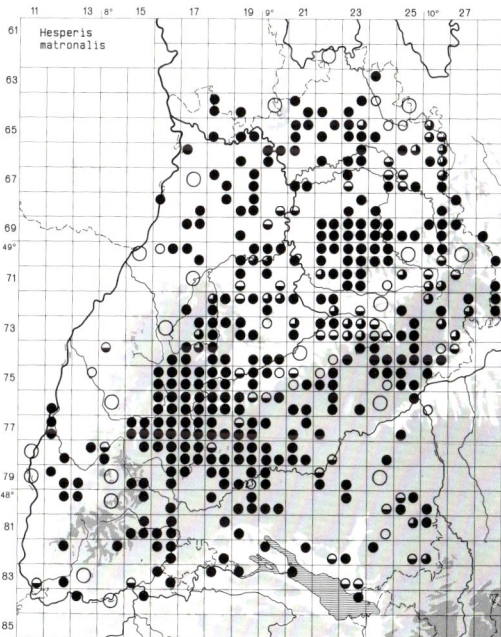

langem, schmalem Nagel und breit verkehrt-eiförmiger Platte. Antheren 3–3,5 mm lang. Fruchtstiele 7–25 mm lang, abstehend; Schoten 40–100 mm lang und 1,5–2 mm breit; Klappen mit Mittel- und Seitennerven; Narbe mit zwei aufrechten, aneinanderliegenden Lappen. Samen einreihig, etwa 3 mm lang.

Biologie: Blüte von Mai bis August. Die Blüten öffnen sich abends und duften nach Veilchen. Sie werden durch Insekten (besonders Nachtfalter) bestäubt. Reife Früchte wurden ab Juli beobachtet.

Ökologie: Beschattung ertragende Pflanze auf nährstoff- und basenreichen, kalkreichen und kalkarmen, frischen bis feuchten Standorten; vor allem in den Fluß- und Bachtälern in Auwäldern und -gebüschen, aber auch an ruderalen Standorten entlang von Bahndämmen, Straßenrändern u.ä., häufig verschleppt oder aus Gärten verwildert. Vegetationsaufnahmen im Alnetum incanae bei E. Oberdorfer (1949: Tab. 7) aus der Wutachschlucht.

Allgemeine Verbreitung: Ursprünglich wohl vom östlichen Mitteleuropa über Südosteuropa und Kleinasien bis nach Westsibirien und Iran verbreitet, heute in den meisten Ländern Europas verschleppt und eingebürgert.

Verbreitung in Baden-Württemberg: In fast allen Landschaften auch nicht kultiviert vorkommend und stellenweise auch siedlungsfern in naturnahen Au- und Bergwäldern vorhanden, so daß man da und dort auch an ein natürliches Vorkommen denken könnte. Eine sinnvolle Unterscheidung der Vorkommen nach dem Grad der Synanthropie war in der Verbreitungskarte nach den vorhandenen Funddaten nicht möglich. Offensichtlich unbeständige Vorkommen von Gartenflüchtlingen blieben jedoch unberücksichtigt.

Die tiefsten Vorkommen finden sich im nördlichen Oberrheingebiet bei etwa 100 m, die höchsten im Südschwarzwald bei 900 m nahe Neustadt (8015/3).

Die Art ist in Mitteleuropa seit mindestens 1500 in Kultur. Als verwildert wird sie schon von C.C. GMELIN (1808) aufgeführt, vom gleichen Autor (1826: 505) erwähnt vom „Feldberg inter dem Ehrlenbacher et Stollenbacher Hofe... vidi 1814". In den württembergischen Landesfloren findet die Art erst bei MARTENS u. KEMMLER (1882) Aufnahme, als R. FINCKH und F. HEGELMAIER bei Urach und im oberen Donautal möglicherweise wildwachsende Vorkommen entdecken.

Bestand und Bedrohung: Eine Bedrohung dieser recht vermehrungsfreudigen Art ist nicht zu erkennen. Sie scheint heute aber nicht so häufig kultiviert zu werden wie früher. Die Art verträgt gelegentliches Abmähen.

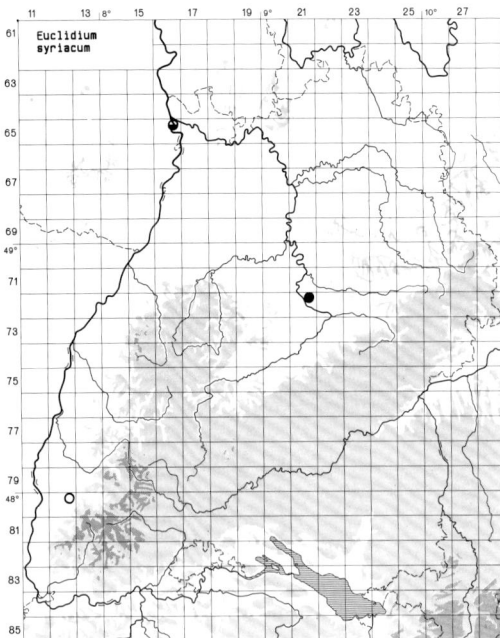

11. **Euclidium** R. Brown 1812
Schnabelschötchen

Nach neuerer Auffassung besteht die Gattung nur aus der einen Art *E. syriacum*. Ihr Verbreitungsgebiet reicht von Zentralasien bis ins östliche Mitteleuropa (Mähren, Niederösterreich).

Euclidium syriacum (L.) R. Brown 1812
Anastatica syriaca L. 1763
Syrisches Schnabelschötchen

Einjähriges, 10–40 cm hohes, sparrig verzweigtes Kraut; Blätter lanzettlich bis schmal länglich, buchtig gezähnt, untere oft fiederspaltig; grau-grün; Haare einfach und zweistrahlig. Kronblätter weiß, ausgerandet, etwa 1 mm lang. Trauben nur mäßig reichblütig und ausgereift selten über 10 cm lang. Schötchenstiele nur 0,8–2 mm lang, nach oben verdickt, steil aufwärts; Schötchen fast kugelig bis schief ellipsoidisch, 3–4 mm lang, behaart, mit oft gekrümmtem, 1–2 mm langem, kegelförmigem Griffel, 2samig, mit vier Längsrippen.

Die Art wurde in Baden-Württemberg bisher nur sehr selten als unbeständige, eingeschleppte Ruderalpflanze gefunden.

Oberrheingebiet: 6516/2: Mannheim, nach F. ZIMMERMANN (1907: 96; 1925: 32) im Gebiet von Mannheim in manchen Jahren in Hunderten auftretend; Mühlau-Hafen, 1870–1910, LUTZ (1910); von H. HEINE (1952: 102) „im Gebiet nie festgestellt". 8012/2: Uffhausen, Kiesgrube, nach LIEHL (1898: 80)
Neckarland: 7221/2: Stuttgart-Untertürkheim, am Mönchberg, 1984, M. NEBEL (STU), in neu umgelegtem Weinberg. Nach WEHRMAKER (1987: 34) 1986 noch an 4 Stellen dort vorhanden.

12. **Barbarea** R. Brown 1812
(nom. conserv.)
Barbarakraut, Winterkresse

Nach dem Appendix III des International Code of Botanical Nomenclature (1983, S. 350) ist *Barbarea* R. Brown geschützt als nomen conservandum gegen das an sich ältere Homonym *Barbarea* Scopoli 1760, dessen Typusart *Dentaria bulbifera* L. ist. Die von H.P. FUCHS (1965) und S. RAUSCHERT (1966) festgestellte Notwendigkeit, den Gattungsnamen *Barbarea* R. Brown 1812 durch den Namen *Campe* Dulac 1867 zu ersetzen, ist daher hinfällig. Der Gattungsname *Barbarea* Ehrhart 1756 bezieht sich zwar auf die gleiche Typusart wie *Barbarea* R. Brown 1812, nämlich *Erysimum barbarea* L., doch ist dieser nach FUCHS (1965) und RAUSCHERT (1966) nicht legitim. H.J. EICHLER (1963) und C.G.G.J. VAN STEENIS (1965) halten dagegen *Barbarea* Ehrhart für legitim.

Zweijährige bis ausdauernde Pflanzen; kahl oder mit unverzweigten Haaren. Wenigstens grundständige Blätter leierförmig fiederteilig mit 1–10 Paar seitlichen Abschnitten; Endabschnitt stets viel größer als die seitlichen. Stengelblätter basal geöhrt. Mediane Kelchblätter oft mit aufgesetztem Hörnchen. Kronblätter gelb. Schoten mit stark gewölbten Klappen und deutlichem Mittelnerv, dadurch ± vierkantig. Samen einreihig. Griffel meist ziemlich lang.

Etwa 12 Arten vorwiegend in den nördlichen gemäßigten Zonen, davon kommen in Baden-Württemberg 4 Arten vor.

1 Oberste Stengelblätter ungeteilt 2
− Oberste Stengelblätter fiederteilig 3
2 Kelchblätter kahl; Griffel 1,5–3,5 mm lang; Schoten abstehend oder aufrecht . . . . 1. *B. vulgaris*
− Kelchblätter wenigstens z. T. an der Spitze behaart; Griffel 0,7–1,8 mm lang; Schoten steif aufrecht .
                                   2. *B. stricta*
3 Schoten 20–35 mm lang; Kelch 2,5–3,5 mm lang; untere Blätter mit 3–6 Paar Seitenabschnitten .
                                   3. *B. intermedia*
− Schoten 30–70 mm lang; Kelch 3,5–4,5 mm lang; untere Blätter mit 6–10 Paar Seitenabschnitten .
                                   4. *B. verna*

1. Barbarea vulgaris R. Br. 1812

B. linnaei Schimper et Spenner 1829; *Campe barbarea* Wight ex Piper 1906; *Erysimum barbarea* L. 1753

Echtes Barbarakraut, Echte Winterkresse, Gewöhnliche W.

Morphologie: Zweijährige, manchmal ausdauernde, kahle Pflanze mit ästigem, kantigem, 30–100 cm hohem Stengel. Untere Blätter leierförmig fiederteilig mit 2–5 Paar länglichen Seitenabschnitten und einem großen, am Grunde oft herzförmigen Endabschnitt; obere Blätter vorwiegend ungeteilt, basal mit Öhrchen stengelumfassend, keilförmig-verkehrteiförmig; Blätter lappig gezähnt. Traube reichblütig. Kelchblätter 3–4 mm lang. Kronblätter gelb, 5–7 mm lang. Schoten auf 3–7 mm langen, steil aufgerichteten bis fast waagrecht abstehenden Stielen, bogig aufwärts gebogen bis steil aufgerichtet, 15–30 mm lang, 1–2 mm breit; Griffel 1,5–3,5 mm lang.

Die Variationsbreite in der Blattform und besonders in der Stellung der Schoten ist groß. Auf der Basis dieser Merkmale wurde die Art schon in mehrere Unterarten bzw. Varietäten aufgeteilt. Der systematische Wert dieser Sippen, deren Verbreitung und Ökologie, ist noch weitgehend ungeklärt. Die meist als Unterart behandelte Sippe subsp. *arcuata* (Opiz ex J. & K. Presl) Simk. wurde hier nicht abgetrennt.

Biologie: Hauptblüte von Mai bis Juli, doch kann man bis weit in den Herbst noch einzelne blühende Pflanzen finden. Pflanzen mit reifen Schoten wurden von Juli bis Dezember beobachtet. Es kann Selbst- und Insektenbestäubung stattfinden.

Ökologie: Lichtliebende Pflanze auf frischen bis feuchten, oft rohen, aber basen- und nährstoffreichen Böden; Pionierpflanze auf Sand- und Schotterbänken der Flüsse, auf Erdaufschüttungen, an Dämmen, in Kiesgruben, an Wegrändern, in einjährigen und ausdauernden Ruderalfluren (Bidention tripartitae, Sisymbrion, Convolvulion, gelegentlich sogar in den nur mäßig frischen Onopordetalia-Gesellschaften); häufige Begleiter sind *Polygonum*-Arten (*lapathifolium, hydropiper, mite, Rumex obtusifolius, Glyceria fluitans* u. *plicata, Veronica beccabunga, Myosotis palustris* agg., *Brassica nigra, Erysimum cheiranthoides, Epilobium roseum, E. parviflorum, Chaerophyllum bulbosum* u.a.; soziologische Aufnahmen mit dieser Art finden sich u.a. bei Lang (1967, Tab. 23: Barbareo-Erucastretum), Th. Müller u. S. Görs (1958, Tab. III), Th. Müller (1974, Tab. 5. Rumicetum obtusifolii), Philippi (1983, Tab. 1, 2, 4, 6 und 12), Philippi (1984, Tab. 9).

Allgemeine Verbreitung: Ursprünglich eurasiatische Art, heute in den gemäßigten Zonen fast weltweit verbreitet, in Europa fast überall vorkommend.

Verbreitung in Baden-Württemberg: In fast allen Landschaften verbreitet und häufig, in Teilen des Schwarzwaldes wohl nur zerstreut.

Die niedrigsten Vorkommen befinden sich in der nördlichen Oberrheinebene im Raum Mannheim

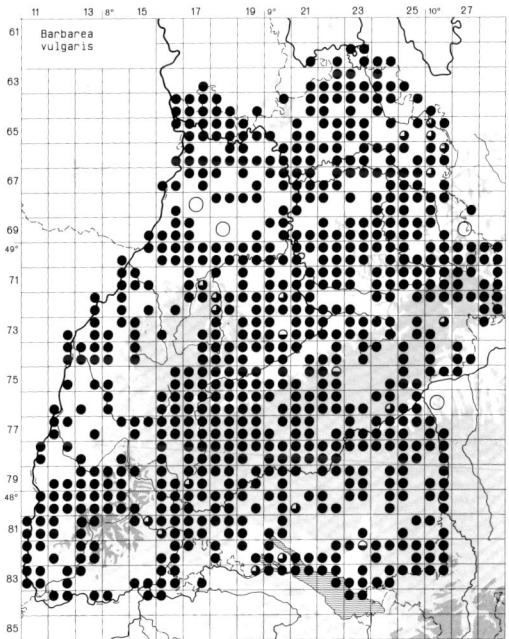

Barbarea vulgaris

Knospenstadium an der Spitze mit einfachen Haaren, sonst Pflanze kahl. Kronblätter hellgelb, 3–5 mm lang, etwa 1,5mal so lang wie die Kelchblätter. Schoten dem Stengel angedrückt, 18–30 mm lang, auf 3–5 mm lang Stielen; Griffel 0,7–1,8 mm lang. – Blütezeit: April bis Juni.

Die Art wurde wohl gelegentlich mit *B. vulgaris* verwechselt, so daß nicht alle Literaturangaben zuverlässig sind. Besonders Exemplare mit relativ steif aufgerichteten Schoten von *B. vulgaris* können für *B. stricta* gehalten werden. Solche Pflanzen wurden schon mit dem Namen *B. pseudostricta* Brandes (1900) belegt.

Ökologie: Wohl ziemlich ähnlich wie bei *B. vulgaris*, also Ufersäume von Bächen und Flüssen, Ruderalfluren, Schuttplätze; nach E. OBERDORFER (1983) Charakterart der Rüben-Kälberkropf-Gesellschaft (Chaerophylletum bulbosi); bei den Standorten der neueren Funde im südlichen Württemberg handelte es sich um ziemlich frische Grabenböschungen auf torfigen Böden, um Flachmoor-Wiesen und um Spülsaum-Gesellschaften am Bodensee-Ufer.

Allgemeine Verbreitung: Europäisch-westasiatische Art, vorwiegend im Bereich der Stromtäler vom Jenissei in Sibirien bis zum Rhein nach Westen; ferner in England und Irland.

Verbreitung in Baden-Württemberg: Offenbar im nördlichen Teil nach den aktuellen Angaben von F. SCHÖLCH bei der floristischen Kartierung etwas

Echtes Barbarakraut *(Barbarea vulgaris)*
Achkarren, 1986

bei 95 m, die höchsten wurden bisher am Dreifaltigkeitsberg auf der südwestlichen Alb (7918/2) bei etwa 900 m und im Schwarzwald bei St. Wilhelm (8113/2) bei 870 m notiert.

Die Art ist wohl in den Flußufergesellschaften und in der Kiesbank-Vegetation urwüchsig und hat sich auf eine Vielzahl sekundärer, anthropogener Standorte ausgebreitet. Der erste literarische Nachweis für unser Land findet sich bei J. BAUHIN (1598: 168) für die Umgebung von Bad Boll. Vermutlich ist die Art auch bei HARDER für 1574–76 aus dem Gebiet belegt (SCHORLER 1907: 89).

Bestand und Bedrohung: Die umfangreichen Bestände der Art sind zur Zeit nicht bedroht.

2. Barbarea stricta Andrz. in Besser 1821
Steifes Barbarakraut, Steife Winterkresse

Morphologie: Zweijährige, 40–100 cm hohe, aufrechte Pflanze; Stengel mit steilen Ästen. Grundständige Blätter mit 1–2 seitlichen Abschnitten jederseits; obere Blätter ungeteilt, lappig gezähnt. Kelchblätter 2–3,5 mm lang, vor allem im

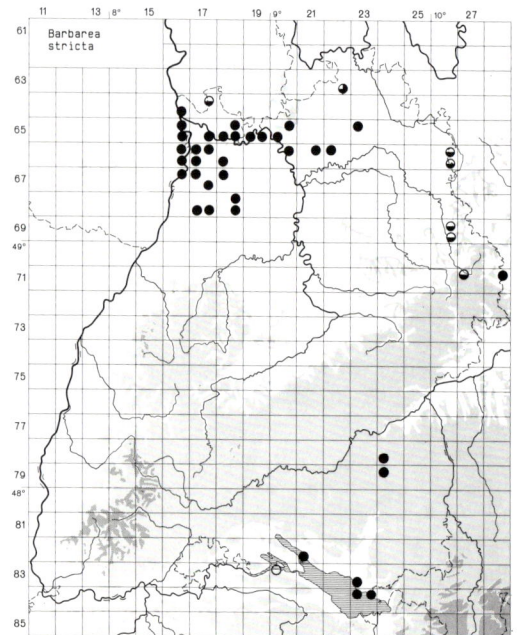

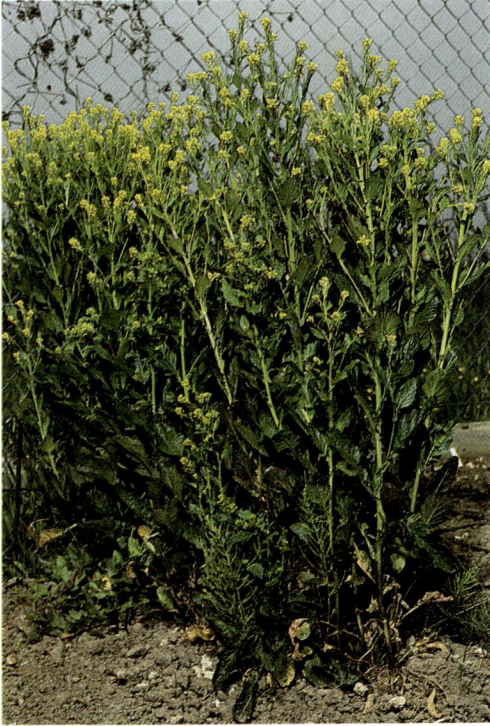

Steifes Barbarakraut *(Barbarea stricta)*

verbreiteter. Einige ältere Angaben aus dem nord-östlichen Württemberg stammen von HANEMANN. Aus der südlichen Hälfte von Baden-Württemberg gibt es vereinzelte alte und aktuelle Angaben aus dem Bodenseegebiet sowie aus dem nördlichen Oberschwaben. Möglicherweise wurde die Art wegen ihrer Ähnlichkeit mit *B. vulgaris* da und dort auch übersehen.

Die tiefsten Funde liegen im Mannheimer Raum bei ca. 100 m, die höchsten im Alpenvorland bei Biberach mit etwa 580 m.

Es ist nicht sicher, ob unser Land zum ursprünglichen Areal der Art gehört oder ob alle Vorkommen erst adventiv in neuerer Zeit entstanden sind. In den württembergischen Landesfloren wird die Art erstmals bei BERTSCH (1933) erwähnt, in den badischen bei DÖLL (1862) als Varietät von *B. vulgaris*.

Folgende konkrete Fundortsangaben liegen vor:
Oberrheingebiet: 6417/2: Weinheim, an der Weschnitz, SEUBERT u. KLEIN (1905); 6617/1: Rheinwald bei Ketsch, 1985, NEBEL (STU); 6518/4: Ziegelhausen, am Neckar, SEUBERT u. KLEIN (1905); 6718/1: Rauenberg, SEUBERT in DÖLL (1862).
Tauber-Gebiet und Nordost-Württemberg: 6322/4: Hardheim, 1958, SACHS (1961); 6626/2: Schwarzenbronn, 1916,

HANEMANN (STU-K BERTSCH); 6626/4: Metzholz, 1917, verschwunden 1926, HANEMANN (STU-K); 6926/2: Weipertshofen, 1917, HANEMANN (STU-K); 6926/4: Jagstzell, 1917, HANEMANN (STU-K); 7127/1: Lauchheim, 1910–26, HANEMANN (STU-K); 7128/2: Fundort in Bayern nahe der Grenze, 1975–76, FISCHER (STU-K).
Alpenvorland: 7824/3 und 7924/1: Moosweiher W Biberach, 1979, SEBALD (STU); 8221/3: Seefelden, 1988, SEBALD (STU-K); 8320/1: Südl. Ufer der Reichenau, LEINER in JACK (1900: 59); 8323/3: Eriskircher Ried, 1975, DÖRR (1976: 30), noch 1985, SEBALD (STU-K). Ferner gibt es eine nicht genau lokalisierbare Angabe von DÖLL (1862): „Zwischen Stein und Rielasingen".

Bestand und Bedrohung: Es fehlt noch ein sicherer Überblick über die Zahl und Größe der Vorkommen. Nach eigenen Beobachtungen dürfte die Art zu Unbeständigkeit neigen. Schutzmaßnahmen sind wie bei vielen ruderalen und adventiven Arten schwierig durchzuführen, da rasche Änderungen der Populationsgrößen in der Natur dieser Arten liegen.

3. Barbarea intermedia Boreau 1840
Mittleres Barbarakraut, Mittlere Winterkresse

Morphologie: Zweijährige, 25–70 cm hohe Pflanze mit einem oder mehreren, meist verzweigten, kantigen, kahlen, manchmal unten basal violett überlaufenen Stengeln. Untere Blätter leierförmig fiederteilig, mit 3–6 Paar Seitenabschnitten und einem großen, rundlichen bis keilförmigen Endabschnitt;

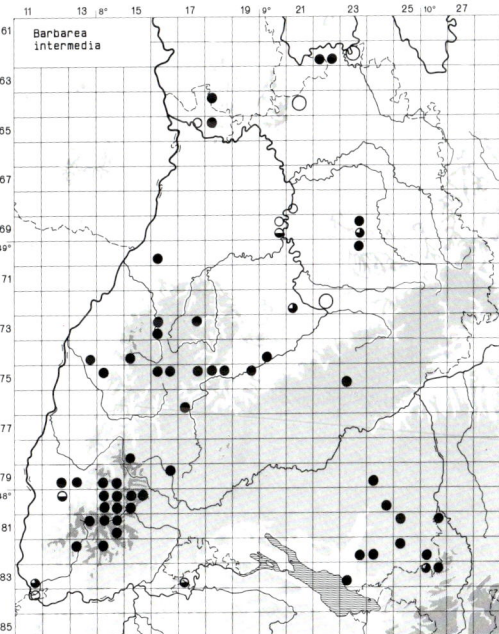

211

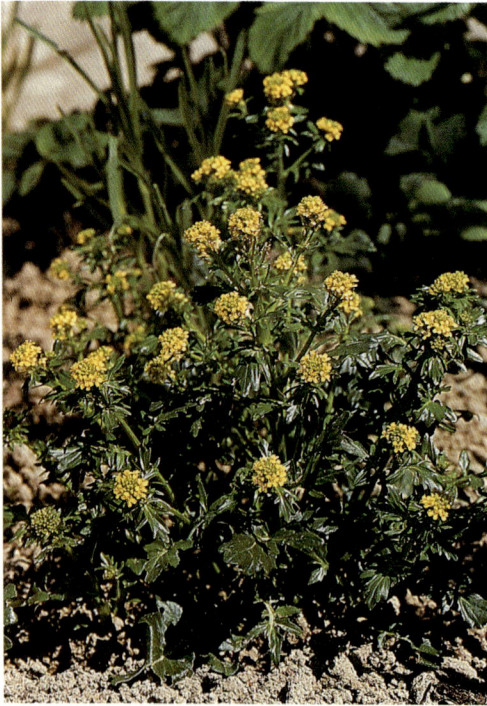

Mittleres Barbarakraut *(Barbarea intermedia)*

obere Blätter fiederteilig bis -spaltig, mit 2–4 Paar Seitenabschnitten und einem meist keilförmigen, schmäleren Endabschnitt, mit Öhrchen halbstengelumfassend. Blätter vorwiegend kahl, nur am Rand der Blattspindel und seltener am Rand der Abschnitte locker mit einfachen Haaren besetzt. Blattabschnitte ganzrandig bis buchtig gezähnt. Traube reichblütig, selten unterste Blüten auch mit Tragblättern. Kelchblätter 2,5–3,5 mm lang, äußere an der Spitze meist kapuzenförmig mit einer knorpeligen Spitze, seitliche basal leicht gesackt und an der Spitze hautrandig. Kronblätter 5–7 mm lang, keilförmig. Schoten schief abstehend, 20–35 mm lang und 1,5–2 mm dick, auf kräftigen, 3–6 mm langen Stielen; Griffel 0,7–1,5 mm lang. – Blütezeit April bis Juni.

Ökologie: Die Art bevorzugt frische bis feuchte, nährstoffreiche, aber eher kalkarme Böden. Sie wurde bei uns bisher in Äckern, Obstgärten, an Ufern, auf Erdaufschüttungen, Bahnhöfen und Schuttplätzen gefunden; vor allem in den ein- bis zweijährigen Ruderalfluren (Polygono-Chenopodietalia, Sisymbrion).

Allgemeine Verbreitung: Die Art ist ein atlantisch-submediterranes Florenelement. Ihr Areal erstreckt sich von Nordportugal über Nordfrankreich bis ins Rheingebiet im Norden, bis nach Jugoslawien im Osten, ferner kommt die Art in Nordwestafrika und in den Gebirgen Ostafrikas vor. Sie ist in verschiedene Gebiete Europas eingeschleppt worden.

Verbreitung in Baden-Württemberg: Selten und in vielen Fällen wohl verschleppt, wohl auch manchmal übersehen. Vorkommen werden angegeben vom Oberrheingebiet, Odenwald, Schwarzwald, Tauber-Main-Gebiet, Mittlerer Neckar, Oberer Neckar, Schwäbisch-Fränkischer Wald, Alpenvorland, von der Alb bisher nur von einem MTB.

Die niedersten Vorkommen werden aus dem nördlichen Oberrheingebiet (Ladenburg) bei etwa 100 m angegeben, die höchstgelegenen bisher vom Rinkendobel im südlichen Schwarzwald (8114/1) bei etwa 1200 m.

In den württembergischen Landesfloren wird die Art unter dem Namen *B. praecox* erstmals bei MARTENS u. KEMMLER (1865) von Hohenheim erwähnt, wo sie FLEISCHER 1858 fand. In den badischen Floren heißt es bei SEUBERT u. KLEIN (1905): „möglicherweise noch zu finden."

Oberrheingebiet: 6418/1: o.O., SCHÖLCH (STU-K); 6517/2: Ladenburg, 1899, THELLUNG in HEGI (1918: 303); 6518/1: o.O., SCHÖLCH (STU-K); 7016/3: o.O., EHMKE (KR-K); 7413/4: Appenweier, 1898, THELLUNG in HEGI (1918: 303); 7913/3: Freiburg, KOCH (STU-K); 8012/2: Freiburg; 8311/4: Lörrach, 1951, BINZ (1956); 8411/2: Grenzacher Horn, BINZ (1901).
Odenwald, Bauland, Tauber: 6222/3 + 4: o.O. (KR-K); 6223/?: o.O. (KR-K); 6421/?: o.O. (KR-K).
Schwarzwald: 7316/1: Forbach, 1982, SEYBOLD (STU); 7317/2: Neuweiler, 1974, ASSMANN (STU); 7516/1 + 2: Freudenstadt, 1981, ADE (STU); 7815/3: Triberg, 1918, KRAUSE (1921: 131); 7916/2: Mönchweiler, 1986, SEYBOLD (STU-K); 8014/1: N Breitnau, 1987, WÖRZ (STU); 8014/2: Jostal bei Eckbach, 1988, WÖRZ (STU-K); 8014/3: Bisten, 1982, SEYBOLD (STU); 8014/4: Fürsatzhöhe, 1988, WÖRZ (STU-K); 8015/1: Oberlangenordnach, 1986, SEYBOLD (STU-K); 8015/2: Schollachtal, 1986, SEYBOLD (STU-K); 8015/3: Neustadt, 1988, WÖRZ (STU-K); 8113/2: St. Wilhelm, Vordertal, 1987, WÖRZ (STU-K); 8114/1: Rinkendobel, 1987, WÖRZ (STU-K); 8114/2: Titisee-Erlenbruck, 1956, KORNECK in PHILIPPI (1961: 181); Titisee-Bühlhof, 1988, SEYBOLD (STU-K); 8213/1: Fröhnd, 1987, WÖRZ (STU-K).
Neckarland: 6821/3: Heilbronn, MARTENS u. KEMMLER (1882); 6920/2: Lauffen, 1898, BADER (STU); 6920/4: Kirchheim, SCHMOHL (STU-K BERTSCH); 6923/2: Ziegelbronn-Bubenorbis, 1973, SCHWEGLER (STU); 6923/4: Ebersberg, 1968, SEBALD (STU); 7023/2: Fornsbach-Neustetten, 1974, SCHWEGLER (STU); 7221/3: Hohenheim, 1858, FLEISCHER (STU); Plieningen, 1953, IRMSCHER (STU-K KREH); Degerloch, 1951, KREH (STU-K); 7222/?: o.O., SEYBOLD (1977); 7420/3: Tübingen, 1977, KRAMER (STU-K); 7517/2: Altheim, 1983, ADE (STU); 7518/1: o.O., nach 1970, ADE (STU-K); 7518/2: Weitingen, 1984, ADE (STU); 7519/2: NSG Obere Steinach, HEPP u.a. (1983: 323); 7617/3: Aistaig, 1986, ADE (STU-K).

212

Schwäbische Alb: 7523/3: „Eckenlauh" N Münsingen, 1988, SEYBOLD (STU).

Hochrhein: 8317/3: Lottstetten, 1936, BÄCHTOLD in KUMMER (1941).

Alpenvorland: 7924/3: Stockacher Holz, 1978, OBERHOLLENZER (STU-K); 8024/4: Bad Waldsee, 1988, WÖRZ (STU-K); 8125/1: Eintürnen, 1970, DÖRR (1974: 81); 8126/2: Legau, DÖRR (1974); 8223/4: Grünkraut, 1974, DÖRR (1974: 81); 8224/3: Arnegger, 1974, DÖRR (1974: 81); 8225/1: Kißlegg, 1982, DÖRR (1982: 48); 8226/3: Isny, Bahnhof (Nordteil), 1987, SEBALD (STU); 8323/3: Eriskirch, 1977, DÖRR (STU-K); 8326/1: Isny, 1962, DÖRR (1974: 81); 8326/2: Überruh, 1973, DÖRR (1974: 81).

Bestand und Bedrohung: Die Art tritt wohl vorwiegend adventiv auf und scheint in letzter Zeit eher noch zuzunehmen.

4. Barbarea verna (Miller) Aschers. 1860

Erysimum vernum Miller 1768; *Barbarea praecox* (Sm.) R. Br. 1812; *Erysimum praecox* Sm. 1802
Frühes Barbarakraut, Frühlings-B., Frühe Winterkresse

Morphologie: Ähnlich *B. intermedia*, aber untere Blätter mit 6–10 Paar Seitenfiedern. Kelchblätter 3,5–4,5 mm lang. Kronblätter 6–8 mm lang. Stiele der Schoten 4–8 mm lang, nur wenig dünner als die Schoten; Schoten 30–70 mm lang. Fruchtstand relativ locker. – Blütezeit: April bis Juni.

Ökologie: Ähnlich wie *B. intermedia*, bei den wenigen Funden in Baden-Württemberg werden Bahn- und Hafenanlagen angegeben.

Allgemeine Verbreitung: Südwesteuropäische Pflanze, in anderen Ländern adventiv bzw. früher als Ölpflanze kultiviert und verwildert; heute auch in Nord- und Südamerika, Südafrika, Japan und Neuseeland vorkommend.

Verbreitung in Baden-Württemberg: Sehr seltene Adventivpflanze und wohl meist unbeständig. Die meisten Beobachtungen stammen aus dem Oberrheingebiet und Seitentälern zum Schwarzwald.

Die höchstgelegene Fundangabe ist Stuttgart-Degerloch mit ca. 450 m.

In den württembergischen Landesfloren wird die Art nicht aufgeführt, mit einer Ausnahme von MARTENS u. KEMMLER (1865, 1882), wo der Name *B. praecox* fälschlich auf eine Pflanze angewandt wurde, bei der es sich um *B. intermedia* handelte. Auch in den älteren badischen Landesfloren bis SEUBERT u. KLEIN (1905) fehlt diese Art.

Oberrheingebiet: 6417/3: Mannheim, BUTTLER u. STIEGLITZ (1976); 6716/2: o.O., KR-K; 6916/3: Karlsruhe, Rheinhafen (1921), K. MÜLLER (STU); 7912/4: Sasbachwalden, W. ZIMMERMANN (1923: 267); 7715/1: Hausach, 1930, FISCHER (1944: 177); 7912/4: Freiburg, LEMCKE (KR-K).

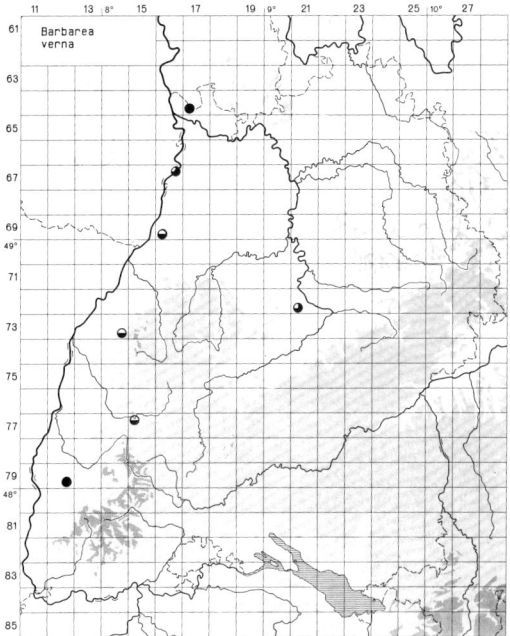

Mittlerer Neckar: 7221/3: Stuttgart-Degerloch, 1952, KREH in SEYBOLD (1969); als Irrgast.

Alpenvorland: Nahe der Landesgrenze in Bayern: 8027/1: Memmingen, Güterbahnhof, 1970 (n. DÖRR 1974).

Bestand und Bedrohung: Ob die aktuellen Fundorte (nach 1970) noch existieren, ist unbekannt.

13. **Rorippa** Scop. 1760
Sumpfkresse

Einjährige bis ausdauernde Pflanzen, kahl oder mit einfachen Haaren. Blätter ungeteilt oder fiederspaltig bis gefiedert, oft ungleichmäßig gezähnt. Kronblätter gelb, ein wenig kürzer oder bis höchstens doppelt so lang wie die an der Basis kaum ausgesackten Kelchblätter, an der Spitze abgerundet. Staubblätter ohne Anhängsel oder Zähne. Frucht Schötchen oder Schote, kugelig, ellipsoidisch oder lineal, die langen Formen oft etwas gekrümmt; Fruchtklappen stark gewölbt, ohne deutlichen Mittelnerv; Griffel deutlich. Samen ± zweireihig.

In den älteren Landesfloren laufen die *Rorippa*-Arten häufig unter dem Gattungsnamen *Nasturtium*. Faßt man *Rorippa* und *Nasturtium* in einer Gattung zusammen, dann hat allerdings der ältere Name *Rorippa* den Vorrang. Hier werden jedoch *Rorippa* und *Nasturtium* als zwei Gattungen angenommen. In diesem Umfang gehören zu *Rorippa* rund 30 Arten, in Europa 11, von denen 6 in Baden-

Württemberg vorkommen. *Rorippa*-Arten bevorzugen mehr oder weniger feuchte Standorte und neigen auch zur Bildung von Hybriden, die auch zu selbständigen Sippen werden können und auch ohne Elternarten auftreten. Die Deutung mancher Hybriden und die einwandfreie Zuordnung von in der Literatur vorhandenen Namen ist oft sehr schwierig.

1 Kronblätter länger als der Kelch, goldgelb 2
– Kronblätter nicht länger als der Kelch, blaßgelb; Pflanze ohne Ausläufer; Frucht wurstförmig, 5–9 mm lang . . . . 6. *R. palustris*
2 Frucht fast kugelig; Blätter meist ungeteilt, herzförmig geöhrt, stengelumfassend; besonders unterseits mit ∞ sehr kurzen Haaren; Rhizom mit unterirdischen Ausläufern . . . . 1. *R. austriaca*
– Frucht ellipsoidisch oder länger; Blätter wenigstens teilweise fiederspaltig, kahl oder nur sehr schwach behaart 3
3 Frucht eiförmig bis ellipsoidisch, deutlich bis mehrmals kürzer ihr Stiel 4
– Frucht ellipsoidisch bis lineal, so lang, länger oder nur wenig kürzer als ihr Stiel 5
4 Pflanzen meist mehrstengelig, aufrecht, 15–40 cm hoch; obere Stengelblätter tief fiederteilig mit schmal linealen Abschnitten und schmalen, langen Öhrchen an der Basis . . . . . . 5. *R. pyrenaica*
– Stengel aufsteigend, 50–150 cm hoch; obere Stengelblätter oft ungeteilt bis fiederlappig, mit verschmälertem, meist ungeöhrtem Grunde sitzend . 2. *R. amphibia*
5 Früchte 5–8(–11) mm lang, 1,2–2 mm breit; Griffel 1–2 mm lang; obere Blätter meist nicht sehr tief geteilt . . . . 3. *R. × anceps*
– Früchte 8–18 mm lang, etwa 1 mm breit; Griffel 0,5–1,1 mm lang; obere Blätter fiederteilig mit 4–7 Paar gezähnten oder fiederlappigen Abschnitten . . . . 4. *R. sylvestris*

1. Rorippa austriaca (Crantz) Besser 1822
Nasturtium austriacum Crantz 1762
Österreichische Sumpfkresse

Morphologie: Ausdauernd; Wurzelstock mit unterirdisch kriechenden Ausläufern. Stengel aufrecht, oben verzweigt, 40–100 cm. Blätter ungeteilt und mit zwei Zipfeln deutlich stengelumfassend, nur untere Blätter kurz gestielt und manchmal fiederteilig, verkehrt lanzettlich bis eiförmig oder länglich, unregelmäßig gezähnt; Stengel und Blätter kahl oder sehr kurz behaart. Kelchblätter 1,5–2,5 mm lang. Kronblätter 3–4 mm lang. Frucht fast kugelig, 1,5–3 mm lang, auf 7–15 mm langen, aufrecht abstehenden Stielen; Griffel 1–2 mm lang, scharf abgesetzt. 6–12 Samen pro Fach. – Blütezeit: Juni bis August.
Biologie: Blütezeit vorwiegend von Juni bis August. Starke vegetative Vermehrung durch Ausläuferbil-

dung, wirkt bodenfestigend an Böschungen und Ufern.
Ökologie: Auf nährstoffreichen, oft grundfeuchten und bei Hochwasser überfluteten, aber auch auf zeitweise austrocknenden Standorten an Ufern, Dämmen, Böschungen, Wegrändern, Park- und Spielplätzen, Bahnhofsgelände; vor allem in Flutrasen des Agropyro-Rumicion (als Charakterart des Agropyro-Rorippetum austriacae), auch in ruderalen oder ufernahen Staudengesellschaften und sogar in Wiesen eindringend. Begleitpflanzen sind u.a. *Agropyron repens, Rumex obtusifolius, R. crispus, Phalaris arundinacea, Artemisia vulgaris, Calystegia sepium, Potentilla reptans, Poa trivialis, Polygonum lapathifolium* u.a.; soziologische Aufnahmen s. OBERDORFER (1957, S. 85), PHILIPPI (1984, Tab. 2, Aufn. 29, Tab. 9, Aufn. 4), SEBALD (1983, Tab. 13, Aufn. 53, 54).
Allgemeine Verbreitung: Osteuropäische-westasiatische Pflanze, in Mitteleuropa nach Norden ins Oder- und Elbegebiet, sich in den letzten Jahrzehnten in weiteren Gebieten einbürgernd.
Verbreitung in Baden-Württemberg: Zerstreut im Oberrheingebiet samt einigen Seitentälern, im Maintal und im Neckartal etwa von Plochingen abwärts, sonst nur vereinzelte Vorkommen in anderen Landschaften.

Die tiefsten Funde sind bei Mannheim bei 95 m, die höchsten bei Nendingen im Donautal (7919/3) mit 635 m.

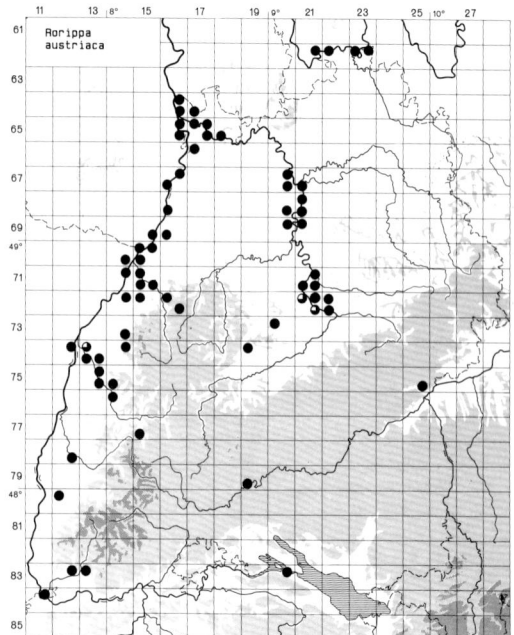

Österreichische Sumpfkresse *(Rorippa austriaca)*

In den badischen und württembergischen Landesfloren aus dem vorigen Jahrhundert und aus dem Anfang dieses Jahrhunderts ist diese Art nicht erwähnt. Nach F. ZIMMERMANN (1907) seit 1880 im Mannheimer Raum vorhanden. K. BERTSCH (1948) führt sie erstmals nur mit Namen in der Liste neuer Fremdpflanzen auf. Die ältesten Herbarbelege aus dem Neckarbereich stammen von 1919 und 1920. Die Art ist deutlich im Zunehmen, wohl durch Verschleppung. Einmal angesiedelt, zeigt sie ähnlich wie *Cardaria draba* durch ihre kriechenden Erdsprosse eine beachtliche Konkurrenzkraft.

Die wenigen außerhalb der obengenannten Landschaften gemachten Funde sind folgende:
Schwarzwald: 7715/3: Hornberg, 1986, HÜGIN (STU-K); 8313/1: Hausen-Raitbach, Bahnhof, 1986, HÜGIN (STU-K).
Neckarland: 7320/1: Böblingen, 1988, RIEKS (STU-K); 7419/1: Herrenberg, 1985, SEYBOLD (STU).

Donautal: 7525/4: Ulm, Güterbahnhof, 1948, K. MÜLLER (1950: 103), 1981, RAUNEKER (1984); 7919/3: Nendingen, 1980, SEBALD (STU).
Alpenvorland: 8320/2: Wollmatingen, 1984, DIENST (STU-K).

Bestand und Bedrohung: Keine Bedrohung erkennbar, sich zur Zeit noch ausbreitend. Die Art übersteht auch mehrmaliges Abmähen.

2. Rorippa amphibia (L.) Besser 1821
Nasturtium amphibium (L.) R. Br. 1812; *Sisymbrium amphibium* L. 1753
Wasserkresse, Teichkresse

Morphologie: Ausdauernd; Stengel aufsteigend, 50–150 cm hoch, kahl, verzweigt, teilweise mit niederliegenden, ausläuferartigen, sich bewurzelnden Stengeln. Untere Stengelblätter fiederspaltig bis

215

kammförmig mit linealen bis lanzettlichen, spitzen Abschnitten, in kurzen Stiel verschmälert, 7–15 cm lang. Obere Stengelblätter sitzend, lineal bis lanzettlich, basal nicht oder kaum geöhrt, fast ganzrandig bis scharf gezähnt. Kelchblätter 2,5–4 mm lang. Kronblätter 3,5–6,5 mm lang, verkehrt-eiförmig, abgerundet. Frucht eiförmig 2–5 mm lang, 1–3 mm breit; Griffel 1–2 mm lang, deutlich abgesetzt; Fruchtstiele 8–15 mm lang, 2–3mal so lang wie Früchte, waagrecht bis leicht nach unten gebogen.

Variabilität: Die Blattform ist sehr variabel, insbesondere schwanken die Anteile der oben geschilderten Formen der unteren und oberen Stengelblätter sehr stark. Bei Wasserformen sind die Stengel dick, hohl, röhrenförmig und nicht gefurcht (s. dazu auch E. BAUMANN 1911, S. 343–349).

Biologie: Blüht von Mai bis August. Die Blüten werden von Insekten bestäubt. Fruchtende Pflanzen wurden von Juni bis August beobachtet. Eine vegetative Vermehrung ist durch abgebrochene Sproßstücke der niederliegenden, bewurzelten Sprosse leicht möglich.

Ökologie: Auch etwas Halbschatten ertragende Sumpfpflanze auf nährstoffreichen, meist schlammigen und zeitweise auch trockenfallenden Böden an stehenden oder langsam fließenden Gewässern; vor allem in Röhricht- und Großseggengesellschaften (LANG 1967, Tab. 25–32; PHILIPPI 1973, Tab. 1, 7, 8, 9; GÖRS 1969, Tab. 4, 6); gilt als Cha-

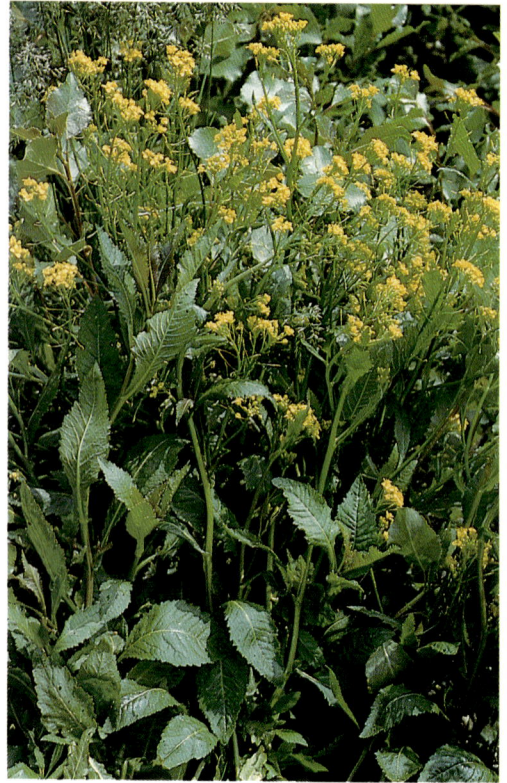

Wasserkresse (*Rorippa amphibia*)

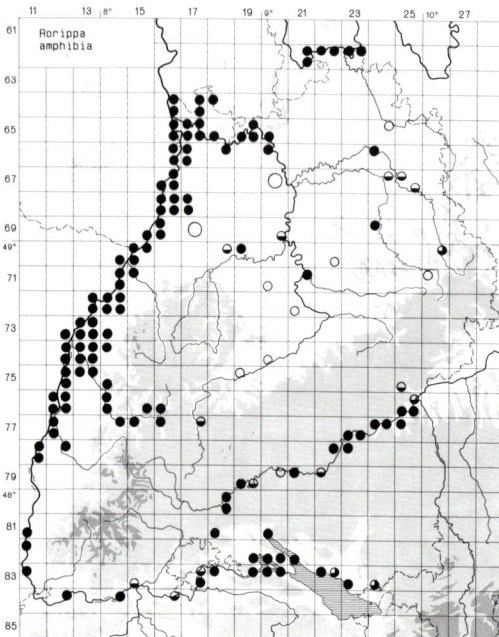

rakterart des Oenantho-Rorippetum amphibiae Lohm. 50, aber auch in anderen Gesellschaften, z.B. den Zweizahn-Schlammboden-Gesellschaften (Bidention, s. PHILIPPI 1984, Tab. 2, 3 und 7), in Ruderalfluren auf Schlammböden (Polygono-Chenopodietum, s. TH. MÜLLER 1974, Tab. 4, PHILIPPI 1984, Tab. 10), selbst in den Zwergbinsen-Gesellschaften auf trocken gefallenen Teichböden (s. Tabelle 1 von PHILIPPI 1968). Begleitpflanzen sind z.B. *Phragmites communis, Phalaris arundinacea, Scirpus lacustris, Cicuta virosa, Oenanthe aquatica, Rumex hydrolapathum, Butomus umbellatus, Sagittaria sagittifolia, Nasturtium officinale, Sparganium emersum.* Nach LANG (1967, Tab. 21 u. 23) kommt die Art am Bodensee auch im Agrostidetum stoloniferae und Barbareo-Erucastretum vor.

Allgemeine Verbreitung: Vor allem gemäßigte Zonen Eurasiens; in Europa in den meisten Ländern mit Ausnahme des hohen Nordens, im Mittelmeerraum ziemlich selten; synanthrop in Amerika.

Verbreitung in Baden-Württemberg: In den Tälern von Rhein, Main und Donau sowie am Bodensee zerstreut, sonst selten oder fehlend.

Die tiefstgelegenen Vorkommen befinden sich am Oberrhein bei Mannheim mit 95 m, die höchsten im Donautal oberhalb Tuttlingen mit 650 m.

Die Art dürfte bei uns urwüchsig sein. Aus dem späten Atlantikum von Hornstaad am Bodensee ist sie nachgewiesen (RÖSCH 1985). LEOPOLD (1728: 159) erwähnt die Art aus der Ulmer Gegend „beyr Thalfinger Bruk, in den Altwassern". Auch bei H. HARDER ist sie vermutlich von 1576–94 aus dem Gebiet belegt (SCHINNERL 1912: 234).

Oberrheingebiet: Im nördlichen Teil stellenweise häufig, im südlichen offenbar seltener werdend. Im Kinzigtal weit in den Schwarzwald vordringend bis Alpirsbach (7616/3).
Main-Tauber-Gebiet: Vor allem entlang des Mains. An der Tauber nur 6524/2: Mergentheim, SCHÜBLER u. MARTENS (1834), ob noch?
Neckarland: Am unteren Neckar zerstreut, sonst nur wenige und meist nicht mehr aktuelle Fundorte: 6624/1: Dörzbach, MATTERN (1980: 151); 6724/2, 6725/1 u. 4: Jagsttal, MÜRDEL (STU-K); 6920/4: Kirchheim, 1940, SCHMOHL (STU-K BERTSCH); 6924/1: Raibach, 1971, SEYBOLD (STU); 7018/2: Elfinger Hof, 1901, GUTBROD (STU); 7019/1: S Lienzingen, 1978, RIMPP (STU-K); 7022/4: Backnang, SCHÜBLER u. MARTENS (1834); 7026/2: Schloßweiher Ellwangen, 1960, SCHULTHEISS (1976); 7120/3: Ditzingen, SCHÜBLER u. MARTENS (1834); 7121/2: Neckarrems, 1983, SEILER (STU-K); 7126/1: Abtsgmünd, SCHÜBLER u. MARTENS (1834); 7221/3: Hohenheim, SCHÜBLER u. MARTENS (1834); 7420/3: Tübingen, A. MAYER (1904), SCHÜBLER u. MARTENS (1834); 7519/1: Niedernau-Obernau, A. MAYER (1904); 7717/2: Oberndorf, BERTSCH (STU-K).
Schwäbische Alb: 7525/3: Arnegg, K. MÜLLER (1957: 89).
Donautal: Von Ulm bis Tuttlingen aufwärts in den meisten Quadranten.
Alpenvorland: Abseits vom Bodenseeufer und vom Hochrhein sind folgende Funde bekannt: 8118/3: Binninger Ried, 1985, REINÖHL u. NEBEL (STU-K), 1922, KUMMER (1941); 8324/3: Kreuzweiher, GÖRS (1969).

Bestand und Bedrohung: Durch Flußbegradigungen und Uferverbauungen hat die Art sicher eine Anzahl von Vorkommen verloren. Entlang des mittleren und oberen Neckars ist die Art verschollen. Die Erhaltung von Altwässern in den Flußtälern und von Röhrichtgürteln an den Ufern von langsamfließenden und stehenden Gewässern ist für ihren Bestand wichtig. Die Art ist in der Roten Liste (1983) nicht genannt, sollte aber doch wenigstens als schonungsbedürftig (G 5) eingestuft werden.

3. Rorippa × anceps (Wahlenb.) Reichenb. 1837/38

Nasturtium anceps (Wahlenb.) Reichenb. 1822; *Sisymbrium anceps* Wahlenberg 1820; *Rorippa prostrata* auct.: SCHINZ et THELLUNG 1913
Niederliegende Sumpfkresse

Nach JONSELL (1968) ist der auf *Myagrum prostratum* Bergeret 1786 basierende Artname von *Rorippa prostrata* zwar älter als der Artname *anceps*, aber die Identität von *Myagrum prostratum* Berg. ist sehr zweifelhaft.

Morphologie: In den Merkmalen zwischen *R. amphibia* und *R. sylvestris* stehend und im allgemeinen als Bastard der beiden Arten betrachtet. 30–90 cm hoch. Blätter sehr veränderlich, auch die oberen meist fiederteilig bis fiederspaltig, selten auch ungeteilt. Schoten 5–8(–11) mm lang, 1–2 mm breit; linear bis ellipsoidisch; Stiel kürzer oder länger als die Schoten. Griffel 1–2 mm lang. – Blütezeit: Mai bis September.

Variabilität: Die Blattform ist stark vom jeweiligen Wasserstand abhängig. Mit den Wasser-, Seichtwasser- und Landformen dieser Sippe am Bodensee haben sich ausführlich E. BAUMANN (1911: 337–343) und K. BERTSCH (1941: 83–85) beschäftigt. Diese Formen sind systematisch ohne Bedeutung. Sie können je nach Wasserstand bei der gleichen Pflanze vorkommen.

Pflanzen vom Bodensee mit besonders schmalen Schoten, sich also *R. sylvestris* nähernd, wurden als „*stenocarpa* Godr." in unterschiedlichen Rangstufen von der typischen *R. anceps* abgetrennt. BAUMANN u. THELLUNG in BAUMANN (1911) halten den Rang einer Varietät für angemessen (unter dem Gattungsnamen *Nasturtium*). *Nasturtium stenocarpum* Godron 1854 wurde zuerst von Montpellier in Südfrankreich beschrieben. GLÜCK (1936) und ihm

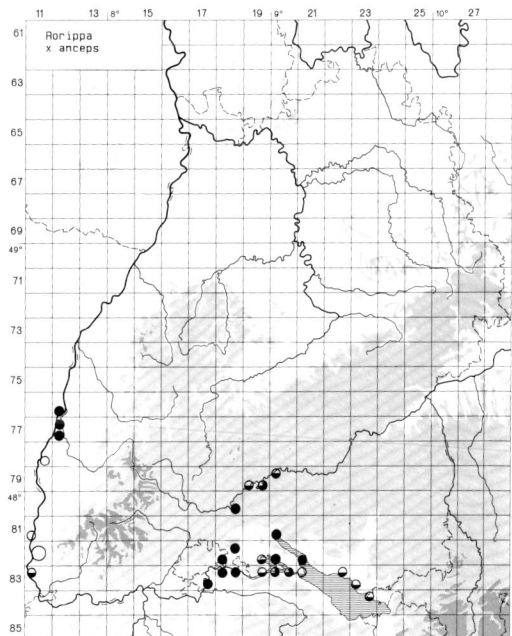

217

4566. *pyrenaicum R. Br.*

Nasturtium.

4564. *anceps Rchn.*

folgend K. u. F. BERTSCH (1937: 150; 1948) trennen diese Sippe als eigene Art (unter *Rorippa*) von *R. anceps* ab. Von VALENTINE (1964) wird Sippe als subspec. *stenocarpa* (Godr.) zu *R. sylvestris* gestellt. Die Variabilität von *R. anceps* ist so groß, daß es fraglich erscheint, ob eine sinnvolle Untergliederung möglich ist. Wir geben daher den Schlüssel zur Unterscheidung der beiden Varietäten nur mit Vorbehalt wieder:

1   Früchte 2–3mal so lang wie breit, deutlich kürzer als ihr Stiel . . . . var. *anceps*
–   Früchte 5–10mal so lang wie breit, kaum kürzer oder länger als ihr Stiel . . . . . var. *stenocarpa*

In der Fundortsaufstellung und in der Karte wurden die Varietäten nicht getrennt. Nach VALENTINE (1964) könnte es sich bei *R. anceps* um eine Mischung von Hybriden und Rückkreuzungen mit unterschiedlichen Fertilitätsgraden handeln, einschließlich allopolyploider Abkömmlinge von Hybriden. *R. anceps* kann auch vorkommen, wenn eine der Elternarten fehlt. Diese kann verschwunden sein oder das Vorkommen hängt mit der Möglichkeit zur vegetativen Vermehrung von *R. anceps* zusammen. JONSELL (1968) nimmt an, daß die Art „anceps" in jedem Flußgebiet durch Bastardierung neu entstehen kann.

Ökologie: Auf nährstoffreichen, meist kalkhaltigen Schlammböden an Ufern mit stark schwankendem Wasserstand; vor allem in Flutrasen (Rorippo-Agrostietum, s. MÜLLER 1974, Tab. 6), im Agrostidetum stoloniferae phalaridetosum (LANG 1967, Tab. 21) und in der Verlandungsvegetation; gilt als Charakterart des Phalaridetum arundinaceae; häufige Begleiter sind: *Phalaris arundinacea, Rorippa amphibia, Lycopus europaeus, Polygonum lapathifolium, Lythrum salicaria, Carex elata, Agrostis stolonifera, Phragmites communis* u.a.

Allgemeine Verbreitung: Gemäßigte Zone Europas, nach Norden bis Südschweden.

Verbreitung in Baden-Württemberg: Selten bis zerstreut am Ober- und Hochrhein, am Bodensee und an der Donau.

Die tiefstgelegenen Vorkommen wurden im nördlichen Oberrheingebiet (6816) bei etwa 100 m, die höchsten im Donautal (8018) bei etwa 650 m notiert.

Niederliegende Sumpfkresse *(Rorippa × anceps)*, rechts (Figur 4364); ferner: Pyrenäen-Sumpfkresse *(Rorippa pyrenaica)*, links (Figur 4366); aus REICHENBACH, L.: Icones florae germanicae et helveticae, Band 2, Tafel 54 (1837–1838).

In den württembergischen Landesfloren ist die Sippe erstmals bei K. u. F. BERTSCH (1933) aufgeführt für den Bodensee. In den badischen Landesfloren wird sie dagegen schon bei HAGENBACH (1843: 133) vom Rhein bei Neuenburg und bei DÖLL (1862) für das westliche Bodenseegebiet erwähnt.

Oberrhein: 6816/?: Ohne Ortsangabe; 7612/3, 7712/1 + 3: Taubergießen, GÖRS u. MÜLLER (1974); 7811/4: Sasbach, THELLUNG in HEGI (1918); 8111/3: Neuenburg, HAGENBACH (1843: 133); 8211/?: Ohne Ortsangabe; 8311/1: Istein, BINZ (1915).
Hochrhein: 8317/4: Lottstetten, THELLUNG in HEGI (1918); 8318/1: Büsingen, 1928, KUMMER (1941), HUEBSCHER-ISLER (1980: 64); 8218/3: Bietingen, 1980, ISLER-HUEBSCHER (1980: 64); 8318/2: Bibermündung (Schweiz), ISLER-HUEBSCHER (1980: 64).
Bodensee und Hegau: 8218/2: Singen, 1974, ISLER-HUEBSCHER (1980: 64); 8219/4: Radolfzell, THELLUNG in HEGI (1918); 8319/2: Wangen, Hemmenhofen, Gaienhofen, alle THELLUNG in HEGI (1918); 8120/3: Stockacher Aachmündung, 1972, HENN (STU-K); 8220/3: Markelfingen, THELLUNG in HEGI (1918); Mettnau, 1983, PEINTINGER (STU-K); 8221/3: Seefelden, JACK (1900: 59), noch 1988, SEBALD (STU-K); 8320/1: Reichenau, LANG (1967, Tab. 21); 8320/2: Konstanz, LANG (1967, Tab. 21); 8321/1: Bodenseeufer bei Konstanz, 1850, JACK (STU); 8322/2: Friedrichshafen, 1940, BERTSCH (STU); 8323/3: Eriskircher Ried, BERTSCH (1941); 8423/2: Kreßbronn, 1936, BERTSCH (STU).
Donautal: 7919/3: Ludwigstal, 1923, K. MÜLLER (STU); 7919/4: Fridingen, 1958, KNAUSS (STU); 7920/1: Hausen i.T., 1941, MAHLER (STU-K); 8018/4: Immendingen, 1974, SEYBOLD (STU).

Bestand und Bedrohung: Die tatsächliche Verbreitung ist wegen der schwierigen Abgrenzung gegen *R. amphibia* und *R. sylvestris* unzureichend bekannt. Für die Bedrohung bzw. Erhaltung siehe bei *R. amphibia*.

4. Rorippa sylvestris (L.) Besser 1821
Nasturtium sylvestre (L.) R. Br. 1812; *Sisymbrium sylvestre* L. 1753
Wilde Sumpfkresse, Wildkresse

Morphologie: Ausdauernde, mit Blattrosetten überwinternde, unterirdische, verzweigte, dünne Ausläufer treibende Art. Stengel aufsteigend bis aufrecht, verzweigt, 20–60 cm hoch, kahl oder schwach mit sehr kurzen Haaren besetzt. Blätter gestielt, nicht stengelumfassend, untere gefiedert bis fiederteilig, mit 4–7 Paar gezähnten bis fiederteiligen Abschnitten auf jeder Seite; obere Blätter auch sitzend, oft mit schmäleren und ungeteilten Abschnitten. Kelchblätter 2–3 mm lang, elliptisch bis länglich. Kronblätter 4–5 mm lang, verkehrt-eiförmig. Blütentrauben selten über 10 cm lang, meist mit zahlreichen Bereicherungstrieben. Schoten lineal, gerade oder leicht gekrümmt, 8–18 mm lang, ca. 1 mm breit, auf waagrechten oder leicht nach oben abstehenden, 6–12 mm langen Stielen; Griffel 0,5–1,1 mm lang. – Blütezeit: Juni bis Oktober.

Biologie: Die Art ist selbststeril. Die Bestäubung erfolgt durch Insekten (Hummeln, Bienen, Schwebfliegen u. a.). Es gibt mehrere Chromosomensippen (2n = 32, 40, 48), die sich bastardieren lassen (JONSELL 1964, 1968). Reife Früchte wurden von August bis November beobachtet.

Ökologie: Auf frischen bis feuchten, nährstoffreichen Böden, vor allem an Ufern, in Gräben, Äckern und Forstbaumschulen; in Pioniergesellschaften kiesiger bis schlammiger Ufer, gilt als Charakterart des Rorippo-Agrostietum stoloniferae (Flutrasen), ferner in verschiedenen Gesellschaften der Zweizahn-Schlammfluren (Bidentalia); häufige Begleiter sind *Rumex obtusifolius, R. crispus, Agrostis stolonifera, Poa trivialis, Phalaris arundinacea, Polygonum lapathifolium, P. minus, P. hydropiper, Ranunculus repens* u. a.; soziologische Aufnahmen u. a. bei TH. MÜLLER (1974, Tab. 6), PHILIPPI (1984, Tab. 2, 3, 9, 10, 11).

Allgemeine Verbreitung: Fast ganz Europa, Nordafrika, Kleinasien; ferner verschleppt in Nordamerika und Südafrika.

Verbreitung in Baden-Württemberg: In den meisten Landschaften verbreitet, aber nur stellenweise häufig, sonst zerstreut. Die Art ist wohl urwüchsig entlang der Flußufer, hat sich aber in den letzten Jahrzehnten auch auf sekundären Standorten, so z.B. vor allem in Forstbaumschulen stark ausgebreitet, wo sie zu einem lästigen Unkraut geworden ist (s.a. W. KREH 1959).

Die niedrigsten Vorkommen findet man bei Mannheim bei etwa 95 m, die höchsten auf der Schwäbischen Alb auf dem Hochberg (7818) bei 990 m.

Der älteste Nachweis in der Literatur findet sich für Baden-Württemberg bei LEOPOLD (1728: 159) für die Ulmer Gegend. Die Art ist schon in den alten Landesfloren als häufig angegeben (bei C.C. GMELIN (1808) für das Oberrheingebiet als „frequentissima").

Bestand und Bedrohung: Keine Gefährdung erkennbar, zur Zeit eher noch zunehmende Bestände. Die Art kann sich durch vegetative Vermehrung rasch ausbreiten. Sie verträgt auch das Abmähen.

5. Rorippa pyrenaica (Lam.) Reichenb. 1837

Myagrum pyrenaicum Lam. 1785; *Sisymbrium pyrenaicum* L. 1759 nom. illeg., non *S. pyrenaicum* L. ex Loefl. 1758; *Rorippa stylosa* (Pers.) Mansf. & Rothm. 1940; *Lepidium stylosum* Pers. 1807
Pyrenäen-Sumpfkresse

Morphologie: Ausdauernd, mit kurzem Rhizom, meist mehrstengelig, 15–40 cm hoch; Stengel aufrecht, oben verzweigt, seltener einfach, kahl oder besonders im unteren Teil mit kurzen, abwärts ge-

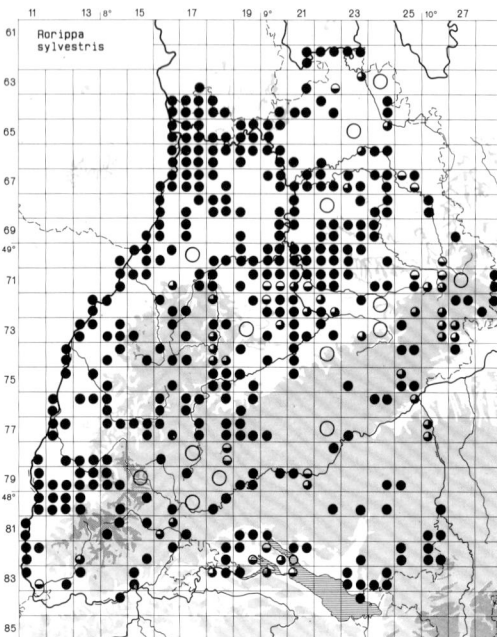

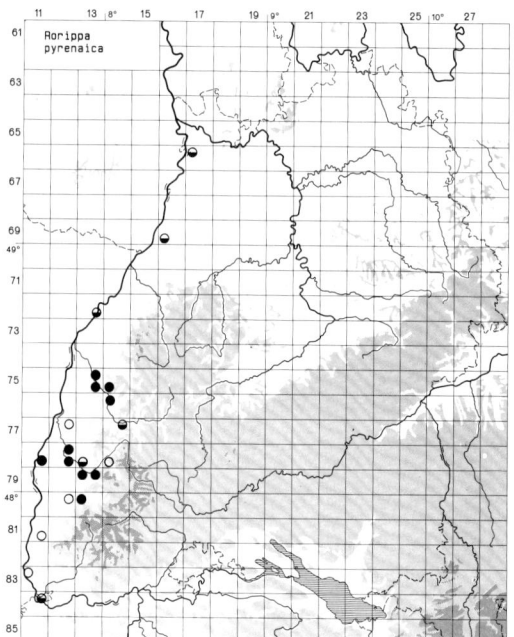

Wilde Sumpfkresse *(Rorippa sylvestris)*

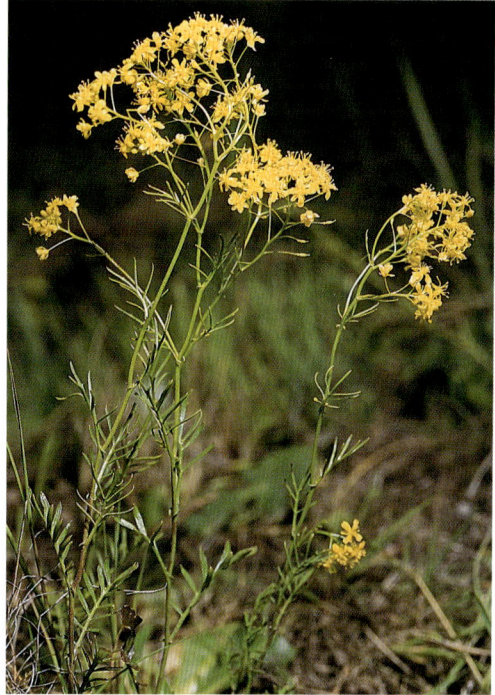

Pyrenäen-Sumpfkresse *(Rorippa pyrenaica)*
Burkheim/Kaiserstuhl, 1970

richteten Haaren. Grundblätter rosettenbildend, leierförmig fiederteilig bis gefiedert, gestielt, ohne oder mit kurzen Öhrchen, mit 3–8 Paar verkehrt-eiförmigen, oft gezähnten Abschnitten. Stengelblätter mit 2–6 Paar schmal linearen bis spatelförmigen, häufig ganzrandigen Abschnitten und schmalen, langen, halbstengelumfassenden Öhrchen. Blätter kahl oder an der Spindel etwas behaart. Traube relativ kurz, auch im Fruchtstadium selten 10 cm erreichend. Kelchblätter 2–3 mm lang, gelblich. Kronblätter 2,5–4 mm lang, spatelförmig. Frucht ellipsoidisch-länglich, 2,8–5 mm lang, 1,2–2,5 mm breit, auf 6–9 mm langen, fast waagrechten bis schräg aufwärts stehenden Stielen; Griffel 0,7–1,3 mm lang. – Blütezeit: Mai bis Juli.

Ökologie: Vorzugsweise auf nährstoffreichen, aber oft kalkarmen, mäßig trockenen bis wechselfeuchten Böden warmer Lagen, vor allem in den Lücken der Grasnarbe von Fettwiesen, Fettweiden, Grabenböschungen, Hochwasserdämmen; im Oberrheingebiet gerne in der *Silaum silaus*-Variante von Glatthaferwiesen.

Allgemeine Verbreitung: Südeuropäisch-submediterranes Florenelement, von den Pyrenäen bis zu den Karpaten, nach Norden bis Zentralfrankreich, Luxemburg, Oberrheinische Tiefebene, Slowakei, ein isoliertes Vorkommen im Elbetal von Dessau bis Magdeburg.

Verbreitung in Baden-Württemberg: Selten im Oberrheingebiet und einigen Seitentälern am Schwarzwaldrand.

Die tiefsten Vorkommen befinden sich bei Ketsch (6617/1) bei etwa 100 m, die höchsten bisher bei Simonswald (7814/3) bei ungefähr 300 m.

Die Art wird schon bei C. C. GMELIN (1808) für einige der klassischen Fundorte erwähnt. Obwohl die Art auch an halbruderalen Stellen vorkommt, dürfte sie wohl in diesem Gebiet als einheimisch zu betrachten sein. Ein für Tuttlingen in Württemberg angegebenes Vorkommen (THELLUNG in HEGI 1918: 315) ist nicht belegt und in den württembergischen Landesfloren nicht erwähnt.

6617/1: Ketscher Halbinsel, 1882–1917, THELLUNG in HEGI (1918); 6916/3: Daxlanden, 1912, 1932, KNEUCKER (1935: 231); 7213/4: Scherzheim, 1923, NEUBERGER in W. ZIMMERMANN (1923); 7513/2: Kinzigdamm, 1988, DEMUTH (KR-K); 7513/4: Kinzigdamm, nach 1970, PHILIPPI (KR-K); 7514/3: Kinzigdamm, nach 1970, PHILIPPI (KR-K); 7614/1: Damm bei Schönberg, 1987, PHILIPPI (KR-K); 7712/2: Zwischen Ettenheim und Ringsheim, SCHILDKNECHT (1855: 30); 7714/2: Kinzigtal bei Weiler-Fischerbach, 1932, FISCHER (1944); 7811/4: Burkheim, 1970, SCHREMPP (STU-K); 7812/2: ohne Ortsangabe,

1987, Schlesinger (KR-K); 7812/4: Riegel, Thellung in Hegi (1918); o.O., (KR-K); 7813/3: Emmendingen, Thellung in Hegi (1918); 7814/3: Simonswald, Thellung in Hegi (1918); 7913/1: Denzlingen, Thellung in Hegi (1918); Wasser, 1959, Hügin in Philippi (1961: 181); o.O., 1986, Koch (STU-K); 7913/2: Waldkirch, 1852, Hegelmaier (STU); o.O., Koch (STU-K); 8012/2: Uffhausen, Thellung in Hegi (1918); 8013/1: Freiburg, 1986, Koch (STU-K); 8111/4: Müllheim, Binz (1905); 8311/1: Istein, Thellung in Hegi (1918); 8411/2: Weil, 1931, Aellen (STU).

Bestand und Bedrohung: Ein Teil der genannten Fundorte ist wohl erloschen. Die noch vorhandenen Vorkommen sollten wegen der Seltenheit der Art geschont werden, auch wenn keine akute Gefährdung vorliegt (Rote Liste 1983: Kategorie G 5). Die Art verträgt normale Mahd und auch Beweidung.

6. Rorippa palustris (L.) Besser 1821
Nasturtium palustre (L.) DC. 1821; *Sisymbrium amphibium* var. *palustre* L. 1753; *Rorippa islandica* auct.
Gewöhnliche Sumpfkresse

In manchen Floren (z.B. Hegi, Flora Europaea) wird diese Art in *R. islandica* (Oed. ex Murr.) Borbas einbezogen. Wie Jonsell (1969) darlegt, sind *R. islandica* und *R. palustris* zwei scharf getrennte Arten. Die echte *R. islandica* kommt vor im nordatlantischen Raum (Irland, Schottland, Norwegen, Island, Grönland) und in den

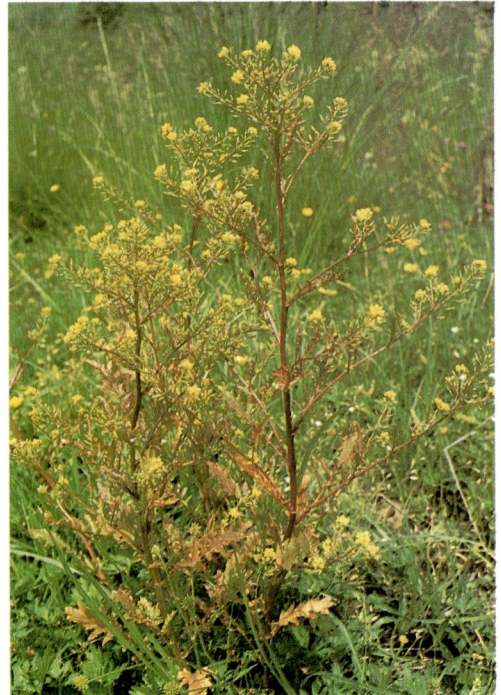

Gewöhnliche Sumpfkresse *(Rorippa palustris)*
Arnegg, 1973

Alpen über 1300 m. Diese Art ist diploid mit 2n = 16 Chromosomen. *R. palustris* ist die in Mitteleuropa weit verbreitete Flachlandpflanze. Sie ist tetraploid mit 2n = 32 Chromosomen. Intermediäre Populationen sind nach Jonsell unbekannt.

Morphologie: Ein-, zweijährig oder manchmal ausdauernd, ohne Ausläufer; Stengel aufrecht, 20–60 cm hoch, zumindest oben, oft sparrig, verzweigt, kantig, kahl oder im unteren Teil kurzhaarig. Untere Blätter gestielt, leierförmig fiederteilig, mit 4–8 Paaren länglicher, lappig gezähnter seitlicher Abschnitte und einem großen, eiförmigen Endabschnitt; obere Blätter mit 2–6 Paaren seitlicher Abschnitte, die meist etwas schmäler sind als bei den unteren Blättern; Blätter basal geöhrt, kahl oder am Rand und auf der Spindel etwas behaart. Kelchblätter etwa 2 mm lang. Kronblätter gleich lang oder ein wenig kürzer, blaß gelb. Schoten länglich (wurstförmig), oft leicht gekrümmt, 5–9 mm lang, 2–2,5 mm dick, ihre Stiele mit 4–8 mm etwa gleich lang oder etwas kürzer, fast waagrecht abstehend; Griffel 0,5–1 mm lang, Narbe wenig breiter als der Griffel. – Blütezeit: Juni bis September.
Ökologie: Auf nährstoffreichen, zumindest zeitweise feuchten bis nassen, oft schlammigen Böden an Ufern von Gewässern, in Gräben und an feuch-

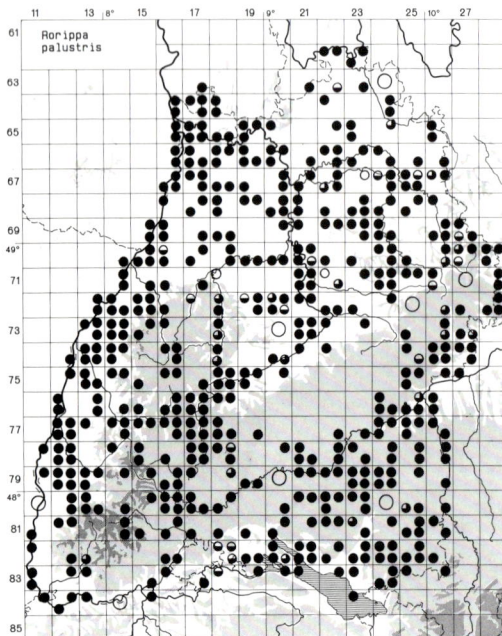

teren Ruderalstellen; gilt als Bidentalia-Ordnungscharakterart; gern zusammen mit *Polygonum*- und *Rumex*-Arten, *Barbarea vulgaris, Ranunculus sceleratus, R. repens, Phalaris arundinacea, Lycopus europaeus* u.a.; pflanzensoziologische Aufnahmen mit dieser Art finden sich u.a. bei TH. MÜLLER (1974, Tab. 4), PHILIPPI (1977, Tab. 1, 1983, Tab. 1, 2, 1984, Tab. 3, 4, 7, 9, 10), LOHMEYER (1970, Tab. 2). PEINTINGER (1988, Tab. 2, 3), weist auf u.a. auf das Vorkommen in Zwergbinsen-(Nanocyperion-)Gesellschaften auf Teichböden hin, wo die Art mit *Juncus bufonius, Gnaphalium uliginosum* und *Riccia cavernosa* wächst.

Allgemeine Verbreitung: Ursprünglich eine eurasiatisch-nordamerikanische zirkumpolar verbreitete Art (s. Karte bei HULTEN 1958), kommt sie heute fast kosmopolitisch in allen gemäßigten Klimazonen vor.

Verbreitung in Baden-Württemberg: In den meisten Landschaften verbreitet, aber nicht überall häufig, auf der Schwäbischen Alb nur sehr zerstreut.

Die niedrigst gelegenen Vorkommen sind bei Mannheim bei etwa 95 m, die höchsten bei Oberaha-Schluchsee (8114/4) in 930 m Höhe notiert worden.

Die Art ist bei uns seit alter Zeit einheimisch. Samen dieser Art wurden u.a. bei Untersuchungen des römischen Kastells in Welzheim gefunden (KÖRBER-GROHNE u. PIENING 1983, S. 82). Der älteste literarische Nachweis für unser Land findet sich bei ROT (1799: 35) „um Duttlingen" (8018) und bei WIBEL (1799: 542) „ad ripas Moeni et alibi" (6223).

Bestand und Bedrohung: Eine Bedrohung der zahlreichen Vorkommen ist nicht anzunehmen.

14. **Nasturtium** R. Brown 1812 (nom. cons.)
Brunnenkresse

Ausdauernd, mit kriechendem, sich bewurzelndem, im oberen Teil aufsteigendem, reich verzweigtem, kantigem, hohlem Stengel, 20–100 cm lang; Seitentriebe oft die Haupttriebe übergipfelnd, Blütentrauben daher öfters scheinbar gegenüber den Blattachseln stehend. Blätter gefiedert, mit 1–5 Paar eiförmiger bis elliptischer Blättchen und einem größeren, rundlichen bis herzeiförmigen Endblättchen; Blättchen ganzrandig oder geschweift-gekerbt. Pflanze mit Ausnahme der kurz behaarten Blattstiel- und Blütenstieloberseiten kahl. Blütentrauben anfangs fast doldenartig, später sich streckend und bis 30 cm lang, locker. Kronblätter weiß, 4–6 mm

lang. Staubbeutel gelb. Blütenstiele abgespreizt bis leicht rückwärts gerichtet. Schoten ohne deutlichen Mittelnerv, abstehend, oft leicht nach oben gekrümmt. Samen 1–2reihig, mit wabiger Oberfläche.

Von den 6 *Nasturtium*-Arten weltweit kommen bei uns 2 Arten vor, die sich hauptsächlich an Frucht- und Samenmerkmalen morphologisch unterscheiden lassen. In vielen Fällen wurden die beiden Arten bei der floristischen Kartierung nicht unterschieden oder es war nicht sicher ansprechbar, welche Art vorliegt. Beide Arten unterscheiden sich auch in der Chromosomenzahl und bilden einen weitgehend sterilen, sich aber kräftig vegetativ vermehrenden Bastard (*N.* × *sterile* (Airy-Shaw) Oefelein 1958). H. OEFELEIN (1958) hat den Bastard erstmals auch in Baden-Württemberg bei Büsingen festgestellt. Es könnte sein, daß der Bastard bei uns als Kulturpflanze eingebracht worden ist. Er wird z.B. in England viel kultiviert.

1   Schoten 10–20(–23) mm lang, 2–3 mm dick; Samen zweireihig, mit 25–50 Waben jederseits; Fruchtstiele 7–16 mm lang; Pflanze im Herbst grün bleibend . . . . 1. *N. officinale*
−   Schoten 15–27 mm lang, 1,2–2 mm dick; Samen meist einreihig, mit über 100 Waben jederseits; Fruchtstiele 12–21 mm lang; Pflanze im Herbst rotbraun werdend . . . . . . 2. *N. microphyllum*

1. **Nasturtium officinale** R. Brown 1812
Rorippa nasturtium-aquaticum (L.) Hayek 1905;
Sisymbrium nasturtium-aquaticum L. 1753
Echte Brunnenkresse

Morphologie: Siehe Gattungsbeschreibung und Bestimmungsschlüssel. Für diese Art wird die Chromosomenzahl 2n = 32 angegeben.

Biologie: Blüht von Mai bis Oktober. Die Blüten werden von verschiedenen Insekten bestäubt. Es ist auch Selbstbestäubung möglich. Die Samen werden etwa 2 Monate nach der Blüte reif. Sie keimen aber in der Natur meist erst nach dem Winter aus. Sie bleiben bis 5 Jahre keimfähig und können auch leicht durch Wasservögel verbreitet werden. Vegetative Vermehrung geschieht durch ausläuferartige, kriechende Triebe, die auch vom fließenden Wasser verfrachtet werden können.

Ökologie: Lichtliebende, in der Wuchsform sehr anpassungsfähige Art in fließenden Gewässern, meist als Bachröhrichtpflanze bei geringer Wassertiefe in Bächen und Gräben, aber auch untergetaucht bis flutend bis in 1 m Wassertiefe, auf nährstoff- und oft auch kalkreichen, schlammigen bis kiesigen Böden; Charakterart des Nasturtietums officinalis (s. Aufnahmen dazu u.a. bei PHILIPPI 1973, Tab. 17, 1981, Tab. 8, TH. MÜLLER 1985). Häufige

Echte Brunnenkresse *(Nasturtium officinale)*
Bahlingen/Kaiserstuhl, 1970

Begleiter sind: *Veronica anagallis-aquatica, V. beccabunga, Glyceria plicata, G. maxima, Sium erectum, Sparganium* spec., *Alisma plantago-aquatica.*

Allgemeine Verbreitung: Ursprünglich eurasiatisch-gemäßigte Zonen und vielleicht Äthiopien, heute fast weltweit in den gemäßigten und tropisch-montanen Gebieten verbreitet.

Verbreitung in Baden-Württemberg: In den meisten Landschaften verbreitet, ziemlich selten im Schwarzwald. *N. officinale* wurde nicht immer von *N. microphyllum* unterschieden. Es wurden daher zwei Verbreitungskarten angefertigt, eine für *Nasturtium officinale* agg. (einschließlich *N. microphyllum*) und eine nur auf geprüften Angaben beruhende Karte für *N. officinale* s.str., die naturgemäß noch sehr unvollständig ist.

Die niedrigsten Vorkommen wachsen im Oberrheingebiet bei Mannheim bei 100 m, die höchsten wurden auf der Südwestalb in Quellbächen der Bära bei Unterdigisheim (7819/2) bei 760 m notiert.

Schon aus dem späten Atlantikum von Hornstaad am Bodensee ist die Art nachgewiesen (RÖSCH 1985). Samen wurden auch im römischen Kastell Welzheim gefunden (KÖRBER-GROHNE u. PIENING 1983: 81). J. BAUHIN (1598: 169) nennt die Art für die Umgebung von Bad Boll.

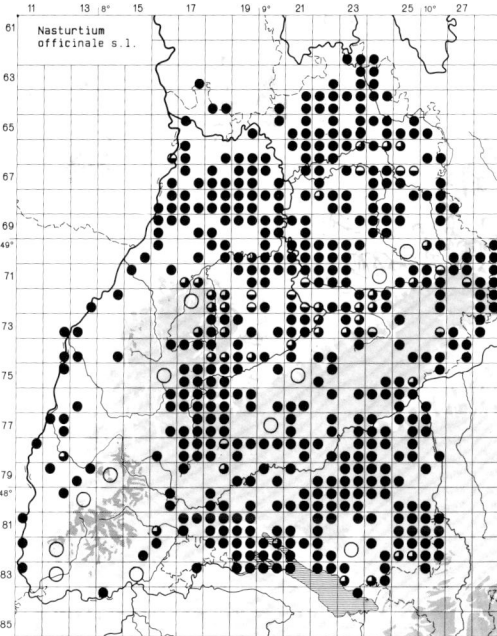

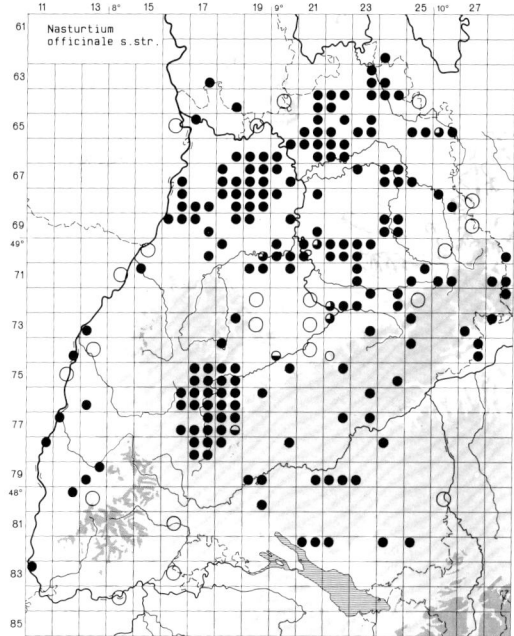

Bestand und Bedrohung: Die Art verträgt auch eine gewisse Verschmutzung des Wassers und kann sich in kurzer Zeit vegetativ stark vermehren, z.B. nach dem Ausräumen von Gräben oder Kanälen. Die Art ist durch den Menschen über ihre natürlichen Vorkommen hinaus stark verbreitet worden. Eine Bedrohung ist im allgemeinen nicht gegeben. Die Art hat jedoch schon früher durch Wiesenentwässerung Rückgänge hinnehmen müssen, so z.B. nach K. SCHLENKER (1928: 105) im württembergischen Unterland.

2. Nasturtium microphyllum Boenn. in Reichenb. 1832

N. officinale R. Br. var. *longisiliqua* Irmisch 1861;
Rorippa microphylla (Boenn.) Hylander 1948
Kleinblättrige Brunnenkresse, Braune Br.

Morphologie: Siehe Gattungsbeschreibung und Bestimmungsschlüssel. Für diese Art wird die Chromosomenzahl $2n = 64$ angegeben.

Biologie und Ökologie: Wohl ähnlich wie *N. officinale* s. str.; *N. microphyllum* soll noch in kalkärmerem Wasser gedeihen und weniger frostempfindlich sein. Die Art soll auch etwa 2 Wochen später blühen als *N. officinale* s. str.

Allgemeine Verbreitung: Ursprünglich in Europa, Westasien und vielleicht in Äthiopien, heute in vielen anderen gemäßigten Regionen und in tropischen Bergländern eingeschleppt.

Verbreitung in Baden-Württemberg: Noch unvollständig bekannt. Nach dem bisherigen Kenntnisstand kommt die Art im Alpenvorland bis zur Donau, im südlichen Schwarzwald und am Hochrhein vor. Sie wurde bis in die jüngere Zeit (50er Jahre) in den Landesfloren nicht von *N. officinale*

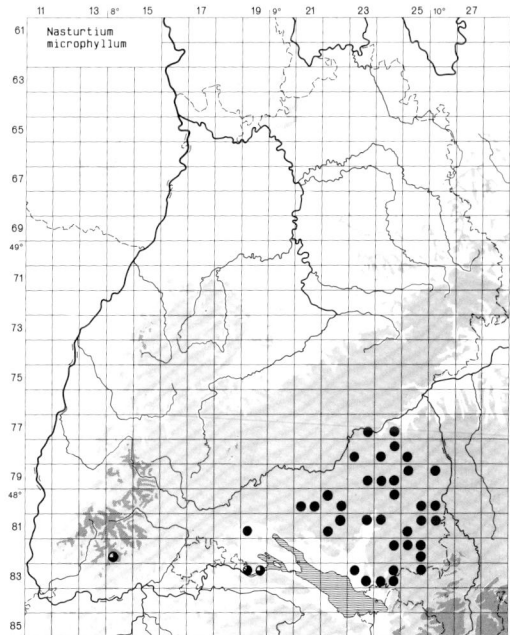

225

4361.
rifolium RCHB.

4359 *officinale*
R.BR.

Nasturtium

4360.
microphyllum
BOENNGH.

s. str. abgetrennt. Ludwig (1954) weist die Art erstmals für Hessen, Merxmüller in Ludwig (1954) auch für Bayern nach. Oefelein (1958) stellt die Art für die Schweiz und das badische Grenzgebiet am Untersee fest. Die Art wird zwar schon bei Griesselich (1836: 189) genannt, aber es ist sehr fraglich, ob damit wirklich diese Art gemeint war.

Die tiefsten Vorkommen wurden bisher bei etwa 400 m am Untersee (8319) beobachtet, die höchsten bei Unteribach (8214/3) im Süd-Schwarzwald bei etwa 900 m.

Alpenvorland: 7723/4: Algershofen, 1985, Sebald (STU); 7724/4: Mosishölzle, 1971, Seybold (STU); 7823/3: Miesachtal, 1982, Sebald (STU); 7824/2: NO Röhrwangen, 1982, Seybold (STU); 7824/3: Jammertal W Biberach, 1979, Sebald (STU); 7825/3: N Lampertshausen, 1986, Sebald (STU); 7923/4: Reichenbach, 1985, Sebald (STU); 7924/3: Nicklassee, 1971, Seybold (STU); 7924/4: Lindenweiher, 1982, Seybold (STU); 7925/1: O Ummendorf, 1972, Seybold (STU); 7926/1: Reichenbach W Erolzheim, 1984, Seybold (STU); 8021/3: „Riedle" O Aach-Linz, 1985, Sebald (STU); 8021/4: Andelsbach NO Pfullendorf, 1985, Sebald (STU); 8022/1: Repperweiler, 1988, Sebald (STU); 8022/4: S Kreenried, 1984, Sebald (STU); 8024/2: o.O., 1977–80, Harms (STU-K); 8025/4: Albers, 1981, Harms (STU-K); 8026/3: Rieden, 1987, Sebald (STU); 8119/3: Aach, 1974, Seybold (STU); 8122/2: SO Guggenhausen, 1988, Sebald (STU); 8122/3: Deggenhauser Tal, 1983, Lakeberg (STU-K); 8123/2: Vorsee, 1988, Sebald (STU); 8124/1: Gwigger Wiesen, 1985, Sebald (STU); 8125/2: Gospoldshofen, 1985, Seybold (STU); 8125/3: Reipertshofener Weiher, 1981, Dörr (STU-K); 8126/1: Lauben, 1982, Seybold (STU); 8224/2: o.O., 1977–80, Harms (STU-K); 8225/1: o.O., 1977–80, Harms (STU-K); 8225/2: o.O., 1977–80, Harms (STU-K); 8225/4: o.O., 1977–80, Harms (STU-K); 8319/1 + 2: Öhningen, Wangen, Gaienhofen (mehrfach), 1958, Oefelein (1958: 222); 8323/1: Sammletshofen, 1985, Sebald (STU); 8323/4: Nitzenweiler, 1987, Dörr (STU); 8324/2: o.O., 1977–80, Harms (STU-K); 8324/3: o.O., 1977–80, Harms (STU-K); 8324/4: Stockenweiler Weiher, 1979, Dörr (1979); 8325/2: o.O., 1977–80, Harms (STU-K).
Schwarzwald: 8214/3: S Unteribach an Bach, vor 1970, G. Hügin sen. (Herbar Hügin).

Bestand und Bedrohung: Vorkommen wohl zahlreicher als bisher bekannt; sonst wie bei *N. officinale* s. str.

Kleinblättrige Brunnenkresse *(Nasturtium microphyllum)*, rechts (Figur 4360); ferner: Echte Brunnenkresse *(Nasturtium officinale)*, links unten und oben Mitte (Figur 4359 und 4361); aus Reichenbach, L.: Icones florae germanicae et helveticae, Band 2, Tafel 50 (1837–1838).

15. **Armoracia** P. Gaertner, B. Meyer & Schreber 1800 (nom. cons.)
Meerrettich

Die Gattung besteht aus 3 Arten, die von Sibirien bis nach Osteuropa verbreitet sind. Bei uns kommt nur eine Art, *A. rusticana*, als verwilderte Kulturpflanze vor. In den älteren Landesfloren ist die Art oft der Gattung *Cochlearia* zugeordnet.

1. **Armoracia rusticana** P. Gaertner, B. Meyer & Schreber 1800
A. lapathifolium Usteri 1793; *Cochlearia armoracia* L. 1753
Meerrettich

Morphologie: Ausdauernde Pflanze mit dicker, verzweigter, fleischiger bis holziger, oft mehrköpfiger Pfahlwurzel; Stengel 50–150 cm hoch, verzweigt, aufrecht, hohl, kahl. Grundblätter länglich, 20 bis 100 cm lang, kräftig gekerbt, lang gestielt, untere Stengelblätter oft fiederspaltig, obere lanzettlich-lineal, gesägt bis ganzrandig. Blütenstand aus zahlreichen Trauben bestehend. Kelchblätter 2–4 mm lang, nicht gesackt, breit eiförmig. Kronblätter weiß, 5–7 mm lang. Schötchen ellipsoidisch bis fast kugelig, 4–6 mm lang, auf 5–20 mm langen, dünnen, aufrecht-abstehenden Stielen; Klappen gewölbt, ohne deutliche Nerven; Griffel deutlich ab-

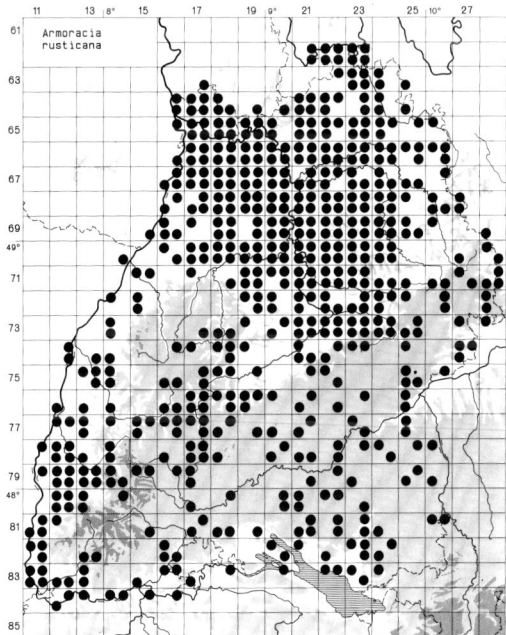

Meerrettich *(Armoracia rusticana)*
Badenweiler, 1984

gesetzt, 0,5 mm lang; Narbe breit kopfig bis flach zweilappig. Samen zweireihig, 4–6 pro Fach.

Biologie: Blüht von Mai bis Juli. Die Blüten werden vorwiegend von Insekten bestäubt. Die Samen werden bei uns selten reif. Die Pflanze vermehrt sich leicht vegetativ, da sich an weggeworfenen oder verschleppten Wurzelstücken adventive Sproßknospen bilden.

Ökologie: Frische, nährstoffreiche und tiefgründige Böden bevorzugend; vor allem an grasbewachsenen Straßen- und Wegrändern, an Böschungen, in ausdauernden Ruderalfluren auf Schuttplätzen, an Flußufern, manchmal auch in Wiesen, da Abmähen ertragend; gern zusammen mit *Urtica dioica, Arctium*-Arten, mit *Melilotus albus* (s. Aufnahme PHILIPPI 1983, S. 430), mit *Brassica nigra* (s. PHILIPPI 1983, Tab. 2/14) u. a.

Allgemeine Verbreitung: Die Heimat wird im Don-Wolga-Gebiet angenommen. Heute ist die Art im größten Teil Europas verwildert und auch eingebürgert; ferner auch in Ostasien, Nord- und Südamerika und Neuseeland eingebürgert.

Verbreitung in Baden-Württemberg: Häufig in Gärten und in manchen Landschaften auch feldmäßig kultiviert und aus der Kultur verwildert. Heute wohl in den meisten Landschaften auch fest eingebürgert, vor allem in der näheren Umgebung von Siedlungen. Die älteste Angabe für wildwachsenden Meerrettich findet sich bei FUCHS (1542: 650; 1543: CVI): „Der Meerrhettich wechßt zu zeiten von sich

selbs on pflantzung in den wisen, als umb Tübingen würt sein vil auff den Pfaffenwiesen genent gefunden."

Bestand und Bedrohung: Die zahlreichen Erdbewegungen bei Baumaßnahmen aller Art scheinen eine weitere Ausbreitung der Art gefördert zu haben. Die Art erträgt auch Abmähen.

16. **Cardamine** L. 1753

incl. *Dentaria* L. 1753
Schaumkraut, Zahnwurz

Einjährige bis ausdauernde Pflanzen; kahl oder nur unverzweigte Haare vorhanden. Blätter zumindest teilweise gefiedert, fiederteilig oder gefingert, wenigstens untere gestielt, mit einer Ausnahme *(C. impatiens)* nicht stengelumfassend. Blüten violett, lila, weiß, bei einer Art gelblichweiß *(C. enneaphyllos)*. Fruchtklappen sich bei der Reife spiralig aufrollend; Samen einreihig.

Von den etwa 35 europäischen Arten (weltweit etwa 130) kommen in Baden-Württemberg ohne die Kleinsippen von *C. pratensis* s. l. 9 Arten vor. Dem Beispiel von O. E. SCHULZ (1903), F. MARKGRAF (1960) und B. M. G. JONES (1964) folgend wurde *Dentaria* in *Cardamine* einbezogen.

Die Angabe von *Cardamine parviflora* L. für Rohrhof bei Mannheim (F. ZIMMERMANN 1906: 119) ist mit großer Wahrscheinlichkeit unrichtig (s. W. LUDWIG 1971: 38). Diese Angabe fand Eingang bei HEGI (1919: 344). Im benachbarten hessischen Oberrheintal wurde allerdings die Art bei Lampertheim gefunden (OESAU 1973: 18).

1   Blattstiele an der Basis mit spitzen, stengelumfassenden Öhrchen; Kronblätter bis 3 mm lang oder fehlen . . . . 7. *C. impatiens*
–   Blattstiele ohne stengelumfassende Öhrchen . . . 2
2   Kronblätter bis 4 mm lang oder fehlend 3
–   Kronblätter länger als 4 mm 4
3   Stengel vorwiegend basal ästig; Stengelblätter meist etwa 2–4, meist kahl; Staubblätter meist 4; Schoten die Blüten oft weit überragend; vorwiegend einjähriges Unkraut in Gärten, Weinbergen u. ä. . . . . 9. *C. hirsuta*
–   Stengel oben und unten ästig, behaart, hin und her gebogen; Stengelblätter 4–10, vor allem oberseits behaart; Staubblätter meist 6; Schoten die Blüten wenig überragend; Pflanze vorwiegend mehrjährig, an feuchten Stellen in Wäldern   8. *C. flexuosa*
4   Deutliche grundständige Blattrosette zur Blütezeit vorhanden; Stengel rund, hohl   6. *C. pratensis*
–   Keine deutliche Blattrosette vorhanden 5
5   Unterirdisches, dickes, fleischiges, mit Schuppenblättern besetztes Rhizom vorhanden, ohne Ausläufer; Teilblätter meist größer als 5 cm; Schoten 2,5 mm breit und breiter; Blüten violett, lila, gelblichweiß 6

- Pflanze mit dünnem, ausläufertreibendem, vorwiegend oberirdischem Rhizom; grundständige Blätter vorhanden, aber nicht rosettenartig; Teilblätter kleiner als 5 cm; Blüten weiß; Staubbeutel violett, 1 mm lang; Schoten bis 2 mm breit   5. *C. amara*
6   Blüten gelblichweiß; Stengel im oberen Teil meist mit 3 quirlig genäherten, 3zähligen Blättern   . . . 4. *C. enneaphyllos*
-   Blüten violett, lila, rosa, selten weiß; Blätter nicht 3zählig und quirlig 7
7   Blätter (3)–5zählig gefingert . 3. *C. pentaphyllos*
-   Blätter vorwiegend mit 2–4 Fiederpaaren 8
8   Pflanze mit braun-violettem Brutknöllchen in den Blattachseln; reife Schoten selten   1. *C. bulbifera*
-   Pflanze ohne Brutknöllchen in den Blattachseln; Schoten normal reifend   . . . 2. *C. heptaphyllos*

1. Cardamine bulbifera (L.) Crantz 1769

Dentaria bulbifera L. 1753
Zwiebel-Zahnwurz, Knöllchen-Z.

Morphologie: Sommergrüner Geophyt mit waagrecht kriechendem, dünnem, nur locker mit kleinen Schuppen besetztem Rhizom. Stengel aufrecht, unverzweigt, 30–60 cm hoch, unten manchmal kurzhaarig, sonst kahl, in den Blattachseln meist mit kleinen, 3–7 mm langen, eiförmigen bis kugeligen, braun-violetten Bulbillen. Stengelblätter ziemlich zahlreich, untere unpaarig gefiedert mit 3–7 Blättchen, obere kleiner und ungeteilt. Blättchen beidendig spitz, ungestielt, lanzettlich, gesägt, 3–10 cm lang, am Rand kurzhaarig, sonst kahl. Blüten-

Zwiebel-Zahnwurz *(Cardamine bulbifera)*

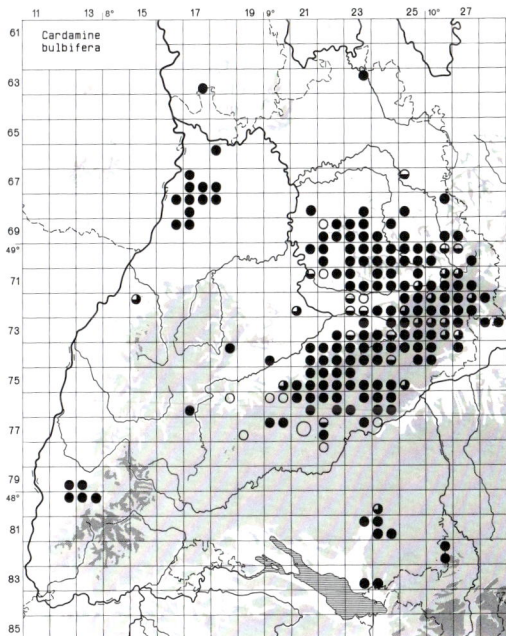

traube kurz, aus 4–12 Blüten. Kelchblätter länglich eiförmig, stumpf, 5–7 mm lang, grünlich mit weißlichen bis blaßviolettem Hautrand. Kronblätter verkehrt eiförmig, blaßviolett bis rosa, selten weißlich, 13–20 mm lang. Schoten mit reifen Samen sind fast nie zu beobachten.

Biologie: Blüte von Mitte April bis Mitte Juni. Die Ausbildung von Pollen und Samenanlagen ist häufig gestört, so daß der Samenansatz sehr gering ist. Diese Sterilitätserscheinungen ähneln solchen von Bastarden innerhalb der Sektion *Dentaria*, so daß *C. bulbifera* schon verschiedentlich Bastardcharakter zugesprochen wurde. Allerdings entsprechen die bekannten Bastarde in dieser Sektion morphologisch in keinem Fall *C. bulbifera*. Die Vermehrung erfolgt fast nur auf vegetativem Wege durch Rhizomwachstum und -teilung und natürlich vor allem durch die Bulbillen. Aus diesen Bulbillen entwickelt sich allerdings erst im 3. oder 4. Jahr nach dem Abfall von der Mutterpflanze ein aufrechter Sproß.

Ökologie: Schattenertragende Waldpflanze auf frischen, nährstoff- und basenreichen Mullböden; vor allem in Buchenmischwäldern, Buchen-Tannenwäldern, seltener auch in Eichenmischwäldern; schwache Charakterart des Fagion-Verbandes; häufige Begleitpflanzen sind *Galium odoratum, Mercurialis perennis, Lamiastrum galeobdolon, Viola reichenbachiana, Carex digitata,* z. T. auch *Festuca altissima* (so im Schwäbisch-Fränkischen Wald). Tabellen mit soziologischen Aufnahmen finden sich u.a. bei R. GRADMANN (1936), K. KUHN (1937) und O. SEBALD (1974, Tab. 8d).

Allgemeine Verbreitung: Europa mit einer Grenze im Westen durch Frankreich und das südliche England, im Norden durch das südliche Skandinavien, südliches Finnland, Waldaihöhen, im Osten bis zum oberen Don, Krim, Kaukasus, im Süden durch Nordanatolien, Griechenland und Mittelitalien. Die Art ist ein mitteleuropäisches bis submediterran-montanes Florenelement.

Verbreitung in Baden-Württemberg: Sehr zerstreut im Oberrheingebiet, am Schwarzwaldrand und in den Gäulandschaften, zerstreut im Schwäbisch-Fränkischen Wald, ziemlich verbreitet auf der östlichen und mittleren Schwäbischen Alb, auf der Südwestalb fast fehlend, im Alpenvorland nur im Südosten zerstreut vorkommend.

Die niedrigsten Vorkommen finden sich im Oberrheingebiet nördlich Karlsruhe bis Waghäusel bei 100 m, die höchsten auf der Hochfläche der Schwäbischen Alb bei Burladingen bei etwa 850 m.

Die Art ist im Gebiet urwüchsig. Der älteste literarische Nachweis findet sich bei THEODOR (1588: 402) für den „Schwartzwald". Auch von HARDER ist die Art um 1574–76 vermutlich für das Gebiet belegt (SCHORLER 1907: 86).

Oberrheingebiet: Vor allem um Bruchsal und Freiburg.
Schwarzwald: 7215/1: Zwischen Ebersteinburg und dem alten Schloß, zwischen altem und neuem Schloß von Baden-Baden (zuletzt 1966, wohl erloschen); 8013/1: Günterstal, Littenweiler, Ebnet; 8013/2: Welchental.
Gäulandschaften: Tauber-Main: 6323/2: Östl. Gamburg.
Hohenlohe: 6725/1: 4 km NNE Langenburg; 6825/3: Bühlertal bei Jagstrot und Hohenstadt. Kraichgau: NO Bruchsal. Oberes Gäu: 7418/2: „Herrenplatte" nördl. Oberjettingen.
Mittlerer Neckar: 7022/3: Murrtal und Nebentäler, mehrfach; 7121/2: „Fuchsklinge" im unteren Remstal, KREH (1928: 71). Oberer Neckar: 7616/3: Herrenhof bei Aistaig; 7618/2: Trillfingen, „am Steige" (zu bestätigen).
Keuper-Lias-Neckarland: Schwäb.-Fränkischer Wald: Von den Löwensteiner bis Ellwanger Bergen in vielen Quadranten zerstreut vorhanden. Südlich der Neckar-Filslinie im Keuper-Lias-Gebiet selten: 7221/3: Weidachwald; 7420/3: Tübingen, Bergfriedhof.
Schwäbische Alb: Auf der nordöstlichen und mittleren Alb bis etwa zum Lauchertal in zahlreichen Quadranten und oft häufig vorkommend; auf der südwestlichen Alb selten bis fehlend: 7719/3: Bei Balingen (zu bestätigen); 7720/2: Burladingen, Mühlhalde.
Alpenvorland: 8024/3: Durlesbach; 8123/2: Schussen zwi-

schen „Holzschleife" und Mochenwangen; 8124/1, Kümmerazhofen; 8124/3: Hagenbacher Waldweiher bei Bolanden; 8124/4: Weißenbronnen; 8226/2: „Legauer Wald" im Kürnachtal; 8226/4: „Kreuzleshöhe" im Kürnacher Wald; 8323/4: Apflau; 8324/3: „Langes Buch" bei Blumegg.

Bestand und Bedrohung: Die Art ist oft in größeren Beständen vorhanden, was in erster Linie auf die intensive vegetative Vermehrung durch die Bulbillen zurückzuführen ist. Für sie ist zur Zeit keine Bedrohung festzustellen. Ob die Art durch Umwandlung von Laubwäldern in Nadelwälder Einbußen erleidet, sollte durch Beobachtungen geklärt werden.

2. **Cardamine heptaphyllos** (Vill.) O. E. Schulz 1903

Dentaria heptaphyllos Vill. 1786 (Febr.); *Cardamine pinnata* (Lam.) R. Brown 1812; *Dentaria pinnata* Lam. 1786 (Oktober)
Fieder-Zahnwurz

Morphologie: Sommergrüner Geophyt mit waagrecht kriechendem, dicht mit Schuppenblättern besetztem Rhizom. Stengel aufrecht, 25–60 cm hoch, kahl, nur 2–3 unpaarig gefiederte Blätter tragend. Fiederblättchen 5–9, lanzettlich, an beiden Enden spitz, gesägt-gekerbt, kahl, am Rand kurz bewimpert, 5–15 cm lang. Traube meist 8–30blütig, aufrecht, ziemlich locker, die Blätter überragend. Kelchblätter 6–11 mm lang, eiförmig-länglich,

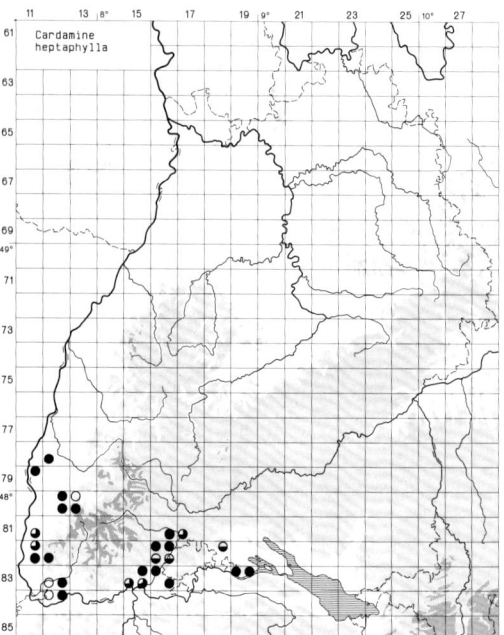

Fieder-Zahnwurz *(Cardamine heptaphyllos)*
Kaiserstuhl, 1957

grün mit weißem Hautrand. Kronblätter weiß oder blaßlila, verkehrt-eiförmig, 18–23 mm lang. Schotenstiele aufrecht abstehend, 15–45 mm lang; Schoten 40–65 mm lang, 3–4 mm breit; Griffel 4–10 mm lang.

Biologie: Blüte April bis Mai. Reife Schoten meist Juni und Juli. Die Blätter können bis in den Herbst hinein grün bleiben.

Ökologie: Schattenertragende Pflanzen auf mäßig frischen bis frischen, kalkreichen oder nur oberflächlich entkalkten, nährstoffreichen Böden; vor allem in Buchen- und Buchen-Tannenwäldern; gilt als Charakterart des Dentario heptaphylli-Fagetum Moor 1952 nom. nov. TH. MÜLLER apud E. OBERDORFER et al. 1967, des „Kalk"-Buchenwalds der unteren montanen Stufe des Schweizer Juras. Dieser Gesellschaft ordnet TH. MÜLLER (1977) die Buchenwälder mit *Cardamine heptaphyllos* des Kaiserstuhls, des Schönberg-Gebiets südlich Freiburg und des Markgräfler Hügellandes zu. Die Buchenwälder mit dieser Art im Wutachgebiet und im

Randengebiet dagegen zählt TH. MÜLLER wegen ihres etwas kontinentaleren Einschlags zum Lathyro-Fagetum. Häufige Begleitpflanzen von *C. heptaphyllos* sind z.B. *Mercurialis perennis, Hedera helix, Carex digitata, Galium odoratum, Lamiastrum galeobdolon, Phyteum spicatum, Viola reichenbachiana, Anemone nemorosa.* Pflanzensoziologische Aufnahmen mit dieser Art finden sich bei TH. MÜLLER (1977, nur Stetigkeitstabelle), G. HÜGIN (1956), M. v. ROCHOW (1948), G. PHILIPPI u. V. WIRTH (1970).

Allgemeine Verbreitung: Pyrenäen, zentrales und südöstliches Frankreich, Südalpen östlich bis zum Monte Baldo, Schweizer Jura, Vogesen. Bei der Art handelt es sich um ein westlich praealpines Florenelement.

Verbreitung in Baden-Württemberg: Kaiserstuhl, Schönberg-Gebiet südlich Freiburg, Markgräfler Hügelland, Dinkelberg, Wutach-Klettgau, Randen, Schienerberg. Die niedersten Vorkommen gibt es bei 260 m bei Niederrotweil im Kaiserstuhl, die höchstgelegenen im Gebiet der mittleren Wutach (710 m beim Röschenhof) und des Randen (ca. 700 m bei Epfenhofen). Verbreitungskarte für Baden-Württemberg bei EGM (1906, S. 134); siehe auch Karte für Süddeutschland bei E. OBERDORFER u. TH. MÜLLER (1984: 544).

Die Art ist im Gebiet urwüchsig. Der älteste literarische Nachweis findet sich bei C. C. GMELIN (1808: 51): „prope Candern" (8211/8212).

In der folgenden Fundortsaufstellung wurde aus Platzgründen nur bei den seit 1970 nicht mehr bestätigten Fundorten die Quelle angegeben.
Kaiserstuhl: 7812/3: Katharinenberg; 7911/2: Kirchberg bei Niederrotweil.
Vorhügelzone des Schwarzwaldes: 8012/2: Schönberg, an mehreren Stellen zwischen Uffhausen, Berghauser Kapelle und Merzhausen, z. T. in reichen Beständen; 8012/4: Hohfirst gegen Wittnau, 1976, TH. MÜLLER (STU-K); 8111/4(?): Niederweiler, 1959, TH. MÜLLER in Orig. Tab., Aufn. 50, zu TH. MÜLLER (1977); 8211/2 (?): Niedereggenen, HÜGIN (1956, Aufn. 544); 8213/3: Sitzenkirch, hierher wohl auch die Angaben für Kandern.
Dinkelberg: 8312/3: Brombacher Kopf, VULPIUS in BINZ (1901); 8312/4: Buchhalde bei Höllstein; 8412/1: Degerfelden, LINDER in EGM (1906).
Schwarzwald: Am Westrand des Südschwarzwaldes an wenigen Stellen in kleinen Beständen: 8013/1: Brombergkopf bei Freiburg, „seit 1897 nicht mehr beobachtet" (EGM 1906); 8013/3: SE Au, KLEIBER in OBERDORFER (1956), 8012/4: SE Sölden, 1957, KLEIBER, an beiden Stellen noch 1987 bzw. 1989 vorhanden (KR-K).
Klettgau-Wutach: 8216/1: Unterwangen; 8216/2: Schwaningen; 8216/3: Untereggingen-Stühlingen, KUMMER (1941); 8216/4: Stühlingen; 8315/2: Breitenfeld-Krenkingen; 8315/3: Waldshut-Waldkirch, 1884, Nägele (EGM); Ibenkopf bei Waldshut, MAYER in THOMMA (1972); 8315/4: Tiengen, „Bürgerwald", 1967, THOMMA (1972); 8316/1: Untereggingen, Hölzlehof; 8316/4: Weisweil, Riedern.
Baar- und Hegaualb: 8017/4 Gutmadingen, 1855, STEHLE in ZAHN (1889: 4), da vermutlich irrtümlich Angabe, nicht in Karte aufgenommen; 8117/3: Fützen, 1968, TH. MÜLLER (Orig. Tab., Aufn. 26 zu 1977); Epfenhofen, Randendorf, Fützen, alle 3 Angaben von PROBST in EGM (1906).
Hegau und Schiener Berg: 8218/2: Hohentwiel, KELHOFER (STU-K BERTSCH); 8319/1: Öhningen, im „Quint"; 8319/2: Wangener Tobel.

Bestand und Bedrohung: Die Art kommt im südwestlichen Teil von Baden-Württemberg in zerstreuten, aber oft individuenreichen Beständen vor. Eine Gefährdung ist im allgemeinen nicht zu erkennen (Einstufung in der Roten Liste 1983 in G 5). Eine Schonung der Bestände ist angebracht, da der Arealanteil Baden-Württembergs sehr gering ist. TH. MÜLLER (1977) plädiert für die Unterschutzstellung je eines naturnahen Bestandes mit C. heptaphyllos im südlichen Oberrheingebiet und im Wutachgebiet, da bis zu diesem Zeitpunkt noch kein Bestand in einem Waldnaturschutzgebiet erfaßt war.

3. Cardamine pentaphyllos (L.) Crantz 1769

Dentaria pentaphyllos L. 1753; *Cardamine digitata* (Lam.) O. E. Schulz 1903; *Dentaria digitata* Lam. 1786
Finger-Zahnwurz

Morphologie: Sommergrüner Geophyt mit waagrecht kriechendem, dicht mit fleischigen Schuppenblättern besetztem Rhizom. Stengel aufrecht, unverzweigt, 20–50 cm hoch, nur 2–4, gestielte, (3)–5zählig gefingerte Blätter tragend. Blättchen ungestielt, an beiden Enden spitz, lanzettlich bis eiförmig, 7–15 cm lang, seitliche Blättchen kleiner als Endblättchen, Blättchen am Rand sehr kurz bewimpert, sonst meist fast kahl. Blütentraube aus meist 8–17 Blüten, die Blätter überragend. Kelchblätter 7–10 mm lang, mit violettem Hautrand. Kronblätter 15–25 mm lang, meist violett, verkehrt-eiförmig. Schoten 40–70 mm lang, in den 7–10 mm langen Griffel zugespitzt, 3–4 mm breit. Schotenstiele 10–35 mm lang, aufrecht abstehend.

Biologie: Blüte von April bis Juni. Es findet Insekten- und Selbstbestäubung statt. Samenreife meist Juli bis August. Die Samen werden bei der Reife durch ein schnelles Aufrollen der Klappen von unten nach oben fortgeschleudert. Die Blätter bleiben bis September oder Oktober grün. Vegetative Vermehrung ist durch Teilung der Rhizome möglich.

Ökologie: Eine schattenertragende, ± montane Waldpflanze auf frischen, nährstoff- und basenreichen Böden mit bestem Humuszustand (Mull); vor allem in Buchen-, Tannen- und Schluchtwäldern (Aceri-Fraxinetum). Tabellen mit soziologischen Aufnahmen bei J. BARTSCH (1925: 32), TH. MÜLLER (1966, Tab. 11), O. SEBALD (1966, Tab. 5). Häufige Begleitpflanzen sind: *Mercurialis perennis, Galium odoratum, Lamiastrum galeobdolon, Dryopteris filix-mas, Asarum europaeum, Stachys sylvatica.*

Allgemeine Verbreitung: Pyrenäen, Cevennen, Vogesen, Alpen von den Seealpen bis Kitzbühl und dem Gailtal nach Osten, Französischer und Schweizer Jura (Verbreitungskarten bei F. MARKGRAF in HEGI IV/1, S. 218 (1960), s. auch Nachtrag in HEGI IV/1, S. 570 (1986). Die Art ist ein westlich-praealpines Florenelement.

Verbreitung in Baden-Württemberg: Südschwarzwald, Oberer Neckar, Baar, Untere Wutach, Südwestalb, Hegau, Südliches Alpenvorland.

Die niedrigsten Vorkommen liegen bei etwa 420 m im Neckartal bei der Glattmündung. Die höchsten Vorkommen dürften sich bei etwa 900 m auf der Südwestalb bei Tuttlingen befinden.

Die Art ist im Gebiet urwüchsig. Der älteste Literaturnachweis findet sich bei TABERNAEMONTANUS (1588, S. 401) für den Schwarzwald. Eine ältere Fundortsliste bringen EGM (1906, S. 131–133).

Oberes Neckargebiet: 7516/4: Freudenstadt, unterhalb des Palmenwalds, ca. 1937, GÖTZ (STU-K); 7517/1: Tumlingen, 1944, MAIER (STU-K BERTSCH); 7517/3: Haugensteiner Schlucht, A. MAYER (1950), noch 1984, SEBALD (STU-K); 7517/4: Dießener Tal zwischen Dießen und Dettingen, 1980, BAUMANN (STU-K); 7617/1–4: Neckar-, Glatt- und Dobeltal, 1962/63, SEBALD (STU-K), nach 1970, ADE (STU-K); 7618/2: Talmühle bei Haigerloch, RIEBER (1890: 286), bestätigt 1988, SEBALD (STU).

Baar und obere Wutach: 7917/1: o.O., 1982, BENZING (STU-K); 7917/2: NW Weigheim, 1983, LANGE (STU-K); 7917/3: Zwischen Sunthausen und Dürrheim, 1983, LANGE (STU-K); 8117/3: Blumegg, EGM (1906).

Schwäbische Alb (einschl. Randen und Hegaualb): 7918/1: Hausen o.V., MAYER (1929); 7918/3: Weilheimer Steige und Berg, 1984, LANGE (STU-K); 7918/4: Selteltal, 1929, v. ARAND (STU), von STAPF (STU); 7919/3: SW Nendingen, 1984, LANGE (STU-K); 8017/4: Pfaffental, 1984, LANGE (STU-K); 8018/1: Buchhalde, 1984, LANGE (STU-K); 8018/2: Buchhalde und beim Krähenbach-Stausee, 1984, LANGE (STU-K); 8018/3: Zwischen Immendingen und Bachzimmern, 1888, ZAHN (1889); Hewenegg, 1987, KARL (STU-K); 8018/4: Bei Donauversickerung O Immendingen, 1974, SEYBOLD (STU-K); 8018/1: Hummental, REBHOLZ (STU-K BERTSCH); 8019/3: Oberes Wasserburgertal, 1983, SEBALD (STU), 1988, WIRTH (STU-K); 8019/4: W Neudorf, 1988, SEBALD (STU); 8117/2: „Ostel" bei Aulfingen, 1987, NEBEL (STU-K); 8118/1: O Stetten, 1977, SEYBOLD (STU-K); 8118/2: S und N Talmühle, 1981, BEYERLE (STU-K), KUMMER (1941); 8119/1:

Wasserburger Tal, 1974, SEYBOLD (STU-K); 8119/3: o.O., nach 1970 (KR-K); 8218/1: Bibern, 1987, QUINGER (KR-K).

Südschwarzwald (einschließlich Untere Wutach und Klettgau): 8215/3: Schwarzatal, KERSTING (1986), PREUSS (1885: 227); 8216/1: Weilertal, KUMMER (1941); 8216/2: S Lembach, 1955, THOMMA (1972); 8216/4: Stühlingen, KUMMER (1941); 8315/1: Schwarzatal, KERSTING (1986), EGM (1906); 8315/2: Steinatal, 1968, THOMMA (1972); Schlüchttal, KERSTING (1986), LINDER in EGM (1906); 8316/3: Küssaberg, 1984, QUINGER (KR-K); 8316/4: Riedern, 1987, QUINGER (KR-K); 8317/3: Baltersweil, KELLER in EGM (1906); Wangental, EGM (1906); 8416/1: Dangstetten-Küssnach, BECHERER (1921).

Hegau und westlicher Bodensee: 8118/4: Hohenkrähen, N-fuß, 1983, BEYERLE (STU-K); 8219/3: Schiener Berg bei Bohlingen, DÖLL (1862); 8220/1: Bodman, Gütletal, 1922, BARTSCH (1925); o.O., 1980, BEYERLE (STU-K); 8220/2: Kargegg, 1974, SEYBOLD (STU-K), EGM (1906); 8319/2: Unterhalb Butzefelsen, 1976, REINEKE (STU-K).

Alpenvorland nördlich Bodensee: 8121/4: Heiligenberg, am Malifikantenweg, 1987, SEBALD (STU), 1956, VON ARAND (STU); 8122/3: Faulental SW Betenbrunn, 1987, SEBALD (STU), 1921, BARTSCH (1925: 32); 8123/1: „Winterloch" S Groppach, 1984, SEBALD (STU), 1926, K. MÜLLER (STU), DÖRR (1974); 8123/2: Schussental bei Mochenwangen, 1982, DÖRR (STU); 8123/3: Tobelwälder bei Schmalegg, 1972, DÖRR (1973); 1917, BERTSCH (STU); 8124/1: „Holzschleife" bei Mochenwangen, DÖRR (1982); 8124/3: Löffelmühle bei Bergatreute, DÖRR (1974); 8124/4: Wolfegg, am Weißenbronnen, 1983, DÖRR (STU),

Finger-Zahnwurz (*Cardamine pentaphyllos*)
Dingelsdorf, Marienschlucht, 25. 4. 1992

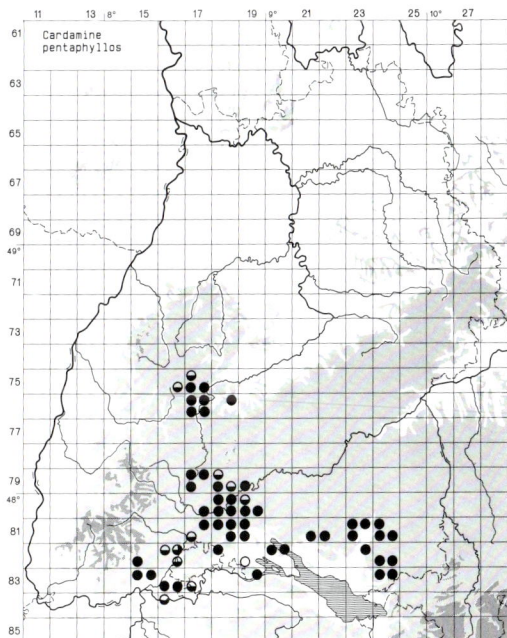

233

SCHÜBLER u. MARTENS (1834); 8223/2: Laurental, 1977, DÖRR (STU); 8224/3: O Lutzenhaus, 1980, DÖRR (STU); 8224/4: Bremen bei Amtszell, 1980, DÖRR (1983); 8324/1: Schomburg, an der Haslach, 1980, DÖRR (STU); Remprechts, an der Haslach, 1980, DÖRR (1983); 8324/2: Wolfatz, 1987, SEBALD (STU), DÖRR (1974), an der Landesgrenze auf bayerischem Gebiet.

Bestand und Bedrohung: Die Art tritt oft in großen Beständen auf. Sie ist im allgemeinen wenig bedroht, doch sollten die Bestände wegen des bei uns kleinen Arealanteils geschont werden, z.B. beim Bau von neuen Waldwegen. In der Roten Liste 1983 wurde sie in die Kategorie G 5 eingestuft. *C. pentaphyllos* ist sehr schattenertragend und bleibt auch bei voller Belaubung des Waldes oft bis in den Spätsommer grün. Sie kann auch in fast reinen Tannenbeständen gedeihen. Es ist anzunehmen, daß sie durch Umwandlungen von Laubwäldern in Nadelwälder weniger stark betroffen wird als andere Frühjahrs-Geophyten.

4. Cardamine enneaphyllos (L.) Crantz 1769

Dentaria enneaphyllos L. 1753
Quirlblättrige Zahnwurz, Weiße Z.

Morphologie: Ausgeprägter Frühjahrsgeophyt mit waagrecht kriechendem, ziemlich dickem, mit kleinen Schuppenblättern besetztem Rhizom. Stengel aufrecht, 15–30 cm hoch, kahl, mit 2–4, oft quirlig stehenden, dreizähligen Blätter im oberen Teil. Blättchen lanzettlich bis eiförmig, ungleichmäßig und tief gesägt, meist 6–15 cm lang, kahl, nur am Rand kurz bewimpert. Blüten in kurzer, gedrängter, zuerst nickender, später aufrechter Traube. Kelchblätter elliptisch-länglich, 6–9 mm lang, gelblichgrün, am Rand weißlich. Kronblätter gelblich weiß, verkehrt-eiförmig, 13–20 mm lang. Schotenstiele ziemlich steil aufrecht, meist 10–30 mm lang; Schoten 50–70 mm lang und 3–4 mm breit, in den 10–17 mm langen Griffel verschmälert.
Biologie: Blüte März bis Anfang Mai. Die Blüten erscheinen schon vor der vollen Entfaltung der Blätter und werden vorwiegend von Hummeln bestäubt. Sie sind proterogyn. Die Narbe ragt schon aus der noch geschlossenen Blüter hervor. Die Antheren sind in diesem Stadium noch nicht geöffnet. Reife Schoten findet man im Juni und Juli. Im Hochsommer ist von der Pflanze meist nichts mehr zu sehen, ganz im Gegensatz zu den anderen Arten der Sektion *Dentaria*.
Ökologie: Auf frischen, nährstoff- und basenreichen Böden mit gutem Humuszustand; vor allem in artenreichen Buchen-, Buchen-Tannen- und Edellaubholzwäldern (Schluchtwäldern); gilt als Charakterart des Dentario enneaphyllidi-Fagetum, einer Waldgesellschaft, die im Bayerischen Wald vorkommt. Bei uns können die Vorkommen zum Abieti-Fagetum und Aceri-Fraxinetum gerechnet werden (s. dazu die Aufnahmen bei SEYBOLD, SEBALD u. WINTERHOFF 1975, S. 257). Häufige Begleitpflanzen sind *Fraxinus excelsior, Asarum europaeum, Lamiastrum galeobdolon, Dryopteris filix-mas, Carex sylvatica, Mercurialis perennis*.
Allgemeine Verbreitung: Bergländer im südöstlichen Mitteleuropa von der Fränkischen Alb bis nach Südpolen, in den östlichen Alpen nach Westen bis ins Wettersteingebirge und die Bergamasker Alpen. Die Angabe für Oberstdorf wird von DÖRR (1974, S. 89) für sehr fragwürdig gehalten; er fand aber ein noch weiter westlich gelegenes Vorkommen nahe der Landesgrenze zu Baden-Württemberg im bayerischen Alpenvorland (s. unten). Ferner kommt die Art in den südosteuropäischen Gebirgen bis nach Albanien und Makedonien vor, ebenso auch im Apennin. Die Art ist ein östlich-praealpines Florenelement.
Verbreitung in Baden-Württemberg: Die Art wurde erst ab 1975 durch H. PAYERL und O. SEBALD im Schwäbisch-Fränkischen Wald bei Sulzbach-Laufen entdeckt. Die Vorkommen machen einen natürlichen Eindruck. Die späte Entdeckung ist wohl durch die frühe Blütezeit und das rasche Einziehen der Pflanzen nach der Blüte zu erklären. Sie zeigt aber auch, daß manche Teile unseres Landes auch

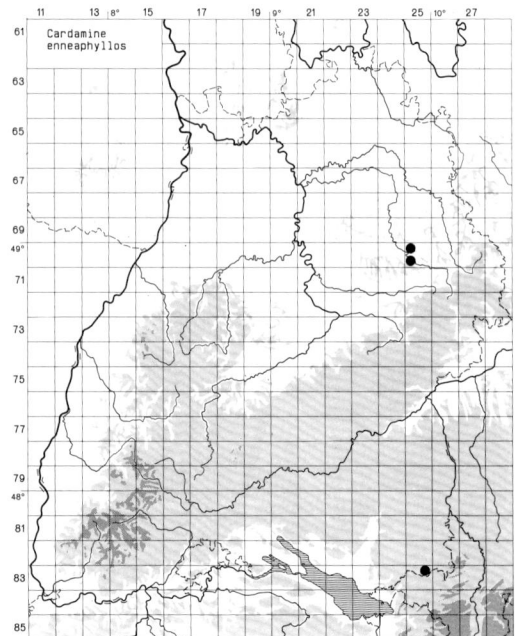

Quirlblättrige Zahnwurz *(Cardamine enneaphyllos)*
Sulzbach/Kocher, 17. 4. 1992

hinsichtlich der Blütenpflanzen immer noch unzureichend erforscht sind.

Folgende Vorkommen wurden bis jetzt festgestellt: 7025/1: Steinklinge westlich der Eisenschmiede bei Laufen, 1975, SEBALD (STU); Bärenwirtshalde, 1975, PAYERL (STU-K); Heiligenbach bei Mühlenberg, 1983, PAYERL (STU-K); 7025/3: Klinge S Steinklinge Richtung Weiler, 1983, JULINEK (STU-K).

Die Vorkommen liegen in einer Höhe von 360 bis 410 m. Die nächstgelegenen Vorkommen gibt es auf der Fränkischen Alb (s. Verbreitungskarte bei H. KÜNNE 1969, Karte 5). Eine Karte für Süddeutschland bringen E. OBERDORFER u. TH. MÜLLER (1984: 544).

Ein weiteres Vorkommen der Art im Alpenvorland (8325/2: Syrgenstein bei Eglofstal, 1970, DÖRR (1974: 89)) wurde in die Verbreitungskarte für Baden-Württemberg aufgenommen. Es befindet sich hart an der Landesgrenze auf bayerischem Boden. DÖRR betrachtet dieses Vorkommen als eine mittelalterliche Verwilderung.

Bestand und Bedrohung: Die Art wurde in der Roten Liste 1983 als potentiell gefährdet wegen ihrer Seltenheit eingestuft (G 4). Den wenigen Beständen könnten Gefahren durch Waldwegebau und durch Umwandlung in reine Nadelforste drohen. Als aus-

geprägter Frühjahrsgeophyt ist die Art auf den erhöhten Lichtgenuß im noch unbelaubten Laubwald angewiesen, wenn auch nicht in dem Maße wie andere Frühjahrsgeophyten wie z.B. der Märzenbecher *(Leucojum vernum)*.

5. Cardamine amara L. 1753
Bitteres Schaumkraut

Morphologie: Ausdauernd, mit kriechendem, Ausläufer treibendem Rhizom; Stengel 15–60 cm hoch, aufsteigend bis aufrecht, nur oben verzweigt oder einfach, kantig, markig, kahl oder etwas behaart, mit 6–15 ± gleichmäßig verteilten Blättern, die unteren nicht rosettig. Blätter mit 2–5 Fiederpaaren, bei den unteren etwas gestielt, rundlich oder breit eiförmig, bei den oberen sitzend, schmäler, elliptisch bis keilförmig, oft etwas geschweift stumpfzähnig, Fiedern 1–4 cm lang, Endfieder etwas größer, am Rand etwas bewimpert, sonst meist kahl. Kelchblätter 3–5 mm lang, schmal länglich bis eiförmig, grün mit weißem Hautrand. Kronblätter weiß, verkehrt-eiförmig, 6–10 mm lang. Staubblätter 6, mit violetten, ca. 1 mm langen Staubbeuteln. Traube meist 10–25blütig. Schoten schmal lineal, 20–40 mm lang, 1–1,5 mm breit, in den 2–3 mm langen Griffel verschmälert, aufrecht abstehend, auf 10–25 mm langen Stielen.

Biologie: Blüte April bis Juni. Insektenbestäubung vorherrschend. Die reifen Samen keimen bei genü-

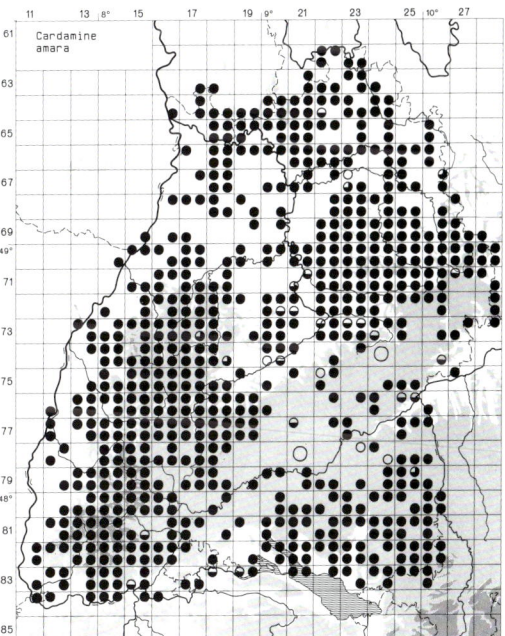

235

Bitteres Schaumkraut *(Cardamine amara)*
Weil im Schönbuch, 1985

In fast allen Landschaften ziemlich häufig, auf der gewässerlosen Albhochfläche sehr zerstreut.

Die tiefstgelegenen Vorkommen gibt es im Raum Mannheim bei 95 m, die höchstgelegenen im Feldberggebiet bei 1380 m (SCHÜCHEN 1972: 119).

Die Art ist bei uns sicher urwüchsig. Bei J. BAUHIN (1598: 169–170; 1602: 183) wird sie „beim Brunnen Rappensegen" bei Bad Boll (7323) erwähnt. Auch durch HARDER 1574–76 vermutlich aus dem Gebiet belegt (SCHORLER 1907: 89).

Bestand und Bedrohung: Die Art ist wegen ihrer Häufigkeit noch nicht gefährdet. Eine beträchtliche Anzahl von Beständen ist aber sicher durch den nicht naturgemäßen Ausbau von kleineren Wasserläufen vernichtet worden.

6. Cardamine pratensis L. 1753
Wiesen-Schaumkraut (in weiterem Sinne)

Das in Baden-Württemberg in allen Landschaften verbreitete Wiesen-Schaumkraut variiert in einer Reihe von Merkmalen besonders stark, so vor allem in der Größe, Anzahl und Form der Fiederblättchen. Nach den einschlägigen cytotaxomischen Untersuchungen, insbesondere von LÖVKVIST (1956), DERSCH (1969) und URBANSKA-WORYTKIEWICZ u. LANDOLT (1974) u.a. kommen beim Wiesen-Schaumkraut eine ungewöhnlich große Zahl verschiedener Chromosomenzahlen vom diploiden

gend Feuchtigkeit in wenigen Tagen (LÖVKVIST 1957), doch überleben nur wenige Keimlinge. Die vegetative Vermehrung durch Ausläufer dürfte eine weit größere Rolle spielen als durch Samen. Es entstehen so häufig größere Bestände in der Natur, die nur aus einem Klon bestehen.

Ökologie: Ziemlich häufig auf feuchten bis sickeroder grundnassen, nährstoff- und basenreichen, kalkarmen oder kalkreichen, sonnigen oder schattigen Standorten; in Quellfluren, Waldsümpfen, Erlenbrüchen, an Bachufern, in Gräben; häufig zusammen mit *Caltha palustris, Carex acutiformis, Carex remota, Chrysosplenium oppositifolium, Crepis paludosa, Filipendula ulmaria, Impatiens nolitangere, Ranunculus repens, Scirpus sylvaticus, Stellaria alsine, Stellaria nemorum, Valeriana dioica, Veronica beccabunga.* Tabellen mit soziologischen Aufnahmen z.B. bei SCHÜCHEN (1972, Tab. 3), SEBALD (1975, Tab. 1–3, 5–8), PHILIPPI (1982, Tab. 2, 9), PHILIPPI (1981, Tab. 18).

Allgemeine Verbreitung: Fast ganz Europa mit Ausnahme des äußersten Nordens und Südens, ferner in Westsibirien und Nordanatolien; s. Karte bei E. HABELER (1963: 191).

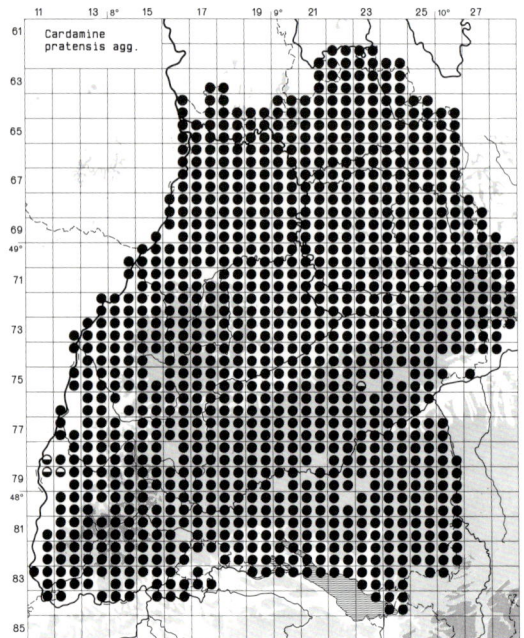

Cardamine
pratensis agg.

Wiesen-Schaumkraut *(Cardamine pratensis)*

ger Weise – Artnamen für die unterscheidbaren Sippen. Letztere Autoren weisen für die diploiden Sippen auf funktionierende Isolationsmechanismen geographischer, ökologischer und zeitlicher Art hin, sowie auf Sameninkompatibilität. EHRENDORFER (1973), OBERDORFER (1983) u. a. schließen sich dieser Einteilung in Kleinarten an. Allerdings vereinigt LANDOLT (1984) neuerdings wieder *C. nemorosa* mit *C. pratensis* s. str., da diese Sippe morphologisch nicht abgegrenzt werden kann, auch wenn sie ökologisch und geographisch gut umschrieben zu sein scheint. Die Untersuchungen von URBANSKA-WORYTKIEWICZ u. LANDOLT (1974) schlossen auch Populationen aus dem südlichen Teil von Baden-Württemberg ein, so daß hier für einige der Sippen durch Chromosomenzählungen gesicherte Angaben vorliegen. Bisher sind drei der Sippen in Baden-Württemberg festgestellt worden:

a) *C. pratensis* L. s. str. (diploid und höher-ploide Stufen)

b) *C. nemorosa* Lej. (diploid). LANDOLT (1984) vereinigt neuerdings diese Sippe wieder mit *C. pratensis* s. str., aus den schon oben erwähnten Gründen. Im folgenden werden die hierher gehörenden Pflanzen in vorläufiger Weise als „nemorosa-Typ" bezeichnet.

c) *C. palustris* (Wimmer et Grab.) Petermann (höhere Ploidiegrade). Diese Sippe muß im Artrang richtig *C. dentata* Schultes heißen. Sie ist morphologisch etwas besser abgrenzbar. Sie wird im folgenden in Übereinstimmung mit GREUTER et al. (1986: 79) als Unterart von *C. pratensis* betrachtet.

1 Grundblätter meist mit 5 und mehr Fiederpaaren; Fiedern der unteren Stengelblätter ähnlich wie bei den Grundblättern gestielt; Kelchblätter 4–6 mm lang; Blüten meist weiß . . 6c) subspec. *dentata*
– Grundblätter mit 1–7 Fiederpaaren; Fiedern der unteren Stengelblätter ungestielt; Kelchblätter 3–5 mm lang; Blüten meist lila 2
2 Endblättchen der Grundblätter groß, oft breiter als 2 cm; Grundblätter mit nur 1–4 Fiederpaaren, oberseits oft behaart; Schoten 1,3–1,6 mm breit
6b) subspec. *pratensis*, „nemorosa-Typ"
– Endblättchen der Grundblätter meist schmäler als 2 cm; Grundblätter mit 1–7 Fiederpaaren, oberseits kahl oder behaart; Schoten 1,1–1,3 mm breit
6a) subspec. *pratensis*

6a) subspec. **pratensis**

Morphologie: Ausdauernde Pflanze mit kriechendem bis aufsteigendem, ziemlich dünnem Rhizom, meist ohne Ausläufer, mit einem oder mehreren aufsteigenden bis aufrechten, 15–50 cm hohen, unverzweigten oder oben verzweigten, kahlen, blaugrün bereiften Stengeln. Grundständige Rosette aus

Satz 2n = 16 bis zum dodekaploiden Satz 2n = 96 vor. Ferner gibt es aus verschiedenen Gründen noch aneuploide Zahlen, die zwischen den Vielfachen der Chromosomengrundzahl 8 liegen. In Mitteleuropa nördlich der Alpen ist offenbar das tetraploide Niveau mit 2n = 30–32 vorherrschend.

Die oben erwähnten cytotaxonomischen Arbeiten haben erstmals in die verwirrende Vielgestaltigkeit der Gesamtart etwas Übersicht gebracht. Danach muß man von mehreren diploiden Sippen ausgehen, mit Polyploidiereihen, die ihrerseits durch Bastardierungen vernetzt sein können. Die rein morphologische Abgrenzbarkeit der unterschiedenen und benannten Sippen ist oft sehr schwierig, so daß die Sippen in ihrem Rang unterschiedlich bewertet werden. MARKGRAF (1960) stuft sie als Unterarten und Varietäten ein, was angesichts der starken Überlappung von Merkmalen durchaus berechtigt erscheint. GREUTER, BURDET & LONG (1986: 79) gliedern *C. pratensis* nur in drei Unterarten: subsp. *pratensis*, subsp. *dentata* und subsp. *picra* (ev. = *nemorosa* Lej.?).

Andere, z. B. URBANSKA-WORYTKIEWICZ u. LANDOLT (1974) benutzen – wenn auch in vorläufi-

gestielten, aus 1–7 Fiederpaaren und einem deutlich vergrößerten, rundlichen bis nierenförmigen Endblättchen zusammengesetzten Blättern, zur Blütezeit meist noch vorhanden, oberseits behaart oder kahl. Stengelblätter 3–7, kurzgestielt bis sitzend, gefiedert bis fiederschnittig mit länglichen bis linealen Abschnitten, Endblättchen keilförmig- (oft dreizähnig) bis lineal. Kelchblätter eiförmig, grünlich, hautrandig, 3–5 mm lang. Kronblätter 8–18 mm lang, meist lila, seltener weiß. Schoten aufrecht abstehend auf 15–30 mm langen Stielen, 25–40 mm lang und 1,1–1,3 mm breit; Griffel 1–2 mm lang.

Chromosomenzahlen: 2n = 16, 17, 18, 19, 30, 38, 46 (K. Urbanska-Worytkiewicz u. E. Landolt 1974, S. 82–83). Danach kommt *C. pratensis* s.str. bei uns von der diploiden bis zur hexaploiden Stufe vor. Diploide Pflanzen wurden bisher im Bodenseeraum, bei Tuttlingen und in der Rottweiler Gegend gefunden. Weitaus vorherrschend dürften allerdings im Land die tetraploiden Pflanzen sein.

Biologie: Blüte von April bis Juni, manchmal noch eine 2. Blüte im Herbst. Es herrscht Fremdbestäubung durch Insekten vor. Reife Früchte findet man meist im Juni und Juli. Eine wichtige Rolle in der Natur dürfte auch die vegetative Vermehrung durch Sprossung aus Stengeln und Blättern spielen.

Ökologie: Verbreitet auf nährstoffreicheren, mäßig basenarmen bis basenreichen, frischen bis feuchten Standorten; vor allem in Wiesen, Weiden, Rasenflä-

chen, auch in lichteren Laubwäldern, Waldlichtungen u. ä.

Allgemeine Verbreitung: Zirkumpolar; in fast ganz Europa vorkommend.

Verbreitung in Baden-Württemberg: In allen Landschaften verbreitet, in der diploiden Chromosomenrasse bisher nur aus dem Bodenseeraum, der Südwestalb und dem Raum Rottweil nachgewiesen (s. Karte bei Urbanska-Worytkiewicz u. Landolt 1974, S. 67).

Die niedrigsten Vorkommen liegen im Oberrheingebiet bei ca. 100 m, die höchsten wurden bisher am Feldberg im Zastler Kar (8114/1) bei 1400 m notiert (B. u. K. Dierssen 1984).

Die Art dürfte in Baden-Württemberg als urwüchsig zu betrachten sein, auch wenn ihre große Ausbreitung wohl erst nach der Rodung großer Waldflächen in den Wiesen- und Weideflächen erfolgt ist. Der älteste literarische Nachweis findet sich bei C. Bauhin (1622: 29) „in vineis Wilensibus et ad Wiesam" (8411). Auch von H. Harder 1574–76 vermutlich aus dem Land belegt (Schorler 1907: 89).

Bestand und Bedrohung: Angesichts der großen Bestände und weiten Verbreitung ist eine Bedrohung der Art nicht gegeben. Die Art erträgt mehrmalige Mahd ab Juni und kann sich auch in neu angelegten Rasenflächen vegetativ ziemlich rasch ausbreiten.

6b) subspec. **pratensis** „nemorosa"-Typ
C. pratensis L. var. *nemorosa* (Lej.) Lej. et Court. 1831; *C. nemorosa* Lej. 1813

Morphologie: Rhizom meist meist relativ dick und kurz. Grundblätter dem Boden anliegend, besonders häufig sind Blätter mit nur einem Fiederpaar; Endblättchen meist nierenförmig, oft größer als 3 cm und mindestens oberseits deutlich behaart. Kronblätter meist 8–12 mm lang, lila. Schoten mit 1,3–1,6 mm ziemlich breit.

Chromosomenzahlen: 2n = 16 (Urbanska-Worytkiewicz u. Landolt 1974, S. 87) nach Zählungen an Pflanzen aus dem Hochrhein- und Wutachgebiet und der Südwestalb bei Spaichingen. Die Merkmale des *nemorosa*-Typs überlappen sich stark mit denen von *C. pratensis* s.str. Rothmaler (1976) und Dersch (1969) bewerten diese Sippe nur als Varietät.

Ökologie: Diese Sippe scheint vor allem in Laub-, insbesondere Buchenwäldern, auf basen- und kalkreichen, mäßig frischen Böden vorzukommen und ziemlich schattenliebend zu sein.

Allgemeine Verbreitung: Noch unvollständig bekannt, da die einzig zuverlässige Bestimmung die

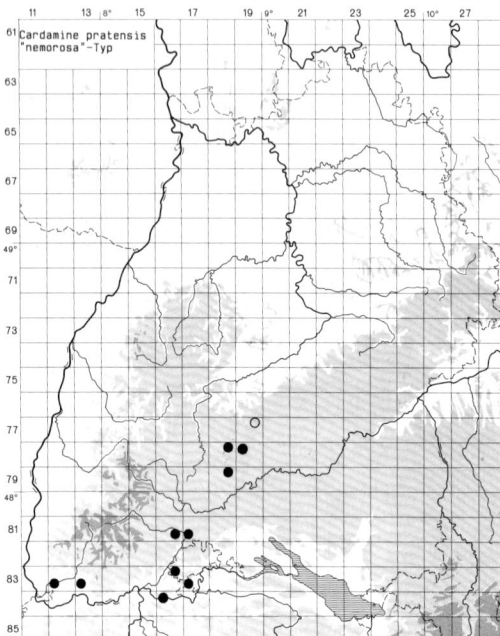

cytologische Untersuchung ist; bisher im Französischen und Schweizer Jura, in den Vogesen, bei Nancy, Belgien, Hessen und Südniedersachsen (Verbreitungskarte bei Urbanska-Worytkiewicz u. Landolt 1974, S. 68).

Verbreitung in Baden-Württemberg: S. Abschnitt über Chromosomenzahlen; ferner sind einige Herbarbelege vorhanden, die zu dieser Sippe gehören. Sie stammen von der Südwestalb und dem obersten Neckargebiet, passen also gut zu den cytologisch belegten Vorkommen. Vermutlich ist diese Sippe aber auch in Baden-Württemberg wesentlich weiter verbreitet, wie die Befunde von Dersch (1969) für Hessen vermuten lassen. Die cytologisch bestimmten Pflanzen aus Baden-Württemberg stammen aus Höhenlagen von 320 m (Haagen bei Lörrach) bis 700 m (Balgheim bei Spaichingen).

Süd-Schwarzwald-Wutachgebiet: 8312/3: Haagen; 8313/3: Wehr; 8316/2: Erzingen; 8116/4: Wutachmühle; 8117/3: Achdorf; 8416/1: SW Küßnach.
Südwestalb: 7719/2: Hundsrück; 7818/2: Oberhohenberg; 7918/2: Balgheim

Bestand und Bedrohung: Der tatsächliche Umfang der Bestände ist noch weitgehend unbekannt, doch dürfte die Sippe als Waldpflanze wenig gefährdet sein.

6c) subsp. **dentata** (Schultes) Čelak. 1875

C. pratensis L. var. *dentata* (Schultes) Neilreich 1859; *C. dentata* Schultes 1809; *C. palustris* (Wimmer et Grab.) Petermann 1846; *C. pratensis* L. subsp. *palustris* (Wimmer et Grab.) Janchen 1958 comb. invalid.; *C. pratensis* L. var. *palustris* Wimmer et Grab. 1829. Zur komplizierten Nomenklatur dieser Sippe siehe Khatri (1986).

Morphologie: Rosettenblätter mit 3–8 Fiederpaaren und einem nur mäßig oder wenig vergrößertem Endblättchen, kahl; untere Stengelblätter oft nur wenig verschieden von den Rosettenblättern, mit 5–10 Paaren gestielter Fiederchen. Kelchblätter 4–6 mm lang. Kronblätter meist weißlich, 12–18 mm lang.
Ökologie: Vorwiegend auf feuchten bis nassen Standorten; vor allem in Moorwiesen, Seggensümpfen, Röhricht und in Erlenbruchwäldern. Lang (1967, Tab. 28, 29, 31, 32) führt die Sippe im Caricetum elatae und einigen Röhrichtgesellschaften des westlichen Bodensees auf.
Allgemeine Verbreitung: Diese hochpolyploide Sippe scheint vor allem in der borealen Zone, in Europa also vor allem in Skandinavien, vorzukommen (s. Karte bei Markgraf in Hegi IV/1: 198 (1960)).

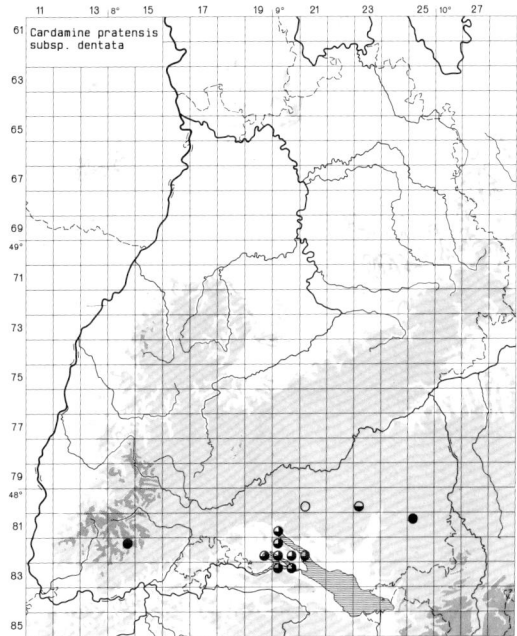

Cardamine pratensis subsp. dentata

Verbreitung in Baden-Württemberg: Noch weitgehend unbekannt; Literaturangaben und Herbarbelege weisen auf Vorkommen im Schwarzwald und Alpenvorland hin. In den baden-württembergischen Landesfloren werden im allgemeinen bei *C. pratensis* keine infraspezifischen Sippen erwähnt, nur bei Kirchner u. Eichler (1900, 1913) und A. Mayer (1904) wird unter ß: *dentata* Schultes ohne konkrete Fundortsangabe aufgeführt.

Schwarzwald: 8214/2: Habsmoos N Blasiwald, B. u. K. Dierßen (1984).
Alpenvorland: 8021/3: Kloster Wald; 8023/3: Ebenweiler; 8120/3: Stockacher Aach-Mündung; 8125/1: Oberer Weiher bei Eintürnen; 8219/4: Gundholzen; Radolfzeller Aach-Mündung; 8220/1: Mindelsee-Nordwestufer; 8220/3: Mettnau; Reichenau; Winterried; 8220/4: Hegne; 8221/3: Ried bei Mainau; 8320/1: Hornstaad; 8320/2: Wollmatinger Ried.

7. Cardamine impatiens L. 1753
Spring-Schaumkraut

Morphologie: Ein- bis zweijähriges Kraut mit Pfahlwurzel, in der ersten Vegetationsperiode meist nur eine Rosette grundständiger Blätter bildend, die bis zur Blüte in der zweiten Vegetationsperiode meist schon verwelkt sind. Stengel aufrecht, 15–80 cm hoch, vorwiegend im oberen Teil, seltener bis zur Basis verzweigt, kahl. Stengelblätter an ihrer Basis mit zwei spitzen Öhrchen den Stengel umfassend. Fiederblättchen ± gestielt, eiförmig bis lanzettlich, meist fiederig und asymmetrisch 3–7lappig oder -teilig, selten ganzrandig, 0,5–2,5 cm lang, das Endfiederchen etwas größer, am Rand bewimpert, sonst kahl. Blüten in reichblütigen, ziemlich dichten Trauben. Kelchblätter lanzettlich bis lineal, 1,5–2 mm lang, grünlich, gegen die Spitze weißlichhäutig. Kronblätter schmal keilförmig, bis 3 mm lang, häufig aber fehlend. Blütenstiele 2–8 mm lang. Schoten 15–30 mm lang und 0,8–1,2 mm breit, aufrecht bis fast waagrecht abstehend. Samen länglich, braun, 1–1,4 mm lang, ca. 0,8 mm breit.

Biologie: Blüte von Mai bis August. Wohl Selbstbestäubung überwiegend. Samenreife Juni bis September. Die Samen können beim Abreißen der Fruchtklappen vom Rahmen der Scheidewand bis zu 5 m weit fortgeschleudert werden.

Ökologie: Schattenbevorzugende Wald- und Waldsaumpflanze auf frischen bis feuchten, nährstoffreichen, kalkarmen oder kalkreichen Böden mit gutem Humuszustand; vor allem in Schluchtwäldern und entlang von Waldwegen, auch in Buchen- und Eichenmischwäldern, in Nadelwäldern und in Auwäldern. Häufige Begleitpflanzen sind *Mercurialis perennis, Lamiastrum galeobdolon, Geranium robertianum, Dryopteris filix-mas, Stachys sylvatica, Epilobium montanum, Alliaria petiolata.*

Allgemeine Verbreitung: Gemäßigte Zone Eurasiens von Westeuropa bis Japan, in Europa nach Norden bis Trondheim, nach Süden bis Korsika, Neapel, Albanien; in Nordamerika synanthrop.

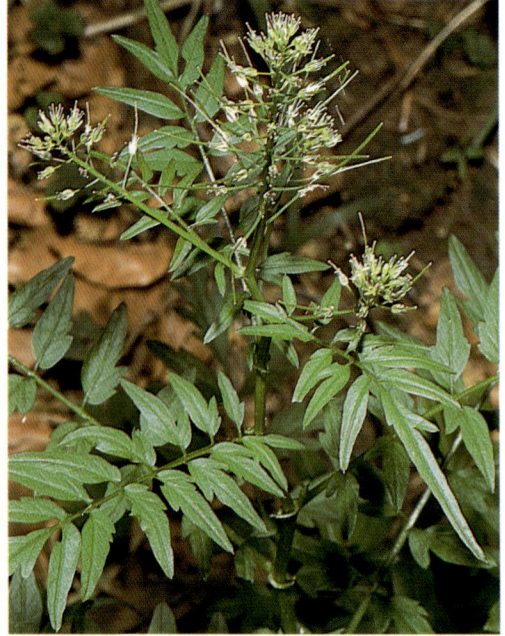

Spring-Schaumkraut *(Cardamine impatiens)* Waldenbuch, 1988

Verbreitung in Baden-Württemberg: In den meisten Landschaften zerstreut vorkommend, stellenweise auch häufig (z. B. Nordrand der Schwäbischen Alb), selten im Schwarzwald und großen Teilen Oberschwabens.

Die niedrigsten Vorkommen befinden sich im Raum Mannheim im nördlichen Oberrheintal bei etwa 100 m, die höchsten bisher notierten bei 920 m bei Hausen a. T. (7819/1) auf der südwestlichen Schwäbischen Alb.

Die älteste Angabe in der Literatur findet sich bei VULPIUS (1791: 73) für die „Heidenklinge" bei Stuttgart. Auch von H. HARDER ist die Art 1574–76 vermutlich aus dem Land belegt (SCHORLER 1907: 89). Die Art ist für einen Teil ihrer Vorkommen als urwüchsig zu betrachten. Sie hat sich in den letzten Jahrzehnten entlang von Waldwegen offensichtlich stark ausgebreitet. Eine Bedrohung der Art ist nicht zu erkennen.

8. Cardamine flexuosa With. 1795
C. sylvatica Link 1803; *C. scutata* Thunb. subsp. *flexuosa* (With.) Hara 1952
Wald-Schaumkraut

Morphologie: Ein- bis zweijährige oder kurzlebig ausdauernde Pflanze mit dünner, bewurzelter, kurz kriechender Grundachse, oft mehrere Stengel trei-

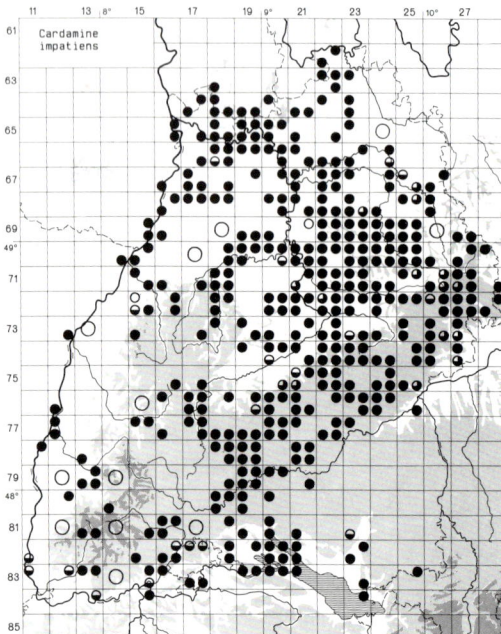

bend, aufrecht bis aufsteigend, 10–50 cm hoch, basal etwas abstehend behaart, mit meist 4–10 Stengelblättern und basaler, bis zur Blüte erhaltener Blattrosette. Blätter unpaarig gefiedert mit 3–6 Paar Fiedern; Fiedern oft deutlich gestielt, die der unteren Blätter meist breit eiförmig bis rundlich, oft undeutlich und asymmetrisch lappig, stumpfzähnig oder ganzrandig, die der oberen Blätter schmäler, 3–20 mm lang, Endfieder etwas größer, oberseits oft zerstreut behaart, sonst kahl. Blüten zu 6–25 in Trauben. Kelchblätter 1,3–2,5 mm lang, elliptisch, grünlich(violett), weiß hautrandig. Kronblätter 2,5–4 mm lang, weiß, spatelförmig. Staubblätter meist 6. Schoten 14–25 mm lang, ca. 1–1,7 mm breit, mit 0,5–0,8 mm langem Griffel, auf 4–13 mm langen, aufrecht abstehenden, oft etwas gebogenen Stielen; Schoten daher nicht selten fast parallel zum Stengel.

Biologie: Blüte vorwiegend April bis Juni, vereinzelt auch bis in den Herbst; reife Samen von Mai bis Oktober. Nach ELLIS & JONES (1969) ist *C. flexuosa* durch Allopolyploidie aus *C. hirsuta* und *C. impatiens* entstanden.

Ökologie: Schattenertragende Pflanze auf feuchten bis sickernassen, vorwiegend kalkarmen Standorten; in Quellfluren, in Bachauenwäldern, entlang von Waldbächen und auf nassen Waldwegen (hier besonders im Polygonetum minori-hydropiperis); in der *Cardamine amara-flexuosa*-Gesellschaft (PHILIPPI u. OBERDORFER in OBERDORFER 1977,

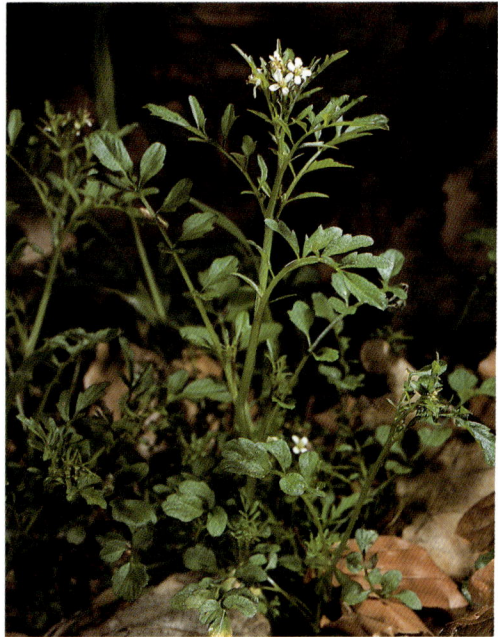

Wald-Schaumkraut *(Cardamine flexuosa)*
St. Wilhelm, 1962

Tab. 61), im Chaerophylli-Ranunculetum aconitifolii (SCHWABE 1987, Tab. 18), in Petasites albus-Beständen (SCHWABE 1987, Tab. 14), weitere Aufnahmen s. auch: SCHÜCHEN (1972), SEBALD (1975, Tab. 3 u. 6), PHILIPPI (1984, Tab. 4). Häufige Begleiter sind: *Cardamine amara, Chrysosplenium oppositifolium, Impatiens noli-tangere, Carex remota, Veronica montana, Stellaria alsine* u. *nemorum, Ranunculus repens, Polygonum hydropiper, P. minus, P. mite, Geranium robertianum.*

Allgemeine Verbreitung: Zirkumpolar, in Europa bis Nordnorwegen im Norden und Sizilien im Süden, trocken-kontinentale Binnengebiete weitgehend meidend.

Verbreitung in Baden-Württemberg: Verbreitet vor allem im Odenwald, im Schwarzwald, im Schwäbisch-Fränkischen Wald und im südlichen Alpenvorland, sonst nur zerstreut, in manchen Gäulandschaften, auf der Albhochfläche und im nördlichen Oberschwaben selten.

Die tiefsten Vorkommen befinden sich im Oberrheingebiet bei Mannheim bei 110 m, die höchsten werden aus dem Schwarzwald vom Feldberg bei etwa 1340 m angegeben.

Die Art dürfte zumindest in den an Quellfluren und Waldbächen reichen Landschaften urwüchsig sein. Sie hat sich aber wohl in letzter Zeit besonders auf feuchten Waldwegen weiter ausgebreitet (s.

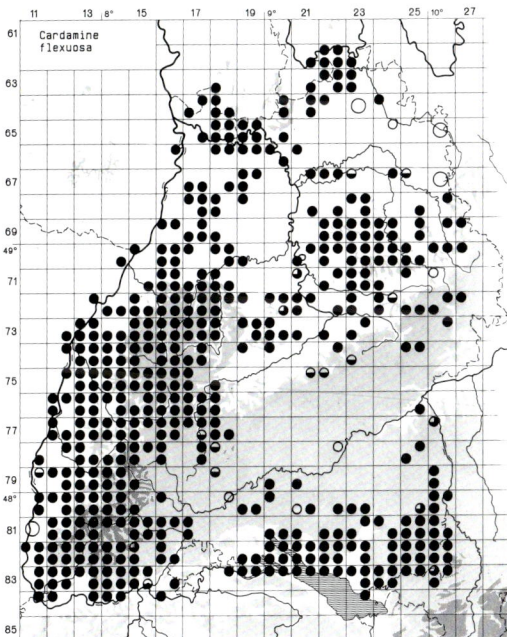

auch BRIELMAIER 1959: 93). Die älteste Angabe in den heimischen Floren findet sich bei C.C. GMELIN (1808: 54–55) als „*C. hirsuta*, utrinque in umbrosis sylvis humidis". Gemeint ist dabei *C. flexuosa* nach der Standortsangabe. Früher wurden in den Floren *C. flexuosa* und *C. hirsuta* nicht immer klar getrennt.

Bestand und Bedrohung: Die Art konnte ihre Vorkommen in letzter Zeit eher noch ausdehnen. Eine Gefährdung ist nicht erkennbar.

9. Cardamine hirsuta L. 1753
Behaartes Schaumkraut, Vielstengeliges Sch., Viermänniges Sch., Weinberg-Sch., Wingertskresse

Morphologie: Meist einjährig, selten zweijährig, 5–30 cm hoch; Stengel aufrecht, oft vielstengelig erscheinend durch zahlreiche, bogig aufsteigende basale Äste, meist kahl, oben wenig ästig, mit bis zur Fruchtreife vorhandener basaler Blattrosette und 2–4 Stengelblättern. Blätter unpaarig gefiedert mit 1–4 Fiederpaaren und größerem Endblättchen, bei den unteren Blättern Fiedern ± gestielt, rundlich, nierenförmig oder breit verkehrt-eiförmig, etwas stumpf gezähnt bis lappig, bei den oberen Blättern schmal verkehrt-lanzettlich; Unterseite und Blattspindel etwas behaart. Blütentraube mäßig reichblütig, im Anfangsstadium doldig und später von Schoten überragt. Kelchblätter 1,5–2,2 mm lang, schmal elliptisch, grünlichviolett,

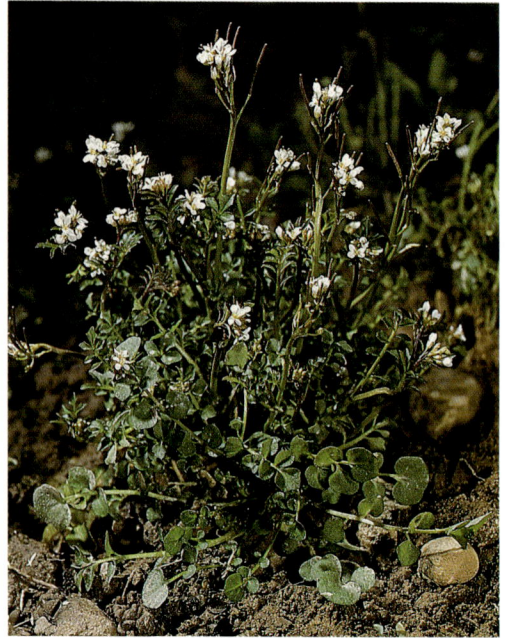

Behaartes Schaumkraut *(Cardamine hirsuta)* Oberrimsingen

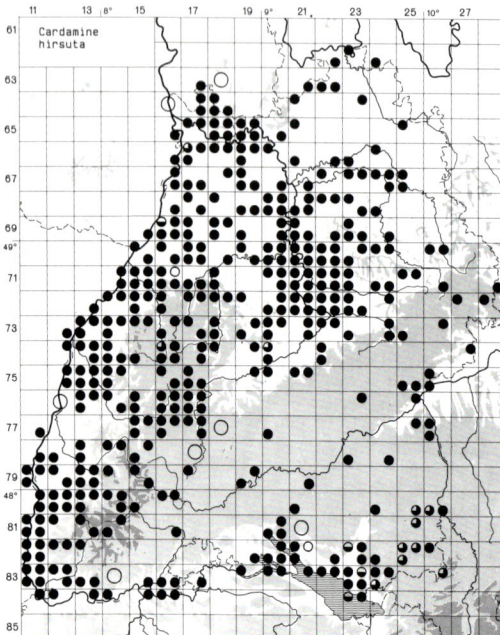

weiß hautrandig. Kronblätter weiß, schmal keilförmig, 3–4 mm lang. Staubblätter meist 4. Schoten 12–25 mm lang, 0,8–1,2 mm breit, ihre Stiele 3–13 mm lang, im sehr spitzem Winkel aufrecht abstehend, Schoten oft etwas abgewinkelt und ± parallel zur Traubenachse; Griffel 0,3–0,5 mm lang.

Die in manchen Bestimmungsbüchern angegebenen Unterschiede zu *C. flexuosa* in der Schotenstieldicke und -länge erlauben keine sichere Unterscheidung, da sie sich weitgehend überlappen. Die Abwinklung der Schoten gegen ihren Stiel ist bei beiden Arten häufig vorhanden, doch fällt sie bei *C. flexuosa* eher auf, weil bei dieser Art die Schotenstiele meist etwa 35–40 Grad von der Traubenachse abstehen, bei *C. hirsuta* dagegen meist nur 20–25 Grad; zur Unterscheidung der beiden Arten s. auch JASPARS-SCHNEIDER (1982).

Biologie: Blüte März bis Juni, aber auch September bis November. Selbstbestäubung wohl vorherrschend. Die Samen reifen in wenigen Wochen heran, so daß unter Umständen mehrere Generationen pro Jahr möglich sind und die Art zu einem lästigen, schwer eindämmbaren Unkraut machen.

Ökologie: Vor allem in Gärten, Weinbergen, Friedhöfen, Parkanlagen, an Wegrändern auf frischen, humosen, nährstoffreichen, kalkarmen und kalkreichen Böden, auch Beschattung ertragend. In Hackunkrautgesellschaften und etwas nitrophilen Wegsaumgesellschaften. Häufige Begleitpflanzen sind *Stellaria media, Capsella bursa-pastoris, Veronica persica, Euphorbia helioscopia* u.a.

Allgemeine Verbreitung: Heute durch Verschleppung fast kosmopolitisch, ursprünglich wohl ozeanisch geprägte Gebiete Europas und Westasiens, im Mittelmeerraum und nach Osten bis zum Himalaja, auch in den afrikanischen Gebirgen (ob hier ursprünglich?).

Verbreitung in Baden-Württemberg: Seit alter Zeit verbreitet im Oberrheingebiet und im Bodenseeraum. Aus den übrigen Landschaften liegen nur wenige alte Angaben vor. Die Art befindet sich offenbar noch in starker Ausbreitung, hauptsächlich durch Verschleppung, wohl durch Garten- und Baumschulpflanzen, Humusdünger u.ä. Nach KREH (1951) wurde sie im Stuttgarter Raum 1927, nach RODI (1972) in Ostwürttemberg erst 1968 beobachtet.

Die niedrigsten Vorkommen befinden sich im Oberrheingebiet im Raum Schwetzingen-Mannheim bei ca. 100 m, die höchstgelegenen im Schwarzwald beim Kandel (7914/1) bei etwa 1175 m.

Der älteste literarische Nachweis für Baden-Württemberg findet sich bei C.C. GMELIN (1808: 55) als var. ß von *C. hirsuta*. Die typische Varietät seiner *C. hirsuta* entspricht *C. flexuosa*. Beide werden als „passim frequens" (überall häufig) bezeichnet.

Bestand und Bedrohung: Die sich noch in weiterer Ausbreitung befindliche Art ist nicht gefährdet.

17. **Cardaminopsis** (C.A. Meyer) Hayek 1908

Arabis sect. *Cardaminopsis* C.A. Meyer 1831
Schaumkresse

Die Gattung besteht aus etwa 12 Arten, von denen 7 in Sibirien und Nordostasien und 5 in Europa vorkommen. In Baden-Württemberg kommt nur eine Art vor.

1. **Cardaminopsis arenosa** (L.) Hayek 1908

Arabis arenosa (L.) Scop. 1772; *Sisymbrium arenosum* L. 1753
Sand-Schaumkresse, Sandkresse

Morphologie: Ein- bis mehrjährige Pflanze mit dünner, spindelförmiger Wurzel, oft mehrstengelig; Stengel aufsteigend bis aufrecht, 10–50 cm hoch, meist von der Basis an ästig, zumindest im unteren

Teil abstehend steifhaarig durch vorwiegend einfache Haare, denen z.T. auch Gabelhaare beigemischt sind. Grundständige Blattrosette und untere Stengelblätter meist leierförmig fiederspaltig bis grob gezähnt, obere Stengelblätter fast ganzrandig, lanzettlich oder fiederspaltig-gezähnt, beiderseits mit verzweigten Haaren besetzt. Blüten in ziemlich lockeren, nur mäßig reichblütigen Trauben, auf 4–15 mm langen Stielen. Kelchblätter 2,5–4 mm lang, eiförmig-elliptisch, grünlich, mit weißem Hautrand, mit einfachen und verzweigten Haaren. Kronblätter lila, seltener weiß, 6–10 mm lang. Schotenstiele aufrecht bis fast rechtwinklig abstehend, 7–15 mm lang; Schoten etwas abgewinkelt oder leicht gebogen, 20–55 mm lang, 0,8–1,6 mm breit; Griffel 0,4–1,2 mm lang.

Variabilität: Die Blattform, insbesondere die Tiefe und Zahl der Abschnitte bzw. Zähne, variiert sehr stark in der gleichen Population. Es werden heute für unseren Raum meist zwei als Unterarten eingestufte Sippen unterschieden:

a) subsp. **borbasii** (Zapal. em. Scholz) Pawl. 1956
Arabis arenosa (L.) Scop. subsp. *borbasii* Zapal 1912; *Cardaminopsis borbasii* (Zapal.) Hess & Landolt 1972
Felsen-Schaumkresse.

Pflanze vorwiegend ausdauernd, mit sterilen Blattrosetten; Blätter wenigstens teilweise mit 4–11 Abschnitten oder Zähnen jederseits; Blüten meist lila; Schoten 1–1,7 mm breit; Samen 1–1,6 mm lang, mit schmalem Hautrand; diese Sippe kommt vor allem an den natürlichen Standorten, Felsen und Felsschutt der Schwäbischen Alb vor, sie kann aber auch auf sekundären Standorten wie Bahnschotter vorkommen.

b) subsp. **arenosa**
Sand-Schaumkresse

Pflanze vorwiegend ein- bis zweijährig, ohne sterile Blattrosetten; Blätter nur mit 1–6 Abschnitten oder Zähnen jederseits; Blüten meist weiß; Schoten bis 1,1 mm breit; Samen bis 1,1 mm lang, ohne oder mit höchstens undeutlichem Hautrand; diese vorwiegend osteuropäische Sippe scheint bei uns seit einiger Zeit besonders entlang von Bahnanlagen in Ausbreitung begriffen zu sein.

Die Unterscheidung der beiden Unterarten (s. auch H. SCHOLZ (1962)) ist wegen der Überlappung der Merkmale nicht in jedem Fall sicher durchzuführen, vor allem nicht an unzureichenden

Herbarbelegen. Nach Chromosomenzählungen, allerdings nicht an Material aus Baden-Württemberg, soll die subsp. *borbasii* diploid sein (2n = 16), die subsp. *arenosa* tetraploid (2n = 32).

Biologie: Blüte von April bis Juli. Die etwas proterandrischen Blüten werden vorwiegend von Hymenopteren und Dipteren bestäubt. Reife Schoten wurden von Juni bis September beobachtet. Bei der subsp. *borbasii* ist eine vegetative Vermehrung durch abbrechende Blattrosetten denkbar.

Ökologie: In frischen, oft etwas beschatteten Fels- und Felsschuttgesellschaften mit basen- bis kalkreichem Substrat (vor allem subsp. *borbasii*), an Wegrändern, auf Eisenbahngelände auf Sand, Kies, Schotter (vor allem subsp. *arenosa*), dort in Ruderalgesellschaften des Sisymbrion-Verbandes. Tabellen mit soziologischen Aufnahmen finden sich bei FABER (1936, Tab. 1 u. 2.), GRADMANN (1936, S. 423), KUHN (1937: 61, 62), OBERDORFER (1977, Stetigkeitstabellen, vor allem Nr. 13), SEBALD (1980). Häufige Begleitpflanzen der subsp. *borbasii* sind auf der Schwäbischen Alb: *Geranium robertianum, Valeriana tripteris, Oxalis acetosella, Gymnocarpium robertianum, Cystopteris fragilis, Campanula cochleariifolia, Angelica sylvestris, Mycelis muralis.*

Allgemeine Verbreitung: Als Art zentral- bis osteuropäisch verbreitet, am nordwestlichen und nördlichen Rand des Areals Gebiete synanthrop erst in jüngerer Zeit erreicht (s. MEUSEL u.a. 1965, Karte

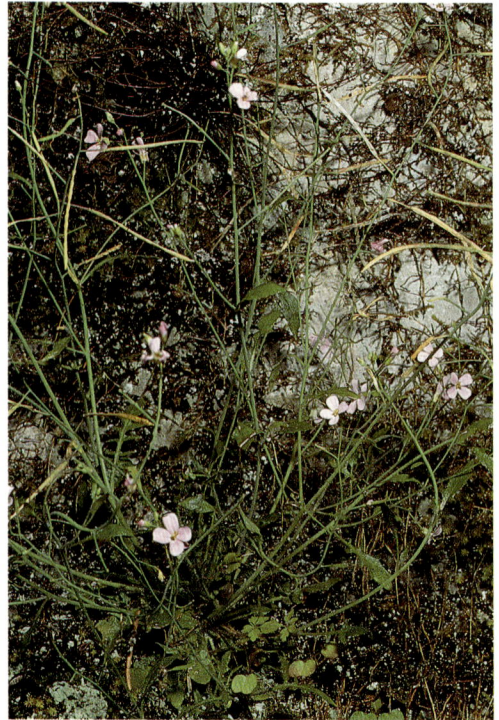

Sand-Schaumkresse *(Cardaminopsis arenosa)*
Neidingen, 1989

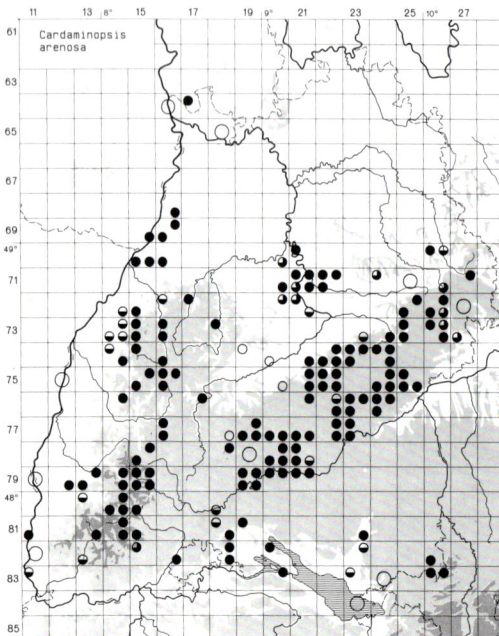

188b). Die subsp. *borbasii* kommt in den Alpen, Karpaten, den Gebirgen des nördlichen Teils der Balkanhalbinsel und in den mitteleuropäischen Mittelgebirgen bis zum Schweizer Jura nach Westen vor. Sie ist ein östlich-praealpines Florenelement.

Verbreitung in Baden-Württemberg: Ziemlich verbreitet auf der Schwäbischen Alb an den natürlichen Standorten in Gestalt der subsp. *borbasii* vom Rand des Nördlinger Rieses bis in die Hegaualb; sonst zerstreut, vorwiegend an sekundären Standorten und z.T. in Gestalt der subsp. *arenosa*, im mittleren Neckarraum, im Schwarzwald, Oberrheingebiet und südlichen Oberschwaben. In den nördlichen Gäulandschaften und im nördlichen Oberschwaben offenbar sehr selten bis fehlend. Die beiden Unterarten wurden früher bei der floristischen Kartierung nicht getrennt. Von den wenigen Herbarbelegen, die nicht von der Schwäbischen Alb stammen, sind etliche nicht sicher zuzuordnen. Es konnte daher nur eine Verbreitungskarte für die Gesamtart erstellt werden.

Folgende Vorkommen sind davon der subsp. *arenosa* zuzuordnen:
Oberrheingebiet: 6816/4: Friedrichtal, PHILIPPI (1971: 34); 6916/3: Karlsruhe, PHILIPPI (1971: 34); 7417/4:

Unterwasser, 1986, HÜGIN (STU-K); 7913/3: Freiburg, 1979, HÜGIN (STU-K).

Schwarzwald: bisher nur subspec. *arenosa* bekannt.

Neckarland: 7121/1: Kornwestheim, Güterbahnhof, 1968, SEYBOLD (STU).

Alpenvorland: 7525/4: Ulm, Güterbahnhof, 1940, K. MÜLLER (STU); 8218/2: Hohentwiel, 1974, ISLER-HUEBSCHER (1980: 65); 8214/4: Gottmadingen, 1974, ISLER-HUEBSCHER (1980: 65); 8223/2: Ravensburg, Bahnhof, 1936, BERTSCH (STU); 8226/3 und 8326/1: Isny, Bahnhof, 1987, SEBALD (STU).

Die niedersten Vorkommen der Art liegen bei ca. 100 m im Raum Mannheim, die höchsten am Schafberg bei Balingen (7719/3) bei fast 1000 m.

In ihrer subsp. *borbasii* ist die Art bei uns sicher urwüchsig. Für die Alb wird die Art schon bei LEO-POLD (1728: 78) „auf den Felsen um Klingenstein" (7525) erwähnt. Auch von H. HARDER 1574–76 vermutlich aus dem Land belegt (SCHORLER 1907: 82). Den ersten württembergischen Fund außerhalb der Alb machte 1922 VON KOLB im Güterbahnhof Ludwigsburg (KREH 1928: 71).

Bestand und Bedrohung: Die Bestände an natürlichen Standorten sind reichlich und kaum gefährdet. Die vorwiegend auf sekundären Standorten wie Bahnanlagen vorkommende subsp. *arenosa* ist eine adventive Sippe, die unseren Raum als Einwanderer wohl erst vor nicht allzu langer Zeit erreicht hat. Ihre Bestände neigen wegen der Einflußnahme durch den Menschen (z. B. Herbizideinsatz auf Bahngleisen) zur Unbeständigkeit.

18. **Arabis** L. 1753
inkl. *Turritis* L. 1753
Gänsekresse

Einjährige, zweijährige und ausdauernde, krautige Pflanzen; Behaarung aus einfachen und/oder gegabelten bis mehrstrahligen Haaren, selten kahl. Blätter einfach, ganzrandig oder gezähnt; grundständige oft rosettig; Stengelblätter sitzend, basal abgerundet bis stengelumfassend. Innere Kelchblätter schwach gesackt. Kronblätter weiß oder selten gelblichweiß. Schoten schmal-linear; Klappen mit oder ohne deutlichem Mittelnerv; Samen meist einreihig.

Die Gattung umfaßt etwa 100 Arten in Europa, Asien, Nordamerika und in den afrikanischen Gebirgen. In Baden-Württemberg kommen davon 9 Arten (einschließlich der Kleinarten der *Arabis hirsuta*-Gruppe) vor. Als weitere Art kommt *A. caucasica* gelegentlich verwildert vor.

1 Stengelblätter mit herz- bis pfeilförmiger Basis stengelumfassend 2
– Stengelblätter mit abgerundeter Basis sitzend . . . 8
2 Pflanze überwiegend kahl (nur Stengelbasis und unterste Stengelblätter etwas behaart); Stengelblätter blaugrün 3
– Pflanze behaart (mindestens die untere Hälfte und die meisten Stengelblätter) 4
3 Schoten dem Stengel angedrückt, dicht, ± vierkantig mit gewölbten Klappen; Samen zweireihig; grundständige und unterste Stengelblätter behaart, sonst kahl . . . . 1. *A. glabra*
– Schoten abstehend, locker stehend; Klappen flach; Samen einreihig; nur grundständige Blätter am Rand bewimpert . . . . 2. *A. pauciflora*
4 Schoten bogig überhängend, einseitswendig; Kronblätter gelblichweiß; Stengelblätter 5–15 cm lang . . . . 3. *A. turrita*
– Schoten aufrecht bis abstehend; Kronblätter weiß; Stengelblätter 1–7 cm lang 5
5 Schoten steil aufrecht oder dem Stengel angedrückt . . . . 6.–8. *A. hirsuta* agg.
– Reife Schoten abstehend 6
6 Einjährige Pflanze ohne nichtblühende Blattrosetten; Kronblätter bis zu 5 mm lang . . . . 9. *A. auriculata*
– Ausdauernde Pflanzen mit nichtblühenden Blattrosetten; Kronblätter 7 mm und länger 7
7 Kronblätter 7–10 mm lang; Pflanze grün bis graugrün behaart . . . . 4. *A. alpina*
– Kronblätter 10–18 mm lang; Pflanze weiß- bis graufilzig behaart; Zierpflanze . . *[A. caucasica]*
8 Blütenstand anfangs häufig nickend, von jungen Schoten überragt; Kelchblätter 1,5–2,5 mm lang; zur Blütezeit Griffel weniger als ½ so breit wie der Fruchtknoten; Schoten meist unter 25 mm lang; Pflanze 7–35 cm hoch . . . . 5. *A. ciliata*
– Blütenstand anfangs meist aufrecht, selten von jungen Schoten überragt; Kelchblätter 2–4 mm lang; Griffel breiter als ½ der Fruchtknotenbreite; Schoten häufig über 25 mm lang; Pflanze 10–80 cm hoch . . . . 6. *A. hirsuta* s. str.

1. **Arabis glabra** (L.) Bernh. 1800
Turritis glabra L. 1753
Turmkraut

Morphologie: Zweijährig, mit weißlicher, ziemlich dicker Pfahlwurzel, ein- oder mehrstengelig; Stengel aufrecht, 50–120 cm hoch, unverzweigt oder oben mit sehr steilen, blühenden Ästen, basal behaart mit einfachen und verzweigten Haaren, sonst kahl. Grundblätter verkehrt-lanzettlich, ± lang in Stiel verschmälert, wie die unteren Stengelblätter behaart mit gestielten, 2- oder 3strahligen Haaren, ganzrandig oder tief buchtig gezähnt; Stengelblätter zahlreich, blaugrün, kahl, eiförmig bis lanzettlich, herz- bis pfeilförmig stengelumfassend, obere spitz bis etwas ausgezogen, 2–13 cm lang. Blütenstand eine dichte, reichblütige Traube, fruchtend nicht selten über 40 cm lang. Kelchblätter 3–4,5 mm lang. Kronblätter 5–7 mm lang, gelblich oder grünlich-weiß, schmal keilförmig. Schoten steif aufrecht, 5–7,5 cm lang, 1–1,5 mm breit, auf 7–13 mm langen Stielen, Griffel ca. 1 mm lang; Klappen mit deutlichem Mittelnerv; Samen zweireihig. – Blütezeit: Mai bis Juli.

Die Argumente für eine Abtrennung einer eigenen Gattung *Turritis* von *Arabis* sind nach W. TITZ (1978, 1980) schwach, so daß die Einbeziehung in *Arabis* vorzuziehen ist.

Ökologie: Licht- und etwas wärmeliebende Pflanze, vorwiegend auf basen- und nährstoffreichen, oft auch kalkreichen, mäßig trockenen bis mäßig frischen Standorten; vor allem an Waldwegen, in Kahlschlägen, Waldlichtungen, an Wald- und Gebüschrändern, auf Lesesteinhaufen und Böschungen; in einer Vielzahl von Pflanzengesellschaften bzw. Artenkombinationen vorkommend, daher sind typische Begleitpflanzen schwer anzugeben.

Allgemeine Verbreitung: In den gemäßigten Zonen der Nordhalbkugel weit verbreitet; in Europa nach Norden bis Schottland, Nordnorwegen und Nordschweden, nach Süden bis Süditalien und Griechenland; ferner in den Gebirgen Ostafrikas (nach JONSELL 1982).

Verbreitung in Baden-Württemberg: In wohl allen Landschaften vorkommend, aber meist selten bis sehr zerstreut, nur in den Gäulandschaften und vor allem auf der Schwäbischen Alb etwas häufiger. Die

Verbreitungskarte gibt ein noch unvollständiges Bild der Verbreitungsdichte, da diese Art wegen ihres zerstreuten Vorkommens in meist einzelnen oder wenigen Exemplaren bei vielen Begehungen nicht erfaßt wird. Ein großer Teil der als nicht aktuell eingetragenen Punkte dürfte sich noch bestätigen lassen.

Die tiefsten Vorkommen werden aus dem Mannheimer Raum bei etwa 100 m, die bisher höchsten von der südwestlichen Schwäbischen Alb vom Dreifaltigkeitsberg (7918) bei etwa 950 m angegeben.

Die älteste Literaturangabe für unser Land findet sich bei HALLER (1768: 198) mit „Ad Wiesam fluv. prope Otterbach adque Rheni ripas qua itus Crenzach" (8411). Auch von HARDER 1594 belegt (HAUG 1915: 82).

Bestand und Bedrohung: Die Art ist wegen ihrer weiten, wenn auch zerstreuten Verbreitung und wegen der Bevorzugung nicht gefährdeter Biotope in ihrem Bestand nicht bedroht.

2. Arabis pauciflora (Grimm) Garcke 1858
Turritis pauciflora Grimm 1767; *Arabis brassiciformis* Wallr. 1822; *Arabis brassica* (Leers) Rauschert 1973; *Turritis brassica* Leers 1775; *Fourraea alpina* (L.) Greuter & Burdet 1984; *Brassica alpina* L. 1767
Armblütige Gänsekresse

Die Schaffung der neuen Kombination *Arabis brassica* durch RAUSCHERT war unnötig, da die binären Namen von GRIMM als gültig veröffentlicht zu betrachten sind (s. GREUTER 1984, S. 494).

GREUTER & BURDET (in GREUTER u. RAUS 1983, publ. 1984) trennen neuerdings die Art als monotypische Gattung *Fourraea* von *Arabis* ab.

Morphologie: Pflanze ausdauernd, mit kurzem, aufsteigendem Rhizom, ein- bis mehrstengelig, 30–100 cm hoch; Stengel aufrecht, unverzweigt oder oben verzweigt, kahl, blaugrün. Grundständige Blätter oft lang gestielt, eiförmig bis breit elliptisch, am Stiel etwas bewimpert, sonst wie die anderen Blätter kahl. Stengelblätter länglich bis lanzettlich, herzförmig stengelumfassend, blaugrün, 5–14 cm lang. Kelchblätter 3–4 mm lang. Kronblätter weiß, 5–8 mm lang. Blütentraube zunächst dicht, bis zur Fruchtreife sehr locker und oft über 30 cm lang, aus meist 10 bis 20 Blüten. Schoten auf 7–16 mm langen, abstehenden Stielen, nach oben etwas abgewinkelt, 4–8 cm lang und 1,5–2 mm breit; Klappen mit deutlichem, durchgehendem Mittelnerv und zarten, netzartigen Seitennerven; Samen einreihig, ca. 2 mm lang; Griffel nur ca. 1 mm lang. – Blütezeit: Mai bis Juni.

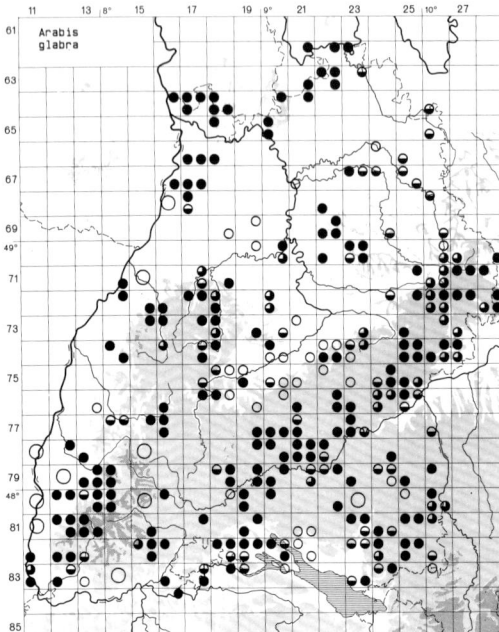

Turmkraut *(Arabis glabra)*

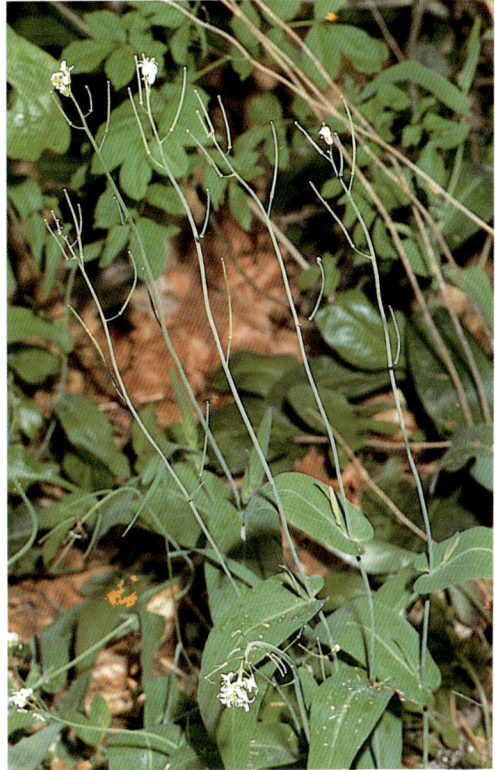

Armblütige Gänsekresse *(Arabis pauciflora)*
Fridingen/Donautal, 1984

Ökologie: Wärmeliebende und auch etwas lichtliebende, aber mäßige Beschattung ertragende Art auf kalkreichen oder kalkarmen, aber basenreichen, mäßig trockenen Standorten; vorwiegend in lichten Eichen- und Buchenmischwäldern (Quercetalia pubescentis, Carici-Fagetum), in Gebüschen und in Saumgesellschaften (Geranion sanguinei). Häufige Begleitpflanzen sind *Tanacetum corymbosum, Carex montana, Campanula persicifolia, Digitalis grandiflora, Valeriana wallrothii, Vincetoxicum hirundinaria, Primula veris, Thesium bavarum, Anthericum ramosum* u.a.; Tabellen mit pflanzensoziologischen Aufnahmen finden sich bei SEBALD (1980, Tab. 1; 1983, Tab. 3 u. 4), PHILIPPI (1984, Tab. 11).
Allgemeine Verbreitung: Von Nordspanien über die Pyrenäen bis in die Westalpen und in den Apennin, im südlichen und mittleren Zentraleuropa zerstreut mit großen Lücken, nach Osten bis in die Kleinen Karpaten. Die Art ist ein submediterranes Florenelement.
Verbreitung in Baden-Württemberg: Nur im Taubergebiet und in einigen Teilen der Schwäbischen Alb vorkommend.

Die niedersten Vorkommen befinden sich im Tauber-Main-Gebiet bei Dertingen und Werbachhausen bei ca. 250 m, die höchsten auf der südwestlichen Schwäbischen Alb beim Klippeneck und Dreifaltigkeitsberg bei ca. 980 m.

Die Art gehört zu den urwüchsigen Arten. Die älteste Literaturangabe findet sich bei LECHLER (1844: 46) für Kolbingen (7919). Ältere Angaben z.B. bei SCHÜBLER u. MARTENS (1834: 429) für Neufels und Waldenbuch sind sehr unsicher und nie bestätigt worden. Eventuell handelt es sich um Verwechslungen mit *Arabis glabra.*

Main-Tauber-Gebiet: 6223/2: Dertinger Kopf, 1983, SEYBOLD (STU-K); 6223/4: Böttigheim, PHILIPPI (1984, Tab. 11/7); Höhefeld, SEUBERT u. KLEIN (1905); 6224/3: Mühlwald bei Wenkheim, 1882/84, KNEUCKER (1890: 173); 6323/2: Apfelberg, KNEUCKER (1922: 80), SEUBERT u. KLEIN (1905); 6323/3: SW Schweinberg, 1987, PHILIPPI (KR-K); 6323/4: Stammberg, ADE (STU-K); 6324/1: Werbachhausen, KNEUCKER in BAUMGARTNER (1882: 16); 6424/4: Erlenbachtal, 1987, SEYBOLD (STU), BAUER in MARTENS u. KEMMLER (1865); 6426/3: Waldmannshofen, KIRCHNER u. EICHLER (1913); 6524/2: Igersheim, BAUER in MARTENS u. KEMMLER (1865).

Arabis pauciflora

Arabis turrita

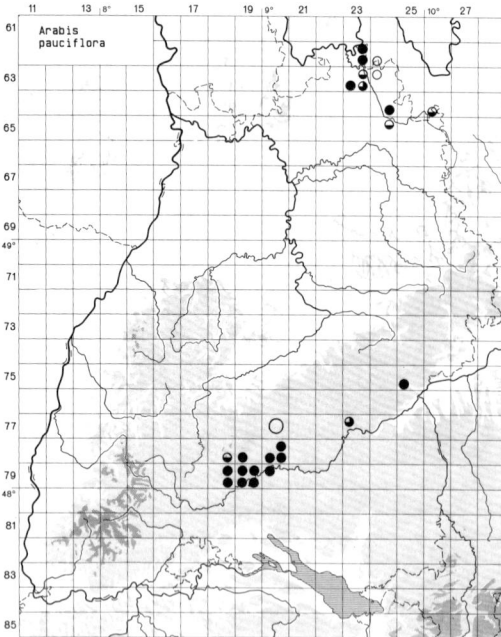

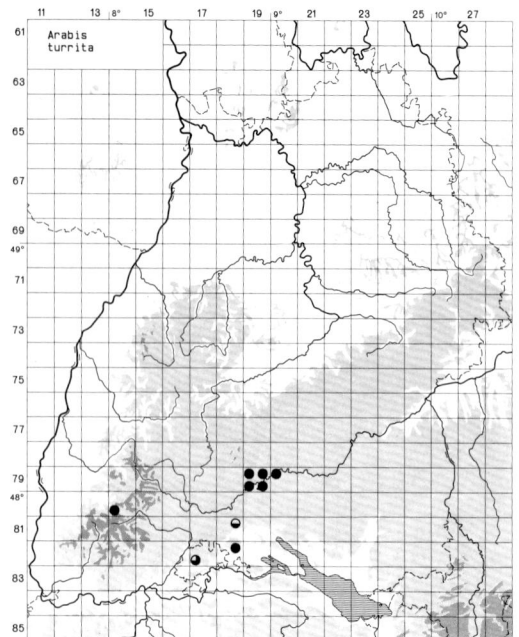

Schwäbische Alb: 7525/3: Herrlingen, am Breitenstein, RAUNEKER (1984), 1930, K. MÜLLER (STU); 7720/?: o.O., nach 1970, BECK (STU-K); 7723/1: Laufenmühle, um 1960, MATTERN (STU-K); 7818/4: Klippeneck, 1932, PLANKENHORN (STU); 7819/3: Felsen bei Reichenbach und Egesheim, 1982, BURGHARDT (STU-K); 7820/2: o.O., nach 1970, BECK (STU-K); 7820/3: o.O., nach 1970, BECK (STU-K); 7820/4: Storzingen-Oberschmeien, 1982, BURG-HARDT (STU-K); 7821/?: o.O., SEYBOLD (1977); 7918/2: Dreifaltigkeitsberg, 1951, BERTSCH (STU), 1988, SEBALD (STU-K); Bernhardstein, 1981, BURGHARDT (STU-K); 7918/4: Bräunisberg, 1985, BURGHARDT (STU-K); 7919/ 1–4: zusammen mindestens 26 Fundorte, 1978–86, BURGHARDT (STU-K), s. auch Abb. 3 bei O. SEBALD (1983) mit Punktkarte; 7920/1: Werenwag, 1980, BURG-HARDT (STU-K); Fachfelsen, 1979, BURGHARDT (STU-K); Korbfelsen, 1980, BURGHARDT (STU-K).

Bestand und Bedrohung: Die Art kommt nur an wenigen Stellen in Baden-Württemberg etwas häufiger vor, so vor allem auf der Alb im oberen Donautal. Auch wenn im allgemeinen der Pflanze keine Gefahr droht, sollten die Bestände geschont werden. Vor allem dürften ihr Aufforstungen mit Nadelbäumen gefährlich werden. Die Art wurde in der Roten Liste 1983 als nicht gefährdet, aber schonungsbedürftig (G 5) eingestuft. Die Art kommt auch in einigen Naturschutzgebieten vor (z.B. Stiegelefels).

3. Arabis turrita L. 1753
Turm-Gänsekresse

Morphologie: Zweijährige bis ausdauernde Pflanze mit kurzem Rhizom, ein- oder mehrstengelig; Stengel aufrecht, 40–80 cm hoch; Stengel und Blätter mit zahlreichen gestielten, zwei- und mehrstrahligen Haaren. Grundblätter eiförmig bis spatelig, oft ziemlich lang in Stiel verschmälert; Stengelblätter sitzend, länglich bis lanzettlich, herzförmig stengelumfassend, Rand geschweift-gezähnt, 5–15 cm lang, zahlreich; unterste Blüten öfters mit Tragblättern. Traube reichblütig, zuerst fast ebensträußig. Kelchblätter 3–4 mm lang. Kronblätter 5–8 mm lang, gelblichweiß. Schoten auf kurzen, steil aufgerichteten, 3–8 mm langen Stielen, ± einseitswendig nickend, 7–14 cm lang, 2–3 mm breit; Fruchtklappen ohne deutlichen Mittelnerv; Samen einreihig; Griffel 1–2 mm lang. – Blütezeit: Mai bis Juni.
Ökologie: Licht- und wärmeliebende Art auf kalk-, zumindest basenreichen, trockenen bis mäßig trokkenen Standorten; vor allem in lichten Eichen- und Sommerlinden-Mischwäldern, auch im Seggen-Buchenwald (Carici-Fagetum), dort besonders auf felsigen Hangpartien, in Gebüschen und Saumgesellschaften; häufige Begleitpflanzen wie bei *Arabis pauciflora*; Tabellen mit pflanzensoziologischen Aufnahmen bei SEBALD (1980, Tab. 1; 1983, Tab. 4, Aufn. 17), OBERDORFER (1934: 5).
Allgemeine Verbreitung: Im ganzen Mittelmeer-

Turm-Gänsekresse *(Arabis turrita)*
blühend im Donautal bei Beuron, 1984

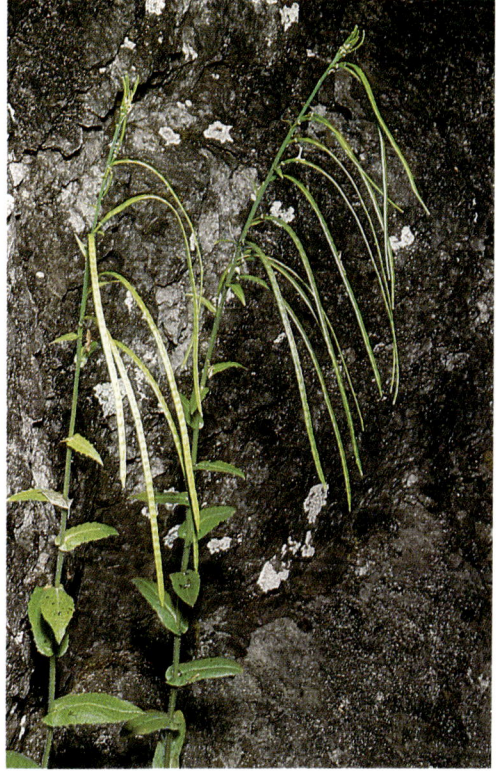

Turm-Gänsekresse *(Arabis turrita)*
fruchtend am Hohentwiel, 1987

raum (dort vorwiegend montan) einschließlich Nordwestafrika und Kleinasien; in Mitteleuropa nach Norden bis zum Ahrtal, Pfalz, Franken und Frankenalb, Mähren, Slowakei; ferner in Bessarabien, auf der Krim und im Kaukasus. Die Art ist als ein submediterranes Florenelement anzusprechen.

Verbreitung in Baden-Württemberg: Sehr selten, bisher nur vom Höllental bei Freiburg, Teilen der südwestlichen Schwäbischen Alb und dem Hegau nachgewiesen. Diese Vorkommen haben ihren geographischen Anschluß an die zahlreichen Vorkommen im Schweizer Jura. Das nächstgelegene Vorkommen in der Schweiz am Siblinger Schloßranden (8217/3) wurde ausnahmsweise noch in die Karte eingetragen. Die übrigen Schweizer Vorkommen liegen südlich des Rheins.

Die tiefstgelegenen Vorkommen im Land sind die vom Höllental und vom Hohentwiel mit ungefähr 550 m, die höchsten im oberen Donautal bei etwa 800 m beim Bandfelsen (7920).

Bei C.C. GMELIN (1826: 506) findet man die älteste Angabe für das Land mit „vallis Hoellental" (SPENNER).

Bei *Arabis turrita* gibt es gelegentlich Namensverwechslungen mit *Turrita glabra* = *Arabis glabra*, so daß einige unbelegte und unbestätigte Angaben nicht berücksichtigt werden konnten.

Schwarzwald: 8014/3: Höllental, beim Hirschsprung, SPENNER in GMELIN (1826), OBERDORFER (1934: 5); nach 1970 noch bestätigt, PHILIPPI (KR-K).

Schwäbische Alb: 7919/1: Lengenfels, 1986, BURGHARDT (STU-K); NW Ensisheim, 1984, BURGHARDT (STU-K); 7919/2: Eichfelsen, 1979, BURGHARDT (STU-K); Zwischen Rauher Stein und Eichfelsen, 1978, SEBALD (STU-K); zwischen Wildenstein und Altstadtfels, 1978, SEBALD (STU-K); 7919/3: Gelber Fels, 1981, BURGHARDT (STU-K); 7919/4: Beim ehem. Steighof, 1978, SEBALD (STU); Zwischen Laib- u. Stiegelefels, 1979, SEBALD (STU-K); Weiblesteich, 1981, SEBALD (STU-K); Ramspelfelsen, 1982, BURGHARDT (STU-K); Felsen S Schloß Bronnen, 1981, BURGHARDT (STU-K); Paulsfelsen, 1912, BERTSCH (STU); Steintälchen bei Fridingen, 1960, KNAUSS (STU); 7920/1: Südliche Donautalseite zwischen Wildenstein und Wagenburgfelsen mindestens 7 Vorkommen, 1979–87, BURGHARDT, STADELMAIER (STU-K); Werenwag, 1980, BURGHARDT (STU-K), 1913, BERTSCH (STU).

Hegau: 8118/2: Kriegertal, 1923, W. ZIMMERMANN in KUMMER (1941); 8218/2: Hohentwiel, 1982, JACKWERT (STU-K), 1879, KARRER (STU); Hohenkrähen, SEUBERT u. KLEIN (1905).

Bestand und Bedrohung: Die Art ist mit Recht in der Roten Liste 1983 in die Kategorie 3 (gefährdet) eingestuft. Diese Einstufung beruht vor allem auf ihrer Seltenheit bei uns, auch wenn z. B. für die meisten Vorkommen im oberen Donautal wegen des oft felsigen Hangstandorts keine direkten Gefahren drohen.

4. Arabis alpina L. 1753
Alpen-Gänsekresse

Morphologie: Ausdauernd, mit verzweigten, kriechenden, unter- bis oberirdischen Grundachsen mit zahlreichen, sterilen Blattrosetten, rasig bis polsterförmig wachsend, meist mit mehreren, aufsteigenden bis aufrechten, 10–40 cm hohen, meist verzweigten Blütenstengeln. Rosettenblätter verkehrteiförmig bis spatelförmig in kurzen Stiel verschmälert, 1–7 cm lang. Stengelblätter sitzend, pfeil- bis herzförmig geöhrt, eiförmig bis länglich, gezähnt. Blätter und Stengel ziemlich dicht behaart durch einfache und gestielte, 2–5strahlige Haare. Traube meist aus 10 bis 20 Blüten, nach der Blüte verlängert. Kelchblätter 3–5 mm lang, hautrandig, die seitlichen deutlich basal gesackt. Kronblätter weiß, spatelförmig, 7–10 mm lang. Schotenstiele fast waagrecht, 8–20 mm lang; Schoten 25–60 mm lang, 1,2–2 mm breit, kahl; Klappen ohne deutlichen Mittelnerv; Griffel 0,2–0,6 mm lang.

Die nah verwandte, häufig als Zierpflanze kulti-

vierte und nicht selten verwilderte *Arabis caucasica* Willd. unterscheidet sich von *A. alpina* durch längere Kronblätter (10–18 mm) und durch die dichtere, weißlichgraue Behaarung. JONSELL (1982) bezieht allerdings *A. caucasica* in die Synonymie von *A. alpina* ein.

Biologie: Blüht in Baden-Württemberg von April bis August. Nach Untersuchungen von HEDBERG (1962) dürfte die Art vollkommen selbstfertil sein und häufig auch selbstbestäubt werden. Allerdings ist die Art auch auf Bestäubung durch Insekten eingerichtet. Die Samen werden offenbar oft im Winter auf den Schnee ausgestreut.

Ökologie: Bei uns seltene Pflanze an Felsen der montanen Stufe und als Alpenschwemmling und Pionier auf Schotter an Flüssen und Seen des Alpenvorlandes; in den Alpen vor allem in frischem Steinschutt und in Felsspalten basen- bis kalkreicher Gesteine von der montanen bis in die alpine Stufe. Eine Vegetationsaufnahme des Vorkommens im Wutachtal findet sich bei OBERDORFER (1949: Tab. 1/2), dort in der *Cystopteris fragilis-Asplenium viride*-Assoziation vorkommend.

Allgemeine Verbreitung: Gebirge und subarktischearktische Gebiete von Europa, Nordamerika, Sibirien; ferner Kleinasien, Kaukasus, zentralasiatische Gebirge, Atlas-Gebirge und ostafrikanische Gebirge, Makaronesien.

Verbreitung in Baden-Württemberg: Sehr selten, nur an wenigen Stellen auf der Schwäbischen Alb und im Wutachgebiet, sowie als Schwemmling im Alpenvorland und südlichen Oberrheingebiet.

Der tiefste Fund war bisher am Oberrhein bei Rust (7712) bei etwa 165 m, der höchste auf der Schwäbischen Alb bei 950 m (7720).

Die auf J. F. GMELIN (1772: 205) zurückgehende Angabe für das Tiefental bei Blaubeuren bei BAUER (1905: 102) beruht wahrscheinlich auf einer Verwechslung mit *Cardaminopsis arenosa*. Die Angabe für das Höllental (8014) bei C. C. GMELIN (1808: 83–84) ist nach DÖLL (1858: 36) unrichtig. Die älteste richtige Angabe von *A. alpina* dürfte somit die bei MEMMINGER (1841: 291) sein, die auf einen Fund von DUCKE 1836 im Illerkies oberhalb Ferthofen zurückgeht.

Wegen der Möglichkeit der Verwechslung mit der als Zierpflanze weit verbreiteten *A. caucasica* wurden einige in der Literatur angegebene Fundorte nicht in die Karte und Fundortszusammenstellung aufgenommen.
Oberrheingebiet: 7712/1: Am Rhein bei Rust, 1927, LAUTERBORN (n. GÖRS u. MÜLLER 1974).
Schwäbische Alb: 7226/4: Kleiner Herwartstein, 1846, RÖSLER in LECHLER (1847: 147), 1985 bestätigt, v. HEYDEBRAND (STU-K); 7720/1: Hausen-Neuweiler, MARTENS u. KEMMLER (1882), 1940 erloschen, BERTSCH (STU-K);

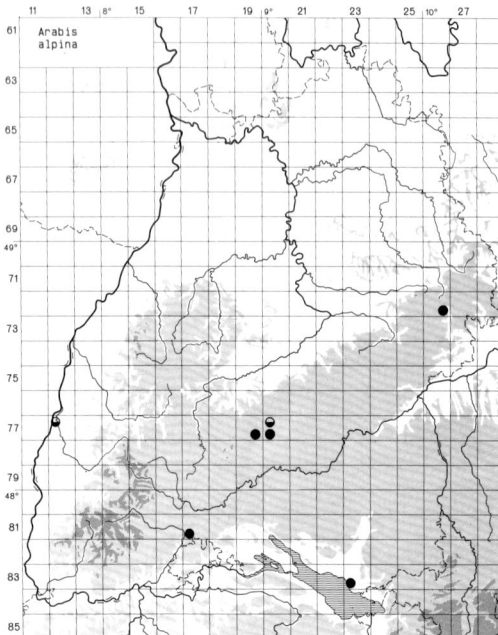

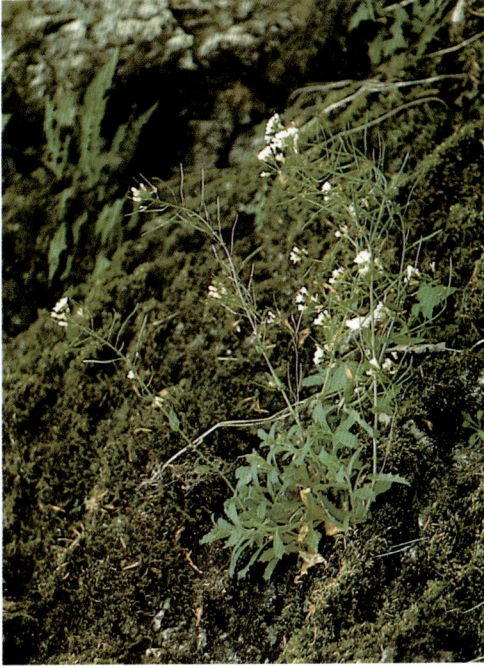

Alpen-Gänsekresse *(Arabis alpina)*
Ebingen, 1988

migen bis spatelförmigen, stumpfen, ganzrandigen oder schwach geschweift-gezähnten, meist 1–4 cm langen Blättern. Stengelblätter 4–10, sitzend, nicht oder kaum geöhrt, eiförmig bis schmal elliptisch, ganzrandig oder schwach gezähnt, meist 1–2 cm lang. Blütenstand anfangs öfters nickend, dicht, eine Schirmtraube bildend und oft von den Schoten überragt. Kelchblätter etwa 2 mm lang, randlich violett. Kronblätter weiß, 4–5 mm lang. Fruchtstand ziemlich dicht, mit steil aufgerichteten 10–25 mm langen, 1–1,5 mm breiten Schoten auf 3–5 mm langen Stielen; Klappen mit deutlichem Mittelnerv; Griffel 0,3–0,5 mm lang. Nach W. Titz (1969, Tab. 1) kann die Breite des Griffels im Verhältnis zur Breite der Fruchtknoten während der Blütezeit zur Unterscheidung der Art von *A. hirsuta* herangezogen werden: Bei *A. ciliata* ist der Griffel weniger als ½ so breit wie der Fruchtknoten, bei *A. hirsuta* nicht. – Blütezeit: Mai bis Juli.

Ökologie: Lichtliebende Art auf mäßig trockenen bis feuchten, basen-, meist auch kalkreichen, oft steinigen Böden; vorwiegend in der subalpinen Höhenstufe in Rasengesellschaften der Seslerietalia und in Schuttfluren; für die wenigen Vorkommen im württembergischen Alpenvorland werden feuchte Wiesen als Biotop angegeben. Pflanzensoziologische Aufnahmen aus Baden-Württemberg sind bisher nicht vorhanden. Aus den benachbarten Allgäuer Alpen, wo die Art nach Dörr (1974) verbreitet ist, und aus anderen Teilen der westlichen

7720/3: Ebingen, Holzhalde, an mehreren Felsen, 1983, Beck (STU); 7719/4: Wachtbühl OSO Lautlingen, 1986, Burghardt (STU-K).
Alpenvorland: 7926/4: Egelsee, Illerkies, 1840, Ducke (TUB); 8026/4: Oberhalb Ferthofen, 1836, Ducke in Memminger (1841); 8323/3: Eriskirch, Bodenseeufer, 1977, Dörr (STU-K).
Wutachgebiet: 8117/3: Flühweg bei Fuetzen, 1910, Kummer u. Schmid in Kummer (1941), vgl. auch K. Müller (1937: 350); erster badischer Fund; ob = Wutachschlucht, 1959, Knauss (STU)?; noch 1989 bestätigt, Sebald (STU-K).

Bestand und Bedrohung: Die Art ist bei uns wegen ihrer Seltenheit potentiell gefährdet und in der Roten Liste zu Recht in G 3 eingestuft. Die Schwemmlinge an den Flüssen sind wohl vor allem auch durch die Flußkorrekturen erloschen.

5. Arabis ciliata Clairville 1811
A. corymbiflora Vest 1821
Doldige Gänsekresse, Dolden-G.

Morphologie: Zweijährige bis ausdauernde Pflanze mit einem oder mehreren, 10–30 cm hohen, unverzweigten oder verzweigten Stengeln. Stengel und Blätter fast kahl oder mäßig dicht behaart durch abstehende, einfache und gestielte, zweistrahlige Haare. Am Grunde Blattrosette aus verkehrt-eiför-

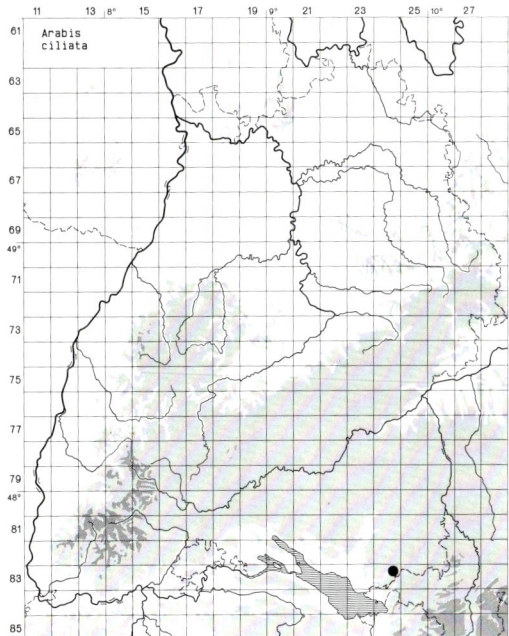

Arabis ciliata

4558.
ciliata R.Br.

4558.b.
alpestris Scal.
ex
4545. excl.

4559. muralis Bertol.

Arabis.

Nordalpen wird die Art für das Seslerio-Caricetum sempervirentis (Blaugras-Horstseggenrasen) und das Caricetum ferrugineae (Rostseggenrasen) angegeben (OBERDORFER 1978, Tab. 111). Häufige Begleitpflanzen in den Alpen sind *Sesleria varia, Carex sempervirens, C. ferruginea, Ranunculus montanus, Aster bellidiastrum, Galium anisophyllum, Polygonum viviparum, Gentiana verna* u.a.

Allgemeine Verbreitung: Pyrenäen, Französischer und Schweizer Jura, Alpen, jugoslawische Gebirge, Apennin; auch im nördlichen Alpenvorland; die Art ist ein ± alpines Florenelement.

Verbreitung in Baden-Württemberg: Erstmals 1964 von G. BRIELMAIER für unser Land bei Wangen i. Allgäu entdeckt. Bisher sind nur 2 Fundorte bekannt, die etwa 550 m hoch liegen.

Westallgäuer Hügelland: 8324/2: Beim Elitzer See S Wangen; beim Schindbuckel S Wangen, s. DÖRR (1974: 92).
Der von DÖRR (1974) u.a. verwendete Name *A. corymbiflora* muß korrekt *A. ciliata* heißen (s. BURDET 1969). Die Art kann mit *Arabis hirsuta* verwechselt werden. Es ist daher möglich, daß sie früher übersehen worden ist und bei uns schon lange einheimisch ist.

Bestand und Bedrohung: Nicht auffällige Pflanzen wie die *Arabis ciliata* werden nur durch die Vernichtung oder Veränderung des Biotops bedroht. Auch wenn die Biotope zur Zeit nicht gefährdet sind, besteht wegen der Seltenheit der Art eine potentielle Bedrohung (Rote Liste 1983: Kategorie G 4).

6.–8. Arabis hirsuta agg.
Rauhhaarige Gänsekresse-Gruppe

Morphologie: Zweijährige oder kurzlebige, ausdauernde Halbrosettenpflanzen (Hemikryptophyten); Stengel einzeln oder mehrere, einfach oder verzweigt, 10–120 cm hoch, wenigstens im unteren Teil behaart. Rosettenblätter verkehrt-eiförmig bis spatelförmig in Stiel verschmälert, ganzrandig oder gezähnt. Stengelblätter mehrere oder zahlreich, sitzend mit herz- bis pfeilförmiger, selten abgerundeter Basis, eiförmig bis lanzettlich. Traube reichblütig, anfangs fast doldenartig, sich stark streckend. Kelchblätter 2–4 mm lang, die inneren leicht gesackt. Kronblätter weiß, 3–7 mm lang. Schoten 20–65 mm lang, 0,6–1,5 mm breit, steil aufrecht bis anliegend.

Doldige Gänsekresse *(Arabis ciliata)*, Mitte (Figur 4338); aus REICHENBACH, L.: Icones florae germanicae et helveticae, Band 2, Tafel 40 (1837–1838).

Das Aggregat besteht bei uns aus 3 Kleinarten: *A. hirsuta* s.str., *A. sagittata* und *A. nemorensis*. Die sicherste Unterscheidung gelingt bei Pflanzen mit reifen, trockenen Schoten. Bei blühenden Pflanzen ist die Unterscheidung zwischen *A. hirsuta* s.str. und *A. sagittata* häufig sehr unsicher (s. W. TITZ 1969).

Bestimmungsschlüssel für die Kleinarten:
1 Stengel besonders basal vorwiegend mit angedrückten, fast sitzenden, 2- bis 4spaltigen Haaren, daneben noch einfache, kurze Haare vorhanden; mittlere Stengelblätter mit tief herzförmiger Basis, Öhrchen dem Stengel ± angepreßt; Schoten dicht stehend, schmal (meist weniger als 0,9 mm), Mittelnerv schwach oder fehlend; Schoten ± knotig-perlschnurartig durch sich durchdrückende Samen; vorwiegend auf etwas feuchteren Standorten ... ... 8. *A. nemorensis*
– Stengel vorwiegend mit langen, einfachen und/ oder lang gestielten, gegabelten Haaren; Blattöhrchen vom Stengel abstehend; Schoten breiter, Mittelnerv zumindest im basalen Teil der Klappen deutlich; Samen sich nicht stark durchdrückend . 2
2 Schoten dicht stehend, steif aufrecht und parallel, der Achse anliegend; längste voll ausgebildete Schoten immer über 3,2 cm, oft über 5 cm; Mittelnerv wird im 2. bis 3. Viertel der Schoten undeutlich . . . . 7. *A. sagittata*
– Schoten locker, nicht streng parallel, etwas abstehend; längste voll ausgebildete Schoten unter 5,2 cm lang; Mittelnerv bis ins oberste Viertel deutlich . . . . 6. *A. hirsuta* s.str.

Die Kleinarten der *Arabis hirsuta*-Gruppe sind vollkommen selbstfertil. Es ist Selbstbestäubung und Insektenbestäubung möglich. Sie zeigen fast immer ausgezeichneten Samenansatz. *A. nemorensis* und *A. sagittata* sind diploid (2n = 16), *A. hirsuta* s.str. ist tetraploid (2n = 32). Chromosomenzählungen aus Baden-Württemberg liegen für *Arabis nemorensis* vor. Zwischen *A. sagittata* und *A. hirsuta* s.str. wurden selten triploide, stets sterile Bastarde beobachtet, die nur unentwickelte, kurze Schoten besaßen.

6. Arabis hirsuta (L.) Scop. 1772
Turritis hirsuta L. 1753
Rauhhaarige Gänsekresse

Morphologie: Hauptstengel 10–100 cm hoch, basale Seitenstengel fehlend oder vorhanden; Stengel grün, manchmal purpurn überlaufen, behaart, obere Internodien öfters fast kahl, mit 5–30 Stengelblättern, die längsten in der unteren Hälfte des beblätterten Stengelteils; Blätter ± dicht behaart mit gestielten Gabelhaaren und einfachen Haaren; Blattbasis sehr variabel von pfeilförmig bis abgerundet, Blattrand meist gezähnt. Schoten 25–52 mm lang, auf 4–6 mm langen Stielen. – Blütezeit: Mai bis Juli.

Ökologie: Licht- und etwas wärmeliebende Pflanze auf trockenen bis mäßig frischen, basen-, oft auch kalkreichen Böden; vor allem in Kalk-Mager- und Trockenrasen, auf Rohböden an Böschungen, in lichten Laubmisch- und Kieferwäldern, in trockenen Fettwiesen und Ruderalfluren; in einer Vielzahl von Artenkombinationen bzw. Gesellschaften auftretend, aber kaum mit hoher Stetigkeit oder Abundanz, daher können kaum typische Begleitpflanzen angegeben werden, am ehesten vielleicht z. B. *Viola hirta, Silene vulgaris, Primula veris, Campanula rapunculoides, Bromus erectus.*

Allgemeine Verbreitung: Die *Arabis hirsuta*-Gruppe ist zirkumpolar vor allem in den gemäßigten Zonen verbreitet, in Europa vom Nordkap bis ans Mittelmeer. Die Verbreitung der Kleinarten ist noch ziemlich unvollständig bekannt, doch kommt *A. hirsuta* s. str. als häufigste Kleinart der Gruppe im größten Teil Europas vor.

Verbreitung in Baden-Württemberg: Häufig bis zerstreut in den meisten Landschaften, besonders in den Kalkgebieten der Gäulandschaften und auf der Schwäbischen Alb, selten in den reinen Silikatgesteinsgebieten (Schwarzwald, Odenwald). Bei der floristischen Kartierung wurden im allgemeinen die beiden Kleinarten *A. nemorensis* und *A. sagittata* nicht gesondert kartiert, weil ihre Unterscheidung sehr schwierig ist und besonders *A. sagittata* nur im

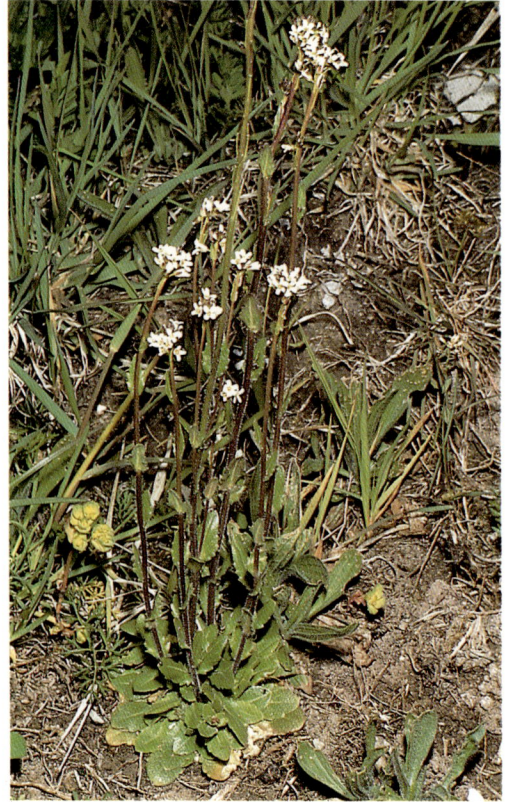

Rauhhaarige Gänsekresse *(Arabis hirsuta)* Niedernau, 1985

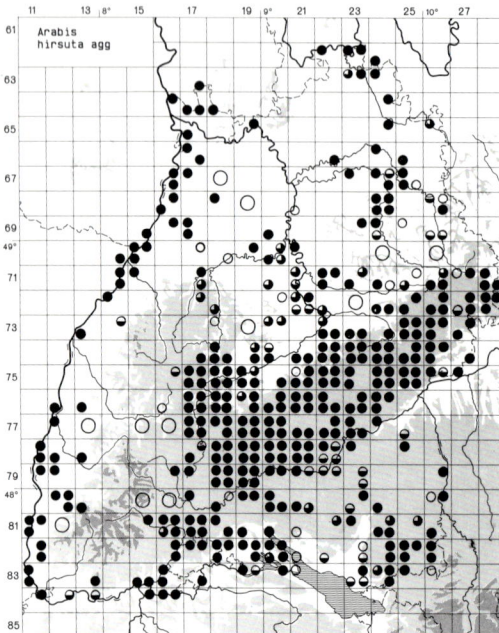

fruchtenden Zustand einigermaßen sicher bestimmt werden kann. Trotzdem dürfte die Verbreitungskarte für *Arabis hirsuta* agg. weitgehend die Verbreitung von *A. hirsuta* s. str. darstellen. Sie ist weitaus die häufigste der 3 Kleinarten.

Die tiefsten Vorkommen der Art befinden sich in der nördlichen Oberrheinebene bei Mannheim bei ca. 100 m, die höchsten wurden bisher bei etwa 980 m am Dreifaltigkeitsberg (7918/2) auf der Schwäbischen Alb notiert.

Die Art ist bei uns urwüchsig, auch wenn sie gerne auf sekundären Standorten vorkommt. Sie ist schon für das frühe Spätboreal von Wallhausen nachgewiesen (RÖSCH in lit.). In der Literatur ist die Art schon bei LEOPOLD (1728: 170) „in Äckern nach Lehr" bei Ulm (7525) erwähnt. Auch HARDER belegt die Art 1576–94 aus dem Gebiet (SCHINNERL 1912: 234).

Bestand und Bedrohung: Die Vorkommen der Art sind noch zahlreich. Sie erträgt auch eine ein- bis zweimalige Mahd. Eine besondere Gefährdung ist daher nicht vorhanden.

7. Arabis sagittata (Bertol.) DC. 1815

Arabis hirsuta (L.) Scop. subsp. *sagittata* (Bertol)
Nyman 1878; *Turritis sagittata* Bertol. 1804
Pfeilblättrige Gänsekresse

Morphologie: Hauptstengel 20–80 cm hoch, ohne
oder mit mehreren basalen Seitenstengeln, unverzweigt oder im oberen Teil mit Seitenästen; Stengel
dunkelgrün, oft purpurn überlaufen, behaart wie
A. hirsuta s.str., mit 10–50 Stengelblättern, mittlere meist länger als die Internodien; die längsten
Stengelblätter häufig in der Mitte des beblätterten
Teils, oft relativ spitz und mit pfeilförmiger Bucht
an der Basis, manchmal aber auch abgerundet.
Blattrand ganzrandig oder gezähnt. Schoten
32–65 mm lang, auf meist 4–6 mm langen Stielen.
Biologie: Blüht von Mai bis Juli. Nach Beobachtungen von HEGELMAIER bei Urach soll *A. sagittata*
etwa einen Monat später blühen als *hirsuta* (s.
MARTENS u. KEMMLER 1882: 25).
Ökologie: So weit bekannt, dürften die ökologischen Ansprüche weitgehend mit denen von *A. hirsuta* s.str. übereinstimmen.
Allgemeine Verbreitung: Mittel- und Südeuropa,
bisher nur ungenau bekannt.
Verbreitung in Baden-Württemberg: Gesicherte Ver-
breitungsangaben sind nur nach Herbarbelegen mit
reifen Schoten möglich, da selbst in neueren Floren
in den Bestimmungsschlüsseln z.T. unzuverlässige
diagnostische Merkmale angegeben sind. Bisher liegen wenige sichere Herbarbelege vor aus der
Schwäbischen Alb (Nordrand der Mittleren Alb)
und aus dem mittleren Neckargebiet.

In den Landesfloren taucht die Sippe „*sagittata*"
schon relativ früh mit konkreten Fundortsangaben
auf, meist als Varietät eingestuft. DÖLL (1843) wen-
det den Namen offenbar zuerst fälschlich auf Pflanzen an, die zu *A. nemorensis* gehörten. 1862 gibt er
dann für Baden unter „*sagittata*" eine ganze Reihe
anderer Fundorte aus dem westlichen Bodenseegebiet, der südwestlichen Alb, dem Raum Freiburg
und dem Kaiserstuhl an. In den württembergischen
Landesfloren wird „*sagittata*" bei MARTENS u.
KEMMLER (1882) im Artrang erwähnt mit einem
Fundort bei Urach, dessen Angabe von F. HEGEL-
MAIER stammt und dessen Bestimmung wohl richtig
war. So wird z.B. dort das wichtige Merkmal „Rük-
kennerv wenig vorragend" zur Unterscheidung mit
herangezogen. Im Herbar STU liegt auch ein von
HEGELMAIER als *A. sagittata* richtig bestimmter
Beleg von Urach vor.

In den Landesfloren von KIRCHNER u. EICHLER
(1900) bis zu A. MAYER (1929) und K. BERTSCH
(1948) finden sich dann für „*sagittata*" eine ganze

Anzahl Fundorte angegeben. Doch als Bestim-
mungsmerkmal ist kein Fruchtmerkmal, sondern
sind die unzuverlässigen Merkmale der herzförmigen Basis der Stengelblätter und z.T. auch eine allgemein größere Wuchshöhe angegeben. BERTSCH
(1948) gibt noch an, daß die Kelchzipfel bei „*sagittata*" behaart seien, bei „*hirsuta*" nicht. Er belegt
einige Funde aus dem oberen Donautal mit dem
Namen „*sagittata*". Das Merkmal der behaarten
Kelchzipfel trifft aber gerade auf die nach den zu-
verlässigeren Fruchtmerkmalen bestimmten Exemplaren nicht zu. D.h. die Fundortsangaben in den
Landesfloren für „*sagittata*" sind kaum brauchbar,
wenn sie nicht durch einen Herbarbeleg mit reifen
Schoten abgesichert sind, und das sind leider nur
die wenigsten.

Neckarland: 7021/1: Schreyerhof bei Mundelsheim, 1980,
SEYBOLD (STU).
Schwäbische Alb: 7324/4: Michelsberg, 1943, MÜRDEL
(STU); 7422/2: Gelber Fels, 1929, PLANKENHORN (STU);
7422/3: Zwischen Dettingen und Hohenneuffen, 1936,
K. MÜLLER (STU); 7522/1: Urach, im Elsachtal, 1890,
HEGELMAIER (STU).

Bestand und Bedrohung: Der Umfang der Vorkommen ist noch fast völlig unbekannt. Über eine Bedrohung kann zur Zeit keine sichere Aussage gemacht werden.

8. Arabis nemorensis (Hoffm.) Koch 1830

Turritis nemorensis Wolf ex Hoffm. 1804; *A. planisiliqua* auct.; *A. gerardii* auct.; *A. hirsuta* subsp.
planisiliqua auct., bzw. subsp. *gerardii* auct.
Hain-Gänsekresse

W. TITZ (1976) stellte fest, daß die ost- und mitteleuropäische Tieflandsart *Arabis nemorensis* (Hoffm.) Koch von
der südwesteuropäischen und mehr xerophileren Art *A.
planisiliqua* (Pers.) Reichenb. abgetrennt werden muß. Die
in Baden-Württemberg vorkommenden Pflanzen gehören
zu *A. nemorensis*. Sie waren bisher fälschlich mit den
Namen *A. planisiliqua* bzw. *A. gerardii* belegt worden.

Morphologie: Vorwiegend zweijährig; Hauptstengel
kräftig, 25–120 cm hoch, mit oder ohne basale Seitenstengel, im oberen Teil stark verzweigt, obere
Internodien oft kahl; Stengelblätter dicht stehend,
20–90, gezähnt, länger als Internodien; Blätter mit
langgestielten, zwei- bis mehrstrahligen und einfachen Haaren. Schoten 30–50 mm lang und
0,6–0,9 mm breit, auf 4–7 mm langen Stielen. –
Blütezeit: Mai bis Juli. Chromosomenzahl $2n = 16$
(festgestellt von CZAPIK und NOVOTNA (1968) an
Pflanzen aus dem Raum Konstanz).
Ökologie: ± hygrophile Kleinart auf nährstoffreichen, frischen bis feuchten Böden; vor allem in
Flachmoor-Wiesen, in Auengebüschen, lichten Au-

255

wäldern, in Ruderalfluren. Nach Aufnahmen aus dem Bodenseegebiet von M. Peintinger (nicht publ.) gern zusammen mit: *Peucedanum palustre, Lysimachia vulgaris, Thalictrum flavum, Symphytum officinale, Valeriana officinalis, Mentha aquatica, Selinum carvifolium, Deschampsia cespitosa, Carex panicea* u. a.

Allgemeine Verbreitung: Mitteleuropa vom Rhein an ostwärts, Osteuropa, Westsibirien, bis nach Gotland im Norden und auf die nördliche Balkan-Halbinsel nach Süden. Die Art ist ein gemäßigt-kontinentales Florenelement.

Verbreitung in Baden-Württemberg: Selten, bisher nur an wenigen Stellen im Bereich der Stromtäler von Rhein und Donau sowie im Bodenseeraum gefunden.

Die tiefstgelegenen Funde sind die im Oberrheingebiet bei Waghäusel in etwa 100 m, die höchsten entlang der Donau bei Donaurieden bei etwa 480 m (7625). *A. nemorensis* ist wohl im Bereich der genannten Landschaften urwüchsig. Als *A. planisiliqua* wird sie bei F. Zimmermann (1907: 93) für 1880–1906 von Waghäusel, Sandtorf und Maudach erwähnt, wobei letztere zwei Fundorte unsicher sind.

Oberrheingebiet: 6717/1: Waghäusel, Moorwiesen, 1893, Kneucker (1895: 307).
Donaugebiet: 7526/2: Westerried bei Langenau, 1934, K. Müller (1935: 71), 1948, Koch (STU), 7625/3; Kiesgrube S Donaurieden, 1944, K. Müller (STU).

Bodenseegebiet: 8219/3 + 4: Radolfzeller Aachried, 1986, Peintinger (STU); 8219/4: NSG Bodenseeufer bei Markelfingen, 1987, Peintinger (STU-K); 8320/2: Wollmatingen, 1927, Plankenhorn (STU); Wollmatinger Ried, 1985, Dienst (STU-K); 400 m W Bahnhof Reichenau, s. Czapik u. Novotna (1968: 168); Gierenmoos, 1985, Kiechle (STU-K).

Bestand und Bedrohung: Die Verbreitung dieser Sippe dürfte noch sehr unvollständig bekannt sein. Die Schonung der wenigen bekannten Vorkommen ist dringend, da Moorwiesen als bevorzugte Biotope der Art an sich schon gefährdet sind. Entsprechend wurde die Art in der Roten Liste als stark gefährdet (G 2) eingestuft.

9. Arabis auriculata Lam. 1783

A. recta Vill. 1789; *A. aspera* All. 1789
Öhrchen-Gänsekresse, Aufrechte Gänsekresse

Nach W. Titz (1973) muß der korrekte Name dieser Art doch *A. auriculata* Lam. heißen und nicht, wie in vielen neuen Floren angegeben, *A. recta* Vill.

Morphologie: Einjährig oder zweijährig, mit dünner Pfahlwurzel; Stengel aufrecht, 3–30 cm hoch, unverzweigt oder verzweigt, dünn, behaart mit gestielten, mehrstrahligen Haaren. Grundständige Blätter elliptisch bis spatelförmig in kurzen Stiel verschmälert; Stengelblätter 5–15, sitzend, mit 2 abgerundeten Öhrchen stengelumfassend, eiförmig bis elliptisch, 0,5–2 cm lang, etwas gezähnt, behaart wie

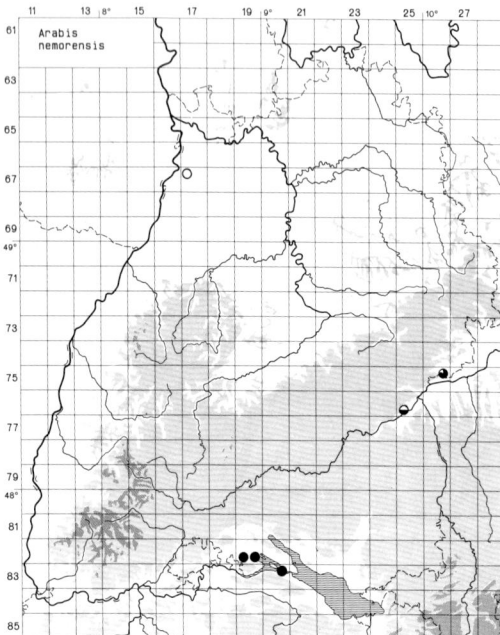

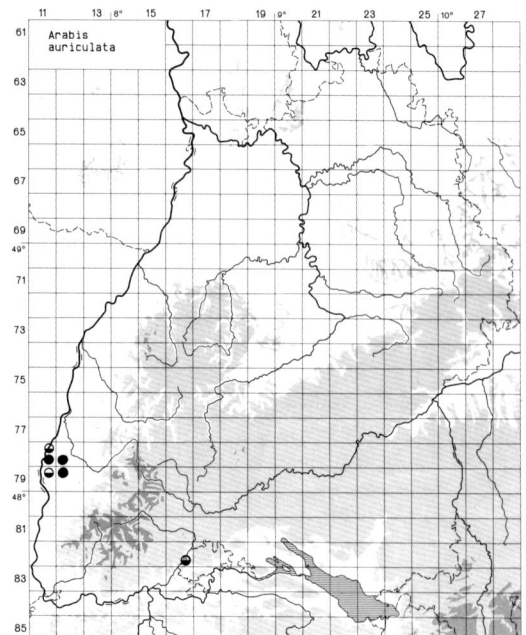

Hain-Gänsekresse *(Arabis nemorensis)*
Aachried bei Radolfzell, 1987

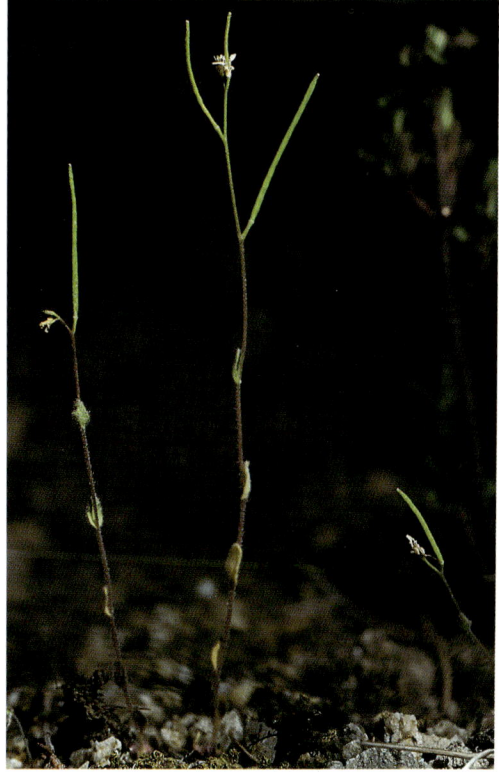

Öhrchen-Gänsekresse *(Arabis auriculata)*
Kaiserstuhl, Badberg, 1958

der Stengel. Stengel basal und untere Blätter oft bläulich überlaufen. Kelchblätter ca. 2 mm lang, grünlich, hautrandig. Petalen schmal, weiß, 2,5–4 mm lang. Fruchtstand locker, oft ziemlich armblütig. Schoten 10–30 mm lang, 0,6–0,8 mm breit, schief abstehend, auf 1,5–4 mm langen Stielen; Griffel 0,3–0,5 mm lang.

Biologie: Blüte März bis Mai. Die Art ist vorwiegend selbstbestäubend.

Ökologie: Wärme- und lichtliebende, winterannuelle Pflanze auf trockenen, flachgründigen, basen- bis kalkreichen Böden auf Kalk, Basalt, aber auch auf rohem Löß; vor allem in lockeren Trockenrasen, auf Böschungen und Felsköpfen, oft zusammen mit anderen annuellen Arten wie *Alyssum alyssoides, Saxifraga tridactylites, Erophila praecox, Arenaria serpyllifolia* agg., *Cerastium pumilum*; gilt als Charakterart des Cerastietum pumili; pflanzensoziologische Aufnahmen mit dieser Art finden sich z. B. bei KORNECK (1975, Tab. 29), KORNECK in OBERDORFER (1978, Tab. 85, Spalte 13b), v. ROCHOW (1951, Tab. 14a), OBERDORFER (1957, S. 266).

Allgemeine Verbreitung: Im ganzen Mittelmeerraum verbreitet, in Mitteleuropa nach Norden bis zum Harz, Oberfranken und Nahetal mit beträchtlichen Areallücken. Die Art ist ein submediterran-pontisches Florenelement.

Verbreitung in Baden-Württemberg: Sehr selten, nur im Kaiserstuhl und vereinzelt adventiv in anderen Landschaften. Die Art wurde 1905 erstmals im Kaiserstuhl von A. KNEUCKER entdeckt zwischen Schelingen und der Eichelspitze. Sie war früher wohl übersehen worden. Die Vorkommen im Kaiserstuhl liegen zwischen 210 und 450 m Höhe.

Kaiserstuhl: 7811/2: Limberg, Nordteil, 1925–33, SLEUMER (1934); 7811/4: Lützelberg bei Sasbach, 1973, KORNECK (1975: Tab. 29/6); Rheinhalde bei Burkheim, 1973, KORNECK (1975: Tab. 29/5); Burgberg bei Burkheim, 1971, SEYBOLD (STU); Kiechlinsbergen, 1959, KNAUSS (STU); 7812/3: Scheibenbuck, 1963, LITZELMANN (STU); Schelingen, 1973, KORNECK (1975: Tab. 29/4); 7911/2: Bei Ihringen, 1923, Kirchberg, 1925–33, Bitzenberg-Kreutzbuck, 1925–33, alle SLEUMER (1934); 7912/1: Badberg, 1960, KNAUSS (STU), 1973, KORNECK (1975: Tab. 29/2); Haselschacher Buck bei Vogtsburg, 1973, KORNECK (1975: Tab. 29/3).

Wutachgebiet: 8216/4: Stühlingen, Bahnhof, 1904 adventiv, KUMMER (1941).

Bestand und Bedrohung: Die Vorkommen dieser Art sind so wenig zahlreich, daß sie schon daher als gefährdet erscheint und mit Recht in der Roten Liste 1983 so eingestuft wurde (G 3). Auch wenn sie neu entstandene, sekundäre Standorte wie Erdanrisse, Wegränder und Böschungen zu besiedeln vermag, so ist doch Gefahr vorhanden, daß die ausschließliche Vermehrung durch Samen durch einen Zufall an einem Fundort unterbunden wird.

19. **Lunaria** L. 1753
Silberblatt, Mondviole

Einjährige bis ausdauernde krautige Pflanzen mit großen, einfachen, grob gezähnten Blättern; untere oft ± gegenständig; Haare einfach. Kelchblätter aufrecht, seitliche basal gesackt. Frucht von der Seite flach zusammengedrückt, breit lanzettlich bis fast kreisrund, an der Basis mit einem stielartigen Fruchtträger. Samen zweireihig, flach und geflügelt, nierenförmig bis rund, 5–10 mm breit.

Die Gattung enthält nur 3 Arten, von denen bei uns nur eine Art einheimisch ist.

1 Alle Blätter gestielt; Frucht an beiden Enden zugespitzt; Fruchtträger gebogen; Pflanze ausdauernd mit Rhizom . . . . 1. *L. rediviva*
– Obere Blätter sitzend; Frucht an beiden Enden abgerundet; Fruchtträger gerade, nur an der Spitze gebogen; Zierpflanze, gelegentlich verwildert . . .
[L. annua]

1. Lunaria rediviva L. 1753
Ausdauernde Mondviole, Ausdauerndes Silberblatt

Morphologie: Ausdauernd; mit waagrecht kriechendem, walzenförmigem Rhizom; Stengel aufrecht, bis 1,5 m hoch, kantig, abstehend behaart, oben ästig. Blätter alle gestielt, herzförmig, scharf gezähnt, behaart. Blütenstand anfangs fast doldenartig, aus mehreren bis zahlreichen, kurzen, armblütigen Trauben zusammengesetzt. Kelchblätter 5–7 mm lang, lila. Kronblätter lila, hellviolett, selten weiß, 15–20 mm lang, lang genagelt, mit waagrecht abstehender Platte. Fruchtstiele kurzhaarig, 10–17 mm lang; Frucht 5–8 cm lang, an beiden Enden etwas spitz, elliptisch, an dem 1–4 cm langen, stielartigen Fruchtträger hängend. Griffel 3–8 mm lang. Samen nierenförmig, 7–10 mm lang.
Biologie: Blüht von Mai bis Juli. Die Bestäubung erfolgt durch Insekten, insbesondere auch durch Nachtfalter. Selbstbestäubung ist ebenfalls möglich. Reife Früchte sind im Spätsommer und Herbst anzutreffen. Eine kräftige vegetative Vermehrung findet durch das Wachstum der kriechenden Rhizome statt.

Ökologie: Auf frischen, nährstoffreichen und basenreichen, humosen Böden, auch auf feinerdereichen Felsschutthalden, in luftfeuchten, ± schattigen Lagen; vor allem in Schlucht- und Felsschuttwäldern, in Waldlichtungen; gilt als Charakterart des Aceri-Fraxinetums; gern zusammen mit *Ulmus glabra*, *Mercurialis perennis*, *Lamium galeobdolon*, *Dryopteris filix-mas*, *Urtica dioica*, *Geranium robertianum*, *Aegopodium podagraria*, *Galium aparine*, *Aconitum vulparia*; pflanzensoziologische Aufnahmen u.a. bei GRADMANN (1936, Bd. I, S. 423), KUHN (1937, Tab. 39), SEBALD (1983, Tab. 4), aus der Schwäbischen Alb, bei TH. MÜLLER (1969), KERSTING (1986: Tab. 4), SCHWABE (1987: Tab. 39) und bei LUDEMANN (1987: Tab. I) aus dem Schwarzwald, bei OBERDORFER (1949: Tab. 7 u. 9) aus dem Alnetum incanae bzw. Acereto-Fraxinetum der Wutachschlucht.

Allgemeine Verbreitung: In Süd- und Mitteleuropa von Portugal bis Bulgarien vorwiegend montan verbreitet, ferner im südlichen Skandinavien sowie in einem Teilareal in Osteuropa von der Weichsel bis zur mittleren Wolga.

Verbreitung in Baden-Württemberg: Ziemlich verbreitet auf der Schwäbischen Alb, zerstreut im mittleren und südlichen Schwarzwald einschließlich Wutachgebiet, in den übrigen Naturräumen selten. Eine Beschreibung der Verbreitung mit zahlreichen Fundortsangaben findet sich auch bei EGM (1909).

Die tiefstgelegenen Vorkommen dürften sich im südlichen Oberrheingebiet bei Rhinau (7712) in etwa 160 m Höhe befinden, die höchsten auf der Schwäbischen Alb am Plettenberg (7718) bei 980 m und im Schwarzwald am Feldberg (8114) bei etwa 1200 m. Die Art ist sicher urwüchsig bei uns. Die älteste Erwähnung in der Literatur findet die Art bei CORDUS (1561: 221) mit „Herba hederaceis... in montibus Sueviae supra Auo oppidum" (= Owen, 7422).

Oberrheingebiet: Einige Angaben aus dem nördlichen Oberrheingebiet wurden nicht in die Karte aufgenommen. Es handelt sich wahrscheinlich um verschleppte oder gepflanzte Vorkommen (s. auch EGM 1909: 226). 7712/1: Rhinau, Herrenkopf, 1985, BÜCKING (STU-K).
Odenwald: 6518/3: Mausbachtal bei Ziegelhausen, 1969, DÜLL (STU-K).
Schwarzwald: Nur die Vorkommen des nördlichen Teils werden hier einzeln aufgeführt: 7017/3: Langensteinbach, EGM (1909); 7116/3: Michelbach, gegen den Bernstein, PHILIPPI (1970: 20); 7215/3: Ibachtal bei Geroldsau, 1928, W. ZIMMERMANN (1929: 59), 1987, PHILIPPI (KR-K).

Ausdauernde Mondviole *(Lunaria rediviva)*
Urach, 1989

7216/1: Loffenau, 1981, SEYBOLD (STU), 7216/2: Großes Loch bei Herrenalb, PHILIPPI (1970: 19); 7315/1: Tälchen N Omerskopf, nach 1970, PHILIPPI (KR-K); 7515/2: Elbachsee, 1983, SEBALD (STU-K), 1898, WÄLDE (STU).

Neckarland: 6622/4: Berlichingen, MATTERN (1980: 31); 6823/4: Lochklinge O Mittelsteinbach, 1970, SEBALD (STU); 6824/3: Breitenstein bei Hall, 1977, LÄNGST in KRIEGLSTEINER (1987); 6826/1: Baierlestein S Bölgental, 1986, SEBALD (STU-K); 6923/1: Palmklinge im Rottal, SEBALD (1974); 6923/2: Rottal bei Schönbronner Sägmühle, 1984, SCHWEGLER (STU-K); 6924/1: Kochertal bei Tullau, 1984, SCHWEGLER (STU-K); 6925/1: SO Vellberg, 1986, SCHWEGLER (STU-K); 7018/4: Kieselbronn, SEUBERT u. KLEIN (1905); 7124/4: o.O., 1979, SCHNEDLER (STU-K); 7125/2: S Laubach, 1959, BAUR (STU-K); 7125/

4: W Heuchlingen, 1959, BAUR (STU-K); 7221/2: Kappelberg, 1988, A. WEHRMAKER (STU), ob ursprüngliches Vorkommen?; 7717/4: Butschhof N Irslingen, 1978, ADE (STU-K); 7817/2: o.O., 1985, ADE (STU-K); 7817/3: Eschachtal bei Horgen, 1977, SCHÖLCH (STU-K); 7817/4: Eschachtal SW Lehrhof, 1985, SEYBOLD (STU-K).

Schwäbische Alb und Wutachgebiet: Wegen der zahlreichen Fundorte keine Einzelaufzählung.

Alpenvorland: 8125/2: Bei Schloß Zeil, DÖRR (1974); 8220/2: Hödinger Tobel, 1975, HENN (STU-K), DÖLL (1862); 8225/2: W Toberazhofen, 1982, BUSSMANN (STU-K); 8225/3: N Bimisdorf, 1984, BUSSMANN (STU-K); 8323/3: Tettnanger Wald O Mariabrunn, 1984, VERWIMP (STU-K); 8324/3: Argental O Langnau, 1984, VERWIMP (STU-K).

Lunaria
rediviva

in der Umrißebene, pro Fach meist 1–2 Samenanlagen.

Von der rund 100 Arten umfassenden, vorwiegend mediterranen Gattung kommen in Baden-Württemberg nur 2 Arten wild vor. Einige der in Gärten kultivierten Arten verwildern gelegentlich oder werden angesalbt. Als Irrgast wurde einmal *A. minus* (L.) Rothm. gefunden (7521/3: Lichtenstein, 1981, SEYBOLD (STU)).

1 Blütenstand reichverzweigt (Pleiobotryen), oft fast rispig bis ebensträußig; verwilderte oder angesalbte Zierarten 3
– Blütenstand einfache, anfangs manchmal fast doldenartige Trauben; einheimische Arten 2
2 Ein(zwei)jährig; Kronblätter blaßgelb, weißlich werdend, 2–4 mm lang; Kelchblätter bleibend; Griffel ca. 0,5 mm lang . . . . . 1. *A. alyssoides*
– Ausdauernd; Kronblätter meist goldgelb, 4–6 mm lang; Kelchblätter hinfällig; Griffel 1,5–3 mm lang 2. *A. montanum*
3 Nur 1 Samenanlage pro Fach; Schötchen sternhaarig; Blätter kaum länger als 3 cm; Sternhaare der Blätter sitzend . . . . [*A. murale*]
– 2 Samenanlagen pro Fach; Schötchen kahl; mindestens untere Blätter viel länger als 3 cm; Sternhaare der Blätter kurz gestielt . . . [*A. saxatile*]

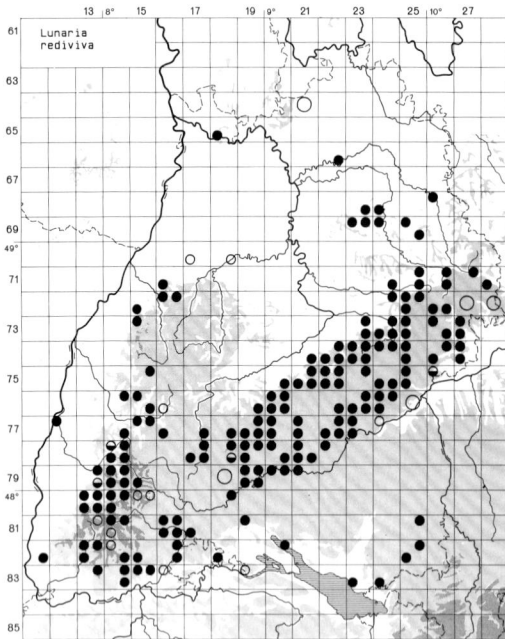

Bestand und Bedrohung: Dank der beträchtlichen vegetativen Vermehrung innerhalb der Bestände ist die Art im allgemeinen nicht gefährdet. Doch sollten besonders kleinere Bestände geschont werden (Gefährdungsstufe 5 der Roten Liste 1983).

Lunaria annua L. 1753
Einjähriges Silberblatt, Garten-Silberblatt

Ein- bis dreijährige Pflanze; 30–100 cm hoch. Blätter breit herzförmig, grob gezähnt, obere sitzend. Kelchblätter 6–10 mm lang, grünlich, etwas violett an der Spitze. Kronblätter meist dunkel purpurrot bis violett, 20–25 mm lang. Frucht breit elliptisch bis fast kreisrund, 20–50 mm lang, an beiden Enden abgerundet; Fruchtträger 1–2 cm lang, etwas kürzer oder länger als der Fruchtstiel.

Die beliebte Gartenpflanze stammt aus Südeuropa. Sie samt sich leicht ohne Zutun des Menschen aus und kann daher an geeigneten Stellen, meist in Gartennähe, verwildern. Gelegentlich trifft man verwilderte Pflanzen auch abseits von Siedlungen, z. B. an Waldwegen, auf Müllplätzen usw.

20. **Alyssum** L. 1753
Steinkraut, Steinkresse

Sternförmige Haare reichlich vorhanden. Blätter am Grunde verschmälert, ganzrandig, bei verwilderten Zierarten auch gezähnt. Kronblätter gelb, teilweise weißlich werdend. Schötchen rundlich bis breit elliptisch im Umriß, abgeflacht, Scheidewand

1. **Alyssum alyssoides** (L.) L. 1759
Clypeola alyssoides L. 1753; *Alyssum calycinum* L. 1763
Kelch-Steinkraut, Kelch-Steinkresse

Morphologie: Einjährig, selten zwei- oder mehrjährig; Wurzel dünn, spindelförmig; Stengel 5–25 cm hoch, aufrecht bis aufsteigend, einfach oder häufig an der Basis mit aufsteigenden Ästen, die so lang oder länger als der Haupttrieb sind. Triebe an der Spitze mit Trauben aus 20–50 Blüten, die sich auf 3–15 cm Länge strecken. Blätter linear bis schmal verkehrt-eiförmig, 5–28 mm lang, unterseits weißlich durch Sternhaare, oberseits hellgraugrün mit aufgelockerter Behaarung. Blütenstiele ausgewachsen 2–5 mm lang, fast waagerecht abstehend. Kelchblätter 2–3 mm lang, an der Frucht bleibend, an der Spitze mit bis 1 mm langen Sternborsten. Kronblätter blaßgelb, später weiß, 2,5–4 mm lang, ziemlich spät abfallend, linear, an der Spitze etwas verbreitert, abgestutzt bis ausgerandet. Schötchen sternhaarig, 3–4,5 mm lang, fast rund, Klappen bauchig mit abgeflachtem Rand. Griffel 0,3–0,5 mm lang. 1–2 Samen pro Fach. Chromosomenzahl $2n = 32$.

Biologie: Blüht vornehmlich Mai bis Juni, vereinzelt auch von April bis September. Die winzigen Kronblätter und das Fehlen von Nektar deuten darauf hin, daß vorwiegend Selbstbestäubung statt-

Kelch-Steinkraut *(Alyssum alyssoides)*
Arnegg, 1983

findet. Die Vermehrung erfolgt durch Aussaat der Samen von Ende Juni an bis in den Herbst. Starker Wind kann die abgeflachten Samen über einige Entfernung mitreißen.

Ökologie: Auf offenen, trockenen, sonnigen, basenreichen Standorten wie rohen Böschungen, Felsköpfen, in lückigen Trocken- und Halbtrockenrasen, vorwiegend auf Kalkstein- und Mergelböden, auf kalkreichen Sand- und Schotterböden; soziologisch meist in Sedo-Scleranthetea-Gesellschaften, gilt als Kennart des Alysso-Sedetum albi. Häufige Begleiter sind: *Erophila verna, Sedum album, S. sexangulare, S. acre, Arenaria serpyllifolia, Erodium cicutarium, Cerastium pumilum, Potentilla tabernaemontani* u.a. Typische soziologische Aufnahmen findet man u.a. bei KORNECK (1975: Tab. 29), TH. MÜLLER (1966: Tab. 2), WITSCHEL (1980), PHILIPPI (1971, 1984).

Allgemeine Verbreitung: Mittel-, Ost- und Südeuropa, Nordwestafrika, Vorderasien. Im nördlichen Mitteleuropa und südlichen Skandinavien hat sich die Art erst im Laufe der letzten 150 Jahre ausgebreitet. Sie ist ein submediterranes Florenelement.

Verbreitung in Baden-Württemberg: Am häufigsten im Oberrheingebiet, in einigen Muschelkalk-Gäu-

landschaften und auf der Hochfläche der Schwäbischen Alb vorkommend, sonst ziemlich selten.

Die tiefsten Vorkommen liegen im nördlichen Oberrheingebiet bei Mannheim bei etwa 100 m, die höchsten auf der Albhochfläche bei 985 m (Dreifaltigkeitsberg bei Spaichingen).

Die Art hat wohl auf Felsköpfen und natürlichen Erdrissen schon immer bei uns Vorkommen besessen. Doch viele der Vorkommen heute sind sekundär und konnten erst im Zuge der nacheiszeitlichen Besiedlung unseres Landes durch den Menschen etabliert werden. Früher war die Art in manchen Gegenden auch als Ackerunkraut vorhanden, was heute kaum noch der Fall sein dürfte. Die älteste Literaturangabe findet sich bei J. BAUHIN (1598: 170, 1602: 183) mit „bey Eichelberg..., Wisensteig" (7323, 7423). Auch von H. HARDER 1574–76 belegt, vermutlich aus dem Gebiet (SCHORLER 1907: 90).

Bestand und Bedrohung: Die Art hat in den letzten Jahrzehnten einen gewissen Rückgang erfahren (Abnahme der Flächen bei den Trockenrasen, Rückgang vor allem in den Äckern). Sie wurde in der Roten Liste 1983 zwar als noch nicht gefährdet, aber schonungsbedürftig eingestuft. Ab Juni verträgt die Art auch das Mähen. Man kann der konkurrenzschwachen Art am besten helfen, wenn die Standorte ihrer Vorkommen von höherwüchsiger Vegetation freigehalten werden oder immer wieder Lücken in der Vegetationsdecke geschaffen werden.

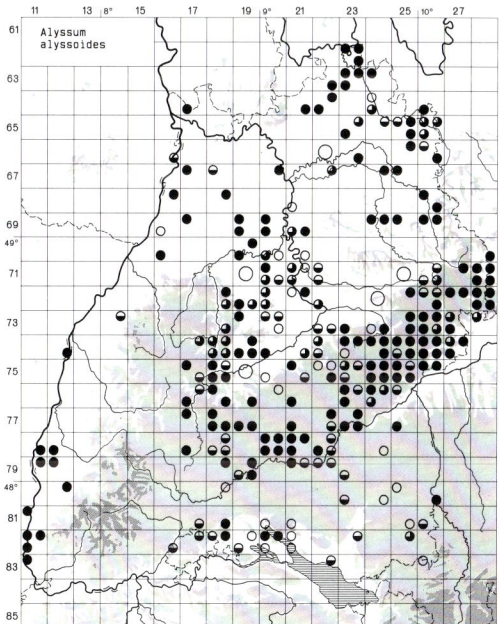

2. Alyssum montanum L. 1753
Berg-Steinkraut, Berg-Steinkresse

Morphologie: Ausdauernd, mit verzweigtem, etwas holzigem Rhizom, mit zahlreichen aufsteigenden, ziemlich regelmäßig beblätterten Trieben mit Blütentrauben an den Spitzen; Erneuerungstriebe aus den basalen Bereichen der Triebe; 5–25 cm hoch werdend. Blätter 8–25 mm lang, untere dichter und verkehrt-eiförmig, obere lockerer und schmäler; Unterseite weißlich durch dichte Sternbehaarung, Oberseite weißlich bis graugrün, Behaarung häufig lockerer. Blütentrauben aus 15–50 Blüten, zu Beginn gedrängt und doldenartig, bis zur Fruchtreife sich streckend auf 3–10 cm Länge. Blütenstiele ausgewachsen 4–11 mm lang, 1–2,5mal länger als die Schötchen, fast waagrecht abstehend. Kelchblätter 2–3 mm lang, bald nach der Blüte abfallend. Kronblätter gelb, keilförmig, 4–6 mm lang, etwas ausgerandet. Schötchen sternhaarig, 3,5–6 mm lang, 3–5 mm breit, mit 1–2 Samen pro Fach. Griffel 1,5–3 mm lang.

Variabilität: Blattform und Dichte der Behaarung sind gewissen Schwankungen unterworfen, aber auch Blüten- und Fruchtmerkmale zeigen eine beträchtliche Variation. Pflanzen von Sandrasen der nördlichen Oberrheinebene werden der Subspecies *gmelinii* (Jord.) Hegi u. E. Schmid zugerechnet, die sich durch mehr aufrechten Wuchs mit weniger nichtblühenden Trieben, kürzere, blaßgelbe Kron-

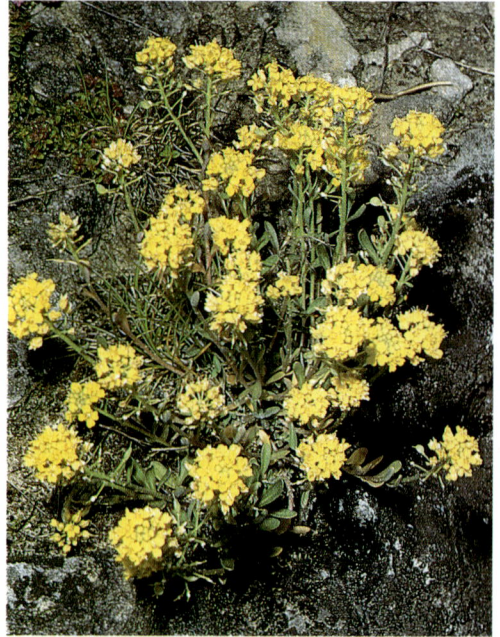

Berg-Steinkraut *(Alyssum montanum* subsp. *montanum)*
Trochtelfingen, 1988

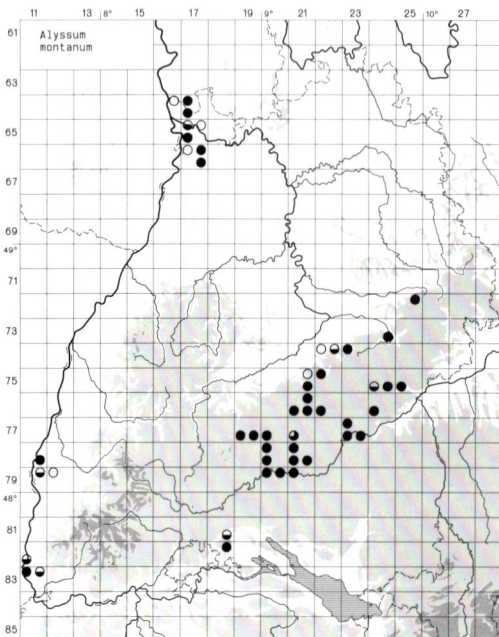

blätter, durchschnittlich kleinere, mehr verkahlende Schötchen von der typischen Subspecies unterscheiden soll. Z.T. wird auch angegeben, daß bei subsp. *gmelinii* die Anhängsel der längeren Staubblätter zweiseitig ausgebildet seien. (BALL u. DUDLEY 1964). Dieses Merkmal scheint aber nicht durchgehend zuzutreffen. Bei den Pflanzen des nördlichen Oberrheingebiets findet man öfters auch einseitige Anhängsel (s.a. MARKGRAF 1962, S. 286). Auch die angegebenen Obergrenzen der Maße von Kronblättern und Schötchen werden bei den Pflanzen des nördlichen Oberrheingebietes nicht selten überschritten, so daß die morphologische Abgrenzung der Subspecies noch schwächer ist. Für Subsp. *gmelinii* wird neuerdings (E. OBERDORFER 1983) eine andere Chromosomenzahl (2n = 32) als für die typische Subspecies (2n = 16) angegeben.

Biologie: Blüte April bis Juni, selten eine zweite Blüte von August bis Oktober. Es ist Insekten- und Selbstbestäubung möglich. Die Samen fallen von Juni bis August aus. Meist entwickelt sich nur eine der beiden Samenanlagen im Fach zu einem reifen Samen. Vegetative Vermehrung durch Teilung des verzweigten Rhizoms ist möglich, spielt aber in der Natur keine besondere Rolle.

Ökologie: Bevorzugt auf warm-trockenen, basenreichen, konkurrenzschwachen Standorten in Felsspalten, auf Felsköpfen und -bändern, auf Felsschutthalden, auf kalkhaltigen Quarzsandböden oder auf Dolomitsandböden, bis 90 cm tief wurzelnd; vor allem in Pionierfluren, lückigen Fels- und Trockenrasen (Alysso-Sedion albi, Seslerio-Festucion pallentis, dort Verbandscharakterart). Die Subspecies *gmelinii* gilt als Verbandscharakterart der Sandfluren des Koelerion glaucae (s. Aufnahmen bei PHILIPPI 1971). Aufnahmen mit der typischen Unterart s.u.a. TH. MÜLLER (1966: Tab. 1) vom Hohentwiel, WITSCHEL (1980) und KORNECK (1975: Tab. 29) aus dem südlichen Oberrheingebiet, TH. MÜLLER in OBERDORFER (1978: Tab. 89), SEBALD (1983: Tab. 9) aus dem Diantho-Festucetum der Schwäbischen Alb. Häufige Begleitpflanzen sind *Sedum album, Festuca pallens, Calamintha acinos, Allium montanum, Melica ciliata, Erophila verna, Potentilla tabernaemontani, Dianthus gratianopolitanus, Arenaria serpyllifolia, Sedum acre, Echium vulgare* u.a.

Allgemeine Verbreitung: Südliches Europa, mit einer Nordgrenze von Paris über Ahr- und Nahetal, Harz bis zur unteren Weichsel. Die Subspecies *gmelinii* scheint eine vorwiegend osteuropäische Sippe zu sein. Verbreitungskarten bei H. MEUSEL u.a. (1965), nur für die Fränkische Alb und das Maingebiet bei GAUCKLER (1938), für das Rheinland und die Pfalz bei KORNECK (1974).

Verbreitung in Baden-Württemberg: Ziemlich selten, nur im nördlichen (hier als subspec. *gmelinii*) und südlichen Oberrheingebiet und auf der Schwäbischen Alb vom Rosenstein bis zum Lochen bei Balingen, auf der Südseite von Herrlingen im Blautal bis Beuron im Oberen Donautal, sowie im Hegau. Einige ältere Angaben außerhalb der oben angegebenen Landschaften sind später nicht bestätigt worden, sie wurden in der Karte weggelassen. Ältere Fundortslisten findet man bei EGM (1914), BERTSCH (1919), Verbreitungskarten für das Land bei BERTSCH (1919) und SEYBOLD (1977).

Die tiefsten Vorkommen befinden sich im Raum Mannheim bei etwa 100 m, die höchsten auf der Schwäbischen Alb am Schafberg (7719) bei 990 m.

Die älteste Literaturangabe aus dem Land findet sich bei GMELIN (1772: 199) mit „in rupe montis Lochenstein prope Balingam" (7719).

Oberrheingebiet (Nord): 6416/2: Sandhofen, EGM (1914); 6417/1: Käfertal, EGM (1914), BUTTLER u. STIEGLITZ (1976: 15); 6417/3: Viernheimer Düne, BUTTLER u. STIEGLITZ (1976: 15); 6417/4: Weinheim, EGM (1914), SCHMIDT (1857: 26); 6517/1: Seckenheim, 1906, F. ZIMMERMANN (STU); 6517/2: Schriesheim, Ladenburg, EGM (1914), SCHMIDT (1857: 26); 6517/3: Rohrhof, PHILIPPI (1971), 1981, HARMS (STU-K); 6617/1: Schwetzingen, 1866, HEGELMAIER (STU); 6617/2: Oftersheim, EGM (1914); Sandhausen, Pflege Schönau, PHILIPPI (1971:

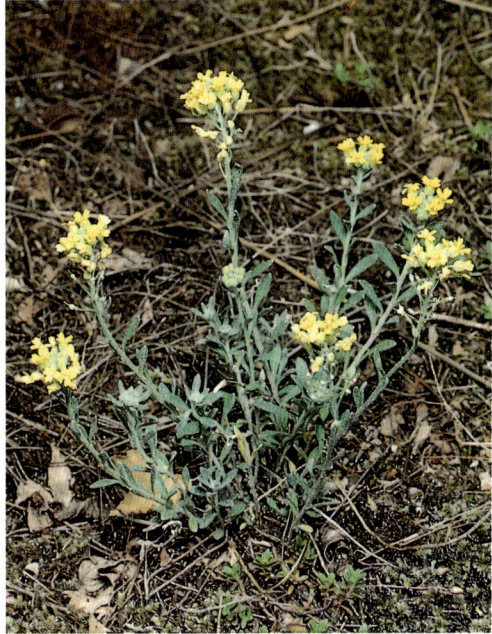

Gmelins Steinkraut *(Alyssum montanum* subsp. *gmelinii)* Sandhausen, 1. 7. 1990

Tab. 1); 6617/4: Sandhausen, 1981, SEYBOLD (STU-K), PHILIPPI (1971); [6718/2: Wiesloch, EGM (1914); SCHMIDT (1857: 26); blieb unbestätigt.] Die Angaben bei EGM (1914) für den Raum Karlsruhe-Bretten-Rastatt sind später nicht bestätigt worden.

Kaiserstuhl: 7811/4: Limburg, GMELIN (1808) u.a., 1961, KNAUSS (STU); Lützelberg, SLEUMER (1934: 138), 1973, KORNECK (1975: Tab. 29); Burgberg, 1980, SEYBOLD (STU-K); Sponeck, GMELIN (1808) u.a., Rheinhalde NW Burkheim, 1973, KORNECK (1975: Tab. 29); 7911/2: Rottweil, Winklerberg, SPENNER (1829); Oberbergen, EGM (1914); 7912/1: Vogtsburg, EGM (1914).

Südliche Vorberge: 8211/3: Südl. Rheinweiler, LITZELMANN (1951: 192), nicht belegt; Rheinvorland bei Rheinweiler, BECHERER u. GYHR (1928: 4); 8311/1: Isteiner Klotz, DÖLL (1843), u.a. 1985, SEBALD (STU-K); ob = Efringen, GMELIN (1808)?; 8311/2: Holzen und Fischingen, LITZELMANN (1951: 192), nicht belegt.

Tauber-Main-Gebiet: Ältere Angaben aus der Gegend von Wertheim sind für baden-württembergisches Gebiet nicht belegt.

Schwäbische Alb. Felsen der Nordseite:7225/2: Rosenstein, schon MARTENS u. SCHÜBLER (1834), RODI u.a. (1983: 30); 7324/4: Michelsberg, 7 Fundorte, 1888, GRADMANN (STU) u.a., 1983, SEBALD (STU-K); 7422/1: Hohenneuffen, MARTENS u. KEMMLER (1865); 7422/2: Teck, Gelber Fels, EGM (1914); 7423/1: Breitenstein, 1983, GOTTSCHLICH (STU-K); 7521/1: Mädlesfels, Drakenberg, A. MAYER (1904); 7522/1: Hohenurach, 1853, HEGELMAIER (STU), 1935, A. MAYER (STU); Rutschenfelsen, 1978, SEYBOLD (STU-K); Eppenzillfelsen, 1946, SCHMOHL (STU-K BERTSCH), 1984, BURGHARDT (STU-K); Kunstmühlefelsen, 1983, BURGHARDT (STU-K); [7619/4: Zeller-

horn, LÖRCH (1890), blieb unbestätigt.] 7719/3: Lochen, schon MARTENS u. SCHÜBLER (1834) u.a., gemeint wohl Lochenstein, 1981, BURGHARDT (STU-K); Schafberg, 1958, CHR. MAIER (STU); 1986, BURGHARDT (STU-K); 7719/4: Böllat, 1979, BURGHARDT (STU-K). Albhochfläche, meist Trockenrasen auf Dolomitsand: 7521/4: Ohnastetter Heide, 1981, SCHILL in BBZ 2: 6 (1981); 7621/2: Meidelstetten, 1952, K. MÜLLER (STU), 1973, FILZER (STU-K); 7621/3: Flachsbühl nö. Trochtelfingen, 1977, SEBALD (STU-K); 7621/4: NO Trochtelfingen mehrfach, 1978, FILZER (STU-K), 1979, SEYBOLD (STU-K); 1986, STADELMAIER (STU-K); Hasental, 1968, SEYBOLD (STU); Steinberg bei Oberstetten, 1979, SEYBOLD (STU); 7622/3: Zwischen Pfronstetten und Oberstetten, 1978, SEBALD (STU-K). Felsen der Donautalseite und Nebentäler: 7524/3: Tiefental, 1910, BERTSCH (STU); 7524/4: Felsen bei Gerhausen, 1820, MARTENS (STU); beim Schotterwerk östl. Gerhausen, 1984, RAUNEKER (STU-K); 7525/3: Altental, 1984, RAUNEKER (STU-K); 7624/3: Böllisburren, 1978, MECKLE (STU-K), ob = Allmendingen, 1913, BERTSCH (STU)?; 7720/3: Öschlesfels, 1978, BURGHARDT (STU-K); 7721/3: Gammertingen, 1968, BZ-Ber. 13/2 (STU-K); 7723/1: Felsen im Lautertal, 1984, BURGHARDT (STU-K); 7723/3: Felsen S Talheim, 1984, BURGHARDT (STU-K), 1910, BERTSCH (STU); 7723/4: Neuburg, 1983, SEBALD (STU); Klammerfels, 1984, BURGHARDT (STU-K); 7820/1: Mühlenfels, 1978, BURGHARDT (STU-K); 7820/3: o.O., nach 1970, BECK (STU-K); 7821/1: Stettener Berg, 1977, SEBALD (STU-K); 7821/3: Bullesried u. Auchtenhölzle, 1976, SEYBOLD (STU-K); Nägelesfels, 1981, SEYBOLD (STU-K); Rappenfelsen, 1982, BURGHARDT (STU-K); 7821/4: Hornstein, 1904, GRADMANN (STU); Bittelschießer Tälchen, 1971, SEYBOLD (STU-K); 7920/1: mehrfach z.B. Schaufelsen, schon bei DÖLL (1862), 1978, SEBALD (STU-K); Falkenstein, 1980, BURGHARDT (STU-K); 7920/2: mehrfach, z.B. Gutenstein schon bei DÖLL (1862); Teufelsloch, 1979, BURGHARDT (STU-K); 7921/1: Amalienfelsen, 1983, SEBALD (STU-K); Felsen bei Laiz, 1984, BURGHARDT (STU-K). Folgende Angaben konnten nicht bestätigt werden: 7919/4: Fridingen, KIRCHNER u. EICHLER (1913); 8018/2: Tuttlingen, EGM (1914).
Baar-Wutach: Die Angaben bei EGM (1914) für Buchberg und Gauchachtal konnten nicht bestätigt werden.
Hegau: 8118/3: Hohenhöwen, 1921, BARTSCH in KUMMER (1941); 8218/2: Hohentwiel, schon bei GMELIN (1808), 1980, SEYBOLD (STU-K).

Bestand und Bedrohung: Als stark gefährdet (G 2 der Roten Liste) gilt die subsp. *gmelinii* auf den Sandböden des nördlichen Oberrheingebiets, die durch Eutrophierung und Ruderalisierung der Sandfluren bedroht ist. Die subsp. *montanum* der Schwäbischen Alb kommt in 26 Quadranten an etwa 70–80 Fundorten noch vor. Die Vorkommen auf Felsen sind weniger gefährdet, bedürfen aber unbedingt der Schonung. Stärker gefährdet sind auf der Alb die Vorkommen auf Dolomitsandböden. Die Trockenrasen auf Dolomit sind meist ± verbuschende Wacholder-Schafweiden. Hier muß jede Eutrophierung vermieden werden, notfalls sind da und dort offene Bodenstellen zu schaffen.

Alyssum saxatile L. 1753
Aurinia saxatilis (L.) Desv. 1815
Felsen-Steinkraut, Felsen-Steinkresse

Ausdauernde, manchmal fast halbstrauchige, 15–50 cm hohe Art. Untere Blätter verkehrt-eiförmig bis verkehrt-lanzettlich, oft rosettig angehäuft, 4–12 cm lang, ganzrandig oder entfernt gezähnt, Stengelblätter kürzer, verkehrt-lanzettlich; Sternhaare der Blätter kurzstielig. Blütenstand reichverzweigt, fast rispenartig bis ebensträußig, seine unteren Äste meist in einem spitzeren Winkel als 40° abgehend, Blütenstand oft mehr als ⅓ der Trieblänge einnehmend. Kronblätter 3–7 mm lang. Schötchen 4–6 mm lang, kahl. Samenanlagen pro Fach 2.

Die als Zierpflanze viel kultivierte Art kommt außerhalb Baden-Württembergs in Zentraleuropa in Felsfluren auch wild vor, so im nördlichen Fränkischen Jura (s. Karte bei GAUCKLER 1938: 121), in Böhmen, in Sachsen, in Nieder- und Oberösterreich. Weiter verbreitet ist sie in Südosteuropa bis nach Anatolien.

In Baden-Württemberg kommt sie gelegentlich verwildert in der Nähe von Gärten vor, so z.B. mehrfach in Stuttgart (1942–1959), s. auch KREH (1950: 116). 7515/2: Offenburg, Stadtmauer, W. ZIMMERMANN (1929: 59); 8126/1: Aichstetten, Bahnhof, DÖRR (1979: 36).

Nach DUDLEY (1964) ist *Aurinia* Desv. eine von *Alyssum* L. gut getrennte Gattung, die näher mit *Berteroa* DC. verwandt ist. In Übereinstimmung mit den meisten Floren für unser Gebiet wurde hier jedoch *Aurinia* nur als Sektion von *Alyssum* behandelt.

Alyssum murale Waldst. & Kit. 1799
Mauer-Steinkraut

Ausdauernd, 20–40 cm hoch; Blätter schmal verkehrt-eiförmig bis verkehrt-lanzettlich, 1–3 cm lang, oben graugrün, unten weißlich, untere nicht rosettenartig gehäuft. Blütenstand reichverzweigt, fast ebensträußig, seine unteren Äste meist in einem Winkel von 40–60° vom Stengel abstehend, insgesamt selten mehr als ⅓ der Trieblänge einnehmend. Kronblätter 2,5–3,5 mm lang. Schötchen breit elliptisch, 3–4 mm lang, sternhaarig, pro Fach mit einer Samenanlage.

Diese in Südosteuropa weit verbreitete und formenreiche Art wurde früher in Mitteleuropa als Gartenpflanze häufig unter dem Namen *A. argenteum* All. geführt. Die *A. argenteum* All. ist eine mit *A. murale* verwandte Art der italienischen Westalpen und ist nach den Untersuchungen insbesondere von LUDWIG (1970) in Mitteleuropa nicht in Kultur.

A. murale verwildert durch Selbstaussaat in der Nähe von Hausgärten und Wochenendgrundstücken gelegentlich. Bei vereinzelt entfernt von solchen Stellen neuerdings festgestellten Vorkommen dürfte es sich um Ansalbungen handeln, so z.B. an Felsen des Breitensteins (7423/1) auf der Schwäbischen Alb, wo die Art 1977 von LIEBHEIT festgestellt wurde. An geeigneten Stellen kann sich die Art offenbar jahrzehntelang ohne Zutun des Menschen halten, so z.B. an der Kirchenmauer von Echterdingen (7321/1) seit mindestens 1950.

Bekannt wurden uns (s. auch SEBALD u. SEYBOLD 1978: 129) folgende Verwilderungen bzw. Ansalbungen: 6927/4: Wört (1971); 7018/4: Enzberg; 7220/2: Stuttgart, Lenzhalde; 7222/3: Altbach (1954); 7321/1: Echterdingen

(1950); 7324/2: Messelberg (1927); 7423/1: Breitenstein (1977); 7519/1: Obernau; 7717/4: Dietingen (1978); 8218/2: Hohentwiel (1966, 1982).

21. **Berteroa** DC. 1821
Graukresse

Von den 7 Arten der Gattung kommt in Mitteleuropa nur eine Art, *B. incana*, vor. Die anderen Arten sind im Gebiet vom östlichen Mittelmeer bis nach Zentralasien zu Hause.

1. **Berteroa incana** (L.) DC. 1821
Farsetia incana (L.) R. Br. 1812; *Alyssum incanum* L. 1753
Echte Graukresse, Graues Steinkraut

Morphologie: Ein- bis zweijährig, aufrecht, 20–60 cm hoch, Stengel steilästig; Blätter und Stengel graugrün durch Sternhaare. Blätter lanzettlich, untere verkehrt-lanzettlich und in undeutlichen Stiel verschmälert, ganzrandig oder schwach gezähnt, zahlreich, 2–5 cm lang. Blüten in später stark verlängerten Trauben, ziemlich dicht. Kelchblätter eiförmig, nicht gesackt, 2–3 mm lang, behaart, weißlich-grün. Kronblätter keilförmig, bis fast zur Mitte gespalten, weiß, 5–6 mm lang. Kurze Staubfäden basal mit einem Anhängsel nach innen, lange basal geflügelt. Nektarien 4, jeweils zu beiden

Echte Graukresse *(Berteroa incana)*
Karlsruhe, 1985

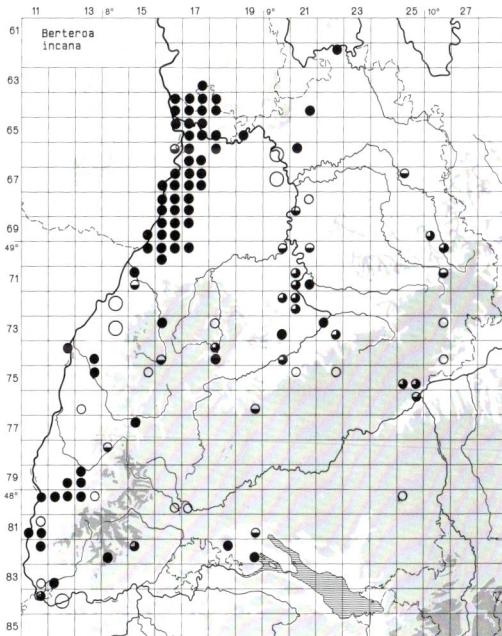

Seiten der kurzen Staubfäden. Antheren weißlich, 0,7–1 mm lang. Fruchtstiele steil aufwärts, behaart, 5–10 mm lang; Schötchen breit elliptisch, etwas abgeflacht, 4–9 mm lang, behaart, mit undeutlichem Mittelnerv; Griffel 1,5–3 mm lang, mit knopfförmiger Narbe. Samen oft 6 pro Fach, flach, fast kreisrund, dunkelbraun, 1,5–2 mm lang. – Blütezeit: Juni bis Oktober.

Ökologie: Licht- und wärmeliebend; vorwiegend auf trockenen, kalkarmen, sandigen, grusigen oder kiesigen Standorten an Wegrändern, Böschungen, Dämmen, in Sand- und Kiesgruben, auf Bahngelände, auch in Äckern; in Ruderalfluren (gilt als Charakterart des Berteroetum incanae), ferner in ruderal beeinflußten Therophyten-Gesellschaften und Sand- und Trockenrasen; Begleitpflanzen sind öfters: *Bromus tectorum, Trifolium campestre, Senecio viscosus, Daucus carota, Picris hieracioides, Reseda lutea, Oenothera biennis, Echium vulgare, Diplotaxis tenuifolia, Conyza canadensis, Convolvulus arvensis, Linaria vulgaris, Poa angustifolia* usw.; pflanzensoziologische Aufnahmen aus Baden-Württemberg bringen OBERDORFER (1957, S. 69), PHILIPPI (1971, Tab. 5), TH. MÜLLER in S. SEY-

265

BOLD u. TH. MÜLLER (1972, Tab. 11). Die Vergesellschaftung der Art in europäischem Rahmen wird von MUCINA und BRANDES (1985) dargestellt.

Allgemeine Verbreitung: Von der Eifel und Lothringen im Westen bis zum Baikalsee in Sibirien; synanthrop nach Norden bis ins mittlere Skandinavien; östliches Mittelmeergebiet von Südfrankreich bis nach Kleinasien; die Art ist ein kontinentales, osteuropäisches-westasiatisches Florenelement.

Verbreitung in Baden-Württemberg: Relativ häufig im nördlichen Oberrheingebiet, sonst selten und auf weiten Strecken fehlend.

Die tiefsten Vorkommen befinden sich im Raum Mannheim bei etwa 100 m. Die bisher höchste Angabe stammt aus dem Schwarzwald von Oberibach (8214/3) in einer Höhe von ungefähr 1000 m (Mitt. von G. HÜGIN).

Für Baden findet sich schon bei POLLICH (1777: 2: 220) die Angabe „in arenosis locis inter Ladenburg et Lorsch". Auch C.C. GMELIN (1808) nennt mehrere Fundorte im nördlichen Oberrheingebiet. In den württembergischen Floren wird die Art bei SCHÜBLER u. MARTENS (1834) noch nicht erwähnt. MARTENS u. KEMMLER (1865) geben an, daß die Art „mit Samen des Luzerner Klees eingeführt" und unter diesem da und dort auftrete. Die älteste konkrete Angabe aus Württemberg stammt von 1835/ 36 von Weinsberg (LECHLER 1844).

Oberrheingebiet: Fundorte zahlreich. Sie werden daher nicht einzeln aufgeführt; vor allem in den Sandgebieten der nördlichen Oberrheinebene häufig.
Odenwald/Bauland: 6421/4, 6519/3, 6620/?, 6621/1 und 6720/?: Angaben ohne Ortsangabe, nach SCHÖLCH u.a. (STU-K).
Schwarzwald: 7316/1: Forbach, 1982, SEYBOLD (STU); 7318/1: Teinach, 1891, HERMANN (STU); 7416/3: Baiersbronn, A. MAYER (1929); 7418/1: Eisberg bei Nagold, 1957, WREDE (STU); 7418/3: Waldachtalstraße bei Winterbrückle, 1984, WREDE (STU-K); 7515/2: Kniebis, KIRCHNER u. EICHLER (1900); 7715/1: Hausach, Bahngelände, 1986, ADE (STU-K); 7814/2: Elzach, GÖTZ (1902); 8215/1: Forsthaus Hochstaufen, BÄCHTOLD (1963: 205).
Tauber-Main-Gebiet: 6222/2: Bestenheid, PHILIPPI (1983: 458).
Neckarland: 6725/2: Oberregenbach, 1911, 1916, MÜRDEL in HANEMANN (1917); 6821/2: Weinsberg, 1835/36, GRÄTER in LECHLER (1844); 6821/3: Heilbronn, HECKEL (1929: 112); 6926/3: Rosenberg, SCHULTHEIS (1976); 7020/ 2: Bietigheim, 1950, SEYBOLD (1969); 7021/2: Murr, 1927, PLANKENHORN (STU); 7026/2: Ellwangen, Bahnhof, SCHULTHEISS (1976); 7121/1: Kornwestheim, Güterbahnhof, 1968, SEYBOLD (STU); Ludwigsburg, 1910, LUITHLEN (STU); 7121/3: Nordbahnhof Stuttgart, 1953, SEYBOLD (1969); 7121/4: Öffingen, 1971, VOCK (STU-K); 7126/2: Wasseralfingen, 1910, BRAUN (STU); 7220/2: Stuttgart, Westbahnhof, 1948, SEYBOLD (1969); 7221/1: Cannstatt, 1954, Wangen, 1951, SEYBOLD (1969); 7221/3: Plieningen, 1957, SEYBOLD (1969); 7320/4: Burkhardtsmühle, ehem.

Bahnhof, 1984, SEYBOLD (STU); 7322/1: Wendlingen, 1986, NEBEL (STU-K), 1961, KNAUSS (STU); 7322/4: Kirchheim u.T., 1947, A. MAYER (STU-K); Dettingen, 1958, KNAUSS (STU); 7420/4: Kirchentellinsfurt, 1947, CHR. MAIER (STU); 7521/1: Pfullingen, 1894/98, KIRCHNER u. EICHLER (1900); 7619/4: Tannheim, 1910, A. MAYER (1929).
Baar: 8016/4: Hüfingen, ENGÄSSER in ZAHN (1889: 46); 8017/3: Pfohren u. Allmendshofen, ENGÄSSER in ZAHN (1889: 46).
Schwäbische Alb: 7326/2: Heidenheim, KIRCHNER u. EICHLER (1900); 7426/4: Öllingen, 1843, STAPF in K. MÜLLER (1957); 7522/2: Hohenwittlingen, 1844, KIRCHNER u. EICHLER (1900); 7525/3: Herrlingen, 1954, K. MÜLLER (STU); 7525/4: Ulm, mehrfach, 1932, PLANKENHORN (STU), 1951/54, K. MÜLLER (STU); 7625/2: Ulm, Donauböschung, 1929, VON ARAND (STU).
Alpenvorland: 8025/1: Hummertsried u. Füramoos, 1884, HERTER (1884); 8119/4: Stahringen-Espasingen, 1922, BARTSCH (1924: 304); 8218/2: Hohentwiel, 1976, ATTINGER in ISLER-HUEBSCHER (1980: 65); 8219/4: o.O., HENN (STU-K).

Bestand und Bedrohung: Als oft unbeständige, adventive Art von Ruderalstandorten sind die Bestände immer von Eingriffen des Menschen bedroht, z.B. an Bahnanlagen auch durch Herbizideinsatz. Doch hat es die Art bisher geschafft auch außerhalb ihres hauptsächlichen Vorkommens im Oberrheingebiet immer wieder für einige Zeit Bestände zu bilden. Ein Schritt zur Erhaltung wäre, Bestände ihre Samen ausreifen zu lassen, bevor unabwendbare Eingriffe am Standort vorgenommen werden (Baumaßnahmen u.ä.).

22. **Lobularia** Desv. 1814
Silberkraut

Nach BORGEN (1987) besteht die Gattung aus 4 Arten, die im Mittelmeerraum und auf den makaronesischen Inseln verbreitet sind. Nur eine Art, *L. maritima*, kommt bei uns als gelegentlich verwilderte Zierpflanze vor. Ihre Heimat dürfte das westliche Mittelmeergebiet sein.

L. maritima (L.) Desv. 1814
Alyssum maritimum (L.) Lamarck 1783; *Clypeola maritima* L. 1753
Silberkraut, Strandkresse

Ausdauernd, mit aufsteigenden, 5–30 cm hohen Stengeln; Pflanze graugrün bis silbergrau durch zweistrahlige, angedrückte Haare oder fast kahl. Blätter linear bis verkehrteiförmig. Kronblätter weiß oder violett, breit verkehrteiförmig, 2,5–4 mm lang. Staubfäden ohne Anhängsel. Schötchen rund bis verkehrt-eiförmig, etwas abgeflacht, 2–4 mm lang, mit 1samigen Fächern.

Die beliebte Zierpflanze für Steingärten, Einfassungen usw. kann auf Mauern, Auffüllplätzen, an Straßenrändern gelegentlich verwildert vorkommen. Die Art wurde bei der floristischen Kartierung im allgemeinen nicht erfaßt, so daß eine Verbreitungskarte noch sehr fragmentarisch wäre. Wie weit die Art sich abseits von kultivierten Vorkommen schon eingebürgert hat, ist noch unsicher.

23. **Draba** L. 1753
Felsenblümchen

Einjährige bis ausdauernde Pflanzen mit einfachen, ganzrandigen oder gezähnten Blättern; Haare einfach oder verzweigt. Blüten weiß oder gelb. Frucht ein seitlich abgeflachtes Schötchen mit breiter Scheidewand; Samen zweireihig.

Etwa 270 Arten, davon die meisten in den Hochgebirgen Eurasiens und Amerikas, sowie in der Arktis und Antarktis; in Baden-Württemberg nur zwei Arten vorkommend.

1 Einjährig oder zweijährig; Blütenstengel mindestens mit mehreren Blättern; Kronblätter weiß, unter 3 mm lang; Griffel 0,2 mm lang . . . . . .
　　　　　　　　　　　　　　　　　　2. *D. muralis*
– Ausdauernd; Blütenstengel schaftförmig, ohne Blätter; Kronblätter gelb, über 3 mm lang; Griffel 1,2 mm und mehr . . . . 1. *D. aizoides*

1. **Draba aizoides** L. 1767
Felsen-Hungerblümchen, Immergrünes Felsenblümchen

Morphologie: Dicht rasiger bis polsterförmiger, immergrüner Chamaephyt mit niederliegendem bis aufsteigendem, reichverzweigtem, ausdauerndem Sproßsystem und mäßig dichten Blattrosetten an den Astspitzen. Blätter lineal, lederig, am Rand bewimpert, sonst kahl, 5–18 mm lang, 1–2 mm breit. Blütenstengel schaftartig aus der Spitze der Blattrosetten, kahl, 3–15 cm lang, mit einer Traube aus 5–25 Blüten. Blütenstiele aufrecht-abstehend, 3–8 mm lang, zur Fruchtzeit 5–15 mm lang. Kelchblätter breit eiförmig, mit weißem Hautrand, 3–4 mm lang. Kronblätter gelb, verkehrt-eiförmig, seicht ausgerandet, 4–6 mm lang. Schötchen elliptisch, abgeflacht, behaart oder kahl, 5–10 mm lang. Griffel 1,2–2,5 mm lang. Samen 2reihig, pro Fach meist 6–9.

Variabilität: Die Pflanzen der Schwäbischen Alb werden öfters der var. *montana* Koch 1835 (s. SCHULZ 1927, S. 33, OBERDORFER 1983, S. 455) zugeordnet, die sich durch höheren Wuchs, reichblütigere Trauben und längere Fruchtstiele von der typischen Varietät unterscheidet. Letztere ist im zentraleuropäischen Bereich eine Pflanze der höheren Alpenlagen. Bei den Pflanzen der Schwäbischen

Alb sind behaarte Schötchen häufiger als kahle. Es können jedoch selbst an der gleichen Pflanze manchmal kahle und behaarte Schötchen vorkommen.

Biologie: Blüte von Mitte März bis Anfang Mai; die Bestäubung erfolgt durch Insekten, doch ist bei schlechtem Wetter auch Selbstbestäubung möglich. Die 4 längeren Staubblätter berühren bei geschlossener Blüte die Narbe. Die Samen werden von Ende Mai bis Mitte Juli reif und sind bis spätestens Anfang August ausgestreut. In den Alpen können die Samen bis über den Winter nachreifen und werden dann im Vorfrühling ausgestreut. Die Samenproduktion ist reichlich (s. WILMANNS u. RUPP 1966). Die Art ist ein obligater Lichtkeimer und braucht keine Kälteeinwirkung für die Keimung. Bei Versuchen der oben erwähnten Autoren lag die Keimfähigkeit zwischen 60 und 80 %. Nach eigenen Schätzungen an Herbarmaterial dürfte ein Polster von etwa 10 cm Durchmesser mit 10–15 Blütenstengeln etwa 1000–2000 Samen pro Jahr produzieren. Die Lebensdauer der Polster kann nach Auszählungen an Herbarbelegen mindestens 10 Jahre erreichen.

Die Erneuerungstriebe bilden sich zur Zeit der Fruchtreife unterhalb der Basis der Blütenstandsschäfte in Form eines oder mehrerer seitlicher Rosettentriebe. Es muß mit einer gewissen vegetativen Vermehrung durch abgebrochene Rosettentriebe gerechnet werden. Zwar konnten an Herbarbelegen keine adventiven Wurzeln an den Trieben beobach-

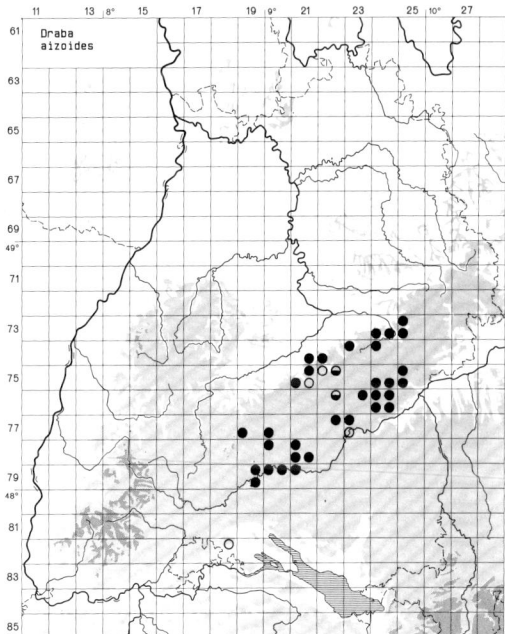

Felsen-Hungerblümchen *(Draba aizoides)*
Schelklingen, 1989

tet werden, doch können sich nach WILMANNS u. RUPP (1966, S. 77) wurzellose Rosetten im Gewächshaus im Verlauf weniger Wochen bewurzeln.

Ökologie: Besiedler von Felsspalten senkrechter Wände, von zerklüfteten Felsköpfen und Felsbändern; in Felsrasen-Gesellschaften (Diantho-Festucetum und *Valeriana tripteris-Sesleria*-Gesellschaft) kommt die Art nur am Rande und in Lücken vor; stark besonnte und sehr trockene Standorte werden eher gemieden, etwas absonnige, aber nicht stark beschattete bevorzugt; gilt als Charakterart des Potentillion caulescenits (kalkbevorzugende Felsspaltengesellschaften), das auf der Alb durch das Drabo-Hieracietum humilis vertreten ist. Bei der geringen Wüchsigkeit ist die Art nur der Konkurrenz von nicht allzu üppig wachsenden Moosen gewachsen, ihre Polster durchdringen sich daher auch mit Fels-Moosgesellschaften. Tabellen mit soziologischen Aufnahmen finden sich bei FABER (1936), WILMANNS u. RUPP (1966), OBERDORFER (1977), SEBALD (1983).

Allgemeine Verbreitung: In den europäischen Gebirgen von den Pyrenäen bis zu den Karpaten, ferner auch in Wales. In Süddeutschland im Fränkischen und Schwäbischen Jura; Verbreitungskarten bei MEUSEL u.a. (1965) und MARKGRAF (1960); die Art ist ein alpin-praealpines Florenelement.

Verbreitung in Baden-Württemberg: Felsen der

Schwäbischen Alb; ein früheres Vorkommen am Hohentwiel ist verschollen; ein früheres Vorkommen bei Rottweil beruhte auf Anpflanzung. Schwerpunkte der Vorkommen auf der Alb in Bereichen mit zahlreichen Felsen: Oberes Filstal um Geislingen, Metzinger-Reutlinger Raum, Balinger-Ebinger Raum, der mit dem Schmeiental und dem Lauchertal anschließt an die Vorkommen im oberen Donautal. Etwas abgetrennt sind die Vorkommen im unteren Lautertal und im Ach-Blautal. Merkwürdigerweise fehlen aus dem ebenfalls felsenreichen Ermstal um Urach Fundangaben und Herbarbelege, mit Ausnahme einer nicht aktuellen Angabe von Wittlingen. Frühere Fundortzusammenstellungen finden sich bei EGM (1905: 36–38) und K. BERTSCH (1913, S. 185).

Die niedersten Vorkommen liegen im Blautal bei Klingenstein bei 510 m, die höchsten am Lochenstein bei 960 m.

Die Art kann als Relikt der Würmeiszeit gelten. Sie hatte damals wohl bessere Ausbreitungsmöglichkeiten als heute. Offenbar hält sich die Art ungefähr auf dem gleichen Stand, kann gewisse Verluste über kurze Strecken ausgleichen. Die Wahrscheinlichkeit, sich über längere Strecken auf Felsen neu anzusiedeln, ist offenbar gering (s. dazu auch WILMANNS u. RUPP 1966, S. 78). Der erste literarische Nachweis findet sich bei LEOPOLD (1728, S. 11), wo die Art als „Alysson alpinum hirsutum luteum Tourn." von Klingenstein angegeben wird. Auch von HARDER 1574–76 aus dem Gebiet belegt (SCHORLER 1907: 82).

In der folgenden Fundortszusammenstellung wird die Quelle nur angegeben, wenn der Fundort in den letzten Jahren nicht mehr bestätigt werden konnte oder wenn er in der Aufstellung bei EGM (1905) nicht enthalten ist. Die meisten Fundorte konnten in den letzten Jahren noch durch den Autor und einige ehrenamtliche Mitarbeiter (H. BURGHARDT, H. RAUNEKER, E. KLOTZ) bestätigt werden. Einige Fundorte bei EGM (1905) sind sehr zweifelhaft und später nie bestätigt worden. Sie wurden in der Karte und in der folgenden Aufstellung weggelassen.

Schwäbische Alb: 7324/3: Rottelstein am Fuchseck; 7324/4: Michelsberg, an mehreren Felsen; 7325/1: Roggental, an mehreren Felsen; 7325/3: Felsen bei Eybach und Geislingen; 7421/4: Dettinger Roßberg, an mindestens 5 Felsen; 7422/3: Dettinger Roßberg, 1 Vorkommen; 7423/1: Felsen zwischen Reußenstein und Bahnhöfle, an 9 Felsen; 7424/1: Oberbergfels; Tierstein; Felsen N Oberdrackenstein; Schläfhalde; 7521/2: Mädlesfels; Steigberg; Gerstenbergfelsen; 7521/3: Wackerstein; 7521/4: Lichtenstein, EGM (1905), nach WILMANNS u. RUPP (1966) eventuell erloschen; 7522/1: Hohen-Urach, LECHLER nach SCHULZ

(1927: 33); blieb seither unbestätigt; 7522/2: Wittlingen bei Urach, 1908, BRAUN (STU), blieb seither unbestätigt; 7524/3: Tiefental, Impferenstein; 7524/4: Weiler und Blaubeuren, mehrere Felsen; 7525/1: Schloßberg bei Bollingen; 1984, RAUNEKER (STU-K); 7525/3: Blautal, mindestens 13 Stellen; 7622/2: Dapfen, Eglingen, A. MAYER (1929), trotz Nachsuche bisher nicht zu bestätigen; 7623/2: Jägerstein, 1987, SEBALD (STU-K); 7624/1: Steinsbergfels; Hohenschelklingen; Gollenhalde; Häldele; 7624/2: 2 Felsen im unteren Tiefental; Nägelefels; Höllfels; Hohler Felsen, Sirgenstein; Felsen am Kühnenbuch; 7624/3: Böllisburren; 7624/4: 2 km NW Altheim, 1987, BANZHAF (STU-K); 7719/3: Lochenstein, 1981, BURGHARDT (STU-K); 7720/3: Ebingen, an mindestens 9 Felsen; 7722/2: Gerberloch, 1981, BURGHARDT (STU-K); 7723/1: Lautertal unterhalb Anhausen, an mindestens 7 Felsen; 7723/3: Obermarchtal, PFEILSTICKER in EGM (1905); konnte bisher nicht bestätigt werden; 7820/1: Mühlenfels; 7821/1: Kachelstein, 1983, BURGHARDT (STU-K); 7821/3: Rappenfelsen; Auchtenhölzle, 1976, BECK u. SEYBOLD (STU-K); 7821/4: Bittelschießer Tälchen; bei Ruine Hornstein; 7919/2: Donautal, an mehreren Felsen; 7919/4: Donautal, an mindestens 15 Felsen; 7920/1: Donautal, an mindestens 8 Felsen; 7920/2: Donautal, an mindestens 3 Felsen; 7921/1: Inzigkofen, 1978, MARQUART (STU-K). Folgende Angaben wurden weggelassen, da sehr zweifelhaft: 7226/3: Wental, RIEBER (1893: 159) als „Draba aizoon"; 7520/4: Gönnin-

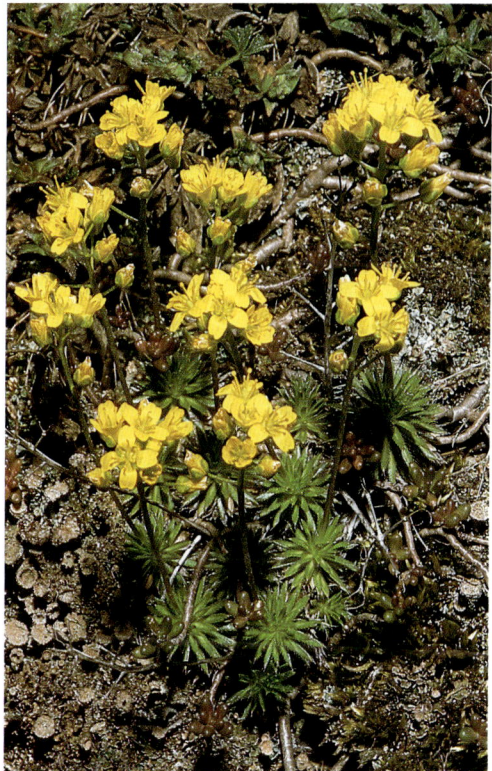

Felsen-Hungerblümchen *(Draba aizoides)*
Blaubeuren, 1989

269

gen (STUMPP in EGM 1905); 7619/4: Zellerhorn, LÖRCH (1890: 19); 7620/1: Beuren, LÖRCH (1890: 19).

Hegau: 8218/2: Hohentwiel, 1814–1840, später nicht mehr gefunden, KUMMER (1941: 248).

Bestand und Bedrohung: Etwa 100 Vorkommen auf 31 Quadranten sind auf der Schwäbischen Alb zur Zeit bekannt. Einzelne Bestände sind bedroht, wenn die Pflanzen im Bereich von Kletterrouten oder in greifbarer Nähe von Aussichtsstellen wachsen. Auch können einzelne Felsen Steinbrüchen zum Opfer fallen. Die allgemeine Bedrohung der Art ist jedoch nicht sehr groß (Einstufung in der Roten Liste 1983 in G 5), da die meisten Bestände unzugänglich sind und keiner Nutzung unterliegen. Wegen des Reliktcharakters und der nur schwachen Tendenz zur Besiedlung neuer und sekundärer Standorte sollten die vorhandenen Bestände unbedingt geschont werden. Die Art kommt auch in einigen Naturschutzgebieten vor (z.B. Hausener Wand, Stiegelefels).

2. Draba muralis L. 1753
Mauer-Felsenblümchen, Mauer-Hungerblümchen

Morphologie: Ein- oder zweijährig, mit dünner Pfahlwurzel; Stengel aufrecht, einfach oder verzweigt, 8–35 cm hoch, mit vielen, kurzen, 3–5strahligen Haaren. Rosette aus eiförmigen bis verkehrt-eiförmigen, in kurzen Stiel verschmälerten, 1–4 cm langen Blättern; Stengelblätter meist

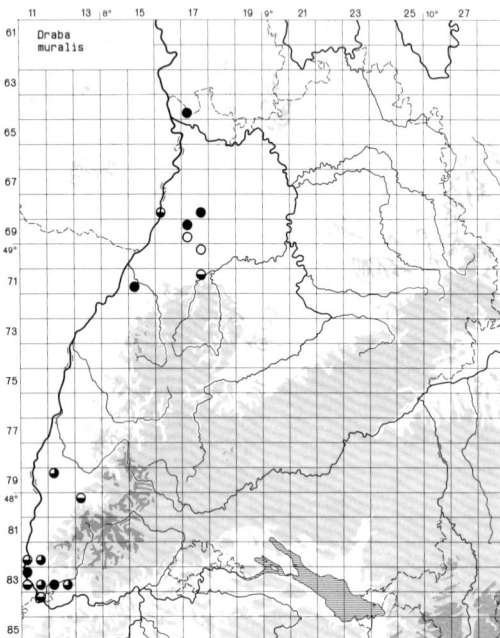

mehr als 5, eiförmig mit breitem Grund sitzend oder etwas stengelumfassend, kräftig gesägt-gezähnt, 0,5 – 1,5 cm lang; Internodien meist 2–4mal länger als die Stengelblätter; Blätter oberseits vorwiegend mit einfachen, unterseits mit verzweigten Haaren. Blütentraube meist aus mehr als 20 Blüten, später ziemlich locker. Kelchblätter 1–1,5 mm lang, breit elliptisch. Kronblätter spatelförmig, weiß, 2–2,5 mm lang. Schötchen länglich-elliptisch, 4–6 mm lang, kahl, auf 5–10 mm langen, fast waagrechten, kahlen Stielen; Griffel 0,2 mm lang. – Blütezeit: April bis Juni.

Ökologie: Etwas wärmeliebend, auf mäßig trockenen bis frischen, mäßig nährstoffreichen, oft auch kalkreichen Standorten; als Pionierpflanze auf Rohböden an Erdanrissen, Böschungen, Wegrändern, auf Mauern, in lückigen Sand- und Kalk-Magerrasen, an Gebüschrändern; beim Isteiner Klotz in Begleitung von *Thlaspi perfoliatum, Cerastium semidecandrum, Poa bulbosa, Erophila verna* vorkommend. KNEUCKER (1935: 225) berichtet dagegen über ein vorübergehendes zahlreiches Auftreten in einer Sumpfwiese nördlich Leopoldshafen mit *Carex*-Arten und *Equisetum fluviatile*. Nach einem Jahr war die Art wieder verschwunden.

Allgemeine Verbreitung: Gesamtes Mittelmeergebiet, westliches, gemäßigtes Europa, nach Norden bis Mittelschweden, Finnland und Estland, in Mitteleuropa mit großen Areallücken.

Verbreitung in Baden-Württemberg: Sehr selten und ziemlich unbeständig, fast nur im Oberrheingebiet. Die ältesten Angaben aus dem Land bei C.C. GMELIN (1808: 17–18) „Retro Groezingen … prope Dietlingen et Stein … prope Weil et Grenzach" wurden für die drei erstgenannten Orte offenbar nie mehr bestätigt.

Die tiefsten Vorkommen wurden von Viernheim (6417) bei 100 m, die höchsten vom Wiesetal (8312) bei etwa 325 m gemeldet.

Oberrheingebiet und Kraichgau: 6417/3: Viernheim, BUTTLER u. STIEGLITZ (1976); 6816/3: Leopoldshafen, 1928, A. MAYER (STU); zwischen Leopoldshafen und Linkenheim, 1919, LAUTERBORN u. LEININGER (1920); N Leopoldshafen, 1932, KNEUCKER (1935: 215); 6817/4: Bruchsal, 1986, BREUNIG (STU-K), war 1987 zugeschüt-

---

Mauer-Felsenblümchen *(Draba muralis)*, Mitte unten (Figur 4235); ferner: Pfriemenkresse *(Subularia aquatica)*, rechts oben (Figur 4232); Frühlings-Hungerblümchen *(Erophila verna)*, links unten (Figur 4234); aus REICHENBACH, L.: Icones florae germanicae et helveticae, Band 2, Tafel 12 (1837–1838).

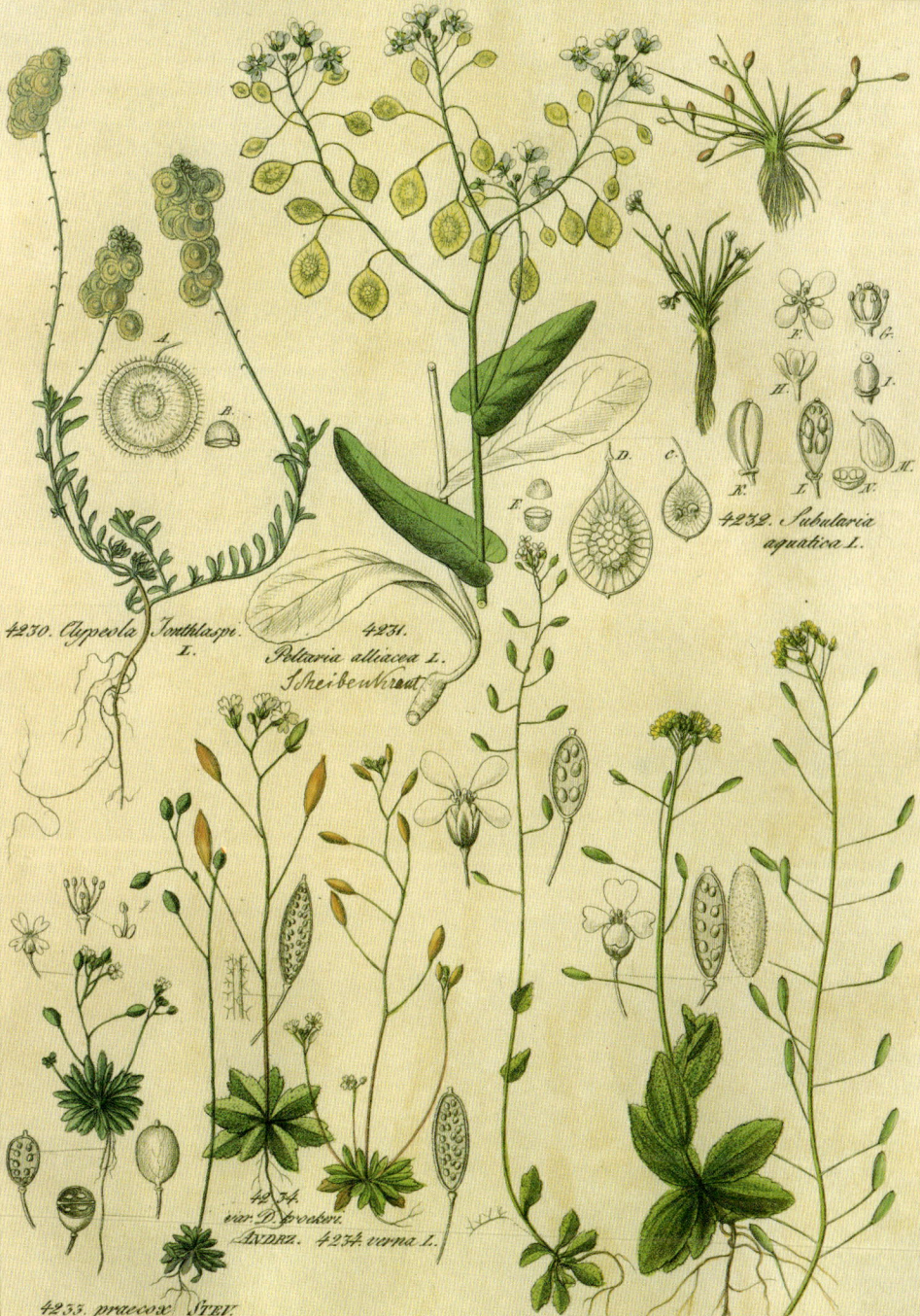

4230. *Clypeola Jonthlaspi.*
L.

4231.
Peltaria alliacea L.
Scheibenkraut.

4232. *Subularia*
aquatica L.

4233. *praecox STEV.*

4234.
var. D. frockei.
ANDRZ. 4234. *verna L.*

4235. *muralis L.*   4236. *nemoralis EHRH.*

Draba.

J. Sturm del.   C. Schmidt sc.

tet; 6917/1: Zwischen Büchenau und Staffort, 1986, BREU-NIG (KR-K); 6917/3: Grötzingen, GMELIN (1808); 7017/2: Stein, GMELIN (1808); 7115/3: Rastatt, an Bahn nach Win-tersdorf, 1987, BREUNIG (STU-K); 7117/2: Dietlingen, GMELIN (1808), BARTSCH (1930: 387); 7912/2: Zwischen Gottenheim und Oberschaffhausen, WETTERHAN u. KNEUCKER (1883); 8013/1: Littenweiler, 1943, LITZEL-MANN (1951: 193); seit 1946 nicht mehr; 8211/3: Rheinwei-ler, SEUBERT u. KLEIN (1905); 8211/4: Tannenkirch, BINZ (1934); 8311/1: Beim Isteiner Klotz, 1985, SEBALD (STU); Kleinkems, 1923, K. MÜLLER (STU); 8311/3: Kander-mündung, BINZ (1934: 51); 8311/4: Lörrach, am Bahn-damm, 1952, LITZELMANN (1963: 467); Tumringen, 1951, BINZ (1956); 8312/3: Wiesetal östl. Hauingen, 1984, HARMS (STU-K); zwischen Haagen und Steinen, 1960–62, LITZELMANN (1963: 467); 8312/4: Wiese-Uferdamm bei Höllstein, 1960–62, LITZELMANN (1963: 467); 8411/2: Weil, LINDER (1905: 42); GMELIN (1808).

Bei der Angabe für Rielasingen (8219/3) im Hegau durch EHRAT in KUMMER (1941) dürfte es sich wohl um einen Irrtum gehandelt haben.

Bestand und Bedrohung: Die Art ist bei uns wegen ihres seltenen und meist auch unbeständigen Vor-kommens gefährdet (Gefährdungsstufe 3 nach der Roten Liste 1983).

24. **Erophila** DC. 1821 (nom. cons.)
Hungerblümchen

Die Artenzahl der Gattung wird je nach Einstufung der Sippen unterschiedlich angegeben. SCHULZ (1927) anerkennt in seiner Monographie der Gat-tung 8 Arten. Die in Mitteleuropa vorkommenden Sippen werden zum Teil in einer Art *E. verna* zu-sammengefaßt, die in Unterarten bzw. Varietäten gegliedert wird (z.B. MARKGRAF in HEGI (1962), WALTERS in Flora Europaea (1964), ROTHMALER (1976)). Andere Autoren behandeln die Sippen als Kleinarten in einem *E. verna*-Aggregat (z.B. EH-RENDORFER (1973), OBERDORFER (1983)). Die Viel-gestaltigkeit von *E. verna* kommt durch die vorherr-schende Selbstbestäubung zustande, die zur Bil-dung ziemlich konstant vererbender reiner Linien führt. Diese haben dazuhin unterschiedliche Chro-mosomenzahlen bis zum dodekaploiden Niveau. Bei gelegentlicher Fremdbestäubung können je-doch auch neue ± konstante Sippen entstehen.

1. **Erophila verna** (L.) Chevallier 1827
Draba verna L. 1753
Frühlings-Hungerblümchen

Morphologie: 2–25 cm hoch, ein- oder mehrstenge-lig. Stengel aufsteigend bis aufrecht, unverzweigt, basal behaart, oben kahl. Blätter spatelförmig bis verkehrt-eiförmig, ganzrandig oder etwas gezähnt;

oberseits und am Rand mit verzweigten oder einfa-chen Haaren. Blütentrauben zuerst dicht, relativ armblütig, später locker. Kelchblätter anfangs mit wenigen einfachen Haaren, später kahl, breit eiför-mig, grün, schmal weiß hautrandig, 1,5–2,5 mm lang. Kronblätter 2–5 mm lang, verkehrt-eiförmig, in 2 längliche, abgerundete Lappen geteilt. Frucht-stiele 5–25 mm lang, aufrecht abstehend, jung oft nickend; Schötchen breit elliptisch bis verkehrt-lan-zettlich, 3–11 mm lang, kahl, abgeflacht; Frucht-klappen mit zarten Mittel- und Netznerven; Samen zwei (bis vier-)reihig, ca. 0,5 mm lang, meist 15–35; Griffel 0,2 mm.

Variabilität: Die Art zeigt neben starken standorts-bedingten Einflüssen auf die Wuchsgröße vor allem von Stengeln und Blättern und auch auf den Um-fang der Infloreszenzen auch beträchtliche gene-tisch bedingte Unterschiede in der Gestalt der Schötchen und in der Verteilung der Haartypen (einfach/verzweigt). Letztere Merkmale wurden bisher vor allem für die Ansprache der Kleinsippen benutzt.

Eine moderne biosystematische Bearbeitung steht sowohl für das gesamte Verbreitungsgebiet wie auch speziell für Baden-Württemberg noch aus. Alle in Baden-Württemberg vorkommenden *Ero-phila*-Pflanzen wurden daher in der Art *E. verna* in weiterem Sinne vereint. Auf eine Untergliederung wurde hier verzichtet. Die in vielen Bestimmungs-schlüsseln angegebene Kopplung von Behaarungs-

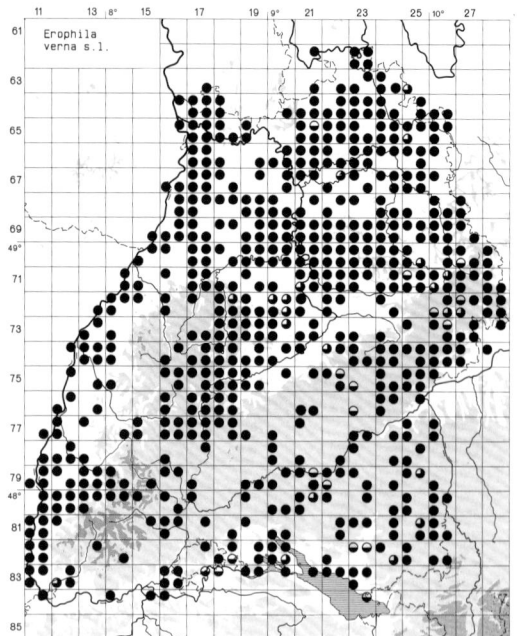

Erophila verna s.l.

mit Schötchenmerkmalen, die auf SCHULZ (1927) zurückgeht und der Unterscheidung von *E. verna* im engeren Sinn und *E. praecox* (Stev.) DC. dienen soll, trifft zumindest an den südwestdeutschen Pflanzen nicht zuverlässig zu. Es ist daher sehr zweifelhaft, ob die bisher in der Literatur für Baden-Württemberg als *E. praecox* angegebenen Pflanzen wirklich zu der von Steven 1812 als *Draba praecox* beschriebenen Sippe gehören.

Es wurde jedoch für die bisher als *E. praecox* bzw. *E. verna* subsp. *praecox* bezeichneten Pflanzen nach Literaturangaben und nach typischen Herbarbelegen eine gesonderte Verbreitungskarte erstellt, die sicher noch sehr unvollständig ist.

Biologie: Blüht von Februar bis Mai. Selbstbestäubung ist vorherrschend. Die Samen reifen in wenigen Wochen heran, so daß die Art meist schon im Frühsommer verwelkt ist. Die Keimdauer beträgt bei günstigen Bedingungen nur wenige Tage, andererseits bleiben die Samen bei geeigneter Aufbewahrung noch mehrere Jahre keimfähig (SYMONIDES 1984).

Ökologie: Lichtliebend, auf mageren, trockenen bis mäßig frischen Standorten; vor allem auf sandigen, grusigen oder kiesigen, offenen Bodenflächen an Wegrändern, Gleisanlagen, Verladerampen, Mauerkronen, Felsköpfen, Kiesgruben, Steinbrüchen, auch in Äckern; gern zusammen mit *Arenaria serpyllifolia, Saxifraga tridactylites, Holosteum umbellatum, Cerastium* spec., *Sedum* spec., *Poa annua,*

Frühlings-Hungerblümchen *(Erophila verna)*
Weissach, 1988

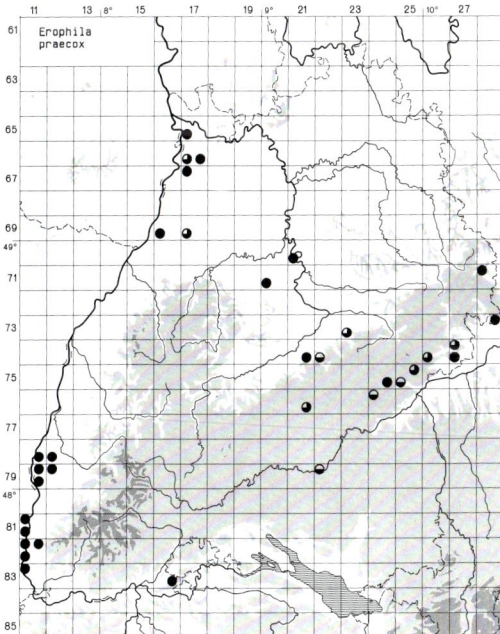

Alyssum alyssoides, Calamintha acinos, Erodium cicutarium; pflanzensoziologische Aufnahmen mit dieser Art finden sich u.a. bei KORNECK (1975, Tab. 15, 28, 29), WITSCHEL (1980, Tab. 2, 3, 5).

Allgemeine Verbreitung: Ganz Europa mit Ausnahme der arktischen Gebiete, Mittelmeerraum, südliches und gemäßigtes Asien, verschleppt in Nordamerika. Die Art ist ein eurasiatisch-mediterranes Florenelement.

Verbreitung in Baden-Württemberg: In allen Landschaften zerstreut, stellenweise auch häufig, z.B. im Oberrheingebiet. Bei der Kartierung wird die Art wegen des frühen Blühens und raschen Verwelkens unvollständig erfaßt. Sie ist einheimisch, auch wenn die Mehrzahl ihrer Vorkommen auf sekundären Standorten wächst.

Die tiefsten Vorkommen findet man im Raum Mannheim bei etwa 100 m Höhe, die höchsten im Schwarzwald in 1050 m Höhe bei der „Kalten Herberge" (8015/1).

Die älteste Angabe für das Land in der Literatur findet sich bei DUVERNOY (1722: 18) mit „Super muros vinear. viae Hirsav.", womit Hirschau bei Tübingen (7420) gemeint ist. Auch von HARDER 1574–76 belegt (SCHORLER 1907: 90).

Bestand und Bedrohung: Ein Teil der sekundären Biotope ist zwar zurückgegangen (z.B. durch Asphaltierungen von Bahnhofsgelände, durch Beseitigung von Weinbergmauern usw.), andererseits entstehen auch immer wieder neue Biotope (z.B. Kiesgruben, Steinbrüche u.ä.). Eine Gefährdung ist daher bisher nicht zu erkennen. Eine sparsamere Herbizidanwendung im Bereich der Bahnhöfe ist dieser Art sicher förderlich.

25. **Cochlearia** L. 1753

Löffelkraut

Die 25–30 Arten der Gattung kommen auf mehrere Sektionen verteilt in weiten Bereichen der nördlichen Halbkugel in Amerika und Eurasien vor. Bei uns kommen nur zwei Sippen der *C. officinalis*-Gruppe vor, die zum Teil als Unterarten, zum Teil als selbständige Arten bewertet werden.

Eine dritte, neue Art, *C. bavarica*, beschreibt VOGT (1985: 33) aus dem bayerischen Alpenvorland mit Vorkommen unweit der Landesgrenze. Diese Sippe steht *C. pyrenaica* nahe, besitzt jedoch 2n = 36 Chromosomen. Sie ist also hexaploid und erreicht in einer Reihe von Merkmalen größere Dimensionen als *C. pyrenaica*.

1 Früchte an beiden Enden spitz; Fruchtstiel ziemlich kurz und im Winkel von 45–60 Grad abstehend; Samen 2 mm und größer; Pflanze meist ausdauernd . . . . 1. *C. pyrenaica*
– Früchte an den Enden stumpf, kugelig bis eiförmig; Fruchtstiel länger und im Winkel von 60–90 Grad abstehend; Samen etwa 1,5 mm lang; Pflanze zweijährig oder ausdauernd . . . .
[C. officinalis s.str.]

1. **Cochlearia pyrenaica** DC. 1821

C. officinalis L. subsp. *pyrenaica* (DC.) Rouy & Fouc. 1895; *C. officinalis* L. subsp. *alpina* (Bab.) Hook. f. 1870?
Pyrenäen-Löffelkraut

Die Zuordnung der ursprünglich unter den Namen *C. alpina* bzw. *C. officinalis* subsp. *alpina* beschriebenen Pflanzen zu *C. pyrenaica* bedarf nach VOGT (1985) noch weiterer Klärung.

Morphologie: Ausdauernde, meist wintergrüne, kahle, krautige Pflanze mit aufsteigendem, meist mehrköpfigen Wurzelstock; Stengel aufsteigend, kantig gefurcht, verzweigt, 15–40 cm lang. Grundständige Blätter in Rosette, sehr lang gestielt, nierenförmig, fast ganzrandig; untere Stengelblätter kurz gestielt, herzförmig mit etwas buchtigem Rand; obere Stengelblätter mit pfeilförmig stengel-

umfassenden Grund sitzend, eiförmig, gezähnt. Trauben anfangs dicht, später locker und sehr stark verlängert. Kelchblätter elliptisch-eiförmig, nicht gesackt und nicht gehörnt, hautrandig, 2,5–3,5 mm lang, abstehend. Kronblätter weiß, 3–7 mm lang, mit elliptischer, abgerundeter Platte, plötzlich in einem kurzen Nagel zusammengezogen. Staubfäden ohne Anhängsel; Staubbeutel gelb, fast rundlich, 0,5–0,8 mm lang. Nektarien 4, je zu beiden Seiten der Basis der kürzeren Staubblätter, in der Aufsicht dreieckig bis halbmondförmig. Fruchtstiele aufrecht abstehend, 4–8 mm lang; Schötchen eiförmig bis elliptisch, an beiden Enden spitz, 4–7 mm lang, 3–4 mm breit, wenig abgeflacht; Griffel 0,5–1,0 mm lang; Klappen mit Mittelnerv und maschenartigen Seitennerven. Samen pro Fach 2 oder 1, dunkelbraun, breit ellipsoidisch, 2–2,5 mm lang. Chromosomenzahlen aus Baden-Württemberg: 2n = 12 bei Pflanzen aus Hohenlohe (VOGT 1985).

Biologie: Blüte von April bis Juli. Es herrscht Insektenbestäubung vor. Die Artengruppe ist nicht völlig selbstfertil. Reife Früchte wurden ab Juli beobachtet.

Ökologie: Auch Halbschatten ertragende Pflanze auf feuchten, sickernassen oder überrieselten, kalkreichen Standorten, als Pionier auf Kalktuff oder kalkreichem Flachmoortorf in Quellfluren und am Rand von Quellbächen und Gräben; gern zusammen mit *Caltha palustris*, *Cardamine amara*, *Na-*

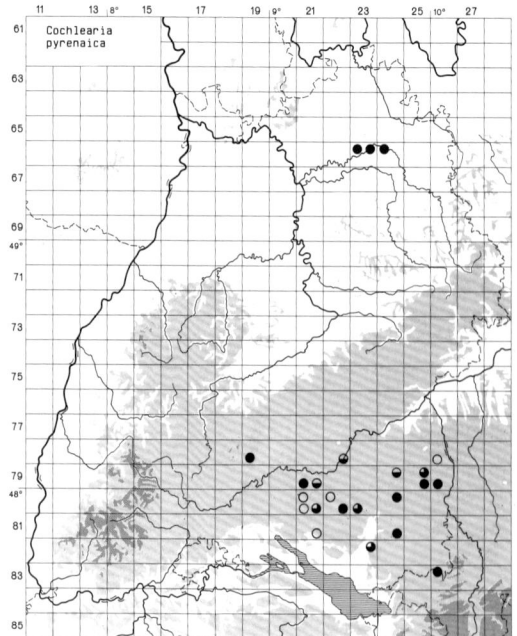

274

Pyrenäen-Löffelkraut *(Cochlearia pyrenaica)*
Dörzbach, 1989

sturtium officinale und den Charaktermoosen der Kalktuff-Quellfluren (*Cratoneurum* spec.); gilt als Charakterart des Cochleario pyrenaicae-Cratoneuretum commutati (s. Stetigkeitstabelle bei TH. MÜLLER (1961, Tab. 3) mit 10 Aufnahmen aus Oberschwaben).

Allgemeine Verbreitung: Von den Pyrenäen über die Alpen bis in die Nordkarpaten, ferner in einigen Mittelgebirgen und im nördlichen Alpenvorland, in Großbritannien und Irland; die Art ist ein praealpines-nördlich subozeanisches Florenelement.

Verbreitung in Baden-Württemberg: Sehr zerstreut im Alpenvorland, wohl als Glazialrelikt der letzten Eiszeit, ferner einige Vorkommen im Jagsttal und ein erst vor kurzem entdecktes Vorkommen im Bä-

ratal (Schwäbische Alb). Auch die letzteren Vorkommen machen einen durchaus natürlichen Eindruck. Der Höhenbereich liegt zwischen 240 m (Jagsttal) und 710 m (Bäratal). Eine Verbreitungskarte für das baden-württembergische Alpenvorland bringen WINTERHOFF u. HUBER (1967, S. 35).

Die Vorkommen im Jagsttal werden erstmals von BAUER (1816: 53) erwähnt. In den baden-württembergischen Landesfloren des vorigen Jahrhunderts wurde nicht zwischen *C. pyrenaica* und *C. officinalis* s.str. unterschieden. Erst bei KIRCHNER u. EICHLER (1900) findet sich ein Hinweis auf *C. pyrenaica* mit einem Fundort (Isny). Bei K. BERTSCH (1933, 1948) sind nur einige der Vorkommen im Alpenvorland dieser Sippe zugeteilt, die anderen *C. officina-*

lis s. str., u. a. auch die Vorkommen im Jagsttal. Da das Löffelkraut früher auch in Gärten als Heilpflanze kultiviert wurde, wurden einige der Vorkommen nur als verwildert bzw. eingebürgert angesehen. Eine Nachprüfung der Herbarbelege ergab jedoch, daß die Vorkommen im Jagsttal und im Alpenvorland nicht zu *C. officinalis*, sondern zu *C. pyrenaica* gehören und wohl natürlich sind. *C. officinalis* s. str. ist nur an ganz wenigen Stellen als unbeständige Einschleppung oder Verwilderung bisher gefunden worden.

Neckarland: 6623/1: SO Winzenhofen, 1974, DIETERICH (STU-K); 6623/2: Gommersdorf, 1982, SEBALD (STU); 6624/1: St. Wendel bei Dörzbach, BAUER (1816), 1986, SEBALD (STU-K), s. auch SEYBOLD u. a. (1975), VOGT (1985).
Schwäbische Alb: 7819/3: Bäratal SO Egesheim, 1984, SEBALD (STU).
Alpenvorland: 7724/2: Rißtissen, KIRCHNER u. EICHLER (1900), ob diese Art?; 7822/4: Erisdorf, 1927, PLANKEN-HORN (STU); Neufra, 1906, BERTSCH (STU); 7826/3: Gutenzell, DUCKE in MARTENS u. KEMMLER (1865); 7921/3: Antonsbrunnen S Krauchenwies, 1978, SEYBOLD (STU); 7921/4: Habsthal, „alte Weiher", 1910–11 (STU-K); 7924/2: Wolfental bei Biberach, 1917, A. MAYER (STU); 7925/2: Ochsenhausen, am Krummbach, WINTERHOFF (1967); 7925/4: Zwischen Rottum und Ochsenhausen, 1977, DÖRR (STU); 7926/3: Schweinsgraben NW Illerbachen, 1977, DÖRR (STU); zwischen Zell und Eichenberg, 1980, BANZHAF (STU-K); 8021/1: Bittelschieß, JACK (1901); Otterswang, DÖLL (1862); Ettisweiler, JACK in KIRCHNER u. EICHLER (1913); 8021/3: Gaisweiler, DÖLL (1862); Kloster Wald, DÖLL (1862); 8021/4: Taubenried O Pfullendorf, 1961, KNAUSS (STU); 8022/1: Einhart, JACK in KIRCHNER u. EICHLER (1900); 8022/4: Ebenweiler See, 1977, DÖRR (STU); 8023/2: Oberholz bei Ebenweiler, 1932, K. MÜLLER (STU); 8024/2: Zwischen Ampfelbronn und Osterhofen, 1973, DÖRR (1974: 95); bei der Mauchenmühle, HERTER (1884: 181); 8121/4: Heiligenberg, SEUBERT u. KLEIN (1905); 8124/4: Weißenbronnen bei Wolfegg, 1985, VERWIMP (STU-K), 1868, SCHEUERLE (STU); 8223/2: Laurental bei Weingarten, TH. MÜLLER (1961), 1939, BERTSCH (STU); 8326/1: Isny, bei den Aachquellen, 1963, BRIELMAIER (STU); „Schächele", 1977, HARMS (STU-K).

Bestand und Bedrohung: Die Art ist durch Aufforstungen und Entwässerungen ziemlich bedroht. Sie wurde in der Roten Liste 1983 als stark gefährdet (G 2) eingestuft. Ihre noch vorhandenen Bestände haben Reliktcharakter und sollten unbedingt geschont werden. Insbesondere sollten Aufforstungen mit Nadelhölzern unterbleiben. *C. pyrenaica* gehört zu den besonders geschützten Pflanzenarten (Bundesartenschutzverordnung vom 19. 12. 1986).

Cochlearia officinalis L. 1753
Echtes Löffelkraut

Wesentliche Unterscheidungsmerkmale zu *C. pyrenaica* s. Schlüssel. Die Art ist vor allem verbreitet an den Küsten

des Atlantik, der Nord- und Ostsee, ferner auch auf salzhaltigen Böden im Binnenland. Im weiteren Sinne ist *C. officinalis* zirkumpolar an den Küsten der Nordhalbkugel verbreitet.
Das Löffelkraut wurde als Heil- und Gewürzpflanze früher öfters angebaut, vor allem wegen der antiskorbutischen Wirkung, die schon lange vor der Entdeckung des Vitamin C festgestellt wurde.
Belege aus Baden-Württemberg von *C. officinalis* s. str. sind kaum vorhanden: 7525/4: Ulm, Gbhf., 1943, K. MÜLLER (STU). Einige ältere Angaben könnten diese Sippe gewesen sein, sind aber nicht belegt.

26. **Kernera** Medicus 1792 (nom. cons.)
Kugelschötchen

Nach neuerer Auffassung besteht die Gattung wohl nur aus einer Art. Pflanzen aus der Sierra Nevada in Südspanien wurden bisher meist als eigene Art angesehen.

1. **Kernera saxatilis** (L.) Reichenbach in Moessler 1828
Cochlearia saxatilis L. 1753
Kugelschötchen, Felsen-Kugelschötchen

Morphologie: Ausdauernd, mit meist mehrköpfigem, kurzen Wurzelstock; Stengel einfach oder verzweigt, 10–40 cm hoch, dünn und oben zickzackförmig gebogen. Grundblätter in dichten Rosetten, spatelförmig bis leierförmig, fiederteilig, in Stiel verschmälert, anliegend behaart. Stengelblätter locker gestellt, lineal bis lanzettlich, meist ganzrandig, vorwiegend kahl, an der Basis verschmälert oder etwas geöhrt. Trauben ausgewachsen selten über 10 cm lang, locker. Kronblätter weiß, 3–4 mm lang, verkehrt-eiförmig, abgerundet. Längere Staubfäden im oberen Teil scharf knieförmig nach außen gebogen. Antheren 0,3 mm lang. Schötchen fast kugelig bis verkehrt-eiförmig, 2–3,5 mm lang, auf 5–15 mm langen, dünnen, schief abstehenden Stielen; Fruchtklappen gewölbt, nur basal mit Mittelnerv, sonst schwach netzadrig; Griffel 0,5 mm lang. Samen zweireihig, im Fach 4–6, kaum 1 mm lang.
Biologie: Blüte meist Mai und Juni. Selbst- und Insektenbestäubung ist möglich. Reife Früchte sind von Juni bis August zu beobachten. Nach den Befunden von WILMANNS u. RUPP (1966) ist der Samenansatz relativ gut, pro Fruchtstand ist mit 100 bis 500 Samen zu rechnen. Die Samen sind obligate Lichtkeimer und brauchen keine Kältebehandlung. Die Keimfähigkeit ist hoch und die Keimung erfolgt rasch.
Ökologie: In Spalten von Kalkfelsen, auch auf Felsbändern und Felsschutt, leichte Beschattung ertra-

gend; gilt als Verbandscharakterart des Potentillion caulescentis (kalkholde Felsspaltengesellschaften); auf der Schwäbischen Alb außer in der Gesellschaft Drabo-Hieracietum humilis auch im Diantho-Festucetum pallentis (Pfingstnelkenflur) und in der *Valeriana tripteris-Sesleria*-Gesellschaft (Blaugras-Felsbandgesellschaft); pflanzensoziologische Aufnahmen s. WILMANNS u. RUPP (1966: 80 u. 83), SEBALD (1983: Tab. 9/3, 5); gern zusammen mit *Saxifraga paniculata, Hieracium humile, Asplenium ruta-muraria, Festuca pallens, Sedum album, Allium montanum, Sesleria varia, Valeriana tripteris.*

Allgemeine Verbreitung: Südspanien, Pyrenäen, Cevennen, Französischer und Schweizer Jura, Alpen, Karpaten, Apenninen, Gebirge von Jugoslawien, Albanien und Griechenland; vorwiegend in der subalpinen und alpinen Stufe, aber weit herabsteigend. In Süddeutschland außer auf der Schwäbischen Alb nur entlang einiger Flüsse des Alpenvorlandes als dealpines Florenelement (s. Karten für die Alpen und das nördliche Vorland bei BRESINSKY 1965). Die in die Literatur und in die Karten eingegangene Angabe für die Fränkische Alb (im Schambachtal) ist nach NECKER (1962) irrtümlich.

Verbreitung in Baden-Württemberg: Nur auf der Schwäbischen Alb in zwei Teilgebieten. Das erste Teilgebiet umfaßt den Nordwestrand der Alb von Beuren bis Reutlingen, das zweite größere das obere Donautal von Tiergarten bis Mühlheim einschließlich einiger Nebentäler, so das Bäratal aufwärts bis

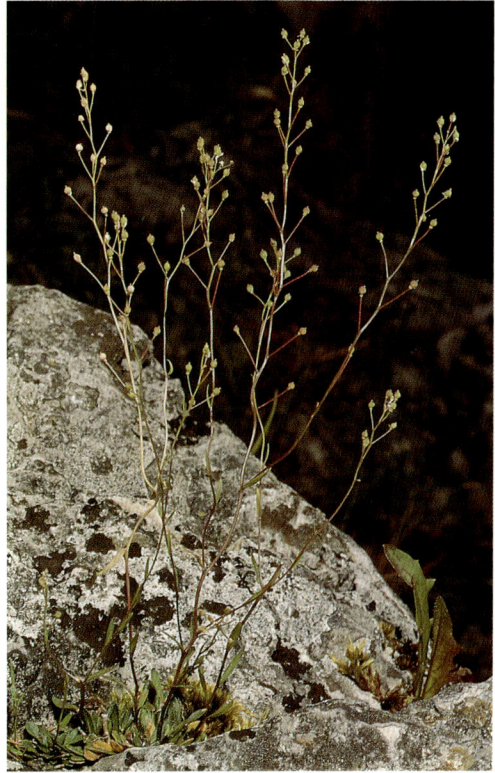

Kugelschötchen *(Kernera saxatilis)*
Neidingen, 1989

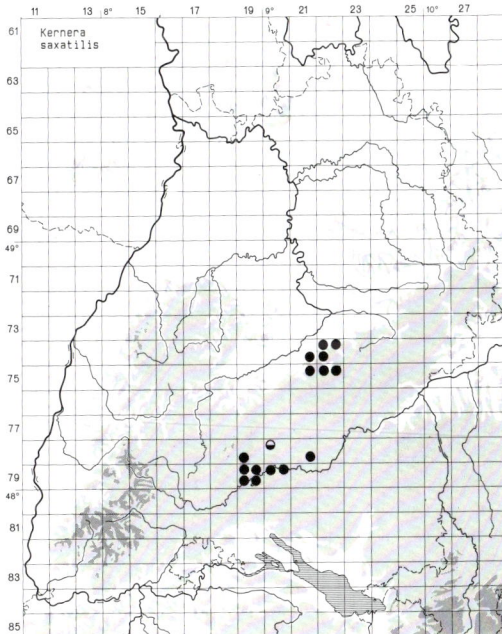

Nusplingen, das Schmeietal bis vor Ebingen und etwas abgesetzt das untere Laucherttal.

Die Vorkommen im nördlichen Teilgebiet liegen zwischen 720 m und 800 m, im südlichen zwischen 650 m (Benediktushöhle) und 900 m (Nusplingen).

Der älteste Herbarbeleg wurde 1822 von GEORG VON MARTENS am Hohenneuffen gesammelt (s. MARTENS 1823: 243, dort fälschlich als „Hohen-Stauffen" bezeichnet). GMELIN (1826: 463) erwähnt die Donautal-Vorkommen" am Donauthal prope Werrewag et retro Stetten am Kalten-Markt" (7920). Nicht in die folgende Liste und in die Karte aufgenommen wurde eine nie bestätigte Angabe für das Randecker Maar bei GRADMANN (1950).

Schwäbische Alb: 7421/4: Dettinger Roßberg, an mindestens 5 Felsen der Westseite, 1984, BURGHARDT (STU-K); 7422/1: Wilhelmsfels, 1984, BURGHARDT (STU-K); Hohenneuffen, Belege von 1822–1909 in STU, 1986, STADELMAIER (STU-K); 7422/2: Schlupffels, 1984, BURGHARDT (STU-K); Beurener Fels, A. MAYER (1929); 7422/3: Sonnenfels, 1986, BURGHARDT (STU-K), A. MAYER (1904); 7521/2: 2 Felsen NW St. Johann, 1978, BURGHARDT (STU-K), Belege schon von 1844 in STU; 7522/1: Felsen am Kuhteich, 1988, BURGHARDT (STU-K); 7522/1+2:

Felsen überm Jägerhaus, 1988, BURGHARDT (STU-K); 7819/3: Felsen bei Nusplingen, 1981, BURGHARDT (STU-K); 7820/1: Mühlefels bei Ebingen, 1928, FILZER (STU-K); 7821/4: o.O., 1978, BECK (STU-K); 7919/1: Bäratal NW Ensisheim, 1984, BURGHARDT (STU-K); 7919/2: Rabenfels bei Bärenthal, 1983, BURGHARDT (STU-K); im Donautal mehrfach: Eichfelsen, Benediktushöhle, Altstadtfels, alle noch zwischen 1978 und 1983 bestätigt, BURGHARDT, SCHERER (STU-K); 7919/3: Breiter Fels, BERTSCH (1913); Felsen der Frau, BERTSCH (1913); Langenfels, 1979, BURGHARDT (STU-K); 7919/4: Donautal von der Ziegelhöhle bei Fridingen bis zum Paulsfelsen mindestens 15 Vorkommen, 1977–1983, BURGHARDT, SCHERER (STU-K); s. auch Fundortsliste bei BERTSCH (1913); 7920/1: Donautal vom Wildenstein bis zum Schaufelsen mindestens 12 Vorkommen, 1979–1985, BURGHARDT, SCHERER (STU-K), s. auch BERTSCH (1913); 7920/2: Felsen bei Ruine Falkenstein, 1980, BURGHARDT (STU-K).

Bestand und Bedrohung: Etwa 45 Vorkommen (8 im nördlichen Teilgebiet, 37 im südlichen) konnten in den letzten Jahren noch bestätigt werden. Da nicht alle Felsen, insbesondere im Donautal, leicht zugänglich sind – was ja für die Erhaltung der Art vorteilhaft ist –, könnten durchaus noch einige Vorkommen unentdeckt sein. Sie ist außerhalb der Blütezeit auch nicht leicht zu entdecken. Die Art wurde wegen ihrer Seltenheit in der Roten Liste (1983) zu Recht als gefährdet (G 3) eingestuft, auch wenn ihr Biotop selten gefährdet ist. Im Vergleich mit anderen Felspflanzen der Schwäbischen Alb wie *Saxifraga paniculata* und *Draba aizoides* hat *Kernera saxatilis* hinsichtlich ihrer Ausbreitungskraft nach den Untersuchungen von WILMANNS und RUPP (1966) zwei wichtige Nachteile: Keine Möglichkeit zu vegetativer Fortpflanzung und eine sehr geringe Konkurrenzkraft.

27. **Camelina** Crantz 1762
Leindotter

Die Gattung umfaßt ungefähr 10 Arten, die vom östlichen Mittelmeergebiet bis nach Innerasien verbreitet sind. Für unser Gebiet kommen nur Sippen des *Camelina sativa*-Aggregats in Betracht. Die Anzahl und Rangstufe der zu unterscheidenden Sippen ist in dieser taxonomisch schwierigen Gruppe bis in die neueste Zeit noch umstritten. Viele der nicht durch Herbarbelege gesicherten Fundortsangaben konnten daher nur für die Verbreitungskarte des *C. sativa*-Aggregats verwendet werden.

Ein- bis zweijährige Kräuter mit spindelförmiger Wurzel und aufrechten, einfachen oder verzweigten, 30–100 cm hohen Stengeln. Mit einfachen und verzweigten Haaren an Stengeln und Blättern, besonders im unteren Teil, manchmal auch fast kahl.

Grundblätter gestielt, spatelig bis fiederspaltig, zur Blütezeit meist verwelkt. Stengelblätter mit pfeilförmigem Grund sitzend, spitz. Kelchblätter 2,5–4,5 mm lang, aufrecht, nicht deutlich gesackt. Kronblätter gelb, blaßgelb, selten weiß, keilförmig, 4–6 mm lang. Schötchen aufgeblasen birn- bis verkehrt-eiförmig, 4–10 mm lang, auf 10–30 mm langen aufrecht-abstehenden Stielen; Griffel deutlich, 1–3 mm lang. Samen zahlreich.

Die Gruppe wird von SMEJKAL (1971) und bei EHRENDORFER (1973) in drei Arten mit je zwei Unterarten gegliedert:

C. alyssum subsp. *alyssum*
            subsp. *integerrima*
C. microcarpa subsp. *microcarpa*
            subsp. *sylvestris*
C. sativa subsp. *sativa*
            subsp. *pilosa*

ROTHMALER (1976) nimmt 4 Arten an. Subsp. *pilosa* ist hier als eigene Art aufgeführt. Die beiden anderen Unterarten subsp. *integerrima* und subsp. *sylvestris* werden nicht unterschieden. MEIKLE (1964) in der Flora Europaea unterscheidet ebenfalls vier Arten ohne Ausscheidung von Unterarten. Bei ihm ist die subsp. *integerrima* unter dem Namen *C. macrocarpa* als eigene Art aufgeführt. HESS und LANDOLT (1970) gliedern nur in zwei Arten ohne Unterarten. *C. alyssum* wird in *C. sativa* einbezogen, da eine scharfe Abtrennung nicht möglich sei. *C. pilosa* wird zu *C. microcarpa* gestellt, da beide Sippen weder ökologisch noch geographisch abgrenzbar seien. MARKGRAF (1962) nimmt nur eine Art *C. sativa* mit vier Unterarten an. Er folgt damit der schon von E. SCHMID (1919) vorgenommenen Einteilung. Sie wurde auch von K. u. F. BERTSCH (1933, 1948, 1962) in ihren württembergischen Landesfloren übernommen.

Eine Prüfung der aus Baden-Württemberg vorliegenden Herbarbelege ergab, daß sie überwiegend ohne Schwierigkeiten zwei Gruppen zugeordnet werden können, die wohl mit der von HESS und LANDOLT (1970) für die Schweiz bevorzugten Einteilung übereinstimmen:

1. Die Mehrzahl der Belege umfassende Gruppe: Pflanzen im unteren Teil an Stengeln und Blätter meist ziemlich kräftig behaart mit kurzen, gabeligen und längeren, einfachen, abstehenden Haaren; Schötchen 5–7–(8) mm lang, mit harten, nicht eingedrückten oder verbogenen Fruchtklappen; Samen 0,8–1,5 mm lang, wohl meist winterannuell oder zweijährig.

2. Pflanzen im unteren Teil meist schwach mit gabeligen Haaren besetzt oder fast kahl, selten eini-

ge einfache Haare; Schötchen 7–10 mm lang, mit weicheren, eingedrückten oder verbogenen Fruchtklappen; Samen 1,5–3 mm lang; sommerannuell.

Einige Belege konnten nicht zugeordnet werden, teils weil sie unvollständig oder ohne reife Früchte waren, teils weil sie tatsächlich gewisse Übergangsmerkmale zwischen Gruppe 1 und 2 zeigten.

Die Gruppe 1 wird bei HESS und LANDOLT (1970) als *C. microcarpa* bezeichnet. SMEJKAL (1971) betont, daß in der ČSSR von *C. microcarpa* die subsp. *microcarpa* nur sporadisch und adventiv vorkommt. Sie ist eine mehr östliche Sippe bis weit nach Sibirien. Die meisten Belege der ČSSR waren der subsp. *sylvestris* zuzuordnen. Vergleicht man mit seinem Schlüssel der beiden Unterarten die baden-württembergische Belege, so wird klar, daß sie zu der subsp. *sylvestris* zu zählen sind. HESS u. LANDOLT (1970) beziehen subsp. *pilosa* (von SMEJKAL (1971) zu *C. sativa* gestellt) ohne besonderen taxonomischen Rang in *C. microcarpa* ein. Nach SMEJKAL nimmt die subsp. *pilosa* eine Mittelstellung zwischen der „Kulturpflanze *Camelina sativa* subsp. *sativa* und der wildwachsenden *C. microcarpa* ein". Vergleicht man die von SMEJKAL angegebenen Schlüsselmerkmale von subsp. *pilosa* und subsp. *sylvestris*, dann fällt es schwer, Unterschiede zwischen beiden Sippen zu erkennen und man ist geneigt, der Ansicht von LANDOLT und HESS (1970) zuzustimmen. K. U. F. BERTSCH (1934) geben subsp. *pilosa* erstmals von Fridingen für Württem-

berg an. Der Beleg in STU unterscheidet sich nicht von den übrigen Belegen der Gruppe 1. Diese waren teilweise ebenfalls als *pilosa* bestimmt gewesen.

Die Belege der Gruppe 2 gehören zu *C. sativa* s. str. bzw. zu der frühen in Leinfeldern offenbar gar nicht so seltenen, durch Selektion entstandenen und als *C. alyssum* bezeichneten Sippe. HESS und LANDOLT (1970) halten einen besonderen Artrang dieser Sippe nicht für gerechtfertigt, da keine scharfe Grenze zwischen beiden Sippen bestehe. Auch an den baden-württembergischen Belegen sind die Unterschiede gering. Immerhin erscheint es möglich, die beiden Sippen in dem von E. SCHMID (1919) vorgeschlagenen Rang einer Unterart beizubehalten.

1. Camelina microcarpa Andrz. ex DC. 1821
C. sativa (L.) Crantz 1762 subsp. *microcarpa* (Andrz. ex DC.) E. Schmid in Hegi (1919)
Kleinfrüchtiger Leindotter

a) subsp. **microcarpa**: in Baden-Württemberg bisher nicht nachgewiesen.

b) subsp. **sylvestris** (Wallr.) Hiit. 1947
C. sylvestris Wallr. 1822.
Merkmale siehe oben unter 1. aufgeführt.
Biologie: Blüte von Mai bis Juli. Reife Früchte wurden ab Juni beobachtet. Die Sippen des *C. sativa* agg. neigen zur Selbstbestäubung, doch ist auch Bestäubung durch Insekten möglich.
Ökologie: Lichtliebend, vorwiegend auf trockeneren, nährstoffreichen, oft auch kalkreichen Böden; früher häufiger im Wintergetreide als Unkraut, heute eher an trockenen Ruderalstandorten, z.B. neuangelegte Straßenböschungen, in Kiesgruben, auf Bahngelände und dergleichen.
Allgemeine Verbreitung: In Mitteleuropa alter Begleiter des Ackerbaus; der subsp. *microcarpa* entsprechende Stammformen dürften Steppenpflanzen in Südosteuropa und Westasien gewesen sein. Mittel- und Südosteuropa, Kleinasien, Nordiran, Süd- und Mittelsibirien. Synanthrop auch in anderen Teilen Europas, in Amerika und Neuseeland.
Verbreitung in Baden-Württemberg: Selten, z.T. unbeständig. In die Verbreitungskarte wurden von wenigen Ausnahmen abgesehen nur durch Herbarbelege gesicherte Vorkommen aufgenommen. Die bisher bekannten Funde schwankten in der Höhenlage zwischen 250 m (Achkarren im Kaiserstuhl) und 780 m (auf der Alb bei Fridingen).

Oberrheingebiet: 6915/4: Karlsruhe, Rheinhafen, 1936, JAUCH (1938: 97); 7015/2: SW Daxlanden, 1937, JAUCH

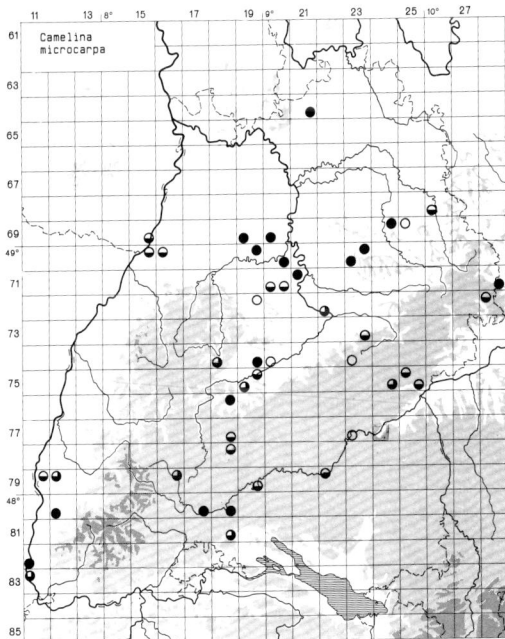

Camelina microcarpa

Kleinfrüchtiger Leindotter *(Camelina microcarpa)*

(1938: 97); 7016/1: Karlsruhe, Bahnhof, 1933, JAUCH (1938: 97); 7911/2: Achkarren, 1926, BRAUN-BLANQUET u. KOCH (1928: 7); 7912/1: Liliental-Bickensohl, 1954, K. MÜLLER (STU); 8311/1: W Huttingen, 1951, BINZ (1956). Neckarland: 6421/4: o.O., SCHÖLCH (STU-K); 6826/3: Crailsheim, Bhf., 1933, K. MÜLLER (STU-K); 6919/3: Am Mettenberg, 1985, SEBALD (STU); 6920/3: Am Michaelsberg, 1971, KÜMMEL (STU); 6924/2: Steinbruch N Michelbach, 1971, SEYBOLD (STU); 6925/1: Untersontheim, MARTENS u. KEMMLER (1882); 7019/2: Eselsburg-Wanne, 1978, KÜMMEL (STU); Ensingen, 1982, ZIEGLER (STU); 7020/4: Schellenhof, 1971, SEYBOLD (STU); 7023/2: Köchersberg, 1984, SCHWEGLER (STU); 7023/3: Oberweißach, 1982, SCHWEGLER (STU); 7120/3: Ditzingen, 1900, UHL (STU); 7120/4: Stuttgart-Feuerbach, 1908, UHL (STU); 7121/1: Kornwestheim, Güterbahnhof, 1973, SINDELE (STU); 7219/2: Renningen, 1888, LAIBLE (STU); 7222/3: Plochingen, 1950, LEIDOLF (STU); 7418/3: Gündringen, 1965, SEBALD (STU); 7419/4: Wurmlinger Berg, 1907, GRADMANN (STU), 1986, STADELMAIER (STU-K); 7420/3: Tübingen, 1856, HEGELMAIER (STU); 7519/2: Rottenburg, 1922, BOLTER (STU); 7519/3: Hirrlingen, 1958, K. MÜLLER (STU); 7618/2: Haigerloch, 1976, HARMS (STU); 7718/4: Dormettingen, 1902, BERTSCH (STU). Schwäbische Alb: 7128/4: Riegelberg bei Utzmemmingen, 1987, NEBEL (STU-K); 7228/1: Neresheim, 1925, BERTSCH (STU); 7323/4: Kornberg, vor 1950, MÜRDEL (STU-K);

7423/3: Donnstetten, 1873, KEMMLER (STU); 7524/4: Gerhausen, 1954, K. MÜLLER (STU); 7525/1: Tomerdingen, 1939, K. MÜLLER (STU); 7525/4: Ulm-Söflingen, 1948, K. MÜLLER (STU); 7723/3: Obermarchtal, vor 1900, TROLL (STU); 7818/2: Delkofen, 1923, K. MÜLLER (STU); 7919/4: Fridingen, 1912, BERTSCH (STU); 8018/4: Mauenheim, 1974, SEYBOLD (STU).
Alpenvorland: 7922/1: Mengen, 1905, BERTSCH (STU); 8118/4: Welschingen, 1960, KNAUSS (STU).

Bestand und Bedrohung: Die Sippe war früher als Ackerunkraut offenbar wesentlich häufiger, wurde aber oft nicht von *C. sativa* s.str. unterschieden. Heute gilt sie als stark gefährdet (s. Rote Liste 1983: G 2), doch hat man in den letzten Jahren den Eindruck, daß sie z.B. an neuangelegten Böschungen von Straßen und Weinbergwegen, wohl eingeschleppt mit Saatgut zur Begrünung, wieder etwas öfters auftritt.

2. Camelina sativa (L.) Crantz 1762
Myagrum sativum L. 1753
Saat-Leindotter

Merkmale siehe oben unter 2.
Die Rasse der Leinäcker wird als Unterart eingestuft. Beide Unterarten kann man wie folgt unterscheiden:

1 Schötchen ziemlich breit und eher kugelig bis birnförmig, 8–10 mm lang; Fruchtklappen besonders dünn; Samen 2–3 mm lang; Unkraut von Leinäckern . . . . b) subsp. *alyssum*

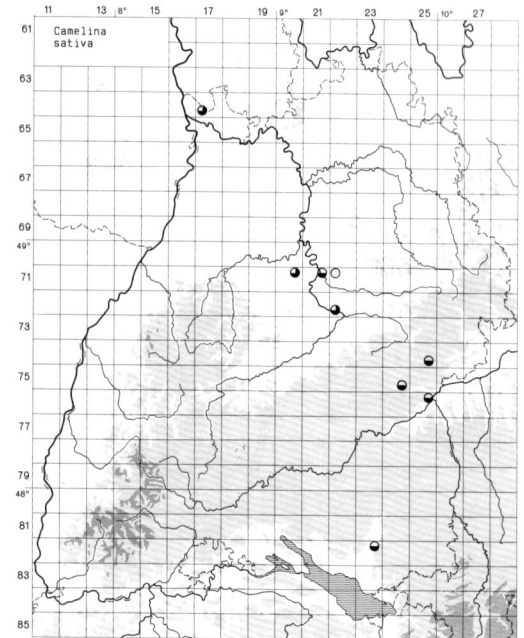

- Schötchen birnförmig, 7–10 mm lang, etwas hart-
  schaliger; Samen 1,5–2,5 mm lang . . . .
  a) subsp. *sativa*

a) subsp. **sativa** – Sommerraps, Butterraps

Eine sommerannuelle, alte Kulturpflanze, die aus
Vorfahren im Bereich der *C. microcarpa* entstanden
ist. Sie wurde früher wegen ihrer ölreichen Samen
kultiviert und dadurch in viele Länder Eurasiens
und Nordamerikas gebracht. In Württemberg gab
es in den Jahren nach dem letzten Weltkrieg noch
Anbau u.a. 1947 im Zabergäu und in der Gegend
von Backnang. Außer der Ölgewinnung aus dem
Samen wurden offenbar auch die Stengel zur Her-
stellung von Stubenbesen benutzt.

Verbreitung in Baden-Württemberg: Über die kultivierten Vorkommen finden sich in den Landesfloren naturgemäß keine Fundortsangaben. Die Art
kann aber auch gelegentlich ruderal oder als Unkraut in Äckern vorkommen. Angaben in der Literatur sind wegen der unsicheren Abgrenzung zu der
vorigen Art oft unsicher.

Oberrheingebiet: 6417/3: Käfertal-Viernheim, 1946–50,
nach HEINE (1952).
Neckarland: 7120/2: Pflugfelden, 1961, GLOCKER (STU);
7121/2: Neustadt, Müllplatz, 1941, K. MÜLLER (STU);
7122/1: Winnenden, verwildert im Getreide, 1874, v. EN-
TRESS-FÜRSTENECK (STU); 7222/3: Altbach, Schuttplatz,
1952, LEIDOLF (STU).
Schwäbische Alb: 7425/4: Westerstetten, unter *Trifolium
incarnatum* auf Acker, 1934, K. MÜLLER (STU); 7524/4:
Blaubeuren, Schuttplatz, 1944, K. MÜLLER (STU); 7625/

2: Ulm-Söflingen, Auffüllplatz, 1941, K. MÜLLER (STU).
Alpenvorland: 8223/2: Ravensburg, 1933, BERTSCH
(STU).

Bestand und Bedrohung: Es sind keine aktuellen
Vorkommen mehr bekannt. Vereinzeltes adventives
Auftreten durch Einschleppung ist möglich. Anbau
in Feldflora-Reservaten wäre zu empfehlen.

b) subsp. **alyssum** (Mill.) E. Schmid 1919

Myagrum alyssum Mill. 1768; *Camelina alyssum*
(Mill.) Thell. 1960
Echter Leindotter, Gezähnter Leindotter, Flachs-
Leindotter
Diese Sippe hat sich als Unkraut in den Leinfeldern
durch Selektion von Pflanzen mit ähnlichen Eigen-
schaften wie der Lein (spätes Öffnen der Fruchtklappen, ähnliche Samengröße) herausgebildet. Sie
ist mit dem Rückgang des Leinanbaus bei uns
wieder verschwunden. Sie war früher sicher viel
häufiger, als die spärlichen Belege und Angaben
vermuten lassen. Eine Aufzählung von alten Fundortsangaben ist daher wenig sinnvoll. Der jüngste
Beleg dieser Sippe stammt von 1938 (7525/2: Beimerstetten, leg. K. MÜLLER). Möglicherweise
bringt die Zunahme des Leinanbaus in jüngster Zeit
wieder für die Sippe eine Chance zum Überleben
bei uns.

Leindotter-Samen wurden schon in spätneolithi-
schen Siedlungen in Mitteleuropa zusammen mit
Leinsamen (SCHLICHTHERLE 1981) gefunden.

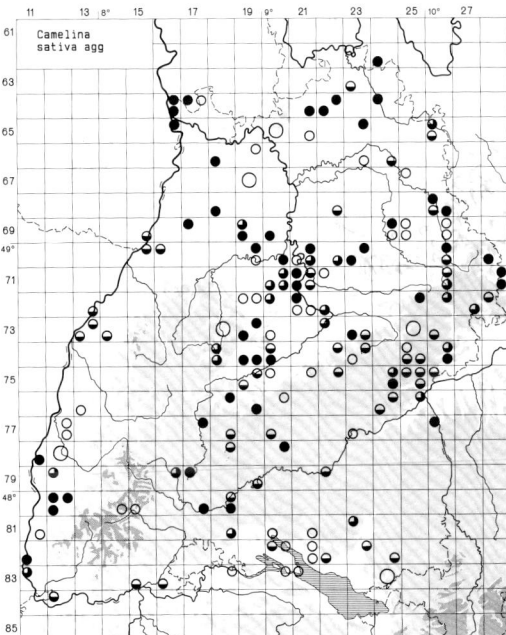

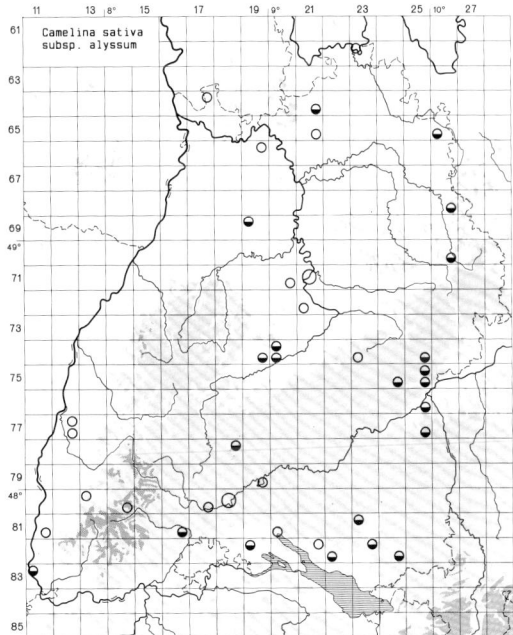

4291. Neslia
paniculata DESV.

42 94.b.
macrocarpa HEUF.

4292. sativa CRTZ.

4293. microcarpa
ANDRZ.

4294. dentata P.

Camelina.

J. Rchb. del.

C. Schn. sc.

Früher hat der Ertrag der Leinäcker durch die Verunkrautung mit *Camelina* stellenweise erheblich gelitten. Nach Versuchen von GRÜMMER (1958) erreichten Leinanbauten mit 10 % *Camelina*-Pflanzen nur 52 % des Ertrags der Kontrollflächen ohne *Camelina*.

Bestand und Bedrohung: Diese Sippe ist bei uns ausgestorben (Rote Liste 1983: G 0). Sie könnte eventuell in Feldflora-Reservaten eingebracht werden. Gelegentliche Einschleppung ist mit Vogelfutter möglich (K. MÜLLER 1950: 103).

28. **Neslia** Desv. 1815 (nom. cons.)
Finkensame

Die Gattung besteht nur aus der nachfolgenden Art, die in zwei Unterarten gegliedert wird.

1. **Neslia paniculata** (L.) Desv. 1815
Vogelia paniculata (L.) Hornem. 1819; *Myagrum paniculatum* L. 1753
Finkensame

Morphologie: Einjährig, mit dünner Pfahlwurzel; Stengel aufrecht, 20–80 cm hoch, oben meist verzweigt. Stengel und Blätter mit verzweigten und einfachen Haaren. Unterste Blätter stielartig verschmälert, sonst mit pfeilförmigem Grund sitzend, länglich bis lanzettlich. Blütentrauben anfangs dicht, später locker, reichblütig; Blütenstiele aufrecht abstehend, fruchtend 6–13 mm lang. Kelchblätter 1,5–2 mm lang, länglich-elliptisch, stumpf, kahl, gelblichgrün, nicht gesackt. Kronblätter 2–3 mm lang, goldgelb, spatelförmig, abgerundet, etwas ausgebreitet. Nektarien halbmondförmig die Basis der kürzeren Staubblätter umgebend. Antheren 0,2–0,3 mm lang, gelb. Filamente ohne Anhängsel. Fruchtknoten verkehrt-eiförmig, kahl. Frucht fast kugelförmig, 2–3 mm Durchmesser; häufig nur ein Same reifend; Griffel fast 1 mm lang, basal gegliedert, oft abfallend; Narbe nicht breiter als Griffel.

Kleinfrüchtiger Leindotter *(Camelina microcarpa)*, Mitte unten (Figur 4293); ferner: Sommerraps *(Camelina sativa* ssp. *sativa)*, links unten (Figur 4292); Echter Leindotter *(Camelina sativa* ssp. *alyssum)*, rechts unten (Figur 4294); Finkensame *(Neslia paniculata)*, oben (Figur 4291); aus REICHENBACH, L.: Icones florae germanicae et helveticae Band 2, Tafel 24 (1837–1838).

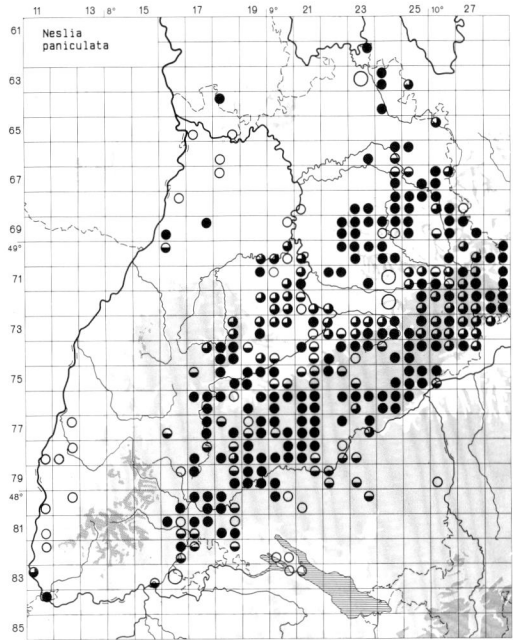

Variabilität: Es werden zwei Sippen, meist im Range von Unterarten unterschieden:

Frucht breiter als lang, basal abgestutzt, nicht zugespitzt; nur mit 2 Rippen auf dem Rand . b) subspec. *paniculata*
Frucht so lang wie breit; oben und unten etwas spitz zulaufend; durch die deutlicheren Mittelrippen etwas vierkantig a) subspec. *thracica*

a) subspec. **thracica** (Velen.) Bornm. 1894
Neslia apiculata Fisch. Meyer et Avé-Lall. 1842
Sie ist eine mediterrane Sippe und geht nach Norden zu in die typische Unterart über. Sie wird aus Baden-Württemberg nur von einzelnen Fundorten als meist unbeständige Einschleppung angegeben:

7016/1: Karlsruhe, Hauptbahnhof, 1935, JAUCH (1938: 100); 7221/1: Stuttgart, Güterbahnhof, 1941, K. MÜLLER in SEYBOLD (1969); 7525/4: Ulm, Güterbahnhof, 1933–44, mehrfach als Südfruchtbegleiter, K. MÜLLER (1957: 91); 8311/1: Westlich Huttingen auf Äckern, 1951, KUNZ (1956: 53).

b) subspec. **paniculata**
Biologie: Blüht von Mai bis August. Selbstbestäubung soll vorherrschend sein. Die Frucht bleibt geschlossen und fällt als Ganzes ab.

Ökologie: Lichtliebend, auf trockenen bis mäßig frischen, nährstoff- und meist auch kalkreichen Standorten, vor allem in Halmfruchtäckern, auch auf noch wenig bewachsenen Erdaufschüttungen und Böschungen; gilt als Charakterart des Sedo-Neslietum paniculatae (Unkrautgesellschaft der

283

montanen, kalkreichen Ackerböden), das vor allem auf der Hochfläche der Schwäbischen Alb und in der Baar vorkommt. Begleiter sind u.a. *Euphorbia exigua, Sinapis arvensis, Sherardia arvensis, Ranunculus arvensis, Aethusa cynapium, Silene noctiflorum, Sedum telephium, Papaver rhoeas, Campanula rapunculoides, Viola arvensis, Thlaspi arvense.* Stetigkeitstabellen bei OBERDORFER (1957: 33; 1983: Tab. 139), WILMANNS (1956: Tab. A) von der Schwäbischen Alb und der Baar, einzelne Aufnahmen u.a. bei KUHN (1937: Tab. 7), SEBALD (1983: Tab. 16).

Allgemeine Verbreitung: Ursprünglich wohl im südosteuropäischen bis zentralasiatischen Steppengebiet beheimatet, heute in Eurasien fast überall, auch in Nordamerika eingeschleppt.

Verbreitung in Baden-Württemberg: Zerstreut, früher stellenweise auch häufig, vor allem Schwäbische Alb, Baar, südliches, mittleres und östliches Nekkarland, Taubergebiet; selten bzw. auf weiten Strekken fehlend im Oberrheingebiet, Odenwald, Schwarzwald und im Alpenvorland.

Die tiefsten Vorkommen sind im Oberrheingebiet bei ca. 100 m, die höchsten auf der Schwäbischen Alb (Plettenberg) bei 1000 m.

Die älteste Literaturangabe findet sich bei LEOPOLD (1728: 147) für die Ulmer Gegend. Auch von HARDER 1574–76 belegt (SCHORLER 1907).

Bestand und Bedrohung: Die Bestände der Art sind in den letzten Jahrzehnten wohl infolge der intensiveren Unkrautbekämpfung und Saatgutreinigung zurückgegangen. Die Art wurde daher in der Roten Liste 1983 als gefährdet eingestuft (Stufe 3). Bei weiterem Rückgang sollte die Art in Feldflora-Reservaten aufgenommen werden.

29. **Capsella** Med. 1792 (nom. conserv.)
Hirtentäschel

Einjährige bis kurzlebig-ausdauernde Pflanzen mit Pfahlwurzel; Stengel einzeln oder mehrere, aufrecht bis aufsteigend, einfach oder verzweigt. Stengel und Blätter mit einfachen und verzweigten Haaren. Grundständige Blätter in Rosette, gestielt, ganzrandig, gezähnt bis fiederteilig, im Umriß verkehrt-lanzettlich. Stengelblätter wenige, sitzend, lanzettlich, pfeilförmig stengelumfassend. Kelchblätter aufrecht, nicht gesackt. Kronblätter klein, bis etwa 3 mm lang. Schötchen verkehrt-herzförmig bis dreieckig. Samen bis zu 12 pro Fach, ellipsoidisch, 0,8–1,1 mm lang.

Die Gattung umfaßt im engeren Sinne etwa 5 Arten von ursprünglich vorwiegend europäischer

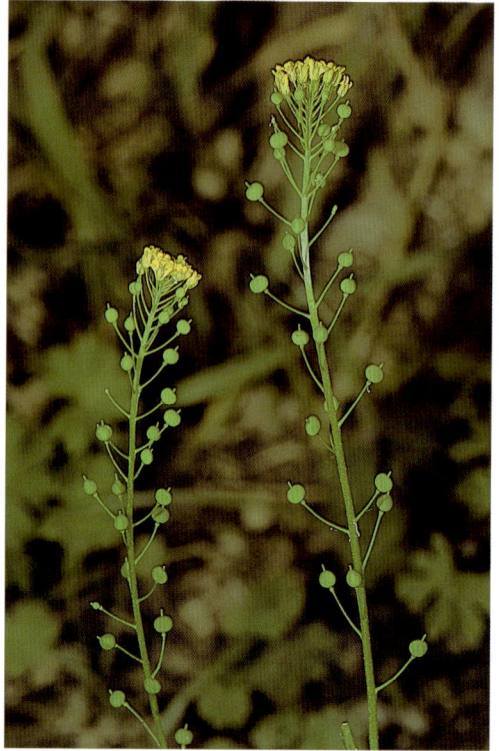

Finkensame *(Neslia paniculata)*
Holheim/Ries, 1982

bis zentralasiatischer Verbreitung. Von ihnen ist *C. bursa-pastoris* bei uns eine der häufigsten Pflanzen. Sehr selten und unbeständig kommt adventiv noch *C. rubella* vor.

1 Kronblätter nicht oder kaum länger als die Kelchblätter, beide meist rot überlaufen; Schötchen basal zusammengezogen, an der Spitze seitlich mit vorspringenden, stumpfen Loben, 4–6 mm lang, sehr selten eingeschleppt . . . . . . *[C. rubella]*
– Kronblätter deutlich länger als die Kelchblätter; Schötchen basal nicht zusammengezogen, seitlicher Rand gerade oder konvex, an der Spitze seitlich spitz, nicht mit vorgezogenen Loben, 4–10 mm lang . . . . 1. *C. bursa-pastoris*

1. **Capsella bursa-pastoris** (L.) Med. 1792
Thlaspi bursa-pastoris L. 1753
Gewöhnliches Hirtentäschel

Morphologie: Kelchblätter eiförmig, 1–2 mm lang, grünlich mit weißem Hautrand, an der Spitze manchmal auch etwas rötlich überlaufen. Kronblätter verkehrt-eiförmig, 2–3 mm lang, weiß. Schötchen 4–10 mm lang und 4–9 mm breit, meist nur seicht ausgerandet, auf 5–20 mm langen, abste-

Gewöhnliches Hirtentäschel *(Capsella bursa-pastoris)*

Ökologie: Lichtliebend, auf mäßig trockenen bis frischen, nährstoffreichen Böden weitverbreitet, vor allem in Gärten und Äckern als Unkraut und in Ruderalfluren auf Schuttplätzen, Erdaufschüttungen u. ä.; gilt als Chenopodietea-Klassencharakterart.

Allgemeine Verbreitung: Heute weltweit in den gemäßigten Klimazonen und auch in tropisch-montanen Gebieten; ursprünglich wohl im südlichen Europa und Westasien.

Verbreitung in Baden-Württemberg: In allen Landschaften seit langem verbreitet. Die höchst gelegenen Fundortsangaben stammen aus dem Südschwarzwald (Belchenhaus 1360 m). Nach Rösch (briefl.) im späten Atlantikum von Hornstaad am Bodensee gefunden. Literarisch bei J. Bauhin (1598: 225; 1602: 216) erwähnt mit „auff dem Berge Teck und umb Boll" (7422, 7323).

Bestand und Bedrohung: Die weit verbreitete Art ist nicht bedroht. Sie erträgt Beweidung und auch mehrmaliges Abmähen.

Capsella rubella Reuter 1853
Rötliches Hirtentäschel

Diese Art ist morphologisch der vorigen sehr ähnlich und unterscheidet sich im wesentlichen nur durch die im Schlüssel angegebenen Merkmale. Sie wurde früher daher oft nur als Unterart angesehen (s. Bertsch 1933, 1948, 1962). Ihre Chromosomenzahl ($2n = 16$) ist jedoch nur halb so groß wie bei *C. bursa-pastoris* ($2n = 32$). Die Bastarde zwischen beiden Arten sind steril.

henden Stielen; Griffel 0,2–0,5 mm lang; Narbe wenig breiter als der Griffel.

Die Art neigt wegen der vorherrschenden Selbstbestäubung zur Bildung weitgehend erbkonstanter reiner Linien, die sich in Merkmalen des Schötchen, des Blattschnittes usw. unterscheiden. Es gibt auch Varianten, bei denen die Kronblätter fehlen oder in Staubblätter umgebildet sind. Nach Bosbach u. a. (1982) kommen auf weniger gestörten Standorten einheitliche Populationen vor, auf stark gestörten dagegen Populationen aus sehr unterschiedlichen Genotypen.

Biologie: Blüte fast das ganze Jahr über. Vorwiegend Selbstbestäubung, doch kommt auch Bestäubung durch Insekten vor. Es gibt im Herbst und Frühjahr keimende Varianten. Ein Teil der Samen gelangt durch Umgraben oder Regenwürmer in tiefere Bodenschichten und ist dort lange keimfähig. Pro Pflanze werden meist zwischen 30000 und 60000 Samen erzeugt (Hurka u. Haase 1982). Die verschleimende Samenepidermis hält die Samen leicht am Boden fest, kann aber auch für einen wirksamen Ferntransport durch Anheften an Menschen, Tiere oder Fahrzeuge sorgen.

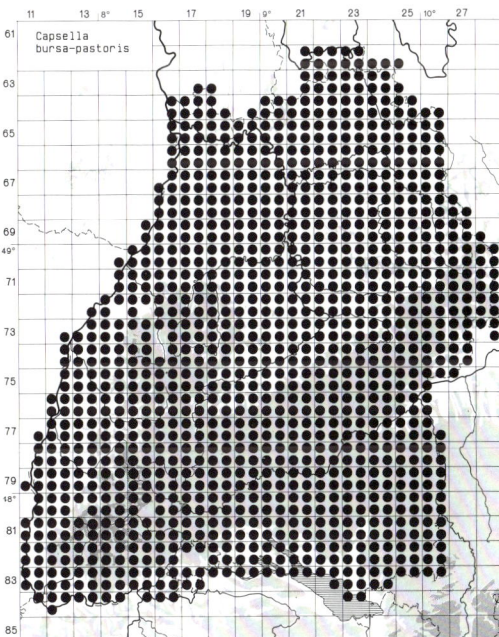

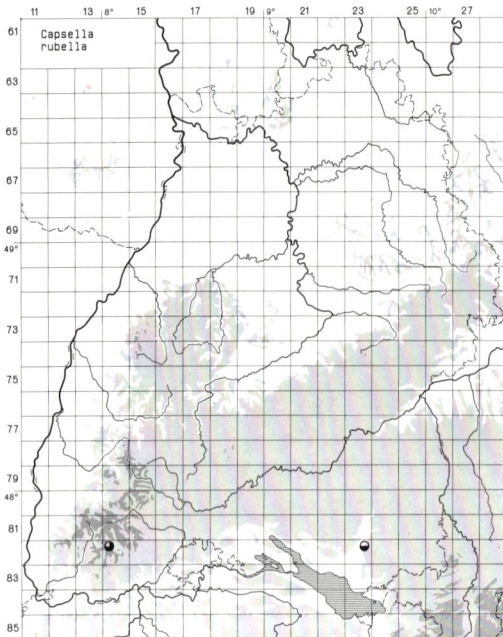

kaum größer als die seitlichen. Kronblätter weiß, 3–5 mm lang, plötzlich in Nagel zusammengezogen. Schötchen elliptisch bis lanzettlich, 4–5 mm lang, pro Fach mit 1–2 Samen; Griffel 0,2–0,5 mm lang.

Die Art kommt in den Gebirgen Mittel- und Südeuropas von Nordspanien bis auf die Balkanhalbinsel vor, vorwiegend in kalkreichen Schuttfluren der alpinen Stufe. Die Verbreitung in den Alpen und im nördlichen Alpenvorland ist bei BRESINSKY (1965) dargestellt. In Baden-Württemberg wurde die Art nur an wenigen Stellen als unbeständige Ansiedlung auf Kiesbänken der Iller gefunden:

Alpenvorland: 7625/2: Ulm-Wiblingen, 1878, 2 Pflanzen, HERTER in MARTENS u. KEMMLER (1882); 8026/4: Aitrach, 1832, wenige Pflanzen, MARTENS und FLEISCHER in MARTENS u. SCHÜBLER (1834); s. auch LINGG (1832: 31): „Iller bei Aiterach und Ferthofen".

Es ist kein aktuelles Vorkommen mehr bekannt aus Baden-Württemberg.

31. **Hornungia** Reichenb. 1837
Steinkresse, Steppenkresse

Diese häufig mit *Hutchinsia* vereinigte Gattung besteht nur aus zwei Arten, von denen *H. petraea* schon seit längerer Zeit aus an Baden-Württemberg angrenzenden Gebieten (Elsaß, Pfalz, Maintal) bekannt ist (s. LANG u. LAUER 1972).

C. rubella ist eine ursprünglich mediterrane bis subatlantische Art, die heute in warm-gemäßigten Gebieten weit verschleppt ist. In Baden-Württemberg wurde sie bisher nur sehr selten als unbeständige Adventivpflanze gefunden:
Schwarzwald: 8215/1: Glasmatt, Pflanzschule, BÄCHTOLD (1963: 204).
Alpenvorland: 8223/2: Ravensburg, Bahnhof, 1914, BERTSCH (STU).

30. **Pritzelago** O. Kuntze 1891
Hutchinsia R. Brown in Aiton 1812
Gemskresse

Der bisher gebrauchte Gattungsname *Hutchinsia* ist illegitim (s. MEYER 1982, GREUTER u. RAUSS 1985). Die Gattung *Pritzelago* besteht nur aus einer Art mit mehreren Unterarten, die früher auch als eigene Arten betrachtet wurden.

1. **Pritzelago alpina** (L.) O. Kuntze 1891
Hutchinsia alpina (L.) R. Brown 1812; *Lepidium alpinum* L. 1756
Alpen-Gemskresse

Ausdauernd mit dünnem, verzweigtem Rhizom; Stengel 5–15 cm hoch, meist blattlos; Pflanze kahl oder mit verzweigten und einfachen Haaren. Blätter in grundständiger Rosette, fiederteilig, mit 5–9 lanzettlichen bis eiförmigen Abschnitten, Endabschnitt

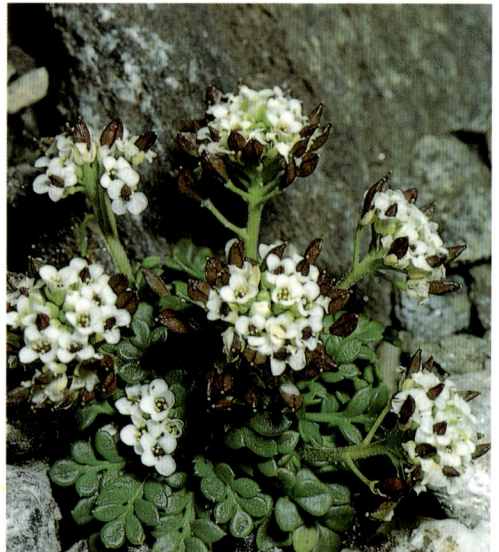

Alpen-Gemskresse *(Pritzelago alpina)*
Val d'Isère, 14. 7. 1992

Hornungia petraea (L.) Reichenb. 1837
Hutchinsia petraea (L.) R. Brown 1812;
Lepidium petraeum L. 1753
Felsen-Gemskresse, Zwerg-Steppenkresse, Steinkresse

Einjährige, zierliche, nur 2–15 cm hohe Pflanze. Blätter fiederteilig, die unteren in Rosette und gestielt, die Stengelblätter sitzend. Pflanze fast kahl oder mit kurzen, verzweigten Haaren. Kronblätter bis 1 mm, kaum länger als die Kelchblätter, weiß. Schötchen 2–3 mm lang, elliptisch bis eiförmig; Klappen mit deutlichem Mittelnerv; Narbe fast sitzend, Ausrandung an der Spitze des Schötchens nicht überragend; pro Fach 1–2 Samen.

Die Art ist mediterran-subatlantisch verbreitet und kommt vor allem auf kalkreichen, trockenen Standorten vor wie Felsen, Erdanrisse und ähnliche steinige, flachgründige Standorte. *H. petraea* ist meist vergesellschaftet mit anderen frühjahrsblühenden Therophyten wie *Saxifraga tridactylites, Thlaspi perfoliatum, Cerastium*-Arten. Die Art kann als Charakterart des Cerastietum pumili betrachtet werden.

Die Art wurde in neuerer Zeit in einigen Floren (OBERDORFER 1962, HESS u. LANDOLT 1970, GARCKE 1972) auch aus dem badischen Oberrheingebiet für den Kaiserstuhl angegeben. Die Angabe wird von OBERDORFER in den späteren Auflagen seiner Flora nicht mehr wiederholt. Sie ist nach mündlicher Mitteilung von G. PHILIPPI aufgrund einer unrichtigen Meldung in die Floren gelangt.

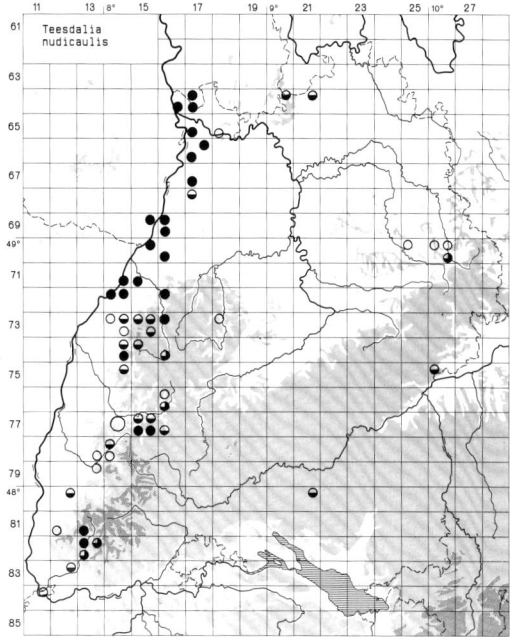

32. **Teesdalia** R. Brown 1812
Bauernsenf

Die Gattung besteht aus 2 Arten, von denen *T. nudicaulis* bei uns vorkommt. Die andere Art, *T. coronopifolia*, ist eine südeuropäische Pflanze.

1. **Teesdalia nudicaulis** (L.) R. Brown 1812
Iberis nudicaulis L. 1753
Nacktstengeliger Bauernsenf

Morphologie: Einjährig, meist mit mehreren bis zahlreichen, bogig aufsteigenden, unverzweigten, 5–25 cm hohen Stengeln; Pflanze kahl, nur an den Blatträndern öfters mit einfachen Haaren. Grundständige Rosette aus ± langgestielten, rundlichen bis spatelförmigen oder häufiger leierförmig fiederteiligen Blättern, 1–4 cm lang; Stengelblätter fehlend oder nur 1–3 kleine, bis etwa 1 cm lange, schmale, ganzrandige bis fiederspaltige Blätter vorhanden. Blütentraube anfangs fast doldendartig, fruchtend meist 3–7 cm lang. Kelchblätter 0,5–1 mm lang, schmal weiß hautrandig, breit eiförmig. Kronblätter weiß, ungleich, äußere 1,5–2 mm lang, etwa doppelt so lang wie Kelch, innere 0,5–1 mm lang. Schötchen verkehrt-herzförmig, am Rand im oberen Teil schmal geflügelt, etwas löffelförmig gebogen, 3–4 mm lang; Stiel 3–5 mm lang, annähernd waagrecht, oft leicht gekrümmt, an der Spitze auffallend verbreitert; Griffel 0,2 mm lang; pro Fach 2 Samen. – Blütezeit: April bis Juni.

Ökologie: Bevorzugt kalkfreie, nährstoffarme, ziemlich trockene, sandige bis grusige Böden; vor allem in Therophyten-Fluren, in offenen Sandrasen und in mageren Ackerunkraut-Gesellschaften vorkommend; gilt nach KORNECK (1978) als Ordnungscharakterart der Thero-Airetalia (Kleinschmielen-Rasen), während sie in reinen Ausbildungen der Corynephoretalia (Silbergrasfluren) weitgehend fehlt. Häufige Begleiter sind *Rumex acetosella, Aira praecox, Jasione montana, Spergula morisonii, Spergula arvensis* (Äcker), *Scleranthus annuus, Potentilla argentea, Ornithopus perpusillus, Arnoseris minima, Arabidopsis thaliana, Erophila verna* agg.; Tabellen mit pflanzensoziologischen Aufnahmen u.a. bei PHILIPPI (1973: Tab. 1 und 2) für mittelbadische Sandfluren, bei J. u. M. BARTSCH (1940: Tab. 6 und 9) und OBERDORFER (1938: Tab. 10/5) für Pionierfluren auf grusigen Granitböden an Wegböschungen bzw. Lämmersalat-Ackerunkrautgesellschaft.

Allgemeine Verbreitung: Westliches und mittleres Europa nach Osten bis Weißrußland, ferner Teilareale in Süditalien und Jugoslawien; ± subatlantisches Florenelement.

Verbreitung in Baden-Württemberg: Nur in Landschaften mit kalkarmen Sand- oder Silikatverwitte-

Nackstengeliger Bauernsenf *(Teesdalia nudicaulis)*

rungsböden, vor allem mittleres und nördliches Oberrheingebiet, Odenwald, Schwarzwald und östlicher Schwäbischer Wald, ziemlich selten. Früher war die Art stellenweise etwas häufiger, z.B. bei Freiburg nach NEUBERGER (1912) auf Sandboden ziemlich verbreitet.

Die tiefsten Vorkommen befinden sich bei Mannheim bei 95 m, die höchsten wurden bisher im Schwarzwald bei den Rabenfelsen bei Oberböllen (8113/3) bei 1030 m (PHILIPPI um 1981) notiert.

Die Art wird schon bei ROT (1798: 110) „um Mülheim" (8111?) erwähnt.

Nur die Vorkommen außerhalb des Oberrheingebiets und des Schwarzwaldes werden hier einzeln aufgeführt:
Odenwald: 6420/2: Ernstal, BRENZINGER (1904: 399); 6421/2: Hettigenbeuren, BRENZINGER (1904: 399).
Neckarland: 7025/1: Vorhardsweilerhof bei Untergrönin-

gen, 1853, KEMMLER (STU); 7026/1: Lindenhof, herb. SCHÜZ (STU); 7026/2: Scheuenhof, KIRCHNER u. EICHLER (1900), SCHNIZLEIN u. FRICKHINGER (1848); 7026/4: Buch bei Ellwangen, 1962, KNAUSS (STU); Saverwang, 1938, MAHLER (STU-K).
Schwäbische Alb: 7526/1: Jungingen, 1936, unbeständig, K. MÜLLER (STU u. 1950: 101).
Alpenvorland: 8021/2: Schwarzes Moos bei Mengen, 1910, BERTSCH (STU).

Bestand und Bedrohung: Ein Teil, der als nicht mehr aktuell eingetragenen Vorkommen dürfte erloschen sein. Angesichts der intensiven Herbizidanwendung und Düngung der Äcker und der allgemein zunehmenden Eutrophierung von mageren Standorten ist die Art in der Roten Liste 1983 als gefährdet (Stufe 3) eingeordnet. Erhaltungskulturen in Ackerunkraut-Reservaten sind empfehlenswert.

33. Thlaspi L. 1753;

incl. *Microthlaspi* F.K. Meyer 1973,
Noccaea C. Moench 1802
Hellerkraut, Täschelkraut

Einjährige, mehrjährige und ausdauernde, krautige Pflanzen, meist kahl, selten mit einfachen Haaren. Stengel einfach oder verzweigt. Zumindest ein Teil der Stengelblätter herz- bis pfeilförmig stengelumfassend; Blätter stets ungeteilt, ganzrandig oder gezähnt. Blütenstand reichblütige Trauben mit kleinen Blüten; Kelchblätter ungesackt, schräg abstehend; Kronblätter bei den baden-württembergischen Arten weiß. Nektarien 4, je 2 an den Basen der beiden seitlichen Staubblätter; mediane Nektarien fehlend. Frucht ein verkehrt-eiförmiges, herzförmiges oder fast kreisrundes, ± abgeflachtes Schötchen mit schmaler Scheidewand; Fruchtklappen kahnförmig, gekielt und ± breit geflügelt. Pro Fach 1–8 Samen.

Zu der Gattung in dem hier weit gefaßten Sinn gehören etwa 60 Arten, die in den gemäßigten Zonen und in den tropischen Bergländern der Erde mit Schwerpunkt in Eurasien vorkommen. F. K. MEYER (1973) hat die Gattung vor allem aufgrund von Unterschieden in der Anatomie der Samenschale in insgesamt 12 Gattungen aufgeteilt. In der von ihm eng gefaßten Gattung *Thlaspi* verbleiben nur noch 6 Arten. Dazu gehören von unseren baden-württembergischen Arten *Thlaspi arvense* und *alliaceum*.

1 Pflanze einjährig, ohne sterile Blattrosetten, Griffel bis 0,7 mm lang 3
– Pflanze mehrjährig bis ausdauernd, mit sterilen Blattrosetten, zerrieben ohne Lauchgeruch; Stengel rund; Griffel 0,7–2 mm lang 2
2 Staubbeutel violett; Kronblätter 2–4 mm lang; Rhizom ohne ausläuferartig verlängerte Triebe . .
                                    3. *Th. caerulescens*
– Staubbeutel gelb; Kronblätter 5–8 mm lang; Rhizom oft mit ausläuferartig verlängerten Trieben .
                                    4. *Th. montanum*
3 Stengel rund; Pflanze ohne Lauchgeruch; Stengelblätter herzförmig stengelumfassend, blaugrün; Schötchen 5–7 mm lang . . . 2. *Th. perfoliatum*
– Stengel kantig oder rillig; Pflanze zerrieben mit Lauchgeruch; Stengelblätter pfeilförmig stengelumfassend 4
4 Schötchen stark abgeflacht, fast kreisrund, bis zum Grund breit geflügelt, 12–18 mm lang . . .
                                    1. *Th. arvense*
– Schötchen verkehrt-eiförmig, mit stark gewölbten Flächen, schmal geflügelt, 6–8 mm lang; sehr selten eingeschleppt . . . . [*Th. alliaceum*]

1. Thlaspi arvense L. 1753
Acker-Hellerkraut, Acker-Täschelkraut

Morphologie: Ein- bis zweijährig; Pflanze kahl, zerrieben mit Lauchgeruch; Stengel aufrecht, meist verzweigt, kantig, 15–40 cm hoch. Blätter mit Ausnahme der untersten sitzend, pfeilförmig stengelumfassend, länglich bis schmal verkehrt-eiförmig, ganzrandig oder gezähnt. Traube reichblütig. Kelchblätter elliptisch, 2–2,5 mm lang. Kronblätter weiß, länglich keilförmig, abgerundet bis schwach ausgerandet, 3–5 mm lang. Schötchen auf 7–15 mm langen, fast waagrechten Stielen, fast kreisrund, 12–18 mm lang, ringsum breit geflügelt, stark abgeflacht, an der Spitze mit tiefem, sehr schmalem Einschnitt; Griffel nur 0,3–0,5 mm lang; pro Fach mit 4–7 dunkelbraunen, bogig gerieften, ellipsoidischen Samen. – Blütezeit: April bis Juni, manchmal bis September.

Ökologie: Mäßig trockene bis frische, nährstoff- und basenreiche, lehmige bis tonige Böden bevorzugend; vor allem in Acker-Unkrautfluren, aber auch in Ruderalfluren auf Erdaufschüttungen, Schuttplätzen usw.; häufig in Begleitung von *Sinapis arvensis, Papaver rhoeas, Alopecurus myosurioides, Veronica persica, Aethusa cynapium, Viola arvensis, Fumaria vaillantii, F. officinalis* u. v. a.

Allgemeine Verbreitung: Mittelmeergebiet, gemäßigtes Eurasien, ferner im äthiopischen Hochland und synanthrop im gemäßigten Nordamerika;

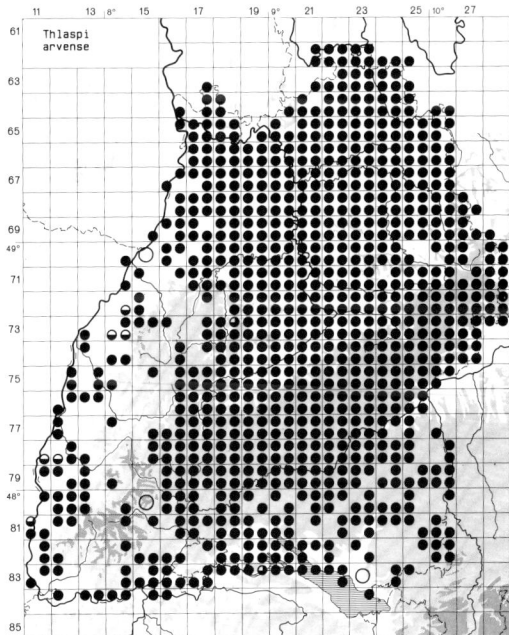

ursprüngliche Heimat vielleicht Vorderasien, mindestens seit dem Neolithikum in Mitteleuropa vorhanden.

Verbreitung in Baden-Württemberg: Verbreitet und in den meisten Landschaften auch häufig, im Schwarzwald und Teilen des Alpenvorlandes nur zerstreut.

Die tiefsten Vorkommen sind bei Mannheim bei etwa 100 m, die höchsten auf der südwestlichen Albhochfläche bei Gosheim (7818) bei 990 m.

Die Art ist zumindest alteingebürgert und aus dem mittleren Subboreal von Langenrain (K. BERTSCH 1932) bzw. Siedlung Forschner am Federsee (RÖSCH 1984) nachgewiesen. Bei J. BAUHIN (1598: 170; 1602: 183) ist sie für „Äcker zwischen Boll und Teck" (7323–7422) angegeben.

Bestand und Bedrohung: Die Art ist nicht bedroht, auch wenn ihre Häufigkeit in den Äckern durch die chemische Unkrautbekämpfung in den letzten Jahrzehnten sicher abgenommen hat.

Thlaspi alliaceum L. 1753
Lauch-Hellerkraut, Lauch-Täschelkraut

Einjährige Pflanze mit Lauchgeruch; Stengel aufrecht, einfach oder verzweigt, rillig, 20–60 cm hoch, basal jung etwas behaart. Blätter verkehrt-eiförmig bis schmal länglich, die unteren in den Stiel verschmälert, die mittleren und oberen stengelumfassend mit lanzettlichen, etwas spreizenden Öhrchen, blaugrün. Schötchen auf bis zu 20 mm langen Stielen, 6–8 mm lang, verkehrt-eiförmig, auf der unteren Seite stark, auf der oberen Seite mäßig gewölbt, Flügel schmal, an der Spitze den nur etwa 0,3 mm langen Griffel kaum überragend. Samen mit netzartigen Vertiefungen.

Diese Art kommt im nordmediterranen und atlantischen Europa und in den Bergländern Ostafrikas vor. Sie ist vor allem in Äckern anzutreffen. In Zentraleuropa wird sie aus Bayern bei Berchtesgaden und Ramsau und aus Österreich von Braunau aus den Tuxer Voralpen angegeben. Einige wenige, wohl unbeständige Vorkommen sind auch aus Baden-Württemberg gemeldet worden:
Oberrheingebiet: 6516/2: Mannheim, Hafen, 1881–1904, nach F. ZIMMERMANN (1907).
Hochrhein: 8318/1: Östlich Büsingen, 1975, nach ISLER-HUEBSCHER (1980); 8318/2: Am Rhein bei Gailingen und beim Staffelwald, 1975, nach ISLER-HUEBSCHER (1980).

2. Thlaspi perfoliatum L. 1753
Microthlaspi perfoliatum (L.) F. K. Meyer 1973
Durchwachsenblättriges Täschelkraut, Stengelumfassendes T. oder Hellerkraut, Öhrchen-Hellerkraut

Morphologie: Ein- oder zweijährig; mit dünner Pfahlwurzel; Stengel einfach oder von der Basis an verzweigt, 5–30 cm hoch; ganze Pflanze kahl und blaugrün. Grundständige Blätter eiförmig-spatel-

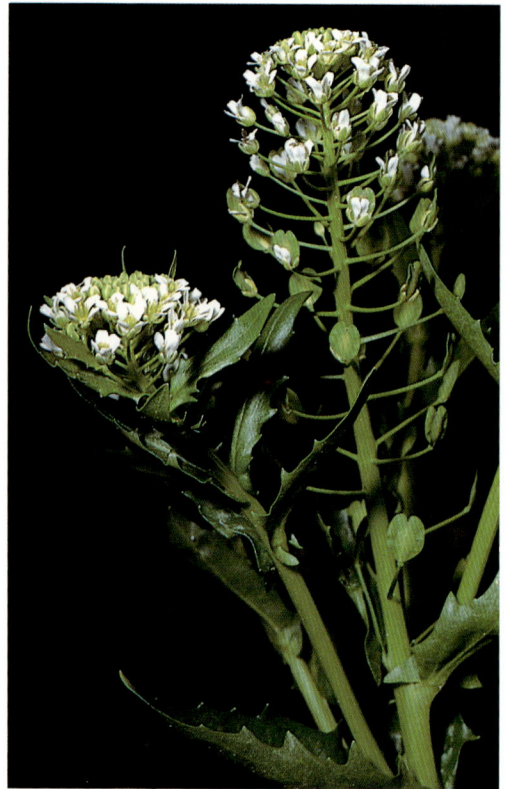

Acker-Hellerkraut *(Thlaspi arvense)*
Stuttgart, 1985

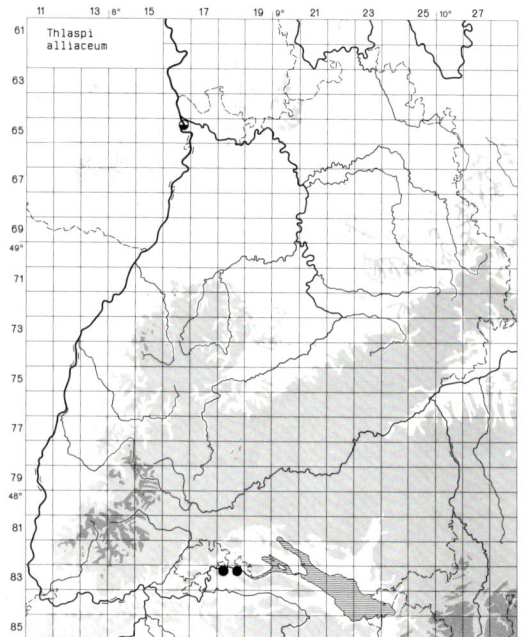

Öhrchen-Hellerkraut *(Thlaspi perfoliatum)*
Böblingen, 5. 5. 1992

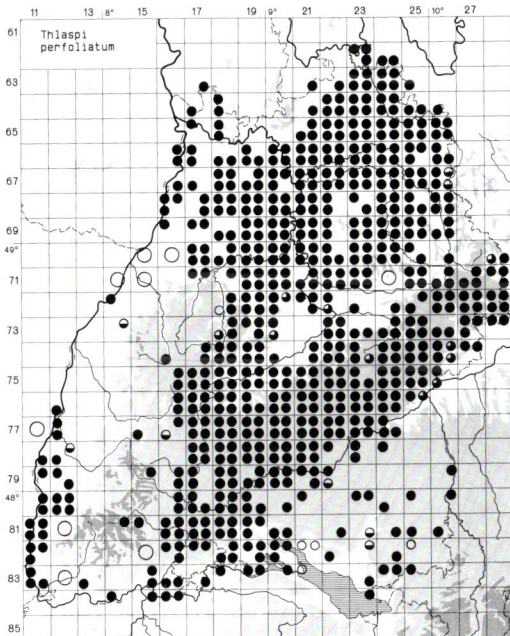

förmig in Stiel verschmälert, bis etwa 5 cm lang, oft bald verwelkend; Stengelblätter tief herzförmig stengelumfassend, eiförmig, etwas spitz, ganzrandig oder etwas gezähnelt, 0,7–3,5 cm lang. Blütentraube anfangs kurz und dicht. Kelchblätter 1,2–1,7 mm lang, länglich-elliptisch, weiß hautrandig. Kronblätter weiß, spatelförmig-länglich, 2–3 mm. Schötchen auf 5–9 mm langen, waagrechten Stielen, herzförmig, 5–7 mm lang, an der Spitze breit geflügelt mit deutlichem Randnerv; Griffel nur 0,2–0,7 mm lang, weit von den Flügeln überragt; je Fach meist 2–4 eiförmige, glatte Samen. – Blütezeit: März bis Juni.

Ökologie: Licht- und etwas wärmeliebende Art; auf trockenen bis mäßig frischen, basen- und oft auch kalkreichen Böden; bevorzugt in lückigen Trocken- und Halbtrockenrasen, auf Rohböden an Böschungen, Dämmen usw., auch in Äckern; gilt als Charakterart des Alysso-Sedion-Verbandes (Therophytenreiche Pioniergesellschaften), gern in Begleitung von *Erophila verna, Cerastium pumilum, Cerastium brachypetalum, Alyssum alyssoides, Arenaria serpyllifolia, Sedum* spec., *Calamintha acinos* u.a.; pflanzensoziologische Aufnahmen mit dieser Art u.a. bei Korneck (1975, Tab. 29), Witschel (1980, Tab. 3); Philippi (1983, Tab. 12, 14).

Allgemeine Verbreitung: Von Nordwestafrika und Spanien durch fast ganz Süd- und Mitteleuropa, durch das südliche Osteuropa und Kleinasien bis nach Zentralasien; synanthrop in Nordamerika; submediterran-kontinentales Florenelement.

Verbreitung in Baden-Württemberg: Meist verbreitet; in Landschaften mit weiter Verbreitung basenarmer Böden selten oder streckenweise fehlend, so vor allem im Odenwald, Schwarzwald und Teilen des Alpenvorlandes.

Tiefste Vorkommen im Raum Mannheim bei ca. 100 m, die höchsten auf der südwestlichen Schwäbischen Alb bei Gosheim (7818) bei 980 m.

Die Art ist schon in den älteren Landesfloren für manche Landschaften als häufig angegeben, so daß sie wohl als einheimisch zu betrachten ist. Sie konnte aber ihr Areal im Gefolge des Menschen sicher von Süden nach Norden beträchtlich ausdehnen. In der Literatur wird die Art schon bei Duvernoy (1722: 139) „ad muros vinearum port Hirsau" (Hirschau bei Tübingen, 7420) angeführt. Auch bei Harder ist sie von 1574–76 belegt (Schorler 1907: 90).

Bestand und Bedrohung: Die Bestände sind so zahlreich, daß eine Bedrohung nicht zu erkennen ist.

3. Thlaspi caerulescens J. & C. Presl 1819 subsp. *caerulescens*

Noccaea caerulescens (J. & C. Presl) F.K. Meyer 1973 subsp. *caerulescens; Thlaspi alpestre* auct. non Jacq. 1762

Gebirgs-Täschelkraut, Alpen-Hellerkraut

Das *Thlaspi alpestre*-Aggregat ist eine taxonomisch schwierige Gruppe nah verwandter, offenbar stets diploider (2n = 14) Sippen (s. A. POLATSCHEK 1966). Die in Baden-Württemberg vorkommenden Pflanzen dieses Aggregats müssen nach dem derzeitigen Kenntnisstand mit dem obigen Namen belegt werden.

Morphologie: Zwei- oder dreijährig, nach dem Blühen absterbend; mit verzweigtem, aber kurzem Rhizom, daher Blattrosetten meist dicht gedrängt; Pflanze mehrstengelig; Stengel einfach, seltener ästig, 10–30 cm hoch. Rosettenblätter spatelförmig, in ± langen Stiel verschmälert, 2–7 cm lang; Stengelblätter schmal länglich-elliptisch, stumpf oder spitz geöhrt, 0,8–2 cm lang; Blätter kahl, ganzrandig oder schwach gezähnt. Blütentraube anfangs kurz und dicht, fruchtend oft länger als der beblätterte Teil des Stengels. Kelchblätter elliptisch, hautrandig, oft etwas violett, etwa 1,5 mm lang. Kronblätter weiß, schmal keilförmig, abgerundet, etwa 3–3,5 mm lang. Antheren violett. Schötchen auf 6–9 mm langen, waagrechten bis leicht zurückgebogenen Stielen, schmal verkehrt-eiförmig, an der Spitze ausgerandet, 6–9 mm lang, im vorderen

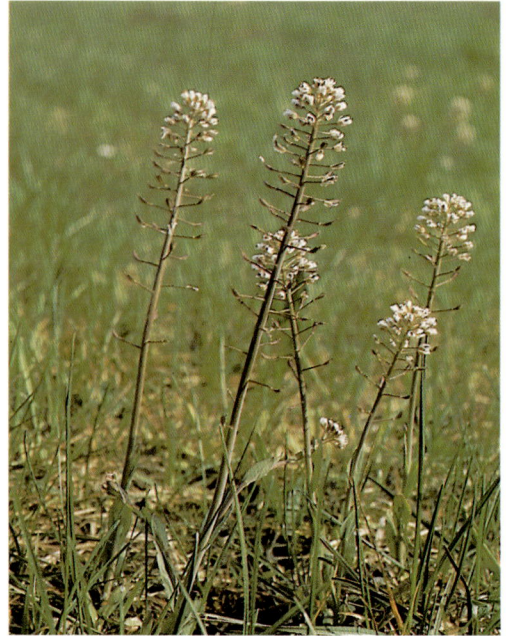

Gebirgs-Täschelkraut *(Thlaspi caerulescens)*
Bodenmöser bei Isny, 1983

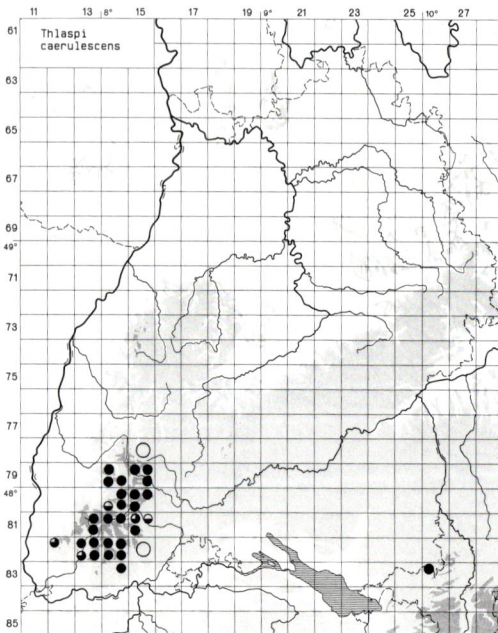

Teil Rand geflügelt und oft aufwärts gebogen, ohne kräftigen Randnerv; Griffel 0,7–1,5 mm lang, die Ausrandung meist deutlich überragend; Samen pro Fach 4–6, elliptisch. – Blütezeit: April bis Mai.

Ökologie: Auf kalkarmen, aber nährstoffreichen Böden; vor allem in Berg- und Flußtalwiesen; gilt als Charakterart des Polygono-Trisetion-Verbandes, vor allem in trockneren, mageren Ausbildungen.

Allgemeine Verbreitung: Lückenhaftes Areal im gemäßigten Bereich Europas, vorwiegend in der montanen und subalpinen Stufe.

Verbreitung in Baden-Württemberg: Zerstreut, oft gesellig im südlichen Schwarzwald, ferner im Alpenvorland bei Isny.

Die Höhenlage der Vorkommen schwankt zwischen etwa 500 m (Wiesental bei Wemberg) und etwa 1250 m (Rinken am Feldberg).

Der Name *Thlaspi alpestre* taucht zwar schon bei C.C. GMELIN (1808) in Landesfloren auf, doch bezog sich dieser Name wenigstens für die angegebenen badischen Fundorte auf Pflanzen, die in Wirklichkeit zu *Thlaspi perfoliatum* gehörten. Der erste Fund der Art für Baden gelang NEUBERGER im Mai 1900 beim Rinken am Feldberg (Mitt. Bad. Bot. Ver. 4: 200 (1900)). 1977 fand K.H. HARMS erstmals mehrere Pflanzen dieser Art im Alpenvorland bei Isny (Beleg in STU).

Schwarzwald: 7815/: ohne Ortsangabe (KR-K); 7914/1: Untersimonswald, 1986, KOCH (STU-K); 7914/3: Zwischen Haldenhof und Sägendobel, 1987, HÜGIN (STU-K); 7914/4: Bücklesmühle, 1985, (KR-K); Heiligenhof, 1986, PHILIPPI (KR-K); 7915/1: Zwischen Ladstadt und Alte Eck, 1988, HÜGIN (STU-K); 7915/2: Langenbach N Vöhrenbach, 1987, HÜGIN (STU-K); 7915/4: Vöhrenbach, 1987, HÜGIN (STU-K); 8014/2: Hinterstraß, 1986, PHILIPPI (KR-K); 8014/3: Posthalde im Höllental, SCHMIDT in SLEUMER (1934: 182); 8014/4: Löffeltal, 1987, PHILIPPI (KR-K); 8015/1: Zwischen Gantershof und Waldau, 1987, HÜGIN (STU-K); 8015/2: Untereisenbach, 1987, HÜGIN (STU-K); 8015/3: Ausgang Jostal bei Neustadt, 1987, HÜGIN (STU-K); 8113/2: Oberes Wiesental, WIRTH (1970: 341); 8113/4: Utzenfluh, 1955, LITZELMANN (1963: 474); E Gschwend, 1985, PHILIPPI (KR-K); 8114/1: Rinken beim Feldberg, 1900, NEUBERGER (1900: 200); 1986, HÜGIN (STU-K); 8114/2: Falkau, 1948/49, SCHURHAMMER (KR-K); 8115/1: Lenzkirch, BÄCHTHOLD (1963: 194); 8115/2: Wutachschlucht oberhalb Stallegg, 1939, OBERDORFER (1949: 40); 8115/3: N Ort Schluchsee, BÄCHTHOLD (1963: 194); 8212/1: Marzell-Blauen, 1953–55, PFUNDER in LITZELMANN (1963: 474); 8213/1 + 3: Wiesental von Schönau bis Zell, WIRTH (1970: 391), 1951, BINZ (1956); Schönau, 1988, WIRTH (STU-K); 8213/2: NW Präg (KR-K); 8213/4: Schwarzenbach SW Todtmoos, 1987, HÜGIN (STU-K); 8214/1: Albtal-Stausee, 1988, WIRTH (STU-K); 8214/2: Blasiwald-Sommerseite, 1987, HÜGIN (STU-K); 8214/3: Ober-Ibach, 1973, LITZELMANN (STU); 8214/4: Schlageten, 1954, THOMMA (1972); zwischen Wittenschwand und Ruchenschwand, 1961, LITZELMANN (1963: 474); 8215/: o.O., SCHUHWERK (STU-K); 8314/2: Immeneich, 1954, THOMMA (1972); Niedermühle, 1988, WIRTH (STU-K). Alpenvorland: 8326/1: Bodenmöser bei Isny, 1977, HARMS (STU).

Bestand und Bedrohung: Die Art kommt zwar nur in einem kleinen Gebiet bei uns vor. Trotzdem scheint sie nicht besonders gefährdet zu sein. Im Schwarzwald breitet sich die Art offensichtlich noch weiter aus. Ihre Vorkommen sind teilweise recht umfangreich und liegen meist in Mähwiesen. Die Art erträgt Mähen ab Ende Juni. Sie ist in der Roten Liste nicht enthalten.

4. Thlaspi montanum L. 1753
Noccaea montana (L.) F.K. Meyer 1973
Berg-Täschelkraut, Berg-Hellerkraut

Morphologie: Ausdauernd; mit dünner, unterirdisch, manchmal auch oberirdisch kriechender, verzweigter Grundachse, an deren Triebspitzen blühende und sterile Rosetten eiförmiger bis spatelförmiger, in ± langen Stiel verschmälerter, ganzrandiger oder leicht gezähnelter, wintergrüner, 2–5 cm langer Blätter; sterile Rosetten im zweiten Jahr blühend. Pro Rosette ein oder mehrere, unverzweigte, runde, kahle, 5–25 cm hohe, aufsteigende bis aufrechte Blütenstengel. Stengelblätter zu 3–8, sitzend, mit meist herzförmig geöhrter Basis, ellip-

tisch bis eiförmig, 0,5–2 cm lang. Blütentraube anfangs fast doldenartig, später auf 5–15 cm Länge gestreckt. Kelchblätter 2–3 mm lang, elliptisch, grün, mit weißem Hautrand, seitliche nicht deutlich gesackt, ± spreizend. Kronblätter weiß, spatelförmig, 5–8 mm lang. Antheren gelb. Schötchen auf 5–10 mm langen, waagrechten Stielen, verkehrtherzförmig, 5–8 mm lang, 4–7 mm breit, an der Spitze etwa 1,5 mm breit, basal schmäler geflügelt, obere Seite abgeflacht, untere gewölbt; pro Fach 1–5 Samen; Griffel 1–2 mm lang. – Blütezeit: April bis Juni.

Ökologie: Lichtliebend; auf trockenen bis mäßig frischen, basen- oft auch kalkreichen, flachgründigen, steinigen Böden; in lichten Kiefernwäldern, in Seggen- und Blaugras-Buchenwäldern, wärmeliebende Eichenmischwäldern, Saumgesellschaften (Steppenheide), Halbtrockenrasen, Blaugras-Halden, Schildampfer-Fluren; häufige Begleiter sind u.a.: *Sesleria varia, Carex alba, Carex montana, Carduus defloratus, Rubus saxatilis, Anthericum ramosum, Teucrium montanum, Cynanchum vincetoxicum, Brachypodium pinnatum*; Beispiele pflanzensoziologischer Aufnahmen z.B. bei WITSCHEL (1980: Tab. 11, 16, 30), WITSCHEL (1984: Tab. 1), OBERDORFER (1949: Tab. 11), SEBALD (1983; Tab. 3, 4, 9).

Allgemeine Verbreitung: Ein stark zerstückeltes Areal von den Pyrenäen über Frankreich, Belgien, Mitteldeutschland, Böhmen, bis nach Ungarn im

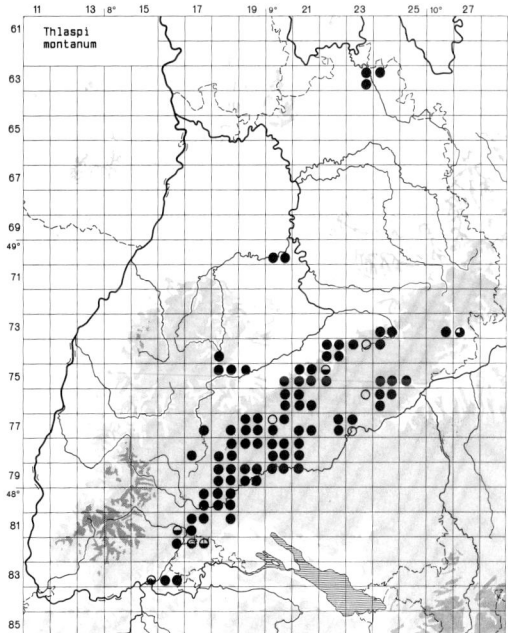

293

Berg-Täschelkraut *(Thlaspi montanum)*
Fridingen/Donautal, 1986

Osten, Franz. und Schweizer Jura, West- und Ostalpen; die Verbreitungskarte bei H. MEUSEL u.a. 1965 (K 180b) ist nach A. POLATSCHEK (1966) revisionsbedürftig, die Art dürfte in Jugoslawien fehlen. Die Art ein mitteleuropäisch-praealpines Florenelement.

Verbreitung in Baden-Württemberg: Auf der Schwäbischen Alb ziemlich verbreitet, sonst selten, nur noch im Main-Tauber-Gebiet, bei Markgröningen im Neckarland, am oberen Neckar und im Wutachgebiet.

Die niedersten Vorkommen liegen im Tauber-Gebiet bei Werbachhausen (6324) in 220 m Höhe, die höchsten auf der südwestlichen Alb am Hochberg (7818) bei 1008 m.

Die Art ist im Land sicher urwüchsig. In der Literatur wird sie schon bei CORDUS (1561: 222a) mit „Thlaspi quoddam minutum multis ab una radice ramulis flore candido, numeroso" aus Württemberg angeführt.

Main-Tauber-Gebiet: 6323/2: Apfelberg und Großholz, nach 1970, PHILIPPI (KR-K); 6323/4: Stammberg, nach 1970, PHILIPPI (KR-K); 6324/1: Werbachhausen, nach 1970, PHILIPPI (KR-K), KNEUCKER (1882).
Neckarland: 7020/3 + 4: Rotenacker Wald bei Markgröningen, 1975, ARNOLD (STU-K), 1911, FEUCHT (STU);

7418/3: Ziegelberg bei Iselshausen, 1986, WREDE (STU-K), 1963, BAUR (STU); 7518/1: Eutinger Tal bei Horb, 1971–75, FILZER (STU-K); 7518/2: Urnburgtal, 1982, WREDE (STU-K); 7519/1: Rommelstal, 1960, WREDE (STU-K), 1904, GRADMANN (STU); 7717/4: Tierstein, 1978, ADE (STU-K); 7817/3: Eschachtal, 1985, ADE (STU-K), 1961 (BZ-Exkurs.-ber.). Die nie bestätigte Angabe für Wurmberg (7118/2) bei KIRCHNER u. EICHLER (1913) wurde in der Karte weggelassen, andere dort und bei EGM (1927) genannte Orte könnten mit oben schon aufgeführten Fundorten identisch sein.
Schwäbische Alb: Ziemlich verbreitet vom Schaffhauser Randen bis etwa zur Linie Geislingen-Ulm, östlich davon nur noch vereinzelte Vorkommen: 7326/4 + 7327/3: Eselsburger Tal und Buigen. Ein Vorkommen (Ruine Hochhaus in 7228/2) liegt schon in Bayern.

Angaben für den Raum Unterkochen (7126) sind bis jetzt nicht belegt (s. SCHÜBLER u. MARTENS 1834), könnten aber zutreffen.
Wutachgebiet: 8116/4: „Hardt" S Mundelfingen, 1939, SCHURHAMMER in OBERDORFER (1949: Tab. 11); 8117/3: Fuetzen, KUMMER (1941); 8216/2: Grimmelshofen, WITSCHEL (1980: Tab. 6/1); 8316/3: Birnberg bei Grießen, WITSCHEL (1980: Tab. 30/6); 8316/4: Hornbuck bei Riedern, 1970, THOMMA (1972); 8315/4: Küssaberg, BECHERER u. KOCH (1923: 261).
Hegau: 8218/2: Hohentwiel, A. MAYER (1929). Bisher nicht bestätigt, deshalb in Karte weggelassen.

Bestand und Bedrohung: Die Art ist allgemein nicht gefährdet, doch bedürfen insbesondere die isolierten Vorkommen außerhalb der Alb einer Schonung. In der Roten Liste 1983 wurde sie in die Kategorie 5 eingestuft. In mehreren Naturschutzgebieten der Schwäbischen Alb finden sich Vorkommen dieser Art. Sie erträgt Mähen ab Mitte Juni.

34. **Aethionema** R. Brown 1812
Steintäschel

Die Gattung umfaßt etwa 40 Arten mit einem Zentrum in Anatolien. Nur eine Art, *Aethionema saxatile,* kommt auch in Mitteleuropa vor.

Aethionema saxatile (L.) R.Br. 1812
Steintäschel, Felsen-Steinkresse

Das Steintäschel ist eine im nördlichen Mittelmeerraum verbreitete Art von Spanien bis Griechenland. Die Art stößt nach Norden bis in die Alpen vor und kommt entlang der Flüsse auch im nördlichen Alpenvorland in Bayern vor.

Von *Aethionema saxatile* (L.) R.Br. gibt es in der Literatur einige zweifelhafte Fundortsangaben für Baden-Württemberg. THELLUNG in HEGI (1919) nennt 3 Fundorte:
1. Donaufeld bei Tuttlingen, 1882, verschleppt, nach KIRCHNER u. EICHLER (1900). Diese Angabe wird auch von BERTSCH (1933) übernommen. Sie ist nicht durch einen Beleg oder Bestätigung abgesichert.
2. „Im Fürstenbergischen bei Geisingen und

3. zwischen Engen und Kriegertal 1814 nicht selten." Die beiden letzten Angaben wurden von C.C. GMELIN (1826) publiziert. Sie sind seither nicht bestätigt worden. Belege fehlen ebenfalls.

Diese Fundorte wurden noch von A. BRESINSKY (1965) in eine Verbreitungskarte übernommen. Vermutlich sind diese 3 Angaben Verwechslungen mit *Thlaspi montanum*, das auf der Alb zwischen Tuttlingen, Geisingen und Engen nicht allzu selten ist. Diese Art hat eine gewisse Ähnlichkeit mit *Aethionema saxatile*.

Ferner gibt es eine alte, aber durch einen Beleg in München abgesicherte Fundortsangabe auf der bayerischen Seite des Illertals bei Heimertingen. In neuerer Zeit wurde diese Art dort und im übrigen Allgäu von E. DÖRR (1974) trotz 20jähriger Suche nicht mehr gefunden. Fazit: Ein Vorkommen dieser Art in Baden-Württemberg ist nicht belegt, wäre aber früher im Illertal am ehesten möglich gewesen.

35. **Iberis** L. 1753
Schleifenblume, Bauernsenf

Einjährige bis halbstrauchige Pflanzen mit beblättertem, kantigem Stengel, kahl oder mit einfachen Haaren. Blütenstand doldentraubig oder traubig. An den randlichen Blüten die beiden äußeren Kronblätter oft vergrößert, weiß, rosa oder violett. Schötchen abgeflacht, mit schmaler Scheidewand; Klappen gekielt, der Spitze zu ± geflügelt; Samen einzeln pro Fach; Griffel ziemlich lang.

Die Gattung besteht aus rund 30, vorwiegend im Mittelmeergebiet beheimateten Arten. Einige dieser

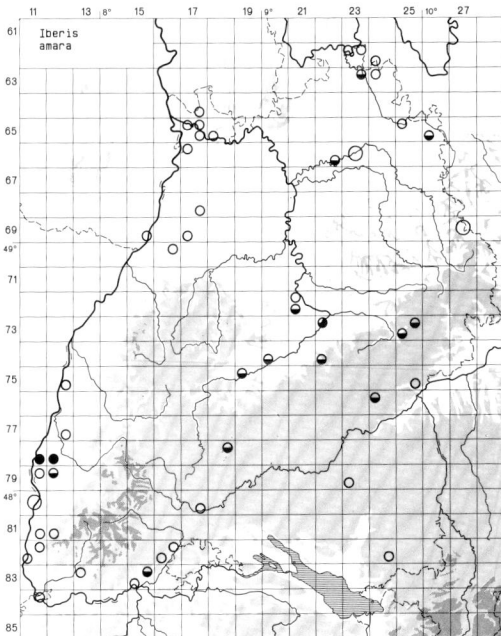

Arten sind Zierpflanzen, die gelegentlich als Gartenflüchtlinge auftreten. Nur *I. amara* hatte sich auch als Ackerunkraut stellenweise eingebürgert.

1 Ausdauernde, halbstrauchige und wintergrüne, weiß blühende Pflanzen 2
– Ein- bis zweijährige Kräuter, weiß, rosa oder violett blühend 3
2 Schötchen breiter als lang, sehr schmal geflügelt; Blätter spatelig, untere 7–18 mm breit . . . . . .
[I. semperflorens L.]
(Zierpflanze; Heimat: Sizilien und westliches Italien)
– Schötchen etwas länger als breit, breit geflügelt; Blätter lineal-spatelig, bis 5 mm breit . . . .
[I. sempervirens L.]
(Zierpflanze; Heimat: Mittelmeergebiet)
3 Blätter lanzettlich-lineal, spitz, ganzrandig oder sehr schwach gezähnt; Blütenstand auch zur Fruchtzeit eine dichte Doldentraube mit aufwärts gerichteten Fruchtstielen; Kronblätter rosa bis violett . . . . *[I. umbellata* L.]
(Zierpflanze; Heimat: Mittelmeergebiet; nicht selten unbeständig verwildert)
– Blätter fiederlappig bis fiederteilig, wenn ungeteilt keil- bis spatelförmig, stumpf; Blütenstand zur Fruchtzeit Doldentraube oder eine Traube; untere Fruchtstiele ± abstehend 4
4 Blätter mit 1–3 Paar linealen Abschnitten und linealem Mittelteil; Fruchtstand eine Doldentraube oder kurze Traube; Blüten weiß oder lila; sehr selten eingeschleppt . . . . *[I. pinnata* L.]
– Blätter keil- bis spatelförmig, entfernt stumpfzähnig bis fiederteilig; Fruchtstand traubig; Blüten meist weiß, selten blaßviolett . . . . 1. *I. amara*

1. **Iberis amara** L. 1753
Bittere Schleifenblume, Bitterer Bauernsenf, Acker-B.

Morphologie: Einjährig bis zweijährig, mit aufrechtem, 10–40 cm hohem, meist verzweigtem, oft kurzhaarigem Stengel. Kelchblätter breit elliptisch, 1,5–2 mm lang. Kronblätter verkehrt-eiförmig, in kurzen Nagel zusammengezogen, 3–10 mm lang. Blütenstand anfangs doldentraubig, später verlängert; mit abstehenden, 4–12 mm langen Fruchtstielen. Schötchen fast kreisrund, 4–7 mm lang und 4–6 mm breit, von der Basis an mit schmalem, allmählich breiterem Flügel; Flügellappen spitz; Ausrandung spitz- bis stumpfwinklig; Griffel 1–2 mm lang; Narbe kaum breiter.
Biologie: Blüte von Mai bis August. Die vergrößerten Kronblätter bilden einen Schauapparat zur Anlockung von Insekten.
Ökologie: Licht- und sommerwärmeliebende Art auf trockenen, meist kalkreichen, kiesigen oder steinigen Lehmböden; früher als Ackerunkraut im Bereich des Caucalidion-Verbandes; heute eher ver-

Bittere Schleifenblume *(Iberis amara)*
Schelingen/Kaiserstuhl, 1955

schleppt in Ruderalfluren in Kiesgruben, auf Kiesbänken, an Flußufern, auf Erdaufschüttungen, auch in Trockenrasen (s. SLEUMER 1934: 206, Aufn. 9) oder lichten Kiefernforsten.

Allgemeine Verbreitung: Die Art ist ein westeuropäisch-atlantisches Florenelement mit einer Ostgrenze im westlichen Mitteleuropa.

Verbreitung in Baden-Württemberg: Früher offenbar im Oberrheingebiet, im Tauber-Maingebiet und am Hochrhein bis zum Randen stellenweise als Akkerunkraut nicht selten. In neuerer Zeit nur noch sehr selten und unbeständig, wohl auch verwildert aus Gärten, an Ruderalstandorten anzutreffen. Entsprechend ihrer früheren Verbreitung wird die Art schon in den ältesten badischen Landesfloren (C. C. GMELIN 1808) aufgeführt, während sie z.B. bei SCHÜBLER u. MARTENS (1834) für Württemberg nicht erwähnt wird. Die späteren Angaben aus Württemberg in den Floren beziehen sich fast nur auf verwilderte oder verschleppte Vorkommen. Die höchsten Vorkommen (früher) waren im Wutachgebiet bei 670 m und im benachbarten schweizerischen Randengebiet bei etwa 850 m, die tiefsten bei etwa 100 m im Raum Heidelberg-Mannheim.

Oberrheingebiet: 6417/4: Weinheim, SEUBERT u. KLEIN (1905); 6517/1: Seckenheim, SEUBERT u. KLEIN (1905); 6517/2: Ladenburg, SEUBERT u. KLEIN (1905); 6517/4: Eppelheim, Wieblingen, SEUBERT u. KLEIN (1905); 6518/3: Heidelberg, DÖLL (1862); 6617/1: Schwetzingen, SEUBERT u. KLEIN (1905); 6817/4: Bruchsal, DÖLL (1862); 6915/4: Daxlanden, DÖLL (1862); 6917/3: Grötzingen, GMELIN (1808); 7016/2: Turmberg bei Karlsuhe, GMELIN (1808); 7512/4: Ichenheim, SEUBERT u. KLEIN (1905); 7712/4: Ettenheimweiler, DÖLL (1862); 7811/4: Sponeck-Burkheim, SPENNER 1829; Mondhalde östl. Bischoffingen, SLEUMER (1934), 1985, K. MÜLLER (STU-K); 7812/3: Schelingen-Oberbergen, Kiechlinsbergen, SPENNER (1829); Scheibenbuck bei Schelingen, 1988, WILMANNS (STU-K); 7911/2: Burkheim-Rottweil, SPENNER (1829); 7912/1: Eichelberg, SPENNER (1829); Lilienhof, SLEUMER (1934); 8111/4: Müllheim, TROLL (STU); 8112/3: Sulzburg, DÖLL (1862); 8211/2: Vögisheim, Auggen, DÖLL (1862); Lipburg, GMELIN (1808); 8211/3: Rheinweiler, SEUBERT u. KLEIN (1905); 8411/2: Obertüllingen, 1898, MAYER (STU).

296

Hochrhein und Wutachgebiet: 8216/2: Stühlingen, vor 1900, PROBST in KUMMER (1941); zwischen Weizen und Lausheim, vor 1900, PROBST in KUMMER (1941); 8216/3: Zwischen Eberfingen und Mauchen, vor 1900, PROBST in KUMMER (1941); 8313/1: Kürnberg, 1898, MAHLER (1912: 139); 8315/2: Zwischen Aichen und Krenkingen häufig, LINDER (1905: 43); 8315/3: Waldshut, DÖLL (1862).

Main-Tauber-Gebiet: 6223/1: Wertheim, DÖLL (1862); 6223/2: Dertingen, SEUBERT u. KLEIN (1905); 6224/3: Henigswald bei Wenkheim, 1882–84, KNEUCKER (1890: 171); 6323/2: Apfelberg, SEUBERT u. KLEIN (1905), 1920–22, KNEUCKER (1922: 74); 6324/1: Wenkheim, SEUBERT u. KLEIN (1905); 6525/1: Weikersheim (STU-K EICHLER); 6526/3: Münster, 1917, HANEMANN (STU-K EICHLER).

Neckarland: 6622/4: Jagsthausen, 1910/26, HANEMANN (STU-K); 7221/1: Stuttgart-Berg, 1864, GMELIN (STU); 7221/3: Stuttgart-Hohenheim, GSCHEIDLE (STU); 7322/1: Unterensinger Baggersee, 1958, KNAUSS (STU); 7420/3: Tübingen, 1907, K. SCHLENKER (STU-K BERTSCH); A. MAYER (1929); 7519/1: Obernau, A. MAYER (1950).

Schwäbische Alb: 7325/2: Böhmenkirch, 1933, K. SCHLENKER (STU-K BERTSCH); 7325/3: Geislingen, 1931–34, K. SCHLENKER (STU-K BERTSCH); 7422/3: Dettingen/Erms, 1926, PLANKENHORN (STU); 7525/4: Lehrer Tal bei Ulm, 1903, HAUG (STU-K EICHLER); 7624/1: Schelklingen, 1939, MÜLLER (STU); 7818/2: Wehingen, 1921, BOLTER (STU); 8017/4: Geisingen-Gutmadingen, THELLUNG in HEGI (1914: 107).

Alpenvorland: 7923/3: Saulgau, Kiesgrube, 1898, BERTSCH (STU); 8224/4: Leupolz, RUF (STU-K EICHLER).

Bestand und Bedrohung: Als eingebürgertes Ackerunkraut scheint die Art erloschen zu sein (Rote Liste 1983: G 0). Im Kaiserstuhl konnten außerhalb von Äckern neuerdings zwei alte Fundorte

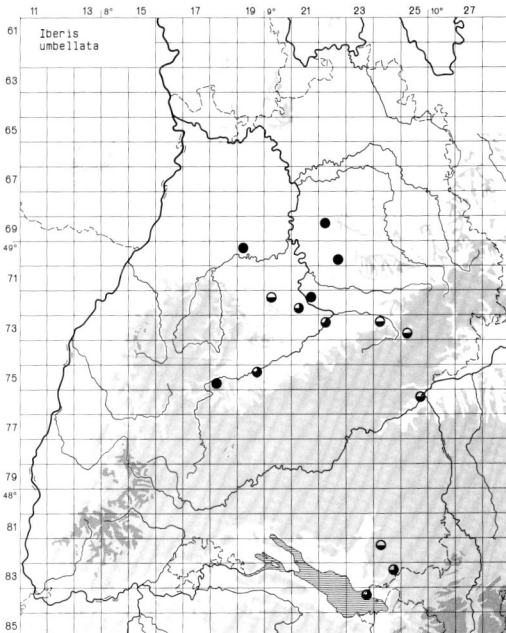

(7811/4, 7812/3) noch bestätigt werden. Aus Verwilderung oder Verschleppung hervorgegangene Vorkommen sind naturgemäß sehr unbeständig. Bei ihnen handelt es sich wohl oft um Abkömmlinge von Zierpflanzensorten, teilweise auch um Hybriden mit *Iberis umbellata*.

Iberis pinnata L.
Fiederblättriger Bauernsenf

Meist zweijährige, 15–30 cm hohe Pflanze aus Südeuropa und Kleinasien; sehr selten eingeschleppt, wahrscheinlich als Südfruchtbegleiter. Bisher aus Baden-Württemberg nur angegeben von:
7016/1: Karlsruhe, Hauptbahnhof, Güterabfertigung, 1935, JAUCH (1938: 98); 7525/4: Ulm, Güterbahnhof, 1931, 1933, K. MÜLLER (1935: 47).

36. Biscutella L. 1753
Brillenschötchen

Die Artenzahl der Gattung schwankt wegen der sehr unterschiedlichen Einstufung von Sippen zwischen 10 und etwa 40. Die Gattung kommt vornehmlich im Mittelmeergebiet und auf den Kanaren vor. In Baden-Württemberg kommt nur *B. laevigata* (in weiterem Sinne) vor.

1. Biscutella laevigata L. 1771
Glattes Brillenschötchen

Morphologie: Ausdauernde, oft mehrstengelige Pflanze mit verzweigtem, verholzendem, mehrköpfigem Rhizom. Haare einfach. Stengel aufrecht bis aufsteigend, 10–40 cm hoch, meist im unteren Teil etwas borstig behaart, oben fast kahl, meist in der oberen Hälfte verzweigt, selten auch von der Basis an. Grundständige Blätter ± rosettenartig, lang in Stiel verschmälert, verkehrt-lanzettlich, meist gezähnt, selten ganzrandig, bis etwa 12 cm lang, borstig behaart, am Rand 0,3–0,5 mm lang, selten bis 1 mm lang bewimpert. Stengelblätter nur wenige, ungestielt, meist ganzrandig, schmal länglich bis lineal, basal sehr kurz zusammengezogen oder leicht geöhrt. Blütenstand rispenartig, aus kurzen Trauben mehrfach zusammengesetzt. Kelchblätter eiförmig, 2,5–3 mm lang. Kronblätter gelb, verkehrt-eiförmig, abgerundet oder ausgerandet, 4–7 mm lang, basal in einen sehr kurzen Nagel zusammengezogen und beidseits mit einem stumpfen Zahn. Nektarien 6: mittlere halbellipsoidisch außen an den mittleren Staubblättern, seitliche kegelförmig, jeweils zu beiden Seiten der seitlichen Staubblätter. Schötchen auf abstehenden, 7–12 mm langen Stielen, 5–8 mm lang und 10–16 mm breit, stark abgeflacht und mit zwei fast runden, ringsum geflügelten, einsamigen, auch bei der Reife geschlossen bleibenden Hälften. Griffel 2–4 mm lang, die Ausrandung überragend. – Blütezeit: Mai bis Juli.

Variabilität: Bei der morphologisch sehr variablen Art gibt es diploide (2n = 18) und tetraploide (2n = 36) Sippen. Die diploiden Sippen kommen dabei vorwiegend außerhalb der Alpen, die tetraploiden dagegen vorwiegend im Alpenraum vor. An den Pflanzen aus Baden-Württemberg (oberes Donautal) ist von I. MANTON (1934) die Chromosomenzahl mit 2n = 18 festgestellt worden. Sie gehören nach I. MANTON (1934) und K. BERTSCH (1956, 1962) zu einer diploiden Sippe, die heute meist als Unterart eingestuft und als subsp. *varia* (Dumort.) Rouy et Fouc. (früher auch als *B. alsatica* Jord.) bezeichnet wird. Diese Sippe ist endemisch im westlichen Mitteleuropa und Ostfrankreich.

Die räumliche Trennung der diploiden und tetraploiden Sippen ist allerdings nicht allzu streng. So haben A. BRESINSKY und J. GRAU (1971) im bayerischen Alpenvorland neben diploiden Pflanzen auch tetraploide gefunden. Die tetraploiden werden der typischen Unterart subsp. *laevigata* zugeordnet, die diploiden der subsp. *kerneri* Mach.-Laur. 1926, einer ± praealpinen Sippe des östlichen Mitteleuropa, deren Westgrenze sich durch diese Funde bis in die Gegend von Kaufbeuren und Buchloe verschiebt. Diploide Pflanzen aus Nordbayern bringt P. SCHÖNFELDER (1968) in Verbindung mit

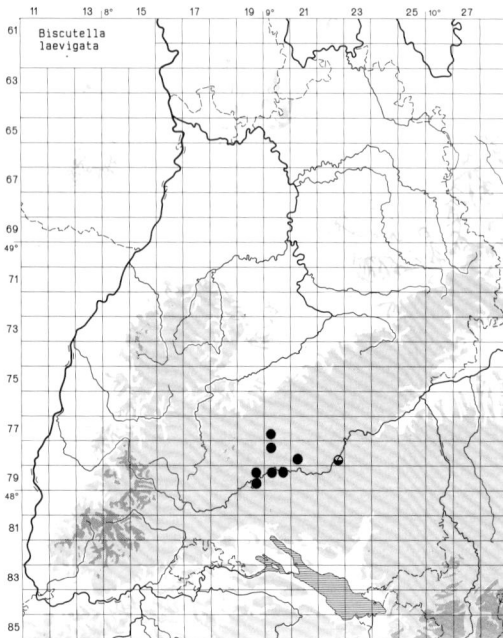

der subsp. *subaphylla* Mach.-Laur. 1926, eine im westlichen Mitteleuropa endemische Sippe. Diploide Pflanzen aus Süddeutschland werden also bisher drei verschiedenen, morphologisch nur schwach differenzierten Unterarten zugeordnet.

K. BERTSCH (1907, 1956) hat 1906 ein Vorkommen von *Biscutella* bei Neufra im Donautal oberhalb Riedlingen entdeckt, das standörtlich (quellige Wiese an einem flachen Nordhang) stark von den Fels- und Felsschuttstandorten des oberen Donautals abweicht. Er hält diese Pflanzen für ein Relikt der letzten Zwischeneiszeit und für eine besondere Sippe, die er als „Schwäbische Brillenschötchen" bezeichnet. In der dritten Auflage seiner Flora (K. BERTSCH 1962) wird die Sippe mit dem allerdings wegen fehlender lateinischer Diagnose oder Beschreibung nicht gültig veröffentlichten wissenschaftlichen Namen *B. suevica* bedacht. Das Vorkommen ist in der Zwischenzeit wohl wegen Aufforstung der Wiese erloschen, doch liegen die Originalbelege von BERTSCH in STU. Ein erneuter Vergleich dieser Belege mit den übrigen aus dem oberen Donautal ergab allerdings keine greifbaren Unterschiede, die jenseits der Variationsbreite der Belege aus dem oberen Donautal liegen würden.

Ökologie: Lichtliebend, auf sonnigen und absonnigen, trockenen bis frischen Standorten in Spalten, auf Bändern und auf Schutt von Kalkfelsen; auch in Rasengesellschaften auf Felsköpfen und Schutthalden, gern zusammen mit *Sesleria varia*; pflanzensoziologische Aufnahmen von moosreichen Schutthalden bei O. SEBALD (1980, Tab. 1/5, 11, 14, 15, Tab. 2/9–11), bei O. WILMANNS u. S. RUPP (1966, Aufnahmen 9, 12, 21) vom Diantho-Festucetum bzw. Drabo-Hieracietum.

Allgemeine Verbreitung: *B. laevigata* im ganzen ist in Südeuropa von den Pyrenäen bis zur Balkanhalbinsel und den Karpaten als submediterranpraealpines Florenelement verbreitet, in Mitteleuropa geht sie mit vereinzelten Vorkommen nach Norden bis Belgien, Hunsrück, Elbetal bis Magdeburg, Schlesien. Die Subspecies *varia* hat zerstreute Vorkommen in Ostfrankreich, Südost-Belgien, in Deutschland im Nahe- und Ahrtal und im oberen Donautal.

Verbreitung in Baden-Württemberg: Nur auf der Schwäbischen Alb im Bereich des oberen Donautales und einiger Nebentäler (Schmeietal, Laucherttal). Früher auch im Alpenvorland ein Vorkommen.

Die Vorkommen der Schwäbischen Alb liegen zwischen 600 m in Schutthalden unter den Lenzenfelsen im Donautal (7920/1) und 915 m Höhe am Öschlefels bei Ebingen (7720/3). Das Vorkommen

Glattes Brillenschötchen *(Biscutella laevigata)*
Neidingen, 1989

bei Neufra dürfte zwischen 530 und 560 m gelegen haben.

In den Landesfloren wird *B. laevigata* schon bei C.C. GMELIN (1808) für den Kaiserstuhl angegeben, eine wohl irrtümliche Angabe, die schon bei DÖLL (1843, 1862) nicht mehr auftaucht. Als Erster hat wohl C.A. RÖSLER (1839) die Art zwischen 1833 und 1838 auf „Halden bei Beuron" entdeckt (s. auch LECHLER (1844: 44) und MARTENS u. KEMMLER (1865)).

Eine frühere Fundortsliste von K. BERTSCH (1913: 185) enthält 11 Fundorte, die fast alle auch in der nachfolgenden Aufstellung noch enthalten sind. Es sind hier nur jeweils die letzten Bestätigungen der Fundorte genannt. Die Angabe von S. LEHNINGER in HEPP u.a. (1983: 323) aus dem Naturschutzgebiet Obere Steinach bei Tübingen wurde nicht in die Karte aufgenommen. Es könnte sich hier allenfalls um eine Ansalbung oder zufällige Verschleppung gehandelt haben.

Schwäbische Alb: 7720/3: Ebingen, Öschlefels, 1984, MAYER (STU-K); 7820/1: Mühlenfels, 1978, BURGHARDT (STU-K); 7821/3: Rappenfelsen, 1983, SCHERER (STU-K); 7919/2: Maurusfels, 1978, BURGHARDT (STU-K); Alt-

stadtfels, 1983, SCHERER (STU-K); Benedictushöhle, 1977, SEBALD (STU-K); 7919/4: Petersfelsen, 1983, SEBALD (STU-K); Paulsfelsen, 1978, SEBALD (STU-K); 7920/1: Bandfelsen, 1983, SCHERER (STU-K); Fachfelsen, 1985, SEBALD (STU-K); Hohler Felsen, 1983, SCHERER (STU-K); Bischofsfelsen, 1983, SCHERER (STU-K); Wagenburgfelsen, 1983, SCHERER (STU-K); Lenzenfelsen, 1983, SCHERER (STU-K); Schaufelsen, 1983, SCHERER (STU-K); Birkenau-Felsen, 1984, MAYER (STU-K); ferner an 3 weiteren, unbenannten Felsen, 1970–80, BURGHARDT (STU-K); 7920/2: Falkenstein, 1983, SCHERER (STU-K); Gebrochen Gutenstein, 1983, SCHERER (STU-K).
Alpenvorland: 7822/4: Neufra, nasse Quellwiese an einem Nordhang, 1906, K. BERTSCH (STU), erloschen wohl durch Biotopveränderung.

Bestand und Bedrohung: Die etwa 21 Vorkommen an Felsen und auf Felsschutt im oberen Donautal sind in ihrer Mehrzahl wegen ihres Standorts zwar nicht direkt gefährdet. Doch sollten sie wegen der Seltenheit der Art bei uns unbedingt geschont werden (Rote Liste 1983: G 4). *B. laevigata* gehört zu den nach der Bundesartenschutzverordnung vom 19. 12. 1986 besonders geschützten Pflanzenarten.

37. **Lepidium** L. 1753
Kresse

Einjährige bis ausdauernde, krautige Pflanzen; mit einfachen Haaren. Kelchblätter grünlich, ungesackt. Kronblätter klein, weiß, selten blaßgelb oder fehlend. Staubblätter 6, 4 oder nur 2. Nektarien 6 oder 4. Staubfäden ohne Anhängsel. Schötchen mit schmaler Scheidewand; Klappen gekielt oder geflügelt; nur ein Samen pro Fach.

Die ungefähr 150 Arten sind fast weltweit verbreitet, in den Tropen allerdings nur in den Bergländern. Es ist fraglich, ob einzelne der in Baden-Württemberg vorkommenden Arten wirklich ursprünglich hier vorhanden waren. Einige sind jedoch zumindest als Archäophyten seit vor- und frühgeschichtlicher Zeit vorhanden. Einige andere Arten sind erst in neuester Zeit aus Amerika eingeschleppt worden.

1 Stengelblätter (obere und mittlere) mit spitzen oder runden Öhrchen stengelumfassend 2
– Stengelblätter ohne Öhrchen 4
2 Blüten blaßgelb; Blütenstiele kahl . . . .
                                        9. *L. perfoliatum*
– Blüten weiß; Blütenstiele behaart 3
3 Pflanze ausdauernd, mit mehreren aufsteigenden Stengeln; freier Griffelteil etwa 1 mm lang; Schötchen ohne oder mit wenigen Blasen
                                        1. *L. heterophyllum*
– Pflanze ein- bis zweijährig, meist mit einem aufrechten Stengel; freier Griffelteil etwa 0,5 mm lang; Schötchen mit vielen Blasen 2. *L. campestre*

4 Schötchen 5–6 mm lang; häufig kultiviert und manchmal verwildert . . . . *[L. sativum]*
– Schötchen 4 mm lang oder kürzer 5
5 Schötchen ± geflügelt, deutlich ausgerandet und Griffel viel kürzer als die Ausrandung 7
– Schötchen nicht geflügelt, nicht ausgerandet oder mit kleiner Ausrandung, die vom Griffel überragt wird 6
6 Stengelblätter lineal bis verkehrt-lanzettlich; Schötchen eiförmig, spitz, ohne Ausrandung . . . 7. *L. graminifolium*
– Stengelblätter eiförmig bis lanzettlich; Schötchen breit elliptisch bis fast rund, mit kleiner Ausrandung . . . . 8. *L. latifolium*
7 Kronblätter so lang oder länger als die Kelchblätter . . . . 3. *L. virginicum*
– Kronblätter fehlend oder kürzer als die Kelchblätter 8
8 Obere Stengelblätter ganzrandig 9
– Obere Stengelblätter gezähnt oder fiederteilig . . 10
9 Schötchen eiförmig-elliptisch, bis 2,3 mm breit; Samen ohne flügelartigen, durchsichtigen Rand; Pflanze meist unangenehm riechend . . . . 6. *L. ruderale*
– Schötchen fast kreisrund, über 2,3 mm breit; Samen mit flügelartigem Rand; nicht unangenehm riechend . . . . 5. *L. neglectum*
10 Obere Blätter fiederteilig; Pflanze behaart mit bis 0,5 mm langen Haaren; bisher nur einmal eingeschleppt . . . . *[L. bonariense]*
– Blätter verkehrt-lanzettlich, mit einigen scharfen Sägezähnen; nur mit sehr kurzen, 0,1 mm langen Haaren . . . . 4. *L. densiflorum*

1. Lepidium heterophyllum Benth. 1826
Verschiedenblättrige Kresse

Diese Kresse ist nah verwandt mit *L. campestre* und unterscheidet sich im wesentlichen nur durch die im Bestimmungsschlüssel angegebenen Merkmale. Sie ist vorwiegend westeuropäisch verbreitet. Für die Bundesrepublik gibt es zum Teil ältere Angaben aus dem Saargebiet und vom Nahetal. Sie gelten als verschollen. Neuerdings gibt es auch Funde aus dem Sauerland (ADOLPHI 1986).

Verbreitung in Baden-Württemberg: Es gibt bis jetzt zwei Angaben, von denen auch Belege vorliegen: 7521/1: Reutlingen, Güterbahnhof, Sept. 1933, PLANKENHORN (STU und K. MÜLLER 1935). Wohl nur unbeständige Einschleppung. Wurde zwischen *L. campestre* gefunden. Die beiden Belegfragmente zeigen deutlich den längeren Griffel, der für *L. heterophyllum* typisch ist. Reife Schötchen sind noch nicht vorhanden. Die Besetzung mit Blasen scheint jedoch deutlich geringer zu sein als bei Schötchen von *L. campestre* im vergleichbaren Stadium. Die Lebensform ist aus den beiden Fragmenten leider nicht mit Sicherheit erkennbar.
7913/1: Etwa 3 km NNW Denzlingen am Elz-

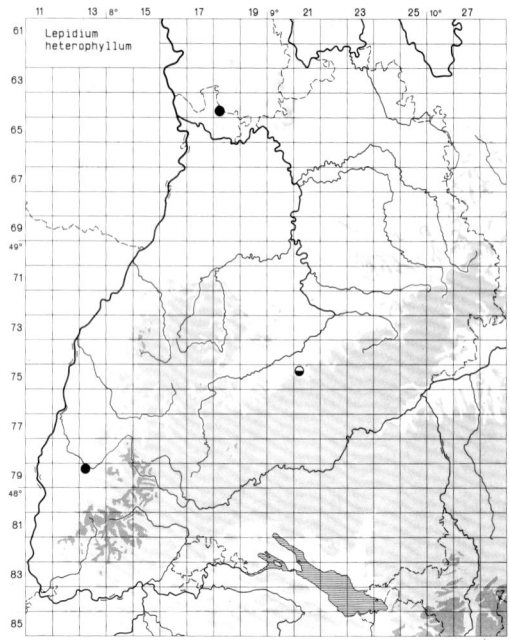

Hochwasserdamm, 1986 von G. HÜGIN entdeckt und im Herbar HÜGIN belegt. Vermutlich dauerhaftere Einbürgerung. Dort in den breiten Fugen der mit Steinplatten belegten Böschung, u.a. zusammen mit *Thymus pulegioides, Sedum sexangulare, Silene nutans, Galeopsis segetum, Echium vulgare, Trifolium arvense.*

Bestand und Bedrohung: Die Bedingungen des Vorkommens auf 7913/1 könnten eine dauerhafte Ansiedlung ermöglichen. Auch wegen der übrigen interessanten Artenzusammensetzung wäre ein gewisser Schutzstatus wünschenswert.

2. Lepidium campestre (L.) R. Brown 1812
Thlaspi campestre L. 1753
Feld-Kresse

Morphologie: Ein- bis zweijähriges, vorwiegend einstengeliges Kraut mit Pfahlwurzel; fast ganze Pflanze abstehend und ziemlich dicht kurzhaarig; Stengel aufrecht, 10–60 cm hoch, oben verzweigt und Seitentriebe den Haupttrieb oft übergipfelnd. Grundständige Blätter in längeren Stiel verschmälert, spatelförmig, ganzrandig, gezähnt oder leierförmig fiederlappig, zur Blütezeit oft vergangen. Stengelblätter zahlreich, mittlere und obere mit pfeilförmigem Grund sitzend, eiförmig bis lanzettlich, fast ganzrandig oder wellig bis geschweift gezähnt. Kelchblätter elliptisch, weiß hautrandig, 1–1,5 mm lang. Kronblätter 1,8–2,5 mm lang, weiß, spatelförmig mit langem, schmalem Nagel. Antheren 0,2–0,3 mm lang, gelb oder rötlich. Fruchtstiele waagrecht abstehend, 4–7 mm lang, dicht kurzhaarig; Schötchen breit eiförmig, unten konvex, oben abgeflacht und der basal schmale, an der Spitze sehr breite Flügelrand etwas aufgebogen, 5–6 mm lang, 4–5 mm breit, mit Blasen besetzt; freier Teil des Griffels etwa 0,5 mm lang, die Ausrandung meist ein wenig überragend. Samen eiförmig, nicht abgeflacht, ohne Flügelrand, dunkelbraun, 2–2,5 mm lang. – Blütezeit: April bis Juli.

Ökologie: Lichtliebende Pflanze auf trockenen bis frischen, basen- und oft auch kalkreichen, steinigen, mergeligen oder lehmigen Rohboden-Standorten; vor allem auf Weg- und Dammböschungen, in Stein- und Gipsbrüchen, auf Auffüllplätzen, auf Bahngelände und auch als Unkraut in Äckern und Weinbergen. Aus dem Taubergebiet beschreibt G. PHILIPPI (1983, Tab. 14 und 1984, Tab. 6) die Art von mergeligen Muschelkalkhalden als Kennart einer Färberkamillen *(Anthemis tinctoria)*-Gesellschaft und als Trennart einer Ausbildung der Wimperperlgras-Flur (Teucrio-Melicetum ciliatae).

Allgemeine Verbreitung: Ursprünglich wohl in Südeuropa beheimatet besiedelt die Art heute fast ganz Europa mit Ausnahme der arktischen Region; eingeschleppt ist sie auch in Nordamerika.

Verbreitung in Baden-Württemberg: Zerstreut bis häufig vor allem im Oberrheingebiet, in den Gäulandschaften von Tauber und Neckar und auf der

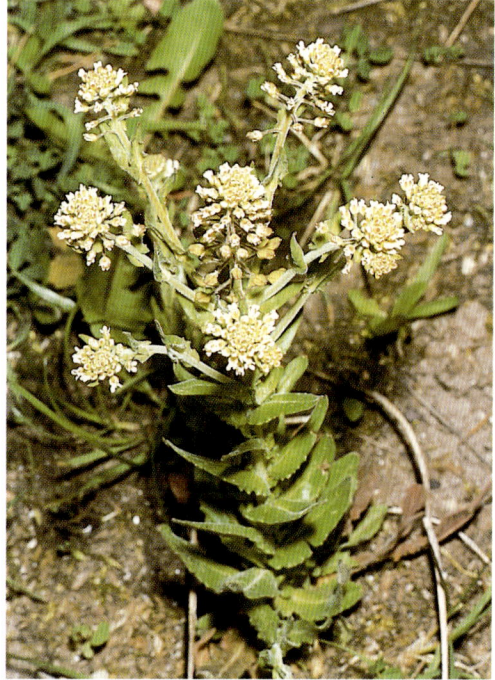

Feldkresse *(Lepidium campestre)*
Wurmlingen, 1984

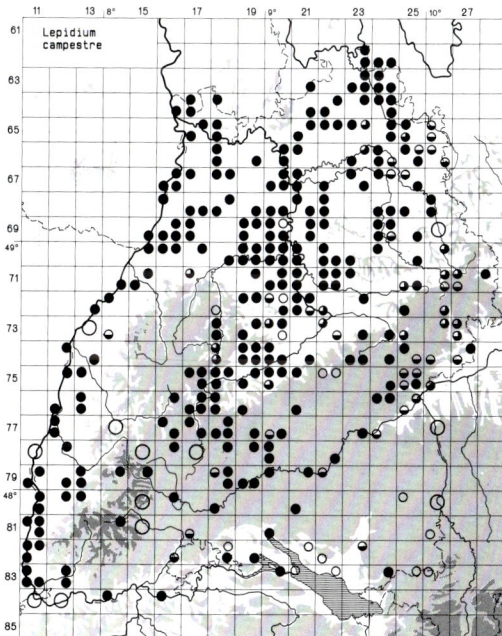

Schwäbischen Alb, selten im Schwarzwald und im Alpenvorland.

Die tiefsten Vorkommen befinden sich im Raum Mannheim bei 95 m, die höchsten auf der Schwäbischen Alb bei 1000 m (Plettenberg).

Samen der Art wurden in einem Brunnen des römischen Kastells von Welzheim aus der Zeit von 230–250 n. Chr. gefunden (KÖRBER-GROHNE u. PIENING 1983). In der botanischen Literatur wird sie von DUVERNOY (1722: 140) „Per totam Hirsav. viam copiose" (bei Tübingen, 7420) erwähnt. Auch von HARDER 1594 belegt (HAUG 1915: 82). Die Art ist in den älteren Landesfloren schon ungefähr mit den Verbreitungsschwerpunkten angegeben, die sie auch heute noch hat, z.B. SCHÜBLER u. MARTENS (1834): „durch das ganze Gebiet mit Ausnahme des Schwarzwaldes".

Bestand und Bedrohung: Zugänge und Abgänge an geeigneten Standorten dürften sich bei dieser Art in letzter Zeit ungefähr ausgeglichen haben. Eine Gefährdung ist nicht zu erkennen.

Lepidium sativum L. 1753
Gartenkresse

Einjährig; Stengel aufrecht, 20–40 cm hoch, kahl, oft bereift. Untere Blätter ein- bis zweifach fiederteilig, mit verkehrt-lanzettlichen bis -eiförmigen Abschnitten. Obere Blätter oft ungeteilt und ganzrandig. Kelchblätter etwa 1,5 mm lang. Kronblätter 3 mm lang, weiß, Staubblätter 6. Fruchtstiele 4–5 mm lang, spitzwinklig abstehend. Schötchen breit eiförmig, abgeflacht, etwa 6 mm lang, 5 mm breit, oben schmal geflügelt; Griffel 0,3 mm lang, kürzer als die Ausrandung. Samen etwa 3 mm lang.

Es wird angenommen, daß die Stammformen der bei uns seit dem Mittelalter kultivierten Gartenkresse im nordöstlichen Afrika (Ägypten bis Äthiopien) und in Südwestasien beheimatet waren. Die Pflanze ist auch in Baden-Württemberg nicht selten verwildert in unbeständigen Ruderalfluren an Wegrändern, auf Schuttplätzen usw. zu finden.

3. Lepidium virginicum L. 1753
Virginische Kresse

Morphologie: Einjährige Pflanze mit Pfahlwurzel; Stengel aufrecht, 10–50 cm hoch, einfach oder oben verzweigt, meist locker mit sehr kurzen, gekrümmten oder abstehenden Haaren besetzt; Haare 0,1–0,2 mm lang. Unterste Blätter spatelförmig, gezähnt bis fiederspaltig oder leierförmig fiederteilig mit breitem gezähntem Endabschnitt, zur Blütezeit oft verwelkt. Obere Blätter verkehrt-lanzettlich bis lineal, spitz, mit einigen, scharfen Sägezähnen, teilweise auch ganzrandig, kahl oder fast kahl. Kelchblätter 0,7–1 mm lang. Kronblätter 1–1,5 mm lang, weiß. Staubblätter 2 oder 4; Antheren 0,2–0,3 mm lang. Untere Fruchtstiele fast waagrecht abstehend, 3–6 mm lang; Schötchen nahezu kreisrund, 3–4 mm lang; Griffel 0,2 mm lang, kürzer als die Ausrandung. Samen 1,3–1,7 mm lang, auf dem Rücken und unten mit einem farblosen, 0,1–0,2 mm breiten Flügelrand.

Biologie: Blüte von Mai bis Oktober. Reife Früchte wurden ab Juli beobachtet. Die Samenproduktion ist hoch, eine mittlere Pflanze kann etwa 2000–4000 Samen erzeugen (SCHAEPPI 1959).

Ökologie: Lichtliebend, auf nährstoffreichen, trockenen bis frischen, offenen Bodenstellen; vor allem in kurzlebigen Ruderalfluren auf Bahn- und Hafengelände, auf Schutt- und Müllplätzen; Vergesellschaftung ähnlich wie bei *L. ruderale*.

Allgemeine Verbreitung: Ursprünglich in Amerika vom tropisch-montanen Bereich bis in die gemäßigte Zone beheimatet, heute in großen Teilen Europas eingebürgert mit süd-subatlantischer Verbreitung; ferner in Südafrika und Ostasien.

Verbreitung in Baden-Württemberg: Wohl in noch weiterer Ausbreitung begriffene, typische „Bahnhofspflanze". Weit verbreitet in den wärmeren Landschaften wie Oberrheingebiet und Neckarland. In den älteren Landesfloren wird die Art noch nicht aufgeführt. In Baden scheint sie sich bei Mannheim schon 1870 angesiedelt zu haben (SEUBERT u. KLEIN 1891; F. ZIMMERMANN 1907). Die erste Meldung aus Karlsruhe liegt von 1888/89 vor (MAUS 1890: 182). Für Württemberg bringen

Virginische Kresse *(Lepidium virginicum)* Sandhausen, 1989

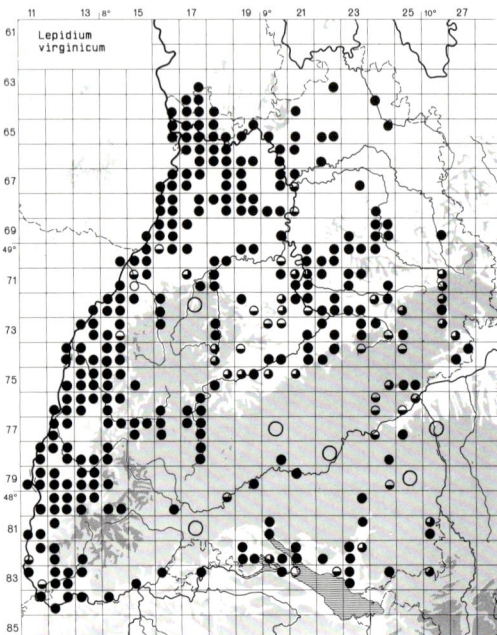

KIRCHNER u. EICHLER (1913) die ersten Angaben für Stuttgart (1904) und Mergentheim (1911). Die Art muß sich in der Folge sehr rasch ausgebreitet haben.

Die tiefsten Vorkommen befinden sich wieder im Mannheimer Raum bei etwa 100 m, die höchsten wurden bisher von Hinterzarten im Schwarzwald bei 885 m bekannt.

Bestand und Bedrohung: Die hohe Samenproduktion der Art läßt eine weitere Ausbreitung erwarten, auch wenn durch die Befestigung von offenen Bodenstellen im Bahnbereich potentielle Standorte abnehmen.

4. Lepidium densiflorum Schrader 1832
L. apetalum auct.
Dichtblütige Kresse

Morphologie: Pflanze in der Wuchsform, im Blattschnitt und in der Zähnung der Blätter ähnlich wie *L. virginicum*, unterscheidet sich vor allem durch folgende Merkmale: Stengel dichter behaart durch sehr kurze (unter 0,1 mm), abstehende Haare, dichtere Blütentrauben mit schräg aufwärts gerichteten, 2–3 mm langen Fruchtstielen, die so lang oder nur wenig länger als die Schötchen sind. Schötchen rundlich, breit elliptisch bis verkehrt-eiförmig, 2,2–2,6 mm lang und 1,8–2,3 mm breit. Kelchblätter 0,5–0,8 mm lang, jung auf dem Rücken oft mit bis 0,3 mm langen Haaren. Kronblätter fehlend

Dichtblütige Kresse *(Lepidium densiflorum)*

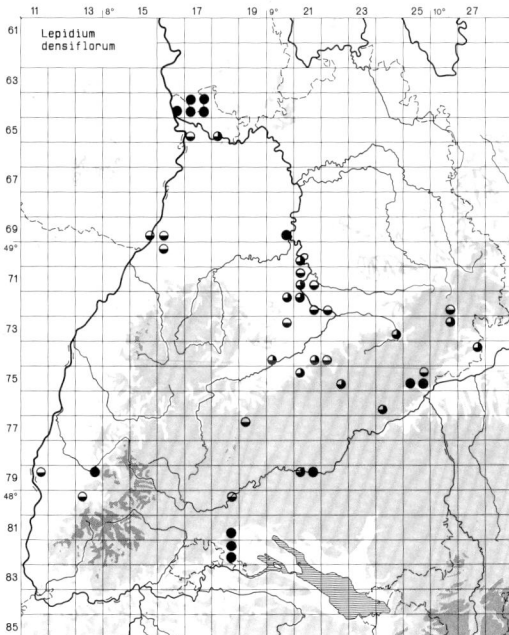

oder verkümmert, kürzer als Kelchblätter. Samen mit schwachem, undeutlichem Flügelrand.

Biologie und Ökologie: ähnlich wie bei *L. virginicum.*

Allgemeine Verbreitung: Heimat im gemäßigten Nordamerika, in Europa eingebürgert etwa ab 1870 mit atlantischer, zentraleuropäischer bis südskandinavischer Verbreitung.

Verbreitung in Baden-Württemberg: Nachgewiesen seit etwa 1880 im Mannheimer Raum; heute noch ziemlich selten, vielleicht auch öfters übersehen; vor allem im nördlichen Oberrheingebiet, im mittleren Neckarland, im Ulmer Raum und im Hegau. Die meisten Funde stammen von Bahnhöfen. Viele bedürfen einer Nachprüfung, ob sie noch bestehen. Die ältesten Angaben aus Württemberg stammen 1924 aus Balingen und 1925 aus Stuttgart.

Die Höhenlage der Funde schwankt zwischen 95 m (Mannheim) und 700 m (Münsingen auf der Schwäbischen Alb).

Oberrheingebiet: 6416/4: Friesenheimer Insel, 1948, HEINE (1952); o.O., SCHÖLCH (STU-K); 6417/1: Lampertheim, BUTTLER u. STIEGLITZ (1976); 6417/2: Viernheim, BUTTLER u. STIEGLITZ (1976); 6417/3: N Mannheim, BUTTLER u. STIEGLITZ (1976); 6517/3: Rohrhof-Schwetzingen, THELLUNG in HEGI (1919); 6518/3: Dossenheim, 1969, DÜLL (STU-K); 6915/4: Rheinhafen, JAUCH (1938: 98); 6916/3: Karlsruhe, 1925/26, KNEUCKER (1935); 7016/1: Karlsruhe, Hauptbahnhof, 1935, JAUCH (1938: 98); 7911/2: Achkarren, THELLUNG in HEGI (1919); 7913/2: Waldkirch, 1986, QUINGER (STU-K); 8013/1: Freiburg, 1924, THELLUNG (1925: 366).

Neckarland: 6920/4: Gemmrigheim, 1987, SEBALD (STU); 7021/3: Eglosheim, SEYBOLD (1969); 7121/1: Kornwestheim, SEYBOLD (1969); 7121/3: Max-Eyth-See, 1955, KREH (STU-K); 7121/4: Fellbach, Bahnhof, 1942, KREH (STU-K); 7220/2: Stuttgart, Westbahnhof, 1952, LEIDOLF (STU); 7221/1: Stuttgart, Hauptbahnhof u. Güterbahnhof, 1938–54, KREH (STU-K); Stuttgart, 1925, SAND (STU); Cannstatt, 1949, KREH (STU-K); Untertürkheim, 1934, KREH (STU); 7221/4: Mettingen, 1942, KREH (STU-K); 7222/3: Plochingen, 1942, SEYBOLD (1969); 7320/2: Leinfelden, 1943, KREH (STU-K); 7420/3: Tübingen, 1953, K. MÜLLER (STU); 7421/4: Metzingen, 1951, K. MÜLLER (STU); 7422/3: Dettingen, 1935, PLANKENHORN (STU); 7521/1: Betzingen, 1952, K. MÜLLER (STU); Reutlingen-Süd, 1952, K. MÜLLER (STU); 7719/1: Balingen, 1924, K. MÜLLER (1950: 102).

Schwäbische Alb und Donautal: 7226/4: Königsbronn, 1941, K. MÜLLER (STU); 7324/4: Geislingen-Altenstadt, 1954, K. MÜLLER (STU); 7326/2: Heidenheim, 1957, KOCH (STU); 7427/2: Sontheim, 1957, KOCH in RAUNEKER (1984); 7522/4: Münsingen, 1954, K. MÜLLER (STU); 7525/2: Beimerstetten, 1939, K. MÜLLER (STU); 7525/3: Herrlingen, 1954, K. MÜLLER (STU), nach 1970, RAUNEKER (STU-K); 7525/4: Ulm, 1932, 1938, 1965, K. MÜLLER (STU), nach 1970, RAUNEKER (STU-K); 7624/3: Allmendingen, 1954, K. MÜLLER in RAUNEKER (1984); 7921/2: Scheer, 1986, SEBALD (STU); 8018/2: Tuttlingen, 1942, K. MÜLLER (1950: 102).

Hegau: 8118/4: Welschingen, ISLER-HUEBSCHER (1980: 62); 8218/2: Hohentwiel, bei Bahn, ISLER-HUEBSCHER (1980: 62); 8218/4: Gottmadingen, ISLER-HUEBSCHER (1980: 62).

Bestand und Bedrohung: Die seltene und wohl etwas unbeständige Adventivpflanze kann am besten durch Erhaltung offener, sandig-kiesiger Stellen auf Bahngelände und Verzicht auf Herbizideinsatz gefördert werden.

5. Lepidium neglectum Thellung 1904
Übersehene Kresse

Die Art gehört wie *L. densiflorum* zur aus Nordamerika stammenden Gruppe um *L. virginicum*. Sie ist in West- und Mitteleuropa eingebürgert. In Baden-Württemberg wurde sie nur als sehr seltene Adventivpflanze gefunden. Wesentliche Merkmale siehe Bestimmungsschlüssel.

Oberrheingebiet: 6916/3: Daxlanden, JAUCH in KNEUCKER (1935: 230); 7912/4: Betzenhausen, THELLUNG (1903: 295); 8012/2: Freiburg, Basler Landstraße, THELLUNG (1913: 226); 8311/4: Lörrach, 1935, BINZ (1942: 107).
Schwarzwald: 8213/3: Atzenbach, 1952, BAUMGÄRTNER (1975).

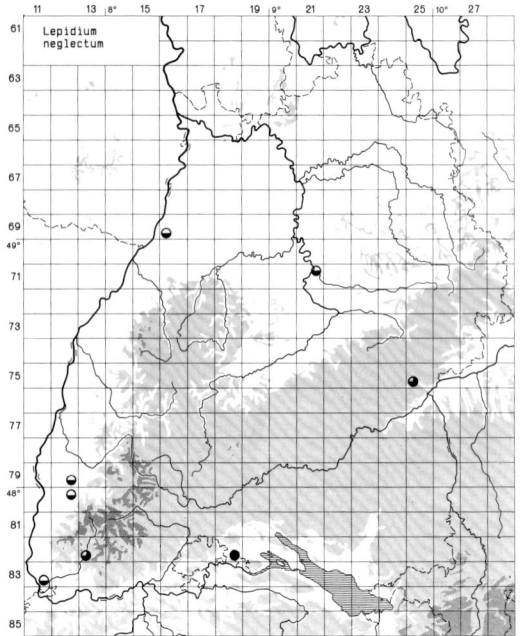

Neckarland: 7121/2: Neustadt, 1934, 1942, KREH (STU-K).
Schwäbische Alb: 7525/3: Herrlingen, 1954, K. MÜLLER (STU).
Hegau: 8218/4: Gottmadingen, 1975, ISLER-HUEBSCHER (1980: 62).

Lepidium bonariense L. 1753

Diese Art stammt aus dem südöstlichen Südamerika und ist selten nach Westeuropa eingeschleppt worden. Sie wurde bisher einmal auch in Baden-Württemberg gefunden: 7221/1: Stuttgart-Wangen, auf Auffüllplatz vorübergehend zahlreich, 1936, MÄNNING (STU).

6. Lepidium ruderale L. 1753
Schutt-Kresse, Stink-K., Weg-K.

Morphologie: Ein-, selten zweijährige, meist unangenehm riechende Pflanze mit Pfahlwurzel; Stengel aufrecht, 10–40 cm hoch, oft buschig verzweigt, mit kaum 0,1 mm langen Haaren oder fast kahl. Untere Blätter ein- bis zweifach fiederteilig, mit linealer Spindel und lineal-lanzettlichen Abschnitten, obere Blätter ungeteilt, ganzrandig, lineal bis lanzettlich, einnervig. Kelchblätter 0,5–1 mm lang, eiförmig bis lanzettlich. Kronblätter fehlend. Nur 2 der mittleren Staubblätter vorhanden. Antheren 0,2 mm lang. Fruchtstiele schief abstehend, sehr kurz behaart, 2–4 mm lang. Schötchen eiförmig bis elliptisch, kahl, oben schmal geflügelt, 2–2,7 mm lang und 1,5–2,3 mm breit; Griffel 0,1 mm lang,

Schutt-Kresse *(Lepidium ruderale)*
Emmendingen, 1987

viel kürzer als die Ausrandung. Samen ca. 1,1–1,5 mm lang, ohne flügelartigen, durchsichtigen Rand.

Biologie: Blüte von Mai bis November. Es findet Selbstbestäubung statt. Reife Früchte sind schon nach wenigen Wochen vorhanden.

Ökologie: Lichtliebende Pflanze auf nährstoffreichen, trockenen bis frischen, offenen, sandigen bis lehmigen Böden; vor allem in Trittfluren und kurzlebigen Ruderalfluren an Straßen- und Wegrändern, auf Schuttplätzen und auf Bahnanlagen; gern zusammen mit *Polygonum aviculare, Matricaria discoidea, Plantago major, Poa annua, Capsella bursapastoris, Sisymbrium officinale*, im nordbadischen Sandgebiet bei Mannheim-Schwetzingen auch im Corispermetum leptopteri (s. G. PHILIPPI 1971,

Tab. 2), seltener auch in ausdauernden Ruderalgesellschaften, z.B. im Chenopodietum boni-henrici (s. G. PHILIPPI 1983, Tab. 9/14).

Allgemeine Verbreitung: Fast ganz Europa mit Ausnahme des hohen Nordens, Vorderasien, Sibirien; ferner synanthrop im gemäßigten Amerika, Australien und Neuseeland; ursprünglich wohl eine salzliebende Steppenpflanze in Zentralasien vom Aralsee bis zur Mandschurei.

Verbreitung in Baden-Württemberg: Zerstreut; vor allem im Oberrheingebiet, im Neckarland, im Donautal und im Bodenseegebiet; im Schwarzwald und in Teilen des Alpenvorlandes ziemlich selten. Die tiefsten Vorkommen befinden sich im Mannheimer Raum bei ca. 95 m, die höchsten auf der Schwäbischen Alb bei 730 m (Ebingen).

Lepidium
ruderale

Lepidium
graminifolium

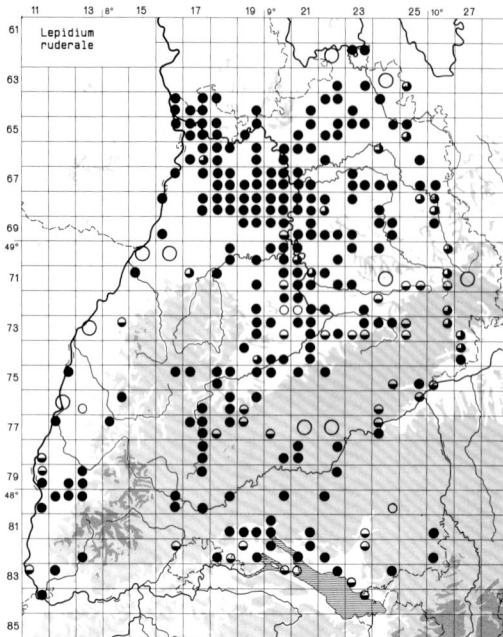

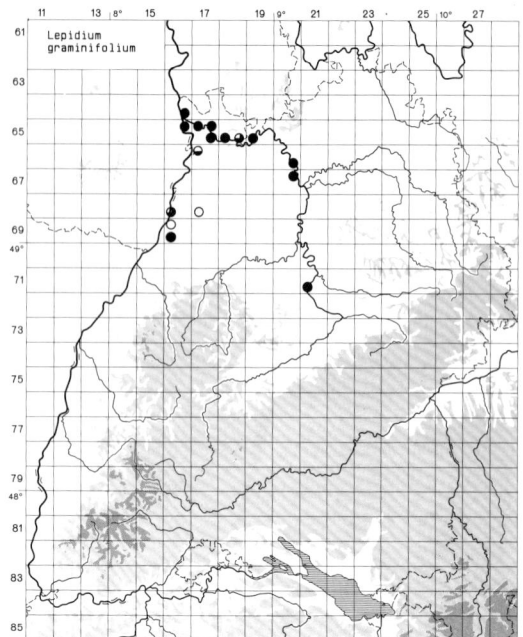

Samen der Art wurden im römischen Kastell Welzheim aus der Zeit von 170–200 n. Chr. gefunden (U. Körber-Grohne u. U. Piening 1983). Auch in den Herbarien von H. Harder 1594 belegt (Haug 1915: 82). Bei Duvernoy (1722: 104) von „In viae Schwärzloch principio, ad portam Hackthor" (7420: Tübingen) erwähnt. Auch C. C. Gmelin (1808) nennt die Art schon „passim frequens". Sie scheint also schon vor der Anlage der Eisenbahnlinien ziemlich verbreitet gewesen zu sein. Heute trifft man sie häufig im Bereich von Bahnhöfen.

Bestand und Bedrohung: Die Pflasterung oder Asphaltierung von Bahnhofgelände oder Straßenrändern hat sicher eine Reihe von Vorkommen vernichtet. Doch ist noch keine Gefährdung der Art anzunehmen.

7. Lepidium graminifolium L. 1759
Grasblättrige Kresse

Morphologie: Ausdauernd, mit kräftiger Pfahlwurzel; mehrstengelig; Stengel aufrecht bis aufsteigend, 30–80 cm, sparrig verzweigt mit rutenförmigen Ästen, fast kahl oder sehr kurz behaart. Grundständige Blätter lang gestielt, verkehrt-lanzettlich, gezähnt bis fiederteilig. Stengelblätter verkehrt-lanzettlich bis lineal, sitzend, ganzrandig oder mit einigen Sägezähnen. Kelchblätter etwa 1 mm lang, breit elliptisch, kahl oder behaart. Kronblätter 1,5

bis 2 mm lang, weiß, verkehrt-eiförmig. Staubblätter 6; Antheren 0,3–0,4 mm lang, gelb. Fruchtstiele 3–5 mm lang, schief aufwärts gerichtet; Schötchen eiförmig, spitz, wenig abgeflacht, gekielt, aber nicht geflügelt, 2–4 mm lang; Griffel 0,2 mm lang. Samen eiförmig, wenig abgeflacht, unberandet, 1,5–2 mm lang. – Blütezeit: Juli bis September.

Ökologie: Licht- und wärmeliebende Pflanze auf trockenen, sandigen bis steinigen, offenen Standorten, vor allem an Uferdämmen, Wegrändern, Bahnhof- und Hafengelände; gern zusammen mit *Bromus sterilis, Diplotaxis tenuifolia, Hordeum murinum*; nach H. Heine (1952) im Mannheimer Raum eine typische Leinpfadpflanze entlang des unteren Neckars.

Allgemeine Verbreitung: Im ganzen Mittelmeerraum und südlichen Westeuropa verbreitet, in Mitteleuropa nach Norden entlang des Rheins bis Wesel, sonst entlang der Südalpen bis ins Burgenland und Ungarn.

Verbreitung in Baden-Württemberg: Selten, nur im Oberrheingebiet und am unteren Neckar aufwärts bis Gundelsheim, sonst selten verschleppt.

Die Höhenlage der Funde schwankt zwischen 95 m bei Mannheim und 270 m bei Freiburg.

Die Vorkommen am unteren Neckar waren schon C. C. Gmelin (1808) bekannt: „Prope Heidelberg frequens". Das Vorkommen auf württembergischem Gebiet bei Gundelsheim wurde 1922 von K. Schlenker entdeckt.

Grasblättrige Kresse *(Lepidium graminifolium)*

Nördliches Oberrheingebiet und unterer Neckar: 6416/4: Friesenheimer Insel, HEINE (1952); o.O., nach 1970, SCHÖLCH (STU-K); 6516/2: Mannheim-Neckarstadt, HEINE (1952); o.O., nach 1970, SCHÖLCH (STU-K); 6517/1: Ilvesheim, HEINE (1952); o.O., nach 1970, SCHÖLCH (STU-K); 6517/2: Ladenburg, HEINE (1952); o.O., nach 1970, SCHÖLCH (STU-K); 6517/4: Schwabenheimer Hof, HEINE (1952); o.O., nach 1970, SCHÖLCH (STU-K); 6518/3: Heidelberg, 1968/70, BUTTLER (STU-K); 6518/4: Ziegelhäuser Landstraße, HEINE (1952); 6519/3: o.O., nach 1970, SCHÖLCH (STU-K); 6617/1: Ketsch, SEUBERT u. KLEIN (1905); 6620/4: Haßmersheim, 1971, SEYBOLD (STU); 6720/1: Gundelsheim, 1985, SEBALD (STU), 1922, K. SCHLENKER (STU); Neckar S Böttingen, 1971, SEYBOLD u. KUNICK (STU); 6816/3: Leopoldshafen, PHILIPPI (1971: 34); 6817/3: Bruchsal, DÖLL (1862); 6916/1: Eggenstein, 1889, KNEUCKER in MAUS (1890: 190); 6916/3: Karlsruhe, Rheinhafen, nach 1970, BRETTAR (KR-K). Südliches Oberrheingebiet: 8013/1: Freiburg, KLOTZ (1882: 16).

Mittlerer Neckar: 7121/3: Stuttgart-Bad Cannstatt, 1985, ULRICH (STU), reichlich, aber wohl unbeständig; Stuttgart-Nordbahnhof, 1949–51, KREH in SEYBOLD (1969: 68).

Bestand und Bedrohung: Die besonders am unteren Neckar eingebürgerte Art scheint nicht besonders gefährdet zu sein. Trotzdem sollten ihre Vorkommen möglichst geschont werden, besonders bei Baumaßnahmen im Uferbereich.

8. Lepidium latifolium L. 1753
Breitblättrige Kresse, Pfefferkraut

Morphologie: Ausdauernde Pflanze mit dicker, scharf meerrettichartig schmeckender Wurzel; ausläufertreibend; Stengel aufrecht, 50–130 cm hoch, kahl. Untere Blätter bis 25 cm groß, eiförmig, gezähnt oder fiederlappig, lang gestielt, obere Blätter eiförmig bis lanzettlich, sitzend, basal zusammengezogen, meist ganzrandig, nach oben in die Tragblätter des großen, rispenartigen Blütenstandes übergehend. Kelchblätter 1–1,5 mm lang. Kronblätter weiß, 2–2,5 mm lang. Staubblätter 6. Fruchtstiele 3–5 mm lang, dünn; Schötchen breit ellipsoidisch bis fast kreisrund und etwas abgeflacht, ca. 2 mm lang, Griffel 0,2 mm lang, mit knopfförmiger Narbe die kleine Ausrandung überragend.

Verbreitung: Die westeuropäisch-mediterrane, salzliebende Pflanze wurde früher bei uns als Ge-

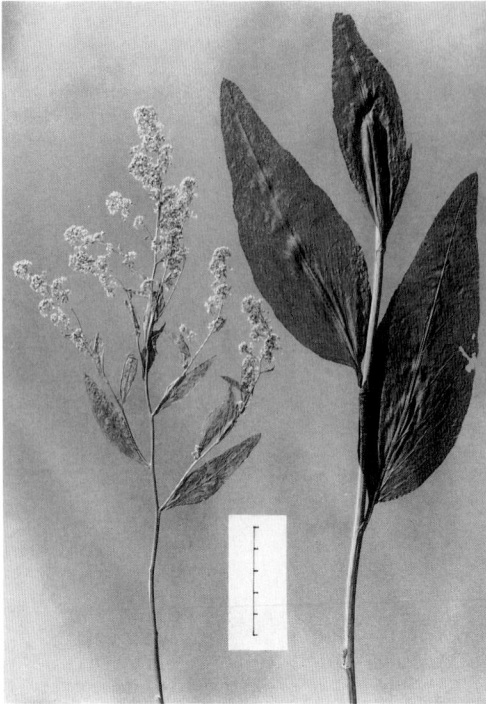

Breitblättrige Kresse *(Lepidium latifolium)*

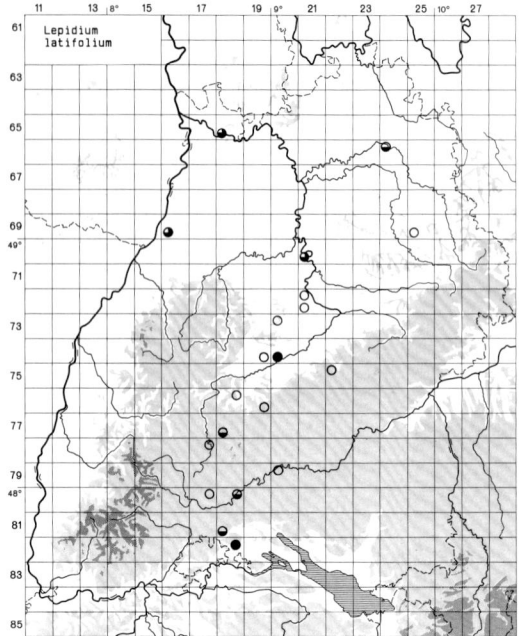

würzpflanze angebaut. So erwähnt sie schon DU-VERNOY (1722: 92) „Ad hortos sinistros port. Hirsau" (bei Tübingen). Die Vorkommen bei uns, soweit sie überhaupt noch existieren, dürften alle aus Verwilderungen hervorgegangen sein. Es sind folgende Vorkommen bekannt geworden.

Oberrheingebiet: 6518/3: Heidelberg, ehemaliger Botanischer Garten, stark verwildert 1945–48, HEINE (1952); 6916/3: Karlsruhe, Stadtgarten, verwildert 1927, KLEIN nach HEINE (1952).
Neckarland: 6624/1: Dörzbach, 1908, EICHLER (STU-K); 6925/3: Mittelfischach, MARTENS u. KEMMLER (1882); 7021/3: Ludwigsburg, Bahndamm am Favoritepark, 1958, SIEB in SEYBOLD (1969: 68); 7221/1: Stuttgart, Güterbahnhof, 1885, RIEBER (STU); 7221/3: Hohenheim, KIRCHNER u. EICHLER (1900), 1866 (STU); 7320/1: Böblingen, KIRCHNER u. EICHLER (1900); 7419/4: Wurmlinger Kapelle, 1852–1926, A. MAYER (1950) und STU; 7420/3: Tübingen, 1892, A. MAYER (STU); beim Botanischen Garten, 1978, CAMMISAR (STU-K); 7618/2: Haigerloch, an Felsen, 1847, FISCHER (STU); 7718/3: Gößlingen, A. MAYER (1929); 7817/2: Rottweil, vor 1900, ENGEL (STU-K EICHLER).
Schwäbische Alb: 7522/1: Urach, am Schloß, 1886, FINCKH (STU); 7619/4: Burg Hohenzollern, LECHLER (1844); 7920/1: Werenwag, STENGEL in DÖLL (1862); 8017/2: Amtenhausen, SEUBERT u. KLEIN (1905); 8018/2: Tuttlingen, A. MAYER (1929).

Hegau- und Bodenseegebiet: 8118/3: Hohenhöwen, 1923, KUMMER (1941), DÖLL (1862); 8218/2: Hohentwiel, 1974, ISLER-HUEBSCHER (1980), 1959, KNAUSS (STU); Hohenkrähen, MEISTER in KUMMER (1941); 8323/3: Langenargen, MARTENS u. KEMMLER (1865).

Bestand und Bedrohung: In der Roten Liste 1983 ist die Art als ausgestorben oder verschollen (G 0) eingestuft.

9. Lepidium perfoliatum L. 1753
Stengelumfassende Kresse

Morphologie: Ein- bis zweijährig mit Pfahlwurzel; Stengel 20–50 cm hoch, aufrecht, oben verzweigt, im basalen Teil mit kurzen, abstehenden Haaren, sonst kahl. Untere Blätter zwei- bis dreifach fiederteilig mit linealen bis lanzettlichen, spitzen Abschnitten. Obere Blätter ungeteilt, eiförmig bis fast rund, mit abgerundeten, sich überlappenden Öhrchen stengelumfassend, ganzrandig. Kelchblätter

Stengelumfassende Kresse *(Lepidium perfoliatum)*, rechts oben (Figur 4217); ferner: Schutt-Kresse *(Lepidium ruderale)*, links oben (Figur 4215); Virginische Kresse *(Lepidium virginicum)*, Mitte oben (Figur 4216); Grasblättrige Kresse *(Lepidium graminifolium)* links unten (Figur 4218); Breitblättrige Kresse *(Lepidium latifolium)*, Mitte unten (Figur 4219); aus REICHENBACH, L.: Icones florae germanicae et helveticae, Band 2, Tafel 10 (1837–1838).

4215. *ruderale. L.*

4216. *vir- ginicum L.*
Iberis vir- ginica!

4217. *perfoliatum L.*

4218. *graminifolium L.*

4219. *latifolium L.*

4220. *crassifolium. W.K.*

Lepidium.

1 mm lang. Kronblätter blaßgelb, ein wenig länger. Staubblätter 6. Fruchtstiele abstehend, kahl, 4–5 mm lang. Schötchen breit rautenförmig bis fast rund, stark abgeflacht, nahe der Spitze schmal geflügelt, 3,5–4 mm lang; Griffel etwa 0,3 mm lang, die kleine Ausrandung etwas überragend.

Verbreitung: Die ursprünglich in den Steppengebieten Osteuropas und Westasiens beheimatete Art wurde in vielen Ländern Europas und in Nordamerika eingeschleppt. In Baden-Württemberg wurde sie bisher nur an wenigen Stellen als seltene Adventivpflanze auf Hafen- und Bahngelände, an Uferböschungen gefunden.

Oberrheingebiet: 6516/2: Mannheim, 1948, HEINE (1952), seit 1867; Mühlau, seit 1880, THELLUNG in HEGI (1919); 6916/3: Daxlanden und Rheinhafen, KNEUCKER (1935: 230).
Tauber-Gebiet: 6424/1: o.O., um 1970, TÜRK (STU-K).
Neckarland: 6920/2: Lauffen, 1899, 1912, BADER (STU-K), KIRCHNER u. EICHLER (1900); 7221/1: Neckarufer zwischen Cannstatt und Untertürkheim, 1911, SEYBOLD (1969); Stuttgart, Güterbahnhof, 1879,? (STU); 7222/4: Filsufer bei Plochingen, 1959, LEIDOLF (STU), KNAUSS (STU).
Alpenvorland: 8123/4: Weingarten, Bahnhof, 1927, BERTSCH (STU); 8223/2: Ravensburg, Bahnhof, 1927, BERTSCH (STU).

Bestand und Bedrohung: In der Roten Liste 1983 wurde die Art als ausgestorben oder verschollen eingestuft (G 0). Ein neuer Nachweis ist seither nicht erfolgt.

38. **Cardaria** Desv. 1815
Lepidium sect. *Cardaria* (Desv.) DC. 1821
Pfeilkresse

Die Gattung besteht nur aus einer Art, *C. draba.* Sie wurde wegen einiger abweichender Merkmale aus der Gattung *Lepidium* herausgenommen. Die Früchtchen springen nicht auf. Sie sind verkehrt-herzförmig im Umriß und breiter als lang. Die Fächer sind kaum abgeflacht und ungeflügelt.

1. **Cardaria draba** (L.) Desv. 1815
Lepidium draba L. 1753
Pfeilkresse

Morphologie: Ausdauernd, mit Pfahlwurzel und weit kriechenden Wurzelästen, die Sprosse treiben; Stengel aufrecht, 20–60 cm hoch, oben fast ebensträußig verzweigt. Pflanze an Stengeln und Blättern ziemlich dicht kurzhaarig bis fast kahl, mit einfachen Haaren. Untere Blätter stielartig verschmälert, buchtig gezähnt, früh verwelkt. Mittlere und obere Blätter sitzend, mit spitzen bis stumpfen Öhrchen stengelumfassend, verkehrt-eiförmig bis länglich, geschweift gezähnt. Kelchblätter 1,5–2 mm lang. Kronblätter 3–4 mm lang, weiß, verkehrt-eiförmig. Staubblätter 6, ohne Anhängsel. Fruchtstiele 8–13 mm lang, dünn, waagrecht abstehend; Schötchen 3–4 mm lang und 3,5–5 mm breit, basal ausgerandet bis abgestutzt; an der

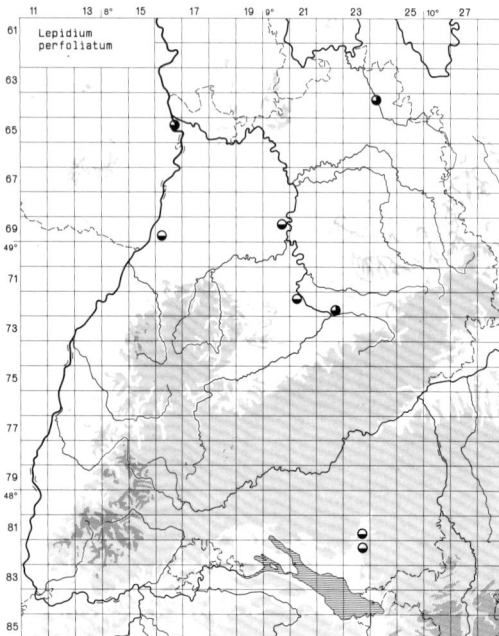

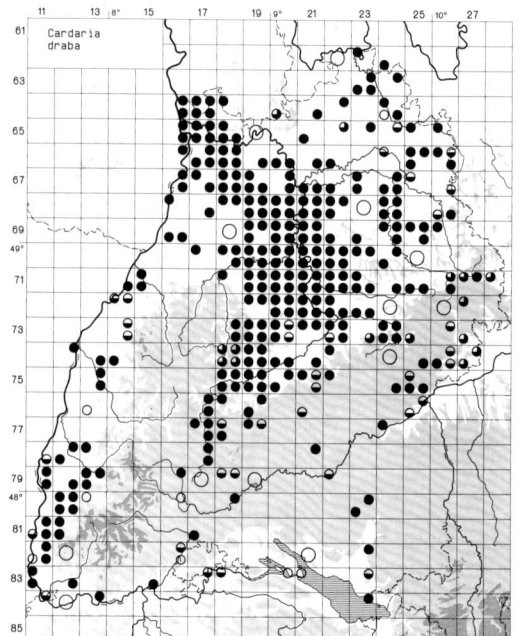

Pfeilkresse *(Cardaria draba)*
Tuniberg

Spitze nicht ausgerandet und mit einem 1–1,5 mm langen Griffel. Meist nur 1 Same pro Fach, ellipsoidisch, 1,5–2 mm lang, dunkelbraun.

Biologie: Blüte von Mai bis Juli. Es ist Insekten- und Selbstbestäubung möglich. Der Samenansatz ist bei uns oft schwach. Reife Samen wurden ab Juni beobachtet. Die Pflanze vermehrt sich vorwiegend vegetativ mit Hilfe ihrer Wurzelsprosse und bildet oft große Herden.

Ökologie: Licht- und wärmeliebende Art auf trockenen bis mäßig frischen, basen- und meist auch nährstoffreichen Standorten; eingebürgert vor allem an Weg- und Straßenrändern, an Bahndämmen, auf Auffüllplätzen, aber auch als Unkraut in Weinbergen; gilt als Kennart des Cardario-Agropyretum repentis, einer Gesellschaft der ruderalen Quecken-Halbtrockenrasen; oft vergesellschaftet mit *Agropyron repens, Convolvulus arvensis, Poa angustifolia, Cerastium arvense, Daucus carota, Falcaria vulgaris*; s. auch Stetigkeitstabelle bei E. OBERDORFER (1983: Tab. 201, Sp. 4).

Allgemeine Verbreitung: Die ursprüngliche Heimat lag vermutlich in Mittelasien, Südosteuropa und im Mittelmeergebiet. Heute kommt die Art im größten Teil Eurasiens vor, ferner auch in Nordamerika. In Mitteleuropa ist die Art als Neophyt seit dem 18. Jahrhundert eingebürgert, die große Ausbreitungswelle geschah um die Mitte des vorigen Jahrhunderts im Zusammenhang mit dem Bau von Eisenbahnlinien.

Verbreitung in Baden-Württemberg: Verbreitet vor allem in den wärmeren Landschaften wie im Oberrheingebiet, im mittleren Neckarland, sonst eher zerstreut; im Schwarzwald und Alpenvorland noch ziemlich selten.

Die tiefsten Vorkommen befinden sich im Raum Mannheim bei etwa 95, die höchsten am Dreifaltigkeitsberg auf der südwestlichen Alb bei 750–800 m.

Die älteste Angabe für Baden-Württemberg und zugleich für Deutschland findet sich bei LEOPOLD (1728) von Ulm. Um 1800 wird die Art auch aus dem Stuttgarter Raum angegeben. Um die Mitte des vorigen Jahrhunderts ist die Art schon in den wesentlichen Teilen ihres heutigen Verbreitungsgebiets vorhanden, scheint sich aber bis heute immer noch weiter auszubreiten.

Bestand und Bedrohung: Die Art konnte sich bis in die neueste Zeit besonders infolge der regen Straßenbautätigkeit an vielen Stellen neu ansiedeln. Sie erträgt auch das an Straßen übliche Abmähen der Randstreifen und hält sich hartnäckig als lästiges Unkraut zwischen bodenbedeckenden Gehölzpflanzen. Durch Brennen wird die Art gefördert (SCHIEFER, in lit.).

39. **Coronopus** Haller ex Zinn 1757 (nom. cons.)
Senebiera DC. 1799
Krähenfuß

Ein- bis zweijährige Pflanzen mit niederliegenden bis aufsteigenden, vom Grund an verzweigten Stengeln, kahl oder mit einfachen Haaren. Blüten in kurzen Trauben, die wegen Übergipfung durch Seitentriebe blattgegenständig sind. Früchte geschlossen bleibend oder in zwei Spaltfrüchte zerfallend. Blätter ein- bis zweifach fiederteilig.

Die Gattung umfaßt etwa 10 Arten, deren Heimat im Mittelmeergebiet, im südlichen und östlichen Afrika und in Südamerika zu suchen ist. Einige der Arten sind fast kosmopolitisch verbreitete Unkräuter. In Mitteleuropa kommen nur zwei Arten vor.

1 Schötchen durch den Griffel bespitzt, nicht ausgerandet, mit Zacken besetzt, 3,5–4 mm breit; Blütenstiele kürzer als Früchte; Staubblätter 6; Kronblätter weiß, länger als Kelchblätter . . . .
. . . . 1. *C. squamatus*
– Schötchen ausgerandet, mit sehr kurzem, die Ausrandung nicht überragendem Griffel, ohne Zacken, nur netzig-runzelig, 2–3 mm breit; Blütenstiele länger als Früchte; Staubblätter 2–4; Kronblätter gelblich, kürzer als die Kelchblätter oder fehlend . . . . 2.*C. didymus*

1. **Coronopus squamatus** (Forssk.) Aschers. 1860
Lepidium squamatum Forssk. 1775; *Coronopus ruellii* All. 1785; *C. procumbens* Gilib. 1781; *Senebiera coronopus* (L.) Poiret 1806
Niederliegender Krähenfuß, Gemeiner K., Warziger K.

Morphologie: Stengel niederliegend bis aufsteigend, kahl, 5–30 cm lang. Trauben knäuelförmig; Fruchtstiele bis 2 mm lang. Kronblätter 1–2 mm lang, ein wenig länger als die Kelchblätter. Frucht nierenförmig, nicht aufspringend; Samen 2–2,5 mm lang.

Biologie: Blüte von Juni bis Oktober. Es ist Insekten- (vor allem Fliegen) und Selbstbestäubung möglich. Früchte sind von Juli bis November vorhanden. Die Zacken auf den Früchten dürften bei der Ausbreitung im Fell von Tieren bzw. in der Kleidung von Menschen eine Rolle spielen.

Ökologie: Licht- und etwas wärmeliebende, trittfeste Art auf frischen bis wechselfeuchten, nährstoff- und basenreichen, oft lehmigen bis tonigen Böden; vor allem auf unbefestigten Feldwegen, an Weg- und Ackerrändern, auf Kiesbänken an Flüs-

Niederliegender Krähenfuß *(Coronopus squamatus)*
Holzgerlingen, 1989

sen, auf Bahnhofgelände; gern zusammen mit *Polygonum aviculare, Matricaria discoidea, Plantago
major, Poa annua, Lolium perenne*; gilt als Kennart
des Polygonion aviculars-Verbandes (Trittpflan-
zen-Gesellschaften); s. auch Stetigkeitstabelle des
Coronopo-Polygonetum aviculars bei E. OBER-
DORFER (1971: Tab. 2b).

Allgemeine Verbreitung: Mittelmeergebiet, West-
und Mitteleuropa, Kleinasien, Irak; ferner eingeschleppt in Nordamerika, Australien, Neuseeland
und Südafrika.

Verbreitung in Baden-Württemberg: Wohl kaum
ursprünglich, aber schon lange eingebürgert mit
deutlichem Schwerpunkt im mittleren Neckarland
und im Oberrheingebiet. Ein Teil der älteren Angaben konnte in jüngerer Zeit nicht mehr bestätigt
werden, insbesondere die wohl am höchsten gelegenen Vorkommen in der Baar (660–740 m). Die Art
wird schon von THEODOR (1588: 375–376) für den
Raum Bruchsal erwähnt mit „sonderlich aber in
dem Bruhreyn".

In den Landesfloren werden auch schon bei

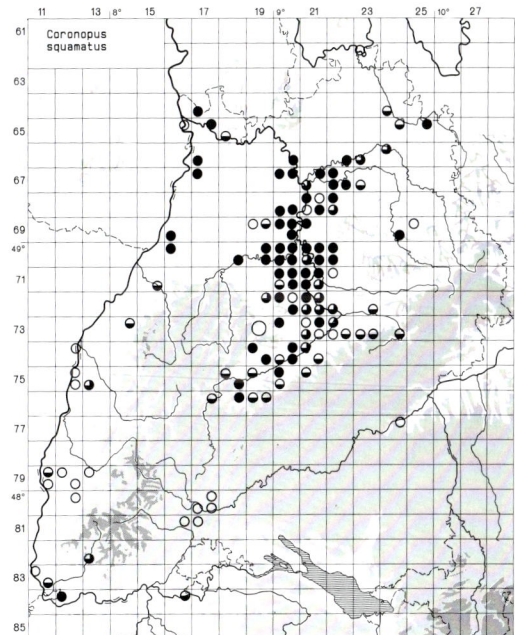

C.C. Gmelin (1808) einige Fundorte aus dem Oberrheingebiet genannt, bei Schübler u. Martens (1834) für Württemberg einige Orte aus dem Raum Tübingen und bei Stuttgart.

Bestand und Bedrohung: Die Art ist in der Roten Liste 1983 sicher berechtigt als gefährdet (G 3) eingestuft, da viele Fundorte durch die Befestigung von Feldwegen, Hofplätzen, Uferböschungen usw. erloschen sind.

2. Coronopus didymus (L.) Smith 1800

Lepidium didymum L. 1767; *Senebiera didymus* (L.) Pers. 1806

Zweiknotiger Krähenfuß

Morphologie: Einjährige Pflanze mit dünner Pfahlwurzel, mit grundständiger Blattrosette und mehreren aufsteigenden, abstehend behaarten, 10–40 cm langen Stengeln. Blütentrauben lockerer, meist 2–4 cm lang. Frucht aus zwei fast kugeligen, bei der Reife auseinanderbrechenden Hälften bestehend. Kelchblätter 0,7 mm lang, grün mit weißem Hautrand, länger als die verkümmerten, pfriemlichen oder ganz fehlenden Kronblätter. Samen 1–1,5 mm lang. Unangenehm riechend. – Blütezeit: Juni bis September.

Ökologie: Licht- und wärmeliebende Pflanze auf nährstoffreichen, kalkarmen und kalkreichen Stellen an Wegrändern, Flußalluvionen, Uferdämmen, Erdaufschüttungen, Bahnhof- und Hafengelände;

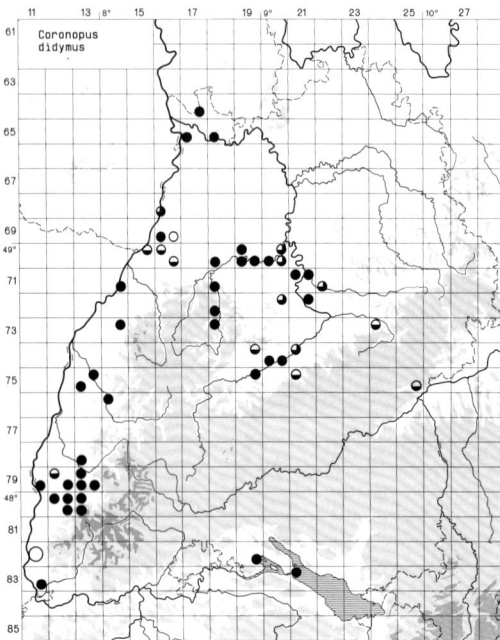

vor allem in lockeren Ruderal- und Trittpflanzengesellschaften; gern zusammen mit *Sisymbrium officinale, Capsella bursa-pastoris, Polygonum aviculare, Bromus sterilis.*

Allgemeine Verbreitung: Ursprünglich in Südamerika im südlichen, außertropischen und tropischmontanen Gebiet beheimatet, ist die Art heute fast kosmopolitisch verbreitet, in Europa im westlichen Teil.

Verbreitung in Baden-Württemberg: Wohl erst in junger Zeit bei uns eingeschleppt und neben unbeständigen Vorkommen da und dort wohl dauerhaft eingebürgert, z.B. im unteren Enztal. In den badischen Landesfloren wird die Art von C.C. Gmelin (1808) für Karlsruhe gemeldet. In Württemberg wurde der erste Fund 1840 durch Krauss bei Tübingen gemacht.

Die tiefsten Vorkommen sind aus dem nördlichen Oberrheingebiet bei Mannheim bei etwa 100 m, die höchsten, aber unbeständigen, von Ulm (480 m) gemeldet.

Oberrheingebiet: 6517/3: Rheinau-Hafen, 1950, Heine (1952); o.O., nach 1970, Schölch (STU-K); 6518/3: Heidelberg, Schölch (STU-K); 6816/3: Leopoldshafen, 1969, Düll (STU-K); 6916/3: Karlsruhe, Philippi (KR-K); 6916/4: Durlach, Seubert u. Klein (1905); 7015/2: SW Daxlanden, 1937, Jauch (1938: 97); 7016/1: Karlsruhe, Hauptbahnhof, 1934/35, Jauch (1938: 97); 7016/4: Busenbach, 1935, Jauch (1938: 97); 7114/4: Iffezheim, 1973, Hügin (STU-K); 7314/2: SW Bühl, Philippi (KR-K); Ottersweier, W. Zimmermann (1925: 30); 7513/2: Offenburg, 1986, Hügin (STU-K); 7513/3: o.O., Philippi (KR-K); 7614/1: Nordrach, 1986, Hügin (STU-K); 7813/3: Emmendingen, 1986, Koch (STU-K); 7911/4: S Breisach, 1982, Hügin (STU-K); 7912/1: Eichstetten, 1928, Jauch (KR); 7912/4: o.O., Lemcke (KR-K); 7913/1, 3, 4: o.O., nach 1970, Koch (STU-K); Freiburg, Bot. Garten, 1979–86, Hügin (STU-K); 8012/1, 2, 4: o.O., nach 1970, Koch (STU-K); Haslach, Dreisam-Damm, Götz (1886: 267); 8013/1: Freiburg, Rempartstraße, 1988, Plieninger (STU); 8013/3: o.O., nach 1970, Koch (STU-K); 8311/4: Lörrach, 1982, Hügin (STU-K).

Schwarzwald: 7118/3: Unterreichenbach, 1984, Seybold (STU); 7218/3: Calw, Tanneck, 1977, Assmann (STU); 7318/1: Teinach, Bahnhof, 1973, Wrede (STU).

Neckarland: 7018/3: S Eutingen, an der Enz, 1971, Seybold (STU); 7019/1: o.O., 1977/78, Rösch (STU-K); 7019/3: Dürrmenz, 1971, Seybold (STU); Mühlacker, 1915–20, div. (STU); 7019/4: Roßwag, 1985, Sebald (STU); Vaihingen, 1958, Kreh (STU); Enzweihingen, 1967, Seybold (STU); 7020/2: Bissingen, 1967, Seybold (STU); 7020/3: Oberriexingen, 1977, Seybold (STU); 7020/4: Untermberg, 1958, Sieb (STU-K); 7121/1: Ludwigsburg, 1983, Greb (STU); 7121/2: Hegnach, 1983, Seiler (STU-K); 7122/3: Endersbach, 1955, Seybold (1969); 7220/2: Stuttgart, 1948, Kreh (STU-K); 7221/2: Obertürkheim/Hedelfingen, 1978/79, Rowek (STU-K); 7324/1: Salach, 1939, K. Müller (STU); 7419/2: Breitenholz, 1895, 1902, A. Mayer (1904); 7420/3: Tübingen, 1984,

Zweiknotiger Krähenfuß *(Coronopus didymus)*
Freiburg, 1967

Cammisar (STU-K), schon 1852, Hegelmaier (STU); 7420/4: Östl. Tübingen, 1981, Gottschlich (STU-K); 7421/1: Pliezhausen, 1946, Chr. Maier (STU); Neckartenzlingen, 1959, Knauss (STU); 7519/2: Kiebingen, 1980, Cammisar (STU-K); 7521/1: Betzingen, A. Mayer (1950).

Alpenvorland: 7525/4: Ulm, Güterbahnhof, 1933, K. Müller (1957); 8219/4: Mettnau, 1984, Peintinger (STU); östl. Radolfszell, 1974, Seybold (STU); 8221/3: Litzelstetten, 1989, Hellmann (STU-K); 8321/1: Konstanz, 1969, Henn (STU-K), nach 1970, (STU-K).

Bestand und Bedrohung: Es ist möglich, daß die als Neophyt anzusehende Art ihre Bestände auch in jüngerer Zeit noch etwas ausbauen konnte. Bis in die letzten Jahre wurden immer noch neue, bisher nicht bekannte Funde gemeldet. Sie ist daher auch in der Liste der gefährdeten Neophyten nicht enthalten (Rote Liste 1983, S. 51).

40. **Subularia** L. 1753
Pfriemenkresse

Die eigentümliche Gattung besteht nur aus 2 Arten, von den nur *S. aquatica* in Mitteleuropa vorkommt. Die andere Art, *S. monticola*, ist eine Pflanze der hohen Berge des tropischen Afrikas.

1. **Subularia aquatica** L. 1753
Pfriemenkresse

Morphologie: Ein- bis zweijährig, kahl, mit büscheligen, weißen Faserwurzeln, mit einem sehr kurzen, 2–8 cm langen, unverzweigten Stengel. Blätter lineal bis pfriemlich, alle grundständig und meist zahlreich. Blütentraube locker, nur aus 2–8 Blüten, den größten Teil des Stengels einnehmend. Kronblätter weiß, doppelt so lang wie die Kelchblätter, 1–2 mm lang. Schötchen auf 2–5 mm langen, aufgerichteten Stielen, ellipsoidisch, 3–5 mm lang. Samen zweireihig, pro Fach 2–6.

Biologie: Juni bis August blühend und fruchtend. Bei der Verbreitung der Samen dürften Wasservögel eine Rolle spielen.

Ökologie: An flachen See- und Weiherufern, zeitweilig auch untergetaucht; nährstoff- und kalkarme Standorte bevorzugend; vor allem in Strandlings-Gesellschaften (Littorelletalia); gern zusammen mit *Littorella uniflora*, *Isoetes*-Arten, *Juncus bulbosus*, *Ranunculus aquatilis* (in den Vogesen nach Aufnahmen von D. KORNECK, s. E. OBERDORFER 1977: Tab. 57), ferner auch mit *Eleocharis acicularis*.

Allgemeine Verbreitung: Zirkumpolar in den gemäßigten und borealen Zonen, in Europa vor allem im nördlichen Teil, lokal auch in den Gebirgen des südlichen Europa (Pyrenäen, Bulgarien); benachbarte Vorkommen zu Baden-Württemberg in den Vogesen und in Franken bei Dinkelsbühl und Erlangen.

Verbreitung in Baden-Württemberg: Bisher nur im Raum zwischen Ellwangen und Dinkelsbühl in den 20er Jahren gefunden. Nach 1945 nicht mehr nachgewiesen.

Schwäbisch-Fränkischer Wald: 6927/1: Rohrweiher bei Wäldershub, 500 m, an der flachen, sandigen Ostseite (1928, von PLANKENHORN gefunden, in STU belegt); 6927/4: Tragenroder Weiher, 480 m (1922, VON ARAND-ACKER-

FELD gesammelt, in STU belegt; dieser Fundort ist auch bei BERTSCH (1933) genannt, in der Ausgabe von 1948 aber durch Wäldershub ersetzt).

Bestand und Bedrohung: Die Vorkommen in Baden-Württemberg dürften erloschen sein (s. auch Rote Liste 1983 = G 0). Allerdings ist die winzige Pflanze leicht zu übersehen. Ein überraschendes Auftauchen ist auch dank der Fernverbreitung der Samen durch Wasservögel durchaus möglich. Jedoch hat die Zahl oligotropher Gewässer mit geeigneten Uferpartien stark abgenommen.

41. Conringia Fabricius 1759
Ackerkohl

Die Gattung umfaßt 6 Arten, die vorwiegend im östlichen Mittelmeergebiet, in Vorder- und Innerasien verbreitet sind. Nur *C. orientalis* kommt auch in Baden-Württemberg vor.

1. Conringia orientalis (L.) Dumort. 1827
Erysimum orientale (L.) Miller 1768; *Brassica orientalis* L. 1753; *Erysimum perfoliatum* Crantz 1762
Ackerkohl

Morphologie: Einjährig; mit dünner, weißlicher Pfahlwurzel; Stengel aufrecht 10–60 cm, einfach oder spärlich verzweigt, kahl. Unterste Blätter ver-

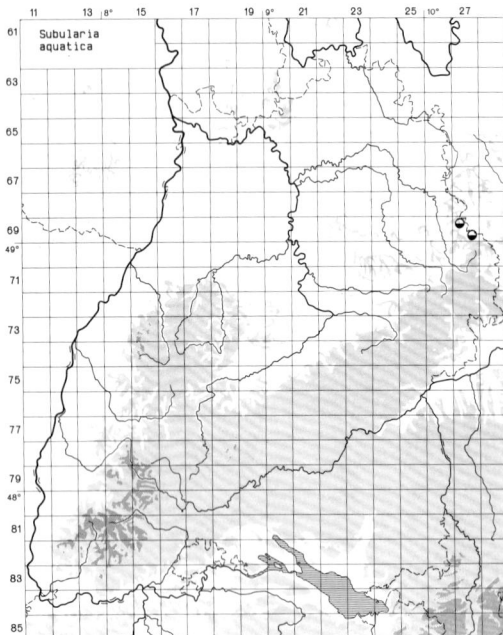

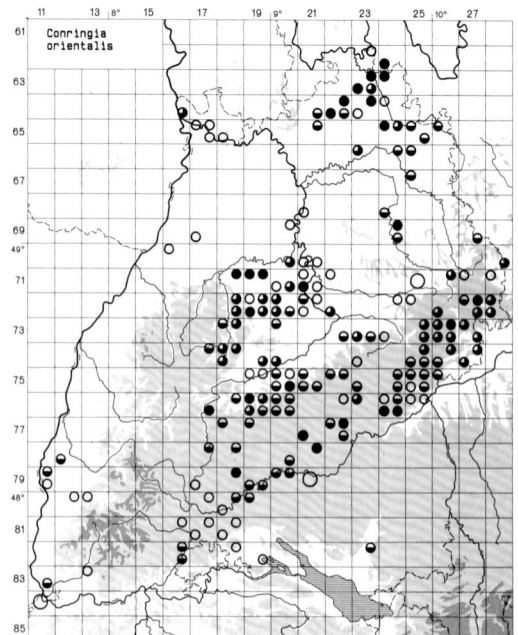

Ackerkohl *(Conringia orientalis)*
Calw, 1962

Allgemeine Verbreitung: Im Mittelmeergebiet von Marokko und Spanien bis nach Kleinasien, ferner Iran, Irak, Pakistan, Afghanistan, Südsibirien; mit einer Nordgrenze quer durch Mitteleuropa; nördlich davon nur vereinzelt eingeschleppt; im südlichen Mitteleuropa wohl alteingebürgert.

Verbreitung in Baden-Württemberg: Heute nur noch selten in Gebieten mit kalkreichen Ackerböden, vor allem Tauber-Gebiet, mittleres und südliches Nekkarland, Schwäbische Alb, vereinzelt im Oberrheingebiet, wo bei Mannheim auch die tiefstgelegenen Fundorte sind. Die bisher höchsten Vorkommen wurden auf der Schwäbischen Alb zwischen Dreifürstenstein und Salmendingen bei 840 m festgestellt.

Die Art dürfte in den angegebenen Landschaften als alteingebürgert zu betrachten sein. Die Angaben in den älteren Landesfloren deuten darauf hin. Die älteste Angabe aus dem Land findet sich bei LEOPOLD (1728: 22) mit „Äcker ob der Steingruben" bei Ulm. Die Art ist aber auch schon bei HARDER 1576–94 belegt (SCHINNERL 1912: 220).

Bestand und Bedrohung: Der Ackerkohl ist in den letzten Jahrzehnten durch die Intensivierung des Getreideanbaus (dichtere, geschlossenere Bestände) und wohl auch durch Herbizidanwendung stark zurückgegangen. Er wurde daher in der Roten Liste 1983 als stark gefährdet (G 2) bezeichnet. Zu seiner Erhaltung könnten weniger dicht eingesäte und weniger stark gedüngte Ackerränder entlang von Wegen beitragen oder die Aussaat in Feldflorareservaten.

kehrt-eiförmig, mit verschmälertem Grund sitzend oder kurz gestielt, mittlere und obere Blätter elliptisch-eiförmig, tief herzförmig stengelumfassend, ganzrandig, blaugrün, kahl. Kelchblätter 5–8 mm lang, aufrecht, seitliche gesackt. Kronblätter gelblich oder grünlich weiß, 9–14 mm lang, schmal keilförmig, allmählich in den Nagel übergehend. Staubfäden ohne Anhängsel. Narbe kopfförmig, nicht geteilt und nicht breiter als das Ovar. Schoten auf 6–18 mm langen, abstehenden Stielen, 60–140 mm lang, 2–3 mm dick, vierkantig durch erhabenen Mittelnerv der Klappen; Griffel 1–3 mm lang. Samen im Fach einreihig, zahlreich, länglich, dunkelbraun, 2–2,5 mm lang. – Blütezeit: Mai bis Juli.

Ökologie: Licht- und wärmeliebende Art auf mäßig frischen bis trockenen, kalkreichen, oft steinigen Standorten, vor allem als Unkraut in Halmfruchtäckern, selten auch an Ruderalstellen, an Wegrändern, Kiesgruben; gilt als Charakterart der Kalkäcker-Gesellschaften (Verband Caucalidion lappulae), hier oft zusammen mit *Adonis aestivalis, Consolida regalis, Euphorbia exiqua, Sherardia arvensis, Ranunculus arvensis, Silene noctiflora* u.a.

42. **Diplotaxis** DC. 1821
Doppelsame

Einjährige bis ausdauernde Pflanzen; kahl oder mit einfachen Haaren. Blätter vorwiegend fiederlappig bis -teilig, seltener ungeteilt. Kelchblätter aufrechtabstehend, nicht oder wenig gesackt. Kronblätter gelb, selten auch weiß. Staubfäden einfach. Nektarien vier; je ein flaches, nierenförmiges innen an den kürzeren Staubfäden und ein längeres, zungenförmiges außen an den längeren Staubfäden. Frucht eine lineare, etwas zusammengedrückte Schote mit kurzem Schnabel; Klappen mit deutlichem Mittelnerv; Samen zahlreich, zweireihig; Keimblätter rinnig längsgefaltet.

Die meisten der rund 20 Arten der Gattung sind im Mittelmeergebiet und im nordafrikanisch-indischen Wüstengebiet verbreitet. Nur zwei Arten, *D. tenuifolia* und *D. muralis*, sind in Baden-Württemberg eingebürgert, zwei weitere, *D. viminea* und

D. erucoides, wurden bisher als unbeständig einge-schleppte Arten gefunden.

1   Kronblätter gelb 2
–   Kronblätter weiß . . . . *[D. erucoides]*
2   Kronblätter 9–14 mm lang; Kelchblätter 5–7 mm lang; Pflanze ausdauernd; Schote über dem Kelch-ansatz 0,8–3 mm lang gestielt; Blattabschnitte re-lativ schmal (meist 4mal länger als breit oder län-ger) . . . . 1. *D. tenuifolia*
–   Kronblätter 3–8 mm lang; Kelchblätter 2–4 mm lang; ein- bis zweijährig; Schote nicht oder nur bis 0,5 mm lang über dem Kelchansatz gestielt; Blatt-abschnitte breiter (selten mehr als 3mal so lang wie breit) 3
3   Kronblätter 5–8 mm lang; Kelchblätter 3–4 mm lang; außer Rosette auch einzelne Stengelblätter vorhanden . . . . 2. *D. muralis*
–   Kronblätter 3–4 mm lang; Kelchblätter 2–2,5 mm lang; alle Blätter in basaler Rosette . . *[D. viminea]*

1. **Diplotaxis tenuifolia** (L.) DC. 1821
Sisymbrium tenuifolium L. 1755
Schmalblättriger Doppelsame, Stinkrauke

Morphologie: Pflanze ausdauernd, mit dicker, mehrköpfiger Pfahlwurzel; Stengel 20–70 cm hoch, basal etwas verholzend. Blätter gestielt oder stielar-tig verschmälert, fiederspaltig bis -teilig, mit läng-lichen bis linealen Abschnitten, manchmal auch nur buchtig gezähnt, untere meist nicht rosettenartig, zerrieben unangenehm riechend, blaugrün, kahl

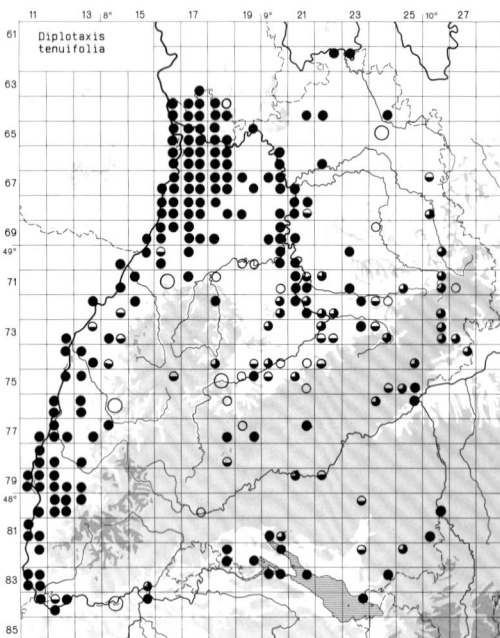

oder schwach behaart. Kelchblätter 5–7 mm lang, eiförmig bis elliptisch, Kronblätter 9–14 mm lang, verkehrt-eiförmig. Fruchtstiele 12–35 mm lang, ab-stehend; Schoten 20–50 mm lang, 1,5–3 mm breit, 0,8–3 mm lang über dem Kelchansatz gestielt; Schnabel 1,5–3 mm lang. – Blütezeit: Juni bis Ok-tober.

Ökologie: Licht- und wärmeliebende Art auf mäßig frischen bis trockenen, basen- und meist auch nähr-stoffreichen, vorwiegend ruderalen Standorten an Wegrändern, auf Böschungen, Bahnhof- und Ha-fengelände, in Kiesgruben und Mauerspalten; gilt als Charakterart der Stinkrauken-Quecken-Gesell-schaft (Diplotaxi tenuifoliae-Agropyretum repen-tis), ein halbruderaler Trockenrasen, der von TH. MÜLLER u. S. GÖRS (1969) mit einer vorwie-gend auf baden-württembergischen Aufnahmen basierenden Stetigkeitstabelle beschrieben worden ist; es kommen gern mit dieser Art zusammen vor: *Agropyron repens, Convolvulus arvensis, Saponaria officinalis, Chondrilla juncea, Poa angustifolia, Bro-mus tectorum, Setaria viridis, Falcaria vulgaris* u. a.
Allgemeine Verbreitung: Nördliches Mittelmeerge-biet, Kleinasien, West- und Mitteleuropa, nach Norden bis Schottland, Trondheim, Bottnischer Meerbusen; im nördlichen Teil des heutigen Ver-breitungsgebietes ist die als mediterran-submediter-ranes Florenelement zu betrachtende Art wohl nur ein Neophyt.
Verbreitung in Baden-Württemberg: Ziemlich häufig in wärmeren Landschaften vor allem im Oberrhein-gebiet und entlang des Neckars vom Stuttgarter Raum abwärts, sonst zerstreut bis selten, vor allem entlang der Bahnlinien.

Die tiefsten Vorkommen befinden sich im Raum Mannheim bei 95 m, die höchsten, allerdings nur unbeständig aufgetretenen, bei 1000 m auf der süd-westlichen Alb (Hochberg).

Im Oberrheingebiet muß die Art schon seit länge-rer Zeit eingebürgert oder vielleicht sogar einhei-misch sein. Bei HALLER (1768: 200) wird unter „Eruca… etiam… Mannhemii" diese Art gemeint. Bei C. C. GMELIN (1808) wird sie aus mehreren Tei-len des Oberrheingebiets als häufig angegeben. Die Angabe bei C. BAUHIN (1622) an der Wiese bei Basel dürfte sich nach THELLUNG in HEGI (1918: 215) wohl auf *Erucastrum gallicum* beziehen. Für Württemberg wird die Art bei SCHÜBLER u. MAR-TENS (1834) nur von einem Fundort (Vaihingen/ Enz) angeführt. Es ist also möglich, daß die Art sich außerhalb des Oberrheingebiets erst in neuerer Zeit ausgebreitet hat.
Bestand und Bedrohung: Auch wenn manche Rude-ralvorkommen durch Befestigung von Gehwegen,

Schmalblättriger Doppelsame *(Diplotaxis tenuifolia)*
Breisach, 1978

Bahnsteigen usw. verlorengehen, ist die Art wohl nicht in stärkerer Abnahme begriffen. Sie scheint gegen Brennen unempfindlich zu sein.

2. Diplotaxis muralis (L.) DC. 1821

Sisymbrium murale L. 1753
Mauer-Doppelsame, Mauersenf

Morphologie: Ein- bis zweijährig, mit dünner Pfahlwurzel, basal verzweigt mit mehreren, aufsteigenden, 10–40 cm hohen, unten etwas kurzhaarigen oder kahlen Stengeln. Blätter oft am Grunde rosettenartig gehäuft, vorwiegend hellgrün, kahl oder etwas kurzhaarig, in Stiel verschmälert, meist buchtig gezähnt bis fiederspaltig mit dreieckigen Abschnitten. Blütentrauben relativ kurz und wenigblütig. Kelchblätter 3–4 mm lang, mit einzelnen Haaren oder kahl. Kronblätter 6–8 mm lang. Fruchtstiele 7–25 mm lang; Schoten 15–45 mm lang, über den Kelchansatz nur bis 0,5 mm lang gestielt; Schnabel 1,5–2,5 mm lang. – Blütezeit: Mai bis Oktober.

Ökologie: Licht- und wärmeliebende Art auf nährstoffreichen, frischen bis mäßig trockenen, häufig ruderalen Standorten wie Wegränder, Böschungen von Verkehrswegen, Bahnhofgelände, Schuttplätze, Kiesgruben, Mauern, Flußufer in offener und ± geschlossener, niedergrasiger Vegetation; auch als Unkraut in Weinbergen und Äckern; nach TH. MÜLLER (1983) Trennart des Digitario-Eragrostietum (Fingerhirsen-Liebesgras-Gesellschaft), einer bei uns vor allem Oberrheingebiet und im Neckarbecken vorkommenden Hackfrucht-Unkrautgesellschaft; hier gern zusammen mit *Eragrostis megastachya, E. minor, Digitaria sanguinalis, Galinsoga parviflora, Setaria viridis* u.a.

Allgemeine Verbreitung: Nordwestafrika, Süd- und Mitteleuropa, nach Osten bis zur Krim, im nördlichen Europa nur eingeschleppt, ebenso in Nordamerika, Südafrika, Neuseeland; die Art ist ein im wesentlichen submediterranes Florenelement.

Verbreitung in Baden-Württemberg: Zerstreut in den wärmeren Landschaften, vor allem Oberrheingebiet, mittleres Neckarland, Bodenseegebiet, auch im Donautal von Ulm bis Sigmaringen, in den anderen Landschaften selten, im Schwarzwald, im Schwäbisch-Fränkischen Wald und großen Teilen der Albhochfläche offenbar fehlend.

Die tiefsten Vorkommen sind wieder im Raum Mannheim bei 95 m, die bisher höchsten am Fuß der südwestlichen Alb bei 700–780 m.

Der älteste in der Literatur belegte Fund aus dem Land findet sich bei C.C. GMELIN (1826: 487): „prope Wertheim in der Wettenburg... legi cum Wibelio 1813". In den badischen Landesfloren wird die Art bei DÖLL (1843) für das Rheingebiet mit „fast im ganzen Gebiet" angegeben, während SCHÜBLER u. MARTENS (1834) für Württemberg nur Cannstatt als Fundort angegeben. Die Art dürfte daher wohl im vorigen Jahrhundert vielleicht im Zusammenhang mit dem Eisenbahnbau eine beträchtliche Ausbreitung erfahren haben. Sie verhält sich damit wohl sehr ähnlich wie die nah verwandte *D. tenuifolia.*

Bestand und Bedrohung: Nach den ziemlich vielen, in jüngerer Zeit nicht bestätigten Vorkommen zu

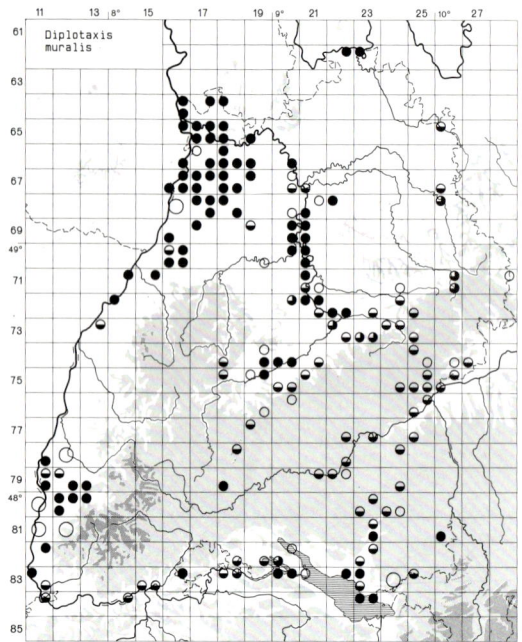

urteilen, ist die Art stark zurückgegangen. Sie wurde in der Roten Liste 1983 als gefährdet (G 3) eingestuft.

Diplotaxis viminea (L.) DC. 1821
Sisymbrium viminea L. 1763
Dünnstengeliger Doppelsame, Rutenästiger D.

Einjährig; mit dünner Pfahlwurzel und meist mehreren, aufsteigenden, 5–30 cm langen, kahlen oder schwach behaarten Stengeln. Blätter alle in basaler Rosette, leierförmig fiederlappig bis -spaltig, selten ungeteilt. Blütenstand armblütig. Kelchblätter 2–2,5 mm lang. Kronblätter gelb, 3–4 mm lang. Fruchtstiele 3–20 mm lang, ziemlich steil abstehend; Schoten 10–35 mm lang, 1–2 mm breit; Schnabel 1–2 mm lang.

Die mediterrane Art kommt in vielen Ländern Südeuropas vor. In Mitteleuropa ist sie nur an wenigen Stellen eingebürgert; in Baden-Württemberg nur als seltene und unbeständige Art in Unkrautfluren von Weinbergen, Gärten oder an Ruderalstellen. Die ältesten Angaben finden sich bei C.C. GMELIN (1826: 488) mit „ad montem Kaiserstuhl... prope Wertheim... an der Wettenburg, nec non... in Sporkert... vidi... cum Wibelio 1813".

Main-Tauber-Gebiet: 6223/1: Wertheim, 1813, WIBEL in GMELIN (1826: 488).

Oberrheingebiet: 6617/1: Wingertsbuckel bei Oftersheim, 1956, KORNECK in PHILIPPI (1971: 33); 6916/3: Daxlanden, 1947, HRUBY in OBERDORFER (1951: 189); Angabe wohl irrtümlich, s. PHILIPPI (1971: 33); 7811/4: Kaiserstuhl bei Sasbach, A. BRAUN in DÖLL (1862), GMELIN (1826: 488); 8311/1: Kleinkems, LITZELMANN (1966), nach PHILIPPI (1971: 33) ist diese Angabe fraglich.

Nach PHILIPPI (1971: 33) ist die Art im südbadischen

Mauer-Doppelsame *(Diplotaxis muralis)*
Sasbach

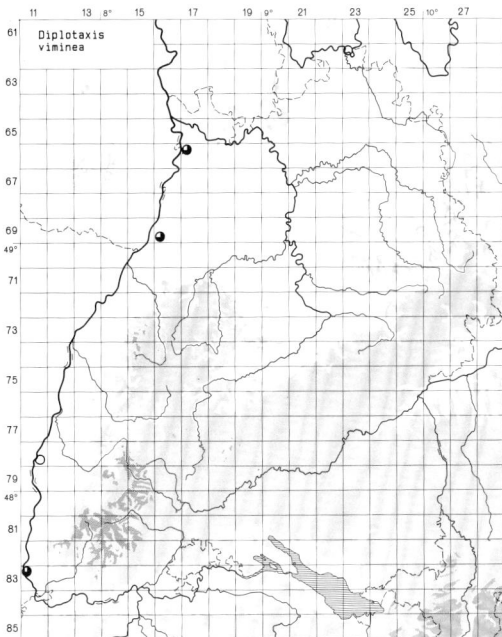

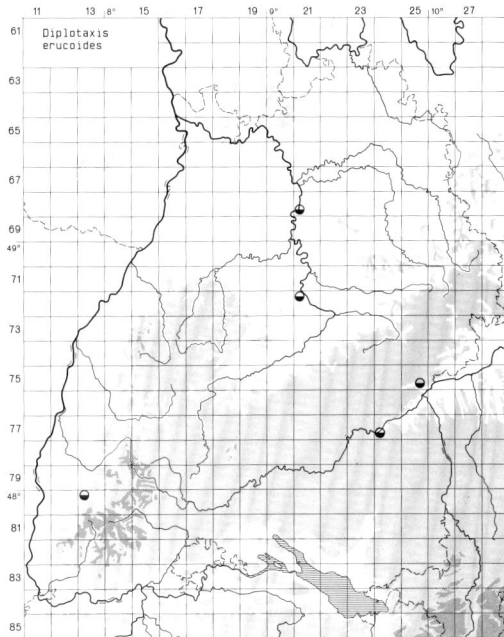

Oberrheingebiet nur einmal am Kaiserstuhl von A. BRAUN gefunden worden und ist seit 150 Jahren verschollen.

Diplotaxis erucoides (L.) DC. 1821
Sinapis erucoides L. 1756
Raukenähnlicher Doppelsame

Ein- bis zweijährig; mit dünner Pfahlwurzel; 10–50 cm hoch; Pflanze etwas kurz borstenhaarig. Untere Blätter oft rosettenartig, gestielt, leierförmig fiederspaltig oder verkehrt-eiförmig und gezähnt; obere Blätter sitzend und auch etwas stengelumfassend. Kronblätter weiß, nach der Blüte lila verfärbend; 7–13 mm lang. Fruchtstiele 7–12 mm lang, abstehend; Schoten 20–40 mm lang, 1,5–2,5 mm breit; mit 2–4 mm langem Schnabel.

Die Art ist ein westmediterranes Florenelement. Sie kommt von Marokko und Spanien bis nach Italien vor. Ein isoliertes Vorkommen befindet sich im Donaudelta. In Mitteleuropa kommt die Art nur eingeschleppt vor.

In Baden-Württemberg nur als sehr seltene und unbeständige Einschleppung, meist auf Bahnhöfen oder Schuttplätzen. Bisherige Funde:

Oberrheingebiet: 8013/1: Freiburg, Wiehre, 1905, THELLUNG in HEGI (1918).
Neckarland: 6821/3: Heilbronn, Hafen, 1933, K. MÜLLER (1935); 7221/1: Stuttgart, Hauptgbhf., 1932, 1934, K. MÜLLER (1935: 47).
Donaugebiet: 7525/4: Ulm, Gbhf., 1931–1947, nach K. MÜLLER (1957) eingeschleppt mit Südfrüchten oder Viehtransporten, sich durch Selbstaussaat zeitweise erhaltend, Belege in STU. 7724/3: Rottenacker, Bahn-Auffüllplatz, 1933, K. MÜLLER (1935: 47 und STU).

Die Angabe für Burkheim (7811/4) von GREBE in OBERDORFER (1951: 189) beruht nach PHILIPPI u. WIRTH (1970: 341) auf einer Fehlbestimmung.

43. **Brassica** L. 1753
Kohl

Einjährige bis ausdauernde, krautige, basal auch etwas holzige Pflanzen; kahl oder mit einfachen Haaren, häufig blaugrün bereift. Blätter leierförmig fiederspaltig bis -teilig oder ungeteilt. Kelchblätter aufrecht oder abstehend, nicht oder wenig gesackt. Kronblätter gelb oder weiß. Staubblätter 6, Staubfäden ohne Anhängsel. Nektarien 4, je eines innen an den kürzeren Staubfäden und außen an den längeren Staubfadenpaaren. Frucht eine lineale, rundliche oder etwas abgeflachte, meist geschnäbelte Schote; Klappen mit einem deutlichen Mittelnerv. Samen im Fach einreihig, mehrere bis viele, fast kugelig.

Die Gattung umfaßt rund 40 Arten, von denen viele im Mittelmeerraum einheimisch sind. Einige Arten werden in vielen Sorten als Nutzpflanzen verwendet. In Baden-Württemberg können nur *B. nigra* und *B. rapa* subsp. *sylvestris* als zumindest seit langem in der wildwachsenden Flora eingebürgert gelten. Die anderen, im Lande festgestellten Arten sind Verwilderungen aus Kulturen bzw. unbeständige Einschleppungen aus anderen Ländern.

1 Obere Blätter gestielt oder am Grunde verschmälert 2
– Obere Blätter sitzend, stengelumfassend oder zumindest abgerundet 4

2 Schoten dem Stengel angedrückt; 10–22 mm lang
                                     2. B. nigra

 – Schoten nicht angedrückt (seltene Adventivpflanzen) 3

3 Schoten oberhalb des Kelchansatzes 1,5–4 mm lang gestielt; Schoten 15–22 mm lang, mit bis zu 6 mm langem Schnabel; zweijährig bis audauernd; Blätter fiederlappig bis -spaltig mit annähernd gleich großen Abschnitten oder ungeteilt, untere dicht borstig behaart; selten eingeschleppt . . . .
                                    [B. elongata]

 – Schoten oberhalb des Kelchansatzes ohne Stiel, 30–60 mm lang, mit 5–10 mm langem Schnabel; Pflanze einjährig; Blätter leierförmig fiederteilig bis ungeteilt, untere schwach behaart; selten eingeschleppt . . . . *[B. juncea]*

4 Kelchblätter aufrecht-abstehend; Kronblätter goldgelb; Stengel krautig, am Grunde mit wenig auffallenden Blattnarben; untere Blätter ± borstig behaart, obere tief herzförmig stengelumfassend; seitliche Staubblätter bogig aufsteigend, deutlich kürzer als die anderen 5

 – Kelchblätter aufrecht; Kronblätter schwefelgelb; Stengel unten strunkartig, etwas verholzend, mit auffälligen Blattnarben; Blätter fleischig, kahl, obere am Grunde abgerundet, den Stengel nur zu ⅓ umfassend; alle Staubblätter aufrecht, fast gleich lang; kultiviert, selten verwildert . *[B. oleracea]*

5 Untere Blätter hellgrün, ± dicht borstlich behaart; obere Blätter mit großen, runden Öhrchen den Stengel ganz umfassend; offene Blüten die Knospen überragend . . . . 1. *B. rapa*

 – Alle Blätter blaugrün, untere schwach behaart, obere mit schwach herzförmigem Grund den Stengel etwa zur Hälfte umfassend; offene Blüten die Knospen nicht überragend; kultiviert, öfters verwildert . . . . *[B. napus]*

Brassica oleracea L. 1753
Gemüse-Kohl

Die Art wird seit alter Zeit in vielen, sehr unterschiedlichen Sorten (Kohlrabi, Blumenkohl, Rotkohl, Rosenkohl, Weißkohl, Stammkohl, Brokkoli usw.) angebaut und kommt in Kultur selten zum Blühen. Die wildwachsende Stammpflanze ist an den Felsküsten Westeuropas an der Nordsee von Helgoland westwärts über den Atlantik bis ins Mittelmeer (Norditalien) beheimatet. Gelegentlich kann eine Kultursorte auf Müll- oder Schuttplätzen und ähnlichen stickstoffreichen Ruderalstellen verwildern und dort auch zum Blühen gelangen. Nach G. LANG (1973, Tab. 44/8–11) findet sich die Art sogar in der Spülsaumgesellschaft der Kiesufer des Bodensees, im Erucastro-Barbareetum, bei Allensbach und auf der Insel Reichenau. Vielleicht spielt dabei auch der dortige intensive Gemüseanbau eine Rolle.

Die wichtigsten Merkmale sind im Bestimmungsschlüssel enthalten.

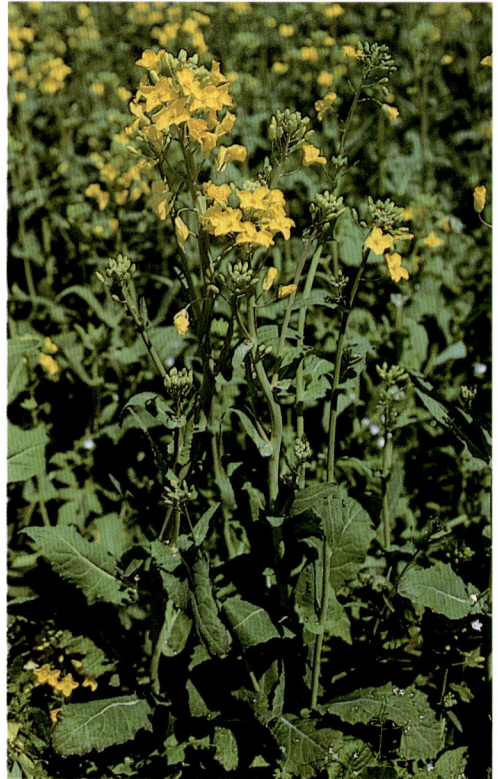

Rübsen *(Brassica rapa)*

1. Brassica rapa L.
Rübsen, Rüben-Kohl

Morphologie: Ein- bis zweijährig, mit spindelförmiger oder bei kultivierten Formen rübenförmiger Wurzel; Stengel 30–120 cm hoch, aufrecht, verzweigt, kahl oder basal abstehend behaart. Untere Blätter hellgrün, etwas behaart, stielartig verschmälert, aber oft noch mit geöhrter Basis, leierförmig fiederlappig; obere Blätter kahl, blaugrün, mit runden Öhrchen stark stengelumfassend, dreieckig bis lanzettlich, ungeteilt, etwas geschweift-gezähnt oder ganzrandig. Offene Blüten die Blütenknospen überragend. Kelchblätter 5–8 mm lang, abstehend. Kronblätter verkehrt-eiförmig, leicht ausgerandet, gelb, 6–12 mm lang. Fruchtstiele 10–25 mm lang, dünn, abstehend; Schoten 40–100 mm lang, 2–4 mm breit; mit 5–30 mm langem Schnabel. Samen dunkelbraun, fast kugelig.

Variabilität: Von dieser seit dem Neolithikum durch den Menschen genutzten Art werden mehrere Kultursorten angebaut: Subsp. *rapa* (Weißrübe, Wasserrübe, Stoppelrübe) mit verdickter Wurzel und Stengelbasis in verschiedenen Sorten als Wurzelge-

Raps *(Brassica napus)*

meines Unkraut unserer Gegend." SCHLICHTHÄRLE (1981) hat die Art im späten Atlantikum von Hornstaad am Bodensee gefunden.

Außer der Subsp. *sylvestris* können auch ab und zu Pflanzen der Kultursorten verwildert vorkommen, die nicht immer in jedem Zustand von der Subsp. *sylvestris* unterschieden werden können. In der Verbreitungskarte für Baden-Württemberg sind alle gemeldeten Vorkommen von *B. rapa* enthalten, soweit es sich nicht um angebaute oder klar anzusprechende Verwilderungen der Kultursorten handelt.

Ruderale Vorkommen von *B. rapa* findet man vor allem an Flußufern, Kiesgruben, Erdaufschüttungen, auf Bahnhofgelände.

Brassica napus L. 1753
Raps

Sehr ähnlich *B. rapa* und an unvollständigen Belegen nicht immer von dieser Art unterscheidbar, unterscheidet sich vor allem durch folgende Merkmale: Alle Blätter blaugrün, kahl und nur die unteren auf den Blattnerven etwas behaart; obere Blätter nicht dreieckig durch große, stengelumfassende Öhrchen, eher länglich mit kleineren, weniger weit stengelumfassenden Öhrchen. Blütenstiele nur wenig länger als Blüten; offene Blüten die Knospen nicht überragend; Kelchblätter mehr aufrecht-abstehend, 6–9 mm lang; Kronblätter 10–18 mm lang.

B. napus wird in einer Reihe von Sorten als Öl- und Futterpflanze angebaut. Subsp. *rapifera* Metzger (Kohlrübe, Steckrübe) besitzt eine verdickte Wurzel und Stengel-

müse und Futterpflanze; subsp. *oleifera* (DC.) Metzger (Rübsen) mit nicht verdickter Wurzel als Ölpflanze. Auch der Chinakohl (*B. pekinensis* (Lour.) Rupr.) gehört in diese Verwandtschaftsgruppe.

Als Ackerunkraut und Ruderalpflanze kommt bei uns die Subsp. *sylvestris* (L.) Janchen 1953 vor. Sie ist etwas niederwüchsiger, armblütiger mit etwas kleineren Blüten, Früchten und Samen als die Kultursorten. Ihre Samen sind gröber netzig-grubig. K. BERTSCH (1938) hat diese Sippe als Bestandteil der Ackerunkrautflora in Oberschwaben im Bereich des Wurzacher Beckens als ebenbürtig in der Häufigkeit mit *Sinapis arvensis* und *Raphanus raphanistrum* erstmals für Baden-Württemberg angegeben. Er nimmt an, daß das nördliche Vorland der Alpen noch zum Heimatgebiet dieser allerdings in ihrer ursprünglichen Verbreitung nicht sicher bekannten Sippe gehört. Sie ist heute in großen Teilen Europas verbreitet und gilt als Stammform der Kultursorten (ursprüngliche Verbreitung vermutlich mediterranes bis submediterranes Europa).

Auch ROT (1799: 36, 1800: 54) gibt unter *Brassica campestris* für Immendingen (8018) an: „Ist ein ge-

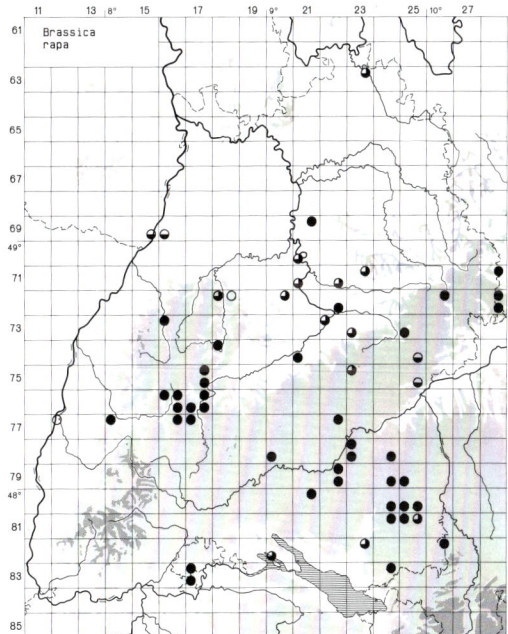

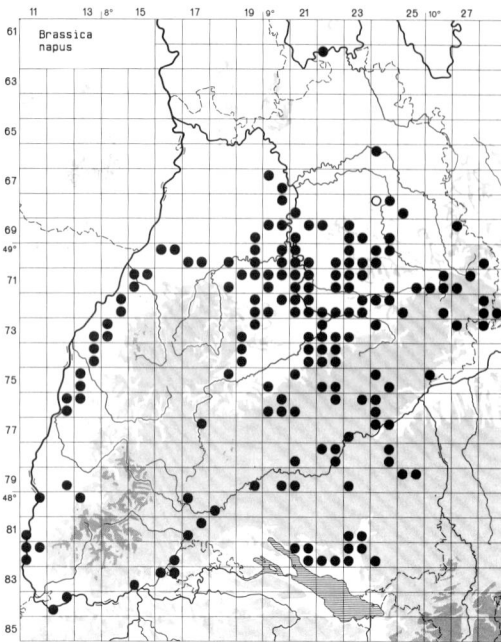

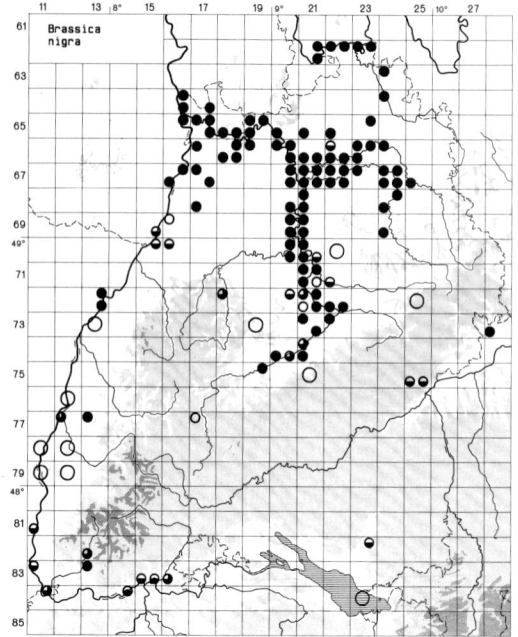

basis. *B. napus* kann gelegentlich verwildert an Ruderalstellen unbeständig auftreten. Erst in neuerer Zeit (O. SE-
BALD u. S. SEYBOLD 1982) wird eine zunehmende Ausbreitung entlang von Verkehrswegen (Autobahnen, Landstra-
ßen, Bahnlinien) beobachtet. Die Verwilderungen halten
mindestens teilweise über mehrere Jahre. Vielleicht hängt
dies mit einer größeren Resistenz der Art gegen Salzstreu-
ung oder Herbizidanwendung zusammen. Es schien daher
angebracht, die Verwilderungen dieser bei uns sonst nur als
Nutzpflanze angebauten Art in einer Verbreitungskarte
festzuhalten.

Es wird angenommen, daß *B. napus* eine amphidiploide
Art (2n = 38) ist, die von zwei diploiden Arten, *B. oleracea* (2n = 18) und *B. rapa* (2n = 20) abstammt.

2. Brassica nigra (L.) Koch 1833
Sinapis nigra L. 1753
Schwarzer Senf

Morphologie: Einjährig, mit dünner Pfahlwurzel;
Stengel aufrecht, verzweigt, bis 150 cm hoch, im
unteren Teil abstehend behaart, oben meist kahl
und etwas bläulich bereift. Blätter ± lang gestielt;
untere leierförmig fiederlappig bis -teilig mit breitem, gezähntem bis gelapptem Endabschnitt, obere
mit schmalem, lanzettlichem bis spießförmigem
Endabschnitt oder ungeteilt. Blütenstandsäste ausgewachsen rutenförmig. Kelchblätter 3–5 mm lang,
schmal länglich, nicht gesackt, aufrecht abstehend.
Kronblätter 6–9 mm lang, gelb, verkehrt-eiförmig,
mit langem, schmalem Nagel. Fruchtstiele
2,5–5 mm lang, ziemlich dick, steilaufgerichtet;

Schoten lineal, vierkantig, dem Stengel angedrückt,
10–22 mm lang und 1,5–3 mm dick; Griffel dünn,
2–3 mm lang, ziemlich scharf abgesetzt. Samen 4–6
pro Fach, durch hin und her gewölbte Scheidewand
auch in der ganzen Schote nur in einer Reihe.
Samen 1,5–2 mm lang, breit ellipsoidisch bis fast
kugelig, dunkelbraun.

Biologie: Blüte von Juni bis Oktober. Die Blüten
werden von Fliegen und Bienen bestäubt. Reife
Samen wurden ab August beobachtet. Die Samen
bleiben bis 11 Jahre keimfähig.

Ökologie: Vor allem auf offenen, nährstoff- und
meist auch kalkreichen, frischen bis mäßig feuchten
Standorten im und außerhalb des Überschwem-
mungsbereichs von Flüssen, auf Kies- und Schlick-
bänken, an Uferböschungen, ferner auf Erdaushub,
Schuttplätzen, Bahnhof- und Hafengelände; gilt als
Kennart des Bidentio-Brassicetum nigrae, einer Gesellschaft der Bidentetea (Zweizahn-Ufergesell-
schaften); sie kann stellenweise dominierend in geschlossenen Beständen werden (s. Aufnahmen vom
Main bzw. Rhein von G. PHILIPPI 1983, Tab. 2/
11–14 und 1984, S. 78), mischt sich aber auch in die
mehrjährigen Ufergesellschaften der Artemisietea
ein. Häufige Begleiter sind *Chenopodium-, Atriplex-,
Polygonum*-Arten, *Urtica dioica, Artemisia vulgaris,
Erysimum cheiranthoides* u.a.

Allgemeine Verbreitung: Heute vor allem im westlichen, mittleren und südlichen Europa und in
Kleinasien weitverbreitet und eingebürgert; ur-

Schwarzer Senf *(Brassica nigra)*
Gundelsheim, 1986

sprüngliche Heimat nicht sicher bekannt; außerdem auch in Amerika, Ostasien, Australien und Neuseeland eingeschleppt.

Verbreitung in Baden-Württemberg: Ziemlich häufig entlang des Neckars von Rottenburg abwärts bis Mannheim, im Unterlauf von Kocher und Jagst, am Main (nach G. PHILIPPI 1983 aber an der Tauber fehlend); am Oberrhein aufwärts von Mannheim nur zerstreut und stellenweise. In den übrigen Landschaften tritt die Pflanze nur als seltene und meist unbeständige Adventivpflanze auf.

Die Höhenlage der Vorkommen entlang der Flüsse steigt von etwa 90 m am Rhein nördlich Mannheim bis auf etwa 340 m am Neckar, auf etwa 350 am Hochrhein. Noch höher liegen einzelne adventive Vorkommen (500 m bei Herrlingen, Bhf. bei Ulm).

Die wildwachsenden Vorkommen entlang der Flüsse werden schon in den älteren Landesfloren erwähnt. Bei SCHÜBLER u. MARTENS (1834) wird berichtet, daß auf den Neckarinseln zwischen Esslingen und Cannstatt der Schwarze Senf so häufig war, daß sie auf den Ertrag dieser Pflanze hin verpachtet wurden. Die älteste Literaturangabe findet sich bei POLLICH (1777: 2: 251–252) „ad vias et

Necarii ripas passim inter Heidelberg et Neckarsgemünd"!

Bestand und Bedrohung: Die Art wird meist nur als seit langem verwilderte Kulturpflanze angesehen. Sie wird heute aber bei uns nicht mehr angebaut. Sie könnte einerseits an den früher unregulierten Flüssen wesentlich mehr zusagende Standorte gefunden haben als heute, andererseits bieten sich hier heute durch die vielen Erdbewegungen gerade im Bereich der dicht besiedelten Flußtäler mehr sekundäre Standorte als früher. So könnte die Bilanz ausgeglichen sein.

Brassica elongata Ehrh. 1792
Langtraubiger Kohl

Wesentliche Merkmale siehe Bestimmungsschlüssel. Das Verbreitungsgebiet der Art reicht von Zentralasien und Westsibirien nach Westen bis nach Ungarn und in die Tschechoslowakei.

In Baden-Württemberg sehr selten und unbeständig eingeschleppt auf Bahnhof- und Hafengelände.

6516/2: Mühlau-Hafen bei Mannheim, 1906, THELLUNG in HEGI (1918: 234); 6916/3: Mühlburg, Hafen, 1905, KNEUCKER in THELLUNG (lit. cit.); 7525/3: Herrlingen, Bhf., 1926, K. MÜLLER (1957: 88); 7714/1: Kinzigdamm bei Steinach, 1988, DEMUTH (KR-K).

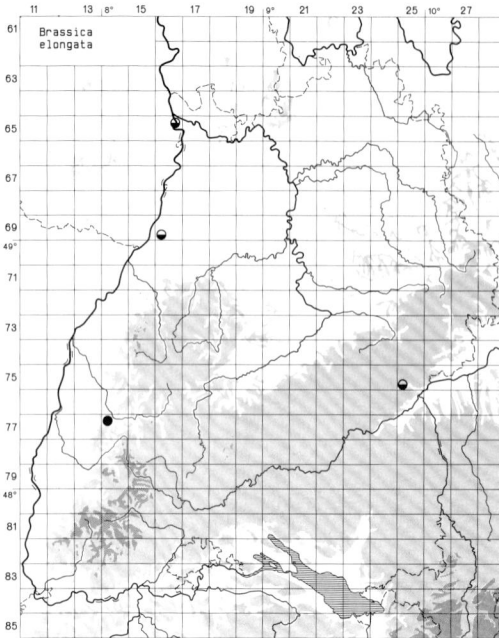

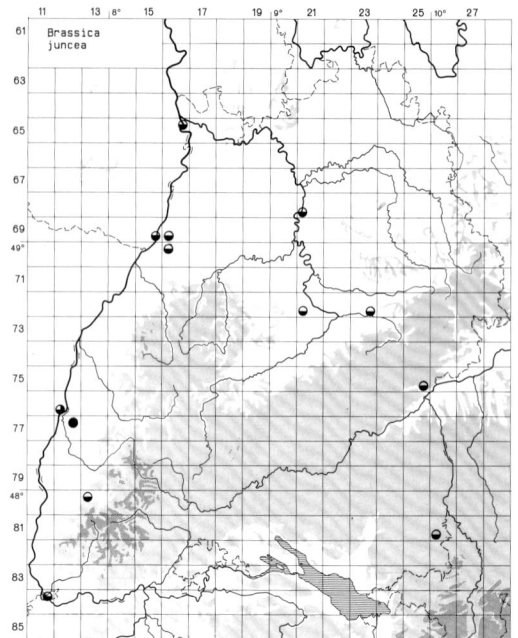

Nach K. MÜLLER und THELLUNG gehören alle Einschleppungen zur Subspecies *armoracioides* (Czern.) Asch.
& Gr.

Brassica juncea (L.) Czern. 1859
Sinapis juncea L. 1753
Ruten-Kohl, Sarepta-Senf

Wesentliche Merkmale siehe Bestimmungsschlüssel. Die
wohl ursprünglich in Zentralasien beheimatete Pflanze
wird in einer Reihe von Ländern als Senf- und Öllieferant
angebaut, vor allem in Südrußland, Indien, Ostasien, Marokko usw.; in viele Länder verschleppt als Kultur- und
Ruderalpflanze, nach K. MÜLLER (1950: 102) wohl auch
als Vogelfutterpflanze; nach JAUCH (1938) auch als Südfruchtbegleiter.

Die Art ist vermutlich amphidiploid (2n = 36), abstam-
mend von *B. nigra* (2n = 16) und *B. rapa* (2n = 20).

In Baden-Württemberg sehr seltene und unbeständige
Adventivpflanze auf Bahn- und Hafengelände, auf Uferdämmen.

Oberrheingebiet: 6516/2: Mannheim, 1906, THELLUNG in
HEGI (1918: 241); 6915/4: Rheinhafen, 1934–37, JAUCH
(1938: 96); 6916/3: Karlsruhe, KNEUCKER nach THEL-
LUNG in HEGI (1918: 241); 7016/1: Karlsruhe, Haupt-
bahnhof, JAUCH (1938: 96); Bulach, 1932, und Beiertheim,
1937, JAUCH (1938: 96); 7612/3: Rheindamm, GÖRS u.
TH. MÜLLER (1974: 244); 7712/2: W Ettenheim, 1986,
QUINGER (KR-K); 8013/1: Freiburg, mehrfach, THEL-
LUNG in HEGI (1918: 241); 8411/2: Rhein unterhalb Klein-
Hüningen, AELLEN in BECHERER (1921: 185).
Neckarland: 6821/3: Heilbronn, Hafen, 1933, K. MÜL-
LER (STU-K BERTSCH); 7221/3: Hohenheim, 1957, KREH
in SEYBOLD (1969); 7223/4: Göppingen, 1939, K. MÜL-
LER (1950: 102).

Alpenvorland und Donautal: 7525/4: Ulm, Güterbahnhof, 1933, 1945, und Söflingen, 1939, 1946, K. MÜLLER
(1950: 102); 8126/3: Leutkirch, Bahnhof, 1945, HEPP
(STU-K BERTSCH).

44. **Sinapis** L. 1753
Senf

Einjährige Pflanzen mit dünner, bleicher Pfahlwur-
zel und aufrechtem, meist verzweigtem Stengel.
Kelchblätter aufgeblüht waagerecht abspreizend,
nicht gesackt. Kronblätter gelb. Nektarien vier, je
eines innen am Grunde der kürzeren und außen am
Grunde der längere Staubblätter. Frucht eine
Schote mit langem Schnabel; Klappen 3–7nervig.
Samen einreihig, fast kugelig.

Die Gattung besteht aus etwa 10 vorwiegend mediterranen Arten, von denen zwei bis uns eingebürgert sind.

Fruchtschnabel schwertförmig stark abgeflacht, länger als
die Klappen; meist 2–3 Samen pro Fach; Samen hell,
2–3 mm Durchmesser . . . . 2. *S. alba*
Fruchtschnabel vierkantig schwach abgeflacht bis lang kegelförmig, so lang oder kürzer als die Klappen; meist
4–7 Samen pro Fach; Samen schwarzbraun, weniger als
2 mm Durchmesser . . . . 1. *S. arvensis*

Ackersenf *(Sinapis arvensis)*
Brainkofen bei Leinzell, 1983

1. Sinapis arvensis L. 1753
Ackersenf

Morphologie: Stengel 20–80 cm hoch, besonders basal ± borstig kurz oder bis 1,5 mm lang behaart. Untere und mittlere Blätter gestielt, eiförmig bis verkehrt-eiförmig oder länglich, unregelmäßig buchtig gezähnt bis leierförmig fiederteilig, obere Blätter sitzend; Blätter unterseits etwas behaart. Kelchblätter 5–6 mm lang. Kronblätter 8–12 mm lang, mit breit verkehrt-eiförmiger bis leicht ausgerandeter Platte, plötzlich in langen, schmalen Nagel übergehend. Schotenstiele 2–7 mm lang, ziemlich dick, schief abstehend; Schoten mit Schnabel 25–65 mm lang und 2–4 mm dick, kahl oder rückwärts gerichtet kurzborstig; Klappen halbreif mit erhabenen Mittel- und 2–4 teilweise fast parallelen Seitennerven, später bei der Reife durch schwammartige Gewebeverdickung der Klappen Oberfläche oft ± glatt; Schnabel 10–20 mm lang, schwach abgeflacht vierkantig bis konisch, ohne oder mit einem Samen. Samen mit 1,2–1,8 mm Durchmesser, schwarzbraun. – Blütezeit: Mai bis Oktober.

Ökologie: Lichtliebende Art auf nährstoff- und ba-senreichen, frischen bis mäßig trockenen Standorten; vor allem als Unkraut auf lehmigen Ackerböden, aber ebenso häufig in kurzlebigen Ruderalfluren auf Erdauffüllplätzen, neu angelegten Straßenböschungen und ähnlich kurzfristig brachliegenden Stellen; gern zusammen mit *Papaver rhoeas, Thlaspi arvense, Alopecurus myosurioides* u. v. a.

Allgemeine Verbreitung: Ursprünglich wohl im Mittelmeerraum beheimatet, ist die Art heute in vielen Teilen der Welt als Unkraut verschleppt, in großen Teilen Europas ist sie seit alter Zeit eingebürgert.

Verbreitung in Baden-Württemberg: In allen Landschaften vorkommend und in den meisten auch häufig, nur in Teilen des Schwarzwaldes und des Alpenvorlandes eher zerstreut, da die Art ausgesprochen kalk- und basenarme Böden weitgehend meidet.

Die Art kommt von den tiefsten Lagen im nördlichen Oberrheingebiet bei rund 100 m bis zu den höchsten der südwestlichen Schwäbischen Alb bei 1000 m vor.

Samen der Art fanden K. BERTSCH (1950) im späten Subboreal von Bad Buchau und KÖRBER-

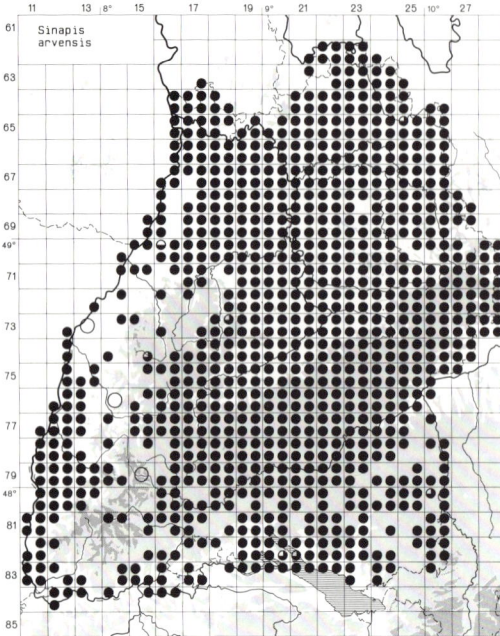

Grohne und PIENING (1983) im römischen Kastell von Welzheim. J. BAUHIN (1598: 168) gibt die Art aus der Umgebung von Bad Boll (7323) an.

Bestand und Bedrohung: Keine Bedrohung, aber ein gewisser Rückgang in Äckern, der teilweise ausgeglichen wird durch Baugelände und frische Straßenböschungen.

2. Sinapis alba L. 1753
Weißer Senf, Gelber Senf

Morphologie: Stengel 30–80 cm hoch, gefurcht, oft borstig behaart. Blätter fiederspaltig bis -teilig, mit mehreren seitlichen Abschnitten und einem größeren, oft buchtig gelappten Endabschnitt, alle Blätter gestielt, fast kahl oder etwas borstig behaart. Kelchblätter schmal lineal, 5–7 mm lang. Kronblätter 8–12 mm lang, verkehrt-eiförmig. Fruchtstiele waagrecht abstehend, 5–15 mm lang. Schoten mit Schnabel 20–40 mm lang, 3–7 mm breit; Klappen meist deutlich kürzer als Schnabel, mit drei Längsnerven, etwa 1 mm lang borstig behaart; Schnabel stark abgeflacht und etwas herablaufend, an der Spitze etwas gekrümmt. Samen 2–3 pro Fach, fast kugelig, 2–3 mm Durchmesser, gelblich. – Blütezeit: Juni bis Oktober.

Ökologie: Lichtliebend, auf frischen bis mäßig trockenen, nährstoffreichen Standorten und als unbeständige Ruderalpflanze auf Auffüllplätzen, an rohen Böschungen sowie gelegentlich in Äckern als Unkraut bzw. Relikt eines vorhergehenden Anbaus.

Allgemeine Verbreitung: Kulturpflanze, ursprünglich wohl im Mittelmeergebiet zu Hause; heute in großen Teilen Europas eingebürgert, ferner eingeführt oder eingeschleppt in Ostasien, Nordamerika, Südafrika, Australien, Neuseeland.

Verbreitung in Baden-Württemberg: Nach wie vor ziemlich oft als Futter-, Gründüngungs- und Gewürzpflanze angebaut und daraus unbeständig verwildert. Die gemeldeten Funde sind über die meisten Landschaften zerstreut. Manchmal wird der Weiße Senf auch als Wildfutter oder zur Begrünung frisch angelegter Straßenböschungen benutzt. Solche Ansaaten sind nach einiger Zeit nicht immer von echten Verwilderungen zu unterscheiden.

Der Höhenbereich reicht von etwa 100 m im Raum Mannheim bis etwa 800 m (Baar und Schwäbische Alb).

In den älteren Landesfloren wird die Art nur als Kulturpflanze erwähnt.

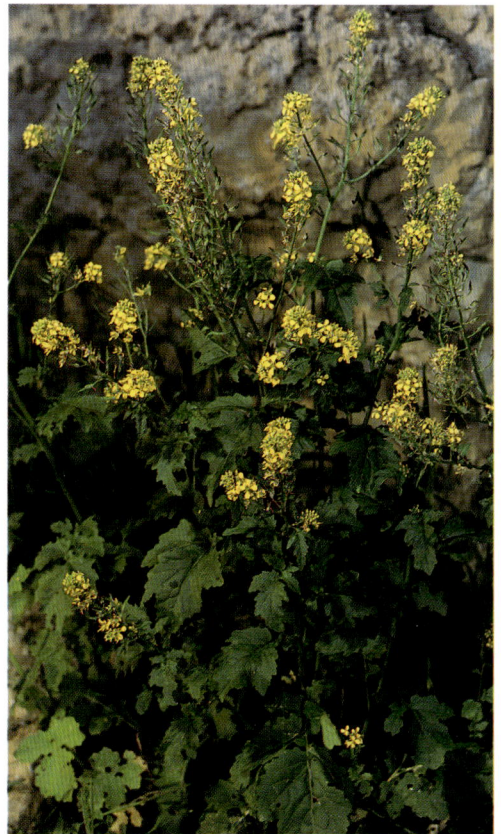

Weißer Senf *(Sinapis alba)*
Tuniberg

328

45. **Eruca** Miller 1754
Rauke

Von den 5 im Mittelmeergebiet und Südwestasien vorkommenden Arten der Gattung tritt bei uns selten und unbeständig eingeschleppt nur *E. sativa* auf.

1. **Eruca sativa** Miller 1768
Eruca vesicaria (L.) Cav. subsp. *sativa* (Miller) Thellung in Hegi 1918
Senf-Rauke, Öl-R., Ruke, Raukenkohl

Morphologie: Ein- bis zweijährige Pflanze mit dünner Pfahlwurzel; Stengel aufrecht, 20–80 cm hoch, kantig, verzweigt, fast kahl oder mit einfachen, steifen Haaren. Blätter einfach bis doppelt leierförmig fiederspaltig bis -teilig, mit 2–5 schmalen, seitlichen Abschnitten. Kelchblätter aufrecht, 8–11 mm lang. Kronblätter blaßgelb, braun oder violett geadert, 15–20 mm, mit langem Nagel. Fruchtstiele ziemlich dick, dem Stengel angedrückt, 3–7 mm lang; Schoten mit Schnabel 18–35 mm lang, 3–6 mm dick, dem Stengel anliegend; Schnabel schwertförmig flach, 6–10 mm lang, stets kürzer als Klappen; Klappen mit erhabenem Mittelnerv. Samen zweireihig, meist 5–15 pro Fach, breit ellipsoidisch, 1,5–2 mm lang. – Blütezeit: Mai bis September.
Ökologie: Licht- und wärmeliebende Art auf frischen bis mäßig trockenen, nährstoffreichen Stand-

Senf-Rauke *(Eruca sativa)*

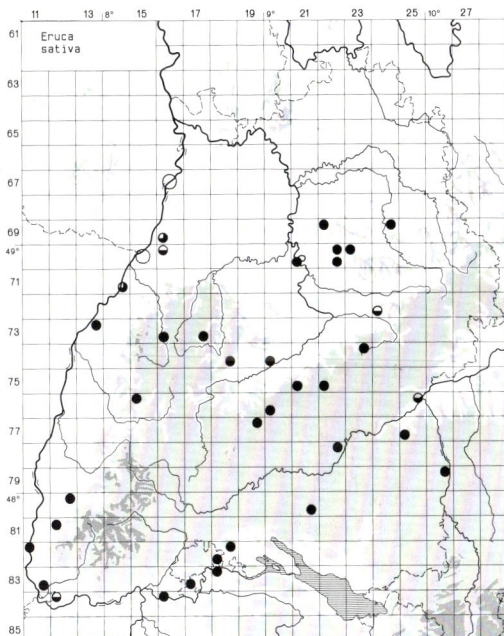

orten, als Unkraut in Gärten und Äckern (besonders mit *Trifolium resupinatum, Sinapis alba*) oder ruderal auf Auffüllplätzen.
Allgemeine Verbreitung: Mittelmeergebiet von Spanien und Nordafrika über Kleinasien bis nach Afghanistan; ursprüngliches Verbreitungsgebiet der alten Kulturpflanze unsicher; heute auch in West- und Mitteleuropa, Ostasien, Nordamerika, Südafrika, Australien.
Verbreitung in Baden-Württemberg: Selten und unbeständig eingeschleppt, offenbar in neuerer Zeit mit Gras- oder Kleesamen. Die Art wurde z.B. mehrfach in Feldern mit *Trifolium resupinatum* gefunden.

Die tiefstgelegenen Funde wurden im Oberrheingebiet bei Karlsruhe bei etwa 100 m, die höchsten auf der südwestlichen Schwäbischen Alb beim Zitterhof bei etwa 900 m gemacht.

In den älteren Landesfloren fehlt die Art.

Oberrheingebiet: 6916/3: Knielingen, 1964, BRETTAR in PHILIPPI (1971: 33); 7016/1: Beiertheim, 1937, JAUCH (1938: 96); 7114/4: Hügelsheim, 1964, PHILIPPI (1971: 33); 8012/2: Freiburg, 1987, HÜGIN (STU-K); 8112/1: Heitersheim, 1986, HÜGIN (STU-K); 8211/1: Schliengen, 1975, LITZELMANN (STU); 8412/1: Wilen, 1912, BINZ (1942).
Schwarzwald: 7316/3: Schönmünzach, 1986, HÜGIN (STU-K); 7317/4: Ebershardt, 1982, SEYBOLD (STU); 7615/1: N Rankach, 1986, VENTH (STU-K).

329

Neckarland: 6922/1: Prevorst, 1975, SCHWEGLER (STU-K); 6924/2: o.O., 1984/85, SCHWEGLER (STU-K); 7021/3: Ludwigsburg-Schlößlesfeld, 1972, SEYBOLD (STU); 7022/2: Steinbach, 1972, SCHWEGLER (STU); 7022/4: o.O., SCHWEGLER (STU); 7023/1: o.O., SCHWEGLER (STU-K); 7224/3: Göppingen, 1933, K. MÜLLER (STU); 7418/4: Öschelbronn-Bondorf, 1986, SEYBOLD (STU-K); 7420/3: Tübingen-Waldhausen, 1978, GOTTSCHLICH (STU-K).

Schwäbische Alb: 7423/2: Gruibingen, 1976, JÜNGLING (STU); 7521/3: Von Lichtenstein zur Nebelhöhle, 1981, SEYBOLD (STU); 7522/3: Gallental bei Gächingen, 1981, SEYBOLD (STU); 7620/3: Heufeld NW Ringingen, 1985, GOTTSCHLICH (STU-K); 7719/2: Zitterhof, nach 1970, ZIEGLER (STU-K); 7822/2: Österberg bei Grüningen, 1983, SEYBOLD (STU-K).

Alpenvorland: 7625/2: Söflingen, 1940, K. MÜLLER (1957); 7725/3: Baustetten, 1973, SEYBOLD (STU); 7926/2: Unteropfingen, 1984, SEYBOLD (STU); 8021/4: Ochsenbach, 1973, SEYBOLD (STU).

Hochrhein und Hegau: 8218/2: Hohentwiel, 1974, ISLER-HUEBSCHER (1980: 15); 8218/3: Randegg, 1974, ISLER-HUEBSCHER (1980: 15); 8317/3: Nack, 1975, ISLER-HUEBSCHER (1980: 15); 8318/1: Büsingen, 1970/71, ISLER-HUEBSCHER (1980: 15); 8416/1: Küßnach, ISLER-HUEBSCHER (1980: 15).

46. Erucastrum C. Presl 1826
Hundsrauke

Einjährige bis kurzlebig ausdauernde krautige Pflanzen; mit dünner, bleicher Pfahlwurzel; mit einfachen Haaren. Innere Kelchblätter schwach gesackt. Kronblätter verkehrt-eiförmig mit langem Nagel. Nektarien 4, die seitlichen hufeisenförmig bis zweilappig innen an der Basis der seitlichen Staubblätter, die mittleren größer, fast halbkugelig außen an der Basis der mittleren Staubblätter. Schoten lineal, mit deutlich gekielten und zwischen den einreihigen Samen etwas eingeschnürten Klappen.

18 Arten, mit Schwerpunkt im westlichen Mittelmeergebiet, aber auch in Arabien, in Ost- und Südafrika, in Mitteleuropa zwei Arten, die dort aber wohl nirgends ursprünglich einheimisch waren.

1 Blüten ohne Tragblätter; Kelchblätter abstehend; Schoten über dem Kelchansatz oft 0,5–3,5 mm lang gestielt; basale Abschnitte der Stengelblätter abwärts gerichtet und den Stengel umfassend
  1. *E. nasturtiifolium*
– Untere Blüten mit Tragblättern; Kelchblätter aufrecht; Schoten über dem Kelchansatz nicht gestielt; basale Abschnitte der Stengelblätter abstehend, nicht öhrchenartig den Stengel umfassend . . . .
  2. *E. gallicum*

1. Erucastrum nasturtiifolium (Poir.)
O.E. Schulz 1916
E. obtusangulum (Schleicher) Reichenb. 1832; *Sinapis nasturtiifolia* Poir. 1797; *Brassica erucastrum* Vill. 1789
Stumpfkantige Hundsrauke

Morphologie: Zweijährig bis ausdauernd; Stengel aufrecht, steilästig verzweigt, 15–60 cm hoch, besonders basal mit rückwärts gerichteten Haaren. Blätter fiederteilig, mit 4–8, meist stumpf gezähnten bis gelappten Abschnitten auf jeder Seite, grundständige in einer Rosette. Kelchblätter 5–6 mm lang, schmal länglich, borstig behaart. Kronblätter kräftig gelb, 9–13 mm lang. Fruchtstiele 8–16 mm lang, fast waagrecht abstehend; Schoten 25–50 mm lang, etwa 2 mm breit; Schnabel vierkantig abgeflacht, 0–2-samig, 2–8 mm lang; Klappen an der Spitze meist abgestutzt. Narbe schwach zweilappig, knopfförmig.

Biologie: Blüte von April bis August. Es herrscht Bestäubung durch Insekten, vor allem Bienen, vor. Reife Früchte wurden ab Juni festgestellt. Nach K. BERTSCH (1941) werden die Samen am Bodensee im Juni vor der sommerlichen Überschwemmung reif. Sie keimen im Herbst aus. Die Reihen der Blattrosetten zeigen dann den Hochwasserstand des vergangenen Sommers an.

Ökologie: Lichtliebend, auf frischen bis feuchten, auch zeitweise überschwemmten, nährstoffreichen

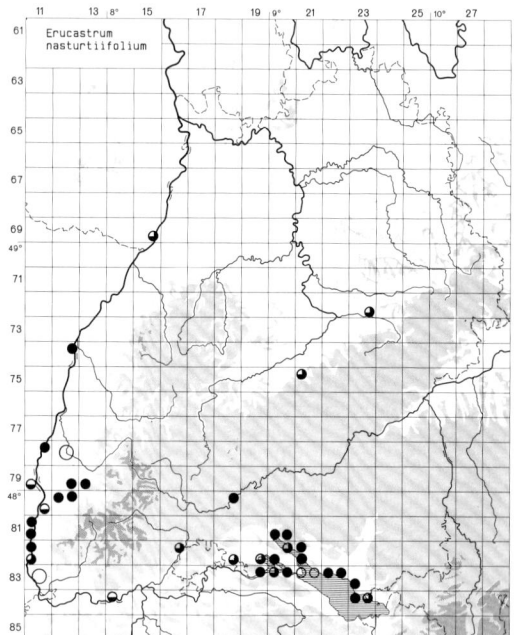

Standorten, vor allem in der Pioniervegetation auf Kiesbänken an See- und Flußufern, aber auch an Dämmen, auf Bahngelände; gilt als Charakterart des Verbandes Epilobion fleischeri (Flußgeröllfluren); am Bodensee relativ häufig in einer von G. Lang (1967, Tab. 23, 1973, Tab. 44) als Erucastro-Barbareetum bezeichneten Spülsaumgesellschaft, dort gern zusammen mit *Barbarea vulgaris, Capsella bursa-pastoris, Thlaspi arvense* und ausdauernden Arten wie *Agrostis stolonifera, Phalaris arundinacea* u. a.

Allgemeine Verbreitung: Eine ursprünglich wohl wesentlich südwesteuropäische Pflanze, die nach Norden bis Nordfrankreich und Süddeutschland reicht, nach Osten südlich der Alpen bis nach Slowenien und Ungarn, ferner wohl nicht ursprüngliche Vorkommen in Österreich und der Tschechoslowakei und einigen anderen osteuropäischen Ländern.

Verbreitung in Baden-Württemberg: An den Ufern des Bodensees zerstreut, im südlichen Oberrheingebiet selten, sonst nur noch als sehr seltene Adventivpflanze, meist auf Bahnhöfen eingeschleppt. Ein Verbreitungskärtchen für den Bodenseeraum findet sich bei K. Bertsch (1941).

Die tiefsten (adventiven) Vorkommen wachsen im nördlichen Oberrheingebiet bei etwa 100 m, die höchsten (auch adventiven) in Tuttlingen im Donautal bei etwa 650 m.

Bei der früher offenbar herrschenden Verwirrung in der Nomenklatur der beiden *Erucastrum*-Arten sind die Angaben in den älteren Landesfloren nur teilweise übertragbar. So sind unter anderem die Angaben bei C. C. Gmelin (1826: 510–512) nach Griesselich (1836: 191) falsch, er nennt als Erster die Art „bey und um Constanz (Zeyher!)". Nach Rösch (unpubl. Mitt.) wurde die Art schon im späten Atlantikum von Hornstaad am Bodensee gefunden.

Die wenigen Angaben außerhalb des Oberrhein-, Hochrhein- und Bodenseegebiets sind folgende: 7223/4: Göppingen, Güterbahnhof, 1954, K. Müller (STU); 7521/1: Reutlingen, Güterbahnhof, 1951, K. Müller (STU); 8018/2: Tuttlingen, Güterbahnhof, 1942, K. Müller (STU), 1974, Seybold (STU).

Bestand und Bedrohung: Angaben über den Gefährdungsgrad dieser Art liegen nicht vor. Die Bestände sollten aber wegen der geringen Verbreitung geschont werden. Nach Beobachtungen von G. Philippi (mündl. Mitt.) gehen im südlichen Oberrheingebiet die alten Vorkommen auf Kiesböden zurück, dafür breitet sich die Art auf den gemähten Seitenstreifen der Autobahn zwischen Neuenburg und Basel aus.

2. Erucastrum gallicum (Willd.) O. E. Schulz 1916

E. obtusangulum auct.: Hegetschw. u. Heer 1840, non Reichenb.; *E. pollichii* Schimper u. Spenn. 1829; *Sisymbrium gallicum* Willd. 1809
Französische Hundsrauke

Morphologie: Ein- bis zweijährig; Stengel aufrecht, steilastig verzweigt, 10–60 cm hoch, besonders unten mit rückwärts gerichteten Haaren. Blätter fiederlappig bis -teilig, unterste oft leierförmig, Abschnitte auf jeder Seite 4–8, abstehend, stumpf-zähnig bis fiederlappig. Kelchblätter 4–5 mm lang, oft etwas behaart. Kronblätter blaßgelb-weißlich, 7–9 mm lang. Fruchtstiele 5–15 mm lang, fast waagrecht abstehend. Schoten 25–50 mm lang, 1,5–2 mm dick; Schnabel 2–3,5 mm lang, meist ohne Samen, lineal, walzenförmig. Samen länglich-eiförmig, 1–1,3 mm lang, 0,6–0,8 mm breit. – Blütezeit: Mai bis Oktober.

Biologie: Blüte vom Mai bis Oktober. Es herrscht Insektenbestäubung vor. Reife Früchte wurden ab Juli festgestellt.

Ökologie: Licht- und wärmeliebende Art auf trockenen bis mäßig frischen, wohl meist nährstoffreichen Standorten, vor allem in offenen und kurzlebigen Unkraut- und Ruderalfluren, in Hackfruchtäkkern, Weinbergen, Kiesgruben, Steinbrüchen, auf Bahnhöfen, Auffüllplätzen, Hochwasserdämmen u. ä. Pflanzensoziologische Aufnahmen mit dieser

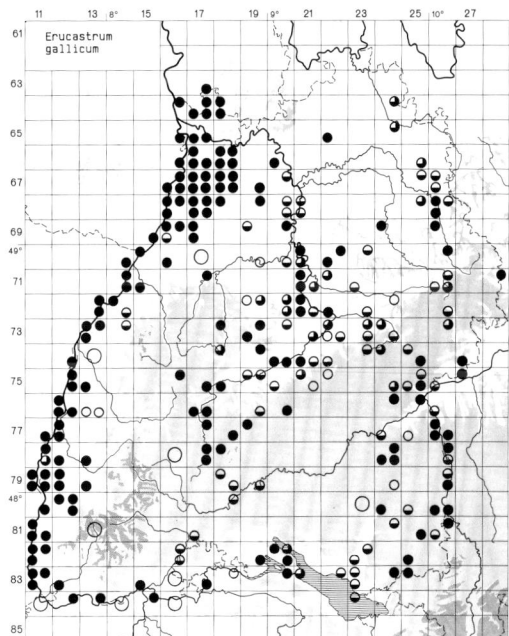

Französische Hundsrauke *(Erucastrum gallicum)*

Art aus dem Oberrheingebiet bzw. Kaiserstuhl finden sich bei TH. MÜLLER (1974) im Epilobio-Scrophularietum caninae, bei O. WILMANNS (1975) im Geranio-Allietum, bei M. WITSCHEL (1980, Tab. 27/14) im initialen Hippophaeo-Berberidetum.

Allgemeine Verbreitung: Vorwiegend subatlantisch in Südwest- und Mitteleuropa verbreitet, nördlich und östlich davon nur als Neophyt; eingeschleppt auch in Amerika.

Verbreitung in Baden-Württemberg: Im Oberrheingebiet, im mittleren Neckarland und im Illertal zerstreut, sonst selten, vor allem eingeschleppt auf Bahnhöfen.

Die niedersten Vorkommen befinden sich im Raum Mannheim bei 95 m, die höchsten bisher notierten bei etwa 680 m bei Rietheim (7918/4) in der Schwäbischen Alb, fast gleich hoch im Alpenvorland an der Bahn beim Ellerazhofer Weiher (8125/4).

Die Art wird für Württemberg bei SCHÜBLER u. MARTENS (1834) aus dem mittleren Neckarraum mit mehreren Fundorten unter dem Namen *Brassica erucastrum* erwähnt. Im badischen Rheingebiet war die Art, nach DÖLL (1843) zu urteilen, damals nicht selten, denn er verzichtet auf die Erwähnung konkreter Fundorte.

Die älteste Literaturangabe findet sich bei J. BAUHIN et al. (1651: 2: 861) aus dem Oberrheingebiet mit: „a me repertam ... in terra argillosa vi-

tium que sunt ultra Rhenum ad Burkheim generosi Baronis a Schwende, uno milliari ab urbe Brisaco."

Bestand und Bedrohung: Mit dem Eisenbahnausbau in der zweiten Hälfte des 19. Jahrhunderts dürfte die Art eine weitere Ausbreitung erfahren haben, der in neuester Zeit wieder ein gewisser Rückgang gefolgt sein dürfte durch zunehmende Befestigung und Begrünung von offenen Bodenflächen im Bahnbereich.

47. **Coincya** Rouy 1891
Rhynchosinapis Hayek 1911
Lacksenf

Die Gattung besteht aus 10 Arten, die vorwiegend in Südwest- und Westeuropa, einzelne auch in Nordwestafrika, in den Südwestalpen und am Olymp in Griechenland vorkommen. In Baden-Württemberg kommt nur die folgende Art vor. Sie erreicht bei uns ihre Ostgrenze.

1. **Coincya cheiranthos** (Vill.) Greuter & Burdet 1983
Hutera cheiranthos (Vill.) Gomez-Campo 1977; *Rhynchosinapis cheiranthos* (Vill.) Dandy 1957; *Brassica cheiranthos* Vill. 1779; *Brassicella erucastrum* O.E. Schulz 1916; *Sinapis cheiranthos* (Vill.) Koch 1833
Echter Lacksenf, Schnabelsenf

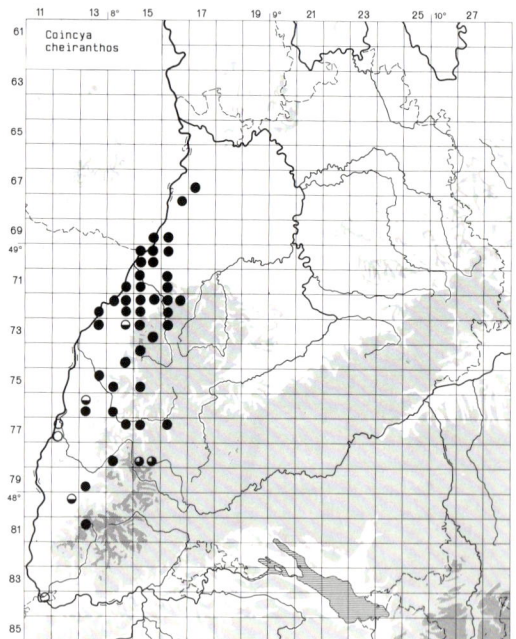

Echter Lacksenf *(Coincya cheiranthos)*

Morphologie: Zweijährige bis kurzlebig ausdauernde Pflanze mit dünner Pfahlwurzel, ein- oder mehrstengelig; Stengel aufrecht, 30–60 cm, verzweigt, besonders unten von einfachen, 1 mm langen Haaren abstehend bis rückwärts gerichtet steifborstig. Blätter fiederteilig mit 3–6 schmalen, ganzen bis fiederspaltigen Abschnitten auf jeder Seite, öfters etwas leierförmig, besonders auf der Spindel, den Nerven und am Rand borstig; oberste Blätter öfters ungeteilt, ± lanzettlich. Kelchblätter 7–9 mm lang, schmal länglich, aufrecht, meist mit einigen Haaren, seitliche gesackt. Kronblätter 14–18 mm lang, hellgelb, dunkler geadert, mit 6–8 mm langer, verkehrt-eiförmiger Platte, die plötzlich in einen längeren, schmalen Nagel übergeht. Fruchtstiele 5–15 mm lang, fast waagrecht abstehend; Schoten 30–70 mm lang und 1,5–2 mm breit, nicht gestielt über dem Kelchansatz; Klappen dreinervig und einige schwächere Seitennerven, an der Spitze abgerundet; Schnabel 10–20 mm lang, schwach zweischneidig kegelförmig. Samen einreihig, fast kugelig, dunkelbraun, 1,3–1,8 mm lang, zahlreich.

Biologie: Blüte von Juni bis Oktober. Die Blüten werden vor allem von Faltern besucht.

Ökologie: Licht- und wärmeliebende Pflanze auf trockenen bis mäßig frischen, oft kalkarmen, sandigen bis kiesigen Standorten; vor allem in lockeren, kurzlebigen oder ausdauernden Ruderal- und Unkrautfluren, z.B. an Uferdämmen, an Straßenrändern, auf Bahngelände, in Kiesgruben, Steinbrüchen, auf ruderal beeinflußten Binnendünen und Sandtrockenrasen; pflanzensoziologische Aufnahmen von den beiden letzteren Standorten bei G. PHILIPPI (1971. Tab. 4/7–9) in einer *Rhynchosinapis*-Ausbildung der *Plantago indica*-Gesellschaft und (1973, Tab. 1/17) im Spergulo morisonii-Corynephoretum; bei A. SCHWABE (1987: Tab. 10/8) auch im Phalarideto-Petasitetum hybridi.

Allgemeine Verbreitung: Die Art ist ein west-submediterranes-südsubatlantisches Florenelement und kommt von Spanien und Portugal bis ins Rheingebiet vor, ferner in Teilen der südlichen Alpen und im Apennin.

Verbreitung in Baden-Württemberg: Selten, nur im Oberrheingebiet (besonders im Raum zwischen Karlsruhe und Offenburg) und im Schwarzwald (vor allem Murg- und Kinzigtal); stellenweise auch häufig.

Die tiefsten Vorkommen liegen im nördlichen Oberrheingebiet bei Wiesental (6717) bei etwa 110 m, die höchsten im mittleren Schwarzwald zwischen Triberg und Sommerau (7815) bei etwa 800 m, verschleppt mit Kies bis 920 m am Ruhestein (7415/1).

Die Art wird schon bei C.C. GMELIN (1826: 484–485) „prope Rastadt..., inter Graben et Neudorf... legi 1814" erwähnt. Sie ist alteingebürgert, vielleicht sogar einheimisch.

Bestand und Bedrohung: Durch den Eisenbahnbau im vorigen Jahrhundert und auch auf den künstlichen Flußdämmen hat die Art wohl neue Standorte dazugewonnen. Wegen ihrer relativen Seltenheit bei uns sollte die Art geschont werden, auch wenn keine aktuellen Angaben über eine Gefährdung vorliegen.

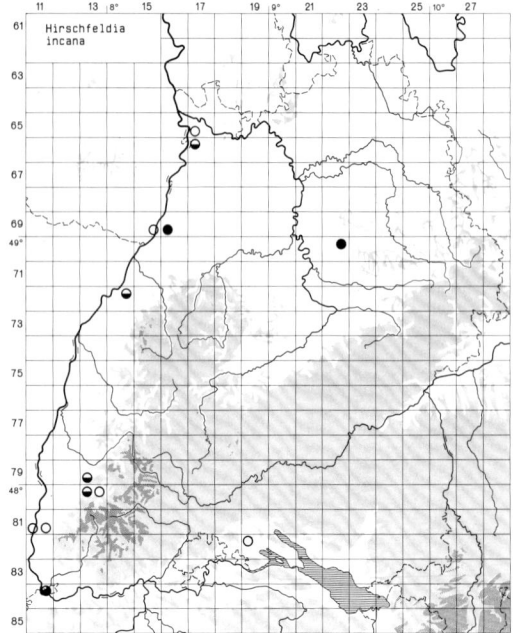

48. **Hirschfeldia** Moench 1794
Bastardsenf, Grausenf

Die Gattung besteht nur aus zwei Arten. Eine, *H. incana*, ist im Mittelmeergebiet weit verbreitet. Sie kommt auch in Baden-Württemberg als sehr seltene und unbeständige Einschleppung vor. Die andere Art ist ein Endemit der Insel Sokotra.

1. Hirschfeldia incana (L.) Lagrèze-Fossat 1847
Sinapis incana L. 1755; *Hirschfeldia adpressa* Moench 1794; *Erucastrum incanum* (L.) Koch 1836; *Brassica incana* (L.) Döll 1862
Grauer Bastardsenf, Grausenf, Graukohl

Morphologie: Zwei-, selten einjährige Pflanze; Stengel aufrecht, 20–100 cm hoch, sparrig verzweigt, ziemlich dicht rückwärtsgerichtet kurzhaarig. Untere Blätter leierförmig fiederteilig, beidseits mit 2–5 länglichen bis rundlichen, ganzrandigen, geschweift gezähnten oder gelappten Abschnitten und einem viel größeren Endabschnitt; obere Blätter klein, oft sitzend, verkehrt-lanzettlich bis lineal, ganzrandig bis buchtig gezähnt; Blätter ± dicht abstehend kurzhaarig, graugrün. Trauben später stark verlängert. Kelchblätter beinahe aufrecht, schmal elliptisch, seitliche leicht gesackt, 3–4 mm lang. Kronblätter 6–8 mm lang, verkehrt-eiförmig,

mit Nagel, blaßgelb, dunkel geadert. Fruchtstiele 2–4 mm lang, keulenförmig verdickt, dem Stengel angedrückt. Schoten dem Stengel anliegend, 8–15 mm lang, 1–1,5 mm dick; Schnabel 4–7 mm lang, basal etwas bauchig, meist einsamig; Klappen jung dreinervig, reif Nerven kaum noch sichtbar. Samen einreihig, meist 3–6 pro Fach, fast kugelig bis eiförmig, rotbraun, 0,8–1,4 mm lang. – Blütezeit: Mai bis Juli, selten bis Oktober.

Ökologie: Licht- und wärmeliebende Art auf trockenen bis mäßig frischen, nährstoffreichen Ruderalstellen, z.B. Wegränder, Schuttplätze, Uferdämme, Verladeplätze in Häfen und Bahnhöfen, auch als Unkraut in Gartenland und Äckern (vor allem Klee).

Allgemeine Verbreitung: Mittelmeergebiet, nach Osten bis Südrußland, Kleinasien, Iran, Irak; in wärmeren Zonen fast weltweit verschleppt.

Bastardsenf *(Hirschfeldia incana)*, links (Figur 4423; ferner: Weißer Senf *(Sinapis alba)*, rechts (Figur 4424); aus REICHENBACH, L.: Icones florae germanicae et helveticae, Band 2, Tafel 85 (1837–1838).

4495. incana 1.

4424. alba 1.

Sinapis.

Harzer sc.

Verbreitung in Baden-Württemberg: Nur sehr selten und unbeständig eingeschleppt. Bei einigen älteren, nicht durch Belege nachprüfbaren Angaben könnte es sich auch um Verwechslungen mit der in einigen Merkmalen ähnlichen *Brassica nigra* gehandelt haben. Die meisten Angaben stammen aus dem Oberrheingebiet.

Oberrheingebiet: 6517/3: Rohrhof, THELLUNG in HEGI (1918); 6617/1: Rheininsel bei Ketsch, 1898, 1901, THELLUNG in HEGI (1918); 6915/4: Rheindämme bei Maxau, 1886, KNEUCKER (STU); 6916/3: Karlsruhe, Rheinhafen, 1966, BRETTAR (KR-K); 7214/2: Rheinufer bei Hügelsheim, 1921, KNEUCKER (1931: 117); 7913/3: Freiburg, Güterbahnhof, 1922, JAUCH (1938: 98); 8013/1: Freiburg, THELLUNG in HEGI (1918); 8013/2: Kirchzarten, NEUBERGER (1912); 8111/3: Rheininsel bei Neuenburg, SEUBERT u. KLEIN (1905); 8111/4: Müllheim, SEUBERT u. KLEIN (1905); 8411/2: Klein-Hüningen, badischer Rheinhafen, 1954, BINZ (1956).
Neckarland: 7022/2: Backnang, Plaisir, 1973, SCHWEGLER (STU).
Alpenvorland: 8219/1: Singen, THELLUNG in HEGI (1918).

Bestand und Bedrohung: Die Art ist in der Roten Liste 1983 als ausgestorben oder verschollen (G 0) eingestuft. Es ist aber natürlich immer möglich, daß die unbeständige Pflanze da und dort wieder auftritt.

49. **Rapistrum** Crantz 1769 (nom. cons.)
Rapsdotter

Einjährige bis ausdauernde krautige Pflanzen; Haare einfach. Zumindest untere Blätter fiederlappig bis gefiedert. Kelchblätter aufrecht abstehend, seitliche kaum gesackt. Kronblätter gelb, verkehrt-eiförmig, mit kurzem Nagel. Frucht quer in einen unteren und einen oberen Teil gegliedert; unterer Teil zylindrisch bis ellipsoidisch, 0–2 Samen enthaltend, nicht aufspringend; oberer Teil dicker als der untere Teil, einsamig, nicht aufspringend, sondern abbrechend.

Die Gattung umfaßt drei Arten in West-, Süd- und Südosteuropa, Nordafrika und Südwestasien, von denen zwei auch in Baden-Württemberg vorkommen.

1 Stengel basal und untere Blätter mit 1–2 mm langen, steifen Haaren; untere Blätter fiederteilig, mit meist scharf zugespitzten, knorpeligen Zähnen am Rand; oberes Glied der Frucht eiförmig, allmählich in sehr kurzen Griffel übergehend; zweijährig bis ausdauernde Pflanze . . . . . . 1. *R. perenne*
– Stengel basal und untere Blätter mit kaum 1 mm langen Haaren; untere Blätter leierförmig, Zähne kurz, kaum knorpelig; oberes Glied der Frucht

kugelig bis eiförmig, in langen (1–4 mm), fadenförmigen Griffel ± plötzlich übergehend; einjährige Pflanze . . . . 2. *R. rugosum*

1. **Rapistrum perenne** (L.) All. 1785
Myagrum perenne L. 1753
Ausdauernder Windsbock, Stauden-W., Ausdauernder Rapsdotter

Morphologie: Zweijährig bis ausdauernde Pflanze mit ziemlich dicker, oft mehrköpfiger Wurzel; Stengel aufrecht, meist verzweigt, 30–80 cm hoch. Untere Blätter fiederteilig beidseits mit 2–5 länglichen bis fiederspaltigen Abschnitten und einem nicht viel größeren Endabschnitt; oberste Blätter fiederspaltig bis ungeteilt, gesägt-gezähnt. Kelchblätter 2,5–3 mm lang, schmal eiförmig. Kronblätter 4–7 mm lang, hellgelb. Fruchtstiele 7–15 mm lang, ziemlich dünn, aufrecht, oft etwas abstehend; Frucht 7–10 mm lang; oberes Glied kahl, längsrippig; Griffel etwa 1 mm lang.
Biologie: Blüte Juni bis August. Es dürfte Insektenbestäubung vorherrschen. Die oberen, einsamigen Teile der Früchte brechen ab, während der untere, eventuell ebenfalls Samen enthaltende Teil an der Pflanze verbleibt. In den Steppengebieten Osteuropas wird die ganze Pflanze mit den Samen des unteren Teils zum „Steppenläufer".
Ökologie: Licht- und wärmeliebende Art auf trockenen bis mäßig frischen, basen- und meist auch kalkreichen Standorten, vor allem in Ruderalfluren und ruderal beeinflußten Trockenrasen, z.B. Hafengelände, Bahndämme, auch als Unkraut in Äckern.
Allgemeine Verbreitung: Die Art ist ein europäisch-kontinentales Florenelement mit einer Verbreitung von Südrußland nach Westen bis nach Mitteldeutschland und Österreich; synanthrop auch im westlichen Europa.
Verbreitung in Baden-Württemberg: Sehr selten und unbeständig eingeschleppt.

Ausdauernder Windsbock (*Rapistrum perenne*), rechts oben (Figur 4170); ferner: Runzliger Windsbock (*Rapistrum rugosum*), Mitte oben (Figur 4168); Wendich (*Calepina irregularis*), links oben (Figur 4163); aus Reichenbach, Icones florae germanicae et helveticae, Band 2, Tafel 2 (1837–1838).

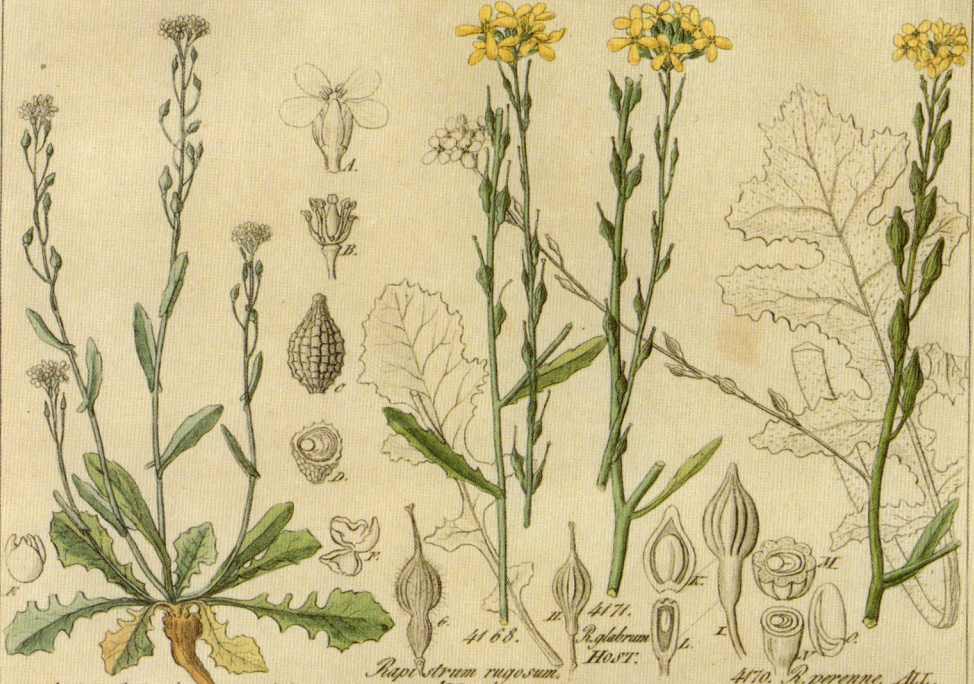

4163. *Calepina Corvini.* DESF.

4168. *Rapistrum rugosum.* ALL.

4171. *R. glabrum.* HOST.

4170. *R. perenne.* ALL.

4164. *Crambe maritima* L.

465. *C. pinnatifida.* R.BR.

466. *C. Tataria.* L1CQ.

467. *C. aspera.* M.B.

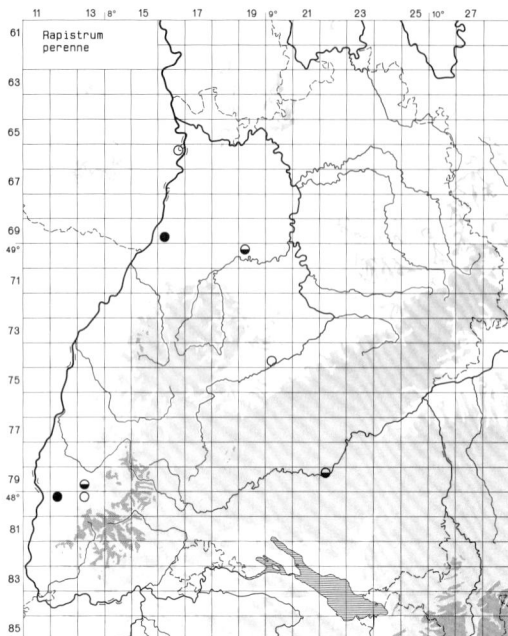

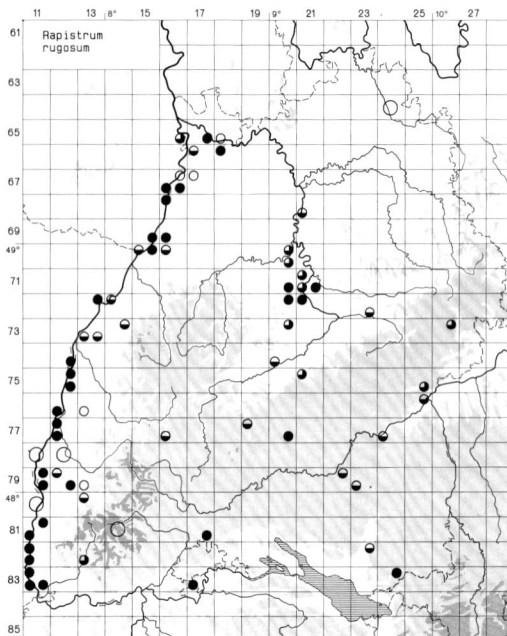

Bisher liegen nur folgende Fundangaben vor: 6516/2: Mannheim, Hafen, seit 1880, THELLUNG in HEGI (1918); 6916/3: Karlsruhe, Rheinhafen, 1966, BRETTAR (KR-K); 7019/1: Mühlacker, Bahndamm, 1931, UHL (STU); 7420/3: Tübingen, 1827, ENTRESS-FÜRSTENECK (STU); 7913/3: Freiburg, Güterbahnhof, 1924, 1930, JAUCH (1938: 99); 7922/1: Mengen, Bahndamm, 1931, K. MÜLLER (STU); 8012/1: o.O., 1986, KOCH (STU-K); 8013/1: Freiburg, Wiehre, 1898, THELLUNG in HEGI (1918).

Die bisherigen Funde liegen in einem Höhenbereich von 100 m bei Mannheim und 560 m bei Mengen (7922). In den badischen und württembergischen Landesfloren ist die Art erst bei OBERDORFER (1949) ohne konkreten Fundort für das Oberrheingebiet als Neueinwanderer aufgeführt.

2. Rapistrum rugosum (L.) All. 1785
Myagrum rugosum L. 1753
Runzliger Rapsdotter, Runzliger Windsbock

Morphologie: Einjähriges Kraut mit dünner Pfahlwurzel, meist einstengelig. Stengel aufrecht, verzweigt, 20–60 cm hoch. Obere Blätter ungeteilt, mit verschmälerter Basis sitzend, geschweift bis buchtig gezähnt oder fast ganzrandig. Kelchblätter 2,5–4 mm lang. Kronblätter 6–10 mm lang, blaßgelb, mit dunkleren Adern. Blütentrauben später oft lang rutenförmig durch die dem Stengel angedrückten Früchte. Fruchtstiele 1–5 mm lang, ziemlich dick, angedrückt. Frucht 5–12 mm lang, behaart oder kahl; unteres Glied 1–5 mm lang; oberes

Glied mit Griffel 4–7 mm lang, kugelig bis eiförmig, oft mit höckerigen Längsrippen oder auch fast glatt; Narbe zweilappig und deutlich breiter als der Griffel. – Blütezeit: Juni bis September.

Variabilität: Vor allem nach Merkmalen der Frucht und des Fruchtstieles werden drei, meist als Unterarten, früher sogar als besondere Arten eingestufte Sippen innerhalb *R. rugosum* unterschieden, die alle drei auch bei uns vorkommen können. Die Möglichkeit einer solchen Unterteilung der vielgestaltigen Art ist allerdings zweifelhaft. I.C. HEDGE (1965) hat für das Gebiet der Türkei festgestellt, daß die als diagnostisch wesentlich angegebenen Merkmale oft auch in anderer Kombination vorkommen und es daher unmöglich ist, eine solche Gliederung vorzunehmen.

Ökologie: Licht- und wärmeliebende Pflanze auf trockenen bis mäßig frischen, basen- und nährstoffreichen Standorten, vor allem als Unkraut in Getreide- und Kleeäckern und in Ruderalfluren auf Bahnhöfen, Auffüll- und Schuttplätzen, Uferdämmen u.ä.

Allgemeine Verbreitung: Südliches Europa von Portugal bis Südrußland, Nordafrika, Südwestasien; im mittleren und nördlichen, gemäßigten Europa eingebürgert oder unbeständig eingeschleppt, ebenso in Amerika, Süd- und Ostafrika, Australien, Neuseeland. Die Art ist ein mediterran-submediterranes Florenelement.

Verbreitung in Baden-Württemberg: Im Oberrhein

gebiet zerstreut, sonst selten und als meist unbeständige Ruderalpflanze. In den badischen Landesfloren wird die Art schon von C. C. GMELIN (1808: 5–6) mit „prope Kehl..." aufgeführt. In den württembergischen Floren taucht die Art bei KIRCHNER u. EICHLER (1913) mit drei Fundorten als „neuerdings öfters eingeschleppt" auf.

Der Höhenbereich, der bisher notiert wurde, liegt zwischen etwa 100 m (Raum Mannheim) und 845 m bei Freudenweiler (7720/4) auf der Alb.

Oberrheingebiet: Von Mannheim bis Basel in zahlreichen Quadranten nachgewiesen, von GMELIN (1808) stellenweise als häufig angegeben. Hier wohl alteingebürgert oder gar einheimisch. Nach JAUCH (1938: 99) manche Formen auch als Südfruchtbegleiter eingeschleppt.
Schwarzwald: 7716/3: Schramberg, 1902, KIRCHNER u. EICHLER (1913); 8213/3: Atzenbach, auf Baumwollabfällen, 1953, BAUMGÄRTNER (1975).
Neckarland: 6821/3: Heilbronn, Güterbahnhof, 1933/34, HECKEL in K. MÜLLER (1935); 7020/2: Besigheim, 1963, SEYBOLD (1969); 7020/4: Schellenhof, 1955, SEYBOLD (1969); 7120/4: Lotterberg bei Korntal, 1977, KROYMANN (STU-K); 7121/1: Oßweil, 1958, SEYBOLD (1969); 7121/3: Cannstatt, 1954, SEYBOLD (1969); Prag 1930, SEYBOLD (1969); 7121/4: Kleinhegnach, 1978, SEYBOLD (STU); 7220/2: Stuttgart, Rotebühlstraße, 1980, KUNICK (STU);

7221/1: Stuttgart, Güterbahnhof, 1932–67, SEYBOLD (1969); Wangen, 1986, WEHRMAKER (STU); 7320/2: Musberg, 1954, KREH (1955: 207); 7223/4: Göppingen, 1939/40, K. MÜLLER (1950: 103); 7420/3: Tübingen, Steinlachdamm, 1911, A. MAYER (STU); 7521/1: Reutlingen, Güterbahnhof, 1951, K. MÜLLER (STU); 7719/1: Hirschberg bei Balingen, A. MAYER (1950).
Schwäbische Alb: 7326/2: Mergelstetten, 1956, E. KOCH (STU); 7525/4: Ulm, Güterbahnhof, 1931–54, K. MÜLLER (1957); 7625/2: Ulm, am Kuhberg, 1906, 1922, VON ARAND (STU); 7720/4: Neufra – Freudenweiler, 1986, KARL (STU-K); 8117/4: Uttenhofen, 1972, DIEZ u. HENN (STU-K).
Alpenvorland: 7625/2: Wiblingen, 1936–38, K. MÜLLER (1950: 103); 7724/3: Rottenacker, Bahnhof, 1933, K. MÜLLER (1935); 7922/2: Herbertingen, Güterbahnhof, 1932, K. MÜLLER (STU); 7923/3?: Saulgau, Schuttplatz, 1933, K. MÜLLER (STU); 8223/2: Ravensburg, Bahnhof, 1934/35, BERTSCH (STU); 8317/3: Jestetten, Nackermühle, 1975, ISLER-HUEBSCHER (1980: 63); 8324/2: Obermooweiler, Müllplatz, 1972, DÖRR (STU).

Bestand und Bedrohung: Als Ackerunkraut ist *R. rugosum* in den letzten Jahrzehnten deutlich seltener geworden, hat aber als unbeständige Ruderalpflanze einen gewissen Ausgleich gefunden. Außerhalb des Oberrheingebiets sind nur noch ganz wenige aktuelle Vorkommen bekannt geworden. Die Art ist wohl als gefährdet (G 3) einzustufen.

50. **Calepina** Adanson 1763
Wendich

Die Gattung besteht nur aus der Art *C. irregularis.*

Calepina irregularis (Asso) Thell. 1905
C. corvinii (All.) Desv. 1815; *Myagrum irregulare* Asso 1779
Wendich

Ein- bis zweijähriges, kahles Kraut mit dünner, bleicher Pfahlwurzel, mit meist mehreren aufrechten bis aufsteigenden, 10–80 cm hohen, steilastigen Stengeln. Grundblätter in Rosette, gestielt, leierförmig fiederspaltig bis verkehrteiförmig und gezähnt; Stengelblätter sitzend, mit spitzen Öhrchen stengelumfassend, länglich, meist stumpf. Kelchblätter aufrecht-abstehend, ungesackt, 1–1,5 mm lang. Kronblätter weiß, 1,5–3 mm lang, etwas ungleich. Fruchtstiele steif aufwärts, 5–10 mm lang. Frucht einsamige Nuß mit verkümmerter Scheidewand, ei- bis birnförmig, mit kurzem, dickem Schnabel, 3–4 mm lang, trocken vierrippig und netzartig runzelig.

C. irregularis ist im Mittelmeergebiet von Portugal und Nordafrika bis in den südlichen Iran und zum Kaspischen Meer verbreitet, sonst in wärmeren Regionen oft verschleppt; in Mitteleuropa im Rheingebiet nach Norden bis Köln. Die Art kommt selten und unbeständig in Ruderalfluren auf Schuttplätzen, Wegrändern, Bahngelände und als Unkraut in Weinbergen vor allem auf trockeneren, meist kalkreichen Standorten vor.

Verbreitung in Baden-Württemberg: Nur im Oberrheingebiet in 8411/2: Weil am Rhein, Bhf. 1863–1955, BINZ

Runzliger Rapsdotter (*Rapistrum rugosum*)

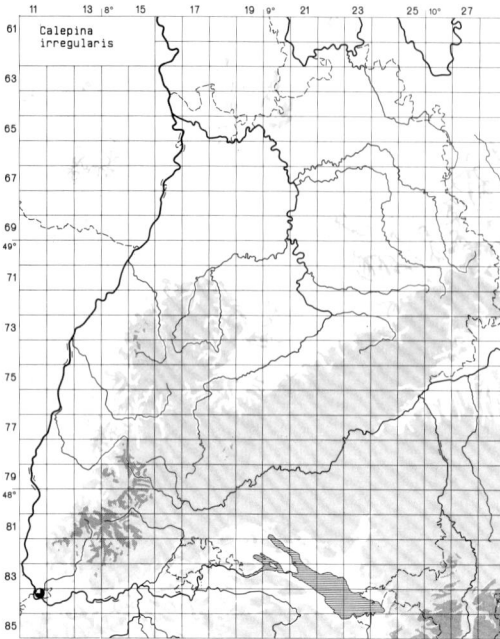

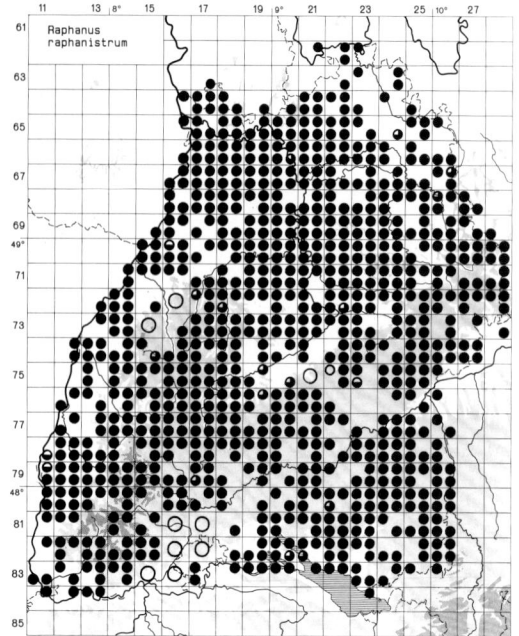

(1956); Weil am Rhein, am Weg zur Tüllinger Höhe, 1963, GÜHNE in LITZELMANN (1963: 446). In der Roten Liste 1983 der Neophyten ist die Art als ausgestorben oder verschollen eingestuft.

51. **Raphanus** L. 1753
Hederich, Rettich

Einjährige bis ausdauernde Pflanzen, mit einfachen Haaren. Die unteren Blätter sind leierförmig fiederteilig. Kelchblätter aufrecht. Staubfäden ohne Anhänge, lineal. Seitliche Nektarien sehr klein, mittlere halbkugelig bis zapfenförmig. Frucht zweigliedrig; unteres Glied sehr kurz, ohne Samen, oberes lang mit 2–20 Samen, nicht aufspringend, als Ganzes abbrechend oder in den Einschnürungen zwischen den einreihigen Samen in Teilstücken abbrechend.

Die Gattung besteht aus ungefähr 8 Arten, die vorwiegend im Mittelmeergebiet verbreitet sind. Eine Art, *R. raphanistrum*, kommt bei uns wildwachsend vor. *R. sativus*, der Rettich, wird in vielen Sorten angebaut und kann gelegentlich verwildern. Verwilderte Rettichpflanzen sind ohne reife Früchte oft nur schwer von *R. raphanistrum* zu unterscheiden. *R. sativus* ist nur als Kulturpflanze bekannt. Man nimmt an, daß er aus der Hybridisierung verschiedener Formen von *R. raphanistrum* entstanden ist. Der Rettich ist daher nicht scharf von *R. raphanistrum* getrennt.

1 Schote dünn, bis etwa 4 mm dick, zwischen den Samen eingeschnürt, zerbrechlich, mit festen Fruchtwänden; Wurzel dünn; Ackerunkraut . . .
                1. *R. raphanistrum*
– Schote 7–20 mm dick, nicht zwischen den Samen eingeschnürt, schwammig bis korkig; Wurzel dick, rübenförmig bis zylindrisch; gelegentlich verwilderte Kulturpflanze . . . . *[R. sativus*, Rettich *]*

1. **Raphanus raphanistrum** L. 1753
Hederich, Ackerrettich

Morphologie: Ein- bis zweijähriges Kraut mit dünner, bleicher Pfahlwurzel; Stengel aufrecht, verzweigt, besonders basal rauhhaarig. Untere und mittlere Blätter leierförmig fiederspaltig bis -teilig mit 1–7 seitlichen, dreieckigen bis länglichen, meist gezähnten Abschnitten und einem sehr großen, elliptischen bis eiförmigen, grob gezähnten bis gelappten Endabschnitt, rauhhaarig; oberste Blätter ungeteilt, stielartig verschmälert sitzend, gezähnt oder fast ganzrandig. Kelchblätter schmal länglich-elliptisch, 6–10 mm lang, seitliche etwas gesackt. Kronblätter 14–20 mm lang, weiß oder hellgelb, dunkel geadert, mit breit verkehrt-eiförmiger, ausgerandeter bis abgerundeter Platte und langem, schmalem Nagel. Fruchtstiele 10–35 mm lang, aufrecht-abstehend; Schoten 30–90 mm lang und 3–5 mm dick; unteres Glied oft nur 1 mm lang; oberes Glied zwischen den 3–10 Samen mit unregelmäßig starken Einschnürungen, längsfurchig an

Wendich *(Calepina irregularis)*

den verdickten, einsamigen Teilgliedern; Schnabel 10–25 mm lang; Narbe kopfig. Samen 2–3 mm lang, fast kugelig bis ellipsoidisch, mit netzartigen, feinen Leisten auf der Oberfläche.

Variabilität: Bei der vielgestaltigen Art werden mehrere Unterarten unterschieden. Neben der subsp. *raphanistrum* könnte bei uns als seltene und unbeständige Einschleppung die subsp. *landra* (Moretti ex DC.) Bonnier & Layens (1894) ab und zu auftauchen. Diese unterscheidet sich hauptsächlich durch dickere (5–8 mm) Schoten und nur 10–15 mm lange Kronblätter.

Bei der subsp. *raphanistrum* herrschen in Baden-Württemberg die weiß blühenden Formen vor und kommen praktisch in allen Landschaften vor. Die hellgelb blühende Form kommt in einigen Landschaften ebenfalls nicht selten vor, so z. B. im Alpenvorland.

Biologie: Blüte von Juni bis Oktober. Es herrscht Insektenbestäubung vor.

Ökologie: Lichtliebende Pflanze auf mäßig frischen bis mäßig feuchten, kalkarmen bis kalkreichen, nährstoffreichen Standorten vor allem als Ackerunkraut, seltener als Ruderalpflanze; besonders stark hervortretend auf Halmfruchtäckern kalkarmer Böden (Verband Aperion); auch angesät zur Gründüngung oder als Futterpflanze. Gern zusammen mit *Apera spica-venti, Aphanes arvensis, Spergula*

341

Hederich *(Raphanus raphanistrum)*

arvensis, *Vicia hirsuta, Viola arvensis, Fallopia convolvulus, Matricaria chamonilla, Myosotis arvensis* u.v.a.

Allgemeine Verbreitung: In fast ganz Europa und im Mittelmeerraum; ferner eingeschleppt in Ostafrika, Ostasien, Nordamerika; ursprüngliche Heimat vielleicht im Mittelmeergebiet, aber mindestens seit dem Neolithikum in Mitteleuropa nachgewiesen.

Verbreitung in Baden-Württemberg: In allen Landschaften verbreitet und meist auch häufig bis ziemlich häufig.

Die tiefstgelegenen Vorkommen sind naturgemäß im Raum Mannheim bei etwa 95 m, die höchsten im südlichen Schwarzwald bei 1280 m beim Feldberger Hof (8114/1).

Nach K. BERTSCH (1956) wurde die Art bei Ravensburg schon im mittleren Subboreal gefunden. KÖRBER-GROHNE u.a. (1983) fanden Schotenglieder im römischen Kastell von Welzheim. J. BAUHIN (1598: 167) nennt die Art für die Umgebung von Bad Boll (7323). In den älteren Landesfloren wird die Art als verbreitet bezeichnet.

Bestand und Bedrohung: Trotz Herbizidanwendung ist die Art immer noch eines unserer häufigsten Ackerunkräuter. Eine akute Bedrohung besteht nicht, aber zweifellos ist ein beachtlicher Rückgang im Massenvorkommen eingetreten.

Resedaceae
Resedengewächse
Bearbeiter: O. SEBALD

Die kleine Familie umfaßt nur 6 Gattungen mit zusammen etwa 70 Arten. Sie ist vorwiegend im Mittelmeergebiet verbreitet und reicht mit einigen Arten bis Indien und über Ostafrika bis nach Südafrika. Merkwürdigerweise kommt eine Art auch in Nordamerika vor. In Baden-Württemberg kommt nur die Gattung *Reseda* selbst vor.

1. **Reseda** L. 1753
Resede, Wau

Einjährige bis ausdauernde krautige Pflanzen mit wechselständigen, einfachen bis fiederteiligen Blättern. Blüten in endständigen, manchmal ährenförmigen Trauben, mit zum Teil hinfälligen Tragblättern. Kronblätter 3–8, ungleich groß und ungleich gestaltet, wenigstens die oberen in einen breiten Nagel und eine deutlich abgesetzte, tief zerschlitzte Platte gegliedert. Staubblätter zahlreich. Zwischen Kronblätter und Staubblätter schiebt sich ein auf der oberen Seite schuppenartig ausgebildeter Diskus. Fruchtknoten aus 3 bis 4 Fruchtblättern verwachsen, oben nicht geschlossen, kugelig bis eiförmig, mit zahlreichen, wandständigen Samenanlagen.

Die Gattung besteht aus etwa 50 Arten, die im oben geschilderten Areal der Familie mit Ausnahme des südwestlichen Nordamerika vorkommen. Bei uns kommen nur 2 Arten wildwachsend vor. Die Garten-Resede (*R. odorata* L.) kann gelegentlich unbeständig verwildern. Sie wird daher in den Schlüssel mit aufgenommen. Die Stammformen der Garten-Resede kommen in Libyen vor.

Einige weitere Arten wurden sehr selten bei uns eingeschleppt: *R. phyteuma* L. (7525/4: Ulm, Güterbahnhof, 1936, K. MÜLLER (1950); *R. gracilis* Ten. (7525/4: Ulm-Söflingen und 7525/3: Herrlingen, Bahnhöfe, 1944, K. MÜLLER (1950).

1 Kelch und Krone 4teilig; Blätter stets ungeteilt; Pflanze 50–150 cm hoch; Frucht aufrecht, 3–4 mm lang . . . . 2. *R. luteola*
– Kelch und Krone 6teilig; Pflanze unter 70 cm hoch   2
2 Blätter alle ungeteilt oder obere 3teilig; Blüten wohlriechend; Frucht hängend; Zierpflanze . . .
   [R. odorata]
– Blätter einfach bis doppelt fieder- oder dreiteilig; Blüten geruchlos; Frucht aufrecht, 8–12 mm lang
   1. *R. lutea*

Wilde Resede *(Reseda lutea)*

1. **Reseda lutea** L. 1753
Wilde Resede, Gelbe R., Gelber Wau

Morphologie: Ein- bis mehrjährige Pflanze, oft buschig mit vielen aufsteigenden bis aufrechten Stengeln, 30–70 cm hoch. Blätter einfach bis doppelt fiederteilig mit wenigen Abschnitten oder nur dreiteilig; Abschnitte lineal bis spatelförmig, als breiter Flügel an der Spindel herablaufend; untere Blätter ungeteilt, spatelig; Blattrand fein gezähnelt. Blüten in anfangs kurzen, später bis etwa 30 cm langen Trauben, auf 3–8 mm langen Stielen; Tragblätter abfallend, lineal-lanzettlich, ca. 2 mm lang. Kelchblätter 6(–8), lineal-länglich, 2–3 mm lang, stumpf, grünlich mit weißem Saum. Kronblätter 6, hellgelb, 2–5 mm lang, ungleich groß, aus einem 0,6–1,7 mm langen, breit herzförmigen bis rundlichen Nagel und einer meist dreispaltigen Platte bestehend, die Seitenabschnitte bei den beiden oberen Kronblätter breit sichelförmig, sonst Abschnitte schmal. Zwischen Kron- und Staubblättern ist auf der adaxialen Seite ein schuppenartiger Diskus entwickelt. Staubblätter 15 bis etwa 25, mit keulenförmigen, warzigen Staubfäden. Kapsel länglich, stumpf dreikantig, 8–12 mm lang, ziemlich steil aufrecht.
Biologie: Blüht von Mai bis Oktober. An der Bestäubung sind vor allem Bienen und Hummeln beteiligt. Nektar wird an der Unterseite des schuppenartig entwickelten Diskus ausgeschieden. Es ist auch Selbstbestäubung möglich. Die Samen werden hauptsächlich durch den Wind ausgestreut.
Ökologie: Licht- und wärmeliebende Art auf trockenen bis mäßig frischen, meist kalkreichen Ruderalstandorten und Rohböden, an Wegrändern, in Steinbrüchen, an Dämmen, auf Bahngelände, Schuttplätzen, Kiesgruben, selten auch in Äckern usw.; vorwiegend in lockeren Pionier- und Unkrautfluren, vor allem der Ordnung Onopordetalia, hier besonders im Resedo-Carduetum nutantis (Reseden-Nickdistel-Flur); kommt gern zusammen vor mit *Daucus carota, Carduus nutans, Cirsium vulgare, C. arvense, C. eriophorum, Linaria vulgaris, Verbascum* spec., *Lactuca serriola, Agropyron repens, Poa angustifolia, Artemisia vulgaris* u. a. Die Vergesellschaftung von *R. lutea* kann besonders gut an Hand der Stetigkeitstabellen von TH. MÜLLER in S. SEYBOLD u. TH. MÜLLER (1972, Tab. 8, 9, 11, 12 und 14) verfolgt werden. Pflanzensoziologische Einzelaufnahmen aus dem Taubergebiet bringen G. PHILIPPI (1983, Tab. 8, 13, 14), aus dem Oberrheingebiet S. GÖRS und TH. MÜLLER (1974, S. 46).
Allgemeine Verbreitung: Ursprünglich im gesamten Mittelmeergebiet, einschließlich Nordafrika und Vorderasien, wohl sekundär in den nördlichen Tei-

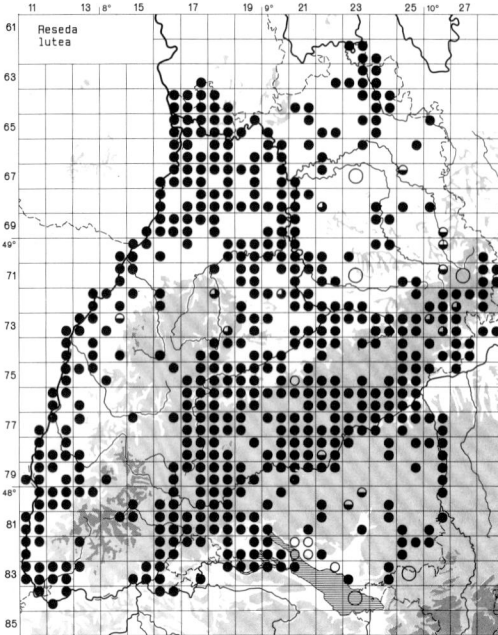

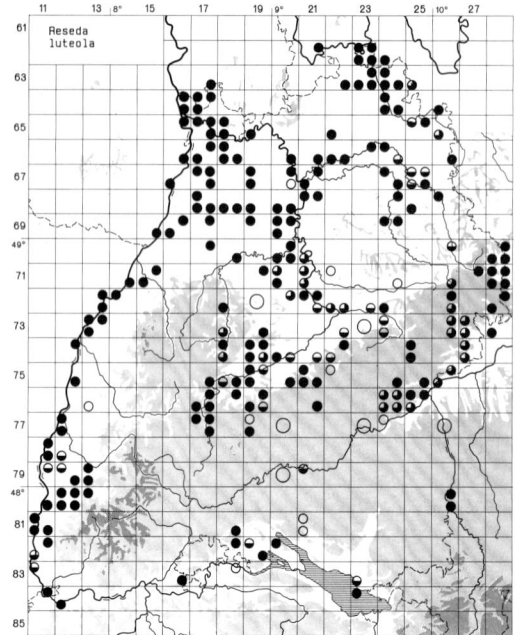

len Mittel- und Osteuropas, nach Norden bis Mittelschweden und Finnland, nach Osten bis ins westliche Sibirien. In der Neuzeit eingeschleppt und teilweise eingebürgert im gemäßigten Nordamerika, in Neuseeland und Südafrika.

Verbreitung in Baden-Württemberg: Besonders häufig im Bereich größerer Flüsse mit Kiesböden (Oberrhein, Iller) und in Landschaften mit weiter Verbreitung flachgründiger, steiniger, kalkreicher Böden (Gäulandschaften, Schwäbische Alb). Zerstreut bis sehr selten im Schwarzwald, Schwäbisch-Fränkischen Wald und in großen Teilen Oberschwabens.

Die tiefsten Vorkommen findet man im Mannheimer Raum bei ca. 100 m, die höchsten auf der südwestlichen Alb bei ca. 1000 m.

Die Art ist bei uns einheimisch oder zumindest alteingebürgert. Literarisch wird die Art bei J. BAUHIN (1598, S. 169) erstmals „an dem Wasser filtz bey Göppingen und zu Kirchheim" erwähnt.

Bestand und Bedrohung: Der Vernichtung geeigneter Standorte z. B. durch Befestigung von Wegen steht die Schaffung neuer Standorte z. B. in Kiesgruben gegenüber. Eine Bedrohung der Art ist daher noch nicht zu erkennen.

2. Reseda luteola L. 1753
Färber-Wau, Wau, Färber-Resede

Morphologie: Zweijährige Pflanze mit aufrechtem, steilastig verzweigtem Stengel, 50–150 cm hoch, kahl. Blätter ungeteilt, ganzrandig, lineal, basal mit verschmälertem Grund sitzend oder bei den unteren Blätter kurzgestielt, 3–12 cm lang. Blüten in später stark verlängerten Trauben auf 1–3 mm langen Stielen; Tragblätter bleibend, langspitzig, anfangs deutlich länger als die Blütenstiele. Kelchblätter (3)–4, eiförmig, ungleich groß, 1,5–3 mm lang. Kronblätter (3)–4, hellgelb, das oberste mit deutlichem, breitem Nagel und tief 4–5zipfliger Platte, seitliche und untere Kronblätter teilweise ohne deutlichen Nagel und Platte mit 1–3 linealen Zipfeln. Staubblätter 20–30, Staubfäden nicht deutlich warzig. Kapsel fast kugelig, etwas breiter als hoch, 2–4 mm lang, mit 3–4 nach innen geneigten Fruchtblattspitzen.

Biologie: Blüht von Juni bis September. Es ist Insekten- und Selbstbestäubung möglich.

Ökologie: Licht- und etwas wärmeliebende Art auf trockenen bis mäßig wechselfeuchten, basen- und oft auch kalkreichen Ruderalstandorten oder Rohböden, vor allem auf Schuttplätzen, Uferböschungen, Steinbrüchen, Bahnhöfen, Hafenanlagen, in ruderal beeinflußten Trockenrasen u. ä.; häufig vergesellschaftet mit *Carduus nutans*, *C. acanthoides*, *Cynoglossum officinale*, *Verbascum* spec., *Cirsium*

344

Färber-Wau *(Reseda luteola)*
Merdingen/Tuniberg, 1974

spec., *Daucus carota, Picris hieracioides, Reseda lutea, Melilotus officinalis, Echium vulgare* usw.; gilt als Charakterart des Onopordetums (Eselsdistelflur), kommt bei uns aber auch öfters in anderen Gesellschaften der Onopordetalia vor; bezüglich pflanzensoziologischer Aufnahmen siehe die bei *R. lutea* erwähnten Arbeiten.

Allgemeine Verbreitung: Die Art ist mediterran bis mitteleuropäisch verbreitet, wobei ihr spontanes Vorkommen in Mitteleuropa fraglich ist.

Verbreitung in Baden-Württemberg: Zerstreut in einigen wärmeren und zugleich altbesiedelten Landschaften, so vor allem entlang des Oberrheins, in den Gäulandschaften von Tauber und Neckarland, sowie auf der östlichen Schwäbischen Alb, dort vor allem am ries- und donauseitigen Rand; im Schwarzwald, im Alpenvorland und im Schwäbisch-Fränkischen Wald auf weiten Strecken fehlend.

Die tiefsten Vorkommen liegen am nördlichen Oberrhein bei Mannheim bei ca. 100 m, die höchsten auf der Ulmer Alb bei ca. 600 m.

Die Art ist bei uns zumindest alteingebürgert. Sie ist ein Kulturbegleiter seit der Jungsteinzeit und wurde lange Zeit als Farbstoffpflanze verwendet. Literarisch nachgewiesen ist die Art bei uns schon bei Fuchs (ca. 1565; 2(2): 494).

Bestand und Bedrohung: Die Art dürfte einen gewissen Rückgang erfahren haben, da viele der für sie geeigneten halbruderalen Standorte verändert worden sind, z.B. durch Auffüllung. Jetzige Bestände sollten wenigstens bis zum Ausstreuen der Samen im Herbst geschont werden. Neuerdings auf dem Mittelstreifen der Rheintalautobahn zwischen Karlsruhe und Heidelberg teilweise in großer Menge auftretend (Philippi).

Ericaceae

Heidekrautgewächse
Bearbeiter: G. PHILIPPI

Niedrigwachsende Sträucher mit meist immergrünen Blättern, ohne Nebenblätter, mit Mykorrhiza. Blüten 4–5-zählig, mit verwachsenen Kronblättern (Ausnahme *Ledum*), mit zwei obdiplostemon stehenden Staubblattkreisen, Staubblätter mit zwei hornartigen Anhängseln (vgl. Bezeichnung Bicornes), sich oft mit Poren öffnend, Pollenkörner zu Tetraden vereinigt. Fruchtknoten oberständig (dann Frucht meist eine Kapsel) oder unterständig (dann Frucht eine Beere).

Die Familie umfaßt 82 Gattungen (mit rund 2500 Arten), v.a. in kühlen und gemäßigten Zonen der Nord- und der Südhalbkugel zu finden.

1 Blätter nadelförmig oder schuppenartig; Krone vierteilig, nach der Blüte bleibend 2
– Blätter nicht nadelförmig oder schuppenartig, eiförmig bis lanzettlich, über 2 mm breit 3
2 Blätter schuppenartig, dachziegelig (an jungen Sprossen), kreuzweise gegenständig; Kelch kronblattartig, länger als die Krone, mit grünem Außenkelch . . . . 2. *Calluna*
– Blätter nadelartig, ± abstehend, zu 3 oder 4 in Quirlen; Kelch kürzer als die Krone, Außenkelch fehlt . . . . 1. *Erica*
3 Fruchtknoten unterständig, Frucht eine Beere; Blüte 4zählig 4
– Fruchtknoten oberständig, Frucht eine Beere oder Kapsel; Blüte 5zählig, selten 4zählig 5
4 Blüte krugförmig oder glockig, kurz gestielt; aufrecht wachsende Zwergsträucher mit unterseits grünen Blättern . . . . 8. *Vaccinium*
– Blüte radförmig, mit zurückgeschlagenen Kronzipfeln, lang gestielt; Pflanze niederliegend mit unterseits weißgrünen bis weißen Blättern . . . .
7. *Oxycoccus*
5 Blüten kugelig-krugförmig, weiß oder rosa 6
– Blüten radförmig oder trichterig bis glockig . . . 7
6 Blätter lineal-lanzettlich bis lineal, unterseits weißlich, mit umgerollten Rändern . . 6. *Andromeda*
– Blätter eiförmig, auch auf der Unterseite grün, ohne eingerollte Ränder . . . . 5. *Arctostaphylos*
7 Blüten weiß, Kronblätter frei; Pflanze aromatisch duftend; junge Triebe rostfilzig . . . . 4. *Ledum*
– Blüten rot, Kronblätter verwachsen; Pflanze nicht aromatisch duftend; junge Triebe nicht rostfilzig .
3. *Rhododendron*

1. Erica L. 1753
Heide

Zwergsträucher bis Bäume mit nadelförmigen, zu 3–4 quirlständigen Blättern. – Etwa 600 Arten, davon 580 im Kapland (Südafrika), in Europa 16 Arten (v.a. im westlichen und südlichen Europa).

1 Blätter behaart und bewimpert; Krone 3–4mal so lang wie die Kelchblätter . . . . . . 1. *E. tetralix*
– Blätter kahl; Krone 1–2mal so lang wie die Kelchblätter . . . . 2. *E. herbacea*

1. Erica tetralix L. 1753
Moor-Glockenheide

Morphologie: Zwergstrauch (Hemiphanerophyt), bis 40 cm hoch, stark verzweigt, mit z.T. aufrechten Ästen, locker mit bis 1 mm langen Haaren besetzt. Blätter zu drei bis vier, quirlig, sparrig bis aufrecht abstehend, 3–5 mm lang, am Rand eingerollt, oberseits dicht behaart, am Rand mit langen, abstehenden Haaren, die am Ende einen roten Drüsenkopf tragen (leicht abbrechend). Blütenstand kopfig-doldig, mit 5–15 Blüten, ± allseitswendig. Blüten auf kurzem Blütenstiel, dieser kürzer als die Blüte, weißfilzig; Vorblätter den Kelchblättern anliegend; Kelchblätter vierteilig. Krone fleischrosa (selten weiß), 3–4mal so lang wie der Kelch, 6–8 mm lang, eiförmig-zylindrisch. Staubblätter 8, nicht aus der

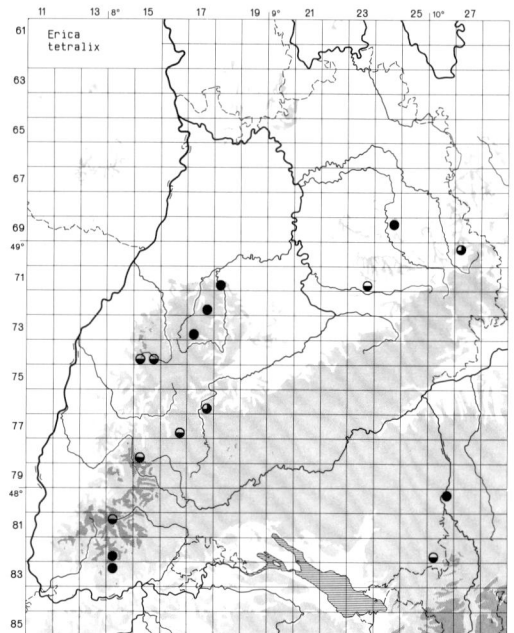

Moor-Glockenheide *(Erica tetralix)*

Krone herausragend. Frucht vierfächrig, Samen zahlreich, 0,3–0,4 mm lang.

Biologie: Blütezeit Juni bis August. Insektenbestäubung (Hautflügler), Windverbreitung (kleine Samen!).

Ökologie: Lockere Herden oder Einzelpflanzen an lichtreichen, kalkarmen, sauren Stellen, in Mooren an humosen Stellen, im Gebiet wie auch in der benachbarten Pfalz auf offenen, rohen, sandigen bis sandig-lehmigen Stellen, zusammen mit *Genista pilosa* und *Calluna vulgaris*. – Vegetationsaufnahmen aus dem Gebiet fehlen.

Allgemeine Verbreitung: Atlantisches Europa, nordwärts bis etwa 66°, südwärts bis Nordspanien und Portugal, etwa auf der Linie westliche Vogesen – Pfalz – Rheinisches Schiefergebirge – Elbe – Ostseegebiet bei Danzig die Ostgrenze der natürlichen Verbreitung erreichend, vielfach eingeschleppt und teilweise auch sich einbürgernd. – Atlantisch.

Verbreitung in Baden-Württemberg: Schwarzwald, nach 1900 an zahlreichen Stellen beobachtet, zumeist jedoch nur in Einzelexemplaren, die bald wieder verschwunden sind; nur wenige, über längere Zeit beobachtete Vorkommen. Wohl eingeschleppt, doch teilweise eingebürgert. Schwäbisch-Fränkischer Wald, Alpenvorland. Fundstellen in Höhen zwischen 400 und ca. 1000 m.

Nordschwarzwald: Vgl. die Zusammenstellung von SEBALD (1968). 7415/3: Schliffkopf, 1919, HÄUSSLER, 1921, GÖTZ (STU-K); 7415/4: Obertal, Ilgenbach, 1916, HUSS (STU-K); 7317/3: Ettmannsweiler, nordwestlich Simmersfeld, 1984, SEYBOLD (STU-K), sehr reicher, 1988 noch bestehender Bestand an einer Straßenböschung, sich wohl längere Zeit haltend (an ähnlichen Stellen auch in der Pfalz eingebürgert); 7117/4: Oberreichenbach, 1918, FINCKH (STU-K), hier 1987 westlich Siehdichfür, 3 Stöcke, SEYBOLD (STU-K); 7118/3: nordöstlich Kapfenhardt, 400 m, 1984, SEYBOLD (STU-K). Weiter angepflanzt im Wildseemoor.

Mittlerer Schwarzwald: 7815/3: Oberhalb des Triberger Wasserfalles, 1 Pfl., 1916, DÖLL in KNEUCKER (1921); 7716/4: Feurenmoor östlich Schramberg, 1911, HOFMANN (STU-K); 7617/4: östlich Bochingen, 2 Pfl., ADE (STU-K). Südschwarzwald: 8214/3: Hirnimoos südlich Ibach, hier 1950 von LITZELMANN entdeckt (vgl. LITZELMANN 1951, 1953a, b); es wurden 830 blühende Pflanzen gezählt.

Später in diesem Gebiet an weiteren Stellen beobachtet. Weitere Angaben aus dem Hotzenwald finden sich bei LITZELMANN (1963, 1967): 8214/3: Brühlmoos, seit 1955 bekannt, Althüttenmoos; 8314/1: Hagenmatt bei Strittmatt, 860 m, 1964: 150 Stöcke, nach DIERSSEN (1984); 8214/3: Spielmannswies und Leimenlöcher südlich Ibach. LITZELMANN vertritt die Ansicht eines ursprünglichen Vorkommens der Pflanze im Hotzenwald. Die Pflanze dürfte hier wie auch an anderen Stellen des Schwarzwaldes nur eingeschleppt sein. Übrige Vorkommen im Südschwarzwald nur wenige Stöcke umfassend und meist bald wieder verschwunden: 8114/1: Bärental (1 Pfl. in einer Fichtenpflanzung), SCHLATTERER in K. MÜLLER (1937).

Schwäbisch-Fränkischer Wald: 7123/4: Walkersbach, 1 Stock, 1924, LINCK (STU-K); 6924/2: westlich Oberfischbach am Rotenberg, 3 kleinere Bestände, 470 m, 1967, SEBALD (1968); 7021/1: Südlich Muckental, 1957, JOHN in SEYBOLD, SEBALD u. HERRN (1971).

Alpenvorland: 8226/3: Riedmüllermoos nordwestlich Isny, 1931, BAUR in SEBALD (1968).

Bestand und Bedrohung: In Ausbreitung, sicher eingebürgert im Hotzenwald (Südschwarzwald), im Nordschwarzwald sich offensichtlich einbürgernd.

2. Erica herbacea L. 1753
Erica carnea L.
Schnee-Heide

Morphologie: Zwergstrauch (Hemiphanerophyt), mit niederliegenden, kriechenden Trieben, bis 30 cm hoch, kahl. Blätter in Quirlen zu 4, sparrig abstehend, 6–10 mm lang, spitz, mit schmalem

Schnee-Heide *(Erica herbacea)*

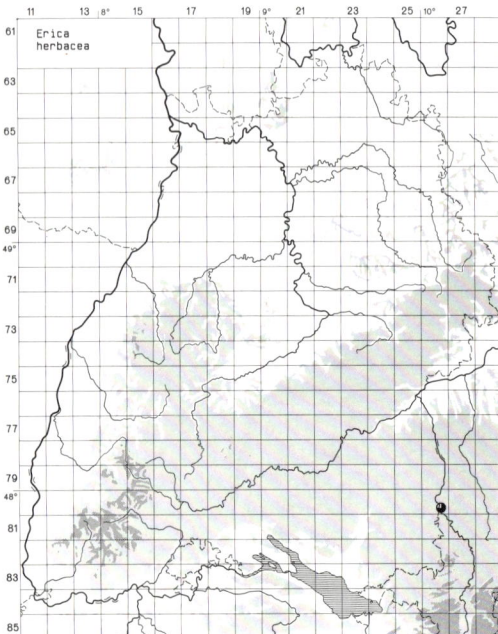

Knorpelrand, kahl. Blütenstand verlängert, traubig, einseitswendig. Blütenstiele in der Mitte mit drei kleinen Vorblättern, Kelch vierzählig; Krone 5–7 mm lang, zylindrisch, rosa bis hellkarmin, 1–2mal so lang wie der Kelch. Staubblätter 8, wenig aus der Kronröhre herausragend, Staubbeutel am Grund des Staubfadens angewachsen. Frucht eine Kapsel, mit vier Klappen aufspringend; Samen zahlreich, 0,75 mm lang.

Biologie: Blütezeit Februar–März, Insektenbestäubung, Windverbreitung.

Ökologie: In kleinen Trupps bis lockeren Herden an lichten bis leicht beschatteten (selten auch sonnigen), mäßig trockenen, kalkreichen, basischen, nährstoffarmen, steinigen, oft humosen Stellen. Auf konsolidierten Kalkrohböden der Flußauen bis zu tiefgründig humosen Rendsinen, v.a. in Kiefernwäldern der Alpen und des Alpenvorlandes (Erico-Pinion-Gesellschaften).

Allgemeine Verbreitung: Alpen und Alpenvorland, in den Inneralpen bis 2600 m, westwärts bis Savoyen; Apennin, jugoslawische und albanische Gebirge. Vorgeschobene Vorkommen im Südteil des Fränkischen Jura, im nördlichen Bayerischen Wald bis zum Vogtland.

Verbreitung in Baden-Württemberg: Früher im Alpenvorland.

Alpenvorland: 8026/4: Illerauen bei Aitrach, ca. 605 m, 1910 entdeckt, später durch Mahd zurückgedrängt, kam aber 1932 wieder zum Blühen, 1937 noch vorhanden (vgl. BERTSCH 1948). Seither nicht mehr beobachtet. – Benachbart auf bayerischer Seite: 8026/4: Ferthofen, bis 1964 von REGELE beobachtet, vgl. DÖRR (1976: 41). Auch in den bayerischen Illerauen sehr selten.

Bestand und Bedrohung: Im Gebiet ausgestorben. Eine Wiedereinwanderung nicht ausgeschlossen, doch mit zunehmender Flußverbauung und Eutrophierung immer unwahrscheinlicher.

2. **Calluna** Salisb. 1802
Heidekraut

Gattung mit nur 1 Art.

1. **Calluna vulgaris** (L.) Hull 1808
Erica vulgaris L. 1753
Heidekraut, Besenheide

Morphologie: Halb- oder Zwergstrauch (Hemiphanerophyt) bis Strauch (Nanophanerophyt), Pflanzen meist (0,1–)0,2–0,4 m hoch, alte Exemplare bis 1 m hoch, bogig aufsteigend, mit niederliegenden, sich bewurzelnden Sprossen, Stämmchen älterer Teile bis über 1 cm stark; Pflanze reich beastet, Äste spitzwinklig abgehend. Blätter immergrün, gegenständig, vierzeilig angeordnet, dicht stehend, (1–) 2–4 mm lang, lanzettlich, am Grund mit langem, zweigipfligem Sporn, dieser dem Stengel anliegend. Blütenstand traubig, 5–15 cm lang, Blüten einseitswendig, nickend; Blütenstiele wie junge Sprosse dicht flaumig behaart; Blüten am Grund mit einem Außenkelch, der von vier lanzettlichen Hochblättern gebildet wird; Kelch 4 mm lang, vierteilig, violettrosa (bis weiß), doppelt so lang wie die Kronblätter, diese auf ⅔ der Länge verwachsen. Staubblätter 8. Fruchtknoten vierfächrig; Griffel die Kelchblätter überragend; Frucht kugelig, 1,5–2 mm lang.

Biologie: Blütezeit Juli bis Oktober, Bestäubung durch Bienen, Windverbreitung. Wenig kälteresistent; nach kalten Wintern (wie zuletzt 1984/85) stark zurückfrierend, doch sich rasch wieder erholend, an offenen Stellen reichlich in Sämlingen aufkommend. – An lange schneebedeckten Stellen des Feldberg-Gebietes oft weißblühend.

Ökologie: An lichtreichen (bis sonnigen), seltener schwach beschatteten, feuchten bis trockenen, kalk- und nährstoffarmen, sauren, sandigen bis lehmigen,

oft humosen Böden; Rohhumusbildner und Bodenverschlechterer. – V. a. in Weidfeldern des Schwarzwaldes, so in der Flügelginster-Heide (Festuco-Genistetum) oder in der Pyrenäenlöwenzahn-Gesellschaft (Leontodo-Nardetum), v. a. an trockenwarmen Stellen, Stellen mit zu langer Schneebedeckung meidend, Vegetationsaufnahmen vgl. BARTSCH (1940), K. MÜLLER (1948), SCHWABE-BRAUN (1980). Entsprechende *Calluna*-Heiden des Nordschwarzwaldes (vgl. OBERDORFER 1938: Calluneto-Genistetum) heute weitgehend verschwunden. Auf den Decklehmen der Schwäbischen Alb im Polygono vivipari-Genistetum sagittalis (vgl. KUHN 1937: *Arnica*-Nardetum). In Hochmooren, v. a. an trockeneren Stellen, Vegetationsaufnahmen vgl. DIERSSEN (1984). In Wäldern an ausgehagerten Stellen, so z. B. im Luzulo-Quercetum und im Luzulo-Fagetum, durch Streunutzung vielfach gefördert, bei Anbau von Nadelholz (v. a. an aufgelichteten Stellen) sich ausbreitend, natürliche Vorkommen hier z. B. im Vaccinio-Abietetum der Schwarzwald-Ostseite.

Allgemeine Verbreitung: Europa, hier vom Mittelmeergebiet (v. a. Spanien und Portugal, östlich davon selten oder fehlend) bis Nord-Norwegen, ostwärts bis West-Sibirien, Kleinasien; in den Zentralalpen bis 2500 m reichend, in den Nordalpen bis 1950 m. Eingeschleppt im atlantischen Nordamerika. – Temperat-boreal, schwach subozeanisch.

Verbreitung in Baden-Württemberg: In kalkarmen

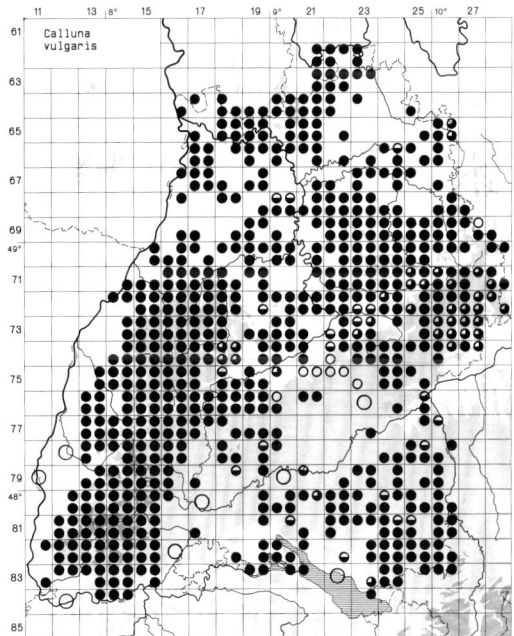

Heidekraut *(Calluna vulgaris)*
Feldberg

350

Gebieten weit verbreitet und meist häufig, so im Schwarzwald, Odenwald, Schwäbisch-Fränkischen Wald, Stromberg oder Schönbuch. In den Muschelkalkgebieten entlang der Tauber, im Bauland oder am Neckar selten oder fehlend. Schwäbische Alb auf entkalkten Lehmen der Hochfläche (v. a. im östlichen Teil). Alpenvorland zerstreut. Oberrheinebene: Hier nur in den Sandgebieten zwischen Rastatt und Mannheim, offensichtlich zurückgehend.

Höchste Fundstellen: Feldberg bis nahe am Gipfel, ca. 1490 m, tiefste Fundstellen in den Sandgebieten der nördlichen Oberrheinebene, ca. 95 m.

Die Pflanze ist alt-einheimisch (natürliche Wuchsorte an Felsen und in Mooren). Älteste Hinweise: Pollenfunde aus dem Eem im Füramoos (FRENZEL 1978), aus der Älteren Dryaszeit im Erlenbruckmoor bei Hinterzarten (LANG 1952) sowie aus dem Boreal bis Atlantikum von Tannstock/Federsee (K. BERTSCH 1931). Erste schriftliche Erwähnung: BAUHIN (1598: 147), Umgebung von Bad Boll.

Bestand und Bedrohung: Örtlich durch Aufforsten von Borstgras-Rasen oder durch Intensivierung der Nutzung zurückgehend. Weiter zurückgehend infolge des „Zuwachsens" der Wälder, Aufgabe der Streunutzung usw. Ein Teil der Verluste kann durch Neubesiedlung entsprechender Standorte ausgeglichen werden. Doch insgesamt zeigt sich gerade in Kalkgebieten eine deutliche Rückgangstendenz. Ein besonders deutlicher Rückgang läßt die Karte in der Egau-Lone-Alb erkennen. Im Kaiserstuhl ist das Heidekraut aus den Wäldern verschwunden (vgl. WILMANNS u. BOGENRIEDER 1986). Insgesamt ist die Pflanze nicht gefährdet.

3. **Rhododendron** L. 1753
Alpenrose

Sträucher, gekennzeichnet durch trichterige bis glockenförmige, weit hinauf verwachsene Krone, Staubbeutel ohne Anhängsel. – Gattung mit 1300 Arten (v. a. in den asiatischen Gebirgen und in Nordamerika), im Gebiet nur eine Art (in Europa 6 Arten).

1. **Rhododendron ferrugineum** L. 1753
Rostrote Alpenrose

Morphologie: Strauch (Phanerophyt), bis 1 m hoch; Blätter wechselständig, dunkelgrün, glänzend, kahl, ledrig, eiförmig, 1,5–4 cm lang, am Rand umgerollt, ältere unterseits braun (dicht stehende Kugeldrüsen). Blüten endständig, traubig, doldig gehäuft; Krone 1,5 cm lang, trichterig, dunkelrot, außen drüsig, innen kurz behaart.

Biologie: Blütezeit Juni (Juli). Insektenbestäubung (Hummeln), Windverbreitung (Staubsamen).

Ökologie: An lichtreichen bis leicht beschatteten, frischen (bis feuchten), nährstoff- und basenarmen, kalkfreien bis kalkarmen, sauren, humosen Stellen, im Gebiet in lichten Spirkenmooren, an Moorrändern, Hauptverbreitung in den Alpen um die Waldgrenze, hier als Kennart des Vaccinio-Rhododendretum ferruginei.

Allgemeine Verbreitung: Alpen, Pyrenäen, Apennin, selten in den jugoslawischen Gebirgen und im Schweizer Jura.

Verbreitung in Baden-Württemberg: Alpenvorland, an wenigen Stellen, ca. 650–900 m. – Die Art war alt-einheimisch; die Vorkommen konnten als Glazialrelikte gedeutet werden.

Erste Erwähnung bei v. MARTENS u. KEMMLER (1865), ausführliche Zusammenstellung der Funde durch BERTSCH (1929).

Alpenvorland: 8225/1: Schwendimoos bei Lautersee (südlich Kisslegg) ca. 650 m, vor 1830 von M. PFANNER entdeckt, 1875 handelte es sich um einen reich blühenden Busch von 1 m Durchmesser und 4 m Umfang; der Busch erreichte ein Alter von ca. 100 Jahren. 1910 war er durch Ausgraben verschwunden. 8225/2: Engerazhofen bei Kisslegg, im Pfarrwald, in einem Fichtenwald, der sich an ein verheidetes Hochmoor anschloß, ca. 700 m, 1894 von Lehrer LUDWIG entdeckt, ein Busch von 4 m Länge und 1 m Breite, 1921 in kümmerlichen Resten zuletzt beobachtet,

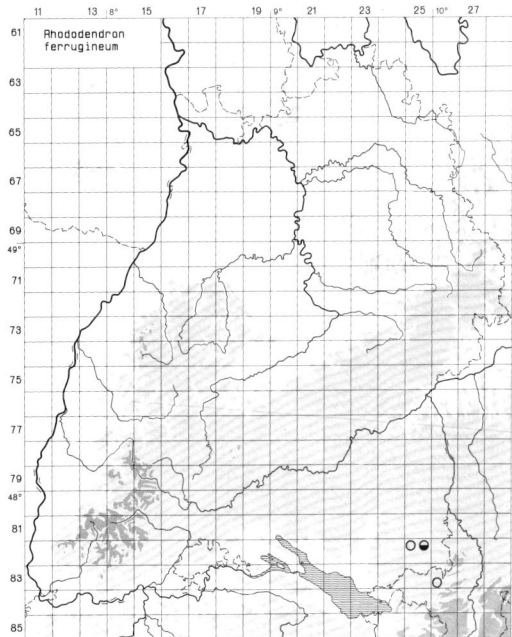

Rostrote Alpenrose *(Rhododendron ferrugineum)*

bald darauf verschwunden. 8225/2: Winnismoos bei Beuren, ca. 700 m, von Lehrer LUDWIG entdeckt, 1922 zuletzt beobachtet, durch Torfstecherei verschwunden. 8326/3: Motzgatsried auf dem Laubenberg bei Grünenbach, ein Stock, von DOBEL 1854 erwähnt, noch um 1897 beobachtet, ca. 900 m; bereits auf bayerischem Gebiet.

Die Vorkommen in Oberschwaben schließen an die im bayerischen Alpenvorland an. BRESINSKY (1965) führt für das Alpenvorland westlich der Iller 15 Fundorte auf (im östlich anschließenden Gebiet nur eine Fundstelle im Chiemseegebiet). DÖRR (1976) konnte hier nur noch ein Vorkommen bei Schnellers nahe Weiler (8425/3) und drei auf 8327/1 (südwestlich Kempten) bestätigen (Wasenmoos bei Rechtis, östlich Hellengerst, Schönleitenmoos).

Bestand und Bedrohung: Seit etwa 1922 ausgestorben.

4. **Ledum** L. 1753
Porst

Sträucher, in Hochmooren wachsend, mit weißen, in gestauchter Traube angeordneten Blüten; Staubblätter ohne Anhängsel. Gattung mit vier Arten, alle in Nordamerika; in Europa nur eine Art wildwachsend, weiter *L. groenlandicum* Oeder an wenigen Stellen eingeschleppt.

1. **Ledum palustre** L. 1753
Sumpf-Porst

Morphologie: Strauch (Nanophanerophyt), bis 1,2–1,5 m hoch, mit aufrechten Zweigen, intensiv duftend. Blätter ledrig, wintergrün, an den Zweigenden ± dicht stehend, aufrecht abstehend, im Winter hängend, lineal-lanzettlich, bis 3,5 cm lang und 0,4 cm breit, oberseits kahl (oder zerstreut drüsig), dunkelgrün, glänzend, unterseits am Rand eingerollt, v.a. auf der Mittelrippe (wie auch Blattstiel und junge Triebe) dicht zottig rostfilzig; Blattstiel 2–4 mm lang. Blütenstand reichblütig, am Ende der Äste, in gestauchter Traube; Blütenstiele 1,5 cm lang, mehrfach länger als die Blüte, drüsig. Kelch fünfzählig, Kelchblätter drüsig-klebrig. Krone fünfzählig (selten vierzählig); Kronblätter 5–8 mm lang, weiß, frei, sternförmig ausgebreitet. Staubblätter 10, länger als die Krone. Fruchtknoten fünffächrig; Frucht eine eiförmige Kapsel, 3–6 mm lang, überhängend, mit zahlreichen, 1,5 mm langen Samen.

Biologie: Blütezeit Mai–Juni. – Insektenbestäubung (v.a. Fliegen, die durch den intensiven Duft der Pflanze angelockt und z.T. betäubt werden), auch Selbstbestäubung. Giftig, Giftwirkung durch ätherische Öle (Porstöl, mit Ledol (sog. Porstkampfer) und Arbutin), früher offizinell, weiter Verwendung als Mittel gegen Motten.

Ökologie: In lichten Kiefern-Mooren auf sauren, kalkarmen, humosen, feuchten Böden; Begleitpflanzen sind z.B. *Eriophorum vaginatum, Oxycoccus palustris* und *Sphagnum*-Arten. Charakterart des Ledo-Pinetum. Vegetationsaufnahmen aus dem östlichen Mitteleuropa vgl. z.B. KRAUSCH (1968: Stechlinsee-Gebiet).

Allgemeine Verbreitung: Nordhalbkugel: Boreale Zonen von Europa (v.a. Nordosteuropa, Norwegen und Großbritannien fehlend), Asien und Nordamerika. In Mitteleuropa v.a. östlich der Elbe, im Gebiet isoliertes Vorkommen im Nordschwarzwald; nächste Fundstellen im Bayerischen Wald (hier vom Aussterben bedroht) und im östlichen Thüringen (verschollen). Im Gebiet an der Südwestgrenze des Areals. – Nordisch-kontinental.

Verbreitung in Baden-Württemberg: Nordschwarzwald.

Nordschwarzwald: 7216/4: Wildseemoor bei Kaltenbronn, ca. 900 m. Hier von VULPIUS (pater) um 1800 entdeckt, erstmals von GMELIN (1806: 202) erwähnt: „non procul a lacubus Wildenhornsee dictis auf dem Kaltenbrunn cum Andromeda polifolia et Empetro nigro", ohne Angabe des Finders, doch offensichtlich GMELIN nicht selbst bekannt. Das Vorkommen wurde zunächst nicht wieder bestätigt (vgl. DÖLL 1843), dann angezweifelt

Sumpf-Porst *(Ledum palustre)*

(DÖLL 1858, 1859) und so auch nicht in die „Flora des Großherzogthums Baden" aufgenommen. Nach DÖLL (1859: 825) beobachtete bereits VULPIUS einen Rückgang der Pflanze („Verlust der Pflanze durch das Abholzen alter Tannen"). Später wurde die Pflanze wieder von Oberförster MÜLLER entdeckt; Waldarbeiter machten ihn auf ein merkwürdig riechendes Gewächs aufmerksam. Kurze Zeit darauf besuchten LEUTZ und WINTER die Fundstelle; WINTER (1884) hat über diese Wiederentdeckung berichtet. *Ledum palustre* wuchs damals auf etwa 1,5 m² großer Fläche am Wilden Hornsee unter Latschengebüsch (auf badischer Seite des Gebietes); die Pflanzen waren 1–2 m hoch. Um 1900 fand SCHLATTERER östlich der Seen noch drei „fadendünne Stöckchen" (SCHLATTERER 1900); der Rückgang wurde auf die Auslichtung des Bestandes zurückgeführt. Nach K. MÜLLER (1924) wurden die Stöcke auch durch Touristen geplündert. Bald nach 1900 ist das Vorkommen am Wildsee offensichtlich erloschen.

Bereits 1909 erfolgte eine erste Wiederanpflanzung von *Ledum palustre* (die Pflanzen kamen aus Norddeutschland). Der Sumpf-Porst gedieh zunächst gut, ist aber dann bereits 1917 wieder eingegangen. – Eine erneute Anpflanzung durch den Botanischen Garten der Universität Heidelberg (mündl. Mitt. von Dr. H. SENGHAS) erfolgte um 1960; dieses Vorkommen wurde dann von D. KALUSCHE (1972) publiziert. Es war 1986 noch vorhanden.

Belege der ersten Beobachtung durch VULPIUS fehlen (vgl. DÖLL 1858: 26); von den nach 1884 beobachteten Pflanzen finden sich Belegstücke in KR (leg. WINTER 15. 6. 1884, 1 Ast ohne Blüten, leg. A. KNEUCKER 24. 6. 1888, 3 Äste, davon 1 mit Blüten, leg. H. ZAHN 1890, 3 Äste).

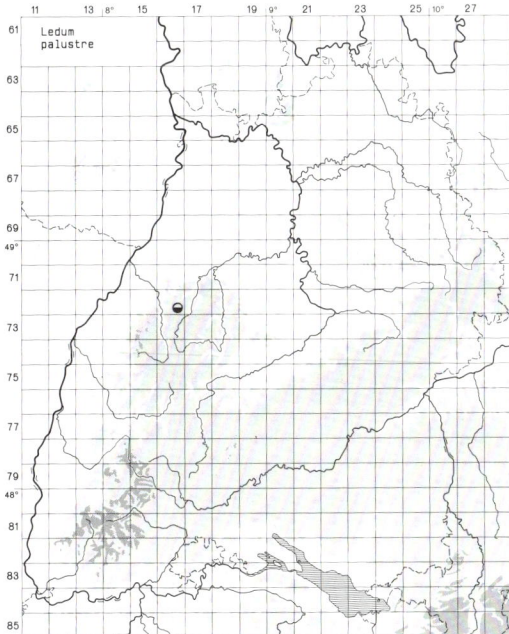

Die Pflanze ist wohl alt-einheimisch, wenn auch mehrfach Zweifel geäußert wurden. Gerade VULPIUS (filius) hat sich immer um die „Ehrenrettung" der Beobachtung seines Vaters bemüht.

FRANK (1830) nennt für *Ledum palustre* weitere Fundstellen im Nordschwarzwald (Hundsbach, Kniebis gegen Freudenstadt). FRANK hat die Pflanze nicht an Ort und Stelle gesehen. So bleiben diese Fundmeldungen sehr zweifelhaft. Sie wurden auch nicht in die Floren übernommen. Belegstücke fehlen. – Eine weitere Beobachtung zwischen Meersburg und Hagnau (leg. G. KELLER 1919, vgl. KNEUCKER 1921: 126/27) hat sich später als Schwindel herausgestellt.

GMELIN (1806) nennt aus den nördlichen Vogesen ein Vorkommen am Paßberg bei Buchswiller, das auf eine Angabe von MAPPUS zurückgeht. Bereits GMELIN hat das Vorkommen angezweifelt (Verwechslung mit *Andromeda polifolia*?). Weitere Hinweise auf ein Vorkommen von *Ledum palustre* in den Vogesen sind nicht bekannt.

5. **Arctostaphylos** Adanson 1763
Bärentraube

Meist niederliegende Sträucher der nördlichen Halbkugel; Frucht eine oberständige, beerenartige Steinfrucht. – Insgesamt 33 Arten, in Europa 2 Arten. Im Gebiet nur *A. uva-ursi*, in den Alpen weiter *A. alpina* (L.) Sprengel.

1. **Arctostaphylos uva-ursi** (L.) Sprengel 1825
Arbutus uva-ursi L. 1753
Arznei-Bärentraube

Morphologie: Zwergstrauch (Hemiphanerophyt), niederwüchsiger, nur wenige dm hoher Spalierstrauch, bis 1,5 m lang. Blätter wechselständig, immergrün, derb, oberseits dunkelgrün glänzend, unterseits etwas graugrün, nur schwach glänzend, 1–3 cm lang und bis 0,6 cm breit, eiförmig, in oder über der Mitte am breitesten, abgerundet, mit keilförmigem Blattgrund und kurzem Blattstiel, ganzrandig, ohne verdickten oder umgerollten Rand (Unterschied zu *Vaccinium vitis-idaea*); Blattrand wie Blattstiel und junge Triebe kraus behaart. Blütenstand 3–10blütig, mit kurzen, endständigen, überhängenden Trauben; Kelch kahl; Krone eiförmig, weiß bis rötlich, auf ⅘ eingeschnitten. Fruchtknoten oberständig; Beeren rot, 6–8 mm im Durchmesser.

Biologie: Blütezeit März–April. Insektenbestäubung (Hummeln), Selbstbestäubung, Vogelverbreitung. – Heilpflanze, die in Mitteleuropa im Gegensatz zu Nordeuropa erst ab dem 18. Jahrhundert verwendet wurde: Verwendung der Blätter für Blasentee (Wirkung durch den Gehalt an Arbutin, einem Hydrochinon-d-Glukose-Äther).

Ökologie: An lichtreichen (sonnigen bis leicht beschatteten), mäßig trockenen, sommerwarmen, meist kalkreichen, basischen Stellen, auf sandigen, oft skelettreichen Böden, im Gebiet auf Rohböden oder wenig entwickelten Rendsinen über Muschelkalk und Molassesandstein, zusammen mit *Cytisus nigricans, Teucrium chamaedrys* oder *Silene nutans* in lichten Kiefernwäldern als lokale Kennart des Cytiso-Pinetum, auch für andere Kiefernwald-Gesellschaften des Erico-Pinion und Pulsatillo-Pinion angegeben, außerhalb des Gebietes auch an kalkarmen, doch basenreichen, sauren Stellen über Buntsandstein angegeben. – Vegetationsaufnahmen vgl. BARTSCH (1925: 58ff.), LANG (1973, Tab. 102), BAMMERT (1985).

Allgemeine Verbreitung: Nordhalbkugel: Europa, Asien, Nordamerika. In Europa in Nordeuropa, vereinzelt bis Nord-Norwegen, vor allem in den östlichen Teilen (Finnland, Rußland), in Mitteleuropa vor allem in den Alpen (bis 2015 m), Südeuropa bis Spanien, Italien und dem Balkan, v.a. in den Gebirgen.

Verbreitung in Baden-Württemberg: Wenige Fundstellen in der Baar und im Bodensee-Gebiet, auch einmal in der Rheinebene beobachtet, 100–750 (800) m. Die Art ist einheimisch, doch dürften einige Vorkommen wie die in der Baar und das in der Rheinebene unter dem Einfluß menschlicher Tätigkeit entstanden sein. Die Pflanze wäre hier als Archäophyt anzusehen. Am Bodensee sind die Vor-

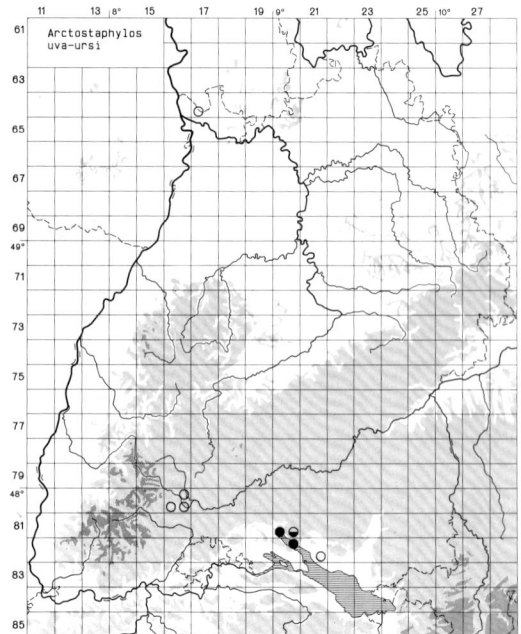

Arznei-Bärentraube *(Arctostaphylos uva-ursi)*

kommen als natürlich anzusehen. – Älteste Hinweise: GMELIN (1806: 206).

Oberrheingebiet: 6417/3: Käfertaler Wald bei Mannheim, 1837, DÖLL (vgl. DÖLL 1843, 1859), als „große Seltenheit" an einer Stelle, später nicht mehr beobachtet.

Baar: 8016/2: Westlicher Abhang des Schellenberges über Bruggen (ENGESSER, STEHLE u. HATZ, bereits 1884 vergeblich gesucht, vgl. ZAHN 1889); 8016/4: Dögginger Wald „am Anfang an der Straße nach Döggingen", ENGESSER u. STEHLE, vgl. ZAHN 1889, weiter WINTER (1882: 48): Dögginger Wald, östlich der Straße, „ein einziger Strauch". Nach 1900 liegen keine Bestätigungen mehr vor. 8016/3 oder 4: Ruine Dellingen bei Waldhausen (HATZ u. ZAHN 1887, 88, vgl. ZAHN 1889: „in Menge"). Nach 1900 nicht mehr bestätigt.

Bodensee-Gebiet: An den Molasse-Steilhängen um Überlingen-Sipplingen, hier schon GMELIN bekannt (vgl. GMELIN 1806: 206/07: „cum Cytiso nigricante magna in abundantia", BARTSCH (1925: 60): „*Arctostaphylus* bedeckt viele Quadratmeter, teilweise über den entblößten Sandsteinfelsen herabhängend"). Fundstellen vgl. DÖLL (1859), JACK (1900); 8120/3: Stockach, Lehmgrube sowie zwischen Stockach und Ludwigshafen (v. STENGEL in JACK 1900); 8120/3: Westecke des Bogentalwaldes westlich Espasingen, BARTSCH (1924); 8120/4: Billafingen, DÖLL (1859), zwischen Sipplingen und Haldenhof, HENN (KR-K); 8220/2: Zwischen Goldbach und Sipplingen, noch immer vorhanden, wenn auch offensichtlich längst nicht mehr so reichlich wie früher. Vegetationsaufnahmen vgl. BARTSCH (1925), LANG (1973); 8221/4: Meersburg, am Straßenrain bei Daisendorf, BAUR, JACK, vgl. JACK (1900). Schweizerische Seite des Bodensees: Ermatingen, in Menge oberhalb Berlingen (vgl. JACK 1900). Vorkommen inzwischen erloschen.

Vorkommen in den Nachbargebieten: In der Pfalz mehrfach genannt: bei Bad Dürkheim über Tertiärkalk, im südlichen Pfälzer Wald über Buntsandstein. Weiter in den angrenzenden Nordvogesen sowie in den südlichen Vogesen (Wildensteiner Tal). Vorkommen im Elsaß und in der Pfalz seit langem unbestätigt. Benachbartes Hochrheingebiet an der unteren Töss (Dättlikon, Freienstein, Teufen, vgl. KUMMER 1946); Vorkommen offensichtlich erloschen.

Bestand und Bedrohung: Die Pflanze ist in Baden-Württemberg „stark gefährdet". Zwar kommt sie heute noch an den Molassehängen des Bodensees in einigen Beständen vor. Doch waren die Vorkommen der Jahre 1955–62 deutlich reicher als die heutigen. Ursache für den ganz offensichtlichen Rückgang dürfte das „Zuwachsen" der Wälder sein (Zuwachsen durch Gebüsche, als Folge der fehlenden Nutzung bzw. Übernutzung). Das Verschwinden der Pflanze in der Baar könnte ebenfalls auf fehlende Nutzung und beginnendes Zuwachsen der Wälder zurückzuführen sein (Fehlen der Waldweide und einer Streunutzung?). Bei den heutigen Restvorkommen ist eine Gefährdung durch Luftschadstoffe nicht auszuschließen (direkte Gefährdung, die bei dieser wintergrünen Art eine besondere Rolle spielen könnte, indirekt über eine Schädigung der Mykorrhiza). – Die Pflanze fruchtet im Gebiet recht selten; eine vegetative Vermehrung über abgebrochene, sich bewurzelnde Äste wurde nicht beobachtet (vgl. BAMMERT 1985).

6. **Andromeda** L. 1753
Andromeda, Rosmarinheide

Zwergsträucher mit schmal lanzettlichen, wintergrünen Blättern. 10 Staubblätter, Staubbeutel an der Spitze mit fadenförmigem Anhängsel, sich mit einer runden Pore öffnend; Frucht oberständig. – Rund 60 Arten auf der Nordhalbkugel (v.a. in Nordamerika), in Europa eine Art.

1. **Andromeda polifolia** L. 1753
Rosmarinheide, Andromeda, Polei-Gränke

Morphologie: Zwergstrauch (Hemiphanerophyt) mit unterirdisch weit kriechender Grundachse, Pflanzen bis 20 (40) cm hoch, wenig verzweigt, aufrecht, locker beblättert. Blätter wechselständig, derb, wintergrün, lanzettlich, bis 2–4 cm lang und 0,4 cm breit, Rand nach unten eingerollt, oberseits dunkelgrün, mit Mittelfurche, unterseits graugrün, wachsartig bereift, mit stark hervortretendem Mittelnerv. Blüten zu (2)–4–5–(8) in lockerem, doldenartigem Blütenstand, dieser in den Achseln von Tragblättern entspringend; Blütenstiele 2–4mal so lang wie die Blüten; Blüten nickend oder ± aufrecht. Kelch fünfzipflig, ± verwachsen. Krone rosa

(später weißlich), kugelig-eiförmig, 5–8 mm lang, 4–5mal so lang wie der Kelch. Staubblätter 10, Staubfäden abstehend und lang behaart; Staubbeutel an der Spitze mit fadenförmigem Anhängsel, sich mit einer runden Pore öffnend. Griffel meist in der Krone eingeschlossen; Fruchtknoten oberständig; Frucht eine fünffächrige Kapsel.

Biologie: Blütezeit 2. Maihälfte. Insektenbestäubung (Bienen, langrüsslige Insekten), Selbstbestäubung, Windverbreitung. – Pflanze giftig wegen des Gehaltes an Andromedotoxin, einem Diterpen. Andromedotoxin wirkt blutdrucksenkend und steigert die Kontraktionskraft des Herzmuskels. *Andromeda* hat in der Bundesrepublik Deutschland als Heilpflanze keine Bedeutung.

Ökologie: An lichten (bis schwach beschatteten), feuchten, kalkfreien und nährstoff- bzw. basenarmen, sauren, humosen Stellen, zusammen mit *Sphagnum magellanicum, Sph. papillosum* u.a. in Bultgesellschaften von Hochmooren. – Vegetationsaufnahmen vgl. z.B. SCHUMACHER (1937), DIERSSEN (1984), GÖRS (1960), LANG (1973); ausführliche Darstellung der ökologischen Verhältnisse im Nordschwarzwald: HÖLZER (1982).

Allgemeine Verbreitung: Zirkumpolar verbreitet: Kühle Gebiete von Europa, Asien und Nordamerika. In Europa v.a. in Nord- und Nordosteuropa (bis Nordnorwegen), in Mitteleuropa seltener: Moorgebiete des norddeutschen Flachlandes, Mittelgebirge, Alpen, südwärts bis Pyrenäen, Südal-

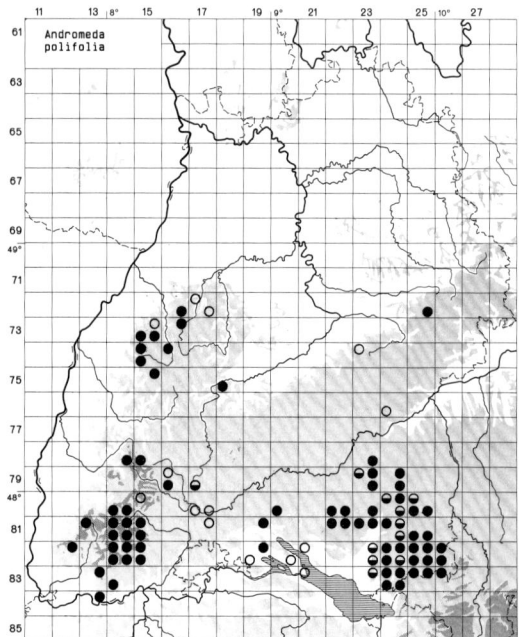

Rosmarinheide *(Andromeda polifolia)*

pen, Karpaten. In den Alpen in Bayern bis 1430 m, in den Zentralalpen bis 2000 m. – Nordisch-kontinental.

Verbreitung in Baden-Württemberg: Schwarzwald, Alpenvorland, wenige Fundstellen auf der Schwäbischen Alb und im oberen Neckargebiet. – Tiefste Fundstellen: Bodenseegebiet, 432 m (8219/2), höchst gelegene an der Grafenmatt am Feldberg, ca. 1350 m.

Die Art ist einheimisch. Älteste Nachweise aus der Alleröd-Zeit (Reichermoos, K. BERTSCH 1924). – Erster schriftlicher Hinweis: J. BAUHIN et al. (1650: 1: 525): „inter vallem Griesbachianum et Riewelsauwen" (7515, ca. 1590).

Schwarzwald: Weit verbreitet in den Mooren des Nord- wie des Südschwarzwaldes, doch selten in größerer Menge, 730–1350 m. Zusammenstellung der Fundorte DIERSSEN

(1984: Karte S. 261). Nur wenige, zudem oft etwas zweifelhafte Vorkommen in den Randgebieten erloschen.
Oberes Neckargebiet: 7518/3: Empfingen, am Bodenlosen See, 1978, SEYBOLD (STU-K).
Baar: Früher mehrfach, heute noch: 7916/3: Plattenmoos; 7912/4: Schwenninger Moos, zuletzt 1924, BERTSCH.
Schwäbische Alb: 7225/4: Rauhe Wiese, angesalbt, um 1960, MATTERN (STU-K); früher auch 7423/1: Schopfloch; 7624/3 (?): Allmendingen.
Alpenvorland: Zusammenstellung von BERTSCH (1918), zuletzt BERTSCH (1948): 110 Fundpunkte für den württembergischen Teil. Schwerpunkt im östlichen Teil. Im westlichen Bodenseegebiet an wenigen Stellen: 8219/2: Durchenbergried; 8020/3: Waltere, BEYERLE (STU-K). Zahlreiche Fundstellen im westlichen Bodenseegebiet erloschen (vgl. LANG 1973). – Insgesamt im Alpenvorland deutlich häufiger als im Schwarzwald.

Bestand und Bedrohung: Wie alle Hochmoorpflanzen gefährdet; die Gefährdung dürfte bei *Andro-*

meda polifolia stärker als bei *Oxycoccus palustris* sein (zu „stark gefährdet" tendierend?).

7. **Oxycoccus** Hill 1756
Moosbeere

Vaccinium nahestehend, doch Krone vierteilig mit zurückgeschlagenen Zipfeln. Wenige Arten in den Mooren der Nordhalbkugel (in Europa von Natur aus nur eine Art).

1 Blätter oval oder lanzettlich, die größte Breite fast immer nahe dem Blattgrund; Vorblätter 1–2,5 mm lang, rot; Durchmesser der Frucht bis 0,8 cm . . . . 1. *O. palustris*
– Blätter oval, in der Mitte am breitesten; Vorblätter 3–10 mm lang, grün; Durchmesser der Frucht 1–2 cm . . . . 2. *O. macrocarpus*

1. **Oxycoccus palustris** Pers. 1805
Vaccinium oxycoccus L. 1753; *Oxycoccus quadripetalus* Gilibert; *Oxycoccus oxycoccus* (L.) Macmillan
Gemeine Moosbeere

Morphologie: Zwergstrauch (Hemiphanerophyt), Pflanzen niederliegend, bis 0,8 m lang, Triebe dünn, verholzend. Blätter wechselständig, wintergrün, ledrig, oberseits dunkelgrün, unterseits weißgrün, oval-lanzettlich, größte Breite (fast immer) nahe dem Blattgrund, 0,5–1 cm lang, ca. 2mal so lang wie breit, v.a. gegen die Blattspitze nach unten eingerollt, mit ca. 1 mm langem Blattstiel; Mittelrippe des Blattes auf der Unterseite stark hervortretend. Blüten endständig (scheinbar seitenständig), zu 1–4, auf bis 5 cm langem, dünnen, rötlichen Blütenstiel, dieser aufrecht und in der Mitte mit zwei lanzettlichen, roten, 1–2,5 mm langen Vorblättern. Kelch vier (bis fünf-)zählig; ebenso Krone mit 4-(5) Zipfeln, 5–7 mm lang, lilarosa, mit zurückgeschlagenen Zipfeln. Staubblätter 8. Frucht eine fleischige, gelbrote bis rote Beere, bis 8 mm im Durchmesser, auf niederliegendem Stiel, überwinternd, mit zahlreichen 1,5–2,8 mm großen Samen.
Biologie: Blütezeit 2. Maihälfte bis Ende Juni, Insektenbestäubung (Bienen, Hummeln), Selbstbestäubung. Vogelverbreitung. – Die Beeren schmecken nach dem ersten Frost recht gut und werden in Nordeuropa für die Zubereitung von Getränken verwendet.
Ökologie: Dünne Überzüge in moosreichen Hochmoorgesellschaften auf lichtreichen, feuchten (bis nassen), basen- und nährstoffarmen, sauren, humosen Stellen in Bultgesellschaften, zusammen mit

Sphagnum rubellum, *Sph. magellanicum*, *Sph. fuscum*, *Andromeda polifolia*. Ordnungskennart der Sphagnetalia, auch in Flachmoorgesellschaften kalkarmer Standorte (v.a. Scheuchzerietalia palustris, auch Caricetalia nigrae), so an schwach minerotrophen Standorten zusammen mit *Carex rostrata* und *Sphagnum fallax*, nicht selten auch in zugewachsenen Torfstichen. – Vegetationsaufnahmen vgl. SCHUMACHER (1937), HÖLZER (1977), DIERSSEN (1984), NEBEL (1986). Untersuchungen zur Standortsökologie vgl. HÖLZER (1982: Biberkessel an der Hornisgrinde).
Allgemeine Verbreitung: Europa, Asien und Nordamerika; in Europa v.a. im nördlichen Teil, südwärts bis Zentralmassiv, Alpen und Karpaten. – Nordisch(-kontinental).
Verbreitung in Baden-Württemberg: In Moorgebieten ± verbreitet: Schwarzwald, Alpenvorland, selten Baar, Schwäbische Alb, früher auch Schwäbisch-Fränkischer Wald und Oberrheinebene. – Tiefst gelegene Fundstelle: Rheinebene westlich Freiburg, ca. 220 m, höchst gelegene an der Grafenmatt am Feldberg, ca. 1350 m.

Die Pflanze ist im Gebiet einheimisch. Der älteste Nachweis stammt aus der Alleröd-Zeit (Brunnholzried, BERTSCH 1925). – Die erste Erwähnung aus dem Gebiet findet sich bei J. BAUHIN et al. (1650: 1: 526): „in montibus prope fontes Griesbachianos" (7515, ca. 1590).

Verbreitungskarte vgl. EICHLER, GRADMANN u.

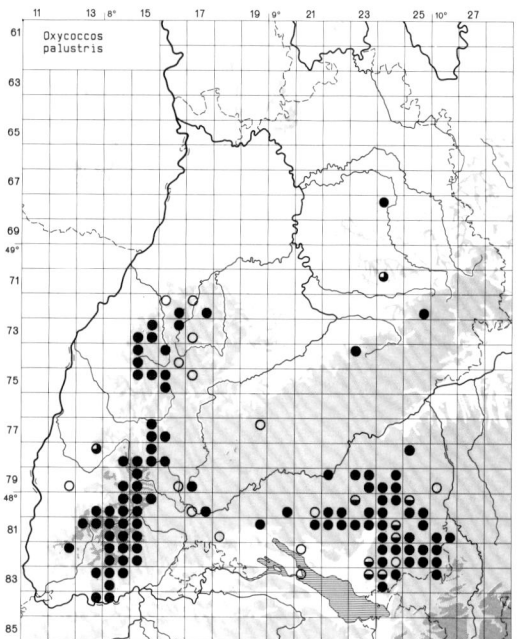

MEIGEN (1907: 191), für Oberschwaben: BERTSCH (1918: 97), für den Schwarzwald: DIERSSEN (1984: 285).

Oberrheingebiet: 7912/4: Hochdorf bei Freiburg, (ca. 220 m), KLOTZ (1887). Vorkommen seit langem erloschen. (Ähnlich tief gelegene Vorkommen linksrheinisch im Hagenauer Forst, ebenfalls seit längerer Zeit nicht mehr bestätigt.)

Nördlicher Schwarzwald: Zerstreut, deutlich seltener als im Südschwarzwald: 7516/4: Alter Weiher bei Reinerzau; 7515/1: Sandkopf; 7515/2: Kniebis, Ellbachsee; 7415/3: Buhlbachsee, Plankopf; 7415/1: Wildsee am Ruhstein; 7416/1: Huzenbacher See; 7315/3: Biberkessel an der Hornisgrinde, Hochkopf, Ochsenstall; 7315/4: Blindsee und Schurmsee; 7315/2: Herrenwieser See; 7216/4–7316/2: Wildseemoor, Moore des Hohloh-Gebietes; 7217/4: Waldmoor Torfstich bei Oberreichenbach. (Genauere Einzelangaben vgl. DIERSSEN 1984.)

Mittlerer Schwarzwald: V.a. Im Gebiet um Schonach, am Mooskopf westlich Schramberg.

Südschwarzwald: Weit verbreitet, v.a. in den Mooren des Hotzenwaldes, auf der Westseite des Schwarzwaldes seltener: 8212/2: Nonnmattweiher; 8113/1: Notschreimoor; 8013/4: Stollenbach. Tiefste Fundstelle bei Oberhof (8414/1), ca. 600 m, höchste Fundstellen an der Grafenmatt am Herzogenhorn (8114/1, ca. 1350 m) und an der Mantelhalde am Stübenwasen (8113/2, ca. 1300 m).

Hohenlohe: 6824/1: Kupfermoor, 376 m, SCHAAF (1924), noch vorhanden, vgl. NEBEL (1986).

Schwäbisch-Fränkischer Wald: 7124/1: Ehem. See an der Striebelmühle bei Kapf, 1954, RODI (STU-K), seit etwa 1960 erloschen.

Baar: 7917/3: Schwenninger Moos; 8017/4: Birkenried-Pfohrener Weiher; an anderen Stellen wie 7916/4: Überauchen oder 8017/3: Hüfingen erloschen.

Schwäbische Alb: 7225/4: Rötenbach bei Bartholomä; 7423/1: Torfgrube bei Schopfloch; frühere Angabe: 7719/2: Onstmettingen, vor 1900 erloschen.

Alpenvorland: BERTSCH (1918) führt hier aus dem württembergischen Teil 111 Fundstellen auf, v.a. im Gebiet zwischen der inneren Jung-Endmoräne und der äußeren Jung-Endmoräne, vereinzelt auch im Altmoränen-Gebiet. Im westlichen Bodensee-Gebiet heute verschollen.

Bestand und Bedrohung: *Oxycoccus palustris* gilt im Gebiet als „gefährdet". Ein Rückgang läßt sich v.a. in Gebieten mit kleinen Mooren nachweisen, die besonders von der Intensivierung der Landwirtschaft betroffen waren. So sind im Schwarzwald zahlreiche Vorkommen im Gebiet nördlich Neustadt offensichtlich erloschen, weiter einige im nördlichen Schwarzwald (hier wohl eher auf das Zuwachsen ehemaliger Missenflächen zurückzuführen). Zahlreiche frühere Vorkommen finden sich auch im westlichen Bodensee-Gebiet. – Verglichen mit anderen Hochmoorpflanzen ist die Gefährdung und auch der Rückgang recht schwach, was auf die besondere Fähigkeit, sich vegetativ zu vermehren, zurückzuführen ist. – So beobachtete GROSSMANN (1985) eine Verdoppelung der von *Oxycoccus palu-*

Moosbeere *(Oxycoccus palustris)*
Wurzacher Ried, 1982

stris eingenommenen Fläche innerhalb von rund 10 Jahren im Waldmoor Torfstich.

Variabilität: Im Gebiet nur die subsp. *palustris* (mit der Chromosomenzahl 2n = 48): gekennzeichnet durch flaumig behaarten Blütenstiel, Staubfäden am Ende der Blütezeit kürzer als die Staubbeutel (samt den röhrenförmigen Fortsätzen). Die Beere ist 8–10 mm breit, die Blätter sind im untersten Drittel am breitesten.

Die subsp. *microcarpus* (Turcz.), mit der Chromosomenzahl 2n = 24, kleiner als vorige, gekennzeichnet durch kahlen Blütenstiel, Staubfäden am Ende der Blütezeit länger als die Staubbeutel (samt den röhrenförmigen Fortsätzen), Beere 5–7 mm breit, Blätter im untersten Viertel am breitesten. Im nördlichen Skandinavien und Finnland häufiger als subsp. *palustris*, nach Süden seltener werdend. Offensichtlich mit engerer ökologischer Amplitude, wird v.a. aus *Sphagnum fuscum*-Mooren angegeben.

Oxycoccus palustris subsp. *microcarpus* wurde aus Baden-Württemberg mehrfach angegeben, zunächst von BERTSCH (1925: 106) aus dem Alpenvorland: 8024/1,3: Brunnholzried bei Waldsee, ca. 570 m, zusammen mit Übergangsformen zu subsp. *palustris*, später mehrfach aus dem Schwarzwald: 7216/4: Wildseemoor bei Kaltenbronn,

OBERDORFER (1956), Belege in KR von DIERSSEN (1984) als subsp. *palustris* revidiert; 8114/2: Eschengrundmoos bei Oberzarten, 1961, SEITTER, SULGER BUEL u. HUBER, vgl. BECHERER (1962).

Nach neueren unveröffentlichten Untersuchungen von K. WENDEROTH und C. DÖHNER sind Vorkommen der subsp. *microcarpus* in Südwestdeutschland bisher nicht nachgewiesen. Pflanzen, die hierher gerechnet wurden, erwiesen sich als Hungerformen der subsp. *palustris*. Nächste sichere Fundstellen der subsp. *microcarpus* sind in den Alpen (Mitt. K. WENDEROTH).

2. Oxycoccus macrocarpus (Ait.) Pers. 1807

Vaccinium macrocarpum Ait. 1789
Großfrüchtige Moosbeere

Morphologie: Wie *Oxycoccus palustris*, unterschieden durch bogig aufsteigende Stengel, Blätter 0,8–1,5 cm lang, 2–2,5mal so lang wie breit, in der Mitte am breitesten, Rand gleichmäßig und wenig umgerollt; Blütenstiele mit 2 oder mehr Vorblättern, diese 3–10 mm lang, blattartig; Frucht im Durchmesser 1–2 cm.

Biologie: Blütezeit Juni.

Ökologie: Ähnlich wie *O. palustris* in Hochmooren, offensichtlich gern an gestörten Stellen (alte Torfstiche).

Vorkommen in Baden-Württemberg: Heimat Nordamerika, im Gebiet angepflanzt und teilweise eingebürgert:

Schwarzwald: 7216/4: Wildseemoor bei Kaltenbronn, im nördlichen Teil 1909 eingepflanzt, doch bereits 1917 erloschen. Vgl. K. MÜLLER (1924: 117). 7217/4: Oberreichenbach, im Bannwald Torfstich, um 1917 eingepflanzt, 1924 von O. FEUCHT und E. FINCKH entdeckt (vgl. FEUCHT 1957). Die Pflanze hat sich hier bis heute auf alten Torfstichflächen gehalten und ist offenbar in Zunahme, vgl. GROSSMANN (1985). – Auch in Nachbargebieten beobachtet und auch hier in Ausbreitung, so in der Schweiz im Roblosenried bei Einsiedeln (HESS, LANDOLT u. HIRZEL 1970).

8. Vaccinium L. 1753

Beersträucher

Zwergsträucher; Fruchtknoten unterständig, Krone weit verwachsen, kugelig bis krugförmig, Staubblätter mit röhrenartigen Fortsätzen, durch die der Blütenstaub entlassen wird.

Die Gattung umfaßt ca. 200 Arten, diese auf der Nordhalbkugel vorkommend, südwärts bis Südost-Asien und bis zu den Anden (Peru, Bolivien). In Europa 5 Arten.

1 Blätter immergrün, ledrig-derb, am Rand schmal umgerollt; Beeren rot . . . . . . 1. *V. vitis-idaea*
– Blätter sommergrün, nicht ledrig-derb, am Rand nicht umgerollt; Beeren blau oder schwarz 2

2 Blattrand gesägt, Blätter ± zugespitzt, grün; junge Äste grün, kantig bis schmal geflügelt . . . .
. . . . 3. *V. myrtillus*
– Blätter ganzrandig, stumpf, blaugrün; junge Äste bald bräunlich, rund . . . . . . 2. *V. uliginosum*

1. Vaccinium vitis-idaea L. 1753

Preiselbeere

Morphologie: Halb- oder Zwergstrauch (Hemiphanerophyt), bis 30 cm hoch, mit unterirdisch kriechenden Trieben, locker verzweigt. Blätter wechselständig, wintergrün, ledrig-derb, oberseits dunkelgrün, glänzend, unterseits blaßgrün, mehr als 2mal so lang wie breit, abgerundet oder an der Spitze leicht eingeschnitten, ganzrandig oder fein gezähnelt, mit nach unten umgeschlagenen Rand (vgl. *Arctostaphylos uva-ursi*); Blattunterseite durch braune Drüsenhaare punktiert erscheinend; Blattstiel ca. 2 mm lang, wie angrenzende Stengelteile zerstreut behaart. Blüten zu mehreren in endständigen Trauben, schwach duftend; Kelch rötlich, häutig, mit 4 etwa 1 mm langen, breit dreieckigen Zipfeln, Krone 5–8 mm lang, kugelig bis zylindrisch, weiß bis hellrosa (bis hell-weinrot), mit 4–5 Kronzipfeln; Staubblätter 8, Staubfäden behaart; Narbe aus der Blüte herausragend. Frucht 5–8 mm im Durchmesser, kugelig, rotglänzend.

Biologie: Blütezeit Juni (bis Juli), Fruchtreife August bis September. Insektenbestäubung (Bienen, Hummeln), Vogelverbreitung.

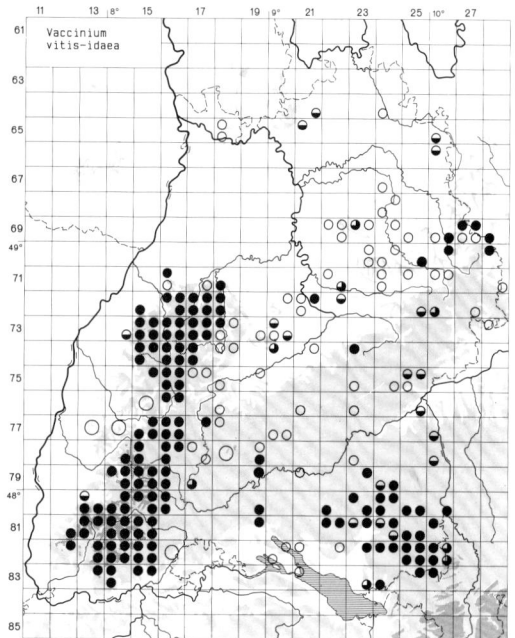

Ökologie: In lockeren, niederwüchsigen Beständen auf lichten bis mäßig beschatteten, mäßig frischen bis mäßig feuchten, kalk- und nährstoffarmen, sauren, meist humosen, sandigen Lehmböden oder Torfböden. V.a. in (lichten) Nadelholzbeständen der Schwarzwaldostseite (Schwerpunkt im Vaccinio-Abietetum), seltener auch in echten Fichtenwäldern (Bazzanio-Piceetum), am Rand von Hochmooren, hier gern in Moorwäldern mit *Pinus sylvestris* oder *P. rotundata*, in Kiefernforsten des Schwäbisch-Fränkischen Waldes, in Zwergstrauchheiden der Hochlagen des Schwarzwaldes (v.a. im Leontodo-Nardetum, hier auch reich fruchtend, seltener auch im Festuco-Genistetum). In tieferen Lagen vereinzelt in eichenreichen Wäldern. – Vegetationsaufnahmen vgl. OBERDORFER (1949/50), BARTSCH (1940), K. MÜLLER (1948), SCHWABE-BRAUN (1980).

Allgemeine Verbreitung: Im Gebiet nur die subsp. *vitis-idaea*, diese in den kühlen und kühl-gemäßigten Teilen Europas und Asiens (bis Ostasien), südwärts bis zu den Pyrenäen, Norditalien und den Gebirgen der Balkanhalbinsel, nordwärts bis Nordnorwegen, in den Alpen bis 2310 m. In Westeuropa selten oder fehlend. – Arktisch-boreal, (schwach) kontinental. In Nordamerika durch eine nah verwandte Sippe ersetzt: *Vaccinium vitis-idaea* subsp. *minus* (Lodd.) Hult.

Verbreitung in Baden-Württemberg: Schwarzwald, Alpenvorland, selten Schwäbisch-Fränkischer Wald, Schwäbische Alb, früher auch Odenwald.

Die tiefsten Fundstellen liegen bei ca. 350–400 m, die höchsten in den Gipfellagen des Feldberges (nahe 1490 m).

Die Pflanze ist einheimisch. Fundortskarte für Baden-Württemberg vgl. EICHLER, GRADMANN u. MEIGEN (1912, Karte 10).

Oberrheingebiet: Rechtsrheinisch nicht beobachtet, jedoch linksrheinisch in den Sandgebieten des Hagenauer Forstes und des Bienwaldes (ob noch?).
Odenwald: Früher mehrfach beobachtet, so um Heidelberg: 6518/1: Schriesheimer Tal, SCHMIDT (1857, „in Menge"), usw.; im hinteren Odenwald um Buchen: 6421/4: Oberneudorf, BRENZINGER (1904); 6521/1: Laudenberg, BRENZINGER (1904), Limbach, EICHLER, GRADMANN u. MEIGEN (1912). Neuere Bestätigungen fehlen.
Schwarzwald: In Höhen oberhalb 600–800 m weit verbreitet. Tiefste Fundstellen im Südschwarzwald: 8013/4: oberhalb Hohbrück im St. Wilhelmer Tal, 620 m; 8014/3: oberhalb des oberen Hirschsprungtunnels, ca. 650 m (Vegetationsaufnahme vgl. K. MÜLLER (1948: 215); 8314/3: südlich Hottingen, ca. 620 m, nach DÖLL (1859) am Schützenhaus bei Freiburg-Littenweiler, ca. 400 m, zuletzt um 1940, OBERDORFER (KR-K). – Im Nordschwarzwald auch an tiefer gelegenen Stellen, auf Granit: 7215/3: Metzenbuckel oberhalb Neuweier, 400 m; 7316/1: östlich For-

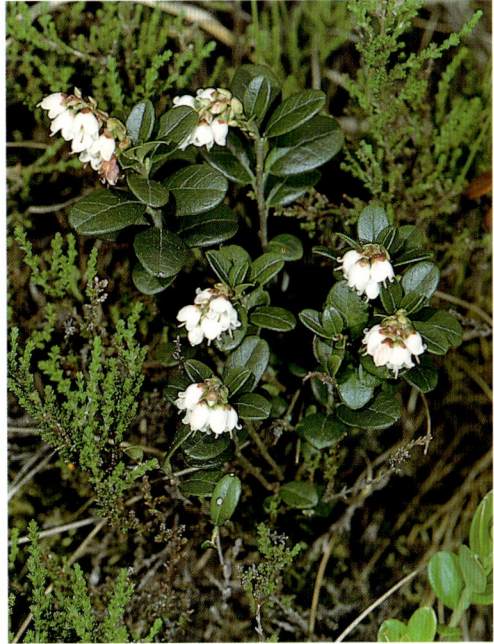

Preiselbeere *(Vaccinium vitis-idaea)*
Fetzachmoos, 1979

bach, 460 m; auf Buntsandstein: 7116/1: Malsch gegen Freiolsheim, 400 m (hier unter Nadelholz). Eine besonders tief gelegene Fundstelle nennt ZIMMERMANN (1929): 7314/4: Bienenbuckel oberhalb Achern, ca. 270–300 m.
Schwäbisch-Fränkischer Wald: Früher vielfach, zuletzt um 1960 von RODI mehrfach im Leingebiet beobachtet, 1967 von SEBALD bei 6923/1: Großerlach. Neuere Beobachtungen liegen nur noch aus dem östlichen Teil vor: 6928/3: Schwedenholz südöstlich Strambach; 6927/2: Buckenweiler; 6927/1: Wäldershub; jeweils kleine Bestände (Daten nach STU-K).
Schwäbische Alb: Auf entkalkten Lehmen der Hochflächen sehr zerstreut, offensichtlich stark zurückgegangen (BERTSCH 1948: 18 Fundorte), jüngere Beobachtungen: 7423/1: Schopflocher Torfgrube, 1939, STETTNER (STU-K), noch nach 1970 vorhanden (STU-K); 7819/4 u. 7919/2: NSG Irndorfer Hardt, 1988 noch reichlich, SEBALD (STU-K).
Alpenvorland: In den Bergkiefern-Moorwäldern zwischen der äußeren und inneren Jungmoräne, vgl. BERTSCH (1918), der hier 83 Fundstellen aufführt.

Bestand und Bedrohung: Die Art ist in vielen Gebieten Baden-Württembergs deutlich zurückgegangen. Sie erscheint in diesen Gebieten als „stark gefährdet", vielleicht sogar schon „vom Aussterben bedroht". Ausgestorben ist die Pflanze im Odenwald. Die Schwarzwald-Vorkommen der Pflanze lassen offensichtlich noch keinen Rückgang erkennen, sollten aber angesichts des starken Rückganges in anderen Gebieten sorgsam kontrolliert werden. –

Ursachen des Rückganges könnten „saurer Regen" (über Schädigung der Mykorrhiza) und Luftschadstoffe sein. Forstliche Maßnahmen oder „Zuwachsen" früher offener Wälder spielen wohl eine geringere Rolle. – Langfristig ist bei der Preiselbeere mit einem weiteren Bestandesrückgang zu rechnen (Tendenz zu „stark gefährdet").

2. Vaccinium uliginosum L. 1753
Moorbeere, Rauschbeere

Morphologie: Halb- oder Zwergstrauch (Hemiphanerophyt), mit unterirdisch kriechenden Trieben, bis 60 (80) cm hoch, ausladend beastet. Blätter wechselständig, sommergrün, bis 2 cm lang und über 1 cm breit, eiförmig, stumpf, an der Spitze gelegentlich eingeschnitten, ganzrandig, z.T. mit Knorpelrand, kahl, oberseits bläulichgrün, unterseits graugrün, kurz gestielt. Blüten zu 2–3, traubig, am Ende seitenständiger Triebe; Blütenstiele 3–10 mm lang, länger als die Blüte, Blüten weiß bis rötlich, hängend; Kelch mit 4–5 stumpf dreieckigen Zipfeln; Krone länglich-eiförmig, 4–6 mm lang; Staubfäden kahl. Frucht 6–8 mm groß, blau, weißlich bereift, süß schmeckend (mit leicht bitterem Geschmack).

Biologie: Blütezeit Mai, Insekten- und Selbstbestäubung; Vogelverbreitung; Fruchtreife Anfang August.

Ökologie: In oft dicht schließenden Herden an lichtreichen bis beschatteten, feuchten (bis frischen), kalk- und nährstoffarmen, sauren, humosen Böden, v.a. in Randwäldern der Moore (Vaccinio uliginosi-Mugetum, auch zusammen mit *Pinus sylvestris* und *Betula pubescens* subsp. *carpatica* (Vaccinio-Pinetum, Vaccinio-Betuletum) oder ohne Bäume in besonderen Stadien, zusammen mit *Vaccinium vitis-idaea*, *Eriophorum vaginatum* oder *Sphagnum magellanicum*. Vegetationsaufnahmen aus Mooren vgl. z.B. DIERSSEN (1984), GÖRS (1968). In Lagen oberhalb 1350 m auch in lange schneebedeckten Zwergstrauchheiden (Leontodo-Nardetum, besondere Kleinart?). Im mittleren Schwarzwald um Schonach (neben Vorkommen in Mooren) regelmäßig in Borstgrasrasen in Umgebung der Findlinge (Mitt. HÖLZER) oder an Wegböschungen.

Allgemeine Verbreitung: Nord- und Mitteleuropa (bis Nordnorwegen), nördliche Teile Asiens und Nordamerikas, in den Alpen bis 2420 m. – Arktisch-boreal, zirkumpolar.

Verbreitung in Baden-Württemberg: Schwarzwald, Alpenvorland, Baar, selten auch Schwäbische Alb, früher Schwäbisch-Fränkischer Wald.

Tiefste Fundstellen ca. 500 m (Schwarzwald: 8414/1: Oberhof), in der benachbarten pfälzischen Rheinebene noch bei ca. 120 m, so 6915/3; höchste am Feldberg, nahe 1450 m.

Die Art ist einheimisch. Ältester Nachweis: Älteste Dryas-Zeit (Schleinsee, LANG 1952). – Der erste schriftliche Hinweis findet sich bei J. BAUHIN et al. (1650: 1: 518–519): „in montibus inter Nagel et Thermos III. Marchionum Badensium" (7418–7515).

Schwarzwald: In den Mooren der mittleren und oberen Lagen weit verbreitet; Verbreitungskarte vgl. DIERSSEN (1984: 302), vgl. auch die älteren Angaben von EICHLER, GRADMANN u. MEIGEN (1907): Verbreitungsschwerpunkt im Hotzenwald, hier tiefste Fundstellen bei Oberhof (8414/1), ca. 500 m. – Im mittleren Schwarzwald v.a. im Gebiet um Schonach; zwischen Neustadt und Hammereisenbach; 8015/3, 4: um Friedenweiler und Hammereisenbach-Bregenbach z.T. reichlich an Straßenböschungen, weiter an ähnlichen Stellen 7915/4: südlich Vöhrenbach, an naturnahen Stellen in angrenzenden Wäldern jedoch fehlend, (1989, KR-K, Punkte fehlen z.T. der Karte). Isolierte Vorkommen: 7715/4: oberes Sulzbachtal bei Schramberg; 7716/4: Feurenmoos südöstlich Schramberg. – Im nördlichen Schwarzwald tiefste Fundstellen bei Oberreichenbach (Würzbacher Moor) und Igelsberg (7217/4, ca. 665 m).

Schwäbisch-Fränkischer Wald: 7028/1: Tannhausen (ca. 550 m), seit langem erloschen.

Baar: 7917/3: Schwenninger Moos; 7916/3: Plattenmoos bei Tannheim; 8017/3: Hüfinger Ried (Wuhrholz); Pfohren (Birkenried), 1989 (KR-K); früher auch bei Überauchen (7916/4).

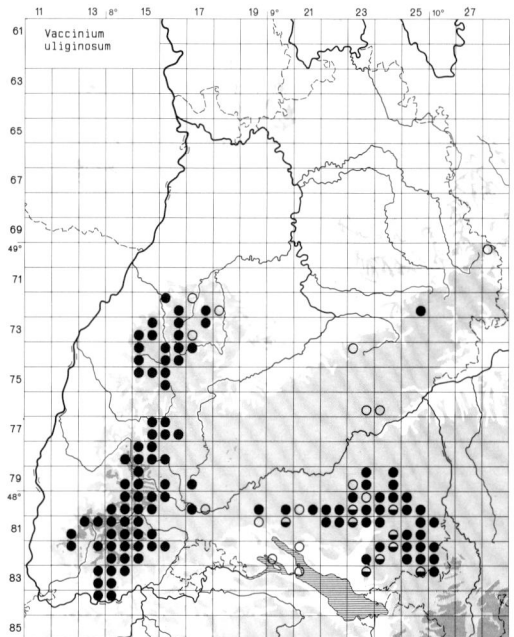

Rauschbeere *(Vaccinium uliginosum)*
Wurzacher Ried, 1984

Schwäbische Alb: 7225/4: Böhmenkirch; 7423/1: Schopfloch (erloschen).

Alpenvorland: Moorgebiete zwischen äußerer und innerer Jungmoräne, vgl. BERTSCH (1918), der hier 79 Fundstellen aufführt. Im westlichen Bodenseegebiet erloschen (vgl. LANG 1973: 161).

Bestand und Bedrohung: *V. uliginosum* ist in Baden-Württemberg (schwach) gefährdet (Gefährdungsstufe 3). Die Pflanze kann zunächst bei Abholzen von Wäldern oder Trockenfallen (infolge Torfstecherei) zunehmen; bei Intensivierung der Nutzung (Umwandlung in Feuchtwiesen) oder Aufforstungen mit Fichten verschwindet sie. Verjüngung durch Sämlinge und Fernverbreitung durch Früchte gehen offensichtlich recht schleppend vor sich. So zeigt *V. uliginosum* insgesamt ein „konservatives" Reliktverhalten. – Ein Rückgang der Pflanze ist v.a. in den Randgebieten des Vorkommens zu beobachten (v.a. Baar und Bodenseegebiet), wo kleine Moore einem besonders starken Druck menschlicher Nutzung ausgesetzt waren; im Südschwarzwald, teilweise auch in den Hochlagen des Nordschwarzwaldes ist ein Rückgang oder auch eine Gefährdung kaum zu erkennen.

Variabilität: Aus Zwergstrauchbeständen in subalpiner Lage (Leontodo-Nardetum mit langer Schneebedeckung) wird die subsp. *pubescens* (Worms.) Young (syn. *Vaccinium gaultherioides* Bigelow) genannt (vgl. OBERDORFER 1983: Belchen). Diese Sippe unterscheidet sich von typischer *V. uliginosum* durch einzeln stehende Blüten und kurze (1–3 mm lange) Blütenstiele, weiter durch kleinere (unter 1 cm breite) Blätter. Die Chromosomenzahl wird mit 2n = 24 angegeben (bei subsp. *uliginosum* 2n = 48). Bereits HESS et al. (1970) vermuteten diese Sippe, die in den Alpen weit verbreitet ist, in den Vogesen und im Schwarzwald. Eine genaue zytologische Klärung der Sippen in den Hochlagen des Schwarzwaldes und der Hochvogesen steht noch aus. Zu dieser subsp. *pubescens* könnten neben Pflanzen am Belchen (8112/4) auch solche an der Zastler Wand am Feldberg (8114/1) gehören.

3. Vaccinium myrtillus L. 1753
Heidelbeere

Morphologie: Halb- oder Zwergstrauch (Hemiphanerophyt), bis 60 cm hoch, mit unterirdisch kriechenden Trieben, reich verzweigt mit aufrechten Ästen, (junge) Äste kantig bis schmal geflügelt, grün. Blätter sommergrün (z.T. in milden Wintern überdauernd), wechselständig, eiförmig, bis 2–2,5 cm lang, jüngere am Grunde ± abgerundet, ältere schwach zugespitzt, ganz kurz gestielt, Rand

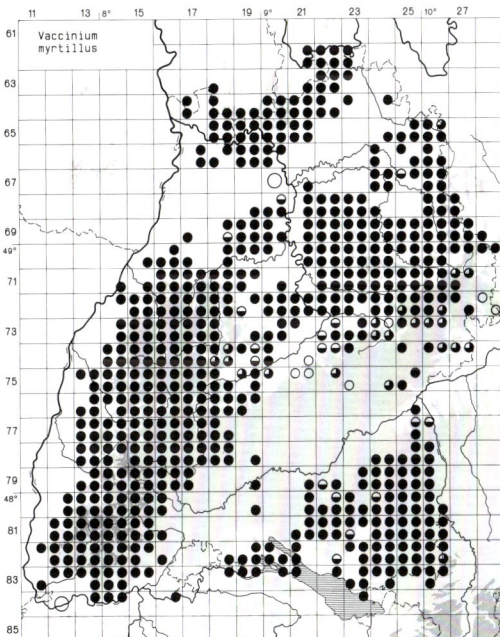

Heidelbeere *(Vaccinium myrtillus)*

fein gesägt, Zähne oft mit Drüsen. Blüten einzeln in den Blattachseln; Blütenstiel ca. 4 mm lang, Blüten herabgebogen, (grünlich bis) blaßrosa; Kelch mit der Krone verwachsen, einen schmalen Saum bildend. Krone kugelig, 3,5–5 mm lang, 4–5zipfelig; Staubblätter 8 oder 10, Staubfäden kahl. Frucht eine blauschwarze Beere, 5–8 mm im Durchmesser.

Biologie: Insekten- und Selbstbestäubung; Vogelverbreitung. Die Art kann sich vegetativ über unterirdische Triebe rasch ausbreiten, wurzelt bis 1 m tief und ist frostempfindlich. – Blütezeit in Tieflagen (unter 400 m) Ende April bis Anfang Mai, in Hochlagen des Südschwarzwaldes Ende Mai bis Mitte Juni. – Fruchtreife in Tieflagen Ende Juni (hier oft steril bleibend oder nur kleine Beeren entwickelnd), in mittleren Lagen Juli, in Hochlagen (oberhalb 1200 m) August (bis September).

Ökologie: An lichten bis beschatteten, (mäßig) frischen bis feuchten, sandigen bis lehmigen, oft humosen, kalk- und nährstoffarmen, sauren Böden. In Laubwäldern (Luzulo-Fagetum, Luzulo-Quercetum) vereinzelt, meist kümmerlich entwickelt, hier gern an schuttreichen oder flachgründigen Stellen, häufiger in natürlichen wie künstlich begründeten Nadelholzbeständen, hier v.a. im Vaccinio-Abietetum, weniger im Bazzanio-Piceetum. Verbreitungsschwerpunkt in den Weidfeldern des Hochschwarzwaldes, z.B. in der Pyrenäenlöwenzahn-Gesellschaft (Leontodo-Nardetum), weniger in der Flügelginster-Heide (Festuco-Genistetum), insgesamt zu trockene, nur kurz schneebedeckte wie auch zu lange schneebedeckte Stellen meidend. Begleitpflanzen sind hier z.B. *Avenella flexuosa, Nardus stricta, Vaccinium vitis-idaea, Calluna vulgaris* usw. – In zahlreichen Vegetationsaufnahmen gerade aus den Hochlagen des Schwarzwaldes enthalten, so z.B. BARTSCH (1940), K. MÜLLER (1948), E. OBERDORFER (1957) oder SCHWABE-BRAUN (1980). Verbreitungskarte für die Gipfellagen des Feldberges: K. MÜLLER (1948: 299).

Allgemeine Verbreitung: Mittel- und Nordeuropa (bis Nordnorwegen), in Südeuropa nur in den Gebirgen, Asien ostwärts bis zur Mündung des Jenissei. Nordalpen bis 2350 m, in den Inneralpen bis über 2800 m. – Arktisch-boreal-temperat.

Verbreitung in Baden-Württemberg: In kalkarmen Gebieten häufig, v.a. Schwarzwald, Odenwald, Schwäbisch-Fränkischer Wald, Stromberg, Schönbuch, Alpenvorland, auch in trocken-warmen Gebieten wie den Hardtplatten der nördlichen Oberrheinebene. In den Kalkgebieten wie Schwäbische Alb, Bauland, Taubergebiet oder Kraichgau weitgehend fehlend. – Höchste Fundstellen: Feldberg, nahe 1490 m, tiefste Fundstellen nördlich Mannheim, ca. 95 m.

Die Pflanze ist alt-einheimisch. Vorkommen in tiefen Lagen des Schwarzwaldes oder Odenwaldes sowie in der Rheinebene könnten erst unter menschlichem Einfluß entstanden sein (Nadelholzanbau, Streunutzung).

Älteste Angabe: BOCK 1577, S. 343: „vast vil bey einander inn den hohen Wälden, im Schwartzwald, Odenwald".

Bestand und Bedrohung: Die Pflanze ist nicht gefährdet. Durch Ausweitung des Nadelholzanbaues hat sie zugenommen.

Empetraceae
Krähenbeerengewächse
Bearbeiter: G. PHILIPPI

Niedere Sträucher mit immergrünen, nadelartigen Blättern, ohne Nebenblätter; Kronblätter frei, zu 3, 4 oder 6; Staubblätter 2, 3 oder 4, Staubbeutel der Länge nach aufreißend; Fruchtknoten oberständig; kugelige, beerenartige Steinfrucht.

Drei Gattungen (mit 9 Arten), davon 2 in Europa. V.a. auf der Nordhalbkugel verbreitet (gemäßigte und kühle Zonen).

1. Empetrum L. 1753

Krähenbeere

Gattung mit 6 Arten auf der Nordhalbkugel, davon eine im Gebiet. Auf der Südhalbkugel eine Art: *E. rubrum*.

1. Empetrum nigrum L. 1753 (s.l.)

Schwarze Krähenbeere

Morphologie: Hemiphanerophyt (Zwergstrauch) mit Mykorrhiza, weit kriechender Grundachse und aufrechten Trieben, diese bis 20–30 cm hoch, ältere rotbraun bis braun. Blätter sparrig, wintergrün, wechselständig, eilänglich bis nadelartig, 4–5 mm lang und 1–2 mm breit, eingerollt, so daß auf der Blattunterseite eine Längsfurche entsteht, kurz gestielt; Blattstiel wie junge Triebe dicht drüsig-flaumig, Blattrand zerstreut behaart. Blüten einzeln in den Blattachseln, zweihäusig oder zwittrig (vgl. die Unterarten), Kelch und Krone (2–)3teilig; Kelch blaßgrün; Krone 2–3 mm lang, doppelt so lang wie der Kelch, rot bis rosa. Fruchtknoten oberständig, 6–9fächrig, mit gelapptem Narbenstrahl, Frucht eine schwarze Beere, 6–8 mm groß, mit 6–9 Samen.

Biologie: Blütezeit 1. Maihälfte; Insekten- und Windbestäubung. Beeren werden im Gebiet nur selten beobachtet. Verbreitung der Samen durch Vögel, vegetative Vermehrung durch unterirdische Kriechsprosse.

Allgemeine Verbreitung: Nordhalbkugel, in Europa von Nord- und Mitteleuropa südwärts bis zu den Pyrenäen, dem mittleren Teil des Apennins und bis Bulgarien, Alpen bis 2800 m (Berner Oberland), in den Nordalpen bis 2200 m. In Deutschland in den Mittelgebirgen (Rhön, Eifel, Harz, Thüringer Wald, Bayerischer Wald), in den Alpen und an der Norddeutschen Küste (bis Ostsee-Gebiet).

Variabilität: Im Gebiet vermutlich zwei Sippen, die in erster Linie durch unterschiedliche Chromosomenzahl zu trennen sind, weiter auch durch unterschiedliche Blüten (zwittrig oder eingeschlechtig). Offensichtlich unterscheiden sich beide Sippen auch in der Ökologie. Eine zytologische Nachprüfung steht noch aus, die morphologischen Merkmale sind nicht ausreichend.

1 Chromosomenzahl 2n = 26; Blüten eingeschlechtig, Beeren daher selten (oder bei kleinen Populationen fehlend); Blattränder parallel, Blätter ± gleichmäßig breit, Furche der Blattunterseite schmaler als 0,1 mm; Größe der Pollen 22–34 µm
                  a) subsp. *nigrum*

– Chromosomenzahl 2n = 52; Blüten zwittrig, Beeren ± regelmäßig vorhanden; Blattränder nicht parallel, Blätter in der Mitte deutlich am breitesten, Furche auf der Blattunterseite 0,1–0,2 mm breit; Pollengröße 34–47 µm . . . .
          b) subsp. *hermaphroditum*

Die Geschlechtsverteilung läßt sich auch noch an fruchtenden Exemplaren erkennen: die Reste der Staubblätter halten sich lange.

a) subsp. nigrum

Hierher werden die Pflanzen der Moore gerechnet, ohne daß bisher eine zytologische Überprüfung erfolgte. Auch die Pflanzen der Nordvogesen (Champ du Feu) sind zweihäusig und werden der subsp. *nigrum* zugerechnet (JAEGER 1961).

Ökologie: In lockeren Herden an lichten bis schwach beschatteten, feuchten, kalkarmen, sauren, humosen Stellen, gegen Beschattung empfindlich. In Hochmoorgesellschaften, gern zusammen mit *Sphagnum fuscum* im Sphagnetum magellanici, in Abbaustadien des Sphagnetum magellanici mit *Vaccinium uliginosum*, seltener im Trichophoretum caespitosi oder in lichten Spirkenfilzen (Pino-Sphagnetum). Vegetationsaufnahmen vgl. OBERDORFER (1938), BARTSCH (1940), HÖLZER (1977), DIERSSEN (1984).

Allgemeine Verbreitung: Nordeuropa, Mitteleuropa an den Küsten, in den Mittelgebirgen südwärts bis Rhön, Schwarzwald, Vogesen und Bayerischer Wald, den Alpen fehlend.

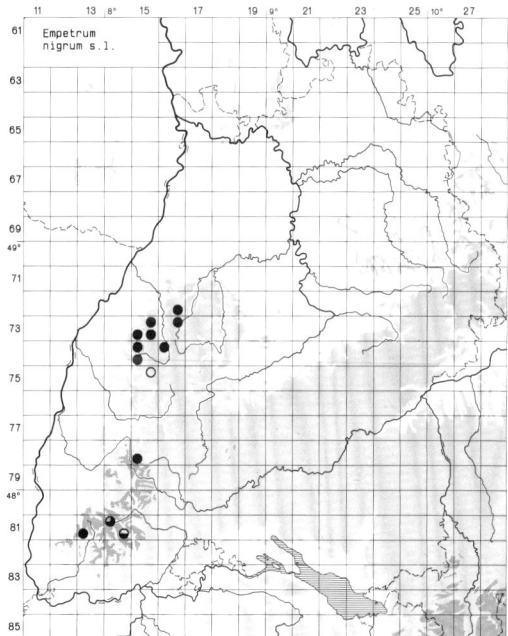

365

Schwarze Krähenbeere *(Empetrum nigrum)*
Hornsee/Nordschwarzwald

Verbreitung in Baden-Württemberg: V.a. in den Mooren des nördlichen Schwarzwaldes, seltener im mittleren Schwarzwald, früher auch im südlichen Schwarzwald (ob diese Unterart?). Die Fundstellen liegen meist in Höhen zwischen 900 und 1150 m (Hornisgrinde); die tiefste Fundstelle ist am Huzenbacher See (750 m). Verbreitungskarte für den Schwarzwald: DIERSSEN (1984: 279).

Die Art ist einheimisch. Älteste Nachweise: Pollentetraden aus der Alleröd-Zeit im Erlenbruchmoor bei Hinterzarten sowie der Jüngeren Dryas-Zeit im Dreherhofmoor bei Hinterzarten (LANG 1952, ob jedoch diese Unterart?).

Erste Erwähnung von *Empetrum nigrum* s.l.: KERNER (1787: 89): Schwarzwald, ROTH VON SCHRECKENSTEIN (1798: 122): „auf den höchsten Felsen des Hohenblauen" (Verwechslung von Belchen mit Blauen? Vorkommen am Blauen unwahrscheinlich!), (1799: 49): „Auf dem Schwarzwalde, wo der Auerhahn (*Tetrao urogallus* Linné) wohnt, in dessen Kropf man sie antrifft."

Nordschwarzwald: In den Mooren an zahlreichen Stellen, seltener in den Missenflächen, hier nur kleinere Bestände, seit Anfang des letzten Jahrhunderts durch GMELIN, A. BRAUN oder FRANK beobachtet: 7216/4: um Kaltenbronn

im Hohloh- und Wildseemoor reichlich, weiter auch in kleineren Mooren der Umgebung wie Öllachen und Breitlohmiß (7316/2); 7315/2: Badener Höhe, A. BRAUN, erloschen; Herrenwieser See; 7315/3: Hochkopf, Großes Muhr, Hornisgrindeplateau sowie Moore des Biberkessels; 7315/4: zwischen Schurmsee und Blinder See, W. ZIMMERMANN (1929); sowie an Missenflächen des Vorderen Langecks (1987, KR-K); Hoher Ochsenkopf, weiter Missenflächen zwischen Ochsenkopf und Nägeleskopf (STADELMAIER, KR-K), im ehem. See östlich des Hohen Ochsenkopfes, OBERDORFER (1938: „ganz prächtige *Empetrum nigrum*-Bestände"), 1988 noch auf wenigen m^2 Fläche (KR-K); 7415/1 (?): Mummelsee, DÖLL (1859), erloschen; 7415/1: Seekopf, FRANK (1830), ob noch?, Seemisse am Seekopf, HÖLZER (KR-K), Vogelskopf, DIERSSEN (1984); 7415/3: Buhlbachsee; 7416/1: Huzenbacher See; 7515/2: Kniebis an der Alexanderschanze (ob noch?), weiter Steinmäuerle (westlich Röt), v. MARTENS u. KEMMLER (ob noch?).

Mittlerer Schwarzwald: 7815/3: Blindensee-Moor bei Schonach, an zwei ca. 50 × 50 m^2 großen Flächen unter *Pinus rotundata*, HÖLZER (1977, KR-K).

Südschwarzwald: Alte Angabe: 8114/1: Feldseemoor, GMELIN, bereits von SPENNER nicht mehr bestätigt (1826: 451: frustra semper quaesitum), später 8114/4: im Schluchsee-Moor (Wolfsgrund) beobachtet, nach 1930 durch Einstau vernichtet. Pflanzen wurden in das Rotmeer bei Bärental versetzt, sind offensichtlich nicht angegangen. Eine weitere (etwas fragliche) Fundmeldung liegt vom Titiseemoor (KLEIN in SCHLATTERER 1920) vor.

Bestand und Bedrohung: Die Vorkommen in Baden-Württemberg sind in der Regel nicht gefährdet, v.a. die auf den offenen Moorflächen nicht. Ein Rückgang der Pflanze ist dagegen an den Missenstandorten der Hochflächen anzunehmen. Die vielfach aufkommenden Fichten bringen eine starke Beschattung, die von *Empetrum nigrum* nicht ertragen werden kann. Die Pflanze kann sich an diesen Stellen, wo sie oft nur in kleinen Populationen vorkommt, nur dann halten, wenn durch geeignete Pflegemaßnahmen offene Stellen erhalten werden. – Vermutlich ist der Rückgang oder das Verschwinden an einigen Fundstellen wie der Badener Höhe auf das Zuwachsen zurückzuführen. – Gefährdungsstufe: potentiell gefährdet, örtlich gefährdet.

b) subsp. **hermaphroditum**
(Hagerup) Böcher 1952
E. hermaphroditum Hagerup 1927

Ökologie: In lockeren Teppichen an lichten bis schwach beschatteten, frischen, kalkarmen, sauren, humosen Stellen, auf Felsköpfen (in Nordeuropa auch in Mooren), zusammen mit *Vaccinium myrtillus, Calluna vulgaris* und Moosen, Kennart des Vaccinio-Empetretum. Vegetationsaufnahmen vgl. BARTSCH (1940), OBERDORFER (1957), PHILIPPI (1989).

Allgemeine Verbreitung: Nordeuropa, Alpen, in den Mittelgebirgen im Schwarzwald (auch Vogesen?).

Verbreitung in Baden-Württemberg: Zu dieser Sippe werden die Vorkommen auf der Nordseite des Belchens (ca. 1390–1400 m) gerechnet. Das Vorkommen wurde bereits um 1800 von VULPIUS (pater) entdeckt. BARTSCH (1940) vermutete erstmals die subsp. *hermaphroditum*; dieser Verdacht wurde später von OBERDORFER (1956) und LUDWIG (1968) erhärtet (die Pflanzen sind zwittrig), wenn auch der zytologische Beweis noch aussteht. Vermutlich gehörten auch die Pflanzen der Zastler Wand am Feldberg (ca. 1350 m) hierher; das Vorkommen konnte nach 1950 nicht mehr bestätigt werden und ist wohl bei einem Felsabbruch zerstört worden. – Eine weitere Beobachtung aus dem Feldberggebiet vom Seebuckabsturz (ca. 1400 m) geht auf eine unveröffentlichte Entdeckung von E. LITZELMANN zurück; das (recht spärliche) Vorkommen konnte zuletzt von KORNECK um 1968 (KR-K) bestätigt werden (vgl. auch DIERSSEN 1984: 208).

Auch Vorkommen an den Felsen der Hochvogesen (z. B. am Tanneck-Fels) könnten zu dieser Unterart gehören.

Bestand und Bedrohung: Die Felsvorkommen im Schwarzwald sind alle mehr oder weniger gefährdet. Einmal handelt es sich um sehr kleine Bestände (am Belchen nur an vier Felsen); zum anderen scheinen diese zurückgegangen zu sein, wie aus einem Vergleich mit den alten Vegetationsaufnahmen von BARTSCH zu entnehmen ist. Die Ursachen sind nicht bekannt. Gefährdungsstufe 2: stark gefährdet (Tendenz zu Stufe 1: vom Aussterben bedroht?).

Pyrolaceae
Wintergrüngewächse
Bearbeiter: G. PHILIPPI

Blüten 4- bis 5zählig, Kronblätter frei oder verwachsen; Staubblätter 8–10, in 2 Kreisen, obdiplostemon, reife Staubblätter an der Spitze mit runden Öffnungen (Gipfelporen) oder mit einer durchgehenden Querklappe; Frucht eine Beere oder Kapsel. Mykotrophe Lebensweise.

Die mykotrophe Lebensweise könnte Ursache für den Rückgang zahlreicher Pyroleen in Südwestdeutschland sein (Schädigung der Pilz-Partner durch Stickstoff-Eintrag oder/und saure Niederschläge). Besonders betroffen ist von diesem Rückgang *Chimaphila umbellata*. Das weitgehende Verschwinden dieser Art kam überraschend schnell. Deshalb sollten die Bestände der Pyrolaceae im Ge-

biet sorgsam verfolgt werden. – Bei diesem Rückgang könnte auch die fehlende Streunutzung eine Rolle spielen: moosreiche Stadien, wie sie für durch Streunutzung geschädigte Bestände kennzeichnend sind, weichen mehr und mehr gras- und krautreichen, die den Pyrolaceae weniger zusagen.

1 Pflanze bleich, ohne Blattgrün; Krone der Endblüte 5zählig, der Seitenblüten 4zählig . . . . .
                      5. *Monotropa*
– Pflanze wintergrün; Krone immer 5zählig 2
2 Blätter 2–4mal so lang wie breit, im frischen Zustand oberseits lebhaft glänzend, am Rand scharf gesägt . . . . 4. *Chimaphila*
– Blätter höchstens 2mal so lang wie breit, oberseits höchstens schwach glänzend, ganzrandig bis schwach kerbig gesägt 3
3 Pflanze mit einer großen Blüte; Fruchtkapsel aufrecht . . . . 3. *Moneses*
– Pflanze mehrblütig; Kapsel nickend 4
4 Traube einseitswendig; Blätter eiförmig, spitz . . .
                      2. *Orthilia*
– Traube allseitswendig; Blätter rundlich, stumpf . .
                      1. *Pyrola*

1. **Pyrola** L. 1753
Wintergrün

Pflanze mit wintergrünen Blättern; Krone fünfzählig; Staubblätter an der Spitze mit runden Poren (Gipfelporen), Pollen in Tetraden. – Gattung mit ca. 40 Arten, v. a. auf der Nordhalbkugel vorkommend.

1 Griffel kürzer oder höchstens so lang wie der Fruchtknoten, die kugelig zusammenschließenden Kronblätter nicht überragend, unterhalb der Narbe nicht verdickt . . . . 1. *P. minor*
– Griffel länger als der Fruchtknoten, die Kronblätter deutlich überragend, unterhalb der Narbe verdickt 2
2 Griffel gerade oder kaum gekrümmt; Krone kugelig, ± geschlossen . . . . [*P. media*]
– Griffel S-förmig gebogen; Krone glockig 3
3 Kelchzipfel lanzettlich, zugespitzt; Griffel deutlich länger als die weißliche (selten rötliche) Krone; Stengel stumpfkantig, am Grund meist grün
                    3. *P. rotundifolia*
– Kelchzipfel eiförmig, kurz zugespitzt; Griffel so lang wie die grünlichweiße Krone; Stengel am Grund scharfkantig, meist rot . . 2. *P. chlorantha*

1. **Pyrola minor** L. 1753
Kleines Wintergrün

Morphologie: Wintergrüner Chamaephyt bzw. Hemikryptophyt, Rhizom dünn, meist nicht verzweigt. Blätter dunkelgrün, am Grund des Stengels rosettig gehäuft, Blattspreite breit oval bis rundlich, 3–5 cm im Durchmesser, am Rand fein kerbig ge-

Kleines Wintergrün *(Pyrola minor)*
Mattesmühle, 1972

Allgemeine Verbreitung: Nordhalbkugel: Europa, Asien, Nordamerika. In Europa von Nordeuropa bis in das Mittelmeergebiet, hier v.a. in den Gebirgen, Schwerpunkt in Nordeuropa, in den Bayerischen Alpen bis 2120 m, in den Zentral- und Südalpen bis 2700 m. – Boreal-(temperat).

Verbreitung in Baden-Württemberg: Im ganzen Gebiet vereinzelt, ohne daß besondere Vorkommensschwerpunkte erkennbar sind. Etwas häufiger im Schwarzwald, im Odenwald und im Schwäbisch-Fränkischen Wald (kalkarme Gebiete). Schwäbische Alb v.a. im Bereich der Decklehme, Schwerpunkt auf der Ostalb (meiste Vorkommen bedürfen einer Bestätigung), Alpenvorland selten, etwas häufiger im westlichen Bodenseegebiet. Auch in trocken-warmen Gebieten wie der nördlichen Oberrheinebene oder dem Kaiserstuhl. Da die Pflanze oft in kleinen bis sehr kleinen Populationen auftritt, wurde sie sicher oft übersehen bzw. nicht erfaßt.

Tiefste Fundstellen in der Rheinebene (ca. 120 m), höchste im Feldberggebiet (Bärental), ca. 1000 m.

Die Art ist im Gebiet urwüchsig. Der erste Hinweis findet sich bei J. BAUHIN (1598: 192): Umgebung von Bad Boll (7323).

Bestand und Bedrohung: Insgesamt wohl zurückgehend und gefährdet. Die aktuelle Gefährdung läßt sich schwer abschätzen, da die Pflanze immer nur in kleinen Populationen vorkommt. Offensichtlich sind die Vorkommen nicht dauerhaft: an der einen

sägt, Blattstiel 2–3 (4) cm lang. Blütenstand mit 5–15 (20) Blüten, diese allseitig, nickend; Blüten kugelig, fast geschlossen, etwa 6 mm im Durchmesser; Kelchblätter eiförmig-dreieckig, der Krone angedrückt; Kronblätter 3–5 mm lang, weiß oder rosa; Griffel gerade, kürzer oder höchstens so lang wie der Fruchtknoten, die Kronblätter nicht überragend, unterhalb der Narbe nicht verdickt.

Biologie: Blütezeit 2. Maihälfte bis Juni. Meist Selbstbestäubung.

Ökologie: In lockeren Herden oder kleinen Trupps an leicht beschatteten bis schattigen, frischen bis mäßig frischen, kalkarmen, sauren, doch basenreichen, modrig-humosen Stellen, auf Lehm wie auf Sand. Im Gebiet v.a. in bodensauren Hainsimsen-Buchenwäldern (Luzulo-Fagetum), hier an frischen Nordhängen, oft auch an laubarmen Böschungen, in Birkenbrüchern (Betuletum pubescentis), in Nadelholz-Forsten unter Kiefer und Fichte, selten auch in natürlichen Fichtenwaldgesellschaften (z.B. Galio-Abietetum). – Nur sehr vereinzelt in Vegetationsaufnahmen enthalten, so OBERDORFER (1952, Tab. 3, Kraichgau, 1949, Baar), HAUFF (1965, Schwäbische Alb), PHILIPPI (1983: 53, Taubergebiet).

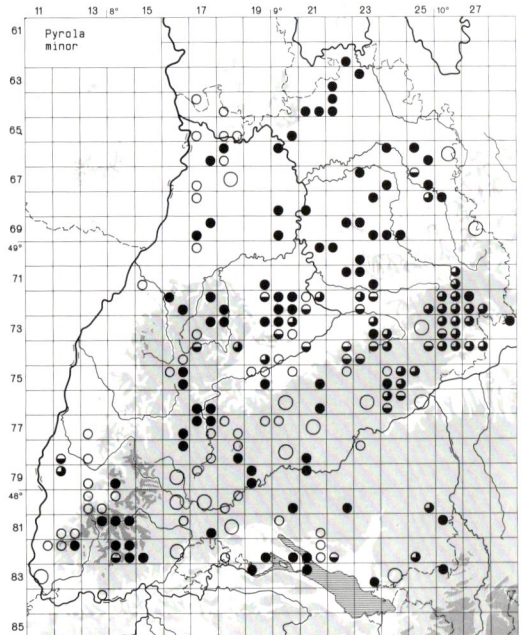

Stelle erlischt eine Population, an anderen Stellen entsteht eine neue. Langfristig ist bei *Pyrola minor* ein stärkerer Rückgang zu erwarten (Tendenz zu „stark gefährdet").

Pyrola media Sw. 1804
Mittleres Wintergrün

Nahe verwandt mit *P. minor*, unterschieden durch den schief eingefügten, nach oben verdickten Griffel, der länger als die Krone ist, sowie durch abstehende Kelchzipfel.

Im Gebiet nicht nachgewiesen, doch in der östlichen Alb südlich Neresheim wenige km von der Landesgrenze beobachtet: 7328/2: Demmingen, vgl. BERTSCH (1948: 331). Nächste Fundstellen auf der schwäbisch-bayerischen Hochebene (Dillingen, Augsburg), linksrheinisch in den Vogesen (Eichenwälder um Gebweiler, bis auf den Großen Belchen, 1350 m, hier auch heute noch vorhanden) und im Pfälzer Wald (Kaiserslautern); Vorkommen auf sauren Böden in Nadelwäldern. Im Gebiet die Westgrenze der Verbreitung erreichend; Hauptvorkommen in Mittel- und Nordeuropa, im westlichen Mitteleuropa selten oder fehlend.

2. Pyrola chlorantha Sw. 1810
Pyrola virens Schweigg.
Grünblütiges Wintergrün, Grünliches W.

Morphologie: Wintergrüner Chamaephyt bzw. Hemikryptophyt mit kriechendem, dünnem Rhizom; Stengel scharfkantig; Pflanzen 10–30 cm hoch. Blätter rosettig, dunkelgrün, rundlich, bis 2–3 cm im Durchmesser, an der Spitze gestutzt bzw. leicht

Grünblütiges Wintergrün *(Pyrola chlorantha)* Ringingen, 1979

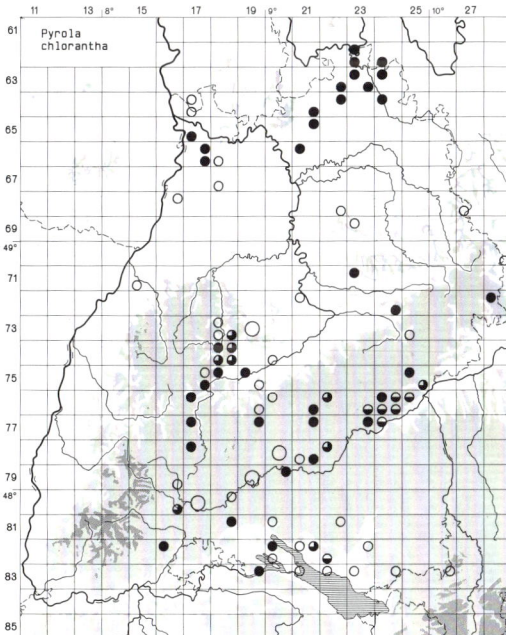

ausgerandet, fast ganzrandig, Blattstiel bis 4 cm lang. Blütenstand locker, bis 5 cm lang, mit 4–12 Blüten; Blüten glockig, grünlichweiß bis hellgrün; Kelchblätter kurz dreieckig, breiter als lang, kürzer als die Kronblätter, anliegend; Kronblätter 6–8 mm lang; Griffel schräg abwärts gebogen, die Krone überragend.

Biologie: Blütezeit 2. Maihälfte bis Mitte Juni. Meist Selbstbestäubung.

Ökologie: In lockeren Gruppen an schattigen bis halbschattigen, frischen bis mäßig trockenen, basenreichen, meist kalkhaltigen, neutralen bis schwach sauren Stellen, auf Sand wie auf Lehm. Regelmäßig unter Nadelholz (v.a. Kiefer und Fichte, seltener unter Tanne), zusammen mit *Orthilia secunda* und *Moneses uniflora*, kennzeichnend für Kalk-Kiefernwälder (Pyrolo-Pinetum), gern in Nadelholz-Aufforstungen früherer Schafweiden über Dolomit und Zementmergel. – Vegetationsaufnahmen vgl. HAUFF (1965, Schwäbische Alb), PHILIPPI (1970, 1972, Rheinebene, synth. Listen, 1983: 122, Taubergebiet).

Allgemeine Verbreitung: Nordhalbkugel: Europa, Asien, Nordamerika. In Europa v.a. im boreal-kontinentalen Bereich (Ostseegebiete, Finnland), nördlich des Polarkreises und im küstennahen Bereich Norwegens selten, südwärts bis Mittelspanien und Zentralfrankreich, Mittelitalien und Balkan, in den Alpen bis 1300 m. Im Gebiet etwa die Westgrenze der Verbreitung erreichend (Elsaß nur im Jura sowie an einer Stelle der Rheinebene). – Nordisch-kontinental.

Verbreitung in Baden-Württemberg: Taubergebiet, Schwäbische Alb bis Baar, Oberrheinebene (Sandgebiete). Tief gelegene Fundstellen im Oberrheingebiet, ca. 110 m, hoch gelegene in der Baar, ca. 800 m, Schwäbische Alb, ca. 780 m.

Die Pflanze könnte im Gebiet urwüchsig sein. Natürliche Vorkommen in natürlichen Waldgesellschaften sind z.B. in der Baar (im Pyrolo-Abietetum) anzunehmen, vielleicht auch in Reliktkiefernwäldern an Mergelsteilhängen der Schwäbischen Alb. In den meisten Gebieten dürfte die Art erst mit dem Nadelholzanbau eingewandert sein und sich ausgebreitet haben. Hier wäre die Pflanze als Neophyt (oder Archäophyt) anzusehen. Auf diese jüngere Ausbreitung hat erstmals MAYER (1930) hingewiesen. Die erste Erwähnung findet sich bei DIERBACH (1819: 112): „prope Schwetzingen".

Oberrheingebiet: In den Kalksandgebieten um Schwetzingen mehrfach, stark zurückgegangen, so z.B. noch 6617/4: westlich Walldorf. – Linksrheinisch bis ca. 1965: 7214/1: Dalhunden, GEISSERT.
Taubergebiet: Zerstreut, offensichtlich zurückgehend. Selten auch in den Sandgebieten am Main: 6223/1: nördlich Bettingen.
Schwäbisch-Fränkischer Wald: Selten, auch an ärmeren Stellen, zusammen mit *Vaccinium myrtillus*: 7123/2: Waldenstein, SCHEERER (STU-K).
Oberer Neckar – Baar: Zerstreut, offensichtlich zurückgehend. Isoliertes Vorkommen: 8216/1: Stühlingen, Lindenberg, SCHEUCH (KR-K).
Schwäbische Alb: Sehr zerstreut, v.a in Aufforstungen von Schafweiden über Dolomit und Mergel: z.B. 7224/3: Stuifen, 1986, KLOTZ (STU-K); 7623/4: westlich Dächingen, 1986, STAUBER (STU-K); 7624/1: südlich Schelklingen, KLOTZ (STU-K); 7719/2: Hundsrücken bei Streichen (STU-K); 7723/2: Modental, STAUBER (STU-K); 7821/4: nordöstlich Hitzkofen (STU-K); 8118/2: Kriegertal (STU-K). – Weitere ältere Fundortsangaben vgl. HAUFF (1965); RAUNEKER (1984): 7525/1, 3, 4: Tomerdingen, Mähringen, Kiesental.
Alpenvorland: Früher zahlreiche Angaben aus dem Bodensee-Gebiet, kaum jüngere Bestätigungen: 8220/1: südlich Fischweiher bei Liggeringen, BEYERLE (STU-K); 8319/2: Tobel nördlich Wangen, BEYERLE (STU-K).

Bestand und Bedrohung: *P. chlorantha* geht zurück und ist ganz offensichtlich „stark gefährdet". Ursachen des Rückganges sind in erster Linie Umwelteinflüsse wie „saurer Regen" und Luftverschmutzung, in zweiter Linie sicher auch Vergrasung der inzwischen hochgewachsenen Nadelholzbestände.

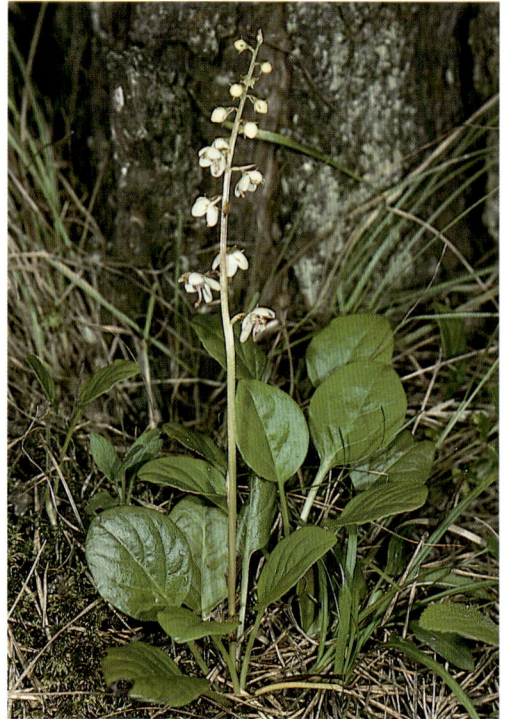

Rundblättriges Wintergrün *(Pyrola rotundifolia)* Ringingen, 1978

Die Bestände der *P. chlorantha* sollten genauer verfolgt werden; die Zeit einer Ausbreitung der Pflanze ist offensichtlich vorbei. – Besonders stark gefährdet dürfte die Pflanze am Rand des Areals sein, so in der Oberrheinebene, oder auf kalkärmeren Substraten im Schwäbisch-Fränkischen Wald.

3. Pyrola rotundifolia L. 1753
Rundblättriges Wintergrün

Morphologie: Wintergrüner Chamaephyt bzw. Hemikryptophyt, Rhizom dünn, verzweigt. Blätter dunkelgrün, am Grund des Stengels rosettig; Blattspreite rundlich, bis 5 cm im Durchmesser, stumpf, am Rand fein kerbig gesägt; Blattstiel bis 8 cm lang. Blütenstand mit 8–30 Blüten, diese allseitig, nickend; Kelchblätter 2–3mal so lang wie breit, spitz, an der Spitze abstehend; Kronblätter 6–8 mm lang, weiß (selten rosa); Griffel S-förmig gebogen, weit aus der Krone herausragend, unterhalb der Narbe verdickt, viel länger als der Fruchtknoten.

Variabilität: Formenreiche Art, von der mehrere Unterarten unterschieden wurden. Im Gebiet nur die subsp. *rotundifolia*, die subsp. *maritima* (Kenyon) E.F. Warburg an nordeuropäischen Küsten. Diese Sippe wird von der subsp. *rotundifolia* durch runde, am Grund gestutzte Blätter, 2–5 Stengelschuppen (bei subsp. *rotundifolia* 1–2), 4–6 mm langen Griffel (bei subsp. *rotundifolia* 6–10 mm) und 2–3 mm lange Kelchzipfel (bei subsp. *rotundifolia* 3,5–4,5 mm) unterschieden.

Biologie: Blütezeit Juni–Juli, Insekten- und Selbstbestäubung; Windverbreitung.

Ökologie: An schwach beschatteten (bis beschatteten), frischen (bis feuchten), kalkarmen, sauren, doch z.T. basenreichen, modrig-humosen Stellen. Natürliche Vorkommen in Birkengebüschen, seltener auch in Hainsimsen-Buchenwäldern (Luzulo-Fagetum), sekundär gern in Fichten-Aufforstungen von Schafweiden, im Gebiet nur selten in naturnahen Fichtenbeständen (Galio-Piceetum, Pyrolo-Abietetum). – Vegetationsaufnahmen aus Laubholzbeständen OBERDORFER (1952, Tab. 3), SEBALD (1983, Tab. 8).

Allgemeine Verbreitung: Nordhalbkugel: Europa, Asien, Nordamerika. In Europa v.a. im nordöstlichen Teil (Ostseegebiete, Finnland), nördlich des Polarkreises selten, im atlantischen Teil Skandinaviens fehlend, südwärts bis Nordspanien, Mittelitalien und Balkanhalbinsel, in den Bayerischen Alpen bis 1690 m, Zentral- und Südalpen bis 2200 m.

Verbreitung in Baden-Württemberg: Verbreitungsschwerpunkt in den östlichen Landesteilen: Schwäbische Alb, v.a. südwestliche Donaualb und West-

rand der Alb, Gebiet um Ulm, zerstreut im Alpenvorland, selten Schwäbisch-Fränkischer Wald und Odenwald (v.a. östliche Teile). Sehr zerstreut in den Gäulandschaften, zumeist verschollen, selten im Schwarzwald; früher auch Rheinebene.

Tiefste Fundstellen im Odenwald südlich Heidelberg, ca. 200 m, Rheinebene bei Ichenheim westlich Offenburg (vor 1900), ca. 150 m, höchste am Feldberg, ca. 1100 m.

Pyrola rotundifolia ist im Gebiet urwüchsig. Die ältesten Nachweise gehen auf J. BAUHIN (1622: 192) zurück (Beobachtungen aus dem Gebiet von Bad Boll, 7323). Auch von HARDER (1574–76) wurde die Pflanze vermutlich im Gebiet gesammelt (SCHORLER 1907: 83).

Bestand und Bedrohung: Insgesamt zurückgehend und bedroht. Die Bedrohung läßt sich insgesamt schwer abschätzen, da die früheren Angaben oft nur ungenau waren. Örtlich, wie etwa im Odenwald, dürfte die Art akut gefährdet oder schon vom Aussterben bedroht sein, wie z.B. nach Angaben von SCHMIDT (1857) zu vermuten ist. Er nannte die Pflanze von Leimen, Nußloch und Maisbach (6618/3) „in großer Menge". In der Schwäbischen Alb könnte die Art infolge Aufforstungen von Schafweiden in den letzten Jahrzehnten zugenommen haben. Insgesamt läßt sich die Art als „gefährdet" einstufen, langfristig wohl mit Tendenz zu „stark gefährdet".

2. **Orthilia** Rafin. 1840
Birngrün

Blütenstand einseitswendig, Staubbeutel ohne Spornfortsätze. In Europa eine Art.

1. **Orthilia secunda** (L.) House 1921
Pyrola secunda L. 1753; *Ramischia secunda* (L.) Garcke 1858
Birngrün, Einseitswendiges Wintergrün

Morphologie: Wintergrüner Halbstrauch (Hemiphanerophyt), mit bis 1 m langem, verzweigtem, dünnem Rhizom, Pflanzen 7–20 (25) cm hoch. Blätter am Grund des Stengels ± entfernt stehend, oberseits im frischen Zustand glänzend, eiförmig, zugespitzt, am Rand schwach kerbig gesägt, bis 4 cm lang, mit 1 cm langem Blattstiel. Blütenstand dicht, einseitswendig, mit 20(–30) Blüten; Kelchblätter breit dreieckig; Kronblätter 3–4 mm lang, gelbgrün; Griffel gerade, länger als der Fruchtknoten, mit verdickter Narbe. Kapsel kugelig, 3–4 mm groß; Samen länglich, 0,4–0,45 mm groß.

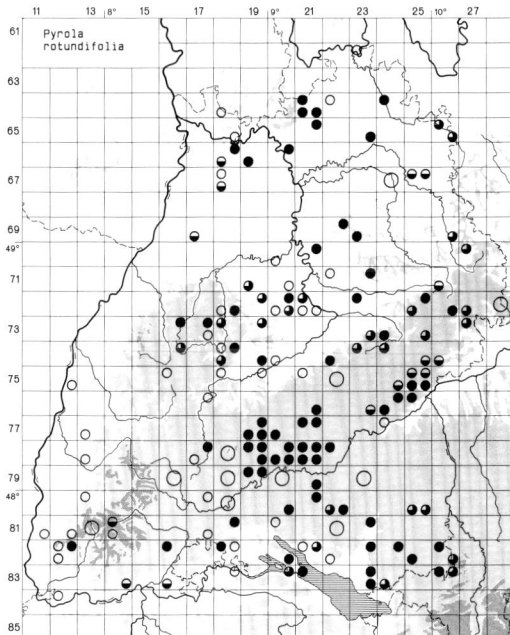

Pyrola rotundifolia

Einseitswendiges Wintergrün *(Orthilia secunda)*
Allmendingen, 1978

Biologie: Blütezeit Mai, Juni. Insektenbestäubung.
Ökologie: In lockeren bis mäßig dichten Herden an beschatteten bis schattigen, frischen bis mäßig trokkenen, basenreichen, meist kalkhaltigen, neutralen bis basischen, modrig-humosen Stellen, meist auf Rendsinen oder Pararendsinen, auf Sand- wie Lehmböden. In der Regel unter Nadelholz (Kiefer, Fichte, auch Tanne), auch in Kalk-Buchenwäldern mit *Sesleria varia* (Böden mit modriger Auflage); die Art hat sich insgesamt durch Nadelholzanbau ausgebreitet. Vaccinio-Piceetalia-Ordnungskennart, im Gebiet v.a. im Pyrolo-Abietetum sowie im Pyrolo-Pinetum, vgl. auch die „*Pyrola*-Gruppe" der forstlichen Standortskartierung; SEBALD (1964). – Vegetationsaufnahmen mit *Orthilia secunda* vgl. OBERDORFER (1949/1950, Pyrolo-Abietetum der Baar), HAUFF (1965, Schafweideaufforstungen der Alb), PHILIPPI (1983: 122, Pyrolo-Pinetum über Muschelkalk im Taubergebiet, 1970, synthet. Tab. von Sanden des Oberrheingebietes), LANG (1973: 379; Cytiso-Pinetum, Bodenseegebiet).
Allgemeine Verbreitung: Nordhalbkugel: Europa, Asien, Nordamerika; in Europa von Nordeuropa bis in die südeuropäischen Gebirge reichend, westwärts bis Pfälzer Wald – Vogesen – Jura, in Mittel

europa gerade in den montanen Kalkgebieten, in den Alpen bis 2300 m. – Im Gebiet nahe der Westgrenze der Verbreitung, nordisch-kontinental.
Verbreitung in Baden-Württemberg: Schwerpunkt des Vorkommens in der Schwäbischen Alb, hier selten auch Vorkommen in natürlichen Buchenwäldern, bis Baar und Oberes Gäu. Alpenvorland: Westliches Bodenseegebiet, Westallgäuer Hügelland. Schwarzwald: Nur sehr vereinzelt, mehrfach über eingestürztem Mauerwerk von Burgruinen. Taubergebiet verbreitet. Schwäbisch-Fränkischer Wald, Glemswald und Schönbuch sehr vereinzelt. Selten auch auf den Kalksanden des nördlichen Oberrheingebietes: 6617/4: Walldorf, Sandhausen.

Tiefste Fundstellen bei 110 m (Oberrheinebene bei Sandhausen), höchste Fundstellen im Feldberggebiet, ca. 950 m.

Die Pflanze ist im Gebiet wohl urwüchsig, wenn auch durch Nadelholzanbau stark gefördert und gebietsweise als Archäophyt oder gar als Neophyt anzusehen. Erste Erwähnung findet sich bei BAUHIN (1622: 57): „in monte Crentzacho" (8411). Auch HARDER (1574–76) hat die Pflanze vermutlich im Gebiet gesammelt (SCHORLER 1907: 83).
Bestand und Bedrohung: Neben *Monotropa hypopitys* die häufigste Pyrolaceae des Gebietes, die gerade in Kalkgebieten noch reichlich vorkommt. Ein Rückgang ist hier bisher kaum erkennbar. Lediglich im Schwarzwald, Odenwald und in der Rheinebene ist eine größere Zahl unbestätigter Vorkommen. In

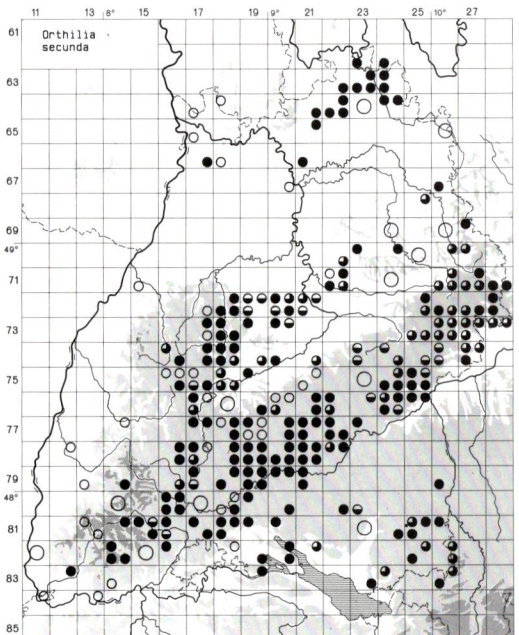

diesen Gebieten ist *Orthilia secunda* als gefährdet anzusehen, während in den Kalkgebieten eine Gefährdung nicht erkennbar ist. Angesichts des Rückganges anderer *Pyrola*-Arten sollten die Bestände sorgsam beobachtet werden.

3. **Moneses** Salisb. 1821
Moosauge

Blätter gegenständig; Blüten einzeln, mit radförmig ausgebreiteter Krone; Fruchtkapsel aufrecht. Gattung mit einer Art.

1. **Moneses uniflora** (L.) Asa Gray 1848
Pyrola uniflora L. 1753
Moosauge, Einblütiges Wintergrün

Morphologie: Wintergrüner Chamaephyt bzw. Hemikryptophyt, Rhizom fadenförmig, verzweigt, Pflanze 5–10 (15) cm groß, Stengel bei der Fruchtreife sich verlängernd. Blätter in grundständiger Rosette, seltener am Stengel hochgerückt, dunkelgrün, wintergrün, mit runder Blattspreite, jung meist etwas zugespitzt, am Rand kleinkerbig gesägt, bis ca. 2 cm im Durchmesser; Blattstiel 1–1,5 cm lang; Stengel mit einer einzigen endständigen Blüte, diese bis 1,5 cm im Durchmesser, nickend; Kronblätter eiförmig, flach ausgebreitet, weiß mit grüner Spitze, bis 12 mm lang; Griffel gerade, so lang oder

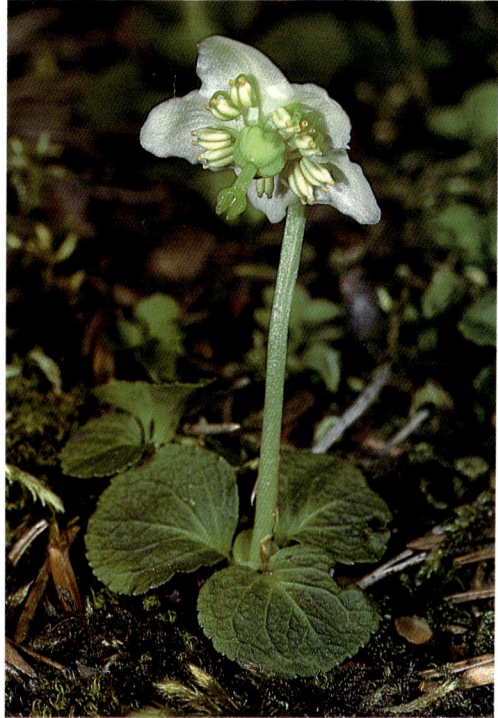

Einblütiges Wintergrün *(Moneses uniflora)*
Ringingen, 1979

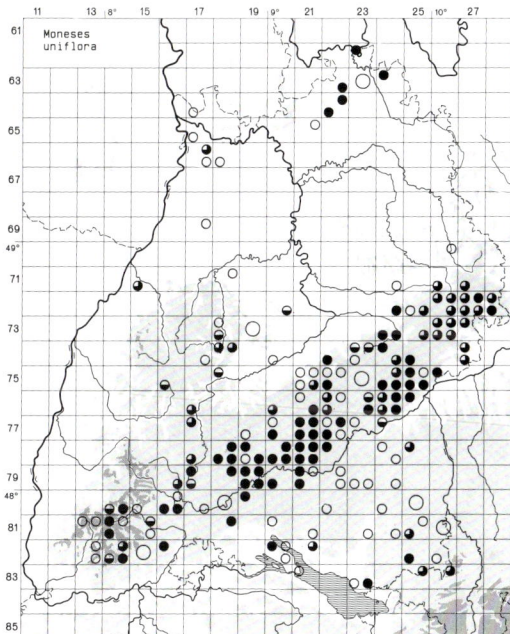

wenig länger als die Frucht. Fruchtkapsel 5–7 mm im Durchmesser, rundlich; Samen 0,5–0,7 mm groß.

Biologie: Blütezeit 2. Maihälfte bis Mitte Juni, Insektenbestäubung.

Ökologie: In lockeren Gruppen an schattigen, frischen bis mäßig trockenen, kalkarmen, sauren, doch basenreichen, bis kalkhaltigen, neutralen, humosen Böden, auf Sand wie Lehm, regelmäßig unter Nadelholz (Fichte, seltener Tanne oder Kiefer). Im Gebiet v.a. in Nadelholzaufforstungen von Schafweiden der Schwäbischen Alb, seltener in natürlichen bis naturnahen, artenreichen Tannen-Fichtenwäldern (Pyrolo-Abietetum). Vgl. die *Pyrola*-Gruppe: SEBALD (1964). – Vegetationsaufnahmen vgl. OBERDORFER (1949/50, Baar), HAUFF (1965, Schwäbische Alb), PHILIPPI (1983: 122, 133, Tauber-Main-Gebiet).

Allgemeine Verbreitung: Nordhalbkugel: Europa, Asien, Nordamerika. In Europa v.a. im boreal-kontinentalen Bereich (Ostseegebiete, Finnland, Schweden), nördlich des Polarkreises zerstreut, küstennahe Bereiche Norwegens selten. Südwärts bis Pyrenäen, Korsika und Balkanhalbinsel; Kaukasus; Alpen bis 1600 m angegeben.

373

Verbreitung in Baden-Württemberg: Schwerpunkt des Vorkommens in der Schwäbischen Alb, in der Baar und im Schwarzwald (Ostseite), vereinzelt auch Alpenvorland, Tauber-Main-Gebiet, selten Oberrheinebene und Neckargebiet. – Tiefste Fundstellen in der Oberrheinebene (110 m), höchste am Spießhorn am Feldberg, ca. 1250 m.

Moneses uniflora ist im Gebiet wohl urwüchsig. Vorkommen in natürlichen Waldgesellschaften sind im Pyrolo-Abietetum der Schwarzwaldostseite und der Baar anzunehmen; in den meisten anderen Gebieten dürfte sich die Pflanze erst nach Einführung und Ausbreitung der Nadelhölzer eingestellt haben. Sie wäre dann als Archäophyt oder gar als Neophyt einzustufen. Auf diese Ausbreitung hat erstmals MAYER (1930) hingewiesen.

Die erste Erwähnung von *Moneses uniflora* findet sich bei ROTH VON SCHRECKENSTEIN (1799: 24): „Bei Mühlheim an der Donau, in einem Walde aufgesammelt" (7919).

Oberrheingebiet: Früher mehrfach über Kalksanden der nördlichen Oberrheinebene, zuletzt um 1965: 7115/3: südlich Rastatt, BRETTAR in PHILIPPI (1971) und 6617/2: Sandhausen, PHILIPPI (1971).
Schwarzwald: Auf der Ostseite des Südschwarzwaldes vielfach, z.B. 8114/1: Bärental; 8114/3: Herzogenhorn-Spießhorn, bis ca. 1250 m, OBERDORFER (KR-K); 8014/4: Breitnau gegen die Ravennaschlucht, BOGENRIEDER (KR-K); früher weiter verbreitet, bis in das Gebiet des Wiesentales beobachtet; 8214/4: nordwestlich Urberg, 1988, KNOCH, SCHUHWERK (KR-K).
Taubergebiet: Sehr vereinzelt: 6324/1: Werbachhausen gegen Wenkheim 1987, RATHAUSKY (STU-K); 6322/4: Hardheim gegen Külsheim, SCHÄFER (KR-K); auch auf Sanden am Main: 6223/1: nördlich Bettingen, PHILIPPI (KR-K).
Glemswald, Schönbuch: Als Neubürger an mehreren Stellen um Stuttgart, offensichtlich unbeständig.
Baar – Oberer Neckar: V.a. in der Baar vielfach in naturnahen Tannen-Fichtenwäldern, oberes Neckargebiet seltener.
Schwäbische Alb: Verbreitet, meist in Aufforstungen von Schafweiden.
Alpenvorland: Früher von zahlreichen Stellen angegeben, jüngere Beobachtungen: 8220/1: o.O., 8225/3: o.O.

Bestand und Bedrohung: Auf der Schwäbischen Alb erscheint die Pflanze noch wenig gefährdet; vielleicht ist sie hier sogar noch in Ausbreitung. In den übrigen Gebieten scheint sie mehr oder weniger stark zurückzugehen, so offensichtlich in der Baar, im Schwarzwald und im Taubergebiet; sie wäre hier als „stark gefährdet" einzustufen. In der Oberrheinebene ist die Pflanze „vom Aussterben bedroht" oder gar schon ausgestorben. Insgesamt ergibt sich für Baden-Württemberg eine Einstufung als „gefährdet", wohl mit einer Tendenz zu „stark gefährdet".

4. **Chimaphila** Pursh 1814
Winterlieb

Ähnlich *Pyrola*, doch Blätter 2–4mal so lang wie breit, regelmäßig gesägt; Blüten in doldenartigen Trauben. – Gattung mit 4 Arten auf der Nordhalbkugel, in Europa nur eine Art.

1. **Chimaphila umbellata** (L.) Barton 1817
Pyrola umbellata L. 1753
Winterlieb, Doldiges Wintergrün

Morphologie: Wintergrüner Halbstrauch (Hemiphanerophyt), bis 20 cm hoch, mit weit kriechendem Rhizom. Blätter am Ende eines Jahrestriebes rosettenartig gehäuft (am Stengel oft 2–3 derartiger Scheinquirle), oberseits dunkelgrün, frisch glänzend, unterseits blaßgrün, bis 5 cm lang und 1 cm breit, mindestens 2–3mal so lang wie breit, zugespitzt, in der oberen Blatthälfte scharf gesägt, Blattgrund keilig; Blattstiel bis 4 mm lang. Blütenstand mit 3–7 Blüten, Blütenstiele bis 2 cm lang, dicht drüsig, Blüten nickend; Kronblätter 5–6 mm lang, rosa, zusammenneigend; Griffel kurz, teilweise in den Fruchtknoten eingesenkt, unterhalb der Narbe verdickt.
Biologie: Blütezeit 1. Julihälfte. Insektenbestäubung.
Ökologie: In lockeren Trupps an ± lichtreichen, schwach bis mäßig beschatteten, trockenen, kalkar-

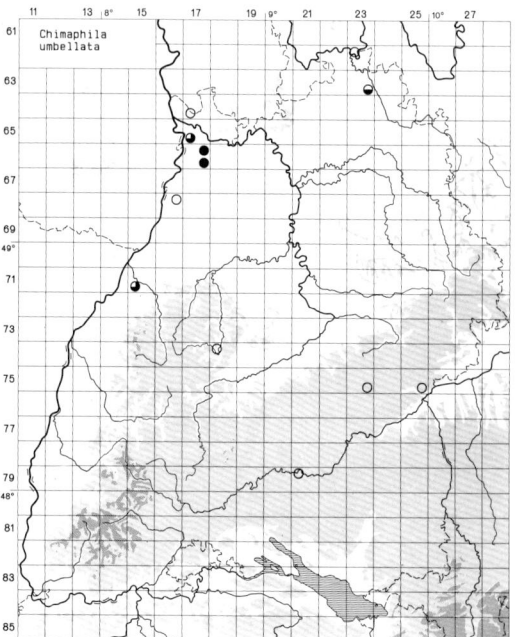

374

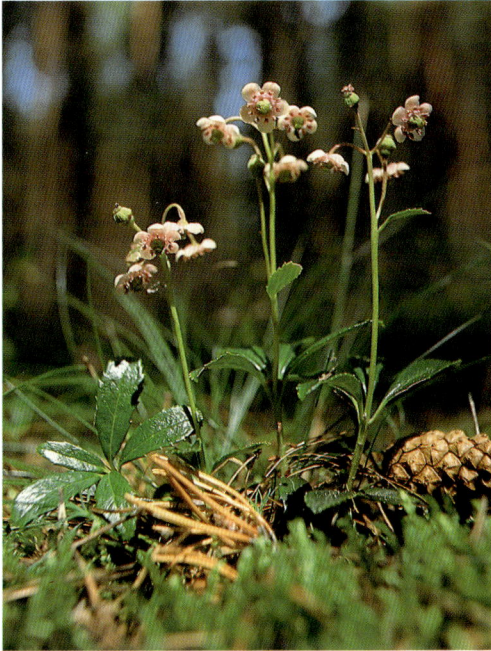

Winterlieb *(Chimaphila umbellata)*

men, sauren, doch basenreichen, bis kalkreichen, neutralen bis basischen, modrig-humosen Stellen, auf Sandböden, im Gebiet meist auf Pararendsinen. Zusammen mit anderen Pyrolaceae, *Viola rupestris* und *Carex ericetorum* in lichten Kiefernbeständen, in Kiefern-Altholzbeständen wie in etwas aufgelokkerten Jungbeständen, gelegentlich auch randlich unter *Fagus sylvatica*, Kennart des Pyrolo-Pinetum. Vegetationsaufnahmen aus dem Gebiet vgl. OBERDORFER (1957: Dicrano-Pinetum), PHILIPPI (1970, synthet. Tab., 1972: 13, Einzelaufnahme).

Allgemeine Verbreitung: Nordhalbkugel: Europa, Asien, Nordamerika; in Europa v. a. in Osteuropa, westwärts etwa bis zur Linie Lübeck – Hannover – Mainz – Pfalz – Unterelsaß, im Gebiet etwa die Westgrenze der Verbreitung erreichend, nordwärts bis Südschweden und südliches Finnland (vereinzelt bis 63° n. Br.), südwärts bis Norditalien, Ungarn, Krim. – Temperat-kontinental.

Verbreitung in Baden-Württemberg: Nördliche Oberrheinebene (Sandgebiete), Tauber-Main-Gebiet, Schwäbische Alb (nur vorübergehend), Oberes Gäu. – Tiefste Fundstellen in der Oberrheinebene (ca. 100 m), höchste ca. 800 m.

Chimaphila umbellata ist im Gebiet wohl erst nach Begründung und Ausweitung der Kiefernbestände eingewandert. Die ersten Kiefernsaaten erfolgten in der nordbadischen Rheinebene um 1530

(zuvor war die Kiefer im Gebiet nicht bekannt); einen großen Aufschwung nahm der Kieferanbau nach 1800. In der Zeit nach 1530 dürfte *Chimaphila umbellata* im Gebiet eingewandert sein, wäre danach also als Neophyt einzustufen.

Die erste Erwähnung von *Chimaphila umbellata* findet sich bei GMELIN (1806: 2: 211–12): „Circa Rastadt prope Iffertsheim in Pineto, non infrequens, prope Wisloch in pineto, t. Maercklino".

Oberrheingebiet: 6417/3: Käfertal, DÖLL, SCHMIDT, nach 1900 ohne Bestätigung; 6517/3: Friedrichsfeld gegen das Relaishaus, DÖLL, SCHMIDT, nach 1970 an einer Stelle spärlich, heute erloschen; 6617/1: Schwetzingen, DÖLL, SCHMIDT, seit langer Zeit unbestätigt; 6617/2, 4: Sandhausen, Walldorf an zahlreichen Stellen, um 1965–70 noch in Tausenden von Pflanzen, wenn auch nur wenige Pflanzen zur Blüte gelangten (meist in aufgelichteten Altholzbeständen). In den folgenden Jahren stark zurückgegangen, zuletzt 1986 in ca. 10 Exemplaren am Reilinger Eck westlich Walldorf beobachtet, 1988 in 2 Exemplaren (KR-K). – Um 1900 müssen die Bestände um Walldorf und Sandhausen noch reicher gewesen sein: 1906 wurde hier *Chimaphila umbellata* für Flora exsiccata rhenana gesammelt. So viele blühende Pflanzen, wie an alten Herbarbögen aus dieser Zeit enthalten sind, konnte man bereits um 1965 kaum noch sehen. Offensichtlich hat der Rückgang der Pflanze bereits vor 1965 eingesetzt.

6816/2: Föhrenwald zwischen Linkenheim und Graben, KNEUCKER (1890), später nicht mehr beobachtet.

7115/3: Rastatt, in Kiefernbeständen gegen Sandweier und Iffezheim, GMELIN (1806, „non infrequens"), zuletzt 1965/66 spärlich an zwei Stellen: BRETTAR in PHILIPPI (1971), inzwischen erloschen.

Linksrheinisch 7214/1: Dalhunden, F. GEISSERT, von etwa 1950 bis 1965 beobachtet, inzwischen erloschen. – Die übrigen Vorkommen im Hagenauer Forst, im Pfälzer Wald und in den Nordvogesen (Ottrotter Schlösser, 1921) sind längst erloschen.

Tauber-Main-Gebiet: 6223/1 (?): Wertheim, WIBEL u. AXMANN in DÖLL 1859; 6323/4: Tauberbischofsheim, Tannenwald nahe Wolfsbrunnen, ca. 300 m, 1938, OBERDORFER (KR-K), erloschen.

Oberes Gäu: 7519/1: Nagold, KIRCHNER u. EICHLER (1900).

Schwäbische Alb: 7523/4: Zwischen Magolsheim und Justingen, ca. 800 m, 1879 von KARRER entdeckt, steril, später nicht mehr beobachtet (v. MARTENS u. KEMMLER 1882); 7525/4 (?): Ulm, KIRCHNER u. EICHLER 1900; 7921/1: Sigmaringen, KIRCHNER u. EICHLER (1900).

Bestand und Bedrohung: *Chimaphila umbellata* ist im Gebiet vom Aussterben bedroht. Ursachen des Rückganges sind wohl der „saure Regen" und erhöhter Stickstoffeintrag. Da die Blätter sich 5–10 cm über der Bodenoberfläche befinden, dürfte die Pflanze eher unter Luftschadstoffen zu leiden haben als andere Pyrolaceae, deren Rosetten dem Boden angeschmiegt sind. Forstliche Maßnahmen haben den Rückgang nicht beeinflußt. Überraschend war bei dem Verschwinden der Pflanze, daß in den Jahren zwischen 1965 und 1970 ein Rückgang nicht erkennbar war. – Auch in anderen Gebieten ist ein Rückgang oder ein Verschwinden von *Chimaphila umbellata* festgestellt worden, so z. B. im Mainzer Sand. In der Bundesrepublik gilt die Art als vom Aussterben bedroht.

5. **Monotropa** L. 1753
Fichtenspargel

Saprophytische Arten, ohne Blattgrün, Wurzeln netzartig verbunden; Blätter schuppenartig; Staubbeutel in Spalten aufreißend, Pollenkörner einzeln. – Gattung mit wenigen Arten (4–6) auf der Nordhalbkugel, in Europa nur eine Art.

1. **Monotropa hypopitys** L. 1753
Gewöhnlicher Fichtenspargel

Morphologie: Geophyt, Pflanze 10–30 cm hoch, gelb bis gelbbraun, dicht mit 1–1,5 cm langen, eiförmigen Schuppenblättern besetzt, mit 3–15 (30) Blüten, diese zur Blütezeit nickend; Blüten glockenartig, 1–2 cm lang, mit 4–5 Kronblättern und 8–10 Staubblättern; endständige Blüten 5zählig, seitenständige Blüten 4zählig. Frucht eine rundliche bis eiförmige Kapsel, aufrecht.
Biologie: Blütezeit 2. Junihälfte bis Anfang August; Insektenbestäubung (Bienen); Windverbreitung

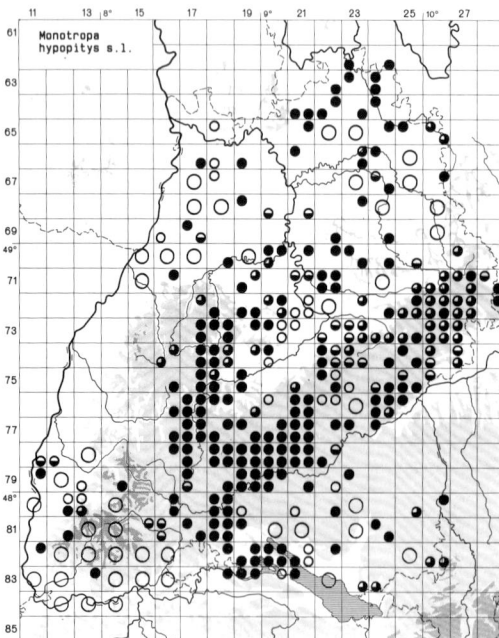

(sehr kleine Samen, Fruchtstände bleiben vertrocknet bis in das folgende Jahr aufrecht).
Ökologie: In kleinen Gruppen an beschatteten bis sehr schattigen, mäßig frischen bis mäßig trockenen, kalkreichen, neutralen (bis basischen), auch kalkarmen, sauren, doch basenreichen, immer modrig-humosen Stellen. In artenarmen Buchenwäldern (v.a. Luzulo-Fagetum, auch im Asperulo-Fagetum mit stärkerer Moderdecke), in natürlichen Nadelholzbeständen wie dem Galio-Abietetum oder dem Pyrolo-Abietetum der Schwarzwaldostseite, infolge Nadelholzanbau vielfach in künstlich begründeten Nadelholzbeständen, gern in Dickungen ohne besonderen Bodenbewuchs, insgesamt Kalkgebiete bevorzugend. – Vegetationsaufnahmen aus Buchenwäldern: OBERDORFER (1952, Tab. 3, Luzulo-Fagetum), aus Nadelholzbeständen: OBERDORFER (1949/50, Pyrolo-Abietetum der Baar), HAUFF (1965, Nadelholz-Aufforstungen früherer Schafweiden der Alb), aus Kiefernwäldern dagegen nur sehr vereinzelt: PHILIPPI (1970, 1983).
Variabilität: *Monotropa hypopitys* ist eine formenreiche Art. Zwei Unterarten (teilweise auch als eigene Arten geführt) lassen sich unterscheiden:

a) subsp. **hypopitys:** Griffel und Staubbeutel behaart, Blüten innen weichhaarig, Pflanze 10–15-blütig, Fruchtkapsel länger als breit. Wird v.a. für Fichtenbestände angegeben.

b) subsp. **hypophegea** (Wallr.) Soó: Blüte innen kahl, Pflanze 3–6 (10)-blütig, Frucht kugelig. Wird für Buchenbestände angegeben (Buchenspargel).

Auf diese beiden Sippen haben bereits DÖLL (1859) und v. MARTENS u. KEMMLER (1882) hingewiesen; beide kommen im Gebiet vor. Verbreitung, Häufigkeit und die soziologische Bindung bleiben zu untersuchen. Nach den genauen Aufzeichnungen von KOCH aus der Ostalb (STU-K) finden sich beide Sippen zusammen auf einem Meßtischblatt, z.T. in nächster Nachbarschaft. Auf engem Raum ist dann nur eine der beiden Sippen anzutreffen; Mischvorkommen sind selten.
Allgemeine Verbreitung: Nordhalbkugel: Europa, Asien, Nordamerika. In Europa v.a. im gemäßigten Bereich, nordwärts bis Süd- und Mittelschweden und Südfinnland, nördlich 62° n.Br. nur noch vereinzelt, Mittelmeergebiet, hier v.a. in den Gebirgen. – Temperat(-boreal), schwach kontinental.
Verbreitung in Baden-Württemberg: Zerstreut, v.a. in Kalkgebieten mit Nadelholzforsten, so z.B. Baar, Oberer Neckar oder Schwäbische Alb. In kalkarmen Gebieten deutlich seltener, so Südschwarzwald sehr zerstreut, im Nordschwarzwald selten. Auch in trocken-warmen Gebieten vorkommend, so Kaiser-

Gewöhnlicher Fichtenspargel *(Monotropa hypopitys)*
St. Wilhelm/Südschwarzwald

stuhl, Oberrheinebene (Flugsandgebiete) oder Taubergebiet.

Tiefste Fundstellen in der Oberrheinebene, ca. 110 m, höchste im Südschwarzwald (Feldberggebiet, ca. 1000 m), in der Baar bis 800 m.

Die Pflanze ist im Gebiet urwüchsig. Die erste Erwähnung findet sich bei GMELIN (1772: 122): „montis Heuberg", OFTERDINGER.

Bestand und Bedrohung: In Kalkgebieten erscheint die Pflanze wenig gefährdet; sie dürfte sich hier mit der Förderung der Fichte und Anlage von Fichtendickungen eher noch ausgebreitet haben. Die kleineren Vorkommen in Buchenwald-Gebieten sollten verfolgt werden; hier ist ein Rückgang nicht auszuschließen. Ein deutlicher Rückgang zeichnet sich im Schwarzwald ab: insgesamt ergibt sich eine Tendenz zu „gefährdet".

Primulaceae

Schlüsselblumengewächse
Bearbeiter: G. PHILIPPI

Meist einjährige bis ausdauernde Pflanzen; Blätter in grundständiger Rosette oder am Stengel verteilt, wechsel- oder gegenständig, ohne Nebenblätter; Kelchblätter 5, verwachsen; Kronblätter 5, verwachsen, oft mit trichterig oder radförmig ausgebreiteten Zipfeln; Staubblätter 5 (bei *Soldanella* und *Samolus* ein zweiter Staubblattkreis als Schüppchen ausgebildet), in der Krone angewachsen und den Kronzipfeln zugeordnet; Fruchtknoten oberständig, einfächrig, Frucht eine Kapsel, Samen kantig. – 22 Gattungen mit rund 1000 Arten, vorwiegend in gemäßigten Breiten der Nordhalbkugel.

1 Blätter kammartig gefiedert; Wasserpflanze mit meist untergetauchten Blättern . . . 4. *Hottonia*
– Blätter ganzrandig 2
2 Stengel blattlos; Blätter in grundständiger Rosette 3
– Stengel beblättert, Pflanze ohne grundständige Rosette (Ausnahme *Samolus*) 6
3 Blätter länglich (eiförmig bis lanzettlich), kurz gestielt 4
– Blätter rundlich-nierenförmig, meist ledrig, ± lang gestielt 5
4 Blätter länglich; Blüten mit langer Kronröhre, diese länger als der Kronsaum, gelb, oder violettrosa . . . . 1. *Primula*
– Blätter lineal-lanzettlich; Blüten mit kurzer Kronröhre, ± radförmig, meist weiß (oder rosa) . . . . 2. *Androsace*
Vgl. auch *Samolus* mit spateligen, rosettig gehäuften Blättern.
5 Krone violett, glockig, mit fransig zerschlitztem Saum; Wurzelstock länglich . . . . 3. *Soldanella*
– Krone rosarot, nicht fransig zerschlitzt, zurückgeschlagen; Wurzelstock knollig . . . 5. *Cyclamen*
Vgl. auch *Corthusa matthioli* L., mit weichen, 3–13lappigen Blättern; Pflanze drüsig und zottig behaart; Blüten nickend, rot, doldig, in Grünerlengebüschen des Allgäus (in Baden-Württemberg fehlend).
6 Blätter wechselständig 7
– Blätter gegenständig 9
7 Blätter in einem Scheinquirl am Ende des Stengels zusammengedrängt; Blüten siebenzählig, weiß . . 7. *Trientalis*
– Blätter nicht in einem Scheinquirl zusammengedrängt 8
8 Grundständige Blattrosette fehlend; Pflanzen klein (meist 5–10 cm), mit unscheinbaren blattachselständigen, vierzähligen Blüten; mit oberständigem Fruchtknoten . . . . 8. *Centunculus*
– Grundständige Blattrosette vorhanden; Pflanze größer, Blüten fünfzählig, lang gestielt, weiß; mit halbunterständigem Fruchtknoten 10. *Samolus*
9 Blüten gelb; Frucht fünfklappig aufspringend; Blätter z.T. in 3(–4)zähligen Quirlen (Ausnahme *L. nummularia*) . . . . 6. *Lysimachia*
– Blüten rot, rosa oder blau; Frucht als Kapsel mit Deckel aufspringend . . . . 9. *Anagallis*
Vgl. *Glaux maritima* L., Blätter sitzend, fleischig, Blüten weiß bis rosa, an Salzstellen, auch im Binnenland, so z.B. Hessen (Wetterau), in Baden-Württemberg fehlend.

1. **Primula** L. 1753
Schlüsselblume

Pflanzen ausdauernd, mit ± senkrechtem Rhizom und grundständiger Blattrosette; Blätter meist breiter als 0,5 cm. Blüten in Dolden; Krone mit etwa 0,5 cm langer Röhre, diese länger als der Kronsaum; Frucht eine Kapsel, Kapsel kugelig oder eiförmig, sich im obersten Drittel mit 5 Zähnen öffnend.

Kennzeichnend für die *Primula*-Arten des Gebietes ist die „Heterostylie": Pflanzen mit langen Griffeln und kurzen Staubblättern stehen solchen mit kurzen Griffeln und langen Staubblättern gegenüber. Bei langgriffligen Formen verschließt die Narbe den Eingang in die Kronröhre. Pollen wird durch Insekten von kurzgriffligen Formen auf langgrifflige (und umgekehrt) übertragen. Der Abstand Narbe – Staubbeutel kann 5 mm betragen (halbe Länge der Kronröhre, bei *Primula farinosa* nur 1 mm). Eine Selbstbestäubung ist so nur schwer möglich. Bei künstlicher Selbstbestäubung werden nur wenige Samen ausgebildet. Die unterschiedlichen Griffellängen sind genetisch fixiert. Bestände von *Primula*-Arten können sich auf längere Zeit nur dann halten, wenn kurzgrifflige und langgrifflige Sippen im Bestand vorhanden sind. – Diese Heterostylie ist auch bei anderen Primulaceen bekannt, so z.B. bei *Hottonia*.

Gattung mit über 600 Arten, Schwerpunkt in Zentral- und Ostasien, nah verwandt mit *Androsace*. Beide Gattungen sind in Ostasien schwer zu trennen.

1 Blätter runzelig, wenigstens auf der Unterseite behaart; Krone gelb 2
– Blätter glatt, kahl oder auf der Unterseite mehlig bestäubt; Krone gelb oder rosa 4
2 Blüten in grundständiger, ungestielter Dolde; Blätter allmählich in den Stiel verschmälert, oberseits kahl; Blütenstiele zottig behaart . . 1. *P. vulgaris*
– Blütendolde gestielt; Blätter plötzlich in den Stiel verschmälert, Blattstiel dadurch deutlich abgesetzt, Blätter oberseits behaart; Blütenstiele kurzhaarig 3
3 Krone hellgelb, Kronsaum radförmig ausgebreitet; Kelch eng anliegend; Blätter auf der Unterseite kurzhaarig, Haare bis 0,7 mm lang . 2. *P. elatior*
– Krone dottergelb, Kronsaum trichterig; Kelch glockig abstehend; Blätter auf der Unterseite dünnfilzig, Haare bis 0,3 mm lang . . 3. *P. veris*
4 Krone gelb . . . . 5. *P. auricula*
– Krone rosa-violett 5
5 Blätter unterseits weiß bestäubt; Kelch stumpfkantig . . . . 4. *P. farinosa*
– Blätter unterseits nicht weiß bestäubt; Kelch nicht kantig . . . . 6. *P. hirsuta*

1. **Primula vulgaris** Huds. 1762
Primula acaulis (L.) Hill 1765
Schaftlose Schlüsselblume, Stengellose Schlüsselblume

Morphologie: Sommergrüner Hemikryptophyt mit kurzem Wurzelstock. Blätter löffelförmig, stumpflich, allmählich in den geflügelten Stiel sich verschmälernd, zur Blütezeit bis ca. 6 cm lang, später sich verlängernd und bis 15 cm lang und 6 cm breit, am Rand wellig kerbig und unregelmäßig gezähnt, oberseits kahl (z.T. auf den Nerven behaart), unterseits graugrün mit 1 mm langen, vielzelligen Haaren. Blütenschaft sehr kurz, so daß die Blüten

Stengellose Schlüsselblume *(Primula vulgaris)*
Praßberg bei Wangen, 1981

scheinbar einzeln aus der Rosette kommen, bis 25 Blüten pro Dolde; Blütenstiele 5–10 cm lang, wie die Kanten des Kelches zottig behaart (Haare bis 2,5 mm lang), dazwischen einzelne Drüsenhaare; Kelch 12–15 mm lang, kantig, der Kronröhre anliegend, mit lang ausgezogenen Kelchzähnen (diese ca. 3mal so lang wie breit); Kronröhre nur wenig länger als der Kelch, Kronsaum flach ausgebreitet, 2,5–3,5 cm breit, hellgelb, am Grund mit orangefarbenen Flecken, Blüten geruchlos. Frucht 5–9 mm lang, kürzer als der Kelch, Samen 2,5 mm lang.

Biologie: Blütezeit Ende März bis Anfang April (in der Regel bis 4 Wochen früher als *P. elatior*). Insektenbestäubung (Hummeln, Tagfalter), Ameisenverbreitung (Fruchtstiele im Gegensatz zu anderen einheimischen *Primula*-Arten schlaff am Boden liegend).

Ökologie: An lichtreichen bis (schwach) beschatteten, frischen, kalkreichen, basischen bis kalkarmen, doch basenreichen, schwach sauren, nährstoffreichen Lehmböden in luftfeuchten, wintermilden Lagen, in Buchen- oder Buchen-Tannenwäldern, an Böschungen oder in Streuobstwiesen. – Vegetationsaufnahmen fehlen aus Baden-Württemberg.

Allgemeine Verbreitung: Westeuropa (nordwärts bis Südnorwegen, ostwärts bis zu den Karpaten und

zur Krim), Mittelmeergebiet, Kleinasien bis Kaukasus. In Deutschland zahlreiche Angaben aus Schleswig-Holstein (bis Mecklenburg), Niedersachsen (Ostfriesland), Sauerland, Bayerische Alpen (hier bis ca. 1000 m), Allgäuer Hügelland und Bayerische Hochebene. In der Schweiz und in Österreich im Jura bis in das Gebiet südlich Basel, Zugersee, Linthebene bis Bodensee-Gebiet und Vorderrheintal. Im Gebiet zwei relativ isolierte Fundstellen. Vgl. die Fundortskarte für das Bodensee- und Vorderrhein-Gebiet: BERTSCH (1938: 160). – Submediterran-atlantisch.

Verbreitung in Baden-Württemberg: Westallgäuer Hügelland, an wenigen Stellen, 420–600 m. – Erster Hinweis: LINGG (1832: 29): Praßberg bei Wangen.

Die Ursprünglichkeit der Vorkommen im Gebiet wird angezweifelt. Gerade beim Vorkommen an der Ruine Praßberg wird ein Zusammenhang mit einem alten Burggarten gesehen (vgl. DÖRR 1976). Die Vorkommen am Bodensee, die oft in Nähe von Parkanlagen sind, könnten ebenfalls auf Verwilderungen zurückgehen. Erst die Vorkommen auf österreichischer Seite am Pfänder und Gebhardsberg bei Bregenz werden als ursprünglich angesehen. – BERTSCH (1938) zählt *Primula vulgaris* zu den „Föhnpflanzen".

Allgäuer Hügelland: 8223/2: Ravensburg, an der Senner-badhalde, ca. 420 m, KIRCHNER u. EICHLER (1913). Von BERTSCH wurden hier 1914 noch gegen 300 Stöcke gezählt, bis 1971 beobachtet, wenn zuletzt auch immer spärlicher, P. SCHMID, vgl. DÖRR (1976: 48/49). – 8224/4, 8225/3: Hang an der Ruine Praßberg bei Wangen, ca. 600 m, hier bereits im letzten Jahrhundert von LINGG, ALT, ETTL und VALET beobachtet, noch in zahlreichen Exemplaren vorhanden (vgl. DÖRR 1976, HARMS 1983). – Nächste Vorkommen im benachbarten Bayern: 8424/1, 8424/3: Zwischen Lindau und Lindau-Zech mehrfach, 8424/1: Streitelsfinger Tobel bei Lindau. Österreichisches Bodensee-Gebiet: Gebhardsberg, Pfänder, nordwärts bis zur Linie Lochau – Langen (vgl. DÖRR 1976), bis ca. 900 m.

Bestand und Bedrohung: Der kleine Bestand bei Praßberg ist durch Dichterwerden des Waldes, Umwandlung von Laub- in Nadelwald, vielleicht auch durch Ausgraben gefährdet (vgl. HARMS 1983: 27). In Baden-Württemberg Gefährdungsstufe 2 („stark gefährdet").

Bastard: *Primula vulgaris* × *P. elatior*, regelmäßig zwischen den Stammeltern, zahlreiche Formen ausbildend, die teils dem einen, teils dem anderen Elter nahestehen. BERTSCH (1915) berichtet von der Fundstelle bei Praßberg von wenigen Exemplaren des Bastardes, die er *P.* × *falkneriana* zurechnet. Bei Ravensburg war der Bastard seinerzeit zahlreich zu finden: *Primula* × *digenea* in 70 Stöcken, *P.* × *anisiaca* in wenigen Exemplaren und eine unbestimmte Zahl von *P.* × *falkneriana* (vgl. BERTSCH 1915).

2. Primula elatior (L.) Hill 1765

Große Schlüsselblume, Hohe Schlüsselblume, Gewöhnliche Schlüsselblume

Morphologie: Sommergrüner Hemikryptophyt; Blätter bis 25 cm lang und 8 cm breit, abgerundet, am Rand unregelmäßig und fein gezähnt, allmählich bis plötzlich in den Blattstiel verschmälert, dieser fast so lang oder länger als die Blattspreite, Blätter oberseits zerstreut behaart, unterseits auf den Blattnerven dicht behaart, Haare hier bis 0,7 mm lang. Blütenschaft bis 25–30 cm lang, mit vielblütiger, etwas einseitswendiger Dolde, mit zahlreichen pfriemlichen Hochblättern, Stengel und Blütenstiele ± dicht abstehend behaart, Kelch v. a. auf den Kanten behaart, Blütenstiele 3–20 mm lang, Kelch 8–13 mm lang, mit 3–7 mm langen, schmal dreieckigen Zähnen, schwach aufgewölbt, der Kronröhre ± eng anliegend; Krone hellgelb, nur schwach duftend, mit radförmig ausgebreitetem (bis etwas trichterigem) Kronsaum. Frucht 10–15 mm lang, 3–5mal so lang wie breit, deutlich länger als der Kelch.

Biologie: Blütezeit in der Rheinebene ab (Mitte bis) Ende März bis Mitte (Ende) April, in höheren Lagen wie im Schwarzwald April bis (Mitte) Mai. – Insektenbestäubung (Hummeln), Windverbreitung (Schüttelfrüchtler).

Ökologie: Schattenertragende Waldpflanze auf frischen bis feuchten, nährstoff- und basenreichen,

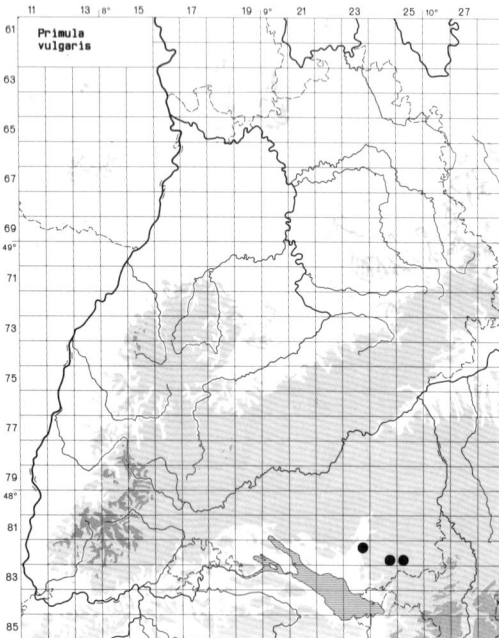

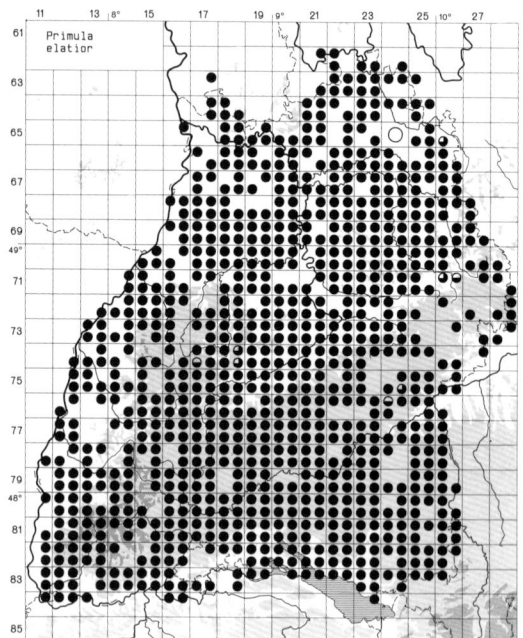

Hohe Schlüsselblume *(Primula elatior)*
Gruibingen, 1983

kalkarmen (schwach sauren) bis kalkreichen (basischen) Böden mit gutem Humuszustand, Nährstoff- und Frischezeiger. – In frischen Ausbildungen von Hainbuchenwäldern (v.a. in der Subassoziation von *Arum maculatum*), in Auenwäldern (Alno-Padion, hier zu nasse Stellen meidend), seltener in Buchen- und Buchenmischwäldern (v.a. in frischen Ausbildungen des Asperulo-Fagetum), im (v.a. kalkarmen) Gebirge oberhalb 400 m in Wiesen, so in wenig gepflegten Beständen von Glatthafer- und Feuchtwiesen (Arrhenatherion, auch Trisetion, Calthion), hier oft bezeichnenden Frühjahrsaspekt bildend. – Da in zahlreichen Waldgesellschaften vorkommend, liegen ausreichend Vegetationsaufnahmen mit *Primula elatior* vor. Wiesen mit *Primula elatior* wurden bisher wenig aufgenommen (vgl. z.B. SEBALD 1974).

Allgemeine Verbreitung: Gemäßigtes Europa, nordwärts bis Südschweden, in England nur im Südosten, ostwärts bis Westrußland, südwärts bis Oberitalien und Südfrankreich, vereinzelt auf der Balkanhalbinsel. In den Pyrenäen, im Ural und Kaukasus durch besondere Unterarten vertreten (in Mitteleuropa nur die subsp. *elatior*). – Gesamtverbreitung: temperat-subatlantisch.

Verbreitung in Baden-Württemberg: Weit verbreitet, nur in wenigen Gebieten seltener oder fehlend. Zu Gebieten ohne *Primula elatior* gehören die Flugsandgebiete der nördlichen Oberrheinebene, die Buntsandstein-Hochlagen des Nordschwarzwaldes (in den Tälern jedoch meist vorhanden), die östlichen Teile der Schwäbischen Alb. Auch in Muschelkalkgebieten ohne ausreichende Lehmüberdeckung ist die Pflanze recht selten. Manche Lücken in der Karte dürften sich bei genauerer Bearbeitung noch schließen lassen.

Tiefste Fundstellen in Baden-Württemberg bei Mannheim, ca. 95 m, höchste Fundstellen am Feldberg (oberhalb des Rinken), ca. 1250 m (in den Alpen bis 2200 m angegeben), in den Buntsandsteingebieten des Nordschwarzwaldes bis 740 m.

Die Pflanze ist einheimisch. Ältester Hinweis: J. BAUHIN (1598: 189): Bad Boll (7323).

Bestand und Bedrohung: Insgesamt ist *Primula elatior* nicht gefährdet. Doch scheint die Pflanze um die Ballungsgebiete durch Sammeln seltener geworden zu sein. Da kleinere Bestände wegen der teilweisen Selbststerilität sich kaum halten können, sollte an solchen Stellen die Bestandesentwicklung genau verfolgt werden.

3. Primula veris L. 1753

Primula officinalis (L.) Hill
Arznei-Schlüsselblume, Wiesen-Schlüsselblume

Morphologie: Sommergrüner Hemikryptophyt. Blätter bis 12 cm lang und 4,5 cm breit, abgerundet, am Rand wellig kerbig, ungezähnt (oder höchstens mit stumpfen Zähnen), allmählich bis plötzlich in den geflügelten Blattstiel verschmälert, dieser weniger als die Hälfte (meist ein Drittel) der Blattlänge einnehmend, Blätter oberwärts kahl, unterseits hellgrün bis graugrün, mit zahlreichen, bis 0,3 mm langen Haaren (v.a. auf den Nerven). Blütenschaft meist 10–20 cm hoch, dicht abstehend behaart, Haare 0,2 mm lang; vielblütige, einseitswendige Dolde, mit zahlreichen pfriemlichen Tragblättern; Blütenstiele 2–15 mm lang; Kelch 8–16 mm lang, mit breit dreieckigen Kelchzähnen, etwas glockig und der Kronröhre nicht eng anliegend; Blüten dunkelgelb (dottergelb), mit trichterig vertieftem Kronsaum, duftend. Frucht 5–10 mm lang, 1,3–1,6mal so lang wie breit, kürzer als der Kelch.

Biologie: Blütezeit April (v.a. 2. Aprilhälfte), in höheren Lagen wie im Schwarzwald oder der Schwäbischen Alb 1. Maihälfte, insgesamt etwas später als *P. elatior*. – Insektenbestäubung (Hummeln, Tagfalter), Windverbreitung. – Pflanze war früher offizinell: Blüten als Flores Primulae und Wurzel

Arznei-Schlüsselblume *(Primula veris)*
Kaiserstuhl

als Radix Primulae, zu Tee verarbeitet; die Heilwirkung beruht auf einem Saponin (Primulin, Cyclamin).

Ökologie: Lichtliebende Pflanze an mäßig trockenen (bis mäßig frischen), meist kalkreichen, basischen, seltener kalkarmen, doch basenreichen, schwach sauren, mäßig nährstoffreichen Lehmböden. In niederwüchsigen Wiesen (bei verfilzender Grasnarbe verschwindend), v.a. in Halbtrockenrasen (Mesobromion-Verband, hier schwache Verbandskennart), auch in mageren Glatthaferwiesen (Arrhenatherion, hier v.a. an Südhängen), in mageren Wiesen der Kalkgebiete oft bezeichnenden Frühjahrsaspekt bildend, auch in warmen eichenreichen Wäldern über Kalk (Galio-Carpinetum, Carici-Fagetum, Quercion pubescentis-Gesellschaften), hier besonders hochwüchsig.

Primula veris ist in zahlreichen Vegetationsaufnahmen enthalten, vgl. z.B. KUHN (1937, Schwäbische Alb), LANG (1973, Bodenseegebiet), v. ROCHOW (1951, Kaiserstuhl, nur synthet. Listen). Vorkommen in mageren Glatthaferwiesen wurden nur selten erfaßt (vgl. z.B. SEBALD 1974).

Allgemeine Verbreitung: Europa, Asien (bis zum Amur). In Europa v.a. im südlichen und mittleren

Teil, nordwärts bis Mittelnorwegen, Mittelschweden und Südfinnland (vereinzelt bis zum Polarkreis), im Mittelmeergebiet v.a. in den Gebirgen, ostwärts in Rußland bis zum Ural und Kaukasus. – Zahlreiche Unterarten erschweren eine genaue Arealabgrenzung.

Verbreitung in Baden-Württemberg: Im Gebiet weit verbreitet, v.a. in den Kalkgebieten, so Schwäbische Alb (hier nur auf den Hochflächen seltener und örtlich auch fehlend), Neckargebiet, Bauland und Taubergebiet. Fehlend oder selten in der nördlichen Ostalb, im nördlichen und südlichen Oberschwaben, im Schönbuch u.s.w. – Schwarzwald: In den Gneisgebieten des Südschwarzwaldes zerstreut, im mittleren Schwarzwald selten, im Nordschwarzwald nur vereinzelt an reicheren Granitstellen, auf Buntsandstein (v.a. in höheren Lagen) weitgehend fehlend. – In der schmalen Vorbergzone des Oberrheingebietes zerstreut, in der Oberrheinebene selten, oft nur noch in sehr kleinen Populationen vorhanden (dagegen linksrheinisch in der elsässischen und pfälzischen Rheinebene nicht selten). Kraichgau zerstreut (deutlich seltener als im östlich anschließenden Stromberg), Odenwald zerstreut. – Tiefste Fundstellen in der Oberrheinebene, ca. 100 m. Höchste Fundstellen in Baden-Württemberg auf der Schwäbischen Alb bei 1000 m (nach BERTSCH für die subsp. *canescens* 980 m), in den Gneisgebieten des Südschwarzwaldes bis 780 m (Simonswälder Tal) bzw. 700 m (Wieden).

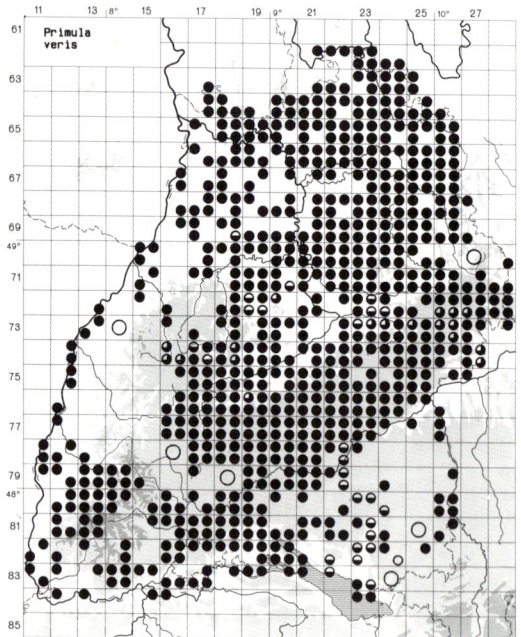

Die Pflanze ist einheimisch. – Ältester Hinweis: DUVERNOY (1722: 121): „In collibus et ad aedes Schwertzloch" (7420). Auch von HARDER 1576–94 vermutlich im Gebiet gesammelt (SCHINNERL 1912: 214).

Bestand und Bedrohung: Insgesamt durch die Intensivierung der Landwirtschaft zurückgegangen, doch landesweit nicht gefährdet. In kleineren Gebieten wie in Oberschwaben oder auch im Schwarzwald gefährdet (Gefährdungsstufe 3), in der mittleren und nördlichen Oberrheinebene Gefährdungsstufe 2 (oder schon 1?).

Variabilität: *Primula veris* ist sehr formenreich. Im Gebiet wurden zwei Unterarten unterschieden:

a) subsp. **veris:** Kelch 8–16 mm lang, meist kürzer als die Kronröhre, Blätter unterseits mäßig filzig, Haare unter 0,3 mm lang, meist unverzweigt, drüsig. Blattspreite plötzlich in den schmal geflügelten Stiel verschmälert.

b) subsp. **canescens** (Opitz) Hayek 1927: Kelch 16–20 mm lang, so lang oder länger als die Kronröhre, Blätter unterseits dicht filzig, Haare länger als 0,3 mm (bis 0,7 mm), meist verzweigt, Blattspreite sich allmählich in den breit geflügelten Blattstiel verschmälernd.

Die subsp. *veris* ist im Gebiet die weit verbreitete Sippe; die subsp. *canescens* kommt nur in Trockenwäldern des Oberrheingebietes und der Schwäbischen Alb vor. Hier wurde sie erstmals von BRAUN-BLANQUET u. KOCH (1928) vom Isteiner Klotz und Büchsenberg am Kaiserstuhl erwähnt, später von K. u. F. BERTSCH (1934) von der Schwäbischen Alb. Weitere Angaben vgl. MAYER (1950), K. MÜLLER (1957), Schwäbische Alb, HESS, LANDOLT u. HIRZEL (1970), Hochrheingebiet (vgl. auch HÜGIN (1979: 159), ferner Rand des Kraichgaus bei Untergrombach (6917/1). Pflanzen aus den Trockenwäldern des Taubergebietes gehören offensichtlich alle zu subsp. *veris*. – Zur Verbreitung in Bayern vgl. PODLECH u. VOLLRATH (1963).

Die Unterscheidung beider Sippen ist nicht einfach. Von den zahlreichen Merkmalen (die offensichtlich nicht korreliert sind) wird in erster Linie die Kelchgröße zur Bestimmung herangezogen, aber auch Formen mit kahlen Blättern werden genannt (vgl. PODLECH u. VOLLRATH). Die Chromosomenzahlen sind bei beiden Unterarten gleich. Während kleine Pflanzen aus Wiesen (besonders mit verfilzter Grasnarbe) meist Kelchgrößen von 10–12 mm aufweisen, liegen diese bei gut entwickelten Pflanzen (aus Wiesen wie aus Trockenwäldern) meist um 15–16 mm, bei Exemplaren, die der subsp. *canescens* zugerechnet werden, meist bei nur 16–17 mm, also recht nahe der von subsp. *veris*.

Ökologisch-soziologisch sind beide Unterarten nur ganz undeutlich geschieden. Die subsp. *veris* kommt in Wiesen und in Trockenwäldern vor, die subsp. *canescens* ist nur aus Trockenwäldern bekannt, offensichtlich in besonders warmen Lagen. – Die Pflanzen im Wald blühen wegen der starken Erwärmung des Bodens vor dem Laubaustrieb rund eine Woche früher als Wiesenpflanzen.

Nach HESS, LANDOLT u. HIRZEL (1970) gehören die im Gebiet als subsp. *canescens* bezeichneten Pflanzen zu *P. columnae* Ten. (*P. veris* subsp. *columnae* (Ten.) Lüdi); die subsp. *canescens* wird hier für das östliche Mitteleuropa angegeben.

Bastard: Der Bastard *Primula elatior* × *P. veris* wurde im Gebiet nur ganz selten beobachtet (oder übersehen?); offensichtlich entsteht er nur selten. – Folgende Angaben liegen vor:

Oberrheingebiet: 7115/1: Rastatt, Fohlenweide, KRAUSE (1921).
Schwarzwald: 7913/3: Reutebacher Tal bei Freiburg i.Br., SCHLATTERER (1920); 8414/2: Schachen, Mühlbachtal, THOMMA (1972).
Gäulandschaften: Neckargebiet um Tübingen mehrfach: 7420/3: Österberg bei Tübingen; 7421/3: Altenburg (1875, 1876); 7520/2 (?): Gomaringen, vgl. dazu KIRCHNER u. EICHLER (1913), MAYER (1950).
Schwäbische Alb: 7521/2: Reutlingen, Ursulaberg; 7619/4: Zeller Horn; 7818/4: Bubsheim, vgl. MAYER (1950).
Alpenvorland: 7923/3 (?): Saulgau; 8423/1: Tunau, vgl. KIRCHNER u. EICHLER (1913).

4. Primula farinosa L. 1753
Mehl-Primel, Mehlige Schlüsselblume

Morphologie: Sommergrüner Hemikryptophyt mit kurzem kegeligem Wurzelstock. Blätter schmal, löffelförmig, bis 8 cm lang und 2 cm breit, oft nur 4 cm lang und um 0,8 cm breit, stumpf, ganzrandig oder undeutlich entfernt gesägt, jung am Rand schmal umgerollt, sich keilförmig in den geflügelten Blattstiel verschmälernd, oberseits hellgrün, kahl, unterseits (mit Ausnahme der Nerven) dicht mehlig bestäubt, weißgrün bis weiß. Blütenschaft kahl, nur im oberen Teil wie Blütenstiele und Kelch mehlig bestäubt, bis 20 (25) cm hoch, mehrfach länger als die Blätter; Hochblätter lanzettlich, bis 6 mm lang, am Grund sackartig ausgebuchtet; Dolde mit zahlreichen Blüten, diese 1–10 mm lang gestielt; Kelchzipfel 4–6 mm lang, auf ein Drittel eingeschnitten; Krone rotlila, mit gelbem Schlundring, kaum duftend, Kronröhre wenig länger als der Kelch, Kronzipfel 4–7 mm lang, deutlich eingeschnitten. Frucht eine walzenförmige Kapsel, 5–9 mm lang.

Biologie: Blütezeit 2. Maihälfte (bis Anfang Juni) (in den Alpen auch später blühend), Insektenbestäubung, Windverbreitung.

Ökologie: An lichtreichen, offenen, moosreichen, feuchten bis nassen, meist kalkhaltigen, basischen (bis neutralen), nährstoffarmen, humosen Stellen. Begleitpflanzen *Carex davalliana, Schoenus ferrugi-*

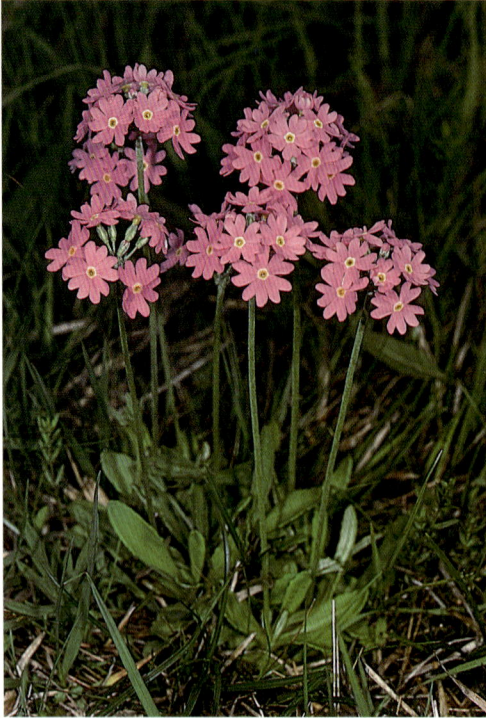

Mehl-Primel *(Primula farinosa)*
Baustetter Ried, 1978

neus, Moose wie *Drepanocladus revolvens* oder *Campylium stellatum*. Im Gebiet v.a. im Primulo-Schoenetum ferruginei oder im Caricetum davallianae, beim Zuwachsen der Flächen infolge fehlender Pflege verschwindend (Blattrosette liegt dem Boden an, die Pflanze ist daher konkurrenzschwach). Nach Mahd stellt sich die Pflanze wieder über Sämlinge ein. Die Bestände erholen sich ± rasch, können dann erneut z.B. bei lang anhaltenden Hochwassern wieder zusammenbrechen (zu diesen Bestandesschwankungen vgl. PEINTINGER (1990)). – Vegetationsaufnahmen vgl. GÖRS (1951, 1960, 1969), LANG (1973), DIERSSEN (1984).
Allgemeine Verbreitung: Europa, Asien, in Nordamerika durch eine nah verwandte Art ersetzt. – In Europa im nördlichen Teil (Schottland, Süd- und Mittelschweden), Ostseegebiete von Rußland bis Mecklenburg; Gebirge: Alpen (und Alpenvorland), Schweizer Jura, Schwäbische Alb, Karpaten, Pyrenäen. Die Sippe der mitteleuropäischen Gebirge wird als subsp. *alpigena* Schwarz abgetrennt.
Verbreitung in Baden-Württemberg: Alpenvorland bis Hochrhein, Donaugebiet, Schwäbische Alb selten, Baar, früher auch Schwäbisch-Fränkischer Wald.

Tiefste Fundstellen am Bodensee und Hochrhein, 395–400 m, höchste am Witthoh bei Tuttlingen, ca. 800 m.

Die Pflanze ist im Gebiet urwüchsig und als Glazialrelikt anzusehen. Älteste Hinweise: ROTH VON SCHRECKENSTEIN (1799: 12): „Um Sigmaringen, Duttlingen, die Hohenstoffeln, und längs dem Bodensee auf Wiesen häufig."

Schwarzwald: 8114/3: Angepflanzt am Herzogenhorn (BOGENRIEDER, vgl. DIERSSEN 1984).
Schwäbisch-Fränkischer Wald: 7024/1: Zwischen Gschwend und Gaildorf, BLEZINGER, KEERL; v. MARTENS u. KEMMLER (1888), vor 1900 erloschen.
Baar: Früher an zahlreichen Stellen, heute nur noch an wenigen Fundorten, meist in geringer Menge: 8117/3: Zollhausried, zuletzt DIERSSEN (1984); 8016/2: Wolterdingen, 1986, ZINKE (KR-K); 7917/3: südlich Dürrheim, Ankenbuck, wenige Pflanzen, 1983, WITSCHEL (KR-K).
Schwäbische Alb: Mehrere altbekannte Fundorte, teilweise erloschen. Lone-Egau-Alb: 7327/1: Oggenhausen, noch 1986 (STU-K); 7327/3: Herbrechtingen, noch 1987 (STU-K). – Mittlere Donaualb: 7623/4: Altsteußlinger Ried, noch 1977 (STU-K); 7624/3: Allmendinger Ried, noch 1980, MECKLE in RAUNEKER (1984); 7723/2: bei Mundingen, noch 1986 (STU-K). – Zollern- und Heuberg-Alb: 7818/2: Am Oberhohenberg bei Deilingen, 1946 noch wenige Pflanzen, HAUG (STU-K BERTSCH); 7818/4: Gosheim, A. MAYER (1929). – Südwestliche Donaualb: 7821/3: Hanfertal, KIRCHNER u. EICHLER (1913); 7918/4: Ludwigstal, RÖSLER in MARTENS u. KEMMLER (1865), erloschen; 7919/4: Fridingen, erloschen (A. MAYER 1929). – Baar- und Hegau-Alb: 8018/3: Witthoh, ca. 800 m, 1949, HAUG (1950).

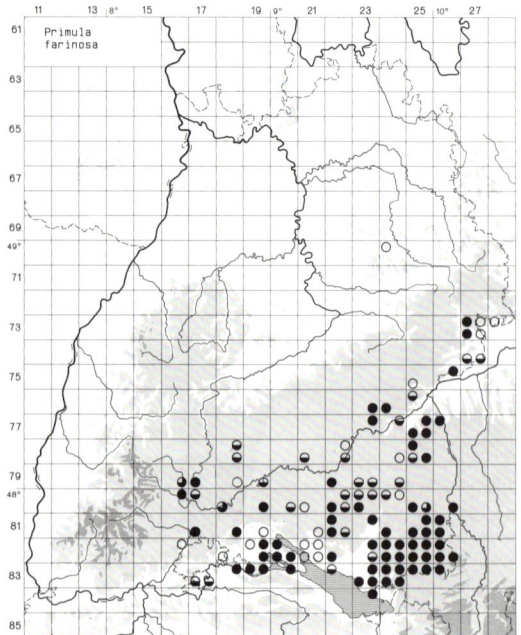

Alpenvorland: V.a. im Westallgäuer Hügelland, stellenweise noch verbreitet bis häufig, jedoch zurückgehend; ausführliche Fundortszusammenstellung vgl. DÖRR (1976: 50–51); Riede am Bodensee, hier v.a. im westlichen Bodenseegebiet, nach Westen am Hochrhein bis Jestetten und Lottstetten (8317/4, zuletzt 1939, vgl. KUMMER 1946), am östlichen Bodensee: 8323/3: Eriskircher Ried und (auf bayerischem Gebiet) 8423/2: Stockwiesen bei Hege. – Im nördlichen Oberschwaben seltener, heute vielfach verschollen. – Donaugebiet bei Ulm vereinzelt, so z.B. Langenau, Osterried.

Bestand und Bedrohung: In Baden-Württemberg Gefährdungsstufe 2 („stark gefährdet"), in der Bundesrepublik Deutschland Gefährdungsstufe 3 („gefährdet"). – Wenig gefährdet, wenn auch deutlich zurückgehend, im Westallgäuer Hügelland, teilweise auch im westlichen Bodenseegebiet. In allen anderen Gebieten stark zurückgehend und entsprechend gefährdet, so z.B. in der Baar (hier vom Aussterben bedroht), im Gebiet um Ulm und in der Egau-Lone-Alb. Ausgestorben in den westlichen Teilen der Schwäbischen Alb und im Schwäbisch-Fränkischen Wald (eine Fundstelle). Der Rückgang ist auf Entwässerungen und Düngung zurückzuführen (Umwandlung von Flachmoorwiesen in Feuchtwiesen). An anderen Stellen dürfte das Brachfallen und damit verbundene Zuwachsen der Wiesen eine Ursache des Verschwindens sein. Wie Versuche am Bodensee gezeigt haben, können sich Restbestände der Mehlprimel bei entsprechender Pflege (Mahd und Wegräumen des Mähgutes) rasch wieder erholen (mündl. Mitt. von M. DIENST und M. PEINTINGER).

5. Primula auricula L. 1753
Aurikel, Aurikel-Schlüsselblume, Alpen-Aurikel

Morphologie: Sommergrüner Hemikryptophyt mit kräftigem Wurzelstock. Blätter löffelförmig, stumpflich, allmählich in den geflügelten Blattstiel verschmälert, bis 13 cm lang und 5 cm breit, ledrig derb, beiderseits graugrün, ± mehlig, am Rand schwach und entfernt gezähnelt, dicht mit kurzen Drüsenhaaren besetzt (z.T. auch auf der Blattfläche); Blattrand etwas knorpelig (an gepressten Pflanzen kaum zu sehen). Blütenschaft bis 15 (20) cm lang, kahl oder mit vereinzelten Drüsenhaaren, höchstens schwach mehlig, Blüten in bis 15blütiger, etwas einseitswendiger Dolde, Blütenstiel 15 mm lang, wie Tragblätter und Kelch mit wenigen kurzen Drüsenhaaren, v.a. der Kelch mehlig bestäubt; Kelch bis 5–6 mm lang, bis fast zur Hälfte eingeschnitten; Krone leuchtend (wachs-) gelb, Schlundeingang gelb, mehlig bestäubt, Kronröhre 1,4 cm lang, Kronsaum ± trichterig vertieft,

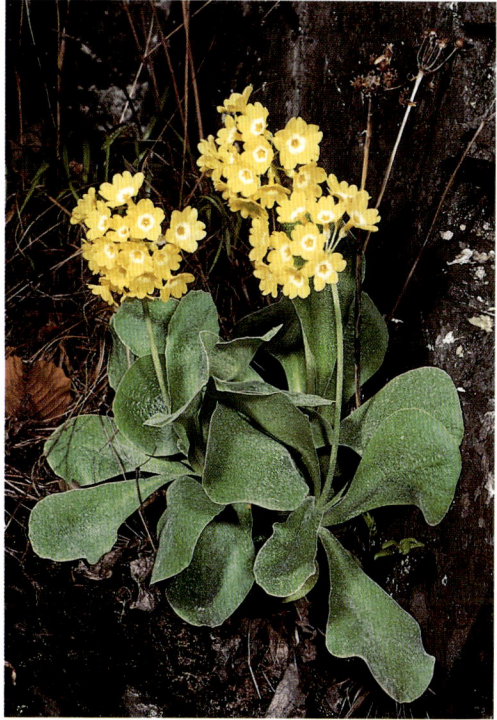

Aurikel *(Primula auricula)*
Hirschsprung, 1963

bis 2 cm im Durchmesser, Kronzipfel 0,6–1 cm lang, Blüten schwach duftend. Frucht kugelig, 4–6,5 mm lang, wenig länger als der Kelch.

Biologie: Blütezeit Ende April bis Anfang Mai (so im Höllental), in höheren Lagen (Feldberg, Belchen) Ende Mai bis Anfang Juni. – Insektenbestäubung, Windverbreitung.

Ökologie: In Felsspalten, v.a. auf schrägen Felsabsätzen, seltener an senkrechten Wänden an lichtreichen bis mäßig beschatteten, ganz schwach durchsickerten, basenreichen, z.T. auch kalkreichen, basischen Stellen, meist zusammen mit *Valeriana tripteris* (in den Beständen sonst kaum weitere Gefäßpflanzen) und basi- bis neutrophytischen Moosen (z.B. *Tortella tortuosa, Amphidium mougeotii*), gelegentlich auch an Mauern, hier zusammen mit *Asplenium ruta-muraria*. – Kennart der *Primula auricula-Hieracium humile*-Gesellschaft (Potentillion caulescentis). Vegetationsaufnahmen vgl. OBERDORFER (1957, 1977), PHILIPPI (1972), zur Ökologie der Kalkstellen im Schwarzwald K. MÜLLER (1935).

Allgemeine Verbreitung: Europa: hier v.a. im Alpenzug (bis 2450 m), Alpenvorland, Apennin (südwärts bis Abruzzen), Karpaten (hier subsp. *hunga-*

rica), Schweizer Jura, isolierte Vorkommen im Schwarzwald (in den Vogesen fehlend) und in der Fränkischen Alb (Donaudurchbruch).

Verbreitung in Baden-Württemberg: Südschwarzwald, an wenigen Stellen, 520–1350 m. Die Pflanze ist einheimisch; das Vorkommen kann als Glazialrelikt angesehen werden (vgl. auch LITZELMANN 1939). Ältester Hinweis: ROTH VON SCHRECKENSTEIN (1798: 92): „Auf dem Hohenblauen". Wohl irrige Angabe, da auf dem Blauen die Pflanze später nie beobachtet wurde und die Granite des Blauens auch keine Wuchsmöglichkeiten bieten. SPENNER (1826: 333): „vallis Hoelle am Hirschensprung frequens".

Südschwarzwald: 8014/3: Höllental am Hirschsprung, hier erstmals von SPENNER beobachtet, auch heute noch reichlich an eng beschränkter Stelle zwischen dem unteren Hirschsprungtunnel-Hirschsprungfelsen bis zum oberen Hirschsprungtunnel, an beiden Bachseiten, Gneisfelsen mit kalkhaltigen Spaltenfüllungen, vereinzelt auch an Stützmauern der Bahn, ca. 520–600 m. – An den übrigen Felsen des Höllentales, die ebenfalls kalkhaltige Spaltenfüllungen aufweisen, nicht beobachtet. 8013/4 (?): St. Wilhelm gegen Hofsgrund, WIELAND; SPENNER (1826), seither nicht mehr beobachtet. 8113/2: St. Wilhelmer Tal gegen den Feldberg, SPENNER 1826, hier heute noch an kleiner Stelle an Felsen des Kammenecks bekannt, ca. 1200 m, vgl. PHILIPPI (1961). 8112/4, 8113/3: Belchen, hier von VULPIUS pater entdeckt, vgl. GMELIN (1826): „infrequens", heute an wenigen Stellen des Nordabfalles und der Südseite bekannt, ca. 1200–1350 m, Granitfelsen. – Vegetationsaufnahme vgl. PHILIPPI (1972). 8114/3: Wasserfall

der Alb oberhalb Menzenschwand, K. MÜLLER (1937), ca. 900 m. – Das Vorkommen könnte auf eine Ansalbung durch den Menzenschwander Bürgermeister MAYER zurückgehen (vgl. auch die Ansalbung von *Crocus albiflorus*); es konnte später nicht mehr bestätigt werden.

Nächste Fundstellen im Schweizer Jura (im Gebiet Solothurn-Moutier) und im Allgäu.

Variabilität: *Primula auricula* ist außerordentlich variabel. Die Pflanzen des Schwarzwaldes werden zur subsp. *bauhini* (Beck) Lüdi gerechnet, die langsam in den Blattstiel sich verschmälernde Blätter sowie an grünen Teilen der Pflanze Mehlstaub aufweist. Diese Sippe ist weit verbreitet. – Pflanzen aus dem Schwarzwald (Höllental) mit undeutlichem Knorpelrand wurden der var. *widmerae* zugerechnet.

Bestand und Bedrohung: Nach der Roten Liste „potentiell gefährdet" (Gefährdungsstufe 4). Das Hauptvorkommen im Höllental wurde an zugänglichen Stellen durch Plünderung deutlich dezimiert. Doch kommt die Pflanze an unzugänglichen oder schwer zugänglichen Felsen noch reichlich vor. Immer wieder zu beobachtende Sämlinge (vgl. auch K. MÜLLER 1937) und Vorkommen an Sekundärstandorten wie Mauern zeigen, daß die Bestände sich relativ rasch wieder erholen können. – Offensichtlich kann sich *Primula auricula* über größere Entfernungen schlecht ausbreiten. Sonst hätte die Pflanze auch außerhalb des engeren Hirschsprunggebietes sich irgendwo an Mauern einstellen müs-

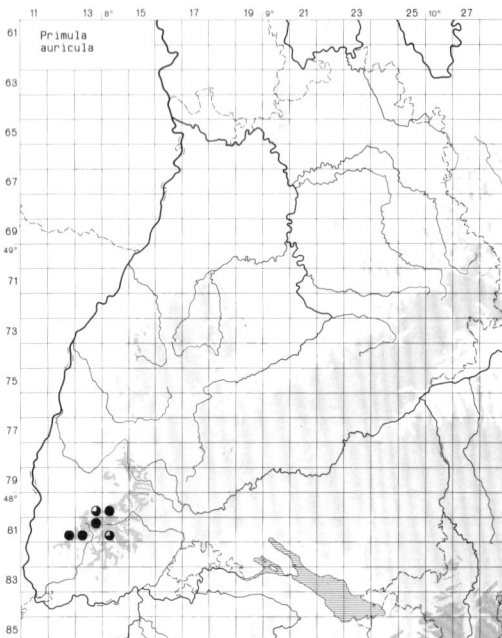

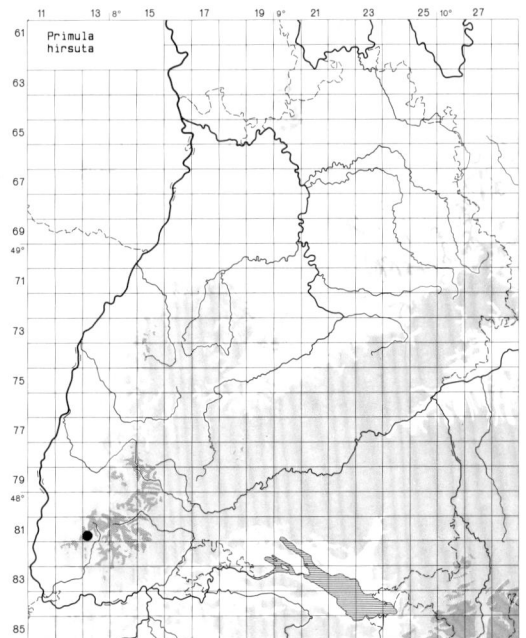

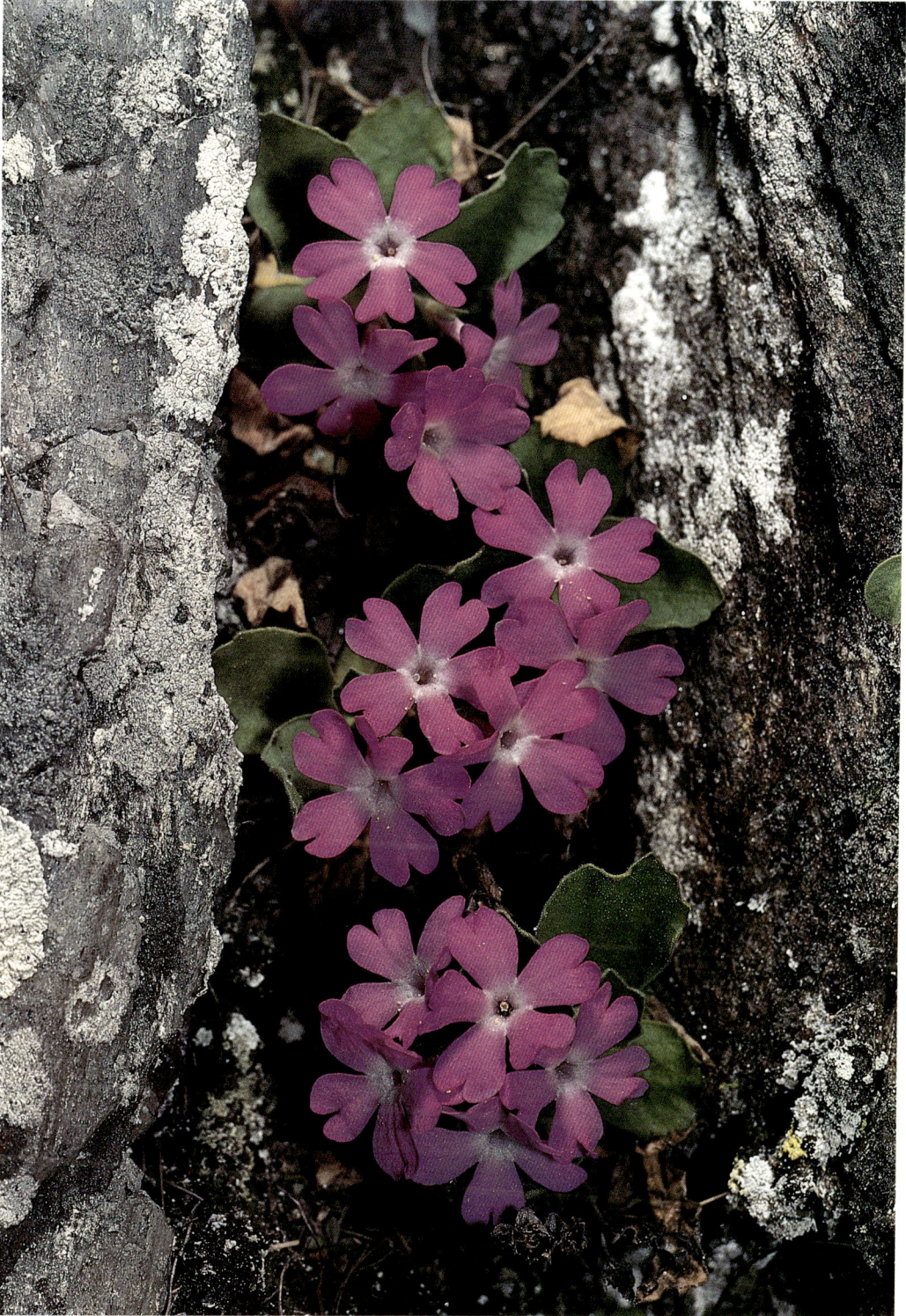

Behaarte Schlüsselblume *(Primula hirsuta)*

sen. Die übrigen Vorkommen am Belchen und im St. Wilhelmer Tal sind eng beschränkt und daher schon wegen der geringen Ausdehnung der Wuchsorte mehr oder weniger gefährdet.

6. Primula hirsuta All. 1773
Behaarte Schlüsselblume, Drüsige Schlüsselblume

Morphologie: Sommergrüner Hemikryptophyt mit kräftigem Wurzelstock. Blätter bis 6 cm lang, meist ± rasch in den geflügelten Blattstiel übergehend, stumpflich, am Rand kerbig eingeschnitten, klebrig, beiderseits drüsig behaart. Blütenschaft bis 7 cm hoch, mit 3–15 mm langen Blütenstielen, diese länger als $\frac{1}{15}$ des Blütenschaftes (bis fast so lang), Stengel und Blütenstiele drüsig behaart, Dolde mit weniger als 5 Blüten (oft nur 2 Blüten); Kelch 3–7 mm lang; Blüten rosa bis purpurn, Kronröhre 2–3mal so lang wie der Kelch, Kronzipfel 3–11 mm lang, ± tief ausgerandet. Frucht $\frac{2}{3}$ bis $\frac{4}{5}$ der Kelchlänge.
Biologie: Blütezeit Mai, Juni. – Insektenbestäubung, Windverbreitung.
Ökologie: In Felsspaltgesellschaften, an kalkarmen, doch oft basenreichen, (schwach) sauren Stellen, in den Alpen Kennart des Asplenio-Primuletum hirsutae (Androsacion vandellii), auch in Rasengesellschaften (z.B. im Caricetum curvulae). Im Gebiet zusammen mit *Polypodium vulgare*.
Allgemeine Verbreitung: Pyrenäen, Alpen (ostwärts bis Hohe Tauern, 1200–2800 m), isoliertes Vorkommen im Schwarzwald.
Vorkommen in Baden-Württemberg: Im Schwarzwald an der Nordseite des Belchens (8113/3), an Felsen (Aplatit-Granit), ca. 1350 m, 1980 von F. Baum und R. Lühl entdeckt. Der Bestand umfaßt nur wenige Pflanzen (zusammen mit dem Bastard mit *P. auricula* 5 Pflanzen). Die Bastarde mit *Primula auricula* besiedeln dabei deutlich basische Stellen (Begleitpflanzen *Cystopteris fragilis* und *Asplenium viride*). Nächste Vorkommen in der Schweiz über 100 km entfernt. Einzige Fundstelle in der Bundesrepublik Deutschland, in den Bayerischen Alpen (Ammergau, Allgäu) nur der Bastard mit *P. auricula*.

Eine Ansalbung durch Vulpius ist nicht ausgeschlossen, scheint jedoch nach der kaum zugänglichen Stelle wenig wahrscheinlich zu sein. Beleg im Herb. Berlin. – Nähere Angaben, auch zur Soziologie, vgl. Kämmer u. Baum (1980).
Bestand und Bedrohung: Die sehr kleine Population ist durch Felsabbrüche oder wildes Klettern bedroht. Gefährdungsstufe 1 („vom Aussterben bedroht").

Bastard: *Primula × pubescens* Jacq., Bastard mit *P. auricula*, Blüten hellrot, zusammen mit *P. hirsuta* am Belchen im Schwarzwald.

2. **Androsace** L. 1753
Mannsschild

Pflanze mit dicht beblätterten Rosetten, Blätter schmal, Blüten in Dolden (oder einzeln), weiß oder rosa, Kronröhre so lang wie der Kronsaum. – In der Bundesrepublik Deutschland 8 Arten, davon im Gebiet nur 2 Arten (davon eine heute verschollen), zwei weitere Arten adventiv.

1	Pflanze mit nichtblühenden Rosetten, ausdauernd
	2. *A. lactea*
–	Pflanze ohne nichtblühende Rosetten, einjährig . 2
2	Stengel mit einfachen Haaren; Hüllblätter der Dolde etwas länger als die Blütenstiele
	[A. maxima]
–	Stengel mit Sternhaaren; Hüllblätter der Dolde viel kürzer als die Blütenstiele 3
3	Blütenblätter kürzer als der behaarte Kelch; Hochblätter eiförmig-lanzettlich, 3–8 mm lang; Kelchzipfel zuletzt abstehend . . . . . . *[A. elongata]*
–	Blütenblätter länger als der kahle Kelch; Hochblätter lineal; Kelchzipfel zunächst aufrecht . . .
	1. *A. septentrionalis*

1. **Androsace septentrionalis** L. 1753
Nördlicher Mannsschild

Morphologie: Therophyt, Pflanze 5–30 cm, mit rosettig angeordneten Blättern, diese sehr dicht stehend, lanzettlich, 4 cm lang und ca. 0,4 cm breit, oberhalb der Blattmitte am breitesten, in der oberen Hälfte buchtig gezähnt, mit einzelnen mehrzelligen Haaren; 3–5 (und mehr) Blütenstände pro Pflanze, Blüten doldig, bis 25 und mehr Blüten pro Blütenstand, Blütenstiele wie Doldenschaft dicht flaumig sternhaarig, zerstreut drüsig behaart, Hochblätter 3 mm lang, eilänglich. Kelch glockig, 3 mm lang, mit breit dreieckigen, spitzen Zipfeln, mit einzelnen rotkopfigen Drüsenhaaren; Krone weiß bis rötlich, 4–5 mm lang, Kronzipfel abgerundet. Kapsel kugelig, 3–4 mm lang; 5–10 Samen pro Kapsel, diese 1–1,2 × 0,5–0,7 mm groß.
Biologie: Blütezeit April bis Juni; Insektenbestäubung (Fliegen), Selbstbestäubung; Windverbreitung.
Ökologie: In Magerrasen und Brachen auf sandigen, kalkarmen, sauren, doch basenreichen Böden, Sedo-Scleranthetea-Art.
Allgemeine Verbreitung: Europa, Asien (bis Tibet und Tschuktschen-Halbinsel), westliches Nordamerika. In Europa von den Westalpen bis in das Ost-

seegebiet (bis 65° n.Br.), hier v.a. in den östlichen Gebieten, Rußland. – Eurasiatisch-kontinental, im Gebiet an der Westgrenze der Verbreitung.

Verbreitung in Baden-Württemberg: Main- und Taubergebiet, vorübergehende Vorkommen im Schwäbisch-Fränkischen Wald und adventiv im Oberrheingebiet. Die Pflanze ist wohl erst mit dem Menschen in das Gebiet eingewandert (Archäophyt).

Oberrheinebene: Von F. ZIMMERMANN (1907) aus dem Hafen von Mannheim und vom Neckar bei Ladenburg (Juni 1902) angegeben: adventive, nur vorübergehende Vorkommen? (Auf der Karte nicht berücksichtigt.)

Maingebiet: In den Sandgebieten entlang des Maines bei Wertheim (hier westlichste Fundstellen), um 1795 von WIBEL entdeckt (1799: 180): „In agris arenosis im Taennig et Sporkert", GMELIN (1826: 149): „copiose in agris apricis sterilibus, prope Wertheim" (1813 gesammelt). – Das linksmainische Vorkommen im Sporkert unterhalb Wertheim (6222/2, ca. 150 m), konnte später nicht mehr bestätigt werden. Im „Tännig" auf der rechten Mainseite (etwa schräg gegenüber Urphar, gegen das heutige Mainwehr, 6223/3 (oder 1?), ca. 150 m) wurde die Pflanze 1888 von STOLL noch in 73 Exemplaren beobachtet (KR, „Tännigwiese"). Die letzten Pflanzen wurden hier 1922 von KNEUCKER gesehen (2 Exemplare, vgl. KNEUCKER 1924). Seitdem ist die Pflanze verschollen. – Das Vorkommen auf der Tännigwiese war ca. 6 km von dem im Sporkert entfernt. Die beiden Wertheimer Vorkommen waren die westlichsten Vorposten am Main, wo die Pflanze um Würzburg und Volkach früher an mehreren Stellen beobachtet wurde und z.T. auch heute noch vorkommt.

Oberes Taubergebiet: 6526/4: Tauberscheckenbach-Fin-

Nördlicher Mannsschild *(Androsace septentrionalis)*

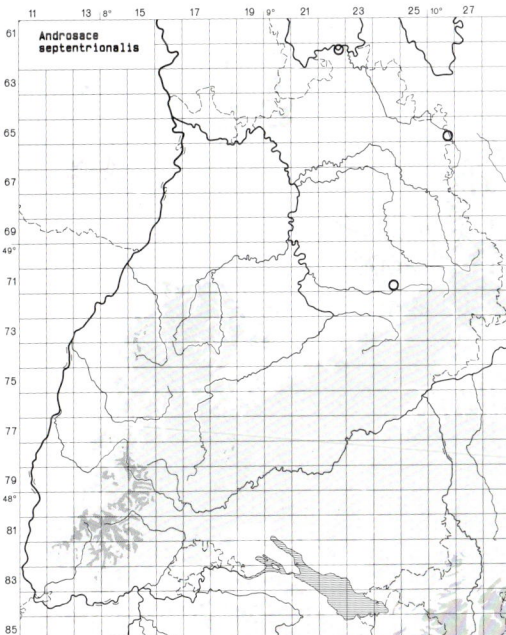

sterlohr, „auf württembergischen Grund", FRICKHINGER in v. MARTENS u. KEMMLER (1865), ca. 400–450 m, seither nicht wieder gefunden.

Schwäbisch-Fränkischer Wald: 7124/4 (?): Bei (Schwäbisch) Gmünd auf Äckern wenige Exemplare, ca. 400–450 m, 1874, HERTER (vgl. v. MARTENS u. KEMMLER 1882), seither nicht mehr beobachtet.

Bestand und Bedrohung: Im Gebiet bereits vor 1900 ausgestorben, in anderen Gebieten der Bundesrepublik im Rückgang und vom Aussterben bedroht.

Androsace maxima L. 1753
Großkelchiger Mannsschild

Einjährig, 2–15 cm hoch, ähnlich *A. septentrionalis*, doch mit 5–6 mm langem Kelch, Doldenschaft mit einfachen, bis 1 mm langen, mehrzelligen Haaren (bei *A. septentrionalis* Haare 0,1 mm lang und verzweigt). – Auf trockenen, ± kalkhaltigen, basischen Böden, in Getreide-Unkrautgesellschaften, auf Brachen, Caucalidion-Art. – Hauptverbreitung im submediterranen Europa und Asien.

Im Gebiet nach F. ZIMMERMANN (1907) einmal im Hafen von Mannheim beobachtet (1901), hier höchstens vorübergehend oder adventiv. Größere Vorkommen früher linksrheinisch, so nach SCHMIDT (1857) „einzeln bei Oggersheim!, häufiger bei Ruchheim!, Fußgönnheim!, Ellerstadt!" (Fundstellen alle in der Umgebung von Ludwigshafen); hier nach F. ZIMMERMANN (1907) bis 1905 bei Ruchheim und Ellerstadt bestätigt. Später nicht mehr beobachtet.

Großkelchiger Mannsschild *(Androsace maxima)*

Langgestielter Mannsschild *(Androsace elongata)*

Androsace elongata L. 1763
Langgestielter Mannsschild

Einjährig, 2–8 cm hoch, ähnlich *A. septentrionalis*, unterschieden durch behaarten Kelch und kurze Kronröhre. – Auf trockenen, kalkfreien, doch basenreichen Sanden. Im Gebiet die Westgrenze der Verbreitung erreichend, Hauptverbreitung in submediterranen Gebieten Osteuropas und Asiens.

Im Gebiet nach F. ZIMMERMANN (1907) im Hafen von Mannheim (1892, 1893, 1904), wohl adventiv, ferner linksrheinisch bei Roxheim (nahe Frankenthal) im Getreide (1904). Beständige Vorkommen in Rheinhessen und im Mittelrhein sowie im bayerischen Maingebiet.

2. Androsace lactea L. 1753
Milchweißer Mannsschild

Morphologie: Hemikryptophyt, Pflanze (5) 10–20 cm hoch, mit locker schließenden Rosetten. Blätter lineal, ± dicht stehend, die jüngeren aufrecht abstehend, die älteren zurückgeschlagen, 1–2,5 cm lang und 0,2 cm breit, in der Mitte am breitesten, ganzrandig, kahl, nur an der Spitze wenige (0,1–0,2 mm lange) z. T. verzweigte Haare. Pro Rosette ein Blütenstand, dieser lang gestielt; Blü-

Milchweißer Mannsschild *(Androsace lactea)*

tenstand doldig, mit 3–4 mm langen, lanzettlichen Tragblättern und mit 3–4 Blüten; Blütenstiele bis 4 (6) cm lang, wie Doldenschaft kahl. Kelch glockig, auf ein Drittel eingeschnitten, mit breit dreieckigen, spitzen Zipfeln. Krone weiß mit gelbem Schlund, Kronsaum ca. 10 mm im Durchmesser, Kronzipfel an der Spitze ausgerandet. Kapsel kugelig, 3–4,5 mm lang, mit bis zu 5–10 Samen (im Gebiet pro Kapsel 2–5 ovale Samen, pro Pflanze zwei Kapseln, vgl. WILMANNS u. RUPP 1966); Samen 2–3 mm lang.

Biologie: Blütezeit Mai–Juni; Insektenbestäubung (Fliegen), Selbstbestäubung, Windverbreitung; vegetative Vermehrung durch Tochterrosetten, die sich nur sehr langsam bewurzeln (WILMANNS u. RUPP 1966).

Ökologie: Lockere Polster an frischen (bis feuchten), zeitweise etwas übersickerten, moosreichen, schattigen Kalkfelsen in Nordexposition, zusammen mit *Valeriana tripteris, Asplenium viride, Orthothecium rufescens* u.a., Kennart des Asplenio-Cystopteridetum, auch im Valeriano-Seslerietum. -Vegetationsaufnahmen vgl. WILMANNS u. RUPP

(1966: 82–83). – Zur Vergesellschaftung im Schweizer Jura vgl. RICHARD (1972: Androsaco-Ranunculetum alpestris).

Allgemeine Verbreitung: Europäische Gebirge: Alpen, Schweizer Jura, Karpaten, Balkanhalbinsel (bis Serbien), im Gebiet ein isoliertes Vorkommen im Donautal. In den Alpen v.a. in Höhen zwischen 1100 und 2260 m, seltener bis 600 m herab. – Alpin-praealpin.

Verbreitung in Baden-Württemberg: Nur im Donautal (7919/4) zwischen Fridingen und Beuron, 612–640 m, 1834 von RÖSLER entdeckt, 1858 an der Eichhalde bei Beuron von VALET beobachtet (v. MARTENS u. KEMMLER 1882). Nach BERTSCH (1913) drei Vorkommen, heute noch an zwei Stellen in kleinen Populationen erhalten. – Das Vorkommen im Donautal ist isoliert, die Pflanze gilt als Glazialrelikt. Die nächsten Fundstellen sind im Allgäu (Zeiger, Kugelhorn, Höfats usw.) sowie im Schweizer Jura (z.B. Bölchen, Weissenstein), ca. 100–120 km vom Donautal entfernt.

Erster Hinweis: SCHÜBLER u. v. MARTENS (1834: 648): „An den Kalkfelsen des Ramspel, ½ Stunde von Friedingen (RÖSLER), am 17. Juli 1834 schon völlig verblüht."

Bestand und Bedrohung: Der Bestand im Donautal ist sehr klein; ganz offensichtlich ist die Pflanze zurückgegangen, ohne daß hierfür Gründe genannt werden können (Sammler?). *Androsace lactea* gilt deshalb als „vom Aussterben bedroht".

Androsace carnea L. 1753
Roter Mannsschild

Ausdauernd, Blütenstiele mit zahlreichen Haaren, Blüten rosenrot oder weißlich. – Im Gebiet fehlend, doch benachbart in den Vogesen (hier die Kleinart *A. rosea* Jord. et Fourr.), von C.C. GMELIN (1805) als *A. lachenalii* beschrieben und abgebildet (Tab. II, p. 437), später (1826) als *A. halleri* aufgeführt. Fundstelle: Grand Ballon (Sulzer Belchen), im Gesteinsschutt bei ca. 1400 m.

3. Soldanella L. 1753
Troddelblume, Alpenglöckchen, Soldanelle

Pflanzen mit runden Blättern und fransenartig zerschlitzten blauen bis violetten Blüten, zwischen den Ansatzstellen der Staubblätter jeweils eine kleine Schuppe. – Gattung mit 10 nahe verwandten Arten der mittel- und südeuropäischen Gebirge. Von den vier in Deutschland vorkommenden Arten im Gebiet nur eine.

1. Soldanella alpina L. 1753
Alpen-Troddelblume, Echtes Alpenglöckchen, Alpen-Soldanelle

Morphologie: Hemikryptophyt mit immergrünen Blättern, mit aufsteigendem, z.T. knotig verdicktem, kurzem Wurzelstock; Blattspreite rundlich (-nierenförmig), mit breiter Basalbucht, meist (1) 2–3 cm im Durchmesser, dunkelgrün, etwas ledrig, am Rand schmal umgebogen, ± ganzrandig, unterseits rötlich punktiert (drüsig); Blattstiel bis 7 cm lang. Blütenschaft 5–15 cm lang, zur Fruchtzeit sich verlängernd, meist mit 2–3 Blüten, diese schiefaufrecht bis einseitswendig nickend; Kelch bis 3,5 mm lang, bis fast zum Grund geteilt; Krone violettblau, trichterförmig, 8–13 mm lang, auf ein bis zwei Drittel fransenartig eingeschnitten, zwischen den Ansatzstellen der Staubblätter je eine kleine Schuppe. Frucht eine aufrechte Kapsel, 10–15 mm lang. – Chromosomenzahl: $2n = 40$ (BOGENRIEDER 1974).

S. alpina unterscheidet sich von *S. minima* und *S. pusilla* durch die Mehrblütigkeit, von *S. montana* durch kleinere, nur schwach gekerbte Blätter und sitzenden Drüsen des Blütenstandes (bei *S. montana* gestielt).

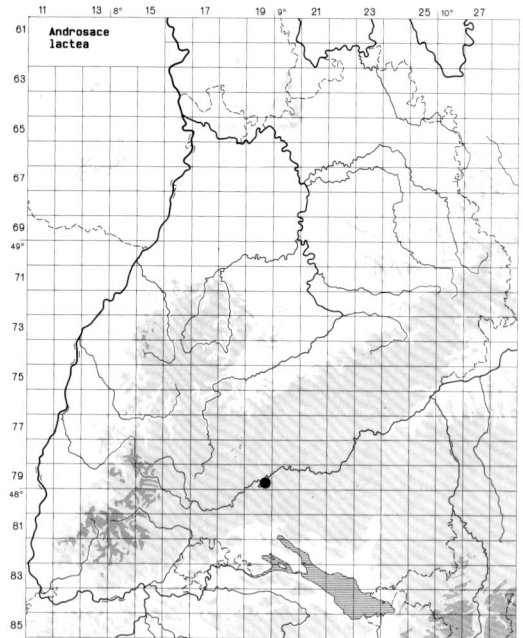
Androsace lactea

Biologie: Blütezeit nach der Schneeschmelze: im Gebiet Mitte bis Ende Mai, selten auch bis Mitte Juni. – Insektenbestäubung (Bienen), Windverbreitung.

Ökologie: An lichtreichen, lange schneebedeckten, feuchten, zeitweise auch nassen, durchsickerten, im

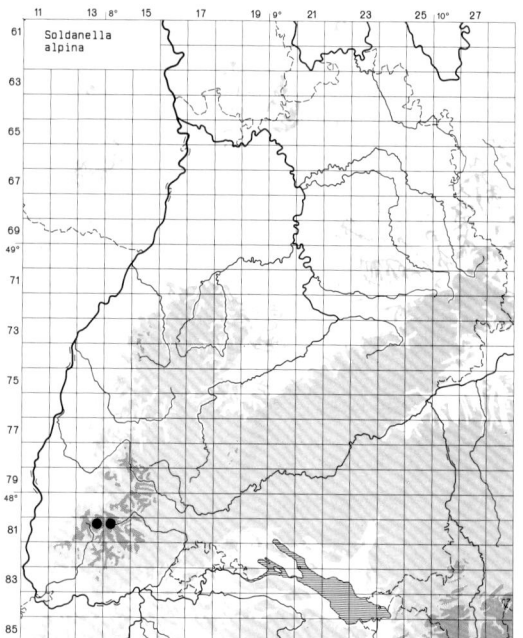
Soldanella alpina

Alpen-Troddelblume *(Soldanella alpina)*
Feldberg

Gebiet kalkarmen-sauren, doch basenreichen (in den Alpen auch kalkhaltigen-basischen) mineralischen bis schwach humosen Böden. V.a. in Sickerfluren mit *Carex frigida*, hier v.a. in Ausbildungen mit *Ligusticum mutellina, Bartsia alpina, Riccardia pinguis* und *Campylium stellatum*, seltener auch im Bartsio-Caricetum fuscae (Drepanoclado-Trichophoretum), hier an etwas humoseren Stellen. – Vegetationsaufnahmen vgl. OBERDORFER (1956), DIERSSEN (1984).

Pflanzen von *Soldanella alpina* des Feldberges unterscheiden sich morphologisch nicht von denen der Alpen, zeigen jedoch gegenüber den Alpenpflanzen ein unterschiedliches physiologisches Verhalten (höhere Samengewichte, höhere Keimungsrate, geringere Photosyntheserate bei Temperaturen über 20 °C). Vgl. dazu BOGENRIEDER (1974), BOGENRIEDER u. WERNER (1979).

Allgemeine Verbreitung: Europäische Gebirge Süd- und Mitteleuropas, v.a. Alpen, hier von (400–)600–3000 m, weiter Pyrenäen, Massif Central, Schweizer Jura, Schwarzwald (in den Vogesen fehlend), vereinzelt im Apennin und im Illyrischen Gebirge.

Vorkommen in Baden-Württemberg: Isoliertes Vorkommen am Feldberg (nächste Vorkommen im Allgäu und in den Schweizer Alpen, ca. 120 bzw. 100 km entfernt), Glazialrelikt, offensichtlich ohne Tendenz zur weiteren Ausbreitung, nur in wenigen Nord- bzw. Ost-exponierten Karmulden beobachtet. Erster Nachweis durch ECKER und SPENNER an verschiedenen Stellen des Feldberggebietes, z.T. als „abunde" bezeichnet: Grüblemulde-Seebuckabsturz, hier bis 1270 m herabsteigend, Baldenweger Buck, hier an einer Stelle bis nahe der Rinkenstraße auf 1200 m herabreichend, Osterrain (Zastler), weiter von SCHUHWERK (1965) unterhalb der St. Wilhelmer Hütte entdeckt. Bis ca. 1945 auch an einer kleinen Stelle an der Jägermatt unterhalb der Straße, ca. 1220 m, Oberdorfer (KR-K). Verbreitung am Feldberg zwischen 1200 und 1440 m, Verbreitungskarte vgl. Bogenrieder u. Wilmanns (1968).

Erste Erwähnung: Roth von Schreckenstein (1805: 62–63); „auf dem Feldberg", Prof. Ecker.

Bestand und Bedrohung: Ein Rückgang von *Soldanella alpina* ist kaum zu erkennen. Doch sind die Bestände wegen des räumlich beschränkten Vorkommens potentiell bedroht (Gefährdung durch Eutrophierung der Sickerfluren oder durch Trokkenfallen infolge Quellfassung).

4. **Hottonia** L. 1753
Wasserfeder

Ausdauernde Wasserpflanzen mit kammartig eingeschnittenen Blättern. Insgesamt zwei Arten: Neben der europäischen *H. palustris,* noch *H. inflata* Ell. im atlantischen Nordamerika.

1. **Hottonia palustris** L. 1753
Sumpf-Wasserfeder

Morphologie: Wintergrüner Hydrophyt, ausdauernd, mit Rhizom, locker im Schlamm wurzelnd, Wurzeln lang, weißlich, blattachselständig; Stengel (gerade der Wasserformen) mehrfach verzweigt. Blätter wechselständig, oft quirlartig genähert, bis 8 cm lang, kammartig eingeschnitten, mit entfernt stehenden, meist 3(–5) cm langen und 1,5 mm breiten, teilweise gegabelten Blattzipfeln. Blütenstand blattachselständig, bis 40 cm lang, sich über die Wasseroberfläche erhebend, traubenartig; Blüten zu 3–4, in entfernt stehenden Quirlen; Blütenstiele ca. 0,4 cm lang, nach der Blüte sich verlängernd, wie auch Kelch (mäßig dicht) drüsig behaart, Drüsenhaare rötlich, kurz. Kelchzipfel lineal, 4–6 mm lang, spreizend, nur am Grund verwachsen. Krone radförmig, ca. 2 cm im Durchmesser, mit 5–9 mm langer Kronröhre, hellila (bis fast weiß), am Grund weißlich mit gelbem Schlund. Frucht eine ca. 0,5–5 mm lange Kapsel, auf 8–9 cm langen, zurückgeschlagenen Fruchtstielen.

Variabilität: Als Sumpf- und Wasserpflanze sehr plastisch (vgl. Glück 1924, 1936). In tieferem Wasser (im Gebiet bis 190 cm Wassertiefe, vgl. auch Glück 1924) locker beblättert, z.T. steril bleibend, auf trockengefallenem Schlamm Pflanzen gestaucht (bis 10 cm hoch), dicht beblättert.

Biologie: Blütezeit am Oberrhein (Ende April bis) Anfang Mai, in schattigen Waldgräben oder in kühlen Gewässern auch bis Ende Mai, in Grundwasser-

austritten bis Juni, im Iller-Gebiet Juni (bis Juli). – Insektenbestäubung (Fliegen), Verbreitung durch Verschwemmen der Samen oder Verschleppen durch Wasservögel, vegetative Vermehrung durch Bildung von Tochterrosetten.

Ökologie: In (mäßig) nährstoffreichen, mesotrophen bis eutrophen (doch nicht zu eutrophen oder verschmutzten) Gewässern über kalkhaltigem wie kalkarmem Grund, in Altwassern zusammen mit Seerosen bis in Wassertiefen um 1,9 m im Myriophyllo-Nupharetum, an flachen Gewässerrändern mit schlammigen Böden, in Gräben oder in Mulden von Erlenwäldern (hier selten), an zeitweise trokkenfallenden Standorten, gern im Halbschatten. Kennart einer eigenen Gesellschaft (Hottonietum palustris, Nymphaeion-Verband), regional wohl Nymphaeion-Art. – Vegetationsaufnahmen vgl. Oberdorfer (1957), Philippi (1969, 1978); Vegetationsaufnahmen aus flachen Waldgräben fehlen weitgehend.

Allgemeine Verbreitung: Gemäßigtes Europa, nordwärts bis Südschweden, ostwärts bis zur Wolga, südwärts bis Südfrankreich, Oberitalien und Jugoslawien.

Verbreitung in Baden-Württemberg: Oberrheingebiet, selten Hochrhein- und Bodensee-Gebiet, Iller- und Donaugebiet. – Tiefste Fundstellen bei Mannheim, ca. 95 m, höchste im Aitrachgebiet um Leutkirch, 618 (bzw. 640) m.

Die Pflanze ist einheimisch. Der erste Nachweis

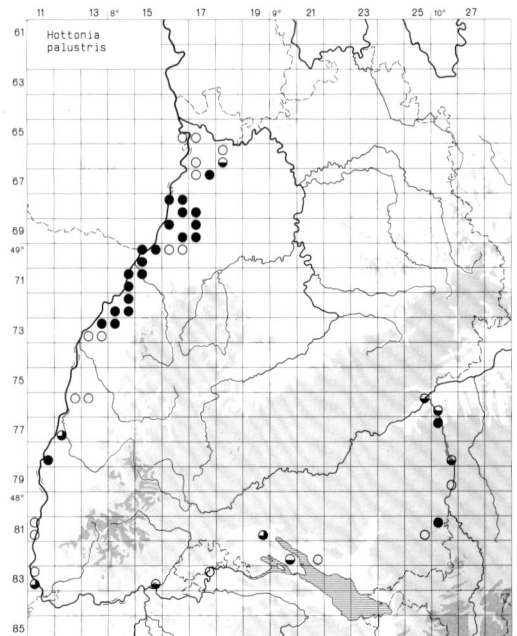

Hottonia palustris

Sumpf-Wasserfeder *(Hottonia palustris)*
Auwald bei Burkheim

findet sich bei LEOPOLD (1728: 111): „Im kleinen Donelein", Ulm. Auch von HARDER 1576–94 vermutlich im Gebiet gesammelt (SCHINNERL 1912: 240).

Oberrheingebiet: Früher zwischen Basel und Mannheim an vielen Stellen beobachtet. – Südliche Oberrheinebene: Nach Beobachtungen von SCHILDKNECHT und BINZ bei Istein (JACK 1900), Neuenburg und zwischen Zienken und Grissheim, hier zuletzt südwestlich Kirchen bei Lörrach (1955, KUNZ). Die übrigen Vorkommen sind offensichtlich bereits nach 1900 nicht mehr bestätigt worden. – Im Vorland des Kaiserstuhls: 7811/4: Gießen bei Burkheim, 1960, PHILIPPI u. WIRTH 1970, zuletzt 1988 spärlich (KR-K); 7712/3: bei Weisweil (1959, erloschen). – Mittlere Ober-

rheinebene: zwischen Dundenheim und Altenheim, Waltersweier, BAUR, NÄGELE, offensichtlich nach 1900 nicht mehr bestätigt. Diersheim, im Groschenwasser, GLÜCK (1924: 109). – Neue Beobachtung: 7313/2: Freistett gegen Memprechtshofen, 1988, PHILIPPI (KR-K).

In der mittelbadischen Randsenke gegen den Schwarzwald (auf kalkarmen Böden), hier schon von WINTER, ZIMMERMANN u.a. von zahlreichen Stellen genannt, auch heute noch z.T. reichlich in Gräben, so: 7314/1: nördlich Michelbuch; 7214/4: Abtsmoor; 7214/2: Schiftung; spärlich auch 7214/3: westlich Hildmannsfeld.

Nicht mehr bestätigt sind die Vorkommen bei Sasbachried, Moos-Balzhofen und Wagshurst (vgl. WINTER 1884, ZIMMERMANN 1929). – Um Rastatt: 7114/3: reichlich im Innenrhein gegen Wintersdorf; 7115/1: Rastatt gegen

Ötigheim und gegen Steinmauern, 7015/3: zwischen Bietigheim und Steinmauern. – Vorkommen in der Rheinniederung: 7114/2: Altwasser nordwestlich Plittersdorf; 7015/3: südwestlich Illingen; 7015/1: westlich Au a. Rh. (inzwischen erloschen, zuletzt um 1967); 7015/2: Fritschlach bei Daxlanden. – Die zahlreichen Vorkommen, die GMELIN (1805) um Karlsruhe erwähnt („passim frequens", z. B. Scheibenhard, Rüppurr, Rintheim), wurden um 1886 von KNEUCKER teilweise noch bestätigt, sind aber heute alle erloschen. Hier heute nur noch 6916/4: nordwestlich Grötzingen (spärlich); 6917/3: Weingartener Moor; 6916/4: Elfmorgenbruch, 1989, KLEINSTÄUBER (KR-K). – 6916/1: Altwasser bei Eggenstein und Leopoldshafen, seltener 6816/1: Königsee bei Liedolsheim; 6816/1: Altrhein nördlich Rußheim. Mehrfach in Wiesen- und Waldgräben der Grabener Bucht: 6816/2, 6816/4: mehrfach zwischen Hochstetten und Rußheim. – 6617/1: Waghäusel, SCHMIDT (1857: besonders häufig, erloschen); 6616/3: Talhaus bei Hockenheim, 1899 GLÜCK (vgl. GLÜCK 1926: 115). – Die zahlreichen, von SCHMIDT (1857) genannten Fundstellen im Gebiet von Heidelberg sind alle seit langem erloschen (Rohrhof, Neckarau, Leimen, Kirchheim-St. Ilgen), zuletzt 1920 (GLÜCK 1926: 110): 6618/3: Graben bei Nußloch. – Neue Beobachtung: 6717/2: Graben östlich Rot, reichlich, 1988, BREUNIG, HUMBERG (KR-K).

Im Grenzgebiet gegen Hessen: 6417/4: Neuzerlache bei Viernheim, vgl. z. B. GLÜCK (1926: 109); weiter 6317/2: zwischen Heppenheim und Bensheim, DEMUTH (KR-K).

Hochrheingebiet: 8317/2: Altwasser bei Neuhausen, 1869, ENGELMANN, vgl. KUMMER (1946); 8315/4: unteres Wutachtal unterhalb Tiengen (O. JAAG, wohl um 1930, vgl. KUMMER 1946). Auf der schweizerischen Seite in Aarealtwassern bei Felsenau und Koblenz (8415/1).

Donaugebiet: Hier bereits von v. MARTENS u. KEMMLER (1882) von zahlreichen Stellen genannt; vgl. auch die Angaben von MÜLLER (1957) für das Gebiet um Ulm („nicht selten", doch „im Rückgang begriffen"). – Donau: 7625/2: Ulm, Altwasser der Donau im Steinhölzle und am Fahrweg nach Wiblingen, v. MARTENS u. KEMMLER (1882). Donauabwärts weiter auf bayerischem Gebiet: 7527/2: Reisensburg, DOPPELBAUR, zuletzt 1978 v. HEYDEBRAND. – Iller: 7626/3: Wiblingen-Unterkirchberg, Oberkirchberg, K. MÜLLER; 7726/1: Altwasser bei Entenweiler, BANZHAF (STU-K); 7926/4: (?) Rot im Altwasser der Iller, DUCKE in v. MARTENS u. KEMMLER (1882). – Aitrach-Gebiet: 8125/4: Diepoldshofen, KOLB in v. MARTENS u. KEMMLER (1882); 8126/1: Altmannshofen, KIRCHNER u. EICHLER (1913), hier im Laubener Altwasser noch vorhanden, KUON, SEYBOLD (STU-K).

Bodensee-Gebiet: „um den Bodensee (BUZORINI)", v. MARTENS u. KEMMLER (1882); 8221/4: Wiesengraben bei Ahausen, JACK (1900); 8119/4: Moor beim Mooshof, um 1965, LANG (1973: 163); 8220/4: Schalmenried bei Allensbach, STARK (1927).

Synanthrope Vorkommen: Neuerdings mehrfach eingebracht oder eingeschleppt, so 6723/3: Teich SW Zweiflingen, 1986, NEBEL (STU-K); 7324/2: Weiher bei Grünenberg, 1985, DÖLER (STU-K); Vorkommen wieder verschwindend?

Bestand und Bedrohung: Die Bestände von *Hottonia palustris* sind in Baden-Württemberg allgemein durch Gewässerausbau und Gewässerverschmut-

zung gefährdet. *Hottonia palustris* vermag Ausräumen der Gewässer relativ gut zu überstehen und kann mit verbliebenen Pflanzen die Standorte rasch zurückerobern. Vorkommen in künstlich angelegten Gräben, die periodisch gesäubert werden, zeigen, daß die Pflanze schwach hemerophil ist. Ein deutlicher Rückgang zeigt sich am Oberrhein südlich Kehl: südlich Breisach infolge des Trockenfallens, zwischen Breisach und Kehl als Folge der Umwandlung von Stillgewässern in Fließgewässer. Das Verschwinden im Gebiet südlich Karlsruhe wie im Heidelberger und Mannheimer Gebiet ist auf Zerstörung der Gewässer zurückzuführen. – In der Oberrheinebene scheinen die Hauptvorkommen um Bühl-Rastatt wenig gefährdet zu sein; die weitere Entwicklung der Bestände in Rheinnähe sollte sorgsam verfolgt werden. Stark zurückgegangen ist dagegen die Pflanze im Donau-Illergebiet (heute nur noch zwei aktuelle Fundpunkte).

Gesamtgefährdung in Baden-Württemberg Stufe 3 („gefährdet"), in unmittelbarer Rheinnähe wohl Gefährdungsstufe 2 („stark gefährdet"), im Donau-Iller-Gebiet Gefährdungsstufe 1 („vom Aussterben bedroht").

5. **Cyclamen** L. 1753
Alpenveilchen, Erdscheibe

Rhizom zu einer Knolle verdickt; Blätter meist herz- oder nierenförmig, langgestielt; Krone mit kurzer Röhre und langen, rückwärts gerichteten Zipfeln. – 16 nah verwandte Arten mit der Hauptverbreitung im Mittelmeergebiet, in Europa 8 Arten.

1. **Cyclamen purpurascens** Mill. 1768
C. europaeum auct.
Gewöhnliches Alpenveilchen, Gewöhnliche Erdscheibe

Morphologie: Pflanze bis 15 cm hoch, mit scheibenartiger, abgeplatteter Knolle, Knolle auf der ganzen Oberfläche locker bewurzelt, bis 5 cm im Durchmesser. Blätter mit langem Stiel; Blattspreite herzförmig, ± abgerundet, undeutlich und stumpf gezähnt, 2,5–8 mal 2–6 cm groß, ledrig, wintergrün, gegen den Rand (v. a. entlang der Nerven) schwarzgrün, unterseits rötlich. Blütenstiele etwas länger als die Blätter, Blüten 1,5 cm lang, stark duftend; Kelchblätter eiförmig bis dreieckig, unregelmäßig gezähnt; Krone mit kurzer (0,4–0,8 cm langer) Röhre, Kronzipfel 1,5–2,5 cm lang, zurückgeschlagen, am Grund ohne seitliche Ausweitungen, kar-

Gewöhnliches Alpenveilchen *(Cyclamen purpurascens)*

minrot; Staubblätter nur wenig aus der Kronröhre hinausragend. Kapsel kugelig, etwa 0,9 cm im Durchmesser; Samen 2,5 mm lang.

Biologie: Blütezeit Juli–August (in den Südalpen Juni bis September), Insektenbestäubung, Ameisenverbreitung.

Ökologie: Auf beschatteten, mäßig frischen bis mäßig trockenen, kalkhaltigen, basischen (bis neutralen) Lehmböden in warmer Lage (nördlich der Alpen in Föhngebieten). In Buchen- und Buchenmischwäldern (z.B. im Carici-Fagetum), auch in Kiefernwäldern (Erico-Pinion), in den Südalpen gern in Flaumeichenwäldern (Orno-Ostryion), auch in Steineichenwäldern (Quercetea ilicis).

Allgemeine Verbreitung: V.a. im südlichen Alpengebiet, nach Südosten bis Herzegowina, nach Norden bis Mähren und ungarische Gebirge, vereinzelt im Schweizer Jura, Cevennen. Vielfach synanthrop.

Vorkommen in Baden-Württemberg: Im Alpenvorland an zwei isolierten Stellen, Donautal wohl nur verwildert.

Alpenvorland: 8225/1: Kißlegg, hier an begrenzter Stelle in der Nähe des Schlosses, ca. 650 m. 1919 von L. KRAMER entdeckt, 1937 von K. u. F. BERTSCH bestätigt (Bestand 18 Stöcke und zahlreiche Sämlinge), vgl. K. u. F. BERTSCH (1938). Nach K. u. F. BERTSCH geht das Vorkommen auf eine Anpflanzung zurück, die damals „höchstens 100 Jahre" zurücklag. 8221/2: Scheuerbuch westlich Salem, schattiger Buchenwald, ca. 480 m, 1922 an drei Stellen je ein Exemplar, vermutlich angepflanzt, BARTSCH (1924).

Donautal: 7919/3: Mühlheim, 830 m, 2 Exemplare, KARL (STU-K). Auch hier liegt vermutlich eine Ansalbung vor.

Nächste natürliche (?) Vorkommen im Altmühltal (vgl. KRACH 1981) sowie im Vorderrheintal (Chur bis Feldkirch) und im Walensee-Gebiet.

Kulturarten: Sie leiten sich meist von *Cyclamen persicum* Mill. (Heimat Kaukasus) und Bastarden mit

397

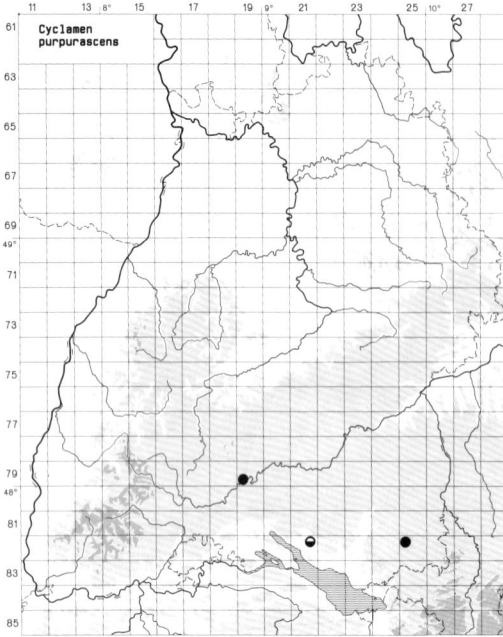

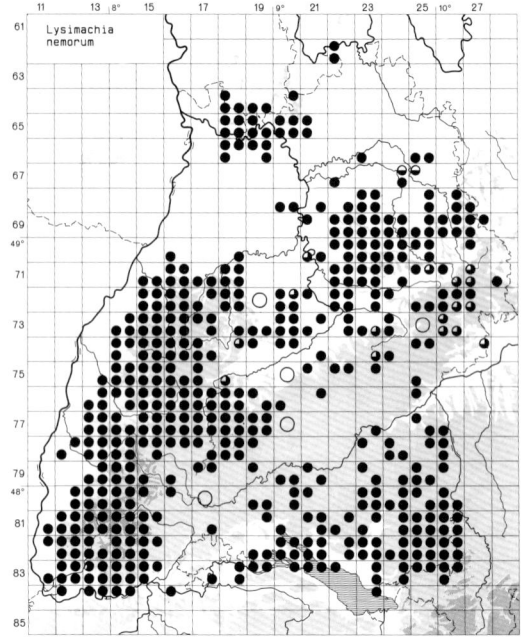

C. persicum ab. *C. persicum* blüht im (Winter-) Frühjahr, die Fruchtstiele sind herabgebogen (nicht eingerollt wie bei *C. purpurascens*) und die Knolle trägt nur in der Mitte der Unterseite Wurzeln (bei *C. purpurascens* auf der ganzen Oberfläche der Knolle).

6. Lysimachia L. 1753
Gelbweiderich, Gilbweiderich

Ausdauernde Pflanzen mit gegen- oder quirlständigen Blättern, Blüten mit trichteriger Krone, diese wie der Kelch bis fast zum Grund gespalten; Kapsel kugelig, sich bis zum Grund in 5 Klappen öffnend. – Gattung mit ca. 170 Arten, Schwerpunkt in Ostasien, im Gebiet 5 Arten (in Europa 13).

1 Blüten einzeln, lang gestielt, blattachselständig; Pflanze niederliegend oder aufsteigend 2
– Blüten in Trauben oder Rispen (auch zu 1–4) in den Achseln der oberen Stengelblätter; Pflanze aufrecht 3
2 Blätter rundlich, nur wenig länger als breit; Kelchzipfel herzförmig, rot punktiert; Kronblätter 9–16 mm lang; Pflanze niederliegend . . . .
　　3. *L. nummularia*
– Blätter mindestens 1,5mal so lang wie breit, eiförmig, stumpflich gespitzt; Kelchzipfel schmal lanzettlich, nicht punktiert; Kronblätter 5–8 mm lang; Pflanze meist aufsteigend　1. *L. nemorum*
3 Kelchblätter 2–3 mm lang, kahl; Kronblätter 3–6 mm lang, von den Staubblättern überragt,

Krone (5) 6–7zählig; Blüten köpfchenartig gedrängt; Blätter kreuzweise gegenständig . . . . .
　　5. *L. thyrsiflora*
– Kelchblätter 3–8 mm lang, mindestens am Grund behaart; Kronblätter 7–15 mm lang, von den Staubblättern nicht überragt, Krone 5zählig; Blüten in Trauben oder Rispen; Blätter kreuzweise gegenständig oder quirlig 4
4 Kronzipfel am Rand kahl; Kelchzipfel rötlich berandet . . . . 2. *L. vulgaris*
– Kronzipfel drüsig bewimpert; Kelchzipfel grün . .
　　4. *L. punctata*

1. Lysimachia nemorum L. 1753
Hain-Gelbweiderich, Wald-Gelbweiderich

Morphologie: Chamaephyt, Pflanze (niederliegend bis) aufsteigend, 10–30 cm groß, ohne unterirdische Ausläufer, im unteren Teil an den Blattansatzstellen wurzelnd, nur am Grund verzweigt; Stengel vierkantig, kahl. Blätter gegenständig, eiförmig, etwa 1,5mal so lang wie breit, bis 3 cm lang, stumpf gespitzt, kurz gestielt, auf der Unterseite glänzend (im frischen Zustand), durchscheinend punktiert. Blüten einzeln in den Blattachseln, lang gestielt, Blütenstiel etwa so lang wie das Blatt (im jungen Zustand kürzer), bis 3 cm lang. Kelchblätter 3,5–5 mm lang, schmal lanzettlich, nicht punktiert. Krone goldgelb, mit 5–8 mm langen, lanzettlichen Kronblättern. Staubfäden kahl. Kapsel 3–4 mm lang, nicht punktiert.

Hain-Gelbweiderich *(Lysimachia nemorum)*
Feldberg, 1985

Biologie: Blütezeit Mai–Juni, in höheren Lagen auch Juli. Insektenbestäubung.

Ökologie: In lockeren Herden an schwach beschatteten (bis beschatteten), feuchten bis frischen, meist etwas durchsickerten, kalkarmen, doch oft basenreichen, sauren bis schwach sauren, sandig-lehmigen, oft schuttreichen Böden. Natürliche Vorkommen in Quell-Erlenwäldern (Carici remotae-Fraxinetum, hier v.a. an etwas trockeneren Stellen) und auf Alluvionen kleiner Waldbäche, seltener auch in Sickerfluren (Chrysosplenietum oppositifolii), sekundär an durchsickerten Wegrändern (hier optimal), seltener auch in *Juncus acutiflorus*-Wiesen. Vegetationsaufnahmen mit *Lysimachia nemorum* vgl. z.B. OBERDORFER (1938), BARTSCH (1940), SEBALD (1974, 1975), SCHWABE-BRAUN (1983).

Allgemeine Verbreitung: Europa, nordwärts bis West-Norwegen und Südschweden, ostwärts bis zu den Karpaten und bis Galizien (Polen), Kaukasus, südwärts bis Südspanien und Sizilien; in den Alpen bis 1620 m. In Deutschland im nördlichen Teil selten, im nordöstlichen Teil teilweise fehlend. – Temperat-submediterran-subatlantisch. – Eine nahe verwandte Sippe auf den Azoren.

Verbreitung in Baden-Württemberg: In kalkarmen Gebieten weit verbreitet und teilweise häufig, so

v.a. im Schwarzwald, hier auf Gneis, Granit wie Buntsandstein, von den Tallagen (um 150 m) bis in die Gipfellagen des Feldberges (am Felsenweg bei ca. 1350 m). Odenwald häufig, nur im östlichen Teil zwischen Buchen und Wertheim selten oder fehlend. – Schwäbisch-Fränkischer Wald verbreitet und meist häufig, bis Ellwanger Berge reichend. Schönbuch. – Gäugebiete: Oberer Neckar, sonst fehlend. Schwäbische Alb sehr zerstreut. Alpenvorland verbreitet, v.a. Hegau-Westlicher Bodensee und Westallgäuer Hügelland. Oberrheinebene fehlend.

Die Art ist alt-einheimisch (natürliche Vorkommen in Erlen-Eschenwäldern). – Erste Nachweise: C. BAUHIN (1622: 74): „In sylva Wilensi" (8412), LEOPOLD (1728: 100): „In Waldungen hinder Söfflingen" (7625).

Bestand und Bedrohung: Die Pflanze ist nicht bedroht.

2. Lysimachia vulgaris L. 1753
Gewöhnlicher Gelbweiderich

Mophologie: Hemikryptophyt; Pflanze aufrecht, mit langen unterirdischen Ausläufern, bis 1–1,2 m hoch, nur im oberen Teil verzweigt; Stengel ± rund, unregelmäßig gerieft, ± dicht behaart mit bis 1 mm

399

langen Haaren, fast zottig, dadurch Pflanze etwas graugrün. Blätter im unteren Teil des Stengels fast gegenständig, im oberen Teil zu 3–4, quirlig genähert bis quirlig, eiförmig-lanzettlich, bis 12 (15) cm lang, ganzrandig, kurzgestielt oder mit verschmälertem Grund fast sitzend, oberseits zerstreut, unterseits ± dicht behaart, mit rötlich punktiertem Rand. Blüten in Trauben oder Rispen, endständig sowie in den Achseln der oberen Blätter; Tragblätter lineal, bis 8 mm lang; Blütenstiele bis 1 cm lang, drüsig behaart. Kelchblätter bis 7 mm lang, am Rand rötlich gesäumt und drüsig, v.a. am Grund behaart, gegen die Spitze kahl. Kronblätter 7–12 mm lang, nur am Grund miteinander verwachsen, eiförmig-lanzettlich, zugespitzt, leuchtend gelb, auf der Innenseite dicht drüsig und am Grund gerötet. Staubblätter 6 mm lang, unten verwachsen, gelb, im oberen Teil rötlich, dicht drüsig. Kapsel kugelig, 4–5 mm lang; Samen dreikantig, 1,5 mm lang, dicht mit weißen Warzen bedeckt.

Biologie: Blütezeit ab Anfang Juli bis August (später als *L. punctata*); Insekten- und Selbstbestäubung; Kapseln erst im Spätherbst (oder im frühen Winter) aufreißend.

Ökologie: Lockere Gruppen an lichtreichen bis schwach beschatteten, kalkarmen, sauren wie kalkreichen, schwach basischen bis neutralen, mäßig nährstoffreichen, feuchten bis frischen, auch zeitweise überfluteten, meist anmoorigen Lehmböden. Verbreitungsschwerpunkt in Staudenfluren (Fili-

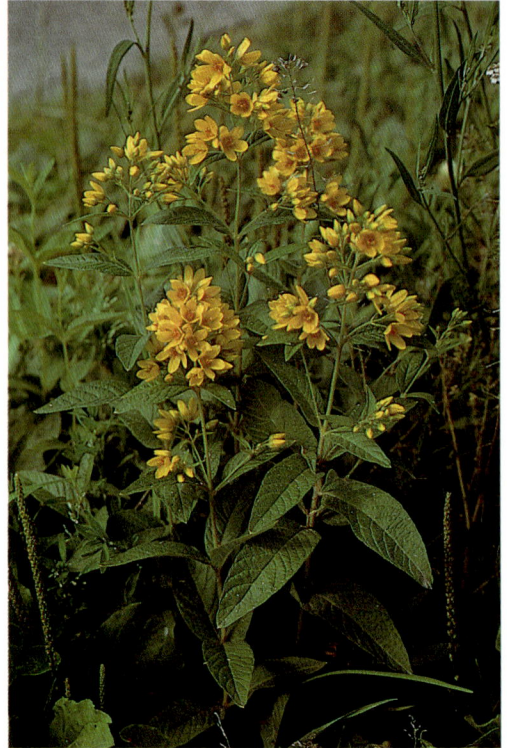

Gewöhnlicher Gelbweiderich *(Lysimachia vulgaris)* Gottenheim

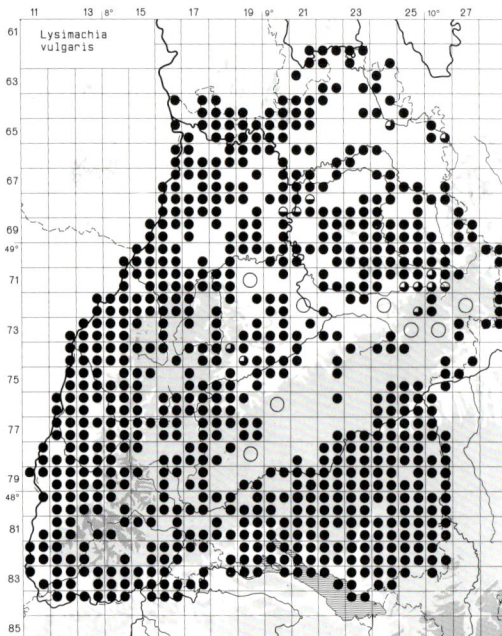

pendulion-Verband), in Streuwiesen (Molinion-Verband), auch in trockeneren Ausbildungen von Seggenriedern (Magnocaricion-Verband), gern entlang von Gräben, bei Auftreten in größeren Mengen Hinweis auf Brache; auch in lichten Wäldern, z.B. im Salicetum albae oder armen *Alnus glutinosa*-Wäldern (mit *Sphagnum* spec.), hier wohl ursprüngliche Vorkommen. – In zahlreichen Vegetationsaufnahmen enthalten, besonders aus den Streuwiesenlandschaften des Alpenvorlandes, vgl. z.B. LANG (1973), GÖRS (1969), in der Rheinebene vgl. GÖRS (1974).

Allgemeine Verbreitung: Europa, Asien bis Japan. In Europa nordwärts bis etwa 67° n.Br., südwärts bis Mittel- und Nordspanien, Italien, Balkan-Halbinsel und Türkei. Bayerische Alpen bis 1840 m, Südalpen bis 1200 m. Eurasiatisch, boreal-submediterran.

Verbreitung in Baden-Württemberg: Im Gebiet weit verbreitet und vielfach häufig, lediglich in wasserarmen Gebieten seltener oder fehlend, so z.B. in den Gäulandschaften des Taubergebietes, des Baulandes oder am mittleren Neckar, weiter fehlend (oder selten) in der Schwäbischen Alb, in den Hochlagen

Pfennigkraut *(Lysimachia nummularia)*
St. Wilhelm/Südschwarzwald

des Südschwarzwaldes oder in den Buntsandstein-gebieten des Nordschwarzwaldes. – Tiefste Fund-stellen: Rheinebene um 95 m, höchste Fundstelle: 8114/2: Titisee, 850 m. (In den Hochlagen des Schwarzwaldes dürften die Standorte für *Lysima-chia vulgaris* zu arm sein; klimatische Gründe dürf-ten weniger entscheidend sein.)

Älteste Angaben: DUVERNOY (1722: 99): Umge-bung von Tübingen, auch von HARDER 1574–76 vermutlich im Gebiet gesammelt (SCHORLER 1907: 87).

Bestand und Bedrohung: Durch Intensivierung der Nutzung sicher örtlich zurückgegangen, an anderen Stellen durch Brachfallen kleinflächig gefördert. Insgesamt nicht gefährdet.

3. Lysimachia nummularia L. 1753
Pfennigkraut

Morphologie: Chamaephyt; Pflanze wintergrün, niederliegend, bis 40–50 cm lang, ohne unterirdi-sche Ausläufer, nur im untersten Teil bewurzelt, Wurzeln an Blattansatzstellen, Pflanze unverzweigt (oder höchstens selten verzweigt); Stengel vierkan-tig, meist kahl (nur gelegentlich einzelne Haare vor-handen). Blätter gegenständig, am Boden ausge-breitet, mit bis zu 3 cm langer Blattspreite; Blatt-stiel bis 0,5 cm lang; Blätter abgerundet, etwas länger als breit, nur junge Blätter leicht gespitzt, am Grund breit gestutzt (bis leicht herzförmig). Blüten im mittleren Teil des Stengels, zu 1–2 in den Blattachseln, mit bis zu 1,5 cm langen Blütenstielen. Kelchblätter 7–10 mm lang, breit lanzettlich, zugespitzt, zerstreut (hell-)rot punktiert (v.a. am Grund), nur am Grund verwachsen. Kronblätter leuchtend gelb, 0,9–1,6 cm lang, zugespitzt, nur am Grund verwachsen. Staubfäden drüsig behaart. Kapsel 4–5 mm lang, rot punktiert, selten ausgebildet.

Biologie: Blütezeit ab Mitte Juni (v.a. nach der Mahd) bis Juli. Pflanze selbststeril, selten fruchtend; Vermehrung vegetativ: Ausläuferverbreitung.

Ökologie: An lichtreichen, offenen, frischen bis feuchten, oft zeitweise überfluteten, nährstoff- und basenreichen, meist kalkhaltigen Lehmböden. V.a. an Weg- und Grabenrändern, hier oft ausgedehnte, doch schmale Teppiche bildend, in Gärten und Parkanlagen, in lückigen Wiesen (v.a. feuchter Stellen): Feuchtwiesen (Calthion), auch Flutrasen (Agrostion), in Glatthaferwiesen (Arrhenatherion) als Lückenzeiger, entlang von Waldwegen in Alliarion-Gesellschaften. – In zahlreichen Tabellen gerade von Feuchtwiesen und Glatthafer-Wiesen enthalten, doch fehlen bisher Aufnahmen von optimalen Vorkommen an Gräben und Wegrändern.

Allgemeine Verbreitung: Europa, nordwärts bis Mittelschweden und Südfinnland, ostwärts bis zum Ural, südwärts bis zu den Pyrenäen, Mittelitalien und bis zur Balkanhalbinsel. Verschleppt in temperaten Gebieten Nordamerikas und Japans. – Temperat-submediterran, schwach subatlantisch getönt.

Verbreitung in Baden-Württemberg: Weit verbreitet, vielfach häufig, seltener lediglich in den höheren Lagen des Schwarzwaldes auf ärmeren Böden, doch nach der Verwendung kalkhaltigen Materials beim Wege- und Straßenbau heute auch hier vielfach. Höchste Fundstellen im Nordschwarzwald: Kurhaus Sand 840 m, Ruhestein 910 m. In der Baar bis 810 m (Unterbränd), in der Schwäbischen Alb nach BERTSCH bis 860 m (Alpen bis 1620 m).

Die Pflanze ist im Gebiet wohl urwüchsig (natürliche Vorkommen sind z.B. in Auenwäldern des Rheins zu vermuten). Erstnachweis: J. BAUHIN (1598: 194): Umgebung von Bad Boll (7323).

Bestand und Bedrohung: Die Pflanze ist im Gebiet nicht bedroht (eher in Ausbreitung!).

4. Lysimachia punctata L. 1753
Tüpfelstern, Punktierter Gelbweiderich

Morphologie: Hemikryptophyt; Pflanze aufrecht, mit unterirdischen Ausläufern, bis 1 m hoch, unverzweigt; Stengel gefurcht, ± dicht mit langen Haaren besetzt, graugrün. Blätter in Quirlen zu 3 bis 4, breit eiförmig, spitz, mit bis 7,5 cm langer Blattspreite und 1 cm langem Stiel, bis 4,5 cm breit, oberseits wie unterseits dicht behaart, unterseits v.a. auf den Nerven. Blüten zu 3–4 in den Blattachseln, ohne besondere Tragblätter, bis 1,5 cm lang gestielt; Blütenstiele dicht behaart, doch ohne Drüsenhaare. Kelch 5–8 mm lang, Kelchblätter lineal-

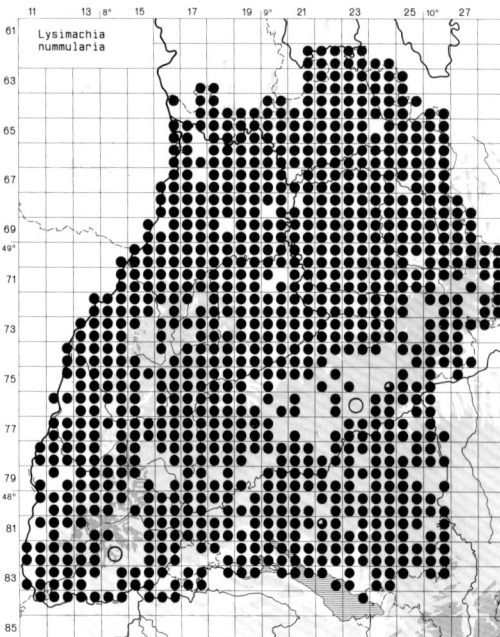

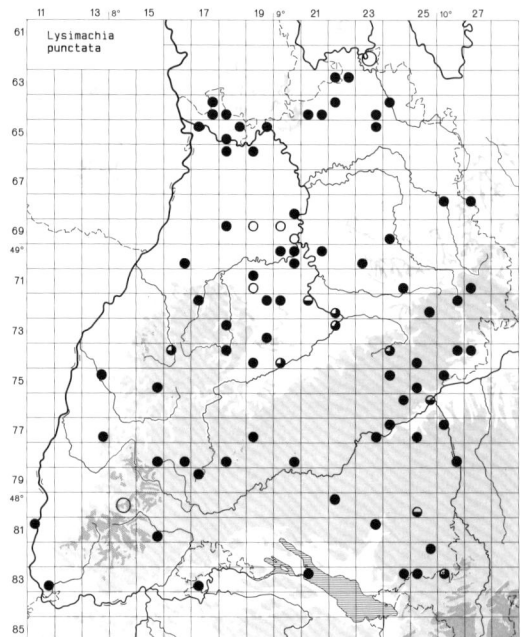

Tüpfelstern *(Lysimachia punctata)*
Schelklingen, 1969

lanzettlich, ohne roten Rand, dicht behaart, undeutlich rot punktiert. Kronblätter bis 16 mm lang, leuchtend goldgelb, ohne rote Punkte, auf der Innenseite wie Staubblätter dicht drüsenhaarig.

Biologie: Blütezeit 2. Junihälfte bis Juli.

Ökologie: Lockere Herden an frischen bis feuchten, kalkhaltigen, basischen bis kalkarmen, sauren Böden. In etwas ruderalisierten Staudenfluren, in der Pfalz in brachgefallenen *Juncus acutiflorus-Molinia*-Wiesen, im Gebiet nur selten in naturnahen Gesellschaften eingebürgert. – Vegetationsaufnahmen aus Baden-Württemberg fehlen.

Allgemeine Verbreitung: Vom Kaukasus und Kleinasien bis Ost- und Südosteuropa: Balkan-Halbinsel, Österreich und Oberitalien.

Verbreitung in Baden-Württemberg: Vielfach in Gärten angebaut, gelegentlich verwildert, jedoch ohne besondere Tendenz zu einer weiteren Ausbreitung. Dort, wo die Pflanze sich eingebürgert hat, scheint sie sich zäh zu halten.

5. Lysimachia thyrsiflora L. 1753

Naumburgia thyrsiflora (L.) Reichenbach 1831
Strauß-Gelbweiderich, Straußblütiger Gelbweiderich

Morphologie: Hemikryptophyt; Pflanze aufrecht, mit langen unterirdischen Ausläufern, 25–50 (60) cm hoch, unverzweigt; Stengel rund, rötlich überlaufen und z.T. auch undeutlich rötlich punktiert. Blätter kreuzweise gegenständig, die unteren schuppenartig und später verschwindend, die übrigen lineal-lanzettlich, bis 8 cm lang und 1,5 cm breit, ungestielt, mit breitem Grund sitzend, auf der Oberseite dicht rot punktiert, auf der Unterseite locker mit langen Haaren besetzt (v.a. auf den Nerven), jüngere Blätter nur auf dem Mittelnerv behaart. Blüten in blattachselständigen Trauben im mittleren Teil des Stengels, auf ca. 2 cm langen Stielen, Blüten mit Tragblättern, 2,5–4,5 mm lang. Kelchblätter 2–3 mm lang, schmal lanzettlich. Kronblätter 3–6 mm lang, schmal lanzettlich, gelb, gegen die Spitze rot punktiert, von den Staubblättern überragt. Kapsel kugelig, ca. 3 mm lang, gegen die Spitze rot punktiert.

Lysimachia thyrsiflora weicht von den anderen einheimischen *Lysimachia*-Arten durch die (5) 6–7zählige Krone ab und wird deshalb in eine eigene Untergattung *Naumburgia* gestellt.

Biologie: Blütezeit 2. Maihälfte bis 1. Junihälfte. Insektenbestäubung, Selbstbestäubung; Frostkeimer.

Ökologie: Lockere Herden an lichtreichen, nassen bis feuchten, (schwach) sauren, doch basenreichen,

höchstens mäßig nährstoffreichen (mesotrophen), meist anmoorigen Böden. In Schwingrasen am Ufer von Seen und Kolken, gern mit *Carex lasiocarpa* oder anderen Großseggen (z.B. *Carex rostrata*, auch *C. elata*), im Cladietum oder im Cicuto-Caricetum pseudocyperi, gern in offenen, moosreichen Beständen. Vegetationsaufnahmen aus Baden-Württemberg vgl. GÖRS (1960: Pfrunger Ried, 1968: Schwenninger Moos, 1969: Kreuzweiher im Allgäu).

Allgemeine Verbreitung: Nordhalbkugel: Europa, Asien und Nordamerika, jeweils in den kühlen und gemäßigten Zonen. In Europa v.a. in Nord- und Osteuropa (nordwärts vereinzelt bis 70° n.Br.), in küstennahen Gebieten seltener, südwärts bis zu den Alpen, Mittelfrankreich und Bulgarien, im Gebiet etwa die Südwestgrenze der geschlossenen Verbreitung erreichend.

Verbreitung in Baden-Württemberg: Hauptverbreitung im Alpenvorland, vereinzelt entlang der Donau, Baar, Neckargebiet, Hohenlohe, auch Rheinebene. – Tiefste Fundstellen: Rheinebene bei Rastatt, ca. 120 m, Hohenlohe (Kupfermoor), ca. 375 m, höchst gelegene im Schwenninger Moos, ca. 700 m.

Die Pflanze ist im Gebiet urwüchsig. Älteste Angabe: GMELIN (1772: 333): „in paludibus proximis Roseck" (7420).

Oberrheingebiet: 7115/3: Rastatt, FRANK (1830), seither nicht mehr beobachtet.

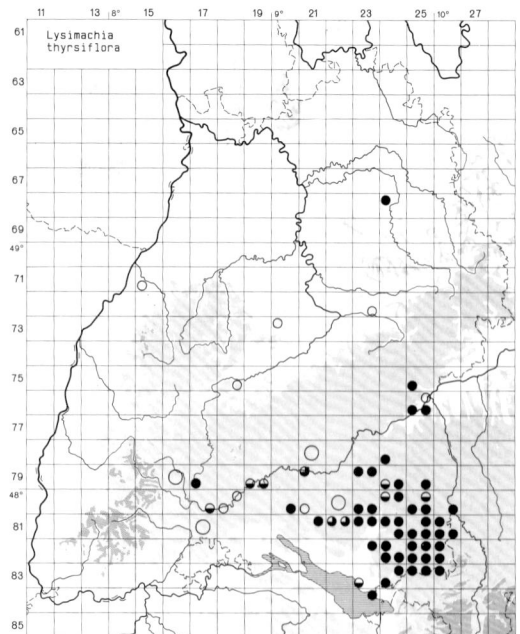

Strauß-Gelbweiderich *(Lysimachia thyrsiflora)*
Wurzacher Ried

Neckargebiet: 7518/4: Imnau, v. Kolb in v. Martens u. Kemmler (1882), seit langem unbestätigt; 7223/4: Uhingen, Charlottensee, Bertsch (1943), angepflanzt? – Hohenlohe: 6824/1: Kupfermoor, 375 m, um 1965 von Mattern entdeckt, 1988 wieder bestätigt, Nebel (STU-K).
Baar: 7917/1: Schwenninger Moos, auch heute noch reichlich.
Donau-Gebiet: 8017/4: Gutmadingen, in einem Donau-Altarm, bereits kurz nach 1900 erloschen; 8018/3: Hintschingen; 8018/2: Möhringen, Immendingen; 7919/3: zw. Tuttlingen und Mühlheim, um 1930, Rebholz (wie folgende; STU-K): 7914/4: Fridingen, um 1930, Rebholz; 7921/1: Laiz, 1951, Henn. Heute an der oberen Donau nicht mehr bestätigt. – Donaugebiet bei Ulm: 7525/3: Arnegger Ried, angepflanzt?, vgl. Rauneker; 7625/3: Donaurieden.

Alpenvorland: V. a. im Westallgäuer Hügellland. Fundortsangaben vgl. Bertsch (1918), der 48 Fundstellen aufführt, neuere Angaben Dörr (1976: 56); auch heute noch ziemlich verbreitet: 8324/2: Teufelsee und Mittelsee bei Primisweiler, Oberer See bei Mittenweiler; 8325/1: Wangen; 8224/3: Dietenberger Weiher bei Waldburg, Scheibensee bei Waldburg; 8224/4: Feld bei Waldburg, Karsee; 8225/1: Unterhorgen bei Kißlegg, Bachmühle südwestlich Kißlegg; 8225/2: Tautenhofen, Argenseeried bei Gebrazhofen; 8226/3: Riedmüllermoos westlich Neutrauchburg; 8226/1: Fetzach-Taufach-Moos, Ursee; 8124/4: Metzisweiler Weiher; 8125/2: Herrgottsried bei Gospoldshofen; 8125/3: Gründlenmoos bei Kißlegg; 8126/1: Altmannshofen, Aitrach-Altwasser; 8025/3: Wurzacher Ried vielfach. – Nördliches Oberschwaben vereinzelt: Nach Norden bis: 7824/3: Moosweiher; 7923/2: Federsee; 7925/4: Roter Weiher bei

405

Rot a.d.Rot. Nach Westen bis: 8020/4: Ruhestetter Ried, 1988, NEBEL (STU-K); 8122/1: Pfrunger Ried (ob noch?) und 8121/2: Egelsee bei Großstadelhofen, 1981, SEYBOLD (STU-K); auf bayerischer Seite: 8026/4: Iller-Altwasser bei Kardorf. Im Bodensee-Gebiet selten: 8323/3: Eriskircher Ried, benachbart im bayerischen Bodenseegebiet: 8424/2: Stockwiesen bei Hege.

Vorkommen in Nachbargebieten: In Bayern im engeren Alpengebiet fehlend, in den Moorgebieten der Jungmoränenzone noch ziemlich verbreitet, gegen die Altmoränengebiete rasch seltener werdend und um Memmingen oder Mindelheim bereits fehlend, Donaugebiet unterhalb Ulm, Oberpfalz, Oberfranken; linksrheinisch im Pfälzer Wald, stark zurückgegangen, Elsaß und Vogesen nicht bekannt (ein Vorkommen im Nachbargebiet bei Belfort: KAPP 1979), Nordschweiz sehr vereinzelt, meist erloschen.

Bestand und Bedrohung: Als Art der Schwingrasen und Zwischenmoore ist die Art in Baden-Württemberg (schwach) gefährdet (Gefährdungsstufe 3). Ein deutlicher Rückgang ist nur bei den Randvorkommen nachzuweisen, so besonders an der Donau. Durch die Fähigkeit der Pflanze, sich vegetativ zu vermehren, können sich die Bestände (im Gegensatz zu denen vieler anderer Arten der Zwischenmoore) relativ rasch wieder regenerieren.

7. **Trientalis** L. 1753
Siebenstern

Gattung mit drei Arten auf der Nordhalbkugel, neben der europäischen Art jeweils eine im pazifischen und im atlantischen Nordamerika.

1. **Trientalis europaea** L. 1753
Europäischer Siebenstern

Morphologie: Geophyt, mit dünnem Rhizom und einzelnen, aufrechten Trieben, diese 10–20 (25) cm hoch. Blätter wechselständig, eiförmig, 4–5 (7) cm lang und bis 1,8 (2,5) cm breit, ganzrandig, z.T. kurz gestielt, am Ende des Triebes zu 5–12 quirlartig gehäuft. Blüten einzeln in den Blattachseln, bis 5 cm lang gestielt; Blütenstiele dünn, oft rötlich überlaufen. Kelch 4–6 mm lang, siebenteilig, bis fast zum Grund geteilt, mit schmal lanzettlichen Zipfeln. Krone weiß, siebenteilig (seltener neunteilig), ± flach ausgebreitet; Kronblätter ganzrandig, spitz. Frucht: kugelige Kapsel, 4 mm lang, bis zum Grund in 7 (selten 9) Zähnen sich öffnend.

Biologie: Blütezeit 2. Maihälfte bis Anfang Juni. Insektenbestäubung, Selbstbestäubung, Selbstverbreitung, örtlich wohl vegetative Vermehrung über Rhizome.

Allgemeine Verbreitung: Europa, Asien, westliches Nordamerika. In Europa v.a. im nördlichen und nordöstlichen Teil (bis Nordnorwegen), in Mitteleuropa v.a. nördlich des Mains und hier in kalkarmen Gegenden z.T. häufig, südlich des Mains selten: Odenwald, Schwarzwald, Bayerischer Wald, im Elsaß nur einmal beobachtet, in der Pfalz fehlend.

Ökologie: In lockeren Herden oder kleinen Trupps auf frischen (bis feuchten), kalk- und nährstoffarmen, sauren humosen Böden, gern im Halbschatten. In schwach beschatteten Flachmoorwiesen (z.B. im Caricetum nigrae), gern auch an etwas gestörten Stellen (z.B. in Torfstichen, so um Schonach), in Birkenbrüchern (z.B. Vaccinio-Betuletum carpathicae), auch in aufgelichteten Fichtenwäldern, hier gern an Wegböschungen. Insgesamt im Gebiet an Fichtenwald-Standorte gebunden, in Buchenwäldern wie etwa in Norddeutschland im Gebiet nicht beobachtet. – Vegetationsaufnahmen vgl. DIERSSEN (1984: 39, 85, 183).

Verbreitung in Baden-Württemberg: Nur im Schwarzwald, hier die Süd- bzw. Westgrenze der Verbreitung erreichend, erstmals 1824 durch THÜRLEMANN im oberen Bärental am Feldberg beobachtet (SPENNER 1826, GMELIN 1826), später hier vergeblich gesucht (DÖLL 1859). – Verbreitungskarte für den Schwarzwald DIERSSEN (1984: 209), hier auch weitere Angaben. Tiefst gelegene Fundstelle im Nordschwarzwald bei Viehläger (7315/3) bei 730 m, im Südschwarzwald bei Hogschür (8314/3, 790 m), höchst gelegene im Eschenmoos (8114/4: 1130 m).

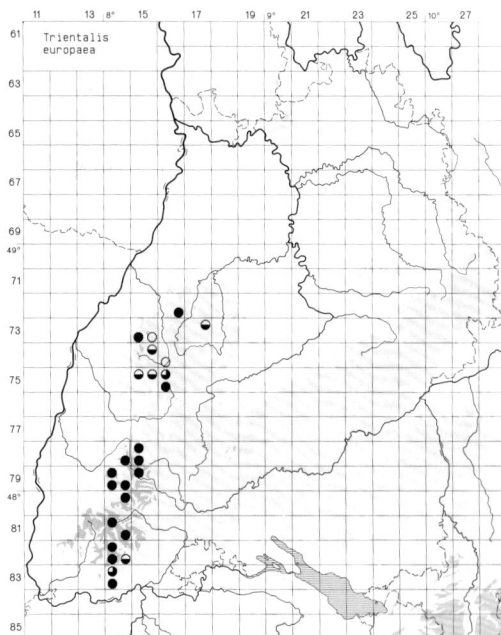

Europäischer Siebenstern *(Trientalis europaea)*
Rohrhardsberg

Nordschwarzwald: Erster Hinweis bei Döll (1862: 1362): nach Beobachtungen von v. Kettner an mehreren Stellen um Kaltenbronn (7216/4), so im alten Loch unweit der Brotenau, Glasertloch im Reichentaler Gemeindewald, früher auch beim Froschbrunnen. Spätere Beobachtungen von Winter (1884) an mehreren Stellen um Kaltenbronn, ferner um 1930 von Kneucker zwischen Kaltenbronn und der Teufelsmühle (KR). Heute nur noch im Altloch bekannt, hier reichlich (Voggenreiter, KR-K). 7315/3: Hornisgrinde, Osthang (Seubert u. Klein 1905), von Oberdorfer um 1937 bei 836 m im Caricetum nigrae noch bestätigt (KR-K), seither nicht mehr beobachtet. Ein kleines Vorkommen südwestlich Viehläger (1987, KR-K); 7315/4: Biberachtal bei Hundsbach; 7317/2: Oberkollwangen, Feucht (1924, 1957, ob noch?); 7515/2: Kniebis-Gebiet zwischen Ochsen- und Lamm-Wirtshaus (Munz in v. Martens u. Kemmler), hier zuletzt 1935 Kneucker (KR), weiter zwischen Zuflucht und Buhlbachsee; 7416/3: Klosterreichenbach (Kantner in v. Martens u. Kemmler), Baiersbronn (Eichler, Gradmann u. Meigen); 7516/1: Hintere Schnakensägemühle westlich Christophstal, 1969, Sebald (STU-K), wohl identisch mit der alten Angabe von Rösler in v. Martens u. Kemmler, später nicht mehr beobachtet. 7515/1: Freudenstadt auf Torfboden nahe der Stadt (Moser in v. Martens u. Kemmler). Mittlerer Schwarzwald: 7815/3: Um Schonach, Litzelmann (1951), nach Beobachtungen von A. Hölzer (KR-K) südlich des Wolfsbauernmoos, weiter im oberen Weißenbachtal bei Schönwald und im Furtwänglemoos, 7814/4: Rohrhardsberg, Reinecke in Dierssen (1984); 7914/3: St. Peter, Neuberger (1912), hier zwischen Plattenhöfe und Zweribach, Litzelmann (1951), nördlich der Platten-

höfe, Schwabe in Dierssen (1984), und Hirschmatten, Dierssen (1984) beobachtet.

Südschwarzwald: 8114/1: Gebiet Feldseemoor – oberes Bärental (Thürlemann in Spenner 1826, Spenner u. Braun in Gmelin 1826), später vergeblich gesucht (einmal von Fromherz 1881 gesammelt (KR)), neuerdings von Bogenrieder (Philippi u. Wirth 1970) wieder beobachtet; 8114/4: Schluchseemoor, Fromherz in Schildknecht (1863), zuletzt Becherer u. Gyhr (1928), durch Einstau nach 1930 zerstört; Eschenmoos, Becherer u. Gyhr (1928), zuletzt Schuhwerk (1965).

Ausgedehnte Vorkommen in höheren Lagen des Hotzenwaldes: von Gyhr an zahlreichen Stellen und z.T. in größerer Menge entdeckt (vgl. Becherer u. Gyhr 1928), später von Litzelmann (1951, 1964) und Dierssen (1984) von zahlreichen Stellen genannt (vgl. die Zusammenstellung bei Dierssen 1984): 8214: um Ibach: Neumatt nordwestlich Ibach, reichlich in Mooren westlich und südwestlich Ibach, nordöstlich Wehrhalden, Hirnimoos, Spielmannwies und Leimenlöcher bei Finsterlingen, südwestlich Dachsberg. Vorkommen im Horbacher Moor sind verschollen (im unteren Teil vermutlich durch Einstau zerstört). 8314/3: Platzmoos südöstlich Hogschür und Torfstich südwestlich Hogschür (790 m); 8314/1: Engelschwand (Mayer 1954, ob noch?).

Vorkommen in den Nachbargebieten: Odenwald, selten bei Olfen (Falter 1956), Vogesen, selten am Reisberg; Pfälzer Wald und Allgäu nicht bekannt.

Bestand und Bedrohung: Bei den Beständen von *Trientalis europaea* im Südschwarzwald ist bisher kaum ein Rückgang oder eine Gefährdung zu erkennen. Im Nordschwarzwald sind die Vorkommen offensichtlich weniger beständig; die Pflanze ist gerade in diesem Gebiet an ± gestörten Stellen zu finden. Ursache für das offensichtliche Zurückgehen könnte das Zuwachsen der offenen Flächen und eine zu starke Beschattung durch Fichten sein; eine Gefährdung durch Entwässerung dürfte eine untergeordnete Rolle spielen. – Insgesamt Gefährdungsstufe 3 „gefährdet", im Nordschwarzwald Gefährdungsstufe 2 („stark gefährdet"), örtlich wie im Hotzenwald nicht gefährdet.

8. **Centunculus** L. 1753
Kleinling, Kleinkraut

Gattung mit einer Art, nahe verwandt mit *Anagallis*, von dieser unterschieden durch die längere Kronröhre und die im Schlund angewachsenen Staubblätter.

Acker-Kleinkraut *(Centunculus minimus)* Böblingen, 1977

1. **Centunculus minimus** L. 1753
Anagallis minima (L.) Krause 1901
Acker-Kleinkraut, Acker-Kleinling

Morphologie: Therophyt; Pflanze aufrecht (bis aufsteigend), bis 8–10 cm hoch (oft nur 2–4 cm hoch), unverzweigt oder am Grund locker verzweigt (kräftige Pflanzen); Stengel kahl. Blätter wechselständig, meist entfernt stehend, breit eiförmig, bis 5 mm lang und 3,5 mm breit, kurz gespitzt, mit ca. 1 mm langem Blattstiel. Blüten einzeln in den Blattachseln, kurz gestielt bis fast sitzend. Kelchblätter 2–2,5 mm lang, lanzettlich mit scharfer Spitze. Krone bis zur Mitte 4–5zipfelig, mit fast kugeliger Röhre, Kronblätter weißlich bis weißrosa, 1,5 mm lang, hinfällig, von den Kelchblättern überragt. Staubblätter im Schlund angewachsen. Kapsel rundlich, 1,7–2 mm lang; Samen 0,5 mm lang und 0,3 mm breit, feinwarzig.
Biologie: Blütezeit von (Mitte bis Ende) Juni bis Ende September; die ersten Pflanzen sind ab Mitte Juni zu finden. Sie blühen und fruchten rasch. Blüten oft kaum geöffnet, Selbstbestäubung; Windverbreitung.
Ökologie: Einzeln oder in lockeren Trupps auf frischen bis feuchten, z.T. im Winter flach überschwemmten, mäßig nährstoffreichen bis nährstoffreichen, kalkarmen, doch basenreichen, schwach sauren, lehmigen bis sandigen Böden, seltener auch auf kalkhaltigen, ± basischen Böden. In offenen, vegetationsarmen Ackerfurchen, auf Stoppeläckern, seltener auch an Wegrändern, unbeständig auftretend, oft nur in Einzelpflanzen und daher

leicht zu übersehen. Begleitpflanzen z.B. *Juncus bufonius, Hypericum humifusum, Anthoceros agrestis, A. laevis*; in Stoppeläckern auch mit anspruchsvolleren Arten wie *Euphorbia exigua* oder *Kickxia elatine*. Kennart des Centunculo-Anthocerotetum, auch in anderen Zwergbinsen-Gesellschaften wie dem Scirpetum setacei. – Vegetationsaufnahmen vgl. KORNECK (1960), PHILIPPI (1968: 113), synthetische Tabellen bei OBERDORFER (1957), KNAPP (1963), PHILIPPI (1968).
Allgemeine Verbreitung: Europa v.a. im gemäßigten Teil, nordwärts bis südliches Skandinavien (60° n.Br.), südwärts bis Pyrenäen, Mittelitalien und nördliche Balkanhalbinsel, ostwärts bis westliches Rußland. Eingeschleppt in Nord- und Südamerika, sowie in Südafrika. – Temperat(-submediterran), schwach subatlantisch.
Verbreitung in Baden-Württemberg: Verbreitungsschwerpunkt im Oberrheingebiet und am Fuß des Schwarzwaldes, im östlichen Odenwald sowie im Keuper-Lias-Neckarland, weiter im Kraichgau, selten im Schwarzwald und auf der Schwäbischen Alb. – Tiefste Fundstellen in der Rheinebene, ca. 100 m, höchst gelegene in der Schwäbischen Alb (Böhmenkirch) bei 700 m, im Schwarzwald östlich Hornberg ausnahmsweise bis 740 m (ADE: STU-K).

Die Pflanze ist erst mit dem Menschen in unser Gebiet eingewandert (Archäophyt); in einer Naturlandschaft sind im Gebiet natürliche Wuchsorte der Pflanze nur schwer vorstellbar. – Die erste schriftliche Erwähnung findet sich bei ROTH VON SCHREKKENSTEIN (1798: 90): „Gestade und Inseln des Rheines" (etwas fragliche Angabe, da auf den kalkreichen Alluvionen des Rheins *Centunculus minimus* immer selten war). Weiter bei WIBEL (1799): „ad ripas Moeni prope Urphar".

Oberrheingebiet: Zahlreiche Angaben in der Freiburger Bucht und um Karlsruhe-Rastatt, v.a. von kalkarmen Böden der Schwarzwaldalluvionen, hier früher reichlich, gerade nördlich Freiburg (z.B. bei Gundelfingen-Denzlingen oder nördlich Reute um 1955 fast häufig), inzwischen stark zurückgegangen. Einzelangaben vgl. SCHILDKNECHT (1863), NEUBERGER (1912), KNEUCKER (1886), PHILIPPI (1971). Sehr selten in der Rheinniederung auf kalkreichen Böden, hier zuletzt bei Ichenheim (inzwischen erloschen). In der Vorhügelzone des Schwarzwaldes sehr selten (Müllheim, Schönberg bei Freiburg, Grenzach). Selten in den Hardtgebieten bei Walldorf-Schwetzingen.

Östlicher Odenwald: Hier gerade im Gebiet zwischen Tauber und Erfa vielfach (lößlehmbedeckte Buntsandsteingebiete), Fundortskarte vgl. PHILIPPI (1983: 56). Isolierte Vorkommen z.B. 6521/2: Heidersbach, SCHÖLCH; 6520/4: Langental westlich Lohrbach, SCHÖLCH (KR-K).

Schwarzwald: Vereinzelt in tieferen Lagen, so: 8312/1: Um Hägelberg, LITZELMANN (1963), HÜGIN; 8013/3: Gerstenhalm, Nordseite, 460 m, OBERDORFER (1956); 8013/1: oberhalb Kappel, PHILIPPI (1960); 8012/4: NE Bollschweil, 1986 (KR-K); 7813/1: Ottoschwanden, um 1925, KNEUCKER; 7715/4: Hintermaisenberg, ca. 740 m, ADE (höchste Fundstelle im Gebiet).

7115/4: N Rotenfels, um 1965, PHILIPPI (1971), inzwischen erloschen. Nördliche Randplatten des Schwarzwaldes heute noch vereinzelt: 7117/1: Ittersbach, 1981; 7017/3: Langensteinbach, 1985, BREUNIG, Auerbach, 1980; 7016/2: Grünwettersbach (KR-K).

Keuper-Gebiet östlich und westlich der Tauber: Selten im Ahorn-Gebiet: 6422/4: Altheim; 6423/3: Gerichtstetten;

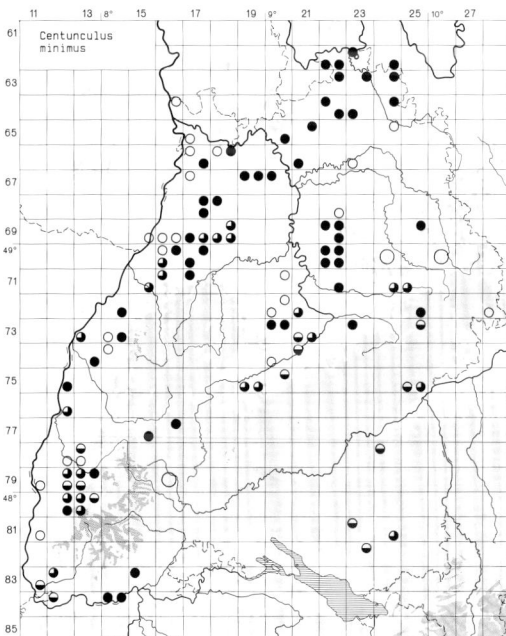

6424/2: Messelhausen; 6324/2: Großrinderfeld; 6224/4: Gerchsheim, immer nur in Einzelpflanzen und lange nicht so häufig wie in den nördlich anschließenden Buntsandsteingebieten, 1971/72, PHILIPPI (KR-K).

Kraichgau: Auch heute noch zerstreut zu beobachten, so (KR-K): 6917/3: Zwischen Weingarten und Werrabronn; 7017/2: nördlich Stein, HAISCH; 6817/4: südöstlich Kraichtal, BREUNIG; 6817/2: südöstlich Stettfeld, HAISCH; 6719/2: südwestlich Neckarbischofsheim, HAISCH u. MÜLLER; 6719/1: Daisbach, SCHÖLCH; 6720/1: westlich Obergimpern, SCHÖLCH; 6618/2: Wiesenbach, SCHÖLCH.

Neckargebiet: V.a. aus den Keuper- und Lias-Gebieten bekannt, insgesamt jedoch recht selten und vielfach unbestätigt. Früher vielfach in der Umgebung von Tübingen und Stuttgart (vgl. v. MARTENS u. KEMMLER 1882), jüngere Beobachtungen vgl. MAYER (1930): 7520/2: Mähringen; 7421/1: Walddorf und 7321/3: Schlaitdorf; weiter K. MÜLLER (STU-K): 7519/3: Höfendorf (1953); 7519/4: Rammert bei Dettingen. Um Stuttgart nach SEYBOLD (1968): 7221/3: Weidach (1 Pflanze, KREH 1956); 7321/4: Harthausen (KREH 1955). – Jüngere Bestätigungen (STU-K): 7320/1: Böblingen, in manchen Jahren zahlreich, BAUMANN; 7320/2: Steinenbronn, SEYBOLD; 7122/4: N Buoch, BÜCKLE; 7022/1, 2, 3: Backnang-Großaspach mehrfach (STU-K).

Schwäbisch-Fränkischer Wald: Ältere Beobachtungen vor 1900: 6822/4: Eichelberg; 6925/2: Gründelhard und Hinteruhlberg bei Crailsheim; 7026/2: Rotenbacher Mühle bei Ellwangen. Nach 1950: 6926/3: südlich Rosenberg, 1973, HARMS (KR-K); 7125/3: Brainkofen; 7124/4: Durlangen, RODI (1954/55, STU-K).

Schwäbische Alb: 7225/4: Rötenbach, 1977, HAUFF; 7325/2: Böhmenkirch, BERTSCH (1948). Im Ulmer Gebiet: 7525/3: Oberherrlingen und NE Wipplingen, 1935, K. MÜLLER; 7525/4: Oberer Eselsberg, K. MÜLLER (1957).

Alpenvorland: 8123/1: Schreckensee; 8223/2: Fidazhofen; 7824/1: Aßmannshardt; alle Angaben nach BERTSCH (1948); 8124/4: Stockweiher bei Wolfegg, 1955, K. MÜLLER u. BRIELMAIER (1959).

Bestand und Bedrohung: Die Bedrohung von *Centunculus minimus* ist schwer abzuschätzen. Die Pflanze tritt oft nur in Einzelexemplaren auf und ist sehr leicht zu übersehen; die Menge kann von Jahr zu Jahr stark schwanken. Sie gilt als „gefährdet", was gerade nach dem offensichtlichen Rückgang in der Oberrheinebene und in den Keuper- und Lias-Gebieten entlang des Neckars gerechtfertigt ist. Ursache für den Rückgang ist die Düngung (dichterer Stand der Getreidehalme und damit eingeengte Wuchsmöglichkeiten für *Centunculus minimus*). Örtlich hat sicher auch die Ausbreitung der Mais-Kulturen zu einem Rückgang oder gar Verschwinden geführt (nicht aber im Kraichgau, wo *Centunculus* auch in Maisäckern beobachtet wurde). Im Schwarzwald hat wohl die weitgehende Aufgabe des Getreideanbaues in unteren und mittleren Lagen die Wuchsmöglichkeiten eingeengt. Herbizide scheinen keinen Einfluß auf die Vorkommen der Pflanze zu haben: *Centunculus minimus* kann

409

sich spät im Jahr entwickeln (nach dem letzten Herbizideinsatz) und ist gerade in den Stoppeläckern des Spätjahrs z. T. sogar in größerer Menge zu finden. Auch Entwässerungen sind offensichtlich ohne Einfluß auf die Bestände geblieben.

9. **Anagallis** L. 1753
Gauchheil

Blätter gegenständig, Blüten einzeln in den Blattachseln, langgestielt, Fruchtknoten oberständig, Kapsel kugelig, sich mit einem Deckel öffnend. – Gattung mit 24 Arten, diese v.a. im tropischen Afrika, in Europa 5 Arten.

1   Blätter rundlich, kurz gestielt; Blüten blaßrosa, trichterig, Krone deutlich länger als der Kelch; niederliegende Sumpfpflanze . . . . . 1. *A. tenella*
–   Blätter eiförmig, zugespitzt, sitzend; Krone rot oder blau (selten auch rosa), radförmig, Kronblätter etwa so lang wie die Kelchblätter; niederliegende bis aufsteigende Ackerunkräuter 2
2   Krone rot, Kronblätter bis 6 mm breit, am Rand wenig gekerbt, mit 50–70 Drüsenhaaren; Blütenstiele 1,2–2mal so lang wie das zugehörige Blatt; Blätter 1,5–2,5mal so lang wie breit . . . .
2. *A. arvensis*
–   Krone blau, Kronblätter bis 3,5 mm breit, am Rand gezähnt, mit 5–10 (30) Drüsenhaaren; Blütenstiele 0,6–1,2mal so lang wie das zugehörige Blatt; Blätter schmäler, etwa 2mal so lang wie breit (oder länger) . . . . 3. *A. foemina*

1. **Anagallis tenella** (L.) L. 1774
Lysimachia tenella L. 1753
Zarter Gauchheil

Morphologie: Ausdauernder, niederliegender Hemikryptophyt mit zarter, kriechender Grundachse; Stengel dünn, niederliegend, vereinzelt mit dünnen, blattachselständigen Wurzeln, bis 10–15 cm lang, kaum verzweigt, vierkantig, kahl. Blätter kreuzweise gegenständig, doch ± in einer Ebene liegend, ± graugrün, rundlich (z. T. stumpf gespitzt), bis 0,6 cm im Durchmesser, ganz kurz gestielt. Blüten vereinzelt, blattachselständig; Blütenstiele 2–3,5 cm lang, mehrfach länger als das zugehörige Blatt. Kelch 3–4 mm lang, Kelchzipfel in eine grannenartige Spitze auslaufend; Krone hellrosa mit dunkleren Adern, trichterig, 7–9 mm lang, bis fast zum Grund geteilt. Kapsel 3–4 mm lang, kugelig.
Biologie: Blütezeit Ende Juni bis Anfang Juli (Pflanzen im Gebiet vielfach steril bleibend); Insektenbestäubung, Selbstbestäubung. Vegetative Vermehrung durch Verzweigung der Grundachse. Frostempfindlich (starker Rückgang im kalten Winter

1955/56 bei Opfingen/Rheinebene), kann sich an offenen Stellen rasch wieder aus Samen einstellen und nach kurzer Zeit lockere Überzüge bilden.
Ökologie: Lockere Überzüge bildend, an offenen, lichtreichen, feuchten bis nassen, kalkarmen, sauren, doch basenreichen, seltener auch kalkhaltigen, neutralen, nährstoffarmen bis mäßig nährstoffreichen, anmoorigen bis mineralischen Stellen (Lehme und sandige Lehme). – In Pioniergesellschaften an Wiesengräben, moosreichen Schlenkenrändern, in lückigen Wiesen (gern in Fahrspuren), zusammen mit *Juncus acutiflorus, Molinia caerulea, Carex demissa* in *Juncus acutiflorus*-reichen *Molinia*-Wiesen, in Flachmoorwiesen (Parnassio-Caricetum pulicaris), in Pioniergesellschaften mit *Isolepis setacea* oder *Juncus bulbosus*. – Vegetationsaufnahmen vgl. OBERDORFER (1936), PHILIPPI (1963).
Allgemeine Verbreitung: Westeuropa (England, Niederlande, Belgien, Frankreich, iberische Halbinsel), Mitteleuropa an wenigen Stellen (Westfalen, Rheinland, Südschwarzwald und Oberrheinebene), Westschweiz, Poebene. – Mediterran-atlantisch, im Gebiet die Ostgrenze der Verbreitung erreichend.
Verbreitung in Baden-Württemberg: Rheinebene an 2 Fundstellen, zahlreiche Fundstellen im südlichen Hotzenwald bei Säckingen. – Tiefste Fundstellen ca. 100 m, höchst gelegene ca. 650–670 m (die meisten Fundstellen im Hotzenwald unter 500 m).

Die Pflanze ist einheimisch, dürfte aber erst mit dem Menschen im Gebiet eingewandert sein (Ar-

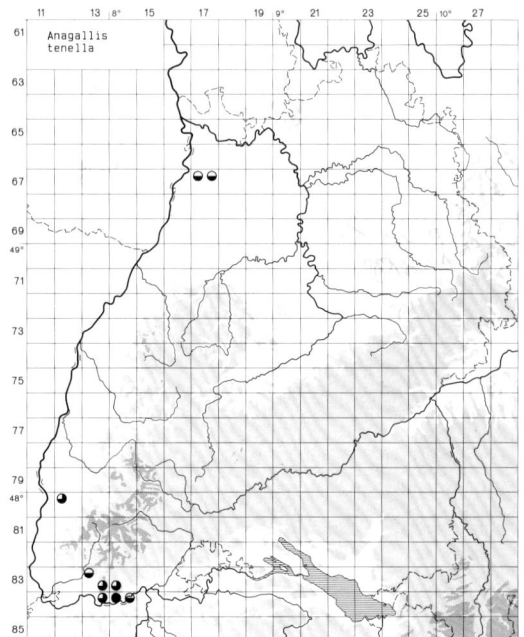

Zarter Gauchheil *(Anagallis tenella)*

chäophyt). Vorkommen in natürlichen Pflanzengesellschaften sind im Gebiet nicht bekannt. – Im Gebiet isoliertes Vorkommen; nächste Fundstellen am Südwestfuß der Vogesen; im Elsaß wie in der Pfalz fehlend. Erster schriftlicher Hinweis: DÖLL (1868: 62), nach einem Fund von KILIAN (1866) bei Hänner, SEUBERT (1868).

Oberrheinebene: 6717/2: Bruch nördlich St. Leon bei Heidelberg, hier 1887 von C. MÜLLER entdeckt, vgl. KNEUKKER (1887: 296): „Auf eine Strecke von etwa 100 m wird das Wasser jedoch von einem etwa 3 dm breitem Band der rosarot blühenden... *Anagallis tenella* L. eingefaßt, deren Blüten aus dem feuchten *Hypnum*-Rasen wunderlieblich hervorleuchten." – Vorkommen im Herbar gut belegt, Pflanzen reichlich blühend. Offensichtlich handelte es sich

um einen Schwingrasen mit *Drepanocladus vernicosus*. – Letzte Beobachtung 1923, O. MÜLLER (vgl. KNEUCKER 1924), heute erloschen. 6717/1: Moor bei Waghäusel, FR. ZIMMERMANN (vgl. Anonymus 1887, hier bereits 1883 beobachtet (nach anderen Angaben von Fr. ZIMMERMANN bereits 1881), zuletzt 1905 (ZIMMERMANN 1907). – Das Vorkommen bei Waghäusel erscheint etwas zweifelhaft. Außer FR. ZIMMERMANN (dessen Angaben mit sehr großer Vorsicht zu verwenden sind) hat niemand die Pflanze bei Waghäusel gefunden. Das Moor bei Waghäusel war im letzten Jahrhundert gut durchforscht (vgl. DÖLL, SCHMIDT u.a.), ohne daß *Anagallis tenella* beobachtet wurde. Belege fehlen. Eine Ansalbung erscheint nicht ausgeschlossen. Vielleicht handelt es sich aber auch um einen ganz normalen „Schwindel". 8012/1: Östlich Opfingen bei Freiburg, im Ochsenmoos, NEUBERGER (1912: „durch Trockenlegung gefährdet"). Vorkommen hat sich

411

bis 1955 in Schlenken mit *Scorpidium scorpioides* sowie *Juncus acutiflorus*-Beständen gehalten, vgl. OBERDORFER 1936. Nach dem kalten Winter 1955/56 und nach Entwässerungen an den „alten" Wuchsorten verschwunden; neue Vorkommen an frisch abgestochenen Grabenwänden, z.T. reichlich. 1968 letzte Beobachtungen, heute erloschen (KR-K).

Südschwarzwald: Eine alte Angabe von GMELIN (1805: 460) von der Insel im Nonnmattweiher (8212/2, ca. 910 m, hier 1784 beobachtet) erscheint wenig wahrscheinlich: in dieser Höhe wurde *Anagallis tenella* im Schwarzwald nie beobachtet; das Vorkommen konnte auch nie mehr bestätigt werden. Südlicher Hotzenwald: Hier erstmals von KILIAN 1866 bei Hänner beobachtet (DÖLL 1868), später von LINDER (1903, 1905) von zahlreichen Fundorten im Gebiet zwischen Säckingen, Willaringen, Hottingen und Hochsal (oberh. Hauenstein) nachgewiesen (8313/4, 8314/3, 8413/2, 8414/1, 8414/2, ca. 350–670 m). Eine etwas isolierte Fundstelle war bei 8313/1: Schweigmatt oberhalb Schopfheim, ZIMMERMANN (1911). Um 1960 konnte *Anagallis tenella* im südlichen Hotzenwald noch an zahlreichen Stellen beobachtet werden und war vielerorts nicht selten (vgl. PHILIPPI 1963, LITZELMANN 1963, 1967, hier Abb. 18: *Anagallis tenella* von Harpolingen), so Hänner, Sood, Oberhof, Zechenwihl, Harpolingen, Obersäckingen, Willaringen, Rippolingen, Hottingen; Wuchsorte meist Ränder und Stichwände kleiner Wiesengräben. Diese Vorkommen sind heute weitgehend erloschen. Ursachen des offensichtlichen Verschwindens sind Aufforstungen der Wiesentäler, Intensivierung der Grünlandnutzung (Dauerweiden anstelle der Mähweiden) und Verfall der alten Wiesengräben. Heute besteht in diesem Gebiet nur noch ein kleines Vorkommen bei Oberhof (Thimoswiesen, 1984, TH. MAY, vgl. MAY 1987).

TH. MAY (1987) bringt die Vorkommen im Hotzenwald mit der früher verbreiteten Wiesenwässerung in Verbindung; auch bei den Vorkommen in der Rheinebene vermutet er Zusammenhänge mit Wiesenwässerung. Für den Hotzenwald trifft diese Feststellung sicher zu (es gibt im Schwarzwald jedoch viele Wässerwiesen-Gebiete ohne *Anagallis tenella*). Für die Vorkommen in der Rheinebene (hier in naturnahen Flachmoorwiesen) ergeben sich keine Verknüpfungen mit einer früheren Wässerwirtschaft.

Bestand und Bedrohung: Der starke Rückgang von *Anagallis tenella*, v.a. in den Jahren nach 1960, gibt Anlaß zu ernster Sorge. Das letzte noch bestehende Vorkommen kann nur bei sorgfältiger Pflege der Fläche erhalten werden. Bodenverletzungen dürften sich für *Anagallis tenella* fördernd auswirken. Vielleicht könnte eine Wiederaufnahme der alten Wiesenbewässerung zum Aufleben früherer Vorkommen beitragen. Z.Zt. als „stark gefährdet" eingestuft, Tendenz zu „vom Aussterben bedroht".

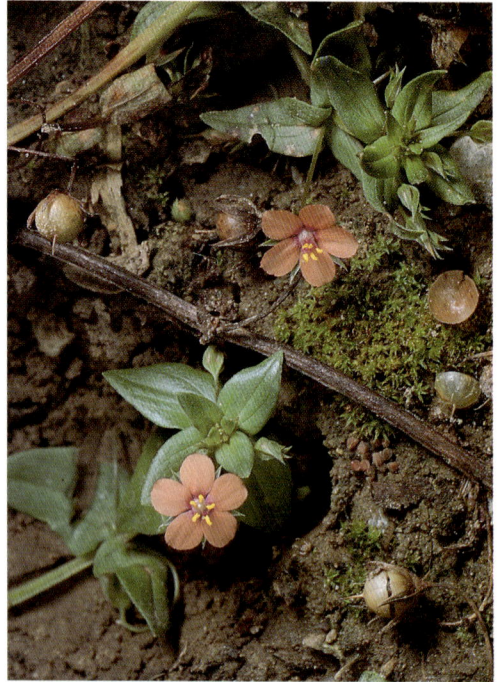

Acker-Gauchheil *(Anagallis arvensis)*

2. Anagallis arvensis L. 1753

A. phoenicea Scop 1772; *A. arvensis* subsp. *phoenicea* (Scop.) Vollmann 1904
Acker-Gauchheil

Morphologie: Pflanze einjährig, niederliegend bis aufsteigend, bis 20 cm lang; Stengel nur am Grund verzweigt, vierkantig, kahl. Blätter gegenständig, ungestielt, eiförmig, zugespitzt, bis 2,5 cm lang und 1,4 cm breit, 1,5–2 (2,5)mal so lang wie breit. Blüten einzeln, blattachselständig; Blütenstiele ca. 2 cm lang, deutlich länger als das zugehörige Blatt (1,2–2mal so lang). Kelch 4–5 mm lang, lanzettlich, schmal hautrandig. Krone rot (zinnoberrot bis karminrot), radförmig ausgebreitet, Kronblätter 5–7 mm lang, 3,6–6 mm breit, am Grunde verwachsen, am Rand ganzrandig bis schwach fransig gesägt und drüsig behaart (dreizellige Drüsenhaare); Staubblätter locker behaart, mit 3–8zelligen Haaren. Kapsel kugelig, an verlängerten (bis 3 cm langen) zurückgebogenen Fruchtstielen, mit 20–22 Samen; Samen 1,3 mm lang und 1 mm breit.
Biologie: Blütezeit Juni–September (Oktober). Insekten- und Selbstbestäubung, Wind- und Selbstverbreitung. Pflanze bis 40 cm tief wurzelnd.
Ökologie: An lichtreichen, offenen, frischen bis mäßig trockenen, nährstoffreichen, meist kalkhalti-

gen, basischen, seltener kalkarmen, schwach sauren Lehmen bzw. sandigen Lehmen. In Hackunkraut-Gesellschaften, auch in Gärten, auf Schuttplätzen, seltener in Halmfrucht-Gesellschaften, gern an Straßenrändern (höhere Salztoleranz?). Kennart der Ordnung Polygono-Chenopodietalia, v.a. im Fumario-Euphorbion-Verband. – Als eine im Gebiet häufige Art in zahlreichen Aufnahmen von Akkerunkrautgesellschaften enthalten.

Allgemeine Verbreitung: Europa, Asien bis Indien, Ostasien, Südamerika, Australien. In Europa v.a. im südlichen und mittleren Teil, nordwärts bis Südschweden (selten Mittelschweden und Finnland). – Mediterran-temperat, schwach subozeanisch.

Verbreitung in Baden-Württemberg: V.a. in Kalkgebieten häufig, Schwäbische Alb nach BERTSCH bis 980 m. In kalkarmen Gebieten wie im Schwarzwald oder Odenwald selten, fast nur in Tieflagen, in mittleren und höheren Lagen von Natur aus fehlend, doch z.T. sekundär in Anlagen oder in Blumenkübeln (mit Fremderde). – Archäophyt (Heimat wohl Mittelmeergebiet).

Ältester Hinweis: J. BAUHIN (1598: 194), Umgebung von Bad Boll (7323).

Bestand und Bedrohung: Die Pflanze ist im Gebiet nicht gefährdet.

Variabilität: var. *azurea* (Hyl.) Marsden-Jones et Weiss., Aussehen wie *Anagallis arvensis*, doch Blütenfarbe blau. Auf diese Sippe wird mehrfach hingewiesen, doch liegt aus dem Gebiet nur eine zuverlässige Beobachtung vor: Getreideacker bei Durlangen unweit Schwäbisch-Gmünd (7124), vgl. RODI (1955). Offensichtlich unterscheidet sich die var. *azurea* auch ökologisch deutlich von *A. arvensis*; als Begleitpflanzen werden u.a. *Arnoseris minima*, *Rumex acetosella*, *Scleranthus annuus* u.a. genannt. Die var. *azurea* nimmt demnach ärmere Standorte als die typische Sippe ein (vgl. dazu RODI 1955).

3. Anagallis foemina Mill. 1768

Anagallis coerulea Schreb. (non L.) 1771; *A. arvensis* L. subsp. *coerulea* (Schreb.) Vollmann 1904
Blauer Gauchheil

Morphologie: Wie *A. arvensis*, unterschieden durch dunkleres Grün der Blätter, schmälere (lang eiförmige) Blätter, diese bis 2,5 cm lang und 1 cm breit. Blütenstiele etwa 0,6–1,2mal so lang wie das zugehörige Blatt, um 1,5 cm lang. Krone tiefblau, mit 2,5–3,5 mm breiten, an der Spitze fransig gezähnten Kronzipfeln, diese mit vierzelligen Drüsenhaaren; Staubfäden mit 11–12zelligen Haaren. Fruchtstiele bis 2 cm lang, nur wenig länger als die Blätter, bei der Reife zurückgebogen; Kapsel kugelig, mit 15–16 Samen, diese 1,6 mm lang und 1,3 mm breit.

Biologie: Blütezeit Juni–September, Insekten- und Selbstbestäubung, Windverbreitung.

Ökologie: An lichtreichen, offenen, mäßig trockenen (bis trockenen, seltener auch mäßig frischen),

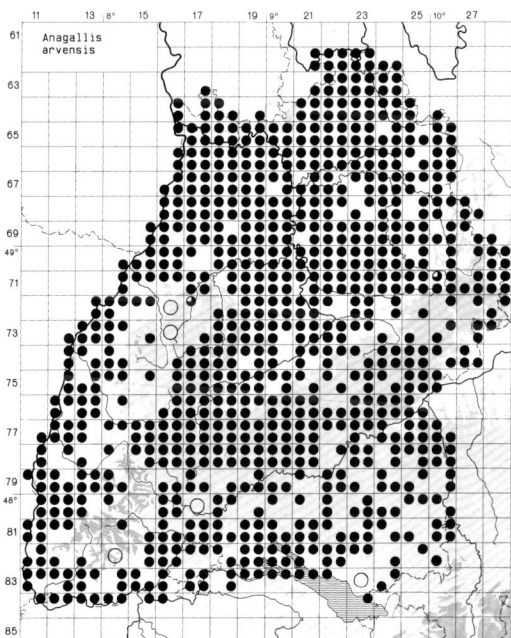

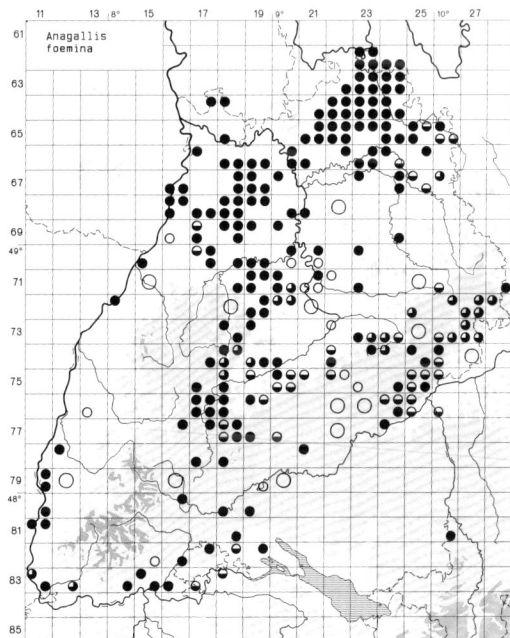

Blauer Gauchheil *(Anagallis foemina)*

kalkreichen und nährstoffreichen, basischen Stellen, gern auf scherbigen Lehmböden (v. a. über Muschelkalk), in der Rheinebene auch auf kiesigen oder schluffigen Böden. In Halmfruchtgesellschaften, hier auch in Stoppelfeldern, seltener auch in Hackfrucht-Gesellschaften, vorübergehend auch an Schuttstellen. Caucalidion-Verbandskennart, im Gebiet v. a. im Caucalido-Adonidetum, seltener im Kickxietum spuriae (im Mediterrangebiet in Therophytenfluren). – Vegetationsaufnahmen vgl. z. B. Görs (1966, Spitzberg), G. Hügin (1985).

Allgemeine Verbreitung: Europa, hier Schwerpunkt im Mittelmeergebiet, bereits im nördlichen Mitteleuropa selten oder fehlend, wärmeliebender als *A. arvensis*. – Mediterran-submediterran.

Verbreitung in Baden-Württemberg: V. a. in den Muschelkalkgebieten des Baulandes und entlang der Tauber, hier gebietsweise auch heute noch häufig, seltener am oberen Neckar und in der Schwäbischen Alb, hier nach Bertsch bis 750 m, im Kraichgau und im Heckengäu. Hochrhein und westliches Bodenseegebiet vereinzelt, in der südlichen Oberrheinebene zerstreut, in der nördlichen selten. – Früher war die Pflanze wesentlich häufiger, wie den Floren zu entnehmen ist. Sie wurde deshalb in den Floren gerade des Oberrheingebietes ohne Fundortsangaben aufgeführt. Nur in Gebieten, in denen die Pflanze seltener vorkam, wurden in Floren Vorkommen genannt, so z. B. um Tübingen oder Ulm. Hier läßt die Karte einen Rückgang er-

414

kennen. In anderen Gebieten wie der Baar (ZAHN 1889: ziemlich häufig) oder Oberrheinebene, wo der Rückgang viel stärker war, ist er nicht darstellbar. Im Kaiserstuhl war die Pflanze offensichtlich um 1940 schon sehr selten, da sie in der Arbeit von v. ROCHOW nicht genannt wird.

Erster Nachweis: SCHOEPF (1622: 15): Umgebung von Ulm. Auch von HARDER 1574–76 vermutlich im Gebiet gesammelt (SCHORLER 1907: S. 83).

Bestand und Bedrohung: In der Roten Liste als „gefährdet" eingestuft. In den Muschelkalkgebieten des Neckars, des Baulandes und an der Tauber nicht gefährdet (wenn sicher auch zurückgegangen); stärker gefährdet in der Schwäbischen Alb und v.a. in der Rheinebene (hier Gefährdungsstufe 2). Ursache für den Rückgang ist wohl in erster Linie der dichtere Stand der Getreidehalme (als Folge der Düngung), weniger der Einsatz von Herbiziden, da die Pflanze auch in Stoppelfeldern noch reichlich blühen und fruchten kann. Beim (vermuteten) Rückgang in der Schwäbischen Alb dürfte auch die extreme klimatische Situation eine Rolle spielen: die Pflanze ist hier an ihrer Verbreitungsgrenze.

2. × 3. Anagallis × carnea Schrank 1789
A. arvensis L. subsp. *carnea* (Schrank) Gusul. et Morar.; *A. × doerfleri* Ronn. 1903

Pflanze mit fleischrosa Blüten, Bastard zwischen *A. arvensis* und *A. foemina*, im Gebiet vereinzelt zwischen den Eltern. Einzelangaben z.B. LITZELMANN (1963): 8312/4: Dinkelberg bei Nordschwaben; 8311/2: Hammerstein im Kandertal.

10. **Samolus** L. 1753
Bunge, Pungen

Ausdauernde Pflanzen. Blätter am Grunde rosettig gehäuft, am Stengel wechselständig, Staubblätter 5, zwischen den Ansatzstellen der Staubblätter jeweils eine Schuppe. Fruchtknoten halbunterständig. – Insgesamt 9 Arten, davon 7 in der Südhemisphäre, in Europa eine Art.

1. **Samolus valerandi** L. 1753
Salz-Bunge, Valerands Pungen

Morphologie: Hemikryptophyt mit grundständiger Blattrosette und locker beblättertem, kahlem Stengel, bis 30 (50) cm hoch, oft nur 10 cm hoch, unverzweigt oder im oberen Teil locker verzweigt (in wärmeren Gebieten ausladend verzweigt), leicht lauchgrün überlaufen. Grundständige Blätter löffelförmig, abgerundet, ganzrandig, bis 6 cm lang

und 2 cm breit, in einen geflügelten Blattstiel verschmälert, die am Stengel sitzenden Blätter kleiner (2–3 cm lang), mit keilig verschmälertem Blattgrund. Blütenstand locker traubig, blattlos; Blüten mit ca. 1 cm langem Blütenstiel, dieser aufrecht abstehend, in der Mitte mit einem kleinen Blättchen und hier abgeknickt. Kelch 1,5–2,5 mm lang, auf ein Drittel eingeschnitten mit breit eiförmigen Zipfeln; Krone weiß, 3–4 mm im Durchmesser. Kapsel kugelig, kürzer als der Kelch, ca. 2 mm lang; Samen 0,3–0,4 mm lang, dreikantig, braun.

Biologie: Blütezeit Juli bis September (Oktober). Insekten- und Selbstbestäubung.

Ökologie: In ± offenen Pioniergesellschaften auf kalkreichen, basischen, nährstoff- und humusarmen Rohböden (Schluffe, Schwemmlehme) an feuchten bis nassen, auch gelegentlich überschwemmten Stellen, salztolerant (bereits von GMELIN 1805 erkannt), außerhalb des Gebietes in Lücken von Salzwiesen, in der Pfalz auch um die Salinen (GMELIN 1805: ad salinas circa Dürckheim copiose), im Gebiet nicht als Salzzeiger zu werten. Tritt vertragend, doch hier oft steril bleibend, im Süden oft im Bereich von Quellfluren (z.B. Eucladietum), in Gräben, am Rand von Kiesgruben, im Gebiet meist mit *Agrostis stolonifera* oder *Juncus articulatus* in Lücken von Agrostion-Gesellschaften, seltener auch mit Einjährigen wie *Centaurium pulchellum* oder *Juncus bufonius* (Juncion bufonii) und hier als Kennart des Erythraeo-Blackstonietum

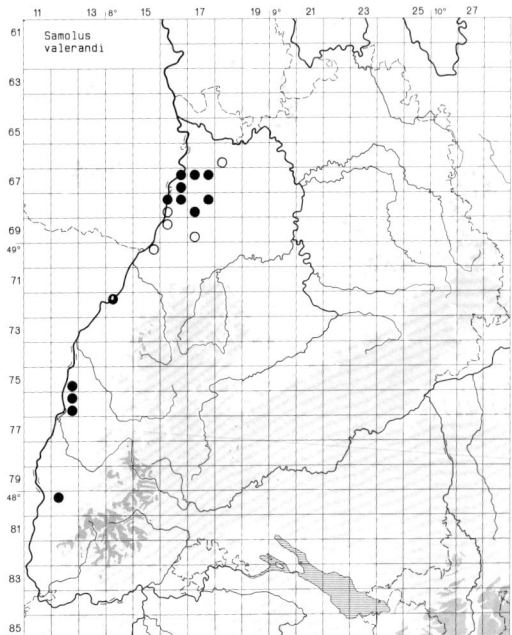

Salz-Bunge *(Samolus valerandi)*

Oberrheingebiet: Vor allem in den Randbereichen der Niederung (ohne Überflutung durch den Rhein, v.a. in den Gebieten, die sich durch anmoorige Standorte auszeichnen). Keineswegs sind die Vorkommen mit der Versalzung des Rheines in Verbindung zu bringen. – 7912/1: Ried zwischen Gottenheim und Wasenweiler, SCHILL (1887), in Gräben, oft jahrelang ausbleibend und nach Ausräumen wieder in Menge auftretend, z.Z. reichlich am Ufer einer Kiesgrube, weiter zwischen Neuershausen und Bötzingen, 1978, SCHLESINGER (KR-K); 7612/4: Wittenweier gegen Kippenheim, 1975, GEISSERT (KR-K); 7612/2: Kürzell, BAUR (1886), noch vorhanden; 7512/4: Ichenheim, BAUR (1886), zuletzt um 1970, inzwischen durch Zuwachsen erloschen; 7512/2: nordwestlich Altenheim, WINTER (1884), 1989 wenige Pflanzen, PHILIPPI (KR-K). — Die von MOHR (1898) genannten Vorkommen Mietersheim und Langenwinkel sind verschollen (7612/4). 7214/1: Zwischen Greffern und Stollhofen, PHILIPPI (1971), z.Z. erloschen. – Die von GMELIN genannten Vorkommen um Karlsruhe: Daxlanden, Leopoldshafen und Linkenheim konnten später nicht mehr bestätigt werden, ebenso die von DÖLL genannten zwischen Grötzingen und Weingarten sowie bei Eggenstein. – Im Gebiet um Graben-Waghäusel nördlich Karlsruhe mehrfach, hier bereits von A. BRAUN und J. SCHMIDT beobachtet, so 6816/1: zwischen Hochstetten und Liedolsheim im Graben entlang der Straße, um 1970, inzwischen infolge Zuwachsens erloschen; 6816/2: zwischen Neudorf und Huttenheim, zuletzt 1952, ferner südlich Huttenheim, P. THOMAS; 6716/3: Rheinsheim; 6716/4: zwischen Rheinsheim und Huttenheim, spärlich, P. THOMAS; 6716/2, 6716/1: zwischen Waghäusel und Altlußheim, z.Z. mehrfach und auch zahlreich an Rändern von Kiesgruben. Außerhalb der Rheinniederung in der Kinzig-Murg-Rinne nördlich Karlsruhe: 6917/3: Grötzingen-Weingarten, DÖLL; 6917/1: zwischen Untergrombach und Büchenau, BONNET 1887, 1987 von M. HASSLER östlich Büchenau wieder bestätigt; 6817/3: Bruchsal, am Eisweiher (Schönbornswiese), OBERDORFER (1936), zuletzt 1965 (spärlich); 6817/2: Um Ubstadt mehrfach in Ausschachtungen, jeweils wenige Pflanzen, 1988, PHILIPPI (KR-K); 6717/2: Westlich Malsch, im Watzenbruch, zahlreich, 1988, BREUNIG (KR-K); 6618/3: St. Ilgen, SCHMIDT (1857), seit langem nicht mehr bestätigt.

Vorkommen in den Nachbargebieten: In der elsässischen und pfälzischen Rheinebene zerstreut, so v.a. im Mittelelsaß (Ried) oder am Rand des Bienwaldes, insgesamt zurückgegangen. Im schweizerischen Bodensee-Gebiet bei Altnau und Güttingen.

Bestand und Bedrohung: Sie lassen sich schwer abschätzen. Die Pflanze kann jahrelang ausbleiben und dann wieder, nachdem offene Stellen geschaffen wurden, in z.T. größerer Menge auftreten. Im Augenblick erscheinen die beiden Hauptvorkommen bei Gottenheim-Wasenweiler und Waghäusel-Altlußheim wenig bedroht, zumal die Pflanze auf Störungen positiv reagiert. Einstufung nach der „Roten Liste" als „stark gefährdet", vielleicht besser Einstufung als „gefährdet" (3).

gewertet. – Vegetationsaufnahmen OBERDORFER (1936: 55: *Samolus valerandi-Erythraea pulchella*-Gesellschaft), KORNECK (1960).

Allgemeine Verbreitung: Weltweit verbreitet, in wärmeren Gebieten Europas, Asiens (bis Indien), Ostasiens, Nordamerikas, außertropischen Teilen Südamerikas, Afrikas und Australiens. In Europa: Mittelmeergebiet, Küsten Westeuropas (bis Schottland), vereinzelt in Mitteleuropa (v.a. an Salzstellen), im Ostseegebiet nordwärts bis Mittelschweden und Süd-Finnland. Mediterran-submediterran-temperat-subatlantisch.

Verbreitung in Baden-Württemberg: Oberrheinebene, ca. 100–190 m (benachbart im schweizerischen Bodensee-Gebiet bis ca. 400 m).

Die Pflanze ist einheimisch, doch sicher erst mit dem Menschen eingewandert (Archäophyt). Für das Gebiet erstmals von GMELIN (1805) aus dem Oberrheingebiet um Karlsruhe genannt, doch aus den Nachbargebieten schon früher erwähnt (Elsaß: MAPPUS, Pfalz: POLLICH (1776–77)).

Nachträge

Besonders geschützte Arten

Folgende Arten von Band 2 sind nach der Bundesartenschutzverordnung vom 19. 12. 1986 besonders
geschützt (vom Aussterben bedrohte Arten sind
unterstrichen):

Althaea officinalis, Echter Eibisch
Alyssum montanum, Berg-Steinkraut
Anagallis tenella, Zarter Gauchheil
Androsace lactea, Milchweißer Mannsschild
Arctostaphylos uva-ursi, Arznei-Bärentraube
Biscutella laevigata, Brillenschötchen
Chimaphila umbellata, Winterlieb
Cochlearia pyrenaica, Pyrenäen-Löffelkraut
Cyclamen purpurascens, Gewöhnliches
  Alpenveilchen
Draba aizoides, Felsen-Hungerblümchen
Helianthemum canum, Graufilziges Sonnenröschen
Hottonia palustris, Wasserfeder
Ledum palustre, Sumpf-Porst
Primula auricula, Aurikel

Primula farinosa, Mehl-Primel
Primula hirsuta, Behaarte Schlüsselblume
Rhododendron ferrugineum, Rostrote Alpenrose
Soldanella alpina, Echtes Alpenglöckchen.

Nachträge zu den Arten

Seite 27
Elatine hydropiper
Neues Vorkommen in 6927/4: Holzweiher, 1991, H.
BAUMANN (STU-K). Ein zusätzliches Farbfoto fin-
det sich auf Seite 417.

Seite 28
Elatine hexandra
Zwei weitere Vorkommen in 6927/4: Schafweiher N
Stödtlen und Breitweiher N Stödtlen, beide 1991,
BALTERS (STU-K). Ein Erstnachweis „circa Carls-
ruh prope Scheibenhart" findet sich schon bei C. F.
HORNSCHUCH, Sylloge plantarum novarum . . ., Re-
gensburg 1823–24: 83.

Wasserpfeffer-Tännel (*Elatine hydropiper*)
Holzweiher, 1991

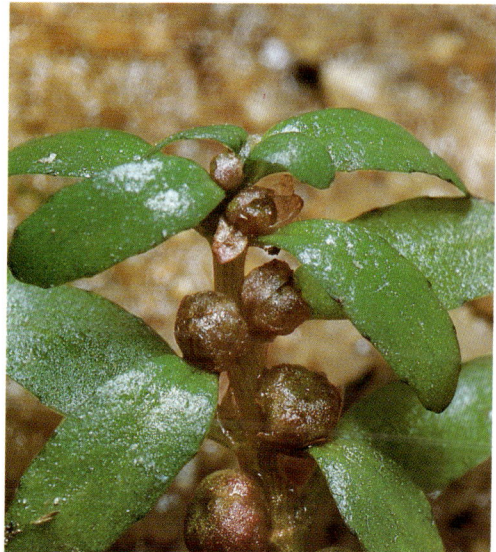

Dreimänniger Tännel (*Elatine triandra*)
Schafweiher, 10. 10. 1992

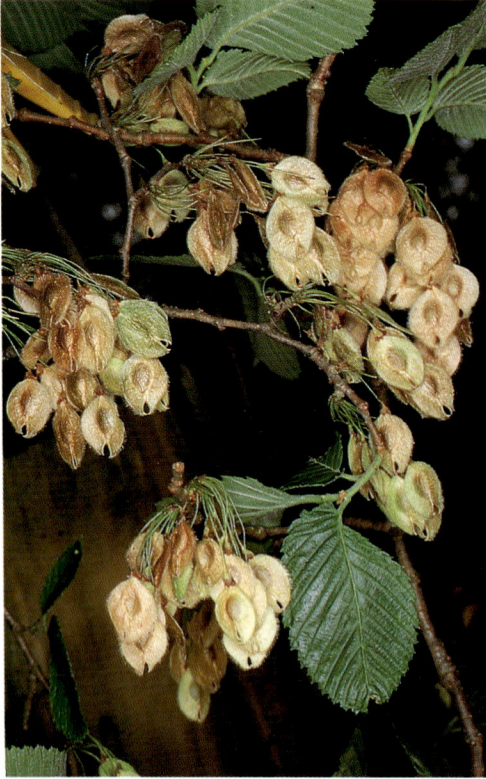

Flatter-Ulme (*Ulmus laevis*)

Seite 29
Elatine triandra
Abbildungen der Art finden sich auf Seite 29 und auf Seite 417. Aktuelles Vorkommen in 6927/4: Schafweiher, 1991, BALTERS (STU-K). Ein Erstnachweis „circa Carlsruh prope Scheibenhart" findet sich schon bei C.F. HORNSCHUCH, Sylloge plantarum novarum…, Regensburg 1823–24: 82.

Seite 56
Ulmus laevis
Ein zusätzliches Farbfoto findet sich auf Seite 418.

Seite 63
Parietaria officinalis
Ein zusätzliches Farbfoto findet sich auf Seite 419.

Seite 65
Parietaria judaica
Neue und neu bestätigte Vorkommen: 7019/4: Vaihingen, bei der Stadtkirche, 1991, S. SEYBOLD (STU); 7220/2: Stuttgart, Johannesstr., 2 Stellen, 1991, M. SCHÄFER (STU); 7625/2: Ulm, Kohlgasse, 1991, R. RIEKS (STU-K). Ein Punkt für 7721/1 ist zu streichen. Ein zusätzliches Farbfoto findet sich auf Seite 419.

Seite 85
Viola alba
Ein zweites aktuelles Vorkommen im Gebiet des Bodensees: 8221/4: „Wannenberg" bei Breitenbach N Stetten, 1991 noch „schöne Bestände", JACOB (STU-K).

Oberrheingebiet: 7018/1: Oberwald bei Au noch immer reichlich vorhanden, 1991, KLEINSTEUBER (KR-K); 7512/2: NW Altenheim, auf kleiner Fläche, 1988, K. RENNWALD (KR-K); 7712/3: N Weisweil mehrfach, SCHLESINGER, PHILIPPI (KR); 8011/2: Hartheim, 1989, PHILIPPI (KR-K); 8412/1: Inzlingen, Gew. Burtimatt, 1991, S. SCHLESINGER (KR-K).

Sicher lassen sich im südbadischen Gebiet weitere Vorkommen der Pflanze nachweisen. Sie hat eine kurze (und meist recht frühe) Blütezeit. Nach dem Abblühen läßt sie sich kaum finden!

Seite 86
Viola mirabilis
Ein weiteres Bild (im blühenden Zustand) findet sich auf Seite 419.

Seite 91
Viola rupestris
7115/3: Dünen S Rastatt, wenige Pflanzen, 1991, SEMMELMANN (KR-K).

Seite 100
Viola persicifolia
7114/2: S Ottersdorf, 1976, PHILIPPI (KR), 1990, THOMAS, ca. 100 Pflanzen noch vorhanden.

Seite 127
Salix
Die Bestimmungsschlüssel von *Salix* richten sich im wesentlichen nach NEUMANN (1981).

Seite 133
Salix pentandra
Höchstes Vorkommen auf Quadrant 8015/1, 940 m, REINEKE u. RIETDORF (STU-K).

Seite 203
Erysimum repandum
Ein aktuelles Vorkommen wurde neu entdeckt: 7120/4: „Grüner Heiner" bei Korntal, 1992, ROSENBAUER (STU).

Aufrechtes Glaskraut (*Parietaria officinalis*)
Stuttgart-Hofen, 28. 11. 1992

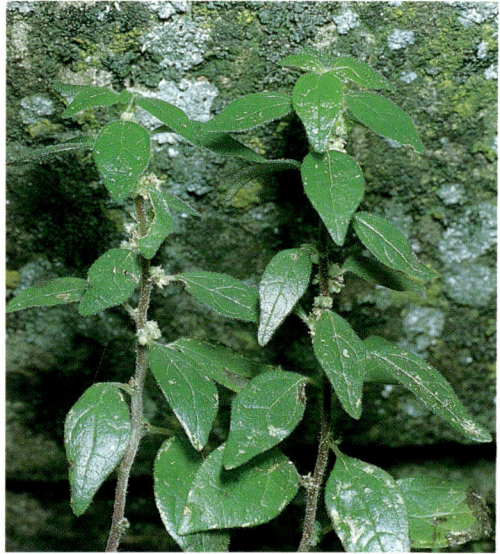

Ästiges Glaskraut (*Parietaria judaica*)
Lauffen, 1. 11. 1992

Wunder-Veilchen (*Viola mirabilis*)

Seite 211
Barbarea stricta

Am Bodenseeufer offenbar weiter verbreitet: 2 weitere aktuelle Vorkommen: 8423/1 + 2: Bodenseeufer in Langenargen und zwischen Kreßbronn und Langenargen, 1990, Dörr (1991:32).

Seite 212
Barbarea intermedia

Ein zweiter Fund für die Schwäbische Alb: 7226/3: Bibersohl, 1992, Schwegler (STU).

Seite 232
Cardamine heptaphyllos

3 weitere aktuelle Vorkommen wurden gemeldet: 8116/3: Brunnadern, Kuhbuck, 1989; 8211/4: Feuerbach, Rüttenen, 1982; 8412/2: Dinkelberg, 1990/91; alle 3 Angaben von Reineke und Rietdorf (STU-K).

Seite 237
Cardamine udicola Jordan

Nach Grüttner (1990:21) kommt im westlichen Bodenseegebiet an einigen Stellen (8220/3: Winterried und Hombergmoos, jeweils im Caricetum lasiocarpae) die Kleinart *Cardamine udicola* Jordan aus dem *Cardamine pratensis*-Aggregat vor. Die Bestimmungen wurden von E. Landolt bestätigt. Nach Landolt (1984) kann man *C. udicola* von *C. pratensis* nach folgenden Merkmalen unterscheiden:

Haare grundständiger Blätter an der Basis 0,02–0,05 mm breit, 5–12mal so lang wie breit oder ganz kahl; untere Stengelblätter mit 9–21 Teilblättchen; Endblättchen der grundständigen Blätter kaum länger als 1,5 cm *C. udicola*
Haare grundständiger Blätter an der Basis 0,05–0,08 mm breit, 2–5mal so lang wie breit; untere Stengelblätter mit 5–13 Teilblättchen; Endblättchen grundständiger Blätter oft länger als 1,5 cm . . . . *C. pratensis*

Nach Landolt (1984) sind *C. udicola* und *C. pratensis* auf der polyploiden Stufe durch zahlreiche Zwischenformen verbunden. Gelegentlich ist *C. udicola* auch nicht immer eindeutig von der polyploiden *C. palustris* (= *C. pratensis* subsp. *dentata*) zu unterscheiden. *C. udicola* hat meist viele, oft verzweigte und eher aufsteigende Stengel. Sie ist eine Sippe magerer Riedwiesen, Moore und Ufergesellschaften der kollinen bis montanen Stufe. Die Sippe wurde bisher in Frankreich, der Schweiz, Österreich und Süddeutschland gefunden.

Seite 239
Cardamine pratensis subsp. **dentata**

Ein Farbfoto findet sich auf Seite 421.

Seite 256
Arabis nemorensis

Die Fundangaben für 8320/2 beziehen sich nach Mitteilung von M. Peintinger alle auf das gleiche Vorkommen.

Seite 257
Arabis auriculata

7911/2: Bitzenberg an Lößböschungen zahlreich, 1991, Philippi (KR).

Seite 286
Pritzelago alpina

Ein zusätzliches Farbfoto findet sich auf Seite 421.

Seite 293
Thlaspi caerulescens

Folgende 4 neue, aktuelle Vorkommen vergrößern das Verbreitungsgebiet deutlich in nördlicher Richtung: 7715/4: Grundhof SW Lauterbach, 1989; 7815/2: Lehenwies ENE Langenschiltach, 1989; 7816/1: Unterhalb Tennenbronn, 1989; alle 3 vorstehenden Angaben durch Sattler (STU-K); 7816/3: Röhlinsbachtal, 1991, Rieker (STU-K).

Seite 300
Lepidium heterophyllum

Ein weiteres aktuelles Vorkommen wurde am Odenwaldrand entdeckt: 6418/3: Wünschmichelbach, 1991, Demuth (STU). Ein Farbfoto findet sich auf Seite 421.

Seite 307
Lepidium latifolium

Eine weitere Abbildung findet sich auf Seite 422.

Seite 330
Erucastrum nasturtiifolium

Ein Farbfoto findet sich auf Seite 423.

Seite 347–348
Erica tetralix

Odenwald: 6521/1: SE Laudenberg an der Straße ins Elztal, Straßenböschung, an 3 Stellen, insgesamt ca. 10 Pflanzen, 380 m, 1992, Philippi (KR-K).
Das Vorkommen in 6924/2: W Oberfischach am Rotenberg wurde 1989 noch bestätigt; an 4 Stellen, anscheinend in Ausbreitung begriffen, Aleksejew, Walderich und Payerl (STU-K).

Seite 351
Rhododendron ferrugineum

Eine zusätzliche Abbildung der Art findet sich auf Seite 422. Das letzte Vorkommen in Baden-Würt-

Unterart des Wiesenschaumkrauts
(*Cardamine pratensis* subsp. *dentata*)
Reichenau, 25. 4. 1992

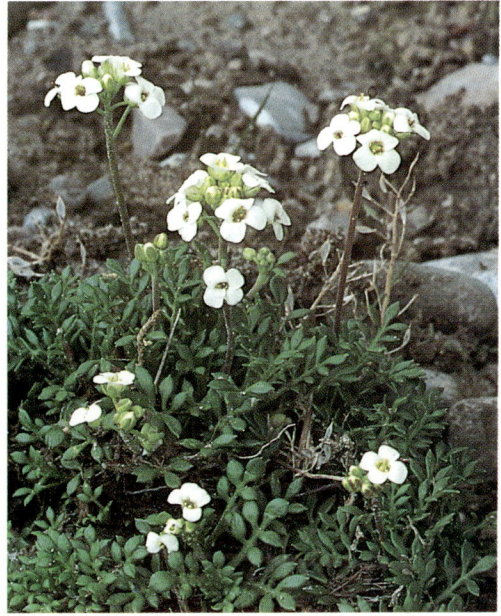

Alpen-Gemskresse (*Pritzelago alpina*)
Alpen, 16. 7. 1962

Verschiedenblättrige Kresse (*Lepidium heterophyllum*)

Breitblättrige Kresse (*Lepidium latifolium*)

Rostrote Alpenrose (*Rhododendron ferrugineum*)

Milchweißer Mannsschild (*Androsace lactea*)
Donautal, 11. 6. 1989

temberg bei Engerazhofen (8225/2) ist bei FEUCHT (1912: Taf. 107) abgebildet.

Seite 355
Arctostaphylos uva-ursi
Eine zusätzliche Abbildung der Art aus dem Gebiet findet sich auf Seite 423.
Im Rahmen von Untersuchungen der Landesanstalt für Umweltschutz (LfU) konnte TH. BREUNIG 1990 folgende Vorkommen bestätigen:
8120/3: N Sipplingen, 2 große Flächen, 2 bzw. 1 qm groß, sowie 4 kleine Flächen; 8120/3: W Sipplingen, 14 kleine Flächen jeweils zwischen 0,1 und 0,5 qm groß; 8220/2: W Überlingen, Felsen oberhalb der Bundesstraße, Fläche ca. 8 × 2 m groß; 8220/2: W Überlingen, bei der Gletschermühle, Fläche 2,2 qm.

Seite 356
Andromeda polifolia
7716/3: Feurenmoos S Sulgen, 1991, KLEINSTEUBER (KR-K). Das Vorkommen im mittleren Schwarzwald verkleinert die Lücke zwischen den Teilarealen im Nordschwarzwald und südlich der Kinzig.
Neuere Vegetationsaufnahmen mit *A. polifolia* liegen aus dem westlichen Bodenseegebiet von A. GRÜTTNER (1990: Tab. 1) vor.

Stumpfkantige Hundsrauke (*Erucastrum nasturtiifolium*)
Dingelsdorf, 25. 4. 1992

Arznei-Bärentraube (*Arctostaphylos uva-ursi*)
Sipplingen, 25. 4. 1992

Unterart der Schwarzen Krähenbeere (*Empetrum nigrum* subsp. *hermaphroditum*)
Belchen, 18. 6. 1992

423

Acker-Gauchheil (*Anagallis arvensis*)
Weilderstadt, 26. 10. 1990

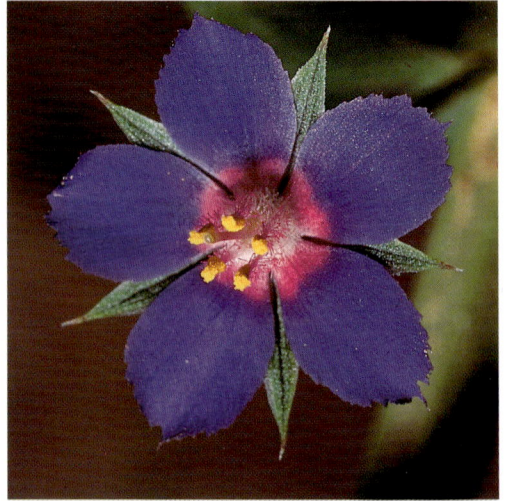

Blauer Gauchheil (*Anagallis foemina*)
Weilderstadt, 26. 10. 1990

Bastard zwischen Acker-Gauchheil und Blauem Gauchheil (*Anagallis × carnea*)
Weilderstadt, 26. 10. 1990

Seite 366
Empetrum nigrum subsp. **hermaphroditum**
Ein Farbfoto findet sich auf Seite 423.

Seite 384
Primula farinosa
Die Angabe für 7525/3 beruht auf DIEZEL in MEM-MINGER (1830:44) und bezieht sich auf das Arnegger Ried.

Seite 390
Androsace lactea
Ein zusätzliches Farbfoto findet sich auf Seite 422.

Seite 404
Lysimachia thyrsiflora
Punkt in Verbreitungskarte für 6928/3 ist irrtümlich.

Seite 406
Trientalis europaea
Folgende Wuchsorte sind zu ergänzen: 7216/4: Kaltenbronn, auch beim Skilift, 1990, SCHMID u. SEYBOLD (STU); 7515/1: Roßbühl, zwischen Zuflucht und Sandkopf, FEUCHT (1912: Taf. 13); 7815/1: Schonach, Lauben, 1982, D. REINEKE (STU-K); 7914/1: St. Peter, Plattenhäusle, 1982, D. REINEKE (STU-K); 7914/4: St. Märgen, Oberibentaler All-

mend, 1980, D. REINEKE (STU-K); 7915/1: Schönwald, Guten, 1989, D. REINEKE (STU-K); 8014/2: Waldau, Seemoos. 1980, D. REINEKE (STU-K). Ferner neuere Bestätigung: 7317/2: Oberkollwangen, Stockmüsse, 1990 noch spärlich vorhanden, GOGIČ (KR-K).

Seite 411
Anagallis tenella
Im Rahmen von Untersuchungen der Landesanstalt für Umweltschutz konnten von M. KÜBLER-THOMAS in den letzten Jahren 3 kleine Vorkommen im südlichen Hotzenwald nachgewiesen werden: 8413/2: S Schweikhof, an 2 Stellen. Das größere Vorkommen, 1985 von TH. MAY entdeckt, wurde bis 1987 beobachtet, konnte aber 1990 nicht mehr bestätigt werden, das zweite Vorkommen wurde 1990 entdeckt. 8414/1: W Hänner, von TH. MAY 1985 entdeckt, zuletzt 1988, KÜBLER-THOMAS (KR-K). Ob noch?

Seite 415
Anagallis x carnea
H. BAUMANN entdeckte einen weiteren Fundort dieses Bastards: 7219/3: Zwischen Schafhausen und Weilerstadt, 26. 10. 1990. Die Abbildungen beider Elternarten und des Bastards finden sich auf Seite 424.

Nachtrag zum Literaturverzeichnis

BAUMANN, B. u. H. BAUMANN (1992): Ergänzungen zu Band 1 und 2 von Sebald, Seybold und Philippi: Die Farn- und Blütenpflanzen Baden-Württembergs. – Jahresh. Ges. Naturk. Württ. 147: 59–74; Stuttgart.

DÖRR, E. (1991): Notizen zur Erforschung der Allgäuer Flora 1990 (mit Nachtrag). – Mitt. naturwiss. Arbeitskreises Kempten 30(2):23–38.

FEUCHT, O. (1912): Württembergs Pflanzenwelt. 138 Vegetationsbilder nach der Natur mit einer pflanzengeographischen Einführung. I–VIII, 1–79, 138 Taf.; Stuttgart (Strecker u. Schröder).

GRÜTTNER, A. (1990): Die Pflanzengesellschaften und Vegetationskomplexe der Moore des westlichen Bodenseegebietes. – Diss. bot. 157:1–323, 74 Tab. z.T. im Anhang; Berlin/Stuttgart.

MEMMINGER, J.D.G. von (1830): Pflanzenwelt. S. 42–49. In: Beschreibung des Oberamts Blaubeuren; Stuttgart.

THOMAS, P. (1989): Schutzwürdige Grünlandgesellschaften und Grünlandpflanzen in der nordbadischen Rheinaue. – Unveröff. Gutachten LfU. 241 S.; Karlsruhe.

Im Literaturverzeichnis des Bandes 2 fehlen folgende Zitate, die im Text erwähnt werden:

BAUER, C.F., W. FUCHS, HÖPFNER, VON OETINGER, E. RHODIUS, F. RHODIUS u. J. SCHRODT (1816): Etwas über Standorte und Blüthezeit der in den Fürstenthümern Hohenlohe und Mergentheim bis jetzt entdeckten wildwachsenden Pflanzen; Mergentheim.

HEYWOOD, V.H. (1978): Flowering plants of the world. Oxford. Deutsche Übersetzung: Blütenpflanzen der Welt. 336 S.; Basel, Boston, Stuttgart (Birkhäuser) 1982.

REICHENBACH, H.G.L. (1834–1914): Icones florae germanicae et helveticae . . . 25 Bände; Leipzig (F. Hofmeister).

SOWERBY, J. and J.E. SMITH (1790–1814): English Botany. 36 Bände; London.

Bildquellenverzeichnis

Neue Verbreitungskarten der 2. Auflage

Die Verbreitungskarten folgender Arten wurden in der 2. Auflage verändert und ergänzt:

Literaturverzeichnis

ADOLPHI, K. (1986): *Lepidium heterophyllum* (DC.) Benth., eine in der BRD nicht ausgestorbene, sondern übersehene und verwechselte Art. – Gött. Flor. Rundbr. 19 (2): 78–79; Göttingen.

ANONYMUS (1887): *Anagallis tenella* L. – Mitt. Bot. Ver. Kreis Freiburg 40: 355; Freiburg i. Br.

BÄCHTOLD, S. (1963): Ergänzungen zu den „Floristischen Mitteilungen aus dem Gebiet des Staatswaldes Hochstaufen". – Mitt. Naturf. Ges. Schaffhausen 27: 192–213; Schaffhausen.

BALL, P.W. u. T.R. DUDLEY (1964): *Alyssum*. In: TUTIN, T.G., V.H. HEYWOOD et al. (eds.): Flora Europaea 1: 297–304. Cambridge.

BAMMERT, J. (1985): Floristische Beobachtungen bei der Neubesiedlung künstlicher Steilhänge in der Molasse am Bodensee. – Mitt. Bad. Landesver. Naturk. Naturschutz, N.F. 13 (3/4): 349–383; Freiburg i. Br.

BARTSCH, J. (1924): Zur Flora des Badischen Jura und Bodenseegebietes. – Mitt. Bad. Landesver. Naturk. Naturschutz Freiburg N.F. 1: 301–309; Freiburg i. Br.

BARTSCH, J. (1925): Die Pflanzenwelt im Hegau und nordwestlichen Bodensee-Gebiete. – Schr. Ver. Gesch. Bodensees und seiner Umgebung. Beih. 1: I–VIII, 1–193; Überlingen.

BARTSCH, J. u. M. BARTSCH (1930): Die pflanzengeographische Bedeutung des Kraichgaus. – Z. Bot. 25: 361–401; Jena.

BARTSCH, J. u. M. BARTSCH (1940): Vegetationskunde des Schwarzwaldes. – Pflanzensoziologie 4, 289 S.; Jena.

BARTSCH, J., J. HRUBY, H. WOLF, W. DRESCHER, H. HEINE u. E. OBERDORFER (1951): Botanische Neufunde aus dem badischen Oberrheingebiet nach Aufzeichnungen. – Mitt. Bad. Landesver. Naturk. Naturschutz N.F. 5: 86–191; Freiburg.

BAUER, Th.E. (1905): Flora des württembergischen Oberamtes Blaubeuren. 177 S.; Blaubeuren.

BAUHIN, C. (1622): Catalogus plantarum circa Basileam sponte nascentium. 113 S.; Basel.

BAUHIN, J. (1598): Historia novi et admirabilis fontis balneique bollensis in ducatu Wirtembergico ad acidulas Goepingenses. 291 S.; Mömpelgard (Montbeliard).

BAUHIN, J., J.H. CHERLER u. D. CHABREY (1650–51): Historia plantarum universalis nova et absolutissima, cum consensu et dissensu circa eas. 3 Bände; Yverdon.

BAUMANN, E. (1911): Die Vegetation des Untersees (Bodensee). 554 S.; Stuttgart.

BAUMGÄRTNER, W. (1975): Die Baumwolladventivflora von Atzenbach (Baden BRD) und Issenheim (Elsaß Frankreich). – Bauhinia 5/3: 119–129; Basel.

BAUMGARTNER, L. (1882): Neue Standorte. – Mitt. Bot. Ver. Kreis Freiburg 1: 12–16; Freiburg i. Br.

BAUMGARTNER, L. (1884): Neue Standorte. – Mitt. Bot. Ver. Kreis Freiburg 1 (11): 105–108; Freiburg i. Br.

BAUMGARTNER, L. (1886): Neue Standorte. – Mitt. Bot. Ver. Kreis Freiburg 1 (30): 266–267; Freiburg i. Br.

BAUR, W. (1886): Beiträge zur Flora Badens. – Mitt. Bot. Ver. Kreis Freiburg 1 (31/32): 271–277; Freiburg i. Br.

BECHERER, A. (1921): Beiträge zur Flora des Rheintales zwischen Basel und Schaffhausen. – Verh. Naturf. Ges. Basel 32: 172–200; Basel.

BECHERER, A. (1950): Fortschritte in der Systematik und Floristik der Schweizerflora (Gefäßpflanzen) in den Jahren 1948 und 1949. – Ber. Schweiz. Bot. Ges. 60: 467–515; Bern.

BECHERER, A. (1962): Fortschritte in der Systematik und Floristik der Schweizerflora (Gefäßpflanzen) in den Jahren 1960 und 1961. – Ber. Schweiz. Bot. Ges. 72: 67–117; Bern.

BECHERER, A. (1964): Fortschritte in der Systematik und Floristik der Schweizerflora (Gefäßpflanzen) in den Jahren 1962 und 1963. – Ber. Schweiz. Bot. Ges. 74: 164–214; Wabern.

BECHERER, A. (1974): Fortschritte in der Systematik und Floristik der Schweizerflora (Gefäßpflanzen) in den Jahren 1972 und 1973. – Ber. Schweiz. Bot. Ges. 84: 1–52; Teufen.

BECHERER, A. u. M. GYHR (1928): Kleine Beiträge zur badischen Flora. – Beitr. Naturwiss. Erforsch. Badens 1: 1–5; Freiburg i. Br.

BECHERER, A. u. W. KOCH (1923): Zur Flora des Rheintals von Laufenburg bis Hohenthengen-Kaiserstuhl und der Gegend von Thiengen. – Mitt. Bad. Landesver. Naturk. Naturschutz N.F. 1 (11): 257–265; Freiburg i. Br.

BECK, E. (1950): Vom Hanfanbau in Achern und Oberachern. In: 900 Jahre Achern.

BERTSCH, K. (1907): Hügel- und Steppenpflanzen im oberschwäbischen Donautal. – Jahresh. Ver. Vaterl. Naturk. Württ. 63: 177–196; Stuttgart.

BERTSCH, K. (1908): Württembergische Veilchen aus der Sektion Nomimium Ging. – Jahresh. Ver. Vaterl. Naturk. Württ. 64: 1–10; Stuttgart.

BERTSCH, K. (1913): Die Alpenpflanzen im oberen Donautal. – Allg. Bot. Z. Syst. 19: 184–187; Karlsruhe.

BERTSCH, K. (1914): Beiträge zur Kenntnis unserer Veilchen und Hieracien. – Jahresh. Ver. Vaterl. Naturk. Württ. 70: 189–214; Stuttgart.

BERTSCH, K. (1915): *Primula acaulis × elatior* Muret in Württemberg. – Allg. Bot. Z. Syst. 21: 129; Karlsruhe.

BERTSCH, K. (1918): Pflanzengeographische Untersuchungen aus Oberschwaben. 1. Die oberschwäbischen Hochmoorpflanzen. – Jahresh. Ver. Vaterl. Naturk. Württ. 74: 69–136; Stuttgart.

BERTSCH, K. (1919): Wärmepflanzen im oberen Donautal. – Bot. Jahrb. Syst. 55: 313–349; Leipzig.

BERTSCH, K. (1925): Das Brunnenholzried. – Veröff. Staatl. Stelle Naturschutz Württ. Landesamt Denkmalpflege 2: 67–172; Stuttgart.

BERTSCH, K. (1929): Die letzten Alpenrosen Oberschwabens. – Schallwellen (Schussenrieder Anstaltszeitung) vom 1. 4. 1929, 13 S.; Schussenried.

BERTSCH, K. (1932): Die Pflanzenreste der Pfahlbauten von Sipplingen und Langenrain am Bodensee. – Bad. Fundber. 2: 305–320; Freiburg i. Br.

BERTSCH, K. (1940 bzw. 1941): Das Eriskircher Ried. – Veröff. Württ. Landesst. Naturschutz 17: 57–146; Stuttgart.

BERTSCH, K. (1950): Nachträge zur vorgeschichtlichen Botanik des Federseerieds. – Veröff. Württ. Landesst. Naturschutz Landschaftspflege 19: 88–127; Stuttgart.

BERTSCH, K. (1951): Kritische Pflanzen unserer Flora. – Jahresh. Ver. Vaterl. Naturk. Württ. 106: 46–68; Stuttgart.

BERTSCH, K. (1956): Unsere einheimischen Brillenschötchen. – Jahresh. Ver. Vaterl. Naturk. Württ. 111/1: 137–140; Stuttgart.

BERTSCH, K. (1962): Flora von Südwest-Deutschland. 3., neubearb. u. erweit. Aufl., 471 S., 55 Abb.; Stuttgart.

BERTSCH, K. u. F. BERTSCH (1933): Flora von Württemberg und Hohenzollern. 311 S., 55 Abb.; München.

BERTSCH, K. u. F. BERTSCH (1935): Neue Gefäßpflanzen der württembergischen Flora. – Veröff. Staatl. Stelle Naturschutz Württ. Landesamt Denkmalpflege 11: 70–83; Stuttgart.

BERTSCH, K. u. F. BERTSCH (1937): Neue Gefäßpflanzen der württembergischen Flora. – Veröff. Württ. Landesstelle Naturschutz 13: 149–156; Stuttgart.

BERTSCH, K. u. F. BERTSCH (1938): Neue Gefäßpflanzen unserer Flora. Veröff. Württ. Landesstelle Naturschutz 14 (1937): 153–161; Stuttgart.

BERTSCH, K. u. F. BERTSCH (1948): Flora von Württemberg und Hohenzollern. 2. Aufl., 485 S., 55 Abb.; Stuttgart.

BIANCHINI, F. (1982): Armeria. In: PIGNATTI, S.: Flora d'Italia, Vol. 2, 294–301; Bologna.

BINZ, A. (1905): Flora von Basel und Umgebung. 2. Aufl., XLIII + 366 S.; Basel.

BINZ, A. (1911): Flora von Basel und Umgebung. 3. Aufl., XLIII + 320 S.; Basel.

BINZ, A. (1915): Ergänzungen zur Flora von Basel. I. Teil. – Verh. Naturf. Ges. Basel 26: 176–221; Basel.

BINZ, A. (1934): Floristische Beobachtungen in Baden. – Mitt. Bad. Landesver. Naturk. Naturschutz N.F. 3 (4/5): 47–53; Freiburg.

BINZ, A. (1942): Ergänzungen zur Flora von Basel. III. Teil. – Verh. Naturf. Ges. Basel 53: 83–135; Basel.

BINZ, A. (1956): Ergänzungen zur Flora von Basel. VI. Teil. – Verh. Naturf. Ges. Basel 67 (2): 176–194; Basel.

BOGENRIEDER, A. (1974): Vergleichende physiologisch-ökologische Untersuchungen an Populationen subalpiner Pflanzen aus Schwarzwald und Alpen. – Oecol. Plant. 9 (2): 131–156; Paris.

BOGENRIEDER, A. u. H. WERNER (1979): Experimentelle Untersuchungen an zwei Charakterarten der Eisseggenflur des Feldberges (Carex frigida All. und Soldanella alpina L.). – Beitr. Naturk. Forsch. Südwestdeutschl. 38: 61–69; Karlsruhe.

BOGENRIEDER, A. u. O. WILMANNS (1968): Zur Floristik und Ökologie einiger Pflanzen schneegeprägter Standorte im Naturschutzgebiet Feldberg (Schwarzwald). – Veröff. Landesst. Naturschutz Landschaftspflege Bad.-Württ. 36: 7–26; Ludwigsburg.

BONNET, A. (1887): Beiträge zur Karlsruher Flora. – Mitt. Bot. Ver. Kreis Freiburg 1 (37/38): 323–335; Freiburg i. Br.

BORGEN, L. (1987): Lobularia (Cruciferae). A biosystematic study with special reference to the Macaronesian region. – Opera Bot. 91: 1–96; Copenhagen.

BOSBACH, K., H. HURKA u. R. HAASE (1982): The soil seed bank of Capsella bursa-pastoris (Cruciferae): Its influence on population variability. – Flora 172: 47–56; Jena.

BRÄUNIG, T. u. U. DREHWALD (1985): 17. Pflanzensoziologische Sonntagsexkursion, Naturraum: Sandstein-Odenwald. – 15 S.; Mskr. n.p.

BRAUN-BLANQUET, J. u. W. KOCH (1928): Beitrag zur Flora Südbadens. – Beitr. Naturwiss. Erforsch. Badens 1: 5–8; Freiburg i. Br.

BRENZINGER, C. (1904): Flora des Amtsbezirks Buchen. – Mitt. Bad. Bot. Ver. 4 (196–199): 385–416; Freiburg i. Br.

BRESINSKY,, A. (1965): Zur Kenntnis des zirkumalpinen Florenelements im Vorland nördlich der Alpen. – Ber. Bayer. Bot. Ges. 38: 5–67; München.

BRESINSKY, A. u. J. GRAU (1971): Zur Chorologie und Systematik von Biscutella im Bayerischen Alpenvorland. – Ber. Bayer. Bot. Ges. 42: 101–108; München.

BREUNIG, Th. u. B. HAISCH (1988): Neufunde des Quirl-Tännels (Elatine alsinastrum L.) in der Offenburger Rheinebene. – Carolinea 46: 137; Karlsruhe.

BRIELMAIER, G.W. (1951): Der Tännel in Oberschwaben. – Aus der Heimat 59: 262–266; Stuttgart u. Öhringen.

BRIELMAIER, G.W. (1959): Neues zur Flora Oberschwabens. – Jahresh. Ver. Vaterl. Naturk. Württ. 114: 80–95; Stuttgart.

BRUNNER, F. (1851): Flora. In: REHMANN, E. u. F. BRUNNER: Gaea und Flora der Quellenbezirke der Donau und Wutach. – Beitr. Rhein. Naturgesch. 2: 34–107; Freiburg i. Br.

BÜCHLER, W. (1986): Neue Chromosomenzählungen in der Gattung Salix. 2. Teil. – Bot. Helv. 96 (2): 135–143; Basel.

BÜCKING, W. (1985): Kulturversuche an azidophytischen Waldbodenpflanzen mit variierter Stickstoff-Menge und Stickstoff-Form. III. Versuche mit Vaccinium myrtillus und Vaccinium vitis-idaea. – Mitt. Ver. forstl. Standortskunde u. Forstpflanzenzüchtung 31: 60–77; Stuttgart.

BÜCKING, W. u. H. DIETRICH (1981): Beziehungen einiger Standorts-Weiser-Pflanzen zu chemisch-analytischen Kennwerten des Oberbodens. – Mitt. Ver. forstl. Standortskunde u. Forstpflanzenzüchtung 29: 69–74; Stuttgart.

BURDET, H.M. (1969): *Arabis ciliata* Clairv. – Candollea 24 (1): 139–143; Genève.

BUSER, R. (1883) in KOCH, W. (ed.) (1940): Kritische Beiträge zur Kenntnis der schweizerischen Weiden. – Ber. Schweiz. Bot. Ges. 50: 567–788; Bern.

BUTTLER, K.P. u. W. STIEGLITZ (1976): Floristische Untersuchungen im Meßtischblatt 6417 (Mannheim-Nordost). – Beitr. Naturk. Forsch. Südwestdeutschl. 35: 9–51; Karlsruhe.

CARBIENER, R. (1974): Waldungen der Schutzgebiete von Rhinau und Daubensand (Frankreich): eine pflanzensoziologische Studie. In: Das Taubergießengebiet. – Natur und Landschaftsschutzgeb. Bad.-Württ. 7: 438–533; Ludwigsburg.

CHMELAR, J. u. W. MEUSEL (1976): Die Weiden Europas. 143 S.; Wittenberg.

COOK, C.D.K. (1968): Elatinaceae. – In: TUTIN, T.G., V.H. HEYWOOD et al. (ed.): Flora Europaea Vol. 2, 295–269; Cambridge.

CORDUS, V. (1561): Annotationes in Pedacii Dioscoridis... libros V. Herausgegeben von C. Gesner. Straßburg.

CRONQUIST, A. (1968): The evolution and classification of flowering plants. 396 S.; Boston.

CRONQUIST, A. (1981): An integrated system of classification of flowering plants. 1262 S.; New York.

CZAPIK, R. u. I. NOVOTNA (1968): Cytotaxonomical and genetic problems of the *Arabis hirsuta* (L.) Scop. complex. I. – Acta Biol. Cracov., Ser. Bot. 10: 167–183.

DERSCH, G. (1969): Über das Vorkommen von diploidem Wiesenschaumkraut (*Cardamine pratensis* L.) in Mitteleuropa. – Ber. Deutsch. Bot. Ges. 82: 201–207; Berlin.

DIERBACH, J.H. (1820): Flora heidelbergensis. Pars 2; I, 125–406; Heidelberg.

DIERSSEN, B. u. K. DIERSSEN (1984): Vegetation und Flora der Schwarzwaldmoore. – Beih. Veröff. Naturschutz Landschaftspflege Bad.-Württ. 39, 512 S., 195 Abb.; Karlsruhe.

DIETERICH, H. (1904): Flora zweier Albmarkungen. – Jahresh. Ver. Vaterl. Naturk. Württ. 60: 118–146; Stuttgart.

DÖLL, J.Ch. (1843): Rheinische Flora. X + 832 S.; Frankfurt a.M.

DÖLL, J.Ch. (1857–1862): Flora des Großherzogtums Baden. Bd. 1, 1–482 (1857); Bd. 2, 483–960 (1859); Bd. 3, 963–1429 (1862); Karlsruhe.

DÖLL, J.Chr. (1858): Nachrichten über die mit Unrecht der badischen Flora zugeschriebenen Gewächse. – Ver. Naturk. Mannheim Jahres-Ber. 23/24: 16–39; Mannheim.

DÖLL, J.Chr. (1865): Beiträge zur Flora des Großherzogtums Baden. – Ver. Naturk. Mannheim Jahres-Ber. 31: 34–37; Mannheim.

DÖRR, E. (1972): Flora des Allgäus, 6. Teil. – Ber. Bayer. Bot. Ges. 43: 25–60; München.

DÖRR, E. (1973): Floristische Notizen zur Allgäu-Flora. – Mitt. Naturwiss. Arbeitskr. Kempten 17/3: 2–15; Kempten/Allgäu.

DÖRR, E. (1974): Flora des Allgäus, 8. Teil. – Ber. Bayer. Bot. Ges. 45: 83–136; München.

DÖRR, E. (1975): Flora des Allgäus, 9. Teil. – Ber. Bayer. Bot. Ges. 46: 47–85; München.

DÖRR, E. (1976): Allgäu-Floristik 1975/76. – Mitt. Naturwiss. Arbeitskr. Kempten 20/2: 21–45; Kempten/Allgäu.

DÖRR, E. (1976): Flora des Allgäus, 10. Teil: Umbelliferae-Hydrophyllaceae. – Ber. Bayer. Bot. Ges. 47: 21–73; München.

DÖRR, E. (1978): Ergebnisse der Allgäu-Floristik aus dem Jahre 1978. – Mitt. Naturwiss. Arbeitskr. Kempten 22/2: 1–23; Kempten/Allgäu.

DÖRR, E. (1979): Ergebnisse der Allgäu-Floristik 1979. – Mitt. Naturwiss. Arbeitskr. Kempten 23/1 + 2: 31–53; Kempten/Allgäu.

DÖRR, E. (1982): Ergebnisse der Allgäu-Floristik aus dem Jahre 1982 (1. Teil). – Mitt. Naturwiss. Arbeitskr. Kempten 25/2: 41–62; Kempten/Allgäu.

DÖRR, E. (1983): Ergänzungen zur Flora des Allgäus. – Ber. Bayer. Bot. Ges. 54: 59–76; München.

DUDLEY, T.R. (1964): Synopsis of the genus *Alyssum*. – J. Arnold Arbor. 45: 358–373; Cambridge, Mass.

DUVERNOY, J.G. (1722): Designatio plantarum circa tubingensem arcem florentium. 154 S.; Tübingen.

EHRENDORFER, F. (ed.) (1973): Liste der Gefäßpflanzen Mitteleuropas. 2. Aufl., 318 S.; Stuttgart.

EICHLER, H.J. (1963): *Barbarea* or *Campe*? – Taxon 12: 262–264; Utrecht.

EICHLER, J., R. GRADMANN u. W. MEIGEN (1905–1927): Ergebnisse der pflanzengeographischen Durchforschung von Württemberg, Baden und Hohenzollern. 454 S., 29 Karten; Stuttgart.

ELLIS, R.P. u. B.M.G. JONES (1969): The origin of *Cardamine flexuosa* with evidence from morphology and geographical distribution. – Watsonia 7: 92–103; London.

ENDTMANN, N.J. (1982): *Ulmus*. In: ROTHMALER, W. (1982): Exkursionsflora für die Gebiete der DDR und BRD, Kritischer Band. S. 138–139; Berlin.

ETTER, H. (1947): Über die Waldvegetation am Südostrand des schweizerischen Mittellandes. – Mitt. Schweiz. Anst. forstl. Versuchsw. 25: 141–210; Birmensdorf b. Zürich.

FABER, A. (1933): Pflanzensoziologische Untersuchungen in württembergischen Hardten. – Veröff. Staatl. Stelle Naturschutz Württ. Landesamt Denkmalpflege 10: 36–54; Stuttgart.

FABER, A. (1936): Über Waldgesellschaften auf Kalksteinböden und ihre Entwicklung im Schwäbisch-Fränkischen Stufenland und auf der Alb. – Versammlungsber. 1936 der Landesgruppe Württ. Deutsch. Forstver., 53 S.; Tübingen.

FALTER, G. (1956): Das einzige Vorkommen von *Trientalis europaea* im Odenwald. – Hess. Flor. Briefe 5 (56): 2–3; Offenbach-Bürgel.

FEUCHT, O. (1957): Die Streumissen im Nordschwarzwald, eine überwundene Waldform. – Aus d. Heimat 65 (12): 218–223; Öhringen.

FISCHER, H. (1940): Standortmeldung aus der Flora des mittleren Kinzigtales. – Mitt. Bad. Landesver. Naturk. Naturschutz N.F. 4: 176–179; Freiburg i. Br.

FITSCHEN, J. (1977): Gehölzflora. 7. Aufl. (bearb. v. F. H. MEYER), 396 S.; Heidelberg.

FLODERUS, B. (1931): Salicaceae. In: HOLMBERG, O. R. (ed.): Handbuch der Skandinavischen Flora Ib (I): 2–160; Stockholm.

FRANCO, A. (1964): *Populus*. In: TUTIN, T.G., V.H. HEYWOOD et al. (ed.): Flora Europea, vol. 1: 54–55; Cambridge.

FRICKHINGER, H. (1911): Flora des Rieses. V + 403 S.; Nördlingen.

FUCHS, H.P. (1965): *Barbarea* Ehrh. versus *Campe* Dulac. – Taxon 14: 99–103; Utrecht.

FUCHS, L. (1542): De historia stirpium commentarii insignes... Basel.

FUCHS, L. (ca. 1565): De stirpium historia... Manuskript, 3 Bände; Wien.

GAMS, H. (1925): Violaceae. In: HEGI, G.: Illustrierte Flora von Mitteleuropa, Bd. V/1. Teil; München.

GAMS, H. (1926): Plumbaginaceae. – In: HEGI, G.: Illustrierte Flora von Mitteleuropa, 1. Aufl., Bd. V/3, 1877–1897; München.

GARCKE, A. (Begr.), WEIHE, K. von (Hrsg.) (1972): Illustrierte Flora. 23. Aufl.; 1607 S.; Berlin u. Hamburg.

GATTENHOF, G.M. (1782): Stirpes agri et horti heidelbergensis... X + 352 S.; Heidelberg.

GAUCKLER, K. (1938): Steppenheide und Steppenheidewald der Fränkischen Alb in pflanzensoziologischer, ökologischer und geographischer Betrachtung. – Ber. Bayer. Bot. Ges. 23: 5–134; München.

GEISSERT, F., M. SIMON u. P. WOLFF (1985): Investigations floristiques et faunistiques dans le nord de l'Alsace et quelques secteurs limitrophes. – Bull. l'ass. philom. Alsace Lorraine 21: 111–127; Strasbourg.

GENAUST, A. (1983): Etymologisches Wörterbuch der Pflanzennamen. 390 S.; Basel u. Stuttgart.

GERSTLAUER, L. (1943): Vorschläge zur Systematik der einheimischen Veilchen. – Ber. Bayer. Bot. Ges., 26: 12–55; München.

GLÜCK, H. (1911): Biologische und morphologische Untersuchungen über Wasser- und Sumpfgewächse. III. Die Uferflora. 644 S.; Jena.

GLÜCK, H. (1924): Biologische und morphologische Untersuchungen über Wasser- und Sumpfgewächse. IV. Untergetauchte und Schimmblattflora. 746 S.; Jena.

GLÜCK, H. (1936): Pteridophyten und Phanerogamen. In: PASCHER, A.: Die Südwasserflora Mitteleuropas, Heft 15. 486 S.; Jena.

GMELIN, C. (1805–1826): Flora Badensis, Alsatica et continium regionum cis et transrhenana plantes phanerogamas a lacu Bodamico usque ad confluentem Mosellae et Rheni sponte nascentes exhibens. Bd. 1, 768 S. (1805); Bd. 2, 717 S. (1806); Bd. 3, 796 S. (1808); Bd. 4, 807 S. (1826); Carlsruhae.

GMELIN, J.F. (1772): Enumeratio stirpium agro tubingensi indigenarum. 334 S.; Tübingen.

GÖRS, S. (1951): Lebenshaushalt der Flach- und Zwischenmoorgesellschaften im württembergischen Allgäu. – Veröff. Württ. Landesst. Naturschutz Landschaftspflege 20: 169–246; Ludwigsburg.

GÖRS, S. (1960): Das Pfrunger Ried. – Veröff. Landesst. Naturschutz Landschaftspflege Bad.-Württ. 27/28 (1959/60): 5–45; Ludwigsburg.

GÖRS, S. (1959/1960): Das Pfrunger Ried. Die Pflanzengesellschaften eines oberschwäbischen Moorgebietes. – Veröff. Landesst. Naturschutz Landschaftspflege Bad.-Württ., 27/28: 5–45; Ludwigsburg.

GÖRS, S. (1966): Die Pflanzengesellschaften der Rebhänge am Spitzberg. In: Der Spitzberg bei Tübingen. – Natur- u. Landschaftsschutzgeb. Bad.-Württ. 3: 476–535; Ludwigsburg.

GÖRS, S. (1966): Die Flora des Spitzbergs. In: Der Spitzberg bei Tübingen. – Natur- u. Landschaftsschutzgeb. Bad.-Württ. 3: 535–591; Ludwigsburg.

GÖRS, S. (1968): Die Flora des Schwenninger Mooses. In: Das Schwenninger Moos. – Natur- u. Landschaftsschutzgeb. Bad.-Württ. 5: 148–190; Ludwigsburg.

GÖRS, S. (1968): Der Wandel der Vegetation im Naturschutzgebiet Schwenninger Moos unter dem Einfluß des Menschen in zwei Jahrhunderten. In: Das Schwenninger Moos. – Natur- u. Landschaftsschutzgeb. Bad.-Württ. 5: 190–284; Ludwigsburg.

GÖRS, S. (1969): Die Vegetation des Landschaftsschutzgebietes Kreuzweiher im württembergischen Allgäu. – Veröff. Landesst. Naturschutz Landschaftspflege Bad.-Württ. 37: 7–61; Stuttgart.

GÖRS, S. (1974): Nitrophile Saumgesellschaften im Gebiet des Taubergießen. In: Das Taubergießengebiet – eine Rheinauenlandschaft. – Natur- und Landschaftsschutzgeb. Bad.-Württ. 7: 325–354; Ludwigsburg.

GÖRS, S. u. TH. MÜLLER (1969): Beitrag zur Kenntnis der nitrophilen Saumgesellschaften Südwestdeutschlands. – Mitt. Flor. - soz. Arbeitsgem. N.F. 14: 153–168; Todenmann über Rinteln.

GÖRS, S. u. TH. MÜLLER (1974): Flora der Farn- und Blütenpflanzen des Taubergießengebiets. In: Das Taubergießengebiet – eine Rheinauenlandschaft. – Natur- u. Landschaftsschutzgebiete Bad.-Württ. 7: 209–283; Ludwigsburg.

GÖTZ, A. (1902): Wanderungen durch die Flora des Elzthales. – Mitt. Bad. Bot. Ver. 4 (178): 237–249; Freiburg i. Br.

GÖTZ, A. et al. (1886): Neue Standorte. – Mitt. Bot. Ver. Kreis Freiburg 1 (30): 266–267; Freiburg i. Br.

GÖTZ, A., F. HUBER, J. NEUBERGER et al. (1912): Neue Standorte. – Mitt. Bad. Landesver. Naturk. Naturschutz 6: 163–164; Freiburg i. Br.

GOLDER, F. (1922): Neue Standorte. – Mitt. Bad. Landesver. Naturk. Naturschutz N.F. 1: 220–221; Freiburg i. Br.

GRADMANN, R. (1936): Das Pflanzenleben der Schwäbischen Alb. 3. Aufl.; 1. Bd.: Pflanzengeographische Darstellung. XVI + 470 S., 2. Bd.: Nachschlagebuch. XXXIX + 351 S.; Stuttgart.

GRADMANN, R. (1950): Das Pflanzenleben der Schwäbischen Alb. 4. Aufl.; – 1. Bd.: Pflanzengeographische Darstellung. 18 + 449 S., 2. Bd.: Die Flora der Schwäbischen Alb. 44 + 407 S. Stuttgart.

GREUTER, W. (1984): Warning against misinterpreting the rule on „non-Linnean" works (Art. 23.6(c)). – Taxon 33: 493–506; Utrecht.

GREUTER, W. u. Th. RAUS (eds.) (1983): Med-Checklist Notulae, 8. – Willdenowia 13: 277–288; Berlin.

GREUTER, W. u. Th. RAUS (eds.) (1985): Med-Checklist Notulae, 11. – Willdenowia 15: 61–84; Berlin.

GREUTER, W., H.M. BURDET u. G. LONG (eds.) (1986): Med-Checklist 3, CXXIX + 395 S.; Genève.

GRIESSELICH, L. (1836): Kleine botanische Schriften. I. Teil, 274 S.; Karlsruhe.

GROSSMANN, A. (1985): Die Höheren Pflanzen und Moose des Bannwaldes. – In: Der Bannwald „Waldmoor Torfstich". – Waldschutzgebiete, Bd. 3, S. 29–51; Freiburg i. Br.

GRÜMMER, G. (1958): Die Beeinflussung des Leinertrages durch *Camelina*-Arten. – Flora 146: 158–177; Jena.

HABELER, E. (1963): Cytotaxonomie von *Cardamine amara* des Alpen-Ostrandes. – Phyton 10: 161–205; Horn.

HAGENBACH, C.F. (1843): Florae basiliensis supplementum. 220 S.; Basel.

HALLER, A. von (1768): Historia stirpium indigenarum Helvetiae inchoata. . . 3 vols.; Bern.

HANEMANN, J. (1924): Die Hygrophyten des zum Schwäbisch-Fränkischen Hügellande gehörigen Keupergebietes östlich vom Neckar und der fränkischen Platte. – Jahresh. Ver. Vaterl. Naturk. Württ. 80: 30–47; Stuttgart.

HANEMANN, J. (1927): Ergebnisse der floristischen Durchforschung des östlichen und nordöstlichen Teiles Württembergs. – Jahresh. Ver. Vaterl. Naturk. Württ. 83: 23–48; Stuttgart.

HARMS, K.H., G. PHILIPPI u. S. SEYBOLD (1983): Verschollene und gefährdete Pflanzen in Baden-Württemberg. – Beih. Veröff. Naturschutz Landschaftspflege Bad.-Württ. 32: 1–160; Karlsruhe.

HASSLER, M. (Herausg.) (1988): Flora von Bruchsal und Umgebung. (Band V/1 der Lokalfauna und -flora von Bruchsal). – 3. Aufl., 204 S.; Bruchsal.

HASSLER, M. (Herausg.) (1988): Verbreitungskarten zur Flora von Bruchsal und Umgebung (Band V/2 der Lokalflora und -fauna von Bruchsal). – Bruchsal.

HAUFF, R. (1965): Die Bodenvegetation älterer Fichtenbestände auf aufgeforsteten Schafweiden der Mittleren Alb. – Mitt. Ver. forst. Standortskunde u. Forstpflanzenzüchtung 15: 39–43; Stuttgart.

HAUG, A. (1915): Das Ulmer Herbarium des Hieronymus Harder. – Mitt. Ver. Naturwiss. Math. Ulm 16: 38–92; Ulm.

HAYEK, A. von (1911): Entwurf eines Cruciferen-Systems auf phylogenetischer Grundlage. – Beih. Bot. Centralbl. 27: 127–355; Kassel.

HECKEL, G. (1929): Beiträge zur Flora des nordwestlichen Württemberg. – Jahresh. Ver. Vaterl. Naturk. Württ. 85: 110–137; Stuttgart.

HEDBERG, O. (1962): Intercontinental crosses in *Arabis alpina* L. – Caryologia 15: 253–260; Firenze.

HEDGE, I.C. (1965): *Rapistrum*. In: P.H. Davis (ed.): Flora of Turkey 1: 273–274; Edinburgh.

HEGI, G. (1919): Illustrierte Flora von Mitteleuropa, 1. Aufl., Bd. IV/1, 491 S.; München.

HEGI, G. (1925): Cistaceae, Hypericaceae, Tamaricaceae.

In: HEGI, G. (1925): Illustrierte Flora von Mitteleuropa, 1. Aufl., Bd. V/1, 498–534 u. 544–585; München.

HEGI, G. (1925): Tiliaceae, Malvaceae. In: HEGI, G. (1925): Illustrierte Flora von Mitteleuropa, 1. Aufl., Bd. V/1, 426–489; München.

HEINE, H.-H: (1952): Beiträge zur Kenntnis der Ruderal- und Adventivflora von Mannheim, Ludwigshafen und Umgebung. – Ver. Naturk. Mannheim Jahres-Ber. 117/118: 85–132; Mannheim.

HEINZ, W. (1953): Das Dürbheimer Ried. – Veröff. Württ. Landesst. Naturschutz Landschaftspflege 22: 132–145; Ludwigsburg u. Tübingen.

HENN, K. u. H. SONNABEND (1983): Florenliste des Mindelseegebietes. In: Der Mindelsee bei Radolfzell. – Natur- u. Landschaftsschutzgeb. Bad.-Württ. 11: 303–321; Karlsruhe.

HEPP, M., S. LEHRINGER u. J. SCHEDLER (1983): Das Naturschutzgebiet „Oberes Steinach". – Veröff. Naturschutz Landschaftspflege Bad.-Württ. 55/56: 305–353; Karlsruhe.

HERTER, L. (1888): Mitteilungen zur Flora von Württemberg. – Jahresh. Ver. Vaterl. Naturk. Württ. 44: 177–204; Stuttgart.

HERZOG, Th. (1896): Neue Standorte der badischen Flora. – Mitt. Bad. Bot. Ver. 3 (141): 366–368; Freiburg i. Br.

HESS, H.E., E. LANDOLT u. R. HIRZEL (1967–1972): Flora der Schweiz. Bd. 1, 858 S. (1967); Bd. 2, 956 S. (1970); Bd. 3, 876 S. (1972); Basel u. Stuttgart.

HEYWOOD, T.H. (1968): *Fumana*. In: TUTIN, T.G., V.H. HEYWOOD et al. (eds.): Flora Europaea Vol. 2: 291–292; Cambridge.

HOCKENJOS, W. (1979): Begegnung mit Bäumen. 196 S.; Stuttgart.

HÖLZER, A. (1977): Vegetationskundliche und ökologische Untersuchungen im Blindensee-Moor bei Schonach. – Diss. Bot. 36: 195 S., 14 Abb.; Vaduz.

HÖLZER, A. (1982): Beziehungen zwischen chemischen Parametern des Moorwassers und Pflanzen in den Biberkessel-Mooren an der Hornisgrinde (Nordschwarzwald). – Telma 12: 37–46; Hannover.

HOFFMANN, G.F. (1791): Deutschlands Flora oder bot. Taschenbuch für das Jahr 1791. 360 S.; Erlangen.

HOFMEISTER, H. u. E. GRAVE (1986): Lebensraum Acker. 272 S.; Hamburg u. Berlin.

HOUTZAGERS, G., übersetzt von KEMPER, W. (1941): Die Gattung *Populus* und ihre forstliche Bedeutung. 196 S.; Hannover.

HUBER, F. (1909): Ein Beitrag zur Flora der Pfalz. – Mitt. Bad. Landesver. Naturk. 5 (239): 297–302; Freiburg i. Br.

HUBER, F. (1912): Eine Wanderung durch die Flora von Bühl. – Mitt. Bad. Landesver. Naturk. Naturschutz 6 (267/268): 129–132; Freiburg i. Br.

HÜGIN, G. (1956): Wald-, Grünland-, Acker- und Rebenwuchsorte im Markgräflerland. – Diss. Univ. Freiburg, 129 S.

HÜGIN, G. (1979): Die Wälder im Naturschutzgebiet Buchswald bei Grenzach. Eine pflanzensoziologisch-bodenkundliche Untersuchung. In: Der Buchswald bei

Grenzach. – Natur- und Landschaftsschutzgeb. Bad.-Württ. 9: 147–199; Karlsruhe.

HÜGIN, G. (1982): Die Mooswälder der Freiburger Bucht. – Beih. Veröff. Naturschutz Landschaftspflege Bad.-Württ. 29: 1–88; Karlsruhe.

HULTEN, E. (1958): The amphi-atlantic plants. – Kungl. Svensk. Vet. Akad. Handl. 7/1, 340 S., 278 Verbreitungskarten; Königstein/Taunus.

HULTEN, E. (1971): The zirkumpolar plants. Part 2: Dicotyledons. 463 S., 301 Karten; Stockholm.

HULTEN, E. u. M. FRIES (1986): Atlas of North European Vascular Plants. 3 Bde., 1172 S.; Königstein/Taunus.

HURKA, H. u. R. HAASE (1982): Seed ecology of *Capsella bursa-pastoris* (Cruciferae): Dispersal mechanism and the soil seed bank. – Flora 172: 35–46; Jena.

IRSSLINGER, W. (1983): Das Schwenninger Moos in der östlich des Schwarzwaldes gelegenen Baar. – Telma 13: 53–71; Hannover.

ISLER-HUEBSCHER, K. (1980): Beiträge 1976 zu GEORG KUMMERS „Flora des Kantons Schaffhausen mit Berücksichtigung der Grenzgebiete." – Mitt. Naturf. Ges. Schaffhausen 31: 7–121; Schaffhausen.

JACK, J.B. (1900): Flora des Badischen Kreises Konstanz. 132 S.; Karlsruhe.

JÄGER, E.J. (1980): Floristische Neufunde in der Baschkirischen ASSR und Bemerkungen zur Ausbreitungsgeschichte von *Lepidium densiflorum, Echinocystis lobata* und *Collomia linearis*. – Wiss. Z. Univ. Halle 29: 117–124; Halle.

JAEGER, P. (1961): Considérations sur la phytogéographie et la sexualité de l'*Empetrum nigrum* L. (Empetracées); sa présence au Champ-du-Feu. – Bull. Ass. Philom. Alsace et Lorraine 11 (2): 89–93; Strasbourg.

JALAS, J. u. J. SUOMINEN (1976): Salicaceae-Balanophoraceae. – Atlas Flora Europaea 3: 128 S.; Helsinki.

JANCHEN, E. (1942): Das System der Cruciferen. – Österr. Bot. Z. 91: 1–28; Wien.

JASPARS-SCHRADER, T.W. (1982): Het onderscheid tussen *Cardamine flexuosa* With. en *C. hirsuta* L. – Gorteria 10: 213–219; Leiden.

JAUCH, F. (1938): Fremdpflanzen auf den Karlsruher Güterbahnhöfen. – Beitr. Naturk. Forsch. Südwestdeutschl. 3: 76–147; Karlsruhe.

JEFFREY, C. (1969): A review of the genus *Bryonia* L. (Cucurbitaceae). – Kew Bull. 23: 441–461; Kew.

JEHLIK, V. (1981): Chorology and ecology of *Sisymbrium volgense* in Czechoslovakia. – Folia Geobot. Phytotax. 16: 407–421; Prag.

JONES, B.M.G. (1964): *Cardamine*. In: TUTIN, T.G. u. H. HEYWOOD et al. (eds.): Flora Europaea 1: 285–289; Cambridge.

JONSELL, B. (1964): Chromosome numbers of *Rorippa sylvestris* (L.) Besser in Scandinavia. – Svensk Bot. Tidskr. 58: 204–208; Stockholm.

JONSELL, B. (1968): Studies on the Northwest European species of *Rorippa* sensu stricto. – Symb. Bot. Upsal. 19: 1–221; Uppsala.

JONSELL, B. (1969): *Rorippa islandica* und *R. palustris* – zwei scharf getrennte Arten der Alpenländerflora. – Ber. Geobot. Inst. Rübel 39: 52–55; Zürich.

JONSELL, B. (1982): Cruciferae. In: POLHILL, R.M. (ed.): Flora of Tropical East Africa. 73 S.; Rotterdam.

KÄMMER, F. u. F. BAUM (1981): Über einen Erstnachweis von *Primula hirsuta* All. in Deutschland. – Gött. Flor. Rundbr. 15: 1–3; Göttingen.

KALUSCHE, D. (1972): Der Sumpfporst im Wildseemoor. – Veröff. Landesst. Naturschutz Landschaftspflege Bad.-Württ. 40: 127–128; Ludwigsburg.

KERNER, J.S. (1783–1792): Beschreibung und Abbildung der Bäume und Gesträuche, welche in dem Herzogthum Wirtemberg wild wachsen. 9 Hefte; Stuttgart (J.F. Cotta).

KERSTING, G. (1986): Die Pflanzengesellschaften des unteren Schwarza- und Schlüchttales im Südostschwarzwald. – Dipl. Arb. Freiburg. 160 S.

KHATRI, K.S. (1986): The names of some *Cardamine* taxa. – Feddes Rep. 97: 279–283; Berlin.

KIRCHNER, O. (1888): Flora von Stuttgart und Umgebung. 767 S.; Stuttgart.

KIRCHNER, O. u. J. EICHLER (1900): Exkursionsflora für Württemberg und Hohenzollern. XXX + 440 S.; Stuttgart.

KIRCHNER, O. u. J. EICHLER (1913): Exkursionsflora für Württemberg und Hohenzollern. 2. Aufl.; XXXI + 479 S.; Stuttgart.

KLEIN, L. (1908): Bemerkenswerte Bäume im Großherzogtum Baden. 372 S.; Heidelberg.

KLEIN, L. u. M. SEUBERT (1905): Exkursionsflora für das Großherzogtum Baden. 5. Aufl., 454 S.; Stuttgart.

KLOTZ, A. (1882) siehe L. Baumgartner.

KLOTZ, A. (1887): Einige interessante Standorte des Freiburger Florengebietes. – Mitt. Bot. Ver. Kreis Freiburg 1 (34): 301–302; Freiburg i. Br.

KNAPP, G. (1964): Ackerunkraut-Vegetation im unteren Neckar-Land. – Ber. Oberhess. Ges. Natur- u. Heilk. Gießen N.F. 33: 395–402.

KNETSCH, K. (1902): Neue Standorte. – Mitt. Bad. Bot. Ver. 4 (178): 246–247; Freiburg i. Br.

KNEUCKER, A. (1882): In: Neue Standorte. – Mitt. Bot. Ver. Kreis Freiburg 1 (1): 12–16; Freiburg i. Br.

KNEUCKER, A. (1883): In: Neue Standorte. – Mitt. Bot. Ver. Kreis Freiburg 1 (8/9): 85–92; Freiburg i. Br.

KNEUCKER, A. (1886): Führer durch die Flora von Karlsruhe und Umgegend. V + 167 S.; Karlsruhe.

KNEUCKER, A. (1887): Ein Ausflug in die Sand- und Sumpfflora von Walldorf und Waghäusel. – Mitt. Bot. Ver Kreis Freiburg 1 (34): 295–299; Freiburg i. Br.

KNEUCKER, A. (1888): Beiträge zur Flora von Karlsruhe. – Mitt. Bot. Ver. Kreis Freiburg 1 (47/48): 411–420; Freiburg i. Br.

KNEUCKER, A. (1890): Das Welzthal, ein Beitrag zur Flora der nördlichsten Landesteile. – Mitt. Bad. Bot. Ver. 2 (71/72): 165–174; Freiburg i. Br.

KNEUCKER, A. (1891): Beiträge zur Karlsruher Flora. – Mitt. Bad. Bot. Ver. 2 (86): 296–299; Freiburg i. Br.

KNEUCKER, A. (1895): Nachträge und Berichtigungen zur Flora der Umgegend von Karlsruhe. – Mitt. Bad. Bot. Ver. 3 (133/134): 295–311; Freiburg i. Br.

KNEUCKER, A. (1921): Einige pflanzengeographisch interessante Pflanzenformen Badens und des angrenzenden

Gebietes. – Mitt. Bad. Landesver. Naturk. Naturschutz N.F. 1 (5): 125–127; Freiburg i. Br.

KNEUCKER, A. (1922): Die Vegetationsformationen unserer fränkischen Wellenkalkhügel. I. Der Apfelberg und der Kahlberg. – Jahrb. 1921 Hist. Ver. Altwertheim: 71–94.

KNEUCKER, A. (1924): Kurzer Bericht über den derzeitigen Zustand einiger phytogeographisch interessanter Gebiete unseres Landes nebst verschiedenen floristischen Einzelbeobachtungen. – Mitt. Bad. Landesver. Naturk. Naturschutz, N.F. 1 (12/13): 294–298; Freiburg i. Br.

KNEUCKER, A. (1924): Die Schweinsweide bei Au a. Rh. mit Berücksichtigung der Schweinsweide bei Illingen. – Mitt. Bad. Landesver. Naturk. Naturschutz N.F. 1 (12/13): 290–294; Freiburg i. Br.

KNEUCKER, A. (1931): Mitteilungen und Berichtigungen zur Flora Badens und seiner Grenzgebiete. – Beitr. Naturwiss. Erforsch. Badens 7: 111–119; Freiburg i. Br.

KNEUCKER, A. (1935): Ergebnisse systematischer, floristischer und phytogeographischer Beobachtungen und Untersuchungen über die Flora Badens und seiner Grenzgebiete. – Verh. Naturwiss. Ver. Karlsruhe 31: 209–239; Karlsruhe.

KNUTH, P. (1898): Handbuch der Blütenbiologie. – 3 Bde.; Leipzig.

KOCH, W. (1926): Die Vegetationseinheiten der Linthebene unter Berücksichtigung der Verhältnisse in der Nordostschweiz. – Jb. St. Gall. Naturwiss. Ges. 61 (2): 1–144; St. Gallen.

KOEHLER, E. (1982): *Hypericum*. In: ROTHMALER, W. (begr.): Exkursionsflora für die Gebiete der DDR und der BRD, Kritischer Band. 5. Aufl., 190–192; Berlin.

KÖNIG, K. (1841): Der botanische Führer durch die Rheinpfalz oder Übersicht aller bisher in der Rheinpfalz aufgefundenen, sowohl wildwachsenden als auch verwilderten, phanerogamischen Pflanzen... Mannheim (F. Götz).

KÖRBER-GROHNE, U. (1979): Samen, Fruchtsteine und Druschreste aus der Wasserburg Eschelbronn bei Heidelberg (13. Jahrhundert). – Forsch. Ber. Archäol. Mittelalter Bad.-Württ. 6: 113–127; Stuttgart.

KÖRBER-GROHNE, U. u. U. PIENING (1983): Die Pflanzenreste aus dem Ostkastell von Welzheim mit besonderer Berücksichtigung der Graslandpflanzen. – Forsch. Ber. Vor- u. Frühgeschichte Bad.-Württ. 14: 17–88; Stuttgart.

KONETOPSKY, A. (1963): Die wichtigsten Ergebnisse taxonomischer Revision der tschechoslowakischen Arten der Gattung *Erysimum* L. – Preslia 35: 135–145; Prag.

KONOLD, W. (1988): Oberschwäbische Weiher und Seen, Teil II. – Beih. Veröff. Naturschutz Landschaftspflege Bad.-Württ. 52 (2): 201–634; Karlsruhe.

KORNECK, D. (1960): Beobachtungen an Zwergbinsengesellschaften im Jahr 1959. – Beitr. Naturk. Forsch. Südwestdeutschl. 19: 101–110; Karlsruhe.

KORNECK, D. (1974): Xerothermvegetation in Rheinland-Pfalz und Nachbargebieten. – Schriftenr. Vegetationsk. 7: 196 S.; Bonn-Bad Godesberg.

KORNECK, D. (1975): Beitrag zur Kenntnis mitteleuropäischer Felsgrus-Gesellschaften (Sedo-Scleranthetea). – Mitt. Flor.-soz. Arbeitsgem. N.F. 18: 45–102; Todenmann über Rinteln.

KORNECK, D. (1978): Klasse: Sedo-Scleranthetea. In: OBERDORFER, E. (Hrsg.): Süddeutsche Pflanzengesellschaften, Teil II: 13–85; Stuttgart u. New York.

KRACH, J. (1981): Zur Verbreitung des Alpenveilchens im Altmühljura. – Ber. Bayer. Bot. Ges. 52: 163–175; München.

KRACH, J. u. R. FISCHER (1979): Bemerkungen zur Verbreitung einiger Sippen in Südfranken und Nordschwaben. – Ber. Bayer. Bot. Ges. 50: 161–172; München.

KRACH, J. u. R. FISCHER (1982): Bemerkungen zum Vorkommen einiger Pflanzenarten in Südfranken und Nordschwaben. – Ber. Bayer. Bot. Ges. 53: 155–173; München.

KRAUSE, E. H. L. (1921): Beiträge zur Flora von Baden. – Mitt. Bad. Landesver. Naturk. Naturschutz N.F. 1: 130–133; Freiburg i. Br.

KRAUSE, W. (1975): Siedlungen gefährdeter Pflanzen in Baggerseen der Oberrheinebene. – Beitr. Naturk. Forsch. Südwestdeutschl. 34: 187–199; Karlsruhe.

KREH, W. (1927): Vom Glaskraut. – Aus d. Heimat, 40: 375–377; Öhringen u. Stuttgart.

KREH, W. (1928): Neue Glieder der Stuttgarter Pflanzenwelt. – Jahresh. Ver. Vaterl. Naturk. Württ. 84: 66–73; Stuttgart.

KREH, W. (1935): Pflanzensoziologische Untersuchungen auf Stuttgarter Auffüllplätzen. – Jahresh. Ver. Vaterl. Naturk. Württ. 91: 59–120; Stuttgart.

KREH, W. (1938): Verbreitung und Einwanderung des Blausterns *(Scilla bifolia)* im mittleren Neckargebiet. – Jahresh. Ver. Vaterl. Naturk. Württ. 94: 41–94; Stuttgart.

KREH, W. (1951): Verlust und Gewinn der Stuttgarter Flora im letzten Jahrhundert. – Jahresh. Ver. Vaterl. Naturk. Württ. 106: 69–124; Stuttgart.

KREH, W. (1959): Verlust und Gewinn der Stuttgarter Flora im letzten Jahrhundert. Nachtrag 1959. – Jahresh. Ver. Vaterl. Naturk. Württ. 114: 138–165; Stuttgart.

KREH, W. (1959): Verbreitungsbilder aus der Pflanzenwelt des mittleren Neckarlandes. Nr. 3: 4–5; als Manuskript vervielfältigt.

KRIEGLSTEINER, L. (1987): Farn- und Blütenpflanzen sowie Höhere Pilze im Raum Schwäbisch Hall. Stadtplanungsamt Schwäbisch Hall. Arbeitsber. 16, 259 S.

KRÜSSMANN, G. (1962): Handbuch der Laubgehölze. – Bd. II: 525–530 u. 533–541; Berlin u. Hamburg.

KÜNNE, H. (1969): Laubwaldgesellschaften der Frankenalb. – Diss. Bot. 2, 177 S.; Lehre.

KÜSTER, H. (1985): Neolithische Pflanzenreste aus Hochdorf, Gemeinde Eberdingen (Kreis Ludwigsburg). – Hochdorf I. Forsch. u. Ber. Vor- u. Frühgeschichte Bad.-Württ. 19: 13–83; Stuttgart.

KUHN, J. (1987): Hilfsprogramm für das Naturschutzgebiet „Schmiecher See", Alb-Donau-Kreis. In: HÖLZINGER, J.: Die Vögel Baden-Württembergs, Bd. 1, Teil 1. – Avifauna Bad.-Württ., 1 (1): 686–698; Karlsruhe.

KUHN, K. (1937): Die Pflanzengesellschaften im Neckargebiet der Schwäbischen Alb. 340 S.; Öhringen.

KUHN, L. (1961): Die Verlandungsgesellschaften des Federseeriedes. In: ZIMMERMANN, W. (Hrsg.): Der Federsee. – Natur- u. Landschaftsschutzgeb. Bad.-Württ. 2: 1–69; Stuttgart.

KUMMER, G. (1941): Die Flora des Kantons Schaffhausen mit Berücksichtigung der Grenzgebiete. 3. Lief.: Dicotyledoneae (Salicaceae bis Resedaceae). – Mitt. Naturf. Ges. Schaffhausen 17: 123–260; Schaffhausen.

KUMMER, G. (1944): Die Flora des Kantons Schaffhausen. 5. Lieferung. – Mitt. Naturf. Ges. Schaffhausen 19: 1–130; Schaffhausen.

KUMMER, G. (1946): Die Flora des Kantons Schaffhausen. 6. Lief. – Mitt. Naturf. Ges. Schaffhausen 20 (1945): 69–208; Schaffhausen.

KUNZ, H. (1956): *Ranunculus polyanthemophyllus* Koch & Heß, *Neslia apiculata* Fischer & Meyer und *Callitriche obtusangula* Le Gall in Südbaden. – Beitr. Naturk. Forsch. Südwestdeutschl. 15: 52–55; Karlsruhe.

KUPPER, W. u. H. GAMS (1925): Elatinaceae. In: HEGI, G.: Illustrierte Flora von Mitteleuropa Bd. V/1, 1. Aufl., 535–544; München.

KURZ, G. (1973): Ulmer Flora. – Mitt. Ver. Naturwiss. Math. Ulm 29: 1–304; Ulm.

LANDOLT, E. (1984): Über die Artengruppe der *Cardamine pratensis* L. s.l. in der Schweiz. – In: LANG, G. (Hrsg.): Festschrift Max Welten: 481–497; Vaduz.

LANG, G. (1952): Späteiszeitliche Pflanzenreste in Südwestdeutschland. – Beitr. Naturk. Forsch. Südwestdeutschl. 11 (2): 89–110; Karlsruhe.

LANG, G. (1967): Die Ufervegetation des westlichen Bodensees. – Arch. Hydrobiol., Suppl. 32 (4): 437–574; Stuttgart.

LANG, G. (1973): Die Vegetation des westlichen Bodenseegebiets. – Pflanzensoziologie 17, 451 S.; Jena.

LANG, W. u. H. LAUER (1972): Zur Verbreitung und Soziologie von *Hornungia petraea* (L.) Rchb. in der Pfalz. – Mitt. Pollichia 3. R. 19: 74–78; Bad Dürkheim.

LAUTENSCHLAGER, E. (1983): Atlas der Schweizer Weiden. 103 S.; Basel.

LAUTERBORN, R. (1927): Beiträge zur Flora der oberrheinischen Tiefebene und der benachbarten Gebiete. – Mitt. Bad. Landesver. Naturk. Naturschutz N.F. 2 (7/8): 77–88; Freiburg i.Br.

LAUTERBORN, R. (1941): Beiträge zur Flora des Oberrheins und des Bodensees. – Mitt. Bad. Landesver. Naturk. Naturschutz N.F. 4 (8): 287–301; Freiburg i.Br.

LAVEN, R. (1948): Erklärung der wissenschaftlichen Pflanzennamen. – 119 S.; Hannover.

LECHLER, W. (1844): Supplement zur Flora von Württemberg. 72 S.; Stuttgart.

LECHLER, W. (1847): Vortrag über einige neuere Entdeckungen in der württembergischen Flora. – Jahresh. Ver. Vaterl. Naturk. Württ. 3: 147–148; Stuttgart.

LEIDOLF, R. (1955): Bruchweide oder Rotweide. – Jahresh. Ver. Vaterl. Naturk. Württ. 110: 265–268; Stuttgart.

LEIDOLF, R. (1957): Bestimmungstabellen für die Weiden im Gebiet des Mittleren Neckars. – Jahresh. Ver. Vaterl. Naturk. Württ. 112: 211–216; Stuttgart.

LEMBKE, W. (1960): Über das Erkennen der Weidenbastarde. – Decheniana, 112 (2): 243–249; Bonn.

LEOPOLD, J.D. (1728): Deliciae sylvestres florae ulmensis. 180 S.; Ulm.

LIEHL, H. (1898): Die Kiesgrube an der Basler Landstraße bei Freiburg. – Mitt. Bad. Bot. Ver. 4 (159): 78–80; Freiburg.

LIEHL, H. (1900): Neue Funde in der Kiesgrube an der Baselerstraße bei Freiburg. – Mitt. Bad. Bot. Ver. 4 (173/174): 200–201; Freiburg i.Br.

LIEHL, H. (1912): In: Neue Standorte. – Mitt. Bad. Landesver. Naturk. Naturschutz 6 (269–71): 163–164; Freiburg i.Br.

LINDER, Th. (1903): Ein Vegetationsbild vom Oberrhein. – Mitt. Bad. Bot. Ver. 4 (189): 328–335; Freiburg i.Br.

LINDER, Th. (1905): Bemerkenswerte Pflanzenstandorte. – Mitt. Bad. Bot. Ver. 5 (205–207): 41–44, 47–51; Freiburg i.Br.

LINDER, Th. (1907): Ein Beitrag zur Flora des badischen Kreises Konstanz. – Mitt. Bad. Bot. Ver. 5 (222/223): 165–174; Freiburg i.Br.

LINGG, C. (1832): Beiträge zur Naturkunde Oberschwabens. Inaug. Diss., 32 S.; Tübingen.

LIPPERT, W. (1986): Beitrag zur Kenntnis von wenig beachteten Arten und Artengruppen der bayerischen Flora. – Ber. Bayer. Bot. Ges. 57: 113–120; München.

LITZELMANN, E. (1939): Die Felsen- oder Alpenaurikel (*Primula auricula* L.). Eine arktotertiäre Gebirgspflanze im Südschwarzwald. – Aus d. Heimat 52 (6): 169–177; Stuttgart.

LITZELMANN, E. (1951): Neue Pflanzenfundberichte aus Südbaden. – Mitt. Bad. Landesver. Naturk. Naturschutz N.F. 5: 191–196; Freiburg i.Br.

LITZELMANN, E. (1953): Naturgeschichte einer Urlandschaft im Hotzenwald. – Alemann. Jb. 1953: 10–31; Freiburg i.Br.

LITZELMANN, E. (1953): Die Glockenheide in einem neu entdeckten Moor des Südschwarzwaldes. – Natur u. Landschaft 28: 113–115; Stuttgart.

LITZELMANN, E. u. M. LITZELMANN (1960): Das Vegetationsbild des Dinkelbergplateaus. – Bauhinia 1 (3): 222–250; Basel.

LITZELMANN, E. u. M. LITZELMANN (1963): Neue Pflanzen-Fundberichte aus Südbaden. – Mitt. Bad. Landesver. Naturk. Naturschutz N.F. 8: 463–475; Freiburg i.Br.

LITZELMANN, E. u. M. LITZELMANN (1967): Die Moorgebiete auf der vormals vereist gewesenen Plateaulandschaft des Hotzenwaldes. – Mitt. Naturf. Ges. Schaffhausen 28 (1963/67): 21–99; Schaffhausen.

LÖRCH, Ph.J. (1890): Die Flora des Hohenzollers und seiner nächsten Umgebung. – Wiss. Beilage zum Programm d. kgl. Höh. Bürgerschule Hechingen 1890: 68; 1891: 69–118; 1892: 119–166.

LÖVKVIST, B. (1956): The *Cardamine pratensis* complex. Outlines of its cytogenetics and taxonomy. – Symb. Bot. Upsal. 14: 1–131; Uppsala.

LÖVKVIST, B. (1957): Experimental studies in *Cardamine amara*. – Bot. Not. 110: 423–441; Lund.

LOHMEYER, W. (1970): Über das Polygono-Chenopodietum in Westdeutschland mit besonderer Berücksichtigung seiner Vorkommen am Rhein und im Mündungsgebiet der Ahr. – Schriftenr. Vegetationskde. 5: 7–28; Bonn-Bad Godesberg.

LOHMEYER, W. (1975): Über flußbegleitende nitrophile Hochstaudenfluren am Mittel- und Niederrhein. – Schriftenr. Vegetationskde. 8: 79–98; Bonn-Bad Godesberg.

LOHMEYER, W. u. W. TRAUTMANN (1974): Zur Kenntnis der Waldgesellschaften des Schutzgebietes „Taubergießen". In: Das Taubergießengebiet. – Natur- u. Landschaftschutzgebiet Bad.-Württ. 7: 422–437; Ludwigsburg.

LUDEMANN, Th. (1987): Die Vegetation des Bannwaldes Zweribach im Mittleren Schwarzwald. Dipl. Arb., 123 S.; Freiburg i. Br.

LUDWIG, W. (1954): Neues über die Brunnenkresse. – Hess. Flor. Briefe 3 (27): 1–3; Darmstadt.

LUDWIG, W. (1954): Über einige verkannte Arten der deutschen Flora: *Glyceria declinata* Breb., *Carex otrubae* und *Rorippa microphylla* (Rchb.) Hyl. – Ber. Bayer. Bot. Ges. 30: 84–87; München.

LUDWIG, W. (1958): Bemerkungen über die Phanerogamenflora des Schwarzwälder Belchens. – Beitr. Naturk. Forsch. Südwestdeutschl. 27: 21–25: Karlsruhe.

LUDWIG, W. (1970): *Alyssum murale* W. et K. (= *A. argenteum* hort. et auct. mult. non All.) in Gärten und als verwildernde Zierpflanze. – Hess. Flor. Briefe 19: 55–59; Darmstadt.

LUDWIG, W. (1971): *Cardamine parviflora* in Hessen, Bayern, Süd-Niedersachsen und Baden-Württemberg. – Hess. Flor. Briefe 20: 37–40; Darmstadt.

LUTZ, F. (1885): Die Mühlau bei Mannheim als Standort seltener Pflanzen. – Mitt. Bot. Ver. Kreis Freiburg 1 (19): 164–168; Freiburg i. Br.

LUTZ, F. (1910): Zur Mannheimer Adventivflora seit ihrem ersten Auftreten bis jetzt. – Mitt. Bad. Landesver. Naturk. 5 (247/248): 365–376; Freiburg i. Br.

MAHLER (1912): In: Neue Standorte. – Mitteilungen Bad. Landesver. Naturk. Naturschutz 6: 138–139; Freiburg i. Br.

MANG, F. (1962): Zur Kenntnis der gegenwärtigen Vertreter der *Salix*-Sektion *Incubacea* Dumortier und ihrer wichtigsten Bastarde in Schleswig-Holstein, Hamburg und den angrenzenden Gebieten. – Mitt. Arbeitsg. Florist. Schleswig-Holstein 10: 1–83; Hamburg.

MANTON, I. (1934): The problem of *Biscutella laevigata* L. – Z. Indukt. Abstammungs-Vererbungsl. 67: 41–57; Berlin.

MARCET, E. (1961): Taxonomische Untersuchungen in der Sektion *Leuce* Derby der Gattung *Populus* L. – Mitt. Schweiz. Anst. forstl. Versuchsw. 37: 269–321; Birmensdorf b. Zürich.

MARKGRAF, F. (1958–1963): Cruciferae. In: HEGI, G.: Illustrierte Flora von Mittel-Europa, Bd. IV/ 1. Teil: 73–508. 2. Aufl.; München.

MARTENS, G. von (1825): Über Württembergs Flora. – Corr.-Blatt Württ. Landwirt. Ver. 7: 333–341; Stuttgart.

MARTENS, G. von u. C. A. KEMMLER (1865): Flora von

Württemberg und Hohenzollern. CXIV + 844 S.; 2. Aufl.; Tübingen.

MARTENS, G. von u. C. A. KEMMLER (1882): Flora von Württemberg und Hohenzollern. LXXIII + 410 S.; 3. Aufl.; Heilbronn.

MARZELL, H. (1957): Volksnamen zu den Gattungen *Populus* und *Salix*. In: HEGI, G. (1981): Illustrierte Flora von Mitteleuropa Bd. III/1. 3. Aufl., S. 30, 54 u. 94; Hamburg u. Berlin.

MATTERN, H. (1980): Das Jagsttal von Crailsheim bis Dörzbach. 207 S.; Crailsheim.

MAUS, H. (1890): Beiträge zur Flora von Karlsruhe. – Mitt. Bad. Bot. Ver. 2 (73/74): 181–191; Freiburg i. Br.

MAY, T. (1987): *Anagallis tenella* und *Scutellaria minor* im Hotzenwald – hängen diese Vorkommen mit der Wiesenbewässerung zusammen? – Mitt. Bad. Landesver. Naturk. Naturschutz N.F. 14 (2): 303–314; Freiburg i. Br.

MAYER, A. (1904): Flora von Tübingen und Umgebung. 313 S.; Tübingen.

MAYER, A. (1929, 1930): Exkursionsflora der Universität Tübingen. 519 S.; Tübingen.

MAYER, A. (1950): Exkursionsflora von Südwürttemberg und Hohenzollern. 527 S.; Stuttgart.

MAYER, H. (1986): Europäische Wälder. 385 S.; Stuttgart u. New York.

MEIGEN, W. (1902): Gegenwärtiger Stand unserer pflanzengeographischen Durchforschung Badens. – Mitt. Bad. Bot. Ver. 4 (179/180): 249–264; Freiburg i. Br.

MEIKLE, R. D. (1952): *Salix calodendron* Wimm. in Britain. – Watsonia 2: 243–248; London.

MEIKLE, R. D. (1964): *Camelina*. In: TUTIN, T. G., W. H. HEYWOOD et al. (eds.): Flora Europaea 1: 315–316; Cambridge.

MEIKLE, R. D. (1984): Willows and Poplars of Great Britain and Ireland. – BSBI Handbook 4, 198 S.; Torquay/ Devon.

MELZER, H. (1960): Neues und Kritisches zur Flora der Steiermark und des angrenzenden Burgenlandes. – Mitt. Naturwiss. Ver. Steiermark 90: 85–102; Graz.

MEMMINGER, J.D.G. von (1841): Beschreibung von Württemberg. 3. Aufl.; Stuttgart u. Tübingen.

MERGENTHALER, O. (1976): Verbreitungskarten des Regensburger Florengebietes. – Hoppea 35: 213–228; Regensburg.

MERGENTHALER, O. (1982): Verbreitungsatlas zur Flora von Regensburg. – Hoppea 40: I–XII, 1–297; Regensburg.

MEUSEL, H., E. JÄGER u. E. WEINERT (1965): Vergleichende Chorologie der zentraleuropäischen Flora. Textband 583 S., Kartenband 258 S.; Jena.

MEUSEL, H., E. JÄGER, S. RAUSCHER u. J. WEINERT (1978): Vergleichende Chorologie der zentraleuropäischen Flora, Kartenband. S. 259–421; Jena.

MEYER, F. K. (1973): Conspectus der „*Thlaspi*"-Arten Europas, Afrikas und Vorderasiens. – Feddes Rep. 84: 449–470; Berlin.

MEYER, F. K. (1982): Was ist *Hutchinsia* R. Br. in Ait.? – Wiss. Z. Friedr.-Schiller-Univ. Jena, Math.-naturw. Reihe, 31: 267–276.

MEYNEN, E. u. J. SCHMIDTHÜSEN (1953–1962): Handbuch der naturräumlichen Gliederung Deutschlands. – 1339 S.; Remagen.

MOHR, G. (1898): Flora der Umgegend von Lahr. – Mitt. Bad. Bot. Ver. 4 (153/154): 17–31 u. 4 (155/156): 33–50; Freiburg i. Br.

MOOR, M. (1952): Die Fagion-Gesellschaften im Schweizer Jura. – Beitr. Geobot. Landesaufnahme Schweiz 31: 198 S.; Bern.

MOOR, M. (1958): Pflanzengesellschaften schweizerischer Flußauen. – Mitt. Schweiz. Anst. forstl. Versuchsw. 34 (2): 221–360; Birmensdorf bei Zürich.

MUCINA, L. u. D. BRANDES (1985): Communities of *Berteroa incana* in Europe and their geographical differention. – Vegetatio 59: 125–136; Dordrecht.

MÜLLER, K. (1924): Das Wildseemoor bei Kaltenbronn im Schwarzwald, ein Naturschutzgebiet. 161 S., 19 Taf.; Karlsruhe.

MÜLLER, K. (1935): Beitrag zur Kenntnis unserer heimischen Farn- und Blütenpflanzen. – Mitt. Ver. Naturwiss. Math. Ulm 21: 63–77, Ulm.

MÜLLER, K. (1937): Pflanzenfund-Berichte aus Baden. – Mitt. Bad. Landesver. Naturk. Naturschutz N. F. 3: 349–354; Freiburg i. Br.

MÜLLER, K. (1948): Die Vegetationsverhältnisse im Feldberggebiet. – In: K. Müller (Hrsg.): Der Feldberg im Schwarzwald: 211–363; Freiburg i. Br.

MÜLLER, K. (1950): Die Vogelfutterpflanzen. – Mitt. Ver. Naturwiss. Math. Ulm 23: 55–85; Ulm.

MÜLLER, K. (1950): Beitrag zur Kenntnis der eingeschleppten Pflanzen Württembergs. 1. Nachtrag. – Mitt. Ver. Naturwiss. Math. Ulm 23: 86–116; Ulm.

MÜLLER, K. (1957): Ulmer Flora. – Mitt. Ver. Naturwiss. Math. Ulm 25: 1–229; Ulm.

MÜLLER, R. u. E. SAUER (1958): Merkmale der Schwarzpappel-Bastarde. – Holz-Zentralblatt, Stuttgart.

MÜLLER, Th. (1961): Einige für Südwestdeutschland neue Pflanzengesellschaften. – Beitr. Naturk. Forsch. Südwestdeutschl. 20: 15–21; Karlsruhe.

MÜLLER, Th. (1966): Vegetationskundliche Beobachtungen im Naturschutzgebiet Hohentwiel. – Veröff. Landesst. Naturschutz Landschaftspflege Bad.-Württ. 34: 14–61; Ludwigsburg.

MÜLLER, Th. (1966): Die Wald-, Gebüsch-, Saum-, Trocken- und Halbtrockenrasengesellschaften des Spitzbergs. In: Der Spitzberg bei Tübingen. – Natur- u. Landschaftsschutzgeb. Bad.-Württ. 3: 278–475; Ludwigsburg.

MÜLLER, Th. (1969): Die Vegetation im Naturschutzgebiet Zweribach. – Veröff. Landesst. Naturschutz Landschaftspflege Bad.-Württ. 37: 81–101; Ludwigsburg.

MÜLLER, Th. (1974): Zur Kenntnis einiger Pioniergesellschaften im Taubergießengebiet. In: Das Taubergießengebiet – eine Rheinauenlandschaft. – Natur- und Landschaftsschutzgeb. Bad.-Württ. 7: 284–305; Ludwigsburg.

MÜLLER, Th. (1974): Gebüschgesellschaften im Taubergießengebiet. In: Das Taubergießengebiet. – Natur- u. Landschaftsschutzgeb. Bad.-Württ. 7: 400–421; Ludwigsburg.

MÜLLER, Th. (1977): Buchenwälder mit der Fiederzahnwurz *(Dentaria heptaphyllos)* in Südwestdeutschland. – Mitt. Flor.-soz. Arbeitsgem. N. F. 19/20: 383–392; Todenmann-Göttingen.

MÜLLER, Th. (1983): Klasse Chenopodietea. In: OBERDORFER, E. (Hrsg.): Süddeutsche Pflanzengesellschaften. 2. Aufl., Teil III: 48–114; Stuttgart u. New York.

MÜLLER, Th. (1985): Die Vegetation. In: Ökologische Untersuchungen an der ausgebauten unteren Murr 1: 113–194; Karlsruhe.

MÜLLER, Th. u. S. GÖRS (1958): Zur Kenntnis einiger Auenwaldgesellschaften im württembergischen Oberland. – Beitr. Naturk. Forsch. Südwestdeutschl. 17: 88–165; Karlsruhe.

MÜLLER, Th. u. S. GÖRS (1974): Flora der Farn- und Blütenpflanzen des Taubergießengebietes. In: Das Taubergießengebiet. – Natur- u. Landschaftschutzgeb. Bad.-Württ. 7: 209–284; Ludwigsburg.

NAUENBURG, J. R. (1986): Untersuchungen zur Variabilität, Ökologie und Systematik der *Viola tricolor*-Gruppe in Mitteleuropa. – Diss. Univ. Göttingen, 124 S.; Göttingen.

NEBEL, M. (1986): Vegetationskundliche Untersuchungen in Hohenlohe. – Diss. Bot. 97: 253 S.; Berlin u. Stuttgart.

NECKER, G. (1962): *Kernera saxatilis* (L.) Rchb. – eine Berichtigung. – Denkschr. Regensb. Bot. Ges. 25: 35–36; Regensburg.

NEUBERGER, J. (1889): Bemerkungen zur Flora Heidelbergs. – Mitt. Bad. Bot. Ver. 2 (60): 81–84; Freiburg i. Br.

NEUBERGER, J. (1896): Neue Standorte in der badischen Flora. – Mitt. Bad. Bot. Ver. 3 (141): 366; Freiburg i. Br.

NEUBERGER, J. (1912): Flora von Freiburg im Breisgau. 3. u. 4. Aufl.; XXIV + 319 S.; Freiburg i. Br.

NEUBERGER, J. (1913): Neue Standorte. – Mitt. Bad. Landesver. Naturk. Naturschutz 6 (284–286): 280–281; Freiburg i. Br.

NEUMANN, A. (1981): Die mitteleuropäischen *Salix*-Arten. – Mitt. Forstl. Versuchsanst. Wien. 134: 1–152; Wien.

OBERDORFER, E. (1931): Die postglaziale Klima- und Vegetationsgeschichte des Schluchsees. – Ber. Naturf. Ges. Freiburg 31: 1–85; Freiburg i. Br.

OBERDORFER, E. (1934): Die Felsspaltenflora des südlichen Schwarzwaldes. – Mitt. Bad. Landesver. Naturk. Naturschutz N. F. 3: 1–14; Freiburg i. Br.

OBERDORFER, E (1936): Floristische und pflanzensoziologische Notizen vom Bruhrain (Umgebung von Bruchsal). – Mitt. Bad. Landesver. Naturk. Naturschutz N. F. 4 (17/18): 245–252; Freiburg i. Br.

OBERDORFER, E. (1936): Bemerkenswerte Pflanzengesellschaften und Pflanzenformen des Oberrheingebietes. – Beitr. Naturk. Forsch. Südwestdeutschl. 1: 49–88; Karlsruhe.

OBERDORFER, E. (1936): Erläuterungen zur vegetationskundlichen Karte des Oberrheingebietes bei Bruchsal. – Beitr. z. Naturdenkmalpflege 16 (2): 1–126; Neudamm.

OBERDORFER, E. (1938): Ein Beitrag zur Vegetationskunde des Nordschwarzwaldes. – Beitr. Naturk. Forsch. Südwestdeutschl. 3: 149–270; Karlsruhe.

OBERDORFER, E. (1949): Pflanzensoziologische Exkursionsflora für Südwestdeutschland und die angrenzenden Gebiete. 411 S.; Stuttgart.

OBERDORFER, E. (1949): Die Pflanzengesellschaften der Wutachschlucht. – Beitr. Naturk. Forsch. Südwestdeutschl. 8: 22–60; Karlsruhe.

OBERDORFER, E. (1949/50): Zur Frage der natürlichen Waldgesellschaften auf der Ostabdachung des Südschwarzwaldes. – Allg. Forst- u. Jagdzeitung 121: 16–19, 50–60; Frankfurt/Main.

OBERDORFER, E. (1951): Botanische Neufunde aus dem badischen Oberrheingebiet nach Aufzeichnungen. – Mitt. Bad. Landesver. Naturk. Naturschutz N.F. 5: 186–191; Freiburg i. Br.

OBERDORFER, E. (1952): Die Vegetationsgliederung des Kraichgaus. – Beitr. Naturk. Forsch. Südwestdeutschl. 11 (1): 12–36; Karlsruhe.

OBERDORFER, E. (1956): Botanische Neufunde aus Baden (und angrenzenden Gebieten). – Mitt. Bad. Landesver. Naturk. Naturschutz N.F. 6 (4): 278–284; Freiburg i. Br.

OBERDORFER, E. (1956): Die Vergesellschaftung der Eissegge (*Carex frigida* All.) in alpinen Rieselfluren des Schwarzwaldes, der Alpen und der Pyrenäen. – Veröff. Landesst. Naturschutz Landschaftspflege Bad.-Württ. 24: 452–465; Ludwigsburg.

OBERDORFER, E. (1957): Süddeutsche Pflanzengesellschaften. XXVIII + 564 S.; Jena.

OBERDORFER, E. (1962): Pflanzensoziologische Exkursionsflora für Süddeutschland und die angrenzenden Gebiete. 2. Aufl.; 987 S.; Stuttgart.

OBERDORFER, E. (1964): Das Strauchbirkenmoor (Betulo-Salicetum repentis) in Osteuropa und im Alpenvorland. – Arb. Landw. Hochschule Hohenheim 30: 190–210; Stuttgart.

OBERDORFER, E. (1971): Zur Syntaxonomie der Trittpflanzengesellschaften. – Beitr. Naturk. Forsch. Südwestdeutschl. 30: 95–111; Karlsruhe.

OBERDORFER, E. (1971): Die Pflanzenwelt des Wutachgebietes. In: Die Wutach. – Natur- und Landschaftsschutzgeb. Bad.-Württ. 6: 261–321; Freiburg i. Br.

OBERDORFER, E. (1973): Die Gliederung der Epilobietea angustifolii-Gesellschaften am Beispiel süddeutscher Vegetationsaufnahmen. – Acta Bot. Ac. Sc. Hung. 19: 235–253; Budapest.

OBERDORFER, E. (1977): Süddeutsche Pflanzengesellschaften. 2. Aufl.; Teil I. 311 S.; Stuttgart u. New York.

OBERDORFER, E. (1978): Süddeutsche Pflanzengesellschaften. 2. Aufl.; Teil II. 355 S.; Stuttgart u. New York.

OBERDORFER, E. (1982): Die hochmontanen Wälder und subalpinen Gebüsche des Feldbergs im Schwarzwald. In: Der Feldberg im Schwarzwald. – Natur- u. Landschaftsschutzgeb. Bad.-Württ. 12: 317–364; Karlsruhe.

OBERDORFER, E (1982): Erläuterungen zur vegetationskundlichen Karte Feldberg 1 : 25000. – Beih. Veröff. Naturschutz Landschaftspflege Bad.-Württ. 27: 1–86; Karlsruhe.

OBERDORFER, E. (1983): Süddeutsche Pflanzengesellschaften. 2. Aufl.; Teil III. 455 S.; Stuttgart u. New York.

OBERDORFER, E. (1983): Pflanzensoziologische Exkursionsflora. 5. Aufl.; 1051 S.; Stuttgart.

OBERDORFER, E. u. Th. MÜLLER (1984): Zur Synsystematik artenreicher Buchenwälder, insbesondere im praealpinen Nordsaum der Alpen. – Phytocoenol. 12: 539–562; Stuttgart u. Braunschweig.

OBERLI, H. (1981): *Salix myrtilloides*. – Zum einzigen Vorkommen dieser Reliktgehölzart im Kanton St. Gallen. – Jb. St. Gallen. Naturwiss. Ges. 81: 71–133; St. Gallen.

OEFELEIN, H. (1958): Die Brunnenkressearten der Schweiz. – Mitt. Naturf. Ges. Schaffhausen 26: 217–223; Schaffhausen.

OEFELEIN, H. (1958): Die Brunnenkressearten der Schweiz. – Ber. Schweiz. Bot. Ges. 68: 249–253; Bern.

OESAU, A. (1973): *Cardamine parviflora* L. bei Lampertheim/Hessen. – Hess. Flor. Briefe 22/2: 18–22; Darmstadt.

PEINTINGER, M. (1988): Die Vegetation des Litzelsees bei Markelfingen (Westliches Bodenseegebiet). – Carolinea 46: 17–22; Karlsruhe.

PEINTINGER, M. (1989): Bestandesschwankungen seltener Pflanzengrasarten in Pfeifengraswiesen des westlichen Bodenseegebietes. – Carolinea 48, Karlsruhe (im Druck).

PHILIPPI, G. (1960): Zur Gliederung der Pfeifengraswiesen im südlichen und mittleren Oberrheingebiet. – Beitr. Naturk. Forsch. Südwestdeutschl. 19 (2): 138–187; Karlsruhe.

PHILIPPI, G. (1961): Botanische Neufunde aus dem badischen Oberrheingebiet. – Mitt. Bad. Landesver. Naturk. Naturschutz N.F. 8: 173–186; Freiburg i. Br.

PHILIPPI, G. (1963): Zur Soziologie von *Anagallis tenella*, *Scutellaria minor* und *Wahlenbergia hederacea* im südlichen u. mittleren Schwarzwald. – Mitt. Bad. Landesver. Naturk. Naturschutz N.F. 8 (3): 477–484; Freiburg i. Br.

PHILIPPI, G. (1968): Zur Kenntnis der Zwergbinsengesellschaften (Ordnung der Cyperetalia fusci) des Oberrheingebiets. – Veröff. Landesst. Naturschutz Landschaftspflege Bad.-Württ. 36: 65–130; Ludwigsburg.

PHILIPPI, G. (1969): Zur Verbreitung und Soziologie einiger Arten von Zwergbinsen- und Strandlingsgesellschaften. – Mitt. Bad. Landesver. Naturk. Naturschutz N.F. 10: 139–172; Freiburg i. Br.

PHILIPPI, G. (1970): Vorkommen basi- und neutrophiler Pflanzen im Buntsandsteingebiet des Nordschwarzwaldes. – Beitr. Naturk. Forsch. Südwestdeutschl. 29: 17–23; Karlsruhe.

PHILIPPI, G. (1970): Die Kiefernwälder der Schwetzinger Hardt (nordbadische Oberrheinebene). – Veröff. Landesst. Naturschutz Landschaftspflege Bad.-Württ. 38: 46–92; Ludwigsburg.

PHILIPPI, G. (1971): Sandfluren, Steppenrasen und Saumgesellschaften der Schwetzinger Hardt (nordbadische Rheinebene). – Veröff. Landesst. Naturschutz Landschaftspflege Bad.-Württ. 39: 67–130; Ludwigsburg.

PHILIPPI, G. (1971): Beiträge zur Flora der nordbadischen Rheinebene und der angrenzenden Gebiete. – Beitr. Naturk. Forsch. Südwestdeutschl. 30: 9–47; Karlsruhe.

PHILIPPI, G. (1972): Erläuterungen zur vegetationskundlichen Karte 1 : 25000 Blatt 6617 Schwetzingen. 60 S. + 15 Tab.; Stuttgart.

PHILIPPI, G. (1972): Zur Verbreitung basi- und neutrophiler Moose im Schwarzwald. – Mitt. Bad. Landesver. Naturk. Naturschutz N.F. 10 (4): 729–754; Freiburg i.Br.

PHILIPPI, G. (1973): Zur Kenntnis einiger Röhrichtgesellschaften des Oberrheingebiets. – Beitr. Naturk. Forsch. Südwestdeutschl. 32: 53–95; Karlsruhe.

PHILIPPI, G. (1973): Sandfluren und Brachen kalkarmer Flugsande des mittleren Oberrheingebiets. – Veröff. Landesst. Naturschutz Landschaftspflege Bad.-Württ. 41: 24–62; Ludwigsburg.

PHILIPPI, G. (1977): Vegetationskundliche Beobachtungen an Weihern des Stromberggebiets um Maulbronn. – Veröff. Naturschutz Landschaftspflege Bad.-Württ. 44/45: 9–50; Karlsruhe.

PHILIPPI, G. (1978): Die Vegetation des Althreingebietes bei Rußheim. In: Der Rußheimer Altrhein. – Natur- u. Landschaftsschutzgeb. Bad.-Württ. 10: 103–267; Karlsruhe.

PHILIPPI, G. (1981): Wasser- und Sumpfpflanzengesellschaften des Tauber-Main-Gebietes. – Veröff. Naturschutz Landschaftspflege Bad.-Württ. 53/54: 541–591; Karlsruhe.

PHILIPPI, G. (1982): Erlenreiche Waldgesellschaften im Kraichgau und ihre Kontaktgesellschaften. – Carolinea 40: 15–48; Karlsruhe.

PHILIPPI, G. (1983): Ruderalgesellschaften des Tauber-Main-Gebietes. – Veröff. Naturschutz Landschaftspflege Bad.-Württ. 55/56: 415–478; Karlsruhe.

PHILIPPI, G. (1983): Erläuterungen zur Karte der potentiellen natürlichen Vegetation des unteren Taubergebietes. 83 S.; Stuttgart.

PHILIPPI, G. (1983): Erläuterungen zur vegetationskundlichen Karte 1 : 25000, Blatt 6323 Tauberbischofsheim-West. 200 S.; Stuttgart.

PHILIPPI, G. (1984): Bidentetea-Gesellschaften aus dem südlichen und mittleren Oberrheingebiet. – Tuexenia 4: 49–79; Göttingen.

PHILIPPI, G. (1984): Trockenrasen, Sandfluren und thermophile Saumgesellschaften des Tauber-Main-Gebietes. – Veröff. Naturschutz Landschaftspflege Bad.-Württ. 57/58: 533–618; Karlsruhe.

PHILIPPI, G. (1989): Die Pflanzengesellschaften des Belchen-Gebietes im Schwarzwald. In: Der Belchen. – Natur- und Landschaftsschutzgeb. Bad.-Württ. 13: 747–890; Karlsruhe.

PHILIPPI, G. u. E. OBERDORFER (1977): Klasse: Montio-Cardaminetea. In: OBERDORFER, E.: Süddeutsche Pflanzengesellschaften. 2. Aufl.; Teil I: 199–213; Stuttgart-New York.

PHILIPPI, G. u. V. WIRTH (1970): Botanische Neufunde aus Südbaden. – Mitt. Bad. Landesver. Naturk. Naturschutz N.F. 10: 331–348; Freiburg i.Br.

PODLECH, D. u. H. VOLLRATH (1963): Die Verbreitung von *Primula veris* L. ssp. *canescens* (Opiz) Hayek in Bayern. – Ber. Bayer. Bot. Ges. 36: 69–70; München.

POLATSCHEK, A. (1966): Cytotaxonomische Beiträge zur Flora der Ostalpenländer. I. – Österr. Bot. Z. 113: 1–46; Wien.

POLLICH, J.A. (1776–77): Historia plantarum in Palatinatu electorali sponte nascentium incepta, secundum systema sexuale digesta. 3 Bände, 454 S., 664 S. u. 320 S.; Mannheim.

PREUSS, M. (1885): Beiträge zur Flora von Ühlingen. – Mitt. Bot. Ver. Kreis Freiburg 1 (24/25): 225–230; Freiburg i.Br.

PROBST, R. (1904): Im Zickzack von Stühlingen über den Randen zum Zollhaus. – Mitt. Bad. Bot. Ver. 4 (191/192): 345–360; Freiburg i.Br.

PROCTOR, M.C.F. u. V.H. HEYWOOD (1968): *Helianthemum*. In: TUTIN, T.G., V.H. HEYWOOD et al. (eds.): Flora Europaea Vol. 2, 286–291; Cambridge.

RAUNEKER, H. (1984): Ulmer Flora. – Mitt. Ver. Naturwiss. Math. Ulm 33, VII + 280 S.; Ulm.

RAUSCHERT, S. (1966): Ist *Barbarea* Ehrhart ein legitimer Gattungsname? – Feddes Rep. 73: 222–225; Berlin.

RAUSCHERT, S. (1972): Verbreitungskarten mitteldeutscher Leitpflanzen. XIII. – Wiss. Z. Univ. Halle-Wittenberg, Math.-Naturw. Reihe, 21/2: 7–68; Halle.

REBHOLZ, E. (1931): Von Fridingen nach Beuron – pflanzensoziologisch-pflanzengeographische Studien. – Beitr. z. Naturdenkmalpflege 14: 221–229; Berlin.

RECHINGER, K.H. (1957): Salicaceae. In: HEGI, G. (1981): Illustrierte Flora von Mitteleuropa, 3. Aufl., Bd. III/1, 23–135; Berlin u. Hamburg.

RECHINGER, K.H. (1964): *Salix*. In: TUTIN, T.G., V.H. HEYWOOD et al. (eds.): Flora Europea, Vol. 1, 43–54; Cambridge.

RICHARD, J.-L. (1972): La Végétation des Crêtes rocheuses du Jura. – Ber. Schweiz. Bot. Ges. 82 (1): 68–112; Bern.

RIEBER, X. (1890): Beitrag zur Flora von Württemberg und Hohenzollern. – Jahresh. Ver. Vaterl. Naturk. Württ. 46: 285–287; Stuttgart.

RIEBER, X. (1893): Das Wendthal bei Steinheim am Albuch. II. – Blätt. Schwäb. Albver. 5: 159–160; Tübingen.

ROBSON, N.K.B. (1968): Hypericaceae. In: TUTIN, T.G., V.H. HEYWOOD et al (eds.): Flora Europaea Vol. 2, 261–269; Cambridge.

ROCHOW, M. von (1948): Die Vegetation des Kaiserstuhls. Diss. Univ. Freiburg, 255 S.; Freiburg i.Br.

ROCHOW, M. von (1951): Die Pflanzengesellschaften des Kaiserstuhls. – Pflanzensoziologie 8, 140 S., 6 Tafeln, 1 Vegetationskarte; Jena.

RODI, D. (1955): Die blaublütige Varietät *azurea* des Akkergauchheils in Württemberg. – Jahresh. Ver. Vaterl. Naturk. Württ. 110: 216–220; Stuttgart.

RODI, D. (1960): Die Vegetations- und Standortsgliederung im Einzugsbereich der Lein (Kr. Schwäbisch Gmünd). – Veröff. Landesst. Naturschutz Landschaftspflege Bad.-Württ. 27/28 (1959/60): 76–167; Ludwigsburg.

RODI, D. (1972): Die Wingertskresse (= Vielstengeliges Schaumkraut = Haar-Schaumkraut = *Cardamine hirsuta*), ein Neufund für Ostwürtemberg. – Lupe 2/3: 6–7; Schwäbisch Gmünd.

RODI, D., R. WINKLER, P. ALEKSEJEW, L. u. M. WALDERICH (1983): Vegetation und Standorte des Rosensteins. – Unicornis 3: 17–35; Schwäb. Gmünd.

RÖSCH, M. (1985): Ein Pollenprofil aus dem Feuenried bei Überlingen am Ried: Stratigraphische und landschaftsgeschichtliche Bedeutung für das Holozän im Bodenseegebiet. – Ber. Ufer- u. Moorsiedl. Südwestdeutschl. 2: 43–79; Stuttgart.

RÖSCH, M. (1985): Die Pflanzenreste der neolithischen Ufersiedlung von Hornstaad-Hörnle I am westlichen Bodensee. – 1. Bericht. – Ber. Ufer- u. Moorsiedl. Südwestdeutschl. 2: 164–199; Stuttgart.

RÖSLER, C.A. (1839): Flora von Tuttlingen und seiner Umgebung bis Hohentwiel, Ludwigshafen u. Werenwag. In: Tuttlingen, Beschreibung und Geschichte der Stadt und ihres Oberamts-Bezirks, S. 107–130.

ROTH VON SCHRECKENSTEIN, F. (1799): Verzeichnis sichtbar Blühender Gewächse, welche um den Ursprung der Donau und des Nekars, dann um den unteren Theil des Bodensees vorkommen. 50 S.; Winterthur.

ROTHMALER, W. (Hrsg.) (1976, 1982): Exkursionsflora für die Gebiete der DDR und der BRD. Kritscher Band. 4. u. 5. Aufl., 811 S.; Berlin.

SACHS, F. (1961): Veränderungen in der Pflanzenwelt des Landkreises Buchen seit 1904. – Beitr. Naturk. Forsch. Südwestdeutschl. 20 (1): 7–14; Karlsruhe.

SCHAAF, G. (1925): Hohenloher Moore mit besonderer Berücksichtigung des Kupfermoores. – Veröff. Staatl. Stelle Naturschutz Württ. Landesamt Denkmalpflege 1 (1924): 1–58; Ludwigsburg.

SCHAEPPI, H. (1959): Morphologische und biologische Untersuchungen an der virginischen Kresse Lepidium virginicum L. – Vierteljahresschr. Naturf. Ges. Zürich 104: 129–137.

SCHATZ, J. (1887): Geschichtliche und kritische Bemerkungen über Salix livida Whlg. und S. arbuscula L. – Mitt. Bot. Ver. Kreis Freiburg 1 (41/42): 363–366; Freiburg i.Br.

SCHATZ, J. (1889): Salix. In: ZAHN, H.: Flora der Baar und der angrenzenden Landesteile. – Schr. Ver. Gesch. Naturgesch. Baar 7: 130–140; Donaueschingen.

SCHATZ, J. (1905): Salix. In: KLEIN, L. u. M. SEUBERT: Exkursionsflora für Baden. S. 103–109; Stuttgart.

SCHEUERLE, J. (1888): Die badischen Weiden-Arten. – Mitt. Bad. Bot. Ver. (51/52): 1–14; Freiburg im Br.

SCHEUERLE, J. (1888): Die Weiden-Arten Württembergs. – Jahresh. Ver. Vaterl. Naturk. Württ. 44: 167–176; Stuttgart.

SCHILDKNECHT, J. (1855): Skizze aus der Flora von Ettenheim. Beil. Programm höh. Bürgerschule in Ettenheim, 32 S.; Freiburg i.Br.

SCHILDKNECHT, J. (1863): Führer durch die Flora von Freiburg. 206 S.; Freiburg i.Br.

SCHILL, J. (1887): Neue Entdeckungen im Gebiet der Freiburger Flora. – Ber. Naturf. Ges. Freiburg 2 (3): 1–19; Freiburg i.Br.

SCHINNERL (1912): Ein neues deutsches Herbarium aus dem XVI. Jahrhundert. – Ber. Bayer. Bot. Ges. 13: 207–254; München.

SCHLATTERER, A. (1900): Jahresversammlung 1900. – Mitt. Bad. Bot. Ver. 4 (173/174): 202–203; Freiburg i.Br.

SCHLATTERER, A. (1912): Vorläufige Zusammenstellung der bisher gemeldeten Naturdenkmäler Badens. – Mitt. Bad. Landesver. Naturk. Naturschutz 6 (272–275): 165–194; Freiburg i.Br.

SCHLATTERER, A. (1920): Neue Standorte. – Mitt. Bad. Landesver. Naturk. Naturschutz N.F. 1 (4): 109–112; Freiburg i.Br.

SCHLATTERER, A. (1921): In den Kaiserstuhl am 5. Juni 1921. – Mitt. Bad. Landesver. Naturk. Naturschutz N.F. 1 (69): 161–163; Freiburg i.Br.

SCHLENKER, K. (1910): Über die Flora des Oberamtes Mergentheim. – Jahresh. Ver. Vaterl. Naturk. Württ. 66: LVI–LXXI; Stuttgart.

SCHLENKER, K. (1928): Pflanzenschutz im württembergischen Unterland. – Veröff. Staatl. Stelle Naturschutz in Württ. 4: 100–132; Stuttgart.

SCHLICHTHERLE, H. (1981): Cruciferen als Nutzpflanzen in neolithischen Ufersiedlungen Südwestdeutschlands und der Schweiz. – Z. Archäol. 14: 113–124; Berlin.

SCHMEIL, O. u. J. FITSCHEN (1982): Flora von Deutschland. 87 Aufl., bearb. W. RAUH u. K. SENGHAS; 606 S.; Heidelberg.

SCHMID, E. (1919): Cruciferae. In: HEGI, G.; Illustr. Flora von Mitteleuropa 4/1: 321–491; München.

SCHMIDT, A. (1961): Zytotaxonomische Untersuchungen an europäischen Veilchen-Arten der Sektion Nomimium. – Österr. Bot. Z. 108: 20–88; Wien.

SCHMIDT, J.A. (1857): Flora von Heidelberg. 395 S.; Heidelberg.

SCHNIZLEIN, A. u. A. FRICKHINGER (1848): Die Vegetations-Verhältnisse der Jura- und Keuperformation in den Flußgebieten der Wörnitz und Altmühl. VIII + 344 S.; Nördlingen.

SCHÖNFELDER, P. (1968): Chromosomenzahlen einiger Arten der Gattung Biscutella L. – Österr. Bot. Z. 115: 363–371; Wien.

SCHÖPF, J. (1622): Ulmischer Paradiß Garten: Das ist eine Verzeichnuß unnd Register der Simplicien an der Zahl über die 600. welche inn Gärten unnd nechstem Bezirck umb deß H. reichs Statt Ulm zufinden... 62 S.; Ulm (J. Meder).

SCHOLZ, H. (1962): Nomenklatorische und systematische Studien an Cardaminopsis arenosa (L.) Hayek. – Willdenowia 3: 137–149; Berlin.

SCHORLER, B. (1907 bzw. 1908): Über Herbarien aus dem 16. Jahrhundert. – Sitzber. Abh. Naturwiss. Ges. Isis Dresden 1907: 73–91; Dresden.

SCHREIBER, A. (1957): Ulmaceae, Cannabaceae, Urticaceae. In: HEGI, G. (1981): Illustrierte Flora von Mitteleuropa, Bd. III/1, 3. Aufl., 245–268 u. 283–307; Berlin u. Hamburg.

SCHUBERT, R. u. W. VENT (1982): Cannabaceae. In: ROTHMALER, W. (Hrsg.) (1982): Exkursionsflora für die Gebiete der DDR und BRD, Kritischer Band, 5. Aufl., S. 140; Berlin.

SCHÜBLER, G. (1822): Systematisches Verzeichnis der bei Tübingen und in den umliegenden Gegenden wildwachsenden phanerogamischen Gewächse. Beilage zu Dr. Eisenbachs Geschichte und Beschreibung der Stadt und Universität Tübingen, 60 S.

SCHÜBLER, G. u. G. VON MARTENS (1834): Flora von Württemberg. XXXII + 695 S.; Tübingen.

SCHÜCHEN, G. (1972): Zur Ökologie der Quellen und Quellfluren im Einzugsbereich der Schiltach (Mittelschwarzwald). – Schr. Ver. Gesch. Naturgesch. Baar 24: 104–144; Donaueschingen.

SCHUHWERK, F. (1965): Botanische Beobachtungen um St. Blasien (Kr. Hochschwarzwald). – Mitt. Bad. Landesver. Naturk. Naturschutz N. F. 8: 739; Freiburg i. Br.

SCHULTHEISS, F.X. (1976): Flora von Ellwangen. – Ellwanger Jahrbuch 26: 143–212.

SCHULTZ, F. (1846): Flora der Pfalz enthaltend ein Verzeichniss aller bis jetzt in der bayerischen Pfalz und den angränzenden Gegenden Badens, Hessens, Oldenburgs, Rheinpreussens und Frankreichs beobachteten Gefässpflanzen. 576 S.; Speyer (G.L. Lang).

SCHULZ, O.E. (1903): Monographie der Gattung *Cardamine*. – Bot. Jahrb. Syst. 32: 280–623; Leipzig.

SCHULZ, O.E. (1927): Cruciferae- *Draba* et *Erophila*. In: ENGLER, A. (Hrsg.): Das Pflanzenreich IV/105. 396 S.; Leipzig.

SCHULZ, O.E. (1936): Cruciferae. In: ENGLER, A. (Hrsg.): Die natürlichen Pflanzenfamilien 17b: 227–658; Berlin.

SCHUMACHER, A. (1937): Floristisch-soziologische Beobachtungen an Hochmooren des südlichen Schwarzwaldes. – Beitr. Naturk. Forsch. Südwestdeutschl. 2 (1): 221–283; Karlsruhe.

SCHWABE, A. (1987): Fluß- und bachbegleitende Pflanzengesellschaften und Vegetationskomplexe im Schwarzwald. – Diss. Bot. 102, 368 S.; Berlin u. Stuttgart.

SCHWABE-BRAUN, A. (1980): Eine pflanzensoziologische Modelluntersuchung als Grundlage für Naturschutz und Planung. Weidfeld-Vegetation im Schwarzwald: Geschichte der Nutzung – Gesellschaften und ihre Komplexe – Bewertung für den Naturschutz. – Urbs et Regio, 18: 212 S.; Kassel.

SEBALD, O. (1964): Ökologische Artengruppen für den Wuchsbezirk „Oberer Neckar". – Mitt. Ver. forstl. Standortkunde u. Forstpflanzenzüchtung 14: 60–63; Stuttgart.

SEBALD, O. (1966): Erläuterungen zur vegetationskundlichen Karte 1:25000 Blatt 7617 Sulz. 107 S.; Stuttgart.

SEBALD, O. (1968): Die Vorkommen der Glockenheide (*Erica tetralix* L.) in Württemberg. – Jahresh. Ver. Vaterl. Naturk. Württ. 123: 400–401; Stuttgart.

SEBALD, O. (1974): Erläuterungen zur vegetationskundlichen Karte 1 : 25000 Blatt 6923 Sulzbach/Murr. 100 S., Tab. als Beilagen in gesondertem Band; Stuttgart.

SEBALD, O. (1975): Zur Kenntnis der Quellfluren und Waldsümpfe des Schwäbisch-Fränkischen Waldes. – Beitr. Naturk. Forsch. Südwestdeutschl. 34: 295–327; Karlsruhe.

SEBALD, O. (1980): Zur Kenntnis von Eschen- und Sommerlinden-reichen Standortsgesellschaften im Wuchsbezirk südwestliche Donaualb (Schwäbische Alb). – Forstwiss. Centralblatt 99: 129–136; Hamburg u. Berlin.

SEBALD, O. (1980): Über einige interessante Ausbildungen der Vegetation auf moosreichen Felsschutthalden im oberen Donautal (Schwäbische Alb). – Veröff. Natur-

schutz Landschaftspflege Bad.-Württ. 51/52: 451–477; Karlsruhe.

SEBALD, O. (1983): Erläuterungen zur vegetationskundlichen Karte 1 : 25000 Blatt 7919 Mühlheim a.d. Donau. 87 S., 16 Tabellen als Beilage in gesondertem Band; Stuttgart.

SEBALD, O. u. S. SEYBOLD (1978): Beiträge zur Floristik von Südwestdeutschland V. – Jahresh. Ges. Naturk. Württ. 133: 125–132; Stuttgart.

SEBALD, O. u. S. SEYBOLD (1982): Beiträge zur Floristik von Südwestdeutschland VII. – Jahresh. Ges. Naturk. Württ. 137: 99–116; Stuttgart.

SEUBERT, M. (1866): Notizen zur badischen Flora. – Verh. Naturwiss. Ver. Carlsruhe 2: 71–72; Karlsruhe.

SEUBERT, M. (1891): Exkursionsflora für Baden. Bearb. L. KLEIN; 5. Aufl.; VI + [42] + 434 S.; Stuttgart.

SEUBERT, M. u. L. KLEIN (1905): Exkursionsflora für das Grossherzogtum Baden. Bearb. L. KLEIN; 6. Aufl.; VIII + [44] + 454 S.; Stuttgart.

SEYBOLD, S. (1969): Flora von Stuttgart. 160 S.; Stuttgart (auch in Jahresh. Ver. Vaterl. Naturk. 123: 140–297; Stuttgart 1968).

SEYBOLD, S. (1977): Die aktuelle Verbreitung der höheren Pflanzen im Raum Württemberg. – Beih. Veröff. Naturschutz Landschaftspflege Bad.-Württ. 9, 201 S.; Karlsruhe.

SEYBOLD, S. u. Th. MÜLLER (1972): Beitrag zur Kenntnis der Schwarznessel (*Ballota nigra* agg.) und ihre Vergesellschaftung. – Veröff. Landesst. Naturschutz Landschaftspflege Bad.-Württ. 40: 51–126; Ludwigsburg.

SEYBOLD S., O. SEBALD u. C.P. HERRN (1971): Beiträge zur Floristik von Süddeutschland II. – Jahresh. Ges. Naturk. Württ. 126: 256–269; Stuttgart.

SEYBOLD, S., O. SEBALD u. W. WINTERHOFF (1975): Beiträge zur Floristik von Südwestdeutschland IV. – Jahresh. Ges. Naturk. Württ. 130: 249–259; Stuttgart.

SKVORTSOV, A.K. (1982): *Salix*. In: ROTHMALER, W. (Hrsg.): Exkursionsflora für die Gebiete der DDR und BRD. Bd. 4. Kritischer Band, S. 235–246; Berlin.

SLAVIK, B. u. M. LHOTSKA (1967): Chorologie und Verbreitungsbiologie von *Echinocystis lobata* (Michx.) Torr. et Gray mit besonderer Berücksichtigung ihres Vorkommens in der Tschechoslowakei. – Folia Geobot. Phytotax. 2: 255–282; Prag.

SLEUMER, H. (1934): Die Pflanzenwelt des Kaiserstuhls. – Beih. Feddes Rep. 77: 1–170; Berlin.

SLEUMER, H. (1935): Neue Pflanzenstandorte aus Baden. – Mitt. Bad. Landesver. Naturk. Naturschutz N. F. 3: 181–183; Freiburg i. Br.

SMEJKAL, M. (1971): Revision der tschechoslowakischen Arten der Gattung *Camelina* Crantz (Cruciferae). – Preslia 43: 318–337; Prag.

SPENNER, F.L.C. (1825–1829): Flora Friburgensis et regionum prox. adjunctum. Bd. 1, 1–253 (1825); Bd. 2, 255–608 (1826); Bd. 3, 611–1088 (1829); Freiburg i. Br.

STEBBINS, G.L. (1974): Flowering plants – evolution above the species level. 399 S.; Cambridge/U.S.A.

STEHLE, J. (1882): In: Neue Standorte. – Mitt. Bot. Ver. Kreis Freiburg 1: 12–16 und 2: 25–27; Freiburg i. Br.

STEHLE, J. (1884): In: Neue Standorte. – Mitt. Bot. Ver.

Kreis Freiburg 11: 105–108 und 16: 153–154; Freiburg i. Br.

STEHLE, J. (1884): Wanderung im unteren Wutachthale und auf den angrenzenden Höhen. – Mitt. Bot. Ver. Kreis Freiburg 16: 145–147; Freiburg i. Br.

STEHLE, J. (1895): Standorte seltener Pflanzen aus der Umgebung von Freiburg. – Mitt. Bad. Bot. Ver. 3 (136): 323–330; Freiburg i. Br.

STOFFLER, H. D. (1978): Der Hortulus des Walahfrid Strabo. Aus dem Kräutergarten des Klosters Reichenau. Sigmaringen (Thorbecke).

SYMONIDES, E. (1984): Population size regulation as a result of intra-population interactions. III. Effect of *Erophila verna* (L.) C. A. M. population density on the abundance of the new generation of seedings. – Ekol. Polska 32: 557–580; Warschau.

TABERNAEMONTANUS, J. (1588–91) siehe THEODOR, J.

TATARU, T. (1984): Fünf neue Fundorte von *Elatine hydropiper* L. in Bayern. – Ber. Bayer. Bot. Ges. 55: 59–62; München.

THELLUNG, A. (1903): Beiträge zur Freiburger Flora. – Mitt. Bad. Bot. Ver. 4 (184): 295–296; Freiburg i. Br.

THELLUNG, A. (1904): In: Neue Standorte. – Mitt. Bad. Bot. Ver. 4 (200): 418–420; Freiburg i. Br.

THELLUNG, A. (1908): Zur Freiburger Adventivflora. – Mitt. Bad. Bot. Ver. 5 (224): 186–187; Freiburg i. Br.

THELLUNG, A. (1912): Über ein verkanntes *Hypericum* der Flora Süddeutschlands (*H. Desetangsii* Lamotte). – Allg. Bot. Z. Syst. 18: 18–26; Karlsruhe.

THELLUNG, A. (1913): Neue Standorte. – Mitt. Bad. Landesver. Naturk. Naturschutz 6: 224–226; Freiburg i. Br.

THELLUNG, A. (1913–1919): Cruciferae. In: HEGI, G.: Illustrierte Flora von Mitteleuropa, 1. Auf., Bd. IV/1: 51–482; München.

THEODOR, J. (1588–91): Neuw Kreuterbuch mit schönen künstlichen und leblichen Figuren und Konterfeyten alles Gewächss der Kreuter… 2 Teile. Frankfurt/Main (N. Bassaeus).

THOMMA, R. (1972): Pflanzenstandorte vom Hochrheingebiet, Südschwarzwald und Klettgau. – Mitt. Bad. Landesver. Naturk. Naturschutz N.F. 10: 549–557; Freiburg i. Br.

TITZ, W. (1968): Zur Cytotaxonomie von *Arabis hirsuta* agg. (Cruciferae): I. Allgemeine Grundlagen und die Chromosomenzahlen der in Österreich vorkommenden Sippen. – Österr. Bot. Z. 115: 255–290; Wien.

TITZ, W. (1969): Zur Cytotaxonomie von *Arabis hirsuta* agg. (Cruciferae): IV. Chromosomenzahlen von *A. sagittata* (Bertol.) DC. und *A. hirsuta* (L.) Scop. s. str. aus Europa. – Österr. Bot. Z. 117: 195–200; Wien.

TITZ, W. (1973): Nomenklatur, Chromosomenzahlen und Evolution von *Arabis auriculata* Lam., *A. nova* Vill. und *A. verna* (L.) R. Br. (Brassicaceae). – Österr. Bot. Z. 121: 121–131; Wien.

TITZ, W. (1976): Die ost- und mitteleuropäische Tieflandsart *Arabis nemorensis* (Hoffm.) Koch ist von *A. planisiliqua* (Pers.) Reichenb. abzutrennen. – Linzer Biol. Beitr. 8: 347–356.

TITZ, W. (1978): Genetics of genus – and species – diffe-

rentiating characters in Cruciferae. – Eucarpia Cruciferae Newsletters 3: 36–37.

TITZ, W. (1980): Experimentelle und biometrische Untersuchungen über die systematische Relevanz von Samen- und Fruchtmerkmalen an *Arabis glabra* var. *glabra* und var. *pseudoturritis* (Brassicaceae). – Pl. Syst. Evol. 134: 269–286; Wien.

TÖPFER, A. (1915): Salices Bacariae. – Ber. Bayer. Bot. Ges. 15: 17–233; München.

TOMŠOVIC, P. (1971): Zum Vorkommen seltener *Rorippa*-Arten in Österreich (mit Bemerkungen zu ihren Arealgrenzen). – Preslia 43: 338–343; Prag.

TUTIN, T. G. (1968): *Althaea*. In: TUTIN, T. G., V. H. HEYWOOD et al. (eds.): Flora Europaea Vol. 2: 253; Cambridge.

URBANSKA-WORYTKIEWICZ, K. u. E. LANDOLT (1974): Biosystematic investigations in *Cardamine pratensis* L. s. l. I. Diploid taxa from Central Europe and their fertility relationships. – Ber. Geobot. Inst. Rübel 42: 42–139; Zürich.

VALENTINE, H. (1941): Variation in *Viola riviniana* Rchb. – New. Phytol. 40: 189–209.

VALENTINE, D. H. (1964): *Rorippa*. In: TUTIN, T. G., V. H. HEYWOOD et al. (eds.): Flora Europaea Vol. 1: 283–284; Cambridge.

VALENTINE, H., H. MERXMÜLLER u. A. SCHMIDT (1968): Violaceae. In: TUTIN, T. G., V. H. HEYWOOD et al. (eds.): Flora Europaea Vol. 2: 270–282; Cambridge.

VAN STEENIS, C. G. G. J. (1965): Monotypic genera – a misunderstanding. – Taxon 14: 207–208; Utrecht.

VOGT, R. (1985): Die *Cochlearia pyrenaica*-Gruppe in Zentraleuropa. – Ber. Bayer. Bot. Ges. 56: 5–52; München.

VULPIUS, S. (1791): Zwanzigster Brief und Spicilegium florae Stuttgardiensis 1786–1788. – Beytr. für Naturk. 6: 69–79; Hannover u. Osnabrück.

WALTER, E. (1982): Zur Verbreitung von *Bunias orientalis*, *Impatiens glandulifera* und *I. parviflora* in Oberfranken. – Ber. Nordoberfränk. Ver. Natur-, Geschichts- u. Landesk. 29: 1–30; Hof.

WEBB, D. A. (1968): Tiliaceae, Malvaceae. In: TUTIN, T. G., V. H. HEYWOOD et al. (eds.): Flora Europaea Vol. 2: 247–256; Cambridge.

WEBB, D. A. (1968): Tamaricaceae. In: TUTIN, T. G., V. H. HEYWOOD et al. (eds.): Flora Europaea Vol. 2: 292–294; Cambridge.

WEHRMAKER, A. (1987): Neue Adventivpflanzen im Stuttgarter Weinbaugebiet und ihre Einbürgerung. – 21. Hess. Floristentag – Tagungsbeiträge – Schriftenr. Umweltamt der Stadt Darmstadt, 12/2: 31–38.

WEIGER, E. (1949): Zur Flora d. Umgebung v. Gorheim-Sigmaringen. – Hohenz. Jh. 9: 108–116; Hechingen.

WEPFER, J. J. (1679): Cicutae aquaticae Historia et noxae. Commentario illustrata. Basel (J. R. König).

WIBEL, A. (1799): Primitiae florae werthemensis. 372 S.; Jena.

WILLERDING, M. (1969): Zur Bestimmung der in Südniedersachsen vorkommenden Weiden (Salices) anhand ihrer Blätter. – Gött. Flor. Rundbr., Neudruck von 3 (1967): 15–31; Göttingen.

WILMANNS, O. (1956): Die Pflanzengesellschaften der Äcker und des Wirtschaftsgrünlandes auf der Reutlinger Alb. – Beitr. Naturk. Forsch. Südwestdeutschl. 15: 30–51; Karlsruhe.

WILMANNS, O. (1975): Wandlungen der Geranio-Allietum in den Kaiserstühler Weinbergen? – Beitr. Naturk. Forsch. Südwestdeutschl. 34: 429–443; Karlsruhe.

WILMANNS, O. (1977): Vegetation. In: Der Kaiserstuhl. – Natur- u. Landschaftsschutzgeb. Bad.-Württ. 8: 80–215; Karlsruhe.

WILMANNS, O. u. A. BOGENRIEDER (1986): Veränderungen der Buchenwälder des Kaiserstuhls im Laufe von vier Jahrzehnten und ihre Interpretation – pflanzensoziologische Tabellen als Dokumente. – Abhandl. Westfäl. Mus. Naturkunde 48 (2/3): 55–79; Münster.

WILMANNS, O. u. S. RUPP (1966): Welche Faktoren bestimmen die Verbreitung alpiner Felsspaltenpflanzen auf der Schwäbischen Alb? – Veröff. Landesst. Naturschutz Landschaftspflege Bad.-Württ. 34: 62–86; Ludwigsburg.

WINTER, J. (1882): Botanische Streifzüge in der Baar. – Mitt. Bot. Ver. Kreis Freiburg 1 (3/4): 29–48; Freiburg i. Br.

WINTER, J. (1883): In: Neue Standorte. – Mitt. Bot. Ver. Kreis Freiburg 1 (8/9): 85–92; Freiburg i. Br.

WINTER, J. (1884): *Trientalis europaea* L. und *Ledum palustre* L. – Mitt. Bot. Ver. Kreis Freiburg 1 (15): 137–139; Freiburg i. Br.

WINTER, J. (1884): Charakteristische Formen der Flora von Achern. – Mitt. Bot. Ver. Kreis Freiburg 1 (15): 132–137; 1 (16): 140–145; Freiburg i. Br.

WINTER, J. (1889): Am Isteiner Klotze. – Mitt. Bad. Bot. Ver. 2 (57/58): 49–63; Freiburg i. Br.

WINTER, J. (1890): Flora von Achern I. Phanerogamen und Gefäßkryptogamen. – Mitt. Bad. Bot. Ver. 2 (76–79): 205–234; Freiburg i. Br.

WITSCHEL, M. (1980): Xerothermvegetation und dealpine Vegetationskomplexe in Südbaden. – Beih. Veröff. Naturschutz Landschaftspflege Bad.-Württ. 17, 212 S.; Karlsruhe.

WITSCHEL, M. (1984): Zur Ökologie, Verbreitung und Vergesellschaftung des Reckhölderle *(Daphne cneorum)* auf der Baar und im Hegau. – Schr. Ver. Gesch. Naturgesch. Baar 35: 119–135; Donaueschingen.

WINTERHOFF, W. u. M. HUBER (1967): Einige pflanzengeographisch bemerkenswerte Funde in Oberschwaben. – Veröff. Landesst. Naturschutz Landschaftspflege 35: 32–38; Ludwigsburg.

ZAHN, H. (1889): Flora der Baar. – Schr. Ver. Gesch. Naturgesch. Baar 7: 1–173; Donaueschingen.

ZAHN, H. (1895): Altes und Neues aus der badischen Flora. – Mitt. Bad. Bot. Ver. 3 (131/132): 279–289; Freiburg i. Br.

ZIEGELE, H. F. (1880): Über die Flora des Hohenaspergs. – Jahresh. Ver. Vaterl. Naturk. Württ. 36: 57–61; Stuttgart.

ZIMMERMANN, F. (1906): Flora von Mannheim und Umgebung. – Mitt. bad. bot. Ver. 5 (212–221): 85–104, 109–137, 141–158; Freiburg i. Br.

ZIMMERMANN, F. (1906): Flora von Mannheim und Umgebung (Forts.). – Mitt. Bad. Bot. Ver. 5 (215/216): 109–124; Freiburg i. Br.

ZIMMERMANN, F. (1907): Die Adventiv- und Ruderalflora von Mannheim, Ludwigshafen und der Pfalz. 171 S.; Mannheim.

ZIMMERMANN, F. (1913): Neue Adventivpflanzen und Formen der Kruziferen aus der Pfalz. – Mitt. Bad. Landesver. Naturk. Naturschutz 6: 240–242; Freiburg i. Br.

ZIMMERMANN, F. (1921): Neues aus der Flora von Mannheim. – Mitt. Bad. Landesver. Naturk. Naturschutz N. F. 1 (5): 133–135; Freiburg i. Br.

ZIMMERMANN, G. (1911): Neue Standorte. – Mitt. Bad. Landesver. Naturk. Naturschutz 6 (261/262): 95–96; Freiburg i. Br.

ZIMMERMANN, W. (1913): Badische Volksnamen von Pflanzen I. – Mitt. Bad. Landesver. Naturk. Naturschutz 6 (287/288): 285–300; Freiburg i. Br.

ZIMMERMANN, W. (1915): Badische Volksnamen von Pflanzen II. – Mitt. Bad. Landesver. Naturk. Naturschutz 6 (297–300): 365–392; Freiburg i. Br.

ZIMMERMANN, W. (1919): Badische Volksnamen von Pflanzen III. – Mitt. Bad. Landesver. Naturk. Naturschutz N. F. 1 (3): 65–77; Freiburg i. Br.

ZIMMERMANN, W. (1923): Neufunde und neue Standorte in der Flora von Achern. – Mitt. Bad. Landesver. Naturk. Naturschutz N. F. 1: 265–269; Freiburg i. Br.

ZIMMERMANN, W. (1926): Weitere Neufunde und Standortsmitteilungen aus der Flora von Achern (1924–1925). – Mitt. Bad. Landesver. Naturk. Naturschutz N. F. 2: 28–32; Freiburg i. Br.

ZIMMERMANN, W. (1929): Neufunde und Standortsmitteilungen aus der Flora von Achern (1926–1928). – Beitr. Naturwiss. Erforsch. Badens. 4: 57–61; Freiburg i. Br.

ZIMMERMANN, W. (1933): Badische Volksnamen von Pflanzen IV. – Mitt. Bad. Landesver. Naturk. Naturschutz N. F. 2 (22/23): 290–295 u. 300–312; Freiburg.

Pflanzenregister

447

Verbreitungsatlas der **Großpilze** Deutschlands (West)

German J. Krieglsteiner

Band 1: Ständerpilze
Teil A: Nichtblätterpilze

ULMER

Verbreitungsatlas der Farn- und Blütenpflanzen Bayerns

Peter Schönfelder
Andreas Bresinsky

Ulmer

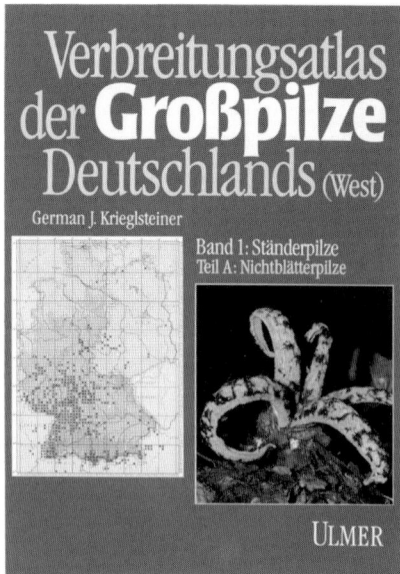

Die Großpilze der Bundesrepublik Deutschland. 2 Bde. Band 1: **Ständerpilze**. Teil A: *Nichtblätterpilze*. Teil B: *Blätterpilze*. 1991. 1016 Seiten, 3511 Verbreitungskarten. Leinen mit Schutzumschlag. ISBN 3-8001-3318-0.

Dieses Werk ist das Ergebnis einer Gemeinschaftsarbeit, die in der Pilzfloristik einmalig ist. Unter der Leitung von G.J. Krieglsteiner wurden die bundesdeutschen Großpilze auf Grundlage der Meßtischblätter im Maßstab 1:25.000 (etwa 13 × 12 km) kartiert. Dabei zeigten sich beklagenswerte Verluste, Verlagerungen und Fluktuationen unter den Großpilzen, verursacht durch menschliche Eingriffe. Um so mehr müssen wir uns heute für den Erhalt des verbliebenen Reichtums an Arten und Biozösen einsetzen und für wirksame Schutz- und Pflegemaßnahmen sorgen.

Band 2: **Schlauchpilze**. Teil A: *Becherpilze*. Teil B: *Übrige Schlauchpilze*. ISBN 3-8001-3319-9. Erscheint im Sommer 1993.

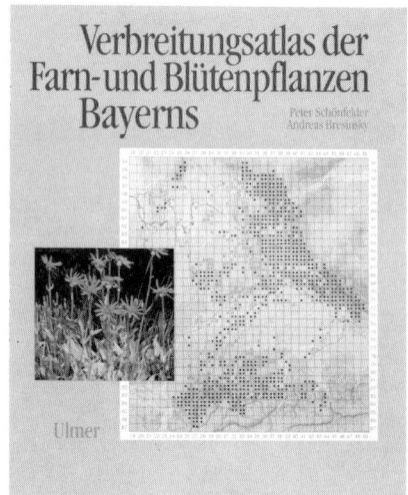

Verbreitungsatlas der Farn- und Blütenpflanzen Bayerns. Herausgegeben von Peter Schönfelder und Andreas Bresinsky. 1990. 752 Seiten, 2496 farbige Verbreitungskarten, 8 Folienkarten. Leinen mit Schutzumschlag. ISBN 3-8001-3455-1.

Der umfangreiche Atlas zeigt auf Punktrasterkarten die Verbreitung von rund 2.500 Arten der Farn- und Blütenpflanzen Bayerns. Er stellt das Vorkommen aller Pflanzenarten in Vergangenheit und Gegenwart dar, Verbreitungsschwerpunkte und -grenzen, relative Seltenheit und den Rückgang vieler Arten. Allen, die sich aus beruflichem oder persönlichem Interesse mit der Pflanzenwelt Bayerns beschäftigen, bietet dieses Werk die Grundlagen.

E.U.

Prospekte kostenlos
Erhältlich in Ihrer Buchhandlung
oder beim **Verlag Eugen Ulmer**
Postfach 700561. 70574 Stuttgart

VERLAG EUGEN ULMER